# 光学和声学超材料与超表面

# Optical and Acoustic Metamaterials and Metasurfaces

赵晓鹏　丁昌林　著

科 学 出 版 社

北　京

## 内 容 简 介

光学和声学超材料与超表面中波的行为，在信息传输，网络、光和声的调控等领域都有许多潜在应用，在国内外得到广泛研究。本书从光学和声学超材料与超表面的概念出发，依据局域共振原理，采用仿生设计模型系统介绍了作者课题组近二十年在光学和声学超材料与超表面材料及器件等方面的研究工作。总结和探讨了自下向上组装的光学超材料和超表面结构单元、树枝状结构与材料性能的内在联系及变化规律，为研制高性能光学超材料和超表面提供了新方法。基于声学超原子和超分子模型介绍了负质量密度、负弹性模量、双负声学超材料与超表面；超原子簇和超分子簇产生的多频与宽频声学超材料及超表面。另外，本书还从理论和实验介绍了窄带、多带与宽带超材料完全吸声器，水介质中超声超材料、拓扑声学超材料。

本书可作为材料科学与工程、物理学、光学工程、声学科学与技术等专业博士研究生、硕士研究生、高年级本科生和从事相关工作科研人员、工程技术人员的参考书。

**图书在版编目(CIP)数据**

光学和声学超材料与超表面/赵晓鹏，丁昌林著. —北京：科学出版社，2022.5

ISBN 978-7-03-072079-5

Ⅰ. ①光… Ⅱ. ①赵… ②丁… Ⅲ. ①光学材料 ②声学材料 Ⅳ. ①TB34

中国版本图书馆 CIP 数据核字(2022) 第 060794 号

责任编辑：刘凤娟 孔晓慧／责任校对：彭珍珍
责任印制：赵 博／封面设计：无极书装

科学出版社 出版
北京东黄城根北街 16 号
邮政编码：100717
http://www.sciencep.com
三河市春园印刷有限公司印刷
科学出版社发行 各地新华书店经销
*
2022 年 5 月第 一 版 开本：720×1000 1/16
2025 年 1 月第三次印刷 印张：41 1/4
字数：808 000

**定价：299.00 元**

(如有印装质量问题，我社负责调换)

# 前　言

波是自然界的基本运动方式，自从麦克斯韦电磁理论提出，人类对于波动的认识发展到了新的高度。当今的信息社会，电磁波、光波、声波已经成为信息传输的基本方式。随着网络信息和智慧社会迅猛发展，波的调控愈显突出。

超材料 (metamaterials) 是一种人工结构的材料，通过设计不同的单元结构，使其对外加电磁场产生相应的响应，原理上可以得到任意大小的介电常数和磁导率。介电常数和磁导率同时为负的超材料，以及基于超材料设计思想的隐身斗篷和超分辨透镜的研究成果分别在 2003 年、2006 年和 2016 年被美国 *Science* 杂志评为年度十大科技突破之一。超材料的设计思想突破了人们对传统材料的固有认识，展现出许多奇异的电磁行为，如反常多普勒效应、反常 Goos-Hänchen 位移、反常切伦科夫辐射、负折射效应、完美透镜效应、完美吸收、隐身斗篷等。为了避开三维超材料制备与实现上的困难，2011 年，美国哈佛大学的研究小组提出超表面 (metasurfaces) 概念，由于超表面具有低剖面、低损耗等优点，并且可以产生更为特殊的界面光学行为，其自提出后就成为科学界的又一研究热点。目前，超材料和超表面的研究也从电磁学和光学领域发展到声学、热学等领域，成为当前物理学、材料科学与电磁学等研究领域中的前沿与热点问题。

光学和声学超材料与超表面中波的行为，在信息传输，网络、光和声的调控等领域都有许多潜在应用，在国内外得到广泛研究。本书基于作者及课题组自 2000 年以来在国内外杂志、刊物发表的 200 多篇研究论文和授权或公开的 80 多项国家发明专利，系统总结了我们组在光学和声学超材料与超表面领域的研究结果，主要包括光学和声学超材料与超表面制备及行为等内容，全书分为两篇，共 15 章。上篇自下向上制备光学超材料与超表面包括 7 章，第 1 章光学超材料与超表面概述，介绍光学超材料与超表面设计基本概念，叙述光学超材料、超表面新物理特性，包括负折射效应、完美成像超棱镜与光学隐身斗篷、光束偏转器与超透镜、光学偏振控制器；光学超材料制备的“自上而下”刻蚀技术和“自下而上”电化学方法，特别指出光学超表面的损耗与展望。第 2 章树枝结构红外和可见光超材料，提出双模板法制备树枝结构超材料，介绍了制备流程、影响因素和性能测试。对红外银树枝结构给出电极间距、聚乙二醇、最佳反应条件和结构阵列的影响与红外透射和平板聚焦测试；可见光银树枝结构给出阵列形貌、可见光测试、三原色平板聚焦测试。另外，用电沉积法制备红外铜树枝负磁导率材料，给出单个铜树枝状结构，分形维数对磁谐振频率的影响，铜树枝状结构间相互作用及模型的数值仿真。基于点电极和平板电极电沉积法制备银树枝超材料，研究了红外和可见光树枝结构超材料、楔形光波导空间光谱分离现象和柔性基底树枝超材料。第 3 章准周期渔网结构超材料，首先介绍理论模型和仿真，特别分析了非对称引起的损耗和掺杂增益介质降低损耗。制备了金属银双渔网与银网格结构，研究了电解液、固化时间及不同结构周期金属银网格优选条件件，RhB 对银网格透射谱的影响；制作了超材料吸收器，针对银网格吸收器、折射率传感器、双渔网结构多频吸收器模型、树枝超材料吸收器作了仔细分析。第 4 章纳米颗粒组装超材料，研究了银树枝状颗粒单层组装超材料 (聚酰胺-胺 (PAMAM) 保护剂制备树枝状银纳米粒子)，银树枝颗粒多层组装三维超材料，树枝状金纳米颗粒组装超材料，花朵形银纳米颗粒超材料，树枝状 PAMAM 与银纳米颗粒复合物超材料 (包括 PAMAM 基纳米银薄膜微观结构与光自旋霍尔效应)，片状银纳米粒子多孔状银微米粒子。第 5 章拓扑结构超材料，提出超簇结构仿生设计模型，给出红光与绿光波段空气介质和聚甲基丙烯酸甲酯 (PMMA) 介质仿真结果；研究了球刺状超材料性质，包括球刺状 $AgCl/TiO_2$ 微纳米颗粒，球刺状颗粒表面改性，球刺状 $AgCl/TiO_2$@PMMA 复合颗粒，$Ag/AgCl/TiO_2$@PMMA 颗粒制备和表征，光还原过程对球刺状 $Ag/AgCl/TiO_2$@PMMA 的影响；测试了球刺状超材料光学性能，包括楔形样品负折射、Goos-Hänchen 位移、捕获彩虹效应及反常多普勒效应。第 6 章树枝结构超表面，介绍了树枝超表面制备，包括单层银树枝超表面电化学沉积、聚乙烯醇 (PVA) 防氧化层涂覆、表面形貌及双层银树枝超表面介质层选择与制备、PVA 防护层，双层银树枝结构表征；研究了红外波段与可见光波段超表面性质，绿光、红光、黄光频段聚焦，可见光波段超表面操控微分运算，微分性质仿真计算与实验测试，积分行为。第 7 章超表面反常光学行为，测试了树枝超表面反常 Goos-Hänchen 位移，树枝超表面彩虹捕获效应，给出了超表面楔形波导参数、彩虹捕获实验设置和实验图像及分析楔形波导出射光功率分布；针对超表面偏振转换，给出了树枝结构单元与单元簇模拟结果，由超表面偏振转换实验，获得实验结果与偏振转换效率和反射模式超表面偏振转换；设计与制备了准周期树枝簇集超表面，实验得到超表面反常光自旋霍尔效应。下篇超原子和超分子构筑声学超材料与超表面包括 8 章，第 8 章声学超材料与超表面概述，首先介绍了声学超材料，负参数声学超材料 (包括负质量密度、负弹性模量、双负声学超材料)；声学超材料的新物理特性介绍了负折射及聚焦、倏逝波放大及亚波长成像、完美声吸收、反常多普勒效应、变换声学及隐身斗篷、声反常透射和声波准直器件、声学超材料其他应用；声学超表面概述，反常反射、透射现象、平板超棱镜及其他奇异效应。第 9 章声学超原子模型，包括负弹性模量超原子 (一维、二维负弹性模量声学超材料模型设计与样品制备，基于有限元的仿真分析，实验测试与结果讨论)，负质量密度超原子模型、超材料，双负超原子复合超材料。第 10 章超分子声学超材料，内容有超分子模型，低频超分子双负声学超材料的实验测试、等效模量计算、平板聚焦效应、亚波长超分辨成像效应，高频超分子双负声学超材料样品制备、实验测试及结果分析、等效参数、负折射实验、平板聚焦效应和反常多普勒效应。第 11 章超原子簇与超分子簇声学超材料，内容有：负弹性模量超原子簇超材料，研究了开口空心球超材料性质，单孔、双孔开孔位置和孔个数对透射行为的影响，不同开口孔径、空心球直径、晶格常数、单层样品不同球数目及不同层数的声学超材料，多频与宽频负弹性模量超材料，多层结构的多频超材料，对开口空心球宽频超材料；负质量密度超原子簇超材料，研究了单频、宽频声学超材料，宽频负等效质量密度、负折射率、反常多普勒效应；超分子簇双负声学超材料，研究了基于不同管长、不同侧孔口径的宽频超材料，两种调制方式组合的宽频效应；超分子簇集宽频超材料的负折射实验验证及反常多普勒效应。第 12 章管乐器的反常多普勒效应，介绍了竖笛反常多普勒效应与负折射特性，包括多普勒效应理论、竖笛实验装置及测试、结果与讨论；横笛反常多普勒效应与负折射特性；单簧管反常多普勒效应与负折射特性；其他管乐器的行为。第 13 章水介质中超声超材料，内容有：负质量密度水声超材料模型分析与证明，样品制备与测试，透射、反射结果分析；声学超材料等效参数分析、双负水声超材料模型设计与理论分析、样品制备与实验装置，开口空心管 (PHT) 结构声学超材料透射、反射性质，开孔空心管声学超材料等效参数计算，平板聚焦效应。第 14 章声学超表面，包括基于超原子结构的声学超界面 (声学超表面基本理论，开口空心球、双开口空心球、对开口空心球声学超表面)；超分子结构声学超表面 (开口空心管声学超表面、超分子结构宽频声学超表面)。第 15 章拓扑声学超材料，包括超原子声学拓扑超材料 (空心管声学拓扑绝缘体、空心管声学谷拓扑绝缘体、开口环 (球) 声学谷拓扑绝缘体)；超分子声学拓扑超材料 (可重构拓扑相变声学超材料、超分子谷拓扑绝缘体)；多频声学谷霍尔拓扑绝缘体。作者及课题组在微波超材料与超表面的相关研究已经在另一本书《微波超材料与超表面中波的行为》专门论述。

研究工作期间，作者先后承担国家杰出青年科学基金 (50025207)、国家自然科学基金重点项目 (50632030，50936002)、973 计划课题 (2004CB719805，2012CB 921503)、国家自然科学基金 (50872113，11174234，11204241，51272215，11674267) 等项目，使得研究过程持续进行。

作者感谢中国科学院院士、南开大学陈省身数学研究所葛墨林先生，中国工程院院士、西北工业大学航海学院马远良先生，南京大学陈延峰教授，清华大学周济院士，东南大学崔铁军院士，武汉大学刘正猷教授，西安交通大学徐卓教授，复旦大学周磊教授，以及国内许多同行长期以来的关心和帮助；感谢我的合作者西北工业大学罗春荣教授和我的学生丁昌林副教授，提供部分章节主要内容的丁昌林博士 (第 1，8，9，14 章)、刘辉博士和刘宝琦博士 (第 2 章)、龚伯仪博士 (第 3 章)、赵炜博士 (第 4 章)、陈欢博士 (第 5，6 章)、方振华博士 (第 6，7 章)、陈怀军博士 (第 9，13 章)、翟世龙博士 (第 10，11，12 章)、董仪宝博士和王元博博士 (第 14，15 章) 等 20 多位博士及 60 多位硕士和 80 多位学士，特别编写附录收辑了所有参加相关研究工作的同学所发表论文和专利目录，表示对大家的感谢；特别感谢科学出版社刘凤娟编辑的辛劳，是所有朋友多年的心血使本书得以付梓。

赵晓鹏

西安终南山　西北工业大学

2021 年 11 月

# 目　　录

# 上　篇

# 由下向上制备光学超材料与超表面

# 第 1 章　光学超材料与超表面概述

## 1.1　光学超材料设计

光学超材料是 21 世纪初出现的新型人工设计的光学结构材料，在光频段 (红外和可见光波段) 内，其具备许多异于天然材料性质的新奇特性。20 世纪 60 年代超材料 (metamaterials) 的理论概念被提出来 [1]，在随后的 30 多年里并未引起太大的关注。直到 2001 年前后 [2−5]，人工超材料首次在微波段实现负折射，引起科学界的极大响应。进一步通过一系列不同的实验 (如楔形棱镜实验、波束平移实验、波束汇聚实验和 “T” 形波导实验等) 证实了人工超材料实现负折射是完全可行的 [6−9]。此后引发了超材料领域的研究热潮，各种各样的超材料构型被设计出来，同时负折射率的响应频率也逐渐从微波段不断向高频发展，实现对光频段电磁波响应的光学超材料。

根据有效介质理论，超材料结构的电磁谐振同时在某一频段内实现负电容率和负磁导率是实现负折射率的主要思路。通常由亚波长金属杆的电谐振来实现负电容率，而亚波长的金属开口环是实现磁谐振的基本模型。后来的超材料设计就是在这两种设计的基础上，使环杆结构不断通过变形和简化来实现各种几何构型的超材料结构。起初是设计两种结构分别实现电谐振和磁谐振，再把二者组合起来实现负折射率；后来逐渐地把两种结构简化为同时实现电谐振和磁谐振的单一模型结构。图 1-1 展示了一些常见的二维 (2D) 超材料结构的设计，如图 1-1(a) 双 S 型结构 [10]、图 1-1(b) 双 Ω 型结构 [11]、图 1-1(c)“H” 字型结构 [12]、图 1-1(d) 迷宫状多环结构 [13]、图 1-1(e) 长短线对结构 [14]、图 1-1(f) 类似浮雕图像的无序结构 [15]，这些结构单元的尺寸处于毫米量级，都是在微波段响应的；后来通过不断缩小结构单元的几何尺寸，把超材料的负折射率响应频率不断向高频推进，如图 1-1(g) 短线对结构 [16]、图 1-1(h) 双渔网结构 [17] 是红外波段的经典模型，它们的结构单元的尺寸已减小到微米量级。我们课题组设计和制备了微波段和红外波段响应的树枝状超材料结构 [18,19]，如图 1-1(i) 所示。此外还有依靠巴比涅原理设计的一些超材料结构 [20−22]，以及手性超材料结构 [23−31]。

超材料主要靠电磁谐振来实现负折射率，其中产生负电容率的电谐振通常在各个电磁频谱是比较容易实现的，它可以来源于金属等离子体谐振或者金属中偶极子电流的谐振，而且产生负电容率的频率范围比较宽；而产生负磁导率的磁谐振却不易实现，并且产生的负磁导率范围相当窄。前面已经叙述自然界中的天然材料很容易响应电磁波的电场分量，红外和可见光波段的负电容率是可以自然存在的；而磁响应却具有高频截止性，绝大多数材料的磁响应一般在微波段就几乎消失了。造成这种不平衡的主要原因是材料磁极化源于分子环流或者未成对电子的自旋。因而磁响应主要发生在很低的频段，虽然极少数天然材料 (如铁磁性和反铁磁性材料) 能在太赫兹以及更高频率的光频段发生磁响应，但这是非常弱的，而且是窄频，这极大地限制了光频磁性材料的发展。因此要把超材料不断地向高频 (光频) 发展，主要是设计人工磁谐振结构 (如开口谐振环 (SRR)) 不断地把磁谐振向光频发展，采用的方式是把超材料的基本谐振单元的尺寸不断地按比例缩小。但是仅仅通过缩小单元结构的尺寸不能把磁响应一直提升到光频，这是因为缩小结构的尺寸与频率的提升不是呈线性变化的 [32]。因此在缩小结构单元尺寸的同时，还需要不断地改进结构单元的几何构型。通过缩小最原始的金属线和开口谐振环结构也能使电磁响应向光频发展，但是却不能无限制地提高，最高频率

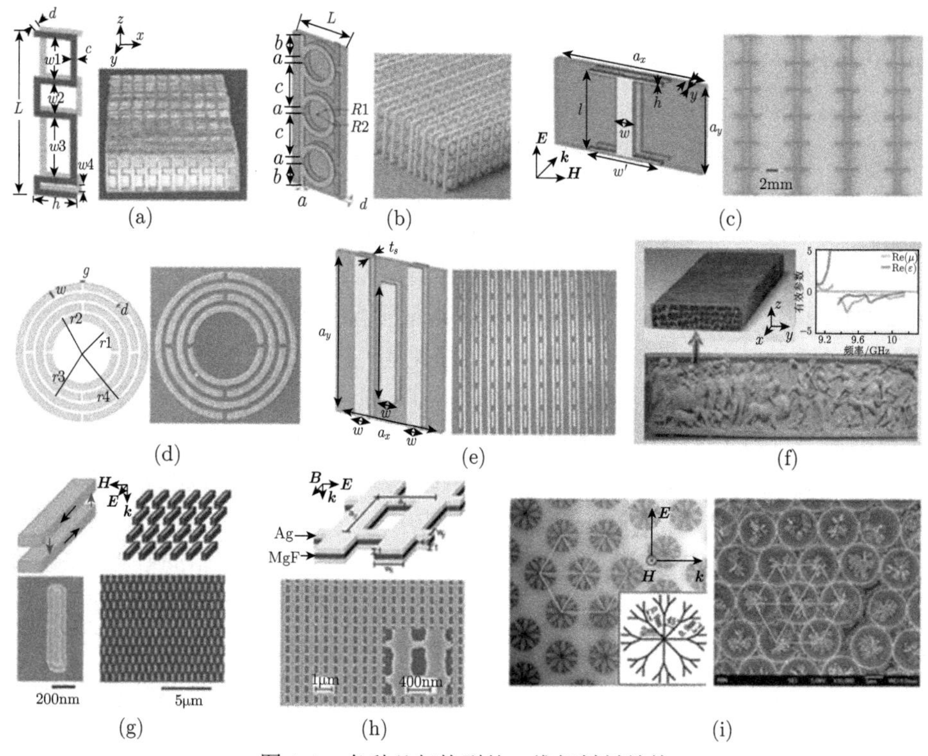


图 1-1　各种几何构型的二维超材料结构

(a) 双 S 型结构；(b) 双 Ω 型结构；(c) “H” 字型结构；(d) 迷宫状多环结构；(e) 长短线对结构；(f) 类似浮雕图像的无序结构；(g) 短线对结构；(h) 双渔网结构；(i) 树枝结构

也只能达到远红外范围 [33,34]。因此需要对原始的谐振结构不断进行改善，才能向光频发展。

图 1-2(a) 是采用最简单的单开口谐振环代替微波段响应的双开口谐振环，可以把磁响应频率提升到 100 THz[35]。随后又有文献继续讨论过多开口谐振的磁谐振可以继续提高磁谐振到更高的频段，但是样品不容易制备 [36]。图 1-2(b) 是进一步把单开口环改变为 U 形环，在外场下激发的 U 形振荡电流可以把磁谐振推进至 200 THz[37]。图 1-2(c) 是把 U 形环的下端金属部分去掉，转变为短线对结构 [38]，在近红外波长 1μm 附近实现了负的磁导率。当金属线中振荡电流的频率高于外界电磁场频率时，短线对中的电流方向的变化是一致的；当振荡电流的频率低于外界电磁场频率时，电流的变化已经跟不上电磁场的变化而出现滞后，二者变成反向电流，产生的磁矩与外磁场方向相反，当强度够大时就产生负的磁导率。图 1-2(d) 是进一步设计的双渔网结构 [39]，它的电、磁谐振产生的负电容率和负磁导率能够在同一频率范围内重合，产生的负折射率响应已经可以上升到可见光波段。双渔网结构最先由 Zhang 等提出 [40]，接着他们又通过仿真分析对这种结构进行优化设计 [41]。由于这种结构非常简单而且高度对称，比较容易加工，因此得到广泛的研究 [42−48]，并且也发展了一些变体结构 [49−52]，它们是光学超材料模型的典型设计。

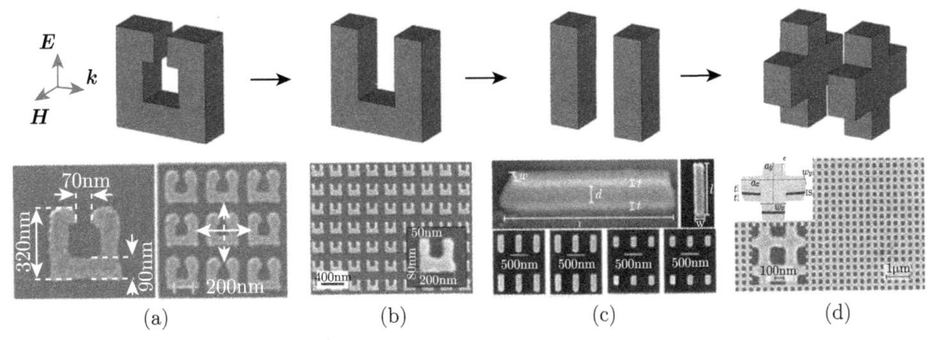


图 1-2 高频磁性超材料模型设计的渐变过程

(a) 开口环模型；(b)U 形环模型；(c) 短线对模型；(d) 双渔网模型

# 1.2 光学超材料新物理特性

## 1.2.1 负折射效应

随着 Pendry 与 Smith 等开创性工作的报道，接着就有许多相关研究结果陆续发表，超材料的研究开始进入快速发展阶段。2002 年，Kong 提出了一种在微带技术中利用人造集总元件加载传输线来实现负折射率超材料的方法 [53]。Cubukcu

等提出利用二维光子晶体可以实现电磁波在光子晶体中的负折射现象 [54]。美国的 Parazzoli 与加拿大的 Eleftheriades 分别报道了在实验中直接观测到的负折射 Snell 定律，在 12.6 ~ 13.2GHz 频率范围内测得折射率为 −1.05，再次指出超材料的负折射率为入射波频率的函数 [55,56]。

为了在光频段 (红外和可见光波段) 实现负折射效应，Valentine 等设计了一种梯度的“渔网”结构超材料 [57]，如图 1-3(a) 中所示为样品结构示意图及扫描电镜 (SEM) 照片，他们设计的多层级联的“渔网”结构，在垂直方向上，相应尺寸的单元格层层增加，呈现梯度分布。利用这种光频的负折射率超材料设计制作一个棱镜，如图 1-3(b) 所示。他们通过实验演示了第一个光频的三维 (3D) 负折射率超材料棱镜，并在自由空间中直接测量了负折射率。如图 1-3(c) 所示，在入射光波长为 1763nm 时实现了折射率 $n = -1.4$。这种“渔网”超材料在垂直方向上的周期大约为二十分之一波长 ($\lambda/20$)，棱镜样品横向尺寸约为 10μm。他们所提出的三维光学超材料，使得探索零或负折射率光学现象成为可能，也为缩小光子学和成像设备做出了极大的贡献。

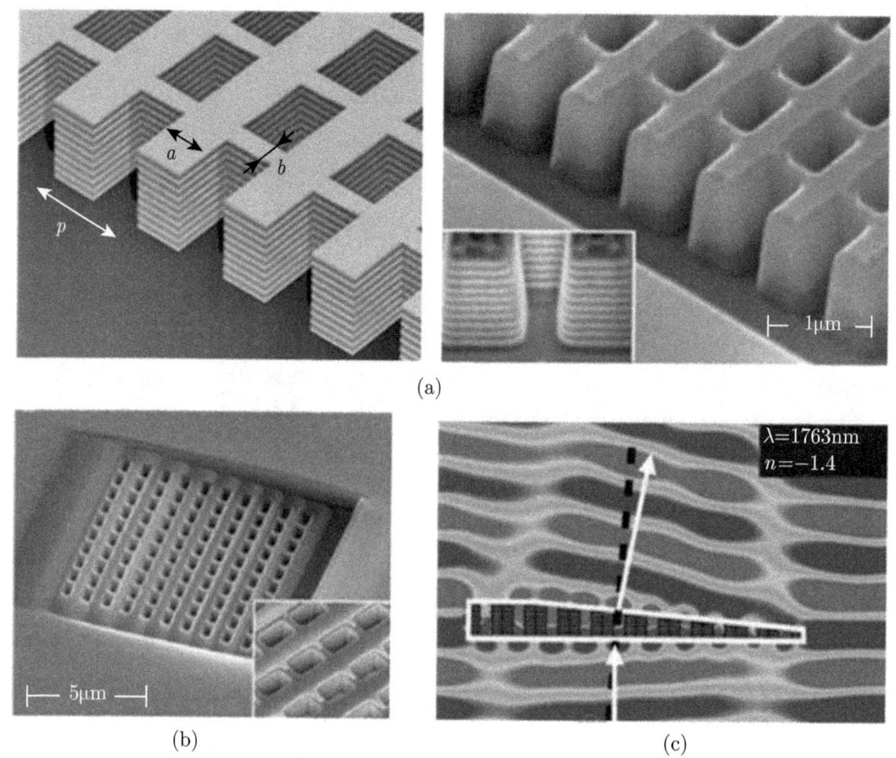


图 1-3　红外频率三维超材料负折射率样品及实验

(a) 样品结构示意图及扫描电镜照片；(b) 超材料棱镜样品扫描电镜照片；(c) 负折射实验现象

同年，Yao 等提出了另一种实现可见光负折射的超材料 [58]。这种超材料是将银纳米线嵌在多孔氧化铝内构成的，图 1-4(a) 所示为这种 $Al_2O_3/Ag$ 复合超材料结构的示意图，插图为这种复合结构侧视及俯视扫描电镜照片，利用这种复合超材料结构可以使可见的 660nm 红光出现负折射现象，这也是第一次在可见光波段实现负折射现象。由图 1-4(b) 可以看到在红外波段 780nm 处也出现了同样的现象。以上两种不同方法制备的超材料都在宽带范围内实现了负折射效应，极大推动了超材料向实际应用的发展。

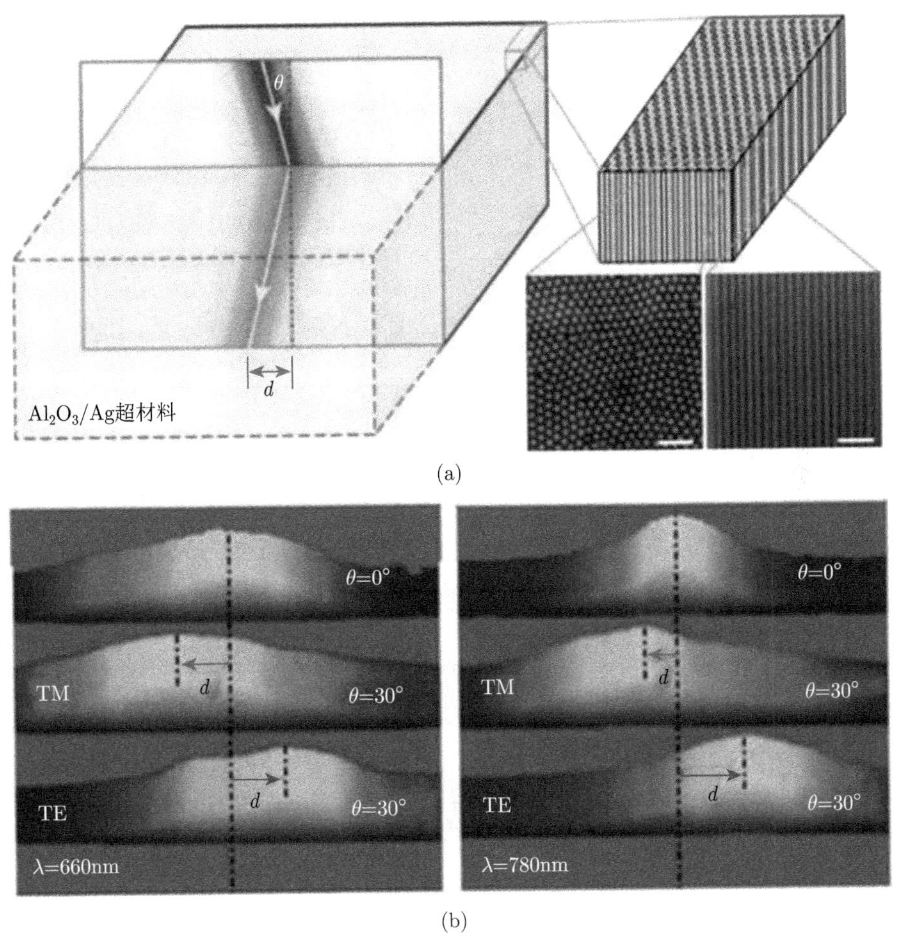


图 1-4 可见光频率三维超材料负折射率样品及实验 (彩图见封底二维码)

(a) $Al_2O_3/Ag$ 超材料结构示意图及扫描电镜照片；(b) 分别在 $\lambda = 660$nm 与 $\lambda = 780$nm 时测得负折射现象

### 1.2.2　完美成像超棱镜

通过负折射率超材料实现“完美透镜”效应，最早在 2000 年由 Pendry 教授提出 [59]，指出由超材料制成的平板透镜可以将倏逝波转换为传播波，实现突破衍射极限的超分辨成像。传统的光学透镜受到光波长的限制，尺寸比较大。而利用负折射率的平板超材料，可以形成在光线传播方向上尺寸很小的超透镜。

2005 年，Fang 等使用银制备了光频的超透镜 [60]，超透镜结构如图 1-5(a) 所示。作者利用一个银薄片复合结构，在 365nm 波长通过光刻材料记录了小于衍射极限的图像，成像精度达到 60nm，这大约为波长的六分之一 ($\lambda/6$)，远低于衍射极限。利用银超透镜的表面等离子体激发，在近场条件下显著提高了图像分辨率。

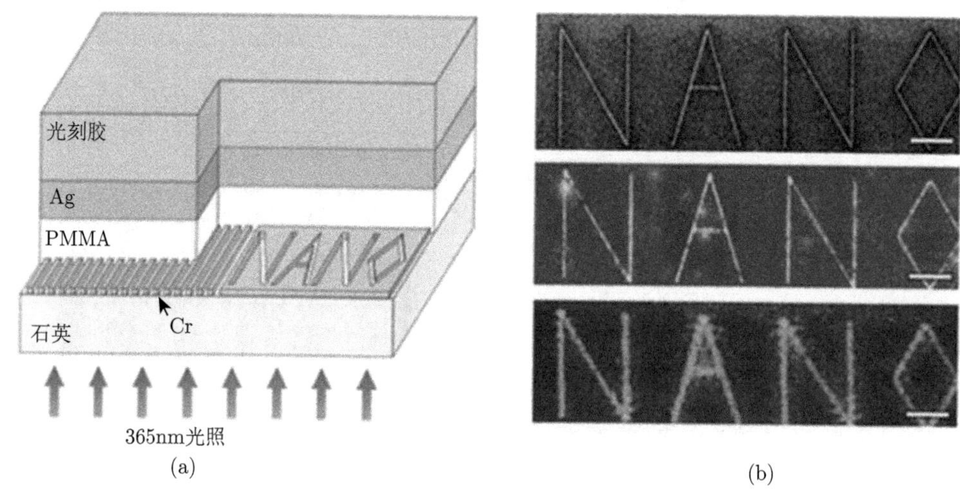


图 1-5　光刻银超透镜结构示意图及实验照片

(a) 光刻银超透镜结构示意图；(b) 实验得到清晰“NANO”图像

另一组研究者使用类似的银复合结构证实了银膜中的超透镜效应 [61]，银超级透镜的理念随后发展到许多包含银的多层结构中 [62−65]。一年后，研究者利用低损耗的 SiC 材料超透镜的光子共振增强，在中红外频率的特征波长实现了更好的超分辨率 ($\lambda/20$)[66]。如图 1-6 所示，作者利用 440 nm 厚的 SiC 超透镜，成功地将间距远小于波长的圆孔分辨开。以当时的技术条件，制造在两侧具有光滑表面的超高分辨率透镜，仍然具有较大的挑战，尽管相对粗糙的表面不利于表面共振增强，但是前述的这些光学超透镜实验，清楚地展示了突破衍射极限成像的可行性 [67]。

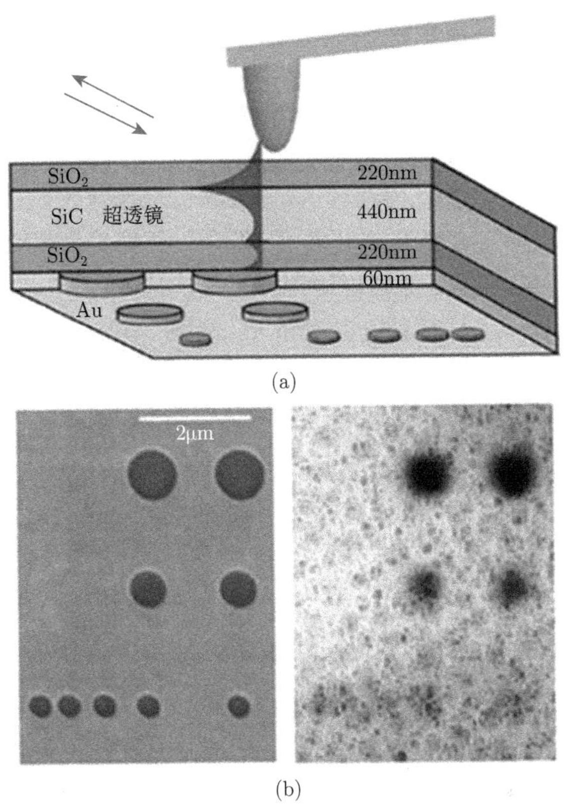


图 1-6 SiC 超透镜结构及实验图像

(a) SiC 超透镜结构图示；(b) 实验得到的超分辨图案与对比图案

### 1.2.3 光学隐身斗篷

当物体在背景场某个位置时，会对原来场的分布造成特定的干扰，此时通过对场分布的检测，即可知道这个物体的存在以及具体位置。而用超材料实现电磁波隐身是指在物体外包裹一层由超材料制备的斗篷 (cloak)，使物体对场分布的干扰减小甚至消失，这时对场分布进行检测，是无法发现被隐藏物体的存在及具体方位的。2006 年，Schurig 等利用超材料结构第一次在实验上实现了微波频率的隐身 [68]。他们成功地将一个铜的圆筒隐藏在提前设计制作的超材料斗篷中，斗篷可以减少被隐藏物体的散射，同时也可以减少自身对场的干扰。此后，为了将超材料斗篷拓展到可见光频段，实现真正意义的隐身，2007 年，Cai 等利用坐标变换方法提出了光频的非磁性斗篷 [69]。他们提出了将金属线融合到电介质圆柱体中的复合结构，分析了在可见光频段实现隐身的机理，以及实现这种斗篷的一般方法。

2013 年，Chen 等借鉴变换光学的思想提出了一种简化的隐身斗篷 [70]，作者指出人眼对于相位及偏振信息其实是不敏感的，那么可以利用自然材料来制备隐身斗篷，这样不用考虑其中的相位一致条件，简化了模型设计，并采用水、玻璃和空气制备了宽频带的隐身斗篷，实现了对远大于波长的超大物体的隐身。图 1-7 为其采用的实验装置结构示意图及对鱼和猫的隐身实验照片。这种隐身斗篷已经脱离了超材料的范畴，仅采用了变换光学的理念，实现了在六边形结构上 6 个特定方向的隐身，在观察角度有很小的变化时即会失效。

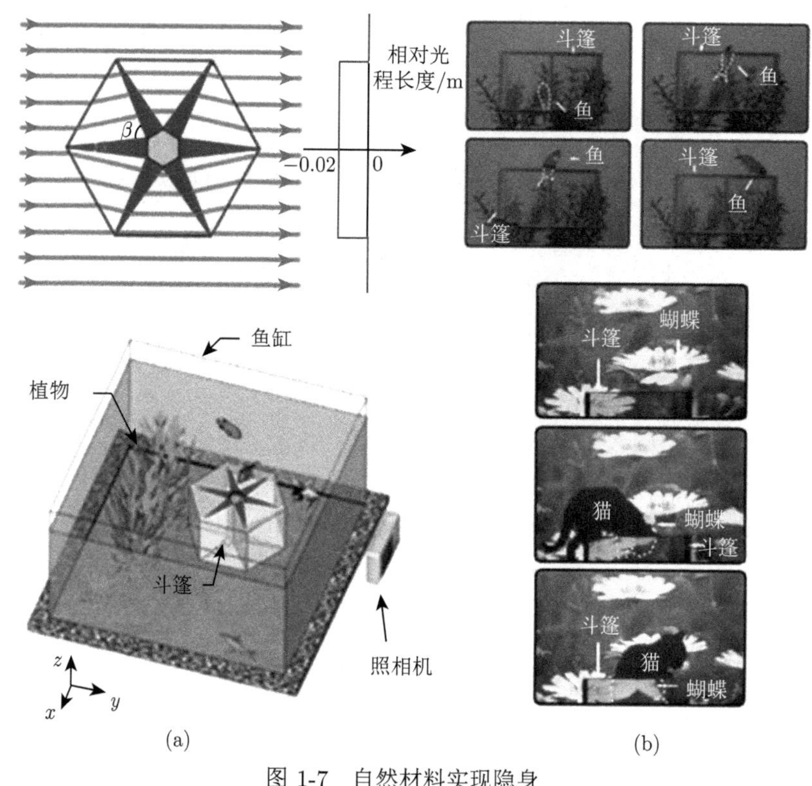


图 1-7　自然材料实现隐身

(a) 样品结构及实验装置示意图；(b) 斗篷对鱼、猫的隐身实验对比图

另一种利用超材料实现的隐身称为地毯隐身 (ground-plane cloak/carpet cloak)。2009 年，Valentine 等又利用平面式隐形斗篷的设计思想设计出红外波段的介质隐形斗篷 [71]，如图 1-8 所示。这种隐形斗篷是通过在硅基底上刻蚀不同密度的孔洞来改变材料折射率的空间分布，C1 矩形区域为具有渐变折射率分布的隐形斗篷，C2 三角形区域为均匀折射率背景，采用电子束蒸镀法在边缘定向沉积一层厚度为 100 nm 的金薄膜作为反射面，边缘凸起为隐形区域。实验结果表明，这种隐形斗篷能够在 1400 ∼ 1800 nm 波长范围内实现隐身效果，且损耗低。

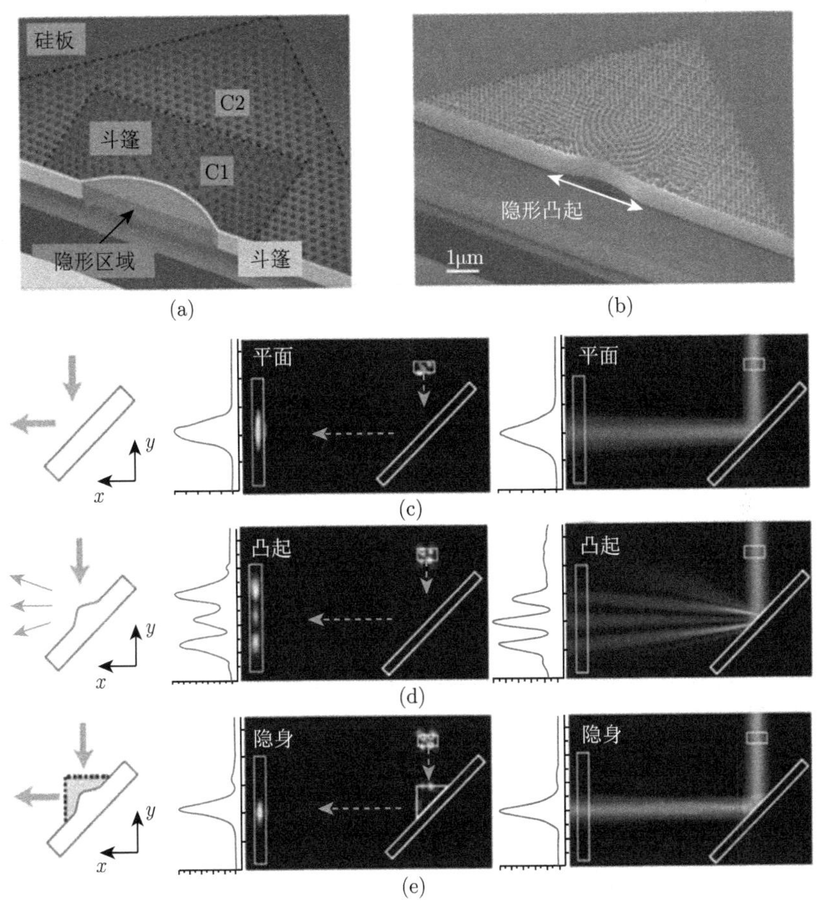


图 1-8 红外波段隐形斗篷

(a) 结构示意图；(b) 样品扫描电镜照片；光在不同面上的反射光路图：(c) 平板面，(d) 凸起面，(e) 凸起面 + 隐形斗篷

# 1.3 光学超材料制备

## 1.3.1 "自上而下" 刻蚀技术

超材料所需要的负磁导率，在微波频段已证实可由金属线阵列实现，但是将该机制扩展到可见光频段却是一个很大的挑战 [43,72−78]，因为当时没有任何自然或人工材料能在高于太赫兹的频段内有磁响应。2005 年，Grigorenko 等提出了一种 10 nm 精度的纳米材料制备方法，利用电子束刻蚀贵金属金，制备了成对的非对称耦合点 [75]，如图 1-9 所示，直径约为 100 nm，高度为 $(80 \pm 5)$nm，耦合点对间距离约为 500nm，在绿光波段 450 ~ 550nm 波长附近实现了磁谐振。这种

金点对结构简单且可在高频实现等效磁响应。

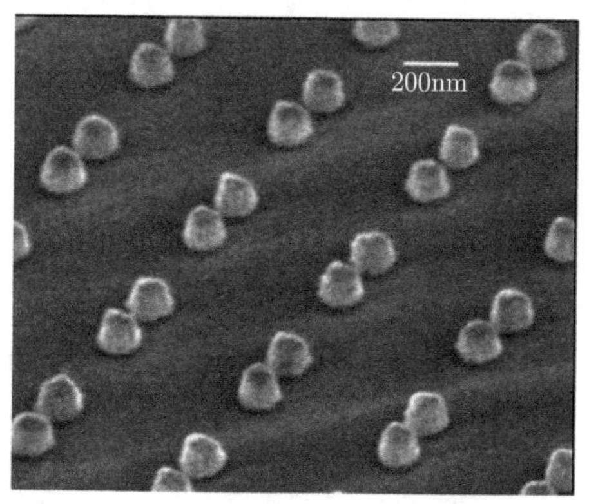


图 1-9　非对称金耦合点扫描电镜照片

2006 年，Dolling 等 [17,43] 利用飞秒激光器脉冲，研究了 1.5μm 波长附近实现负折射率的超材料。超材料样品被放置在迈克耳孙干涉仪中，利用得到的干涉条纹，直接推断出相位时间延迟，从脉冲包络移动，确定了群时间延迟，在一定的光谱范围内，计算得到负的相速度与群速度值。如图 1-10(a) 所示，将实现负磁导率的点阵列与实现负电导率的杆阵列组合，形成一种渔网复合结构，同时实现了

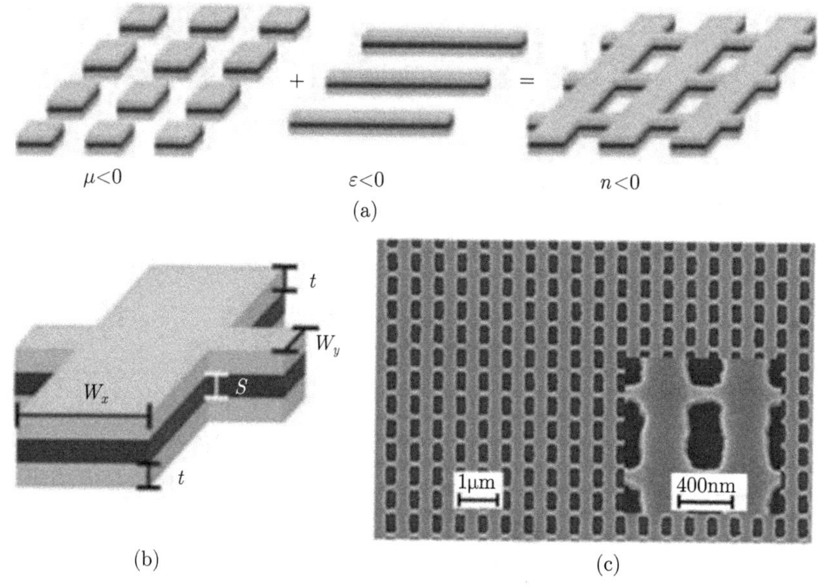


图 1-10　渔网结构负折射率超材料

(a) 渔网结构组成；(b) 渔网结构基本单元；(c) 渔网超材料样品扫描电镜照片

负的磁导率与负的电导率，从而实现负折射率，单独的结构单元形貌如图 1-10(b) 所示。基于这个设计思想，同年采用聚焦粒子束刻蚀，以银制备了双渔网状超材料模型 (图 1-10(c))，实现了负折射。通过对样品透射及反射光谱的测试，样品与理论预期吻合较好，在 1.5μm 波长附近，其折射率值实部为 $\mathrm{Re}(n)=-2$。

### 1.3.2 “自下而上” 电化学方法

在一种超材料结构中，同时实现负电导率与负磁导率，从而实现负折射率，简化超材料结构单元设计，有利于超材料的实际应用发展。本课题组于 2006 年提出了一种树枝状超材料，利用多级树枝结构形成超材料的结构单元 [79]。树枝结构中的六方结构可同时实现负电导率与负磁导率，而且树枝形状具有多级的精细结构，开创性地使用了“自下而上”的电化学方法制备，在制备成本、时间以及样品尺寸上都具有较大的优势。树枝结构的形貌及组成如图 1-11 所示，由最初的两个杆组成一级 V 型结构，然后衍生出二级及多级结构，一个完整的树枝单元包含数个多级树枝结构，图中仅列出 3 级结构，简单说明树枝结构构成。Zhou 等提出的理论证明了树枝结构的超材料特性 [80]，并展望了树枝结构应用在近红外波段乃至可见光波段的美好前景。

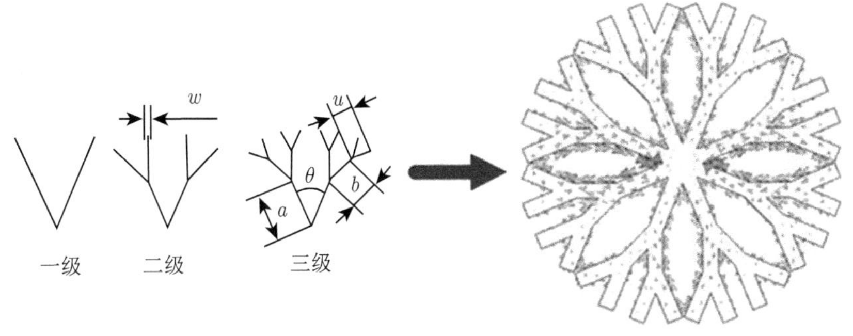


图 1-11 树枝结构超材料单元构成

基于在树枝结构超材料单元的理论研究，2007 年，本课题组刘辉等制备了近红外频段的铜树枝结构与银膜构成的平板介质 [81]，其样品形貌扫描电镜照片如图 1-12(a) 所示，由图可见，在介质基底上形成了明显的树枝结构，呈多级生长分散排布，经过对样品进行透射光谱的测试，在 1.28 ~ 2.5μm 频段内出现明显的透射峰，如图 1-12(b) 所示。在近红外频段，作者利用平板树枝结构实现了超材料典型的左手行为，以实验证实了树枝结构的超材料特性。

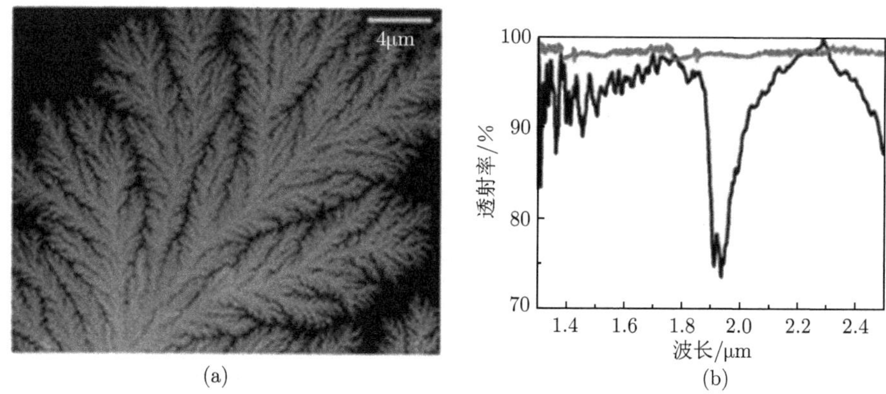


(a) (b)

图 1-12 树枝结构超材料样品

(a) 树枝超材料扫描电镜照片；(b) 树枝超材料样品透射光谱测试图

## 1.4 光学超表面

### 1.4.1 光学超表面设计原理

在控制光的传播方面，光学超材料为我们提供了更多的自由度，具有不同形状或材料成分的超材料单元，可以实现任意介电常数，从而有许多奇异的光学特性被理论及实验证实，例如亚波长成像 [59]、光束旋转器 [82]、隐形斗篷 [68,83] 等。然而，由于三维光学超材料的整体性质，就目前的纳米制造技术条件，如电子束光刻、聚焦离子束刻蚀等，制备可见光波长的超材料还面临着巨大的挑战。因此，为了解决光学超材料存在的问题，人们越来越多地关注一种二维超材料——超表面，其具有超薄设计、低损耗且能有效地操控电磁波传播等优越性质 [84−88]。

光学超表面通常由微型的各向异性的单元阵列组装而成，它们自身的尺寸以及单元之间的间隔都远小于响应波长，利用这些单元在沿着超表面方向上所产生的相位变化，任意调控透射波或反射波的传播。在光学超表面的开创性工作中，作者首先提出了 V 型纳米天线超表面，如图 1-13 所示为 V 型超表面单元结构的示意图与样品扫描照片，由于两个强耦合臂的参与，相比简单的矩形棒，V 型天线可以提供更大的散射振幅 [89,90]。通过排列组合这些天线单元，可以实现不同的空间梯度相位，如图 1-14 所示，从而得到电磁波在传播时满足的规律

$$n_{\mathrm{t}}\sin(\theta_{\mathrm{t}})-n_{\mathrm{i}}\sin(\theta_{\mathrm{i}})=\frac{1}{k_0}\frac{\mathrm{d}\varPhi}{\mathrm{d}x} \tag{1-1}$$

$$\sin(\theta_{\mathrm{r}})-\sin(\theta_{\mathrm{i}})=\frac{1}{n_{\mathrm{i}}k_0}\frac{\mathrm{d}\varPhi}{\mathrm{d}x} \tag{1-2}$$

这里的 $\theta_{\mathrm{i}}$ 为入射角，$\theta_{\mathrm{t}}$ 为折射角，$\theta_{\mathrm{r}}$ 为反射角，$\dfrac{\mathrm{d}\varPhi}{\mathrm{d}x}$ 是平行于入射平面的相位梯

度分量，$n_t$ 与 $n_i$ 分别为介质 1 与介质 2 的折射率，$k_0$ 为自由空间的波矢大小。公式 (1-1) 和公式 (1-2) 可以被分别看作是折射波和反射波的普适 Snell 定律。为了实现这种对折射波和反射波的任意调控，最关键的问题就是设计一层厚度远小于工作波长的光学超表面，其结构单元能在界面处发生相位突变。理论及实验证明了这种超表面可以控制中红外波长范围的线偏振光的传播 [87,91]，之后不久扩展到近红外波长范围 [92]。类似的结构设计被广泛应用于各种超表面单元中。在提出超表面这个概念之初，作为二维的超材料，其本质特征是以超表面的基本单元结构对光波相位或振幅的调控，有效参数不是超表面的固有特性。所以在超表面研究中没有采用介电常数 $\varepsilon$、磁导率 $\mu$ 和电导率 $\sigma$ 描述超表面材料的特性。

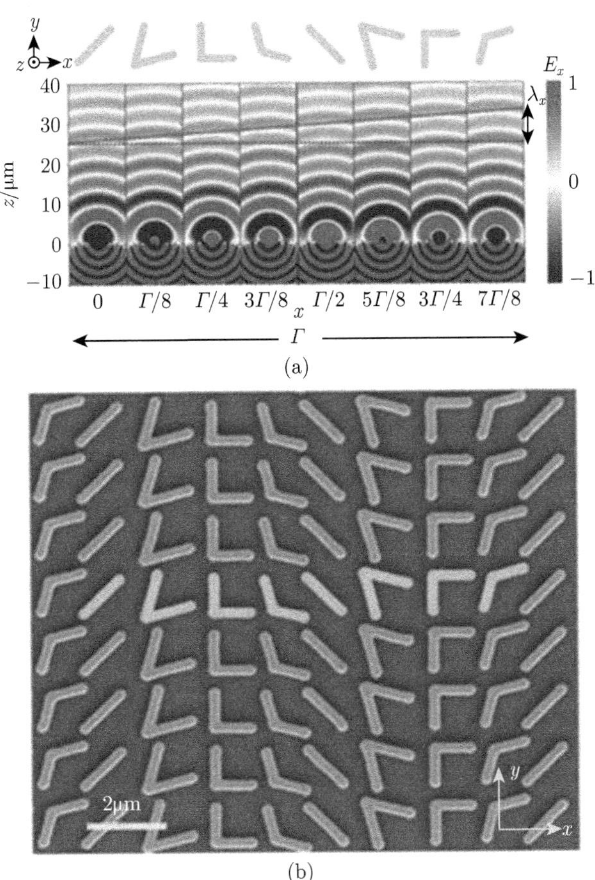


图 1-13 V 型纳米天线光学超表面 (彩图见封底二维码)

(a) 相位调制示意图；(b) 样品扫描照片

在过去的几年中，在波传播方向上具有亚波长尺寸的超表面的相关研究取得了较大的进展。超表面极大地简化了超材料制作的要求，同时保留了强大的功能，通过在金属/电介质表面处引入不连续性结构，发生相位突变，光学超表面能够实现反常光学特性，如光弯曲 [92−95]、平板聚焦 [96,97]、偏振调制 [91,98,99]、涡旋光束 [93,99,100] 和全息图 [101−103]。超表面显著的优点使得设计纳米光子和纳米等离子设备具有更多的灵活性。从更一般的角度来看，等离子体激元/光子纳米结构也可以被称为光学超表面，这是因为它们具有各种线性/非线性光物质相互作用的操控能力，远远超出了自然界的物质 [104,105]，但是它们主要由均匀的单元组装成均匀的阵列，且作用在近场。相反，新型的光学超表面的应用集中在用空间变化的单元结构操纵电磁波传播。

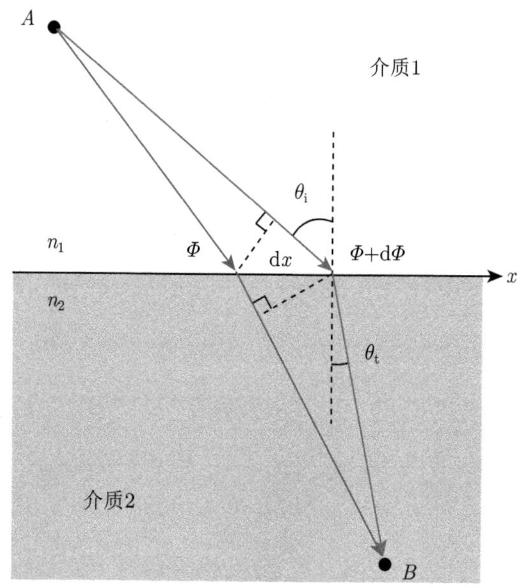


图 1-14　光波在相位不连续的超表面上折射示意图

### 1.4.2　光学超表面特征

基于上述超表面的概念及原理，超表面具有传统光学元件不可比拟的优势。有三个主要特性将超表面与传统光学元件区分开。

(1) 波前的改变在一个远小于波长的距离内完成。这个距离可能是光入射到表面材料后，在其表面透射或反射的距离。可控的光学特性是通过改变散射实现的，而散射是由光学天线阵列或者在有损介质的界面的反射或透射实现的。

(2) 基于光学散射器的超表面，我们可以在亚波长尺度操控光波的振幅、相位与偏振响应的空间分布。光波前的亚波长尺度内的响应，有可能使所有光能量汇聚到一个单独的光束上，同时消除其他衍射级次，这就规避了传统衍射光学元件中多级衍射的基本限制。比如，菲涅耳波带具有多级的真实还有虚的焦点，全息图将对虚部的焦点也产生真实的图像。此外，由超表面在亚波长尺寸提供的较宽的工作带宽，使得在近场以及中场控制光成为可能 [106,107]，这是在传统光学元件中没有系统研究过的。

(3) 超表面使得我们不仅可以设计纳米结构间相互作用的电场，而且可以设计其中的磁场。这就使得控制平板设备的光阻抗成为可能，通过与自由空间的阻抗匹配，我们可以在创造出高效的透射阵列的同时，保持最小的反射 [108−110]。

## 1.5 光学超表面实现

### 1.5.1 Pancharatnam-Berry 相位不连续

在 V 型结构超表面提出之后，2012 年，Huang 等提出用金纳米棒 Pancharatnam-Berry (PB) 相处理圆偏振光的相位分布 [111,112]，如图 1-15 所示。Hasman 等利用周期排列的金属或介电光栅，在 10.6μm 波长实现了偏振态和光束分裂的转换 [113,114]。这种方法的优点在于相位延迟 $\Phi$ 与每个纳米棒的取向角 $\theta$ 呈线性关系，即 $\Phi = \pm 2\theta$，其中正负号由入射光的极性确定。而且，由于每个单元的几何尺寸不变，散射放大率保持不变。此后，为了提高操控效率，研究者提出了更复杂的结构设计，也实现了更多特殊的电磁波操控 [115,116]。由于 PB 相调制的几何不连续特性，这样的设计可以很容易地应用到其他频率 [117−119]。需要注意的是，PB 相只能作用于圆偏振光，当线性偏振光入射时，其中包含的两种类型的圆偏振光将具有相反的相位延迟，通过利用偏振相关的相位响应，基于 PB 相位的器件能够以不同的方式控制两个相反极性的波，实现如双极性偏转透镜等 [120−122]。

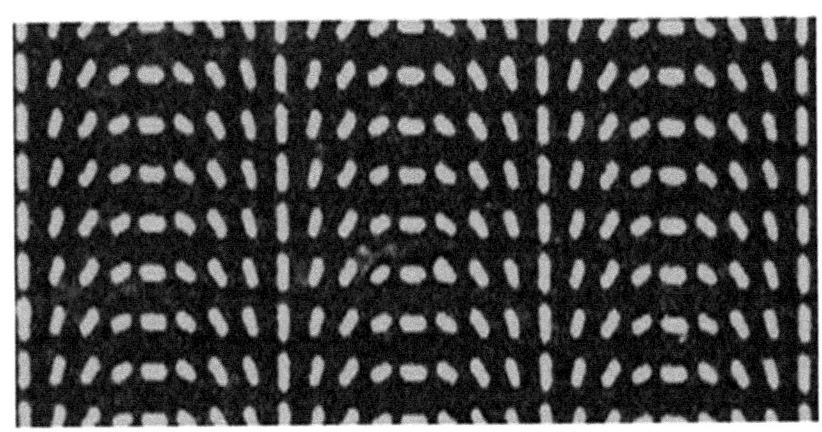

图 1-15 周期排列金纳米棒 PB 相光学超表面

然而，前面所述的 V 型纳米结构或金纳米棒 PB 相超表面，都属于被动材料制成的单一非磁性超表面，其效率受到理论上限 25%的限制，因此限制了它们的实际应用 [109]。

### 1.5.2 间隙模式引起的相位不连续

为了提高操作效率，可以采取更为复杂的机制，如模式耦合和磁共振等。如图 1-16 所示，用金属-绝缘体-金属复合纳米结构可实现高效反射波控制，从模式耦合的角度分析，这种复合模式设计可以理解为顶部偶极子与其背板之间的强耦合 [123]，在介质层内部会形成强磁场的磁共振通常被称为间隙模式，相应的相位延迟可以通过改变顶部纳米颗粒的尺寸或取向来灵活控制 [94,97,105,124]。通过用较厚的金属基底阻挡透射，这种设计能够在很宽的频带上操纵反射光，达到约 80%的效率。如果使用各向异性纳米结构作为超表面单元，依赖于偏振的相位延迟也可以在一个元结构中编辑实现。最近的研究表明，通过调控纳米棒顶端的方向，再结合复合结构设计，PB 型相位控制的效率可以提升到 80%以上 [105]。

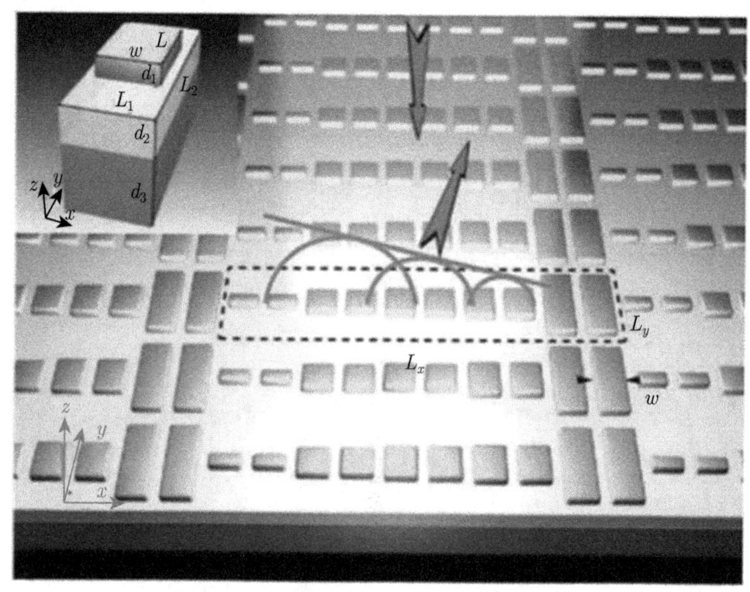


图 1-16 复合纳米结构光学超表面示意图

除了高效的反射控制之外，还可以通过将金属基底的厚度减小到小于其趋肤深度，然后将两个相同的结构背对背黏合在一起，在宽频率范围内实现高效率的透射。这样的机构设计也被用于几乎整个可见光频段，证实了对反常光的操控效率可突破单个非磁性超表面的理论极限 [125]。

### 1.5.3 惠更斯超表面

根据惠更斯原理，次级波前的波面由前一波前的面上所有的点产生的二级子波总和决定。在惠更斯原理的启发下，研究者提出了另外一种类型的超表面，用虚拟电极和磁偏振电流作为二次源 [126]。为了实现这种控制，将具有表面电磁偏振能力的偏振粒子 $u_{\rm e,m}^{\rm eff}$ 在二维平面上排列。表面偏振率与等效电磁面电流之间的关系可表示为 [110]

$$\begin{cases} \boldsymbol{j}_S = jwu_{\rm e}^{\rm eff} \cdot \boldsymbol{E}_{\rm t,av}\big|_S \\ \boldsymbol{M}_S = jwu_{\rm m}^{\rm eff} \cdot \boldsymbol{H}_{\rm t,vs}\big|_S \end{cases} \tag{1-3}$$

这里，$\boldsymbol{E}_{\rm t,av}\big|_S$ 与 $\boldsymbol{H}_{\rm t,vs}\big|_S$ 分别表示与表面 $S$ 相切的平均电场和磁场。如图 1-17 所示，通过叠加两种偏振电流，在微波和近红外波段实现了无反射超表面的实验验证。此外，以非周期性方式分布偏振可变的微粒子，可以通过对光束整形来实现光波的偏振控制 [127,128]。

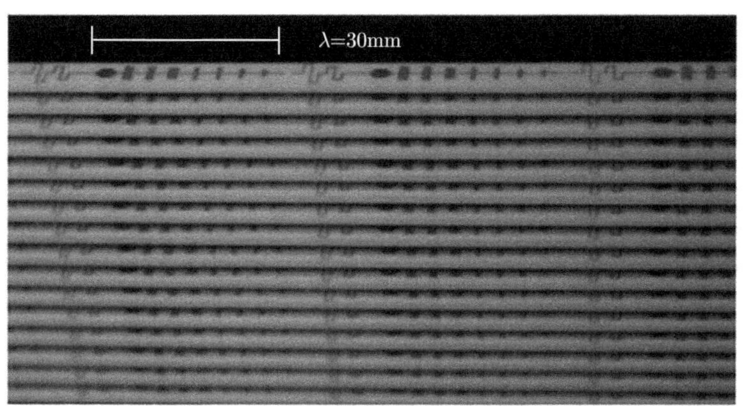


图 1-17 惠更斯光学超表面示意图

### 1.5.4 超透射阵列超表面

研究人员基于纳米电路模型提出了一个元发射阵列来完全控制发射波，由堆叠三个紧密间隔的非均匀超表面组成 (图 1-18)[109]。每层由等离子体部分和介电部分组成，交替地排列。当阻抗与主体环境匹配时，就可以通过调节填充率和相关的阻抗来独立实现相位和振幅控制。如果使用低损耗材料，可以达到更理想的效率。通过对参数进行局部优化调整，超透射阵列超表面有望用于实现其他电磁波控制的功能。

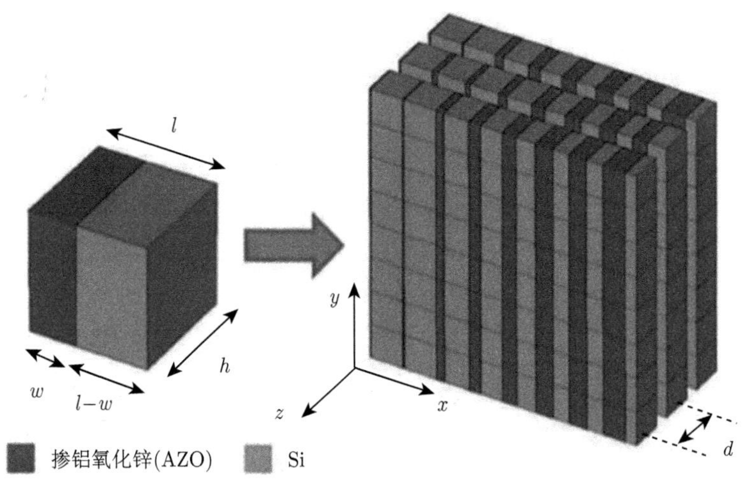


图 1-18　超透射阵列光学超表面示意图

### 1.5.5　双层光学超表面

对于厚度无限小的单层超表面，在其纳米块单元结构或者纳米孔径单元结构中，只能产生横向的电磁感应电流，而辐射对称性导致其异常传输存在一个理论极限。因此，一个单层的超表面对传输光的操作效率较为有限 [109]。然而，这种限制可以通过改变有限厚度 (亚波长尺度) 的超表面的辐射对称性来突破，例如，由 V 型单元和它们的巴比涅反转对应孔隙组成的双层设计 (图 1-19)，其中横向电流和横向磁感应电流分别分布在由具有纵向亚波长尺寸的结构组成的顶层和底层上 [129]。因此双层表面分别产生横向磁场和横向电场的不连续性。通过以非对称结构来改变辐射对称性，可以有效地提高透射光完全控制的效率。

图 1-19　双层光学超表面示意图

在前述的几种超表面设计中，相邻单元之间的耦合通常是忽略不计的，并且每个单元的结构及尺寸可以被单独设计。然而，在双层介质中，由于其距离极小，应该考虑相邻单元之间较强的层内耦合。此外，不同于以前的多层设计，双层超表面的表层与底层之间的间隔为深亚波长尺度 (十分之一的工作波长)，这也引起了较强的层间耦合。由于层内部和层之间的双重强耦合作用，双分子层超表面的所有亚单元都需要作为一个整体进行优化。相对于单层光学超表面，耦合效应大大提升了反常效应的效率。

# 1.6 光学超表面应用

## 1.6.1 光束偏转器与超透镜

传统的光学元件是以沿着光路的相位累积实现对光波的操控，例如棱镜和透镜，具有远大于工作波长尺寸的庞大体积。而光学超表面，通过引入局部共振，调整结构的形貌与横向尺寸，在光波传输路径上厚度处于亚波长甚至深亚波长尺度，即可获得任意的相位延迟，因此，可降低对材料性能的要求。

通常情况下，反射和折射发生在由入射波和法线边界界定的入射面内。然而，对于三维光线操控应用，也需要入射面外部的反射和折射。除了使用块状各向异性材料之外，还有研究人员提出，具有各向异性能带结构的非均匀光源或三维光子晶体，可以实现平面外折射 [130,131]。事实上，根据普适 Snell 定律，通过对入射光施加一个正切波矢，与入射面相对于相位梯度成任意角度的情况下，反常反射和折射可以在入射面之外实现，如图 1-20 所示 [132]。

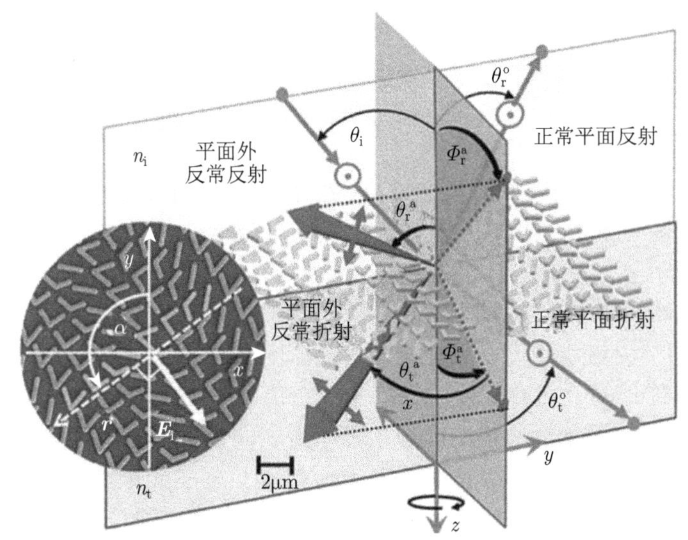


图 1-20 入射面之外实现反常反射与折射示意图

由于相位控制仅取决于分立的亚波长尺寸天线单元，所以超表面可以自由设计去实现许多功能，例如图 1-21 所示的几种平板透镜聚焦。为了使二维的平面波波前变换成具有焦距 $f$ 的球面透镜，那么在平面波波前上的相位分布应该可以表示为

$$\Phi_l(x,\gamma) = (2\pi/\lambda)\sqrt{X^2+\gamma^2+f^2-f} \tag{1-4}$$

透镜的聚焦能力取决于数值孔径：

$$\mathrm{NA} = \sin\left[\arctan(D/(2f))\right] \tag{1-5}$$

其中 $D$ 为透镜的直径。因此，可以直接通过覆盖更多的 2π 周期相位控制来实现良好的聚焦性能。

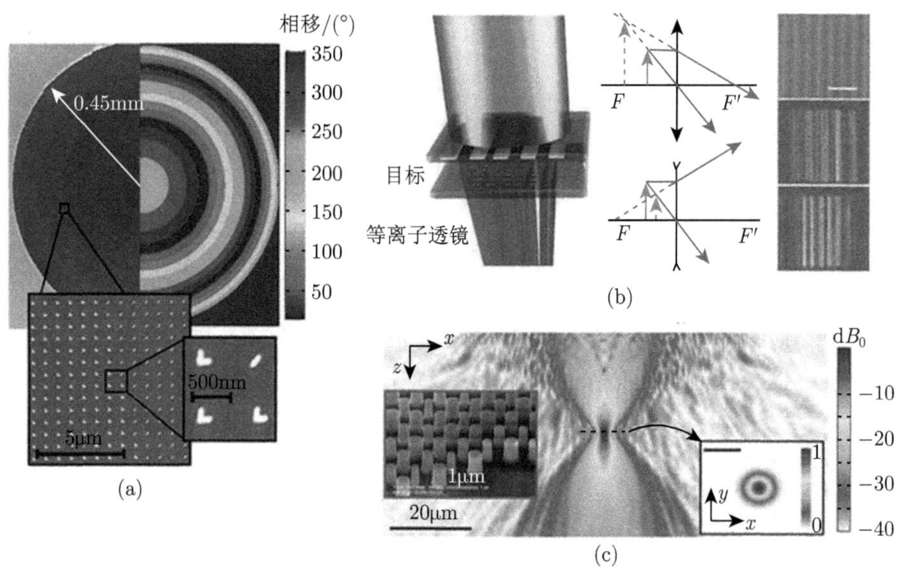


图 1-21　负折射与超透镜示意图 (彩图见封底二维码)

(a) V 型天线光学超表面应用于锥透镜；(b) 双极性平面透镜；(c) 高数值孔径平板透镜

在传统光学元件的制造过程中，需要用相当复杂的优化技术来消除色差，而基于超表面的平板透镜，可以设计成无色差影响的理想透镜，即使在非傍轴条件下，也可以方便地设计出高数值孔径的平板透镜，在显微镜和其他成像系统领域，都可以应用这种超薄平板透镜。此外，光学超表面也被用来设计一种专门类型的锥透镜镜片，它可以用作空心光束发生器或高斯-贝塞尔光束变换器等，在眼科手术、光捕获、显微镜和望远镜等系统中都有广泛的应用。假如需要设计一个锥角为 $\beta$ 的锥透镜，需要对入射波施加一个圆锥形相位延迟，式 (1-4) 可以表示为

$$\Phi_A(x,\gamma) = 2\pi/\lambda\left(\sqrt{X^2+\gamma^2\sin\beta}\right) \tag{1-6}$$

图 1-21(a) 中展示了一种基于 V 型天线单元超表面设计的锥透镜在中红外频率的交叉偏振效应 [120]。惠更斯表面也可以实现类似的功能，其中入射的高斯光束被转换成贝塞尔光束，同时保持透射率超过 99%的偏振控制。

除了设计具有传统光学元件性能的平板透镜之外，使用 PB 相位单元的反常双极性平面镜头，可以产生能够进行旋向控制的放大和缩小的图像，如图 1-21(b) 所示，也就是说，分别响应右旋圆偏振光 (right circular polarized, RCP) 和左旋圆偏振光 (left circular polarized, LCP) 的聚焦和散焦功能，都可以被集成到同一平面透镜中。这些平面透镜的一个缺点是聚焦光总是与入射的背景光混合，这需要通过额外的偏振器或波片来滤除。后来，为了克服这个缺点，研究人员开发了巴比涅反转对称的纳米孔径，通过用不透明的金属薄膜阻挡与入射光偏振方向相同的部分实现了较高信噪比 [90,101]。

无论是光束偏转器还是超透镜，等离子体超表面的效率都远未达到实际应用的要求 [133,134]。研究指出，采用半导体或高折射率电介质有望解决这个问题 [95,99,100,135,136]。图 1-21(c) 为一种基于高对比度透射天线阵列的高数值孔径的亚波长尺寸的超透镜 [100]，其中聚焦效率高达 42%，在 1550nm 的工作波长下，聚焦点尺寸为 0.57 $\lambda$。另外，由于每个单元结构的各向同性局部散射效应，这个结构设计是对偏振不敏感的。理论指出，通过使用诸如椭圆或矩形的各向异性结构，可以利用偏振敏感响应来实现类似的功能。

### 1.6.2 光学偏振控制器

偏振是电磁波的另一个重要特性，在显示器件、工业及实验测试和生物显微镜等方面有着丰富的应用。经典的偏振控制器，如四分之一波片、半波片、偏振片或偏振晶体，由于远大于工作波长的元件尺寸，难以融入未来芯片级的光学系统中，其固有的色散特性也使其本身的工作频带较窄，而具有亚波长尺寸和灵活相位控制的超表面有望取代传统的偏振控制器件 [128]。

在过去几年中，多种超表面被设计出来实现从微波段到可见光波段的高效偏振转换 [91,98,137−143]。各向异性结构，例如 T 型、C 型和 L 型结构以及开口环，被广泛应用于调整两个正交电场分量的相位差 [115,144−146]。例如，图 1-22(a) 显示了一个由相位控制天线阵列超表面构成的四分之一波片，当线偏振光垂直入射到超表面时，其内部两个基本子单元会支持两个具有相同振幅但线偏振方向互相垂直的波共同传播，且能产生 $\pi/2$ 相位差，从而将线偏振光转化为圆偏振光，另外，由于沿周期方向引入相位梯度，圆偏振光的偏转角为 $\theta_L = \arcsin(\lambda/\Gamma)$，在 $5 \sim 12\mu m$ 中红外频段内效率较高，但最大被限制在 25%。为了突破这个转换效率极限，研究人员又提出了由两个紧密间隔的纳米棒组成的 T 型纳米结构 (图

1-22(b))[98]，将四分之一波片的效率提高到 50%，覆盖了光频段的 615 ~ 835nm 波长范围，其通过改变两个纳米棒长度、调整共振来产生额外的相位延迟。

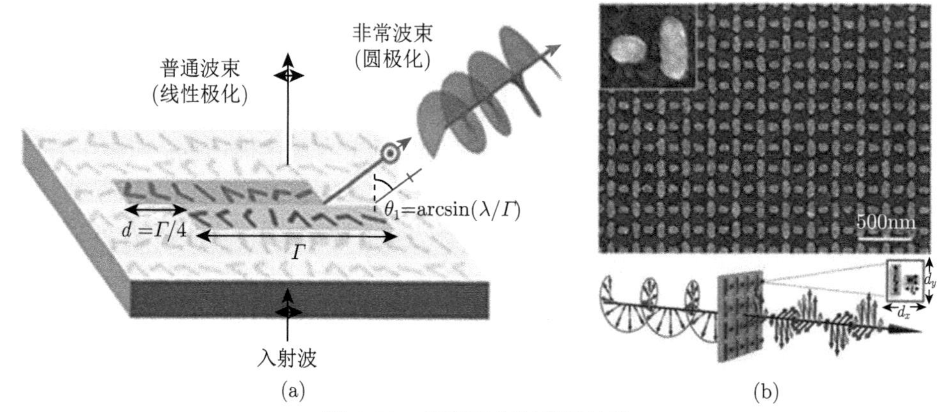


图 1-22 超表面实现偏振转换

(a) V 型天线光学超表面实现四分之一波片；(b) T 型结构光学超表面实现四分之一波片

与透射型波片低转换效率的普遍困境相反，对应的反射型波片可以容易地实现高效率。这种反射模式的超表面偏振转换器通过采用超表面结构层-电介质层-金属背板的复合结构来实现，这种结构最初是被提出作为在不同频率范围工作的理想吸收器 [147,148]。由于金属背板的存在而没有透射，电磁波可以在电介质间隔层内多次反射，相位延迟累积充分以满足四分之一波片或半波片的相位要求 [137,145,149]。同时，顶层超表面结构单元的谐振模式固有的色散可以通过电介质间隔层的厚度依赖性分散而被中和消除。因此理论上可以实现无色散偏振控制。图 1-23 展示了一种用于实现在宽带宽的近红外波段范围内具有接近 100%偏振转

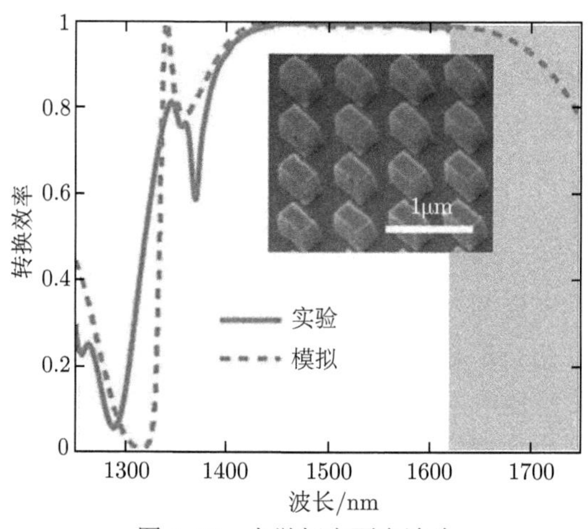


图 1-23 光学超表面半波片

换效率的半波片，其中顶部材料是硅，底部背板是银。到目前为止，已经通过实验证明了具有介质层的反射式设计是提高操作效率的最佳方式。类似的机制也适用于用金属对电极取代电介质 [115,137,143]。例如，四分之一波片和半波片都已被证明在 640 ~ 1300nm 具有大于 80%的高效率，其中顶部和底部材料都是金 [150]。

除了偏振状态转换之外，在一些应用中还希望利用超表面任意旋转所需线性偏振光的偏振角，例如光学隔离器、全内反射等其他基于偏振的器件和现象。基于各向异性或手性材料的传统偏振转换器的体积较大，具有超薄尺寸的许多超表面设计已被广泛研究 [144,151−153]。但是，小旋转角度或适当的旋转效率仍然具有较大的挑战。图 1-24(a) 为基于波导模式和等离子体模式耦合的偏振转换器 [154]。通过结合局部表面等离子体谐振 (surface plasmon resonance, SPR) 和表面等离子体偏振激元的贡献，简单地调制银膜中的 S 形通孔的厚度即实现了任意的旋转角度。在 245 nm 厚的银膜上获得波长为 1089 nm 的接近完整的垂直旋转。另一方面，由于缺乏合适的天然材料，太赫兹频率下的偏振控制特别引人注目。如图 1-24(b) 所示，采用三层结构实现偏振效率大于 50%的偏振转换，相对带宽为 40%[155]。

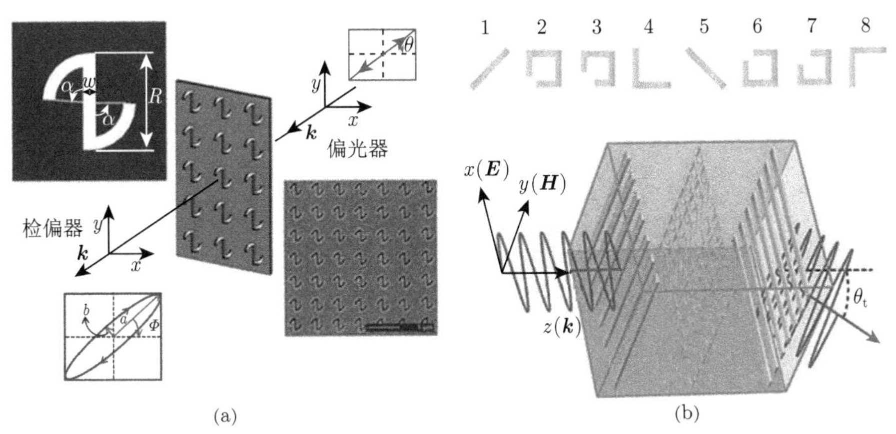


图 1-24 光学超表面偏振转换器

(a) 耦合模式偏振转换器；(b) 多层复合结构偏振转换器

### 1.6.3 消色差光学超表面

色散是光学中的一个至关重要的问题，但现有超表面设计中，折射和衍射不可避免地都存在色散。尽管用超表面实现了较宽的工作频段，但共振将引起相变的固有色散，即色差仍然存在。为了消除这种色差，在波传播期间，需要与波长无关的相位延迟来补偿对应的相位改变。为了获得宽带响应的超表面，需要将不同波长处的多种模式横向或纵向组合以形成超级单元 [156−160]。类似地，通过在一个独立单元内组成两个耦合的矩形介质谐振器 (图 1-25)，硅基超表面已经被证实能够使多波长的光偏转或聚焦 [161,162]，它进一步拓宽了超表面的功能，并提供了一个无与伦比的方法来规避传统光学元件的固有色散。

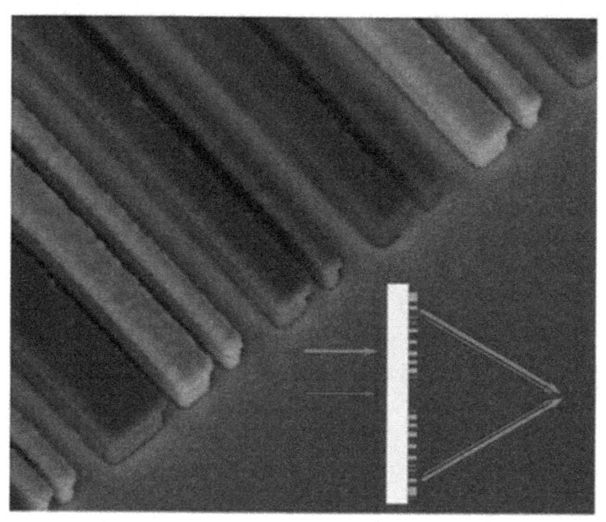

图 1-25 消色差光学超表面示意图 (彩图见封底二维码)

单元结构中包含两条硅纳米线

## 1.7 光学超表面的问题与展望

### 1.7.1 超表面中的损耗

尽管利用上述超表面在光波控制方面取得了显著成就，但是金属材料不可避免地引入了明显的欧姆损耗，尤其在可见光和近红外波段更为明显。据完善的米氏理论 (Mie theory) 预测，硅 (Si)、二氧化钛 ($TiO_2$) 和锗 (Ge) 等高折射率材料，可以通过支持电和磁两种共振方式，为损耗问题提供一个有效的解决方案 [163]，然而直到最近才在近红外及可见光下得以实现 [164,165]，这种想法也被扩展到完全控制反射和透射的应用中 [166]。通过用硅取代高损耗金属材料，宽带的线性偏振转换和光涡旋也已经被实验证实 [135,167]。另外，新兴的二维材料也可以作为优秀的超表面，例如，使用石墨烯来产生比金属更低损耗的等离子体激元共振。通过调整每个单元的几何尺寸，以及可控的介质特性，二维材料超表面能够在宽带范围内实现主动共振行为 [168−171]。

### 1.7.2 光学超表面展望

首先，超表面的操作效率亟待进一步提高，特别是对于效率较低的透射模式超表面。针对这个问题，由于半导体或高折射率电介质在长波长处具有较小的固有损耗，超表面效率有望得到一定的提升。但是在可见光波长，超表面研究还有较大的发展空间。另一方面，已报道的大多数超表面应用都缺乏可调性，为了实现有效的可控调节，超表面单元的材料特性或介电参数必须是可调的，这两种方法都依赖于材料的共振响应，已有多种材料阵列被用于主动激励器件设计，诸如相变材料 (PCM)[172−177]、二维材料 [178,179]、液晶 [180] 和微机电系统 (MEMS)[181,182]，即选择合适的主动材料，可以通过光学、电学或机械方法实现可调谐性能。此外，从实际应用角度考虑，在柔性基底上制造的超表面器件将有广阔的应用前景 [183,184]。

尽管过去几年来超表面发展快速，但对于可见光甚至紫外线的高效透射型应用和可调谐性等几个问题，还有很长的路要走。在可预见的未来，将实验室规模的超表面转化到实际应用，有助于实现具有超紧凑的尺寸、多功能、高完整性等先进特性的光学元件。

## 参 考 文 献

[1] Veselago G. The electrodynamics of substances with simultaneously negative values of permittivity and permeability. Sov. Phys. Usp., 1968, 10(4): 509-514.

[2] Pendry J B, Holden A J, Stewart W J, et al. Extremely low frequency plasmons in metallic mesostructures. Phys. Rev. Lett., 1996, 76: 4773.

[3] Pendry J B, Holden A J, Robbins D J, et al. Magnetism from conductors and enhanced nonlinear phenomena. IEEE Trans. Microwave Theory Tech., 1999, 47: 2075-2084.

[4] Smith D R, Padilla W J, Vier D C, et al. Composite medium with simultaneously negative permeability and permittivity. Phys. Rev. Lett., 2000, 84: 4184-4187.

[5] Shelby R A, Smith D R, Schultz S. Experimental verification of a negative index of refraction. Science, 2001, 292: 77-79.

[6] Pacheco J, Jr, Grzegorczyk T M, Wu B I, et al. Power propagation in homogeneous isotropic frequency-dispersive left-handed media. Phys. Rev. Lett., 2002, 89(25): 257401.

[7] Houck A A, Brock J B, Chuang I L. Experimental observations of a left-handed material that obeys Snell's law. Phys. Rev. Lett., 2003, 90(13): 137401.

[8] Parazzoli C G, Greegor R B, Li K, et al. Experimental verification and simulation of negative index of refraction using Snell's law. Phys. Rev. Lett., 2003, 90(10): 107401.

[9] Chen H S, Ran L X, Huangfu J T, et al. T-junction waveguide experimental to characterize left-handed properties of metamaterials. J. Appl. Phys., 2003, 94(6): 3712-3716.

[10] Chen H S, Ran L X, Huangfu J T, et al. Metamaterial exhibiting left-handed properties over multiple frequency bands. J. Appl. Phys., 2004, 96(9): 5338-5340.

[11] Huangfu J T, Ran L X, Chen H S, et al. Experimental confirmation of negative refractive index of a metamaterial composed of Ω-like metallic patterns. Appl. Phys. Lett., 2004, 84(9): 1537-1539.

[12] Zhou J F, Koschny T, Zhang L, et al. Experimental demonstration of negative index of refraction. Appl. Phys. Lett., 2006, 88: 221103.

[13] Bulu I, Caglayan H, Ozbay E. Experimental demonstration of labyrinth-based left-handed metamaterials. Opt. Express, 2005, 13(25): 10238-10247.

[14] Zhou J, Zhang L, Tuttle G, et al. Negative index materials using simple short wire pairs. Physical Review B, 2006, 73: 041101.

[15] Chen H, Ran L, Wang D, et al. Metamaterial with randomized patterns for negative refraction of electromagnetic waves. Appl. Phys. Lett., 2006, 88: 031908.

[16] Shalaev V M, Cai W, Chettiar U K, et al. Negative index of refraction in optical metamaterials. Opt. Lett., 2005, 30(24): 3356-3358.

[17] Dolling G, Enkrich C, Wegener M, et al. Low-loss negative-index metamaterial at telecommunication wavelengths. Opt. Lett., 2006, 31(12): 1800-1802.

[18] Zhou X, Zhao X P, Liu Y. Disorder effects of left-handed metamaterials with unitary dendritic structure cell. Opt. Express, 2008, 16(11): 7674-7679.

[19] Liu H, Zhao X, Yang Y, et al. Fabrication of infrared left-handed metamaterials via double template-assisted electrochemical deposition. Adv. Mater., 2008, 20: 2050-2054.

[20] Falcone F, Lopetegi T, Laso M A G, et al. Babinet principle applied to the design of metasurfaces and metamaterials. Phys. Rev. Lett., 2004, 93(19): 197401.

[21] Zentgraf T, Meyrath T P, Seidel A, et al. Babinet's principle for optical frequency metamaterials and nanoantennas. Phys. Rev. B, 2007, 76: 033407.

[22] Zhang L, Koschny T, Soukoulis C M. Creating double negative index materials using the Babinet principle with one metasurface. Phys. Rev. B, 2013, 87: 045101.

[23] Pendry J B. A chiral route to negative refraction. Science, 2004, 306: 1353-1355.

[24] Wang B N, Zhou J F, Koschny T, et al. Chiral metamaterials: simulations and experiments. J. Opt. A: Pure Appl. Opt., 2009, 11: 114003.

[25] Wiltshire M C K, Pendry J B, Hajnal J V. Chiral swiss rolls show a negative refractive index. J. Phys.: Condens. Matter., 2009, 21: 292201.

[26] Plum E, Zhou J, Dong J, et al. Metamaterial with negative index due to chirality. Phys. Rev. B, 2009, 79: 035407.

[27] Zhou J F, Dong J F, Wang B N, et al. Negative refractive index due to chirality. Phys. Rev. B, 2009, 79: 121104(R).

[28] Zhang S, Park Y S, Li J, et al. Negative refractive index in chiral metamaterials. Phys. Rev. Lett., 2009, 102: 023901.

[29] Zhao R, Zhang L, Zhou J, et al. Conjugated gammadion chiral metamaterial with uniaxial optical activity and negative refractive index. Phys. Rev. B, 2011, 83: 035105.

[30] Song K, Liu Y H, Fu Q H, et al. 90° polarization rotator with rotation angle independent of substrate permittivity and incident angles using a composite chiral metamaterial. Opt. Express, 2013, 21(6): 7439-7446.

[31] Song K, Zhao X P, Liu Y H, et al. A frequency-tunable 90° -polarization rotation device using composite chiral metamaterials. Appl. Phys. Lett., 2013, 103: 101908.

[32] Soukoulis C M, Zhou J F, Koschny T, et al. The science of negative index materials. J. Phys.: Condens. Matter, 2008, 20: 304217.

[33] Gokkavas M, Guven K, Bulu I, et al. Experimental demonstration of a left-handed metamaterial operating at 100 GHz. Phys. Rev. B, 2006, 73: 193103.

[34] Moser H O, Casse B D F, Wilhelmi O, et al. Terahertz response of a microfabricated rod-split-ring-resonator electromagnetic metamaterial. Phys. Rev. Lett., 2005, 94: 063901.

[35] Linden S, Enkrich C, Wegener M, et al. Magnetic response of metamaterials at 100 terahertz. Science, 2004, 306: 1351-1353.

[36] Zhou J, Koschny T, Kafesaki M, et al. Saturation of the magnetic response of split-ring resonators at optical frequencies. Phys. Rev. Lett., 2005, 95: 223902.

[37] Enkrich C, Wegener M, Linden S, et al. Magnetic metamaterials at telecommunication and visible frequencies. Phys. Rev. Lett., 2005, 95: 203901.

[38] Dolling G, Enkrich C, Wegener M, et al. Cut-wire pairs and plate pairs as magnetic atoms for optical metamaterials. Opt. Lett., 2005, 30(23): 3198-3200.

[39] Dolling G, Wegener M, Soukoulis C M, et al. Negative-index metamaterial at 780nm wavelength. Opt. Lett., 2007, 32(1): 53-55.

[40] Zhang S, Fan W J, Panoiu N C, et al. Experimental demonstration of near-infrared negative-index metamaterials. Phys. Rev. Lett., 2005, 95: 137404.

[41] Zhang S, Fan W J, Malloy K J, et al. Near-infrared double negative metamaterials. Opt. Express, 2005, 13(13): 4922-4930.

[42] Zhang S, Fan W J, Malloy K J, et al. Demonstration of metal-dielectric negative-index metamaterials with improved performance at optical frequencies. J. Opt. Soc. Am. B, 2006, 23(3): 434-438.

[43] Dolling G, Enkrich C, Wegener M, et al. Simultaneous negative phase and group velocity of light in a metamaterial. Science, 2006, 312: 892-894.

[44] Chettiar U K, Kildishev A V, Yuan H K, et al. Dual-band negative index metamaterial: double negative at 813nm and single negative at 772nm. Opt. Lett., 2007, 32(12): 1671-1673.

[45] Kim E, Shen Y R, Wu W, et al. Modulation of negative index metamaterials in the near-IR range. Appl. Phys. Lett., 2007, 91: 173105.

[46] Mary A, Rodrigo S G, Garcia-Vidal F J, et al. Theory of negative-refractive-index response of double-fishnet structures. Phys. Rev. Lett., 2008, 101: 103902.

[47] Zhou J F, Koschny T, Kafesaki M, et al. Negative refractive index response of weakly and strongly coupled optical metamaterials. Phys. Rev. B, 2009, 80: 035109.

[48] Yang J, Sauvan C, Liu H T, et al. Theory of fishnet negative-index optical metamaterials. Phys. Rev. Lett., 2011, 107: 043903.

[49] Kafesaki M, Tsiapa I, Katsarakis N, et al. Left-handed metamaterials: the fishnet structure and its variations. Phys. Rev. B, 2007, 75: 235114.

[50] Ding P, Liang E J, Hu W Q, et al. Numerical simulations of terahertz double-negative metamaterial with isotropic-like fishnet structure. Photonics and Nanostructures-Fundamentals and Applications, 2009, 7: 92-100.

[51] Helgert C, Menzel C, Rockstuhl C, et al. Polarization-independent negative-index metamaterial in the near infrared. Opt. Lett., 2009, 34(5): 704-706.

[52] Zhu W R, Zhao X P. Numerical study of low-loss cross left-handed metamaterials at visible frequency. Chin. Phys. Lett., 2009, 26(7): 074212.

[53] Kong J A. Electromagnetic wave interaction with stratified negative isotropic media. Prog. Electromagn. Res., 2002, 35(10): 1-52.

[54] Cubukcu E, Aydin K, Ozbay E, et al. Electromagnetic waves: negative refraction by photonic crystals. Nature, 2003, 423(6940): 604, 605.

[55] Eleftheriades G V, Siddiqui O F. Negative refraction and focusing in hyperbolic transmission-line periodic grids. IEEE T. Microw. Theory, 2005, 53(1): 396-403.

[56] Parazzoli C G, Greegor R B, Li K, et al. Experimental verification and simulation of negative index of refraction using Snell's law. Phys. Rev. Lett., 2003, 90(10): 107401.

[57] Valentine J, Zhang S, Zentgraf T, et al. Three-dimensional optical metamaterial with a negative refractive index. Nature, 2008, 455(7211): 376.

[58] Yao J, Liu Z W, Liu Y M, et al. Optical negative refraction in bulk metamaterials of nanowires. Science, 2008, 321(5891): 930.

[59] Pendry J B. Negative refraction makes a perfect lens. Phys. Rev. Lett., 2000, 85(18): 3966.

[60] Fang N, Lee H, Sun C, et al. Sub-diffraction-limited optical imaging with a silver superlens. Science, 2005, 308(5721): 534-537.

[61] Melville D O, Blaikie R J. Super-resolution imaging through a planar silver layer. Opt. Express, 2005, 13(6): 2127-2134.

[62] Shamonina E, Kalinin V A, Ringhofer K H, et al. Imaging, compression and Poynting vector streamlines for negative permittivity materials. Electron. Lett., 2001, 37(20): 1243-1244.

[63] Ramakrishna S A, Pendry J B, Wiltshire M C K, et al. Imaging the near field. J. Modern Opt., 2003, 50(9): 1419-1430.

[64] Belov P A, Hao Y. Subwavelength imaging at optical frequencies using a transmission device formed by a periodic layered metal-dielectric structure operating in the canalization regime. Phys. Rev. B, 2006, 73(11): 113110.

[65] Wood B, Pendry J B, Tsai D P. Directed subwavelength imaging using a layered metal-dielectric system. Phys. Rev. B, 2006, 74(11): 115116.

[66] Taubner T, Korobkin D, Urzhumov Y, et al. Near-field microscopy through a SiC superlens. Science, 2006, 313(5793): 1595.

[67] Zhang X, Liu Z W. Superlenses to overcome the diffraction limit. Nature Materials, 2008, 7(6): 435.

[68] Schurig D, Mock J J, Justice B J, et al. Metamaterial electromagnetic cloak at microwave frequencies. Science, 2006, 314(5801): 977-980.

[69] Cai W S, Chettiar U K, Kildishev A V, et al. Optical cloaking with metamaterials. Nature Photonics , 2007, 1(4): 224.

[70] Chen H, Zheng B, Shen L, et al. Ray-optics cloaking devices for large objects in incoherent natural light. Nature Communications, 2013, 4(10): 2652.

[71] Valentine J, Li J, Zentgraf T, et al. An optical cloak made of dielectrics. Nature Materials, 2009, 8 (7): 568-571.

[72] Yen T J, Padilla W J, Fang N, et al. Terahertz magnetic response from artificial materials. Science, 2004, 303(5663): 1494-1496.

[73] Lezec H J, Dionne J A, Atwater H A. Negative refraction at visible frequencies. Science, 2007, 316 (5823): 430-432.

[74] Eleftheriades G V, Balmain K G. Negative-Refraction Metamaterials: Fundamental Principles and Applications. Hoboken: John Wiley & Sons, 2005.

[75] Grigorenko A N, Geim A K, Gleeson H F, et al. Nanofabricated media with negative permeability at visible frequencies. Nature, 2005, 438(7066): 335.

[76] Ramakrishna S A. Physics of negative refractive index materials. Rep. Prog. Phys., 2005, 68(2): 449.

[77] Chen J B, Wang Y, Jia B H, et al. Observation of the inverse Doppler effect in negative-index materials at optical frequencies. Nat. Photon., 2011, 5(4): 239-242.

[78] Engheta N, Ziolkowski R W. A positive future for double-negative metamaterials. IEEE Trans. Microwave Theory Tech., 2005, 53(4): 1535-1556.

[79] Zhou X, Fu Q H, Zhao J, et al. Negative permeability and subwavelength focusing of quasi-periodic dendritic cell metamaterials. Opt. Express, 2006, 14(16): 7188-7197.

[80] Zhou X, Zhao X P. Resonant condition of unitary dendritic structure with overlapping negative permittivity and permeability. Appl. Phys. Lett., 2007, 91(18): 181908.

[81] Liu H, Zhao X P. Metamaterials with dendriticlike structure at infrared frequencies. Appl. Phys. Lett., 2007, 90(19): 191904.

[82] Chen H Y, Hou B, Chen S Y, et al. Design and experimental realization of a broadband transformation media field rotator at microwave frequencies. Phys. Rev. Lett., 2009, 102(18): 183903.

[83] Pendry J B, Schurig D, Smith D R. Controlling electromagnetic fields. Science, 2006, 312(5781): 1780-1782.

[84] Zhang L, Mei S T, Huang K, et al. Advances in full control of electromagnetic waves with metasurfaces. Adv. Opt. Mater., 2016, 4(6): 818-833.

[85] Zhao X P, Luo W, Huang J X, et al. Trapped rainbow effect in visible light left-handed heterostructures. Appl. Phys. Lett., 2009, 95(7): 071111.

[86] Zhao X P. Bottom-up fabrication methods of optical metamaterials. J. Mater. Chem., 2012, 22(19): 9439-9449.

[87] Yu N F, Genevet P, Kats M A, et al. Light propagation with phase discontinuities: generalized laws of reflection and refraction. Science, 2011, 334(6054): 333-337.

[88] Liu B Q, Zhao X P, Zhu W R, et al. Multiple pass-band optical left-handed metamaterials based on random dendritic cells. Adv. Funct. Mater., 2008, 18(21): 3523-3528.

[89] Blanchard R, Aoust G, Genevet P, et al. Modeling nanoscale V-shaped antennas for the design of optical phased arrays. Phys. Rev. B, 2012, 85(15): 1745-1751.

[90] Kats M A, Genevet P, Aoust G, et al. Giant birefringence in optical antenna arrays with widely tailorable optical anisotropy. Proc. Natl. Acad. Sci. USA, 2012, 109(31): 12364-12368.

[91] Yu N F, Aieta F, Genevet P, et al. A broadband, background-free quarter-wave plate based on plasmonic metasurfaces. Nano Lett., 2012, 12(12): 6328.

[92] Ni X J, Emani N K, Kildishev A V, et al. Broadband light bending with plasmonic nanoantennas. Science, 2012, 335(6067): 427.

[93] Huang L L, Chen X Z, Mühlenbernd H, et al. Dispersionless phase discontinuities for controlling light propagation. Nano Lett., 2012, 12(11): 5750-5755.

[94] Sun S L, Yang K Y, Wang C M, et al. High-efficiency broadband anomalous reflection by gradient meta-surfaces. Nano Lett., 2012, 12(12): 6223-6229.

[95] Yu Y F, Zhu A Y, Paniagua-Domínguez R, et al. High-transmission dielectric metasurface with 2π phase control at visible wavelengths. Laser & Photon. Rev., 2015, 9(4): 412-418.

[96] Aieta F, Genevet P, Kats M A, et al. Aberration-free ultrathin flat lenses and axicons at telecom wavelengths based on plasmonic metasurfaces. Nano Lett., 2012, 12(9): 4932-4936.

[97] Pors A, Nielsen M G, Eriksen R L, et al. Broadband focusing flat mirrors based on plasmonic gradient metasurfaces. Nano Lett., 2013, 13(2): 829-834.

[98] Zhao Y, Alù A. Tailoring the dispersion of plasmonic nanorods to realize broadband optical meta-waveplates. Nano Lett., 2013, 13(3): 1086-1091.

[99] Yang Y M, Wang W Y, Moitra P, et al. Dielectric meta-reflectarray for broadband linear polarization conversion and optical vortex generation. Nano Lett., 2014, 14(3): 1394-1399.

[100] Arbabi A, Horie Y, Bagheri M, et al. Dielectric metasurfaces for complete control of phase and polarization with subwavelength spatial resolution and high transmission. Nature Nanotechnology, 2015, 10(11): 937-943.

[101] Ni X, Kildishev A V, Shalaev V M. Metasurface holograms for visible light. Nat. Commun., 2013, 4(4): 2807.

[102] Huang L L, Chen X, Mühlenbernd H. Three-dimensional optical holography using a plasmonic metasurface. Nat. Commun., 2013, 4(7): 2808.

[103] Zheng G X, Mühlenbernd H, Kenney M, et al. Metasurface holograms reaching 80% efficiency. Nature Nanotechnology, 2015, 10(4): 308.

[104] Luk'yanchuk B, Zheludev N I, Maier S A, et al. The Fano resonance in plasmonic nanostructures and metamaterials. Nat. Mater., 2010, 9(9): 707-715.

[105] Larouche S, Tsai Y J, Tyler T, et al. Infrared metamaterial phase holograms. Nat. Mater., 2012, 11(5): 450-454.

[106] Biagioni P, Savoini M, Huang J S, et al. Near-field polarization shaping by a near-resonant plasmonic cross antenna. Phys. Rev. B, 2009, 80(15): 153409.

[107] Huang F M, Zheludev N I. Super-resolution without evanescent waves. Nano Lett., 2009, 9(3): 1249-1254.

[108] Jiang Z H, Yun S, Lin L J, et al. Tailoring dispersion for broadband low-loss optical metamaterials using deep-subwavelength inclusions. Scientific Reports, 2013, 3(7442): 1571.

[109] Monticone F, Estakhri N M, Alù A. Full control of nanoscale optical transmission with a composite metascreen. Phys. Rev. Lett., 2013, 110(20): 203903.

[110] Pfeiffer C, Grbic A. Metamaterial Huygens' surfaces: tailoring wave fronts with reflectionless sheets. Phys. Rev. Lett., 2013, 110(19): 197401.

[111] Berry M V. The adiabatic phase and Pancharatnam's phase for polarized light. J. Mod. Optic ., 1987, 34(11): 1401-1407.

[112] Pancharatnam S. Generalized theory of interference and its applications. Proc. Indian Acad. Sci, 1956, 44: 247.

[113] Bomzon Z, Biener G, Kleiner V, et al. Space-variant Pancharatnam-Berry phase optical elements with computer-generated subwavelength gratings. Opt. Lett., 2002, 27(13): 1141.

[114] Bomzon Z, Kleiner V, Hasman E. Pancharatnam-Berry phase in space-variant polarization-state manipulations with subwavelength gratings. Opt. Lett., 2001, 26(18): 1424-1426.

[115] Jiang S C, Xiong X, Hu Y S, et al. High-efficiency generation of circularly polarized light via symmetry-induced anomalous reflection. Phys. Rev. B, 2015, 91(12): 125421.

[116] Liu L X, Zhang X Q, Kenney M, et al. Broadband metasurfaces with simultaneous control of phase and amplitude. Adv. Mater., 2014, 26(29): 5031-5036.

[117] Cong L Q, Xu N N, Han J G, et al. A tunable dispersion-free terahertz metadevice with Pancharatnam-Berry-phase-enabled modulation and polarization control. Adv. Mater., 2015, 27(42): 6630-6636.

[118] Cong L Q, Xu N N, Zhang W L, et al. Polarization control in terahertz metasurfaces with the lowest order rotational symmetry. Adv. Opt. Mater., 2015, 3(9): 1176-1183.

[119] Ding X M, Monticone F, Zhang K, et al. Ultrathin Pancharatnam-Berry metasurface with maximal cross-polarization efficiency. Adv. Mater., 2015, 27(7): 1195-1200.

[120] Chen X Z, Huang L L, Muehlenbernd H, et al. Dual-polarity plasmonic metalens for visible light. Nat. Commun., 2012, 3(6): 1198.

[121] Wen D D, Yue F Y, Kumar S, et al. Metasurface for characterization of the polarization state of light. Opt. Express, 2015, 23(8): 10272-10281.

[122] Wen D D, Yue F Y, Li G X, et al. Helicity multiplexed broadband metasurface holograms. Nat. Commun., 2015, 3(6): 1198.

[123] Liu N, Guo H, Fu L, et al. Plasmon hybridization in stacked cut-wire metamaterials. Adv. Mater., 2007, 19(21): 3628-3632.

[124] Pors A, Albrektsen O, Radko I P, et al. Gap plasmon-based metasurfaces for total control of reflected light. Sci. Rep., 2013, 3(7): 2155.

[125] Zhang L, Hao J M, Qiu M, et al. Anomalous behavior of nearly-entire visible band manipulated with degenerated image dipole array. Nanoscale, 2014, 6(21): 12303-12309.

[126] Schelkunoff S A. Some equivalence theorems of electromagnetics and their application to radiation problems. The Bell System Technical Journal, 1936, 15(1): 92-112.

[127] Pfeiffer C, Emani N K, Shaltout A M, et al. Efficient light bending with isotropic metamaterial Huygens' surfaces. Nano Lett., 2014, 14(5): 2491-2497.

[128] Pfeiffer C, Grbic A. Bianisotropic metasurfaces for optimal polarization control: analysis and synthesis. Phys. Rev. Appl., 2014, 2(4): 044011.

[129] Qin F, Ding L, Zhang L, et al. Hybrid bilayer plasmonic metasurface efficiently manipulates visible light. Sci. Adv., 2016, 2(1): e1501168.

[130] Dupertuis M A, Proctor M, Acklin B. Generalization of complex Snell-Descartes and Fresnel laws. J. Opt. Soc. Am. A, 1994, 11(3): 1159-1166.

[131] Prasad T, Colvin V, Mittleman D. Superprism phenomenon in three-dimensional macroporous polymer photonic crystals. Phys. Rev. B, 2003, 67(16): 165103.

[132] Aieta F, Genevet P, Yu N F, et al. Out-of-plane reflection and refraction of light by anisotropic optical Antenna metasurfaces with phase discontinuities. Nano Lett., 2012, 12(3): 1702-1706.

[133] Vo S, Fattal D, Sorin W V, et al. Sub-wavelength grating lenses with a twist. IEEE Photonic. Tech. L., 2014, 26(13): 1375-1378.

[134] Luo J, Zeng B, Wang C T, et al. Fabrication of anisotropically arrayed nano-slots metasurfaces using reflective plasmonic lithography. Nanoscale, 2015, 7(44): 18805-18812.

[135] Decker M, Staude I, Falkner M, et al. High-efficiency dielectric Huygens' surfaces. Adv. Opt. Mater., 2015, 3(6): 813-820.

[136] Shalaev M I, Sun J B, Tsukernik A, et al. High-efficiency all-dielectric metasurfaces for ultracompact beam manipulation in transmission mode. Nano Lett., 2015, 15(9): 6261-6266.

[137] Ding F, Wang Z X, He S L, et al. Broadband high-efficiency half-wave plate: a supercell-based plasmonic metasurface approach. ACS Nano, 2015, 9(4): 4111-4119.

[138] Shaltout A, Liu J J, Shalaev V M, et al. Optically active metasurface with non-chiral plasmonic nanoantennas. Nano Lett., 2014, 14(8): 4426-4431.

[139] Wang D C, Gu Y H, Gong Y D, et al. An ultrathin terahertz quarter-wave plate using planar babinet-inverted metasurface. Opt. Express, 2015, 23(9): 11114-11122.

[140] Fan R H, Zhou Y, Ren X P, et al. Freely tunable broadband polarization rotator for terahertz waves. Adv. Mater., 2015, 27(7): 1201-1206.

[141] Hao J M, Yuan Y, Ran L X, et al. Manipulating electromagnetic wave polarizations by anisotropic metamaterials. Phys. Rev. Lett., 2007, 99(6): 063908.

[142] Huang C P, Wang Q J, Yin X G, et al. Break through the limitation of Malus' law with plasmonic polarizers. Adv. Opt. Mater., 2014, 2(8): 723-728.
[143] Pors A, Nielsen M G, Bozhevolnyi S I. Broadband plasmonic half-wave plates in reflection. Opt. Lett., 2013, 38(4): 513-515.
[144] Li T, Liu H, Wang S M, et al. Manipulating optical rotation in extraordinary transmission by hybrid plasmonic excitations. Appl. Phys. Lett., 2008, 93(2): 667.
[145] Jiang S C, Xiong X, Hu Y S, et al. Controlling the polarization state of light with a dispersion-free metastructure. Phys. Rev. X, 2014, 4(2): 021026.
[146] Li T, Wang S M, Cao J X, et al. Cavity-involved plasmonic metamaterial for optical polarization conversion. Appl. Phys. Lett., 2010, 97(26): 1353.
[147] Hao J M, Wang J, Liu X L, et al. High performance optical absorber based on a plasmonic metamaterial. Appl. Phys. Lett., 2010, 96(25): 4184.
[148] Liu N, Mesch M, Weiss T, et al. Infrared perfect absorber and its application as Plasmonic sensor. Nano Letters, 2010, 10(7): 2342-2348.
[149] Pors A, Bozhevolnyi S I. Efficient and broadband quarter-wave plates by gap-plasmon resonators. Opt. Express, 2013, 21(3): 2942-2952.
[150] Jiang Z H, Lin L, Ma D, et al. Broadband and wide field-of-view Plasmonic metasurface-enabled waveplates. Sci. Rep., 2014, 4: 7511.
[151] Elliott J, Smolyaninov I I, Zheludev N I, et al. Wavelength dependent birefringence of surface plasmon polaritonic crystals. Phys. Rev. B, 2004, 70(70): 233403.
[152] Schwanecke A S, Krasavin A, Bagnall D M, et al. Broken time reversal of light interaction with planar chiral nanostructures. Phys. Rev. Lett., 2003, 91(24): 247404.
[153] Ye Y Q, He S L. 90° polarization rotator using a bilayered chiral metamaterial with giant optical activity. Appl. Phys. Lett., 2010, 96(20): 788.
[154] Wu S, Zhang Z, Zhang Y, et al. Enhanced rotation of the polarization of a light beam transmitted through a silver film with an array of perforated S-shaped holes. Phys. Rev. Lett., 2013, 110(20): 207401.
[155] Grady N K, Heyes J E, Chowdhury D R, et al. Terahertz metamaterials for linear polarization conversion and anomalous refraction. Science, 2013, 340(6138): 1304-1307.
[156] Cui Y X, Xu J, Fung K H, et al. A thin film broadband absorber based on multi-sized nanoantennas. Appl. Phys. Lett., 2011, 99(25): 253101.
[157] Cui Y X, Fung K H, Xu J, et al. Ultrabroadband light absorption by a sawtooth anisotropic metamaterial slab. Nano Lett., 2012, 12(3): 1443-1447.
[158] Hossain M M, Jia B H, Gu M. A metamaterial emitter for highly efficient radiative cooling. Adv. Opt. Mater., 2015, 3(8): 1047-1051.
[159] Cheng Y Z, Withayachumnankul W, Upadhyay A, et al. Ultrabroadband plasmonic absorber for terahertz waves. Adv. Opt. Mater., 2015, 3(3): 376-380.
[160] Liang Q, Wang T, Lu Z, et al. Metamaterial-based two dimensional plasmonic subwavelength structures offer the broadest waveband light harvesting. Adv. Opt. Mater., 2013, 1(1): 43-49.

[161] Aieta F, Kats M A, Genevet P, et al. Multiwavelength achromatic metasurfaces by dispersive phase compensation. Science, 2015, 347(6228): 1342-1345.

[162] Khorasaninejad M, Aieta F, Kanhaiya P, et al. Achromatic metasurface lens at telecommunication wavelengths. Nano Lett., 2015, 15(8): 5358-5362.

[163] Bohren C F, Huffman D R. Absorption and Scattering by a Sphere. New York: Wiley-VCH Verlag GmbH, 2007.

[164] Cao L Y, White J S, Park J S, et al. Engineering light absorption in semiconductor nanowire devices. Nat. Mater., 2009, 8(8): 643-647.

[165] Cao L Y, Fan P Y, Barnard E S, et al. Tuning the color of silicon nanostructures. Nano Lett., 2010, 10(7): 2649-2654.

[166] Lin D M, Fan P Y, Hasman E, et al. Dielectric gradient metasurface optical elements. Science, 2014, 345(6194): 298-302.

[167] Arbabi A, Horie Y, Ball A J, et al. Subwavelength-thick lenses with high numerical apertures and large efficiency based on high-contrast transmitarrays. Nat. Commun., 2015, 6(5): 7069.

[168] Koppens F H L, Chang D E, García de Abajo F J. Graphene plasmonics: a platform for strong light-matter interactions. Nano Lett., 2011, 11(8): 3370.

[169] Fei Z, Rodin A S, Andreev G O, et al. Gate-tuning of graphene plasmons revealed by infrared nano-imaging. Nature, 2012, 487(7405): 82.

[170] Brar V W, Jang M S, Sherrott M, et al. Highly confined tunable mid-infrared plasmonics in graphene nanoresonators. Nano Lett., 2013, 13(6): 2541.

[171] Grigorenko A N, Polini M, Novoselov K S. Graphene plasmonics. Nat. Photonics, 2012, 6(11): 749.

[172] Chen Y G, Li X, Sonnefraud Y, et al. Engineering the phase front of light with phase-change material based planar lenses. Sci. Rep., 2015, 5: 8660.

[173] Lei D Y, Appavoo K, Ligmajer F, et al. Optically-triggered nanoscale memory effect in a hybrid plasmonic-phase changing nanostructure. ACS Photonics, 2015, 2(9): 1306-1313.

[174] Michel A K U, Chigrin D N, Maβ T W W, et al. Using low-loss phase-change materials for mid-infrared antenna resonance tuning. Nano Lett., 2013, 13(8): 3470-3475.

[175] Tittl A, Michel A K U, Schaeferling M, et al. A switchable mid-infrared plasmonic perfect absorber with multispectral thermal imaging capability. Adv. Mater., 2015, 27(31): 4597-4603.

[176] Wang D C, Zhang L C, Gu Y H, et al. Switchable ultrathin quarter-wave plate in terahertz using active phase-change metasurface. Sci. Rep., 2015, 5: 15020.

[177] Wuttig M, Lüesebrink D, Wamwangi D, et al. The role of vacancies and local distortions in the design of new phase-change materials. Nat. Mater., 2007, 6(2): 122-127.

[178] Fang Z Y, Wang Y M, Schlather A E, et al. Active tunable absorption enhancement with graphene nanodisk arrays. Nano Lett., 2014, 14(1): 299-304.

[179] Yao Y, Shankar R, Kats M A, et al. Electrically tunable metasurface perfect absorbers for ultrathin mid-infrared optical modulators. Nano Lett., 2014, 14(11): 6526-6532.

[180] Sautter J, Staude I, Decker M, et al. Active tuning of all-dielectric metasurface. ACS Nano, 2015, 9(4): 4308-4315.

[181] Fu Y H, Liu A Q, Zhu W M, et al. A micromachined reconfigurable metamaterial via reconfiguration of asymmetric split-ring resonators. Adv. Funct. Mater., 2011, 21(18): 3589-3594.

[182] Ma F S, Lin Y S, Zhang X H, et al. Tunable multiband terahertz metamaterials using a reconfigurable electric split-ring resonator array. Light Sci. Appl., 2014, 3(5): e171.

[183] Clausen J S, H$\phi$jlund-Nielsen E, Christiansen A B, et al. Plasmonic metasurfaces for coloration of plastic consumer products. Nano Lett., 2014, 14(8): 4499-4504.

[184] Kats M A, Blanchard R, Genevet P, et al. Nanometre optical coatings based on strong interference effects in highly absorbing media. Nat. Mater., 2013, 12(1): 20-24.

# 第 2 章　树枝结构红外和可见光超材料

近年来，超材料得到了物理、电子、光学及材料科学等多学科范围内的广泛重视 [1–4]。关于超材料的研究也由最初的微波段超材料逐渐向更短波长的红外及可见光波段超材料发展。目前，红外及可见光波段超材料的研究主要集中在材料的制备和其基础电磁特性的研究 [5–9]。其中，红外及可见光波段超材料依然采用与微波段超材料相同的制备方法，即物理刻蚀技术 (自上而下的方法)。因为根据 Pendry 等的理论研究，可以采取直接缩小开口谐振环的几何尺寸的方法来获得更短波长的负磁导率和超材料 [10–14]。然而，这种基于物理刻蚀的自上而下的方法均需要大型的仪器，而且制备过程复杂、价格昂贵。另外，这些方法所制备的样品的尺寸多为 $(100\mu m)^2$ 左右，难以制备大面积的超材料。所有这些缺点都严重限制了红外及可见光波段超材料的广泛研究和应用。本章将介绍几种“自下而上”的方法制备树枝结构超材料，并研究了其在红外和可见光波段的反常性质 [15]。

## 2.1　双模板法制备树枝结构超材料

### 2.1.1　制备流程

以胶体晶体优越的周期性特性为起点，采用双模板技术，最终制备出金属银树枝结构阵列。具体的制备过程如图 2-1 所示：

(1) 采用分散聚合法制备出单分散聚苯乙烯 (PS) 微球，并采用膜转移法在氧化铟锡 (ITO) 导电玻璃上制备二维聚苯乙烯胶体晶体，使其作为初级模板。

(2) 采用电化学沉积的方法，在聚苯乙烯胶体晶体初级模板微球之间的空隙中沉积一定厚度的 ZnO 薄膜；利用溶液萃取法去除 ZnO 薄膜的聚苯乙烯微球，得到“碗状” ZnO 反欧珀模板，作为二级模板。

(3) 采用电化学沉积的方法，在多孔 ZnO 模板的“碗状”结构中沉积金属银树枝结构单元，从而制备出金属银树枝结构阵列。

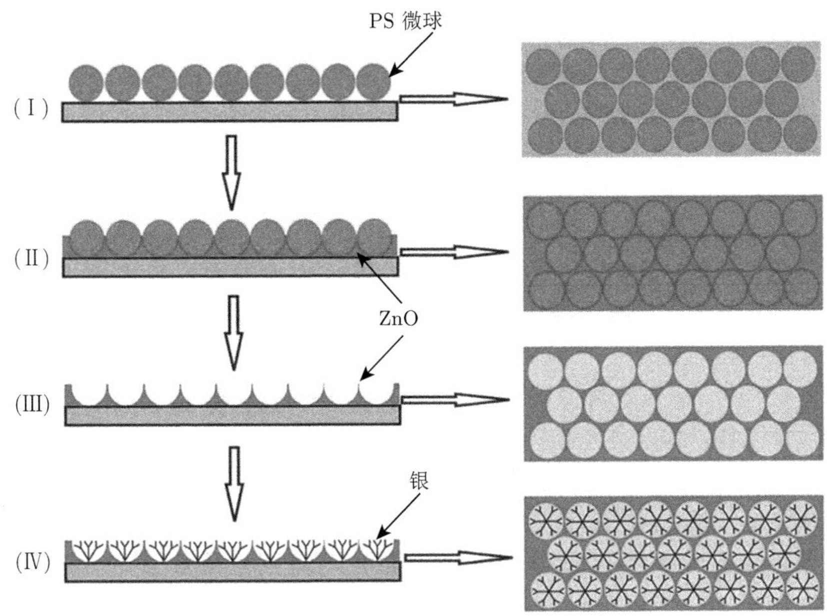


图 2-1 金属银树枝结构阵列制备过程示意图

(I) 二维聚苯乙烯胶体晶体模板；(II) 电化学沉积氧化锌纳米颗粒；(III) 除去聚苯乙烯微球得到多孔氧化锌模板；(IV) 金属银树枝结构阵列制备

### 2.1.2 周期性多孔氧化锌模板制备

以聚苯乙烯微球自组装得到的胶体晶体为模板，采用电化学沉积或者溶胶凝胶法制备氧化锌反欧珀二维或三维结构的工作已有大量的文献报道，我们采用电化学沉积的方法，通过控制电沉积过程中的反应参数，制备了具有“碗状”结构的多孔氧化锌模板。

1. 聚苯乙烯微球制备

将 3.25g 苯乙烯单体和 0.02g 乳化剂十二烷基硫酸钠 (SDS) 加入 32.3g 的超纯水 (UPW) 中，通过电磁搅拌器和超声充分混合均匀，形成 O/W 乳液；将上述乳液加入连有搅拌器、冷凝管和氮气引入接口的三颈瓶内，68℃ 水浴条件下搅拌，并通氮气 30min 后逐滴加入引发剂过硫酸钾 (KPS) 的水溶液 (0.0325gKPS/5g$H_2O$)，在通氮气的条件下恒温反应 12h 后自然冷却。在制备的白色乳液中加入约相同体积的无水乙醇，待用 [16]。

2. 二维胶体晶体模板

将制备的聚苯乙烯微球乳液用超纯水稀释至 600mL，并超声分散 15min，采用 80-2 型离心机于 400r/min 转速下离心清洗分离 20min，倒去上层溶液，用超纯水冲洗离心管底部的固体聚苯乙烯微球于另一烧杯中。重复以上步骤，直至分离的上清液中无聚苯乙烯微球出现。然后采用真空抽滤的方法进行清洗，并去除溶剂，最后得到聚苯乙烯微球饼状物。将得到的饼状物于 60℃ 真空干燥 3h，即可得纯净的聚苯乙烯微球粉体。根据实验需要将聚苯乙烯微球配制成不同质量百分比的超纯水溶液，并超声均匀分散。

二维胶体晶体固-气界面的形成是一个自组装过程 [17]。取分散均匀的聚苯乙烯微球的悬浮液，采用膜转移法制备了聚苯乙烯胶体晶体单层薄膜 [18]。将清洗干净的导电玻璃从无水乙醇中取出，用胶头滴管取适量的聚苯乙烯微球悬浮液均匀涂敷在 ITO 导电玻璃上，然后将其置于温度为 70~80℃ 的水平金属底座上，在溶剂挥发过程中，聚苯乙烯微球会在液-气界面上自组装形成多层周期性排列的聚苯乙烯胶体晶体。待溶剂完全挥发完后，将涂敷有多层聚苯乙烯胶体晶体的 ITO 导电玻璃缓慢转移至约 50~65℃ 的水浴中，最外层的单层聚苯乙烯微球将脱落，并浮于水面上，最后，将此单层膜转移至洁净的 ITO 导电玻璃的导电面上，将涂敷有聚苯乙烯微球的导电玻璃置于真空干燥箱中 (真空度 0.08MPa) 于 85℃ 下固化 12h。

图 2-2(a) 和 (b) 为采用膜转移法获得的聚苯乙烯胶体晶体模板的光学显微和扫描电镜照片。从图中可以看出，采用膜转移法可以获得大范围有序的聚苯乙烯胶体晶体单层模板，其有序范围可以达到 2cm$^2$。另外，从图 2-2(b) 可以清楚地看出，采用该方法所获得的模板中的聚苯乙烯微球均呈现出六方紧密堆积排布，基本上不存在微球晶格排布的缺陷。图 2-2 (b) 中的缺陷空位是为了证明采用膜转移法获得了聚苯乙烯胶体晶体单层模板。对比滴涂法和垂直沉积法的操作过程和结果可知，膜转移法操作简单、成本低、产出高、耗时少，且能制备出高质量、大面积单层聚苯乙烯胶体晶体模板，为多孔氧化锌模板的制备奠定了坚实基础。

(a)　　(b)

图 2-2　膜转移法制备的聚苯乙烯胶体晶体光学显微 (a) 和扫描电镜 (b) 照片

3. 多孔氧化锌模板制备

氧化锌的电沉积采用双电极体系，以涂敷有聚苯乙烯胶体晶体的导电玻璃为阴极，以金属锌 (纯度 99.99%) 为阳极，两电极之间的距离为 3cm，并严格对齐。电解质为 $Zn(NO_3)\cdot 6H_2O$ 的水溶液，沉积电压为直流 0.5V，沉积时间为 $5 \sim 15$min，整个实验过程中将电解液置于 65℃ 的恒温水浴中并持续搅拌。电沉积过程结束后，将沉积有氧化锌的导电玻璃从电解液中取出并用大量的超纯水冲洗，于室温下用氮气吹干待用。将沉积有氧化锌的导电玻璃浸泡于三氯甲烷或甲苯溶液中 24h，采用化学溶解的方法去除聚苯乙烯微球。将沉积有氧化锌的导电玻璃从三氯甲烷或甲苯溶液中取出，置于无水乙醇中超声 1min，然后依次用大量的无水乙醇和超纯水冲洗，并于室温下自然干燥，即可获得多孔氧化锌模板 [19,20]。

图 2-3 给出了在最佳实验条件下制备的多孔氧化锌模板的表面形貌和横截面扫描电镜照片。从较小倍数的扫描电镜照片图 2-3(a) 可以看出，由于所制备的聚苯乙烯胶体晶体模板具有较大面积的有序度，因此多孔氧化锌模板也在较大的范

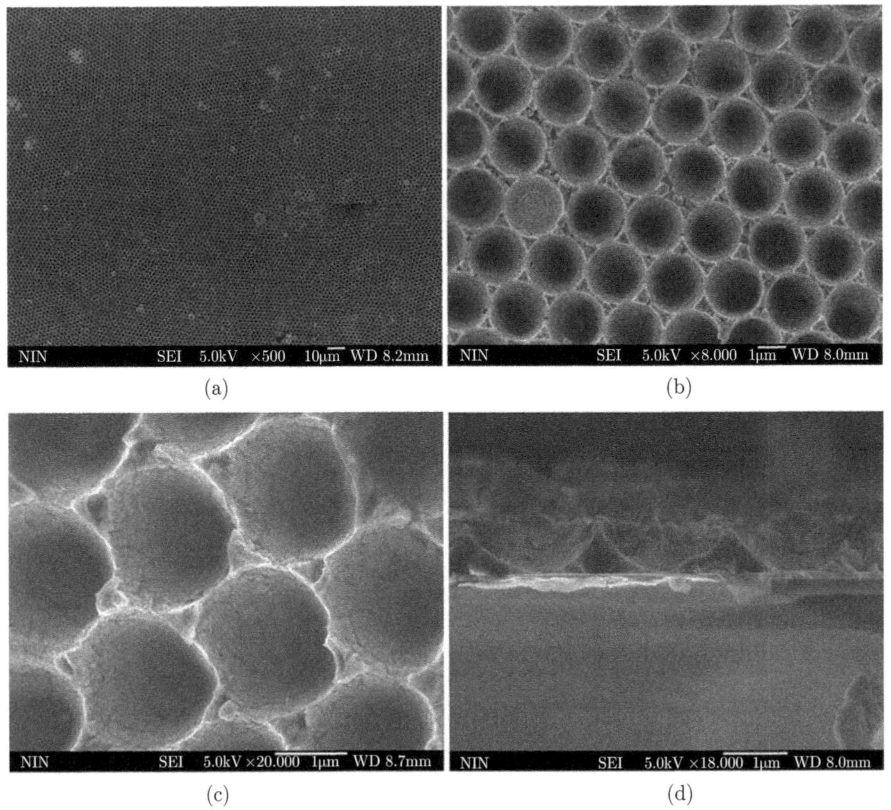


图 2-3 多孔氧化锌模板的表面形貌和横截面扫描电镜照片

围内表现出高度的有序性。从图 2-3(b) 可以清楚地看出，组成氧化锌模板的多孔结构呈现出良好的面心立方堆积结构，与聚苯乙烯胶体晶体模板的晶格结构相同。图 2-3(c) 显示氧化锌模板均由下小上大的“碗状”结构组成，且碗结构的内壁光滑。多孔氧化锌模板的横截面扫描电镜照片 (图 2-3(d)) 清楚地显示出氧化锌模板由周期性的“碗状”结构组成，碗的深度约为 800nm。总之，采用聚苯乙烯胶体晶体模板辅助电化学沉积方法制备的多孔氧化锌模板在小范围内呈高度有序的紧密排列，在大范围内虽有缺陷存在，但整体上仍具有良好的最紧密排列特征，且孔结构的均匀性较好，模板表面及“碗状”结构的内壁光滑均匀，为后续的电化学沉积金属银树枝结构阵列奠定了良好的基础。

### 2.1.3 红外银树枝结构超材料

树枝结构纳米银阵列的制备方法：配制一定浓度的 $AgNO_3$ 和聚乙二醇-20000 (PEG-20000) 的混合溶液作为电解液，以覆盖有多孔氧化锌模板的导电玻璃为阴极，金属银片为阳极，进行双电极电化学沉积。将两电极之间的距离控制在一定范围内，沉积电压为 $0.4 \sim 1.2$V，沉积时间为 $3 \sim 16$min，整个沉积过程在冰浴中进行。电化学沉积过程结束后，将阴极从电解液中取出，用大量超纯水清洗并用氮气吹干，待用。下面讨论制备过程中的影响因素。

1. 电极间距对形貌的影响

在采用多孔氧化锌模板辅助电化学沉积金属银的过程中，两电极之间的距离直接影响到金属银能否准确地沉积到多孔氧化锌模板的“碗状”结构之中，进而形成周期性排列。图 2-4 给出了不同电极间距下在多孔氧化锌模板上电化学沉积金属银后所得到样品的扫描电镜照片。从图可以看出，适当的电极间距是获得周期性良好的金属银阵列结构的关键。当两电极之间的距离为 20mm 时 (图 2-4(a) 和 (b))，电沉积过程结束后，一般不会在多孔氧化锌模板表面观察到银树枝结构，多数情况下得到的是颗粒状金属银，颗粒的直径一般为 $300 \sim 500$nm 左右。并且从图可以看出，这些金属银颗粒杂乱地分布在多孔氧化锌模板的表面，分布情况极不均匀，某些区域出现大量的金属银颗粒的聚集，而在另外一些较大面积的区域却基本上没有出现金属银纳米颗粒，而且图 2-4(b) 显示金属银纳米颗粒既可以出现在多孔氧化锌模板的表面，也可以出现在其“碗状”结构之中 (如图 2-4(b) 中箭头所示)。这说明这种情况下金属银在多孔氧化锌模板上的生长具有随意性，多孔氧化锌模板并没有起到对金属银电化学沉积的诱导作用。当两电极之间的距离减小到 10mm 时 (图 2-4(c) 和 (d))，可以看出在多孔氧化锌模板的表面已经有金属银树枝结构生成，但是该树枝结构并不是被束缚在多孔氧化锌模板的“碗状”结构之中，而是沿着模板的表面作铺展式的生长，且这些树枝结构均随机地分布于多孔氧化锌模板的表面，形状极不规则。另外，这些树枝结构大都比较粗糙，其

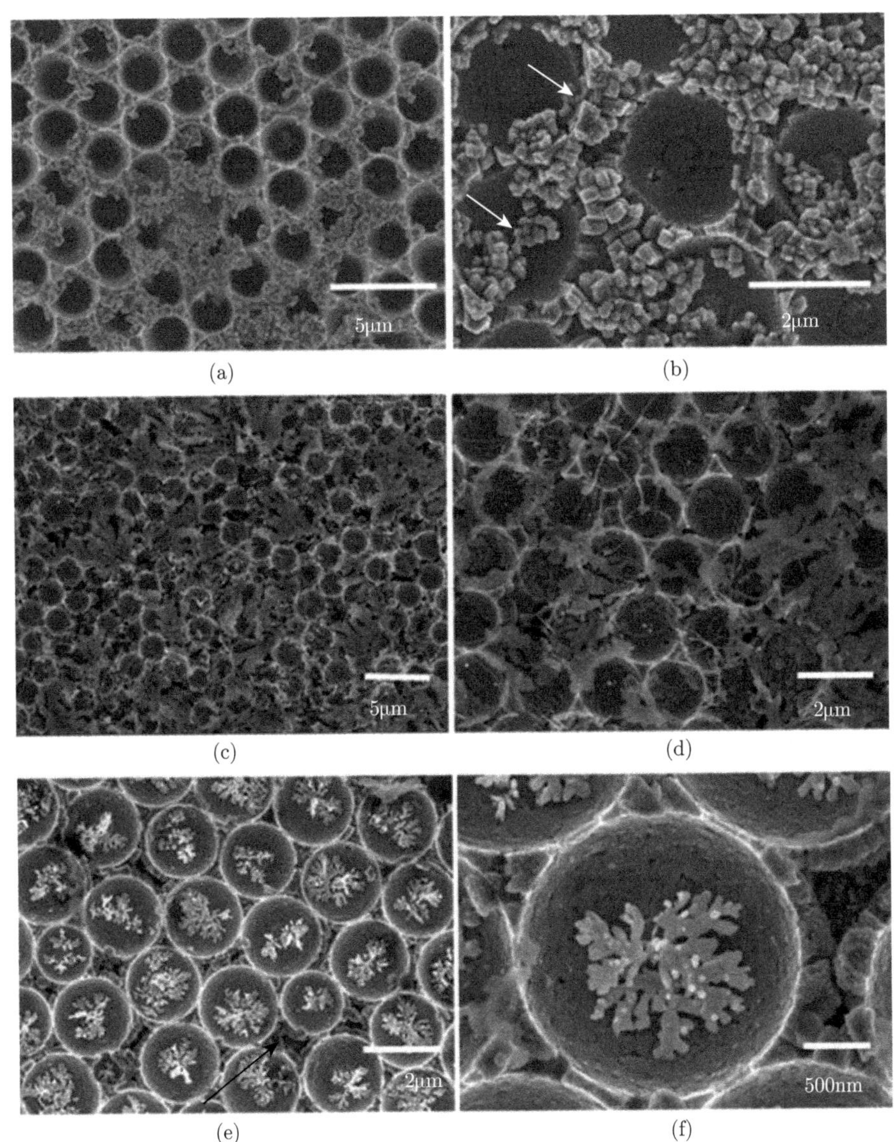


(a) (b) (c) (d) (e) (f)

图 2-4　不同电极间距对金属银沉积产物形貌的影响

电极间距分别为：(a), (b) 20mm；(c), (d) 10mm；(e), (f) 0.5mm

整体大小可以达到 5 ~ 10μm，树枝的宽度为 1 ~ 2μm，并且伴随有其他形貌的金属银生成，譬如颗粒状和线状等。而当两电极之间的距离继续减小到 0.5mm 时(图 2-4(e) 和 (f))，可以看出银树枝结构单元均被束缚在氧化锌模板的“碗状”结构之中，这时可以清楚地看出，在多孔氧化锌模板的“碗状”结构的孔中生长出了明显的金属银树枝结构，而且这些金属银树枝结构均整齐地排布于多孔氧化锌模板的“碗状”结构之中，在模板的表面以及未沉积有氧化锌的空位处 (如图 2-4(e) 中箭头所示) 未见有树枝状或其他结构的金属银生成。这说明在这种情况下，多孔氧化锌模板在电化学沉积金属树枝结构的过程中发挥了模板定位效应，正是由于多孔氧化锌模板良好的周期性的诱导，从而制备出了周期性排列的金属银树枝结构阵列。另外，从图 2-4(f) 可以看出，这些金属银树枝结构单元均是从氧化锌“碗状”结构的底部开始生长，并沿着“碗壁”逐渐向上延伸长大，通过控制电化学沉积的时间，可以将金属银树枝结构局限于“碗状”结构之中。从图 2-4(f) 还可以看出，这种树枝结构单元多为二级结构，其整体尺寸约为 1.5μm，树枝的宽度约为 80nm。

2. 聚乙二醇-20000 对形貌的影响

在电化学沉积金属银树枝结构的过程中，作为分散剂和钝化剂的聚乙二醇-20000 的浓度也严重地影响着金属银树枝结构阵列的获得。图 2-5 分别给出了当硝酸银的浓度为 0.1mg/mL，电极间距为 0.5mm，沉积电压为 0.5V，沉积时间为 6min，不同浓度聚乙二醇-20000 时所制备的金属银不同形状结构阵列的扫描电镜照片。当电解液中不添加聚乙二醇-20000 时 (图 2-5(a))，电化学沉积后所得到的产物为粒径大约为 1μm 的不规则的金属银颗粒；当聚乙二醇-20000 的浓度分别为 0.6mM (1mM=1mmol/L)、1.2mM、1.8mM 和 2.4mM 时 (图 2-5(b)~(e))，在多孔氧化锌模板的“碗状”结构中均生成了金属银树枝结构，并且随着聚乙二醇-20000 浓度的增大，所制备出的金属银树枝结构单元逐渐出现多级分枝结构，结构逐渐细化。随着聚乙二醇-20000 浓度的逐步增加，金属银树枝结构的分枝尺寸逐渐减小，其分枝的宽度分别为 300 ~ 500nm (图 2-5(b))、80 ~ 150nm (图 2-5(c))、50 ~ 100nm (图 2-5(d)) 和 20 ~ 50nm (图 2-5(e))。然而，当聚乙二醇-20000 的浓度继续增加达到 3.0mM 时 (图 2-5(f))，只能得到粒径约为 30nm 的金属银纳米颗粒，而无金属银树枝结构单元的产生。从以上的分析不难看出，在多孔氧化锌模板辅助电化学沉积金属银树枝结构阵列的过程中，我们可以通过简单地控制聚乙二醇-20000 的浓度，来实现对金属银树枝结构单元形貌和几何尺寸的有效调控。由于树枝结构单元的谐振频率主要取决于其结构参数，因此金属银树枝结构阵列的可控生长对于红外甚至可见光波段的磁谐振材料和超材料的实现与应用将具有十分重大的意义。

3. 最佳反应条件

在多孔氧化锌模板辅助电化学沉积金属银树枝结构的过程中，除两电极之间的距离和模板剂聚乙二醇-20000 的浓度对实验的结果有严重影响外，电解液的主成分 $AgNO_3$ 的浓度、沉积电压、沉积时间以及反应过程中的温度等都对金属银树枝结构阵列的获得有一定的影响。本节在确定两电极之间的距离为 0.5mm，

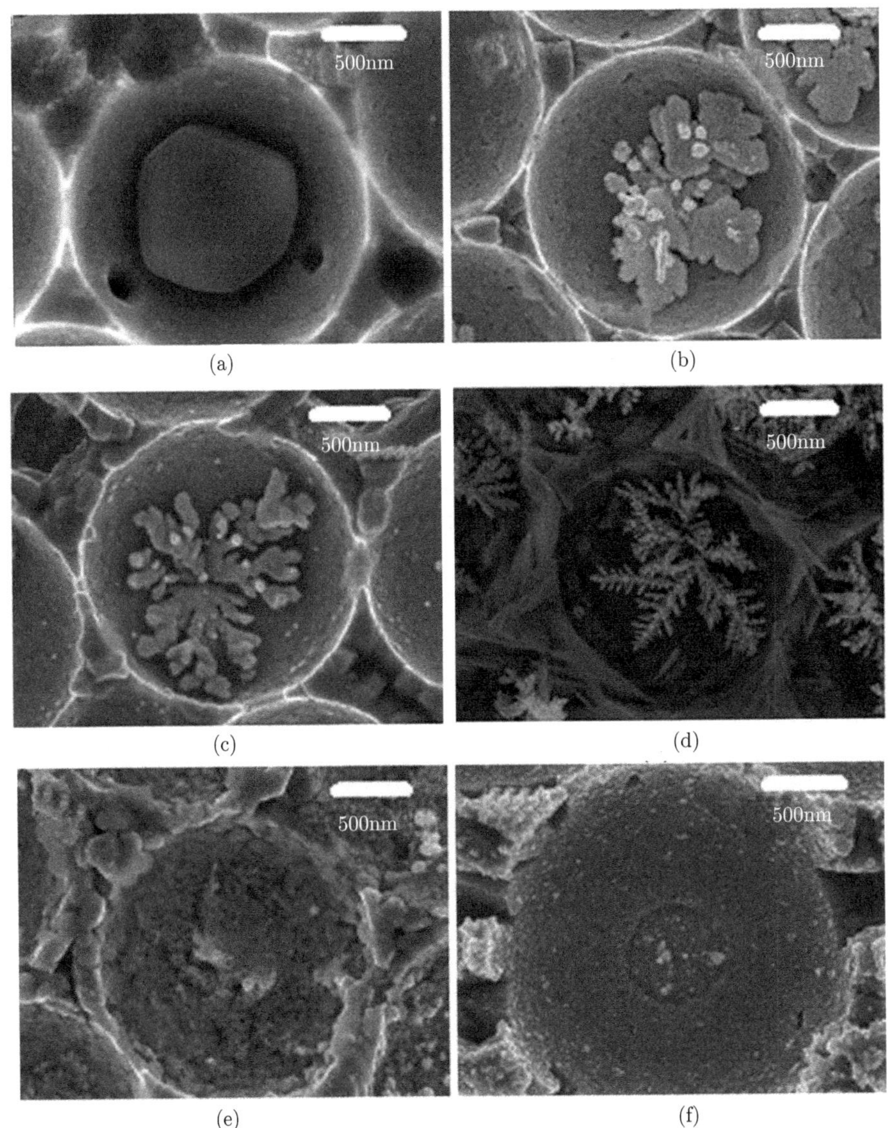


(a) (b) (c) (d) (e) (f)

图 2-5 不同浓度聚乙二醇-20000 时制备的银树枝结构单元扫描电镜照片

聚乙二醇-20000 浓度分别为：(a) 0mM；(b) 0.6mM；(c) 1.2mM；(d) 1.8mM；(e) 2.4mM；(f) 3.0mM

电化学沉积反应过程中的温度为 3℃ 的基础上，分别研究了聚乙二醇-20000 的浓度和分子量、$AgNO_3$ 的浓度、沉积电压和时间等对反应结果的影响，通过对不同条件下所制得的样品的表面形貌的观察和分析，最终确定了多孔氧化锌模板辅助电化学沉积金属银树枝结构阵列的最佳反应条件为：电极间距为 0.5mm，$AgNO_3$ 浓度为 0.1mg/mL，沉积电压为 0.5V，沉积时间为 6min，聚乙二醇-20000 的浓度为 0.6~2.4mM 时，均可制备出大范围周期性排列的金属银树枝结构阵列，且通过简单地改变聚乙二醇-20000 的浓度可以实现对金属银树枝结构单元形貌和几何尺寸的有效调控。

4. 金属银树枝结构阵列

图 2-6 所示为电解液为 0.6mM $AgNO_3$ 和 1.2mM 聚乙二醇-20000 混合溶液，沉积电压为 0.5V，沉积时间为 6min 时制备出的金属银树枝结构阵列样品的数码照片和扫描电镜照片。从图 2-6(a) 可以看出，所制备的金属银树枝状阵列样品的尺寸达到了平方厘米的范围，从而为其后续光学特性的研究奠定了坚实的基础。从图 2-6(b) 和 (c) 可以看出，因为受到多孔氧化锌模板结构的约束，金属银树枝结构单元均在“碗状”结构中生长，而在多孔氧化锌模板的上表面没有银树枝结构或银纳米颗粒的生成，因此所制备的银树枝结构单元与多孔氧化锌模板类似，呈现良好的六方密堆积周期性排布，而且多孔氧化锌模板的周期性范围决定了金属

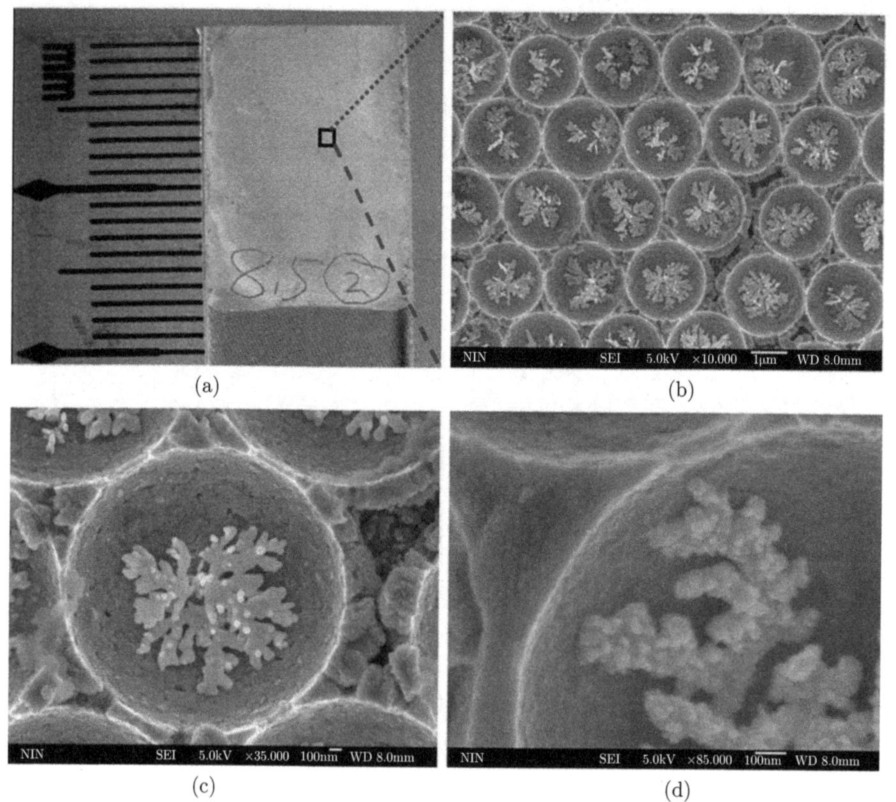

(a) (b) (c) (d)

图 2-6 银树枝结构阵列样品数码照片 (a) 和扫描电镜照片 (b) 及单个银树枝结构单元扫描电镜照片 (c)、(d)

银树枝结构阵列的周期性范围，因此要获得大范围内周期排布的银树枝结构阵列，关键的问题是多孔氧化锌模板的制备。从图 2-6(c) 亦可以看出，每个树枝结构单元几乎都是从氧化锌模板“碗状”结构的底部开始生长，并沿着“碗状”结构的内壁向多孔氧化锌模板的表面延伸，通过控制电沉积的时间可以使得每个银树枝结构单元都约束在氧化锌“碗状”结构之中，而不至于生长到氧化锌模板的表面。每一个树枝结构单元大都呈现出二级以上的结构，树枝的宽度约 80 ~ 150nm，二级结构的长度一般在 200 ~ 400nm 之间，整个树枝结构单元大小约为 1.5μm。

图 2-7 给出了金属银树枝结构阵列的 X 射线衍射 (XRD) 图谱和选区能谱 (EDS) 元素分析结果。其中，图 2-7(a) 为覆盖有多孔氧化锌模板的 ITO 导电玻

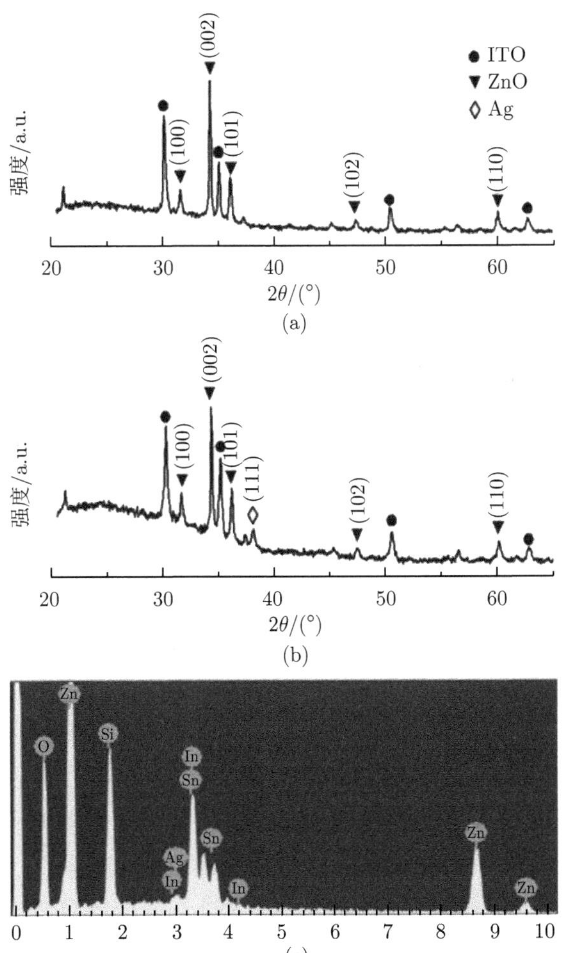


图 2-7 二级模板 (二维 ZnO 反欧珀有序多孔薄膜)(a)、周期排布的树枝状银 (b) X 射线衍射图谱和银树枝结构阵列选区能谱元素分析 (c)

璃的 X 射线衍射图谱。从图中可以看出，位于 31.81°、34.44° 和 36.28° 的三个主衍射峰非常明显，分别对应于六方纤锌矿结构氧化锌的 (100)、(002)、(101) 三个主晶面，从而可以判断出二级模板的氧化锌晶形为六方纤锌矿结构，并且主要沿 (002) 面择优取向。图 2-7(b) 为在多孔氧化锌模板上沉积金属银后所得的银树枝结构阵列样品的 X 射线衍射图谱，大约在 38° 处还可以观察到 Ag (111) 的衍射峰，其半高宽为 0.325°。同时，从图 2-7(a) 和 (b) 都可以观察到 ITO 导电玻璃的导电层氧化铟锡的全部衍射峰，这可能与实验中氧化锌模板的厚度太小 (小于 1μm) 有关。金属银树枝结构阵列的选区能谱分析 (图 2-7(c)) 同样表明了在最终制得的样品中金属银的存在，其质量百分比为 0.93%。

### 2.1.4 红外银树枝结构性质

1. 红外透射测试

我们分别研究了不同聚乙二醇-20000 浓度下制备的样品的红外透射特性。如图 2-8(a) 所示，所测试的样品是由 ITO 导电玻璃、氧化锌介质层和金属银树枝结构阵列组成的三明治结构，其有效面积为 1cm×2cm。图 2-8(b) 为不同聚乙二醇-20000 浓度下制备的不同结构的金属银阵列 (图 2-5) 的红外透射谱。当电解液中不添加聚乙二醇-20000 或者聚乙二醇-20000 的浓度为 0.6mM 时，如图 2-8(b) 曲线 a 和 b 所示，所制备的银颗粒状 (图 2-5(a)) 和不明显的树枝结构 (图 2-5(b)) 阵列未表现出明显的红外响应。当聚乙二醇-20000 的浓度为 1.2 mM 时，金属银树枝结构阵列 (图 2-5(c)) 在 1.85μm 附近表现出一个相对强度约为 6%的透射通带 (曲线 c)。当聚乙二醇-20000 的浓度为 1.8mM 时，金属银树枝结构阵列样品 (图 2-5(d)) 的红外透射谱表现出一个不太明显的透射通带 (曲线 d)。当聚乙二醇-20000 的浓度为 2.4mM 时，尽管得到了分枝尺寸和结构更小的树枝结构阵列，但是样品的透射谱线在测量的波长范围内显示透射禁带特性 (曲线 e)。与图 2-5(e) 样品相似，图 2-5(f) 样品的红外透射谱线在更长的波长处显示出一个透射禁带 (曲线 f)。从图 2-8 可以明显地看出，通过选择合适的聚乙二醇-20000 浓度，金属银树枝结构阵列可以在给定的波长范围内表现出透射通带特性。

在以前的研究中，我们在滤纸基底上制备了铜树枝结构并在波长 1.92μm 处获得了一个透射禁带 [21]，如图 2-8(c) 曲线 a 所示。而且，将这种树枝结构与金属银薄膜组成复合材料可以在相同的波长范围内获得一个透射通带并实现左手行为。我们研究组最近采用参数设计的思想从实验与理论上证实了由可同时实现负介电常数和磁导率的树枝结构单元组成的二维各向同性超材料可以在微波段表现出明显的左手特性 [22,23]。利用相同的思想，在本实验中我们采用多孔氧化锌模板辅助电化学沉积的方法在 ITO 导电玻璃基底上制备了金属银树枝结构阵列，通过调节聚乙二醇-20000 的浓度调节树枝结构的几何参数，从而直接获得了一左手

通带 (图 2-8(c) 曲线 b)。这种制备过程为红外甚至可见光波段超材料的实现提供了一种简便的方法。

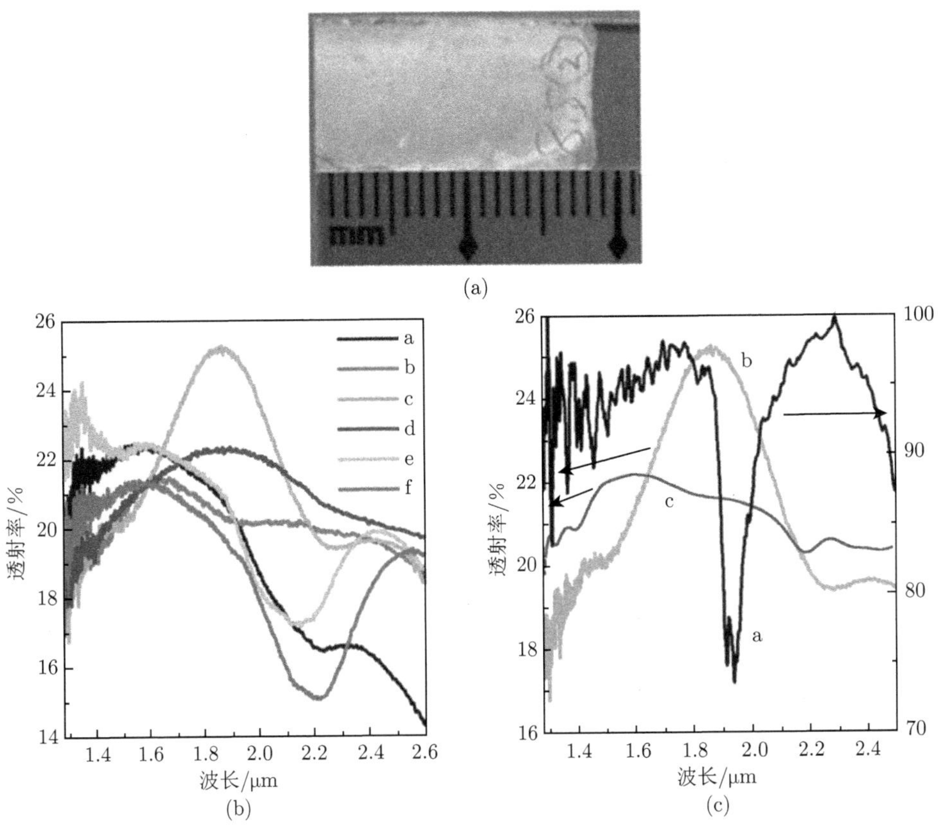


图 2-8 (a) 三明治结构样品照片；(b) 不同金属银结构阵列红外透射谱，曲线 a~f 分别对应图 2-5 所示的不同金属银结构阵列；(c) 铜树枝结构、金属银树枝结构阵列和多孔氧化锌模板的红外透射谱 (彩图见封底二维码)

### 2. 平板聚焦测试

为了进一步验证本实验中所得到的透射通带的左手特性，根据平板聚焦的基本原理 [24]，我们设计并进行了基于三明治结构超材料的平板聚焦实验。整个实验在自制的红外聚焦实验装置上进行。图 2-9 给出了自制的红外聚焦装置的结构示意图。如图 2-9 所示，该装置主要由红外光源、样品支架、红外接收器和红外检测器四部分组成。其中红外光源的光斑直径为 150μm。红外接收器与样品之间的距离通过一个二维微米步进装置进行控制，步进器的最小精确距离为 5μm。红外光源所发出的红外光经样品后，其透射强度由红外接收器接收，红外接收器所接收到的信号通过一个信号放大器放大后由红外检测器显示。

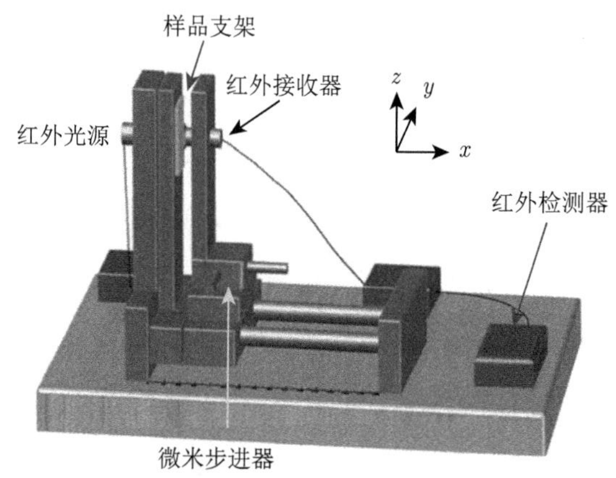


图 2-9　平板聚焦实验装置结构示意图

图 2-10(a)~(d) 给出了当红外光源与样品之间的距离为 1mm，聚乙二醇-20000 浓度为 1.2mL 时制备的三明治结构超材料样品的透射光强在 $xy$ 平面内的分布情况。从图可以明显地看出，在样品的另一侧出现了聚焦现象，其中光强最大值点与样品之间的距离为 20μm。图 2-10(c) 显示，当未在多孔氧化锌模板上沉积金属银树枝结构阵列时，由 ITO 导电玻璃和多孔氧化锌模板组成的双层结构未产生平板聚焦现象。

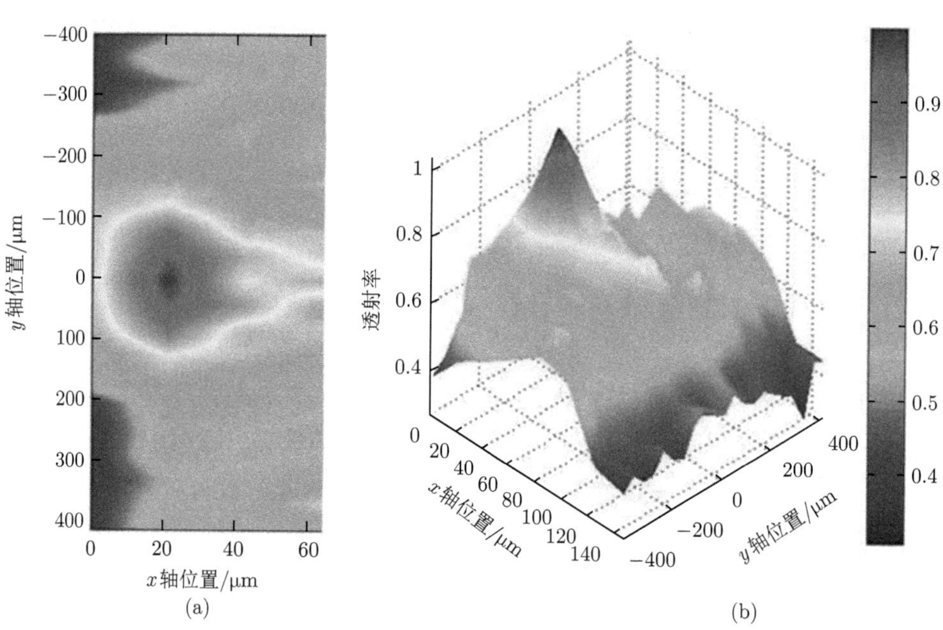

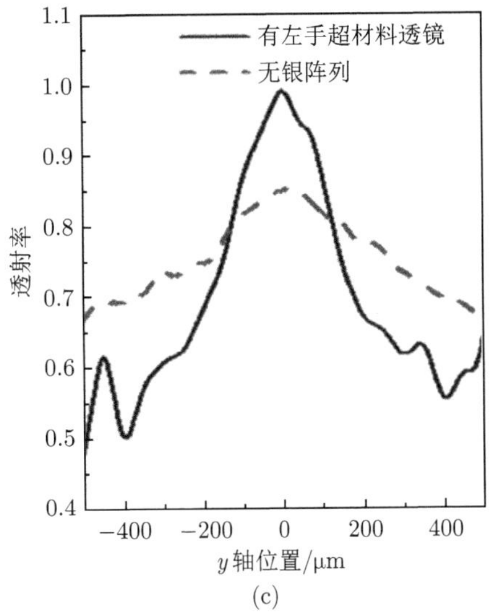

(c)

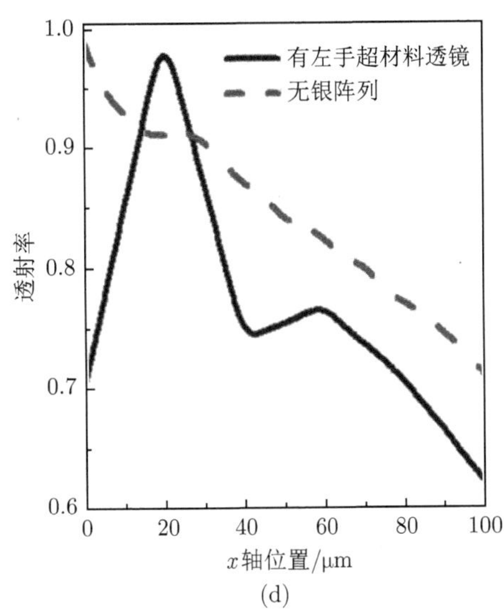

(d)

图 2-10 (a) 红外接收器沿 $x$ 轴方向移动时测得的归一化光强分布；(b) 图 (a) 所示光强分布三维结果示意图；(c) $x$ 轴方向和 (d) 像平面 ($x = 20\mu m$) $y$ 轴方向移动样品和未制备金属银树枝结构阵列时归一化光强分布曲线 (彩图见封底二维码)

### 2.1.5 可见光银树枝结构性质

1. 金属银树枝结构阵列形貌

根据 2.1.3 节的方法，选用更小“碗”口直径的氧化锌多孔薄膜为模板可以制备出可见光频段的银树枝超材料 [25−27]。若“碗”口直径为 1.0μm，可以电化学沉积树枝状纳米银。图 2-11 所示为电解液为 0.6 mM 的 $AgNO_3$ 和 2.4 mM 的 PEG-20000 混合溶液，沉积电压为 0.55V，沉积时间为 6min 时制备出的金属银树枝结构阵列样品的数码照片和扫描电镜照片。从图 2-11(a) 可以看出，所制备的金属银树枝结构阵列样品的尺寸达到了平方厘米的范围，从而为其后续光学特性的研究奠定了坚实的基础。从图 2-11(b) 可以看出，因为受到多孔氧化锌模板结构的约束，金属银树枝结构单元均在“碗状”结构中生长，而在多孔氧化锌模板的上表面没有银树枝结构或银纳米颗粒的生成，因此，所制备的银树枝结构单元与多孔氧化锌模板类似，呈现良好的六方密堆积周期性排布。

2. 银树枝结构阵列可见光测试

选用“碗”口直径为 1.0μm 的氧化锌有序多孔薄膜为模板，测试不同条件下制备的金属银树枝结构阵列的可见光透射特性。制备过程中，控制两级间距为 400μm，a、b、c、d 四个样品电化学沉积条件分别为：

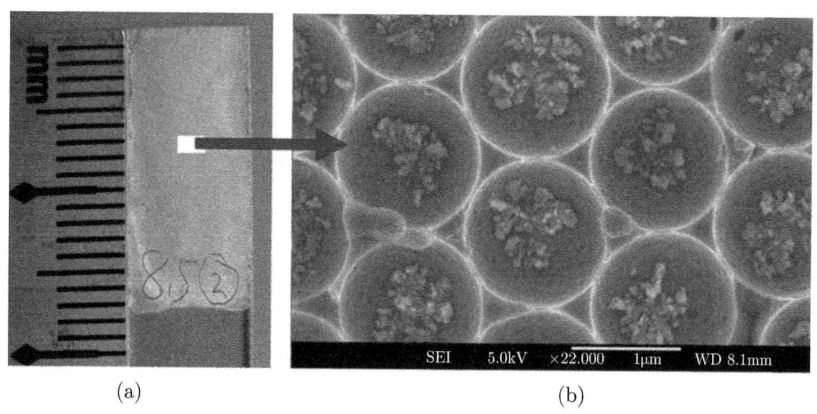


(a) (b)

图 2-11 金属银树枝结构阵列样品数码照片 (a) 和扫描电镜照片 (b)

a. PEG-20000 浓度为 1.8mM，沉积电压为 0.50V，沉积时间为 8min；

b. PEG-20000 浓度为 2.4mM，沉积电压为 0.65V，沉积时间为 6min；

c. PEG-20000 浓度为 3.0mM，沉积电压为 0.75V，沉积时间为 4min；

d. PEG-20000 浓度为 1.2mM，沉积电压为 0.50V，沉积时间为 8min。

采用 UV-9900 型紫外可见分光光度计分别测试了 a、b、c、d 四个样品的可见光透射响应，如图 2-12 所示。从图谱中可以观察出，a、b、c 三个样品分别在可见光蓝光 470nm、绿光 510nm 和红光 600nm 处出现一个透射峰，而样品 d 在可见光频段内没有观察到透射峰。

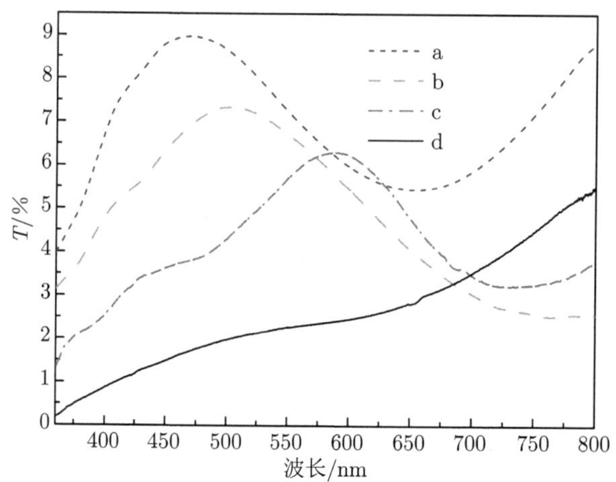


图 2-12 样品 a、b、c、d 的可见光透射图谱

由前期的工作可知，周期树枝结构模型可以在微波段产生左手响应。根据 Pendry 等的理论研究，采取直接缩小开口谐振环的几何尺寸的方法可以获得更

短波长的负磁导率和超材料，因此，结构单元树枝的尺寸越小，响应波长越短。样品 a、b、c、d 的扫描电镜照片如图 2-13 所示，从图中可以观察出，四种样品的树枝结构单元大都呈现出二级以上的结构，其中样品 a 可以在蓝光 470nm 附近产生一左手透射峰，其树枝的宽度约 30~80nm，二级结构的长度一般在 50~150nm 之间，并且有三级结构形成，三级结构的宽度为 30~50 nm，长度在 40~80nm，整个树枝结构单元的结构比较紧密，结构单元大小约为 700 nm；样品 b 可以在绿光 510nm 附近产生左手透射峰，其树枝结构单元比较稀疏，整个单元大小为 600nm 左右，二级树枝的宽度约为 50~100nm，长度为 100~150nm，三级结构较少；样品 c 可以在红光 600 nm 附近产生左手透射峰，其单元结构未见有三级结构的树枝形成，二级树枝的宽度为 80~120nm，长度在 200~350 nm 之间，整个结构单元的大小为 500nm 左右；从图 2-13(d) 中可以看出，样品 d 的树枝比较粗，二级结构宽度为 200~300nm，结构单元较大，大约为 800nm，其没有在可见光范围 (360~800nm) 内实现左手响应。因此可以得出结论，当二级结构宽度在 30~120nm 内，单元大小为 500~650nm 时，制备的金属银树枝结构阵列可以在

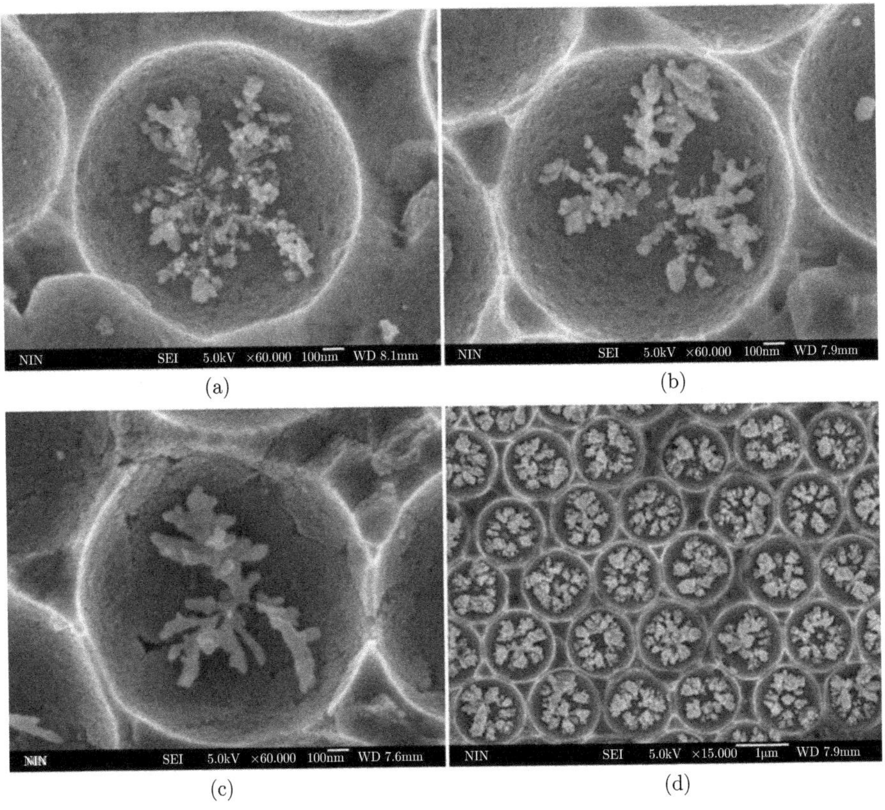


(a) (b) (c) (d)

图 2-13 金属银树枝结构阵列样品 a、b、c、d 扫描电镜照片

可见光范围内实现左手响应，并且树枝结构单元分枝越细，响应波长越短。当树枝结构单元大小大于 800nm，二级结构的宽度大于 200nm 时，金属银树枝结构阵列不能在可见光频段内实现左手响应。

3. 可见光三原色平板聚焦测试

聚焦装置的结构示意图与图 2-9 类似，该装置主要由发光二极管、样品支架、光纤传感器和光强检测器四部分组成。其中发光二极管的光斑直径为 500μm，使用单色光发光二极管作为光源，光纤传感器探头与样品之间的距离通过电子纳米微米步进装置进行控制，步进器的最小精确距离为 650 nm。可见光单色光源所发出的单色光经样品后，其透射强度由光纤传感器的光敏探头接收，探头所接收到的信号通过一个信号放大器放大后由检测器显示。

为了验证制备的超材料在可见光不同波长处的聚焦响应，实验采用三原色波长的单色光发光二极管发出的光作为入射光来验证金属树枝结构阵列的聚焦行为。3 个发光二极管发光的峰值位置分别在 462 ~ 153nm，511.84nm 和 633.47nm。

聚焦实验中样品为基于金属银树枝结构阵列超材料的样品 c，从图 2-12 可以看出，在红光 600 nm 附近有一明显的透射峰，利用波长为 633.47nm 的发光二极管光源测试该样品的平面聚焦响应，得到如图 2-14 所示的强度分布图，从图中可以看出，在样品的另一侧出现一明显的聚焦点，聚焦点光强最大值处与超材料之间的距离为 60μm。作为对比，样品 c 在绿光 510 nm 附近没有观察到左手透射峰，因此，当用绿光发光二极管作为光源进行样品 c 的聚焦测试时，在样品的另一侧没有观察到聚焦点。分别用蓝光和绿光发光二极管作为光源，对样品 a 和

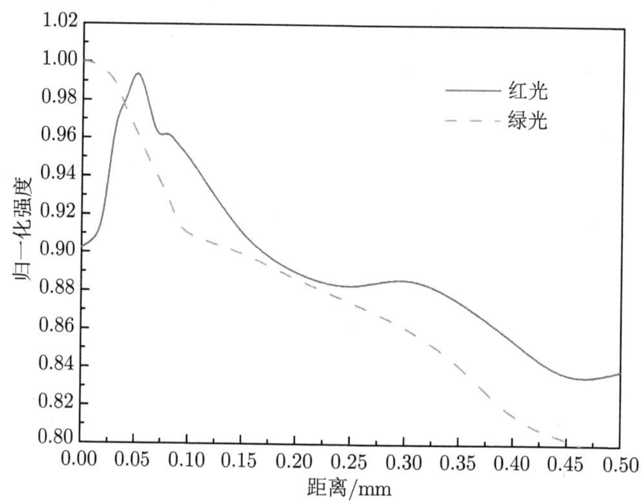


图 2-14 金属银树枝结构阵列超材料可见光照射平面聚焦

b 进行聚焦测试时，在样品的另一侧同样也观察到了聚焦现象。这充分验证了制备的金属银树枝结构阵列样品 a、b、c 的可见光透射峰为左手透射峰，采用双模板辅助电化学沉积的方法制备了可见光蓝光、绿光和红光频段的超材料 [27]。

# 2.2 电沉积法制备铜树枝结构超材料

## 2.2.1 红外铜树枝负磁导率材料

1. 铜树枝结构制备

采用点电极电化学沉积金属树枝结构的方法 [28,29]，以碳纤维电极为阴极，环形铜电极为阳极，一定浓度的硫酸铜和浓硫酸的混合溶液为电解液，在滤纸和玻璃基底上制备了金属铜树枝结构。电沉积过程结束后将样品分别在稀的氢氧化钠溶液、超纯水中清洗，温室干燥后低温密封保存。

我们拟采用金属树枝结构实现负的磁导率，因此，必须对所制备的树枝结构的形貌和分枝尺寸进行有效的控制，而这可以通过调节电沉积过程中的沉积电压、金属离子浓度、电解液 pH、温度和沉积基底等影响因素来实现，再通过树枝结构的红外透射行为对实验参数进行调整，从而形成一个反馈过程，达到优化实验条件的目的，整个优化实验过程如图 2-15 所示。

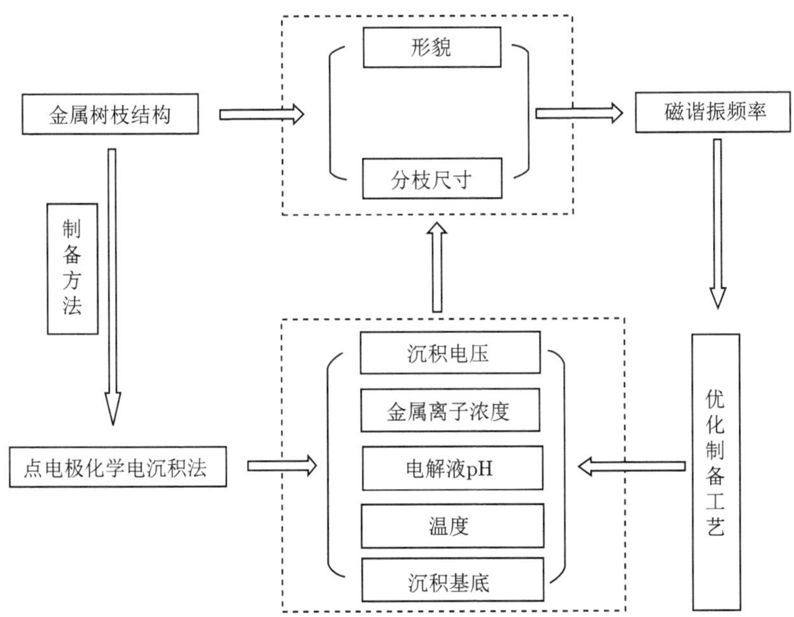


图 2-15 金属树枝结构负磁导率材料制备工艺与控制

图 2-16 所示为点电极制备铜树枝结构样品的实验装置示意图。实验采用双电极体系，以直径 5μm 的碳纤维为工作电极 (阴极)，电沉积前将碳纤维依次在浓硫酸和超纯水中超声清洗 5min，以去除碳纤维表面的污物。环形铜电极为对电极 (阳极)，使用前先进行抛光处理。环形铜电极既充当对电极，又可以起到补充电解液中 $Cu^{2+}$ 的作用，从而保证电解液中 $Cu^{2+}$ 的浓度在整个电沉积过程中保持相对稳定。电解液为 $CuSO_4 \cdot 5H_2O$ 和浓硫酸的混合水溶液。进行电沉积前，使 $CuSO_4 \cdot 5H_2O$ 和浓硫酸的混合溶液刚刚浸没放置在培养皿底部中央的基底，将培养皿置升降台上，缓慢升起升降台，使固定在上方的碳纤维电极头与液面下的基底刚刚接触，调节电源电压，接通电源，即开始金属铜树枝结构的电沉积。

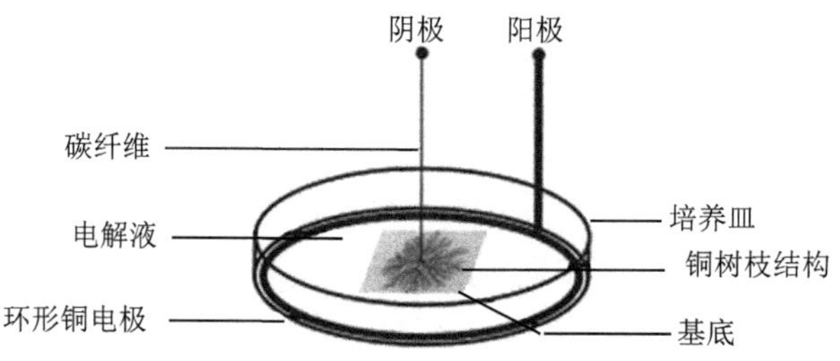


图 2-16 点电极制备铜树枝结构实验装置示意图

数分钟后可观察到在玻璃基底上以碳纤维电极为中心向四周有铜树枝结构的生长。实验结束后，断开电源，缓慢降低升降台使得碳纤维电极脱离已制备好的金属铜树枝结构，由于铜树枝结构牢牢地吸附在基底上，所以可直接从电解液中与其生长基底一并取出，并用大量蒸馏水冲洗后用氮气吹干待用。

2. 铜树枝结构的样品表征

图 2-17 所示为电解液为 0.1M $CuSO_4$ 和 1.0M $H_2SO_4$ 的混合溶液，沉积电压为 6.0V，温度为室温 (约 25℃) 时在玻璃基底上制备的铜树枝结构 (样品 A) 的表面形貌和厚度方向的显微照片。从图可以看出，铜树枝结构为多级树枝结构，并且在各个方向上均具有较好的自相似性。扫描电镜照片进一步证明了在微观结构上这种铜树枝结构同样在各个方向上具有一定的自相似性，并且其高级结构的线宽和长度分别为 0.3μm 和 1.0μm。图 2-17(d) 为铜树枝结构在厚度方向上的扫描电镜照片，结果显示铜树枝结构是由纳米级的金属颗粒组成的，其厚度约为 $200 \sim 300$nm。

图 2-18 给出了单个铜树枝结构的 X 射线衍射图谱。从图可以看出，沉积产物为典型的面心立方铜 ($\alpha = 3.47$Å, JCPDS 04-0836)，五个 X 射线衍射峰分别对应面心立方 (fcc) 铜结构的 (111)、(200)、(220)、(311) 和 (222) 晶面。因为所制备的铜树枝结构的厚度比较小，所以铜树枝结构的各个衍射峰的强度相对较小。图

2-18 中没有发现氧化铜或者氧化亚铜的衍射峰，说明沉积产物为纯净的金属铜。

图 2-17 铜树枝结构整体形貌 (a)、光学显微照片 (b)、表面形貌扫描电镜照片 (c) 和厚度截面扫描电镜照片 (d)

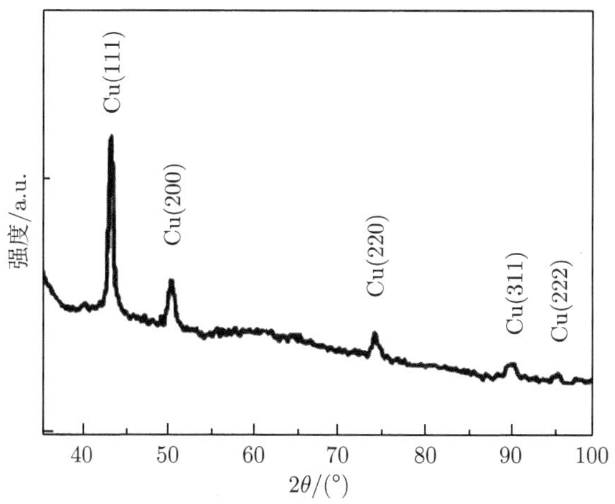


图 2-18 单个铜树枝结构 X 射线衍射图谱

3. 铜树枝结构红外透射行为

1) 单个铜树枝结构

图 2-19 所示为铜树枝结构的红外透射谱。其中曲线 a 为图 2-17 所示的铜树枝结构样品 A 的红外透射光谱。为了与样品 A 的红外透射谱线特征进行比较，在沉积电压为 8.0 V，电解液为 0.1 M 的 $CuSO_4$ 和 1.0M 的 $H_2SO_4$ 的混合溶液时，制备了另一个金属铜树枝结构样品 B，其红外透射谱线如曲线 b 所示。曲线 a 显示在测量波段内，样品 A 分别在 1.46μm 和 3.91μm 处出现一个谐振响应峰，其强度分别为 −5.78dB 和 −6.39dB。与样品 A 不同，样品 B 虽然也出现了两个谐振响应峰，但是其谐振响应峰分别红移至 1.93μm 和 5.22μm，其强度分别为 −6.01dB 和 −10.8dB。可以看出，曲线 b 和 a 具有相同的线形，只不过样品 B 的两个谐振响应发生了红移，这可能是由较大电压下所制备的铜树枝结构的几何参数变化引起的。根据前面的分析，当其他条件相同时，随着沉积电压的增大，树枝结构的各级分枝的尺寸变大，从而导致其谐振响应发生红移。通过本章后续的数值模拟的结果，我们可以推知样品 A 和 B 出现在 1.46μm 和 1.93μm 处的谐振响应为金属树枝结构的磁谐振响应，该磁谐振响应可以实现负的磁导率 [30]；而出现在 3.91μm 和 5.22μm 的谐振响应为金属树枝结构的电谐振响应。

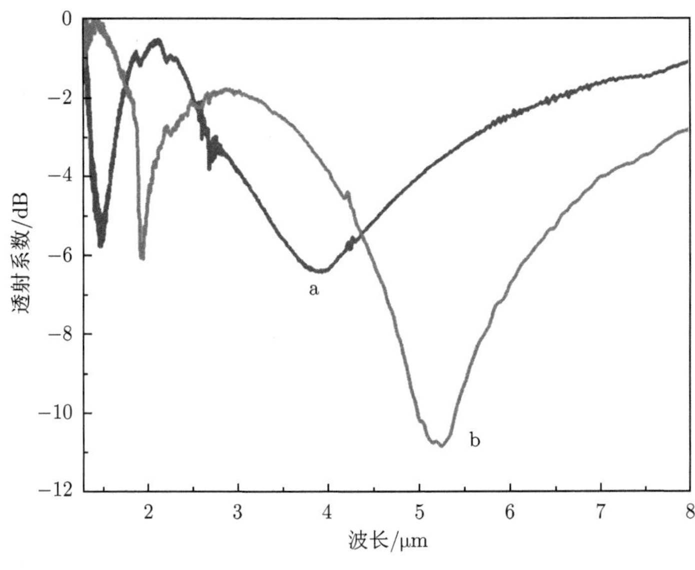


图 2-19 样品 A 和 B 红外透射谱

2) 分形维数对磁谐振频率的影响

根据分形结构的内在特征，不同的分形结构可以采用分形维数来进行表征 [31,32]。分形维数的计算有多种方法，其中根据分形理论，分形结构可用方程式

$M(r) \sim r^{D_f}$ 表征，式中 $M(r)$ 为半径为 $r$ 范围内团簇的量，$D_f$ 是分形维数。根据法拉第定律，用积分法可以把不同电压下电沉积过程中的沉积电流对电沉积时间的曲线转换成电沉积量对电沉积时间的关系曲线，然后将电沉积量和电沉积时间的关系取对数，从而拟合成直线关系，通过求取这一关系曲线的斜率即可得到电沉积产物的分形维数。另外，我们还可以将不同外加电压下沉积产物的图像转换成图形文件，用计算机程序计算其分形维数，从而找到沉积电压与分形维数的关系。

在实验中，样品 A 和 B 具有相同的宏观尺寸，但是却表现出不同的谐振响应行为，因此铜树枝结构的谐振响应行为应与其微结构有关。而在本实验中，样品的微结构主要受控于沉积电压，因此不同的沉积电压下制得的样品应该具有不同的分形维数，基于此点考虑，我们研究了不同沉积电压下所制备的样品的分形维数和磁谐振频率之间的关系。图 2-20 给出了不同沉积电压下所制备样品的分形维数和磁谐振波长的变化关系。其中样品的分形维数采用分形维数软件计算得到 [33,34]，计算过程中采用盒子法并且设其步长为 20。从图可以看出，当沉积电压从 6.0 V 增加到 15 V 时，样品的分形维数从 1.7395 增加到 1.7963，同时其磁谐振波长由 1.46μm 红移至 2.67μm。这主要是因为在电沉积的过程中，随着沉积

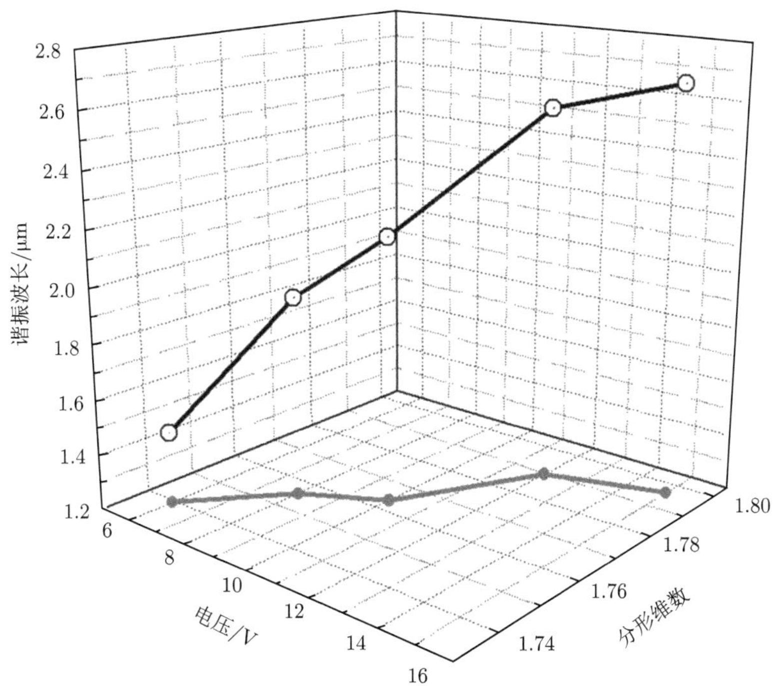


图 2-20 分形维数和磁谐振波长随沉积电压变化

电压的增大，沉积产物由较为致密的形貌向多分枝的开放性生长转变，分枝也逐渐变粗，因此其有效单元结构也随之增大，从而导致磁谐振响应的波长向长波长方向移动。

这样，我们就可以通过调节外加电压得到具有不同分形维数，即不同微观形貌的电沉积金属树枝结构，也就是通过改变外加电压来改变结构单元的磁谐振频率，从而达到磁谐振频率可调的目的。另外，还可以根据外加电压对沉积的金属树枝结构微观结构的影响规律，在同一结构单元的电沉积过程中，采取渐变外加电压的方式，制备从生长中心到边缘结构渐变的金属树枝结构，从而可能采用同一种负磁导率材料来达到多级磁谐振的目的。

3) 铜树枝结构间相互作用

图 2-21 给出了沉积电压为 12 V 时所制备的宏观尺寸为 4.0 mm 的两个铜树枝结构相互作用的透射曲线。曲线 a 和 b 分别为单个铜树枝结构的红外透射曲线，其磁谐振响应分别出现在 2.40μm 和 2.64μm。曲线 c 和 d 分别对应两种不同放置方式时两个铜树枝结构相互作用的红外透射谱线，其磁谐振响应分别出现在 3.23μm 和 3.33μm，对应的透射系数分别为 −5.7dB 和 −8.24dB。众所周知，随着基底介电常数的增大，磁谐振结构的谐振频率会发生红移 [35]。然而，在本实验中，两个铜树枝结构所采用的基底材料是相同的，并且只是简单地叠加在一

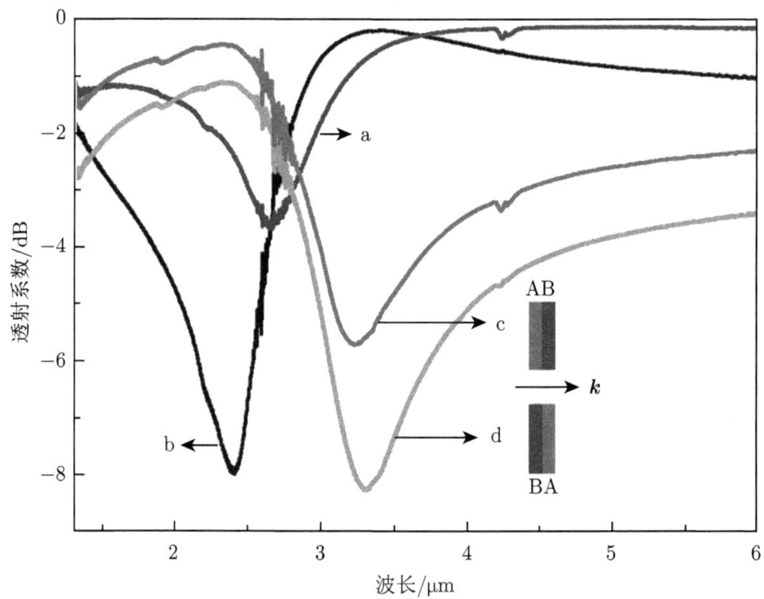


图 2-21　单个铜树枝结构 (曲线 a 和 b) 和两个铜树枝结构 (曲线 c 和 d) 相互作用透射谱

插图为两个样品的不同放置方式

起，不会引起基底介电常数的变化，因此，两个铜树枝结构磁谐振频率的红移不能归结于其介质基底介电常数的变化。而两个铜树枝结构分别位于介质基底的两侧，并且其磁谐振波长的位置非常接近，这样会在两个铜树枝结构之间产生一个附加电容，这个附加电容导致系统的整体电容增大。因为磁谐振结构的谐振频率 $\omega_p^2$ 近似地正比于 $1/(LC)$[36]，所以系统电容的增大会导致谐振频率的降低，也就是磁谐振波长发生红移。而两种不同放置方式的红移量的不同应该与两个树枝结构自身的不均匀性有关。

4. 模型与数值仿真

1) 树枝结构模型

数值仿真采用德国 CST(Computer Simulation Technology) 公司推出的基于有限积分和完美边界近似 (perfect boundary approximation，PBA) 技术的高频三维电磁场仿真软件 CST Microwave Studio (CST MWS)。模拟过程中采用开放边界条件，波矢方向垂直于样品所在平面，并假设样品无损耗。

图 2-22 所示为一简化的具有三级分枝的树枝结构模型。这种树枝结构模型 (图 2-22(b)) 包含四个单树枝状“分子”(图 2-22(c))，可以被看作是将这一单树枝状“分子”在同一平面内每隔 90° 旋转一周所得。这一树枝状“分子”的主要功能单元是六边形开口谐振环 (图 2-22(a)) 和由更高级结构组成的各种开口谐振环。当入射电磁波的波矢方向与树枝结构所在平面平行时，我们已经证明不管是六边形开口谐振环还是单树枝状“分子”都可以产生磁谐振响应，并且实现负的磁导率 [22,37−39]，而且根据树枝结构的级数不同，由不同级组成的开口谐振环结构可以产生多级磁谐振，进而利用单一的结构单元可能实现多频段的负磁导率和左手效应。然而值得注意的是，本节中入射电磁波的波矢方向是垂直于树枝结构所在平面的。以前研究中已经证明，当入射电磁波垂直于开口谐振环表面时，在开口谐振环中能够产生由外加电场激发的磁谐振响应，但是这种磁谐振响应所产生的磁偶极矩是垂直于外加磁场方向的，不能够抵消外加磁场，所以不能够实现负的磁导率 [40]。近来，Li 等研究了近红外波段三金属层结构在激励电磁波垂直于金属层入射时的磁声子耦合效应，结果表明金属层的厚度对材料的传输特性有重要影响，并且获得了最佳厚度值 [41]。因此我们首先考虑了金属层的厚度对透射行为的影响。为了简化数值模拟中的计算过程，我们以六边形开口谐振环为例，研究了具有不同厚度的六边形单环的透射行为。

图 2-23(a) 给出了六边形单环的几何参数，其中 $a = 0.52\mu m$，$b = 0.36\mu m$，$c = 0.33\mu m$，线宽 $w = 0.15\mu m$，夹角 $\theta = 45°$，金属膜的厚度 $d$ 在 $0.002\mu m$ 到 $0.46\mu m$ 范围内变化。图 2-23(b) 表示六边形单环的计算区域，边界条件为：与 $z$ 轴垂直的两个面为开边界 (open)，与 $y$ 轴垂直的两个面为电边界 (electric)，与 $x$

轴垂直的两个面为磁边界 (magnetic)。激励电磁波沿 $z$ 轴负方向入射，电场沿 $y$ 轴方向，磁场沿 $x$ 轴方向。图 2-24 表示利用 CST MWS 软件模拟得到的吸收峰深度与六边形单环的厚度之间的关系。

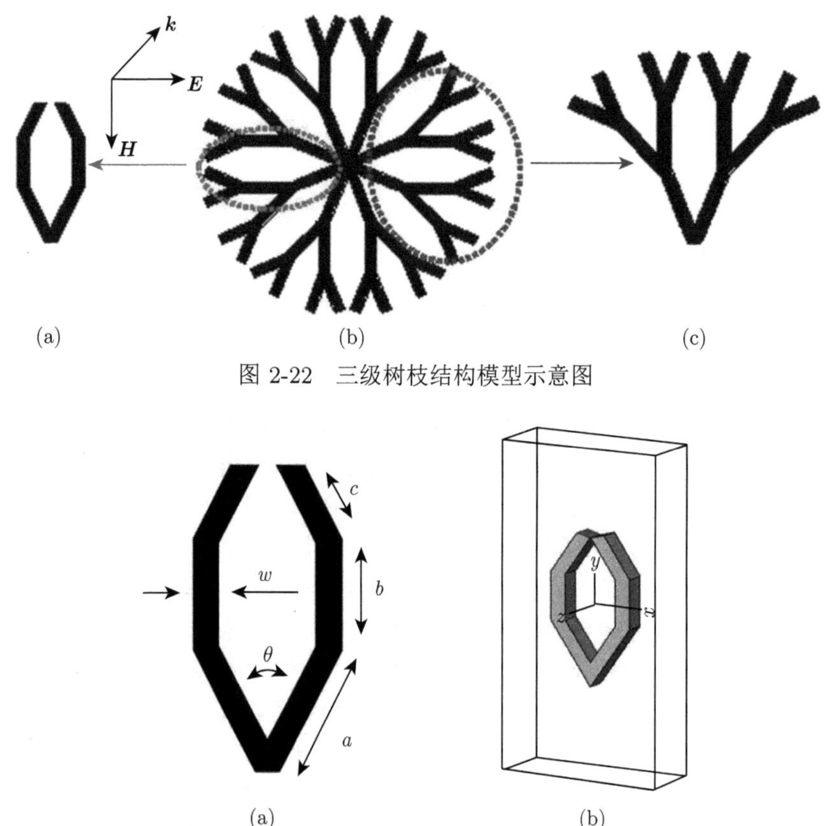


图 2-22　三级树枝结构模型示意图

图 2-23　(a) 六边形单环几何参数示意图；(b) 六边形单环计算区域

由图 2-24(a) 可见，当六边形单环的厚度很小时，无谐振吸收现象发生，如图 2-24(a) 中的插图所示，这时其谐振频率处 (增加厚度到一定值后) 的强度几乎为零，表明没有磁谐振发生；当厚度增加到某一个临界值 $d_{\rm c} = 0.017\mu{\rm m}$ 时，吸收峰的深度开始迅速增加；当厚度为 $d_{\max} = 0.184\mu{\rm m}$ 时，吸收峰的深度最大，达到 $-44.34$dB，表明磁谐振最强；当厚度进一步增加时，吸收峰的深度开始减小，并且吸收峰的深度对六边形单环的厚度的依赖关系逐渐减弱。以上分析表明，在电磁波垂直入射下，六边形单环要发生磁谐振，有一个临界厚度值 $d_{\rm c}$，并且吸收峰的深度与六边形单环的厚度之间不是简单的单调关系，即存在一个最优厚度值 $d_{\max}$，使得六边形单环具有最优的透射行为。可见，在电磁波垂直入射下，六边形单环的厚度对其磁响应行为有重要影响。这是因为当六边形单环的厚度增加到一定值时，激励电磁波的交变磁场会产生涡旋电场，树枝状模型在涡旋电场的作用下会在其厚度的两侧感应出环绕磁场的环形电流 (图 2-24(b))，这样树枝状模型在交变磁场的作用下感应出交变磁矩，从而使树枝状模型产生平行于外加磁场方向的磁化。当外加磁场的频率在树枝结构的固有频率附近时，树枝结构的磁化最强，并且与外加磁场反平行，使得磁化率小于 −1，从而实现负的磁导率。当然，六边形单环的临界厚度和最佳厚度的值与其他几何尺寸，如边长、线宽等，密切相关，边长和线宽的变化必然导致其特征厚度的变化，这与电磁波平行入射下的情形不同。当电磁波平行入射时，其磁响应行为与厚度无关。

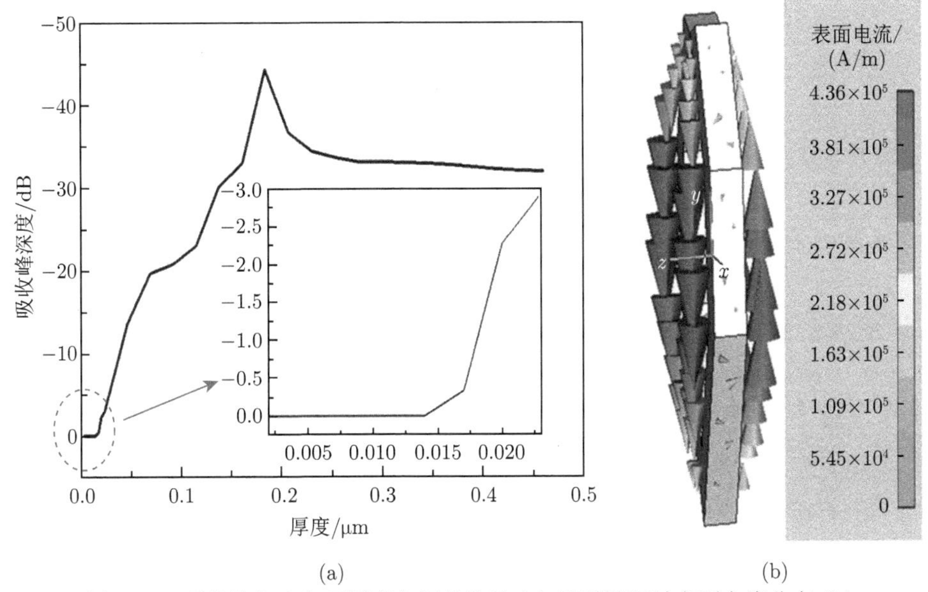


图 2-24 吸收峰深度与环厚度之间的关系 (a) 及磁谐振时表面电流分布 (b)
(彩图见封底二维码)

2) 红外波段树枝结构磁导率

图 2-25 分别给出了根据数值仿真结果所得到的树枝状模型的 S21 透射系数 (a) 和有效磁导率 (b) 曲线。从透射系数曲线可以明显地看出，当入射电磁波垂直于树枝状模型的表面时，这种树枝状模型产生了两个谐振响应峰，并且当树枝状模型中六边形的开口封闭后，出现在短波长的谐振响应峰消失 (如图 2-25(a) 插图中的虚线所示)。因此，可以判断该树枝状模型在短波长处的谐振响应为磁谐振响应，在长波长处的谐振响应为电谐振响应 [40]。另外，有效磁导率的计算也证明了短波长处的响应为磁谐振响应，有效磁导率的实部在 1.93μm 附近为负值。

与传统的开口谐振环的磁谐振响应相比较，当入射电磁波垂直于结构的表面时，这种树枝状模型产生的磁谐振响应有两点不同：第一，树枝状模型的电谐振和磁谐振响应的位置与传统的开口谐振环恰恰相反，传统的开口谐振环的电谐振响应出现在短波长处，磁谐振响应出现在长波长处 [42]，而树枝状模型的磁谐振出现在短波长处，电谐振出现在长波长处；第二，只有当树枝状模型的厚度达到一定的值时，才会出现由厚度所导致的磁谐振响应。

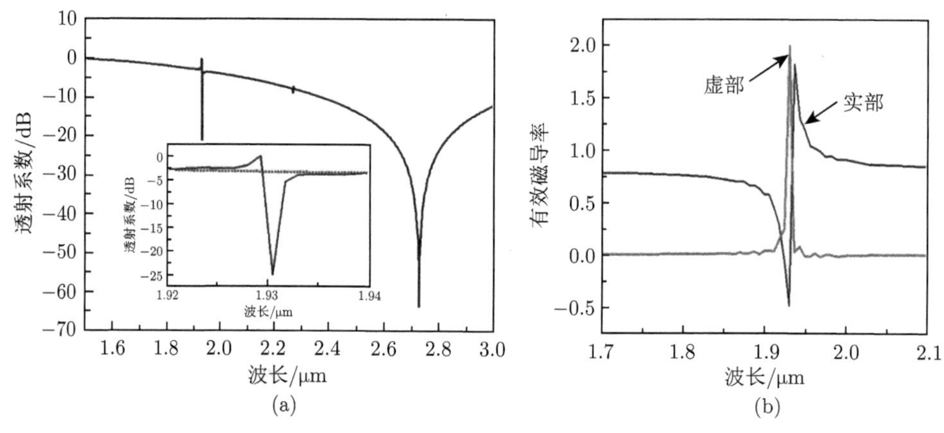


图 2-25　透射系数 (a) 和有效磁导率 (b) 曲线

树枝结构单元三级结构长度分别为 520nm、360nm 和 330nm，线宽和厚度分别为 150nm 和 220nm

### 2.2.2　红外铜树枝结构超材料

在电化学沉积法制备铜树枝结构实现红外波段负磁导率的基础上，采用电化学沉积的方法制备金属银薄膜材料，通过调节其结构参数，使得其等离子体谐振频率出现于红外波段，再与金属树枝结构组合成复合超材料，从而实现红外波段的超材料，并研究其光学性能。

1. 金属银薄膜制备

图 2-26 给出了当硝酸银浓度为 10mg/18mL，聚乙二醇-400 浓度为 2mL/18mL，沉积电压为直流 0.9V，阴极为 ITO 导电玻璃，阳极为石墨电极，电极间距为 1cm，沉积温度为 3℃，沉积时间为 10min 时所制备的金属银薄膜的表面形貌和厚度方向的光学显微和扫描电镜照片 [43]。从图中可以看出，所制备的金属银薄膜在较大的范围内具有良好的连续性与平整性，在整个导电玻璃的表面均匀地覆盖了一层金属银，不存在较大的缺陷和其他形状的金属银纳米结构，只是在厚度方向上均匀度不是很好，整个薄膜的厚度约为 60nm。

图 2-27 给出了金属银薄膜的 X 射线衍射图谱。从图可以看出，所沉积的金属银薄膜为典型的面心立方银 ($Fm3m$, $\alpha = 4.09$Å, JCPDS 04-0783)，经检索，两个衍射峰分别对应面心立方 (fcc) 银结构的 (111) 和 (200) 晶面。由于所制备的

金属银薄膜很薄，从图 2-27 还可以清楚地看出 ITO 导电玻璃的 X 射线衍射峰。另外，在图中未发现其他衍射峰，说明沉积产物为纯净的银。

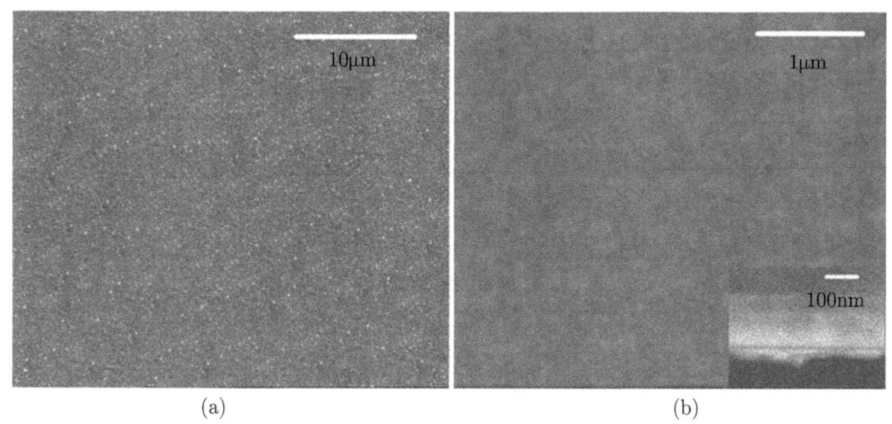


(a) (b)

图 2-26 金属银薄膜光学显微照片 (a) 和扫描电镜照片 (b)

图 (b) 中插图为金属银薄膜厚度方向的扫描电镜照片

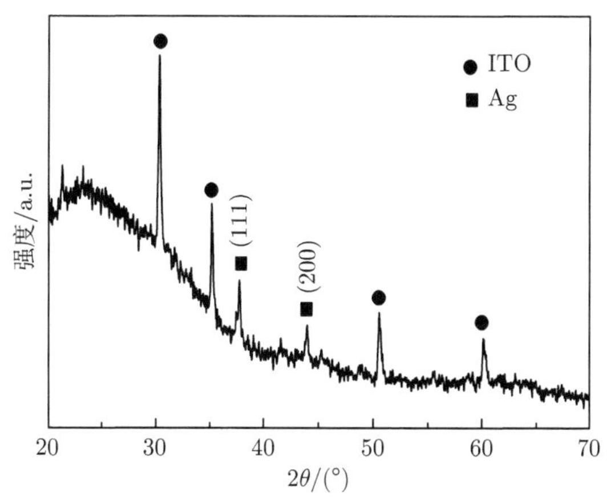


图 2-27 金属银薄膜 X 射线衍射图谱

2. 铜树枝结构制备

图 2-28 所示为电解液为 0.1M $CuSO_4$ 和 1.0M $H_2SO_4$ 的混合溶液，沉积电压为 6.0V，温度为室温 (约 25℃) 时在玻璃基底上制备的铜树枝结构的表面形貌和厚度方向的显微照片。从图可以看出，铜树枝结构为多级树枝结构，并且在各个方向上均具有较好的自相似性，并且其高级结构的线宽和长度分别为 0.3μm 和 1.0μm。图 2-28(b) 为铜树枝结构在厚度方向上的扫描电镜照片，结果显示铜树枝结构是由纳米级的金属颗粒组成的，其厚度约为 $200 \sim 300$nm。

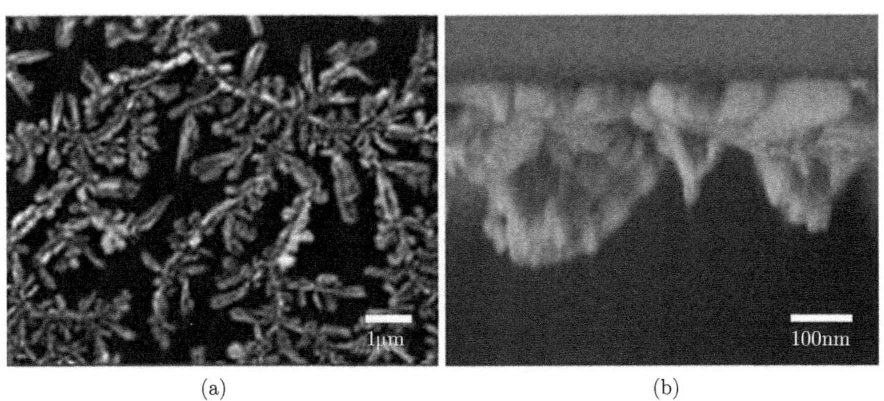


(a)　　(b)

图 2-28　铜树枝结构表面形貌 (a) 和厚度方向 (b) 扫描电镜照片

3. 红外透射行为

图 2-29(a) 和 (b) 给出了当硝酸银浓度为 10mg/18mL，聚乙二醇-400 浓度为 2mL/18mL，沉积电压为直流 0.9V，阴极为 ITO 导电玻璃，阳极为石墨电极，电

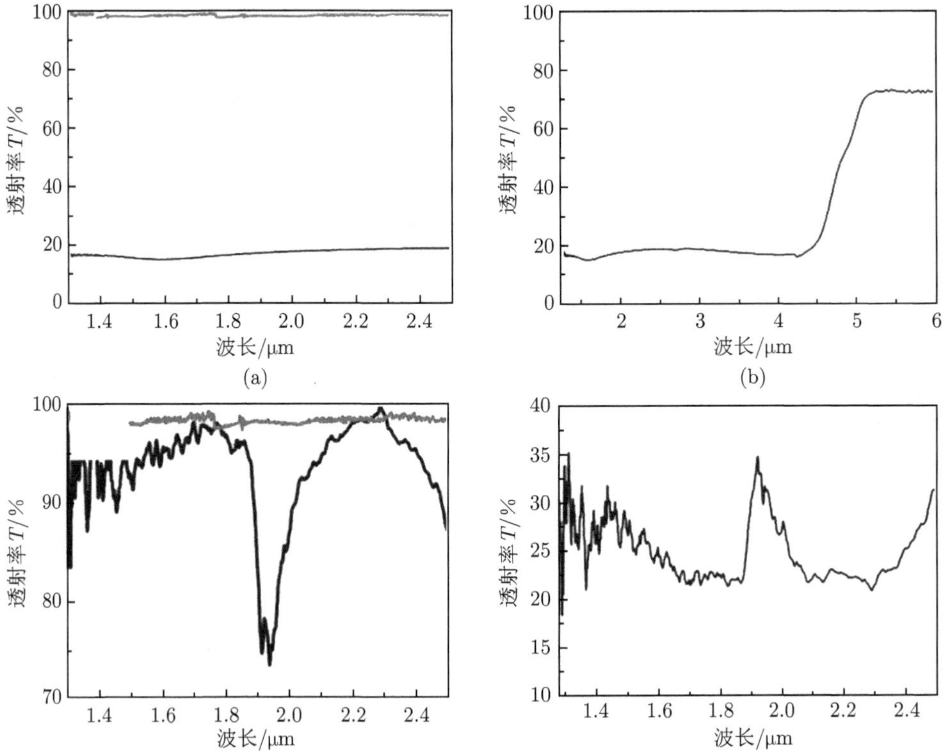

(a)　　(b)

(c)　　(d)

图 2-29　金属银薄膜 (a)、(b)，铜树枝结构 (c) 和基于铜树枝结构复合材料 (d) 的红外透射谱

极间距为 1cm，沉积温度为 3℃，沉积时间为 10min 时所制备的金属银薄膜红外透射光谱。在测试的波长范围 (1.3 ~ 2.5μm) 内，金属银薄膜反射了大部分的入射光，其透射率约为 20% (图 2-29(a))。当入射光的波长大于 5μm 时，金属银薄膜的透射率迅速增大，超过了 70%(图 2-29(b))。由 2.2.1 节的研究可知，当沉积电压为 8.0V，电解液为 0.1M $CuSO_4$ 和 1.0M $H_2SO_4$ 的混合溶液时，制备的金属铜树枝结构样品在 1.92μm 处出现一磁谐振响应，其相对强度约为 25%(图 2-29(c))。当我们将铜树枝结构和金属银薄膜简单地叠加在一起组合成一个基于铜树枝结构的复合材料时，其红外透射谱在波长 1.92μm 处出现一相对强度约为 15%的透射通带 (图 2-29 (d))，在这一透射通带的两侧，其透射率很低，且这一透射通带的位置与铜树枝结构的禁带位置几乎相同。

与由微波段金属树枝结构和金属杆阵列组成的超材料 (图 2-30(a)) 相比较 [44]，采用电化学沉积法制备的铜树枝结构可以在红外波段产生一个与微波段树枝结构单元类似的透射通带 (图 2-30(b) 曲线 a)，而金属银薄膜与金属杆阵列一样可以在红外波段表现出很低的透射率 (图 2-30(b) 曲线 b)。特别地，将铜树枝结构与金属银薄膜经简单叠加后组成一种基于树枝结构的复合材料时，该复合材料可以产生与微波段金属树枝结构和金属杆阵列组成的超材料相似的透射通带现象 (图 2-30(b) 曲线 c)。因此，我们认为这种由铜树枝结构和金属银薄膜组合而成的复合材料可能会产生与超材料相似的平板聚焦效应。

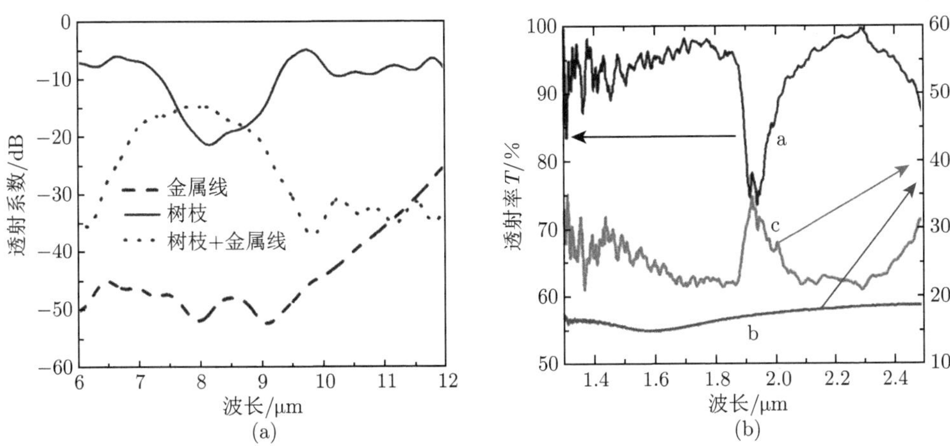


图 2-30 微波段超材料 (a) 和基于铜树枝结构复合材料 (b) 的透射曲线

4. 复合材料平板聚焦实验

为了验证本实验中所测得复合材料的透射通带是由左手效应引起的，我们设计了红外波段的平板聚焦实验并验证了基于树枝结构的复合材料在红外波段的平板聚焦效应。整个实验测试过程在自制的红外聚焦装置上进行，如图 2-9 所示。图

2-31 给出了当红外光源与测试样品之间的距离为 150μm 时，基于铜树枝结构的平板复合材料的透射光强在 $xz$ 平面内的分布情况。从图 2-31(a) 和 (b) 可以明显地看出，在复合材料的另一侧出现一明显的聚焦点，聚焦点光强最大值处与复合材料之间的距离为 30μm。图 2-31(c) 和 (d) 中的黑实线也显示出在聚焦点附近复合材料的透射光强最大。虽然到目前为止关于这种聚焦行为的详细解释我们还不是很清楚，但是文献 [45] 中关于采用金属-电解质-金属夹心结构来实现平板聚焦的数值分析也许能够给我们带来一些启发。

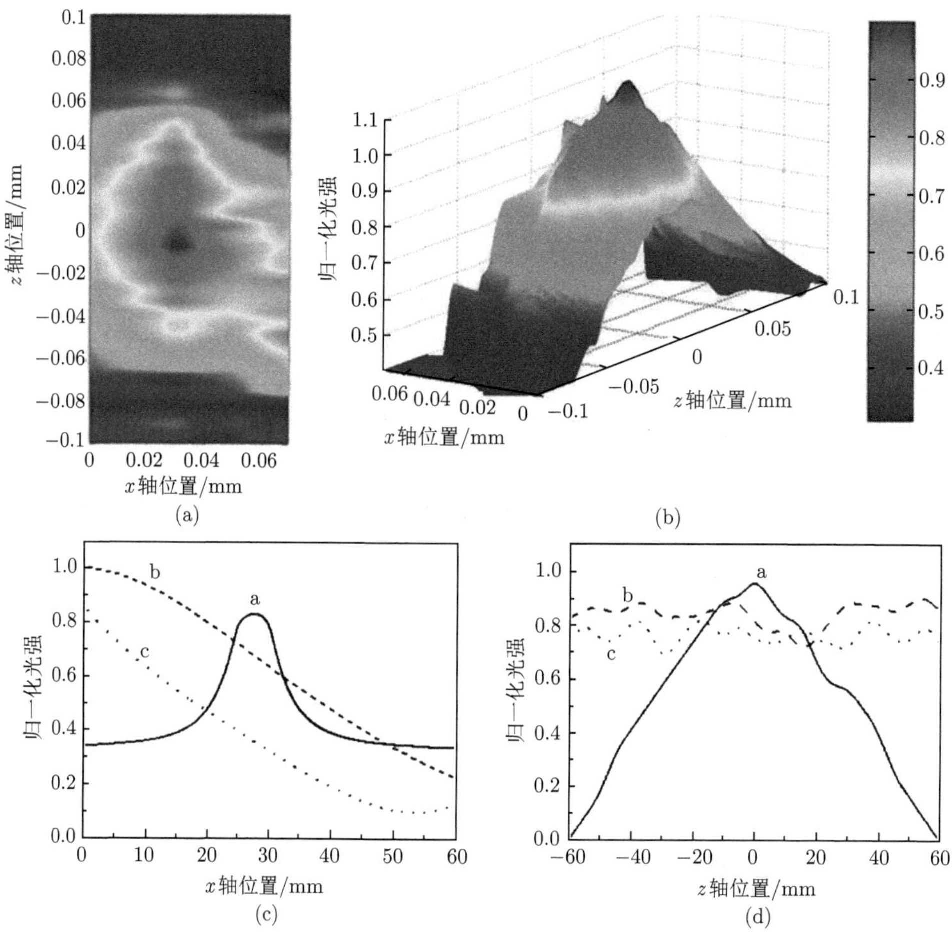


图 2-31　(a) 红外接收器沿 $x$ 轴方向移动时所得归一化光强分布；(b) 图 (a) 所示的光强分布三维结果示意图；(c) $x$ 轴方向和 (d) 像平面 ($x = 30\mu m$) $y$ 轴方向移动样品与未制备金属银树枝结构阵列时归一化光强分布曲线，曲线 a、b 和 c 分别代表复合材料、金属银薄膜和铜树枝结构光强分布曲线 (彩图见封底二维码)

## 2.3 电沉积法制备银树枝超材料

贵金属树枝结构是一种在非平衡态下形成的分形结构，具有很多特殊的性质，如大的比表面积、优良的电传导性以及特殊的光学性能等[46]，在催化、分析、传感、信息存储、医药、能源、磁性器件等方面具有重要用途[47−52]。近年来发展了许多贵金属树枝结构“自下而上”的化学合成方法。银树枝结构的合成有还原沉淀[53,54]、微乳液[55,56]、光还原[57−59]、电化学[43,60]、模板[44,60−62]、外场辅助合成[62,63]等方法。但这些方法对树枝结构的形貌、分枝密度、分枝尺寸等的可控性都存在不足，而且制得的银树枝结构大都分散在溶液体系中，对其光学性能的研究及应用存在很大缺陷。电化学沉积法设备和工艺简单，制备成本低，而且制备过程中容易实现各个实验参数的调节和控制，便于研究各种影响因素对形成树枝结构的影响，从而实现银树枝结构的可控制备。

这里，我们分别采用点电极和平板电极电沉积法以及基于电化学沉积的金属铜还原法和碳纳米管接枝法制备不同形貌和结构的银树枝结构。通过对电沉积过程中外加电压、$AgNO_3$ 浓度、沉积时间、沉积温度、沉积基底等因素对银树枝结构的形貌和分枝尺寸的影响进行系统的实验研究，了解电沉积生长银树枝结构的规律，进一步实现银树枝结构的可控制备。

### 2.3.1 点电极电沉积法

1. 制备方法

如图 2-32 所示, 实验中采用双电极体系，直径为 5μm 的单根碳纤维为工作电极 (阴极)，电沉积前将碳纤维的尖端在浓 $HNO_3$ 中浸泡 5min，然后用超纯水冲洗，以去除碳纤维表面的污物。环形银电极为对电极 (阳极)，电解液为 $AgNO_3$ 超纯水溶液。工作电极上的电势由外加直流稳压电源来控制。环形银电极既充当对电极，又可以起到补充电解液中 $Ag^+$ 的作用，从而保证电解液中 $Ag^+$ 的浓度在整个电沉积过程中保持相对稳定。进行电沉积前, 使 $AgNO_3$ 溶液刚刚浸没放置在培养皿底部中央的玻璃基底 (载玻片)，将培养皿置升降台上，缓慢升起升降台，使固定在上方的碳纤维电极头与液面或液面下的玻璃基底刚刚接触，调节电源电压，接通电源，数分钟后可观察到在液面或玻璃基底上以碳纤维电极为中心向四周有银树枝结构的生长。可以通过水平提拉或吸取电解液使液面缓慢下降的方法，使生长在电解液液面的树枝结构样品完整地沉落转移到玻璃基底上，然后进行自然风干和样品测试；生长在玻璃基底上的样品，由于牢牢地吸附在基底上，可直接从电解液中与其生长基底一并取出，然后自然风干进行样品的红外光谱测试。

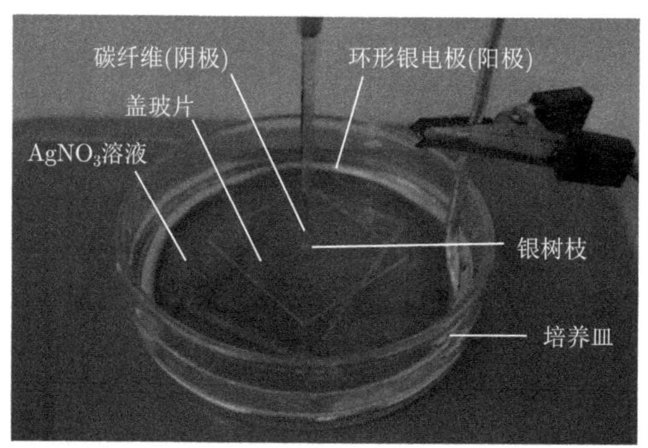


图 2-32　点电极法电沉积树枝状银实验装置照片

2. 沉积产物形貌和结构

图 2-33 是在 $AgNO_3$ 浓度为 0.1mg/mL，沉积电压为 0.5V，温度为冰浴 4℃ 时沉积在玻璃基底上样品的显微照片。图 2-33(a) 为样品边缘的光学显微镜照片，样品的整体形貌为以生长中心为圆心的圆形 (图 2-33(a) 插图)，由图可见，沉积产物为明显的多级分枝树枝结构，从主干的底部到顶端，分枝密度逐渐增加, 分枝与主干之间没有固定的夹角。图 2-33(b) 为样品的 SEM 照片，由图可见，样品的厚度约为 100 ~ 250nm (图 2-33(b) 插图)，树枝结构的分枝尺寸约为 30 ~ 150nm，分枝与主干之间的连接处明显变细，所以分枝与主干之间的连接很可能是物理连接 [64]。

(a)　　(b)

图 2-33　点电极电沉积树枝状银形貌和结构

(a) 光学显微镜照片 (插图为全貌数码照片)；(b) SEM 照片 (插图为断面 SEM 照片)

我们用 X 射线衍射技术测试了样品的晶体结构。样品的 X 射线衍射图谱 (图

2-34) 表明，沉积产物为典型的立方银 ($Fm3m$, $\alpha = 4.09$Å, JCPDS 04-0783)，经检索，四个衍射峰分别对应面心立方 (fcc) 银结构的 (111)、(200)、(220) 和 (311) 晶面。图 2-34 中没有发现其他衍射峰，说明沉积产物为纯净的银。

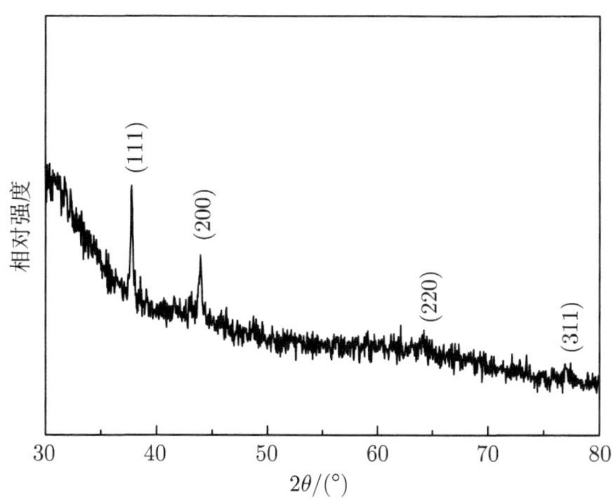


图 2-34 银树枝结构在玻璃基底上的 X 射线衍射图谱

3. 影响因素

1) 沉积电压

金属电沉积过程中，随着外加电压的增大，电解质溶液中离子的迁移速度会加快，通过实验装置的电流也增大，进而影响沉积产物的形貌结构。在我们设计的电沉积条件下，在银树枝结构的电沉积过程中，阴极上可能发生的电极反应及其标准电极电势值如下：

$$Ag^+ + e^- \Longleftrightarrow Ag \quad E^0_{Ag/Ag^+} = 0.7995V$$

$$2H^+ + e^- \Longleftrightarrow H_2 \quad E^0_{H_2/H^+} = 0V$$

由以上的电极反应和标准电极电势值可知，氢的标准电极电势值相对银的为负，再加上氢气在碳纤维电极上析出时的超电势的存在将使得氢的电极电势进一步降低，所以在正常情况下金属离子在阴极发生还原反应的同时，将不会伴随氢气的析出，可以认为，在电沉积的过程中，电流效率为 100%。对于一给定金属离子浓度的电解液，一般情况下，随着外加电压的减小，沉积产物由较为致密的形貌向多分枝的开放性生长转变。图 2-35 是在冰浴 4℃、$AgNO_3$ 浓度为 0.1mg/mL、沉积时间为 60min 的条件下，沉积 30min 时将外加电压从 0.6V 调至 0.5V 后沉积得到的样品照片。由图可见，电压调至 0.5V 后生长的结构明显变得稀疏。可见，电压的微小变化对树枝结构的形貌会产生较大的影响。较低的电压 (0.5V) 有利于形成开放型的树枝结构。

图 2-35　不同沉积电压下制备的银树枝结构形貌比较

2) $AgNO_3$ 浓度

图 2-36 是 $AgNO_3$ 浓度分别为 0.1mg/mL、0.5mg/mL 和 1.0mg/mL 时得到的沉积产物照片。显然，随着 $AgNO_3$ 浓度的增加，树枝结构的分枝越来越粗。实验表明，要得到结构细腻且分枝明显的银树枝结构，较为理想的 $AgNO_3$ 浓度为 0.1mg/mL。

图 2-36　不同 $AgNO_3$ 浓度下电沉积银树枝结构的比较

(a) $AgNO_3$ 浓度为 0.1mg/mL；(b) $AgNO_3$ 浓度为 0.5mg/mL；(c) $AgNO_3$ 浓度为 1.0mg/mL

3) 温度

图 2-37 是当 $AgNO_3$ 浓度为 0.1mg/mL、沉积电压为 0.5V、沉积基底为载玻片时，在 27℃ 和 4℃ 下沉积产物的显微照片。由图可见，在较高温度下得到的样品分枝密度较小，分枝尺寸较大；在较低温度下得到的样品分枝较细，分枝密集。因此，选择合适的沉积温度，对于得到较为理想的银树枝结构有着重要的意义。

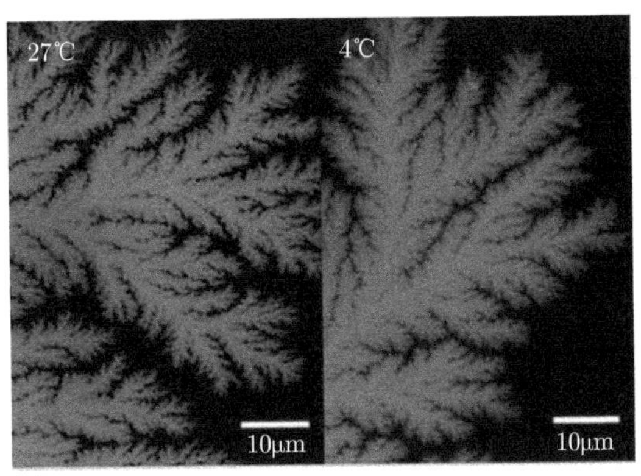


图 2-37 不同温度下电沉积银树枝结构的形貌比较

4) 沉积时间

在 $AgNO_3$ 浓度为 0.1mg/mL，沉积电压为 0.5V，温度为 22℃，沉积基底为玻璃的沉积条件下, 电路中接入微安表，每隔 20min 读取一次数据，并测量一次样品直径。实验结果显示，沉积时间越长，沉积产物的整体尺寸越大，末端分枝数越多，分枝越开放。由图 2-38 可见，随着沉积时间的延长，样品的直径呈线性增长，而通过装置的电流增加到约 4.2μA 时基本上保持恒定。图 2-39 为样品生长过程的实时照片，可以看出，样品在随着时间的延长不断长大。

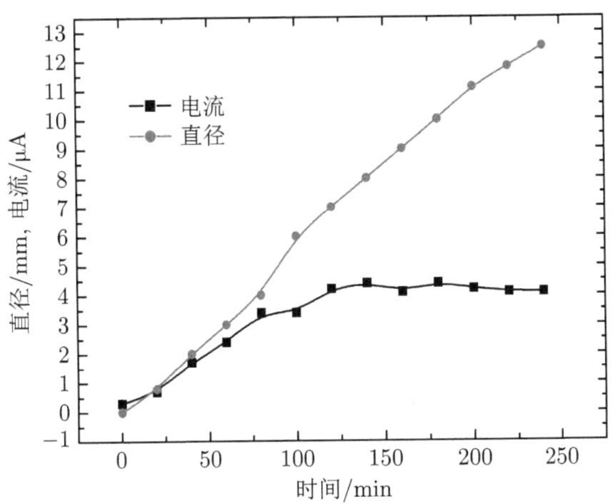


图 2-38 电流和样品直径随电沉积时间的变化曲线 (S/L 界面)

图 2-39　电沉积过程中样品生长的实时照片 (样品大小与生长时间的关系)

5) 沉积基底

在不同基底上可形成不同形貌的银树枝结构。电极刚刚接触液面，而没有接触到玻璃基底时，沉积产物在电解液的液面上生长。当电极头穿过液面接触到玻璃基底时，沉积产物同时也在玻璃基底上形成。为了得到玻璃基底上的沉积产物，当液面上电极周围有沉积产物形成时，用吸管将其吹离阴极周围，如此重复 2～3 次，液面上阴极周围不再有沉积产物聚集，而是在玻璃基底上银树枝结构的生长占据优势。如图 2-40(a) 所示，在玻璃基底上沉积的产物比在液面上沉积的产物分枝更加明显。此外，在两种基底上，银树枝结构的生长速度也有明显的差别。如图 2-40(b) 所示, 相同条件下, 树枝结构在玻璃基底的生长速度明显高于在液面上。

根据以上实验结果可以得出：用点电极电沉积法，在一定的实验条件范围内，采用较低的沉积电压 (0.5V)、合适的 $AgNO_3$ 浓度 (0.1mg/mL) 及温度 (27℃) 可以在玻璃基底上制得枝化度较好的开放型树枝结构，样品的大小可以通过调节沉积时间随意控制。

(a)

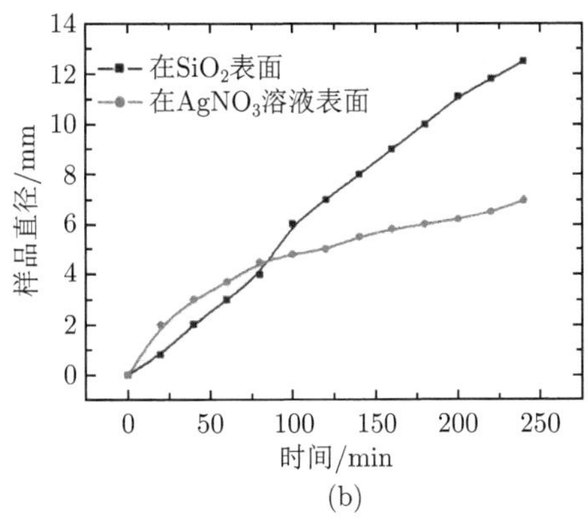


(b)

图 2-40 (a) 同时生长在玻璃基底 (左) 和水面 (右) 上的银树枝结构; (b) 不同基底上银树枝结构的直径随生长时间的变化曲线

4. 银树枝结构红外光谱特性

我们知道，银膜在可见光波段 410nm 附近具有特征表面等离子体谐振吸收 [65−68]，这是由于入射光线的波向量与银膜内表面电子振荡频率相匹配，可以耦合入银膜而引发电子共振，这种电谐振的频率是由银本身决定的。而当沉积电压为 0.5V、$AgNO_3$ 浓度为 0.1mg/mL、温度为冰浴 4℃、沉积时间为 120min 时，通过对在玻璃基底上沉积的样品进行红外透射测定发现，样品的不同区域在红外波段的透射行为不同。图 2-41(a) 所示样品的直径为 7mm，红外光束照射到样品上的圆形光斑的直径为 4mm，移动样品在样品架上的位置，使光斑分别照射在样品的不同区域 (图 2-41(a) 中圆形 a、b 和 c 所示的区域)。很显然，a 区域为样品的中心区域，b 区域和 c 区域则逐渐移向样品的边缘。图 2-41(a) 中样品 a 区域到 c 区域结构的变化类似于一棵树的主干到各级分枝和树冠外围结构的变化，分枝越来越细小，但分枝数量越来越多，即分枝密度越来越大。图 2-41(b) 中的曲线 a、b 和 c 分别为图 2-41(a) 中样品 a、b 和 c 区域所对应的红外透射曲线，样品的 a、b 和 c 三个区域分别在 1.55μm、1.53μm 和 1.45μm 处出现透射峰，峰的高度分别为 3dB、5.7dB 和 12.2dB，也就是说，从样品中心到边缘，随着结构的分枝尺寸的减小和分枝密度的增加，样品在红外波段的吸收峰发生蓝移，吸收强度明显增加。Liu 等用分枝宽度和分枝长度分别为 0.3μm 和 1.0μm 的铜树枝结构实现了红外波段约 2.5μm 处的磁谐振吸收 [21]。所以，我们认为银树枝结构在红外波段的这种吸收行为是由其结构引起的。也就是说，随着银树枝结构分枝尺寸的增加，吸收峰向低频方向移动；随着银树枝结构分枝密度的增加，吸收强度增加。这种吸收也应该是树枝结构的磁谐振引起的，有可能用来实现红外频段的可调谐负磁导率超材料。

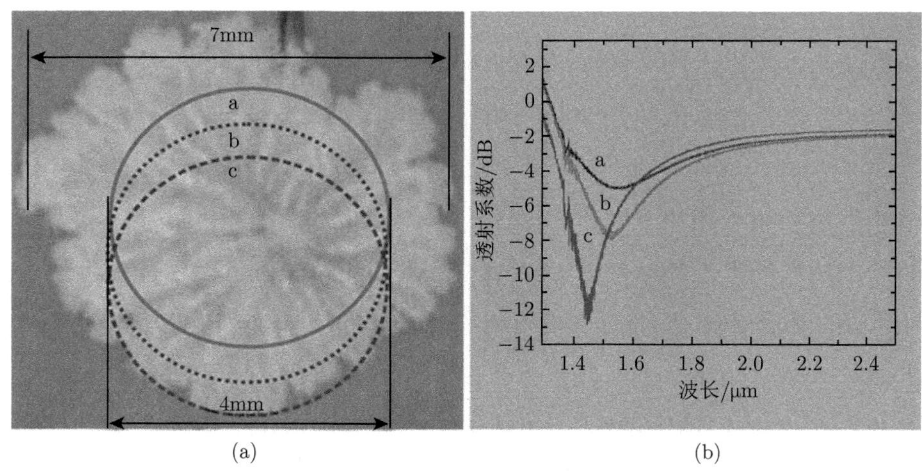


(a) (b)

图 2-41 银树枝结构样品的红外透射测试区域 (a) 及其对应的透射曲线 (b)

### 2.3.2 平板电极电沉积法

点电极电沉积制备银树枝结构在微米尺度范围内易于通过调节反应参数控制沉积产物的形貌和结构。但是，根据上述研究可知，如果制备纳米尺度的银树枝结构，点电极电沉积法就显得无能为力，而且点电极电沉积法一次只能制备一个树枝结构单元，无法满足同时制备众多树枝结构单元的需求。如果利用平板电极电沉积法，则可能在一个平板电极基底上同时生长众多纳米尺度的银树枝结构单元，以满足对银树枝结构光、电、磁等性能研究的需要。

1. 制备方法

平板电极电沉积法制备银树枝结构也采用双电极体系，以 1cm×5cm 的 ITO 导电玻璃为阴极，相同尺寸的金属银片为阳极，50mL 的烧杯为沉积槽，一定浓度的 $AgNO_3$ 溶液为电解液。两平板电极在电解液中保持相互平行和一定间距，导电玻璃的导电面面向阴极 (图 2-42)。通过调节外加电压、$AgNO_3$ 溶液的浓度、pH、沉积温度及时间等实验参数，则可以在导电玻璃基底上沉积期望的银树枝结构。

2. 影响因素

1) 沉积电压

在 $AgNO_3$ 浓度为 0.1 mg/mL，沉积时间为 10 min，反应温度为冰浴 (3 ~ 4℃)，两电极间距为 3cm 的条件下，调节沉积电压为 0.5~1.1 V。图 2-43(a)~(f) 是沉积电压分别为 0.3 V，0.5 V，0.7 V，0.9 V，1.1 V 和 1.3 V 时沉积产物的显微照片。由图可见，电压为 0.3 V 时，沉积产物为金属银颗粒，没有分枝结构的形成；电压为 0.5 V 时，沉积产物为较大的银颗粒，这些颗粒具有毛刺结构，虽然没有形成明显的分枝，但是已经有了分枝的趋势；当沉积电压为 0.7 V 和 0.9 V 时，沉积产物为明显的由中心核向四周辐射的二维树枝结构，结构单元在基底上随机排列，尺寸分布很不均匀，随着沉积电压的增加，结构单元在基底上的分布密度增加，结构单元的尺寸减小；继续提高沉积电压到 1.1V 和 1.3V 时，成核密度越来越高，沉积产物为由中心核向四周扩展的近似于圆形的结构，结构单元的尺寸和尺寸分布越来越小，但是分枝并不明显。图 2-44 为不同电压下沉积样品的可见光透射率曲线，由图可见，随沉积电压的升高，样品对可见光的透射率降低，说明结构的密度或厚度随电压的升高而增加。由图 2-44 还可以看出，随着沉积电压的升高，样品对可见光的透射率随波长的增加而降低的幅度增大。

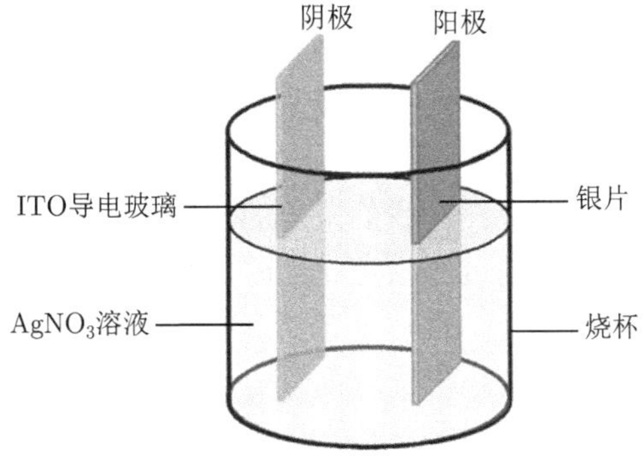


图 2-42 平板电极电沉积法制备银树枝结构实验装置示意图

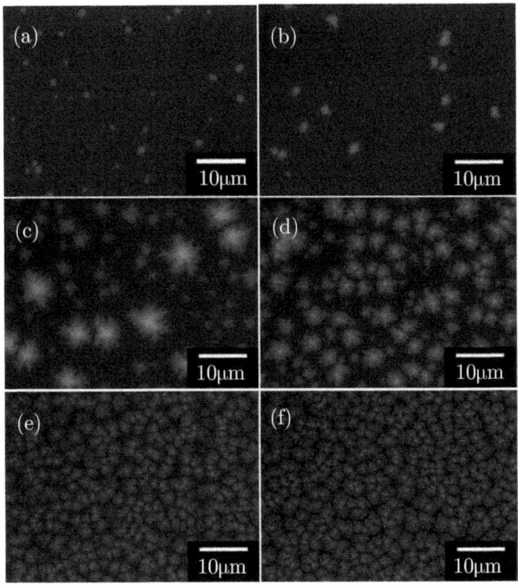


图 2-43 不同电压对沉积产物形貌结构的影响

(a) 0.3V；(b) 0.5V；(c) 0.7V；(d) 0.9V；(e) 1.1V；(f) 1.3V

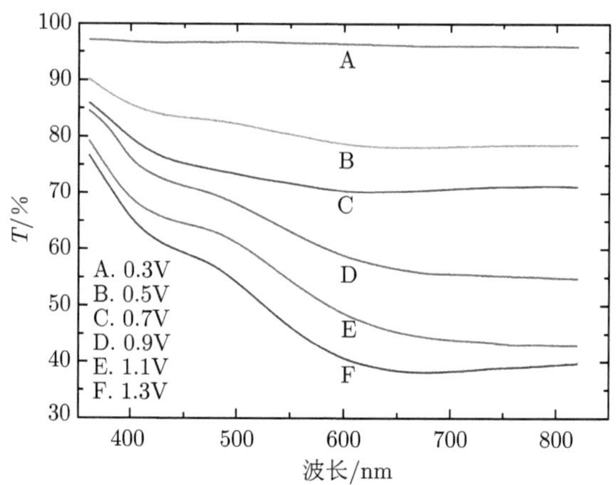


图 2-44　不同电压下沉积样品对可见光的透射率曲线

由以上实验结果可以得出：在我们采用的实验条件范围内，用平板电极电沉积法可以在导电玻璃基底上通过多核生长同时形成多个尺寸分布和分布密度不等的银树枝结构单元，结构单元的尺寸分布随沉积电压的升高而减小，分布密度随沉积电压的升高而增大。当沉积电压过高 (1.1V，1.3V) 或过低 (0.3V，0.5V) 时均不利于分枝的形成，只有在合适的沉积电压 (0.7~0.9V) 下，才能形成枝化度较好的银树枝结构。

2) $AgNO_3$ 浓度

图 2-45 是沉积电压为 0.9 V，沉积时间为 10 min，反应温度为冰浴 (3 ~ 4℃) 时，调节 $AgNO_3$ 的浓度为 0.01~1.00 mg/mL 得到的沉积产物的显微照片。由图可见，当 $AgNO_3$ 浓度为 0.01 mg/mL 时，沉积产物为细小的颗粒 (图 2-45(a))，没有形成明显的分枝结构；当 $AgNO_3$ 浓度分别为 0.05 mg/mL、0.10 mg/mL 和 0.20 mg/mL 时，沉积产物具有明显的分枝结构 (图 2-45(b)~(d))，从照片的色深可以看出，随着 $AgNO_3$ 浓度的增加，二维树枝结构单元的厚度增加，0.10 mg/mL 的 $AgNO_3$ 浓度下得到的银树枝结构单元枝化度较好；增加 $AgNO_3$ 浓度到 0.50mg/mL 时，沉积产物为不规则的银颗粒，有少数颗粒具有分枝的趋势；继续增加 $AgNO_3$ 浓度到 1.00mg/mL 时，沉积产物全部为银颗粒。因此，$AgNO_3$ 浓度过低或过高均不利于树枝结构的形成，较低的 $AgNO_3$ 浓度有利于基底上树枝结构单元的形成，$AgNO_3$ 浓度为 0.10mg/mL 时，沉积产物的枝化度较好。

3) 温度

图 2-46 是 $AgNO_3$ 浓度为 0.1 mg/mL，沉积电压为 0.9 V，沉积时间为 10min 时调节 $AgNO_3$ 溶液的温度得到的沉积产物的显微照片。由图可见，在较低温度下 (3℃，图 2-46(a)；10℃，图 2-46(b)；20℃，图 2-46(c))，在沉积基底上均形成

了明显的树枝结构，随着温度的升高，结构单元的直径、分枝尺寸和枝化度明显增加，而在基底上的分布密度减小；$AgNO_3$ 溶液的温度升高到 30℃ 时，树枝结构的分枝变得更粗，分枝密度明显减小，趋向于形成颗粒；40℃ 时，沉积在基底上的产物绝大多数为银颗粒，有少数颗粒具有少而粗的分枝结构；当温度升高到 50℃ 时，沉积产物全部为银颗粒，没有树枝结构的形成。

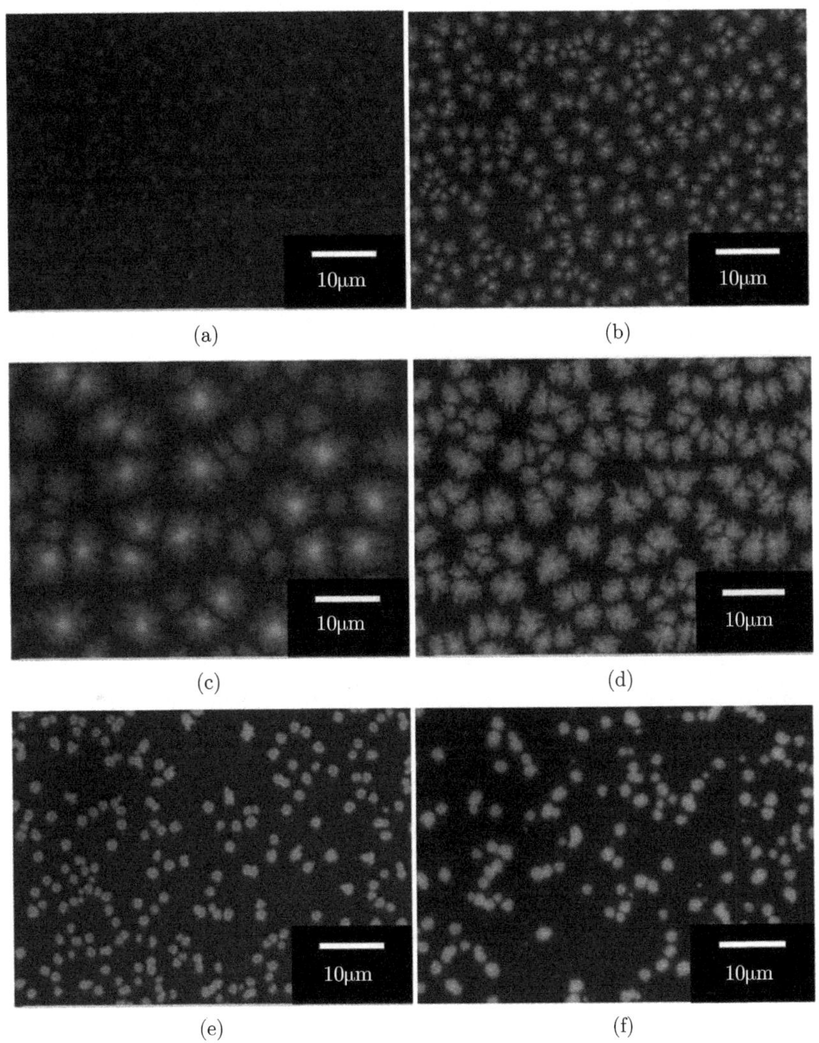


图 2-45 不同 $AgNO_3$ 浓度下沉积产物的形貌结构比较

(a) 0.01 mg/mL；(b) 0.05 mg/mL；(c) 0.10 mg/mL；(d) 0.20 mg/mL；(e) 0.50 mg/mL；(f) 1.00 mg/mL

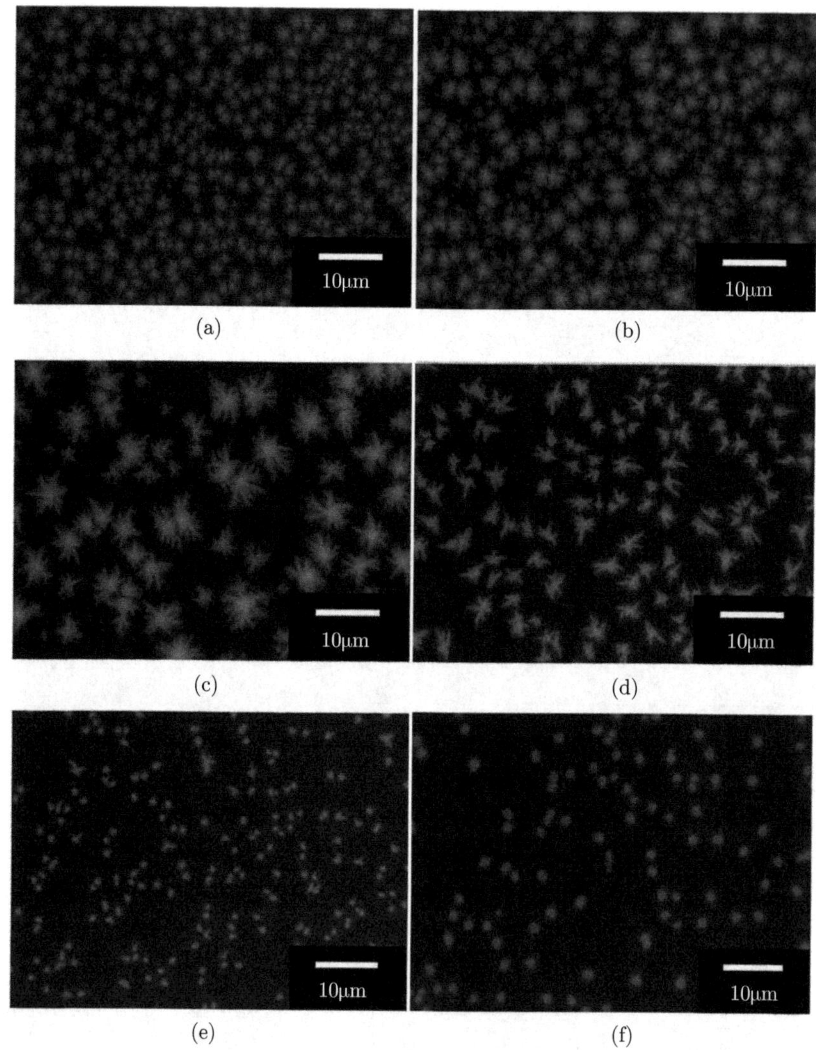


图 2-46　不同温度下沉积产物的形貌结构比较

(a) 3℃；(b) 10℃；(c) 20℃；(d) 30℃；(e) 40℃；(f) 50℃

图 2-47 是不同温度下制备的样品对可见光的透射率曲线。由图可见，在较低温度范围 (3~20℃) 内沉积的样品，随着温度的升高，对可见光的透射率降低，而根据样品的显微照片 (图 2-46(a)~(c)) 可以看出，树枝结构单元在基底上的分布密度随温度的升高明显降低，透射率应该随之增加。这种特殊的现象可能由两个方面的因素造成：一是二维树枝结构单元的厚度随温度的升高而增加，结构单元密度减小对可见光透射率的贡献小于厚度增加对光线的阻挡；二是结构单元高度枝化的分枝尺寸与可见光波长相比拟而引起磁共振吸收，导致透射率降低。在较

高的温度范围 (30~50℃) 内，随着温度的升高，样品的透射率增加，这主要是由于沉积产物的枝化度及其在基底上的分布密度随温度的升高而减小。

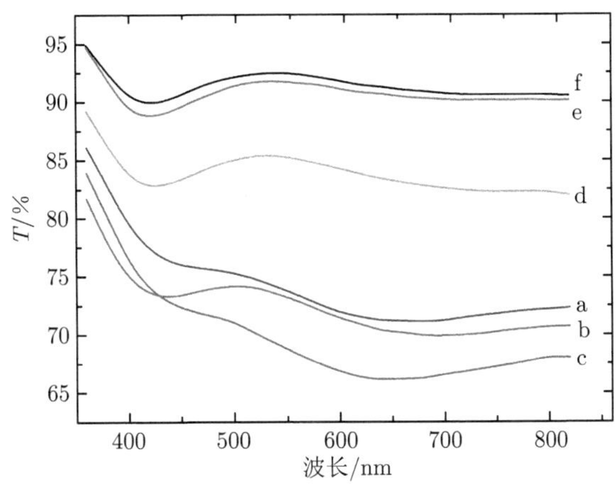


图 2-47 不同温度下沉积样品对可见光的透射率曲线

a. 3℃; b. 10℃; c. 20℃; d. 30℃; e. 40℃; f. 50℃

4) 电沉积时间

在 $AgNO_3$ 浓度为 0.1mg/mL，沉积电压为 0.9V，电解液温度为冰浴 (3 ~ 4℃) 的实验条件下，通过改变电沉积时间，在导电玻璃基底上制备了不同形貌的样品。如图 2-48 所示，在 1~30min 的时间范围内，沉积产物为在基底上单层分布、结构单元尺寸和分布密度不等的树枝结构，结构单元的尺寸及其在基底上的分布密度随沉积时间的延长而增加 (图 2-48(a)~(e))，其中，当沉积时间为 10min、20min 和 30min 时，分布在基底上的结构单元之间有不同程度的粘连现象，随沉积时间的延长，粘连现象更为严重，这对结构的电磁响应研究是极为不利的。当沉积时间增加到 50min 时，基底上结构单元之间的空隙由于结构单元的不断长大而充满并形成了致密的银膜，此时，在基底曾经占主导地位的二维生长转化为向垂直于基底表面的空间延展，致使在银膜的表面又形成分枝粗大的树枝结构。这层结构与基底的吸附能力较差，在样品的冲洗过程中极易脱落，而且形成的分枝结构由于未能紧密结合在基底上，在样品的干燥过程中极易团聚，从而被破坏。

图 2-49 是不同沉积时间下样品对可见光的透射率曲线。由图可见，随着电沉积时间的延长，样品对可见光的透射率逐渐减小，说明沉积在基底上的结构的致密度和厚度增加。

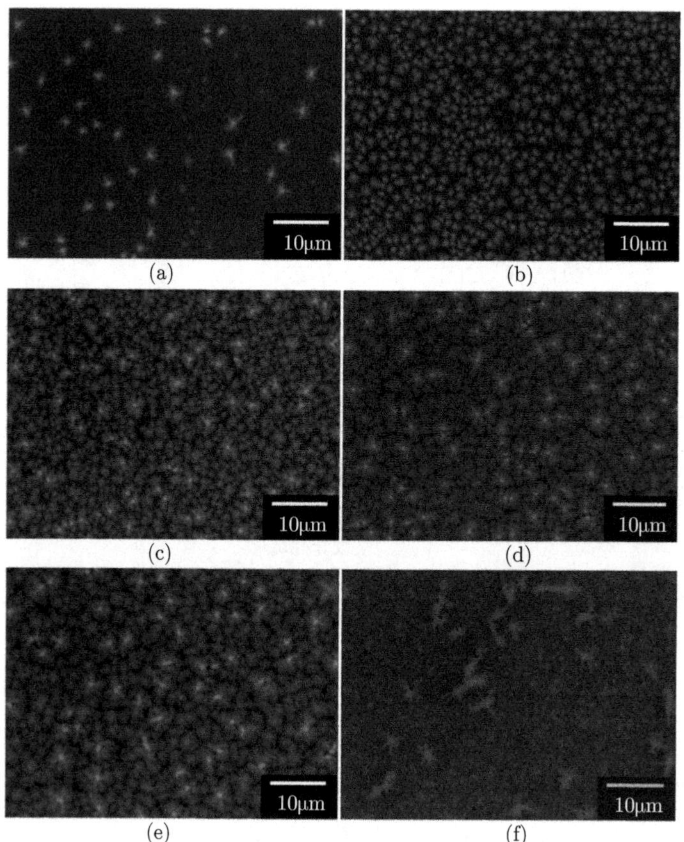


图 2-48　不同时间沉积产物的形貌结构比较

(a) 1min；(b) 5min；(c) 10min；(d) 20min；(e) 30min；(f) 50min

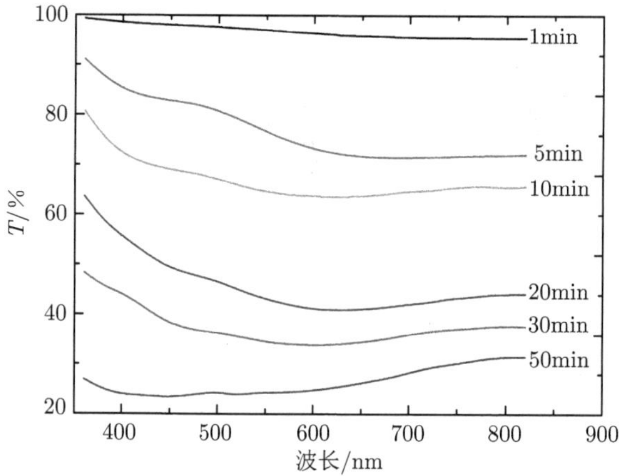


图 2-49　不同沉积时间下样品对可见光的透射率曲线

由此可见，在我们选定的实验条件范围内，要想在导电玻璃基底上沉积二维生长、枝化度较好、分布密度适中、没有粘连现象的银树枝结构单元，合适的沉积时间为 5min 左右。

5) 电解液 pH

在 $AgNO_3$ 浓度为 0.1mg/mL，沉积电压为 0.9V，沉积温度为冰浴 3 ~ 4°C，沉积时间为 10min 的实验条件下，分别用 5%的氨水和 5%的硝酸调节电解液的 pH 分别为 2、4、6、8 和 10。0.1mg/mL 的 $AgNO_3$ 溶液的 pH 恰好为 6，所以实验设计的 pH=6 的电解液不需要用氨水或硝酸进行调节。图 2-50 为不同 pH 条

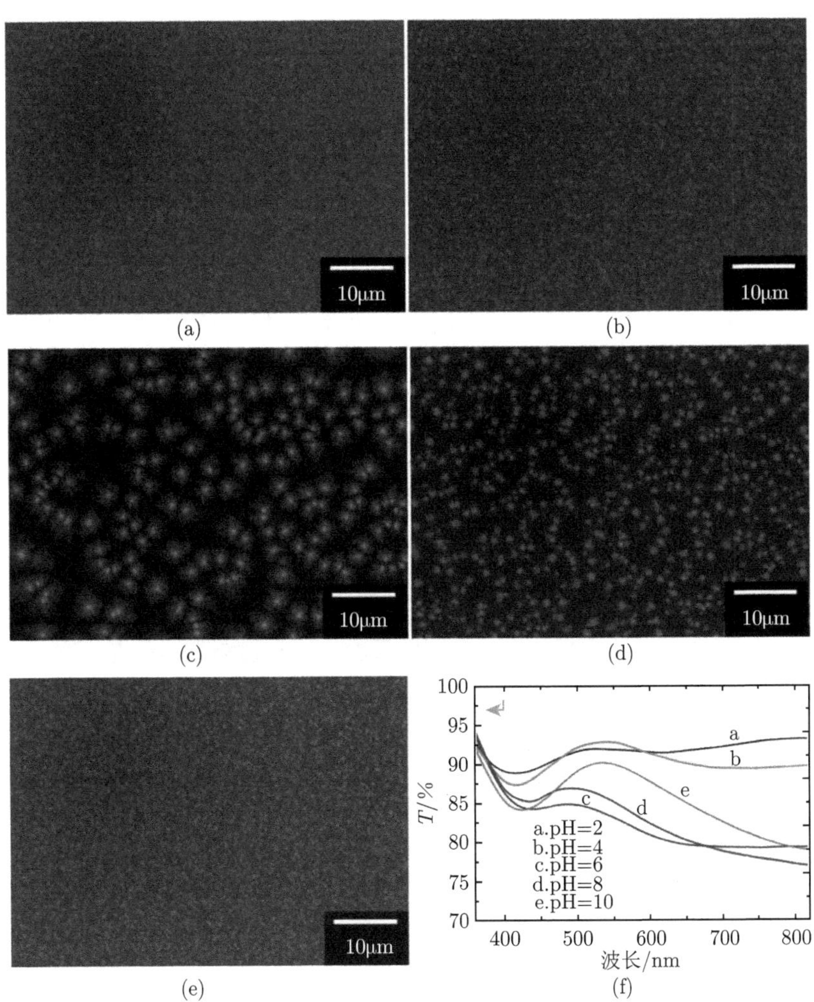


图 2-50 不同 pH 下沉积样品的形貌结构及对可见光的透射率曲线

(a) pH=2；(b) pH=4；(c) pH=6；(d) pH=8；(e) pH=10；(f) 透射率曲线

件下沉积产物的显微照片。由图可见，在 pH=6 时，沉积产物具有明显的分枝结构；pH=8 时，沉积产物为不规则颗粒，颗粒的直径约为 0.5 ~ 2μm；pH=4 和 pH=10 时，沉积产物均为直径约 0.5 ~ 1μm 的颗粒，没有发现分枝结构；pH=2 时，形成粒径更小的颗粒膜，也没有发现分枝结构的产生。因此，pH 过高或者过低都不利于树枝结构的形成。根据以上实验结果和理论分析可知道，接近中性 (pH=6~8) 的电解液有利于银树枝结构的形成。

图 2-50(f) 为不同 pH 下沉积样品对可见光的透射率曲线。由图可见，没有形成树枝结构的样品在较长波段的透射率较高，而形成树枝结构的样品尽管结构单元在基底上的分布比较稀疏，其透射率仍然较低。该现象与 2.3.1 节中的实验结果非常相似，很可能是由于树枝结构在入射光的作用下引起磁谐振吸收。

6) PEG 分子量

在平板电极电化学沉积树枝状银的过程中，作为分散剂和钝化剂的 PEG 的分子量对形成银树枝的形貌和结构有很大的影响。在这里，我们仍采用电解液中 $AgNO_3$ 浓度为 0.1mg/mL，沉积电压为 0.9V，电解液温度为冰浴 3 ~ 4℃，沉积时间为 10min 的实验条件，分别在电解液中加入 PEG-400、PEG-4000 和 PEG-20000，加入量均为溶液中 $AgNO_3$ 的 10 倍 (摩尔分数)。由图 2-51 可见，电解液中加入 PEG 的分子量不同时，形成的银树枝形貌和结构有很大的变化。不加

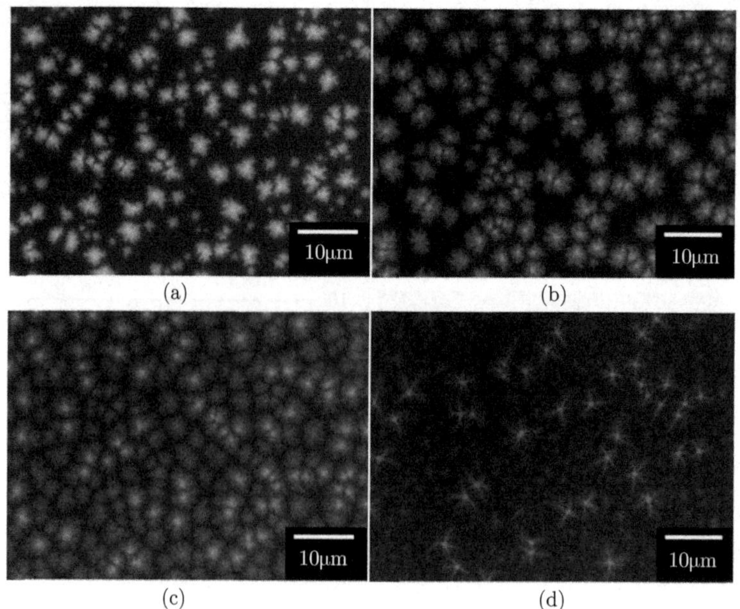

(a)　(b)　(c)　(d)

图 2-51　电解液中加入不同分子量 PEG 时沉积产物的结构形貌比较

(a) 无 PEG；(b) PEG-400；(c) PEG-4000；(d) PEG-20000

PEG 时 (图 2-51(a))，形成的银树枝结构单元在基底上的分布密度较小，枝化度较小，分枝较粗。而当加入不同分子量的 PEG 时 (图 2-51(b)~(d))，随着分子量的增大，形成的银树枝结构单元在基底上的分布密度和枝化度越来越大，分枝有明显细化的趋势。其中，在加入分子量较大的 PEG-20000 时，形成了两种形貌的树枝结构单元，一种是直径较小的雪花状分枝结构，另一种是直径较大的辐射状分枝结构。

7) PEG 浓度

PEG 浓度对沉积产物的形貌结构也有很大的影响。同等电沉积条件下，电解液中不加 PEG 时，如图 2-52(a) 所示，形成的银树枝结构单元在基底上分布稀疏，分枝较粗，直径分布范围较大 (约为 2~15μm)。而在电解液中加入不同浓度的 PEG-20000 时，随着浓度的增加 (图 2-52(b)~(d))，沉积在基底上的银树枝结

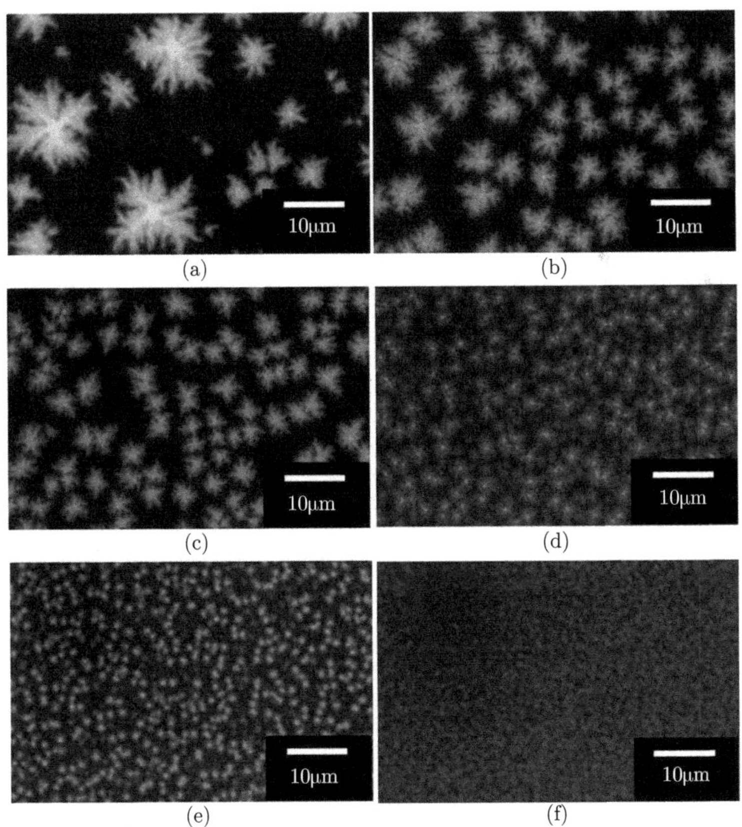

(a) (b) (c) (d) (e) (f)

图 2-52 电解液中 PEG-20000 浓度不同时沉积产物的形貌结构比较

PEG-20000 浓度分别为：(a) 0g/mL；(b) 0.02g/mL；(c) 0.05g/mL；(d) 0.1g/mL；(e) 0.2g/mL；(f) 0.4g/mL

构单元的分布密度越来越大，结构单元的直径及直径分布范围越来越小；当继续增加 PEG-20000 的浓度到 0.2g/mL 时，结构单元在密度增大和直径减小的同时，枝化度明显下降，沉积物有形成颗粒结构的趋势；继续增加 PEG-20000 的浓度到 0.4g/mL 时，沉积物为密度更大、直径更小的银颗粒，没有明显的分枝结构形成。实验结果表明，在一定范围内增加电解液中 PEG-20000 的浓度，可促进在基底上形成分布密集、直径较小、分枝较细、枝化度较高的银树枝结构单元；如果 PEG-20000 的浓度过高反而会抑制分枝结构的形成。

PEG 在该实验体系中的作用可能有两个方面，一是对溶液中 $Ag^+$ 具有“空间位阻效应”，阻碍了 $Ag^+$ 在溶液中的扩散，使 $Ag^+$ 在沉积基底 (导电玻璃) 上就近还原，而没有足够的能量克服 PEG 分子的阻碍作用到达远处已经形成的较大粒子，PEG 的分子量越大，对 $Ag^+$ 的空间位阻作用也就越大。所以，随着电解液中 PEG 分子量的增大，形成的银树枝结构单元在基底上的分布密度和枝化度越来越高，分枝越来越细 (图 2-51(b)~(d))。另一方面，高分子量的 PEG 分子在溶液中可形成无规线团，分子中的氧原子具有孤对电子，可以络合 $Ag^+$, 分子量越高，络合 $Ag^+$ 也越多。图 2-53 分别给出了纯 PEG-20000 溶液 (曲线 a) 和硝酸银与 PEG-20000 混合溶液 (曲线 b) 的红外透射谱。从图可以看出，硝酸银和 PEG-20000 混合溶液的大多数红外透射峰均与纯 PEG-20000 溶液的红外透射峰的位置相同，只有一些微小的差异，即 C—O—C 键的振动吸收峰从 $1100cm^{-1}$ 移动到了 $1110cm^{-1}$，这是因为随着氧原子上的孤对电子部分地进入 $Ag^+$ 的空白 d 轨道，配合物的共价性增强。这意味着 PEG-20000 中的氧原子确实与 $Ag^+$ 发生了配位作用。这时，由于 PEG-20000 的空间位阻效应和络合效应，小的银纳米颗粒的凝聚趋势受到限制，并且 $Ag^+$ 的还原速度降低，这都有利于多级金属银树枝结构的形成。

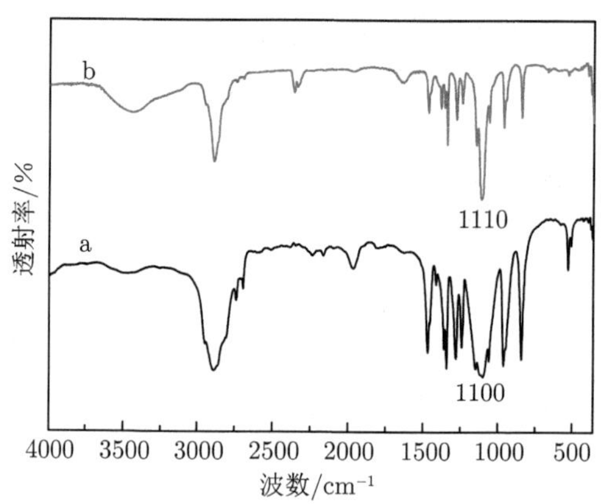


图 2-53　纯 PEG-20000 溶液 (曲线 a) 和硝酸银、PEG-20000 混合溶液 (曲线 b) 的红外透射谱

此外，如图 2-54 所示，PEG-20000 作为模板剂[69]，其链状结构上的氧原子与 $Ag^+$ 结合后，这些被吸附在 PEG-20000 链上的 $Ag^+$，会在电解液中形成许多一维反应区域，进而在电场力的作用下到达阴极表面，而被还原为金属银。$Ag^+$ 到达阴极表面的同时，这些 PEG-20000 链状结构也同时到达了阴极表面，而 PEG-20000 链状结构的空间位阻效应有利于金属树枝结构的形成。另外，随着 PEG-20000 浓度的进一步增大，单位体积内 PEG-20000 链的数目增多，从而使得获得的金属银树枝结构的分枝变细。

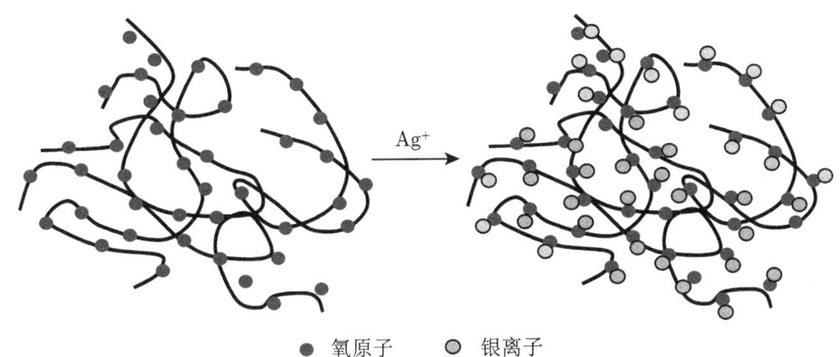


图 2-54 PEG-20000 与 $Ag^+$ 配位形成的链状结构示意图

8) 电极间距

电极间距是指在电沉积过程中，相互平行的两平板电极之间的相对距离。电极间距的大小一方面会影响通过装置的电流，电极间距越小，电流越大；另一方面，当电极间距小到一定程度时，会影响电解液中的 $Ag^+$ 通过扩散到达阴极的数量和速度。在一定范围内，电极间距越小，$Ag^+$ 通过扩散到达阴极的速度越快，而由于极板对电解液的毛细管吸附作用，极板外电解液中的 $Ag^+$ 通过扩散到达极板之间的速度会减慢，这使得到达阴极的 $Ag^+$ 数量减少。此外，当电极间距很小时，阳极 (银板) 通过电解为电解液补充 $Ag^+$ 的作用会变得更加显著。所以，电极间距对平板电极电沉积银树枝结构也会有很大的影响。

在本实验中，我们采用了 30mm、10mm、1mm 和 0.2mm 四种电极间距，图 2-55 为其他实验条件相同的情况下，改变电极间距得到的沉积产物的显微照片。由图可见，当两电极之间的距离较大时 (图 2-55(a) 30mm 和图 2-55(b) 10mm)，得到的树枝结构单元在基底上的分布比较稀疏，直径分布范围较大，两种电极间距下得到的树枝结构形貌和尺寸没有太大的差别，说明当电极间距较大时，在一定范围内改变电极间距对形成的树枝结构不会有很大的影响。从表 2-1 中可以看出，当电极间距为 30mm 和 10mm 时，通过电沉积装置的初始电流分别为 61μA 和 62μA，差别很小。电沉积过程中，通过装置电流的大小除了取决于沉积电压之外，主要取决于电解液中 $Ag^+$ 和 $NO_3^-$ 的浓度以及两电极之间的距离。离子浓度越大，电流越大；电极间距越小，电流越大。实验结果表明，当电极间距较大时，两电极之间的离子可以通过电极外围离子的扩散得到快速补充，这样，在一定范围内改变电极间距对电流的影响就不是很大，所以对沉积产物的形貌和结构也不会有较大的影响。

当两电极之间的距离很小时，如图 2-55(c) 和 (d) 所示，得到的树枝结构单元在基底上的分布变得致密，直径及直径分布范围也明显变小，分枝变细，而且电极间距微小的变化对沉积产物形貌结构的影响很大。由表 2-1 可见，当电极间距为 1mm 和 0.2mm 时，通过装置的初始电流分别为 93μA 和 154μA，差别较大，所以对沉积产物的形貌结构影响也较大。

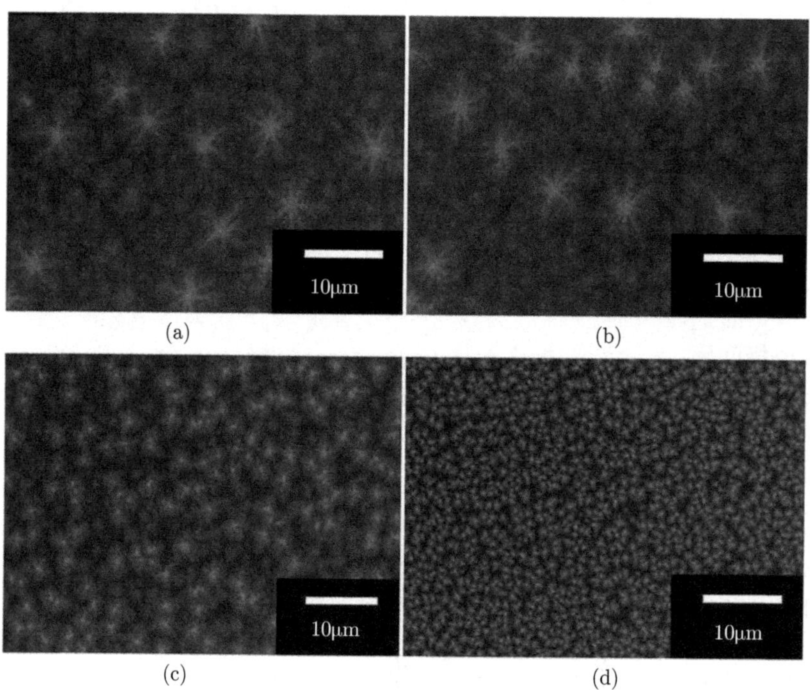


图 2-55 电极间距不同时沉积产物形貌结构比较

(a) 30mm；(b) 10mm；(c) 1mm；(d) 0.2mm

**表 2-1 电沉积过程中电极间距与通过装置初始电流关系**

| 电极间距/mm | 30 | 10 | 1 | 0.2 |
|---|---|---|---|---|
| 初始电流/μA | 61 | 62 | 93 | 154 |

总之，电极间距较小时，有利于在基底上形成致密、均匀、分枝较细的树枝结构单元。

9) 导电玻璃方阻

导电玻璃的方阻对电沉积银树枝结构的影响主要有两个方面：第一，在同等条件下，使用不同方阻的导电玻璃作为沉积基底，通过装置的电流不同，方阻越小，通过装置的电流越大，从而影响沉积产物的形貌和结构；第二，不同方阻的导电玻璃在加工过程中的处理工艺有所不同，使得 ITO 导电膜的表面性质有不同，因而与金属银的亲和浸润能力有差别，从而影响沉积产物的形貌和结构。

在给定实验条件下，我们用方阻分别为 10Ω/□, 17Ω/□, 20Ω/□ 和 30Ω/□ 的导电玻璃进行了沉积实验，如图 2-56 所示，当方阻较小时 (图 2-56(a))，沉积在基底上的结构单元的分布密度较大，中心核明显，但是分枝不明显；当方阻为 17Ω/□ 和 20Ω/□ 时 (图 2-56(b), (c))，结构单元的密度有所减小，但是枝化度增加；当方阻较大时 (图 2-56(d))，结构单元的分布密度和枝化度明显减小，分枝变粗。结果表明，当导电玻璃的方阻为 17Ω/□ 和 20Ω/□ 时，有利于形成枝化度高、分枝较细的银树枝结构。

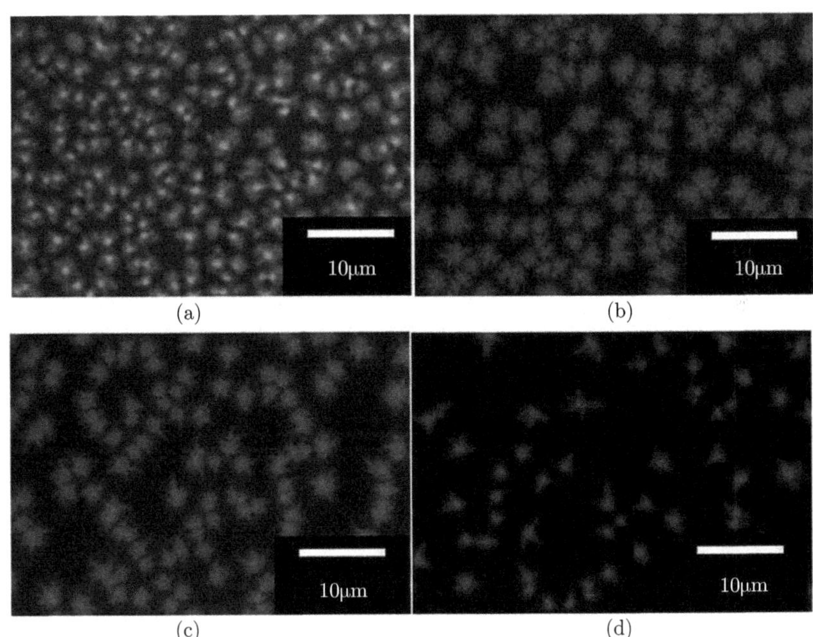


(a) (b) (c) (d)

图 2-56 不同方阻导电玻璃基底上沉积产物形貌比较

(a) 10Ω/□; (b) 17Ω/□; (c) 20Ω/□; (d) 30Ω/□

3. 银树枝结构生长机理

目前普遍为大家所接受的金属树枝结构的生长机理有两种：一种是点电极作用下的受限扩散凝聚 (diffusion limited aggregate, DLA) 模型 [70,71]；另一种是在有配位剂和分散剂参与下的配位-还原-成核-生长-分形 (coordination reduction nucleation growth fractal) 模型 [72]。其中前者主要用于描述点电极作用下固-液界面电化学沉积过程中的金属树枝结构的生长，而后者主要用于描述溶液体系中无规则排列金属树枝结构的生长。本实验中，所使用的阴极和阳极均为表面平整光滑的平板电极，因此金属银在该平板电极表面各点的成核和生长概率是相同的，从而表现为金属银在导电玻璃基底上的无规则生长，这种生长方式服从经典的金属树枝结构的生长机理——DLA 生长过程，即小的纳米颗粒经过一个奥斯特瓦尔德扩散过程在大的纳米颗粒上生长，然后大的纳米颗粒继续生长为具有分枝的树枝结构。

采用平行平板双电极体系，系统研究了沉积电压，金属盐溶液的浓度、温度和 pH，金属盐溶液中添加稳定剂，电沉积时间，电极间距，导电玻璃基底的方阻等因素对形成银树枝结构的影响。在我们采用的实验条件范围内，得出了制备枝化度高、分枝细、在基底上分布致密且均匀的银树枝结构单元的最佳实验条件，如表 2-2 所示。在诸多影响因素中，电压和时间的影响都比较大，同时也是最方便实现调节的两个因素，所以我们在确定其他实验条件的基础上，完全可以通过调节电压和时间实现银树枝结构的可控合成。

**表 2-2　制备银树枝结构最佳实验条件**

| 影响因素 | 最佳条件 | 影响因素 | 最佳条件 |
|---|---|---|---|
| 沉积电压 | 0.7 ~ 0.9V | 电解液 pH | 6 ~ 8 |
| $AgNO_3$ 浓度 | 0.10mg/mL | PEG-20000 浓度 | 0.05 ~ 0.1g/mL |
| 电解液温度 | 3 ~ 20℃ | 电极间距 | 0.2 ~ 1mm |
| 沉积时间 | 5min | ITO 方阻 | 17 ~ 20Ω/□ |

## 2.4　红外树枝结构超材料

### 2.4.1　制备流程

基于银树枝结构的红外波段宽频带超材料的制备工艺流程包括如图 2-57 所示的银树枝结构的制备、非导电介质聚乙烯醇 (PVA) 薄膜的制备和三明治结构的组装。

1. 银树枝结构的制备

采用 2.3 节介绍的电化学沉积法制备银树枝结构，将方阻为 17Ω/□ 的平板导电玻璃按 55mm×10mm 的规格切割后按文献报道的方法 [73] 清洗干净，作为阴极。与阴极相同尺寸规格、表面平整的银片 (纯度为 99.9%) 作为阳极。两平板电极按图 2-58 所示的装置由两块厚度为 0.6mm 的聚氯乙烯 (PVC) 片隔开，使两电极之间的距离保持 0.6mm。电解液 $AgNO_3$ 浓度为 0.1mg/mL。按图 2-58 所示将两电极安装好后，用吸管将电解液沿两电极之间的缝隙加入 (电解液会通过毛细管作用力自动吸入两电极之间)，接通电源，沉积 1min，即可在导电玻璃基底上得到不同尺度的银树枝结构，结构单元的尺度及其在基底上的分布密度通过调节沉积电压控制。

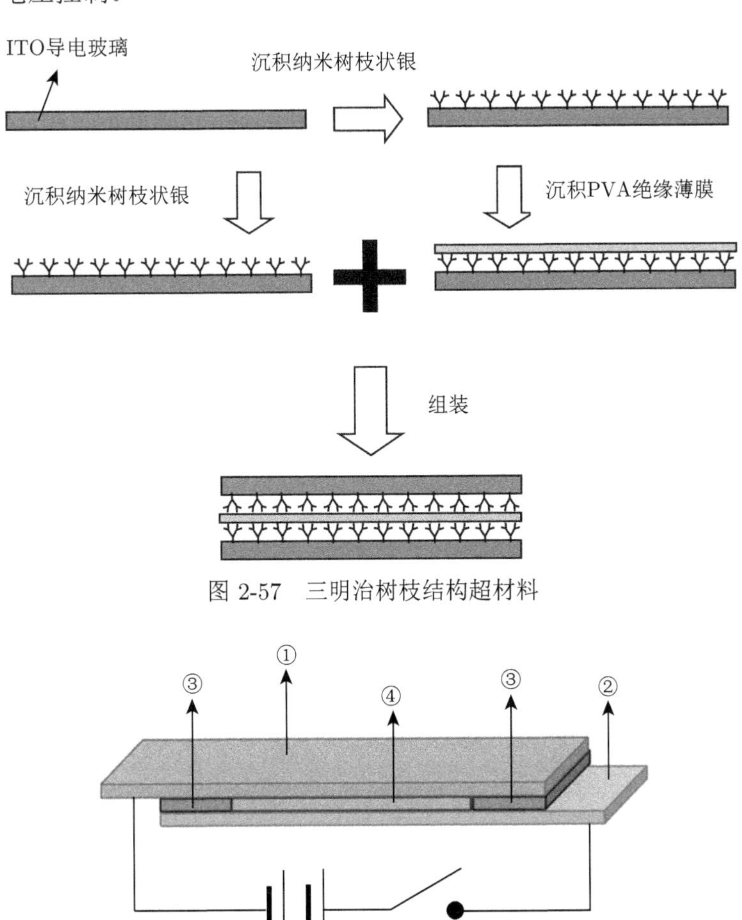


图 2-57 三明治树枝结构超材料

① ITO导电玻璃(阴极)
② 银片(阳极)
③ PVC绝缘夹层
④ $AgNO_3$超纯水溶液(电解液)

图 2-58 电沉积银树枝结构实验装置示意图

2. PVA 薄膜的制备

在制备 PVA 薄膜的过程中，采用自行设计的液面下降涂膜装置，在制备的银树枝结构表面涂覆 PVA 薄膜。准确称取 7.5g PVA 于 250mL 烧杯中，加入

250mL 超纯水，搅拌加热至沸腾，待 PVA 全部溶解后，停止加热，待溶液冷却至室温后装入 250mL 容量瓶，补加超纯水至刻度 (加热溶解时有部分水分被蒸发)，即得涂膜所用的涂液 (3%的 PVA 超纯水溶液)。将涂液加入如图 2-59 所示的涂膜装置上部的玻璃容器中 (容积为 250mL)，然后将样品按图 2-59 所示悬挂在涂液中，调节放液阀，控制涂液滴出的速度为 1 滴/s (此时玻璃容器中液面下降的速度为 0.4mm/min)，待样品完全漏出涂液后，关闭放液阀，将样品取出，在无尘环境下自然干燥，涂覆在银树枝结构表面的 PVA 薄膜为无色透明，其厚度可以通过调节涂液的浓度和放液阀漏出溶液的速度来控制。

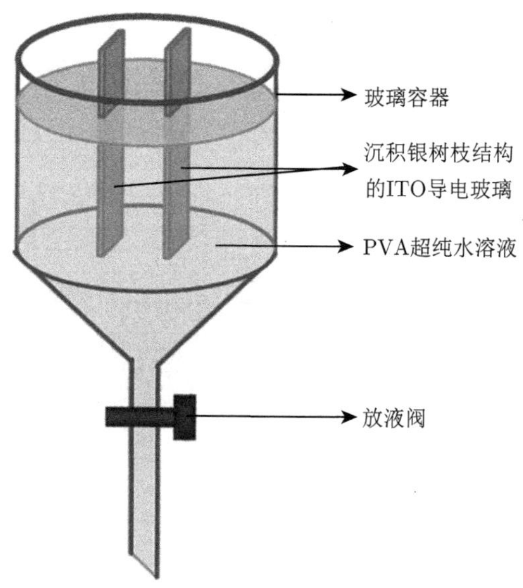


图 2-59　液面下降法涂膜装置示意图

3. 三明治结构的组装

如图 2-57 中的步骤所示，将相同条件下制备的两组样品中的一组在银树枝结构的表面涂覆 PVA 薄膜，另一组样品保持裸露。对两组样品分别进行红外透射测试后，将涂覆 PVA 薄膜的样品向上水平放置，在其空白的一端 (未沉积银树枝结构和未涂覆 PVA 薄膜的一端，即电沉积时与电源连接和涂膜时用来固定样品的一端) 滴加少许 $\alpha$-氰基丙烯酸乙酯，将另一未涂膜的样品面对面与其叠合，再在其上面压两层载玻片，30min 后，$\alpha$-氰基丙烯酸乙酯完全凝固，然后用硅酮玻璃胶密封叠缝，即得到 “银树枝结构/PVA 薄膜/银树枝结构” 的三明治结构复合材料。

### 2.4.2 结果与讨论

1. 形貌和结构

图 2-60 为分别在 0.2V、0.4V、0.6V、0.8V 和 1.0V 电压下沉积产物的 SEM 照片。可以看出，沉积产物均为随机成核的多核生长结构，随着沉积电压的升高，沉积在基底上结构的密度越来越大。当沉积电压过低时 (0.2V)，在基底上形成非常稀疏的颗粒 (图 2-60(a))，过高时 (1.0V) 则形成致密的颗粒 (图 2-60(e))。当沉积电压为 0.4~0.8V 时，沉积产物为密度不同、大小不等的银树枝结构 (图 2-60(b)~(d), 右上角的插图显示了一个单元的形貌结构)，大小和分布密度不等的结构单元在导电玻璃基底上随机生长、无序排列。随着沉积电压的升高，结构单元的直径减小，在基底上的分布密度增加。从表 2-3 中的统计结果也可以看出结构单元直径和分布密度随沉积电压变化的规律。从对样品尺寸的统计结果和 SEM 分析可知，在 0.4~0.8V 下制备的银树枝结构单元尺寸为 0.1~4.0μm，分布范围比较大。

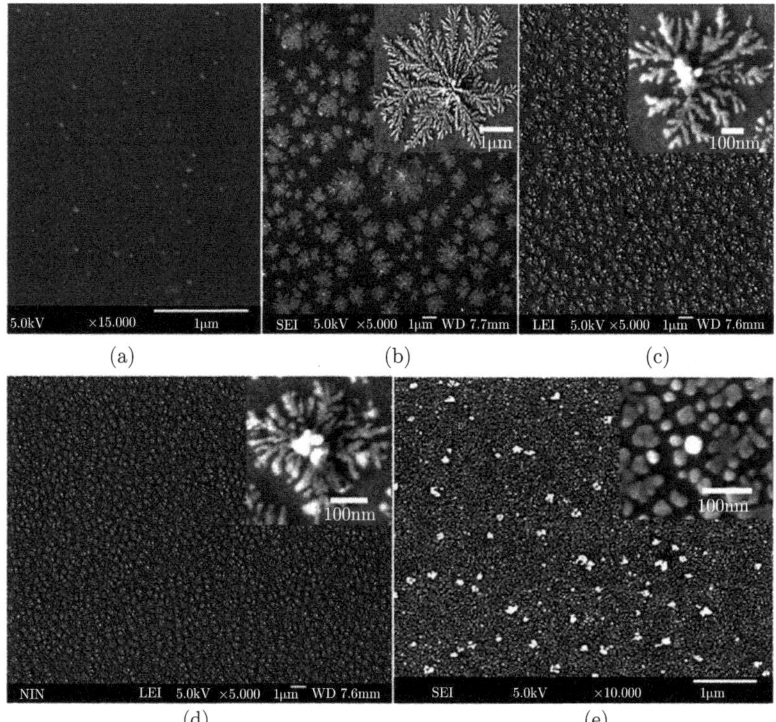


图 2-60 不同电压下制备的银树枝结构 SEM 照片

(a) 0.2V; (b) 0.4V; (c) 0.6V; (d) 0.8V; (e) 1.0V。插图为高放大倍数 SEM 照片

为了更详细地了解树枝结构的细微结构，我们获取了沉积电压为 0.4V 时的

银树枝结构及其一个主枝的高放大倍数 SEM 照片和样品的侧面照片 (图 2-61)。图 2-61(a) 清晰地显示出一种多级分枝二维准周期树枝结构，树枝结构单元在导电玻璃基底上随机分布，每个结构单元均有一个中心核，分枝结构从中心核向四周辐射生长。一个主枝由很多侧枝组成，侧枝的宽度约为 50 ~ 500nm，长度约为 90 ~ 500nm (图 2-61(b))。图 2-61(c) 为涂覆 PVA 薄膜后样品的横切面 SEM 照片，可以清晰地看到层状结构。其中 PVA 薄膜的厚度为 50 ~ 100nm，在有树枝结构的区域，PVA 薄膜的厚度明显小于其他区域，导电玻璃基底上沉积的银树枝结构单元完全被 PVA 薄膜覆盖，所以 PVA 薄膜在这里完全可以起到绝缘介质的作用。树枝结构单元的厚度约为 80nm。

图 2-61 沉积电压为 0.4V 时制备的银树枝结构 (a)、其中一个分枝 (b) 和涂覆 PVA 薄膜后横切面 (c) 的高分辨 SEM 照片

图 2-62 为三明治结构样品实物照片，可以看出，样品的透明度较高，其有效面积为 10mm×30mm，而且可以根据需要通过改变导电玻璃基底的面积将样品的有效面积扩大或者缩小。

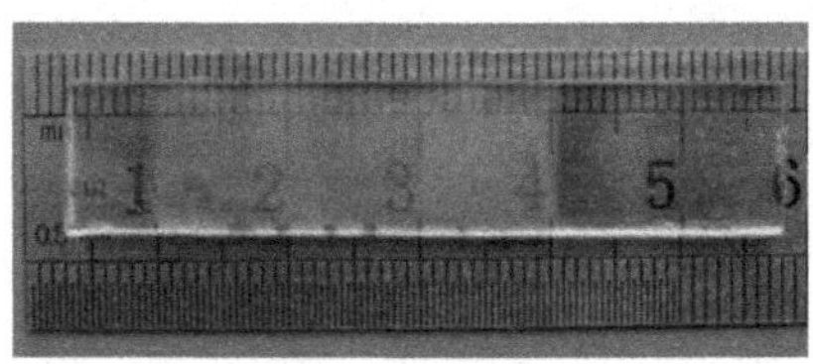

图 2-62 三明治结构样品实物照片

2. 红外透射特性

图 2-63 为不同沉积电压下制备的样品在组装为三明治结构前后在红外 1.28~2.80μm 波长范围内的透射光谱曲线。$A_i$ 和 $B_i$ 分别为相同条件下制备的涂覆 PVA 薄膜和未涂覆 PVA 薄膜样品的红外透射曲线，而 $C_i$ 是由二者组装的三明治结构的红外透射曲线。由图可见，无论是覆膜还是未覆膜的样品在叠合成三明治结构

前，均未出现透射通带谱。但是，在 0.4~0.8V 下制备的样品，叠合成三明治结构以后在 1.28~2.60μm 的波长范围内出现了不同数量而且很强的透射通带谱，透

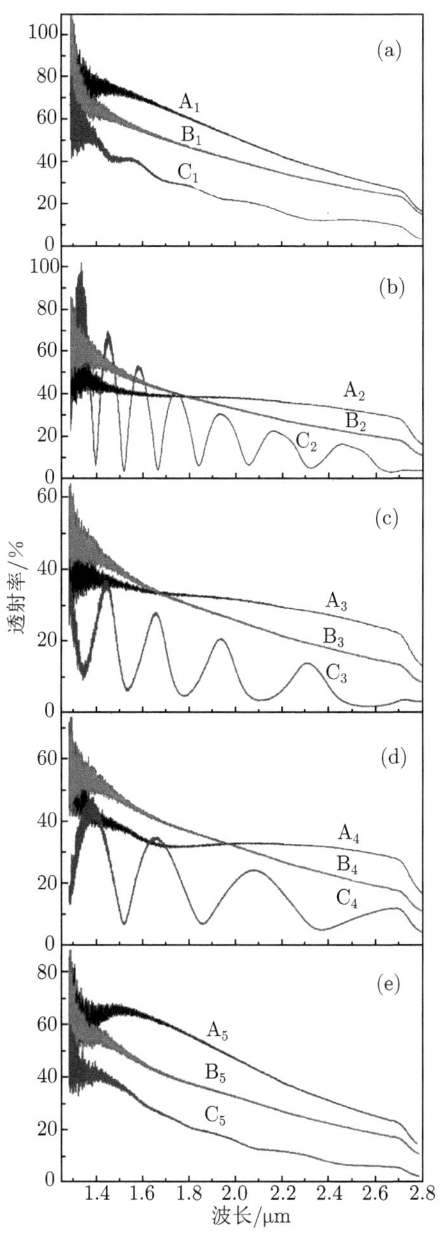


图 2-63 不同沉积电压下制备样品的红外透射光谱

(a) 0.2V; (b) 0.4V; (c) 0.6V; (d) 0.8V; (e) 1.0V。$A_i$. 涂覆 PVA 薄膜银树枝结构; $B_i$. 未涂覆 PVA 薄膜银树枝结构; $C_i$. 由 $A_i$ 和 $B_i$ 组成的三明治结构 ($i=1,2,3,4,5$)

射峰的峰高为 11%～59%；从透射谱中我们还可以发现，在同一电压下制备的样品，随着波长的增加，透射峰的宽度增加，而在不同电压下制备的样品，随着电压的升高，透射峰的数量减少 (表 2-3)。当沉积电压过高 (1.0V) 或过低 (0.2V) 时，则没有出现透射通带谱。

**表 2-3　不同电压下制备银树枝结构单元分布密度、直径分布范围及三明治结构透射通带峰数量统计结果**

| 沉积电压/V | 分布密度/(个/mm$^2$) | 直径分布范围/μm | 三明治结构透射通带峰数量 |
|---|---|---|---|
| 0.4 | $5.76 \times 10^4$ | $0.5 \sim 4.0$ | 6 |
| 0.6 | $2.40 \times 10^5$ | $0.3 \sim 1.2$ | 4 |
| 0.8 | $4.58 \times 10^5$ | $0.1 \sim 0.8$ | 3 |

根据以上透射测试结果，结合本课题组以前的研究结果 [23,74,75]，经过分析，我们认为：多个透射峰的出现是由树枝结构的尺寸不同造成的。与开口谐振环一样，银树枝结构的谐振频率取决于它的结构参数 [22]，某一尺寸或接近某一尺寸的树枝结构，在其相应的频段产生谐振，而其他尺寸的结构则在相应的另一频段产生谐振。在样品的测试区域内，由于树枝结构的尺寸分布不均匀，所以会产生多级谐振而出现多个透射峰。如果结构单元的尺寸非常统一，那么将在相应的某一频段只出现一个透射峰，前述本课题组的研究都是采用直径均一的结构单元，所以也都只出现了一个透射峰 [75,76]。

3. 平板聚焦验证

由于超材料具有负折射效应，可以将入射其中的发散光汇聚，而具有平面透镜的功能。为了进一步验证以上实验结果和结论，我们采用如图 2-9 所示的装置

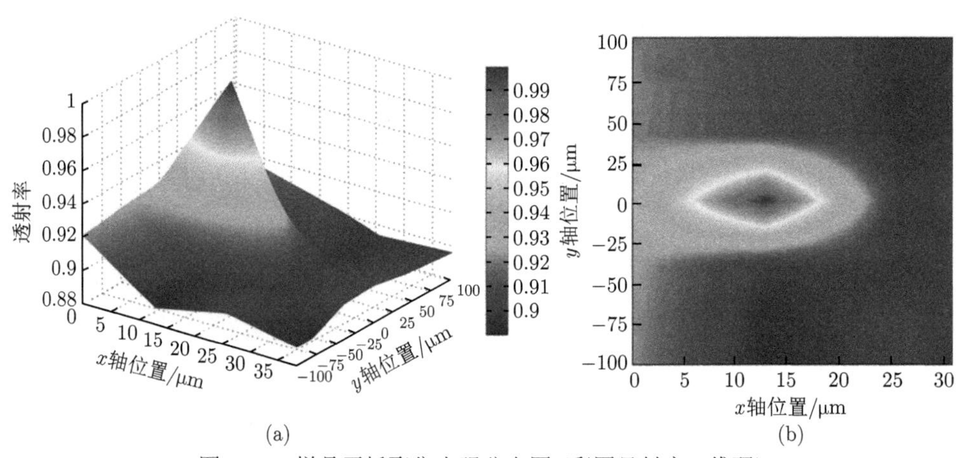


图 2-64　样品平板聚焦光强分布图 (彩图见封底二维码)

(a) 3D; (b) 2D

对出现透射峰的三明治结构样品进行了平板聚焦测试。图 2-64 给出了透过样品的光强分布情况，从图中可以明显地看出，在样品的另一侧，出现了一个明显的汇聚点，其光强最大值出现在与样品相距约 13μm 处。测试结果表明，我们制备的样品具有平板聚焦效应，为超材料。

4. 模拟仿真

为了进一步证实上述实验结果和结论，根据所制备样品的结构参数，设计了尺寸不一、排列无序的银树枝结构超材料，用 CST 软件进行了模拟仿真。图 2-65(a) 为基于不同尺寸无序排列的银树枝结构单元超材料模型及其结构参数，明显不同于先前报道的基于周期性结构单元的超材料 [22,75−79]。它是由两层无序排

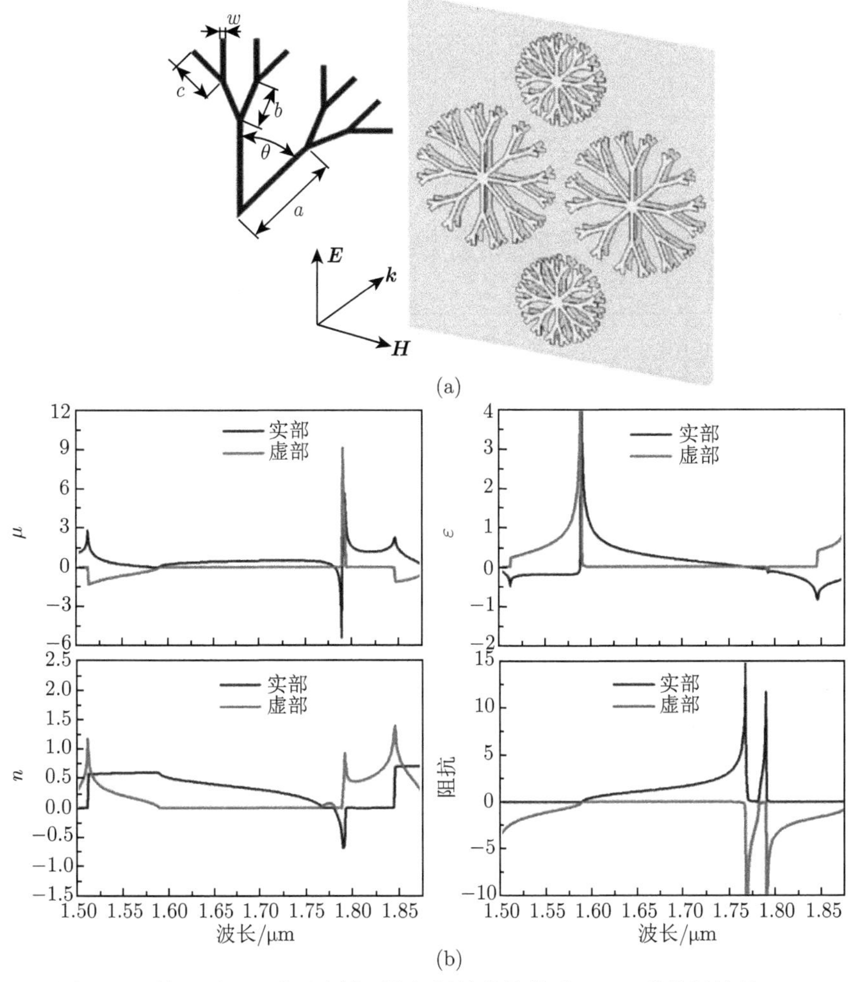


图 2-65 基于不同尺寸无序排列的银树枝结构模型 (a) 及其模拟结果 (b)

列的银树枝结构单元和非导电介质组成的三明治结构超材料，包含大树枝和小树枝两种结构单元，其结构参数如下：

大树枝：$a = 143\text{nm}$，$b = 104\text{nm}$，$c = 45.5\text{nm}$

小树枝：$a = 78\text{nm}$，$b = 45.5\text{nm}$，$c = 39\text{nm}$

线宽：$w = 19.5\text{nm}$

基底厚度：$h = 52\text{nm}$；介电常数：4.6

图 2-65(b) 是 CST 软件模拟结果，可以看出，我们设计的结构在选定的频段出现通带，并且其 $\mu$、$\varepsilon$ 和 $n$ 同时为负。此外，根据表 2-3 中的统计结果，在其尺寸范围内从小到大选取了四组数据进行了模拟，结果显示 (图 2-66)，随着结构参数的改变，左手行为出现在不同的频段。

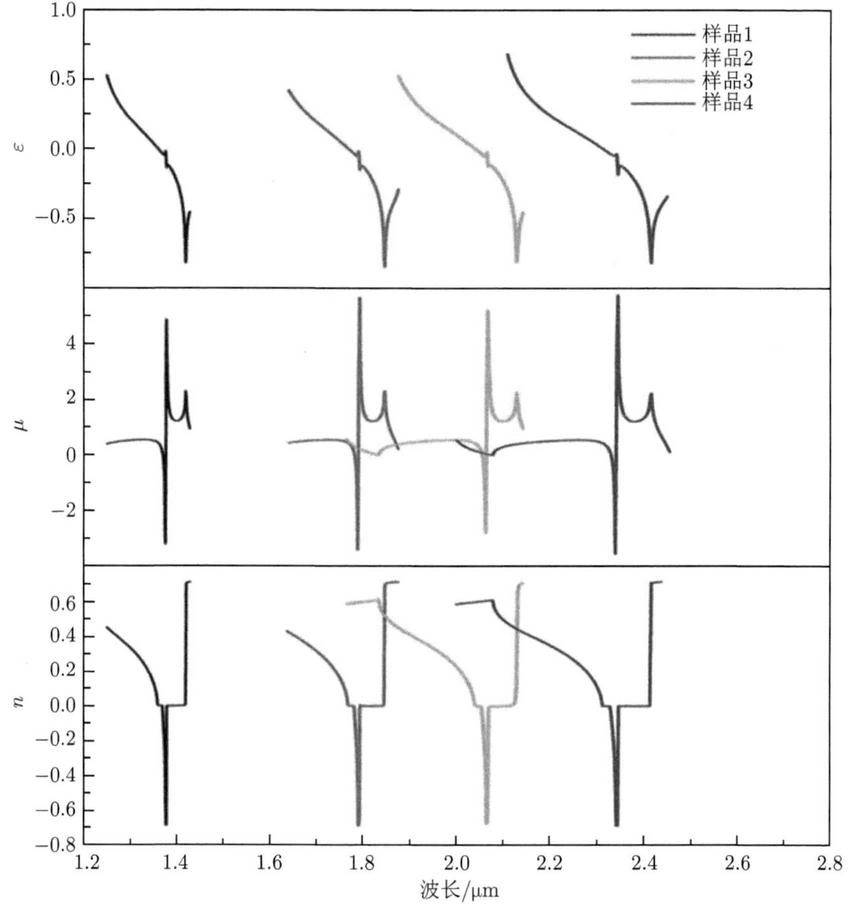


图 2-66　根据表 2-3 中制备样品的结构参数，在其范围内选取四组数据的 CST 模拟结果 (彩图见封底二维码)

# 2.5 可见光树枝结构超材料

## 2.5.1 实验制备

采用“自下而上”的电化学沉积方法在导电玻璃基底上制备了全无序的银树枝结构单元，并将其与 PVA 薄膜和 ITO 薄膜组装为三明治结构复合材料，测试了其可见光透射和平板聚焦行为 [80]。

根据模型中的结构参数，采用平板电极电化学沉积方法，按图 2-58 所示，首先，在方阻为 17 Ω/□ 的 ITO 导电玻璃基底上沉积尺寸与可见光波长相比拟的全无序银树枝结构单元，接着在其表面涂覆 PVA 薄膜，然后与方阻为 10 Ω/□ 的 ITO 导电玻璃组装为三明治结构 [81]。

1. 银树枝结构制备

纳米银树枝结构的制备采用平板电极电化学沉积法，以方阻为 17Ω/□、50mm×10mm 的导电玻璃为阴极，其清洗按文献报道的方式进行 [73]。与阴极相同尺寸规格、表面平整的银片 (纯度为 99.9%) 作为阳极。两平板电极按图 2-58 所示，用两片厚度为 0.2mm 的聚氯乙烯片隔开，使两电极之间的距离保持 0.2mm。准确称取 1200mg PEG-20000 加入 50mL 的烧杯中，再加入 5mL 电阻率为 18.24MΩ·cm 的超纯水，磁力搅拌至 PEG-20000 完全溶解，然后向该溶液中加入 5mL 浓度为 0.2mg/mL 的 $AgNO_3$ 超纯水溶液，继续搅拌并用 60W 的钨灯以 20cm 的距离照射搅拌中的溶液，大约 30min 后，溶液会变为淡紫红色，停止搅拌和光照并将溶液转移到棕色滴瓶后，在 4℃ 下避光保存待用。此溶液是 PEG-20000、银胶体和 $AgNO_3$ 的混合超纯水溶液，作为电化学沉积银树枝结构的电解液。按图 2-58 所示将两电极安装好后，用吸管将电解液沿两电极之间的缝隙加入 (电解液会通过毛细管作用力自动吸入两电极之间)，静置 5min，使电解液在两电极表面充分浸润，在直流稳压 0.6V 下通电沉积 1min 后，用超纯水缓缓冲洗沉积银树枝结构的导电玻璃表面，以充分去除留在基底上的电解液，然后在无尘环境下自然晾干。

从制备样品的 SEM 照片 (图 2-67(a)) 可以看出，制备的银树枝结构单元在基底上无序排列、大小不等，其直径为 150~500nm。图 2-67(a) 中的插图为一个结构单元的高分辨 SEM 照片，显示了一种典型的由主干和侧枝组成的树枝结构，主干的长度约为 50~100nm，侧枝的长度约为 15~60nm，分枝的宽度约为 10~30nm，银树枝结构单元的厚度约为 20~50nm(图 2-67(b))。

2. PVA 薄膜制备

PVA 薄膜的制备采用滴涂法。准确称取 1.25 g PVA 于 250 mL 烧杯中，加入 250 mL 超纯水，磁力搅拌下加热至沸腾，PVA 全部溶解后，停止加热，待溶液冷却至室温后转入 250 mL 容量瓶，加超纯水至刻度 (补充加热溶解时被蒸发损失的水分)，然后将溶液用中速定性滤纸过滤，即得涂膜所用的涂液 (0.5%的 PVA 超纯水溶液)，将其保存在试剂瓶中待用。涂膜时用滴管吸取涂液，在无尘环境下反复冲刷沉积银树枝结构的样品表面，使涂液与样品充分浸润，并使液膜在样品表面均匀分布，然后将其置于一 50 mL 玻璃烧杯中加盖培养皿以防液膜干燥过快引起成膜厚度不均匀，在室温下放置 4h 后，样品表面的液膜水分可被完全蒸发，从而在样品表面形成一层厚度约 20~50nm 的 PVA 薄膜。薄膜厚度的均匀性可根据薄膜反射形成的七彩条纹判断，如果涂覆的薄膜表面局部呈现七彩条纹，说明薄膜的厚度不均匀，如果没有局部七彩条纹，说明薄膜厚度均匀。

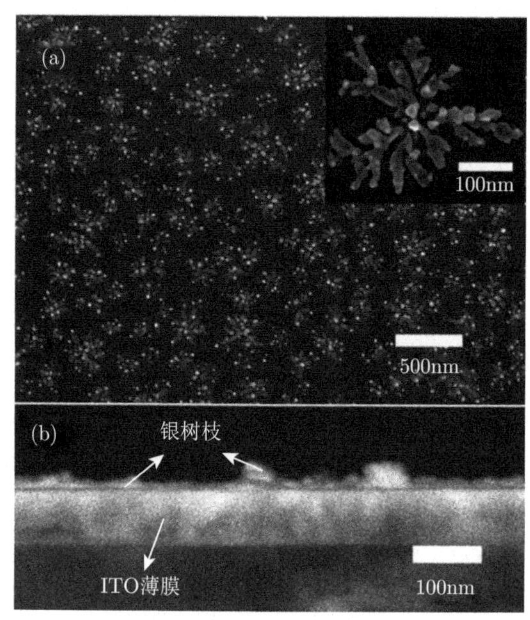


图 2-67　银树枝结构 SEM 照片

(a) 俯视；(b) 侧视

### 3. 三明治结构组装

将涂覆 PVA 薄膜的银树枝结构样品与面积相同的方阻为 10Ω/□ 的导电玻璃相对叠合，用塑料胶带在其两端紧密缠绕即得到“银树枝/PVA/ITO” 的三明治结构超材料，也可制备成“银树枝/PVA/银树枝”的三明治结构。

三明治结构样品的实物照片 (图 2-68) 显示，我们制备的样品具有较高的透明度，其面积为 10mm×20mm，而且可以根据需要通过改变沉积基底的面积将样品的有效面积扩大或者缩小。

图 2-68 可见光超材料实物照片

### 2.5.2 结果与讨论

1. 可见光透射光谱特性

图 2-69 为样品的可见光透射光谱，由图可见，空白 ITO 导电玻璃和涂覆 PVA 薄膜的银树枝结构在单独测试时均未出现透射通带峰 (分别为曲线 A 和 B)，然而，当二者组装为三明治结构以后，在 660nm、550nm 和 480nm 处出现了三个较强的透射通带峰，峰高为 15%～ 23%。

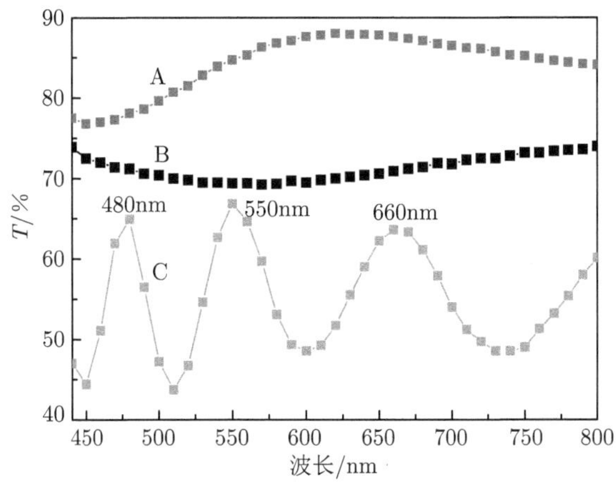


图 2-69 样品的可见光透射光谱

A. ITO 导电玻璃 (10Ω/□); B. 银树枝结构 +PVA 薄膜; C. A+B 组成的三明治结构

结合本研究组的研究结果 [23,74,75,82,83]，我们认为测得的多频带透射峰为样品的左手透射通带峰，多频带左手透射峰的出现是由银树枝结构单元的大小不同引起的。类似于微波段超材料结构单元开口谐振环，银树枝结构的磁响应频率与单元的结构参数密切相关 [22]。某一尺寸或接近该尺寸的树枝结构单元，在其相应的频段具有响应，而其他尺寸的树枝结构单元则在相应的其他频段具有响应。在样品的测试区域内，树枝结构单元的大小分布不均匀而引起多级谐振，表现为多频带透射通带峰的产生 [84]。如果结构单元的尺寸高度均一，那么这种结构将会在相应的频段只出现一个透射通带峰。在本研究组先前的研究工作中，用尺寸高度均一的周期性树枝结构单元阵列制备的超材料只出现一个透射通带峰 [75,76]。

2. 平板聚焦效应

为了进一步证实上述理论计算和实验结果，我们对具有多频带透射通带峰的样品进行了平板聚焦测试。图 2-70(a) 给出了样品在 $x$ 方向的平板聚焦结果，图中三条曲线说明：透过样品的波长分别为 480nm、550nm、660nm 的蓝、绿、红光在距离样品分别为 30μm、20μm、60μm 处发生了明显的汇聚现象，在聚焦点探测到的蓝光 (480nm) 比光源的强度要高出 25%。图 2-70(b)~(d) 分别为样品对 480nm、550nm、660nm 的蓝、绿、红光的 3D 聚焦效果图，从每幅图中都可以看到明显的聚焦点，更形象地显示了样品对透过光线的汇聚作用。聚焦测试结果进一步说明制备的基于银树枝结构单元的样品具有超材料的特性。

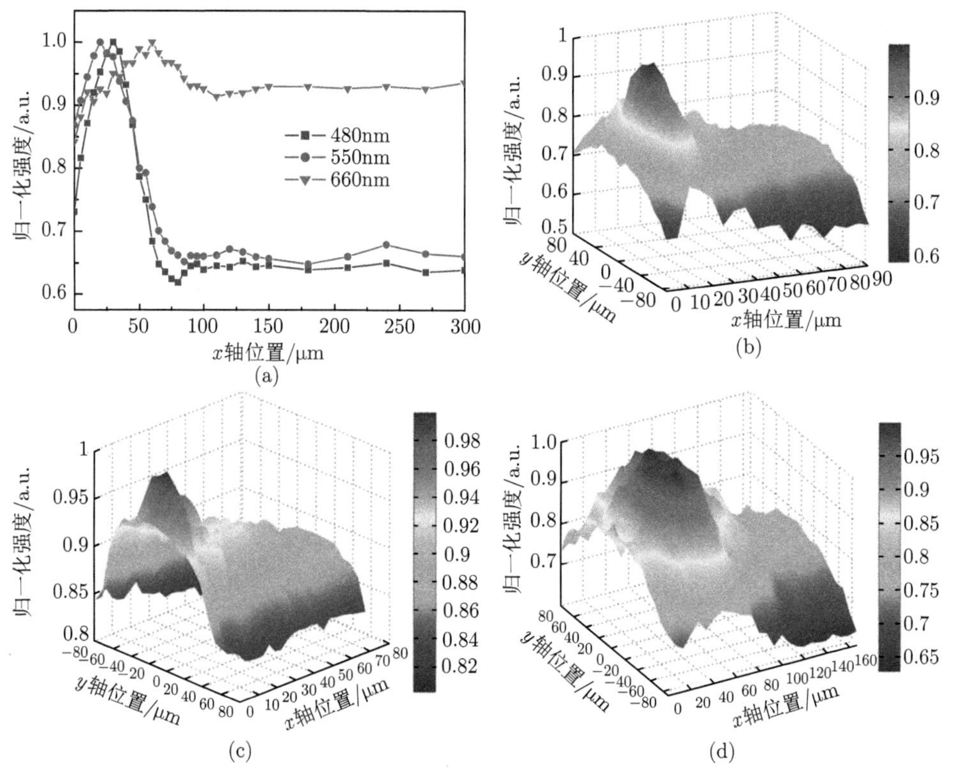


图 2-70　三明治结构样品的平板聚焦图 (彩图见封底二维码)

(a) 为样品沿 $x$ 方向的聚焦曲线；(b)~(d) 分别为样品对蓝 (480nm)、绿 (550nm)、红 (660nm) 光的 3D 聚焦效果图

## 2.6 空间光谱分离现象

### 2.6.1 绪言

"慢光"(slow light) 是指以比较低的群速度 (group velocity) 传播的光，通常情况下所定义的慢光的群速度是真空中的几百分之一。"慢光" 可以应用在光学延迟、光存储和光开关等，可以实现全光通信中光信号的同步、缓存和路由等，在光信息处理和通信系统中有着巨大的前景，将发展出下一代光计算机。自从 1996 年 Schmidt 等 [85] 根据 Harris 等的电磁诱导透明理论 (EIT)[86] 将光速减慢为 $c/3000$ 以来，物理学家已经在钠原子蒸气、铷原子蒸气和固体中观察到了慢光和光停止现象 [87−89]。通过 EIT 减慢光速是量子干涉效应的结果，这种方法可以将光减慢到几米每秒甚至完全停止，但是实现的频带很窄。折射率周期性分布的光子晶体可以实现慢光 [88]，光子晶体可以通过人为结构设计实现对其光子态密度和色散曲线的调制，在二维光子晶体中移除一行介质柱，形成光子晶体线波导，禁带中产生的平坦导模就会产生较小的群速度，即实现慢光。光子晶体可以在比较宽的频带范围实现慢光，并且可以通过电流实现光速调谐，但是减慢光速的程度比较小。超材料由于其反常的 Goos-Hänchen 位移特性，为通过超材料实现慢光开辟了一条新的道路。

2007 年英国科学家 Hess 等 [89] 在 *Nature* 上发表文章，提出 "捕获彩虹" (Trapped rainbow) 模型，从理论上证明一种以超材料为芯并且沿轴向变化的异质结构能够有效而连续地使光波完全停顿，不同频率的光波停止在不同厚度的波导处，从而导致光波谱的空间分离。本节根据捕获彩虹模型，用银树枝结构超材料构造了异质结构透明楔形光波导，通过改变楔角大小实现了对光谱空间分离的调节。这种超材料楔形光波导可以用于储存光电子，为用于量子信息处理的光电器件、通信网络和信号处理开辟了道路，有广阔的应用前景。

### 2.6.2 超材料楔形光波导制备

根据前述电化学沉积方法，我们制备出了平方厘米量级的光波段超材料 (ITO+银树枝+PVA+银树枝+ITO)，并用该超材料制作了一种中间为空气劈、两边为超材料的异质结构透明楔形光波导。两端分别夹有不同厚度的垫片以产生楔形，小端口间距在 0~260μm 之间变化，大端口间距固定为 260μm，且每个垫片的中间都有一个开口，以便光波从大端口进入光波导，如图 2-71 所示 [90,91]。

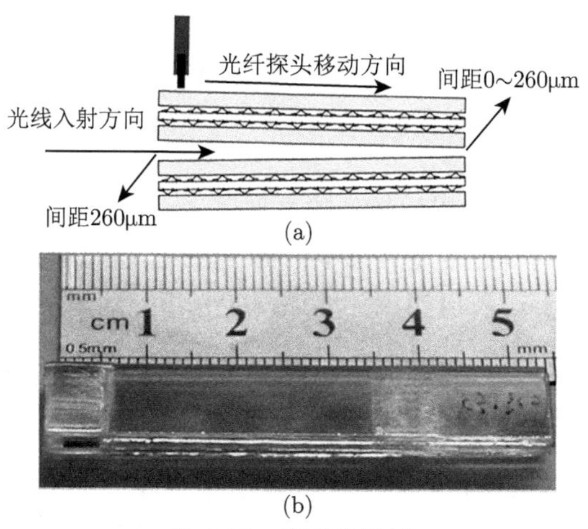


图 2-71　楔形光波导
(a) 示意图；(b) 实物图

### 2.6.3　楔形光波导结果与讨论

实验中构造了楔角为 3.8mrad 的光波导，光纤探头移动了 10 mm 的测试结果如图 2-72 所示。图 2-72 (a) 是光谱曲线立体图，图 2-72 (b) 是光谱曲线平面图。从图 2-72 中可以看出，随着光纤探头的移动，光谱的峰值波长发生了明显的红移，即出现了光谱的空间分离，光纤探头移动单位距离时峰值波长的移动是 4.1nm/mm。不同频率的光波包停留在楔形波导不同厚度处，从而实现了光谱的空间分离。

为了进一步得到波峰移动和楔角的关系，实验中测试了不同楔角情况下的光谱空间分离情况。在楔形光波导外表面，探头每移动 200μm 测试一条曲线，探头移动了 10mm 共测试 50 条曲线。实验中测试了不同楔角的超材料光波导产生的光谱空间分离情况。当超材料光波导的楔角分别为 0mrad、0.2mrad、1.1mrad、1.5mrad、1.8mrad、2.7mrad、3.1mrad、3.8mrad、4.7mrad、9.6mrad 时，光谱峰值波长的移动依次是 0nm/mm、3.8nm/mm、9.7nm/mm、12.2nm/mm、10.1nm/mm、7.2nm/mm、5.9nm/mm、4.0nm/mm、2.0nm/mm、0nm/mm。光谱峰值波长的移动与光波导楔角的关系曲线如图 2-73 所示。从图 2-73 可以看出：当楔角为 0mrad 时，光谱的峰值波长不随位置变化，即没有出现光谱的空间分离；当楔角大于零小于临界角时，光谱峰值波长的移动先增大后减小；当楔角大于临界角时，峰值波长不再移动，即光谱不再发生空间分离。实验中所制备的银树枝结构超材料楔形光波导通过调节楔角大小，实现了对光谱空间分离的有效调节。这种超材料楔形光波导可以用于研究慢光、储存光电子，为用于量子信息处理的光电器件、通信网络和信号处理开辟了道路，有广阔的应用前景。

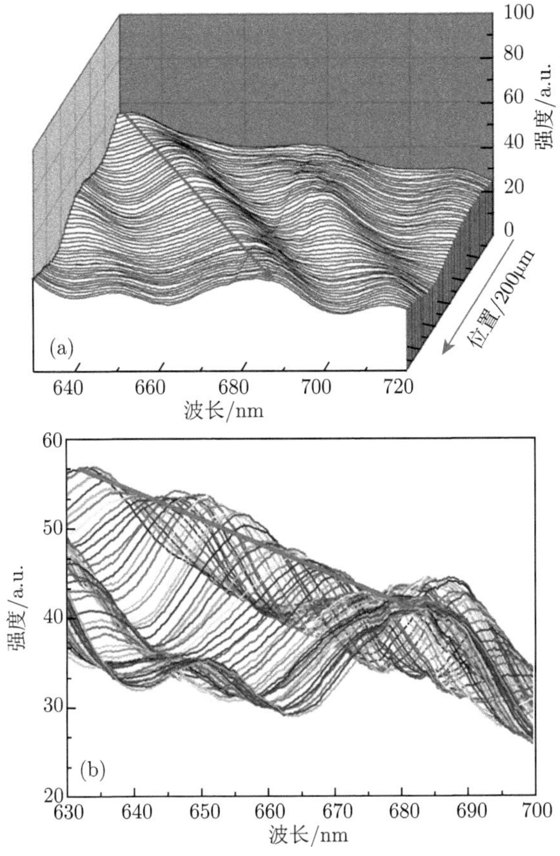


图 2-72 楔角为 3.8mrad 光波导的光谱空间分布图 (彩图见封底二维码)

(a) 立体图；(b) 平面图

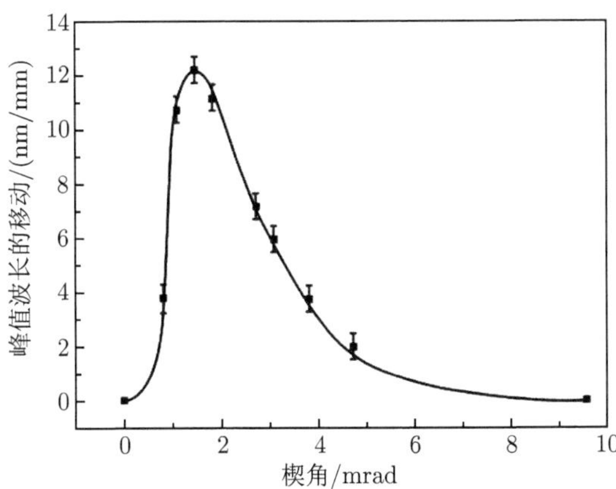


图 2-73 光谱峰值波长移动与楔角的关系

### 2.6.4 普通楔形光波导制备与测试

为了进一步验证光波导的光谱分离现象是由构成的银树枝结构的超材料性能引起的，我们制作了两种对比波导，一种是由 ITO+PVA+ITO 材料构建，另一种是由 ITO+银膜+PVA+银膜+ITO 材料构建。选取 1.5mrad 作为制作普通楔形光波导的测试楔角。

图 2-74 的实验结果表明，两种普通光波导在 1.5mrad 的楔角下不能引起光谱的空间分离。根据 2.6.3 节中的实验结果，ITO+PVA+ITO 和 ITO+银膜+PVA+银膜 +ITO 结构材料不具有超材料性能，所以其构造的楔形光波导不会引起光谱的空间分离。因此，基于银树枝超材料的楔形光波导具有光谱的空间分离性质，我们可以制备出银树枝左手异质结构，实现可见光波段捕获彩虹效应 [92,93]。

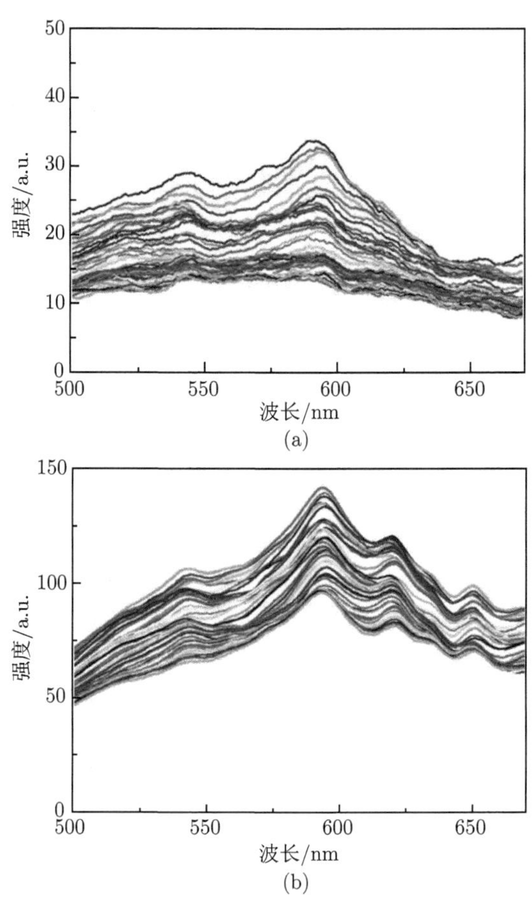


图 2-74 楔角 1.5mrad 的两种普通样品楔形光波导光谱分布 (彩图见封底二维码)

(a) ITO 玻璃楔形光波导；(b) 银膜楔形光波导

# 2.7 柔性基底树枝结构超材料

迄今为止，大部分的银树枝结构都是生长在溶液中或刚性基底上，不易分离提纯或弯曲组装成特定形状的光学器件。为了解决这个问题，我们采用平板电极电化学沉积法在柔性 ITO 导电薄膜基底上制备不同形貌和几何尺寸的银树枝结构 [94−96]，并研究了其光学性质。

## 2.7.1 柔性基底树枝超材料制备

1. 银树枝结构制备

在平板电极电化学沉积法制备银树枝结构的过程中，采用双电极体系，将方阻为 100Ω/□ 的柔性 ITO 导电薄膜按 1cm×5cm 的规格切割以作为阴极，与阴极相同尺寸规格、表面平整的银片作为阳极。两平板电极按图 2-75 所示的装置由两块一定厚度的绝缘垫片隔开，导电薄膜的导电面面向银片 (阳极)。与图 2-58 方法相比，仅仅是用柔性 ITO 导电薄膜替代了 ITO 玻璃。硝酸银质量分数为 16.7%，PEG-20000 的浓度分别为 0mM、1.2mM 的混合溶液为电解液。用吸管将电解液沿两电极之间的缝隙加入 (电解液会通过毛细管作用力自动吸入两电极之间)，通过调节电化学沉积过程中沉积电压、沉积时间和电极间距等反应参数，则可以在导电薄膜基底上沉积出不同形貌和分枝尺寸的银树枝结构。

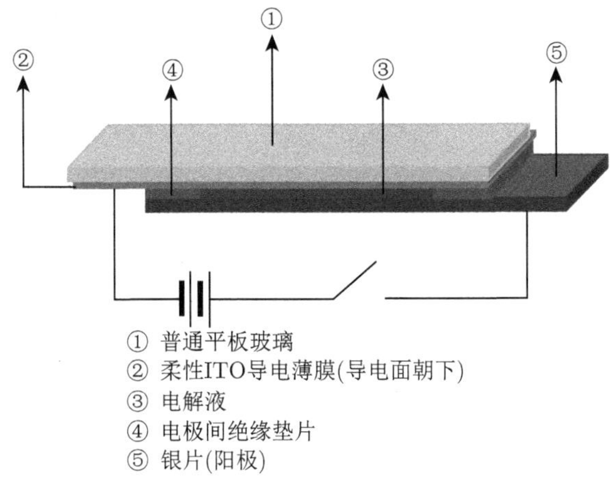


图 2-75 平板电极电化学沉积法制备银树枝结构实验装置示意图

经过实验测试，制备银树枝结构的最佳条件为沉积时间为 3min，电极间距为 600μm，沉积电压为 0.6V，得到的银树枝结构的扫描电镜照片如图 2-76 所示。在电化学沉积银树枝结构的过程中，作为分散剂和钝化剂的 PEG-20000 的浓度严重地影响着银树枝的形貌结构。当电解液中不添加 PEG-20000 时，如图 2-76(a)

和 (b) 所示，电化学沉积后所得到的银树枝结构单元具有明显的一级分枝结构，但分枝较粗，其宽度分布范围较大 (约为 100~400nm)，且树枝空间连续性不强。而在电解液中加入不同浓度 PEG-20000 时，随着其浓度的增加，沉积在基底上的银树枝结构单元的分枝宽度及宽度分布范围越来越小。选择 PEG-20000 的最佳浓度为 1.2mM 时，银树枝结构单元具有明显的二级分枝结构，分枝尺寸减小，其一、二级分枝的宽度分别为 100~200nm、30~100nm，如图 2-76(c) 和 (d) 所示。

图 2-76　不同 PEG-20000 浓度下制备的银树枝结构扫描电镜照片

聚乙二醇-20000 浓度分别为：(a)、(b) 0mM；(c)、(d) 1.2mM

2. 柔性基底树枝超材料

至今为止，无论是“自上而下”的物理刻蚀方法 [13,14,23,75,97]，还是“自下而上”的电化学沉积方法 [76,77,98]，所制备的超材料都是刚性的，不易弯曲。在本实验中，以柔性 ITO 导电薄膜为基底，采用平板电极电化学沉积方法，制备了树枝状银/PVA 薄膜/树枝状银三明治结构的柔性基底红外波段超材料，测试了其红外波段的透射行为和平板聚焦效应，柔性基底红外波段超材料的制备对柔性光学器件的广泛研究和应用将具有重要意义 [94-96]。

基于银树枝结构的柔性基底三明治结构复合材料的制备包括如图 2-77 所示的三个步骤：银树枝结构的制备、非导电介质 PVA 薄膜的制备和三明治结构的组装。

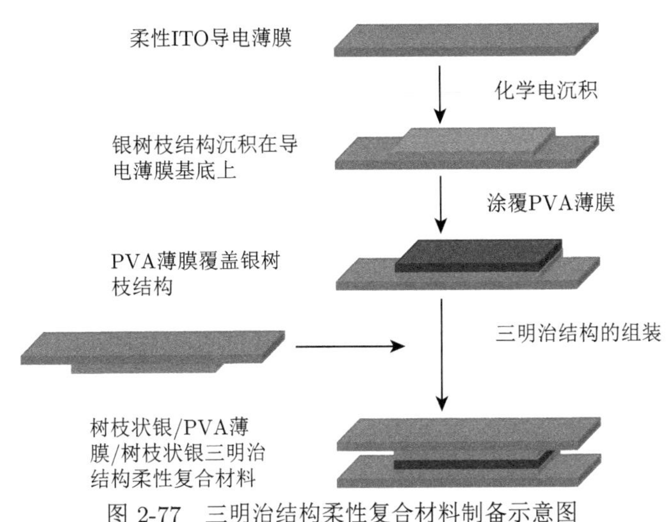


图 2-77 三明治结构柔性复合材料制备示意图

根据上文介绍，在沉积电压为 0.6V、沉积时间为 3min、电极间距为 600μm 和聚乙二醇-20000 的浓度为 1.2mM 时，制备的银树枝结构单元的枝化度较高、分枝较细、分布较致密，故选择它来制备树枝状银/PVA 薄膜/树枝状银三明治结构柔性复合材料。

准确称取 7.5g PVA 于 400mL 烧杯中，加入 250mL 超纯水，搅拌加热至沸腾，待 PVA 完全溶解后，停止加热，待溶液冷却至室温后转移至 250mL 容量瓶中，补加超纯水至刻度 (加热溶解时有部分水分被蒸发)，即得涂膜所用的涂液 (质量体积比为 3%的 PVA 超纯水溶液)。在银树枝结构表面涂覆 PVA 薄膜过程如下：先将沉积有银树枝结构的柔性 ITO 导电薄膜基底斜靠在台阶上，基底与平面夹角为 60°，再用滴管取适量的 PVA 超纯水溶液涂覆在银树枝结构表面，最后用一个大烧杯将样品扣在里面，在无尘环境下自然干燥，待用。

将表面涂覆有 PVA 绝缘薄膜的银树枝结构样品与另外一片银树枝结构样品紧密叠合，组装成树枝状银/PVA 薄膜/树枝状银三明治结构柔性复合材料，如图 2-78 所示。从图中可以看出，样品的透明度较高，其有效面积为 10mm×20mm，而且可以根据需要，通过改变导电薄膜基底的面积将样品的有效面积扩大或者缩小。

(a)　　(b)

图 2-78　银树枝结构电镜照片 (a) 和三明治结构样品照片 (b)

为了在下面的光学特性测试中作为比较，还分别组装了 ITO 导电薄膜/PVA 薄膜/ITO 导电薄膜结构的样品，即在 ITO 导电薄膜表面涂覆一定厚度的 PVA 绝缘薄膜后直接与另一片 ITO 导电薄膜紧密叠合；以及颗粒状银/PVA 薄膜/颗粒状银结构的样品，即在银颗粒状结构样品表面涂覆一定厚度的 PVA 薄膜后与另外一片银颗粒状结构样品紧密叠合。

### 2.7.2　光学特性测试

1. 红外透射特性

样品在红外波段 1.15~1.60μm 范围内的透射谱曲线如图 2-79 所示。曲线 a 为 ITO 导电薄膜/PVA 薄膜/ITO 导电薄膜结构的透射谱，基于银树枝结构的三明治样品，即树枝状银/PVA 薄膜/树枝状银的透射谱如曲线 b 所示，颗粒状银/PVA 薄膜/颗粒状银三明治结构样品的透射谱如曲线 c 所示。比较曲线 a、b 和 c 可以看出，只有银树枝结构样品的透射谱在波长 1.15~1.60μm 范围内出现了多个透射峰。

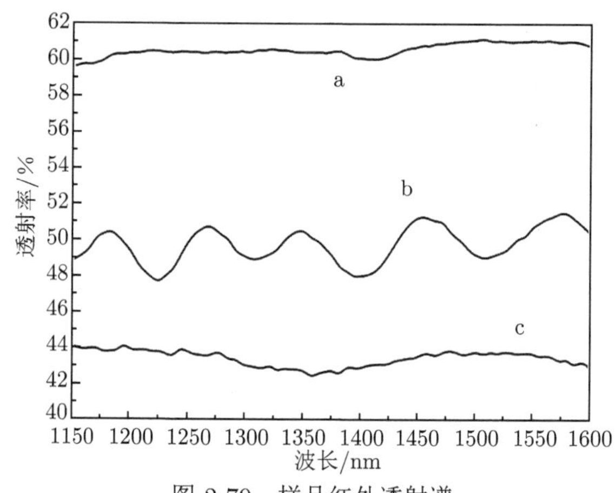


图 2-79　样品红外透射谱

根据上述透射光谱测试结果，并结合本课题组以前的研究结果 [23,97]，经过分析，我们认为：出现多个透射峰是由银树枝结构的尺寸大小不等造成的。与金属开口谐振环一样，银树枝结构的谐振频率取决于它的结构参数 [22]，某一尺寸或接近某一尺寸的银树枝结构，在其相应的频段产生谐振，而其他尺寸的结构则在相应的另一频段产生谐振。在样品的测试区域内，由于银树枝结构的尺寸分布不均匀，所以会产生多级谐振而出现多个透射峰。如果结构单元的尺寸非常统一，那么将在相应的某一频段只出现一个透射峰，前述本课题组的研究都是采用尺寸均一的结构单元，所以也都只出现了一个透射峰 [23,77]。

2. 平板聚焦

平板聚焦测试结果如图 2-80 所示，图 2-80(a) 为 ITO 导电薄膜/PVA 薄膜/ITO 导电薄膜结构样品的聚焦测试，图 2-80(b) 和 (c) 分别为树枝状银/PVA 薄膜/树枝状银和颗粒状银/PVA 薄膜/颗粒状银结构样品的聚焦测试，图 2-80(b) 中的插图为其对应的透射峰。

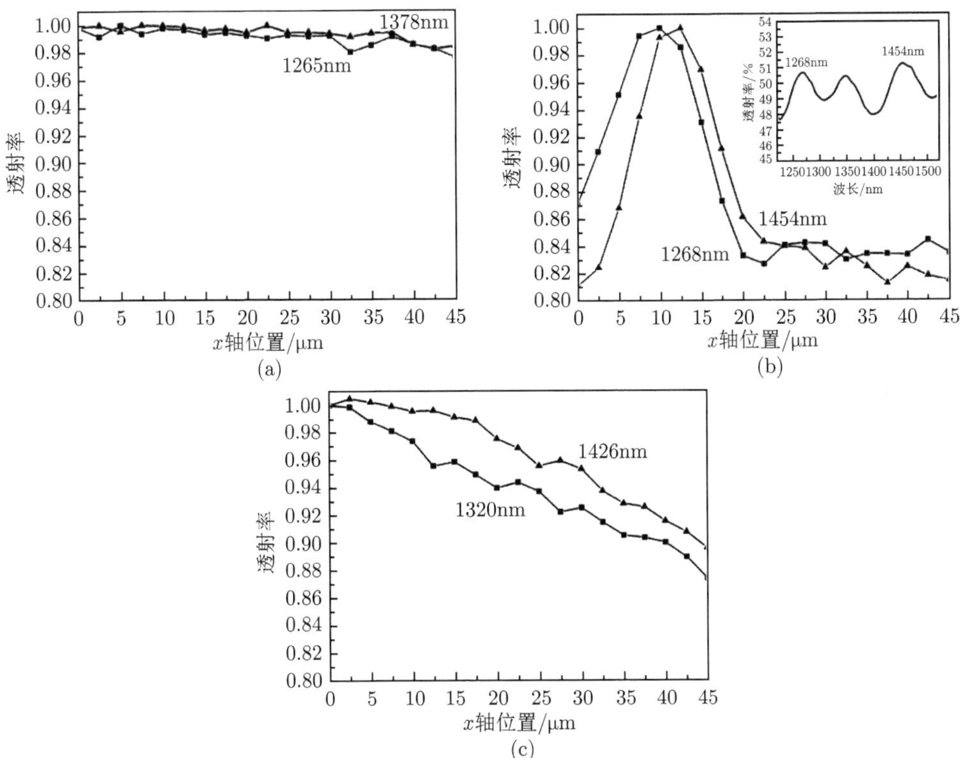


图 2-80 样品归一化平板聚焦光强分布曲线

(a) ITO 导电薄膜/PVA 薄膜/ITO 导电薄膜；(b) 树枝状银/PVA 薄膜/树枝状银；(c) 颗粒状银/PVA 薄膜/颗粒状银

从图 2-80(b) 中可以看出：基于银树枝结构的三明治复合材料出现了明显的平板聚焦行为，且聚焦点的位置随着波长的增大向更远的位置移动，对应于波长为 1268nm 和 1454nm 的聚焦点分别距样品 10μm 和 12.5μm。从图 2-80(a) 和 (c) 可以看出，样品沉积银树枝结构前，随着探头位置的移动，探测到的光强略有下降，对应的单色光波长分别是 1265nm 和 1378nm；对于银颗粒状结构样品，随着探头位置的移动，探测到的光强下降得比较快，对应的单色波长分别是 1320nm 和 1426nm。对比图 2-80(a)、(b) 和 (c) 可以看出，ITO 导电薄膜/PVA 薄膜/ITO 导电薄膜结构和颗粒状银/PVA 薄膜/颗粒状银结构样品没有出现平板聚焦行为，而所制备的银树枝结构样品即树枝状银/PVA 薄膜/树枝状银三明治结构样品，出现了明显的平板聚焦行为。根据上述测试结果，可以断定所制备的基于银树枝结构的三明治复合材料是具有平板聚焦效应的超材料。

## 参考文献


[1] Padilla W J, Basov D N, Smith D R. Negative refractive index metamaterials. Mater. Today, 2006, 9(7): 28.

[2] Soukoulis C M, Kafesaki M, Economou E N. Negative index materials: new frontiers in optics. Adv. Mater., 2006, 18(15): 1941.

[3] Eleftheriades G V, Balmain K G. Negative-Refraction Metamaterials: Fundamental Principles and Application. New York: John Wiley & Sons, Inc., Publication, 2006.

[4] Pendry J B , Smith D R . The quest for the superlens. Sci. Am., 2006, 295(1): 60.

[5] Yen T J, Padilla W J, Fang N, et al. Terahertz magnetic response from artificial materials. Science, 2004, 303(5663): 1494-1496.

[6] Zhang S, Fan W J, Minhas B K, et al. Midinfrared resonant magnetic nanostructures exhibiting a negative permeability. Phys. Rev. Lett., 2005, 94(3): 037402.

[7] Enkrich C, Wegener M, Linden S, et al. Magnetic metamaterials at telecommunication and visible frequencies. Phys. Rev. Lett., 2005, 95(20): 203901.

[8] Dolling G, Enkrich C, Wegener M, et al. Simultaneous negative phase and group velocity of light in a metamaterial. Science, 2006, 312(5775): 892-894.

[9] Shalaev V M, Cai W S, Chettiar U K, et al. Negative index of refraction in optical metamaterials. Opt. Lett., 2005, 30(24): 3356.

[10] Enkrich C, Pérez-Willard F, Gerthsen D, et al. Focused-ion-beam nanofabrication of near-infrared magnetic metamaterials. Adv. Mater., 2005, 17(21): 2547.

[11] Zhang S, Fan W J, Panoiu N C, et al. Experimental demonstration of near-infrared negative-index metamaterials. Phys. Rev. Lett., 2005, 95(13): 137404.

[12] Kildishev A V, Cai W S, Chettiar U K, et al. Negative refractive index in optics of metal-dielectric composites. J. Opt. Soc. Am. B, 2006, 23(3): 423-433.

[13] Grigorenko A N, Geim A K, Gleeson H F, et al. Nanofabricated media with negative permeability at visible frequencies. Nature, 2005, 438(7066): 335-338.

[14] Dolling G, Wegener M, Soukoulis C M, et al. Negative-index metamaterial at 780nm wavelength. Opt. Lett., 2007, 32(1): 53-55.

[15] Zhao X P. Bottom-up fabrication methods of optical metamaterials. J. Mater. Chem., 2012, 22: 9439-9449.

[16] 曹同玉, 戴兵, 戴俊燕, 等. 单分散、大粒径聚苯乙烯微球的制备. 高分子学报, 1997, 1(2): 31-38.

[17] 李越, 蔡伟平, 孙丰强, 等. 二维胶体晶体刻蚀法及其应用. 物理, 2003, 32(3): 153-158.

[18] Qian W P, Gu Z Z, Fujishima A, et al. Three-dimensionally ordered macroporous polymer materials: an approach for biosensor applications. Langmuir, 2002, 18(11): 4526-4529.

[19] Cao B Q, Sun F Q, Cai W P. Electrodeposition-induced highly oriented zinc oxide ordered pore arrays and their ultraviolet emissions. Electrochem. Solid-State Lett., 2005, 8(9): G237.

[20] Liu Z F, Jin Z G, Qiu J J, et al. Preparation and characteristics of ordered porous ZnO films by a electrodeposition method using PS array templates. Semicond. Sci. Tech., 2006, 21(1): 60.

[21] Liu H, Zhao X P, Fu Q H. Magnetic response of dendritic structures at infrared frequencies. Solid-State Commun., 2006, 140(1): 9.

[22] Yao Y, Zhao X P. Multilevel dendritic structure with simultaneously negative permeability and permittivity. J. Appl. Phys., 2007, 101(12): 124904.

[23] Zhou X, Zhao X P. Resonant condition of unitary dendritic structure with overlapping negative permittivity and permeability. Appl. Phys. Lett., 2007, 91(18): 181908.

[24] Houck A A, Brock J B, Chuang I L. Experimental observations of a left-handed material that obeys Snell's law. Phys. Rev. Lett., 2003, 90(13): 137401.

[25] 杨阳, 刘辉, 吕军, 等. 双模板辅助化学电沉积法制备金属银树枝结构阵列. 功能材料，2008, 39(5): 786-788, 796.

[26] Yang Y, Zhao X P, Liu H, et al. Blue-green-red light left-handed metamaterials from disorder dendritic cells. J. Mater. Sci. : Mater. El., 2013, 24(9): 3330-3337.

[27] 李庆武, 相建凯，赵延，等. 蓝光波段左手材料的化学制备方法. 材料导报, 2009, 23(18): 8-10.

[28] Hibbert D B, Melrose J R. Copper electrodeposits in paper support. Phys. Rev. A, 1988, 38(2): 1036.

[29] Grier D, Ben-Jacob E, Clarke R, et al. Morphology and microstructure in electrochemical deposition of zinc. Phys. Rev. Lett., 1986, 56(12): 1264.

[30] 刘辉, 付全红, 赵晓鹏. 红外波段铜树枝结构磁响应特性研究. 功能材料, 2007, 38(2): 169-172.

[31] Chen C P, Jorné J. Fractal analysis of zinc electrodeposition. J. Electrochem. Sco., 1990, 137(7): 2047.

[32] Matsushita M, Sano M, Hayakawa Y, et al. Fractal structures of zinc metal leaves grown by electrodeposition. Phys. Rev. Lett., 1984, 53(3): 286.

[33] 陈书荣. 金属电沉积过程枝晶生长的分形研究. 昆明理工大学博士学位论文，2002.

[34] 刘辉. 红外波段树枝结构左手材料的化学制备与及性能研究. 西北工业大学博士学位论文，2008.

[35] Quan B G, Li C, Sui Q, et al. Effects of substrates with different dielectric parameters on left-handed frequency of left-handed materials. Chinese Phys. Lett., 2005, 22(5): 1243-1245.

[36] Pendry J B, Holden A J, Robbins D J, et al. Magnetism from conductors and enhanced nonlinear phenomena. IEEE T. Microw. Theory, 1999, 47(11): 2075.

[37] 康雷, 罗春荣, 赵乾, 等. 面状分布缺陷谐振环对左手材料微波效应的影响. 科学通报, 2004, 49(23): 2407-2409.

[38] Zhao X P, Zhao Q, Kang L, et al. Defect effect of split ring resonators in left-handed metamaterials. Phys. Lett. A, 2005, 346(1-3): 87.

[39] 姚远, 赵晓鹏, 赵晶, 等. 非对称开口六边形谐振单环的微波透射特性. 物理学报, 2006, 55(12): 6435-6440.

[40] Linden S, Enkrich C, Wegener M, et al. Magnetic response of metamaterials at 100 terahertz. Science, 2004, 306(5700): 1351-1353.

[41] Li T, Liu H, Wang F M, et al. Coupling effect of magnetic polariton in perforated metal/dielectric layered metamaterials and its influence on negative refraction transmission. Opt. Express, 2006, 14(23): 11155.

[42] Kafesaki M, Koschny T, Penciu R S, et al. Left-handed metamaterials: detailed numerical studies of the transmission properties. J. Opt. A Appl. Opt., 2005, 7(2): S12-S22.

[43] Zhu J J, Liao X H, Chen H Y. Electrochemical preparation of silver dendrites in the presence of DNA. Mater. Res. Bull., 2001, 36(9): 1687-1692.

[44] Zhou X, Zhao X P. Evaluation of imaging in planar anisotropic and isotropic dendritic left-handed materials. Appl. Phys. A, 2007, 87(2): 265-269.

[45] Shin H, Fan S H. All-angle negative refraction for surface plasmon waves using a metal-dielectric-metal structure. Phys. Rev. Lett., 2006, 96(7): 073907.

[46] 黄景兴, 罗春荣, 赵晓鹏. 电场作用下银纳米流体的可调谐双折射行为. 光子学报，2010, 39(1): 21-24.

[47] Liu T, Lin L, Zhao H, et al. DNA and RNA sensor. Science in China. Series B: Chemistry, 2005, 48(1): 1-10.

[48] Okuyama K, Lenggoro W, Iwaki T. Nanoparticle preparation and its application – A nanotechnology particle project in Japan. Proceedings - 2004 International Conference on MEMS, NANO and Smart Systems, Banff Canada: IEEE Computer Society, 2004: 369-372.

[49] Uvarova I V. Preparation and use of nanosized materials. Metallofizikai Noveishie Tekhnologii, 2003, 25(11):1495.

[50] Maier S A, Brongersma M L, Kik P G, et al. Plasmonics—a route to nanoscale optical devices. Adv. Mater., 2001, 13(19): 1501.

[51] Kamat P V. Photophysical, photochemical and photocatalytic aspects of metal nanoparticles. J. Phys. Chem. B, 2002, 106(32): 7729-7744.

[52] Pileni M P. Magnetic fluids: fabrication, magnetic properties, and organization of nanocrystals. Adv. Funct. Mater., 2001, 11(5): 323-336.

[53] Wang X Q, Naka K, Itoh H, et al. Synthesis of silver dendritic nanostructures protected by tetrathiafulvalene. Chem. Commun., 2002, 2(12): 1300-1301.

[54] Wang X Q, Itoh H, Naka K, et al. Tetrathiafulvalene-assisted formation of silver dendritic nanostructures in acetonitrile. Langmuir, 2003, 19(15): 6242-6246.

[55] Zheng X W, Zhu L Y, Yan A H, et al. Controlling synthesis of silver nanowires and dendrites in mixed surfactant solutions. J. Colloid Interf. Sci., 2003, 268(2): 357-361.

[56] Zheng X W, Zhu L Y, Wang X J, et al. A simple mixed surfactant route for the preparation of noble metal dendrites. J. Cryst. Growth, 2004, 260(1-2): 255-262.

[57] Henglein A, Giersig M. Formation of colloidal silver nanoparticles: capping action of citrate. J. Phys. Chem. B, 1999, 103(44): 9533-9539.

[58] Zhou Y, Yu S H, Wang C Y, et al. A novel ultraviolet irradiation photoreduction technique for the preparation of single-crystal Ag nanorods and Ag dendrites. Adv. Mater., 1999, 11(10): 850-852.

[59] Zou K, Zhang X H, Duan X F, et al. Seed-mediated synthesis of silver nanostructures and polymer/silver nanocables by UV irradiation. J. Cryst. Growth, 2004, 273(1-2): 285-291.

[60] Zhu J J, Liu S W, Palchik O, et al. Shape-controlled synthesis of silver nanoparticles by pulse sonoelectrochemical methods. Langmuir, 2000, 16(16): 6396-6399.

[61] Gao X L, Gu G H, Hu Z S, et al. A simple method for preparation of silver dendrites. Colloid. Surface. A., 2005, 254(1-3): 57-61.

[62] Xiao J P, Xie Y, Tang R, et al. Novel ultrasonically assisted templated synthesis of palladium and silver dendritic nanostructures. Adv. Mater., 2001, 13(24): 1887-1891.

[63] He R, Qian X F, Yin J, et al. Formation of silver dendrites under microwave irradiation. Chem. Phys. Lett., 2003, 369(3-4): 454-458.

[64] Wen X G, Xie Y T , Mak M W C, et al. Dendritic nanostructures of silver: facile synthesis, structural characterizations, and sensing applications. Langmuir, 2006, 22(10): 4836-4842.

[65] Tsuji M, Nishizawa Y, Matsumoto K, et al. Effects of chain length of polyvinylpyrrolidone for the synthesis of silver nanostructures by a microwave-polyol method. Mater. Lett., 2006, 60(6): 834-838.

[66] Tsuji T, Iryo K, Watanabe N, et al. Preparation of silver nanoparticles by laser ablation in solution: influence of laser wavelength on particle size. Appl. Surf. Sci., 2002, 202(1-2): 80-85.

[67] Murphy C J, Jana N R. Controlling the aspect ratio of inorganic nanorods and nanowires. Adv. Mater., 2002, 14(1): 80-82.

[68] Wilson O, Wilson G J, Mulvaney P. Laser writing in polarized silver nanorod films.

Adv. Mater., 2002, 14(13-14):1000-1004.

[69] 陈洪渊. 电分析化学. 北京: 高等教育出版社，1993.

[70] Witten T A, Sander L M. Diffusion-limited aggregation, a kinetic critical phenomenon. Phys. Rev. Lett., 1981, 47(19): 1400-1403.

[71] 赵晓鹏, 罗春荣. 分形与分维. 西安: 西北工业大学出版社, 1990.

[72] Zhang J, Liu K, Dai Z H, et al. Formation of novel assembled silver nanostructures from polyglycol solution. Mater. Chem. Phys., 2006, 100(2-3): 313-318.

[73] Haynes C L, Van Duyne R P. Versatile nanofabrication tool for studies of size-dependent nanoparticle optics. J. Phys. Chem. B, 2001, 105(24): 5599-5611.

[74] Zhu W R, Zhao X P, Guo J Q. Multibands of negative refractive indexes in the left-handed metamaterials with multiple dendritic structures. Appl. Phys. Lett., 2008, 92: 241116.

[75] Zhou X, Fu Q H, Zhao J, et al. Negative permeability and subwavelength focusing of quasi-periodic dendritic cell metamaterials. Opt. Express, 2006, 14(16): 7188-7197.

[76] Liu H, Zhao X P. Metamaterials with dendriticlike structure at infrared frequencies. Appl. Phys. Lett., 2007, 90(19): 191904.

[77] Liu H, Zhao X P, Yang Y, et al. Fabrication of infrared left-handed metamaterials via double template assisted electrochemical deposition. Adv. Mater., 2008, 20(11): 2050-2054.

[78] Chen H, Ran L, Wang D, et al. Metamaterial with randomized patterns for negative refraction of electromagnetic waves. Appl. Phys. Lett., 2006, 88(3): 031908.

[79] Zhu W R, Zhao X P. Numerical study of low-loss cross left-handed metamaterials at visible frequency. Chin. Phys. Lett., 2009, 26(7): 074212.

[80] 骆伟, 邓巧平, 刘宝琦, 等. 纳米树枝状银的电化学制备及其光学性质. 功能材料, 2008, 39 (6): 1011-1016.

[81] 赵晓鹏, 刘宝琦. 一种基于银树枝结构的多色可见光左手材料: ZL 200810150024.X. 2011-7-27.

[82] 汤世伟, 朱卫仁, 赵晓鹏. 光波段多频负折射率超材料. 物理学报，2009, 58(5): 3220-3223.

[83] Song K, Fu Q H, Zhao X P. U-shaped multi-band negative-index bulk metamaterials with low loss at visible frequencies. Phys. Scripta, 2011, 84(3): 035402.

[84] Song K, Zhao X P, Ma H L, et al. Multi-band optical metamaterials based on random dendritic cells. J. Mater. Sci. : Mater. El., 2013, 24(12): 4888.

[85] Schmidt O, Wynands R, Hussein Z,et al. Steep dispersion and group velocity below $c/3000$ in coherent population trapping. Phys. Rev. A, 1996, 53: R27-R30.

[86] Harris S E, Field J E, Kasapi A. Dispersive properties of electromagnetically induced transparency. Phys. Rev. A, 1992, 46: R29-R32.

[87] Turukhin A V, Sudarshanam V S, Shahriar M S. Observation of ultraslow and stored light pulses in a solid. Phys. Rev. Lett., 2001, 88(2): 023602.

[88] Vlasov Y A, O'Boyle M, Hamann H F, et al. Active control of slow light on a chip with photonic crystal waveguides. Nature, 2005, 438(7064): 65-69.

[89] Tsakmakidis K L, Boardman A D, Hess O. 'Trapped rainbow' storage of light in metamaterials. Nature, 2007, 450(7168): 397-401.

[90] 程小超, 付全红, 娄勇, 等. 超材料异质结构楔形光波导引起的光谱空间分离现象. 科学通报，2010, 55(16): 1626-1631.

[91] Cheng X C, Fu Q H, Zhao X P. Spatial separation of spectrum inside the tapered metamaterial optical waveguide. Chin. Sci. Bull., 2011, 56(2): 209-214.

[92] Zhao X P, Luo W, Huang J X, et al. Trapped rainbow effect in visible light left-handed heterostructures. Appl. Phys. Lett., 2009, 95: 071111.

[93] 付全红, 赵晓鹏, 文海明, 等. 可见光波段超材料左手行为及左手异质结构捕获彩虹效应. 功能材料, 2013, 44(22): 3251-3254.

[94] 邓巧平, 骆伟, 刘宝琦, 等. 柔性透明基底上纳米银树枝结构的制备及光学特性. 材料导报, 2008, 22(8): 136-138, 145.

[95] 吕军, 刘宇, 赵晓鹏. 柔性基底红外波段左手材料制备及光学特性. 光子学报, 2010, 39(7): 1158-1162.

[96] 刘宇, 吕军, 宋坤, 等. 光波段柔性基超材料制备及光学性质. 光子学报, 2010, 39(7): 1176-1180.

[97] Liu N, Guo H C, Fu L W, et al. Three-dimensional photonic metamaterials at optical frequencies. Nat. Mater., 2008, 7(1): 31-37.

[98] Liu B Q, Zhao X P, Zhu W R, et al. Multiple pass-band optical left-handed metamaterials based on random dendritic cells. Adv. Funct. Mater., 2008, 18(21): 3523-3528.

# 第 3 章　准周期渔网结构超材料

## 3.1　引　　言

超材料的电磁响应特性从微波段首次实现，逐渐向高频发展，并且材料几何结构的设计也多种多样，在该领域最重要也是最有意义的研究目标是实现光频的负折射行为。根据有效介质理论的要求，超材料结构单元作为人工构造的原子，其尺寸必须远小于响应波长，这就使得越向高频发展，这种人工原子的尺寸也就要求越小，因此制备精度的要求也就越高，实现更短波长的超材料结构也就显得更加困难。目前超材料的制备已经能够上升到近红外波段和红光长波长边缘，在该频段内，双渔网结构作为一种典型的设计得到广泛的关注和研究。目前，双渔网结构的负折射率实验逐渐把响应频率从近红外向更高的光频发展，工作波段已经能够出现在近红外波长 1.7μm 附近 [1]、红光波长 700nm 附近 [2] 以及黄光波长 580nm 处 [3]，但是很难再向更短波长推进。这是由于光频超材料的结构单元必须达到纳米量级的精度，而目前超材料样品的制备绝大多数都是采用自上而下的刻蚀方法 (如电子束刻蚀和聚焦离子束刻蚀等)[4,5]，要满足如此高的精度非常困难，并且刻蚀制备法过程复杂，制备成本也很高，因此，光频超材料的制备遇到了瓶颈问题。另外，在光频段，超材料结构的谐振损耗非常大，这严重削弱了其响应特性，对超材料的实际应用十分不利。目前许多文献提出，最有效的解决办法是添加增益介质来补偿损耗，但是大多数文献都是基于仿真计算从理论上讨论添加增益介质的可行性，如文献 [6] 中讨论了增益介质对于 1.5μm 工作波长的双渔网超材料负折射行为的影响，文献 [7] 和 [8] 先后讨论了在 710nm 波长附近响应的双渔网结构中掺入增益介质对响应特性的影响。而关于增益实验的报道较少，其中具有代表性的是文献 [9] 中在 740nm 波长附近响应的双渔网结构中掺入活性介质 Rhodamine 800 (Rh800)，并用脉冲激光器激发 Rh800 使其负响应得到显著增强。如上所述，制备方法上的困难和较大的内在损耗严重阻碍了光频超材料的研究进展，这两大问题亟待解决。

关于高频超材料的制备，近年来发展了一些自下而上的制备方法 [10−13]，其中电化学沉积制备法是纳米制备技术的另一条重要途径，近年得到很大发展。这种制备法更容易制备出纳米尺度的微观结构，这给光频超材料的制备带来了新的机会。近年来，已有一些文献的研究工作开始尝试此方法，我们组先前也采用此方法在制备近红外波段的树枝状负折射率超材料方面取得了一些进展。直接采用电化学沉积法制备的纳米结构单元阵列是无序的，但是如果再结合模板自组装的方法则能制备出周期性排列的超材料结构 [14−21]。文献 [22] 采用自组装方法制备了一种六边形的双渔网结构，如图 3-1 所示，在制备初期将聚苯乙烯 (PS) 小球自组装密集排列，然后采用离子束刻蚀可以将制备的渔网孔径减小至 270nm，使超材料结构的负折射率响应波长推进至 980nm 波长附近，这比传统采用光刻胶刻蚀方法更容易减小渔网网孔的尺寸。

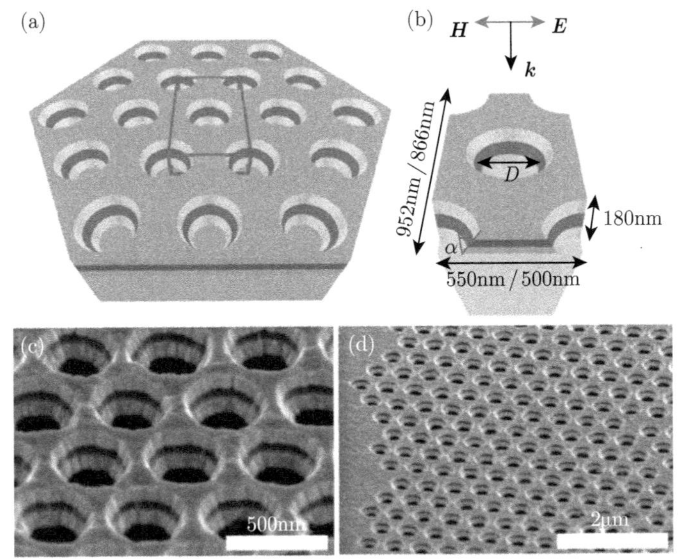


图 3-1 自组装方法制备双渔网结构

(a)、(b) 分别为理论模型的局部和单元结构；(c)、(d) 分别为实际样品的高倍和低倍电镜照片

本章也采用模板自组装的方法排列 PS 小球，排列方式与图 3-1 相同，但是我们随后采用的是电化学沉积法，制备了一种上下金属层非对称的银-聚乙烯醇-银 (Ag-PVA-Ag) 类似双渔网的超材料结构 [23]，并通过理论和实验测试了这种超材料的光学奇异性质。这种非对称性是由自下而上制备方法的内在属性所决定的，采用这种制备方法直接面对三个主要问题：一是上下金属层的对齐或部分对齐状态从理论上能否实现负折射率的谐振条件；二是样品制备过程中的精细化过程；三是如何降低损耗。

## 3.2 理论和仿真分析

### 3.2.1 理论模型

理论模型的数值仿真是由基于有限元算法的 COMSOL 多物理场完成的。在超材料的制备过程中选用的材质是金属银，它在光频呈现的电磁属性已经不能用完美电导体模型进行解释了，它的介电行为需要通过自由电子气的 Drude 模型进行描述，有两个等离子体参数描述其介电性能，即等离子体频率$\omega_p = 1.37\times10^{16}s^{-1}$和碰撞频率 $r_d = 8.5\times10^{13}s^{-1}$。理论模型的具体几何参数和入射电磁波的极化方式如图 3-2 所示，这是一种 Ag-介质-Ag 的夹层结构，上下层为金属银网结构，中间介质层是 PVA(介电常数设为 2)，十分类似于双渔网结构，但是网孔是呈密集排列的，这是制备过程中 PS 小球的排列方式所决定的 (详见后面的制备部分)。这里需要说明的是，由于在实际的制备过程中，很多 PS 小球在密集排列时相互挤压导致形状略微改变，最后电化学沉积的银网孔的形状由圆形变成了多边形，所以为了与实际制备的样品形貌相匹配，同时也为了便于计算，我们在建模时就把银网孔的形状设计为八边形。模型的具体几何参数为：相邻网孔间金属壁的厚度为 $w = 95$nm，网孔半径为 $r = 70$nm，银网层的厚度为 $t = 30$nm，中间 PVA 介质层厚度为 $h = 40$nm。电磁波垂直入射样品表面且电场沿着 $y$ 方向，磁场沿着 $x$ 方向，矩形线框区域是该超材料结构的基本结构单元。由于在电化学沉积的过程中，银网和 PVA 膜是自下而上一层一层铺上去的，这就很有可能导致上下层银网中的网孔出现未对齐的现象，而形成一种非完全对称的结构。因此，源于制备方法的内禀属性，得到的是一种上下层银网非对称的三明治夹层结构。在仿真分析这一结构特性时，假设上层银网相对于下层银网在 $x$-$y$ 平面内沿 $x$ 方向移动距离 $\Delta x$，沿 $y$ 方向移动距离 $\Delta y$ 来描述结构的非对称性质。

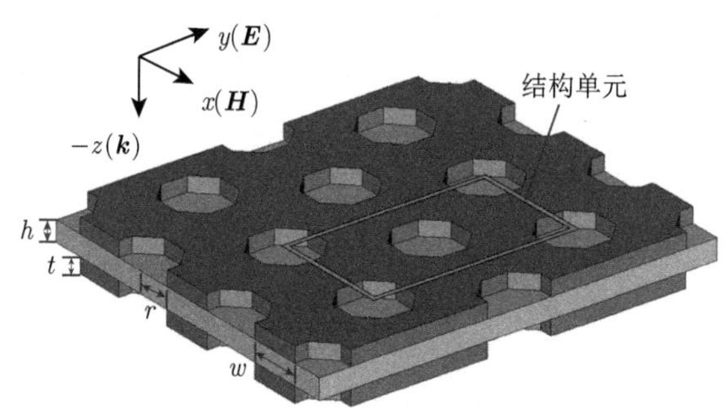


图 3-2　Ag-PVA-Ag 超材料结构模型

几何参数如下：相邻网孔间金属壁厚度为 $w = 95$nm，网孔半径为 $r = 70$nm，金属银网层厚度为 $t = 30$nm，PVA 介质层厚度为 $h = 40$nm。电磁波垂直入射，电场沿着 $y$ 方向，磁场沿着 $x$ 方向，矩形线框区域是超材料结构的基本单元

### 3.2.2　仿真计算 S 参数

由于准周期结构超材料对电磁波也具有反常调控性质 [24−26]，下面考察当上下层网孔从完全对齐到出现未对齐的程度逐渐增加时，超材料结构的电磁反常响应特性的变化特点。如上所述，我们用移动距离 $\Delta x$、$\Delta y$ 来描述这种结构的非对

称度，它们分别表示上层网孔相对于下层网孔在 $x$-$y$ 平面内沿 $x$ 和 $y$ 方向移动的距离，为了便于分析和讨论，我们假设上层银网相对于下层银网同时沿 $x$ 和 $y$ 方向移动，且 $\Delta x = \Delta y$。图 3-3 是四个 S 参数曲线：透射 (S21)、反射 (S11) 的大小与相位随 $\Delta x$ 和 $\Delta y$ 增加的变化曲线，图 3-3(a) 是透射变化曲线，图 3-3(b) 是反射变化曲线，图 3-3(c) 是透射相位变化曲线，图 3-3(d) 是反射相位变化曲线。可看出几组透射曲线都在 530nm 波长附近出现了一个透射谷，同时透射相位也在对应处出现了相位跃变，这是发生谐振的标志。

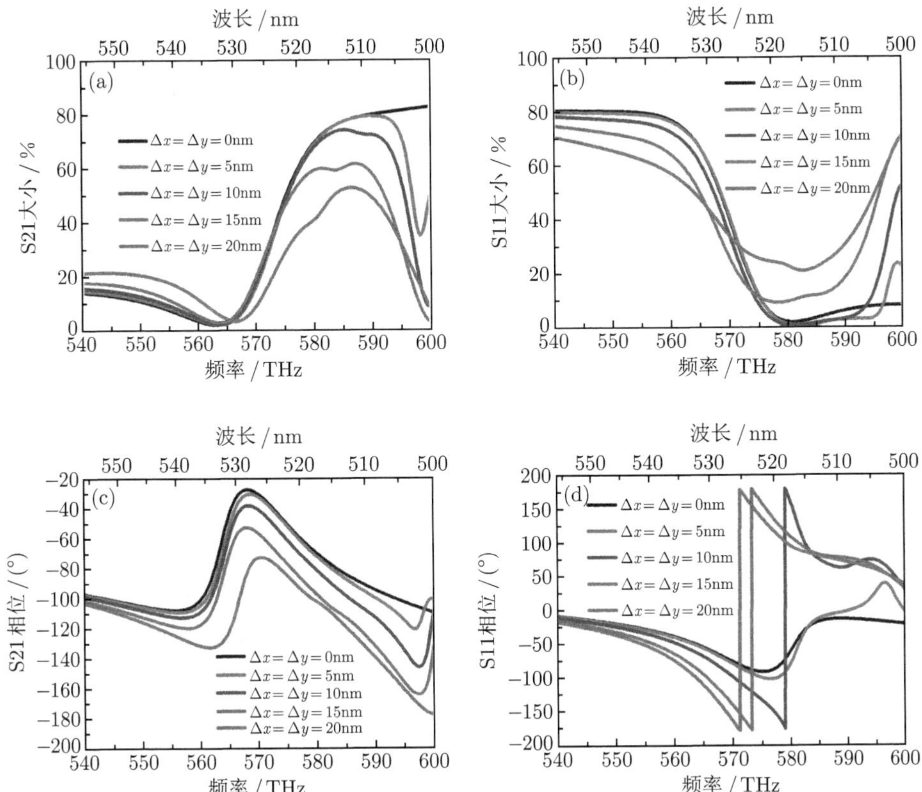


图 3-3 当非对称度 $\Delta x$ 和 $\Delta y$ 逐渐增加时，电磁波对超材料结构透射 (S21)、反射 (S11) 的大小和相位变化曲线 (彩图见封底二维码)

(a) 透射变化曲线；(b) 反射变化曲线；(c) 透射相位变化曲线；(d) 反射相位变化曲线

### 3.2.3 反演计算有效介质参数

根据有效介质理论，我们采用标准推导方法对所提出的结构进行了电磁参数提取。当电磁波垂直入射时，需要同时利用透射、反射系数 (包括大小和相位) 来提取有效介质的电磁参数。首先得出的是折射率 $n$ 和阻抗 $z$，然后磁导率 $\mu$ 和电

容率 $\varepsilon$ 再通过公式 $n=\sqrt{\varepsilon\mu}$ 和 $z=\sqrt{\mu/\varepsilon}$ 计算得到。根据这一方法，对所提出的这种超材料结构，我们用反演参数提取方法得到了结构的有效磁导率 $\mu$、有效电容率 $\varepsilon$、有效折射率 $n$ 随 $\Delta x(\Delta y)$ 增加的变化曲线，分别如图 3-4(a)、(b)、(c) 所示。这里我们主要考察磁导率 $\mu$、电容率 $\varepsilon$、折射率 $n$ 的实部，因而在图 3-4(a)、(b)、(c) 中没有给出虚部曲线。此外，图 3-4(d) 也给出了表征超材料结构损耗大小的品质因数 (FOM) 值 (定义为 $-\mathrm{Re}(n)/\mathrm{Im}(n)$)，其值越大说明折射率的实部越占主导地位而虚部居次要地位，也就表明结构的损耗越小。

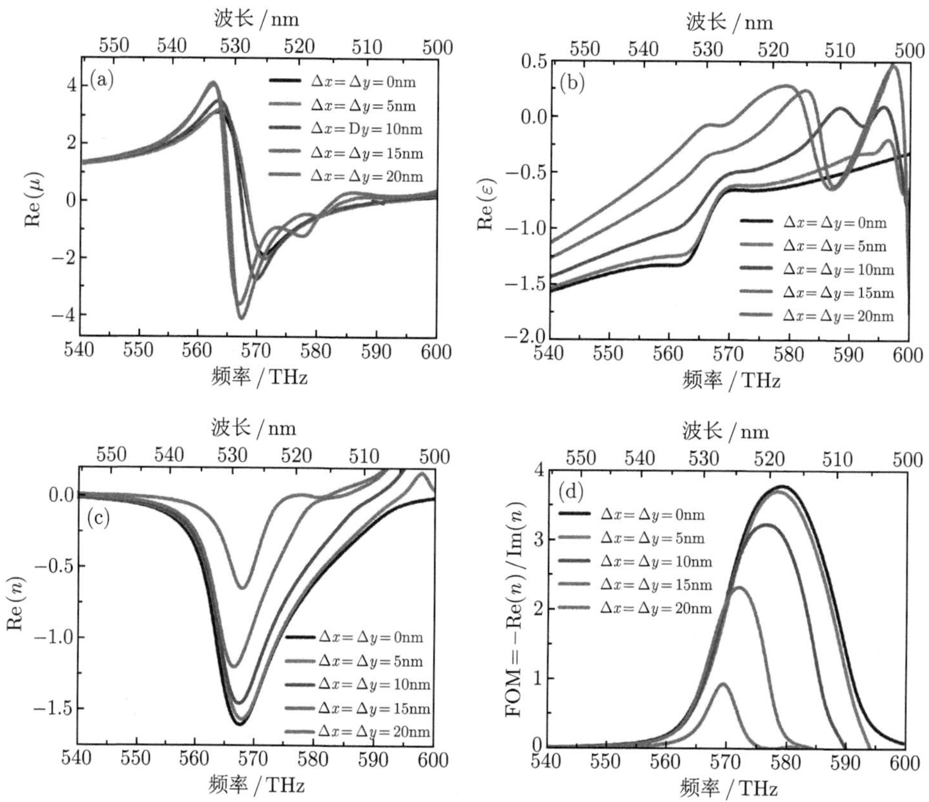


图 3-4　当非对称度 $\Delta x$ 和 $\Delta y$ 逐渐增加时，反演参数法提取的有效本构电磁参数 (彩图见封底二维码)

(a) 磁导率实部 Re ($\mu$)；(b) 电容率实部 Re ($\varepsilon$)；(c) 折射率实部 Re ($n$)；(d) FOM 值，其定义为 $-\mathrm{Re}(n)/\mathrm{Im}(n)$，表征结构损耗的大小

从图 3-4(a)、(b)、(c) 中可以看出，整个模型结构在 567THz (约 529nm 波长) 附近实现了磁导率和电容率同时为负值，从而在该频段内实现了负折射率。当 $\Delta x$ 和 $\Delta y$ 逐渐增加时，负折射率的绝对值逐渐变小，表明负折射率行为逐渐减弱。但是，即使当 $\Delta x=\Delta y=20\mathrm{nm}$ 时 (为网孔直径的 1/7)，其在光频的负折射

率特性仍然是可以保持的。所以只要保证制备的样品的非对称度 $\Delta x$ 和 $\Delta y$ 保持在 0~20nm 的范围内，负折射率特性就能体现出来。图 3-4(d) 显示，随着 $\Delta x$ 和 $\Delta y$ 的增加，FOM 值减小，这表明结构的损耗在变大，越来越不利于负折射率行为的体现。因此，从图 3-4 我们可以得到以下两点结论：一是这种非完全对称结构只要保证其非对称度控制在一定范围内仍然可以在光频实现负折射率性质，这一点为自下而上的制备法提供了一个优势条件；二是较大的非对称度会导致较大的损耗，从而削弱了负折射率响应，因此这一点成为自下而上制备法的一个劣势。

### 3.2.4 非对称引起的损耗

对于自下而上的制备方法，应该保持它的优越性，克服其劣势——降低损耗。因此我们需要首先对损耗的大小进行分析，如图 3-5 所示，从这一组图可以看出，当 $\Delta x$ 和 $\Delta y$ 从 0nm (完全对齐) 逐渐增加到 20nm 时，透射峰的高度逐渐降低，反射谷却逐渐增加，吸收峰峰值也逐渐增加。这是由于随着 $\Delta x$ 和 $\Delta y$ 的增

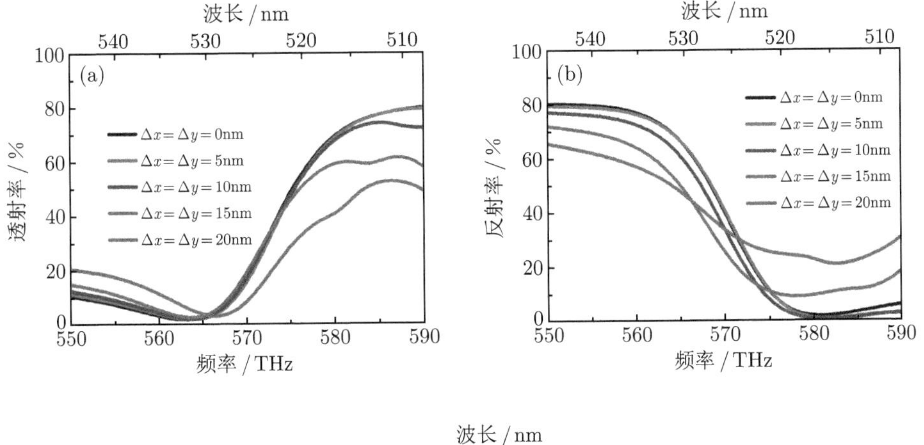


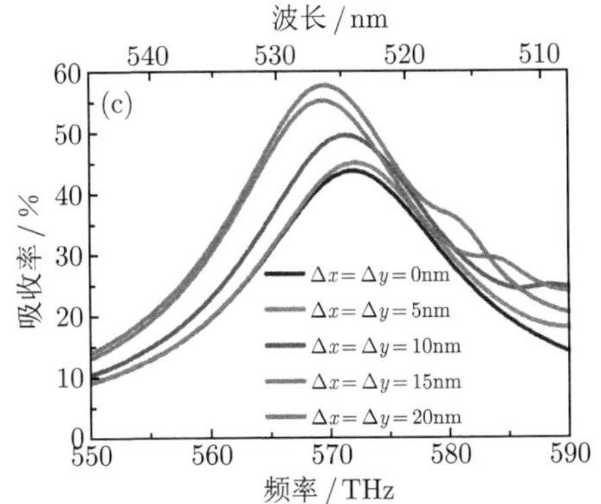


图 3-5 随着非对称度增大，透射 (a)、反射 (b) 和损耗 (c) 变化曲线 (彩图见封底二维码)

加，上下层金属的网孔被越来越多的金属膜挡住，这就减少了透射而增加了反射，同时这会使谐振消耗更多的能量，损耗变大。这与图 3-4(d) 中 FOM 值逐渐减小的分析是一致的。

### 3.2.5　掺杂增益介质降低损耗

由于双渔网结构非对称性引起的损耗，我们需要在介质层中掺入增益介质来降低损耗，下面我们仿真分析加入增益介质来补偿损耗。若外加电磁波电场的指数形式表示为 $\boldsymbol{E} = \boldsymbol{E}(\boldsymbol{r})\mathrm{e}^{-\mathrm{j}\omega t}$，则损耗介质的电容率虚部应为正值，而增益介质的电容率虚部应为负值。我们分别选择 $\Delta x = \Delta y = 0\mathrm{nm}$ (完全对齐的理想情况) 和 $\Delta x = \Delta y = 20\mathrm{nm}$ (较大程度的非对齐状况) 的两种结构，并在其中加入增益介质，其增益的大小由其电容率的虚部 $\varepsilon''_{\mathrm{gain}}$ 来衡量。加入增益介质后，超材料结构的电磁响应特性如图 3-6 所示。图 3-6(a)、(c) 分别对应在 $\Delta x = \Delta y = 0\mathrm{nm}$ 和

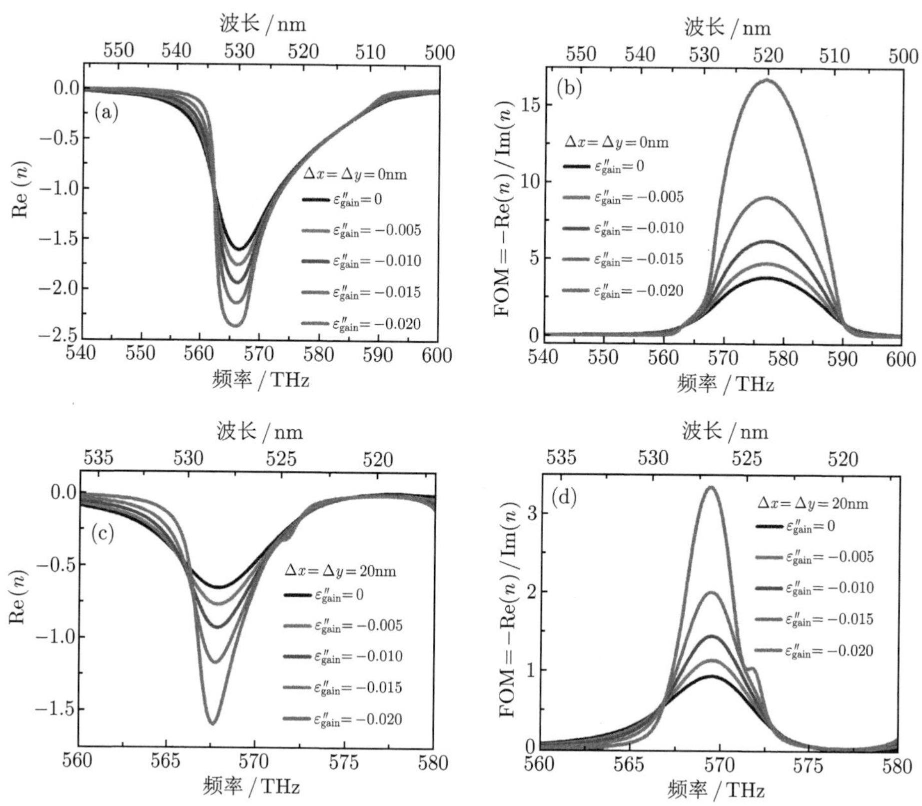


图 3-6　增益介质掺入分别对 $\Delta x = \Delta y = 0\mathrm{nm}$ 和 $\Delta x = \Delta y = 20\mathrm{nm}$ 这两种结构电磁响应特性的影响 (彩图见封底二维码)

(a)、(b) 分别是对 $\Delta x = \Delta y = 0\mathrm{nm}$ 结构提取的有效折射率随 $\varepsilon''_{\mathrm{gain}}$ 变化曲线和 FOM 值随 $\varepsilon''_{\mathrm{gain}}$ 变化曲线；(c)、(d) 分别是对 $\Delta x = \Delta y = 20\mathrm{nm}$ 结构提取的有效折射率随 $\varepsilon''_{\mathrm{gain}}$ 变化曲线和 FOM 值随 $\varepsilon''_{\mathrm{gain}}$ 变化曲线

$\Delta x = \Delta y = 20\text{nm}$ 这两种结构中掺入增益介质后，利用前面所述的反演参数法所提取的有效折射率随 $\varepsilon''_{\text{gain}}$ 大小的变化，可以看出两种结构都出现了 $\varepsilon''_{\text{gain}}$ 绝对值越大折射率绝对值就越大的现象。图 3-6(b)、(d) 分别对应在 $\Delta x = \Delta y = 0\text{nm}$ 和 $\Delta x = \Delta y = 20\text{nm}$ 这两种结构中掺入增益介质后所计算的 FOM 值 (其定义为 $\text{FOM} = -\text{Re}(n)/\text{Im}(n)$)，可看出两种结构都体现了 $\varepsilon''_{\text{gain}}$ 绝对值越大，FOM 值也就越大，所以增益介质的加入有效地补偿了损耗，使得负折射率特性能体现得更好。此外，可以注意到增益介质的加入并不影响负折射率的响应频率范围，仅仅补偿损耗，使得负折射效应更好，所以通过加入增益介质来降低损耗是不改变谐振结构自身的电磁属性的，可以很好地解决超材料结构中存在较大的谐振损耗这一问题。

# 3.3 金属银双渔网结构制备

## 3.3.1 制备流程

双渔网样品采用模板自组装电化学沉积法进行制备，所有的 Ag-PVA-Ag 结构都沉积在 ITO 导电玻璃上。具体的实验步骤如图 3-7 所示：(I) 先制备大量粒径约为 200nm 的均匀大小的 PS 小球，再采用模板辅助法使 PS 小球单层致密地在 ITO 导电玻璃上密集排列起来，然后放置在 90℃ 干燥箱中固化，如图 3-7(a) 所示。(Ⅱ) 以固化好的二维 PS 小球胶体晶体模板作为阴极，银片作为阳极，使用电化学沉积法在二维模板上各个 PS 小球的缝隙间沉积一层银膜，电沉积时外加的直流电压为 8V，时间为 5s，如图 3-7(b) 所示。(Ⅲ) 用氯仿溶解模板上的 PS 小球，然后用酒精溶液溶解多余的氯仿，再风干挥发掉酒精溶液，这样第一层银网就沉积在 ITO 导电玻璃上，如图 3-7(c) 所示。(Ⅳ) 在银网上面旋转涂覆一层浓度较大的 PVA 溶液，再将样品放置在鼓风干燥箱中约 30min 以待样品恒温固化，PVA 就会变成一层介质膜，如图 3-7(d) 所示。(Ⅴ) 待 PVA 固化好以后，再次将前面的 PS 小球在 PVA 介质膜上单层密集地排列起来，然后放置在 90℃ 干燥箱中固化，如图 3-7(e) 所示。(Ⅵ) 再以此时最底端的 ITO 玻璃作为阴极，银片作为阳极，同样采用上面沉积第一层银网的方法沉积第二层银网，只不过此时与沉积第一层银网的条件稍微有些不同，这时要把银沉积在绝缘的 PVA 膜上 (而不是像前面沉积第一层银网一样，直接沉积在导电的 ITO 玻璃上)，此时所加的直流电压应该稍大些，约为 12V，时间也稍长，约为 10s，就能再次在各个 PS 小球的缝隙间沉积一层银膜，如图 3-7(f) 所示。(Ⅶ) 再重复过程 (Ⅲ)，最后就制备得到 Ag-PVA-Ag 结构，如图 3-7(g) 所示。此外需要说明的是，如果需要在 PVA 介质层中注入活性介质作为掺杂介质，只需在步骤 (Ⅳ) 中的 PVA 溶液中溶入适量的活性介质即可得到 Ag-PVA/Rhodamine B(RhB)-Ag 结构。

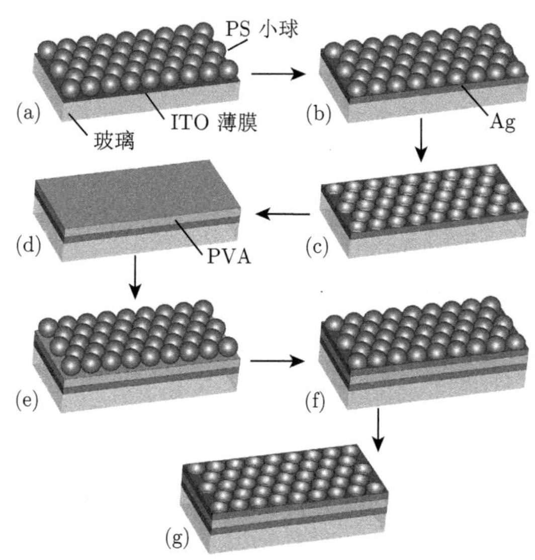


图 3-7 采用模板自组装电化学沉积法制备的实验步骤

(a) 将首先制备好的 PS 小球在 ITO 导电玻璃基底上采用模板法密集地排列起来；(b) 用电沉积法在各个 PS 小球缝隙间沉积第一层银膜；(c) 依次用氯仿、酒精溶解 PS 小球后，再风干就得到第一层银网；(d) 在银网上旋转涂覆 PVA 溶液并将其放置于干燥箱中固化；(e) 采用模板法在 PVA 介质膜上密集排列 PS 小球；(f) 在各个 PS 小球的缝隙间电沉积得到第二层银膜；(g) 同样用氯仿、酒精溶解 PS 小球，风干就得到 Ag-PVA-Ag 结构

所制备的 Ag-PVA-Ag 结构很有可能出现上下层网孔未完全对齐的现象，这是由自下而上电沉积方法的本征属性所决定的。第一层银网是沉积在具有导电性的 ITO 玻璃上的，紧接着在上面涂覆了一层绝缘性的 PVA 介质层，然后第二层银网是沉积在 PVA 介质层上的，所以两层银网的沉积条件是不同的，这就很难实现上下层网孔的完全对齐。从前面理论模型的仿真分析中可知，上下层银网网孔可以允许一定范围内的非对齐 (即 1/7 网孔直径范围内)。在最初的实验中，我们所制备的样品并不都满足这个要求，后来经过多次摸索和改进工艺条件，比如增加沉积第二层银网的电压和时间等，最终可使制备的样品都满足理论模型的要求，并且通过测试透、反射以及相位曲线反演提取电磁参数进行了验证，最终确定了制备的工艺流程条件。所确定的制备过程能够多次重复，因此实验制备具有可靠性。

### 3.3.2 二维 PS 胶体晶体制备

1. 制备方法

首先，预处理苯乙烯 (St)。将 St 倒入足量的 0.1mol/L 的 NaOH 溶液中充分搅拌 20min 去除阻聚剂，再把混合液倒入分液漏斗中静置 30min，萃取上层液；所得上层液加入适量的超纯水搅拌 15min，混合液再次倒入分液漏斗中静置 30min 萃取上层液 St，重复以上步骤直至下层溶液的 pH 为 7；在分离出的 St 中加入过量的无水硫酸钠 (除去水分)，充分搅拌后静置 30min，取上层液倒入三口烧瓶中，并在 70℃ 水浴中进行减压蒸馏，得到无阻聚剂的纯净 St。最后将得到的 St 在低温避光条件下保存待用。

然后，制备 PS 微球。包括两种方法，方法一 (分散聚合法)：偶氮二异丁腈 (AIBN) 使用之前用乙醇重结晶，St 经过预处理，其他药品直接使用。将聚乙烯基吡咯烷酮 (PVP) 溶于由无水乙醇和超纯水组成的混合溶剂中；将其加入连有搅拌器、冷凝管和氮气引入接口的三口烧瓶内，用搅拌杆搅拌，搅拌转速为 380~420r/min，在 70℃、氮气保护下预分散 30min；然后再把溶有引发剂 AIBN 的 St 一次性加入三口烧瓶中，在氮气保护条件下恒温 (70℃) 反应 12h 后自然冷却即可 [27]。

根据文献报道和实验发现 [27]，采用分散聚合法制备 PS 微球，各药品用量对 PS 微球粒径的影响为：在一定的范围内，增加单体 (St) 质量分数，微球直径增大，均匀性下降；增加引发剂 (AIBN) 质量分数，微球直径增大，均匀性下降；增加稳定剂 (PVP) 质量分数，微球直径减小，均匀性增加。另外，溶剂的极性也会影响到微球的粒径，溶剂的极性具体是通过改变水和无水乙醇的比例来调节的。按照表 3-1 的条件分别制备了直径 ($D$) 为 1000nm、800nm、420nm 和 300nm 的 PS 微球。

**表 3-1 分散聚合法制备不同粒径 PS 微球试剂用量**

| $m_{St}$/g | $m_{PVP}$/g | $m_{AIBN}$/g | $m_{Ethanol}$/g | $m_{Water}$/g | $D$/nm |
|---|---|---|---|---|---|
| 12.0 | 2.5 | 0.15 | 30 | 5 | 1000 |
| 6.0 | 3.0 | 0.10 | 30 | 5 | 800 |
| 8.0 | 2.5 | 0.15 | 15 | 20 | 420 |
| 8.0 | 2.5 | 0.15 | 5 | 30 | 300 |

方法二，利用无皂乳液聚合法制备 200nm 和 135 nm 的 PS 微球：室温下，将分散稳定剂 (SDS)、90mL 超纯水一起倒入 250mL 三口烧瓶，通入氮气并连接冷凝管，调整搅拌转速为 200r/min；搅拌 10min 后水浴加热，升温到 80℃ 后，加入引发剂过硫酸钾 (0.15gKPS 溶于 10mL 水中) 溶液；10min 后，均匀滴加 0.15g St 和 0.1g 正丁醇的混合液，约 20min 滴加完毕；从开始滴加计时 1h 后加入 4.85g St；搅拌 1h 后升温至 85℃，升温完毕后恒温反应 1h 冰浴收集、过滤，得到乳白色 PS 微球 [28,29]。

图 3-8(a)~(f) 是以上面两种方法制备的 PS 微球粒径图，从图可以看出，微球的粒径呈正态分布，粒径分布较窄，没有出现宽峰分布或双峰分布，具有高度的单分散性质。得到具有单一粒径的 PS 微球悬浮液，为制备二维 PS 胶体晶体

奠定了良好的基础。

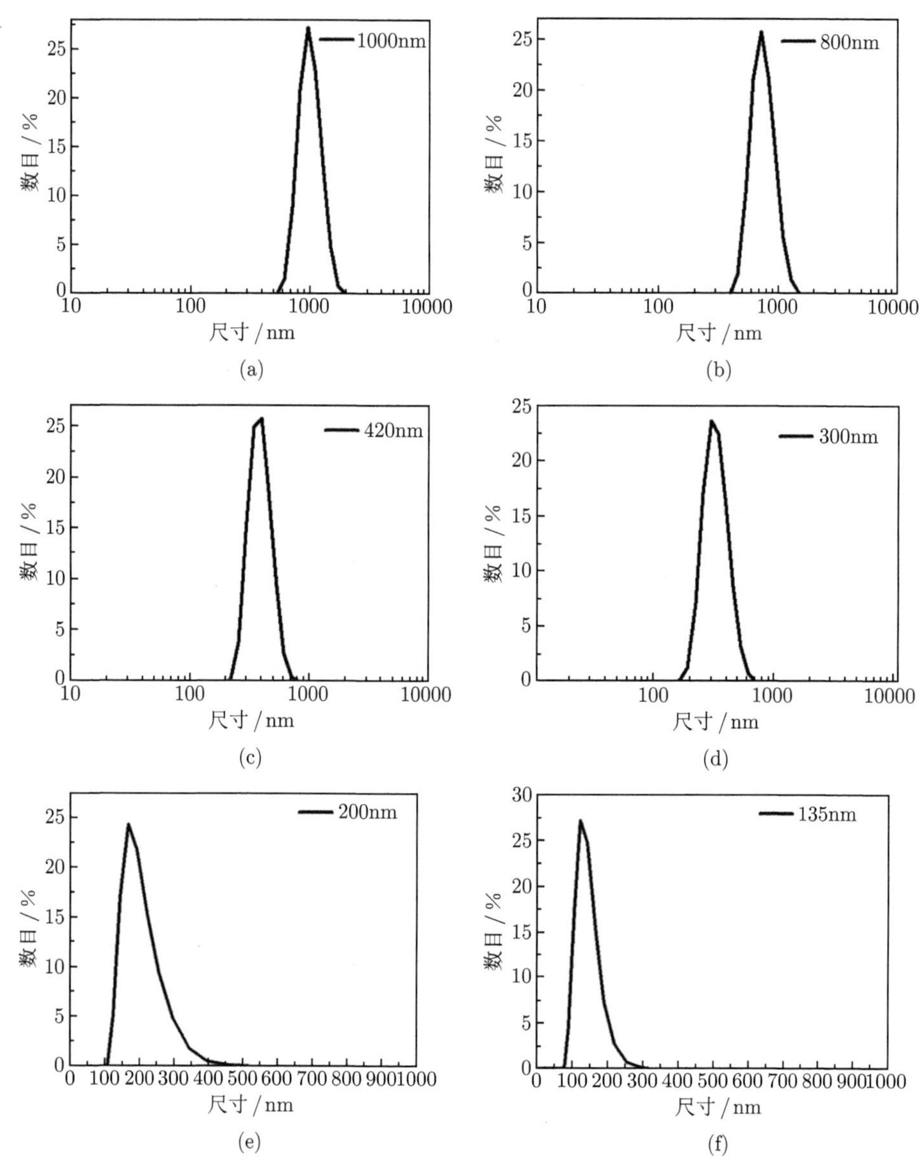


图 3-8　不同尺寸 PS 微球粒径图

最后，制备 PS 胶体晶体。

(1) 基片预处理：首先将 ITO 导电玻璃裁成 1cm×3cm×1mm 的小片，然后依次采用皂粉手洗、丙酮超声和乙醇超声三种方法清洗，各个清洗过程之间都要用超纯水冲洗，最后放入乙醇中待用。制备 1000nm 及 800nm PS 微球模板时用到的转移片同基片预处理方法相同。制备 420nm 及更小 PS 微球模板时，转移片除了上述处理过程，还需在 $H_2O_2$ 和 $H_2O$ 以 7:3 比例配成的溶液中煮 40min 进行亲水化处理。

(2) PS 微球预处理：PS 微球悬浮液使用前需经过超声、离心等手段进行预处理。先低速离心取上层液，目的是去除杂质和团聚；再用乙醇高速离心取下层沉淀，目的是去除过小微球及清洗掉 PS 悬浮液中的杂质，重复上述过程，直至显微镜下观察到的微球无团聚且能够很顺利地排成单层膜。两次离心之间都要进行超声分散处理。最后还要把预处理好的 PS 微球分散至水中配成浓度合适的悬浮液，PS 微球的浓度不能过低，否则不利于形成二维 PS 胶体晶体，一般水的体积不超过 PS 微球体积的十倍。

(3) 制备二维 PS 胶体晶体：将转移片从无水乙醇中取出，放置在 70℃ 水平金属底座上，待无水乙醇挥发完后，取适量的 PS 微球悬浮液涂敷在整个转移片上，待溶剂恰好完全蒸发后，再将转移片缓慢浸入 40℃ 去离子水中，此时最上面的单层 PS 在去离子水表面张力的作用下脱落且重新进行自组装，浮在水面，用 ITO 玻璃基片捞取单层膜 (ITO 面朝向单层膜)，就得到了二维 PS 胶体晶体 [30]。

200nm PS 单层膜需要的旋转时间约 15s (时间过长，膜就脱不下来了；时间太短，膜不均匀)，转移液温度约 13℃；135nm PS 单层膜制备需要的旋转时间约 10s，转移液温度约 8℃。

2. 结果表征

图 3-9 给出了膜转移法制备的 1000nm 和 800nm 二维 PS 胶体晶体模板的表面形貌扫描电镜与电子显微照片。从图可以看出，采用膜转移法可以获得大范围有序的单层 PS 胶体晶体，其有序范围可以达到 $2cm^2$，另外可以清楚地看出采用该方法所获得的胶体晶体中的 PS 微球均呈现出六方紧密堆积排布。这种膜转移法操作简单、成本低、产出高、耗时少，且能制备出高质量、大面积单层 PS 胶体晶体，为后续金属银网格的制备奠定了坚实基础。

转移片上溶剂蒸发的过程是胶体晶体固–气–液界面上自组装的过程 [31]。在胶体球悬浮液的边缘，曲率半径较大，蒸发率较高，所以首先在边缘成核。随着溶剂的进一步蒸发，相邻的胶体球之间形成弯月面，在弯月面表面张力作用下，胶体球趋向于按照能量最低原理生长，因而自组装成有序的胶体晶体。胶体晶体生长过程中，人为以及环境的影响因素不起主导作用，只需有效利用胶体球之间的微作用力即可。一般而言，溶剂的蒸发率要低；转移片表面要洁净、平坦 (起伏应比颗粒直径小得多)、化学成分均一、有好的亲水性；转移片和胶体球表面带同种电荷，在静电排斥作用下，胶体球可以在液膜中保持好的流动性，易于胶体晶体的长大；胶体球单分散性好，粒径偏差小，这样可以保证获得大尺度、缺陷少的二维胶体晶体。

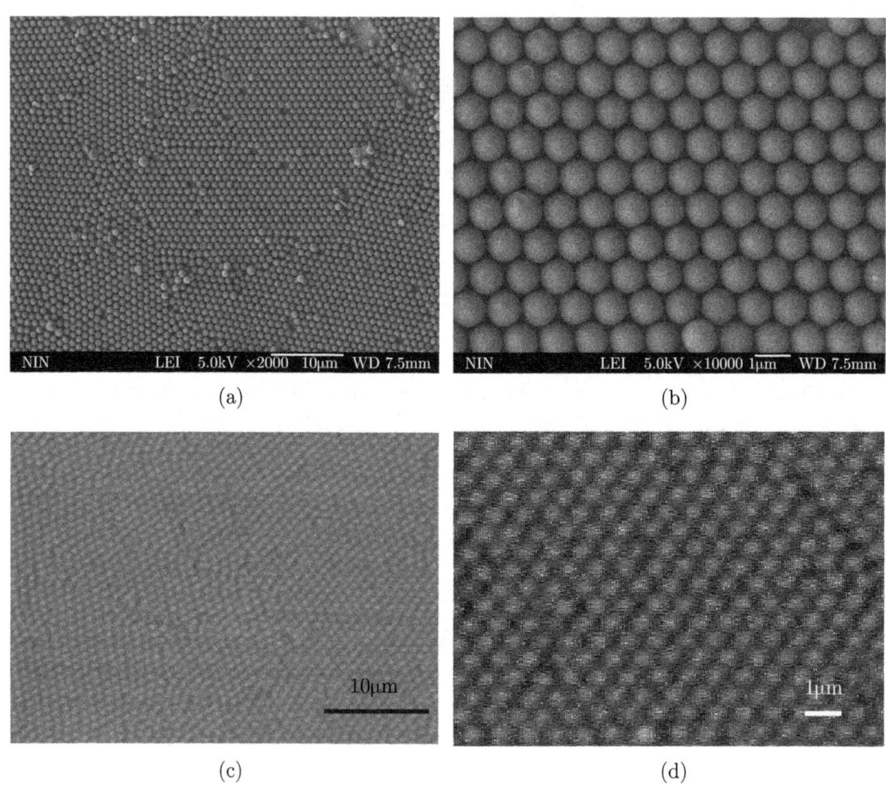


(a)　(b)　(c)　(d)

图 3-9　(a)、(b) 1000nm 单层 PS 胶体晶体扫描电镜图；(c)、(d) 800nm 单层 PS 胶体晶体电子显微照片

脱膜过程相当于二次利用了自组装方法，进一步提高了胶体晶体的质量，且将胶体晶体的生长限制在气-液界面这一严格的二维环境中，有效地调节使得胶体球之间微作用力与去离子水的表面张力达到平衡，即可制备高质量的二维胶体晶体。

但是，用同样的方法制备更小周期的二维 PS 胶体晶体模板时遇到了问题，脱膜时无法顺利脱下或者仅能脱下小片的膜，无法制备大面积高质量的 PS 模板，使用更小的 PS 微球制备模板时需改进方法。

图 3-10 是用改进后的方法制备的 420nm 和 300nm 二维 PS 胶体晶体模板表面形貌扫描电镜照片，(a) 和 (b) 结构周期是 420nm，膜转移过程中使用的转移液是室温下 pH = 13 的 NaOH 溶液，此时各个微球之间静电斥力与转移液的表面张力达到平衡，将转移片浸入溶液中时表层 PS 会脱落并浮在溶液表面且紧密聚集在一起，之后用基片捞取时膜继续保持完整性，由图看出，模板虽大范围有

缺陷，但小范围有序，呈现很好的六方密排结构。(c) 和 (d) 结构周期是 300nm，膜转移过程中使用的转移液是去离子水，此时微球之间静电斥力与水的表面张力平衡，能够制备出完整的周期结构。

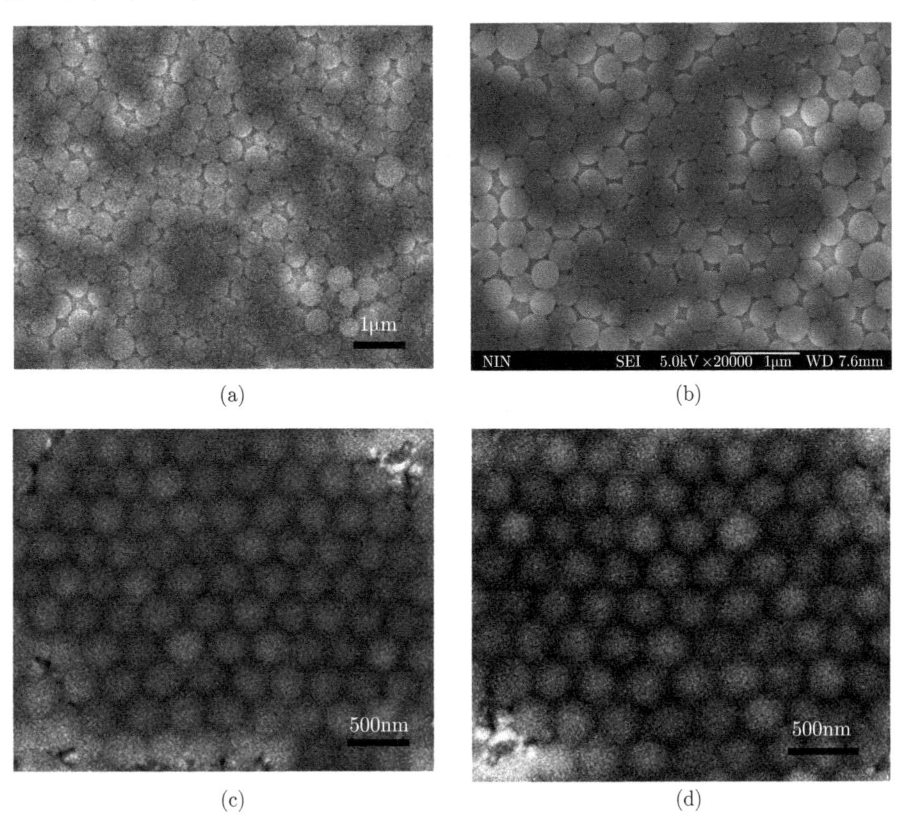


(a) (b)

(c) (d)

图 3-10 PS 模板扫描电镜图

结构周期：(a)，(b) 420nm；(c)，(d) 300nm

在使用膜转移法脱膜时发现，一般而言，干燥时间越短、温度越低，膜越容易脱下，而在金属板上干燥时温度与时间这两者相互制约，于是我们改用旋转涂膜机对转移片进行干燥，只需 10s 便可在室温下干燥，这样脱膜过程简单顺利，能够在 ITO 玻璃上得到大面积均匀的单层膜。因为 PS 微球本身绝缘，对样品做扫描电镜分析时看不到结构，一般观察绝缘体的表面形貌采用扫描前先喷金的方法，但我们的样品结构周期太小，横向周期仅 200nm，表面起伏更小，喷金会抹掉样品表面起伏，观察不到周期性的结构，于是采用间接证明方式，图 3-11 是利用模板制备的银网格，其中使用的 PS 微球粒径为 200nm，模板用膜转移法制备，使用旋转涂膜机干燥转移片。由图 3-11 看出，银网格呈很好的周期性结构，间接证明了我们制备的模板致密、周期性好且可看作单层膜。

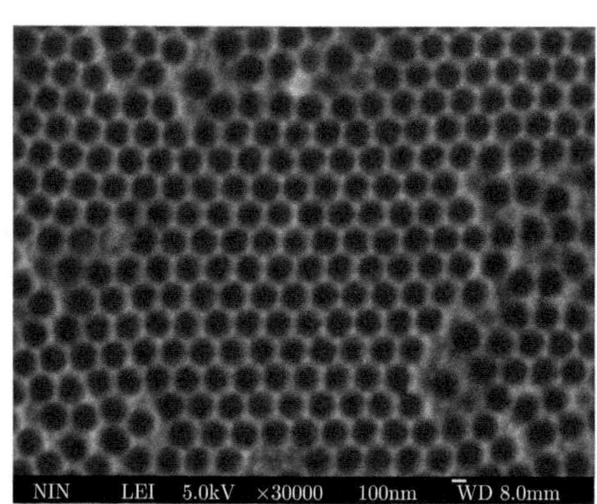


图 3-11　膜转移法制备的结构周期为 200nm 的金属银网格电镜图

### 3.3.3　金属银网格结构制备

3.3.2 节制备 PS 胶体晶体作为模板前需在 90~93℃ 条件下真空 (真空度为 0.008MPa) 干燥固化，一方面使得 PS 微球在后续电沉积过程中不会脱落到溶液中，另一方面通过改变固化时间可对制备的银网格形貌进行调节。

配置银氨溶液，称取 0.08g $AgNO_3$ 完全溶于 2mL 水，再向其中缓慢滴加浓度为 37%的氨水或三乙醇胺，开始产生沉淀，继续滴加至沉淀恰好消失，得到银氨溶液，保存至低温避光环境，待用。

采用双电极体系，以 ITO 玻璃为阴极，银片 (含量 99.99%) 为阳极，电极间距为 670μm，银氨溶液为电解液，采用多次不连续的直流通电进行电沉积，每次导通时间约 0.1s，断开时间 0.5s，且开始 4~6 次电压很大，为 10~15V，有利于形成大量晶核，随后导通电压降低至 2~5V，利于晶核长大，通电 50~200 次后，最终在 ITO 玻璃上电沉积一层银膜。

采用双电极体系，以固化好的二维 PS 胶体晶体为阴极，银片 (纯度 99.99%) 为阳极，电极间距为 370μm，银氨溶液为电解液，通电方式与制备银膜相同，沉积完成后，用大量的超纯水冲洗样品，吹干，将样品放入三氯甲烷中浸泡 5min 去除 PS 微球，就得到了二维有序金属银网格结构。

1. 不同电解液对银致密性的影响

制备均匀的周期性银网格必须满足两个条件：一是周期性好的模板；二是沉积出致密的银。如果能在空白的 ITO 玻璃上电沉积出致密银膜，那么工艺稍加改进便可在有模板的 ITO 玻璃上沉积出银网格。图 3-12 给出了用不同电解液沉积出的银膜表面形貌扫描电镜照片，图 3-12(a) 样品使用的电解液是 $AgNO_3$，图 3-12(b) 和 (c) 样品分别使用的是氨水和 $AgNO_3$ 及三乙醇胺和 $AgNO_3$ 配置的银氨溶液，这三幅图中的银膜均是由几十纳米大小的银颗粒堆积而成，但堆积的紧密程度依次递增，用三乙醇胺和 $AgNO_3$ 配置的银氨溶液长出的银膜最致密。事实上，肉眼观察也很容易得出这个结论：单纯的 $AgNO_3$ 溶液沉积出的银膜看上去颜色棕黄，像烧焦一般；氨水和 $AgNO_3$ 配置的银氨溶液沉积的银膜颜色灰白；而三乙醇胺和 $AgNO_3$ 配置的银氨溶液沉积的银膜像镜子一般，根据颜色即可判断银膜的致密性。所以接下来的沉积银网格我们选用的电解液是三乙醇胺和 $AgNO_3$ 配置的银氨溶液。

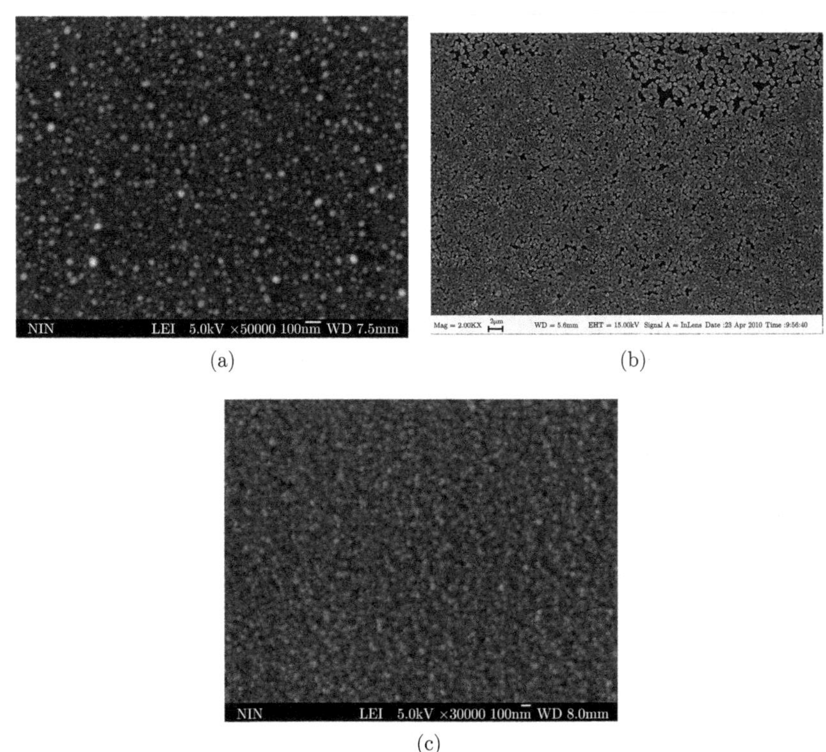


(a) (b) (c)

图 3-12 用不同电解液沉积的银膜扫描电镜照片

电解液：(a) $AgNO_3$ 溶液；(b) 氨水和 $AgNO_3$ 配置的银氨溶液；(c) 三乙醇胺和 $AgNO_3$ 配置的银氨溶液

2. 模板固化时间对银网格形貌的影响

在真空环境下加热固化模板会对 PS 微球形状产生影响，固化温度一般控制在 90~93℃ 之间，温度过低，PS 微球很难变形及很难紧密附着在 ITO 玻璃基底；温度过高，时间不易控制，容易固化过头造成 PS 严重变形而在基底上形成一层绝缘膜，如图 3-13(b) 所示，此时金属银已经无法沉积上。一定温度下，固化时间越长，PS 微球变形越厉害，图 3-13(a) 是固化时间过短的情况，此时 PS 微球只有轻微变形，每个微球只有很小面积与 ITO 基片紧密接触，从示意图中很容易看出，用这样的模板沉积的银几乎连成一片，仅有一些规则的孔洞。图 3-13(c) 固化时间合适，此时沉积的金属银形成很好的网格状结构。

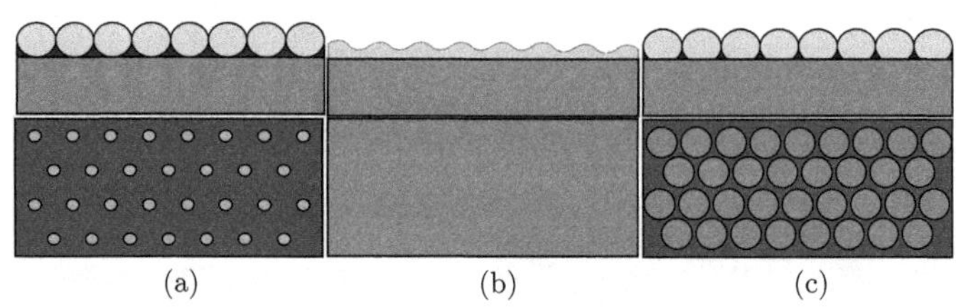

图 3-13　模板固化对银网格形貌的影响

(a) 固化不够；(b) 固化过头；(c) 固化合适

图 3-14(a) 和 (c) 是用粒径 800nmPS 胶体晶体作为模板沉积的金属银纳米网格低倍扫描电镜照片，两个样品制备过程中最显著的差别是模板固化时间不同，图 3-14(a) 中使用的模板固化时间为 5h，而图 3-14(c) 模板则固化了 7h，可以明显地看出，随着模板固化时间增加，最终制备的金属银纳米网格网线宽度减小，网孔增大，这给出了一种有效控制纳米网格网线宽度的方法。图 3-14(b) 和 (d) 分别是上述两个样品的高倍扫描电镜照片，进一步看出，模板固化时间为 5h 时，最终的纳米网格网线宽度约 400nm，网孔直径约 400nm；而模板固化时间增至 7h 时，纳米网格网线宽度减小至 200nm，网孔直径增至 600nm。

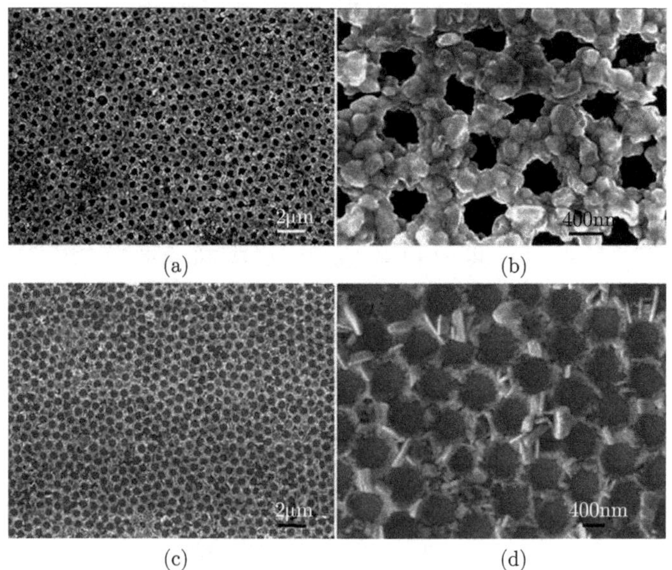


图 3-14　结构周期为 800nm 的金属银网格扫描电镜图

(a)，(b) 模板固化时间为 5h；(c)，(d) 模板固化时间为 7h

图 3-15 是用周期结构为 135nm 的 PS 胶体晶体作为模板沉积的金属银纳米网格低倍扫描电镜照片，两个样品制备过程中最显著的差别是模板固化时间不同，图 3-15(a) 中使用的模板固化时间为 2h，而图 3-15(b) 中模板则固化了 5.5h，可以明显地看出，随着模板固化时间增加，最终制备的金属银纳米网格网线宽度减小，甚至出现了因网线宽度太小而断裂的现象。

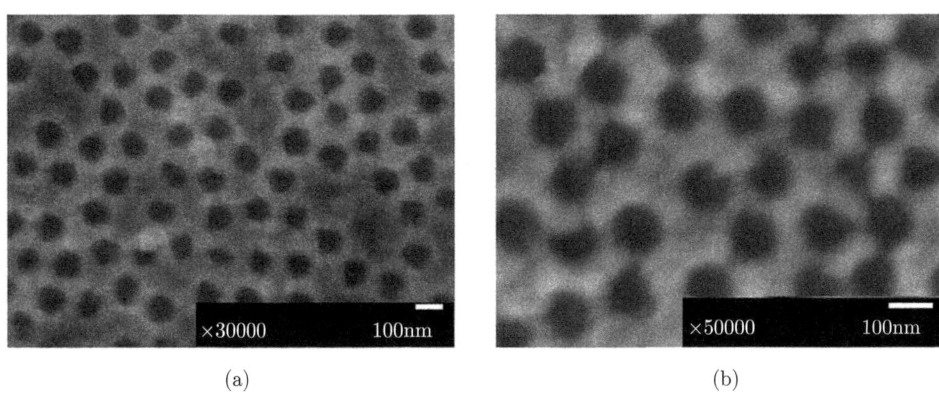


(a) (b)

图 3-15 结构周期为 135nm 的金属银纳米网格低倍扫描电镜图

(a) 模板固化时间为 2h；(b) 模板固化时间为 5.5h

### 3. 不同结构周期金属银网格优选制备条件

要制备出大面积、结构完整、缺陷少且致密的金属银网格，需要高质量的胶体晶体模板、合适的电解液、合适的固化条件、合适的电沉积方式。第 2 章详细介绍了如何制备高质量的二维胶体晶体模板，电解液选用三乙醇胺和 $AgNO_3$ 配置的银氨溶液最好，固化温度在 90~93℃ 之间，电沉积选用不连续的直流沉积方式，而固化时间及具体通电方式随着模板结构周期的不同而不同。表 3-2 给出了最佳条件。

**表 3-2 制备不同结构周期银网格固化时间及通电方式**

| 结构周期 | 固化时间 | 通电方式 |
|---|---|---|
| 420nm | 7.5h | 10V 4 次，2V 80 次 |
| 300nm | 7.5h | 10V 4 次，2V 100 次 |
| 200nm | 5.5h | 10V 5 次，2V 70 次 |

图 3-16 是最佳条件制备的不同结构周期金属银网格表面形貌扫描电镜图，其中 (a)、(b) 样品结构周期为 420nm，(c)、(d) 为 300nm，(e)、(f) 为 200nm，从图中看出样品结构大面积有序，高倍图中网格结构完整，呈很好的六方密排结构。

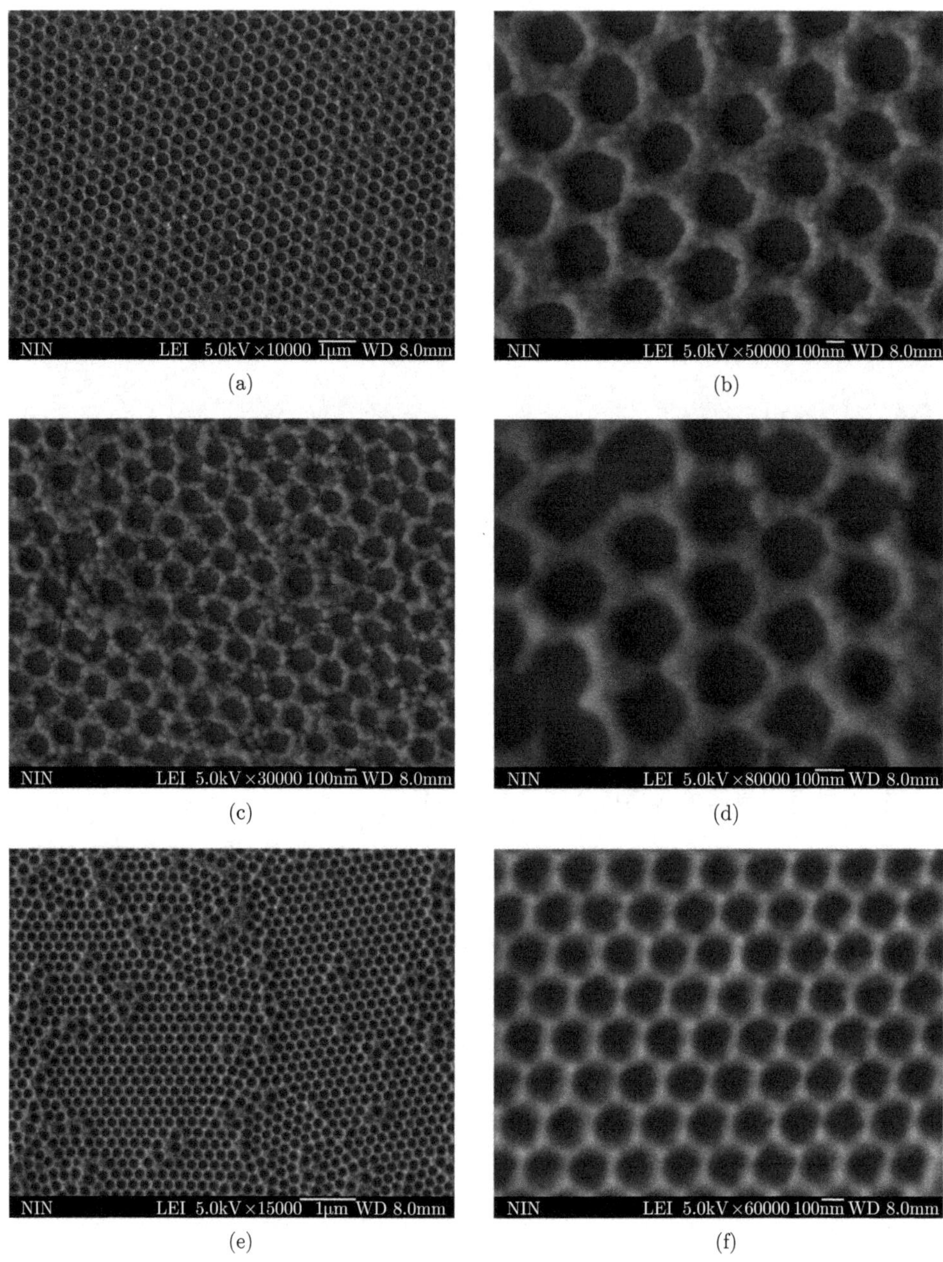


图 3-16　不同结构周期金属银网格表面形貌扫描电镜图

结构周期分别为：(a)，(b) 420nm；(c)，(d) 300nm；(e)，(f) 200nm

4. 不同结构周期银网格透射谱

图 3-17 给出了不同结构周期金属银网格透射谱，研究发现，网格结构周期不同时，相应的透射峰位置也不同，随着结构周期的减小，透射峰位置发生蓝移，这与超材料的理论吻合。

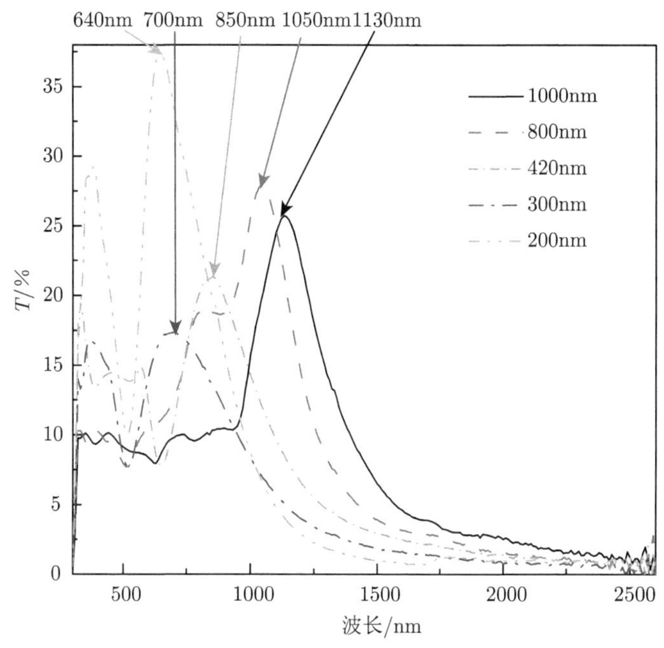


图 3-17 不同结构周期金属银网格透射谱

5. RhB 对银网格透射谱影响

为了很好地研究绝缘介质中 RhB 对双渔网结构超材料左手性能的影响，这里我们只选用结构周期为 135nm 的金属银纳米网格作为研究对象，分析结构周期为 135nm 的不同银网格透射行为。

图 3-18(a) 是在用 135nm 粒径的 PS 胶体晶体作为模板时沉积的金属银纳米网格上涂覆一层 PVA 介质的透射谱，透射峰的位置处于约 555nm 处，透射峰高约为 7%；图 3-18(b) 中样品的制备与图 3-18(a) 相比不同之处是在 PVA 介质层中掺杂活性介质 RhB (浓度为 $4\times10^{-5}$mol/L)，测得的透射峰的位置处于约 545nm 处，透射峰高约为 13.5%，可以看出，在介质层中掺杂活性介质 RhB 以后，透射峰的位置没有太大的变化，而透射率几乎增加了一倍。图 3-18(c) 是在银膜上涂覆一层 PVA 的透射谱，图 3-18(d) 是在银膜上涂覆一层掺杂 RhB 的 PVA 介质层的透射谱，可以看出，仅在银膜上涂覆介质层并不会出现透射峰，说明我

们制备的超材料确实由于特殊的结构造成了对电磁波的特殊响应，在介质层中掺杂活性介质不仅对透射峰的位置影响不大，而且透射峰高提高了约一倍。

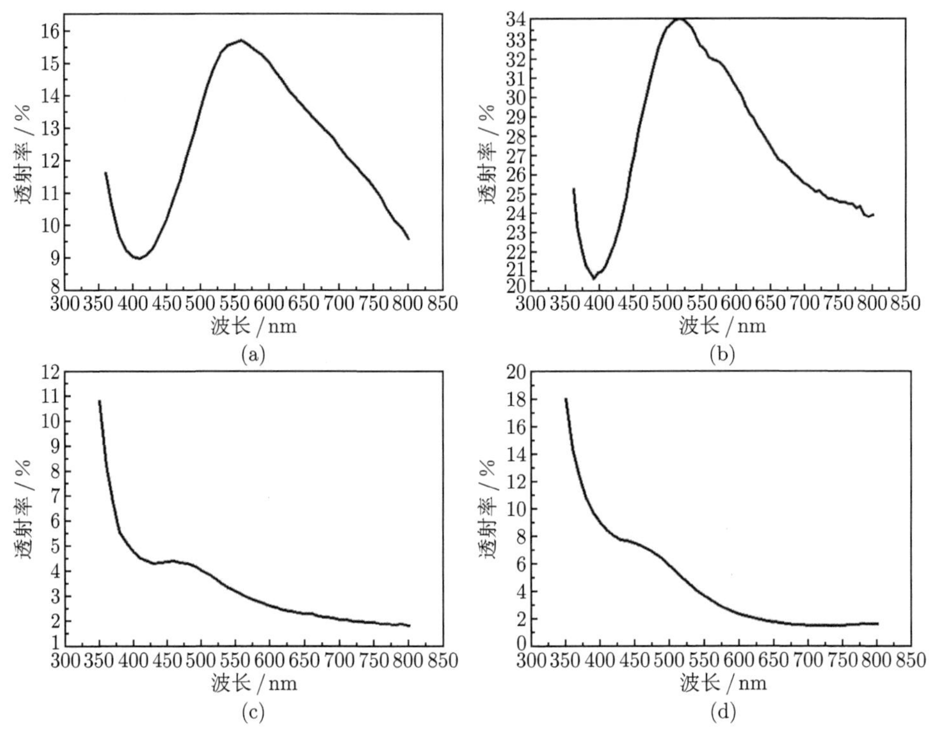


图 3-18 结构周期为 135nm 的不同银网格透射谱

(a) 金属银纳米网格 + PVA；(b) 金属银纳米网格 + PVA/RhB；(c) 银膜 + PVA；(d) 银膜 + PVA/RhB

### 3.3.4 双渔网结构制备与表征

通过制备的银网格结构，再根据图 3-7(d)~(f) 制备了两组不同尺寸的双渔网样品，它们分别在红光和绿光波段响应，用 JEOL JSM-6700 型场发射 SEM 对制备出的 Ag-PVA-Ag 结构进行了形貌表征，如图 3-19 所示。图 3-19(a) 为单元尺寸较大的红光样品的俯视图，网孔直径大小约为 150nm，网孔间的金属壁厚度约为 85nm。图 3-19(b) 是单元尺寸较小的绿光样品的俯视图，网孔直径约为 105nm，网孔间的金属壁厚度约为 80nm。可以看出我们制备的类双渔网结构的最小网孔直径可以达到 100nm 左右，它将更有利于提升负折射率的响应频率，这对传统的自上而下的刻蚀加工法来说是很难做到的，这也正是本节采用电化学制备法的优势所在。如前面的仿真分析所述，上下层网孔对齐的程度越好，超材料结构的透射率就越高，负折射率行为就能得到越好的发挥。因此，为了提高上下层银网的对齐度，就需要改善沉积第二层银网时的环境条件，如适当地改善中间

PVA 介质层的属性。于是我们在中间 PVA 介质层中掺入活性介质 RhB (浓度为 $4\times10^{-5}$mol/L) 考察其是否具有改善介质层属性的特性。我们作了对照实验，以上的两组红光和绿光样品都包含掺杂 RhB 和不掺杂 RhB 的两种样品。

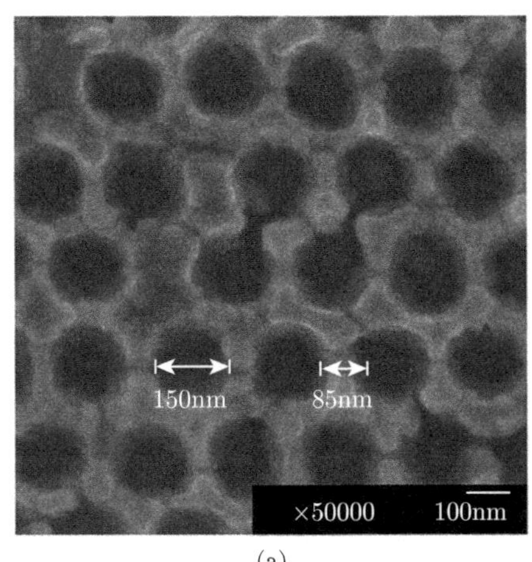


(a)

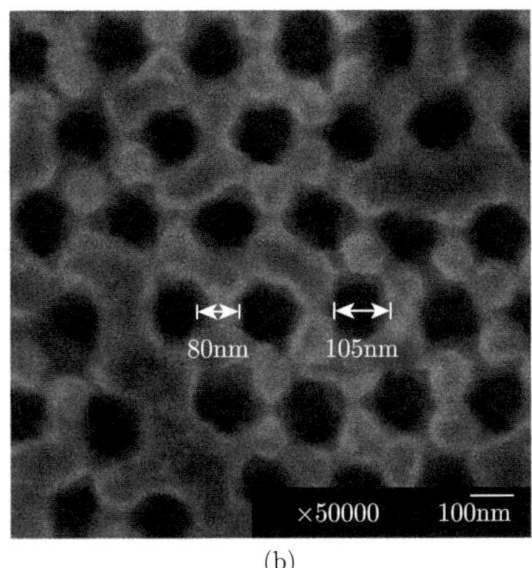


(b)

图 3-19 样品的 SEM 照片 (俯视图)

(a) 红光样品；(b) 绿光样品

## 3.4 双渔网结构光学性质

### 3.4.1 样品可见光透射谱

下面我们用 UV-4100 型紫外可见分光光度计在 360~800nm 波段内，分别对以上两组样品测试了透射谱。图 3-20(a) 是对红光响应的样品测得的透射谱，方块连成的曲线是未掺杂 RhB 的样品，圆点连成的曲线是掺杂 RhB 后的样品。可以看出，未掺杂 RhB 的样品的透射峰处于 660nm 波长附近，而透射率约为 8.2%；掺杂 RhB 后的样品的透射峰出现蓝移，位于 650nm 波长附近，峰值约为 12.6%。图 3-20(b) 是绿光响应的样品的透射谱，可以看出，未掺杂 RhB 的样品的透射峰的位置出现在约 570nm 波长附近，其透射率约为 31.6%，而掺杂 RhB 后的样品的峰值出现在 590nm 波长附近，发生红移，峰值约为 36.7%。从这两组对照实验可以看出，掺杂 RhB 后的样品的透射峰得到明显的增强，因此可以认为 RhB 的掺入改善了 PVA 介质层的属性，使得在沉积第二层银网时与第一层银网对齐的程度得到增加。至于掺杂 RhB 前后对不同波长响应的样品的透射峰位置出现的蓝移和红移，将在后面给出解释。

图 3-21(a)、(b) 分别给出了仿真结果和实验测试结果，以便进行比较。图 3-21(a) 是上下层网孔错位 $\Delta x = \Delta y =$ 20nm 的仿真透射、反射曲线，图 3-21(b) 是对实

际样品测试的透射、反射曲线。可以看出，仿真曲线和实验曲线的整体趋势是相似的，只是透射峰和反射谷出现的频段和数值大小有所不同，这可能由于实际制备的样品与理论模型的尺寸大小不一致，以及网孔形状也有所偏差。

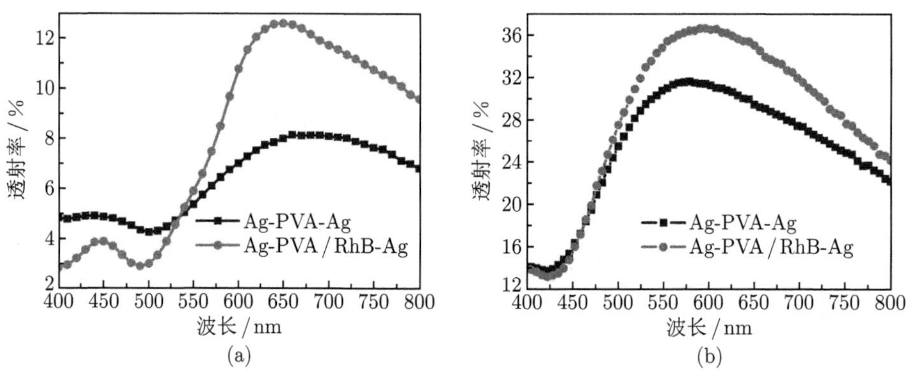


图 3-20 对红光和绿光两组样品测试的透射谱

方块曲线对应未掺杂 RhB 的样品，圆点曲线对应掺杂 RhB 后的样品：(a) 红光波段响应样品；(b) 绿光波段响应样品

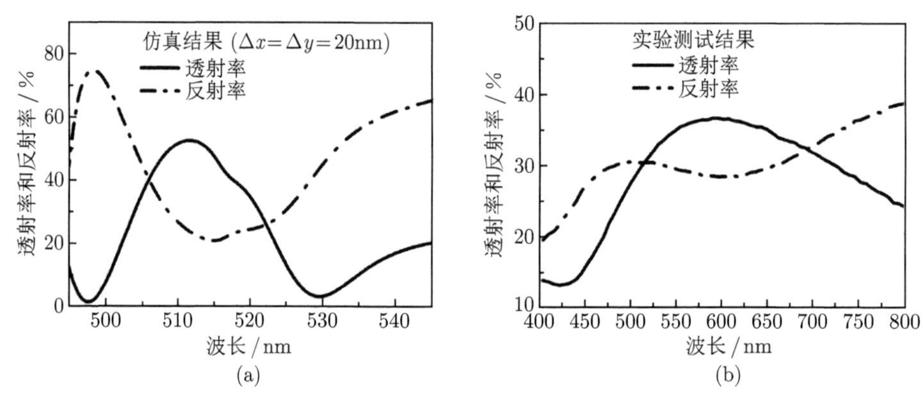


图 3-21 透射、反射的仿真结果和实验测试结果

(a) 对 $\Delta x = \Delta y = 20$nm 结构仿真得到的透射 (实线) 和反射 (点划线) 曲线；(b) 对所制备样品进行实验测试的透射 (实线) 和反射 (点划线) 曲线

### 3.4.2 等效介质参数

为了验证我们制备的样品具有负折射率特性，我们对未掺杂 RhB 的绿光样品通过实验测试结果反演提取其有效介质参数，如图 3-22 所示。提取有效介质参数需要利用复数形式的透射系数和反射系数 (即 S 参数)，前面已经测得透射和

反射系数的大小，分别如图 3-22(a) 中实线和点划线所示。因此，还需要再测量透射相位和反射相位的曲线，我们通过迈克耳孙干涉仪采用类似文献 [32] 中的方法测得了 Ag-PVA-Ag 结构的透射相位和反射相位，结果如图 3-22(b) 所示，实线是透射相位，点划线是反射相位，可看出在频率 530THz (或 565nm 波长) 附近透射相位有一个很明显的跃变，表明此处发生了电磁谐振。根据前面所述的标准反演参数提取法，通过反推透射和反射的复数参数，得到有效介质的电磁参数，如磁导率 $\mu$、电容率 $\varepsilon$、折射率 $n$ 和阻抗 $z$，分别如图 3-22(c)、(d)、(e)、(f) 所示，这些图中实线代表参数的实部，点划线代表虚部。可看出，在频率 540THz 附近的区域内实现了磁导率和电容率同时为负值，在 531~561THz 频率范围 (即 535~565nm 波长范围) 内实现了负的折射率，折射率的最小值为 $-0.5$。通过直接提取超材料结构的有效介质参数，就有效地证实了我们制备的超材料样品在绿光频段内具有负折射率响应特性。另外需要说明的是，图 3-22(f) 中的阻抗并不与空气的阻抗相匹配 (即满足 $z\to 1+0\mathrm{i}$)，所以会导致图 3-22(a) 中出现较高的反射。

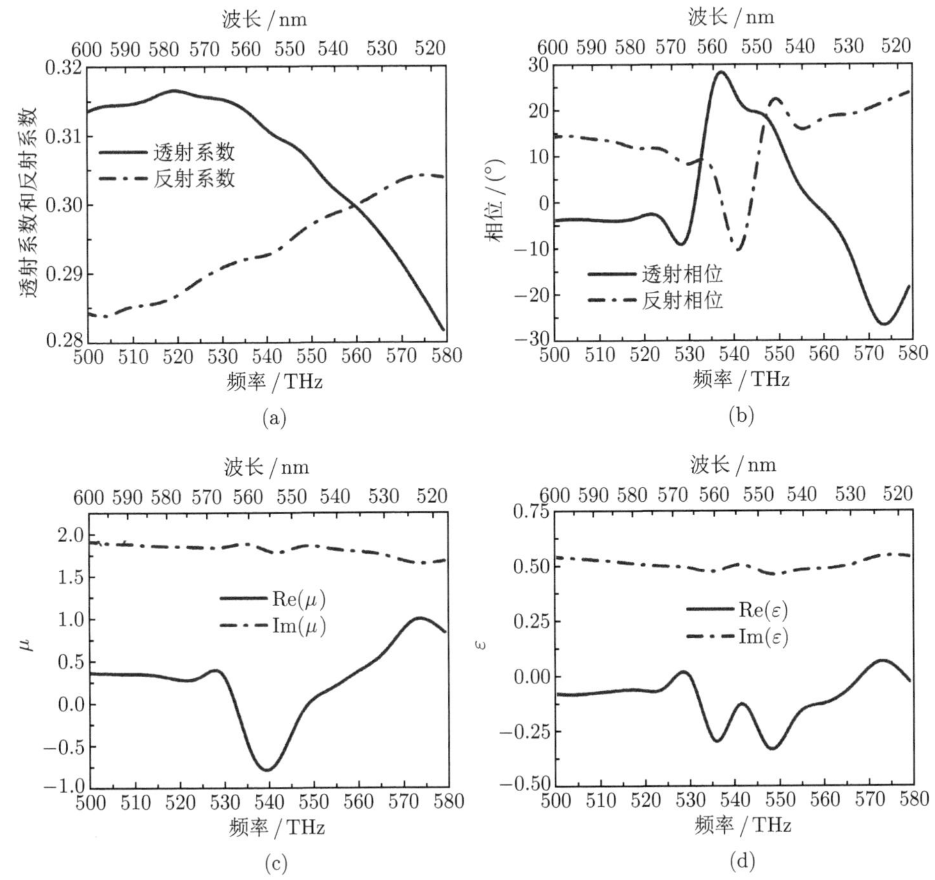

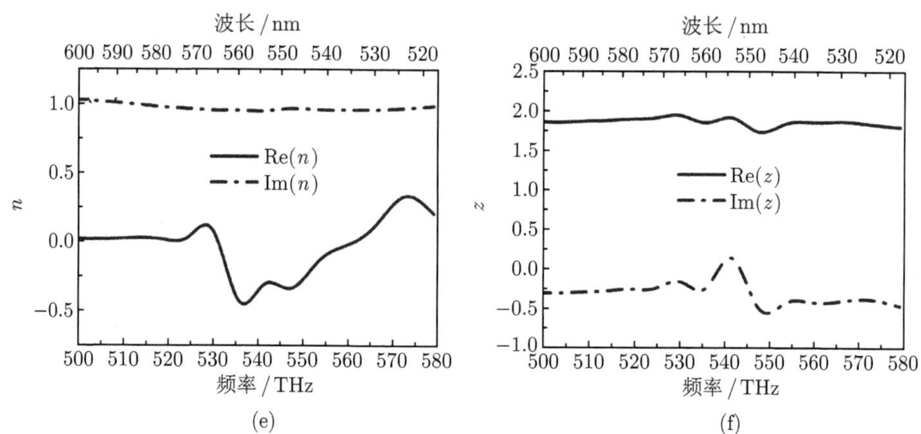


图 3-22　利用复数形式透射和反射系数反演提取 Ag-PVA-Ag 结构的有效介质参数

透射系数大小和相位曲线都用实线表示，反射系数大小和相位曲线都用点划线表示；提取的有效介质参数的实部用实线表示，虚部用点划线表示。(a) 透射系数大小和反射系数大小；(b) 透射相位和反射相位；(c) 磁导率；(d) 电容率；(e) 折射率；(f) 阻抗

这里，通过比较前面仿真计算的折射率 (图 3-4(c)) 和实验测得的折射率 (图 3-22(e)) 可发现，对 $\Delta x = \Delta y = 20$nm 结构仿真得到的负折射率值最小为 $-0.65$，位于频率 567THz 附近，而实验测得的负折射率值最小接近于 $-0.5$，位于频率 537THz 附近。二者负折射率值的大小比较接近，这也间接说明了所制备的 Ag-PVA-Ag 结构是非完全对齐的，接近于非对称度为 $\Delta x = \Delta y = 20$nm 的结构。但是负折射率响应的频率不一致，这是由于实际制备的样品的尺寸与仿真设计的尺寸不同，同时实验制备的网孔形状与仿真设计的八边形网孔模型也有偏差。尽管如此，前面建立模型进行仿真计算仅仅是讨论这种自下而上方法制备非对称 Ag-PVA-Ag 超材料结构的可行性，为后面的制备实验提供理论依据和指导。反演提取有效介质参数得到的负折射率，表明了制备的 Ag-PVA-Ag 超材料结构上下层网孔的非对称度在允许范围内，这同时也检验了制备方法的可靠性。

### 3.4.3　透射增强现象

下面对以上制备的两组样品用单色光测试了穿过平板样品的透射随离开样品的距离的变化，测试装置如图 3-23 所示。光源采用的是能够辐射宽波长可见光的氙灯，以便通过单色仪选择不同频率的光进行测试。从氙灯发出的复色光经过特定的单色仪后变为单色光，此时所选择的单色光波长应该与图 3-20 中对应样品的透射峰波长一致。此时得到的是一束较宽的发散光束，因此需要将该单色光束经过凸透镜聚焦成一个点光源的发散光束，并入射到超材料平板样品的表面，其透射随离开样品后表面距离的变化，可以通过固定在纳米位移台上的光纤探头随位移台移动到不同的位置进行探测。

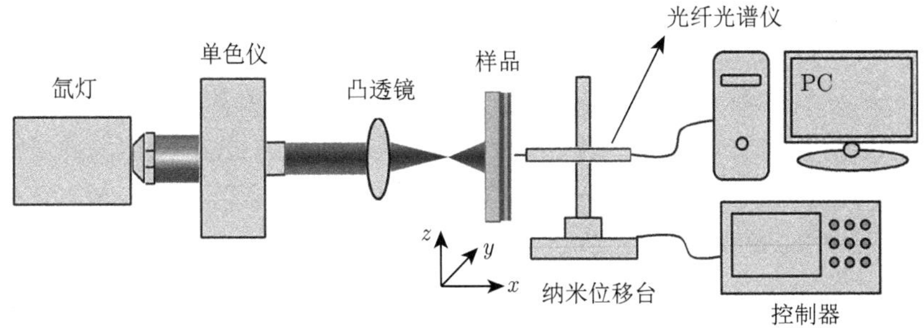


图 3-23 测试装置示意图

测试结果如图 3-24 所示，图 3-24(a) 与图 3-20(a) 对应相同的红光样品，图 3-24(b) 与图 3-20(b) 对应相同的绿光样品。在图 3-24(a)、(b) 中，横坐标表示点源的发散光束穿过平板样品后远离平板后表面的距离 (原点位于平板样品的后表面)，纵坐标是光纤探头测得的光强 (经过归一化处理以便后面的比较)。在图 3-24(a) 中，方块曲线是光束穿过空玻璃基底所测得的结果，用来与后面的结果对照，圆点曲线是对未掺杂 RhB 的红光样品的测试结果，三角曲线对应掺杂 RhB 的红光样品的测试结果。可以看出，光束穿过空玻璃基底与穿过样品有明显的区别，对于空玻璃测得的随距离变化的光强度基本上呈一条直线，而对于样品却在某一位置出现了一个很明显的透射峰，并且当 PVA 介质层中掺杂活性介质 RhB 以后，透射峰出现的位置几乎不变但是得到了增强，透射峰的相对高度 (透射峰的最大值与最小值的差值) 从 3.6%提升到 8%。图 3-24(b) 中方块曲线仍然是光束穿过空玻璃基底测得的结果，圆点曲线是对未掺杂 RhB 的绿光样品的测试结果，三角曲线对应掺杂 RhB 的绿光样品的测试结果。同样对于空玻璃基底测得的随距离变化的光强度基本上呈一条直线，而光束经过样品却出现了透射峰，当在 PVA 介质层中掺杂活性介质 RhB 以后，透射峰的位置仍然保持不变，但是此时透射峰的相对高度从 2.2%提升到 4.3%。因此，从这两组样品的测试结果可以发现，当在 PVA 介质层中掺杂活性介质 RhB 以后，透射峰的位置几乎保持不变，但是透射峰的相对强度几乎都得到 2 倍的增加，关于 RhB 在其中所表现的增强效果的具体物理机理，我们将在后面给出解释。图 3-24(c) 和 (d) 分别是对掺杂 RhB 的绿光样品 (即对应图 3-24(b) 中绿色三角曲线) 测得的透射随距离的二维和三维的变化图，它们显示的透射峰位置和强度与图 3-24(b) 中的一维结果一致，透射峰出现在平板样品后面约 270nm 位置附近，约半波长的距离。

此外需要说明的是，这个实验的测试很类似于光束穿过亚波长孔洞后所出现的透射增强现象，关于这个现象我们在这里也作一些描述。1998 年 Ebbesen 等从实验中发现，光束穿过具有亚波长孔洞阵列的金属薄膜时，在一些特定波长处，实际的光束透射率远大于经典小孔理论的理论值，出现了异常的透射增强现象 [33]。这引起了很大的关注，近年来有许多的理论模型被提出来解释这种超透射效应 [34−36]，但是这些理论都难以诠释所有的透射特征，因此成为当前该领域的一大研究热点。目前，产生这种超透射的原因普遍被认为是光波入射到金属表面形成的表面等离子体和入射光之间的相互耦合作用 [37]。我们制备的样品也可以认为是一种亚波长孔洞阵列的金属薄膜结构，只不过是双层结构，也有可能存在类似的透射增强效应。

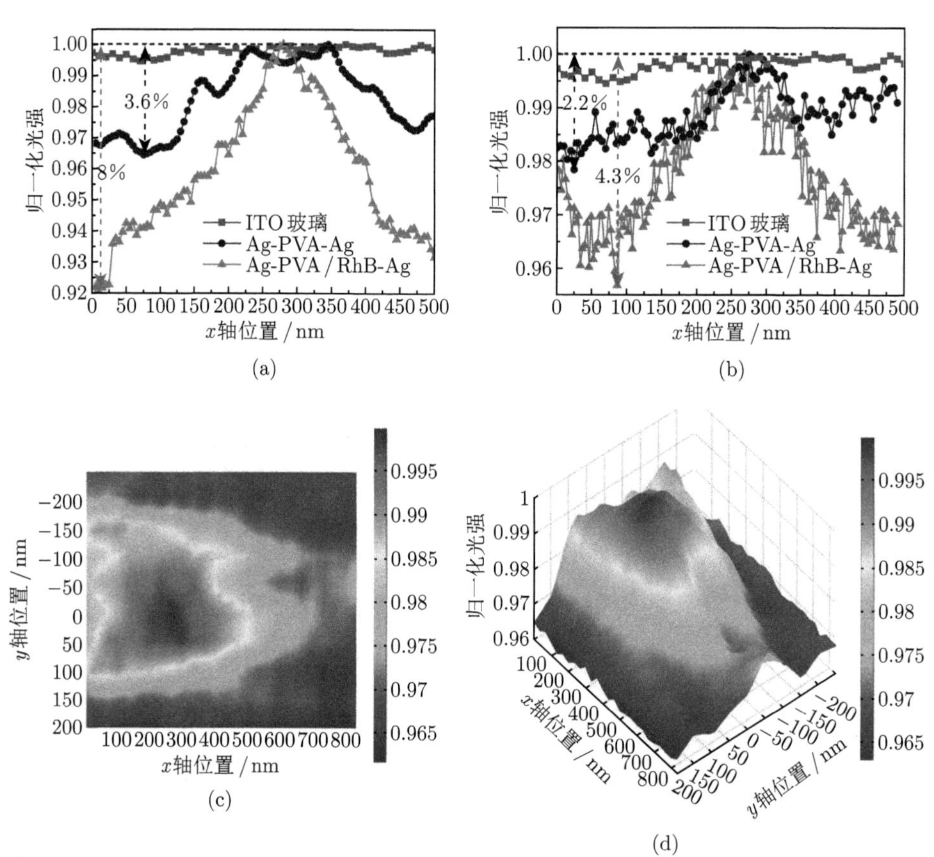


图 3-24　单色光对平板样品透射测试结果 (彩图见封底二维码)

(a) 红光样品掺杂和不掺杂 RhB；(b) 绿光样品掺杂和不掺杂 RhB；对掺杂 RhB 的绿光样品的二维 (c) 和三维 (d) 测试结果

### 3.4.4　RhB 物理机理

图 3-20 的透射测试和图 3-24 中的实验都列出了掺杂和不掺杂 RhB 的对照实验，实验结果都表明掺杂 RhB 的样品表现出更加明显的响应特性，下面我们

对 RhB 所表现的物理机理给出两种可能的解释。

第一种解释：图 3-20 中添加 RhB 后的样品的透射得到显著增强，而在图 3-3 的仿真分析中已得出结论，就是上下层银网网孔对齐程度越好，透射峰就越高，因此我们认为在中间 PVA 介质层中掺杂了 RhB，改变了介质层的属性，有可能影响到 PS 球的排列方式，使得在沉积第二层银网时，与第一层网孔的对齐程度更好。这种解释是认为 RhB 改变了 PVA 介质的属性来影响制备过程，得到对称度更高的样品。

第二种解释：RhB 本身是一种荧光活性物质，我们分别采用 UV-4100 紫外可见分光光度计和 F-7000 荧光光谱仪测试了其归一化的吸收光谱和归一化的荧光发射光谱。如图 3-25 所示，最大吸收峰出现在 555nm 波长处，最大荧光峰出现在 580nm 波长处，即短波长的光被 RhB 吸收后发射出长波长的荧光。因此，如图 3-20 所示，所制备的未掺杂 RhB 的两种样品的谐振透射峰分别在红光波长 660nm 和绿光波长 570nm 处，这位于荧光波长 580nm 的两侧；因此，当这两种样品中掺杂 RhB 后，其透射峰将向 580nm 靠近，红光样品的透射峰就蓝移到 650nm，而绿光样品的透射峰就红移到 590nm。并且还可看出，当两种样品掺杂 RhB 后，其短波长 (400~500nm 波长的范围内) 的透射反而降低，这是由于 RhB 要吸收短波长的光再发射出长波长的荧光。因此这也可理解为当样品掺杂 RhB 后，短波长区域的能量通过 RhB 的吸收和再释放，转移到长波长区域，这样就有效地补偿了长波长区域的左手透射峰的损耗。这种补偿方式是利用荧光物质的吸收谱和发射谱，把短波长的能量转移到长波长部分实现长波长的能量补偿，因此，这种在适当波长范围内工作的荧光物质被掺杂到超材料结构中进行损耗补偿是一种很简便的方法。

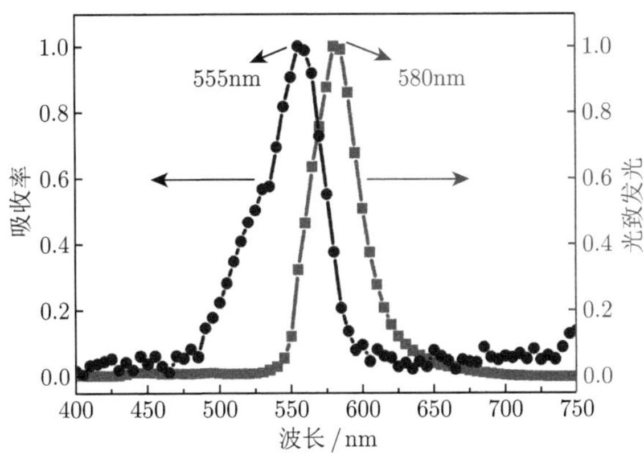


图 3-25 RhB 归一化吸收光谱和归一化荧光发射光谱

# 3.5　超材料吸收器

## 3.5.1　银网格吸收器

先在一片 ITO 玻璃上沉积周期银网格结构之后，再在另一片 ITO 玻璃上沉积一定厚度的银做成银膜，再用旋涂法在银膜上面涂覆纳米尺度的 PVA 薄膜。PVA 薄膜的厚度可以通过控制 PVA 浓度以及旋转速度来控制。最后，将上述的多孔银膜、PVA 薄膜和银膜面对面粘贴在一起，就得到了三层结构的超材料吸收器 (图 3-26，图中 $\boldsymbol{k}(z)$ 箭头方向为光线入射方向)，其中 PVA 薄膜作为绝缘隔离层。

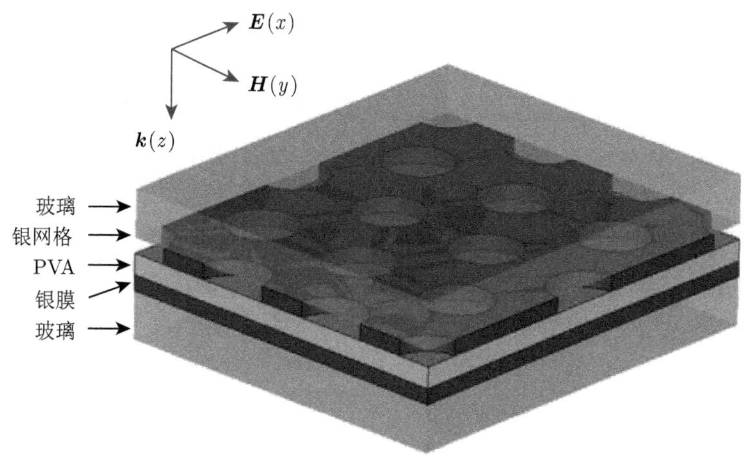


图 3-26　超材料吸收器结构示意图

在光波垂直于超材料平面入射的情况下，类似于双渔网结构，金属银网格在平行电场作用下会产生电谐振，而金属银网格与底层银膜会产生反向平行电流，形成磁谐振。并且当超材料阻抗匹配时，对垂直入射到超材料表面的特定波长可见光，反射率为零，并且超材料在谐振频率附近都具有较大的金属欧姆损耗以及介电损耗，达到光波的完全吸收。

图 3-27(a)、(b) 是组装超材料吸收器使用的银膜以及 135nm 周期银网格的电镜照片。电沉积银条件：银膜是 10V 60 次；银网格是 8V 5 次，1.5V 60 次，模板固化时间是 5.5h。从电镜照片可以看出，银网格结构存在缺陷，这会对超材料吸收器的吸收特性产生一定的影响。图 3-27(c)、(d) 是组装超材料吸收器使用的银膜以及 200nm 周期银网格的电镜照片。电沉积银条件：银膜是 15V 2 次，2V 50 次；银网格是 10V 5 次，2V 70 次，模板固化时间是 5.5h。

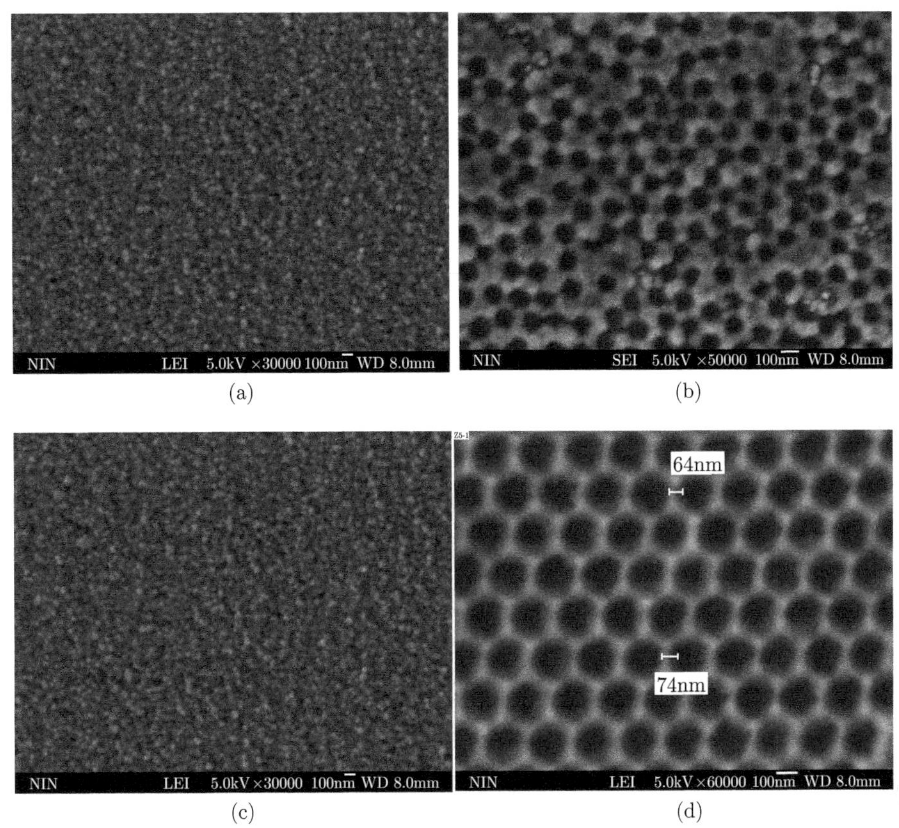


(a) (b)

(c) (d)

图 3-27 135nm 银网格完美吸收器银膜 (a) 和银网格 (b) 电镜照片；200nm 银网格完美吸收器银膜 (c) 和银网格 (d) 电镜照片

图 3-28 给出了这种超材料吸收器的吸收效果图，(a)、(b) 为反射曲线，(c)、(d) 为吸收曲线，由图可见，135nm 银网格吸收器在 500nm 波长附近吸收率达到 78%。吸收峰位置与银网格结构透射峰位置相对应。由图可见此种结构在 600nm 波长附近吸收率达到 84%。吸收峰位置与银网格结构透射峰位置相对应。银网格结构周期越小，吸收峰越向短波移动。因此，通过改变银网格周期即可调节超材料的吸收频率，这可以简单地通过使用不同粒径 PS 微球作为模板来实现。根据超材料的设计思想，可以设计合适的结构单元满足阻抗匹配条件使反射达到最小。实验制备过程中，通过改变 PS 胶体晶体固化时间以及电沉积银的条件，能够改变金属银网格结构单元的参数，比如网孔大小、网线粗细、网线厚度等。

根据以上分析，可通过改变 PS 微球大小、单层 PS 胶体晶体模板固化时间、电沉积银条件来改变超材料吸收器的结构周期、基本单元参数等，进而实现更高的吸收率。

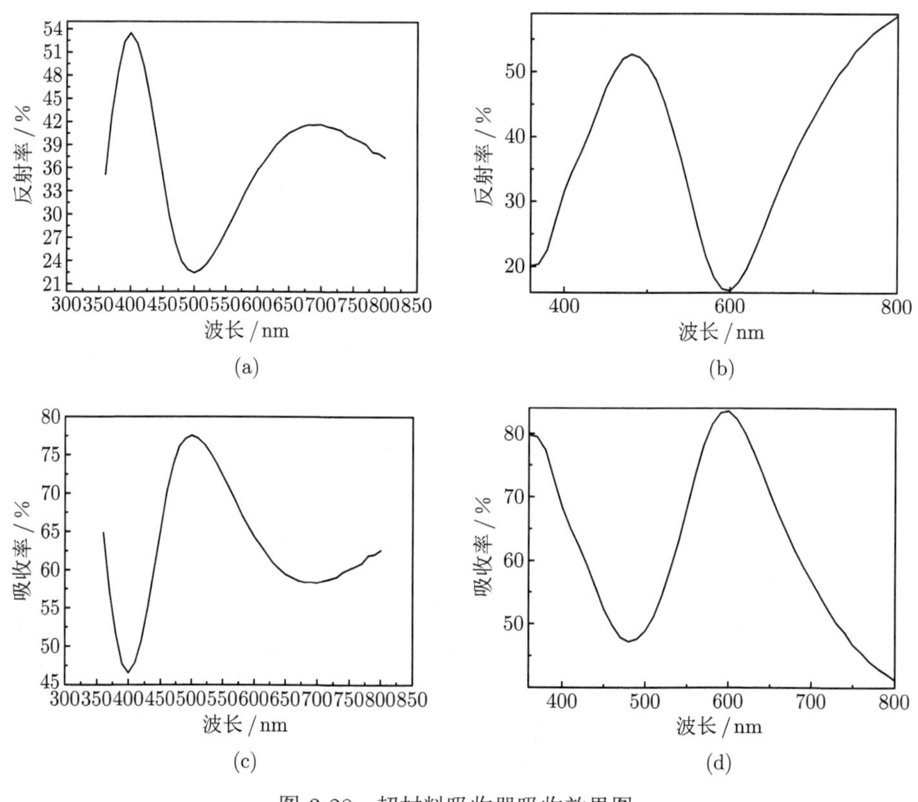


图 3-28　超材料吸收器吸收效果图

(a) 135nm、(b) 200nm 样品反射曲线；(c) 135nm、(d) 200nm 样品吸收曲线

### 3.5.2　折射率传感器

快速而准确地探测溶液浓度的光学传感器在生物医学和化学分析中非常重要，而折射率是描述溶液浓度大小的重要参数，因此，能探测折射率的传感器具有广泛的应用前景。由于谐振金属单元附近电磁场具有强烈局域化效应，超材料吸收器可以用于设计光学折射率传感器 [38−41]。为了裸眼观测折射率的变化，我们利用自下而上的方法制备出尺寸更小的光学超材料吸收器 [42,43]。

根据 3.5.1 节介绍，银渔网结构吸收器能对入射光选择性吸收而反射出不完整光谱，并通过调节超材料的结构周期，可实现其对可见光频段的折射率传感。下面采用 3.5.1 节制备的周期为 200nm 的银渔网超材料 (ITO-银渔网-PVA-银膜-ITO)，设计了一种光学折射率传感器，在该传感器表面滴加不同折射率的透明液体，吸收光谱峰值位置会蓝移或红移。

图 3-29 为日立 UV-4100 紫外/可见/近红外分光光度计测试传感器反射行为的曲线。银网和涂覆 PVA 银膜间隙填充不同折射率介质，分别为空气 ($n=$

1.0003)、水 ($n = 1.3330$)、质量分数为 35%的葡萄糖溶液 ($n = 1.3983$)，其折射率依次增大；可以看到，随介质折射率的增大，反射峰位置发生红移，分别为 600nm，640nm，650nm，即由黄光处红移至红光处。因此，该银渔网超材料吸收器具有折射率传感器功能，可探测物质折射率的变化。

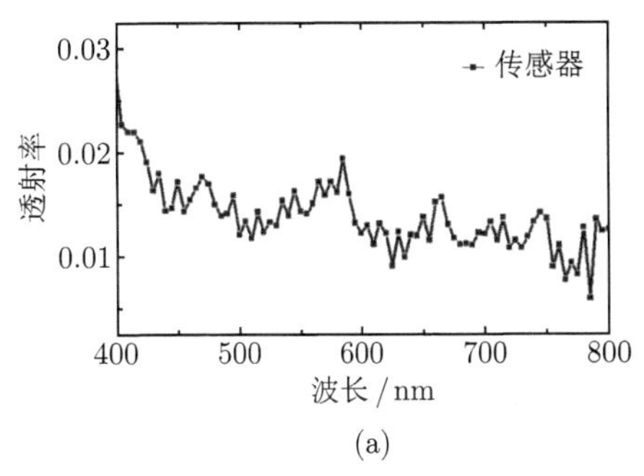

(a)

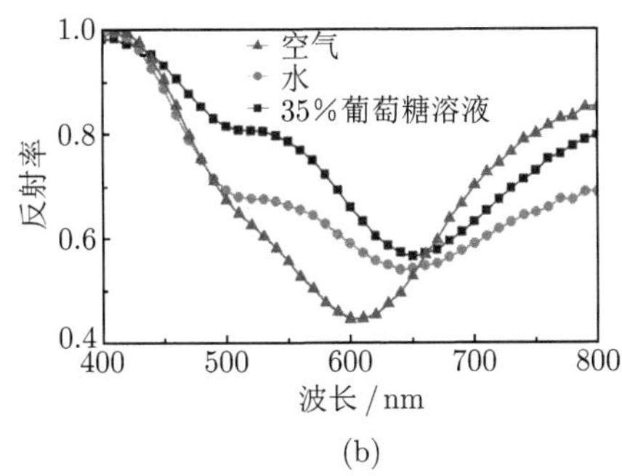

(b)

图 3-29 (a) 传感器透射谱；(b) 不同折射率介质滴加到传感器的反射图谱

该传感器主要包含两种金属功能层，银网格和包覆有 PVA 的银膜。在光波垂直于超材料平面入射的情况下，在谐振波段，金属银网格在平行电流作用下会产生电谐振，而金属银网格与底层银膜的反向平行电流形成磁谐振，基于这种表面等离子体谐振，介电常数和磁导率相互匹配，从而有可能同时吸收入射波的电场能和磁场能。传感器内部具有欧姆损耗和介电损耗，欧姆损耗来源于金属的导电区域，介电损耗来源于电场较大的两个金属层。并且当银网格和银膜阻抗匹配时，超材料在谐振频率附近都具有较大的金属欧姆损耗以及介电损耗，达到电磁波电场和磁场分量的吸收。从反射谱的结果可以看出，其反射谷刚好位于谐振频率，由于不考虑散射，且透射基本为 0，因此，吸收率可以通过反射率直接计算 ($\eta = 1 - R$)。

在传感器表面滴加不同折射率的溶液时，裸眼观测液滴中反射条纹变化的照片如图 3-30 所示。由于上下两片玻璃之间反射光产生干涉，我们可以在空气表面看到明显的干涉条纹。但是，与普通的干涉条纹不同，我们基本看不到黄色条纹，这是由于超材料吸收了大部分黄光分量，因此反射出不完整光谱，即红绿光谱。图 3-30(a) 为传感器底板照片：条纹清晰，颜色均匀，红绿条纹为主；图 3-30(b) 为在传感器表面滴加去离子水，水滴中不仅有红色和绿色，而且出现黄色，条纹较细，不明显；图 3-30(c) 为在传感器表面滴加 15%葡萄糖溶液，反射的条纹跟水滴中相比，红绿黄条纹均变粗，且黄色条纹变明显；图 3-30(d) 为在传感器表面滴加 60%蔗糖溶液，反射的条纹跟水滴和 15%葡萄糖溶液中反射的条纹相比，黄色条纹更粗更明显。实验结果表明，溶液折射率增加，该传感器的吸收波长发生红移，即红光能量被吸收而黄光能量释放出来，这也与该传感器的反射行为相一致，因此，裸眼观察反射出的光谱，即可分辨出不同折射率的透明液体。

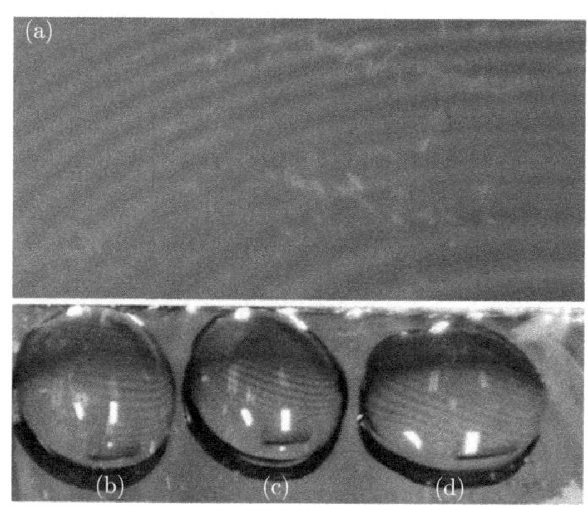


图 3-30 传感器滴加不同折射率介质的溶液时裸眼观测照片 (彩图见封底二维码)

(a) 空气；(b) 去离子水；(c) 15%葡萄糖溶液；(d) 60%蔗糖溶液

### 3.5.3 双渔网结构多频吸收器模型

基于微波和红外波段超材料吸收器设计方法 [44−46]，并结合双渔网结构特性，我们设计了一种光频的超材料吸收器，其结构模型如图 3-31 所示。在双渔网结构的底部涂覆一层 PVA 介质，然后再镀上一层较厚的银膜，这样就是一种五层的结构：银网-PVA-银网-PVA-银膜。银膜的厚度为 $d=60\text{nm}$，两层 PVA 介质层的厚度均为 $h=20\text{nm}$，两层银网的厚度均为 $t=20\text{nm}$，PVA 的相对电容率为 2.25。周期性渔网阵列平面内共有 16 种不同尺寸的网孔，分别用数字进行了编号，其中编号为 1、2、3、4 的为正方形网孔，它们的边长分别为：$a_1=250\text{nm}$，$a_2=239\text{nm}$，$a_3=228\text{nm}$，$a_4=217\text{nm}$，在 $x$ 和 $y$ 方向的金属条的宽度均为 $w=130\text{nm}$。电磁波垂直入射 (即沿 $z$ 方向)，同样由于金属条在 $x$ 和 $y$ 方向的宽度相同，因此其电磁响应对电磁波的 TE 与 TM 的极化方式是一致的。

该模型仿真得到的透射、反射曲线如图 3-32(a) 所示，分别用点划线和实线表示。由于银膜的厚度较大，可见光几乎不能透过；对于反射，一共出现三个频段的反射率小于 10%，它们各自的最小值分别为 1.2%、0.08%、2.9%，对应的频率位置为 538.1THz、555.9THz、575.1THz，全部位于绿光频段。设透射率和反射率分别为 $T(\omega)$ 和 $R(\omega)$，则吸收率表示为 $A(\omega)=1-T(\omega)-R(\omega)$，吸收率曲线如图 3-32(b) 所示。可看出吸收率超过 90%的共有三个频段，各自的最大值分别为 98.6%(538.1THz 处)、99.7%(555.9THz 处)、96.9%(575.1THz 处)，接近完全吸收。

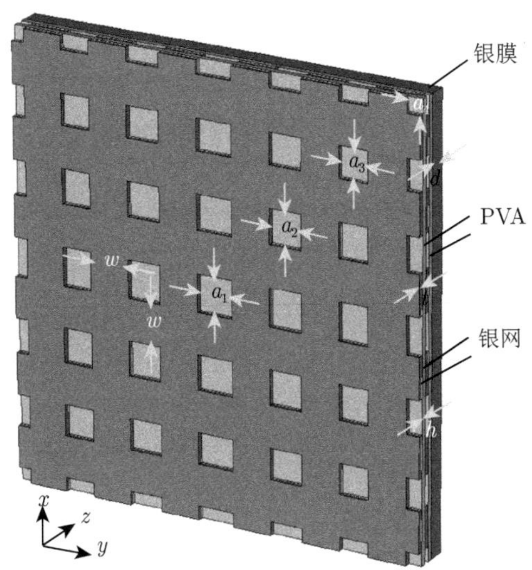


图 3-31 光频超材料吸收器结构模型

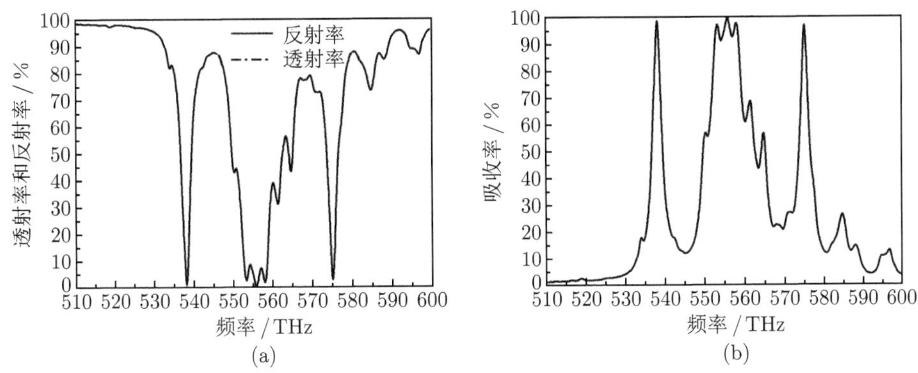


图 3-32 仿真结果

(a) 透射和反射；(b) 吸收

为了解释这种吸收行为，我们给出了吸收器中心网孔在频率 556THz 处 $y$-$z$ 平面内的电流分布 (此时外磁场沿着 $x$ 方向振荡)，如图 3-33 所示。在靠近中心网孔的三层金属中的电流方向相互相反，这就形成谐振回路产生磁谐振，磁导率通过调节匹配表面等离子体谐振引起的电容率，从而同时吸收电磁波的电场能量和磁场能量。

为了解释多频吸收，我们分别在三个吸收频带中选择监控了 538.5THz、554THz 和 575.5THz 处上层银网中的电流分布 (下层银网中电流分布仅方向相反，未给出)，分别如图 3-34(a)、(b)、(c) 所示。可以看出，低频 (538.5THz) 的电流主要分布在中心区域网孔较大的那些银网上；网孔离中心位置越远，其尺寸就越小，随着频率的升高，如 554THz 和 575.5THz，它们的电流主要分布在网孔较小的银网上。大尺寸结构单元对应低频响应，小尺寸结构单元对应高频响应，这是人工超材料结构满足有效介质理论的必然结果。

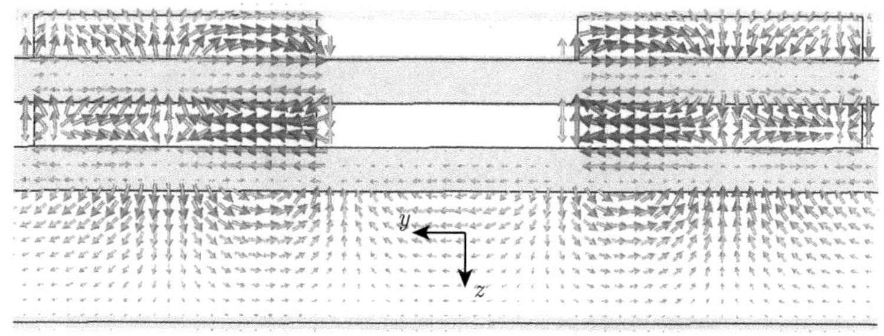


图 3-33　吸收器中心网孔在频率 556THz 处 $yz$ 平面内的电流分布

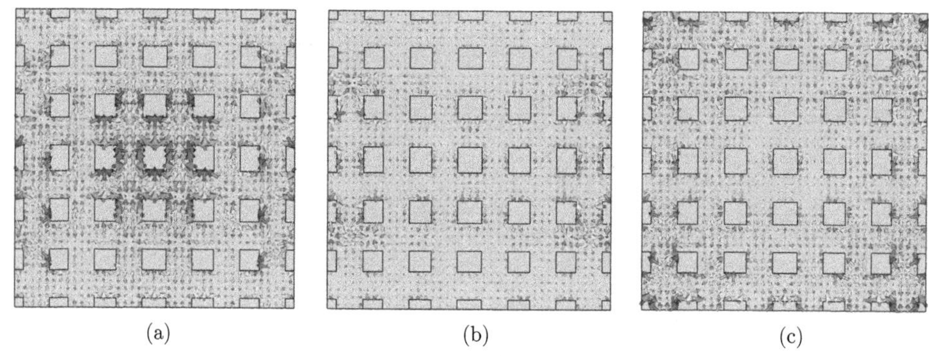


图 3-34　上层银网在不同吸收频率处的电流分布

(a) 538.5THz；(b) 554THz；(c) 575.5THz

### 3.5.4　树枝超材料吸收器

1. 样品制备

采用传统的“金属谐振结构单元–介质绝缘层–纳米金属层”复合结构，利用电化学沉积法制备直径在纳米量级的无序排列银树枝结构单元，以纳米级聚乙烯醇 (PEG) 层为中间层，纳米银金属薄膜为纳米金属层，三者复合构成超材料吸收器。通过调节电化学沉积的工艺，以及改变聚乙烯醇浓度，改变介质绝缘层折射率，增加增益材料等手段，调节超材料吸收器的吸收峰位置和吸收峰强度。

制备银树枝可见光超材料吸收器的流程图如图 3-35 所示。

首先，利用平板电沉积方法制备无序银树枝结构单元，详细方法见 2.3 节。

然后，制备银纳米金属层。将 0.1g $AgNO_3$ 加入 2mL 的超纯水中匀速搅拌，待 $AgNO_3$ 完全溶解后，再向溶液中逐滴加入总共约 1mL 的三乙醇胺 (TEA) 制

备 $AgNO_3$/TEA 溶液。以 ITO 导电玻璃为阴极，高纯度银板为阳极，两极间距为 625μm，以制备的 $AgNO_3$/TEA 溶液为电解液，室温下在同样的电化学反应装置中以周期 3s、脉宽 0.1s 的脉冲电压反应 9~11 个周期，即可在 ITO 导电玻璃表面得到致密、平整且反光度高的银金属层。用超纯水冲洗表面后烘干备用。

接着，制备聚乙烯醇 (PVA) 介质绝缘层。将适量的 PVA 加入 50mL 的超纯水 (UPW) 中，70℃ 条件下搅拌至 PVA 完全溶解。待溶液冷却至室温后将其滴涂在已制备好的银树枝结构单元层上。将样品垂直放置在无尘环境中自然干燥 12h。在此过程中，PVA 溶液在重力作用下均匀覆盖在银树枝结构单元层上，固化后可形成厚度为 50~100nm 的 PVA 绝缘层。另外，制备了含增益物质 RhB 的介质绝缘层。将适量的 PVA 加入 50mL 的 UPW 中，70℃ 条件下搅拌至 PVA 完全溶解。再将适量的 RhB 粉末加入已制备的 PVA 溶液中，使 RhB 完全溶解。将其滴涂在已制备好的银树枝结构单元层上。将样品垂直放置在无尘环境中自然干燥 12h。

最后，将银纳米金属层和覆盖有 PVA 的银树枝结构如图 3-35 所示组合在一起制备成银膜-PVA-银树枝复合样品。

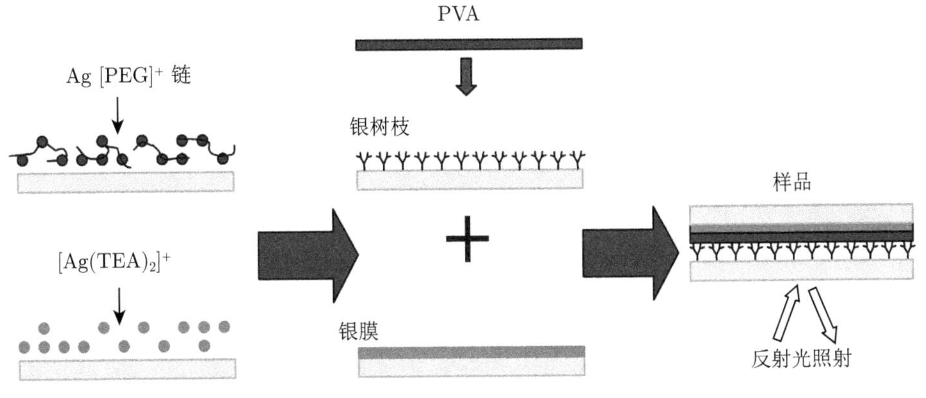


图 3-35 银树枝可见光超材料吸收器制备流程图

2. 超材料吸收器吸收性能表征

实验中采用沉积电压 1.0V，沉积时间 80s，PEG 浓度 10.7%，PVA 浓度 1% 为制备条件制备超材料吸收器并测试其吸收性能，所测得的在 500~800nm 的吸收光谱如图 3-36 所示。从图中黑色实线可以看出，在 530nm、594nm 和 676nm 处有强度分别为 0.401、0.404 及 0.362 的三个吸收峰，表明这种超材料吸收器在可见光波段具有多频吸收的特性 [47]，进一步为制备宽频带超材料吸收器打下基础 [48]。为了验证这种吸收特性是由“银树枝谐振结构单元-PVA 介质绝缘层-银纳米金属层”复合结构引起的，我们设计了两个样品作为对比：无银树枝结构单元的样品 A 和无 PVA 介质绝缘层的样品 B。在图中，点划线表示无银树枝结构单元样品的吸收光谱，虚线表示无 PVA 介质绝缘层样品的吸收光谱。从图中可以看出，无银树枝结构单元样品的吸收光谱中，吸收率随波长的增大而单调减小，并无吸收峰；而无 PVA 结构单元的样品在 520nm 处存在一个非常微弱的吸收峰，这个吸收峰可能是由银树枝结构单元与银纳米层之间的磁谐振造成，但由于绝缘层为薄的空气层，谐振非常微弱。通过对比可知，制备的这种超材料吸收器的可见光多频吸收特性确是由“银树枝谐振结构单元-PVA 介质绝缘层-银纳米金属层”复合结构引起的。

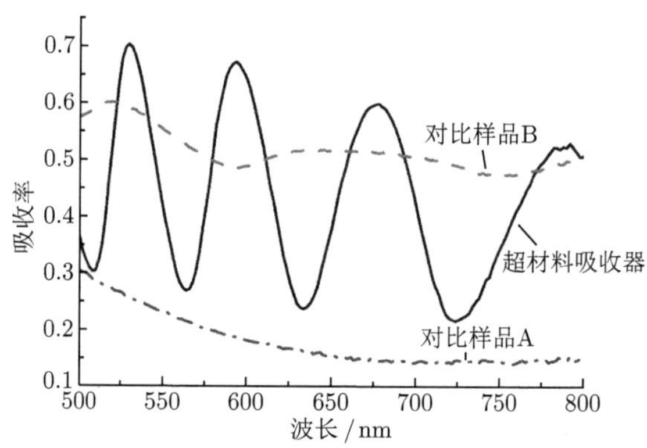


图 3-36　可见光超材料吸收器及对比样品吸收谱曲线

朱卫仁等 [49,50] 采用模拟的方法分析了基于树枝结构单元的超材料吸收器的吸收机理，指出当入射电磁波射入超材料吸收器时，在树枝结构单元的主干上激励对称电流，形成电谐振。另外，树枝结构单元与金属层之间会耦合磁场分量，形成反向电流模式，从而形成磁谐振。两种谐振使电磁波的能量在超材料吸收器中消耗。我们所制备的超材料吸收器中，不仅有纳米量级的银树枝结构单元提供上述的电磁谐振使电磁波能量消耗，而且由于电化学沉积法制备的银树枝结构单元的直径不相等，超材料吸收器能够吸收多个频率的光波形成多带吸收。但同时可以看到，由于这种直径的不相等，直径相同的银树枝结构单元的数量有限，使得最强吸收峰仅达到 40%左右。如果能够减少直径的分布，增加直径相同结构单元的数量，应该能使吸收得到增强。另外，结合对比样品 B 可知，吸收器的吸收谱中包含了 PVA 介质绝缘层和 ITO 导电玻璃 15%～20%的本征吸收。

3. 沉积电压的影响

通过 2.3 节的分析，采用电化学沉积法制备银树枝结构单元时，沉积电压对最终生成的银树枝结构单元的直径、分形和分布密度都起着至关重要的作用，而超材料的电磁响应特性是由其结构单元的几何形状和尺寸决定的。因此，我们主要研究沉积电压对制备的超材料吸收器吸收性能的影响。

超材料吸收器的制备条件为：PEG 浓度均为 11.5%，沉积时间均为 80s，PVA 浓度为 1%，极板间距为 175μm。通过实验测试，如图 3-37 所示，当电压为 0.8V 时 (实线)，4 个吸收峰的位置为 548nm、620nm、694nm 和 788nm，强度分别为 0.111、0.072、0.036 和 0.059。电压为 0.9V 时 (虚线)，2 个吸收峰的位置分别对应于 538nm 和 656nm，强度分别为 0.211 和 0.246。所以当增加电压时，吸收峰的数量减少，各吸收峰的强度增大。通过上面的分析可知，沉积电压会对银树枝结构单元的直径大小和直径分布有影响。沉积电压的增大使得直径分布窄，谐振频率点的数量减少，吸收峰数量减少；而大小相近的结构单元数量增多，使得在单一谐振频率点的吸收强度提高。但电压过高时，具有分形细节的结构单元蜕变为颗粒，会使得吸收性能大幅减弱。

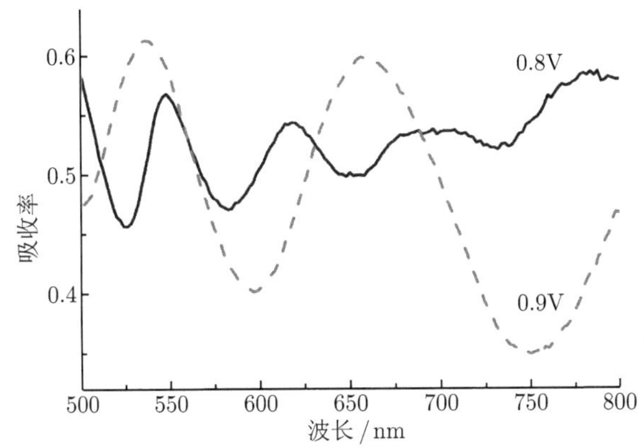


图 3-37 不同沉积电压对超材料吸收器性能的影响

4. PEG-20000 浓度的影响

超材料吸收器的制备条件为：沉积电压为 0.9V，沉积时间为 80s，PVA 浓度为 1%，极板间距为 175μm。如图 3-38 所示，当 PEG-20000 的浓度为 10.7%时 (实线)，吸收峰的位置分别对应于 548nm、628nm 和 730nm，3 个吸收峰的吸收强度分别为 0.088、0.146 和 0.239。增加 PEG-20000 的浓度至 11.5%(虚线)，吸收峰的数量减少到 2 个，位置分别对应于 538nm 和 658nm，强度分别为 0.212 和 0.253。所以从图中可以看出，当增加 PEG-20000 浓度时，吸收峰的数量减少，各个吸收峰的强度有所增强。通过上面的分析，PEG-20000 浓度的增大可以使得相同大小的结构单元数量增加，结构单元形貌更为清晰，直径分布进一步变窄，发生谐振的频率点数量减少，在单一谐振频率点的吸收强度提高。但 PEG-20000 浓度过高对树枝结构单元的分形形貌生长不利，在高的电压下更应注意控制 PEG-20000 浓度。

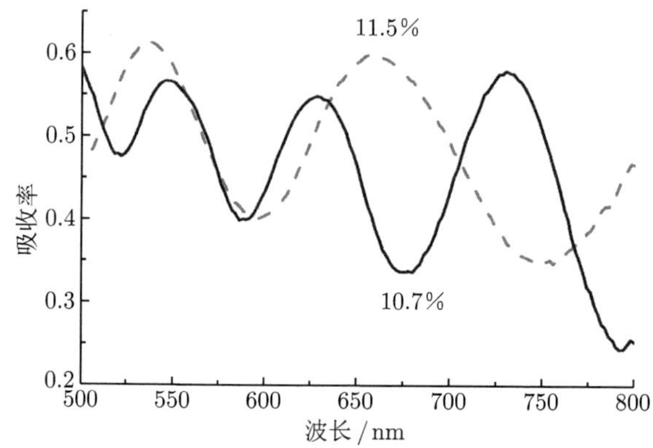


图 3-38　不同浓度 PEG-20000 对超材料吸收器性能的影响

5. 介质绝缘层厚度影响

Grant 等 [51] 指出，改变介质绝缘层厚度可以使吸收峰强度和位置发生变化。本节中，我们研究了 PVA 绝缘层厚度对超材料吸收器性能的影响。

当沉积电压为 1.0V，沉积时间为 80s，PEG 浓度为 10.7%，极板间距为 175μm 时，将 PVA 的浓度从 1%增加至 2%。从图 3-39 中所示的吸收光谱中可以看出，吸收峰位置由原来的 530nm、594nm (实线) 红移至 568nm、670nm (虚线)，红移的波长差分别为 38nm 和 76nm。吸收峰的强度也减弱至 0.136 和 0.204。产生吸收峰红移和吸收强度减弱的原因是 PVA 溶液浓度增大使得溶液黏性增大，将 PVA

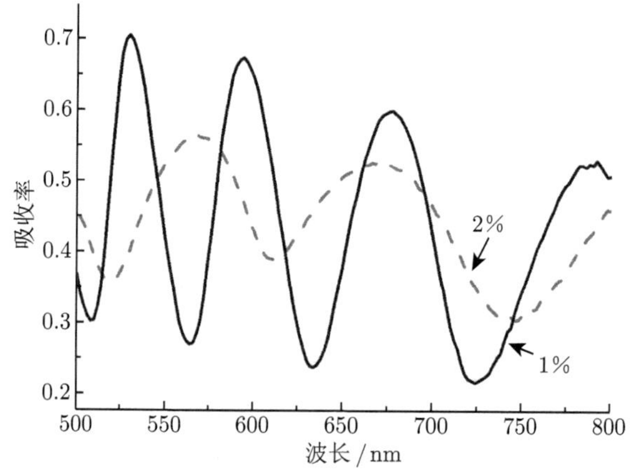


图 3-39　PVA 介质绝缘层厚度对超材料吸收器的影响

溶液涂覆在银树枝结构单元表面后，由于黏性增大，生成的固体 PVA 绝缘层的厚度增加，这种增加使得银树枝结构单元和银纳米金属层的磁耦合强度减弱，谐振频率发生红移，从而导致吸收峰位置和强度变化。

6. 介质绝缘层折射率的影响

之前的研究表明，当改变介质绝缘层的材料种类时，即改变介质绝缘层的折射率，会对结构单元的电磁谐振产生影响，超材料吸收器的吸收峰强度和位置发生变化。Grant 等 [51] 采用相同厚度的二氧化硅层和聚酰亚胺层，发现随着介质绝缘层材料种类的变化，吸收峰的强度和位置均发生了变化。本节中，我们将电阻率为 18.24MΩ/cm 的超纯水注入 PVA 介质绝缘层中使其折射率发生变化，研究了绝缘层折射率变化对吸收器性能的影响。

超材料吸收器的制备条件为：沉积电压为 0.9V，沉积时间为 80s，PEG 浓度为 9.9%，PVA 浓度为 3%，极板间距为 625μm。如图 3-40 所示，当未注入超纯水时 (实线)，吸收峰的位置分别为 544nm、592nm、648nm 和 716nm，其吸收峰强度分别为 0.087、0.089、0.103 和 0.129。向 PVA 介质绝缘层中注入超纯水后 (虚线)，各个吸收峰均发生了一定程度的红移，吸收峰的位置变为 554nm、602nm、658nm 和 726nm，均红移了 10nm。吸收峰的强度分别提高至 0.11、0.109、0.125 和 0.169。这种吸收性能的变化是由于注入水后，PVA 发生溶胀作用，整个绝缘层的体积增大，将银树枝结构单元和银纳米金属层之间的空气排出。由于水的注入和空气的排出，绝缘层的整体折射率变化，从而使得磁谐振的频率和强度发生了变化。

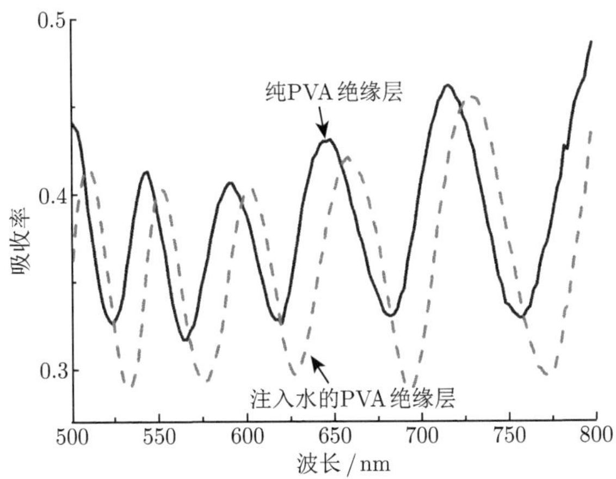


图 3-40 PVA 介质绝缘层折射率变化对吸收性能影响

7. 增益材料的影响

增益材料在光激发下会产生光增益影响超材料的性能。2010 年，Xiao 等 [9] 将 Rh800 溶液掺入渔网结构的中间绝缘层中，利用脉冲激光对 Rh800 进行激发，将超材料的折射率由 −0.66 降至 −1.017，折射率虚部从 0.66 降至 0.039，FOM 从 1 升高至 26。根据 Fang 等 [52] 的理论计算发现，将激发频率与结构单元谐振频率匹配的增益介质层填充至金属开口谐振环底层和开口处时，超材料的磁谐振会增强。这种增强体现在有效磁导率的实部和虚部同时增大，谐振的带宽变窄。这种谐振增强是否有益于超材料吸收器吸收性能的提高还未被研究。本节中，我们通过向 PVA 介质绝缘层中注入增益材料——RhB，测试加入增益材料后的超材料吸收器的吸收谱，来研究光激发条件下，增益材料浓度与吸收器吸收性能的关系。

超材料吸收器的制备条件：沉积电压为 0.8V，沉积时间为 80s，PEG 浓度为 10.7%，PVA 浓度为 1%，极板间距为 175μm。实验中采用的 RhB，其光谱吸收最大波长为 545nm，荧光发光最大波长为 565nm。实验中，我们将不同量的 RhB 溶入 PVA 溶液中使最后制备的 PVA/RhB 层所含的 RhB 量不同来调节增益的强度。在图 3-41 中，RhB 的浓度分别为 0.054μmol/mL (红色实线)、0.056μmol/mL (紫色实线)、0.058μmol/mL (蓝色实线) 和 0.064μmol/mL (橙色实线)，并与未添加 RhB 的样品对比 (黑色虚线)。平均吸收率是将测试得到的各个数据点吸收率求和再取均值得到的。图 3-41 中反映的数据，即不同浓度 RhB 下超材料吸收器的吸收峰强度、位置和平均吸收率如表 3-3 所示。

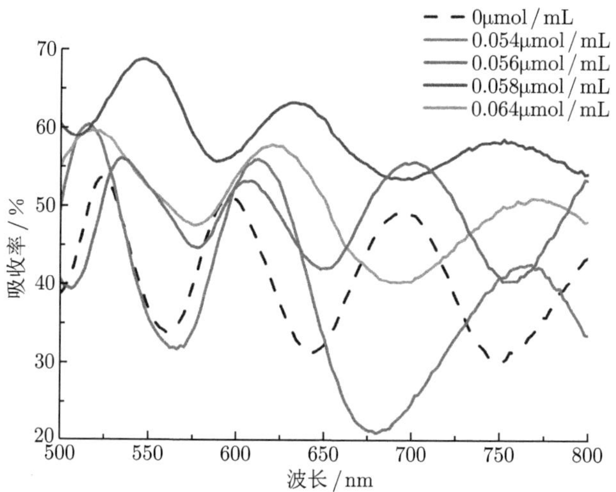


图 3-41　不同浓度的 RhB 对吸收器性能的影响 (彩图见封底二维码)

表 3-3 RhB 浓度与吸收峰强度、位置及平均吸收率关系

| RhB 浓度/(μmol/mL) | 吸收峰强度和位置 | | | 平均吸收率 |
|---|---|---|---|---|
| 0 | 0.200 (524nm) | 0.175 (596nm) | 0.180 (698nm) | 0.460 |
| 0.054 | 0.287 (516nm) | 0.240 (612nm) | 0.217 (768nm) | 0.395 |
| 0.056 | 0.122 (518nm) | 0.101 (620nm) | 0.107 (770nm) | 0.506 |
| 0.058 | 0.131 (546nm) | 0.076 (632nm) | 0.052 (752nm) | 0.601 |
| 0.064 | 0.165 (536nm) | 0.084 (606nm) | 0.136 (700nm) | 0.471 |

通过图 3-41 所示的吸收光谱及表 3-3 中的数据可知：① 适量的 RhB 可以增强吸收峰的强度，在 RhB 浓度为 0.054μmol/mL 时，与只含有纯 PVA 介质绝缘层的超材料吸收器相比，吸收峰强度由 0.200 (524nm)、0.175 (596nm) 和 0.180 (698nm) 增加到 0.287 (516nm)、0.240 (612nm) 和 0.217 (768nm)，分别提高了 43.5%、37.1%和 20.6%；② 当 RhB 超过 0.054μmol/mL 时，吸收峰的强度将会逐渐减弱，所以 RhB 浓度为 0.054μmol/mL 时，增强效果最佳；③ 当 RhB 的浓度增加时，超材料吸收器的平均吸收率提高，但是当 RhB 浓度为 0.064μmol/mL 时，平均吸收率突然降低至 0.471，与未掺入 RhB 样品的平均吸收率相当；④ 加入 RhB 后，三个吸收峰分别有最大 22nm、36nm 和 72nm 的红移。

根据之前的论文和实验结果分析，RhB 在光激发下会使得银树枝结构单元的谐振得到加强，这种谐振加强使得吸收强度增大。当增加 RhB 的含量时，谐振加强可以使超材料吸收器的吸收强度增大，平均吸收率也增大，但 RhB 自身的发光作用对谐振引起的损耗具有补偿作用，所以过量的 RhB 会使得吸收峰的强度和平均吸收率降低至未掺入 RhB 之前的水平。所以，当掺入增益材料增强吸收器吸收时，应平衡谐振增强效应和增益材料本身的增益补偿性能。

## 参 考 文 献

[1] Kim E, Shen Y R, Wu W, et al. Modulation of negative index metamaterials in the near-IR range. Appl. Phys. Lett., 2007, 91: 173105.

[2] García-Meca C, Hurtado J, Martí J, et al. Low-loss multilayered metamaterial exhibiting a negative index of refraction at visible wavelengths. Phys. Rev. Lett., 2011, 106: 067402.

[3] Xiao S M, Chettiar U K, Kildishev A V, et al. Yellow-light negative-index metamaterials. Opt. Lett., 2009, 34(22): 3478-3480.

[4] Boltasseva A, Shalaev V M. Fabrication of optical negative-index metamaterials: recent advances and outlook. Metamaterials, 2008, 2: 1-17.

[5] Dutta N, Mirza I O, Shi S, et al. Fabrication of large area fishnet optical metamaterial structures operational at near-IR wavelengths. Materials, 2010, 3: 5283-5292.

[6] Dong Z G, Liu H, Li T, et al. Optical loss compensation in a bulk left-handed metamaterial by the gain in quantum dots. Appl. Phys. Lett., 2010, 96: 044104.

[7] Wuestner S, Pusch A, Tsakmakidis K L, et al. Overcoming losses with gain in a negative refractive index metamaterial. Phys. Rev. Lett., 2010, 105: 127401.

[8] Hamm J M, Wuestner S, Tsakmakidis K L, et al. Theory of light amplification in active fishnet metamaterials. Phys. Rev. Lett., 2011, 107: 167405.

[9] Xiao S, Drachev V P, Kildishev A V, et al. Loss-free and active optical negative-index metamaterials. Nature, 2010, 466: 735-738.

[10] Burckel D B, Wendt J R, Eyck G A T, et al. Fabrication of 3D metamaterial resonators using self-aligned membrane projection lithography. Adv. Mater., 2010, 22: 3171-3175.

[11] Pawlak D A , Turczynski S , Gajc M , et al. How far are we from making metamaterials by self-organization? The microstructure of highly anisotropic particles with an SRR-like geometry. Adv. Funct. Mater., 2010, 20: 1116-1124.

[12] Beresna M , Kazansky P G , Deparis O , et al. Poling-assisted fabrication of plasmonic nano- composite devices in glass. Adv. Mater., 2010, 22: 4368-4372.

[13] Vignolini S, Yufa N A, Cunha P S, et al. A 3D optical metamaterial made by self-assembly. Adv. Mater., 2012, 24: OP23-OP27.

[14] 赵延，相建凯，李飒，等. 基于双鱼网结构的可见光波段超材料. 物理学报，2011，60(5): 054211.

[15] 李飒，曹迪，王晓农，等. 一种新型大面积绿光双渔网结构超材料的制备方法. 功能材料，2013，44(5): 756-758.

[16] 潘贞贞, 赵延, 王晓农, 等. 基于双鱼网结构的绿光波段超材料. 材料导报, 2012, 26(10): 19-22.

[17] 杨发胜, 罗春荣, 付全红, 等. 可见光波段双层纳米银树枝结构的制备及光学特性, 功能材料, 2014, 45(12): 12113-12116.

[18] 岳彪, 宋坤, 曾小军, 等. 聚乙烯醇层对纳米银树枝复合材料光电性能的影响. 材料导报, 2014, 28(12): 10-13.

[19] 曾小军, 罗春荣, 宋坤, 等. 双层银树枝状纳米结构的可控生长及其光学特性. 材料导报, 2014, 28(8): 1-4.

[20] Li S, Gong B Y, Cao D, et al. A green-light gain-assisted metamaterial fabricated by self-assembled electrochemical deposition. Appl. Phys. Lett., 2013, 103(18): 181910.

[21] 相建凯, 马忠洪, 赵延, 等. 可见光波段超材料的平面聚焦效应. 物理学报, 2010, 59(6): 4023-4029.

[22] Lodewijks K, Verellen N, van Roy W, et al. Self-assembled hexagonal double fishnets as negative index materials. Appl. Phys. Lett., 2011, 98: 091101.

[23] Gong B Y, Zhao X P, Pan Z Z, et al. A visible metamaterial fabricated by self-assembly method. Sci. Rep., 2014, 4: 4713.

[24] Zhou X, Zhao X P. Electromagnetic behavior of two-dimensional quasi-crystal left-handed materials with dendritic unit. Chin. Sci. Bull., 2008, 54(4): 632-637.

[25] Zhou X, Zhao X P, Liu Y H. Disorder effects of left-handed metamaterials with unitary dendritic structure cell. Opt. Express, 2008, 16(11): 7674-7679.

[26] Zhao X P, Song K. The weak interactive characteristic of resonance cells and broadband effect of metamaterials. AIP Adv., 2014, 4(10): 100701.

[27] 曹同玉，戴兵，戴俊燕，等. 单分散、大粒径聚苯乙烯微球的制备. 高分子学报, 1997, 2:158-165.

[28] 林尚安，陆耘，梁兆熙. 高分子化学. 北京：科学出版社，2000: 367-369.

[29] 张莉，陈桐，尹松. 无皂乳液聚合制备方法的研究进展. 化学与黏合，2008, 30(3): 50-53.

[30] Liu H, Zhao X P, Yang Y, et al. Fabrication of infrared left-handed metamaterials via double template-assisted electrochemical deposition. Adv. Mater., 2008, 20(11): 2021-2030.

[31] 李越，蔡伟平，孙丰强，等. 二维胶体晶体刻蚀法及其应用. 物理, 2003, 32(3): 153.

[32] Drachev V P, Cai W, Chettiar U, et al. Experimental verification of an optical negative-index material. Laser Phys. Lett., 2006, 1: 49-55.

[33] Ebbesen T W, Lezec H J, Ghaemi H F, et al. Extraordinary optical transmission through sub-wavelength hole arrays. Nature, 1998, 391(6668): 667-669.

[34] Popov E, Nevière M, Enoch S, et al. Theory of light transmission through subwavelength periodic hole arrays. Phys. Rev. B, 2000, 62(23): 16100-16108.

[35] Martín-Moreno L, García-Vidal F J, Lezec H J, et al. Theory of extraordinary optical transmission through subwavelength hole arrays. Physical Review Letters, 2001, 86(6): 1114-1117.

[36] Fang X, Li Z Y, Long Y B, et al. Surface-plasmon- polariton assisted diffraction in periodic subwavelength holes of metal films with reduced interplane coupling. Phys. Rev. Lett., 2007, 99(6): 066805.

[37] García-Vidal F J, Martín-Moreno L, Ebbesen T W, et al. Light passing through subwavelength apertures. Rev. Mod. Phys., 2010, 82(1): 729-787.

[38] Yoshida H, Ogawa Y, Kawai Y, et al. Terahertz sensing method for protein detection using a thin metallic mesh. Appl. Phys. Lett., 2007, 91(25): 253901.

[39] Al-Naib I A I, Jansen C, Koch M. Thin-film sensing with planar asymmetric metamaterial resonators. Appl. Phys. Lett., 2008, 93(8): 083507.

[40] Hao J M, Wang J, Liu X L, et al. High performance optical absorber based on a plasmonic metamaterial. Appl. Phys. Lett., 2010, 96(25): 251104.

[41] Liu N, Mesch M, Weiss T, et al. Infrared perfect absorber and its application as plasmonic sensor. Nano Lett., 2010, 10(7): 2342-2348.

[42] Ma H L, Song K, Zhou L, et al. A naked eye refractive index sensor with a visible multiple peak metamaterial absorber. Sensors, 2015, 15(4): 7454-7461.

[43] Wang X N, Luo C R, Hong G, et al. Metamaterial optical refractive index sensor detected by the naked eye. Appl. Phys. Lett., 2013, 102(9): 091902.

[44] Zhu W R, Zhao X P, Bao S, et al. Highly symmetric planar metamaterial absorbers based on annular and circular patches. Chin. Phys. Lett., 2010, 27(1): 014204.

[45] Zhu W R, Zhao X P, Gong B Y, et al. Optical metamaterial absorber based on leaf-shaped cells. Appl. Phys. A, 2011, 102(1): 147-151.

[46] 苏斌, 龚伯仪, 赵晓鹏. 树叶状红外频段完美吸收器的仿真设计. 物理学报, 2012, 61(14): 44203.

[47] 马鹤立, 宋坤, 周亮, 等. 可见光多频超材料吸收器的制备工艺及性能的研究. 功能材料, 2012, 43(7): 884-887.

[48] Wang B, Gong B Y, Wang M, et al. Dendritic wideband metamaterial absorber based on resistance film. Appl. Phys. A, 2015, 118(4): 1559-1563.

[49] Zhu W R, Zhao X P. Metamaterial absorber with dendritic cells at infrared frequencies. J. Opt. Soc. Am. B, 2009, 26(12): 2382-2385.

[50] Zhu W R, Zhao X P. Metamaterial absorber with random dendritic cells. EPJ Appl. Phys., 2010, 50(2): 21101.

[51] Grant J, Ma Y, Saha S, et al. Polarization insensitive terahertz metamaterial absorber. Opt. Lett., 2011, 36(8): 1524-1526.

[52] Fang A N, Huang Z X, Koschny T, et al. Overcoming the losses of a split ring resonator array with gain. Opt. Express, 2011, 19(13): 12688-12699.

# 第 4 章　纳米颗粒组装超材料

## 4.1　引　　言

由于纳米金属材料在微电子、光电子学、催化、信息存储、医药、能源、磁性器件等方面具有重要用途 [1−3]，近几十年来吸引了越来越多研究者的注意。纳米金属结构的内在特性可以通过控制它们的尺寸、外形、组成、晶形和结构来调控 [4,5]。纳米粒子的形貌调控合成是探索纳米结构性能及其应用的基础，是这些纳米材料能够得到应用的关键问题。例如：对金和银纳米粒子来说，等离子体谐振峰的位置和数量，以及表面增强拉曼散射 (SERS) 的有效光谱范围完全依赖于颗粒形状 [6,7]，因而纳米粒子形貌和大小调控是探索纳米结构性能及其应用的基础。以纳米尺度物质单元为基础，按一定规律构筑或营造一种新体系，会出现很多异于常规材料的特性。从超材料的基本原理出发，以微波段树枝结构超材料理论为依据，以形貌可控纳米粒子制备为基础，设计了基于大分子无序树枝状、花朵状等结构单元光频段超材料，对其化学制备方法与基本光学特性进行了研究。

## 4.2　银树枝状颗粒单层组装超材料

### 4.2.1　制备流程

基于银树枝结构的可见光超材料的制备工艺流程包括如图 4-1 所示的银树枝溶胶的制备、银树枝阵列的组装和三明治结构的组装。

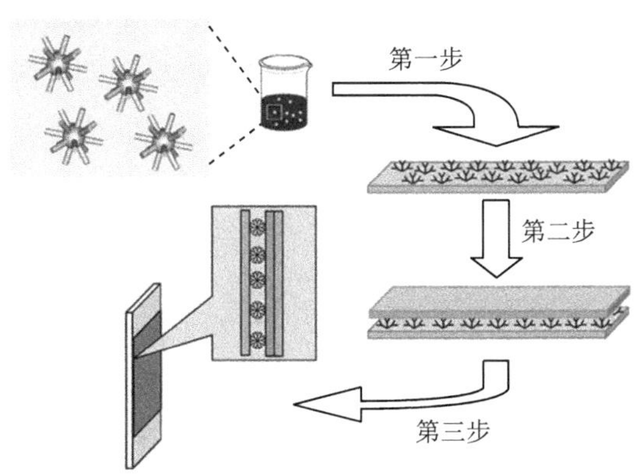


图 4-1　制备工艺流程图

### 4.2.2　制备方法

1. 聚酰胺–胺 (PAMAM) 保护剂制备树枝状银纳米粒子

树枝状聚合物 (dendrimer) 是 1985 年由美国研究者 Tomalia 和 Newkome 同时独立开发的一类三维高度有序并且可以从分子水平上控制、设计分子大小、形状、结构的新型高分子化合物。树枝状聚合物分子具有较大的尺寸，分子大小和表面活性官能团数量可控制，使其成为纳米材料的理想构筑单元 [8,9]，如图 4-2 所示。树枝状高分子具有均匀的组成和结构，经组装易产生精致的纳米结构，在纳米粒子的形状控制制备中可能比通常的线形聚合物更具优势。近年来，树枝状高分子诱导异形纳米粒子合成的研究日渐受到重视。我们提出了一种利用树枝状聚合物 (PAMAM) 作为保护剂制备银纳米树枝的方法。

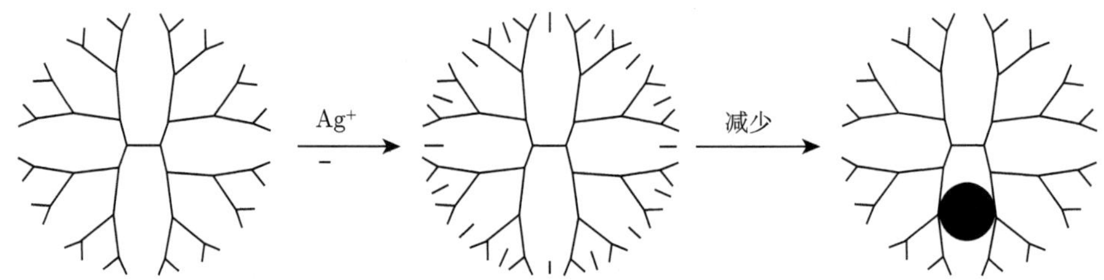


图 4-2　以 PAMAM 为构筑单元制备纳米粒子

(1) 参考文献 [10] 方法合成三代树枝状聚合物聚酰胺–胺 (3.0G PAMAM)。采用外向发散法合成，第一步由丙烯酸甲酯和乙二胺进行 Michael 加成反应合成半代 (0.5G) 产物，然后采用减压蒸馏除去过量的丙烯酸甲酯。第二步将合成的 0.5G 产物与过量乙二胺反应，生成 1.0G 树枝形分子。重复以上两步反应，制备 3.0G 的 PAMAM，整个反应在甲醇介质中进行，目标产物通过红外图谱证实，如图 4-3 所示。

$G=0$　　$G=1$　　$G=2$　　$G=3$

(a)

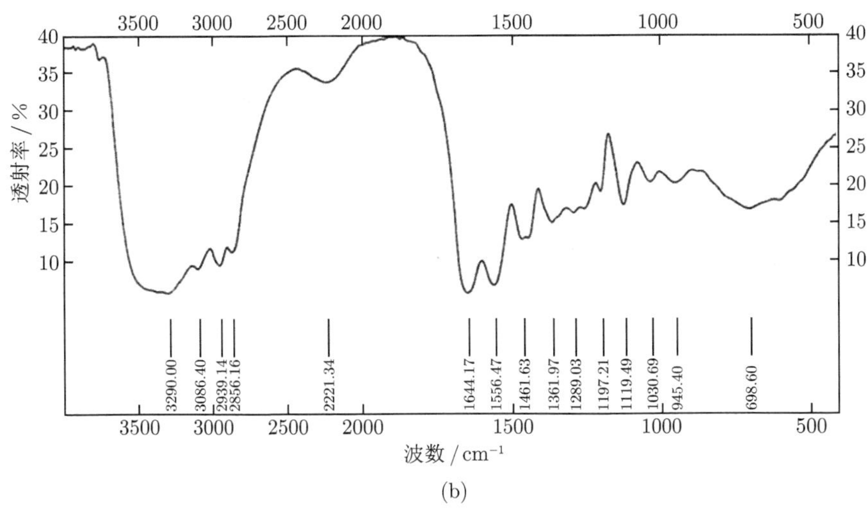


(b)

图 4-3　(a) 逐级合成树枝结构示意图；(b) 3.0G PAMAM 红外图谱

(2) 参考文献 [11] 方法合成粒径 10nm 银纳米颗粒作为晶种。将 0.6mL 10mM 的 $NaBH_4$ 在搅拌下快速注入 0.5mL 10mM 的硝酸银和 20mL 1.25mM 的柠檬酸钠的混合溶液，加入后缓慢搅拌 3min，然后放置陈化 2h，得到直径 10nm 的银纳米颗粒溶胶透射电子显微镜 (TEM) 照片和粒径分布，如图 4-4 所示。

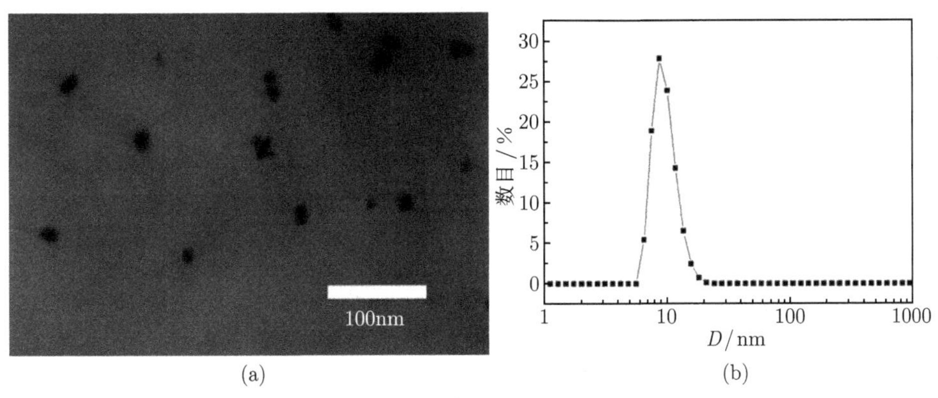


(a)　(b)

图 4-4　银纳米粒子

(a) TEM 照片；(b) 粒径分布

(3) 20mL 质量浓度为 10%的 3.0G PAMAM 去离子水溶液和 0.1~0.5mL 第 (2) 步制备的平均粒径 10nm 纳米银溶胶混合后，在混合液中加入 2.5mM 硝酸银溶液 10mL，滴加新配制的 0.1M 抗坏血酸溶液 100~150μL，在紫外灯照射 5h 后，静置 48h，使用溶剂蒸发法缓慢去除溶剂水，加入 5mL 质量浓度为 0.5%的聚乙

烯吡咯烷酮 (PVP) 溶液对生成的粒子进行保护，得到平均直径 500nm 的银纳米树枝，3000r/min 离心 10min，倾掉上层清液，用去离子水洗去残余的 PAMAM。

从图 4-5(a) 中可以观察到制备的树枝形银纳米粒子 [12] 由主干和分枝组成，在一个典型的粒子里，2 级分枝的长度大约为 60nm，分枝与主干的夹角大约为 45°。这些粒子在室温下很稳定，并且可以重新分散到水中而不丢失它们的形貌。

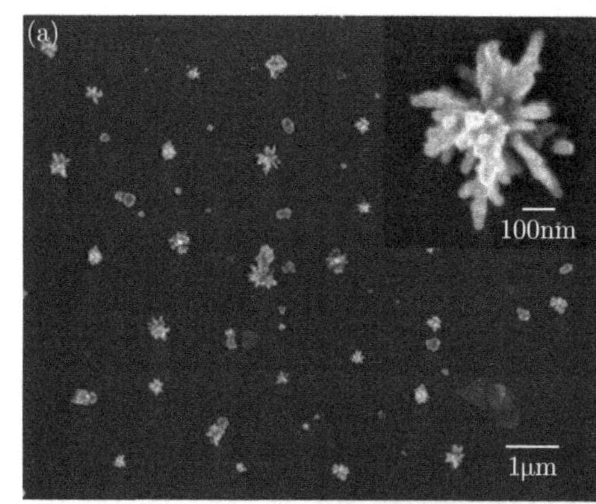

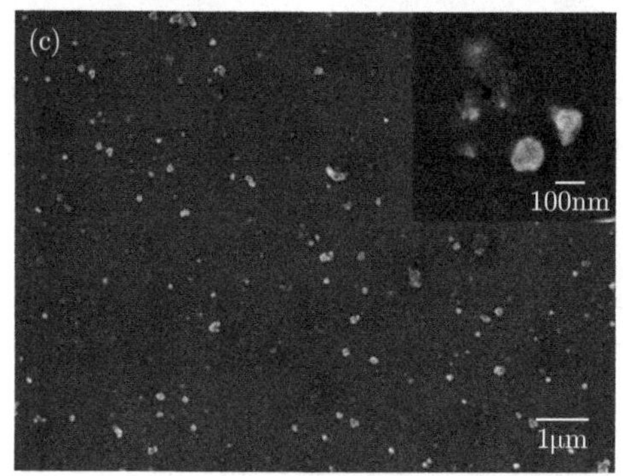


图 4-5　不同质量浓度 PAMAM 中制备的银纳米粒子

质量浓度：(a) 10%；(b) 20%；(c) 30%

制备尺寸小于 1μm 的银纳米树枝是较为困难的，因为树枝状聚合物 PAMAM 特殊的性质，分子之间可以形成交叉的网状结构 [8,9]，作为制备纳米金属的“纳米反应池”，有利于纳米粒子在其中形成分形结构。因此，PAMAM 也许可以作为一种理想的模板来实现金属纳米结构的形貌/大小可控合成。树枝结构在 PAMAM 里的生长机理可能遵循一种受限生长过程，银离子首先被还原为银原子，银原子团聚形成线状的纳米颗粒，再进一步有序地聚集生长，最后形成树枝状纳米银。

PAMAM 的浓度对银纳米粒子的生长有较大的影响，PAMAM 空间位阻效应有利于金属树枝结构的形成，随着 PAMAM 浓度的增大，单位体积内 PAMAM 分子数目增多，从而使获得的金属银树枝结构尺寸减小。对比图 4-5(a)~(c)，10%的

PAMAM 水溶液中制备的纳米银树枝结构尺寸约为 500nm，20%的 PAMAM 水溶液中制备的纳米银树枝结构尺寸约为 300nm，纳米银树枝尺寸随着 PAMAM 浓度增大而减小。当 PAMAM 浓度继续增大，超过 20%后，仅能得到球状颗粒。

为了研究 PAMAM 结构在树形纳米粒子形成中的作用，另外两种聚合物，PEG 和 PVP，在其他条件不变的情况下代替 PAMAM 作为保护剂，生成的粒子形貌与用 PAMAM 作为保护剂不同，均为球形粒子，如图 4-6 所示。这个结果证实了 PAMAM 的结构在树形纳米粒子形成中的重要性。

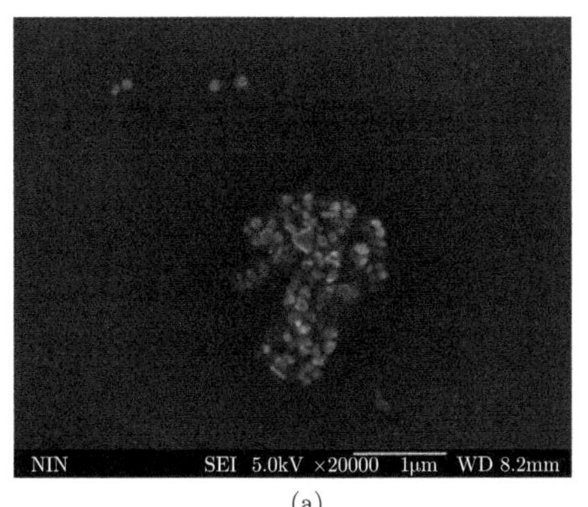


(a)

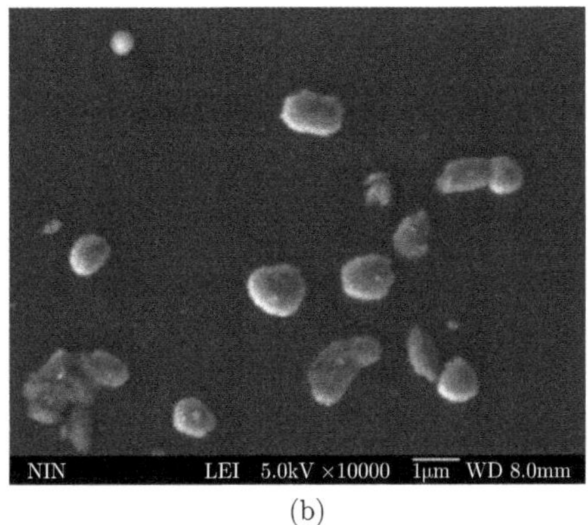


(b)

图 4-6 PEG-20000 (a) 和 PVP(K 30) (b) 环境制备的纳米粒子 SEM 照片

2. 银树枝阵列组装

玻璃片清洁后在丙酮、去离子水、Piranha 溶液中分别超声 20min。用氮气吹干后，置于烘箱中烘干 10min。放入 3-巯基丙基三甲氧基硅烷 (MPTMS)/$H_2O$/异丙醇 (体积比为 1:1:40) 的混合溶液中浸泡 10h，取出后用异丙醇冲洗，干燥箱中 110℃ 恒温加热 20min。取 0.7mL 上步制备的银粒子溶胶 (图 4-5(a))，滴加于经过处理的玻璃片上，然后放入真空干燥器中，控制温度 40℃，真空度 $2\times10^{-4}$Pa，3h 后得到组装完成的银粒子单层阵列。

在玻璃基底上制备银树枝晶阵列时使用了硅烷偶联技术 [13]。硅烷偶联剂是一类分子中同时含有两种不同化学性质基团 (有机官能基团和可水解基团) 的胶黏剂，这里使用的 MPTMS 作为偶联剂，遇到水时甲氧基立即水解，它们通过与表面硅基形成氢键吸附在表面上，淋洗去除非氢键结合的 MPTMS 后，加热处理使硅基脱水形成 Si—O—Si 键，从而在表面上形成一层末端带有巯基的自组装膜。MPTMS 的巯基暴露于外层，使其能够与金或银纳米粒子形成共价键，可使纳米粒子自组装于 MPTMS 修饰过的基底表面，形成二维纳米粒子阵列。在 MPTMS 修饰的玻璃基底上组装的银纳米粒子阵列的 SEM 照片如图 4-7(a) 所示，而作为对比的在未经过修饰的玻璃上的纳米粒子如图 4-7(b) 所示，由图中可以看到，在经过 MPTMS 修饰的玻璃上的银纳米粒子的分布较为均匀，没有出现聚集现象，而在没有修饰的玻璃上团聚较为严重。

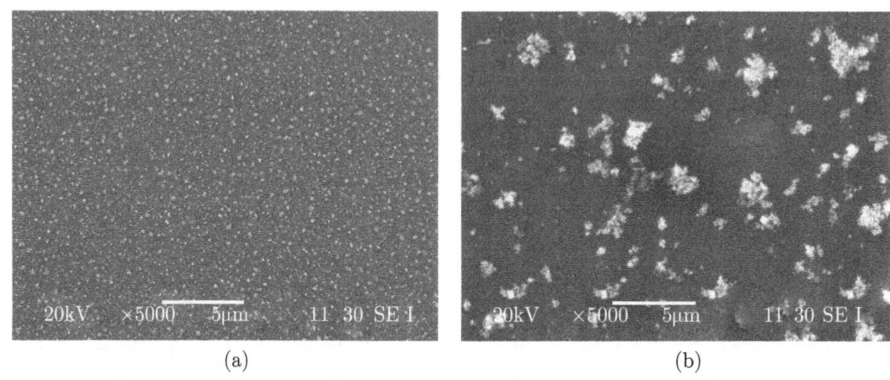


(a)　(b)

图 4-7　MPTMS 修饰 (a) 和未经过修饰 (b) 的玻璃上银纳米粒子 SEM 照片

组装时的真空度对组装结果有较大的影响，图 4-7(a) 是在真空度 $2\times10^{-4}$Pa 下进行组装的样品显微照片，而图 4-8(a) 是常压下组装的结果，可以观察到由一级分形 (树枝晶) 聚集为二级分形，这种奇特的分形结构可能是在常压下，溶液蒸发缓慢，纳米粒子因为表面能的驱动相互聚集产生的结果。而真空度增加到 $1\times10^{-4}$Pa 时，溶剂蒸发过快，纳米粒子同样出现了团聚现象，如图 4-8(b) 所示。

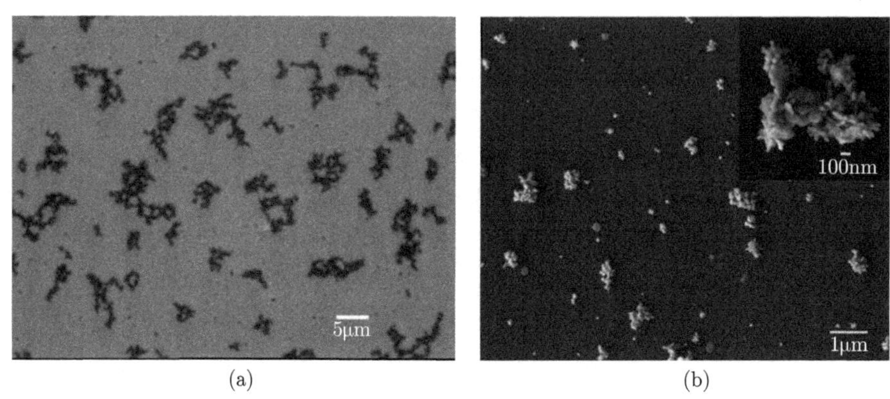


(a)　(b)

图 4-8　不同真空度下银树枝纳米阵列组装光学显微照片 (400 倍)

(a) 常压；(b) $1\times10^{-4}$Pa

组装时的温度对组装结果也有影响，当组装纳米粒子时，温度过高，容易出现团聚现象，图 4-9 为在 60℃ 下进行组装的光学显微照片，可以观察到明显的团聚现象。

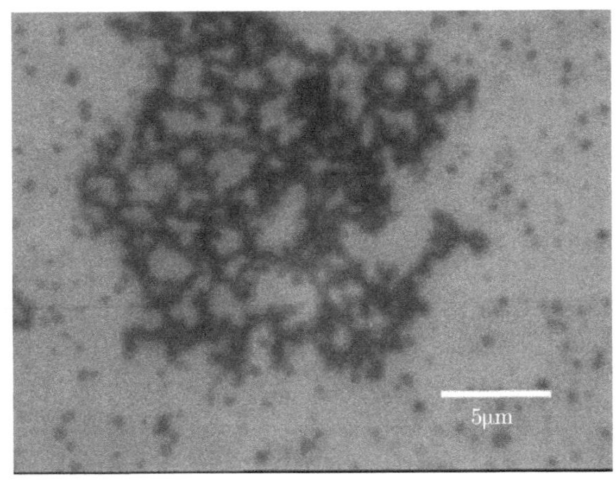


图 4-9 60°C 下树枝状银纳米粒子组装的光学显微照片 (1000 倍)

纳米粒子在玻璃基底上的分布也可以通过组装时滴加的纳米粒子溶胶的浓度进行调控。当浓度增加到 8 倍于图 4-7 对应的样品时，纳米粒子在玻璃基底上的分布如图 4-10 所示，可以观察到纳米粒子聚集在一起，形貌难以分辨。

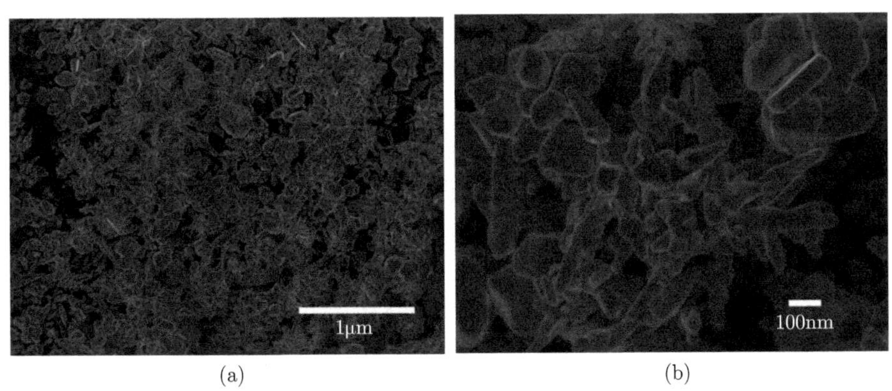


图 4-10 纳米粒子溶胶增加到 8 倍时在玻璃基底组装后 SEM 照片

(a) 低倍；(b) 高倍

### 3. PVA 薄膜制备

PVA 薄膜的制备使用滴涂法。配制 0.5%PVA 溶液，保存待用。涂膜时用滴管吸取涂液，冲刷组装过银树枝结构的样品表面几次，使涂液与样品充分浸润，液膜在样品表面分布均匀，然后置于玻璃烧杯中，待样品表面的液膜水分蒸发后在银树枝结构表面形成一层厚约 20~30nm 的 PVA 薄膜，薄膜的厚度可以根据要求改变 PVA 溶液浓度进行调节。

4. 三明治结构组装

将涂覆 PVA 薄膜的银树枝结构样品与面积相同的方阻为 17Ω/□ 的导电玻璃面对面相对叠合，用塑料胶带固定即得到 "银树枝/PVA/ITO" 的三明治结构超材料。图 4-11 为具有高透明度的样品的数码照片，其有效面积为 8.5mm×27mm，而且有效面积可以根据需要放大或者缩小。

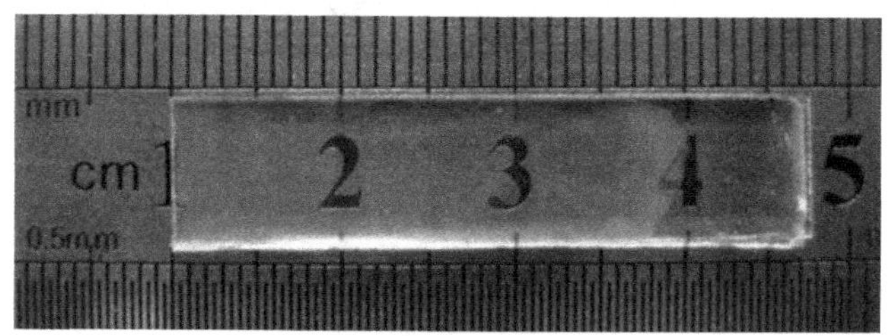


图 4-11 超材料样品实物照片

### 4.2.3 超材料透射性质

在可见光波段 370~780nm 范围内对制备的样品进行测试。银树枝的尺寸按照图 4-5(a) 方法制备。图 4-12 为组装成三明治结构之前和之后的可见光透射谱。在组装成三明治结构之前，在银纳米树枝结构中没有观察到透射通带 (图 4-12(a)、(b) 中曲线 1)。而一旦样品组装成三明治结构，则可以清楚地观察到透射通带 (图 4-12(a)、(b) 中曲线 2)。根据之前的报道，透射通带的位置与共振单元的尺寸有关 [14]。对应于 500nm 银树枝的样品在 630nm 处具有透射通带 (图 4-12(a) 中曲线 2)，而对应于 300nm 银树枝的样品在 530nm 波长处具有透射通带 (图 4-12(b) 中曲线 2)，可以看到，随着银纳米树枝尺寸的减小，透射通带位置蓝移。在图 4-12(a) 中出现的透射通带为一个较宽的峰，这可能是由银树枝形状与尺寸的无序分布所引起。在图 4-12(b) 中可以观察到 3 个透射峰，在 530nm 处的透射峰强度远远超过了其他两个，分析这种现象，其原因可能在于在纳米尺度上进行合成时，粒子的尺寸难以实现精准控制，除了生成较高比例的 300nm 粒子，在合成过程中同时也出现了小部分其他尺寸的纳米粒子，因此出现了多个共振带。从图 4-12 中可以观察到，所有的三明治结构样品在 400nm 处均有另外一个透射峰，这可能与玻璃基底本身的特性有关。将树枝粒子替换为球形粒子，其他制备工艺保持不变，只在 450nm 处具有一个吸收峰 (图 4-12(c) 中曲线 1)，这个峰一般被归属于银的等离子吸收峰，组装成三明治结构后也没有观察到透射通带。显然，超材料具有的特殊性质来源于 "超原子" 的结构，而不是来源于材料的化学成分本身，纳米粒子的形状是这种特殊的电磁性质是否出现的决定性因素。

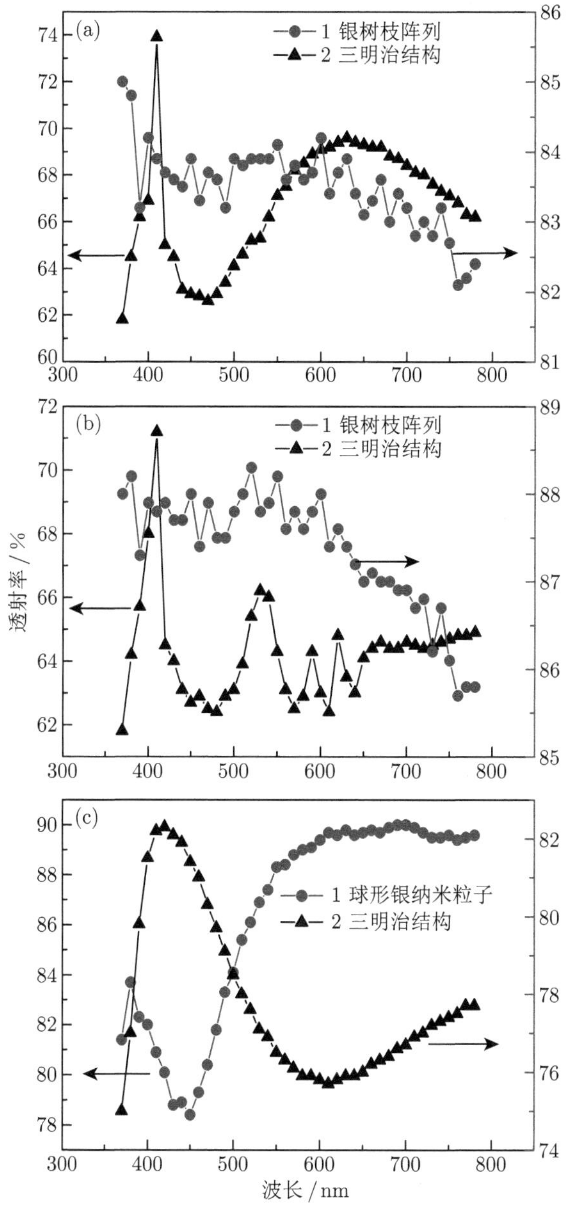


图 4-12 样品可见光透射谱

(a) 500nm 银树枝；(b) 300nm 银树枝；(c) 100nm 球形银纳米粒子

### 4.2.4 超材料平板聚焦

由于超材料具有负折射效应，可以将入射其中的发散光汇聚而具有平面透镜的功能。为了进一步验证透射结果，我们采用如图 3-23 所示的装置对出现透射峰的三明治结构样品进行了平板聚焦测试。光通过样品后的光强分布沿 $x$ 和 $y$ 方向使用接收器进行记录。图 4-13 是样品沿着 $x$ 方向的光强分布，可以观察到红光 (波长 630 nm) 和绿光 (波长 530nm) 分别通过样品 (对应 500nm 和 300nm 银纳米树枝) 后出现了聚焦现象。而当工作波长调节到非对应透射通带频率时，未出现聚焦现象，如图 4-14 所示。对球形纳米粒子和团聚的树枝结构对应的样品进行同样的测量时，没有出现聚焦现象，如图 4-15 所示。图 4-16 的两条曲线分别为含有银树枝和不含有银树枝的样品在 $y$ 方向上的光强分布，可以观察到含有银树枝的样品出现聚焦现象。

图 4-17 给出了透射样品 (300nm 银树枝) 的光强分布情况，从图中可以明显地看出，在样品的另一侧出现了一个明显的像点，聚焦测试结果进一步说明了制备的基于树枝结构单元样品的超材料特性。

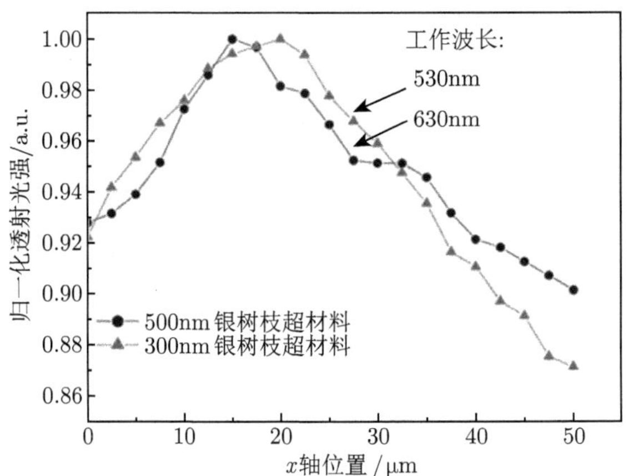


图 4-13　两种尺寸单元样品沿 $x$ 方向光强分布

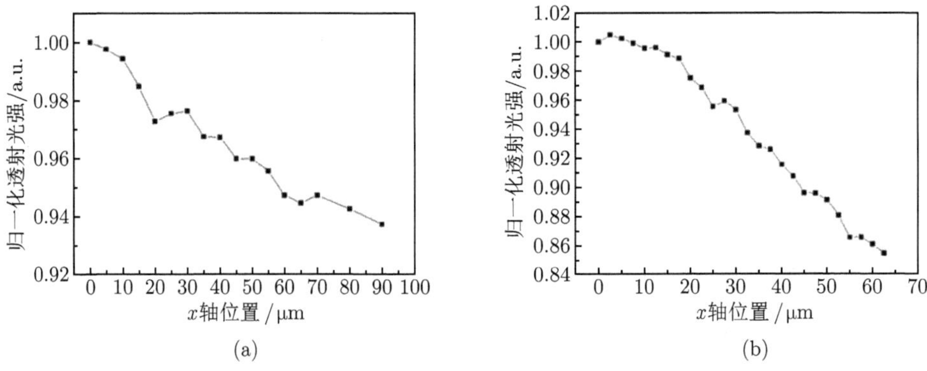


图 4-14　500nm 银树枝样品在 380nm (a) 和 420nm (b) 工作波长光强分布

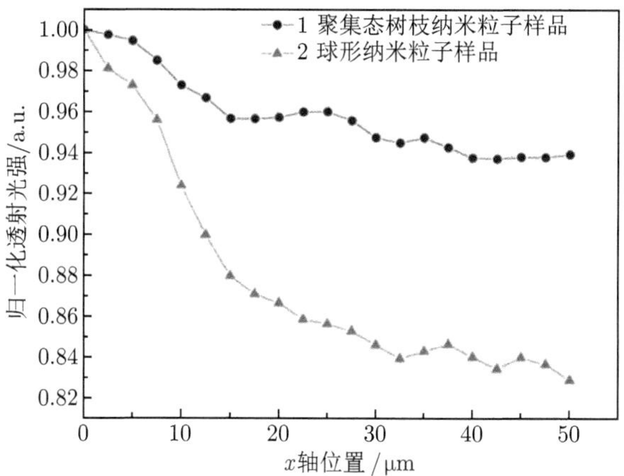


图 4-15 球形纳米粒子与团聚的树枝纳米粒子光强分布

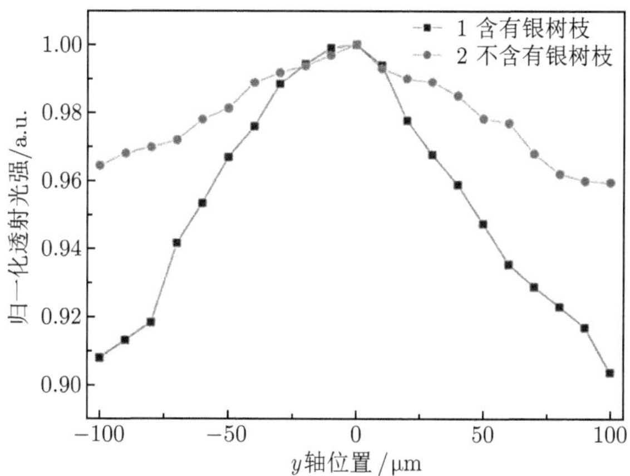


图 4-16 含有和不含有银树枝的样品 $y$ 方向光强分布

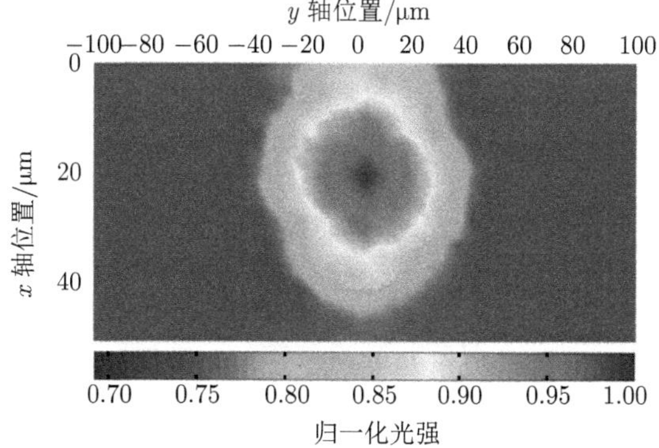


图 4-17 穿过 300nm 银纳米树枝样品后的光强分布 (彩图见封底二维码)

## 4.3　银树枝颗粒多层组装三维超材料

### 4.3.1　制备工艺流程

制备层状结构超材料的工艺流程如图 4-18 所示，依次进行银树枝溶胶的制备、银树枝阵列与 PVA 绝缘膜交替复合结构的组装。

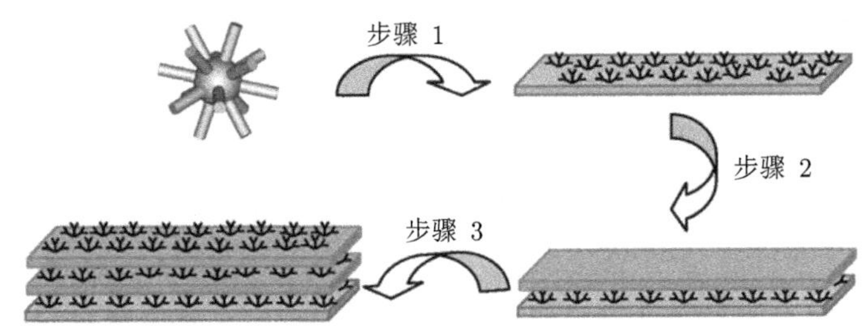


图 4-18　制备工艺流程图

### 4.3.2　制备方法与表征

1. 银树枝纳米颗粒制备

尽管用 PAMAM 作为保护剂可以制备银纳米树枝，但是这种方法制备出的银纳米树枝次级分枝较少，对纳米粒子下一步应用于超材料制备中有所限制，因此，我们又发展了用聚丙烯酸钠 (PAAS) 作为保护剂制备银纳米树枝的方法 [15]。

取 5mL 质量分数为 0.2%的聚丙烯酸钠溶液，将 0.1mL 4.2.2 节制备的 10nm 银颗粒作为晶种加入其中，将 20mL 浓度为 0.25mM 的硝酸银溶液和 1mL 浓度为 0.01M 的新制备的抗坏血酸在 90min 内同时缓慢加入聚丙烯酸钠溶液中，保持反应体系温度为 3~5℃。随后将溶液静置 3h，溶胶颜色从淡红色转变为蓝灰色。反应完成后，以 3000r/min 速度离心 10min 得到银树枝形纳米结构，用乙醇和去离子水洗几次以除去残余的聚丙烯酸钠，得到的银树枝状纳米粒子分散在 0.7mL 水中备用。这种粒子可以在室温下稳定存在，并且保持它们的形状。

为了证实和评价银纳米颗粒的形貌，对制备的样品用扫描电镜进行了观察。图 4-19 是不同放大倍率的银纳米结构扫描电镜照片。图 4-19(a) 是对银纳米结构的高倍放大观察照片，可以清楚地看到树枝结构，树枝结构的直径大约在 500nm，由主干和分枝组成，且分枝较多。图 4-19(b) 是以较低放大率对银纳米结构阵列的观察照片，展示了其整体分布，从照片上可以看到，样品以多级树枝状生长，在各个方向有较好的一致性。

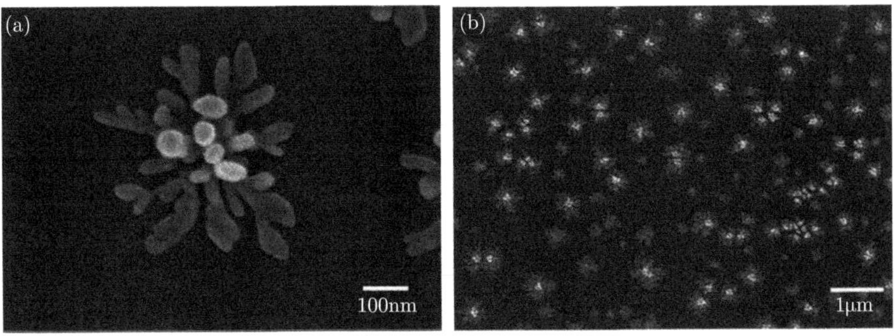


图 4-19 不同放大倍率的树枝状银纳米结构阵列扫描电镜照片

(a) 高倍；(b) 低倍

图 4-20(a) 为典型的树枝状纳米银样品的 X 射线衍射图。由图可知，样品的衍射峰分别为 (111)、(200)、(220) 和 (311)，与金属银数据一致。为进一步验证其组成，对所得样品进行了能谱分析，结果如图 4-20(b) 所示，除银元素外没有发现其他的峰 (图中 Cu 来源于透射电镜铜网)，说明产物为纯净的银。

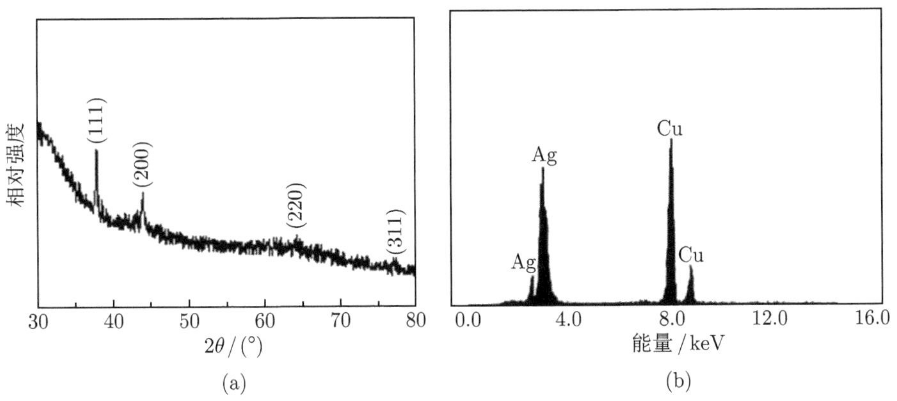


图 4-20 树枝状纳米银表征

(a) 粉末 X 射线衍射图；(b) EDS 图谱

纳米粒子的形成过程是动力学驱动过程，粒子的成核对形成各向异性的纳米粒子有决定性作用。实验中发现晶种的加入量对最终产物形貌大小有较大的影响，图 4-21(a)、(b) 分别为加入 0.2mL、0.3mL 晶种时制备的银纳米粒子，可以观察到随着银晶种的加入量增加，粒子的直径减小，同时分枝也变少。如图 4-21(b) 所示，加入 0.3mL 银晶种时，粒子直径大约在 200nm。原因可能在于增加晶种用量可以使溶液中有更多的成核位点，在银离子前驱体浓度确定的条件下，溶液中就会有更多的银树枝结构形成，但其直径则相应减小。

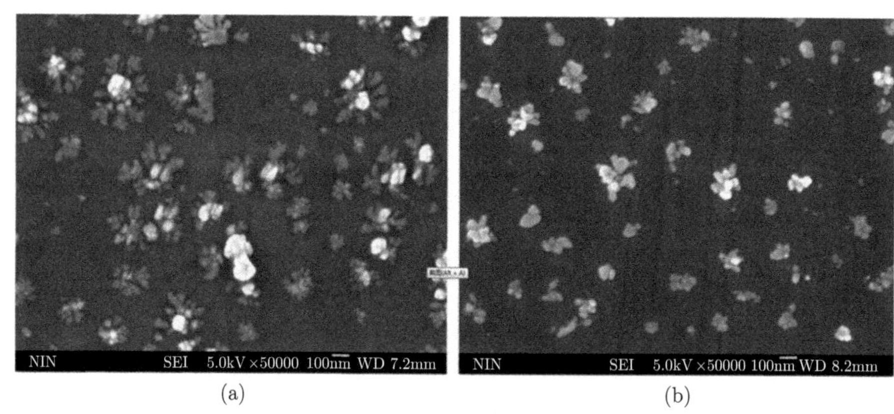


(a)　(b)

图 4-21　不同晶种加入量制备的纳米粒子 SEM 照片

(a) 0.2mL 晶种；(b) 0.3mL 晶种

纳米晶的生长过程可以通过对溶胶颜色的变化进行观察。仔细观察反应过程可以发现，反应溶液的颜色随着时间发生了改变，从最初的浅红色最终转变为蓝灰色。分析这种现象，原因可能在于：一定尺寸的贵金属纳米粒子对光的吸收是由价带电子与电磁场的相互作用产生的连续振动，即表面等离子体谐振而产生的。金属纳米粒子等离子体谐振吸收峰位置与粒子大小、尺寸分布有很大关系。粒子越小，分散度越高，则光吸收峰的波长 ($\lambda_{max}$) 偏于短波长，所以这种浅红色的溶胶 (图 4-22(a)) 可能对应反应初始阶段生成的较小的纳米粒子，而随着反应时间的延长，纳米粒子直径增大，光吸收峰的位置发生了偏移，溶胶的颜色也随之改变 (图 4-22(b))。反应 10min 后的银纳米粒子粒径分布如图 4-23 所示。

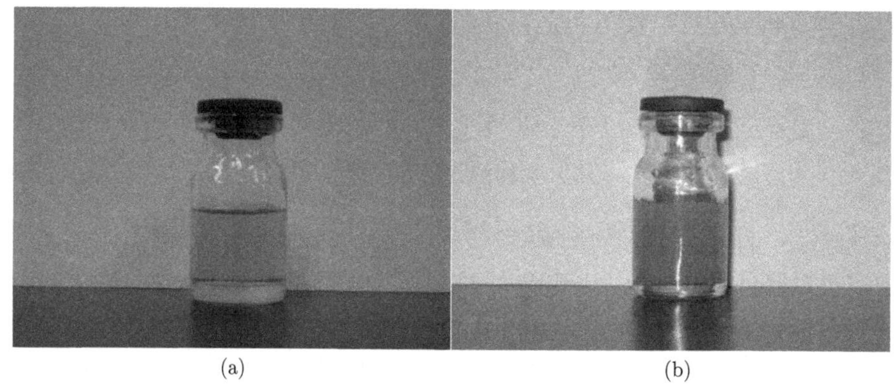

(a)　(b)

图 4-22　不同反应阶段银纳米粒子溶胶照片 (彩图见封底二维码)

(a) 5min 后；(b) 3h 后

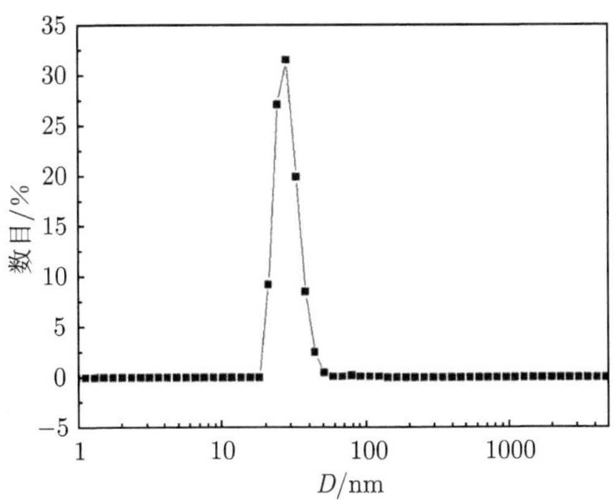


图 4-23 反应 10min 后银纳米粒子粒径分布

目前对于不同形状纳米晶粒的形成还没有统一的认识。在实际的制备过程中，纳米晶粒会沿着具有最低能量的形状方向生长，即形成点状或球状形貌。因此，纳米晶体的可控生长成为纳米材料研究的难点之一。纳米银的形貌控制受到温度、晶种、搅拌速度、陈化时间、还原剂的种类、保护剂的种类及用量等诸多工艺条件的影响。

研究证实，保护剂的溶液性质、溶液混合状态及各物质分子间作用力对晶核生成有很大的影响，因此保护剂的选择将成为控制纳米银形状的重要因素。这里选用 PAAS 作为纳米粒子生长的保护剂，作为对比，用聚乙烯吡咯烷酮作为保护剂来替代 PAAS，结果发现得到了球形颗粒。目前对于各向异性纳米微粒的形成还没有统一的认识。有研究者从晶体学角度进行了分析，认为这是由于在粒子的形成过程中存在一种金属–有机保护剂“非螯合配位方式”影响纳米粒子的形状选择，阴离子在特定晶面上吸附导致不同晶面生长速度不同，从而产生形状各异的纳米微粒。

树枝结构在 PAAS 里的生长机理可能遵循一种配位–还原–成核–生长–分形模型 [16]。这里 PAAS 分子中的 $COO^-$ 基团可以通过与银原子间的配位作用而相互靠拢，于是银的纳米颗粒 (包括晶种) 就会被吸在高聚物聚集体的表面，并通过重结晶过程生长成分枝形结构。保护剂在粒子的生长过程中，起到一种模板的作用，控制了成核和聚集的方向，提供了树枝结构形成的可能性。

保护剂的浓度对纳米粒子的形貌有较大的影响，在反应过程中，增加聚丙烯酸钠的浓度，则生成的树枝结构直径减小。然而，当聚丙烯酸钠浓度继续增加达到 2.5%时，没有树枝结构产生，而生成球形纳米粒子，如图 4-24(a) 所示。

纳米粒子的生成要经历成核、生长、聚结与团聚等过程，影响纳米颗粒结构形貌的主要因素包括体系中晶核形成与生长机制以及颗粒之间的作用力。通过控制温度可以控制体系的成核与生长速率。温度低，成核速度慢，晶体粒数密度小，有利于各向异性纳米颗粒的生成。温度升高，颗粒间碰撞的概率急剧增大，使团聚加剧，制备的银颗粒多为球形。本节中当其他反应条件不变，体系温度从冰浴变为室温时，没有观察到树枝结构的生成，产物以球形颗粒为主，如图 4-24(b) 所示。

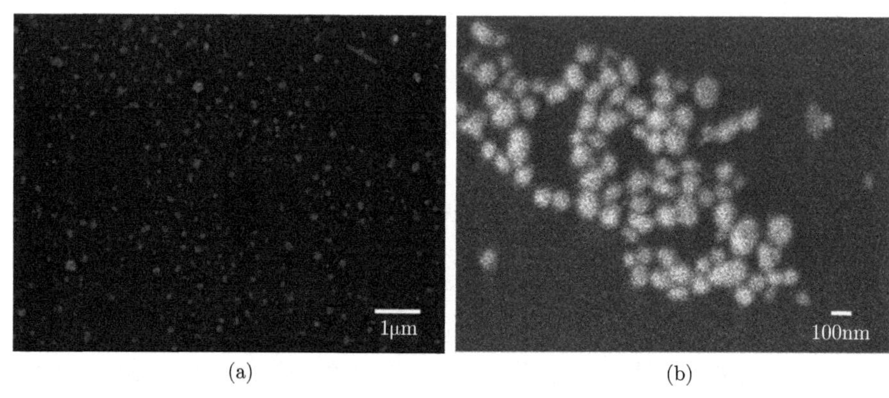


(a) (b)

图 4-24 改变实验条件制备的银纳米粒子 SEM 照片

(a) 2.5%聚丙烯酸钠为保护剂；(b) 反应体系温度保持 25℃

实验中发现，制备树枝结构的过程常伴随着纳米线的生成。这里对晶种和硝酸银浓度的控制是一个关键的因素，可促使纳米银晶粒在生长过程中存在一个以上的生长中心，从而形成树枝结构。

影响成核与生长速率的另一因素是溶液的过饱和度。如一次性加入硝酸银溶液，一经加入就会在局部达到足量或过量，生成的银粒子因在局部达到较高过饱和度而成核，之后发生晶核之间的聚并，易生成球形纳米粒子。所以本节采用了硝酸银与抗坏血酸持续加入的方法，使得纳米粒子的生长速率超过了成核速率，易于生成各向异性的分枝形结构。

还原剂的还原性对产物的形貌有较大影响。作为对比，实验中使用硼氢化钠和水合肼作为还原剂替代抗坏血酸时，反应速度较快，生成晶核快，晶核长大的速度也快，形成了各向同性的球形纳米银。当使用弱还原剂抗坏血酸时生成分枝形粒子，原因可能在于还原速度慢时，晶核长大速度较慢，保护剂包覆晶核的某些晶面，诱导未包覆的晶面生长的概率增大，从而使银生长成各向异性的纳米银，实现对晶体生成形状的控制。

### 2. PVA 薄膜制备

采用液面下降涂膜装置，在制备的银树枝结构表面涂覆 PVA 薄膜。具体为：配制 3%的 PVA 去离子水溶液，加入涂膜装置上部的玻璃容器中，将样品悬挂在涂液中，调节放液阀控制溶液滴出速度成膜。涂覆在银树枝结构表面的 PVA 薄膜厚度可通过调节涂液浓度、放液阀漏出溶液速度控制。

3. 多层超材料组装

玻璃片清洁后在丙酮、去离子水、Piranha 溶液中分别超声 20min。用氮气吹干后，置于烘箱中烘干 10min。将 0.7mL 制备的银粒子溶胶 (图 4-5(a)) 与 0.3mL 质量分数为 3%的 PVA 溶液混合，取 0.2mL 混合溶液滴加到经过处理的玻璃片上，然后放入真空干燥器中，控制温度为 40℃，真空度为 $2\times10^{-4}$ Pa，3h 后得到组装完成的银粒子阵列。将 PVA 薄膜涂覆在银树枝结构样品上，40℃ 固化 5min。与面积相同的方阻为 17Ω/□ 的导电玻璃相对叠合，用塑料胶带固定即得到单功能层 “银树枝/PVA/ITO” 的三明治结构超材料。双功能层样品的制备：依照本小节第 1 步方法制备出单功能层结构后，将 0.2mL 混合 PVA 的银树枝溶胶滴加到绝缘层上得到第二层银树枝单层，固化后再次涂覆 PVA 薄膜，与 17Ω/□ 的导电玻璃相对叠合制备出具有两层功能层的样品。更多功能层的样品通过重复这种层–层技术得到。

通过 SEM 对样品的形貌进行观察。图 4-25(a)∼(c) 为样品的不同放大率的 SEM 照片 [17]。图 4-25(a) 是对银树枝晶的较高放大倍率的照片，从中可以清楚地看到粒子的形貌细节，图 4-25(b)、(c) 是对纳米粒子分布的一个整体观察。从

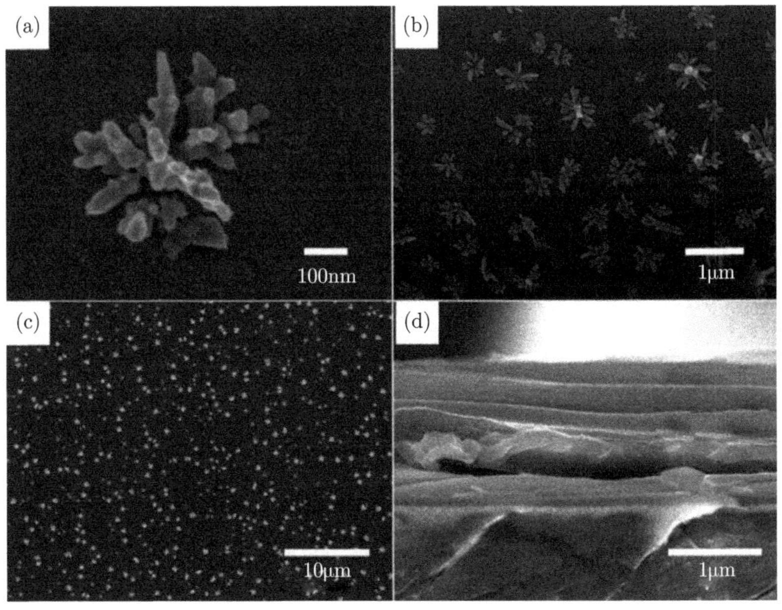


图 4-25 多层结构样品俯视与侧视 SEM 照片

图中可以看到，纳米粒子的形状和大小呈随机分布的形态，但是考虑到在纳米尺度获得单分散粒子的难度，这种结果是难以避免的。图 4-25(d) 是 4 层结构样品的侧视 SEM 照片，可以看到样品由交替的层状结构构成，具有更多功能层的样品可以通过实验过程的重复得到。

### 4.3.3 可见光透射特性

在可见光波段 370~800nm 的范围内对制备的样品进行透射测试。从图 4-26 可以观察到，空白玻璃与球形纳米粒子单层阵列在 370~800nm 波段内没有出现透射通带，410nm 的峰在所有曲线里都出现，可能与玻璃本身的特性有关。当其他条件不变，对银树枝阵列进行测量时，在 650nm 处出现较宽的透射通带。这个结果证实了特殊设计的结构是这种光学性质出现的必要条件，而材料本身成分则影响不大。仔细分析图 4-26 中的曲线，可以发现银树枝样品中出现的透射通带处于较宽的频率范围。已经证实结构单元几何尺寸的无序可以导致多个共振频带的产生，并进而使共振峰频带拓宽。例如，Chen 等证实，两种不同尺寸的共振器可以产生两种频率的共振带 [18]。Gollub 等证实，由随机分布尺寸开口谐振环构成样品拓宽了超材料的负磁导率频带 [19]。图中的透射峰呈宽峰形态，这个结果可能源于树枝状银纳米粒子尺寸的无序分布。

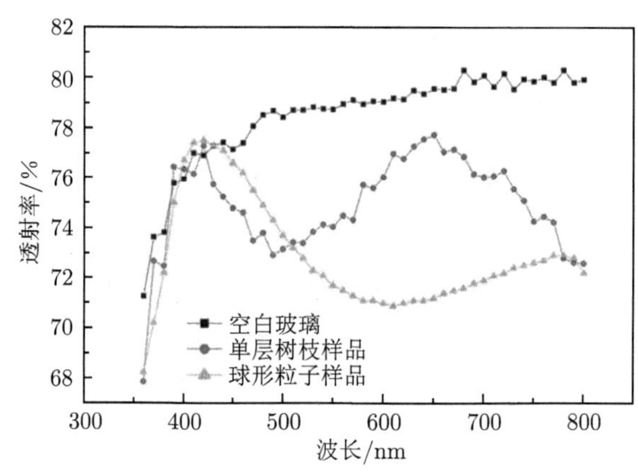


图 4-26 空白玻璃、单层树枝样品、球形粒子样品可见光透射谱

为了研究多层结构的共振行为，我们测试了具有不同层数结构的样品透射率。图 4-27(a) 中的曲线分别代表了具有 1 层、2 层、3 层、4 层功能层的样品透射率曲线，可以看到，透射率随着层数的增加逐渐下降，但透射通带的位置并没有随着层数的变化而发生改变。为了排除绝缘薄膜的影响，测量了不含银树枝，其他条件不变的多层结构样品的透射率，如图 4-27(b) 所示，不含银树枝的样品在相同的频带没有出现透射通带。

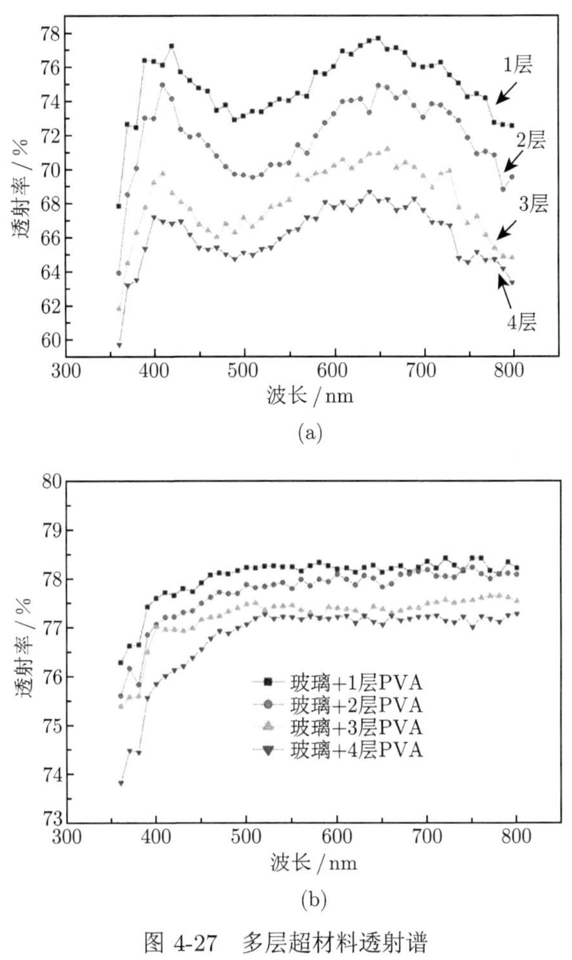


图 4-27 多层超材料透射谱

(a) 含银树枝；(b) 不含银树枝

### 4.3.4 平板聚焦效应

为了进一步验证样品的超材料性质，按图 3-23 所示对出现透射峰的三明治结构样品进行了平板聚焦测试。以直径 200μm 点光源为光源，在 $x$ 和 $y$ 两个方向上记录光透过样品后的光强分布。图 4-28(a) 展示了光通过样品后在 $x$ 方向上的分布，从图中可以看到，具有不同层数功能层的样品在 650nm 工作波长下均出现聚焦现象。作为对比，如图 4-28(b) 所示，在同样的工作波长下，不含银树枝的多层样品没有出现聚焦现象，与图 4-27(b) 中的透射率结果相一致。从图 4-28(a) 可以看出，发生聚焦的位置随着层数的增加发生了轻微的变化，1 层、2 层、3 层、4 层样品分别在距离样品 25μm、39μm、47μm、55μm 处聚焦。2 层功能层的样品聚焦强度要略高于其他样品，这可能是由于在相邻两层功能层之间的相互作用可以降低入射光的损耗，在所有样品中，2 层结构样品的这种作用更为强烈。

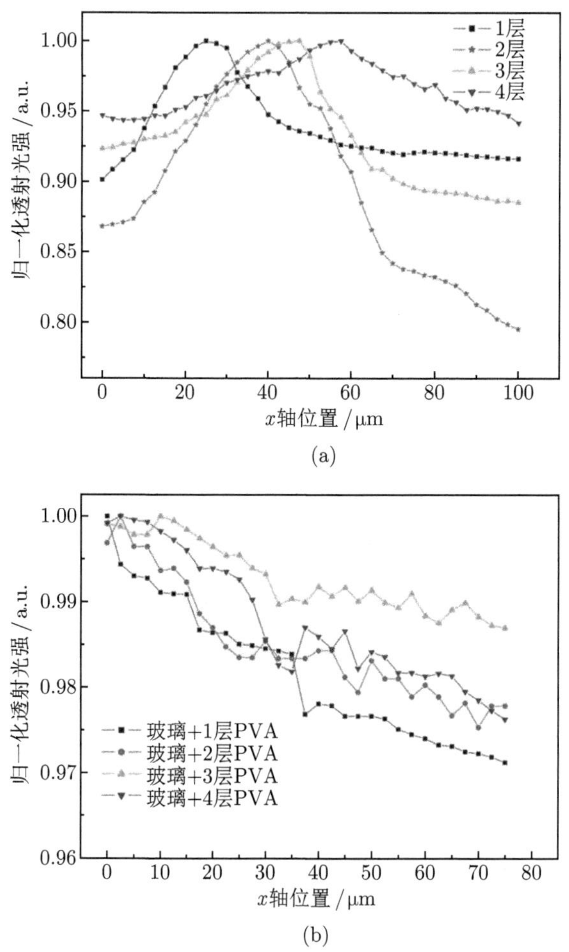


(a)

(b)

图 4-28　650nm 工作波长不同层数样品沿 $x$ 方向光强分布

(a) 含银树枝结构；(b) 不含银树枝结构

图 4-29 是 2 层结构样品的聚焦二维光场分布结果，探测器沿着 $x$ 和 $y$ 方向移动，可以观察到一个清晰的像点，进一步说明了银树枝多层样品的平板聚焦效应。

作为对比，在球形纳米粒子中也做了聚焦测试，如图 4-30(a) 所示，没有观察到聚焦现象，超材料独特的属性显然来源于树枝结构这种特殊设计的“超原子”。同时以非对应透射通带的频率作为工作波长 (以 450nm 和 800nm 波长为例)，对 2 层银树枝样品进行测试，结果如图 4-30(b) 所示，很明显不存在聚焦现象。

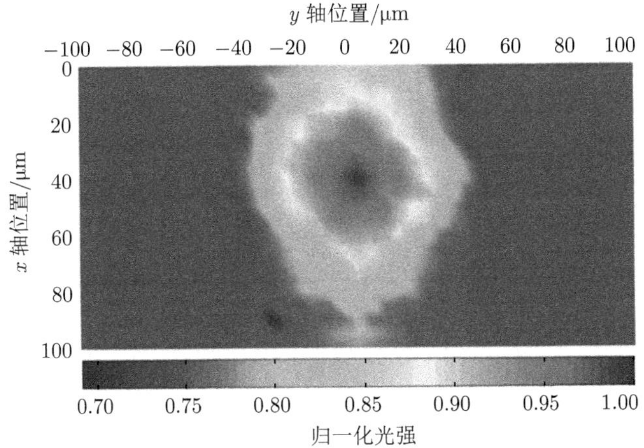


图 4-29 2 层结构样品光强分布 (彩图见封底二维码)

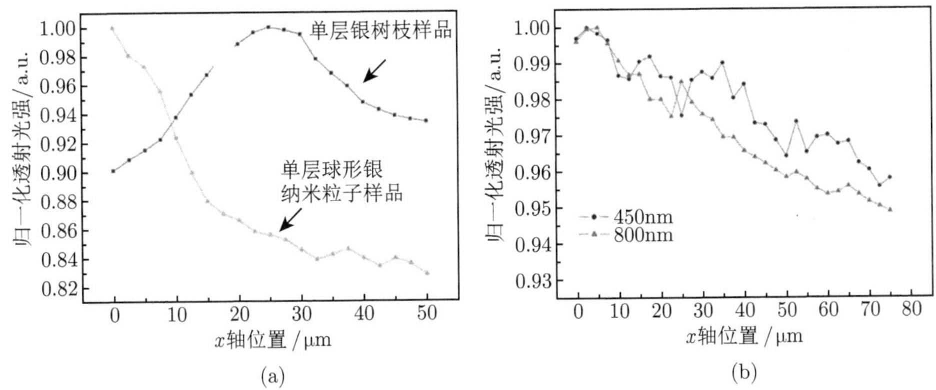


图 4-30 (a) 工作波长为 650nm 时，银树枝与单层球形银纳米粒子结构沿 $x$ 方向光强分布；(b) 2 层结构样品在 450nm 和 800nm 工作波长光强分布

对比不同层数银树枝超材料的透射曲线和聚焦结果，多层结构中绝缘层的厚度对光学性能有一定影响，随厚度增加，聚焦强度减小，当厚度增加到 1μm 时，已很难观察到超材料现象。

## 4.4 树枝状金纳米颗粒组装超材料

### 4.4.1 样品制备及形貌表征

基于树枝状金纳米粒子结构的可见光频带超材料的制备工艺流程与图 4-1 类似，包括四步：① 树枝状金纳米粒子的制备；② 树枝状金纳米粒子单层阵列的组装；③ 非导电介质 PVA 薄膜的制备；④ 三明治结构的组装。除了第一步制备方法不一致外，其他三步的制备方法一样。第一步的树枝状金纳米粒子结构的制备主要参照文献 [20] 的制备方法。用十二烷基三甲基溴化铵 (DTAB) 作为保护剂制备出尺度与工作波长匹配的树枝状金纳米粒子结构，并将其在经过修饰的玻璃基底上组装成结构单元大小不等、排列无序的单层结构阵列。用滴涂法在制备的树枝状金纳米粒子结构表面涂覆厚度为 20~30nm 的 PVA 薄膜作为绝缘隔层，然后与 ITO 导电玻璃组装为"树枝状金/PVA/ITO"的三明治结构超材料。

图 4-31 所示为树枝状金纳米粒子阵列的不同放大率 SEM 照片，从图中可以看到，树枝状金纳米粒子呈无序状分布，平均直径 500nm 左右。图 4-31(a) 是纳米粒子的放大照片，这种树枝状金纳米粒子阵列的整体形貌可以通过较低放大率的 SEM 照片 (图 4-31(b)、(c)) 进行观察，可以看到纳米粒子分布较均匀，没有出现团聚。

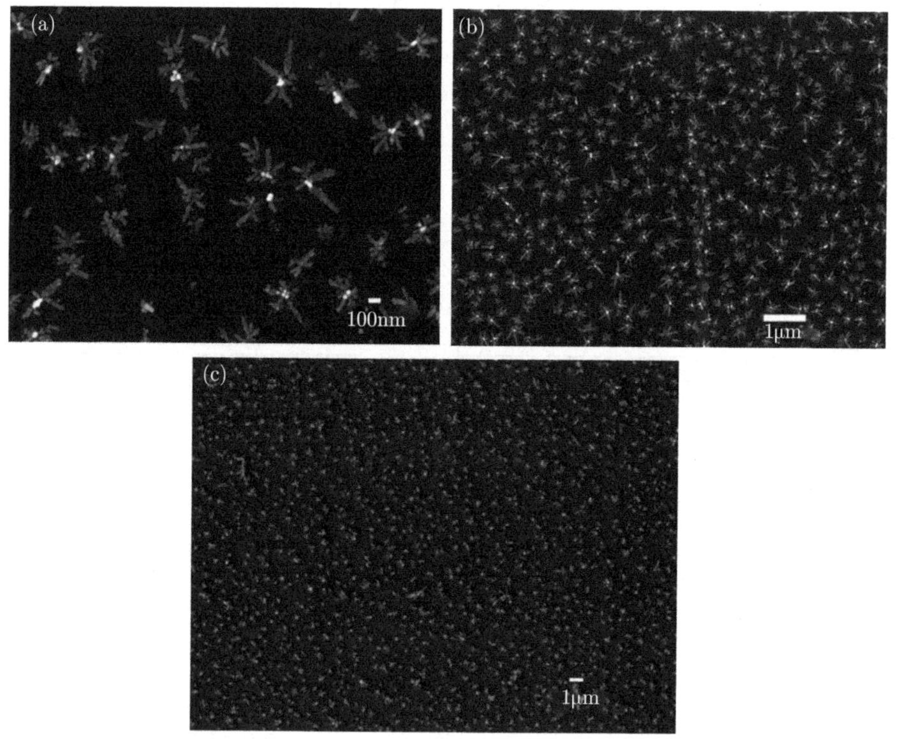


图 4-31　树枝状金纳米粒子不同放大率 SEM 照片

### 4.4.2　光透射特性

从图 4-32 可以看到，样品出现 4 个透射峰。由 4.2.3 节实验可知，400nm 左右的峰是由玻璃本身引起的，在 470nm、540nm、670nm 处出现三个透射通带。

根据透射测试结果结合本小组之前的研究结果 [21,22]，可以认为多个透射峰的出现是由树枝结构尺寸的分散性引起的，银树枝结构的谐振频率取决于它的单元尺寸 [14]，某一尺寸的树枝结构，在其对应的频段产生谐振，而其他尺寸的结构则在相应的另一频段产生谐振。

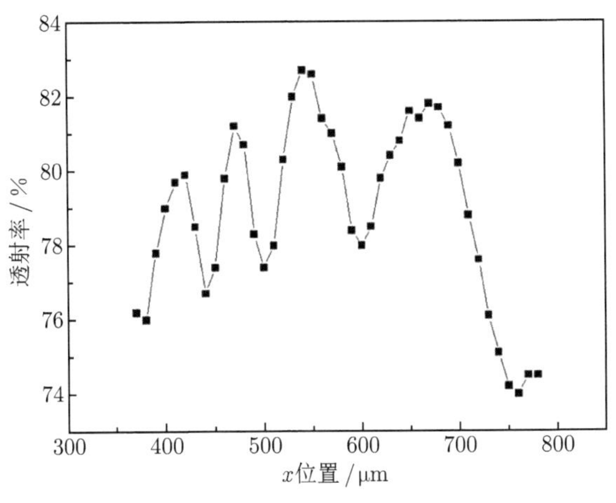


图 4-32 样品可见光透射谱

### 4.4.3 平板聚焦

为了进一步验证样品的超材料性质，对出现透射峰的三明治结构样品进行了平板聚焦测试。从图 4-33 中可以看到，工作波长为 470nm、540nm、670nm 的蓝、绿、红光在通过样品后发生了明显的光放大增强现象，聚焦测试结果进一步说明制备的基于树枝状金纳米粒子单元的样品具有超材料特性。

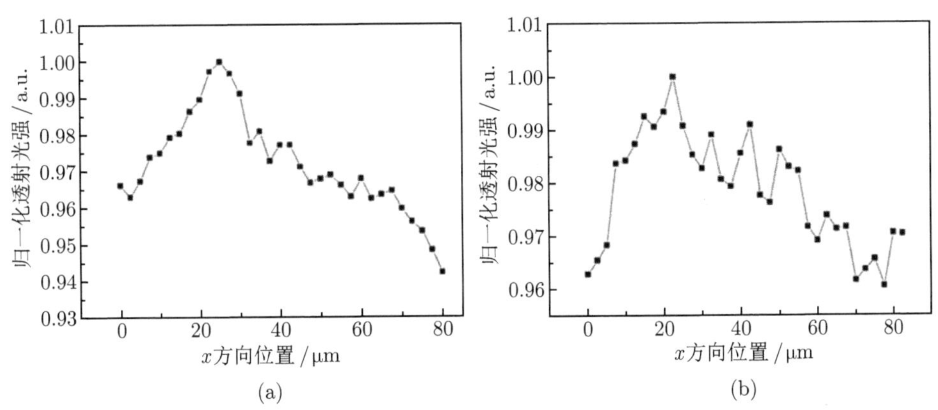

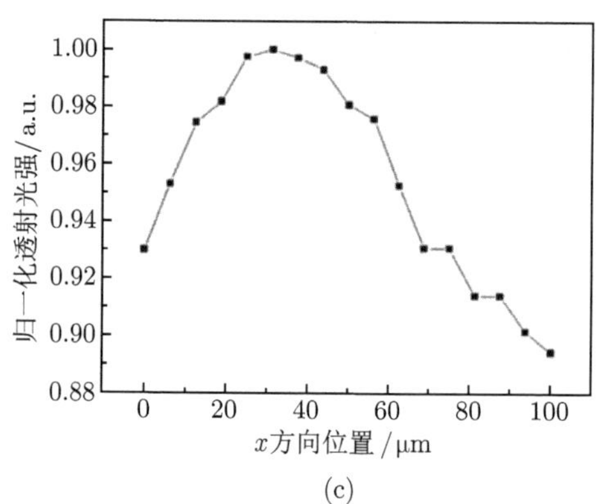


(c)

图 4-33　不同工作波长样品 $x$ 方向光强分布

(a) 470nm；(b) 540nm；(c) 670nm

# 4.5　花朵形银纳米颗粒超材料

## 4.5.1　样品制备

通过 CST 仿真推断以花朵形金属纳米粒子作为共振单元可实现超材料效应[23]。本节采用水相化学合成法制备出花朵形银纳米粒子作为基本单元，组装成三明治形复合结构后对其进行了光透射率和平板聚焦测试，验证了仿真结果。

1. 花朵形银纳米颗粒

取 60mL 浓度为 0.25mM 的 $AgNO_3$ 溶液，加入 0.06g 质量分数为 50%的 PAAS，搅拌 20min 后，停止，加入 0.3mL 浓度为 0.1M 的抗坏血酸，用手轻轻摇动，溶液颜色缓慢转为灰色。反应完成后，以 3000r/min 速度离心 10min 得到表面粗糙的花朵形银纳米颗粒，用乙醇和去离子水洗几次以除去残余的 PAAS，得到的银纳米粒子分散在 0.6mL 水中备用。

为了证实和评价银纳米颗粒的形貌，对制备的样品用 SEM 进行了观察，图 4-34(a)~(c) 是不同放大倍率的银纳米结构 SEM 照片。图 4-34(b) 是对银纳米结构的放大观察照片，这种粒子具有类似“花朵形”的轮廓[24]，直径大约在 400 nm，具有粗糙的表面，由许多随机分布的突起组成。这种样品的整体形貌可以通过较低分辨率的照片 (图 4-34(a)、(c)) 进行观察。在银纳米颗粒制备过程中，加入还原剂后使用电磁搅拌器以 2000r/min 转速搅拌，可以得到如图 4-34(d) 所示的类球形光滑表面银纳米粒子。这些粒子均可以在室温稳定存在，并且保持它们的形状。

当加入抗坏血酸后，使用电磁搅拌器以 500r/min 转速搅拌，其他条件保持不变，可以得到如图 4-35 所示的不规则多边形纳米粒子。

还原剂和硝酸银的用量比例对产物的形貌有很大的影响。当硝酸银的浓度增加到 5mM 时，得到了花朵形粒子与片状粒子的混合物，在不同放大倍率下的 SEM 照片如图 4-36 所示。

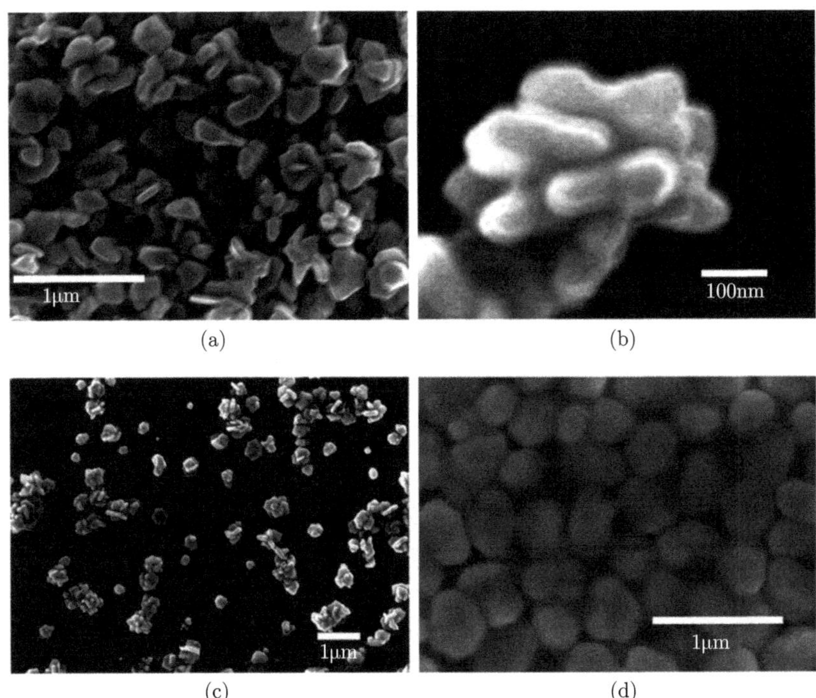


(a) (b) (c) (d)

图 4-34 不同放大率银纳米粒子 SEM 照片

图 4-35 不规则银纳米粒子 SEM 照片

(a)　　(b)

图 4-36　硝酸银浓度为 5mM 时银纳米粒子不同放大倍率 SEM 照片

(a) 高倍；(b) 低倍

2. 超材料组装

玻璃片清洁后在 Piranha 溶液中超声 20min。用氮气吹干后，放入 3-巯基丙基三甲氧基硅烷/$H_2O$/异丙醇 (体积比为 1:1:40) 的混合溶液中浸泡 10 h，取出后用异丙醇冲洗，加热 10min。取上步制备的银粒子溶胶 (图 4-34)，滴加于经过处理的玻璃片上，放入真空干燥器中得到银纳米粒子阵列，用滴涂法在其上覆盖一层 PVA 薄膜，然后与 ITO 玻璃叠合，用胶带固定，得到复合结构超材料。制备过程如图 4-37 所示。第一步，纳米粒子在玻璃基底上组装；第二步，在纳米粒子单层上涂覆 PVA 薄膜；第三步，组装成复合结构超材料。

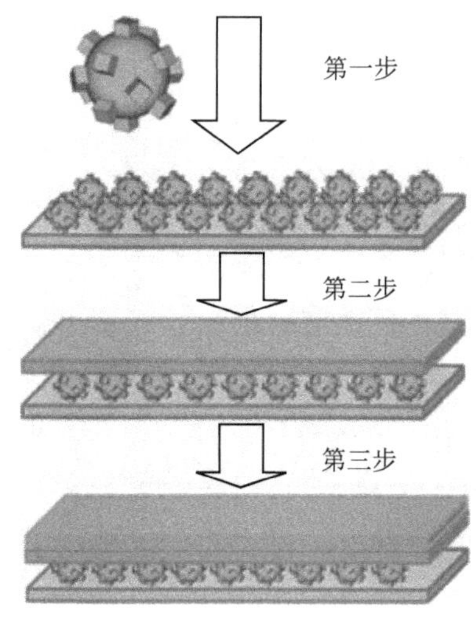


图 4-37　制备过程示意图

### 4.5.2 透射性质

对制备的超材料样品在可见光波段 (370~780nm) 的透射率进行了测试。图 4-38(a) 为按照 4.2.1 节方法制备的树枝状银纳米粒子为共振器的透射谱，该样品在 660nm 处具有透射峰；图 4-38(b) 为以粗糙表面纳米粒子为共振器的透射谱，该样品在 590nm 处具有透射峰 (在 400nm 出现的透射峰与玻璃本身特性有关)。而作为对比的空白玻璃和中光滑表面的球形纳米粒子对应的样品，则不能观察到透射峰 (图 4-38(c))。

理论和实验都已经证实结构单元几何尺寸的无序可以导致多个共振频带的产生，并进而使共振峰频带拓宽。例如，Chen 等证实，两种不同尺寸的共振器可以产生两种频率的共振带 [18]。Lepetit 等也在尺寸分散的高介电陶瓷材料观察到宽频带的负磁导率 (9.5~11GHz)[25]。图 4-38(a) 与 (b) 中的共振峰呈宽峰形态，这可能正是由银纳米颗粒尺寸的分散性引起的。

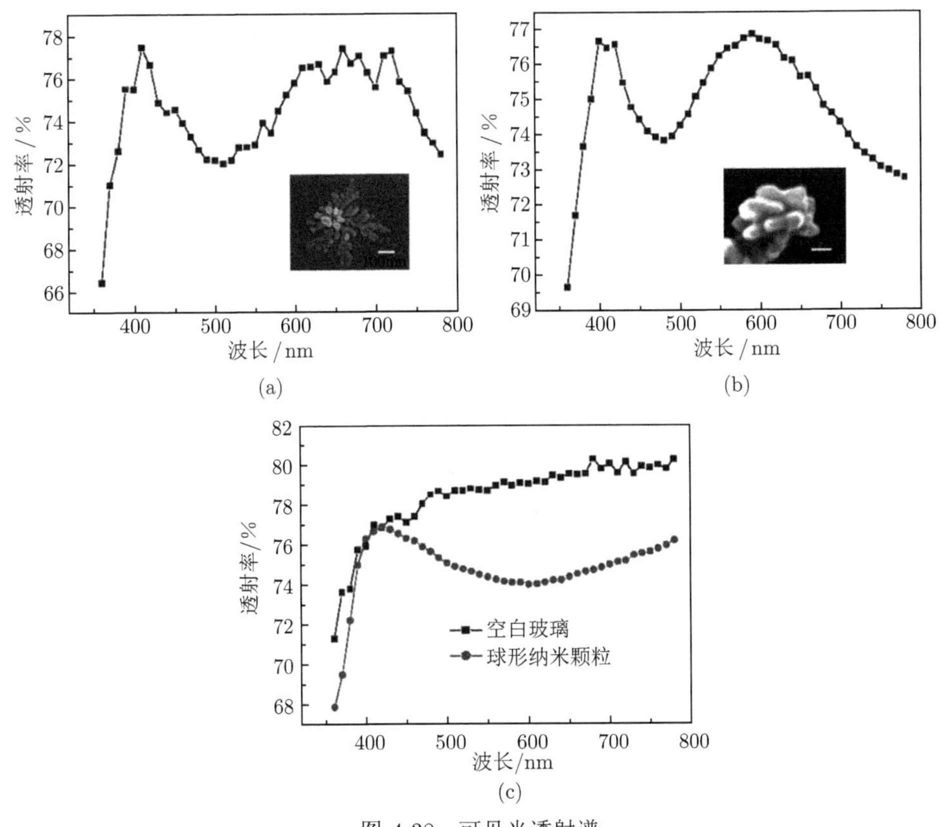


图 4-38 可见光透射谱

(a) 银树枝纳米颗粒；(b) 表面粗糙花朵纳米颗粒；(c) 空白玻璃和球形纳米颗粒

### 4.5.3 平板聚焦

根据平面聚焦原理，在超材料中，出现透射通带的光束透过超材料后将会在样品的另一侧出现聚焦现象，所以我们对这几种结构进一步做了平面聚焦实验。用图 3-23 所示的装置对样品进行了聚焦测试，图 4-39(a) 中以 590nm 为工作波长，对粗糙表面的花朵形纳米粒子对应的样品记录光强分布，从中可以观察到光穿过样品后有一个明显的聚焦现象。另外，为了验证共振器尺寸的分散性引起的共振峰拓宽现象，以 585nm、595nm 作为工作波长，同样可以观察到聚焦效应 (图 4-39(a))。590nm 工作波长下的聚焦强度略高于其余两个，而此波长处的透射率也略高于 585nm、595nm 处 (图 4-38(b))，透射曲线和聚焦曲线互相匹配。同时，如图 4-39(b) 所示，采用未出现透射通带的波长 (如 500nm 和 780nm) 为工作波长对样品进行测试，则没有观察到聚焦效应，证实了光波长与聚焦现象的相关性。作为对比的空白玻璃与光滑球形纳米颗粒的光强分布如图 4-39(c) 所示，光强度连续下降，并没有聚焦现象出现。

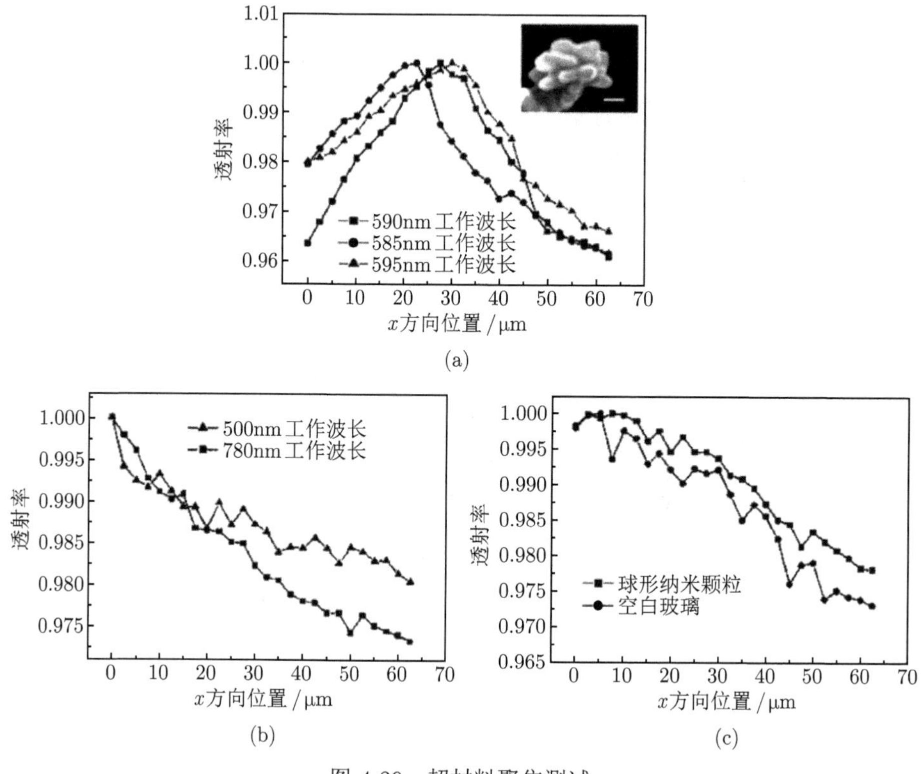


图 4-39 超材料聚焦测试

(a) 花朵状颗粒谐振频段；(b) 非谐振频段；(c) 空白玻璃和球形纳米颗粒

如表 4-1 所示，对不同结构的透射峰强度与聚焦强度进行对比，光滑表面的粒子对应的样品未出现透射通带和平面聚焦现象，而随着表面粗糙程度的增加，花朵形粒子对应的样品出现透射通带和平面聚焦现象，但强度较低，均为 3%。当进一步增加基本单元的表面粗糙程度，以树枝形粒子作为共振单元时，透射峰强度与聚焦强度明显增强，分别达到了 6%和 8%。其原因可能在于这种类“花朵”形粒子与树枝形粒子的形貌在某种程度上具有相似性，能形成类似的“V”形结构，所以表面等离子体能够与入射光耦合产生共振 [26]，表现为出现透射通带和平面聚焦现象，但是这种耦合弱于树枝形粒子中六边形开口谐振环，所以导致透射峰强度与聚焦强度小于树枝形粒子样品。

**表 4-1 不同结构样品透射峰强度与聚焦强度**

| 样品 | 透射峰强度 | 聚焦强度 |
|---|---|---|
| 树枝形粒子 | 6% | 8% |
| 粗糙表面纳米颗粒 | 3% | 3% |
| 光滑表面纳米颗粒 | 无 | 无 |

## 4.6 树枝状 PAMAM 与银纳米颗粒复合物

### 4.6.1 PAMAM 基银复合物超材料

树枝分子 PAMAM 所有分枝点的 N 原子都具有孤电子对，能够比较容易地和金属银离子发生配位，而在光照条件下，这些一价的银会逐渐还原成零价态的银原子，这些银原子在树枝内腔依附分枝点生长到纳米尺寸后逐渐稳定，形成了类似于金属银树枝结构的 PAMAM-Ag 的复合物。由于 Ag 的配位和还原过程具有随机性，所以可能形成多个大小不同的类树枝结构，理论上这些不同尺寸的类树枝结构能够产生不同波段的谐振，从而实现宽频段响应的左手效应。

1. 准备工作

裁取 50mm×13mm 的玻璃片，为了去除玻璃表面的污渍，增加玻璃表面的润湿性，使复合物能够更好地铺展在玻璃表面，我们对裁好的玻璃进行处理：

(1) 量取 25%氨水、30%双氧水和去离子水，按照体积比为 1:2:5 配制成 160mL 的溶液，将已经裁好的玻璃放入盛有混合溶液的烧杯，煮沸 1h；

(2) 将煮好的玻璃用去离子水清洗好之后放入盛有无水乙醇的烧杯中，并放入超声池清洗两次，每次约 30min；

(3) 玻璃使用之前，从无水乙醇中取出，用皂粉反复轻轻擦洗玻璃表面，并用去离子水冲洗干净，烘干。

2. 各代 PAMAM 合成步骤

1) 丙烯酸甲酯和乙二胺的提纯

对反应物丙烯酸甲酯和乙二胺分别进行蒸馏提纯处理，分别取 80℃ 和 116~117℃ 的馏分，得到纯净的没有阻聚剂的丙烯酸甲酯 (低温保存) 和没有低沸物、高沸物的乙二胺。

2) 0.5G PAMAM 的合成与提纯

取 9.0g (0.15mol) 约 9.1mL 乙二胺和 32g (1.0mol) 约 40.5mL 甲醇加入到放置有磁力搅拌子的圆底三口瓶中，往三口瓶中不断通入氮气，并置于盛有乙醇的低温恒温搅拌反应器中冰浴搅拌，然后在搅拌下逐滴缓慢滴加 103.2g (1.2mol) 约 108.6mL 的丙烯酸甲酯，待滴加完毕，反应物充分混合均匀后，将反应装置移至集热式恒温加热磁力搅拌器中进行水浴反应，维持反应体系温度为 25℃，反应 24h。反应完毕后将三口瓶与旋转蒸发仪相连，在 58℃、0.098MPa 条件下减压蒸馏，待无馏分流出时，继续旋蒸 1h，蒸去大部分的残留反应物和溶剂，得到剩下的淡黄色的液状物质。将得到的淡黄色液状物质置于分液漏斗中，使用大量乙醚进行 2~3 次萃取，并取下层液体进行真空干燥，得到纯净的 0.5G PAMAM。

3) 1.0G PAMAM 合成与提纯

取 10.1g (0.025 mol) 0.5G PAMAM 和 40g 约 50.6mL 甲醇加入到放置有磁力搅拌子的圆底三口瓶中，往三口瓶中不断通入氮气，并置于盛有乙醇的低温恒温搅拌反应器中冰浴搅拌，然后在搅拌下逐滴缓慢滴加 36g (0.6 mol) 约 36.4mL 乙二胺，待滴加完毕，反应物充分混合均匀后，将反应装置移至集热式恒温加热磁力搅拌器中进行水浴反应，维持反应体系温度为 25℃，反应 24h。反应完毕后将三口瓶与旋转蒸发仪相连，在 72℃、0.098MPa 条件下减压蒸馏，待无馏分流出时，继续旋蒸 1h，蒸去大部分的残留反应物和溶剂，得到剩下的淡黄色的黏稠液状物质。将得到的淡黄色液状物质置于分液漏斗中，使用大量乙醚进行 2~3 次萃取，并取下层液体进行真空干燥，得到纯净的 1.0G PAMAM。

4) 1.5G PAMAM 合成与提纯

取 13.02g (0.025 mol) 1.0G PAMAM 和 32g (1.0mol) 约 40.5mL 甲醇加入到放置有磁力搅拌子的圆底三口瓶中，往三口瓶中不断通入氮气，并置于盛有乙醇的低温恒温搅拌反应器中冰浴搅拌，然后在搅拌下逐滴缓慢滴加 21.5g (0.25mol) 约 22.6mL 的丙烯酸甲酯，待滴加完毕，反应物充分混合均匀后，将反应装置移至集热式恒温加热磁力搅拌器中进行水浴反应，维持反应体系温度为 25℃，反应 36h。反应完毕后将三口瓶与旋转蒸发仪相连，在 58℃、0.098MPa 条件下减压蒸馏，待无馏分流出时，继续旋蒸 1h，蒸去大部分的残留反应物和溶剂，得到剩下的淡黄色的液状物质。将得到的淡黄色液状物质置于分液漏斗中，使用大量乙醚进行 2~3 次萃取，并取下层液体进行真空干燥，得到纯净的 1.5G PAMAM。

5) 2.0G PAMAM 合成与提纯

取 30.1g (0.025mol) 1.5G PAMAM 和 40g 约 50.6mL 甲醇加入到放置有磁力搅拌子的圆底三口瓶中，往三口瓶中不断通入氮气，并置于盛有乙醇的低温恒温搅拌反应器中冰浴搅拌，然后在搅拌下逐滴缓慢滴加 60g (1mol) 约 60.7mL 乙二胺，待滴加完毕，反应物充分混合均匀后，将反应装置移至集热式恒温加热磁力搅拌器中进行水浴反应，维持反应体系温度为 25℃，反应 36h。反应完毕后将三口瓶与旋转蒸发仪相连，在 72℃、0.098MPa 条件下减压蒸馏，待无馏分流出时，继续旋蒸 1h，蒸去大部分的残留反应物和溶剂，得到剩下的淡黄色的黏稠液状物质。将得到的淡黄色液状物质置于分液漏斗中，使用大量乙醚进行 2~3 次萃取，并取下层液体进行真空干燥，得到纯净的 2.0G PAMAM。

6) 高代 PAMAM 合成与提纯

2.5G~5.0G PAMAM 基本步骤和上述合成与提纯步骤一致，即半代产品的合成与提纯参照 4)，整代产品的合成与提纯参照 5)。这里投料比主要还是参照反应物 PAMAM 分子的端基官能团数目与反应单体的物质的量比，即氨端基与丙烯酸甲酯的物质的量比为 1:2.5，酯端基与乙二胺的物质的量比为 1:6。同时，随着代数的增长，反应时间逐渐延长至 2~3 天。

### 3. PAMAM 树枝分子表征

为了验证合成的树枝大分子 PAMAM，我们利用核磁共振氢谱 ($^1$H-NMR) 对 1.0G~5.0G PAMAM 进行了表征，这也是化学物质常用的分子结构表征方法。用重水 ($D_2O$) 作溶剂，得到了如图 4-40(b) 所示的 $^1$H-NMR 分析图。

为了能较好地分析 PAMAM 分子的结构，我们绘制了 1.0G PAMAM 的单元结构图，如图 4-40(a) 所示，并且高代的 PAMAM 分子都将在每个分枝上以 —$CH_2CH_2CONHCH_2CH_2N$—单元结构作为每个分枝上的重复链段，因此在分析核磁共振图谱时，可以认为高代 PAMAM 分子具有和 1.0G PAMAM 分子相同种数的化学环境氢原子。图中，g、f 处的氢原子属于活泼氢，由于我们以 $D_2O$ 作交换剂，所以它一般不会在 $^1$H-NMR 图谱中出现，剩下的主要的 5 种化学环境氢原子分别以 a、b、c、d、e 表示。图 4-40(b) 是 1.0G PAMAM 的 $^1$H-NMR 图谱，我们可以看到出现的 5 个主要的峰，其中 a、b、c、d、e 氢原子的化学位移分别为 2.65ppm (1ppm $= 10^{-6}$)、2.37ppm、2.53ppm、3.17ppm、2.74ppm。其他整数代的 PAMAM 也可以看到有 5 个主要的峰，其 a、b、c、d、e 氢原子的化学位移几乎不变，与理论十分接近，因此可以认为我们合成了比较纯净的 PAMAM 分子。

另外，我们可以看到，在化学位移为 3.25~3.30ppm 范围内一直存在一个峰，并且随着代数的增加，它的相对峰高也越来越高，这有可能是由于部分活性氢结合成分子内氢键，造成它们的位置向高场移动，形成了新的峰，而分子内生成的氢键数也随代数而增加，导致该峰的相对峰高越来越高。

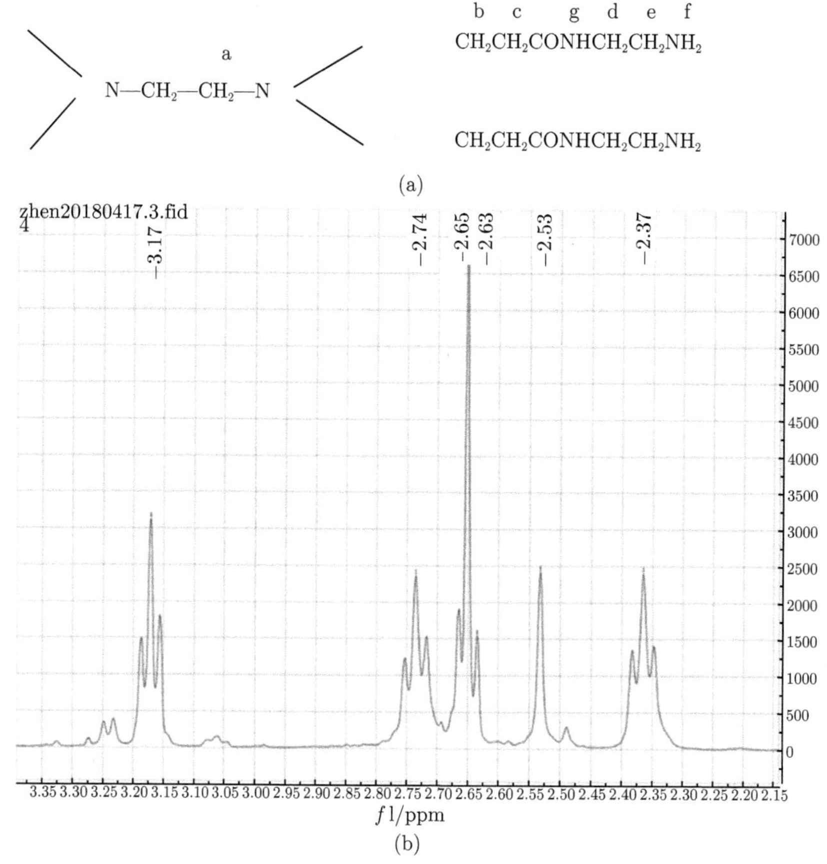


图 4-40　1.0G PAMAM 单元结构

(a) 几种不同环境的氢；(b)$^{1}$H-NMR 图谱

4. PAMAM-$Ag^{+}$ 配合物制备

(1) 称取 1G PAMAM 0.1g，置于 50mL 单口圆底烧瓶内，加入 3mL 超纯水并放入 2cm 梭形磁子，在磁力搅拌机上溶解搅拌均匀后，用黑色纸片将烧瓶瓶颈包住，塞上橡胶塞，并移至恒温磁力搅拌水浴锅中搅拌，温度设置为 25℃；根据物质的量比 1:1，称取 $AgNO_3$ 颗粒 0.03g，称好后迅速倒入烧瓶内，用黑色海绵纸遮住水浴锅开口处，最后用纸箱罩住整个反应装置，使其处于完全避光的环境，反应 1~2 天，充分配位后，取出单口烧瓶。

(2) 称取 2G PAMAM 0.1g，置于 50mL 单口圆底烧瓶内，加入 3mL 超纯水并放入 2cm 梭形磁子，在磁力搅拌机上溶解搅拌均匀后，用黑色纸片将烧瓶瓶颈包住，塞上橡胶塞，并移至恒温磁力搅拌水浴锅中搅拌，温度设置为 25℃；根据物质的量比 1:1，称取 $AgNO_3$ 颗粒 0.012g，称好后迅速倒入烧瓶内，用黑色海绵纸遮住水浴锅开口处，最后用纸箱罩住整个反应装置，使其处于完全避光的环境，反应 1~2 天，充分配位后，取出单口烧瓶。

(3) 称取 3G PAMAM 0.1g，置于 50mL 单口圆底烧瓶内，加入 3mL 超纯水并放入 2cm 梭形磁子，在磁力搅拌机上溶解搅拌均匀后，用黑色纸片将烧瓶瓶颈包住，塞上橡胶塞，并移至恒温磁力搅拌水浴锅中搅拌，温度设置为 25℃；根据物质的量比 1:1，称取 $AgNO_3$ 颗粒 0.005g，称好后迅速倒入烧瓶内，用黑色海绵纸遮住水浴锅开口处，最后用纸箱罩住整个反应装置，使其处于完全避光的环境，反应 1~2 天，充分配位后，取出单口烧瓶。

(4) 称取 4G PAMAM 0.1g，置于 50mL 单口圆底烧瓶内，加入 3mL 超纯水并放入 2cm 梭形磁子，在磁力搅拌机上溶解搅拌均匀后，用黑色纸片将烧瓶瓶颈包住，塞上橡胶塞，并移至恒温磁力搅拌水浴锅中搅拌，温度设置为 25℃；根据物质的量比 1:2，称取 $AgNO_3$ 颗粒 0.0049g，称好后迅速倒入烧瓶内，用黑色海绵纸遮住水浴锅开口处，最后用纸箱罩住整个反应装置，使其处于完全避光的环境，反应 1~2 天，充分配位后，取出单口烧瓶。

(5) 称取 5G PAMAM 0.2g，置于 50mL 单口圆底烧瓶内，加入 3mL 超纯水并放入 2cm 梭形磁子，在磁力搅拌机上溶解搅拌均匀后，用黑色纸片将烧瓶瓶颈包住，塞上橡胶塞，并移至恒温磁力搅拌水浴锅中搅拌，温度设置为 25℃；根据物质的量比 1:2，称取 $AgNO_3$ 颗粒 0.0048g，称好后迅速倒入烧瓶内，用黑色海绵纸遮住水浴锅开口处，最后用纸箱罩住整个反应装置，使其处于完全避光的环境，反应 1~2 天，充分配位后，取出单口烧瓶。

#### 5. PAMAM 基银纳米复合物薄膜

用移液枪分别吸取少量 (约 20 μL) 各代配合物，均匀涂覆在洗净的玻璃上，置于旋转涂膜机上，以 50r/min 的速度旋转 1h 左右，使复合物薄膜分布均匀；然后将涂覆好复合物的玻璃置于冷荧光灯下照射 2 天左右，银离子将不断还原成银原子，薄膜的颜色将逐渐由无色微黄转为深黄色，这样宽频高响应的各代 PAMAM-Ag 复合物超材料就制备完成，制备流程图如图 4-41 所示，荧光灯和制备的样品薄膜如图 4-42 所示。

用上述旋涂的方法制备得到的薄膜较厚，我们又采用垂直提拉的镀膜方法，希望得到厚度较小的样品薄膜。具体操作为：首先将玻片的一面完全遮住，使在镀膜过程中只有一面能够镀上样品；然后将镀膜机设为手动挡位，将玻片下降至底部距离样品溶液液面 5~10mm 处，将挡位更换为自动挡，设置下行速度 200μm/s，上行速度 150μm/s，行程为 30mm，在液面停留 2min。待样品干燥 1min 后，取下置于荧光灯下光照，镀膜示意图和得到的样品薄膜如图 4-43 所示。

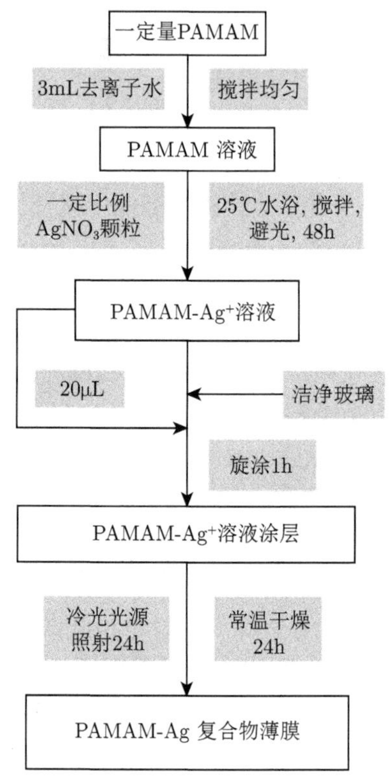


图 4-41　PAMAM 制备复合物薄膜流程图

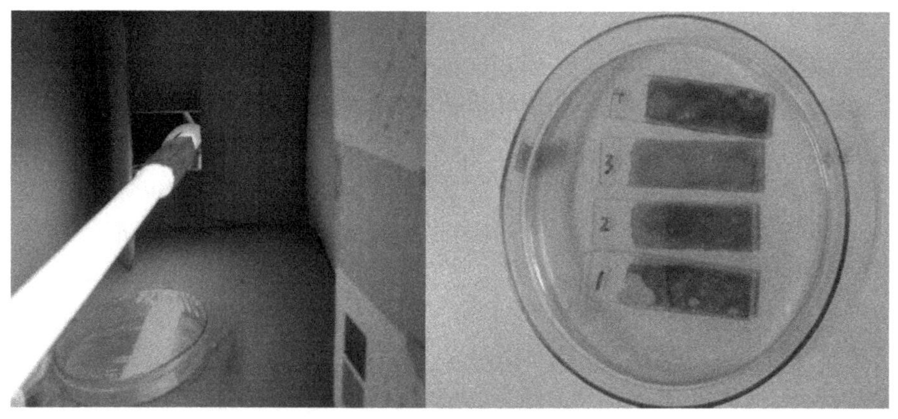

图 4-42　光照用荧光灯和用旋涂法光照后薄膜

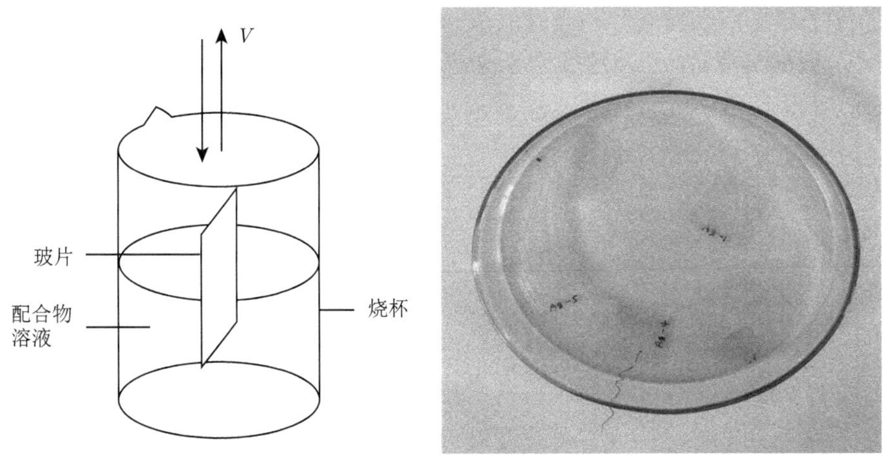


图 4-43 提拉法镀膜示意图及膜样品图

6. PAMAM 基纳米银影响因素

PAMAM 能否和银原子成功配位以及配位好的一价银能否还原成符合尺寸的零价态银是制约 PAMAM 基纳米银复合物能否具有左手效应的两个关键条件，而这两个条件的实现受到多方面因素影响：

(1) 硝酸银的加入量。硝酸银不能加入过少，否则多数 PAMAM 分子将不能和硝酸银发生配位，导致最终复合物无法产生谐振；硝酸银也不能加入过多，否则在一价态银光照后，银容易相互结合成具有较大尺寸的原子团，甚至析出颗粒。一般来说，我们实验中，控制硝酸银和 PAMAM 的物质的量比例在 1:1 到 2:1 的范围较好，较低代数的复合物加入硝酸银的量少一些，高代数的复合物则加入稍多的硝酸银。

(2) 树枝分子 PAMAM 的浓度。PAMAM 的浓度过高时，树枝分子会发生缠结，在银离子与之发生配位的过程中，容易通过 N 原子与银的介质作用，产生大分子的交联，形成超分子，这些超分子会在光照还原过程中发生缠结，造成分子尺寸增大，导致符合预期尺寸的树枝分子无法形成，最后难以形成具有左手效应的结构。

(3) 配位的时间与避光，这两个因素可以说是最为关键的因素。如果配位时间过短，那么银离子和 PAMAM 分子配位不完全，导致在还原过程中，裸露的银离子率先还原成银原子，并且产生大颗粒银，影响还原过程的进行；配位过程中必须严格避光，因为银离子对光极为敏感，如果避光不严格，在配位过程中就会有部分银离子还原成银原子，造成配位不完全，这些已经还原好的银又将成为晶种，继续影响后续光照还原的进行。

(4) 光照还原的温度。光照时的温度会对一价银还原成零价银的速度产生很大影响，温度偏高时，还原速度比较快，造成还原失控，得到的银的尺寸较大，甚至出现肉眼可见的银颗粒。因此，我们实验中为了避免这一情况的出现，通常不采用太阳光进行还原，而是将样品置于阴凉处，用冷荧光灯照射。而由于低温还原较慢，也应延长光照还原的时间，防止银还原不完全。

### 4.6.2 PAMAM 基纳米银薄膜微观结构

1. 复合物薄膜厚度

为了得到用不同方法涂覆的复合物薄膜的厚度，我们以 5G 复合物为例，在光学显微镜下将各玻片垂直放置，得到了几种玻片样品膜的显微镜图像，如图 4-44 所示，其中 (a)~(d) 均是将玻片放大 400 倍得到的图像。通过测量可以得知，以空玻片为对照，在去除空玻片本身的测量干扰后，可以得到用旋涂法制得的纯 5G

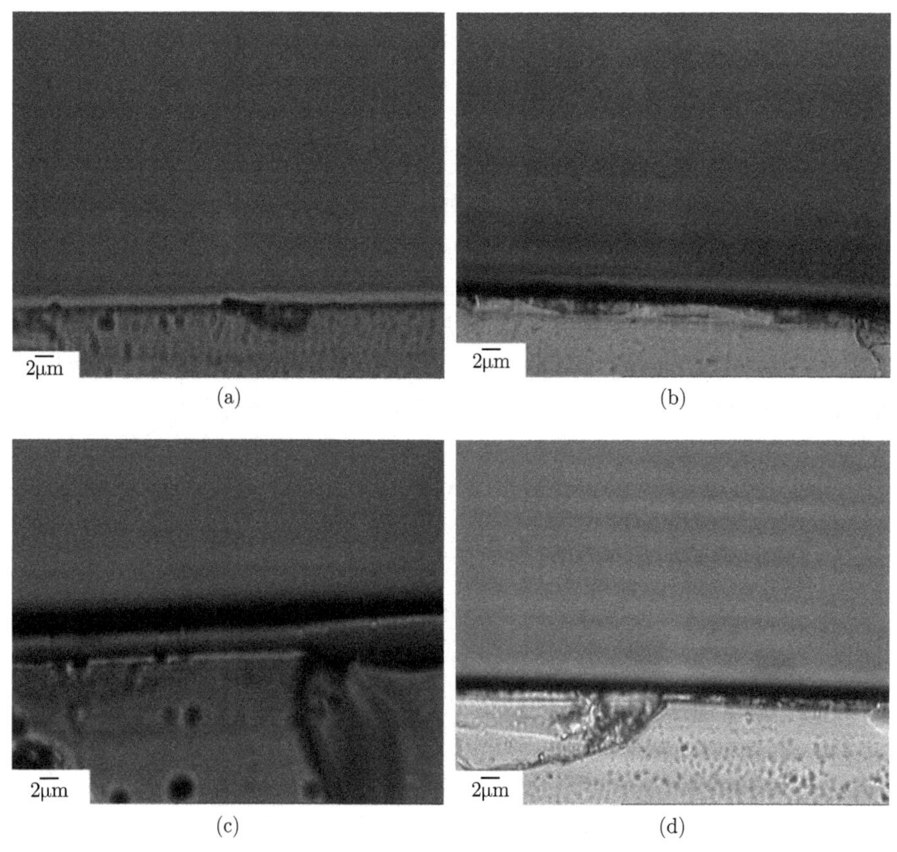


图 4-44　两种方法得到的几种膜显微镜图像

(a) 空玻片；(b) 旋涂法所得纯聚合物厚膜；(c) 旋涂法所得复合物厚膜；(d) 提拉法所得复合物薄膜

聚合物膜及复合物膜厚度分别约为 3~4μm 和 7μm，可见，用同种方法得到的含银的复合物膜要比不含银的纯聚合物膜厚；以相同的方式用提拉法制得的复合物膜的测量厚度约为 1.5~2μm，可见用拉膜法得到的膜的厚度要比旋涂法得到的膜的厚度小得多。

2. 复合物膜透射电子显微镜测试

为了得到复合物样品的微观结构，我们又对用旋涂法和提拉法得到的两种膜样品进行透射电子显微镜 (TEM) 测试。首先，需要制作专门的 TEM 样品，在两种膜样品上用不锈钢刀片分别刮下少量样品粉末，并使其在乙醇溶液中超声分散，待充分分散后，我们取一小滴分散液滴在 2mm×2mm 的小铜网上，并使其充分干燥，这样我们的测试样品就制备完毕。通过测试，我们分别得到了薄、厚两种样品的 TEM 图，如图 4-45 和图 4-46 所示。

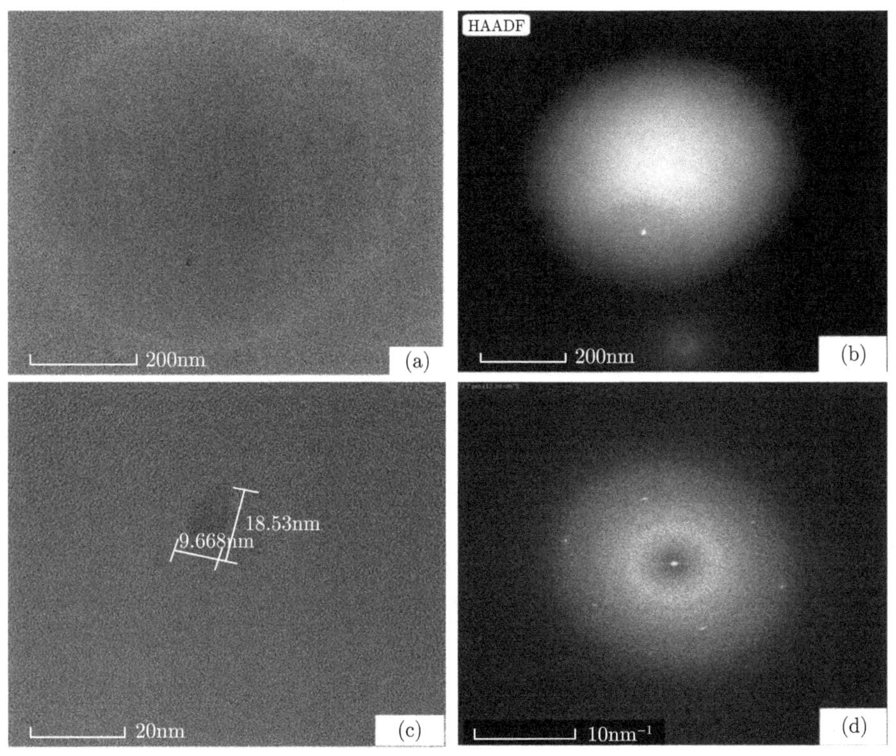


图 4-45 较薄样品

(a) TEM 形貌图；(b) 暗场显微镜图；(c) 较深衬度颗粒高分辨图；(d) 较深衬度颗粒选区衍射图

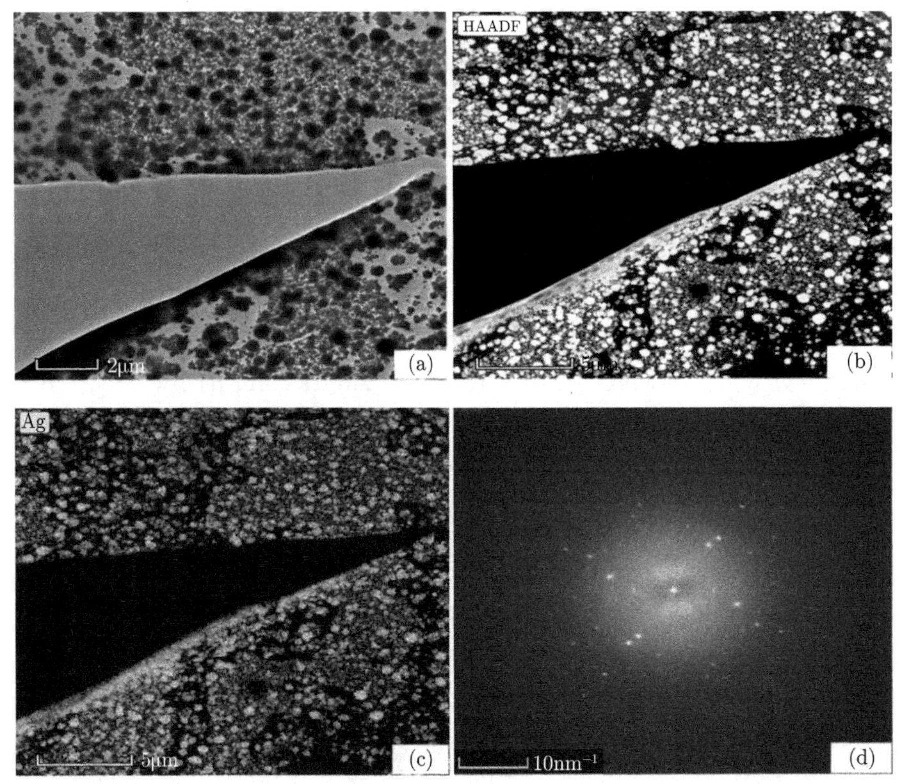


图 4-46　较厚样品

(a) TEM 形貌图；(b) 暗场显微镜图；(c) Ag 能谱扫描分布图；(d) 较深衬度颗粒选区衍射图

图 4-45(a) 为用提拉法得到的较薄样品的 TEM 形貌图，可以看到在较浅衬度的圆圈中零散分布着些许较深衬度的小黑点，我们猜测这些小黑点可能是聚合物中包裹的银颗粒；图 4-45(b) 为图 4-45(a) 的暗场显微镜图像；我们又对衬度较深的小黑点进行了高分辨透射测试，如图 4-45(c) 所示，可见衬度最深的小黑点的尺寸约为 10nm×20nm，并且能够看到晶格条纹；通过选区衍射图像，如图 4-45(d) 所示，我们可以看到选区内有多个亮斑图案，证实了这些较深衬度的暗点为银纳米颗粒，且它们分布在聚合物内部。

图 4-46(a) 为用旋涂法得到的较厚样品的 TEM 形貌图，我们可以看到图像中存在大量尺寸和衬度深浅不一的小颗粒，可能由于样品膜较厚，浓度较高，颗粒在空间堆叠层数较多；图 4-46(b) 为同样区域的暗场显微镜图像；图 4-46(c) 为 Ag 元素的能谱扫描分布图，我们可以看到图中的亮点均为银的集中分布区域；我们又对衬度较深的小颗粒进行了选区衍射，如图 4-46(d) 所示，可以看到，这里的亮斑明显要比较薄样品的亮斑多，从中可以大致得到银的空间分布。

### 4.6.3 聚焦结果

我们测量了 1G~5G PAMAM 基纳米银复合物超材料的平板聚焦效应，得到了各代 PAMAM 基纳米银复合物的聚焦曲线，这里只给出 5G 的结果。根据 5G 复合物的透射图，它的谐振峰主要出现在 500nm 以后，所以我们从谐振峰附近开始进行聚焦测试，并且为了验证复合物是否具有宽频响应，我们从波长 450nm 处开始测试，以 50nm 为步长测试到 1050nm，随后在波长 1050nm 处，换用红外光纤光谱仪继续测量，1100nm 后以 100nm 为步长一直测量到 1500nm，选用 500nm、1000nm 和 1500nm 入射时的聚焦结果，如图 4-47(a)~(c) 所示。我们可以看到，5G 复合物样品能够从 500nm 到 1500nm 出现聚焦现象，这与我们透射测量结果较为吻合，而从图 4-46(d) 中，我们可以看到用可见光谱仪测量的波段不论是聚焦强度还是焦距，总体均随波长的增大而增加，用红外光纤光谱仪测量

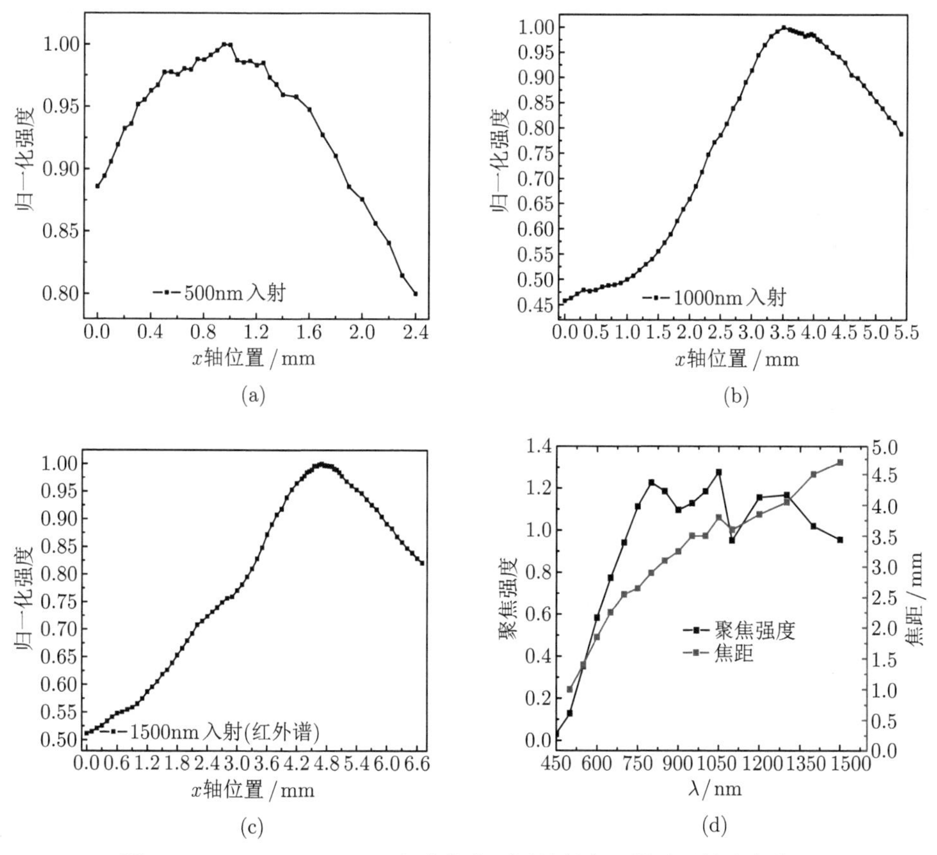


图 4-47 5G PAMAM-Ag 复合物在不同波长光入射时平板聚焦结果

(a) 500nm；(b) 1000nm；(c) 1500nm；(d) 各波长焦距和聚焦强度

的波段，焦距依旧还在增加，焦距为毫米量级，最大能接近 5.0mm，而聚焦强度在 1000nm 左右就基本不再增长，最大能超过 120%，并在附近波动，直到 1300nm 处开始出现下降。上述分析表明 5G PAMAM 基银纳米复合物超材料能够在可见光绿光到红外波段出现较强的宽频吸收。

结合 1G~4G 聚焦结果，我们可以得出，每一代复合物都能实现较强聚焦响应的宽频的左手效应。并且通过比较各代复合物聚焦曲线，我们还可以得出：随着复合物代数的增加，它能实现的聚焦效果越来越明显，聚焦强度不断增加，能从 40%增加到 120%；开始出现聚焦现象的波长也不断往短波长方向靠拢，相比于 1G 的从 850nm 开始出现聚焦，5G 能从 500nm 处就开始实现聚焦效应，提早了 350nm；同时，高代的复合物产生平板聚焦效应的焦距也要比低代的大，低代复合物的最大焦距在 3mm 附近，而高代复合物的焦距最大可接近 5mm。我们初步分析，出现这种现象的原因是低代数的样品分枝较少且尺寸较大，而随着代数增加，样品内部结构逐渐复杂，分枝逐渐增多，且尺寸减小，从而导致产生谐振的位置和强度均变化。

### 4.6.4 PAMAM 纳米银薄膜光自旋霍尔效应

21 世纪初，Onoda 等从理论上明确提出类似于电子自旋霍尔效应的光自旋霍尔效应 (spin Hall effect of light，SHEL)[27]。当边界两边介质的折射率不同时，光波穿过边界，折射率发生突然的变化，这个作用类比于电子自旋霍尔效应中促进耦合的外电场，而光波中的左旋光与右旋光角色分别相当于电子自旋的上、下分量。因而在光波的反射或折射过程中，光束在入射面的垂直方向发生分裂，即左旋圆偏振光与右旋圆偏振光之间会产生一个极小的位移，此即 SHEL。2015 年，High 等提出了一种由银/空气光栅组成的双曲超表面，该超表面可产生反常 SHEL[28]。然而，这种双曲超表面的制备仍需使用复杂的平版印刷和刻蚀技术，这就使得它的制备成本很高且只有微米级别的尺寸。

#### 1. 测试装置与方法

光自旋霍尔效应中光束的横向位移值极小，通常为纳米尺度，常规实验手段难以直接测量。本实验中，采用了印度研究者 Prajapati 等 [29] 的方法，将两束相干的分别为左旋和右旋的圆偏振光进行调整得到干涉图，因此，对样品实现自旋霍尔效应的测量。整个实验的光路装置图如图 4-48 所示，我们使用了 632.5nm、589nm 和 532nm 三个波长的激光器对样品进行测量。光束率先经过 $P_1$ 偏振片时，我们可以通过调节偏振片实现对光束两个分量强度的控制，从而能够调节得到较为清晰的干涉图样。由激光器发射出的光将经过沃拉斯顿棱镜，由该棱镜将光束分为两束线偏振光，一束为平行偏振光，另一束为垂直偏振光。随后，我们放置一片 1/4 波片，它将和分离出的两束线偏振光成 45° 角，并将它们转换为左旋和右旋的圆偏振光。我们让其中一束偏振光在 M 镜片处先发生反射，然后再经过分束镜，剩下的一束圆偏振光将直接在该分束镜上反射，然后两束偏振光将共同往前传播，最后在两片待测样品处反射，产生光的自旋霍尔效应，得到的干涉光斑图在白屏上显示，我们用 CCD 相机拍摄下来，并由计算机记录和保存。

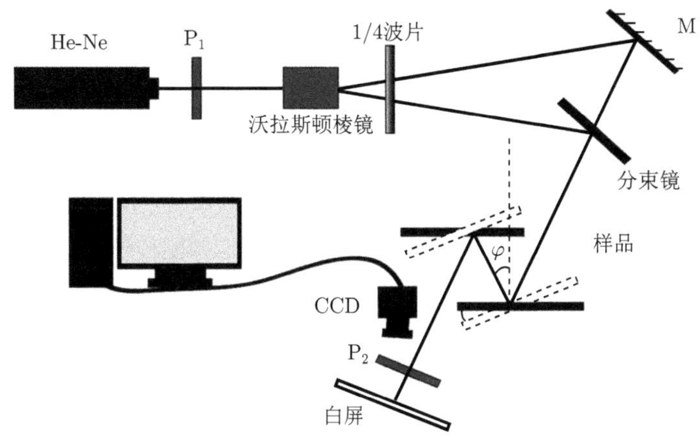


图 4-48 干涉法测量光学实验装置示意图

一般来说，如果入射角发生改变，那么在样品表面发生反射的光束将会产生旋转。这里我们将两片测试样品平行放置，并使光线在样品表面发生初次反射时的点能在样品转动的旋转轴上，这样我们可以有效避免反射光束发生旋转。我们调整 $P_2$ 检偏器的角度分别为 45° 和 135°，这样当左旋和右旋光穿过 $P_2$ 后，假设不考虑自旋霍尔效应，它们的相位将相差 π。

我们在进行样品测试之前，首先不放置任何样品，将分离出的两束偏振光不管是在角度上还是在位置上都完全对准，这样，由于这两束光本身并不会产生相位差，所以我们将不会观测到干涉条纹。随后，放置好样品，我们通过微调反射镜和分束镜，能够使分离出的两束偏振方向互为垂直的线光之间产生微小的倾斜，从而能够在屏幕上看到干涉条纹。当然，为了使条纹能够清晰可辨，我们将不断调整两束偏振光之间的微小倾斜，最后得到我们想要的条纹数量，本实验中，我们观测到的条纹数量大致上是 6~8 条。由于存在自旋霍尔效应，$P_2$ 检偏器的角度分别为 45° 和 135° 时，条纹间的相位差将不会等于 π，可能略小于 π，也可能略大于 π。我们就是通过这个微小的相位差，利用转换公式，实现光自旋霍尔效应的测量。

图样的每一个边缘在横截面上都代表一个数据点，所以，如果增加图样中的条纹数目，我们能得到的数据点也会越多。但往往这样做会导致整个测量条纹的移位精度大幅降低，因为我们拍摄干涉图样的 CCD 相机具有固定的像素，一味地增加条纹数量会使每条条纹所占有的像素点数目下降，从而降低了精度。为了使测量效果最佳，我们选定条纹数量为 6~8 条，每条条纹具有 10~20 个像素点，将所得图像用图像处理软件放大，则每条条纹拥有的像素点数目将扩大到 100~200 个，如此便能达到预期效果。

由于 5G PAMAM 基纳米银复合物的透射和平板聚焦测试均能够在红、黄、绿光出现响应，因此这里我们对 5G 复合物样品进行光自旋霍尔效应的测量。我们选择波长分别为 632.5nm、589nm 和 532nm 的激光器，控制样品旋转台实现入射光从 10° 到 60° 的测量，其中，入射角每隔 5° 测量一次。在测量过程中，我们只转动 $P_2$ 偏振片为 45° 和 135° 这两个角度，其余部分均不发生变动，得到两幅尺寸完全吻合的干涉图样，然后沿竖直方向将干涉图样切割成大小一致的左右两个部分，取 45° 角时图样的左边部分以及 135° 角时图样的右边部分进行水平拼接，得到一幅较为完整的左右相位不同的干涉图案。利用 MATLAB 软件，我们将拼接得到的图样在计算机上进行处理，并用以下公式计算得到光自旋霍尔效应的位移量：

$$D_{\mathrm{SHEL}} = \frac{\lambda}{2\pi}\frac{\Delta\Phi}{\cos\theta} \tag{4-1}$$

这里，$\theta$ 是入射角，$\Delta\Phi$ 的值为右旋光和左旋光之间的相位差减去 π，π 相位差是通过将 $P_2$ 偏振器旋转 90° 获得的。

2. 结果与分析

由于 5G PAMAM 纳米银复合物具有从 500nm 开始到红外波段的宽频谐振响应，为了再次验证该复合物样品在可见光波段的左手效应，我们对 5G 样品进行了光自旋霍尔效应的测量，得到的几种光源入射下的干涉光斑图如图 4-49 所示。从图中我们可以看到，总体上，干涉图中呈现的条纹较为清晰可辨，但还是存在部分条纹有些模糊的现象，主要原因是用旋涂法制备的薄膜还存在厚度较大、均匀性不够的缺点，而且样品本身由于内部结构复杂，当入射光穿过时，会在其内部发生多次反射，导致受到的干扰因素增多，得到的条纹也难以高度清晰。此外，我们通过仔细观察可以发现，左边部分的条纹均比右边部分的条纹所在的水平位置偏低，呈现出左边低右边高的特点。

我们将在不同波长入射下各个入射角的反射条纹图导入 MATLAB 中，将得到的一系列数据点中的参数代入公式 (4-1) 中计算，得到了不同情况下的光自旋霍尔位移量，并以入射角为横轴、位移量为纵轴得到了它们的关系曲线，如图 4-50 所示。根据曲线图进行分析，5G PAMAM 基纳米银复合物样品在红、黄、绿三种波长入射下，随着入射角的增大，总体上位移的绝对值也不断增大，并且均能出现负的自旋霍尔效应位移量，这恰恰印证了我们透射表征和平板聚焦的测试结果，即 5G PAMAM 基纳米银复合物能够实现可见光红、黄、绿波段的光学超材料 [30]。

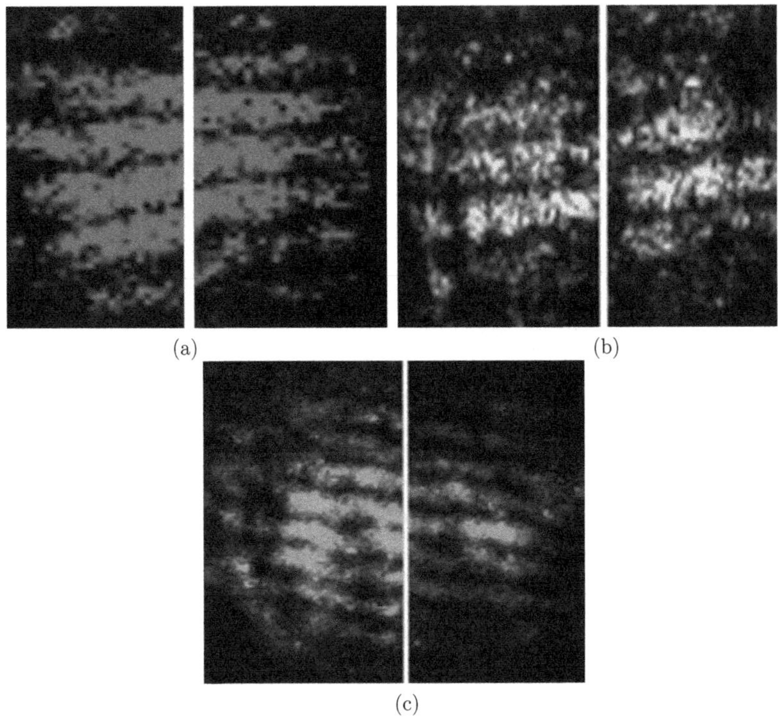


图 4-49 5G 复合物在入射角为 10° 时，红、黄、绿入射光干涉图 (彩图见封底二维码)

(a) 红光 632.5nm；(b) 黄光 589nm；(c) 绿光 532nm

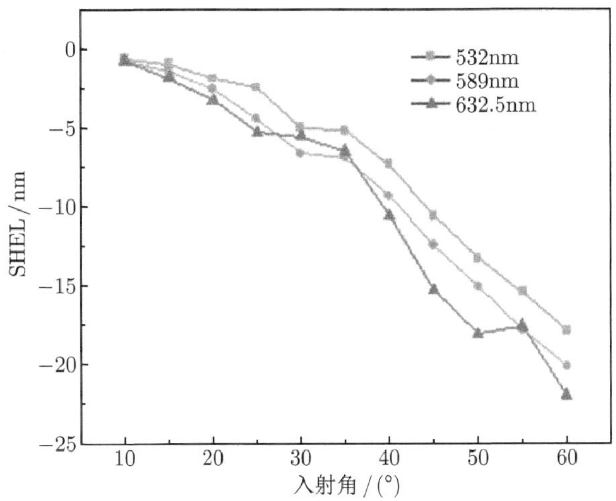


图 4-50 5G PAMAM 基纳米银样品不同入射角的 SHEL 值

# 4.7 其他形貌银颗粒

## 4.7.1 F127 保护剂制备树枝状银微米粒子

上述采用 PAMAM (4.2 节) 和 PAAS (4.3 节) 作为保护剂制备银树枝结构的方法证实，减小保护剂的浓度，可以使得生成银树枝结构的尺寸增大。但是实验中发现，保护剂的浓度必须保持在一定范围，当保护剂的浓度继续减小时，则其会失去保护作用，最终生成的产物以球形粒子为主，因此不能满足制备微米量级的银树枝使其应用于红外频段超材料的要求。

研究表明，嵌段共聚物 (如 PEO-b-PMAA、P123 等 [31,32]) 能对无机粒子的形貌起到很好的调控作用。这里我们使用嵌段共聚物聚氧乙烯-聚氧丙烯-聚氧乙烯 (F127) 与聚乙二醇 (PEG) 的混合物作为保护剂来制备微米尺度的树枝形银粒子。具体的制备方法如下：

取 0.15g F127、0.2g 抗坏血酸、0.01g PEG-20000 于 45mL 去离子水中，逐滴加入 10mL 0.2M 的硝酸银溶液，静置 1h，得到灰色固体，离心，用去离子水洗三次以去除残留的 F127 和 PEG，得到微米尺寸银树枝，平均直径在 2.5μm 左右，如图 4-51(a) 所示。加入硝酸银溶液时，如果处于搅拌状态，则会很快出现絮状沉淀，通过 SEM 证实为球状颗粒团聚。通过调节保护剂的用量，可以控制产物的尺寸大小，当 F127 用量为 0.25g，PEG 用量为 0.02g 时，制备的银树枝粒子平均直径为 1μm 左右，如图 4-51(b) 所示。

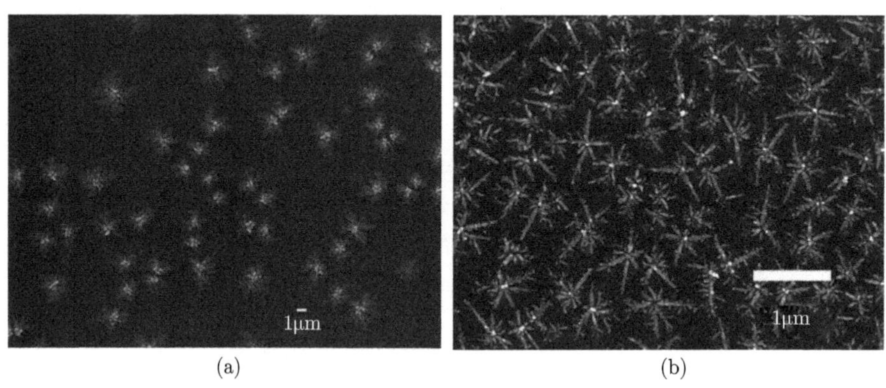


图 4-51 不同平均直径银树枝 SEM 照片

(a) 2.5μm；(b) 1μm

## 4.7.2 片状银纳米粒子制备

取 20mL 0.25mM 的 $AgNO_3$ 溶液，加入 0.1mL 10nm 银晶种，加入 50% PAAS 0.03g，搅拌 20min 后，停止，在 1000r/min 转速以下加入 0.1mL 0.1M

的抗坏血酸，搅拌 2min 后停止，保持体系温度为 0~5℃，加入 0.15mL 1M 的 NaOH 后置于 70W 钠光灯下进行光照，溶液变为蓝灰色，静置 4h。反应完成后，以 3000r/min 转速离心 10min，并用去离子水洗 3 次，得到三角形片状银纳米粒子，如图 4-52 所示。用乙醇和去离子水洗几次以除去残余的聚丙烯酸钠。其他条件保持不变，加入抗坏血酸，搅拌时间增加到 10min，则得到了六边形片状银纳米粒子，如图 4-53 所示。

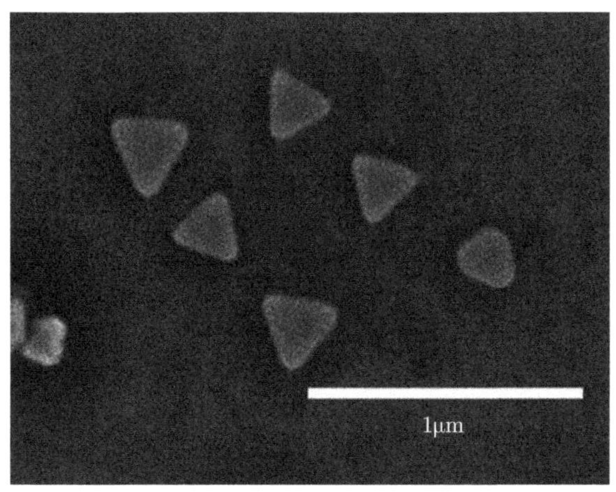


图 4-52　三角形片状银纳米粒子 SEM 照片

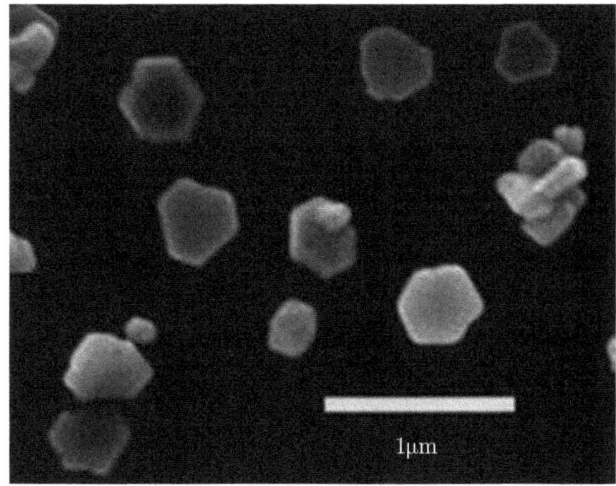


图 4-53　六边形片状银纳米粒子 SEM 照片

当其他条件不变，不加入银晶种时，得到了如图 4-54(a) 所示的片状粒子与球状粒子混合物。当不加入 PAAS，其他条件不变时，得到直径 30 nm 左右的球形银纳米粒子，如图 4-54(b) 所示。

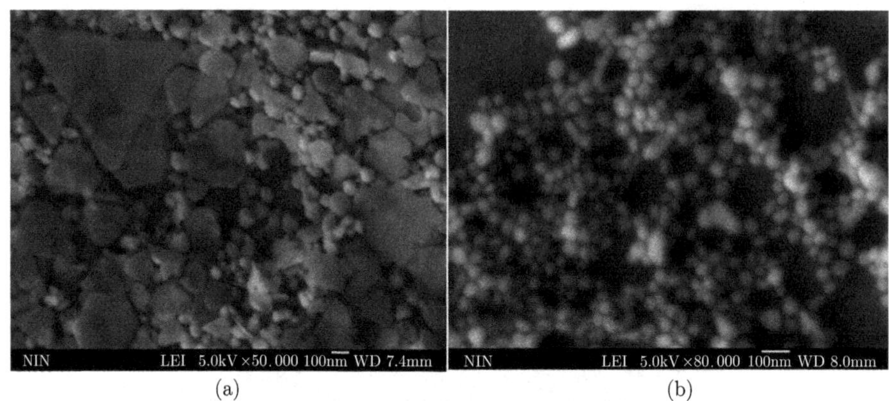


图 4-54 银纳米粒子 SEM 照片

(a) 不加入晶种；(b) 不加入 PAAS

### 4.7.3 多孔状银微米粒子

在超声辅助下进行置换反应制备多孔海绵形银微米粒子。将长 3cm、宽 1cm 锌片置于稀盐酸中浸泡 10h，以去除表面杂质，用去离子水冲洗，氮气吹干。经过表面处理的锌片置入小烧杯，放入超声发生器中，调节频率至 45kHz，取 0.017g $AgNO_3$ 于 20mL 去离子水中，缓慢加入烧杯，10min 后取出，1000r/min 离心 10min，得到多孔海绵状银微米粒子，如图 4-55(a) 所示，图 4-55(b) 为这种结构的放大照片，多孔银粒子的直径大约为 3μm，这种粒子溶胶可见光透射谱如图 4-56 所示，在 420nm 波长处可以观察到银的等离子吸收峰，与球形粒子吸收峰位置一致。

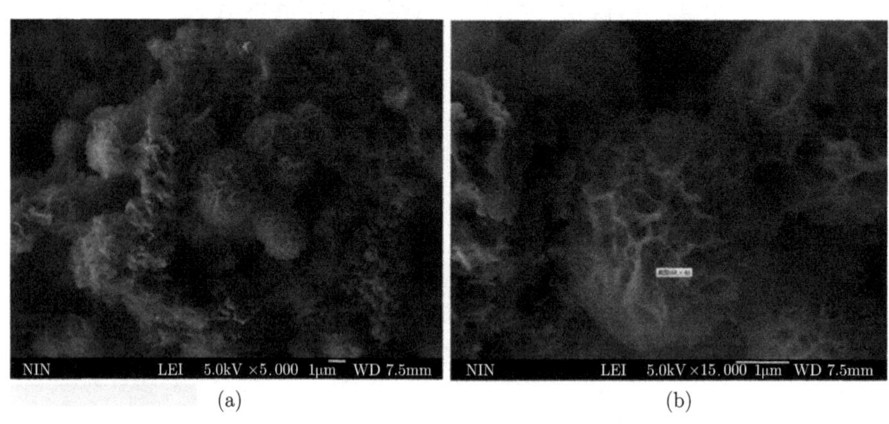


图 4-55 多孔状银纳米粒子 SEM 照片

(a) 低倍；(b) 高倍

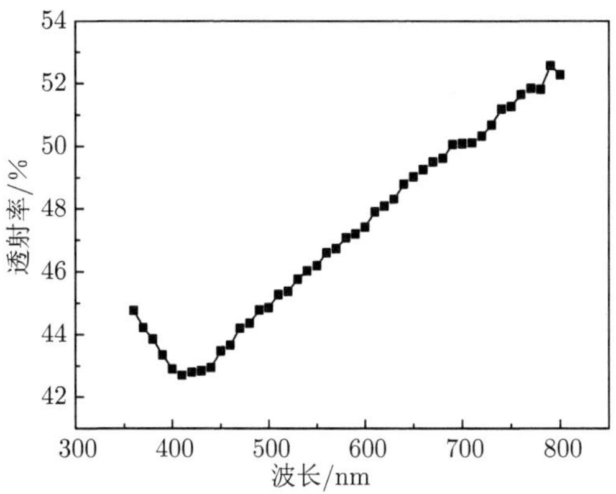


图 4-56 多孔银溶胶可见光透射谱

## 参 考 文 献

[1] Rao C N R, Muller A, Cheetham A K. Nanomaterials Chemistry: Recent Developments and New Directions. New York: WILEY-VCH Verlag GmbH & Co. KgaA, 2007: 30-35.

[2] Kawata S, Masuhara H. Nanoplasmonics: From Fundamentals to Applications. Amsterdam: Elsevier, 2006: 3-55.

[3] Wee A T S. Selected Topics in Nanoscience and Nanotechnology. Singapore: World Scientific Publishing Co. Pte. Ltd., 2009: 215-243.

[4] Jackson J B, Halas N J. Silver nanoshells: variations in morphologies and optical properties. J. Phys. Chem. B, 2001, 105 (14): 2743-2746.

[5] Xia Y N, Halas N J. Shape-controlled synthesis and surface plasmonic properties of metallic nanostructures. MRS. Bull., 2004, 30(5): 338-348.

[6] Jensen T, Kelly L, Lazarides A. Electrodynamics of noble metal nanoparticles and nanoparticle clusters. J. Cluster Sci., 1999, 10 (2): 295-317.

[7] Sosa I O, Noguez C, Barrera R G. Optical properties of metal nanoparticles with arbitrary shapes. J. Phys. Chem. B, 2003, 107(26): 6269-6275.

[8] Tomalia D A. Dendrimer as quantized building blocks for nanoscale synthetic organic chemistry. Aldrichimica Acta, 2004, 37: 39-57.

[9] Newkome G R, Moorfield C N, Vögtle F. Dendritic Molecules: Concepts, Syntheses, Perspectives. Weinheim: Wiley-VCH, 1996.

[10] Tomalia D A, Baker H, Dewald J, et al. A new class of polymers: starburst-dendritic macromolecules. Polym. J., 1985, 17(1): 117-132.

[11] Chen S H, Fan Z Y, Carroll D L. Silver nanodisks: synthesis, characterization, and self-assembly. J. Phys. Chem. B, 2002, 106(42): 10777-10781.

[12] Zhao W, Zhao X P. Fabrication and characterization of metamaterials at optical frequencies, Opt. Mater., 2010, 32(3): 422-426.

[13] Brownb T S D, Johnson B F G. Nucleation and growth of nano-gold colloidal lattices. Chem. Comm., 1997, 11(11): 1007-1008.

[14] Yao Y, Zhao X P. Multilevel dendritic structure with simultaneously negative permeability and permittivity. J. Appl. Phys., 2007, 101(12): 124904.

[15] 赵炜, 赵晓鹏. 银树枝状纳米结构阵列的制备与性能研究. 功能材料, 2010, 41(12): 2157-2160.

[16] Zhang J, Liu K, Dai Z H. Formation of novel assembled silver nanostructures from polyglycol solution. Mater. Chem. Phys., 2006, 100: 313-318.

[17] Zhao W, Zhao X P, Song K, et al. Three-dimensional optical metamaterials consisting of metal-dielectric stacks. Photonic. Nanostruct., 2011, 9(1): 49-56.

[18] Chen H S, Ran L X, Huangfu J T, et al. Metamaterial exhibiting left-handed properties over multiple frequency bands. J. Appl. Phys., 2004, 96(9): 5338-5340.

[19] Gollub J, Hand T, Sajuyigbe S, et al. Characterizing the effects of disorder in metamaterial structures. Appl. Phys. Lett., 2007, 91(16): 162907.

[20] Huang T, Meng F, Qi L M. Controlled synthesis of dendritic gold nanostructures assisted by supramolecular complexes of surfactant with cyclodextrin. Langmuir, 2010, 26(10): 7582-7589.

[21] Zhou X, Fu Q H, Zhao J, et al. Negative permeability and subwavelength focusing of quasi-periodic dendritic cell metamaterials. Opt. Express, 2006, 14(16): 7188-7197.

[22] Zhou X, Zhao X P. Resonant condition of unitary dendritic structure with overlapping negative permittivity and permeability. Appl. Phys. Lett., 2007, 91(18): 181908.

[23] Gong B Y, Zhao X P. Numerical demonstration of a three-dimensional negative-index metamaterial at optical frequencies. Opt. Express, 2011, 19(1): 289-296.

[24] 赵炜, 赵晓鹏. 纳米粒子形貌与表面等离子体激元关系. 光子学报, 2011, 40(4):556-560.

[25] Lepetit T, Akmansoy E, Pate M A, et al. Broadband negative magnetism from all-dielectric metamaterial. Electron. Lett., 2008, 44(19): 1447-1448.

[26] Zhao X P. Bottom-up fabrication methods of optical metamaterials. J. Mater. Chem., 2012, 22(19): 9439-9449.

[27] Onoda M, Murakami S, Nagaosa N. Hall effect of light. Phys. Rev. Lett., 2004, 93(8): 083901.

[28] High A A, Devlin R C，Dibos A, et al. Visible-frequency hyperbolic metasurface. Nature, 2015, 522(7555): 192-196.

[29] Prajapati C, Ranganathan D, Joseph J. Spin Hall effect of light measured by interferometry. Opt. Lett., 2013, 38(14): 2459-2462.

[30] Wu X F, Li Z C, Zhao Y, et al. Abnormal optical response of PAMAM dendrimerbased silver nanocomposite metamaterials. Photonics Research, 2022, 10(4): 965-972.

[31] Qi L M, Li J, Ma J M. Biomimetic morphogenesis of calcium carbonate in mixed solutions of surfactants and double-hydrophilic block copolymers. Adv. Mater., 2002, 14(4): 300-303.

[32] Zhang D B, Qi L M, Ma J M, et al. Synthesis of submicrometer-sized hollow silver spheres in mixed polymer-surfactant solutions. Adv. Mater., 2002, 14 (20): 1499-1502.

# 第 5 章　拓扑结构超材料

## 5.1　引　　言

光学超材料 [1] 面临很多亟待解决的问题，主要包括 [2]：①解决谐振结构 [3] 中存在较大损耗的问题；②制备裸眼可见的光频负折射率超材料；③各向同性 3D 超材料设计和制备。首先，损耗是超材料谐振响应的本征属性，它严重削弱了超材料奇异性能的表现。特别是在光频，趋肤深度已经可以和金属厚度相比拟，此时在金属中引起的体电流损耗和等离子体谐振损耗就显得更加严重，它们是制约光频超材料发展的巨大障碍。其次，采用各种刻蚀技术制备光频超材料，由于还不能达到纳米量级加工精度，难以满足更短波长响应的单元结构尺寸要求。同时，加工大面积的样品会使难度更大，造价更高。到目前为止，真正裸眼可视的负折射现象还不曾报道。最后，设计和制备各向同性 3D 超材料更具有实用价值。目前得到的超材料主要是 2D；少量 3D 结构先前也出现一些 [4]，但是大都呈各向异性，波长只能达到 μm 量级 [5,6]，因此更加不易实现可见光波段 3D 超材料 [7]。

细胞是生物体的基本单元，其表面密布纤毛，由内核和外表皮组成，组分和结构均不同。作为细胞的天线，纤毛可以探测细胞周围环境，助使细胞作出对环境的响应。受此启发，我们设计了一种球刺结构团簇拓扑超材料模型，球刺及球核内外分别由金属银和全介质二氧化钛构成。Mie 散射方法仿真 [8] 表明团簇模型可以获得各向同性低损耗的可见光负折射特征。采用由下向上方法，制备了球刺结构颗粒，表征了它的结构和光吸收性能。由团簇颗粒制备了超低损耗各向同性楔形样品和平面样品。测试了在绿光 530nm 和红光 640nm 附近处，两种样品的负折射效应、反常 Goos-Hänchen(GH) 效应和光速减慢的光捕获效应。这种由金属和介质复合的超低损耗各向同性颗粒组装可见光拓扑超材料开辟了设计和制备光学超材料的新途径。另外，我们也制备了可见光宽频拓扑超材料，研究了它的负折射和反常多普勒效应。

## 5.2　超簇结构设计及仿真结果

### 5.2.1　结构模型

仿生物细胞鞭毛芯皮结构和天线功能 (图 5-1(a))，设计超簇 (meta-cluster) 颗粒模型，由球核和杆组成 (图 5-1(b))。球核和杆的内部为二氧化钛介质，表皮为 1nm 厚的银。杆的直径 $D = 15\text{nm}$，数量为 600 根，$l$ 表示超簇结构的直径，$r$ 为球核的半径，$P$ 为超簇结构周期，超簇颗粒浸泡在周围的聚甲基丙烯酸甲酯 (PMMA) 介质中。依据二氧化钛和 PMMA 的介电常数对超簇结构光学响应的影响，二氧化钛的相对介电常数设置为 5.2，损耗因子设置为 0.003，PMMA 的相对介电常数设置为 2.5，银的介电参数设为实际的 Drude 模型值 [9]。利用 CST 仿真软件对该模型进行计算，选择时域求解器，边界条件设置为 $x$ 方向上的电壁和 $y$ 方向上的磁壁来模拟 $x$-$y$ 平面内的周期性边界条件，$z$ 方向即光波的传播方向上的边界条件设置为开边界。

利用 Mie 散射理论对所设计的超簇结构的有效参数进行了提取 [8,10]:

$$\text{Zeta} = \sqrt{\frac{(1+r)^2 - t^2}{(1-r^2) - t^2}} \tag{5-1}$$

$$k_\text{d} = \frac{1}{d}\arccos\left[\frac{(1-r^2)+t^2}{2t}\right] \tag{5-2}$$

$$\mu = \frac{k_\text{d} \times \text{Zeta}}{k} \tag{5-3}$$

$$\varepsilon = \frac{(k_\text{d}/k)^2}{\mu} \tag{5-4}$$

$$n = \text{Zeta} \times \varepsilon \tag{5-5}$$

这里 $r$ 是反射系数，$t$ 代表了透射系数，$d$ 是样品的厚度，$k_\text{d} = 2\pi f / c$ ($f$ 是入射光的频率，$c$ 为真空中的光速)。

对红光波段超簇颗粒 $l$=640nm，$r = 215\text{nm}$, $P = 670\text{nm}$ 计算得到的透射和反射曲线如图 5-1(c) 所示，可知超簇结构在红光波段发生了谐振，其透射系数具有明显的透射峰，且发生相位突变。由于该结构的尺寸与入射波长接近，因而其在红光波段发生的谐振是 Mie 谐振 [10]。利用 Mie 理论 [8] 对得到的透、反射系数进行参数反推 (图 5-1(d))，超簇结构在 640nm 附近的磁导率、介电常数和折射率均为负值，表明由该结构组成一种超材料。在 $\lambda = 645\text{nm}$ 处折射率实部的值达到最小，为 $-0.45$。红光波段的 FOM 曲线如图 5-1(e) 所示，其中 $\text{FOM}_\text{sim} = -\text{Re}(n)/\text{Im}(n)$。在 $\lambda = 623\text{nm}$ 处 $\text{FOM}_\text{sim}$ 达到最大值 10.3；在 $\lambda = 645\text{nm}$ 处即 $\text{Re}(n)$ 的最小值处，$\text{FOM}_\text{sim}$ 约为 3.2。对绿光波段，将超簇结构的直径 $l$ 缩短至 530nm，球核半径 $r$ 设为 165nm，$P$ 设为 560nm。透、反射曲线 (图 5-1(f)) 表明该超簇结构也发生 Mie 谐振。同样，利用 Mie 理论进行参数反推，该超簇结构在 530nm 附近磁导率、介电常数和折射率均为负值，在 $\lambda = 538\text{nm}$ 处 $\text{Re}(n)$ 值达到最小，为 $-0.47$ (图 5-1(g))。绿光波段的 FOM 曲线 (图 5-1(e))，在 $\lambda = 514.5\text{nm}$ 处 $\text{FOM}_\text{sim}$ 达到最大值 15.9；在 $\lambda = 538\text{nm}$ 处即 $\text{Re}(n)$ 的最小值处，$\text{FOM}_\text{sim}$ 约为 2.2。

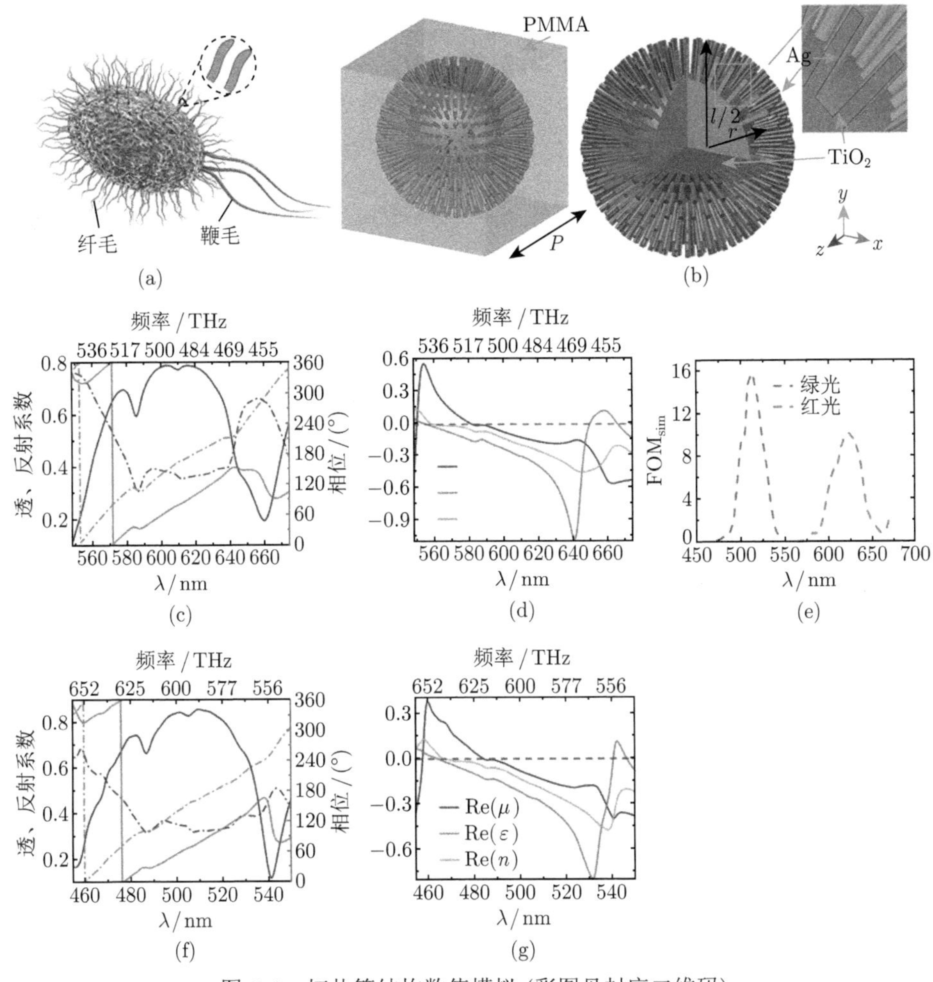


图 5-1 拓扑簇结构数值模拟 (彩图见封底二维码)

(a) 生物纤毛细胞示意图；(b) 团簇结构模型；(c) 红光超簇结构透射系数 (实线) 和反射系数 (点划线)；(d) 由 (c) 中透射和反射系数反演的有效参数；(e) 超簇结构的 FOM 曲线分别在红光 (红色虚线) 和绿光 (绿色虚线) 波长处谐振；(f) 绿光超簇结构透射系数 (实线) 和反射系数 (点划线)；(g) 由 (f) 中透射和反射系数反演的有效参数

### 5.2.2 红光波段光学响应

1. 空气介质对行为的影响

首先设计了如图 5-1(b) 所示的超簇模型，整个球刺结构直径 $l = 640\text{nm}$，球核半径 $r = 200\text{nm}$，圆柱形刺数量为 600 根，$P = 670\text{nm}$。球刺结构周围介质设置为空气。将二氧化钛的相对介电常数分别设置为 5、5.2 和 5.5，仿真计算得到的透射系数和反射系数如图 5-2(a)~(c) 所示，实线代表透射系数，点划线代表反

射系数 (本节后面的图同样这样表示)。由这些曲线可知，球刺结构在红光波段发生了谐振，其透射系数具有明显的透射峰和相位突变，且随着二氧化钛相对介电常数增大，谐振波长发生红移。利用 Mie 理论 [8] 对得到的透、反射系数进行参数反推，得到结果如图 5-2(d)~(f) 所示。可以看到，球刺结构在 640nm 附近磁导率、介电常数和折射率均为负值。而且，随着二氧化钛相对介电常数增大，折射率谷位置发生红移。

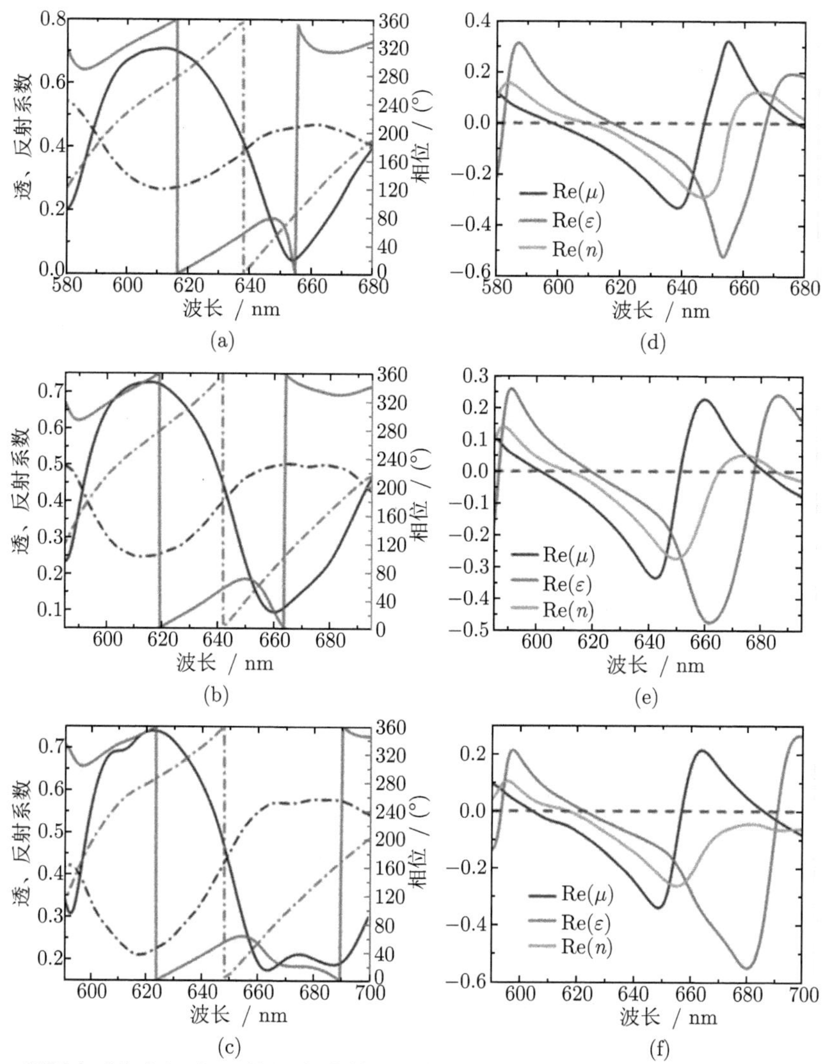


图 5-2　周围介质为空气时，不同二氧化钛相对介电常数球刺结构透射和反射系数曲线 ((a)5，(b)5.2，(c)5.5)；不同二氧化钛相对介电常数球刺结构磁导率、介电常数和折射率曲线 ((d)5，(e)5.2，(f)5.5)(彩图见封底二维码)

将二氧化钛相对介电常数设置为 5.2，改变球核半径 $r$，如图 5-3(a)、(b) 所示，分别对应 $r$=210nm、215nm。仿真计算得到如图 5-3(c)、(d) 所示的透、反射系数曲线。可以看到，随着球核半径增大，谐振波长会发生较小红移。同样，利用透、反射系数曲线反推得到如图 5-3(e)、(f) 所示的磁导率、介电常数和折射

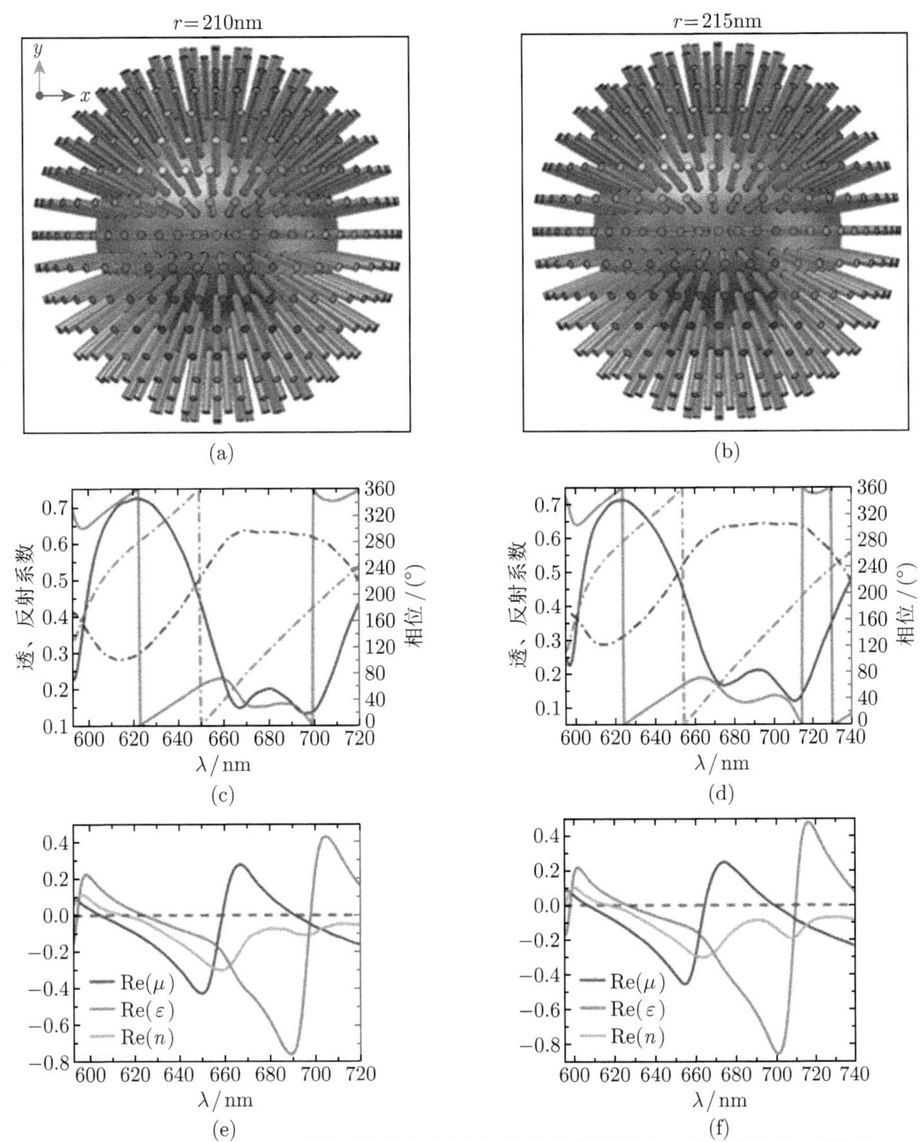


图 5-3 球核半径 $r$ 对球刺结构在红光波段光学响应的影响 (彩图见封底二维码)

$r$ =210nm 时球刺结构的正视图 (a)，透、反射系数曲线 (c)，磁导率、介电常数和折射率曲线 (e)；$r$ = 215nm 时球刺结构的正视图 (b)，透、反射系数曲线 (d)，磁导率、介电常数和折射率曲线 (f)

率曲线。比较图 5-2(e) 和图 5-3(e)、(f) 可知，随着球核半径增大，折射率谷位置会发生红移，且折射率谷绝对值有较小增加。图 5-4 表示球核半径 $r$=215nm 时的 $FOM_{sim}$，在 $\lambda$=648nm 处 $FOM_{sim}$ 达到最大值 2.7；在 $\lambda$=663nm 附近即 Re($n$) 的绝对值最大处，$FOM_{sim}$ 约为 1.4。

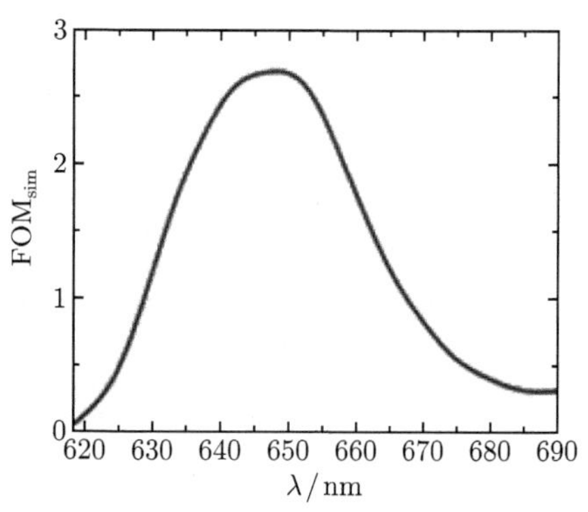


图 5-4　$r$=215nm 时球刺结构的 FOM 曲线

将二氧化钛相对介电常数设置为 5，球核半径 $r$=200nm，改变球核上刺的数量 (如图 5-5(a)、(b) 分别为 700 根刺、800 根刺的球刺结构)，仿真计算得到

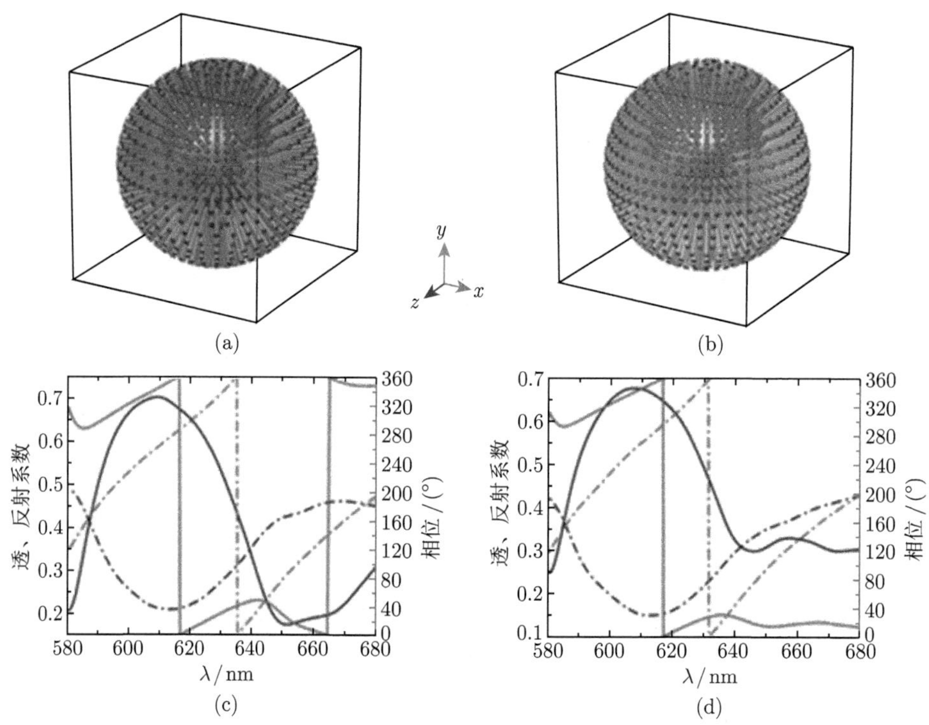

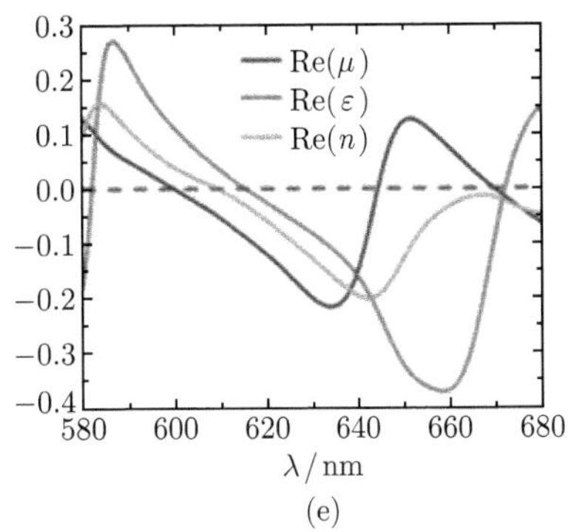

(e)

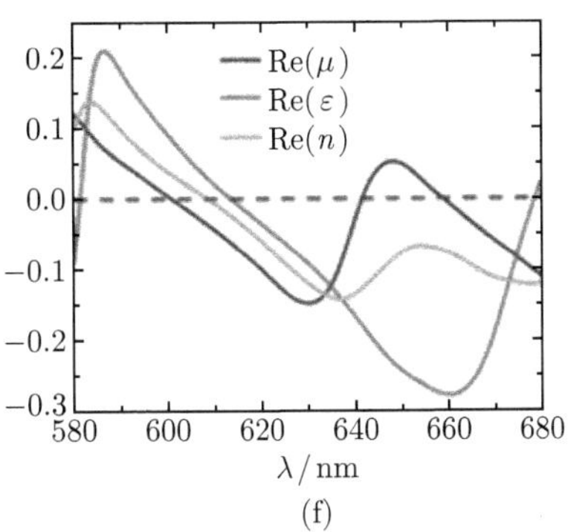

(f)

图 5-5 球刺数量对结构在红光波段光学响应的影响 (彩图见封底二维码)

球刺数量分别为 700 根、800 根时球刺结构的三维视图 (a)、(b)，透、反系数曲线 (c)、(d)，以及磁导率、介电常数和折射率曲线 (e)、(f)

如图 5-5(c)、(d) 所示透、反射系数曲线。可以看到，随着刺数量增加，透射系数振幅透射谷值变大，透射系数相位突变量变小且突变峰位置有较小蓝移。利用这些透、反射系数曲线反推得到如图 5-5(e)、(f) 所示磁导率、介电常数和折射率曲线。比较这些曲线发现，随着刺数量增加，磁导率、介电常数和折射率的绝对值都变小，折射率谷位置有较小蓝移。

2. PMMA 介质对行为的影响

我们进一步将球刺结构周围的介质设置为 PMMA。整个球刺结构直径 $l=640\text{nm}$，球核半径 $r=200\text{nm}$，刺的数量为 600 根。$\varepsilon_{\text{PMMA}}$ 设为 2.4，改变二氧化钛的相对介电常数，仿真计算得到结果如图 5-6(a)~(c) 所示，对应的二氧化钛相对介电常数分别为 5、5.2 和 5.5。可以看到，该结构在红光波段发生了谐振，光波通过该结构时产生了较大相位突变。随着二氧化钛相对介电常数增大，谐振波长发生红移。利用 Mie 理论进行参数反推的结果如图 5-6(d)~(f) 所示。该结构在 640nm 附近磁导率、介电常数和折射率均为负值。随着二氧化钛相对介电常数增大，介电常数谷绝对值明显增大且位置发生红移；折射率谷绝对值有较小增大，位置也发生红移。

将二氧化钛相对介电常数设置为 5.2，改变 $\varepsilon_{\text{PMMA}}$，球刺结构其他几何参数保持不变。当 $\varepsilon_{\text{PMMA}}$ 分别为 2.5、2.6 时，仿真计算得到透、反射系数曲线如图 5-7(a)、(b) 所示。比较图 5-6(b) 和图 5-7(a)、(b) 可知，随着 $\varepsilon_{\text{PMMA}}$ 增大，该球刺结构谐振峰发生红移，光波通过该结构产生的透射相位突变峰也发生较大红移。利用 Mie 理论对这些透、反射系数曲线进行参数反推，分别得到如图 5-7(c)、(d) 所示的磁导率、介电常数和折射率曲线。比较图 5-6(e) 和图 5-7(c)、(d) 可知，随着 $\varepsilon_{\text{PMMA}}$ 增大，介电常数谷绝对值和折射率谷绝对值略有减小且谷的位置都发生了红移。

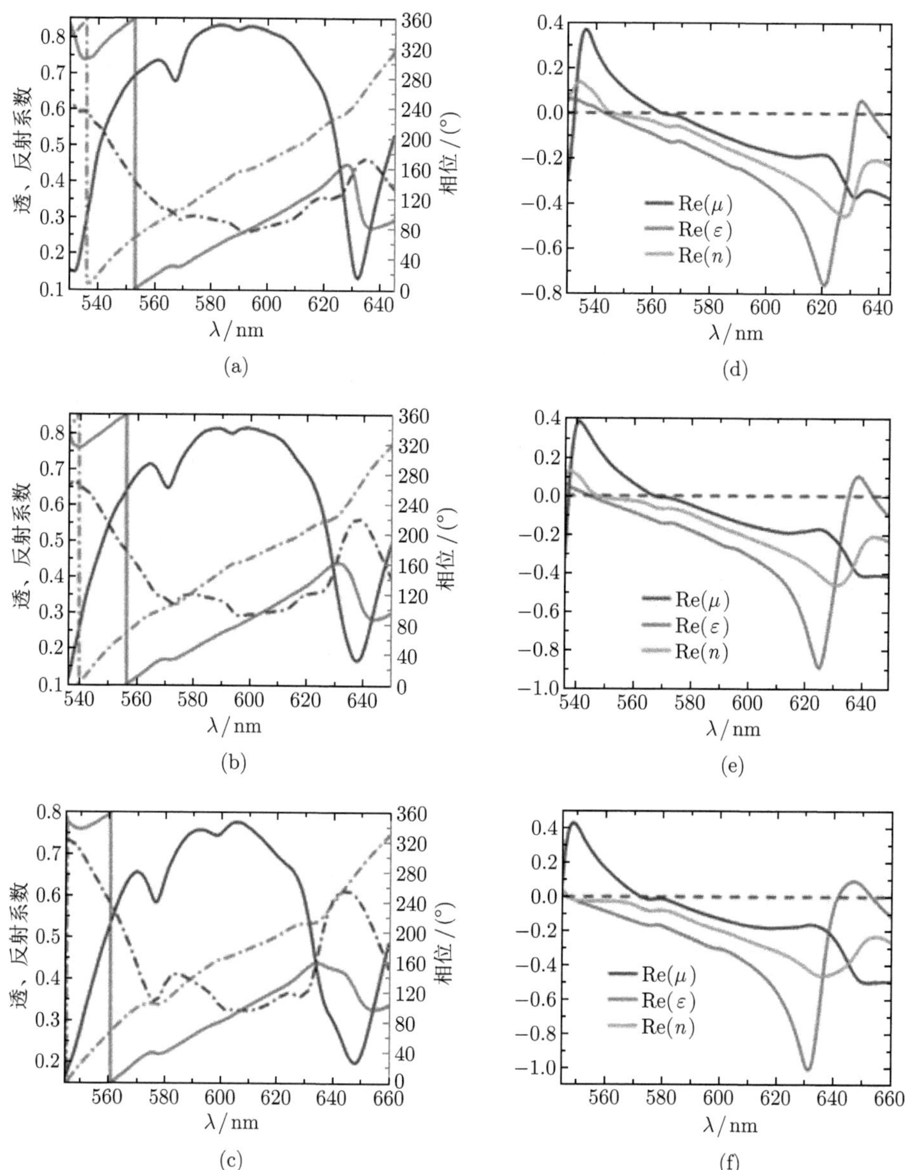


图 5-6　周围介质设置为 PMMA 时，不同二氧化钛相对介电常数球刺结构透射和反射系数曲线 ((a) 5，(b) 5.2，(c) 5.5)；不同二氧化钛相对介电常数球刺结构磁导率、介电常数和折射率曲线 ((d) 5，(e) 5.2，(f) 5.5)(彩图见封底二维码)

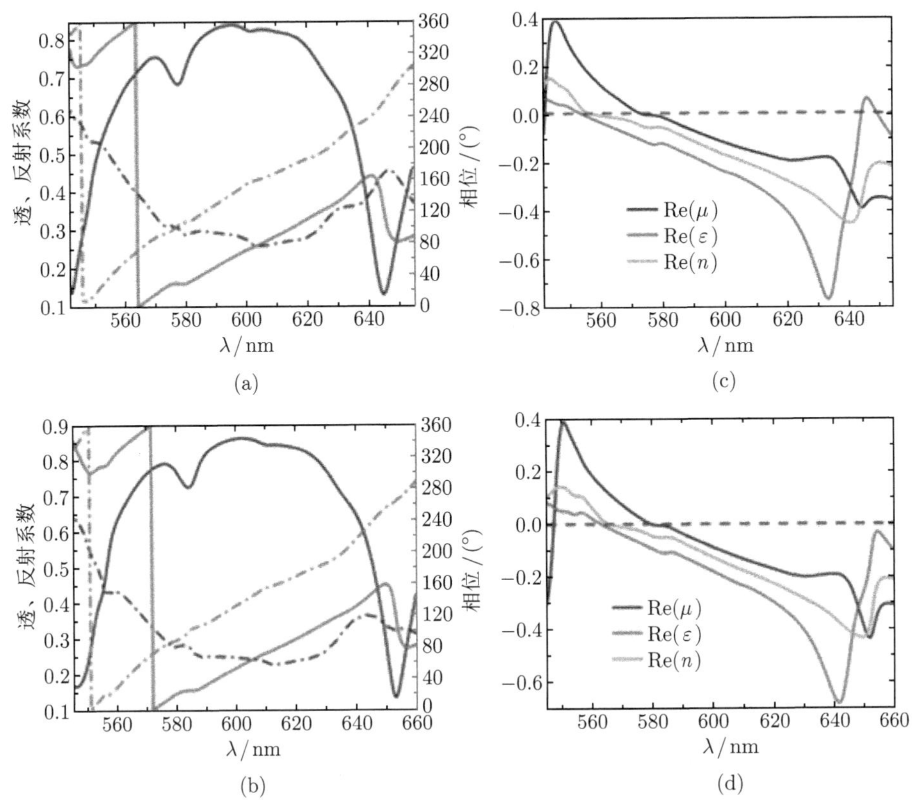


图 5-7 $\varepsilon_{\mathrm{PMMA}}$ 对球刺结构在红光波段光学响应的影响 (彩图见封底二维码)

当 $\varepsilon_{\mathrm{PMMA}}$ 分别设置为 2.5、2.6 时，球刺结构透射和反射系数曲线 (a)、(b) 及磁导率、介电常数和折射率曲线 (c)、(d)

将二氧化钛的相对介电常数设置为 5.2，$\varepsilon_{\mathrm{PMMA}}$ 设为 2.5，整个球刺结构直径 $l$ 设为 640nm，刺的数量为 600 根，改变球核半径分别对应 $r=210\mathrm{nm}$、220nm。仿真计算这些具有不同球核半径的球刺结构，其透、反射系数曲线如图 5-8(a)、(b) 所示。比较这些透、反射系数曲线可知，谐振波长随球核半径增大而发生红移。对这些透、反射系数曲线进行参数反推，得到球刺结构磁导率、介电常数和折射率如图 5-8(c)、(d) 所示。随着球核半径增大，折射率谷位置发生了红移，介电常数谷绝对值有明显增大。

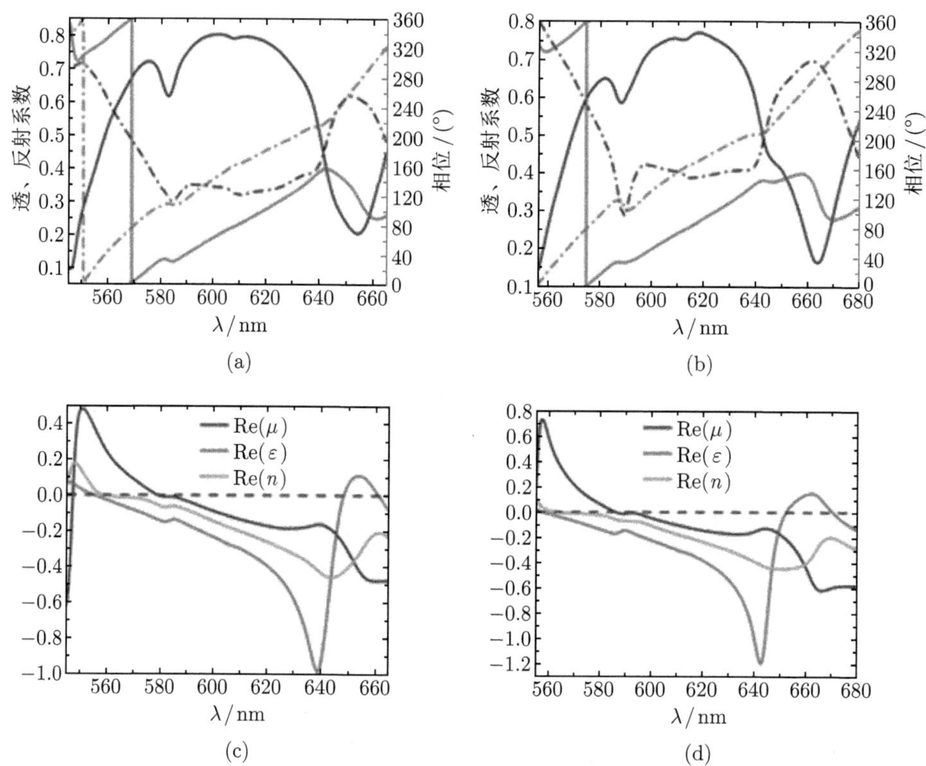


图 5-8　球核半径 $r$ 对球刺结构在红光波段光学响应的影响 (彩图见封底二维码)

当 $r$ 分别为 210nm、220nm 时，球刺结构的透、反射系数曲线 (a)、(b) 及磁导率、介电常数和折射率曲线 (c)、(d)

### 5.2.3　绿光波段光学响应

将整个球刺结构直径 $l$ 缩小至 530nm，球核半径 $r$ 设为 165nm，模型周期 $P=560\text{nm}$，刺的数量为 600 根。二氧化钛的相对介电常数设为 5.2，$\varepsilon_{\text{PMMA}}$ 设为 2.4，仿真计算得到透、反射系数曲线如图 5-9(a) 所示。由图 5-1(f) 和图 5-9(a) 可知，随着 $\varepsilon_{\text{PMMA}}$ 增大，谐振波长发生红移。利用 Mie 理论进行参数反推，结果如图 5-9(b) 所示，该球刺结构在 530nm 附近磁导率、介电常数和折射率均为负值，折射率与实验测得值基本一致。由图 5-1(g) 和图 5-9(b) 可知，随着 $\varepsilon_{\text{PMMA}}$ 增大，介电常数谷和折射率谷位置发生明显红移，且其绝对值稍有减小。

将二氧化钛的相对介电常数设置为 5.2，$\varepsilon_{\text{PMMA}}$ 设置为 2.4，整个球刺结构直径 $l=530\text{nm}$，刺的数量为 600 根。改变球核半径分别为 $r=170\text{nm}$、175nm、180nm。仿真计算得到相应球刺结构透、反射系数曲线如图 5-10(a)~(c) 所示，随着球核半径 $r$ 增大，谐振波长发生红移。图 5-10(d)~(f) 为利用 Mie 理论推导得到的球刺结构磁导率、介电常数和折射率曲线。随着球核半径 $r$ 增大，介电常数谷和折射率谷位置发生较小红移，介电常数谷绝对值有明显增大。

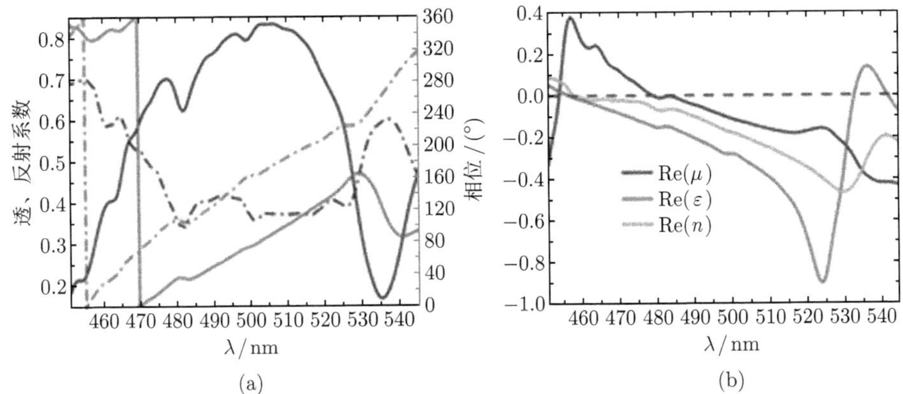


图 5-9 $\varepsilon_{\mathrm{PMMA}}$ 对球刺结构绿光波段响应的影响 (彩图见封底二维码)

$\varepsilon_{\mathrm{PMMA}}$ 设置为 2.4 时，球刺结构透射和反射系数曲线 (a)，磁导率、介电常数和折射率曲线 (b)

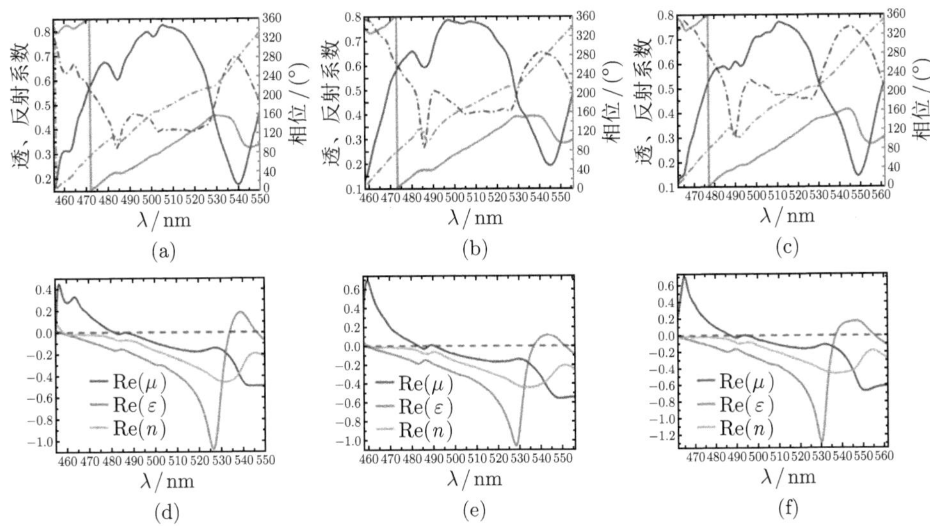


图 5-10 球核半径 $r$ 对球刺结构在绿光波段响应的影响 (彩图见封底二维码)

当 $r$ 分别为 170nm、175nm 和 180nm 时球刺结构透、反射系数曲线 (a)~(c) 及磁导率、介电常数和折射率曲线 (d)~(f)

### 5.2.4 准周期超材料结构设计

在制备超材料的过程中，各种制备误差和加工精度的影响通常会使制备的超材料的结构尺寸与理论模型相比出现偏差，所得到的各个单元结构的尺寸出现大小不一致的情况，这在一定程度上会影响到超材料的电磁响应特性。先前已有不少文献研究过在周期性超材料结构中引入缺陷或者是在一定程度上偏离周期结构的无序超材料结构 [11−20]。由于化学制备的球刺结构大小不等，我们也考察了部分大小发生变化的球刺结构在空间排列时的电磁响应特性。为了便于分析，按照图 5-11 的方式使两种尺寸的球刺交替排列，相邻球刺间的距离依然是 $d = 571.7\text{nm}$，其中大球刺的几何尺寸为 $l = 240\text{nm}$，$r = 110\text{nm}$，$D = 72\text{nm}$，小球刺相对于大球刺在整体尺寸上的缩小系数为 $\varDelta(\varDelta \leqslant 1)$，图 5-11 中右下角有角标 $\varDelta$ 的就是缩小的球刺。

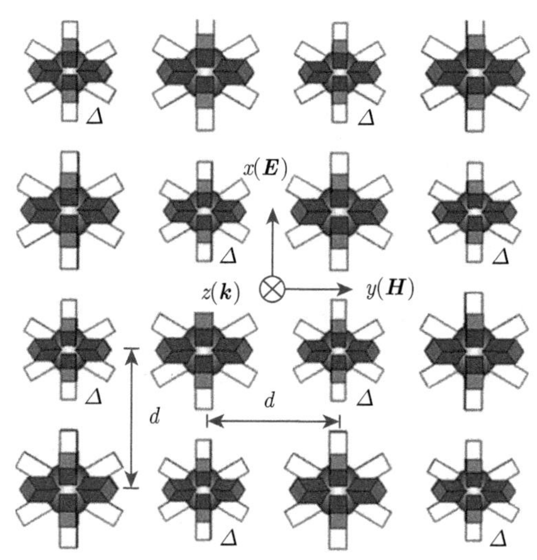


图 5-11　保持相邻球刺间的距离 $d = 571.7\text{nm}$，部分交替排列的球刺结构的整体尺寸缩小 $\varDelta(\varDelta \leqslant 1)$，缩小的球刺结构右下角标有角标 $\varDelta$

当交替相间的部分球刺结构从均匀大小到缩小 10%，即 $\varDelta = 1$、0.95、0.9 时，考察它们在光频的电磁响应变化。通过仿真得到透射、反射曲线，以及采用先前的反演参数提取法得到整个阵列结构的电磁参量 (如磁导率、电容率和折射率) 的变化曲线，分别如图 5-12(a)、(b)、(c)、(d) 所示。可以看出，当部分交替排列的球刺变小 (即 $\varDelta$ 逐渐变小) 时，总能够在绿光波段同时产生负电容率和负磁导率，进而产生负折射率。即使当 $\varDelta = 0.9$ 时依然能够保持这种双负响应，只是响应频段随着 $\varDelta$ 的变小发生蓝移，这是因为部分球刺结构的尺寸变小将导致电磁响应向高频移动。因此可知这种三维球刺阵列结构从均匀大小的排列到出现部分球刺尺寸参差变化时，即使是变化了 10%，依然保持着较好的负折射率特性，只不过响应频段有所偏移。如前所述，在实际制备过程中不可避免地存在各种制备误差，因此不能从严格意义上制备出均匀大小的超材料阵列结构，我们所发现的这种部分球刺结构尺寸改变时依然保持负折射率的特性很有利于忽略制备误差。

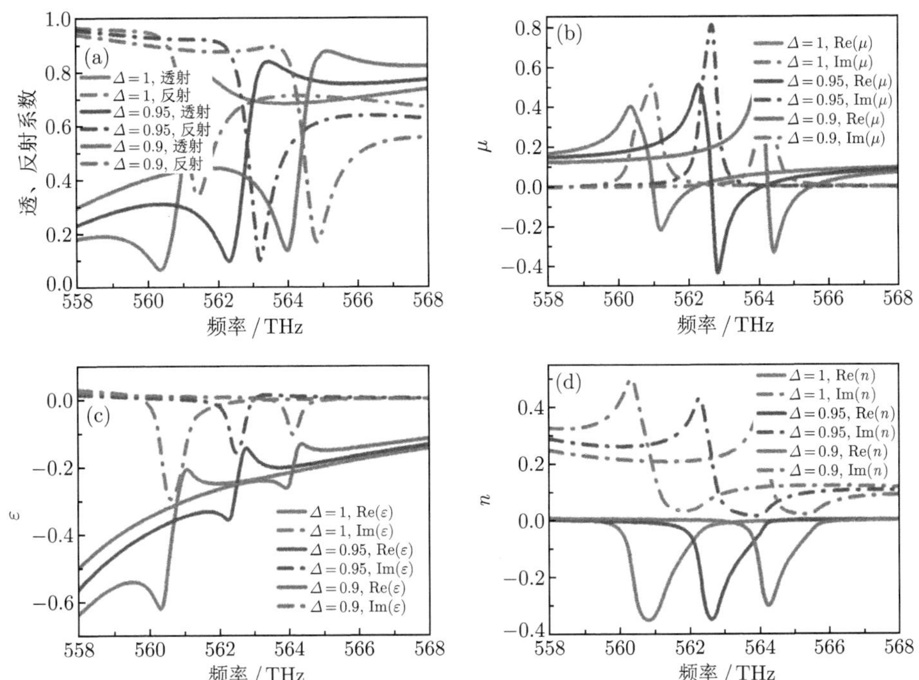


图 5-12 当 $\Delta = 1$(红色曲线)、0.95(蓝色曲线)、0.9(粉红色曲线) 时，对两种大小球刺交替排列的阵列结构的仿真结果 (彩图见封底二维码)

(a) 透射和反射；(b) 磁导率；(c) 电容率；(d) 折射率

# 5.3 球刺状超材料性质

## 5.3.1 样品的制备及表征

1. 样品制备

1) 球刺状 $AgCl/TiO_2$ 微纳米颗粒

将 $TiCl_4$ 在冰浴条件下滴加到去离子水中配制成不同浓度的 $TiCl_4$ 水溶液，并将其放入冰箱中冷藏备用。将 $AgNO_3$ 溶解于去离子水中配制成不同浓度的水溶液。将一定量的钛酸丁酯 (TBT) 溶于甲苯中，在冰浴条件下搅拌 0.5h；将 $AgNO_3$ 水溶液加入 TBT 与甲苯的混合液中，搅拌 0.5h；再加入一定量的 $TiCl_4$ 水溶液，磁力搅拌 1h。然后，将混合体系移入以聚四氟乙烯为内衬的不锈钢高压釜中，其中反应物的体积约为高压釜容积的 80%，将反应釜放入恒温干燥箱中在

150℃ 下反应 24h。所得产物用无水乙醇多次洗涤后，将其分散于乙醇中备用，或过滤风干即得到 $AgCl/TiO_2$ 颗粒。

典型样品的具体制备过程如下：将 4g TBT 加入 30mL 甲苯 (toluene, $C_6H_5CH_3$) 中，冰浴搅拌 30min；加入 $AgNO_3$ 溶液 (1g $AgNO_3$ 溶于 1mL 去离子水中)，冰浴搅拌 30min；再加入 2mL 质量百分比为 38.5%的 $TiCl_4$ 溶液，冰浴搅拌 1h；将混合液转入高压反应釜并置于烘箱中，在 150℃ 反应 24h；待其自然冷却后，所得产物用乙醇 (ethanol, $CH_3CH_2OH$) 多次洗涤，过滤后再分散于乙醇中。

2) 球刺状颗粒表面改性

分别将 2mL 的 PEG-400、1mL 的 $\gamma$-甲基丙烯酰氧基丙基三甲氧基硅烷 (KH570)、1mL 氨水 (质量百分比为 25%) 溶于 5mL 乙醇中，配制成三种不同的乙醇溶液备用。将一定量的 $AgCl/TiO_2$ 颗粒分散于 50mL 乙醇中，在三口烧瓶中匀速搅拌 30min；滴入 PEG-400 的乙醇溶液，匀速搅拌 1h；再滴入 KH570 的乙醇溶液，继续搅拌 5h；最后滴入氨水的乙醇溶液，继续搅拌 10h。将产物离心分离，用乙醇洗涤 3 次，即可得到 KH570 修饰的海胆状 [21–23]$AgCl/TiO_2$ 颗粒。

3) 球刺状 $AgCl/TiO_2$@PMMA 复合颗粒

在超声波作用下，将 0.2g 聚乙烯吡咯烷酮 (PVP) 溶于 80mL 去离子水中；称取 0.06g 过硫酸钾 (KPS) 溶入 6mL 去离子水中。将 2mL 甲基丙烯酸甲酯 (MMA) 和 10μL 二甲基丙烯酸乙二醇酯 (EGDMA) 溶于 25mL 乙醇中，然后加入一定量 KH570 修饰后的 $AgCl/TiO_2$ 颗粒，搅拌 1h；再加入 PVP 水溶液，搅拌 1h；随后通入氮气，在 80℃ 恒温水浴条件下冷凝回流；在匀速搅拌的条件下，将 6mL KPS 溶液分三次加入反应体系中，每次滴加 2mL，每 2h 滴一次，10h 后停止反应。将产物离心分离 (3000r/min，5min)，去除上层液体，用去离子水将下层沉淀多次洗涤、离心后再分散于去离子水中。

4) $Ag/AgCl/TiO_2$@PMMA 颗粒

首先，将石英玻璃进行亲水性处理。把洁净的石英玻璃 (1 cm ×2 cm) 置于酒精中超声 30 min，用去离子水清洗后，再放入双氧水和去离子水混合液 (体积比为 7 : 3) 中煮沸 1h。然后，用旋转涂膜机将 $AgCl/TiO_2$@PMMA 悬浮液旋涂于经过亲水处理的玻璃基底上，晾干备用。将涂有 $AgCl/TiO_2$@PMMA 颗粒的石英玻璃置于白炽灯下光照 10h，$AgCl/TiO_2$ 颗粒中的部分 AgCl 见光会分解成 Ag 单质，从而得到 $Ag/AgCl/TiO_2$@PMMA 颗粒 [24]。

2. 材料表征

用扫描电镜 (SEM，JSM-6700) 和透射电镜 (TEM，JEOL-3010) 观察样品的微观形貌；用 X 射线衍射仪 (XRD，Philips X'Pert Pro, 40 kV/40 mA, 0.02°/s)

测试样品的晶体结构。用 UV-vis-IR 分光光度计 (HITACHI U-4100) 测定样品的吸收光谱。

1) SEM 和 TEM 分析

包覆 PMMA 前后复合颗粒的 SEM 照片如图 5-13 所示。由图 5-13(a)、(b) 可知，包覆 PMMA 之前，颗粒呈海胆状结构，由直径约为 10~20 nm 的纳米棒组成，粒径约为 500nm，颗粒团聚现象较严重。包覆 PMMA 后，在 SEM 图中已看不到海胆状结构，颗粒表面变光滑，分散状态也明显改善，颗粒可自组装排列成比较规则的紧密结构。为了进一步证实包覆 PMMA 后复合颗粒的结构，图 5-14 给出了经光照后的复合颗粒的 TEM 图 (a)~ (c) 和 HRTEM 图 (d)。在图 5-14(a) 中可观测到两种颗粒：一种是粒径约为 200 nm 的透明颗粒，这些均为没有分离干净的 PMMA 颗粒；另一种是粒径约为 600 nm 的黑色颗粒，这些是目标产物。从高放大倍数的 TEM 照片 (图 5-14(b)、(c)) 可以看出，这些黑色颗粒具有典型的核壳结构，核为海胆状的无机颗粒，壳则是一薄层透明的有机聚合物。由高分辨 TEM 照片可以看到，PMMA 直接包覆于纳米棒表面并填充于棒与棒之间的

图 5-13 颗粒包覆 PMMA 前后的 SEM 图

(a), (b) 未包覆 PMMA; (c), (d) 包覆 PMMA

缝隙中。通过与海胆状纯 $TiO_2$ 颗粒的高分辨 TEM 照片相比较，还可以发现一些细微的差别。纯 $TiO_2$ 纳米棒的结构均匀，是单晶结构，晶面间距约为 0.32nm，沿着垂直于金红石晶型 [110] 晶面的 001 方向定向生长而成。复合颗粒中的纳米棒表面不均匀，颜色深浅不一，这与复合颗粒的组成较复杂有关。结合实验过程分析可知，在溶剂热反应过程中加入了 $AgNO_3$，$Ag^+$ 与反应体系中的 $Cl^-$ 结合则得到 AgCl，AgCl 见光会分解成 Ag 单质 [25]。可以推断，复合颗粒的纳米棒中除含有 $TiO_2$ 外，还含有 Ag、AgCl 或两者的混合物，具体成分仍需进一步表征。

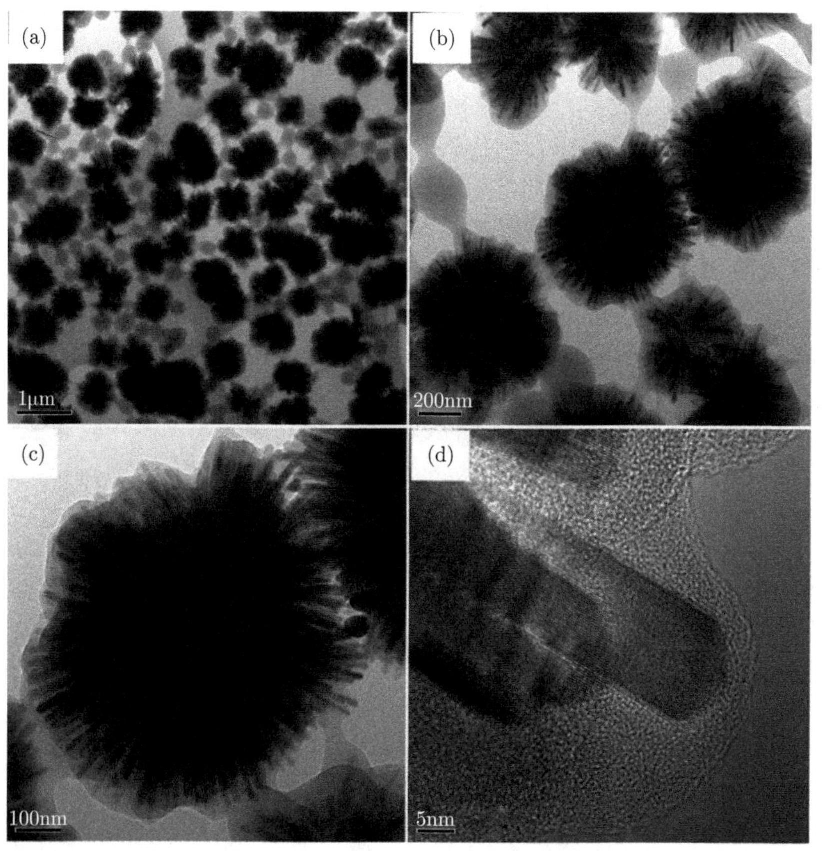


图 5-14　包覆 PMMA 后颗粒的 TEM 图和 HRTEM 图

2) XRD 分析

为了证实复合颗粒的化学组分，图 5-15 分别给出了包覆 PMMA 的复合颗粒在光照前后的 XRD 图谱。从图 5-15(a) 可知，除了 $TiO_2$ 金红石晶型衍射峰外，在 $2\theta$ 值为 27.9°、32.3°、46.3°、54.9°、57.5°、67.5°、74.5°、76.8° 处出现了新的衍射峰，经与标准谱比对可知，这些衍射峰分别对应的是 AgCl 的 (111)、

(200)、(220)、(311)、(222)、(400)、(331)、(420) 晶面。由此可见，所得球刺颗粒是 AgCl 与 $TiO_2$ 的复合物，AgCl 均匀分布于 $TiO_2$ 中。包覆 PMMA 后的复合颗粒在光照前的 XRD 图谱 (图 5-15(a)) 中，只出现 $TiO_2$ 和 AgCl 的晶体衍射峰。包覆 PMMA 后的复合颗粒经 10h 的光照后，其 XRD 图谱 (图 5-15(b))

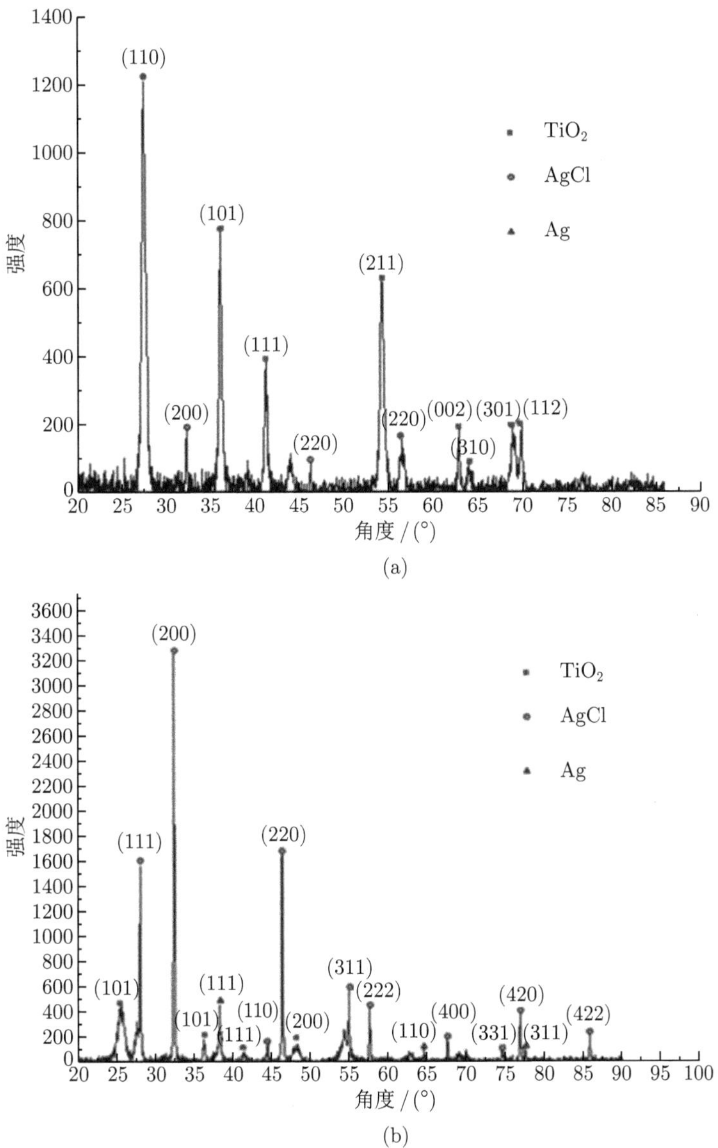


图 5-15 纳米结构颗粒 XRD 图谱

(a) 光照前；(b) 光照后

出现了些许变化，除了金红石型 $TiO_2$ 的衍射峰和 AgCl 晶体的衍射峰外，还在 $2\theta$ 值为 38.3°、64.5° 处出现了两个微弱的衍射峰，这两个衍射峰分别与 Ag 单质的 (111)、(110) 晶面相对应。由此可见，经光照后有少量的 AgCl 发生分解生成单质 Ag，即最后生成的是 Ag/AgCl/$TiO_2$@PMMA 复合颗粒。

3) 紫外-可见波段吸收光谱分析

图 5-16 给出了 AgCl/$TiO_2$、AgCl/$TiO_2$@PMMA 和 Ag/AgCl/$TiO_2$@PMMA 复合颗粒在紫外-可见波段的吸收光谱。由图可看出，AgCl/$TiO_2$ 微纳米结构颗粒仅吸收波长小于 410 nm 的紫外线，与纯 $TiO_2$ 的吸收图谱相似，这主要是因为 AgCl 与金红石型 $TiO_2$ 几乎具有相同的带隙宽度 (~3.0 eV)。包覆 PMMA 后的复合颗粒在光照前后，在紫外波段的吸收没有明显变化，但在可见光波段的吸收却显著不同。光照前的复合颗粒在可见光波段的吸收与 AgCl/$TiO_2$ 颗粒基本一致，由于包覆 PMMA 的缘故，其在可见光波段的吸收谱甚至变得更平缓。经光照后的复合颗粒不仅在紫外区显示了 AgCl/$TiO_2$ 半导体的本征带边吸收，在可见光波段还出现了一个很宽的吸收带。结合前面的 XRD 分析可知，光照后有少量单质 Ag 生成，因此，可见光波段出现的吸收峰应该是由 Ag 纳米粒子的局域表面等离子体谐振响应 (LSPR) 所致。反之，在可见光波段出现吸收峰也进一步证实了经光照后有单质 Ag 生成，得到的是 Ag/AgCl/$TiO_2$@PMMA 微纳米多级结构复合颗粒。

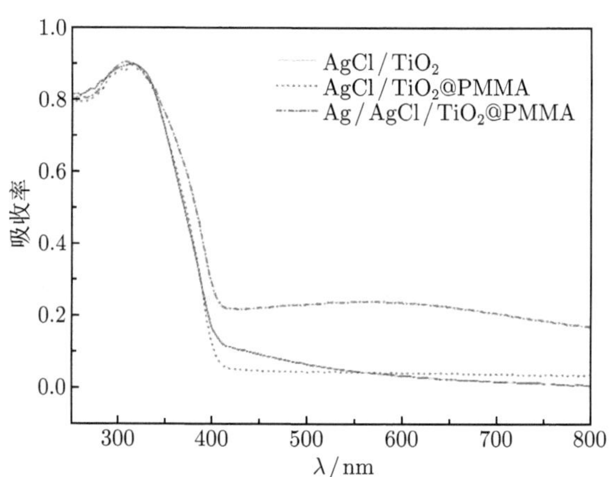


图 5-16　纳米结构颗粒的紫外-可见吸收光谱

4) 光照对球刺状 Ag/AgCl/$TiO_2$@PMMA 的影响

将球刺状 Ag/AgCl/$TiO_2$@PMMA 颗粒置于紫外灯/阳光下进行长时间光照，对光照前后的颗粒进行形貌、成分对比分析，结果如图 5-17 所示。

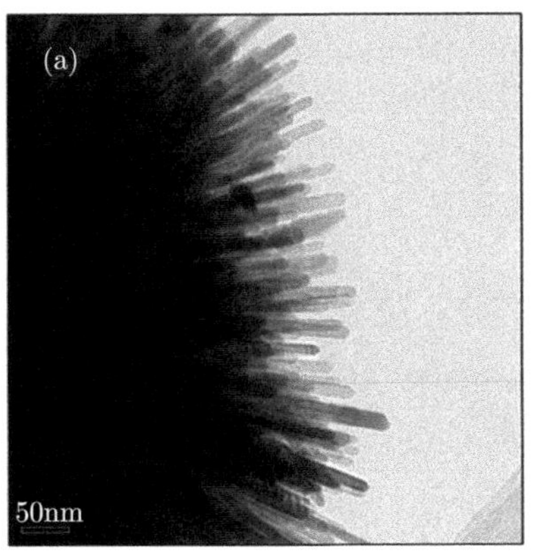

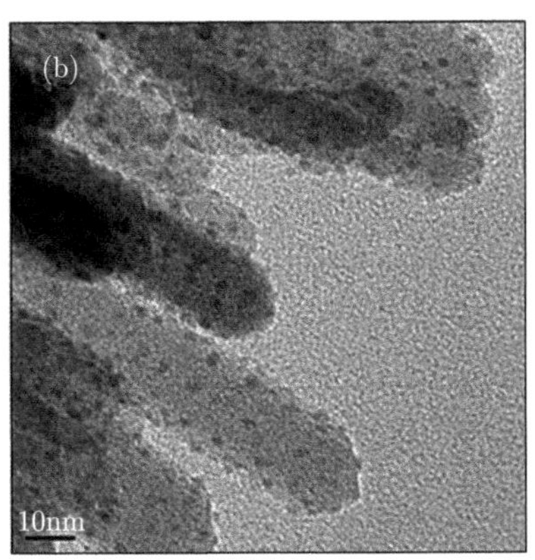


图 5-17 光照前后 Ag/AgCl/$TiO_2$@PMMA 的 TEM 照片

(a) 光照前；(b) 光照后

图 5-17(a)、(b) 分别为光照前后的 Ag/AgCl/$TiO_2$@PMMA 球刺的 TEM 照片，对比两图可以看出，光照前一维辐射纳米棒上面是光滑的，而光照后的球刺的一维辐射纳米棒上均匀地附着着一些纳米颗粒，但这里还无法确定其成分，考虑到实验过程中参与化学合成反应的试剂中有 $TiCl_4$ 和 $AgNO_3$，这两种物质反应很容易生成稳定的化合物 AgCl，而长时间的光照又有利于 AgCl 分解出 Ag 单质，故这里光照后析出的纳米颗粒是 Ag 纳米颗粒。

随后，我们对光照前后的 Ag/AgCl/$TiO_2$@PMMA 颗粒进行了 XRD 分析，结果如图 5-15(a)、(b) 所示，对比可以发现，光照前 Ag/AgCl/$TiO_2$@PMMA 颗粒中 Ag 单质含量很低，并没有检测出来，复合颗粒中的银元素主要以 AgCl 的形式存在，光照后则主要是以 Ag 单质的形式存在。

5) MMA 量对壳层厚度的影响

乳液聚合过程中，可以通过改变单体和引发剂的量来改变壳层的厚度，我们探讨了单体 MMA 的量对壳层厚度的影响。

图 5-18 为单体 MMA 的含量不同时对应的球刺状 Ag/AgCl/$TiO_2$@PMMA 的 TEM 照片。图 5-18(a)、(b) 对应的单体体积分数为 4%; 图 5-18(c)、(d) 对应的单体体积分数为 2%; 可以看出，体积分数为 4%和 2%均能形成以 Ag/AgCl/$TiO_2$ 为核、PMMA 为壳的核壳结构。不同的是，当单体的体积分数为 4%时，有均相 PMMA 微球生成。从图 5-18(b) 和 (d) 可以看出，当 MMA 的体积分数为 4%时，包覆层的厚度大约为 100nm；而当 MMA 的体积分数为 2%时，包覆层的厚度仅有 20nm。这是因为单体量较多时，每一个 Ag/AgCl/$TiO_2$ 颗粒经 KH570 修饰后捕获到的单体较多，从而形成了较厚的包覆层。所以，实验过程中要合理控制单体的量，避免形成较多的均相 PMMA 微球，为乳液的后处理带来不便。

图 5-18　单体 MMA 量不同时对应的球刺状 Ag/AgCl/TiO2@PMMA 的 TEM 照片

(a)，(b) 单体体积分数为 4%；(c)，(d) 单体体积分数为 2%

### 5.3.2　样品透射性质

1. 单层样品透射曲线

图 5-19(a) 为单体体积分数为 2%的单层样品的透射曲线。从图中可以看到，该样品在可见光波段 530 nm 处出现了单一的透射峰，峰高为 6%。从前面的分析可知，当单体的体积分数为 2%时，所制备的球刺状复合颗粒的粒径为 500 nm 左右，而且能在玻璃基底上较为均匀地排列起来。在可见光波段 530nm 附近的入射光波激励下会产生谐振，所以在此波长下会出现明显的透射通带。

图 5-19(b) 为单体体积分数为 4%的单层样品的透射曲线。从图中可以看到，该样品在可见光波段没有出现明显的透射通带和透射峰。从前面的分析可知，当

单体的体积分数为 4%时，所制备的球刺状复合颗粒的壳层厚度为 100 nm 左右，在玻璃基底上较为均匀地排成膜后，球刺核之间的距离为 200 nm，PMMA 壳层太厚，使得球刺核之间的相互作用减弱，因而对任何可见光波长的入射光，该样品难以产生谐振，不会出现透射通带和透射峰。

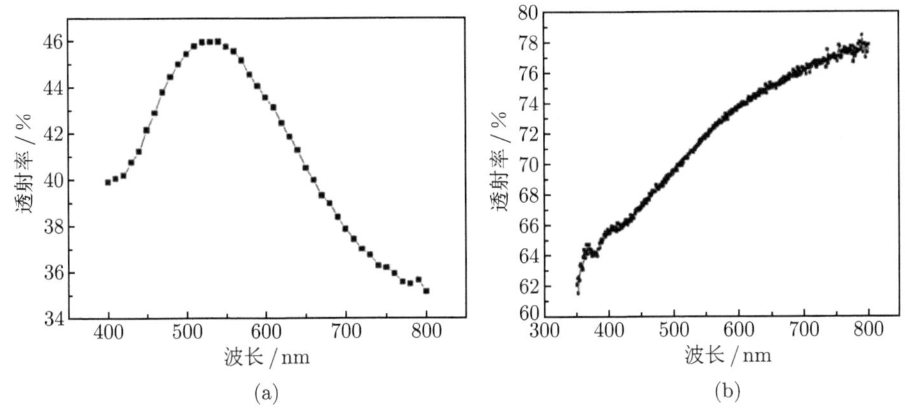


图 5-19 不同体积分数单层样品透射曲线

(a) 2%；(b) 4%

2. 光照对球刺结构透射曲线的影响

为了验证不同粒径的球刺核 Ag/AgCl/$TiO_2$ 对样品透射峰位置的影响，制备了两种不同粒径的球刺核。根据 5.3.1 节制备方法，保持其他步骤不变，调节浓度为 38.5%的 $TiCl_4$ 溶液为 2 mL 和 1.8 mL，可以制备出两种大尺寸的球刺结构。其 TEM 照片如图 5-20(a) 和 (b) 所示，从图中可以看出，球刺的粒径分别为 550nm 和 630 nm，但是壳层 PMMA 的粒径基本相同，两种样品不同的是球刺核的粒径，分别称为绿光样品和红光样品。图 5-20(c)、(d) 是两种样品光照前后的透射曲线图，从图中可知，光照前，绿光样品在可见光波段 532nm(绿光) 处出现了透射峰，峰高约为 4.5%；红光样品在可见光波段 630 nm(红光) 处出现了透射峰，峰高约为 4.5%。由上面的分析可知，图 5-20(a) 中球刺核的粒径大于图 5-20(b) 中的粒径，透射峰的位置从 532 nm 移动到 630nm，红移了 98 nm。需要说明的是：图 5-20(a) 中的浅色微球为均相 PMMA 球，在玻璃基底上涂膜时已将其离心处理，故不会对样品透射曲线的测试结果产生影响。所以，可得到以下结论：实验中可以通过改变工艺，得到不同粒径的球刺核，从而可以得到不同响应波长的超材料样品。这为不同响应波段的光学超材料的制备提供了一种思路。

光照后，绿光样品透射峰位于 460nm，峰高 5%；红光样品透射峰位于 610nm，峰高 5%。长时间的光照使得 $Ag/AgCl/TiO_2$@PMMA 薄膜的透射峰向短波长移动，且薄膜的透射率显著增大。

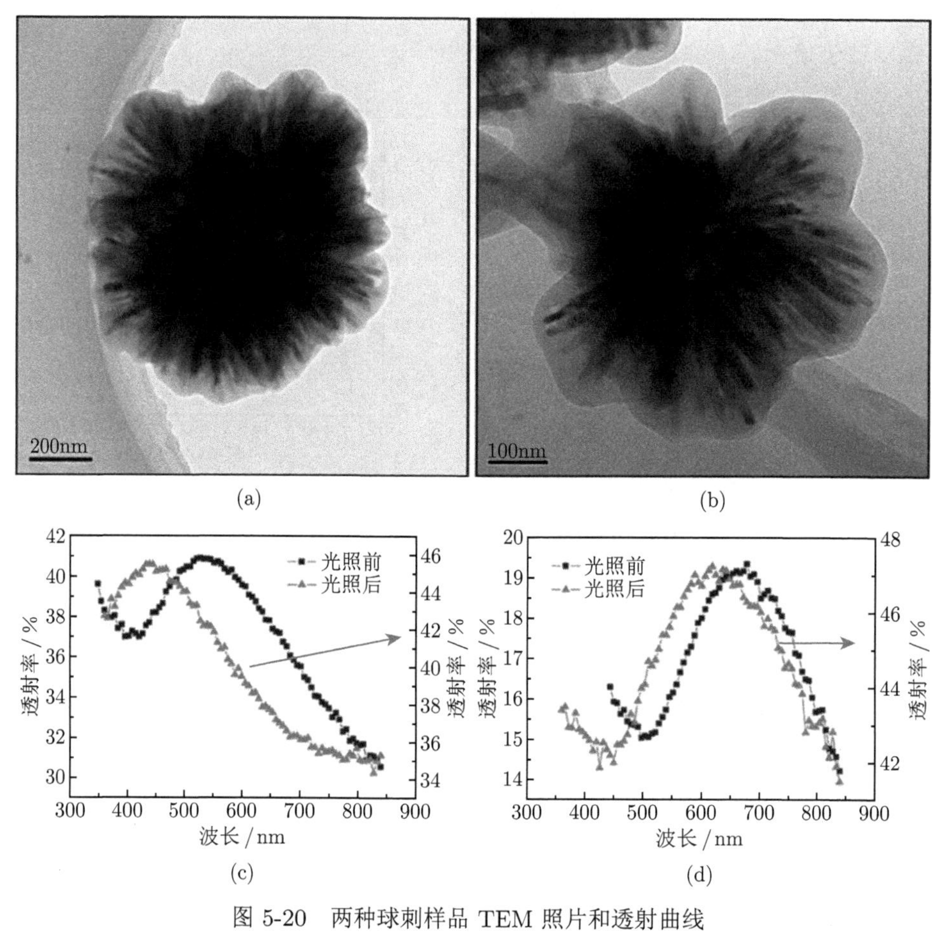


图 5-20　两种球刺样品 TEM 照片和透射曲线

(a) 绿光波段球刺；(b) 红光波段球刺；(c) 绿光样品；(d) 红光样品

3. 离心速率对单层样品透射曲线的影响

固定单体的体积分数为 2%，其余条件不变，只是对 $Ag/AgCl/TiO_2$@PMMA 乳液的离心速率不同，然后在玻璃基底上涂膜测试样品的透射曲线，如图 5-21 所示，其中不同的离心速率下的透射曲线用不同的颜色表示。由图 5-21 可知，离心速率为 500 r/min 时，样品在 535nm 处出现了透射峰，峰高为 6%；离心速率为 1000 r/min 时，样品在 536nm 处出现了透射峰，峰高为 4%；离心速率为 2000 r/min 时，样品在 530nm 处出现了透射峰，峰高为 2%。随着离心速率的升高，透射峰的位置没有明显移动，但是峰高逐渐降低。这是因为，离心速率较低时，Ag/AgCl/$TiO_2$@PMMA 优先离心下来，在玻璃基底上排列而成的膜缺陷较少，因而透射峰较高；离心速率越大，一部分均相的 PMMA 微球也被离心收集，排成的膜中会有一部分未装载 Ag/AgCl/$TiO_2$ 的 PMMA 球，使得缺陷增多，故透射峰的高度会降低。所以，对 Ag/AgCl/$TiO_2$@PMMA 排列成膜的前处理过程是非常重要的，离心速率 500 r/min 最佳。

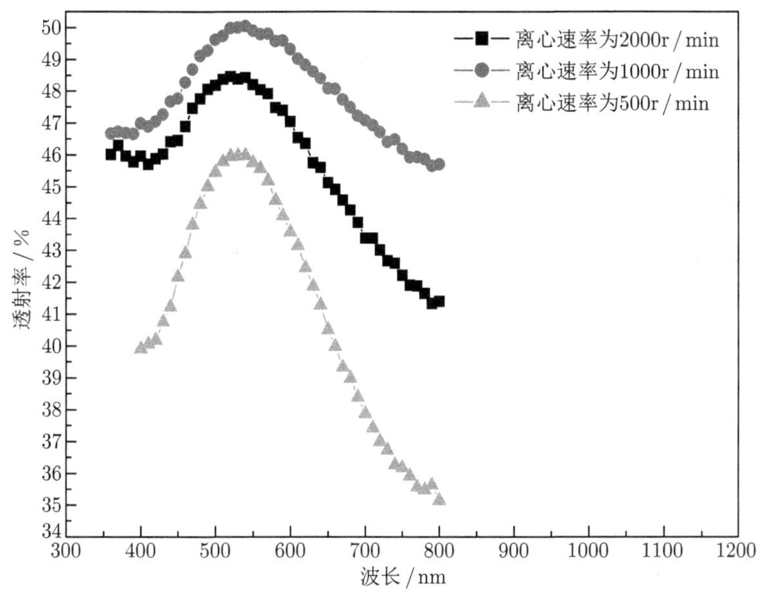


图 5-21 不同离心速率样品透射曲线

# 5.4 球刺状超材料光学性能

## 5.4.1 负折射测试

1. 楔形样品制备

在水平桌面上固定一块玻璃板，将一块经亲水处理的洁净石英玻璃一端固定在桌面，另一端固定于玻璃板，使之斜置。用两个夹子分别夹住另一块载玻片的两端使其垂直于水平面并且紧密接触石英玻璃，这样在石英玻璃和第二块载玻片之间形成一个锐角凹槽，如图 5-22(a) 所示。用取液枪将 50 μL 溶液缓慢滴加在石英玻璃与载玻片的凹槽内，溶液上表面是水平的，而石英玻璃呈倾斜状，这样溶液上下表面形成一个夹角，如图 5-22(b) 所示，当溶剂在自然环境中完全挥发后即可得到楔形的 Ag/AgCl/$TiO_2$@PMMA 球刺样品 [26]。这种制备方法源于自然环境下液面的水平性原理，当载玻片的倾角增大时，所制备的样品倾角也会增大，这就可以根据需要制备不同大小倾角的楔形样品。也可以通过调节溶液浓度来控制楔角大小。楔形样品与梯形样品的不同点在于只有一个斜面角。利用 PS 球溶液用同样的方法制备出楔形样品，备用。

(a)

(b)

图 5-22　三维楔形球刺样品制备示意图

2. 测试装置

基于 Shelby 等的棱镜折射实验的思想及 Valentine 等 [27] 在光波段对三维渔网结构负折射的测试实验装置，我们设计并搭建了一套测试折射现象的光路系统，如图 5-23 所示。为验证测试装置中光路的准确性，先用 PS 球样品做成楔角进行测试。在实验中我们选择 532 nm 波长的激光源，对透射峰位于 532 nm 的球刺样品进行折射率测试。发出的激光束经过适当的衰减、扩束后，经过棱镜 1(凸透镜) 聚焦，能获得光斑直径约为 0.8mm 的准直入射光。样品固定在微米位移台上，处于棱镜 1 的焦点位置 (焦距 $f_1 = 12.7\text{mm}$)，样品可沿着垂直光束的方向移动，穿过样品后的光束再经过棱镜 2(凸透镜) 扩束、准直后到达接收板，因此，需使样品同时也处于棱镜 2 的焦点处 (焦距 $f_2 = 12.7\text{mm}$)。

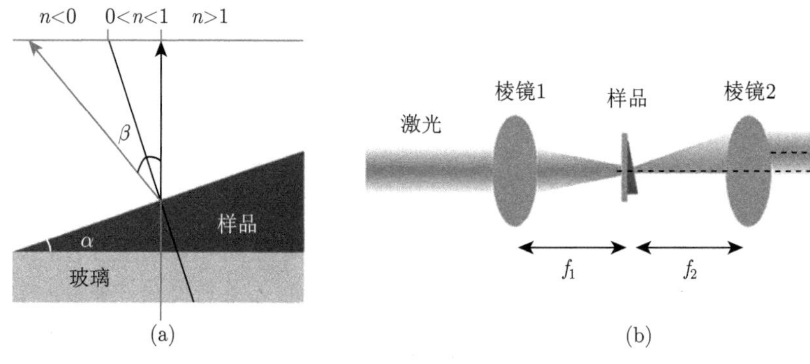


图 5-23　楔形样品折射测试

(a) 测试原理；(b) 测试装置示意图

在测试过程中，首先，光直接通过石英玻璃，并用接收板接收 (接收板上刻有间隔为 0.5mm 的线条作为标尺)。接收板上光斑中心定为原点。控制微米位移台以 6.25 μm 为单位，在垂直入射光方向移动，通过 CCD 摄像导入计算机观察光斑进入样品后的偏移量 $L$，则

$$\beta = \arctan(L/f_2) \tag{5-6}$$

根据 Snell 定律，我们就按图 5-23(a) 所示的三种情况计算楔形样品的折射率：

(1) 当出射光在入射光左侧且 $\beta > \alpha$ 时，有

$$n = -\sin(\beta - \alpha)/\sin\alpha \tag{5-7}$$

(2) 当出射光在入射光左侧且 $\beta < \alpha$ 时，有

$$n = \sin(\alpha - \beta)/\sin\alpha \tag{5-8}$$

(3) 当出射光在入射光右侧时，有

$$n = \sin(\alpha + \beta)/\sin\alpha \tag{5-9}$$

3. 3D 楔形样品负折射测试

为了测试颗粒的光学行为，利用所制备的不同粒径 Ag/AgCl/$TiO_2$@PMMA 颗粒分别制备了红光和绿光波段超材料 2D 薄膜和 3D 楔形样品 (图 5-24)。采用旋涂法制备超材料薄膜，用玻璃作为基底。样品大小为 10mm×10mm×2μm (图 5-24(a))。楔形样品宽度为 5mm，长度为 1mm，楔角为 1° 左右，样品楔角的测试高度大约 20μm，相当于 30 层的颗粒 (图 5-24(b))。由于超簇结构的高度对称性，所制备样品具有各向同性的特点。

透射曲线 (图 5-24(c) 和 (d)) 显示光照前后样品的谐振波长发生了蓝移，这说明样品中的银单质层发生了局域等离子体谐振。前面图 5-16 中 Ag/AgCl/$TiO_2$@PMMA 颗粒在可见光波段出现了一个很宽的吸收带，这为 Ag 单质层透射峰的产生和其透射峰波长的蓝移提供了基础。绿光样品 G、红光样品 R 和对照样品 $TiO_2$@PMMA 的折射率测试 (图 5-24(e)) 表明，红光样品 R 在 630nm 附近达到最大负折射响应，最小折射率约为 −0.41，与仿真计算的结果基本一致；绿光样品 G 在 535nm 附近达到最大负折射响应，最小折射率约为 −0.3，接近仿真计算的结果；$TiO_2$@PMMA 的折射率接近锐钛矿型 $TiO_2$ 折射率 2.5，验证了实验光路的准确性，也证明了球刺样品的负折射效应起源于球刺表面 Ag 纳米颗粒产生的局域等离子体谐振。利用测得的折射率实部和仿真得到的虚部，计算得到

$FOM_{exp}$ 曲线如图 5-24(f) 所示。在 $\lambda = 630$nm 处 $FOM_{exp}$ 达到最大值 13；在 $\lambda = 530$nm 处 $FOM_{exp}$ 达到最大值 6。实验值 $FOM_{exp}$ 大于理论计算值 $FOM_{sim}$ 是由于在仿真时我们假设团簇表面形成一层 1nm 厚的银。其实，图 5-17(b) 的 TEM 图像显示银并非整体覆盖，因此出现这种超低损耗状态。已报道的渔网结构在 1.775μm 的最大 FOM 实验值为 3.5，在 780nm 处的最大 FOM 实验值仅为 0.5[27,28]。最近报道的多层渔网结构在 734nm 处的 FOM 最大值也仅为 3.34[29]，充分表明这种球刺团簇颗粒可以形成超低损耗结构。

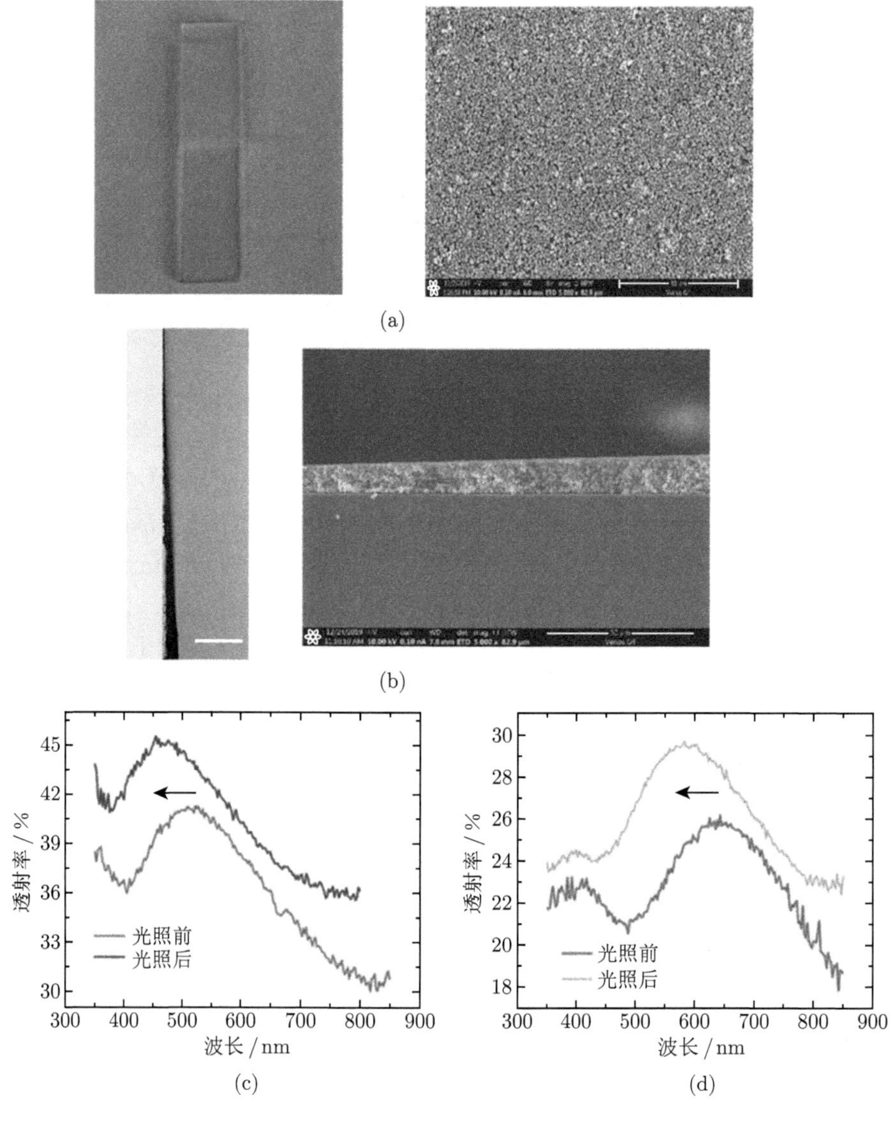

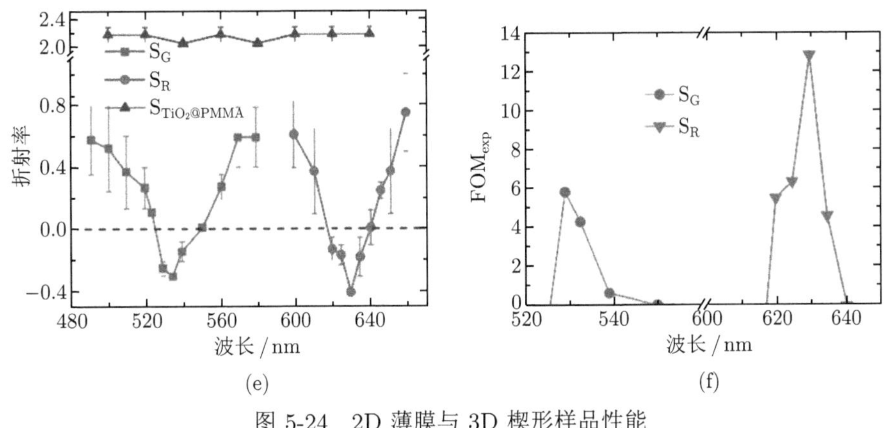


图 5-24 2D 薄膜与 3D 楔形样品性能

(a) 超材料单层薄膜样品与颗粒分布显微照片；(b) 楔形样品侧面光学和 SEM 照片；绿光 (c) 和红光 (d)Ag/AgCl/$TiO_2$@PMMA 薄膜样品光照前后透射曲线，绿光样品谐振波长位于 525nm 附近，红光样品谐振波长位于 630nm 附近；(e) 绿光样品 G、红光样品 R 和 $TiO_2$@PMMA 样品的折射率测试结果；(f) 红光和绿光波段的 $FOM_{exp}$ 曲线

### 5.4.2 Goos-Hänchen 位移

当一束电磁波入射到两种不同介质的分界面上时，会发生反射现象。在几何光学中，反射点和入射点重合，但是实际情况中，反射点在两种介质的分界面上沿着入射光的方向会产生一个微小的位移，如图 5-25(a) 所示，这就是 Goos-Hänchen(GH) 位移效应，这一现象最早是由牛顿提出的 [30]，1929 年 Picht 理论分析了这个猜想 [31]。Goos 与 Hänchen 于 1943 年在实验上成功地观察到并且论证了该现象 [32]。二人巧妙地设计出多重反射实验来测得这个横向位移量，后来这一光学现象以二人名字命名为 Goos-Hänchen 位移效应。GH 位移效应自发现以来一直都受到物理界的广泛关注，科研人员提出了很多模型来解释这一现象 [33−40]，同时在声学、光学、空间介质、等离子体以及半导体和超晶格等领域也获得了很多研究成果。1964 年，Renard 提出了能流法 [34]，基于能量守恒思想以能量传播模型解释 GH 位移产生的原因。该观点认为，当一束光在界面发生全反射时，光束的一部分能量会随着倏逝波进入光疏介质，沿界面流动一定距离后又返回到反射光中，导致了 GH 位移的出现。

如果光束是由右手材料入射到超材料中，会发生反常的现象，即在界面上反射点相对于入射点在与入射光相反的方向上有一个微小的位移，称其为反常 GH 位移效应 [41,42]，如图 5-25(b) 所示。

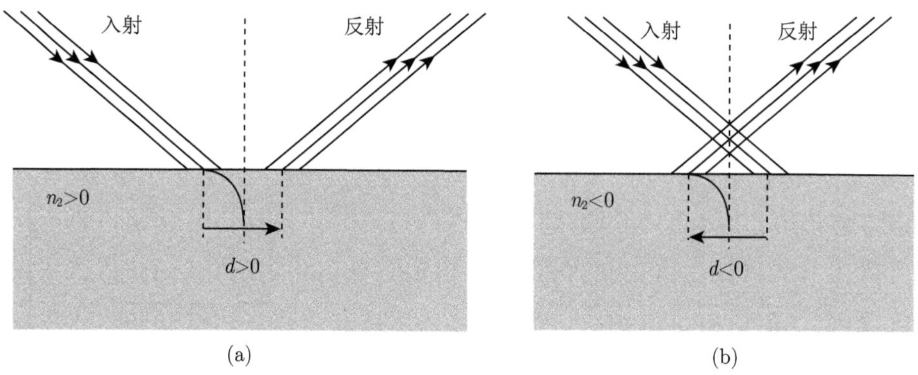


图 5-25　全反射时在不同材料分界面上产生的正常 (a) 和反常 (b)GH 位移

1. 测试装置

科研人员提出了很多种测量 GH 位移大小的实验方法，但是，由于 GH 位移的值很微小，一般只有纳米或微米量级，所以要精确测量其值的大小非常困难。现有比较具有代表性的测量方法主要有 Merano 等 [43−45] 提出的位置敏感探测器 (PSD) 法与 Jayaswal 等 [46] 提出的弱测量法。PSD 法是通过精确测量光束中心 (束心) 强度最高点的位置来确定 GH 位移的，这种方法对入射光束的要求较高，且其测量的光束的信息只限于一点。弱测量法主要是通过锁相放大器将小信号放大，这有利于微小的 GH 位移值的测量，但是这种方法的缺点是容易引入大的误差。2013 年，Prajapati 等 [47] 提出可以利用干涉法测量 GH 位移的大小，这种方法通过将微小的位移信息转化为相位信息，再利用干涉条纹来提取相位信息，最后反推出 GH 位移。这种方法所需的仪器及测试过程都很简单，并且能测得的 GH 位移值的精确度很高。

通过借鉴 Prajapati 等 [47] 的干涉测量方法，搭建了一套光路系统，并且对之前提出的银树枝结构的超材料的 GH 位移进行了测试。图 5-26 为 GH 位移测试光路示意图，测试的光源为波长为 632.5nm 的 He-Ne 激光器 (发射圆偏振光) 与波长为 532nm 的固体激光器 (发射线偏振光)。为了使后续的实验状态不受光源极化状态的影响，在使用 532nm 波长的固体激光器时，我们在激光器后放置偏振片 P3 和 P4，通过调整 P3 和 P4 的角度可以使光束在到达 P1 时处于与 He-Ne 激光器相同的极化状态。偏振片 P1 作为起偏器以控制光束的偏振状态，同时也可以调节后续的两束相干光的强度，以得到比较清晰的干涉条纹。本实验所用沃拉斯顿棱镜可以使 s 偏振光和 p 偏振光之间的夹角达到 15°，通过调节沃拉斯顿棱镜使两束偏振光处于同一水平面上。M 为反射镜，半透半反镜 (BS) 适用波长范围为 400~650nm，这对于我们所用的两个光源都适用。p 偏振光经过 M 反射后到达半透半反镜，s 偏振光则是直接到达半透半反镜，通过调节半透半反镜的状态，使两束偏振光在经过半透半反镜后处于重合的状态，一同入射到样品表面。样品固定在带刻度的可以 360° 旋转的转台上，通过调整转台可以设置任意大小的入射角度。用白板作为接收屏，s 和 p 偏振光在同时到达样品表面进行反射的过程中产生 GH 位移，然后到达接收屏，在接收屏的前方放置一个垂直于光线的偏振片 P2 作为检偏器，当其偏振角为 0° 或 90° 时，只允许 s 偏振光或 p 偏振光通过，在接收屏上可以分别观察到两束偏振光的强度，调节偏振片 P1 使两束偏振光的强度相当，这时更有利于产生清晰的干涉条纹。当将其偏振角调整为 45° 和 135° 时，接收屏上可以显示 s 偏振光及 p 偏振光相互干涉所产生的干涉条纹。最后利用 CCD 记录白屏上的干涉图样。经过对 P2 处于 45° 和 135° 时出现的两个干涉条纹的处理和计算，最后得到相应样品的 GH 位移值。

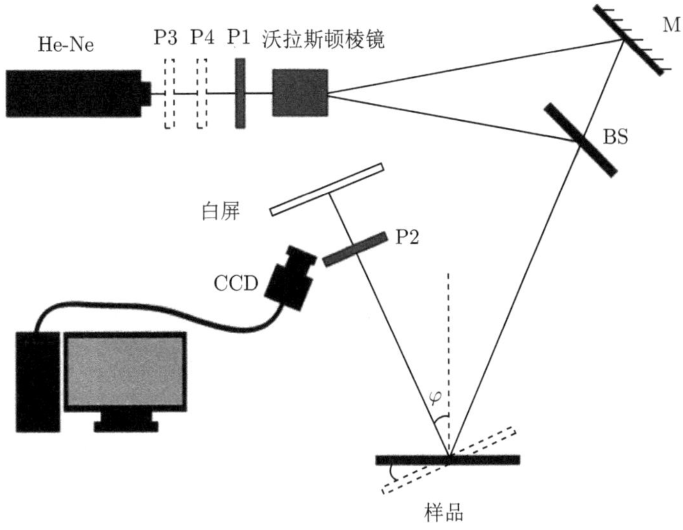


图 5-26 GH 位移测试光路示意图

2. K9 晶体测试

从图 5-27 中可以看出，对于 632.5nm 红光和 532nm 绿光作为入射光所得到的合成的干涉图样中，右半部分的干涉条纹相对于左半部分都有一段向上的移动。说明入射光经过 K9 晶体产生了 GH 位移，证明我们的测试光路是有效的。这也证明了对于正常的 GH 位移，在这套光路系统中表现为右侧干涉条纹相对于左侧干涉条纹的向上的位移，当出现相对下移的干涉条纹时即是发生了反常的 GH 位移现象。

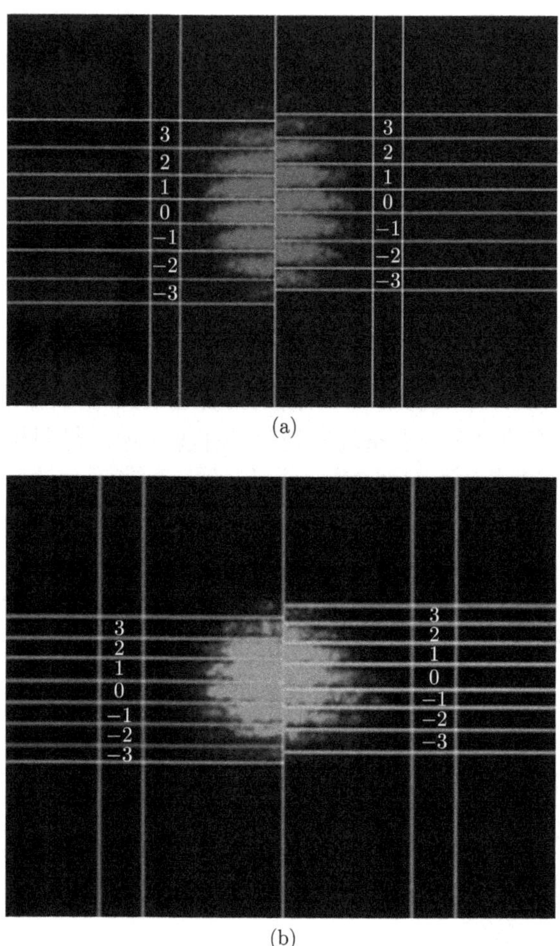


图 5-27　在 632.5nm 红光 (a) 和 532nm 绿光 (b) 以 30° 入射时 K9 晶体的合成干涉图样

左半部为 P2 为 45° 时的干涉图样，右半部为 P2 为 135° 时的干涉图样

3. 绿光样品测试

图 5-28 所示为按同样方法处理得到的 632.5nm 红光和 532nm 绿光以 40° 入射到 Ag/AgCl/$TiO_2$@PMMA 超材料薄膜时得到的干涉图样处理后的结果。

从图 5-28(a) 中可以清晰地看到偏振片 P2 处于 135° 时的干涉图样相对于 45° 时有一个明显的上移。这表明在非谐振波段产生了正常的 GH 位移效应。从图 5-28(b) 中可以看到，偏振片 P2 处于 135° 时的干涉图样相对于 45° 时有一个明显的下移。证明在谐振波段，球刺样品使反射光线发生了反常的 GH 位移效应。

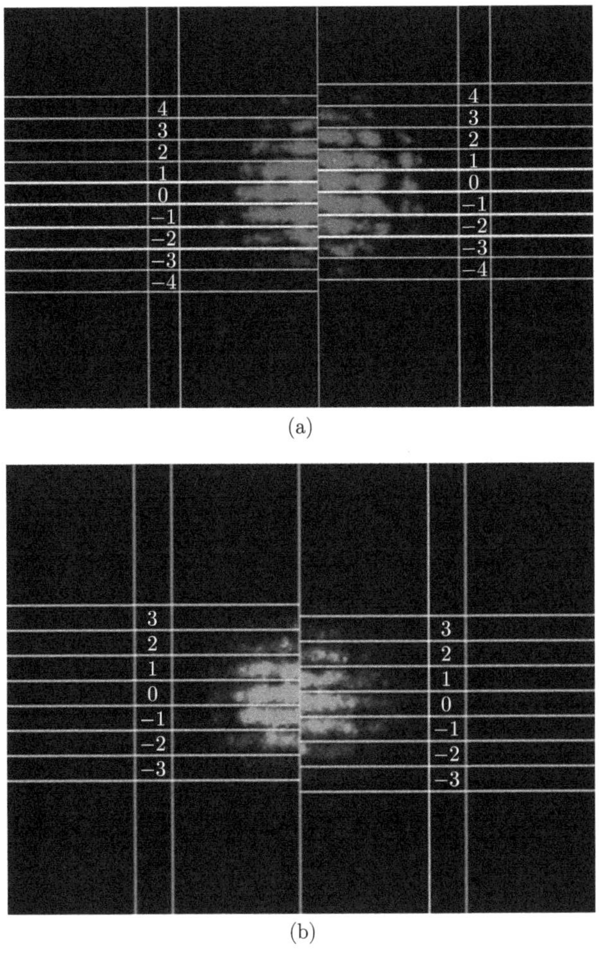


(a)

(b)

图 5-28 分别以 632.5nm 的激光器 (a) 和 532nm 的激光器 (b) 作为光源、入射角为 40° 时超材料薄膜的合成干涉图样

左半部为 P2 为 45° 时的干涉图样，右半部为 P2 为 135° 时的干涉图样

最后通过公式 (5-10) 可以计算出 GH 位移的大小。

$$\Delta x_{\mathrm{p}}=\frac{\lambda}{2\pi}\Delta\Phi\frac{1}{\sin\theta} \tag{5-10}$$

其中 $\theta$ 为激光到样品的入射角度；$\Delta\Phi$ 是由干涉条纹的移动所反映的相位的变化量，可以由图 5-28 分析得到；$\lambda$ 为激光光源波长。$\Delta x_{\mathrm{p}}$ 包含 GH 位移的方向和大小。

图 5-29 为绿光频段响应的复合球刺超材料薄膜分别在 532nm 绿光以及 632.5nm 红光波长的激光入射下，在不同入射角时所产生的 GH 位移值的计算结果。从图中可以看出，当入射光为 632.5nm 的红光时，所有的 GH 位移均为正值，且随

入射角的增大，其值逐渐减小；当入射光为 532nm 的绿光时，所有的 GH 位移均为负值，且其绝对值也随着入射角的增加而减小。与前面测试的 K9 晶体在红光和绿光情况下的 GH 位移均为正值相比较，更好地说明该样品在绿光谐振波段产生了反常的 GH 位移，具有左手行为。这对下一步彩虹捕获效应的研究具有重大意义。

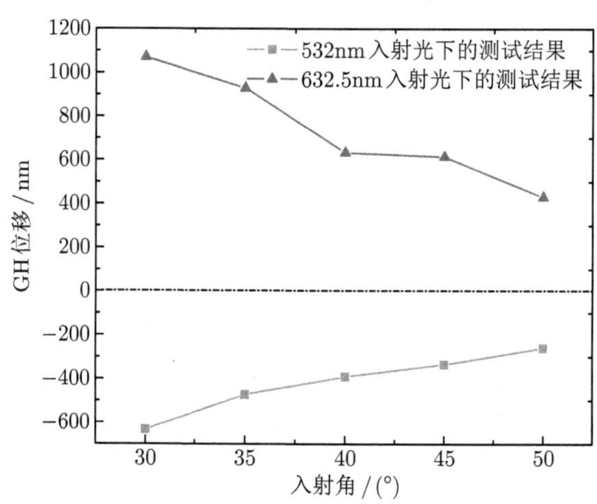


图 5-29 Ag/AgCl/$TiO_2$@PMMA 超材料样品在不同入射波长、不同入射角时的 GH 位移值

4. 红光样品测试

实验分别测试了样品在波长为 632.5nm 的红光光源和波长为 532 nm 的绿光光源下入射角为 30° ~50° 的 GH 位移，发现当入射光波长与样品响应波段一致时，样品 GH 位移为负，当入射光波长与样品响应波段不一致时，样品 GH 位移为正。图 5-30 为红光 632.5 nm 光源在入射角为 30° 时 Ag/AgCl/$TiO_2$@PMMA 复合球刺样品合成干涉图样，其他入射角下的实验结果没有一一列出。

从图 5-30(a) 可看出，在 632.5nm 的红光光源入射时，P2 在偏振角为 135° 时的干涉图样相对于 P2 在偏振角为 45° 的干涉图样有一个向下的移动。将图 5-29 测量得出的 $\Delta\Phi$ 代入公式 (5-10)，可计算得到入射角为 30° 时样品的 GH 位移 $\Delta x_{\mathrm{p}} = -421.33\mathrm{nm}$。

图 5-30(b) 为绿光 532 nm 光源入射角 30° 时复合球刺样品干涉图样，其他入射角下的实验结果没有一一列出，从图可看出，在 532 nm 的绿光光源入射时，P2 在偏振角为 135° 时的干涉图样相对于 P2 在偏振角为 45° 的干涉图样有一个向上的移动。计算得到此时的 GH 位移 $\Delta x_{\mathrm{p}} = 1069.93\mathrm{nm}$。

上述结果表明，对于复合球刺薄膜样品，当入射光波长与样品的响应波段一致时，GH 位移值为负，而当入射光波长与样品响应波段不一致时，GH 位移值为正，这是超材料所特有的性质，说明 Ag/AgCl/$TiO_2$@PMMA 复合球刺样品为一种超材料。

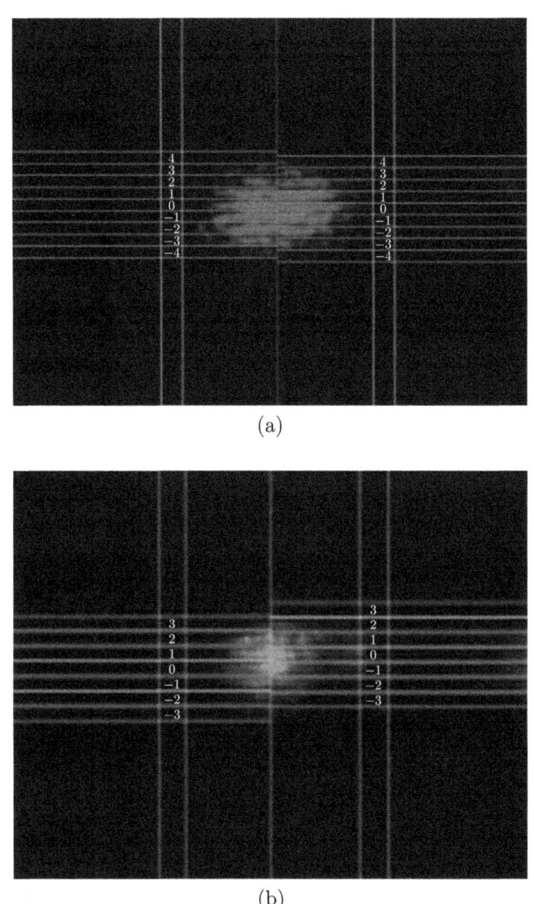


图 5-30 分别以 632.5nm 的激光器 (a) 和 532nm 的激光器 (b) 作为光源、入射角为 30° 时超材料薄膜的合成干涉图样

左半部为 P2 为 45° 时的干涉图样，右半部为 P2 为 135° 时的干涉图样

图 5-31 为 Ag/AgCl/$TiO_2$@PMMA 样品在不同入射角度入射光下的 GH 位移值曲线图，从图中可以看出，对于响应波段在红光的样品，当红光激光器以不同角度入射时，样品上产生的 GH 位移均为负，在绿光激光器入射时，样品上产生的 GH 位移均为正，说明样品在其响应波段具有超材料的特性，且随着入射角的逐渐增加，样品的 GH 位移绝对值在减小。

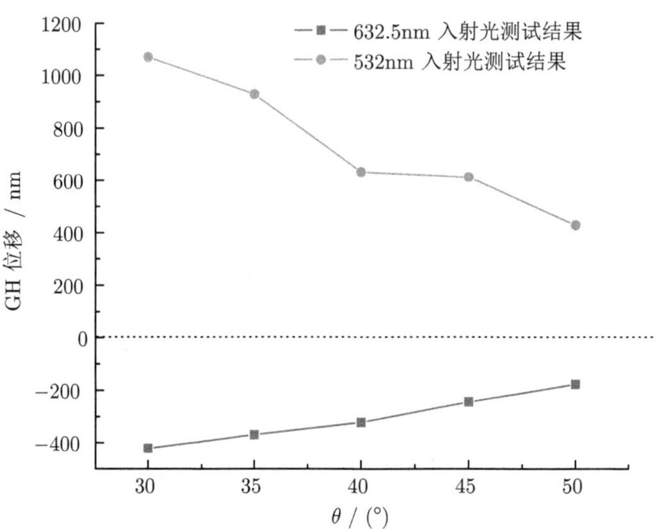


图 5-31 不同入射角度时 GH 位移计算结果

### 5.4.3 彩虹捕获效应

2007 年，Hess 等设计了一个轴向变化的异质结构，中心为厚度逐变的超材料芯层，上下两层为电导率与磁导率都不同的普通材料，从理论上证实其可以在室温下实现光完全停止 [48]。利用芯层厚度变化的绝热近似和界面处的反常 GH 位移效应，使耦合到超材料芯层的波各个频率成分在波导中沿传播方向依次分立停留，作者称这个现象为 “rainbow trapped”，即 “彩虹捕获”。彩虹捕获效应是基于超材料的反常 GH 位移效应而产生的一种光减慢和光停止现象。根据 5.4.2 节讨论，复合球刺状超材料样品具有反常 GH 位移效应，可以用来实现彩虹捕获效应，下面我们设计了红光和绿光波段的两种复合球刺超材料光波导结构，并且通过实验测得了可以肉眼观察到的彩虹捕获效应。

1. 测试方法 (一)

1) 测试装置

将两片涂有复合球刺 $Ag/AgCl/TiO_2$@PMMA 的薄膜样品组合成楔形光波导结构，如图 5-32(a) 所示，单个薄膜样品都是以大小为 1cm×6cm 的普通玻璃作为基底，在其中部的左右侧分别旋涂大小为 1cm×1cm 的 $Ag/AgCl/TiO_2$@PMMA 及 1cm×1cm 的 $TiO_2$@PMMA 颗粒。此楔形波导左右两端口高度分别为 $d1$ 和 $d2(d1 > d2)$，在实验中我们将 $d2$ 设置为零，通过改变 $d1$ 的大小来改变楔形波导的角度，当调节到合适的厚度时，便会出现彩虹捕获效应，利用 CCD 对其图像进行记录。

利用图 5-32(b) 所示的测试光路对 $d2$ 为 0，$d1$ 为不同大小时的楔形光波导样品进行了测试。首先是由氙灯发出的光源经单色仪输出一束白光，经过小孔 1 光斑变小，然后经过凸透镜 1 得到一束平行光，但是为了得到更小的平行入射光斑，在实验光路中又加入了小孔 2 以及凸透镜 2，最后得到直径约 0.5mm 的光斑，沿着楔形波导中心线的方向入射。

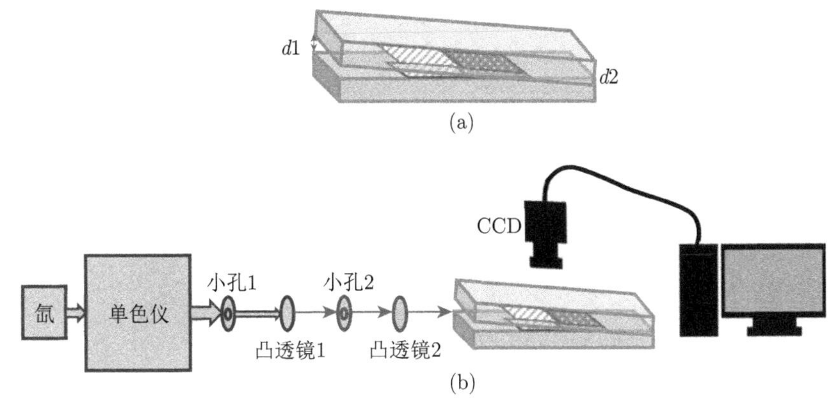


图 5-32 楔形超材料光波导结构图 (a) 和楔形光波导彩虹捕获效应测试装置示意图 (b)

2) 绿光样品结果

$d1$ 的大小分别为 138μm、230μm、322μm、506μm 时观测到的图像如图 5-33 所示。从图中可以看出，从大端口到小端口，也就是从左到右依次出现了蓝色到红色的彩带，这与 Hess 的理论模型一致。由于左侧样品是 $Ag/AgCl/TiO_2$@PMMA 超材料薄膜，右侧为 $TiO_2$@PMMA 薄膜，而光捕获效应只发生在左手介质层内，这进一步证明了我们的球刺状 $Ag/AgCl/TiO_2$@PMMA 超材料的左手行为。进一步分析发现，当 $d1$ 的大小为 138μm 时，可以清楚地观察到蓝色光到红色光的停留现象，$d1$ 的大小为 230μm、322μm 时，可以看到蓝色光到橙色光的停留现象，进一步增大 $d1$ 到 506μm 时，能停留在波导内的波段已经明显减少，若进一步增大 $d1$，则观察不到彩虹捕获效应了。

与此同时，我们利用单个矩形薄膜样品进行了对比实验，即不改变光路，仅仅将图 5-32(b) 中的楔形光波导样品换成单片的矩形薄膜样品。在实验的过程中，逐步调整矩形样品相对于水平面的角度，实验发现，将矩形样品调整到任何角度都得不到彩虹捕获。样品倾斜角度分别为 0° 及 7.2° 时所观察到的现象如图 5-34 所示，从图中可以看出，0° 时白光从样品表面掠过，倾斜 7.2° 时光线遇到样品后会同时发生透射和反射，但都没有出现彩色光。这进一步表明我们的光路不存在其他的干扰。

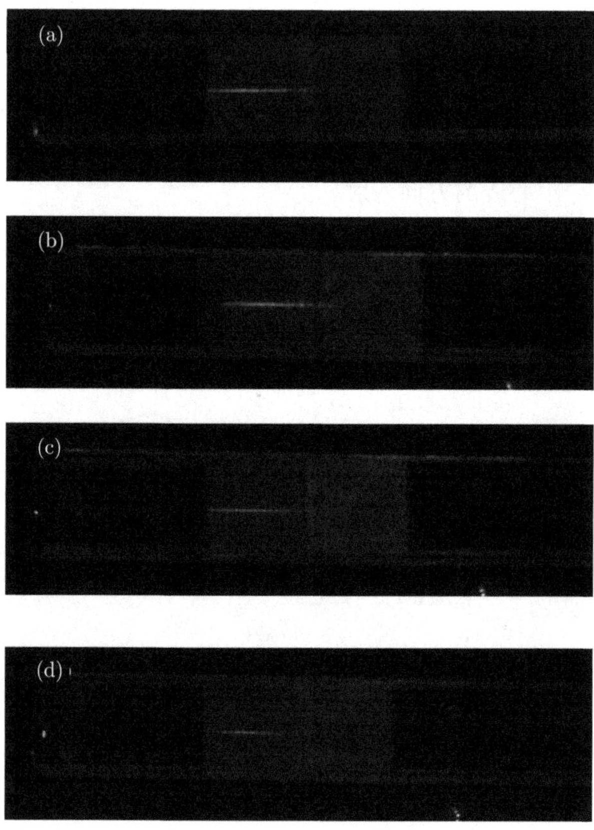

图 5-33　测得的彩虹捕获图像 (彩图见封底二维码)

(a) $d1$ =138μm；(b) $d1$ = 230μm；(c) $d1$ =322μm；(d) $d1$ =506μm

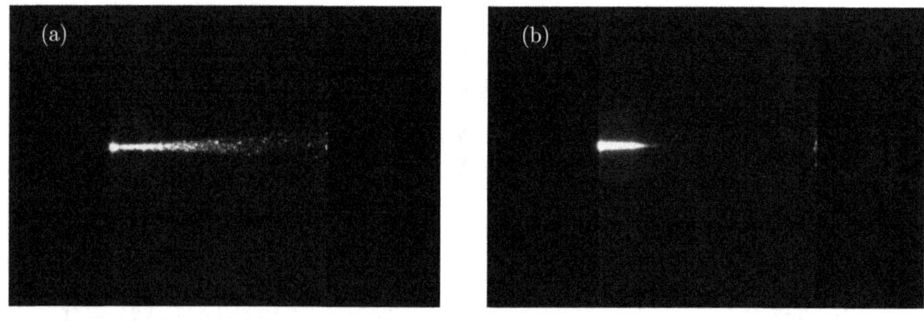

图 5-34　单片矩形样品在与水平面间倾角分别为 0°(a) 及 7.2°(b) 时所观察到的现象

3) 红光样品结果

将红光波段的复合球刺超材料样品构建楔形光波导，采用上述实验光路对光波导进行彩虹捕获测试，实验结果如图 5-35 所示。

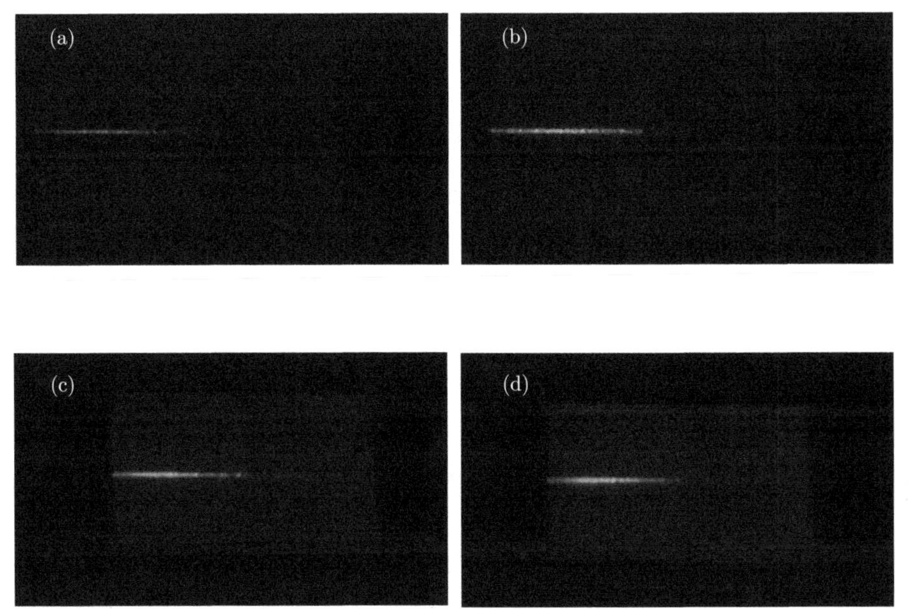

图 5-35 红光复合球刺样品光波导的彩虹捕获图像 (彩图见封底二维码)

(a) $d1 = 138\mu m$，CCD 拍摄；(b) $d1 = 230\mu m$，CCD 拍摄；(c) $d1 = 138\mu m$，相机拍摄；(d) $d1 = 230\mu m$，相机拍摄

图 5-35(a)、(b) 分别是 $d1$ 开口为 138μm 与 230μm 时 CCD 拍摄的图片，图 5-35(c)、(d) 为相应的相机拍摄图片。从图中可看出，当 $d1$ 合适时，Ag/AgCl/$TiO_2$@PMMA 一侧出现彩虹，而 $TiO_2$@PMMA 一侧始终无彩虹现象出现，且蓝光出现在大端口一侧，红光靠近小端口一侧，即低频部分的光 (如红光) 停留在波导厚度较小的地方，高频部分的光 (如蓝光) 停留在波导厚度较大的地方。这主要是由于不同频率的光在超材料上下界面产生的反常 GH 位移大小不同，导致各自在不同厚度的地方停留下来。另外，对比图 5-35(a) 与 (b)，以及 (c) 与 (d)，发现随着波导 $d1$ 端变大，所捕获的光强度增大，这可能是由于 $d1$ 增大后照射到样品上的光强度变大。另外，从图中可发现几乎没有紫色的出现，可能是由于此红光样品对高频段的紫光不响应。

2. 测试方法 (二)

1) 测试装置

根据 Hess 等提出的模型 [48]，用三维球刺状 Ag/AgCl/$TiO_2$@PMMA 结构超材料构造了异质结构楔形光波导，模型结构示意图如图 5-36 所示，波导内的介质为负折射率超材料，波导的上下外层分别为空气和玻璃，波导长度为 1mm。

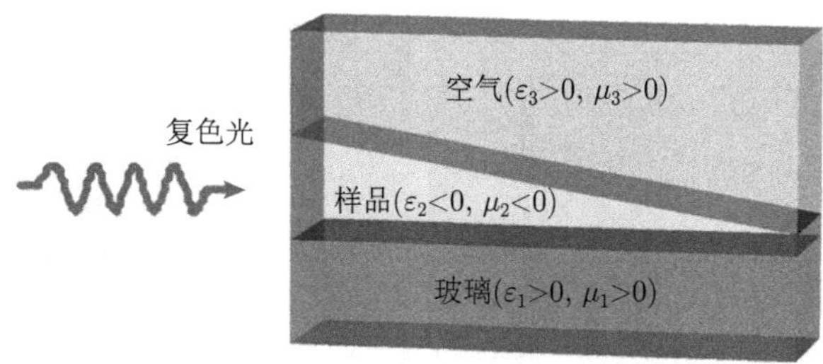


图 5-36 彩虹捕获楔形光波导结构

2) 绿光样品结果

仍然利用图 5-32(b) 中的装置，只是将样品换成图 5-36 中所示绿光波段的复合球刺楔形光波导样品。在实验的过程中，经过凸透镜 2 后的汇聚光束入射到楔形波导的大端口处，为了调整光线的初始入射角，调整楔形光波导相对于水平面的角度，以实现最佳的彩虹捕获状态。

调整楔形光波导相对于水平面的倾角，间接地调节了入射光的初始入射角的大小，以得到最佳的彩虹捕获效应。楔形光波导相对于水平面为 0°、3.8°、8.8°、11.3° 时观测到的彩虹捕获图像如图 5-37 所示。从图中可以看出，当附加倾角为 0° 时，并没用发生彩虹捕获效应；增加到 3.8° 时，可以观察到有橙色和绿色的光的停留；进一步增加附加倾角，当达到 8.8° 和 11.3° 时，从大端口到小端口，也就是从左到右依次出现了蓝色到红色的彩带；实验中观察到，若继续增大倾角，彩虹捕获效应将很快减弱以至消失，这与 Hess 的理论模型一致。

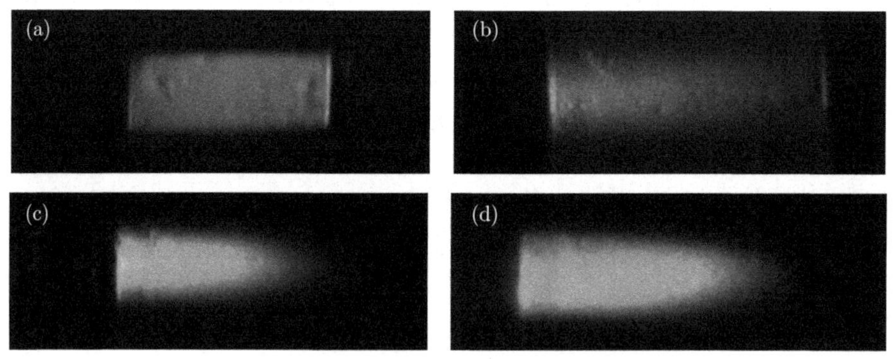


图 5-37 彩虹捕获图像 (彩图见封底二维码)

玻璃基底与水平面夹角：(a) 0°；(b) 3.8°；(c) 8.8°；(d) 11.3°

3) 红光样品结果

利用透射峰为 610 nm 的复合球刺超材料样品的自组装性质组装出的楔形样品 (图 5-36) 进行彩虹捕获，采用图 5-32(b) 的装置进行实验，分别测试了倾角为 0°、4°、6.38° 和 9.08° 的复合球刺状楔形样品，不同倾角下的彩虹捕获结果如图 5-38 所示。

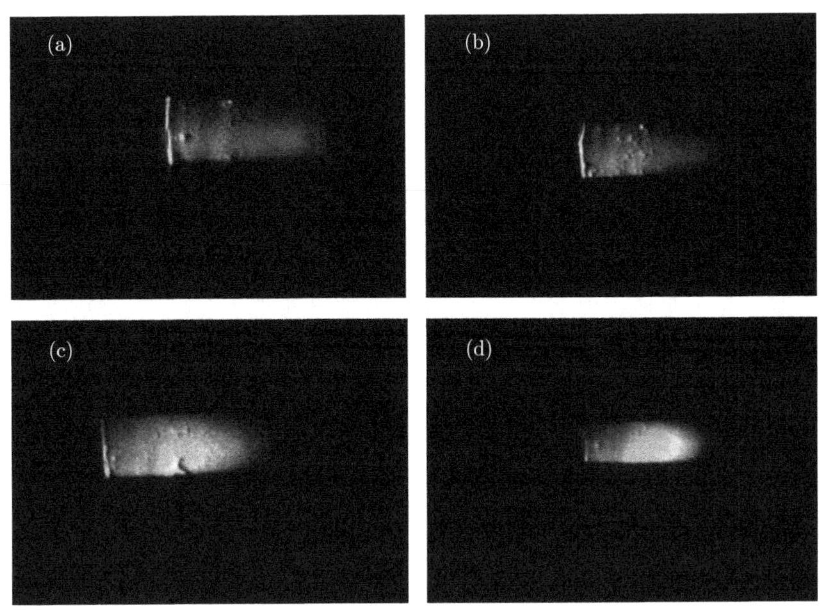


图 5-38 不同倾角的楔形光波导彩虹捕获照片 (彩图见封底二维码)

(a) 0°；(b) 4°；(c) 6.38°；(d) 9.08°

图 5-38 中显示，通过适当地改变楔形样品倾角的大小，可以实现可见光在空间的光谱分离，且随波导倾角的增大，被捕获的低频光，即绿光、黄光、红光强度增大。与图 5-37 类似，捕获到的蓝光靠近大端口，红光靠近小端口，即短波长的光在超材料厚的地方停下，长波长的光在超材料薄的地方停下，这与 Hess 的理论模型一致。另外，从图中可发现几乎没有紫色的出现，可能是由于此红光样品对高频段的紫光不响应。

### 5.4.4 反常多普勒效应

多普勒效应是指当波源与观察者发生相对位移时，观察者接收到的波的频率相对波源初始频率产生变化的现象，它已经广泛地应用于科学研究、天体运动分析、医学诊断、轨道交通缺陷检测、天气与航空雷达系统、速度与振动测量等领域 [49−56]。1968 年，Veselago[57] 利用负折射率 [58,59] 超材料 [60−63] 从理论上预言了反常多普勒效应的存在，即当波源与观察者相互靠近时，接收到的波的频率会变低，反之接收到的波的频率会变高。这是因为波在这种人工合成的材料中传播，群速度和相速度传播方向是反向平行的，导致波源和观察者发生相对运动时波长产生反常的拉伸或压缩。

此后发展出不少关于超材料中反常多普勒效应的数值模拟和理论分析 [64−68]，并在实验上取得了一些进展。2003 年，Seddon 和 Bearpark[69] 首次在射频下磁性非线性传输线中用实验间接测量到反常多普勒效应，频段局限在 1~2GHz；2016 年，Ran 等通过改进运动反射面形成的方式 [70]，在传输线中同时观测了正常多普勒效应、零多普勒效应和反常多普勒效应，但频段只有不到 1GHz。2011 年，Chen 等 [71] 利用光子晶体首次从实验上在光频段观测到反常多普勒效应；2018 年，他们课题组又提出了一种同时存在正常和反常多普勒效应的二维楔形光子晶体，并利用动态二维有限差分时域方法实现了这种双多普勒效应 [72]，但这都只局限在特定的红外波段。近年来 [73,74]，在声学超材料的研究上取得了一些新的进展，克服了宽带负体积模量和质量密度的限制并实现了反常多普勒效应的观测。而据最新的研究报道 [75]，在正折射率均匀系统下，Vavilov-Cherenkov 锥的特定新场景中反常多普勒效应也已经得到预测和演示，这或许为将来的应用研究提供了新的方案。就目前来看，尽管研究理论越来越丰富，但想要真正在实验上观测到反常多普勒频移 (尤其是高频段) 依然比较困难。在目前已报道的文章中，还没有实现可见光频率下反常多普勒效应的实验观测，这是该领域亟须突破的一个难点，而实现可见光宽频段响应的反常多普勒效应更是一个有着深远意义的重大问题。

基于可见光由七种颜色组成，在先前研究的基础上，设计了分别对应七种颜色可见光波段响应的球刺模型，如图 5-39 所示，通过这七种模型的组合，构建了可见光宽频模型，实现宽频段的响应。

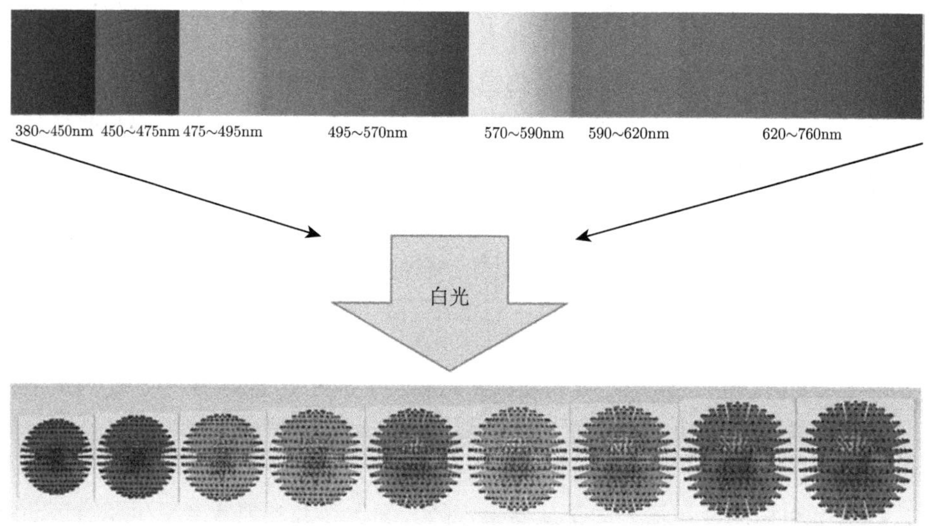


图 5-39　可见光波段球刺模型

通过将金属杆与“U”形谐振环结合，我们研究设计了一种三维银球刺的结构，整个结构是由很多刺棒从中心呈辐射状生长出来，由于刺棒会在整个结构的中心处紧靠在一起连成一个球核，因此我们建立模型时就在结构中心直接用一个球体进行等效，形成一个三维各向同性的球刺状结构。改进后的三维银球刺模型结构是以 $TiO_2$ 为内核，在球中生长出 600 根圆柱杆形成球刺结构，然后在 $TiO_2$ 表面包覆 1nm 厚的银，在整个球刺模型的外围，我们设置的是边长为 $W$ 的正方体 PMMA 环境，$W = l+2t(t = 15\text{nm})$，如图 5-40 所示。此处给出的中心球半径 $R$、圆柱杆的直径 $d$ 以及杆长度 (粒径)$l$ 是以包覆银后的外部整体大小来计量，所设计模型中的银采用 Silver (Johnson) (optical)，$TiO_2$ 和 PMMA 的相对介电常数为 $\varepsilon_{TiO_2} = 5.2$，$\varepsilon_{PMMA} = 2.5$。

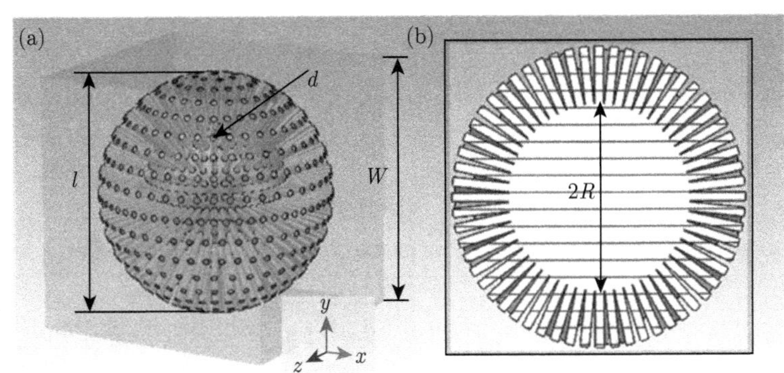


图 5-40 三维球刺状超材料结构的物理模型

(a) 斜视图；(b) 剖面图

我们将图 5-40 中的球刺结构作为基础，通过调节模型的几何参数最后实现了在可见光各个波段的负折射率响应。以绿光波段的一个模型为例，其几何参数为 $R = 165\text{nm}$，$l = 530\text{nm}$，$d = 15\text{nm}$，把这种三维球刺结构在 $x$-$y$ 平面内均匀周期性排列，周期阵列中相邻球刺之间的距离即为周期 ($W = 560\text{nm}$)。模型仿真计算时，我们分别把 $y$ 方向的两个端面设置为电壁，把 $x$ 方向的两个端面设置为磁壁，以此来实现周期性排列的等效结构，将前后两个端面 ($z$ 方向) 设置为电磁波端口，端口之间的距离也是 $W$。

图 5-41(a) 显示了其透射和反射曲线，线性形式和相位分别用黑线和红线表示，可以发现在 500~520nm 范围内有较宽的透射峰，透射峰之后还存在着一个位于约 540nm 处的透射谷，并在附近产生了明显的相位扭折，透射谷和相位扭折的存在说明在该处有电磁谐振产生，并且因此形成了左手响应的透射峰。我们提取透射和反射曲线的数据并用反演参数算法 (Mie 氏理论) 进行计算，最后得到其折射率等有效参数，分别如图 5-41(b) 中曲线所示，可以看出在 485nm 以上波长

范围实现了负的磁导率，而介电常数则在一个很宽的频率范围内表示为负值，折射率在 540nm 附近有一个极值约为 −0.45 的峰，并且负折射率的范围超出了“双负”(负磁导率和负介电常数) 的频率范围。根据图 5-41(c) 中所示，计算得到该模型在 513nm 处折射率为 −0.22，对应的 FOM 峰值达到 15，与已报道文献比较显示出较大的优势，表明这种模型结构能够有效降低损耗，在克服光学超材料损耗大的问题上具有重要意义。

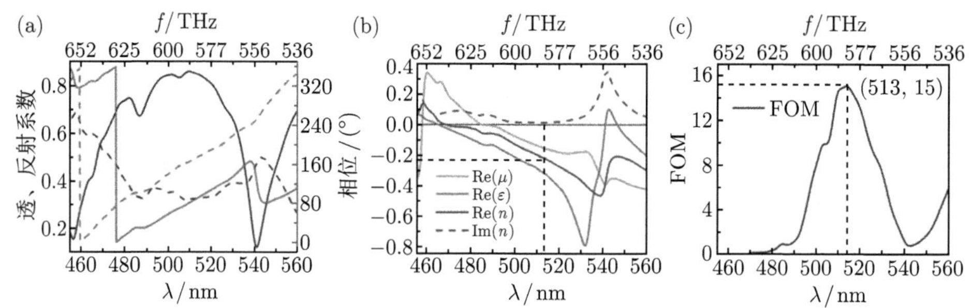


图 5-41 几何参数为 $R = 165\text{nm}$，$l = 530\text{nm}$，$d = 15\text{nm}$ 的模型仿真得到的透、反射曲线和有效介质参数 (彩图见封底二维码)

(a) 透、反射线性 (黑色) 和相位 (红色) 曲线；(b) 磁导率、介电常数和折射率实部；(c) 折射率 FOM 值

为了研究可见光宽频段响应的模型，我们继续调节参数计算了可见光七种不同波段的单频球刺模型，图 5-42 给出了九种模型球刺结构仿真得到的有效介质参数。

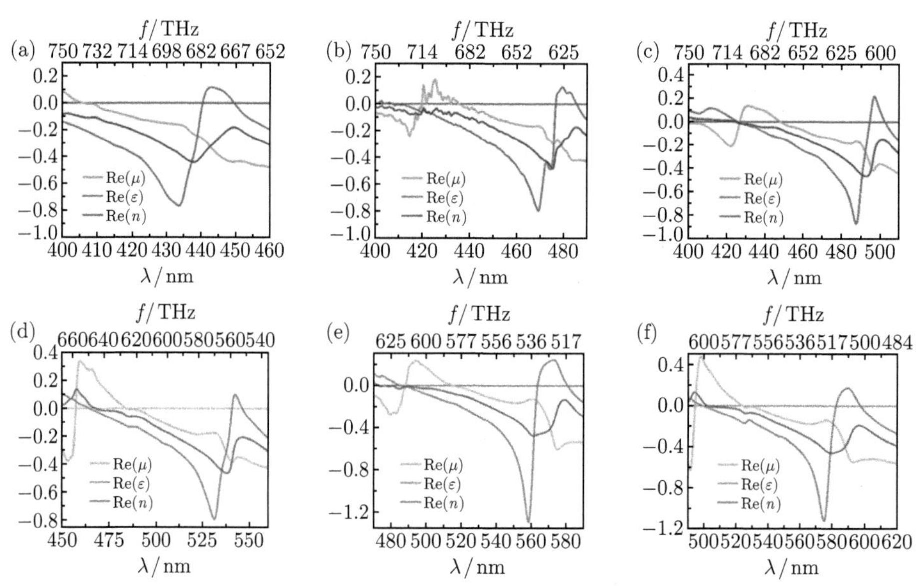

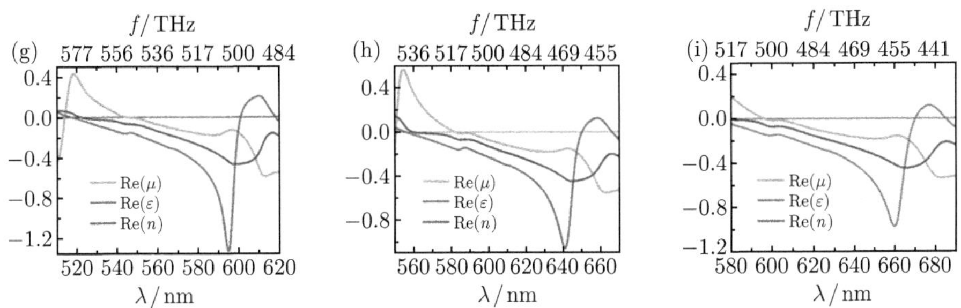


图 5-42 九种参数模型的球刺结构仿真得到的有效介质参数 (彩图见封底二维码)

(a) $R = 130\text{nm}$，$l = 420\text{nm}$，$d = 15\text{nm}$；(b) $R = 140\text{nm}$，$l = 460\text{nm}$，$d = 15\text{nm}$；(c) $R = 146\text{nm}$，$l = 480\text{nm}$，$d = 15\text{nm}$；(d) $R = 165\text{nm}$，$l = 530\text{nm}$，$d = 15\text{nm}$；(e) $R = 184\text{nm}$，$l = 550\text{nm}$，$d = 15\text{nm}$；(f) $R = 191\text{nm}$，$l = 570\text{nm}$，$d = 15\text{nm}$；(g) $R = 198\text{nm}$，$l = 590\text{nm}$，$d = 15\text{nm}$；(h) $R = 215\text{nm}$，$l = 640\text{nm}$，$d = 15\text{nm}$；(i) $R = 221\text{nm}$，$l = 660\text{nm}$，$d = 15\text{nm}$

在光学超材料研究中，可见光波段宽频响应超材料的实现一直是研究热点和难点。考虑到每个样品模型发生响应的独立性，利用弱相互作用原理 [76,77]，我们通过将不同波段响应的球刺样品进行混合，得到可见光宽频段响应超材料。由于单个模型大小不同，在结合宽带时需要做一些调整，但理论上不会相互干扰，从而形成宽带负折射效应。综合以上模型折射率曲线图，我们得到整个可见光波段折射率曲线，如图 5-43 所示。

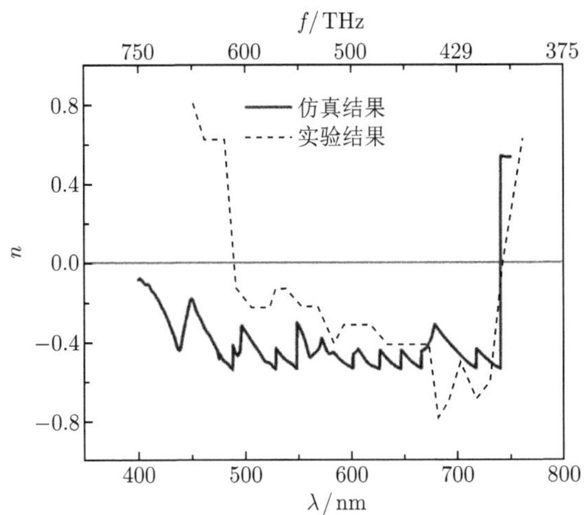


图 5-43 可见光波段宽频拓扑超材料样品的折射率曲线

利用自下而上的溶剂热合成方法制备出了在可见光波段响应的球刺状 Ag/AgCl/$TiO_2$@PMMA 纳米颗粒，并配制成体积分数为 5%的悬浮液；在竖直位移台上搭建制作楔形样品的平台，利用自组装原理制备出 3D 楔形样品，并在扫描电子显微镜下完成对 3D 楔形样品的角度测量，以用于后期折射率和多普勒效应的测量，拍摄的 SEM 图如图 5-44 所示。

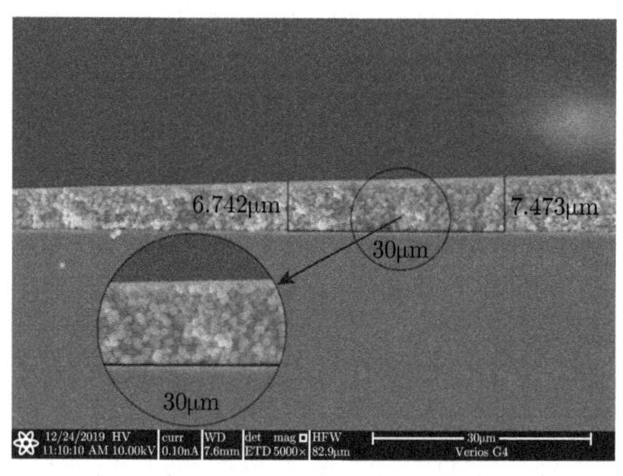


图 5-44 SEM 下楔形样品边缘角形貌

利用 5.4.1 节介绍的方法实验测量了拓扑超材料宽频样品的折射率值，理论计算与实验值吻合很好。

由于光的频率太高难以直接测量，通常多普勒效应测量都是通过光外差干涉测量法。我们需要采用一种能够测量固体材料中的多普勒效应，并能够区分发生的是正常多普勒效应还是反常多普勒效应的测量方法。我们设计了一套高精度激光外差干涉测量系统 [78]，用可见光波段激光穿过我们制备的超材料楔形样品发生折射来进行，利用光通过运动的固体介质样品内部时光程均匀变化而产生稳定多普勒频移的原理，实验观测了可见光宽频段反常多普勒效应。

光波的多普勒效应本质上是一种相对论效应。在非相对论的近似下，其表达式可表示为

$$f_1 = f_0\left(\frac{c/n - \boldsymbol{v}_{\mathrm{D}}\cdot\boldsymbol{e}_{\boldsymbol{k}_M}}{c/n - \boldsymbol{v}_{\mathrm{S}}\cdot\boldsymbol{e}_{\boldsymbol{k}_M}}\right) \tag{5-11}$$

式中，$f_0$ 是光源的频率；$f_1$ 是产生多普勒频移后接收者探测到的频率；$c$ 为真空中光速；$n$ 为介质折射率；$\boldsymbol{v}_{\mathrm{D}}$、$\boldsymbol{v}_{\mathrm{S}}$ 分别为观察者和波源移动的速度向量；$\boldsymbol{e}_{\boldsymbol{k}_M}$ 为单位向量，方向指向光波传播的方向。

实验采用了外差干涉测量的方法 [71] 来测量光波的多普勒频移。实验使用的马赫-曾德尔干涉仪结构如图 5-45(a) 所示。激光器发出的偏振光被分束镜 (BS1) 分为两束，一束作为测量光，另一束作为参考光。样品固定在微米级位移台上，位移台可以沿图 5-45(a) 中箭头的方向以速度 $v$ 运动。测量光垂直于楔形样品的一条直角边入射，并在样品的斜边界面发生折射。参考光经过两个反射镜反射后到

达半透半反镜 (BS2)，与测量光重新准直重合而发生干涉。测量过程中，激光器与探测器始终保持静止，探测器平面垂直于光线。位移台开始运动时，测量光发生多普勒频移，而参考光频率保持不变，因此到达探测器上的测量光与参考光频率不同。根据外差干涉原理，这两束频率不同的光叠加后会产生拍频信号，拍频等于测量光与参考光的频率差，这个拍频信号可以通过探测器探测出来。

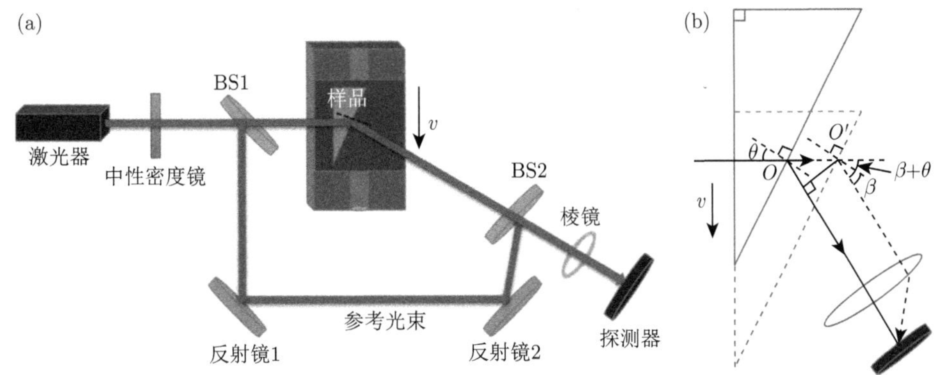


图 5-45 多普勒效应的外差探测系统示意图

测量光频率移动量的理论值计算如下所述。由于楔形样品是由负折射率的超材料构成，测量光从样品中出射到空气介质时将发生负折射，当位移台运动时，测量光在样品中的传播情况如图 5-45(b) 所示。

实线代表样品原来的位置，虚线代表样品运动后的位置。样品随着位移台运动，光束在样品内部传播时，可以看作是光源不动而光束在样品上的出射点在远离光源，测量光在样品中的光路将会延长 ($OO'$ 代表出射点的位移量)，因此产生多普勒频移。由于 $v$ 是位移台的运动速度，所以出射点在光传播方向的速度分量可以写为

$$v_1 = v\tan\theta \tag{5-12}$$

假设负折射材料的折射率为 $n_p$，位移台运动速度为 $v$，入射激光频率为 $f_0$，波长为 $\lambda$，真空中光速为 $c$，第一次多普勒频移可以表示为

$$f_1 = f_0\left(1 - \frac{v\tan\theta}{c}n_p\right) \tag{5-13}$$

因为 $n_p$ 为负数，所以 $f_1 > f_0$，因此发生了反常多普勒效应。

考虑到样品和探测器的相对位移，光线从样品中入射到空气中的折射点可以看作是向着探测器运动的光源，因此，测量光第二次多普勒频移在空气中发生。空

气折射率为正值，第二次多普勒效应为正常的多普勒效应。所以第二次多普勒频移可以表示为

$$\begin{aligned} f_2 &= f_1 \frac{c}{c - v\tan\theta\cdot\cos(\theta+\beta)} \\ &= f_0\left[1+\frac{v}{c}\left(\tan\theta\cdot\cos(\theta+\beta) - \tan\theta\cdot n_p\right)\right] \end{aligned} \tag{5-14}$$

由于参考光没有发生频移，所以探测器探测到的测量光与参考光的频率差为

$$\begin{aligned} \Delta f &= |f_2 - f_0| \\ &= \left|f_0\cdot\frac{v}{c}\left(\tan\theta\cdot\cos(\theta+\beta) - \tan\theta\cdot n_p\right)\right| \end{aligned} \tag{5-15}$$

因为 $n_p = -\dfrac{\sin\beta}{\sin\theta}$，经过计算，上式可化简为

$$\Delta f = \frac{v}{\lambda}\sin(\theta+\beta) \tag{5-16}$$

我们令 $k = \dfrac{c}{c - v\tan\theta\cdot\cos(\theta+\beta)}$，则式 (5-14) 可表示为

$$f_2 = f_1 k \tag{5-17}$$

代入式 (5-15) 变换得

$$\Delta f = |f_2 - f_0| = |(f_1 - f_0)k + (k-1)f_0| \tag{5-18}$$

其中 $(k-1)\,f_0$ 可以表示为

$$(k-1)f_0 = \frac{v\tan\theta\cdot\cos(\theta+\beta)}{c - v\tan\theta\cdot\cos(\theta+\beta)}f_0 = \frac{v}{\lambda}\tan\theta\cdot\cos(\theta+\beta) \tag{5-19}$$

$(f_1 - f_0)$ 即为楔形样品内部的多普勒频移量。$(k-1)f_0$ 是独立部分，可以从详细的实验条件中算出，再与测量得到的拍频 $\Delta f$ 相比较，就能计算得到 $(f_1 - f_0)\,k$，其中 $k$ 恒为正数并且在非相对论 $(v \ll c)$ 系统中趋近于 1。因此，通过测量得出的 $\Delta f$ 即可反推出样品内部的多普勒频移。若样品中多普勒频移量 $\Delta f_{\mathrm{D}} = f_1 - f_0$ 为负数 (即 $f_1 < f_0$)，则说明在此样品中，当光程变长时出射光的频率减小，多普勒频移为正常多普勒效应，因此该样品为正常的材料。反之，如果 $\Delta f_{\mathrm{D}} = f_1 - f_0$ 为正数 (即 $f_1 > f_0$)，则样品为超材料，其内部的多普勒频移为反常多普勒效应。

由于折射式激光多普勒效应测量对样品宽度的需要，我们制备了分别在 525nm、632.8nm 响应的楔形样品，分别记为样品 G、样品 R。用波长为 532nm

的半导体激光器对样品 G(顶角 $\theta$ =1.7°，折射率 $n = -0.3$) 进行测量，波长为 632.8nm 的半导体激光器对样品 R(顶角 $\theta$ =1.4°，折射率 $n = -0.41$) 进行测量。对样品 G、R 的测量结果如图 5-46 所示。

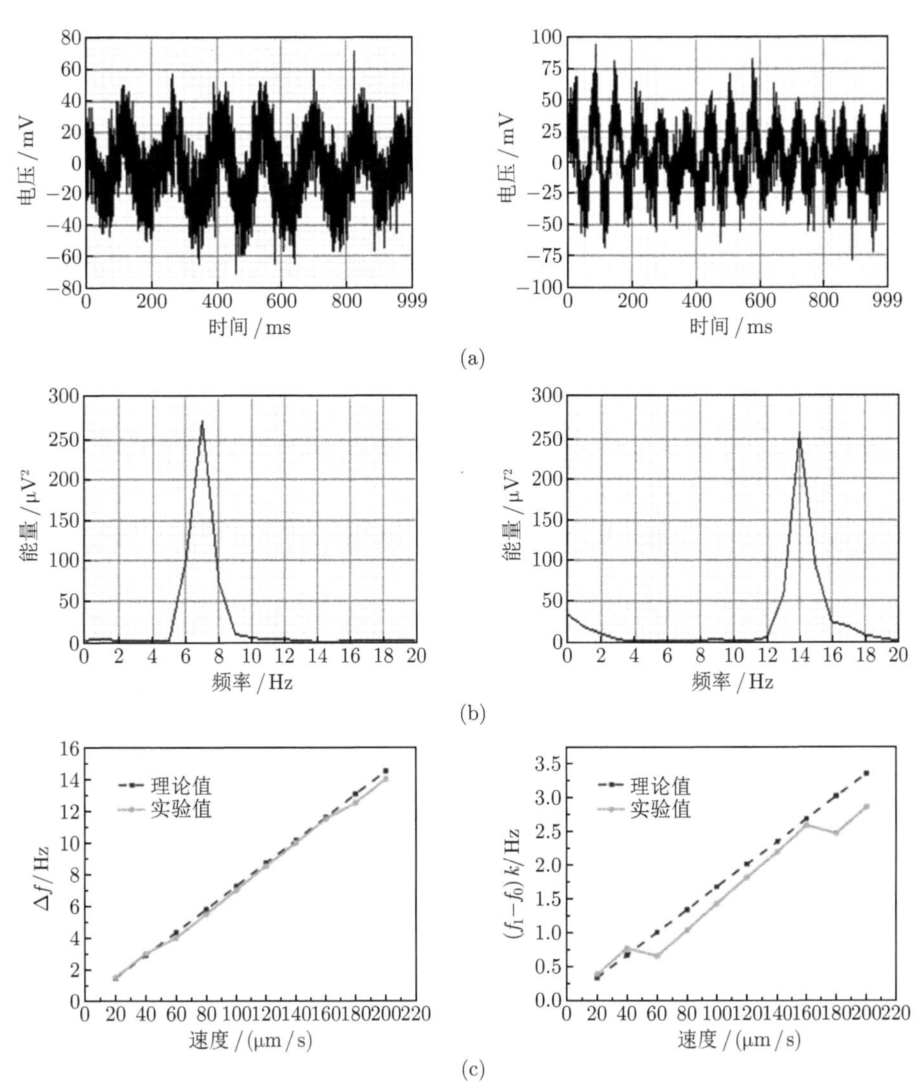

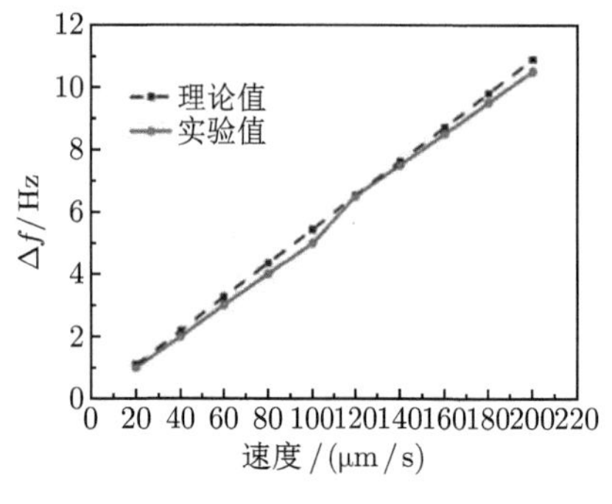

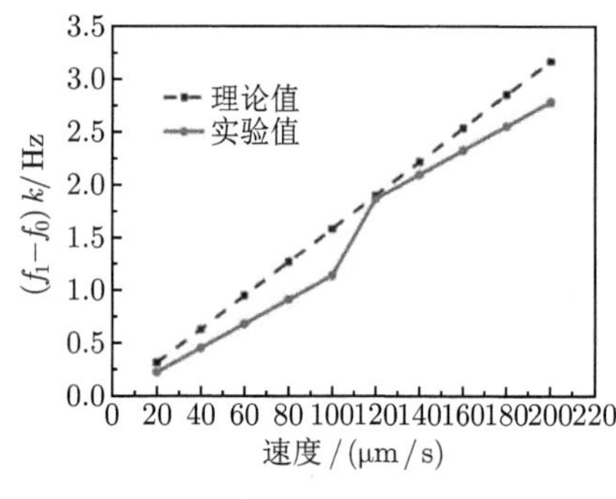


(d)

图 5-46　单频超材料的反常多普勒效应观测

(a) 样品 G 在 100μm/s、200μm/s 时波谱图示例；(b) 图 (a) 对应的频谱图示例；(c) 样品 G 在不同速度下拍频 $\Delta f$ 折线图和样品内多普勒频移量折线图；(d) 样品 R 在不同速度下拍频 $\Delta f$ 折线图和样品内多普勒频移量折线图

图 5-46(a) 展示了样品 G 在其中两个测量速度 (100μm/s，200μm/s) 分别对应的探测器信号的波形图。图 5-46(b) 中与 (a) 对应的两个拍频值 $\Delta f$ 是通过对探测器所记录信号进行快速傅里叶变换得到的，其分别为 7 Hz 和 14 Hz，这些值和理论计算值十分接近。在实验中我们以 20μm/s 为步长测量了从 20μm/s 到 200μm/s 的结果，样品 G 所对应的不同速度下拍频 $\Delta f$ 折线图和样品内多普勒频移量折线图如图 5-46(c) 所示，我们可以清楚地看到，在这些速度下，测量得到的样品内所有多普勒频移量 $(f_1 - f_0)\,k$ 都为正数，即发生了反常多普勒效应。同样地，得到样品 R 的最终结果如图 5-46(d) 所示，也发生反常多普勒效应。实验结果可以在我们制备的其他 Ag/AgCl/$TiO_2$@PMMA 超材料样品中得到重现 [79]。

总之，我们的实验系统可以清楚可靠地测量出反常多普勒效应，利用我们研究制备的材料样品实现了可见光频段反常多普勒效应的观测。

## 参 考 文 献

[1] Shalaev V M. Optical negative-index metamaterials. Nat. Photon., 2007, 1: 41-48.

[2] Soukoulis C M, Wegener M. Past achievements and future challenges in the development of three dimensional photonic metamaterials. Nat. Photon., 2011, 5: 523-530.

[3] Limonov M F, Rybin M V, Poddubny A N, et al. Fano resonances in photonics. Nat. Photon., 2017, 11: 543-554.

[4] Liu N, Guo H C, Fu L W, et al. Three-dimensional photonic metamaterials at optical frequencies. Nat. Mater., 2008, 7: 31-37.

[5] Moser H O, Rockstuhl C. 3D THz metamaterials from micro /nanomanufacturing. Laser Photon. Rev., 2012, 6: 219-244.

[6] Hossain M M, Gu M. Fabrication methods of 3D periodic metallic nano/microstructures for photonics applications. Laser Photon. Rev., 2013, 8(2): 233-249.

[7] Soukoulis C M, Wegener M. Optical metamaterials- more bulky and less lossy. Science, 2010, 330: 1633-1634.

[8] Zhao Q, Kang L, Du B, et al. Experimental demonstration of isotropic negative permeability in a three-dimensional dielectric composite. Phys. Rev. Lett., 2008, 101: 027402.

[9] Johnson P B, Christy R W. Optical constants of the noble metals. Phys. Rev. B, 1972, 6: 4370-4379.

[10] Mie G. Beiträge zur Optik trüber Medien, speziell kolloidaler Metallösungen. Annalen der Physik, 1908, 330: 377-445.

[11] Zhu W R, Zhao X P, Ji N. Double bands of negative refractive index in the left-handed metamaterials with asymmetric defects. Appl. Phys. Lett., 2007, 90: 011911.

[12] Aydin K, Guven K, Katsarakis N,et al. Effect of disorder on magnetic resonance band gap of split-ring resonator structures. Opt. Express, 2004, 12(24): 5896-5901.

[13] Zharov A A, Shadrivov I V, Kivshar Y S. Suppression of left-handed properties in disordered metamaterials. J. Appl. Phys., 2005, 97: 113906.

[14] Gorkunov M V, Gredeskul S A, Shadrivov I V, et al. Effect of microscopic disorder on magnetic properties of metamaterials. Phys.Rev. E, 2006, 73: 156605.

[15] Wang D X, Huangfu J T, Ran L X, et al. Measurement of negative permittivity and permeability from experimental transmission and reflection with effects of cell misalignment. J. Appl. Phys., 2006, 99: 123114.

[16] Gollub J, Hand T, Sajuyigbe S, et al. Characterizing the effects of disorder in metamaterial structures. Appl. Phys. Lett., 2007, 91: 162907.

[17] Papasimakis N, Fedotov V A, Fu Y H, et al. Coherent and incoherent metamaterials and order-disorder transitions. Phys. Rev. B, 2009, 80: 041102(R).

[18] Helgert C, Rockstuhl C, Etrich C, et al. Effective properties of amorphous metamaterials. Phys. Rev. B, 2009, 79: 233107.

[19] Singh R, Lu X C, Gu J Q, et al. Random terahertz metamaterials. J. Opt., 2010, 12: 015101.

[20] Helgert C, Rockstuhl C, Etrich C, et al. Effects of anisotropic disorder in an optical metamaterial. Appl. Phys. A, 2011, 103(3): 591-595.

[21] Xiang L Q, Zhao X P, Yin J B, et al. Well-organized 3D urchin-like hierarchical $TiO_2$ microspheres with high photocatalytic activity. J. Mater. Sci., 2012, 47: 1436-1445.

[22] Xiang L Q, Zhao X P, Shang C H, et al. Au or Ag nanoparticle-decorated 3D urchin-like $TiO_2$ nanostructures: synthesis, characterization, and enhanced photocatalytic activity. J. Colloid Interf. Sci., 2013, 403: 22-28.

[23] Tang Y X, Wee P, Lai Y K, et al. Hierarchical $TiO_2$ nanoflakes and nanoparticles hybrid structure for improved photocatalytic activity. J. Phys. Chem. C, 2012, 116: 2772-2780.

[24] 尚超红，罗春荣，向礼琴，等. 仙人球状 Ag/$TiO_2$@PMMA 超材料的制备与纳米平板聚焦效应. 材料导报，2013, 27(8): 1-4.

[25] Lin X Z, Teng X, Yang H. Direct synthesis of narrowly dispersed silver nanoparticles using a single-source precursor. Langmuir, 2003, 19: 10081-10085.

[26] Wang X N, Luo C R, Hong G, et al. Metamaterial optical refractive index sensor detected by the naked eye. Appl. Phys. Lett., 2013, 102 : 091902.

[27] Valentine J, Zhang S, Zentgraf T, et al. Three-dimensional optical metamaterial with a negative refractive index. Nature, 2008, 455: 376.

[28] Dolling G, Wegener M, Soukoulis, C M, et al. Negative-index metamaterial at 780nm wavelength. Opt. Lett., 2007, 32: 53-55.

[29] García-Meca, C, Hurtado J, Martí J, et al. Low-loss multilayered metamaterial exhibiting a negative index of refraction at visible wavelengths. Phys. Rev. Lett., 2011, 106: 067402.

[30] Lotsch H K V. Beam displacement at total reflection: the Goos-Hänchen effect I. Optik, 1970, 32: 116-137.

[31] Picht J. Beitrag zur theorie der totalreflexion. Annalen Der Physik, 1929, 395(4): 433-496.

[32] Goos F, Hänchen H. Ein neuer und fundamentaler versuch zur totalreflexion. Annalen Der Physik, 1947, 436(7/8): 333-346.

[33] Artmann K. Berechnung der seitenversetzung des totalreflektierten Strahles. Annalen der Physik, 1948, 437(1/2): 87-102.

[34] Renard R H. Total reflection: a new evaluation of the Goos-Hänchen shift. J. Opt. Soc. Am., 1964, 54(10): 1190-1196.

[35] Carniglia C K, Brownstein K R. Focal shift and ray model for total internal reflection. J. Opt. Soc. Am., 1977, 67(1): 121-122.

[36] Kogelnik H, Weber H P. Rays, stored energy, and power flow in dialectic waveguides. J. Opt. Soc. Am., 1974, 64(2): 174-185.

[37] Horowitz B R, Tamir T. Lateral displacement of a light beam at a dielectric interface. J. Opt. Soc. Am., 1971, 61(5): 586-594.

[38] Hugonin J P, Petit R. General study of displacements at total reflection. J. Opt., 1977, 8(2): 73-87.

[39] Lai H M, Cheng F C, Tang W K. Goos-Hänchen effect around and off the critical angle. J. Opt. Soc. Am. A, 1986, 3(4): 550-557.

[40] McGuirk M, Carniglia C K. An angular spectrum representation approach to the Goos-Hänchen shift. J. Opt. Soc. Am., 1977, 67(1): 103-107.

[41] Shadrivov I V, Zharov A A, Kivshar Y S. Giant Goos-Hänchen effect at the reflection from left-handed metamaterials. Appl. Phys. Lett., 2003, 83: 2713-2715.

[42] Wan Y H, Zheng Z, Zhu J S. Propagation-dependent beam profile distortion associated with the Goos-Hanchen shift. Opt. Express, 2009, 17: 21313-21319.

[43] Li C F, Yang X Y, Duan T, et al. Microwave measurement of dielectricfilm-enhanced Goos-Hanchen shift. Chin. J. Lasers, 2006, 33(6): 753-755.

[44] Merano M, Aiello A, van Exter M, et al. Observing angular deviations in the specular reflection of a light beam. Nat. Photon., 2009, 3(6): 337-340.

[45] Pillon F, Gilles H, Girard S, et al. Goos-Hänchen and Imbert-Fedorovshifts for leaky guided modes. J. Opt. Soc. Am. B, 2005, 22(6): 1290-1299.

[46] Jayaswal G, Mistura G, Merano M. Weak measurement of the Goos-Hänchen shift. Opt. Lett., 2013, 38(8): 1232-1234.

[47] Prajapati C, Ranganathan D, Joseph J. Interferometric method to measure the Goos-Hänchen shift. J. Opt. Soc. Am. A, 2013, 30(4): 741-748.

[48] Tsakmakidis K L, Boardman A D, Hess O. 'Trapped rainbow' storage of light in metamaterials. Nature, 2007, 450(7168): 397-401.

[49] Dutton D, Givens M P, Hopkins R E. Some demonstration experiments in optics using a gas laser. Am. J. Phys., 1964, 32(5): 355-361.

[50] Hariharan P, Ward B. Interferometry and the Doppler effect an experimental verification. J. Mod. Optic., 1997, 44(2): 221-223.

[51] Joo K N, Ellis J D, Spronck J W, et al. Simple heterodyne laser interferometer with subnanometer periodic errors. Opt. Lett., 2009, 34(3): 386-388.

[52] Pätzold M, Bird M K. Velocity changes of the Giotto spacecraft during the comet flybys: on the interpretation of perturbed Doppler data. Aerosol Sci. Tech., 2001, 5: 235-241.

[53] Davis J Y, Jones S A, Giddens D P. Modern spectral analysis techniques for blood flow velocity and spectral measurements with pulsed Doppler ultrasound. IEEE T. Bio-Med. Eng., 1991, 38: 589-596.

[54] Oh J K, Appleton C P, Hatle L K, et al. The noninvasive assessment of left ventricular diastolic function with two-dimensional and doppler echocardiography. J. Am. Soc. Echocardiogr., 1997, 10: 246-270.

[55] Chen V C, Li F Y, Ho S S, et al. Micro-doppler effect in radar: phenomenon, model, and simulation study. IEEE T. Aero. Elec. Sys., 2006, 42: 2-21.

[56] Yeh Y, Cummins H Z. Localized fluid flow measurements with an He-Ne laser spectrometer. Appl. Phys. Lett., 1964, 4(10): 173-178.

[57] Veselago V G. The electrodynamics of substances with simultaneously negative values of $\varepsilon$ and $\mu$. Sov. Phys. Usp., 1968, 10(4): 509-514.

[58] Pendry J B. Negative refraction makes a perfectlens. Phys. Rev. Lett., 2000, 85: 3966.

[59] Veselago V G, Narimanov E E. The left hand of brightness: past, present and future of negative index materials. Nat. Mater., 2006, 5: 759-762.

[60] Liu H, Zhao X P, Yang Y, et al. Fabrication of infrared left-handed metamaterials via double template-assisted electrochemical deposition. Adv. Mater., 2008, 20: 2050.

[61] Liu B Q, Zhao X P, Zhu W R, et al. Multiple pass-band optical left-handed metamaterials based on random dendritic cells. Adv. Funct. Mater., 2008, 18: 3523.

[62] Gong B Y, Zhao X P. Numerical demonstration of a three-dimensional negative-index metamaterial at optical frequencies.Opt. Express, 2011, 19(1): 289-296.

[63] Zhao X P. Bottom-up fabrication methods of optical metamaterials. J. Mater. Chem., 2012, 22: 9439.

[64] Reed E J, Soljačić M, Joannopoulos J D. Reversed Doppler effect in photonic crystals. Phys. Rev. Lett., 2003, 91: 133901.

[65] Leong K M K H, Lai A, Itoh T. Demonstration of reverse Doppler effect using a left-handed transmission line. Microw. Opt. Technol. Lett., 2006, 48: 545-547.

[66] Kozyrev A B, van der Weide D W. Explanation of the inverse Doppler effect observed in nonlinear transmission lines. Phys. Rev. Lett., 2005, 94: 203902.

[67] Luo C Y, Ibanescu M, Reed E J, et al. Doppler radiation emitted by an oscillating dipole moving inside a photonic band-gap crystal. Phys. Rev. Lett., 2006, 96: 043903.

[68] Kats A V, Savel′Ev S, Yampol′Skii V A, et al. Left-handed interfaces for electromagnetic surface waves. Phys. Rev. Lett., 2007, 98: 073901.

[69] Seddon N, Bearpark T. Observation of the inverse Doppler effect. Science, 2003, 302: 1537-1540.

[70] Ran J, Zhang Y W, Chen X D, et al. Observation of the zero Doppler effect. Sci. Rep., 2016, 6: 23973.

[71] Chen J B, Wang Y, Jia B H, et al. Observation of the inverse Doppler effect in negative-index materials at optical frequencies. Nat. Photon., 2011, 5: 239-242.

[72] Jiang Q, Chen J B, Cao L C, et al. Dual Doppler effect in wedge-type photonic crystals. Sci. Rep., 2018, 8(1): 6527.

[73] Zhai S L, Zhao X P, Liu S, et al. Inverse Doppler effects in broadband acoustic metamaterials. Sci. Rep., 2016, 6: 32388.

[74] Zhai S L, Zhao J, Shen F L, et al. Inverse Doppler effects in pipe instruments. Sci. Rep., 2018, 8: 17833.

[75] Shi X H, Lin X, Kaminer I, et al. Superlight inverse Doppler effect. Nat. Phys., 2018, 14(10): 1001.

[76] Zhao X P, Zhao Q, Kang L, et al. Defect effect of split ring resonators in left-handed metamaterials. Phys. Lett. A, 2005, 346: 87-91.

[77] Zhao X P, Song K. Review Article: The weak interactive characteristic of resonance cells and broadband effect of metamaterials. AIP Adv., 2014, 4: 100701.

[78] 张思超, 胡亚杰, 赵晓鹏. 折射式激光多普勒测速系统. 实验力学, 2013, 28(4): 409-415.

[79] Zhao J, Chen H, Song K, et al. Ultralow loss visible light metamaterials assembled by metaclusters. Nanophotonics, 2022. https://doi. org/10.1515/nanoph-2022-0171.

# 第 6 章　树枝结构超表面

## 6.1　引　　言

在控制光的传播方面，光学超材料为我们提供了更多的自由度，具有不同形状或材料成分的超材料单元，可以实现任意介电常数，从而有许多奇异的光学特性被理论及实验证实，例如亚波长成像 [1]、光束旋转器 [2]、隐形斗篷 [3,4] 等。然而，由于三维光学超材料的整体性质，就目前的纳米制造技术条件，如电子束光刻、聚焦离子束刻蚀等，制备可见光波长的超材料还面临着巨大的挑战。因此，二维超表面能够以超薄设计、有效地操控电磁波传播的新颖方法，引起越来越多的关注 [5−9]。

超表面极大地简化了超材料制作的要求，同时保留了强大的功能，通过在金属/电介质表面处引入不连续性结构，发生相位突变，光学超表面能够实现反常光学特性，如光弯曲 [10−13]、平板聚焦 [14,15]、偏振调制 [16−18]、涡旋光束 [11,18,19] 和全息图 [20−22]。超表面显著的优点使得设计纳米光子和纳米等离子设备具有更多的灵活性。从更一般的角度来看，等离子体激元/光子纳米结构也可以被称为光学超表面，这是因为它们具有各种线性/非线性光物质相互作用的操控能力，远远超出了自然界的物质 [22,23]。但是它们主要由均匀的单元组装成均匀的阵列，作用在近场。相反，新型的光学超表面的应用集中在用空间变化的单元结构操纵电磁波传播。

随着光学超表面研究的广泛开展，更高频率的太赫兹、红外乃至可见光波段的工作受到越来越多的重视。已发表的超表面中广泛采用规律的周期性结构，并在理论研究及模型设计方面取得了长足的进展，而在实际样品制备中鲜有重大突破。这是因为光学超表面结构单元尺寸受限于工作波段的较短波长，需要可见光波段的超表面结构单元整体尺寸保持在微米尺度以下，结构单元形貌细节更是需要精细到纳米级别。在技术方面，利用传统的电子束、离子束或激光蚀刻等物理技术手段，制备可见光波段周期性结构的超表面显得越发困难。在其他方面更是面临制备工艺烦琐、设备及制备成本高昂等实际问题。

贵金属树枝结构具有仿生的分形结构特征，可实现超材料的反常特性，其主要优点在于其化学制备过程技术门槛较低，步骤简单，成本可控。银树枝结构在经历了微波段及红外波段的发展之后，积累了较成熟的技术条件，通过对实验参数的调节，可实现对树枝具体形貌以及结构尺寸的有效把控。这为设计可见光波段的超表面提供了切实可行的技术储备。而实验室新型的 AutoLab 电化学工作站，可对化学制备过程中各种实验参数实现精细化调节与控制，并且在化学制备过程中提供实验参数的实时监测与分析，为制备可见光波段的银树枝超表面提供了设备保障。本章利用电化学工作站制备可见光波段的银树枝超表面样品。基于自下而上理念的电化学沉积方法，通过对沉积电压或电流、实验时间、环境温度以及电解液浓度等条件的精细调控，实现银树枝超表面的可控制备，最后测试了超表面的光学反常特性。

## 6.2　树枝超表面制备

### 6.2.1　制备流程

树枝超表面主要制备方法为电化学沉积法，与第 2 章类似，只是升级了电化学沉积银树枝结构的制备工艺，借助于先进的电化学工作站对沉积条件的精准控制以及多次重复实验中对实验参数的不断优化，制备了单层与双层银树枝超表面样品。

单层银树枝超表面的制备流程如图 6-1 所示，首先预处理 ITO 导电玻璃基底，并在基底上利用电化学沉积方法沉积一层银树枝结构后，在表面包覆 PVA 抗氧化保护层，得到单层银树枝超表面样品。

双层银树枝超表面的制备流程如图 6-1 所示，在第一层银树枝结构上镀上致密 $TiO_2$ 薄膜作为双层银树枝超表面中的间隔层，然后继续沉积第二层银树枝结构，同样包覆 PVA 抗氧化保护层后得到双层银树枝超表面样品。

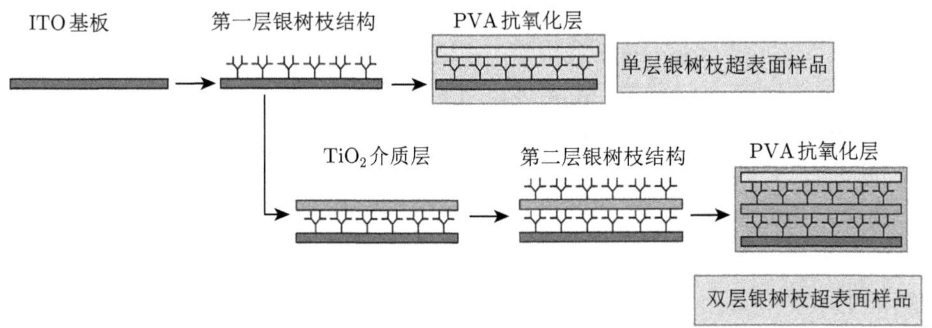


图 6-1　单层与双层银树枝超表面样品制备流程示意图

### 6.2.2　单层银树枝超表面

1. 预处理

1) ITO 预处理

各种沉积工艺的准备工作中，对基底的清洗是必要环节，其表面清洁程度将直接影响树枝的生长质量。对基底清洗的主要目的是 [24]：去除基底表面的污渍，改善基片表面化学活性，增加其润湿性。

(1) 用玻璃刀将 ITO 导电玻璃裁成 50mm×13mm 的规格，为防止裁切过程中导电面被划伤，尽量使其边缘裁得比较平整，对于边缘不平整的情况可以使用砂纸进行打磨；

(2) 将去离子水、30%双氧水和 25%氨水按照体积比为 5 : 2: 1 混合均匀；

(3) 将裁切好的导电玻璃放在上述溶液中煮沸 30 min；

(4) 将 ITO 基片用水冲洗干净，然后使用无水乙醇超声清洗两次，每次清洗 30 min；

(5) 用皂粉将泡在无水乙醇中的基片清洗干净并用去离子水反复冲洗，然后用洗耳球吹干备用。(以上处理过程中要特别注意不要破坏 ITO 的导电面)

2) 电解液配制

将 $AgNO_3$ 溶液直接作为电解液会在导电玻璃上得到银膜，而非银树枝状的纳米结构，所以需要在 $AgNO_3$ 溶液加入分散剂，本实验中我们选择聚乙二醇 (PEG-20000)。根据分析可知，这两种物质之间会形成配位键，$Ag^+$ 会因此被吸附在 PEG-20000 链上，这样就可初步得到形核的质点。而且在以往的实验中发现，现配的电解液得到的银树枝超表面效果最好，为了节约化学试剂，我们只配制一次实验所需的电解液，做到现配现用。具体步骤如下：

(1) 配制浓度为 0.24 mg/mL 的聚乙二醇水溶液：称取 0.48g 聚乙二醇 (加入该物质的原因是其可以作为分散剂增加溶液中树枝结构的形核质点)，加入 2mL 超纯水，在磁力搅拌器上匀速搅拌至 PEG 完全溶解 (防止溶液中出现气泡)。

(2) 配制 1 mg/mL 的硝酸银母液：称取 0.5 g 硝酸银，加入 49.5mL 超纯水，为防止其发生光解，应将其盛放在深棕色收口瓶中，并放置在阴凉避光处备用。

(3) 稀释与混合：从上述配制好硝酸银母液中量取 1mL，加入 4mL 超纯水，配制成 0.2mg/mL 的硝酸银溶液，然后将其加入配制好的 PEG 溶液中，在室温和避光的条件下慢速搅拌约 10 min，使两种溶液充分混合均匀，最终得到电解液为 0.1 mg/mL 的 $AgNO_3$ 和 0.12 g/mL 的 PEG 的混合溶液。将配制好的电解液在 4℃ 的避光环境中保存备用。在存放期间，部分 $Ag^+$ 还原为银纳米颗粒，这有利于为后续电化学沉积提供形核质点。

3) 阳极银板处理

裁一块略大于导电玻璃的玻璃片，然后将银箔包裹在裁好的玻璃片上。注意，包裹玻璃片时要保证银箔表面平整。制作好银板后用细砂纸打磨光滑，再倒上少量去污粉后用手指轻轻擦拭，去除银板表面的油污。最后用去离子水冲洗干净，吹干后备用。

4) 冰块制备

经过反复对比实验，我们发现在低温下进行电化学沉积可以更加有效地控制银树枝状超表面的生长。具体操作为：首先将小冰块放入培养皿中，在上面盖一层保鲜膜，然后将沉积装置放在保鲜膜上，从而得到低温环境。但是，由于碎冰块易于融化，环境温度难以保持一致。

经过改进，我们采用表面更为平整的大块冰。具体制备方法为，首先使用普通的一次性方形塑料饭盒为容器来冻制较大的冰块，再将冰块表面处理平整。然后，根据沉积装置中两个电极外形，在冰块上凿出两个有一定距离的凹槽，将电极放进去，使得沉积装置在紧贴冰块的同时保持水平。这样，沉积过程就可以保证在相对稳定的实验环境中进行。

2. 电化学沉积

利用电化学工作站在 ITO 导电玻璃基底上制备可见光波段银树枝超表面样品，需要将基底预处理，配制电解液，设置电化学工作站执行沉积过程的程序，而后进行电化学沉积实验。在电化学工作站上完成电化学沉积，在备好的 ITO 玻璃基底上沉积第一层纳米银树枝。制备装置如图 6-2 所示，取一准备好的银板水平置于电化学工作站工作台上，在基底中间间隔 1 cm 分别放置两个长 × 宽 × 厚 $= 13\text{mm} \times 3\text{mm} \times 1\text{mm}$ 的 PVC 垫片，垫片上放置基底，银板与基底沿长边方向水平间隔 1 cm 左右，设置电化学工作站为恒压模式，银板连接阳极，基底连接阴极，调节工作电压与工作时长。在银板与基底的边缘滴加硝酸银溶液，由于虹吸作用，溶液会自动均匀分布在银板与基底的缝隙中，检查确认基底水平以及硝酸银分布均匀后，启动电化学工作站，银离子将随着电压作用沉积于 ITO 导电玻璃基底上，恒压过程中在基底上逐渐形成银树枝结构，电化学工作站自动停止，小心取出基底，用超纯水从样品的边缘冲掉表面的残液。干燥之后得到了沉积在 ITO 导电玻璃上的银树枝结构的样品。制备好的样品存放到干燥箱保存，将 PVC

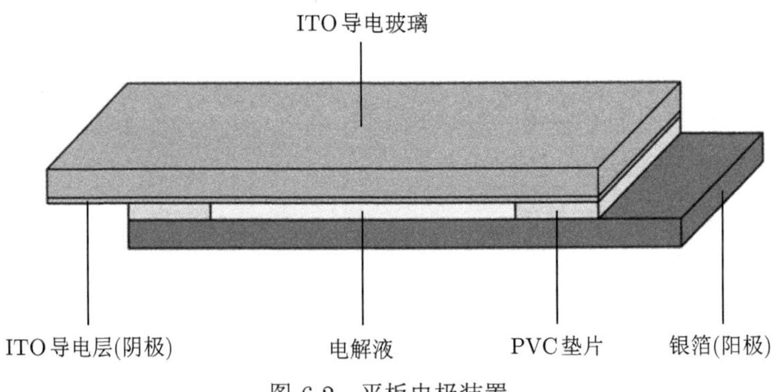


图 6-2 平板电极装置

板和银板清洗，干燥后可以继续用于制备下一个样品。

本实验采用平板电极体系电化学沉积法，在 ITO 导电玻璃基底上生长纳米级的银树枝结构单元，通过调节实验参数可制备出满足研究需要的光、电、磁等性能的银树枝结构。经过分析与讨论，我们最终确定了单层银树枝超表面比较合适的工艺条件范围：电解液配制为浓度为 0.12g/mL 的 PEG-20000 与浓度为 0.1mg/mL 的 $AgNO_3$ 组成的混合溶液，沉积电压在 0.5~0.9V，沉积时间为 60~90s，温度控制在 0~15℃。

3. PVA 防氧化层涂覆

制备好的 ITO 导电玻璃沉积银树枝样品在空气中很容易被氧化，为了保护银树枝样品，如图 6-3 所示，采用垂直提拉法在银树枝样品的表面涂覆一层 PVA 保护膜隔绝空气，将步骤 2 中得到的样品固定在垂直提拉涂膜机，匀速浸入 PVA 溶液，浸润 120 s 后匀速提拉，烘干后得到银树枝超表面样品。PVA 保护膜完全透明，仅起保护作用，对样品的行为没有影响。

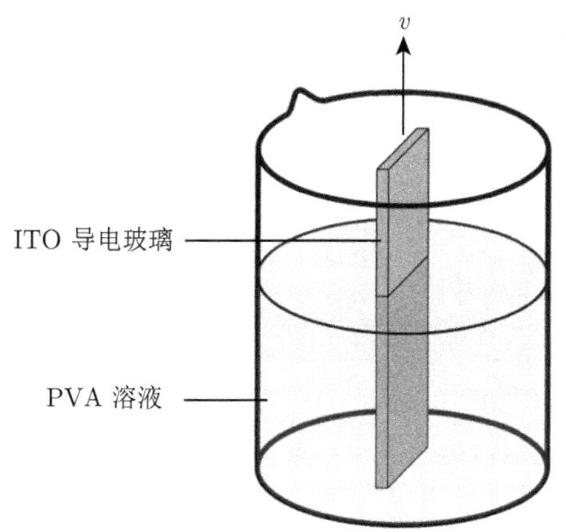


图 6-3 垂直提拉法涂覆 PVA

4. 单层银树枝超表面形貌

单层银树枝结构超表面的形貌如图 6-4 所示，图 6-4(a) 与图 6-4(b) 分别为控制温度在 10℃ 、2℃ ，电沉积条件均为 0.9V, 60s 时，制得的银树枝结构超表面的 JSM6700F 场发射 SEM 图。从 SEM 照片中可以看出，银颗粒附着在 ITO 上呈现树枝状生长，在可见光波段尺寸都约为 100~600nm，并且大多树枝分子都围绕形核中心沿径向向四周生长，呈现出中心对称性。聚乙二醇在沉积过程中使形核质点被均匀地分散开来，并且 ITO 玻璃表面经多次处理后对电解液有良好的润湿性，使得被还原出来的银原子更容易附着在导电玻璃上，在合适的电沉积条件下最终生长为均匀分散的银树枝结构。

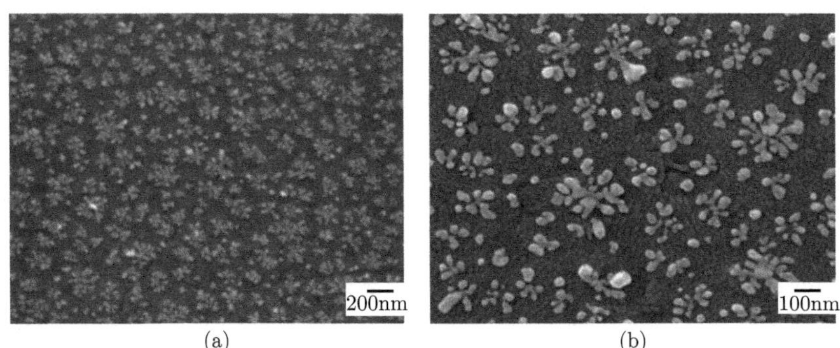


图 6-4　0.9 V，60 s 条件时不同沉积温度制备单层银树枝超表面 SEM 图

(a) 10°C; (b) 2°C

同时，我们还使用原子力显微镜 (AFM) 测量了单层银树枝状超表面的厚度，如图 6-5 所示。图 6-5(a) 为我们所制备的一个银树枝状样品，从中可以观察到树

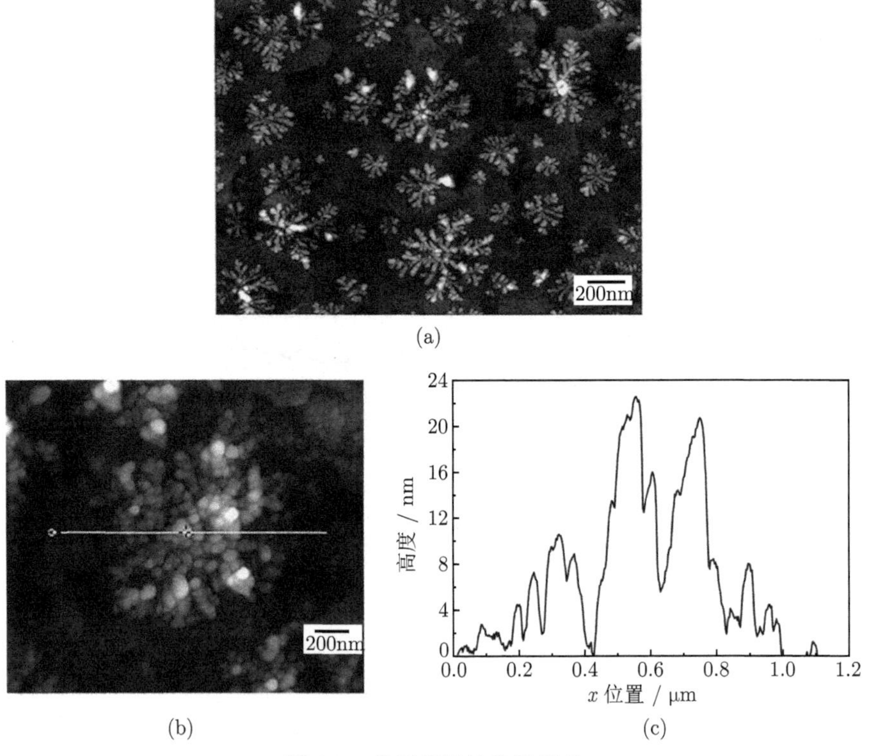


图 6-5　单层银树枝状超表面

(a) AFM 图；(b) 局部放大 AFM 图；(c) 图 (b) 所标注位置高度分布图

枝的尺寸大小分布不一，这与图 6-4 中所示的形貌相同。我们选定单个树枝分子确定其厚度，如图 6-5(b) 所示，以周围的导电玻璃为水平面，从图 6-5(c) 所示的结果可以看出，银树枝的厚度分布在 10 ~ 23nm 之间。

### 6.2.3 双层银树枝超表面

1. 介质层选择与制备

之前选择 PVA 作为中间介质层，由于 PVA 薄膜遇水容易溶胀，在实验过程中容易因为一些不可控因素发生脱落，严重影响实验结果。本实验根据之前的工作选择半导体材料 $TiO_2$ 作中间介质，具体制备工艺流程如下：

利用一定浓度的酞酸丁酯的无水乙醇溶液发生水解反应后产生 $TiO_2$ 的方法来制备中间介质层材料。首先确定镀膜溶液的浓度，由于要求中间介质层具有良好的光学透明度，所以镀膜溶液浓度较低，根据文献 [25] 中所采用的参数以及大量的实验验证，确定配制体积分数为 1/480 ~ 1/160 范围的酞酸丁酯无水乙醇溶液。配制好镀膜溶液后，采用垂直提拉法将镀膜溶液涂覆在单层银树枝 ITO 基底上，装置图与图 6-3 类似，该方法是一种非常简单快速、易于操作且涂膜厚度均匀的制膜途径。首先，在镀膜机上使用手动挡使 ITO 基片下降至镀膜溶液中的指定位置，并在其中停留约 90 ~ 120s，再将镀膜机变换到自动挡，并且设定上升速率为 350μm/s，行程设定为 4cm，以此参数将基片从镀膜溶液中垂直提拉至空气中，再停留约 30s 后取出样品，此时涂覆在基片上的镀膜液将迅速发生水解生成一层致密的约 60nm 厚的 $TiO_2$ 薄膜。

2. 双层银树枝超表面制备

目前双层银树枝状超表面的制备流程分为两种：第一种方法类似于制备单层银树枝结构超表面的方法，先分别在两片玻璃基底上沉积单层银树枝结构，然后在其中一块基底上涂覆中间介质层薄膜，最后将这两部分面对面组合起来形成双层结构。这种方法的缺点是只能制备双层银树枝结构光学超材料，并且由于树枝结构被夹在两片 ITO 基底之间，会限制其实验测试和实际应用。另一种方法就是本实验所要采用的制备流程，具体操作如下：

首先，使用 6.2.2 节工艺条件制备出第一层银树枝结构，并测试出第一层树枝结构的透射光谱，当其透射峰处在预期的可见光波段时，再在其上涂覆一层 $TiO_2$ 薄膜作为中间介质层，为沉积第二层结构做准备。对于那些第一层测试结果超出预期波段的样品，我们将对其直接进行清洗，处理干净后进行重复使用。本实验的最终目的是在 ITO 玻璃上的同一位置制备出与第一层银树枝结构单元尺寸相近的第二层结构。由于第二层结构的生长条件与第一层相比，沉积表面变得不平整，导电性能也会变差，所以在这种状况下电沉积条件与第一层相比会发生较大变化。

根据上述理论分析和之前相关工作，首先确定了电沉积条件的大致范围，同时通过控制变量进行大量实验，确定出适合第二层树枝生长的工艺条件。最终，成功得到了 13mm×10mm 的双层银树枝结构超表面。

3. PVA 防护层

为了防止所制备的树枝结构发生氧化，在制备完成后需要在其上涂覆一层 PVA 薄膜作为保护。具体制备工艺为：称取 3g PVA，再加入 100mL 超纯水，75℃ 搅拌 90min 至溶液呈现透明状即可，得到质量分数为 3%的 PVA 溶液。在此次称取过程中，为了防止溶液在放置过久以后浓度和其他性质发生变化，以及避免浪费，只是称取了满足短期内使用的量，因为在加热煮沸的过程中，会有部分水分被蒸发，所以需要再补充适量的水。从图 6-1 可以看出涂抹前后样品的结构示意图。

4. 双层银树枝结构表征

双层银树枝状超表面共五层，包括 ITO 玻璃、下层银树枝、$TiO_2$ 膜、上层银树枝和 PVA 保护膜。但在实际测试中，真正发挥作用的是上下两层银树枝结构，其余部分都只是起到了一些辅助性作用，并不能真正决定结构的光学性能，所以制备出能在可见光波段响应的双层银树枝结构超表面重点就在于调控上下两层银树枝生长的工艺参数，使其满足在光学波段产生响应。

图 6-6(a) 和 (b) 分别显示了直接生长在导电玻璃基底上和 $TiO_2$ 介质层材料上的银树枝结构形貌图。这两幅图所对应的具体工艺条件为：控制沉积区域温度在 2℃，电沉积条件分别为 0.9V，60s 与 1.8V，60s。从图 6-6(a) 中可以看到结构

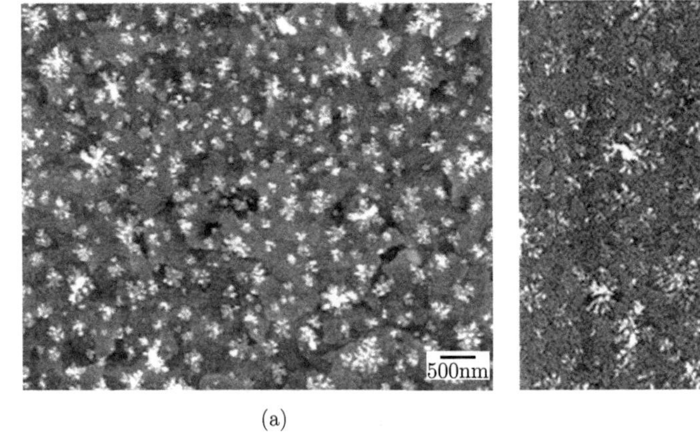


(a)　　(b)

图 6-6　生长在不同基底的银树枝表面结构形貌 SEM 图

(a)ITO 基底；(b)$TiO_2$ 膜

单元尺寸大小不等，银树枝结构在基底上呈现无规则排列，但其在统计上呈现准周期性。这与图 6-6(b) 中显示的生长在 $TiO_2$ 膜上的银树枝结构单元尺寸大小几乎一样，所以采用以上工艺条件所制得的样品单元结构大小均处可见光波段。从图中还可看出，树枝状银附着在 ITO 玻璃导电面和 $TiO_2$ 膜上均以多核方式沿径向二维生长，呈现多级结构，并且分布比较均匀。

与此同时，我们还测量了双层银树枝结构的 AFM 图，如图 6-7(b) 所示。与单层银树枝结构相比，双层结构呈现类似于心形的表面形貌，已经不再是明显的树枝结构，这可能是因为在第一层树枝的基础上再沉积第二层结构时，表面已变得不再平整，所以 AFM 照片会由于存在高度差，不能很好地表征双层银树枝结构的表面形貌。

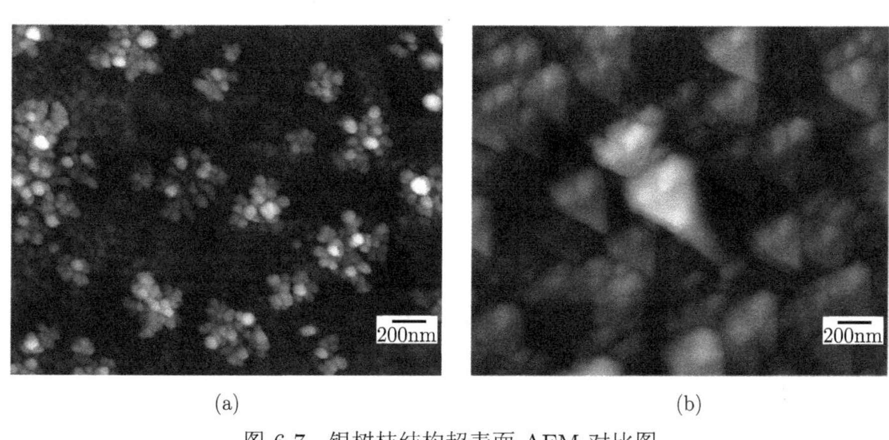


(a) (b)

图 6-7 银树枝结构超表面 AFM 对比图

(a) 单层；(b) 双层

## 6.3 树枝超表面性质

### 6.3.1 红外波段超表面

超表面是一种能满足普适 Snell 定律的材料，如图 6-8 所示，设想一种超表面 A，当入射光垂直照射到超表面的正面时，能够出现某一特定角度 $\theta$ 的反常反射，假设有另外一组超表面 B 模型，能够在入射光垂直照射到该组超表面时产生与之前的超表面相反的反常反射方向，反射角度为 $-\theta$。那么考虑将 A、B 两种超表面组合到一起，利用相对的反射方向来实现反常反射的聚焦行为。

根据要求，我们设计出自身不具有左右对称性的超表面单个树枝单元结构，将这种树枝对放置于硅基底上，制备成超表面材料，这种树枝对的具体示意图如图 6-9 所示。树枝材料为银 (Drude 模型)，厚度 $t$ =12nm，树枝杆长 $l$ = 1300nm，

主枝宽度 $w_1$ =350nm，侧枝宽度 $w_2 = 200$nm，侧枝与主枝之间夹角为 45°。基底为二氧化硅 (折射率为 1.46)，厚度 $d$ =60nm，基底长 $l_a = 9000$nm，基底宽 $l_b = 9000$nm。

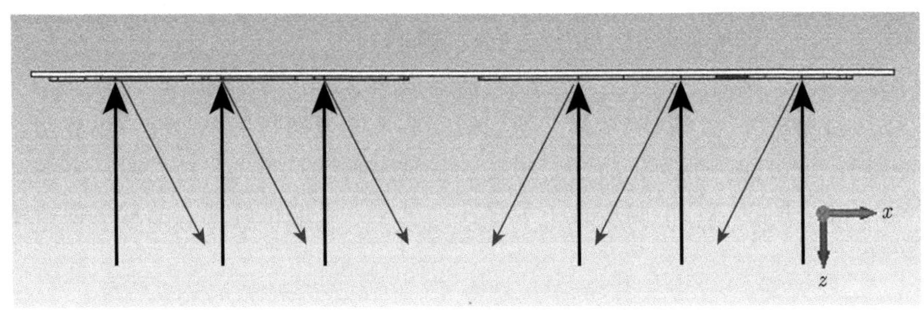


图 6-8　反常反射聚焦原理图

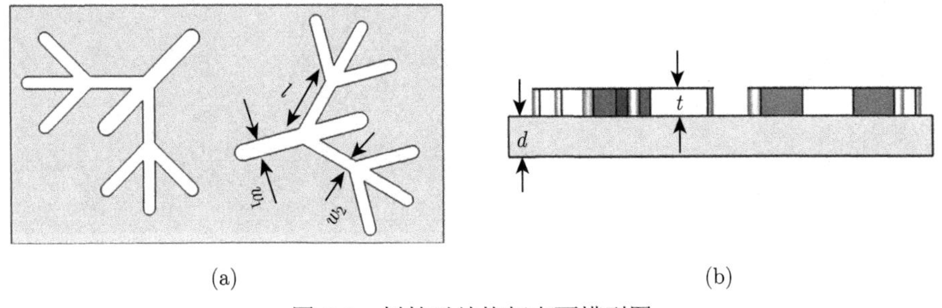


(a)　(b)

图 6-9　树枝对结构超表面模型图

(a) 正视图；(b) 侧视图

树枝对超表面在 30～40THz 频率范围内的平行光垂直照射时能够实现反常反射和反常折射。图 6-10 显示了在中红外频段频率点为 38THz 即入射光波长为 7.89μm 处垂直入射情况下反射和折射情况，图 6-10(a) 为树枝对超表面反射和折射的场分布，图 6-10(b) 为树枝对超表面水平旋转 180° 时的反射和折射的场分布。从图中可以看出，两种树枝对超表面在 38THz 处能够表现出良好的反常反射和反常折射行为，即对垂直入射的波均发生了斜反射和斜折射现象。未经旋转与经过水平旋转的超表面在反射效率以及波面平整度、反射与折射角度等方面都是相同的，这有助于研究超表面的平板聚焦现象。

以中心为轴线，每一侧放置四组树枝对结构单元，左侧与右侧结构旋转对称，构建成八组树枝形超表面，如图 6-11(a) 所示。每一个树枝单元的具体尺寸为：$l = 1750$nm，$l_a = 12000$nm，$l_b = 6800$nm，$w_1 = 500$nm，$w_2 = 400$nm。

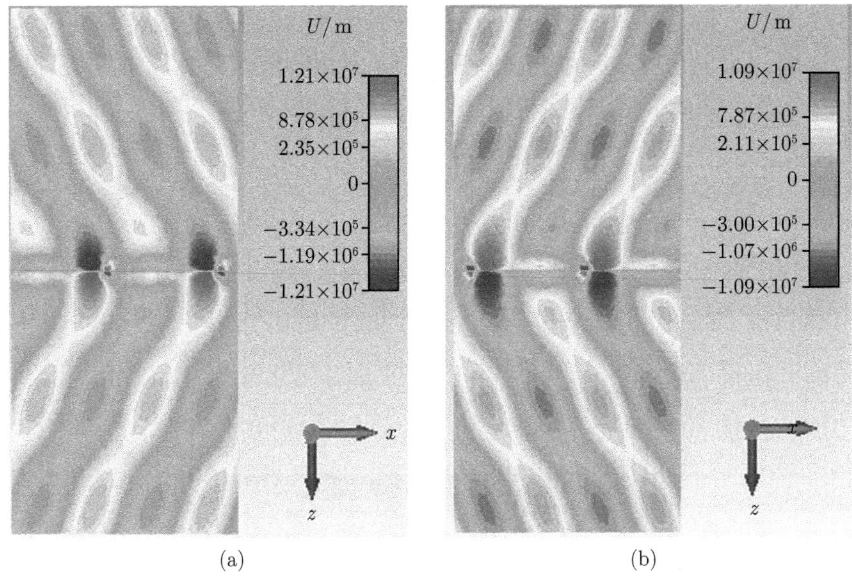


图 6-10 树枝对超表面中红外频段光学反常反射与反常折射行为 (彩图见封底二维码)

(a) 未旋转树枝对；(b) 旋转 180° 后的树枝对

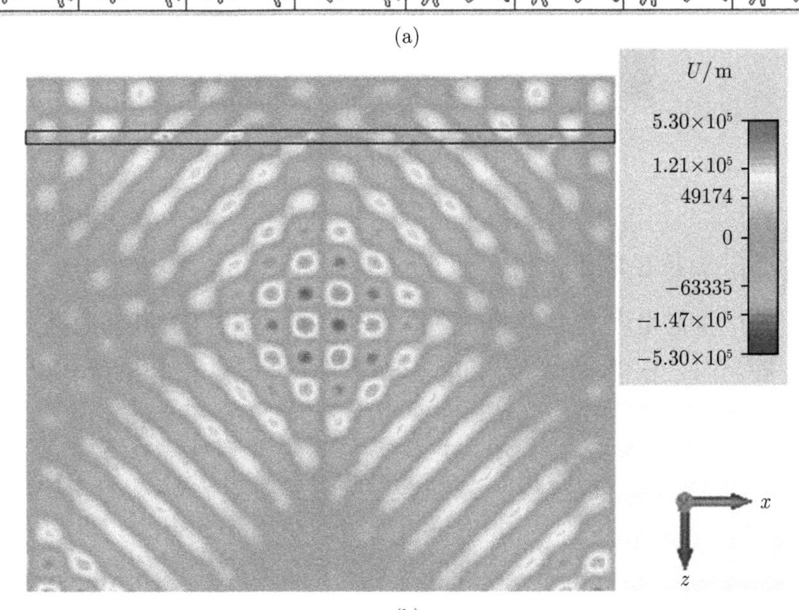


图 6-11 八组树枝形超表面 (彩图见封底二维码)

(a) 示意图；(b) 40THz 处的聚焦效果图

图 6-11(b) 是八组树枝形超表面结构子单元在 40THz 处的反常反射形成的聚焦效果图，图中入射方向为垂直于基底方向，黑色线框为超表面所在位置，从图中可以看出，超表面的两侧形成了相对的反常反射方向，并在 $z$ 轴方向距离超表面 28μm 处形成了反常反射的聚焦效果，这种效果跟我们预期的效果是一致的。

通过仿真模拟不断改进树枝基底的宽度和单元数目，调整仿真过程中 $z$ 方向的端口位置，增加可供观察的反射范围之后，在 40THz 处得到了相对较良好的反常反射形成的聚焦现象。焦点位置明显，且聚焦强度较高。

对得到的模拟结果示意图进行分析，并且利用软件对其进行编辑处理，最终得到了如图 6-12 所示的超表面聚焦强度效果图，从图中可以看出，聚焦的焦距为 28μm，聚焦效果明显，反射效率为 0.6。

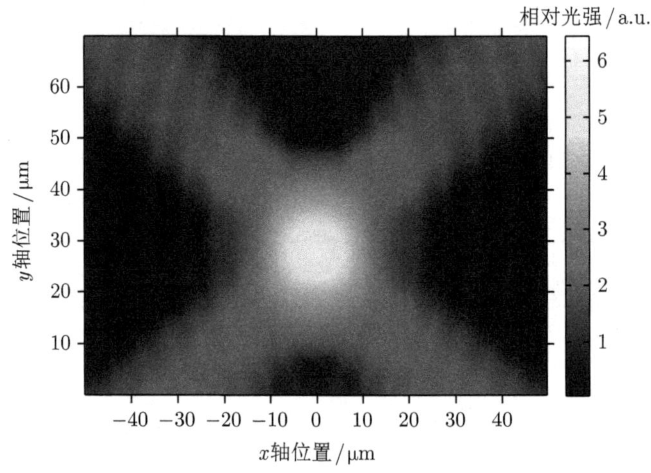


图 6-12　树枝超表面聚焦强度效果图

### 6.3.2　可见光波段超表面

6.3.1 节，我们设计了红外波段的树枝超表面。本小节我们保持树枝对结构不变，仅通过减小尺寸，设计了可见光波段的超表面，具体的结构如图 6-9 所示。该模型具体尺寸为：$l = 90\text{nm}$，$l_a = 640\text{nm}$，$l_b = 340\text{nm}$，$d = 20\text{nm}$，$t = 40\text{nm}$，$w_1 = 24\text{nm}$，$w_2 = 18\text{nm}$。仿真计算了频率在 450~600 THz 的平面光波垂直 (沿 $z$ 轴负方向) 入射到超表面时的光学响应行为，随后模拟计算将树枝对超表面绕 $z$ 轴旋转 180° 后的现象。

树枝结构超表面能在 470~575THz 范围内出现反常反射与反常折射，当 547.5THz 平面波垂直入射到超表面上时，可以得到不同的相位分布图。图 6-13(a) 和 (b) 分别表示未旋转和旋转 180° 的光学树枝对超表面的反射和透射场相位分布图。超表面位于 $z = 0$ 处的 $xOy$ 平面上，黑色箭头表示入射方向，红色箭头表示反射方向，蓝色箭头表示折射方向，说明旋转前后的超表面均能够出现良好的反常反射与反常折射，即对垂直入射的光波发生了斜反射和斜折射，同时两种超表面的反射和折射方向相反，也就是位于法线的不同侧，并且旋转前后的超表面出现反常反射与反常折射角度的大小相等，波面平整度相当。

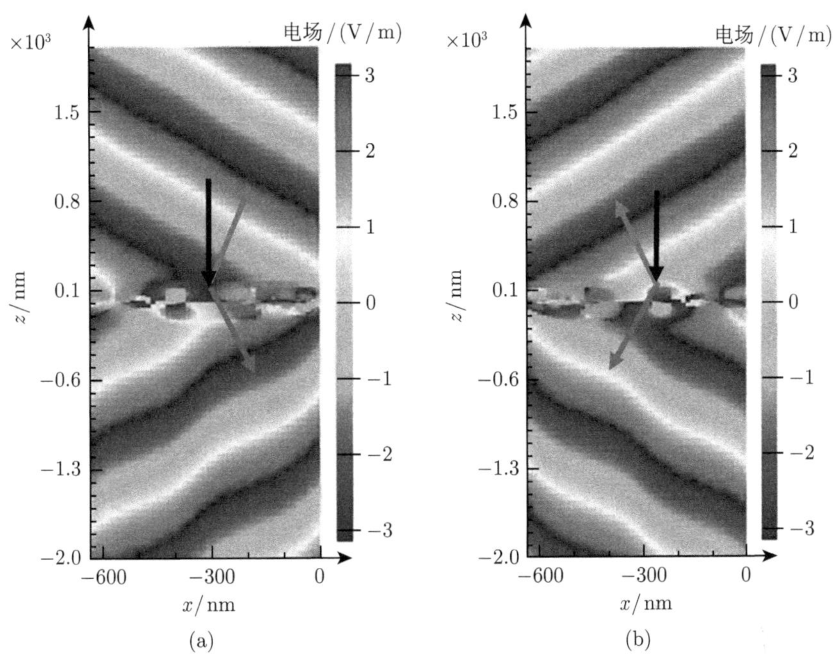


图 6-13 不同树枝对超表面在可见光频段反常反射与反常折射行为 (彩图见封底二维码)

(a) 未旋转树枝对；(b) 旋转 180° 后的树枝对

为了实现树枝结构超表面的平板聚焦，结合前人的经验和设计理念，有平板聚焦行为的超表面应当有一定的体积。因此，我们对树枝对单元进行组合，如图 6-14(a) 所示，图 6-14(b) 为图 6-14(a) 绕 $z$ 轴旋转 180° 所得。模拟计算它们在可见光频段的相位分布。

两组树枝对单元同样在 470~575 THz 范围内出现反常反射与反常折射，图 6-14(c)、(d) 是入射光波频率为 547.5 THz 时分别对应于图 6-14(a)、(b) 的树枝超表面的相位分布图。可以看出，两组树枝对单元旋转前后均实现了反常折射与反常反射现象，并且旋转前后反常现象的方向相反。

我们尝试对树枝对单元进行组合，以实现聚焦效应，组合后的超表面如图 6-15 所示，黑线左右两侧各有三组树枝对结构，左右两边的树枝有相同的结构，右边三对是左边三对绕 $z$ 轴旋转 180° 所得。模拟其在可见光频段的聚焦行为。入射波为沿 $y$ 方向偏振的平面光波，沿 $z$ 轴垂直照射在超表面上，在 $xOz$

面上观察 $|E_x|^2$ 分布图。

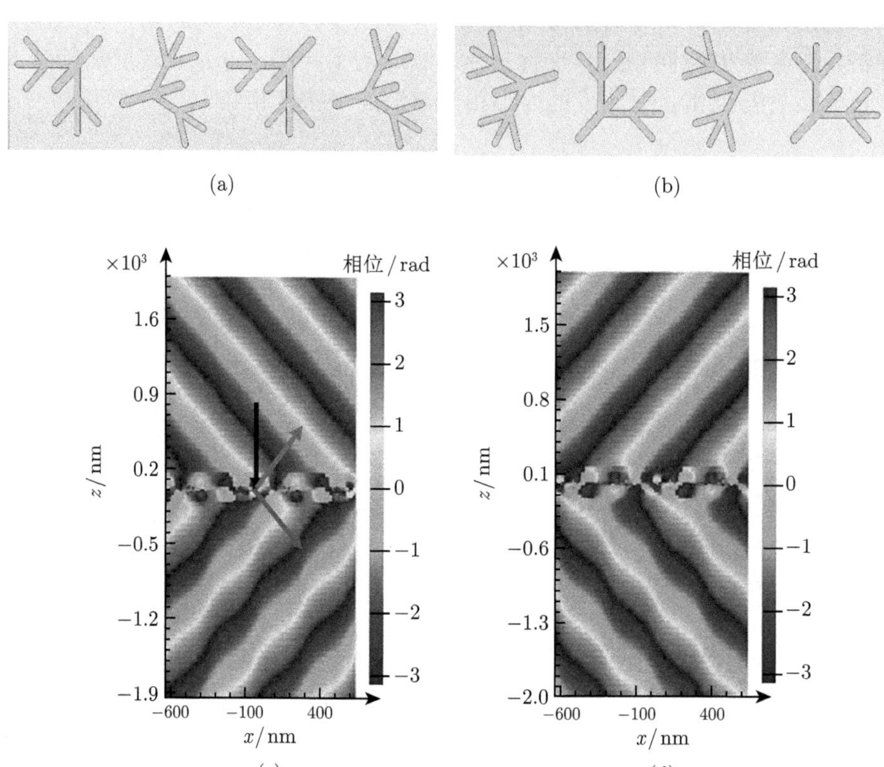


图 6-14　两组树枝对模型及其相位分布 (彩图见封底二维码)

(b) 为 (a) 水平旋转 180° 所得；(c) 和 (d) 分别为 (a) 和 (b) 在 547.5THz 下的相位分布图

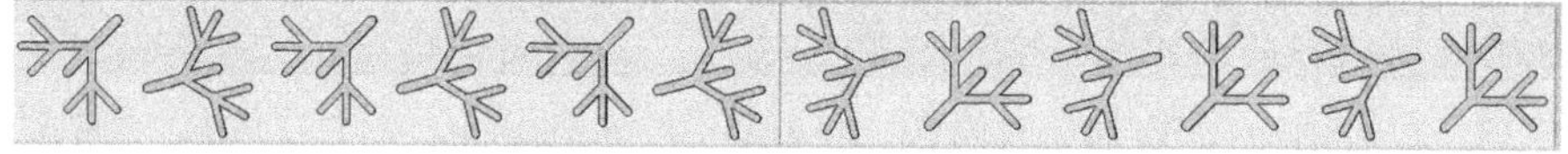

图 6-15　六组树枝对组合模型图

根据仿真的结果，在频率为 515~535 THz 范围内反射方向 ($z$ 轴正方向) 和透射方向 ($z$ 轴负方向) 均出现了聚焦现象。以 531.6THz 为例来说明，超表面在 $z=0$ 处的 $xOy$ 平面上，当平面波垂直入射在样品上时，可以看出在反射方向和透射方向均出现了聚焦效应，这种反射和透射的平板聚焦效应是由反常反射和反常折射引起的。设探测点与超表面的距离可用坐标 $z$ 表示，透射端的 $z$ 为负值，反射端的 $z$ 为正值。图 6-16(b) 为 $x=0$ 时，光强和距离 $z$ 之间的关系，从图中可以看出，在超表面的上方和下方，光强各有一个峰值，其中负半轴的强度略高于正半轴，也就是说，透射的聚焦强度略高于反射的聚焦强度，反射聚焦和透射聚焦的位置分别为 $z = 2659\text{nm}$ 和 $z = -2608\text{nm}$。图 6-16(c) 和 (d) 分别表示透射和反射焦点附近光强与 $x$ 之间的关系。从图中可以看出，焦点位置发生了明显的聚焦现象，焦点位置的光强要比其他位置的光强大很多。

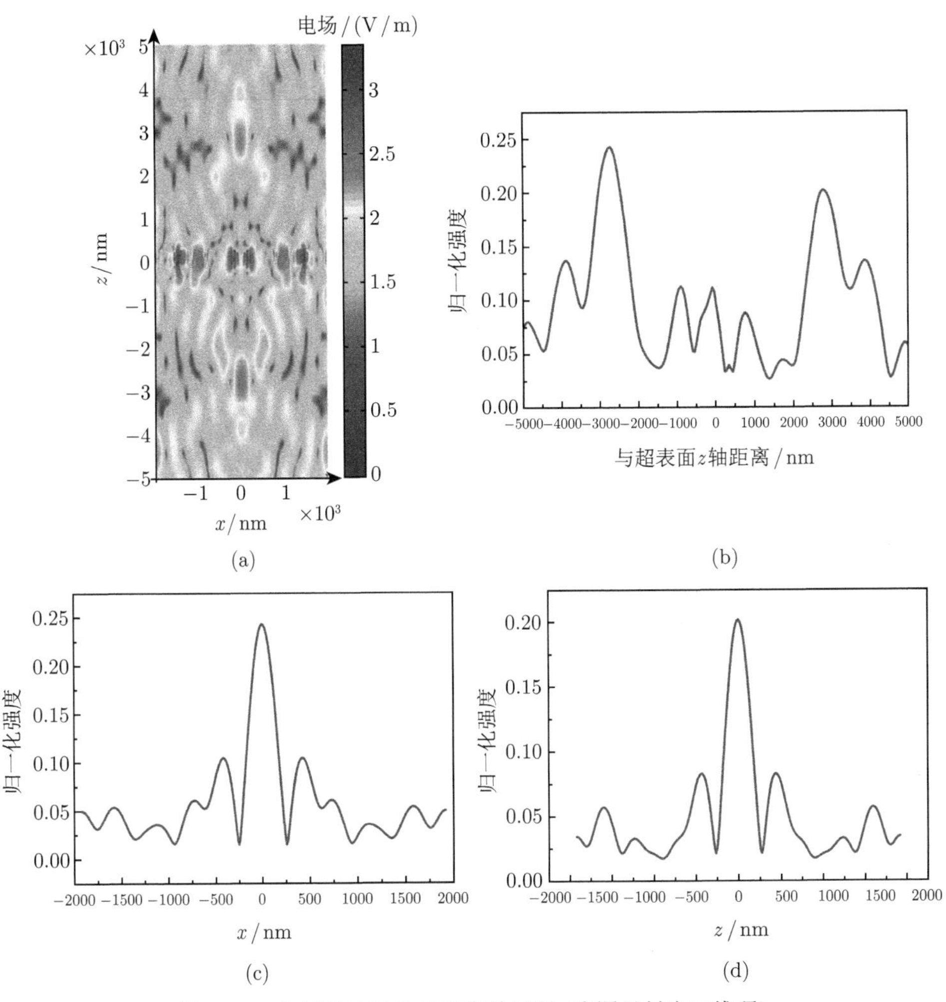


图 6-16 六组树枝对单元聚焦效果图 (彩图见封底二维码)

(a) 531THz 时光强分布图；(b) $x = 0$ 时，光强随距离 $z$ 变化关系；(c)、(d) 分别为 $z = -2608\text{nm}$ 和 $z = 2659\text{nm}$ 时光强和 $x$ 之间关系

超表面的聚焦能力和它的数值孔径有关，数值孔径

$$NA = \sin[\arctan(D/(2f))]$$

$D$ 为超表面的宽度，考虑增加树枝对单元的数量来增加超表面的宽度从而提高超表面的聚焦效果。最终选择由 10 个树枝对子单元排列组合形成的超表面阵列。和上述的组合方法相似，在其左右两侧各增加两个树枝对单元。

仿真计算这种增加宽度的超表面在 510~540Thz 范围内反射方向 ($z$ 轴正方向) 和透射方向 ($z$ 轴负方向) 也均出现了聚焦现象，和增加超表面体积之前的结果相比，该超表面能够在更宽的频带范围内出现聚焦现象，且聚焦效应更明显。图 6-17 是该样品在 528THz 处的场分布图。可以看出图 6-17 的结果和图 6-16 有相

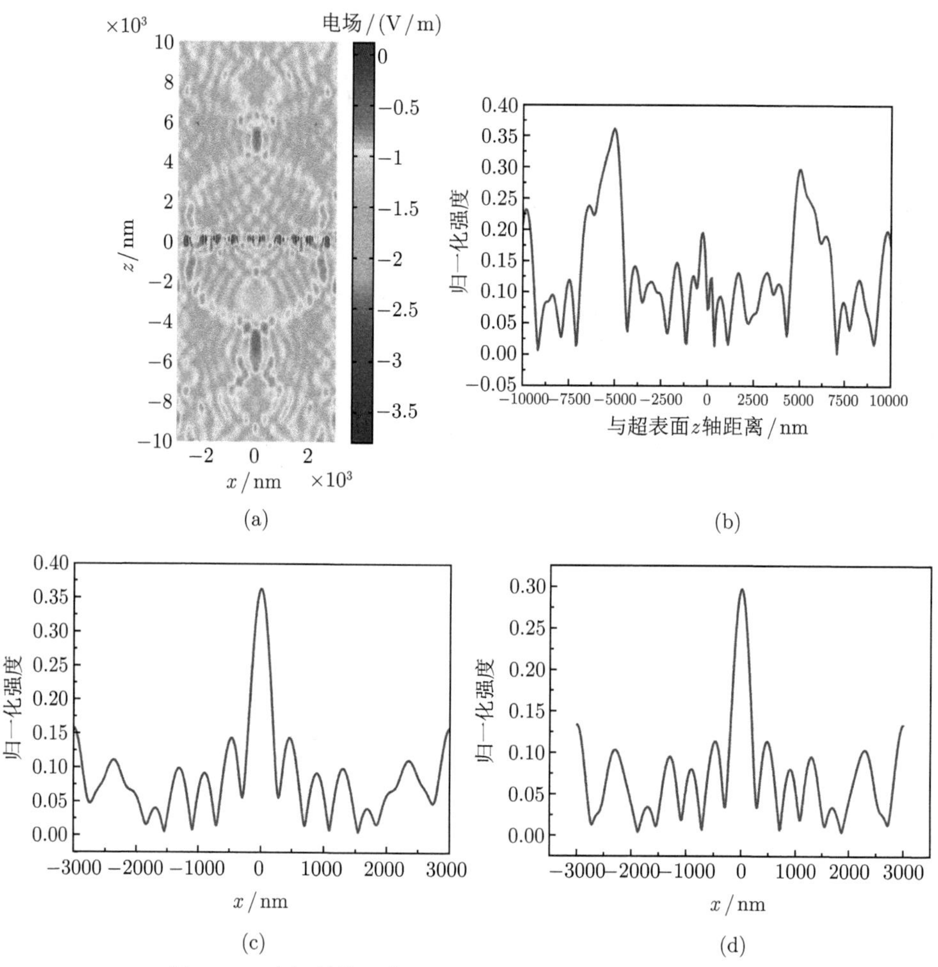


图 6-17　十组树枝对单元聚焦效果图 (彩图见封底二维码)

(a) 528THz 时光强分布图；(b) $x = 0$ 时，光强随与超表面距离变化关系；(c)、(d) 分别为 $z = -4903\text{nm}$ 和 $z = 4892\text{nm}$ 时强度和 $x$ 之间关系

同的趋势，而当增加超表面的宽度时，聚焦强度有所增大。不断改变 $z$ 值的大小，观察电场强度和 $x$ 之间的关系，透射和反射强度出现峰值分别发生在 $z=-4903\text{nm}$ 和 $z=4892\text{nm}$ 位置处，如图 6-17(c) 和 (d) 所示，结合 6-17(a) 和 (b) 可知透射和反射聚焦的焦距分别为 4903nm 和 4892nm，和上述六组树枝对超表面相比，焦距变长。因此我们可以增加超表面的体积来提升它的聚焦能力。

### 6.3.3 超表面聚焦效应测试

利用 6.1 节介绍的“自下而上”的电化学沉积方法制备出单层银树枝状超表面 [26]，如图 6-18(a) 所示。做好样品后，我们首先对其透射峰进行测试，最终选出了透射峰分别出现在 650nm、555 nm、580nm 波长处的三种样品。

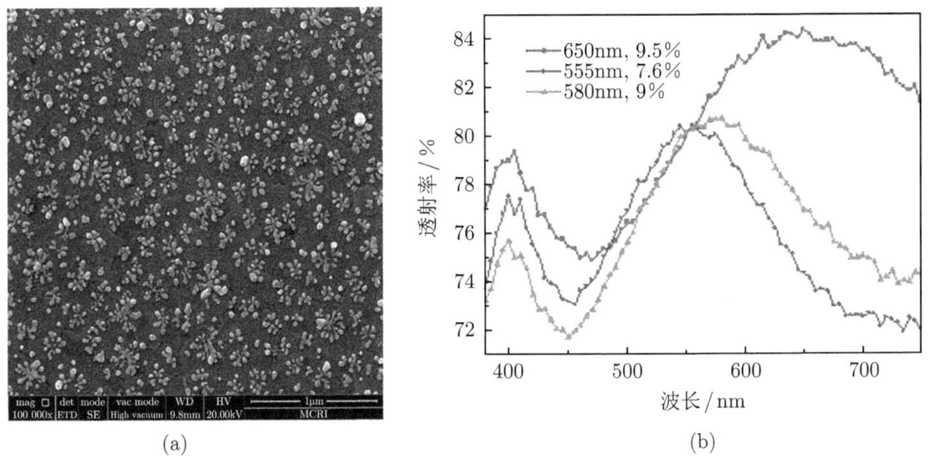


图 6-18 (a) 实验制备银树枝状超表面；(b) 三种超表面样品透射曲线，透射峰位置分别为 650nm 和 555nm 和 580nm(彩图见封底二维码)

实验装置示意图如图 3-23 所示，搭建光路所用的主要仪器为氙灯光源、单色仪、小孔、滤色片、扩束镜、凸透镜、光纤光谱仪、微米位移台等。光路搭建在连胜光学平台上。从光源发射的光为复色光，经过单色仪后选择出所需波长的单色光。用小孔调整所需光斑的大小，滤色片用来对光的强弱进行调节，光经过扩束镜后成为准直的平行光，准直光经过透镜后汇聚成一点。样品固定在样品架上并与水平面垂直。用光纤光谱仪测出透镜汇聚点的位置，然后把样品放在透镜的汇聚点后但很接近汇聚点的位置，光纤光谱仪用来探测光的强度。微米位移台用来前后左右移动光纤探头的位置，微米位移台也是通过软件控制，步长为 0.625μm。

### 1. 绿光频段聚焦

首先对透射峰在波长为 555 nm 处的样品进行测试。按图 3-23 在光学平台上搭建光路图，并在黑暗环境中进行测试。通过单色仪选择出该波长下的单色光。调节小孔的大小使光斑大小合适，接着调节滤色片使光达到合适的强度。然后调整光纤探头的位置使其置于光斑中心，光纤探头从紧贴着样品表面开始，从左至右 (记为 $x$ 方向) 依次移动 (因为其固定在位移台上，我们通过移动位移台的位置来移动光纤探头的位置)，在光纤探头移动的过程中通过控制光纤的软件读出数据并记录光的强度，光的强度有一个先增加后减少的趋势，在最强点处前后 (记为 $y$ 方向) 移动位移台的位置，同样记录光的强度。用同样的方法测试光透过玻璃后光强的变化并记录数据。根据数据我们画出相应的曲线，如图 6-19 所示。

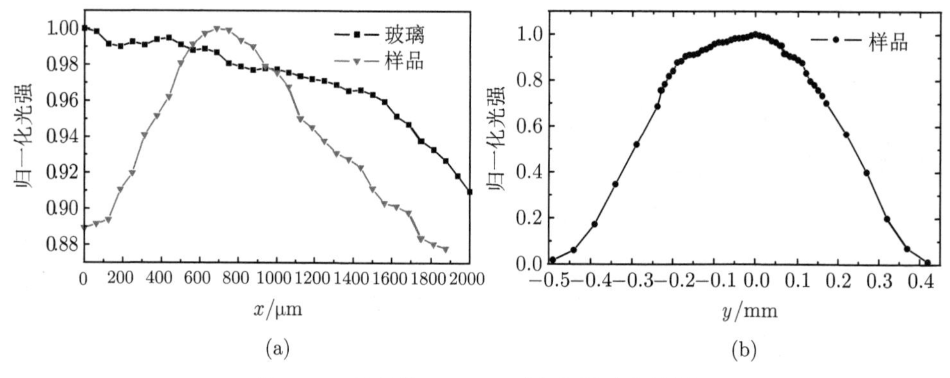


图 6-19 波长为 555nm 时聚焦测试曲线图

(a) 光强随探头与样品后表面之间距离 $x$ 变化关系曲线；(b) $x = 690\mu m$ 处 $y$ 轴光强分布

图 6-19(a) 分别是波长为 555nm 光透过样品 (三角形连线) 和玻璃 (方形连线) 后表面之后，光的强度与到样品距离 (即 $x$) 之间的变化关系，从图中可以看出，在光纤探头移动的过程中，透过样品的光强有一个先增加后减小的过程，在 $x = 690\mu m$ 附近出现了极大值，用同样的方法测试光透过玻璃后光强的变化，可以看出光透过玻璃后强度一直减小。经对比可以得出光通过样品后出现了聚焦现象，聚焦强度为 11.3%(光强极大值与 $x = 0$ 处光强的相对变化量)，焦距为 690μm。图 6-19(b) 为在 $x$ 方向光最强处，即 $x = 690\mu m$ 处光强与 $y$ 轴坐标之间的关系。

为了更形象地说明聚焦效应，在绿光频段测量了整个面的光强并画出了二维平面图。在光线中心 $y = 0$ 位置两侧测量了到样品表面不同距离处的光强，用所测的数据绘制成二维平面图，如图 6-20 所示。样品在 $x = 0$ 处的 $yOz$ 平面上，光从 $x$ 轴负方向入射到 $x$ 轴正方向，可以看出，在 $x = 690\mu m$ 附近出现聚焦现象。

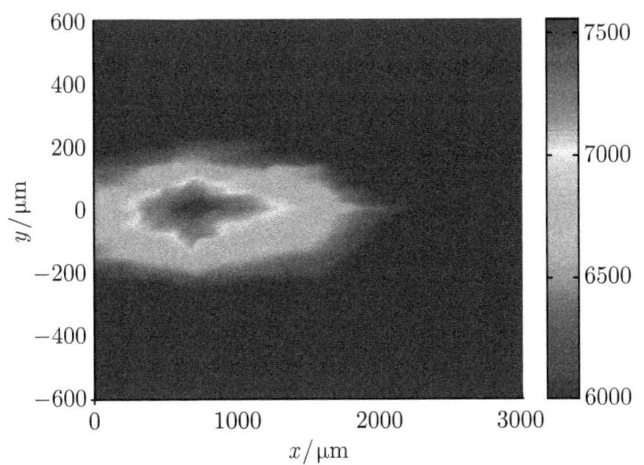


图 6-20 绿光频段二维平面聚焦图 (彩图见封底二维码)

2. 红光频段聚焦

利用同样的光路图，在该样品透射峰波长 650 nm 附近，测试了红光频段超表面的平板聚焦效应，测试方法与绿光树枝超表面一致。用单色仪选出所需波长的单色光，然后测试光斑中心所在直线上光的强度，画出相应的曲线图。图 6-21(a) 为 $y=0$ 时，即光斑中心这条直线上，波长为 650nm 的光透过样品 (三角形连线) 和玻璃 (方形连线) 后表面之后，光的强度与距离 (即 $x$) 之间的变化关系，从图中可以看出，在光纤探头移动到 $x=595\mu m$ 时，光的强度最大，用同样的方法测试光透过玻璃后光强的变化，可以看出光透过玻璃后强度一直减小。对比可以得出光通过样品后出现了聚焦现象，聚焦强度为 8.8%(光强极大值与 $x=0$ 处光强的相对变化量)，焦距为 595μm。图 6-21(b) 为在 $x=595\mu m$ 处 $y$ 方向上光强曲线图，在焦点位置附近，光强达到极大值，出现聚焦效应。

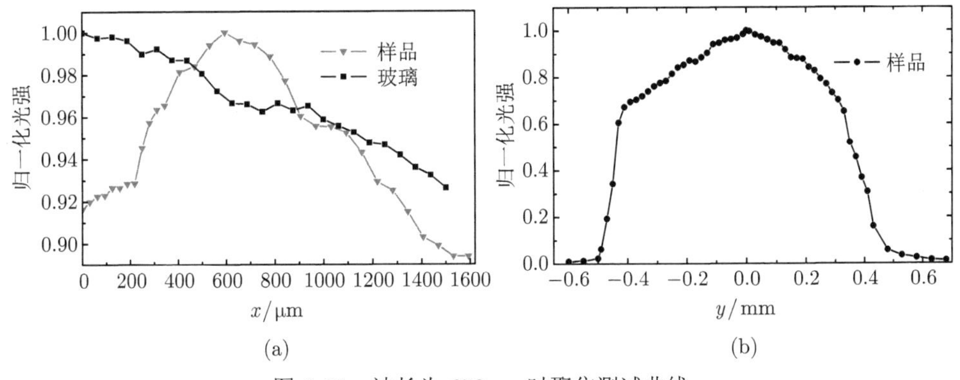


图 6-21 波长为 650nm 时聚焦测试曲线

(a) 光强随探头与样品后表面之间距离 $x$ 变化关系曲线；(b) $x=595\mu m$ 处 $y$ 轴光强分布

### 3. 黄光频段聚焦

最后测试了黄光频段的平板聚焦效应，该样品的透射峰波长为 580nm，实验方法与上述相同。图 6-22(a) 中三角形连线和方形连线分别为波长为 580nm 的光通过树枝超表面样品和玻璃后光强的变化，可以看出，光透过样品后在 $x = 560\mu m$ 附近强度出现了极大值，而光透过玻璃后强度一直减小。二者对比可以得出，光通过样品后出现了聚焦现象，聚焦强度为 6.9%(光强极大值与 $x = 0$ 处光强的相对变化量)，焦距为 560μm。图 6-22(b) 为在 $x = 560\mu m$ 处 $y$ 方向上的光强，光强会先增大后减小。测量结果表明，该样品在波长为 580nm 的黄光频段出现了平板聚焦效应。

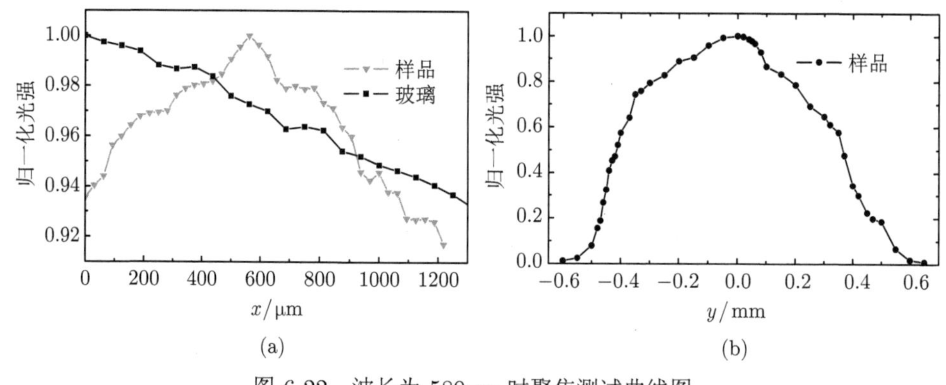


图 6-22　波长为 580nm 时聚焦测试曲线图

(a) 光强随探头与样品后表面之间的距离 $x$ 变化关系曲线；(b) $x = 560\mu m$ 处 $y$ 轴光强分布

对于上述三种树枝超表面产生平板聚焦这一反常现象的物理机制的解释如下：首先，理论和实验 [27,28] 已经证明树枝结构其实就是杆和开口环的组合体，分别在微波波段和红外波段可以同时实现负的 $\varepsilon$ 和负的 $\mu$。我们设计并计算了含有杆和 V 形结构的树枝超表面 [29]，通过调控树枝结构超表面的几何参数和排列方式实现了这一反常现象，所设计的模型如图 6-9 所示。本实验中，入射光斑的面积约为 $4mm^2$，被光斑覆盖的样品区域含有大约 $10^7$ 个树枝结构单元，数量巨大，我们通过观察样品的 SEM 图像发现其中存在着大量类似于模拟中所示的树枝结构单元，如图 6-23 所示。通过对比可以看出，所制备的样品中，其单元结构几乎是由大量的模拟中的结构单元通过上下左右组合而成，如图 6-23 (a) 所示，所以仿真中设计的树枝结构必定被包含其中。其次，相关实验和理论 [30−32] 表明，超材料是一个弱相互作用体系，结构单元间的相互作用很弱，即树枝超表面中树枝结构单元间的相互作用可以忽略不计，所以实验测试时，样品区域中具有按特定取向生长的树枝结构单元 (与仿真中所设计的结构单元相类似) 会被自动选择，产生具有统计效应的反常现象。

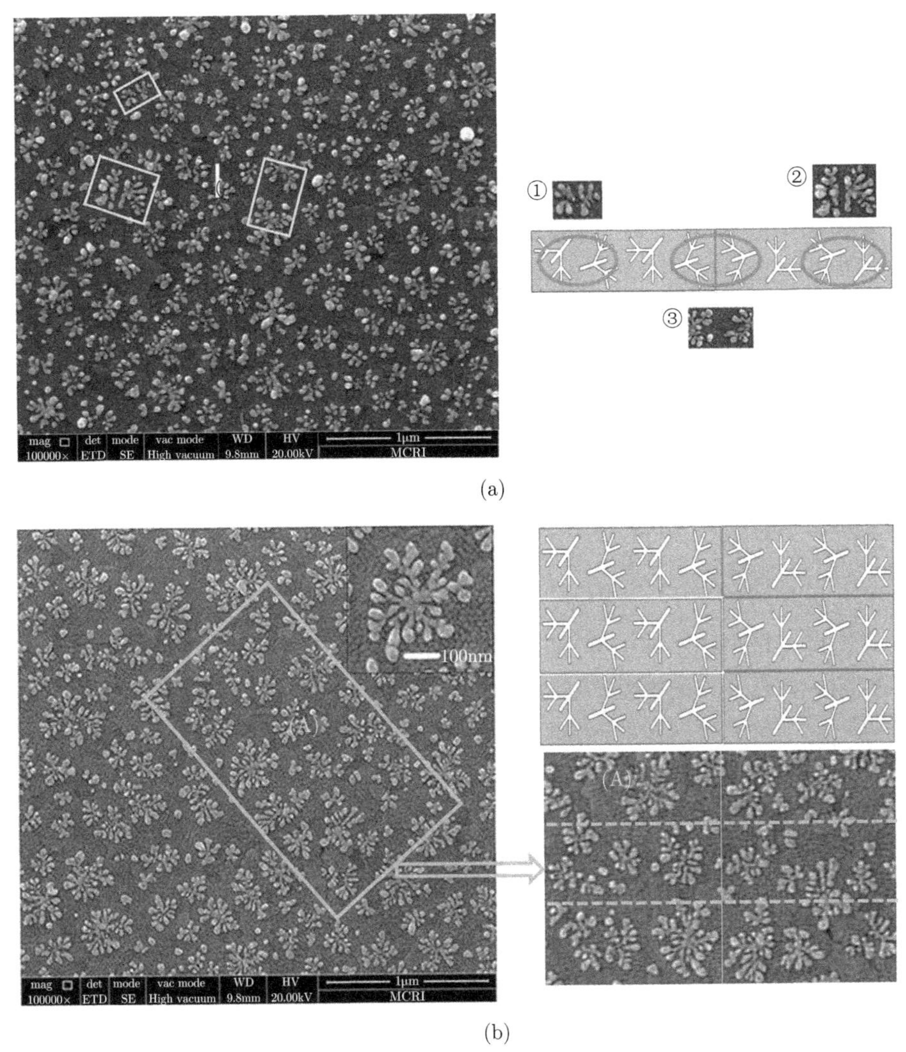


(a)

(b)

图 6-23 银树枝状超表面样品与模拟结构对比图

除了平板聚焦效应，准周期树枝结构簇构建的超表面还可以实现反常自旋霍尔效应 [33]。

## 6.4 可见光波段超表面操控微分运算

传统的模拟计算器主要以机械的、电子的或者混合的形式对信息进行处理 [34,35]，但由于这些形式本质上的缺陷，如较大的尺寸和较慢的响应速度，模拟计算器的发展受到了严重的限制。全光信息处理的方式理论上可以突破这些限制，但目前的光学晶体管和数字逻辑线路仍存在很多方面的问题 [36]，导致其无法应用于全光信息处理系统，而传统的以透镜为基础的光信号处理器对光波的操控依赖于传播过程中逐渐积累的相位延迟，这样就使得这些器件具有体积大、衍射极限 [37] 等本质上的缺陷。因而研制一种能够克服这些缺陷的光信息处理器对于真正实现全光信息处理系统具有重大的意义 [38]。

2014 年，Silva 等引入 “计算超材料” 这一概念，理论上分析了 “计算超材料” 的物理性质，设计了可在红外波段实现微分等数学运算的概念上的超表面模型和具有实际结构的超表面传输阵列 [39]。超表面是一种沿光波传播方向具有亚波长厚度的二维超材料，可通过调整其结构单元的尺寸、形状和材料的成分，使得通过它的光波的相位或振幅发生任意突变 [40]。由于具有较简单的制备工艺和较低的损耗，超表面吸引了大量研究者的关注 [8,15,21,24,41−49]。由数学运算超表面构成的全光信息处理器比传统以透镜为基础的光信号处理器要薄几个数量级，这为直接的、微型的、可集成的超快全光信息处理系统提供了可能性。受 Silva 等的研究工作 [39] 的启发，相继有研究者提出其他在近红外波段或红外波段可实现数学运算的超表面结构 [50−52]。但是，这些数学运算超表面结构多为周期性结构，需要精确地调控每个纳米结构单元的尺寸、形状或材料的成分。这使得这些超表面样品的制备具有很大的困难，从而导致大部分数学运算超表面的研究仅停留在仿真计算阶段，少数超表面样品通过刻蚀技术制备得到，成本高昂，过程复杂，难以被推广应用。目前可见光波段的数学运算超表面鲜有报道，因为在可见光波段，周期性超表面的结构单元尺寸更小，其制备也就更为困难。

为了突破可见光波段超表面制备的瓶颈，根据已有的超表面制备工艺 [9,53,54]，提出了一种易制备的、低成本的、具有准周期银树枝结构 [55] 的反射式超表面。它由上层的银树枝结构、中间的二氧化硅介质层和下层的银膜组成，下面仿真和实验证明该超表面在可见光波段的微分运算性质。

### 6.4.1 设计原理

首先，回顾一下数学运算超表面的总体设计思想。在线性不变空间中，任意输入函数 $f(x,y)$ 与对应的输出函数 $g(x,y)$ 之间的关系都可用下面这个线性卷积关系式表示 [39]：

$$g(x,y)=h(x,y)*f(x,y) \tag{6-1}$$

其中 $h(x,y)$ 表示该空间的传递函数。在傅里叶空间中，关系式 (6-1) 变换为

$$G(k_x,k_y)=H(k_x,k_y)F(k_x,k_y) \tag{6-2}$$

其中 $G(k_x,k_y)=\mathrm{FT}\{g(x,y)\}, H(k_x,k_y)=\mathrm{FT}\{h(x,y)\}, F(k_x,k_y)=\mathrm{FT}\{f(x,y)\}$，FT 表示傅里叶变换，$(k_x,k_y)$ 代表傅里叶空间的二维变量。

对应到图 6-24 所示的原理图中，$f(x,y)$ 代表入射的线偏振平面波 $E_{\text{in}}(x,y)$，$g(x,y)$ 代表从超表面反射回来的同偏振方向的平面波 $E_{\text{re}}(x,y)$，$H(k_x,k_y)$ 则是与想要的数学运算有关的一个传递函数，对应的就是超表面与空间位置有关的反射系数 $r(x,y)$(此时傅里叶空间变量 $(k_x,k_y)$ 与超表面上的空间变量 $(x,y)$ 其实代表同样的变量)，这样等式 (6-2) 可表示为

$$E_{\text{re}}(x,y)=\text{IFT}\{r(x,y)\,\text{FT}\{E_{\text{in}}(x,y)\}\} \tag{6-3}$$

一维情况下，有

$$E_{\text{re}}(x)=\text{IFT}\{r(x)\,\text{FT}\{E_{\text{in}}(x)\}\} \tag{6-4}$$

其中，IFT 表示傅里叶逆变换。对于傅里叶变换，实验时我们可以通过普通透镜或者紧密的梯度折射率透镜 [39,52,56] 甚至聚焦超表面 [57] 来实现；但我们无法利用自然界中已有的材料来实现傅里叶逆变换，因此基于 $\text{FT}\{\text{FT}\{E_{\text{re}}(x)\}\}=E_{\text{re}}(-x)$ 这一傅里叶变换规律，我们实际得到的反射平面波为 $E_{\text{re}}(x)$ 的镜像 $E_{\text{re}}(-x)$。

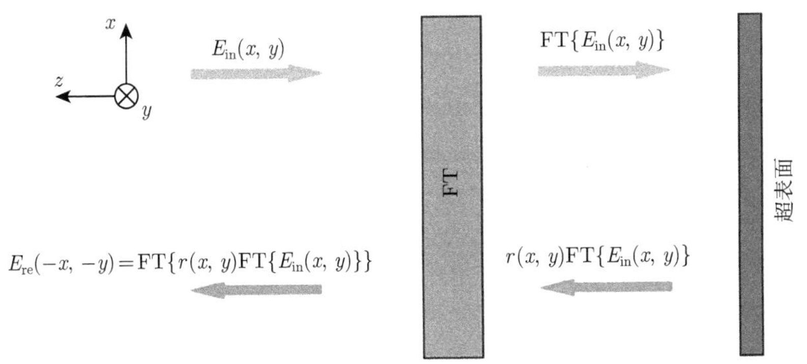


图 6-24 反射型超表面进行数学运算原理图

该系统由一个傅里叶变换 (FT) 模块和一个反射系数为 $r(x,y)$ 的超表面组成

根据关系式 (6-4)，在傅里叶空间中要想对 $E_{\text{in}}(x)$ 进行一阶微分，需要 $r(x)$ 模仿一阶微分运算符 $\partial/\partial x$。因为在傅里叶空间中一阶微分运算符 $\partial/\partial x$ 变换为 $\mathrm{i}k_x$，所以一阶微分超表面反射系数的振幅

$$r_{\text{diff}}(x)=\frac{r_{\text{m}}x}{l} \tag{6-5}$$

其中 $-l\leqslant x\leqslant l$，$2l$ 为超表面沿 $x$ 方向的尺寸；$r_{\text{m}}\leqslant 1$，表示超表面可获得的最大反射系数振幅。超表面有限的几何尺寸和有限的反射系数振幅使得等式中 $x$ 变量前面带有系数 $\dfrac{r_{\text{m}}}{l}$，这意味着一阶微分超表面的反射系数是一个与精确一阶微分运算成比例的函数。

大量的仿真结果表明，如图 6-25(a) 和 (b) 所示 ($m$ 代表树枝结构在 $x$ 方向的缩放比例，$n$ 代表树枝结构在 $y$ 方向的缩放比例)，在谐振波段内，改变银树枝结构的形状，可使得被该单元反射的同偏振方向光波的相位和振幅同时发生任意突变。图 6-25(a) 中右上角的插图为未缩放的树枝结构，此时 $l = 75.6\text{nm}$, $w_1 = 48\text{nm}$, $w_2 = 36\text{nm}$, $\theta_1 = 120°$, $\theta_2 = 36°$。为了得到反射系数分布为式 (6-5) 的超表面，我们挑选了满足要求的 11 种不同形状的银树枝结构单元组成了如图 6-25(c) 所示的一阶微分超表面。如图 6-25(d) 所示，银树枝结构单元由三层组成，单元

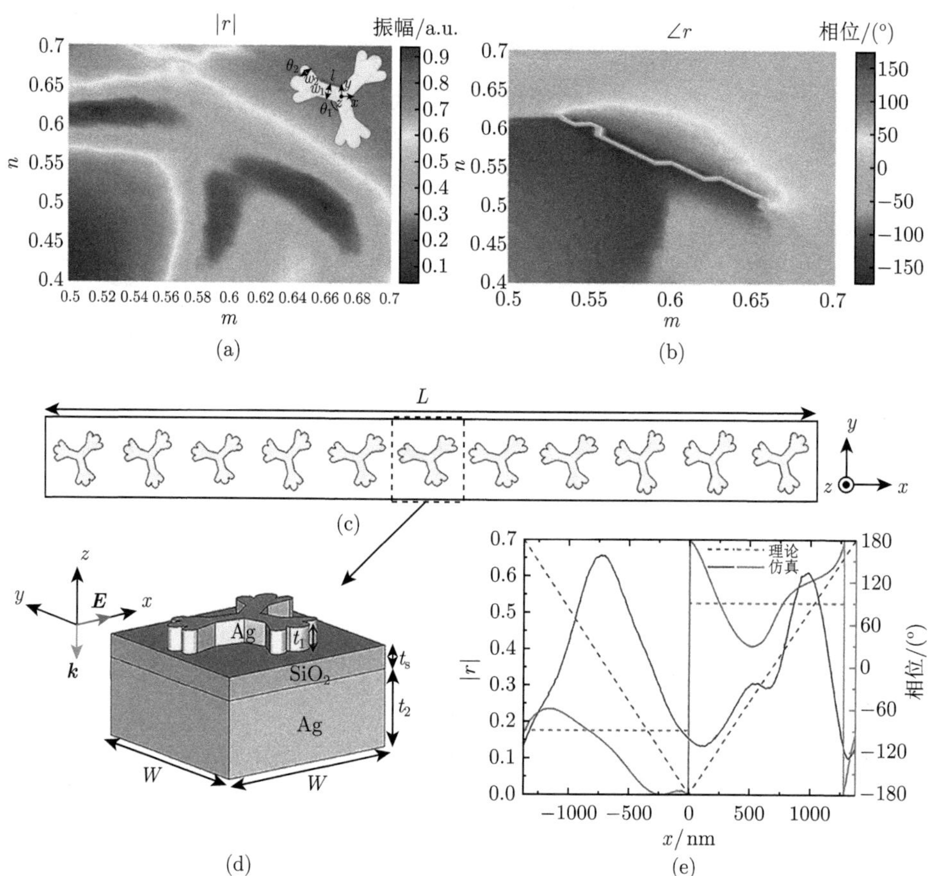


图 6-25 一阶微分银树枝结构超表面设计及仿真得到的反射系数 (彩图见封底二维码)

(a)、(b) 树枝结构形状与反射系数振幅和相位关系图；(c) 由 11 个不同形状银树枝结构单元组成的超表面, 超表面沿 $x$ 方向长度 $L = 11W = 2750\text{nm}$；(d) 图 (c) 中虚线框内银树枝结构单元三维视图，图中各几何参数 $t_1 = 30\text{nm}$，$t_s = 30\text{nm}$，$t_2 = 100\text{nm}$，$W = 250\text{nm}$，$x$ 方向偏振平面波沿负 $z$ 轴方向垂直入射至超表面；(e) 入射光波长为 586nm 时，一阶微分超表面与位置有关的反射系数理论结果 (虚线) 和仿真结果 (实线) 对比，黑线和红线分别表示反射系数振幅、相位

的周期 $W = 250\text{nm}$，上层银树枝结构的厚度 $t_1 = 30\text{nm}$，中间 $SiO_2$ 介质层的厚度 $t_s = 30\ \text{nm}$，下层银膜的厚度 $t_2 = 100\ \text{nm}$(该厚度已经可以将入射光波全部反射)。$SiO_2$ 的介电常数 $\varepsilon_{SiO_2} = 2.1$，Ag 的介电常数设置为实际的 Drude 模型值 [58]。

### 6.4.2 微分性质仿真计算

下面我们通过仿真来计算图 6-25(c) 所示银树枝结构超表面的反射系数，使用的仿真软件是 COMSOL Multiphysics，模型在 $x$、$y$ 方向的边界条件设置为 Floquet 周期边界。波长为 586 nm 的平面波沿负 $z$ 轴方向垂直入射至超表面，其电场沿 $x$ 方向偏振，仿真计算得到超表面反射系数的分布情况，如图 6-25(e) 所示。图中反射系数的振幅曲线与理论预测的 (图中黑色虚线) 相比，除去靠近超表面边界的部分，其余部分的振幅最大偏差约为 0.3；对应的相位曲线与理论预测的 (图中红色虚线) 相比，除了靠近超表面中心和边界的部分相位变化剧烈外，其余部分的最大相位偏差约为 60°。虽然这些结果的偏差比已发表论文 [52] 的大，但也还基本与理论预测的一致。这样我们就证明了银树枝结构超表面在黄光波段具有一阶微分运算的性质。

接下来我们尝试通过对图 6-25(c) 所示超表面模型进行横向尺寸 (即位于 $xy$ 平面内的尺寸) 的缩放来改变其响应波长。图 6-26(a)、(b) 分别表示横向尺寸放大至 1.22 倍和缩小至 0.7 倍后的超表面模型，对应的响应波长分别变为 625nm、

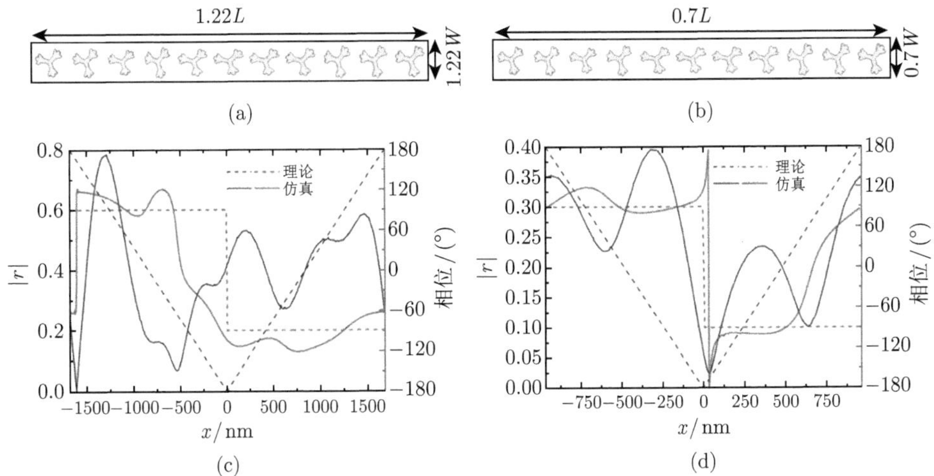


图 6-26 将图 6-25(c) 所示银树枝状超表面横向尺寸均匀缩放的超表面及相应反射系数分布 (彩图见封底二维码)

(a)、(b) 分别表示图 6-25(c) 所示超表面横向尺寸放大至 1.22 倍后和缩小至 0.7 倍后的模型；(c)、(d) 分别表示入射光波长为 625nm、540nm 时计算得到的超表面 (a)、(b) 反射系数沿 $x$ 方向分布

540nm，反射系数的分布情况如图 6-26(c)、(d) 所示。反射系数的振幅曲线与理论预测的 (图中黑色虚线) 相比，除去靠近超表面边界的部分，入射光波长为 625nm、540nm 时对应的振幅的最大偏差分别为 0.45、0.28，比文献 [52] 的结果大；对应的相位曲线与理论预测的 (图中红色虚线) 相比，除了靠近超表面中心和边界的部分相位变化剧烈外，入射光波长为 625nm、540nm 时对应的相位的最大偏差分别为 32°、29°，与文献 [52] 的结果相近。这些结果与理论预测的基本一致，因此银树枝结构超表面在红光和绿光波段具有一阶微分运算的性质。

这样我们首次提出并通过仿真证明了银树枝结构超表面在红光、黄光和绿光波段均能实现一阶微分运算。值得注意的是，随着超表面横向尺寸的变大，银树枝结构超表面的响应波长发生红移，且仿真结果和理论预测之间的偏差变大。在短波长波段，如绿光和黄光波段，仿真结果与理论预测还是比较吻合的，且与已有文献报道的仿真结果相似 [39,50−52,56]；在长波长波段，如红光波段，仿真结果和理论预测之间的偏差增加，这是因为此时树枝结构的形貌与周期结构的差异变大 [51,52]。由图 6-25(e) 和图 6-26(c)、(d) 可知，随着超表面横向尺寸的变小，相应的最大反射系数振幅也在减小，这是由于随着超表面结构单元的变小，损耗逐渐增加，从而导致反射光波变弱。这些结果也表明对图 6-25 所示超表面模型简单地进行尺寸缩放就可改变其响应波长，因此很容易将该超表面的微分性质推广到红外和通信波段。

### 6.4.3 微分性质实验测试

1. 超表面制备

根据上面的设计，我们利用本课题组提出的自下而上的电化学沉积法 [7,59] 制备了银树枝状超表面样品，制备流程如图 6-27(a) 所示。银树枝结构超表面样品由单层银树枝结构超表面样品和银膜样品组装而成，它们均利用电化学沉积法制备得到。

制备好的单层银树枝状超表面样品的面积为 13mm×10mm。图 6-27(b) 为其 SEM 照片。整体而言，银树枝结构单元在 ITO 导电玻璃表面均匀分布，单个银树枝结构单元的尺寸波动范围为 200~300nm。因此，在制备好的单层银树枝状超表面样品中大概有 $10^8$ 个树枝结构单元。同时也可以看到，该样品包含多种树枝结构，它们呈现无序非周期的分布状态。这些树枝结构中包含仿真中设计的树枝结构，因而可以用它来验证前面设计的树枝结构超表面的微分性质。图 6-27(c) 为单层银树枝结构超表面样品的透射光谱。可以看到，样品 $S_1$(绿色曲线) 和样品 $S_2$(红色曲线) 除了有银在 400 nm 左右的本征谐振峰外，各自还有一个位于 528nm、620 nm 的较高的透射谐振峰，说明这两个样品的响应波段分别为绿光、红光波段，也就是说，这两个样品可以分别代表图 6-26(b) 和 (a) 所示超表面。该超表面样品响应波段可通过调节沉积条件来改变，包括沉积电压、沉积时间、实验温度和电解液浓度等 [59]。

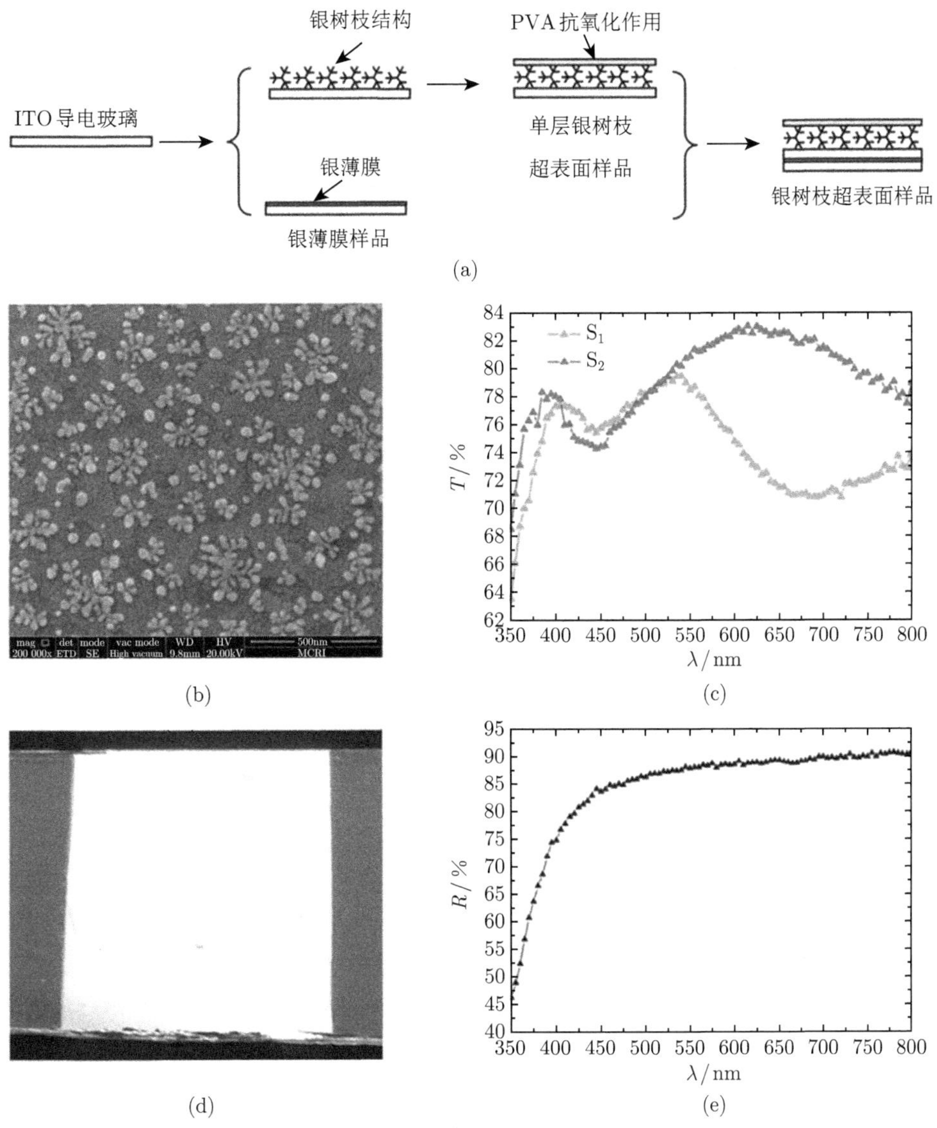


图 6-27 银树枝状超表面样品制备与表征

(a) 单层银树枝状超表面样品和银膜样品制备流程示意图，将它们组装成银树枝状超表面样品；(b) 单层银树枝状超表面样品 SEM 照片；(c) 超表面样品透射光谱；(d) 银膜样品光学照片；(e) 银膜样品反射光谱

制备同样面积银膜样品的基本过程与制备单层银树枝结构超表面的相似，只是配制的 $AgNO_3$ 电解液不同且沉积时间改为 20s。称取 0.08g $AgNO_3$，加入 2mL

超纯水，配制成质量分数为 4%的 $AgNO_3$ 溶液，然后逐滴加入三乙醇胺 (分析纯)，滴定至溶液刚好变为无色透明 (此时溶液的 pH 约为 10)，这样就得到了制备银膜样品所需的 $AgNO_3$ 电解液 (溶液必须现配现用)。图 6-27(d) 为制备的银膜样品的光学照片，可以看到获得的银膜致密且光亮度高。入射光波长为 532nm 和 632 nm 时银膜的反射率分别为 87%、88%(如图 6-27(e) 所示)，基本达到仿真时银膜须将入射光全部反射的要求。

将银膜样品分别紧贴在单层银树枝状超表面样品 $S_1$ 和 $S_2$ 后面，就得到了我们最终测试用的银树枝状超表面样品 $S_3$ 和 $S_4$。因此整个银树枝结构超表面样品实际上是由最上面的抗氧化层 PVA 膜、银树枝结构层、ITO 导电玻璃层、银膜层和底部的 ITO 导电玻璃层组成。值得注意的是，该超表面的整个制备过程简单成熟，与昂贵的蚀刻技术相比，其成本相当低廉，这有利于它的广泛应用。

2. 反射率测试

银树枝状超表面样品一阶微分性质的实验测试原理如图 6-28(a) 所示。激光 (偏振方向为如图 6-28(a) 所示的 $x$ 方向) 经过滤波片后，其强度被调节到合适的大小。该激光穿过扩束镜后，其光斑直径被扩大。扩束后的激光经过圆形光阑，光斑直径被调到合适的大小。之后，激光透过半透半反镜 (BS) 垂直照射在样品上，从样品上反射回来的光被半透半反镜反射至全反射镜，最后由光纤光谱仪的光纤探头接收从全反射镜反射过来的光。测试过程中，通过沿 $x$ 方向且经过反射光斑的圆心移动光纤探头得到反射光斑在该方向上各个位置的光强值。测试样品 $S_3$、$S_4$ 时使用的激光的波长分别为 532nm、632nm。通过半透半反镜后的入射光斑的直径为 3mm。

利用图 6-28(a) 所示的实验测试装置，分别测试得到银树枝结构超表面样品和银膜样品的反射光强，并且以银膜样品的反射光强为 1 对银树枝结构超表面样品 $S_3$ 和 $S_4$ 的反射光强进行归一化，其归一化反射光强 (即反射率) 沿 $x$ 方向的分布如图 6-28(b)、(c) 所示。因为样品的面积远大于入射光斑的面积，所以实际测试的样品区域为光斑覆盖的区域，在 $x$ 方向上的范围为 $-1.5$ ~1.5mm。从图 6-28(b) 和 (c) 可以看到，样品的反射率曲线基本呈抛物线变化，这与理论预测的一阶微分超表面反射率的变化规律相吻合。但是，在靠近样品中心位置的部分，反射率相对于仿真和理论预测的偏大。与已发表的工作 [51] 相比，反射率曲线的变化规律基本一致，但靠近样品中心位置部分的反射率明显偏大。这是由于制备的银树枝结构的尺寸与设计的相比存在偏差，且制备的银膜并没有将入射光全部反射。而且我们知道，周期性超表面的结构其实是一种均一结构，可将其类比为晶体学中的单晶结构，而我们所制备的树枝结构超表面包含许多种树枝结构，可将其类比为多晶。众所周知，单晶和多晶的晶体结构都可以通过 X 射线的衍射来得到，但多晶结构的衍射图像是由多种晶体结构衍射叠加所得，是一种统计效应。因此树枝结构超表面的反射率分布其实也是一种统计上的结果，跟周期性超表面相比，其效能就会有所降低。

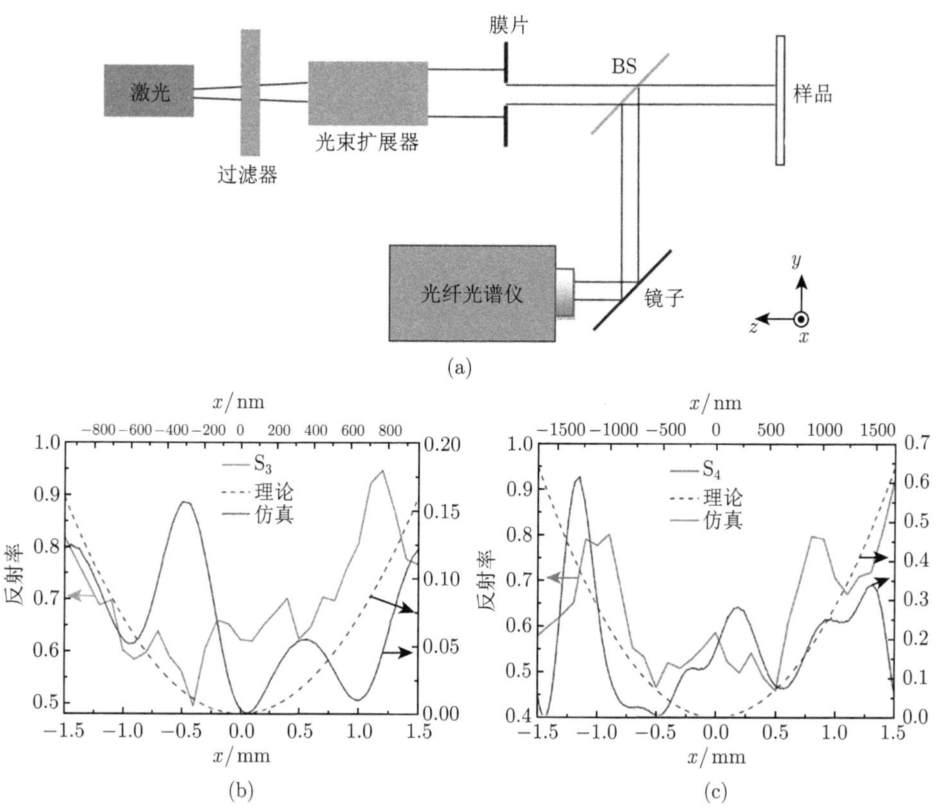


图 6-28　银树枝状超表面样品一阶微分性质实验测试

(a) 测试样品 (银树枝结构超表面样品) 反射光强的实验装置示意图；$S_3$(b) 和 $S_4$(c) 归一化反射光强 (即反射率) 沿 $x$ 轴分布情况

与微分超表面类似，我们近来也采用树枝超表面进行了积分超表面的研究，得到相似的结论 [60]。

本节主要讨论了一种能在红光、黄光和绿光波段响应的银树枝结构一阶微分超表面。仿真计算得到的反射系数分布与理论预测的基本吻合。利用自下而上的电化学沉积法制备了银树枝结构超表面样品，制备工艺简单成熟，成本低廉，因此可对该超表面进行大面积的制备。在绿光和红光波段分别测试了该超表面与位置有关的反射率，实验结果与仿真和理论预测的基本一致。这种能在可见光波段进行数学运算的银树枝结构超表面为微型化、可集成的全光信息处理系统的实现提供了可能，其微分性质可用于实时的超快边缘探测、图像对比增强、探测隐藏物体等各种实际应用中。

## 参考文献


[1] Pendry J B. Negative refraction makes a perfect lens. Phys. Rev. Lett., 2000, 85(18): 3966.

[2] Chen H Y, Hou B, Chen S Y, et al. Design and experimental realization of a broadband transformation media field rotator at microwave frequencies. Phys. Rev. Lett., 2009, 102(18): 183903.

[3] Pendry J B, Schurig D, Smith D R. Controlling electromagnetic fields. Science, 2006, 312(5781): 1780-1782.

[4] Schurig D, Mock J J, Justice B J, et al. Metamaterial electromagnetic cloak at microwave frequencies. Science, 2006, 314(5801): 977-980.

[5] Zhou X, Zhao X P, Liu Y. Disorder effects of left-handed metamaterials with unitary dendritic structure cell. Opt. Express, 2008, 16(11): 7674-7679.

[6] Zhao X P, Luo W, Huang J X, et al. Trapped rainbow effect in visible light left-handed heterostructures. Appl. Phys. Lett., 2009, 95(7): 071111.

[7] Zhao X P. Bottom-up fabrication methods of optical metamaterials. J. Mater. Chem., 2012, 22(19): 9439-9449.

[8] Yu N, Genevet P, Kats M A, et al. Light propagation with phase discontinuities: generalized laws of reflection and refraction. Science, 2011, 334(6054): 333-337.

[9] Liu B Q, Zhao X P, Zhu W R, et al. Multiple pass-band optical left-handed metamaterials based on random dendritic cells. Adv. Funct. Mater., 2008, 18(21): 3523-3528.

[10] Ni X J, Emani N K, Kildishev A V, et al. Broadband light bending with plasmonic nanoantennas. Science, 2012, 335(6067): 427.

[11] Huang L L, Chen X Z, Mu lenbernd H, et al. Dispersionless phase discontinuities for controlling light propagation. Nano Lett., 2012, 12(11): 5750-5755.

[12] Sun S L, Yang K Y, Wang C M, et al. High-efficiency broadband anomalous reflection by gradient meta-surfaces. Nano Lett., 2012, 12(12): 6223-6229.

[13] Yu Y F, Zhu A Y, Paniagua-Domínguez R, et al. High-transmission dielectric metasurface with $2\pi$ phase control at visible wavelengths. Laser Photon. Rev., 2015, 9(4): 412-418.

[14] Aieta F, Genevet P, Kats M A, et al. Aberration-free ultrathin flat lenses and axicons at telecom wavelengths based on plasmonic metasurfaces. Nano Lett., 2012, 12(9): 4932-4936.

[15] Pors A, Nielsen M G, Eriksen R L, et al. Broadband focusing flat mirrors based on plasmonic gradient metasurfaces. Nano Lett., 2013, 13(2): 829-834.

[16] Yu N F, Aieta F, Genevet P, et al. A broadband, background-free quarter-wave plate based on plasmonic metasurfaces. Nano Lett., 2012, 12(12): 6328-6333.

[17] Zhao Y, Alù A. Tailoring the dispersion of plasmonic nanorods to realize broadband optical meta-waveplates. Nano Lett., 2013, 13(3): 1086-1091.

[18] Yang Y M, Wang W Y, Moitra P, et al. Dielectric meta-reflectarray for broadband linear polarization conversion and optical vortex generation. Nano Lett., 2014, 14(3): 1394-1399.

[19] Arbabi A, Horie Y, Bagheri M, et al. Dielectric metasurfaces for complete control of phase and polarization with subwavelength spatial resolution and high transmission. Nat. Nanotech., 2015, 10(11): 937-943.

[20] Ni X J, Kildishev A V, Shalaev V M. Metasurface holograms for visible light. Nat. Commun., 2013, 4(4): 2807.

[21] Huang L L, Chen X Z, Mühlenbernd H, et al. Three-dimensional optical holography using a plasmonic metasurface. Nat. Commun., 2013, 4(7): 2808.

[22] Zheng G X, Mühlenbernd H, Kenney M, et al. Metasurface holograms reaching 80% efficiency. Nat. Nanotech., 2015, 10(4): 308.

[23] Luk'Yanchuk B, Zheludev N I, Maier S A, et al. The Fano resonance in plasmonic nanostructures and metamaterials. Nat. Mater., 2010, 9(9): 707-715.

[24] 张宇, 王刚, 崔一平, 等. 氧化锌薄膜的电化学沉积法制备及受激发射研究. 中国激光, 2004, 31(1): 97-100.

[25] 杨发胜, 罗春荣, 付全红, 等. 可见光波段双层纳米银树枝状结构的制备及光学特性. 功能材料, 2014, 45(12): 12113-12116.

[26] Cheng S N, An D, Chen H, et al. Plate-focusing based on a meta-molecule of dendritic structure in the visible frequency. Molecules, 2018, 23(6): 1323.

[27] Leonhardt U. Optical conformal mapping. Science, 2006, 312: 1777-1780.

[28] Cai W S, Shalaev V. Optical Metamaterials. Heidelberg: Springer-Verlag, 2010.

[29] Sun G L, Chen H, Cheng S N, et al. Anomalous reflection focusing metasurface based on a dendritic structure. Phys. B, 2017, 525: 127-132.

[30] Zhao X P, Song K. The weak interactive characteristic of resonance cells and broadband effect of metamaterials. AIP Adv., 2014, 4: 100701.

[31] Zhu W R, Zhao X P, Ji N. Double bands of negative refractive index in the left-handed metamaterials with asymmetric defects. Appl. Phys. Lett., 2007, 90: 011911.

[32] Zhao X P, Zhao Q, Kang L, et al. Defect effect of split ring resonators in left-handed metamaterials. Phys. Lett. A, 2005, 346: 87-91.

[33] Chen H, Zhao J, Fang Z H, et al. Visible light metasurfaces assembled by quasiperiodic dendritic cluster sets. Adv. Mater. Interf., 2019, 6(4): 1801834.

[34] Solla Price D. A history of calculating machines. IEEE Micro, 1984, 4(1): 22-52.

[35] Clymer A B. The mechanical analog computers of Hannibal Ford and William Newell. IEEE Ann. Hist. Comput., 1993, 15(2): 19-34.

[36] Miller D A B. Are optical transistors the logical next step?. Nat. Photon., 2010, 4(1): 3-5.

[37] Yu N F, Genevet P, Aieta F, et al. Flat optics: controlling wavefronts with optical antenna metasurfaces. IEEE J. Sel. Top. Quantum Electron., 2013, 19(3): 4700423.

[38] Solli D R, Jalali B. Analog optical computing. Nat. Photon., 2015, 9(11): 704-706.

[39] Silva A, Monticone F, Castaldi G, et al. Performing mathematical operations with metamaterials. Science, 2014, 343(6167): 160-163.

[40] Liu L X, Zhang X Q, Kenney M, et al. Broadband metasurfaces with simultaneous control of phase and amplitude. Adv. Mater., 2014, 26(29): 5031-5036.

[41] Minatti G, Maci S, de Vita P, et al. A circularly-polarized isoflux antenna based on anisotropic metasurface. IEEE Trans. Antenn. Propag., 2012, 60(11): 4998-5009.

[42] Shitrit N, Yulevich I, Maguid E, et al. Spin-optical metamaterial route to spin-controlled photonics. Science, 2013, 340(6133): 724-726.

[43] Farmahini-Farahani M, Mosallaei H. Birefringent reflectarray metasurface for beam engineering in infrared. Opt. Lett., 2013, 38(4): 462-464.

[44] Zhu H L, Cheung S W, Chung K L, et al. Linear-to-circular polarization conversion using metasurface. IEEE Trans. Antenn. Propag., 2013, 61(9): 4615-4623.

[45] Karimi E, Schulz S A, de Leon I, et al. Generating optical orbital angular momentum at visible wavelengths using a plasmonic metasurface. Light Sci. Appl., 2014, 3(5): e167.

[46] Cheng Y, Zhou C, Yuan B G, et al. Ultra-sparse metasurface for high reflection of low-frequency sound based on artificial Mie resonances. Nat. Mater., 2015, 14(10): 1013-1019.

[47] Li Z, Palacios E, Bütün S, et al. Visible-frequency metasurfaces for broadband anomalous reflection and high-efficiency spectrum splitting. Nano Lett., 2015, 15(3): 1615-1621.

[48] Shalaev M I, Sun J B, Tsukernik A, et al. High-efficiency all- dielectric metasurfaces for ultracompact beam manipulation in transmission mode. Nano Lett., 2015, 15(9): 6261-6266.

[49] Lin D, Fan P, Hasman E, et al. Dielectric gradient metasurface optical elements. Science, 2014, 345(6194): 298-302.

[50] AbdollahRamezani S, Arik K, Khavasi A, et al. Analog computing using graphene-based metalines. Opt. Lett., 2015, 40(22): 5239-5242.

[51] Pors A, Nielsen M G, Bozhevolnyi S I. Analog computing using reflective plasmonic metasurfaces. Nano Lett., 2015, 15(1): 791-797.

[52] Chizari A, Abdollahramezani S, Jamali M V, et al. Analog optical computing based on a dielectric meta-reflect array. Opt. Lett., 2016, 41(15): 3451-3454.

[53] Liu H, Zhao X P, Yang Y, et al. Fabrication of infrared left-handed metamaterials via double template-assisted electrochemical deposition. Adv. Mater., 2010, 20(11): 2050-2054.

[54] Zhou X, Fu Q H, Zhao J, et al. Negative permeability and subwavelength focusing of quasi-periodic dendritic cell metamaterials. Opt. Express, 2006, 14(16): 7188-7197.

[55] Chen H, An D, Li Z C, et al. Performing differential operation with a silver dendritic metasurface at visible wavelengths. Opt. Express, 2017, 25(22): 26417.

[56] Farmahini-Farahani M, Cheng J R, Mosallaei H. Metasurfaces nanoantennas for light processing. J. Opt. Soc. Am. B, 2013, 30(9): 2365.

[57] Lin L, Goh X M, McGuinness L P, et al. Plasmonic lenses formed by two-dimensional nanometric cross-shaped aperture arrays for Fresnel-region focusing. Nano Lett., 2010, 10(5): 1936-1940.

[58] Johnson P B, Christy R W. Optical constants of the noble metals. Phys. Rev. B , 1972, 6(12): 4370-4379.

[59] Fang Z H, Chen H, Yang F S, et al. Slowing down light using a dendritic cell cluster metasurface waveguide. Sci. Rep., 2016, 6: 37856.

[60] Chen H, An D, Zhao X P. Quasi-periodic dendritic metasurface for integral operation in visible light. Molecules, 2020, 25: 1664.

# 第 7 章　超表面反常光学行为

## 7.1　树枝超表面反常 GH 位移

### 7.1.1　GH 位移与负 GH 位移

在全反射过程中，大家通常认为 GH 位移为正值 [1,2]。然而随着 GH 位移研究的进一步深入，人们意识到发生反射的介质的参数对 GH 位移也有较大的影响。20 世纪 50 年代，Wolter 在研究全反射过程中注意到 GH 位移可以为负的现象 [3]。特别是超材料的提出，人们可以人为地设计材料的相对介电常数 $\varepsilon$ 和磁导率 $\mu$，介质具有负的介电常数，Tamir 和 Bertoni 提出在负介电常数介质表面会产生负的 GH 位移 [4]。

21 世纪，随着新技术、新材料等方面研究的不断发展，对 GH 位移的研究进入了新的阶段。GH 位移的概念同样适用于部分反射或透射。2004 年，Qing 等进一步提出在界面两侧同为超材料或同为正常材料时，界面上产生正 GH 位移，如图 7-1(b) 与 (c) 所示。而在超材料与正常材料之间界面上会产生负的 GH 位移，如图 7-1(a) 与 (d) 所示。超表面作为新型的二维超材料，继承了超材料的负

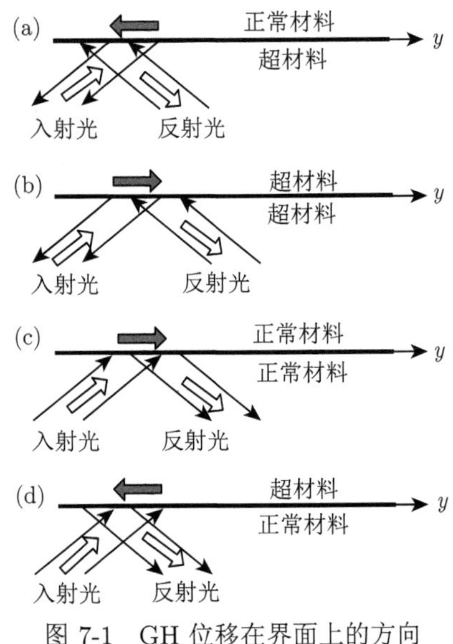


图 7-1　GH 位移在界面上的方向

(a) 右手材料与超材料；(b) 超材料与超材料；(c) 正常材料与正常材料；(d) 超材料与正常材料

折射率介质特性，由以上的理论预测在超表面上产生负 GH 位移，下面将以实验研究银树枝超表面的 GH 位移。

### 7.1.2 GH 位移测量

GH 位移在日常生活中并不会引起大家的注意，因为位移量极其微小。但是在精细的光学实验中，精确地测量 GH 位移值对表征材料的性质、开发材料的新应用方面有着重要的意义。在现有的技术条件下直接精确测量 GH 位移值是比较困难的，所以人们发展了很多间接方法来得到精确的 GH 位移值，如 Goos 与 Hänchen 在提出这个位移时采用的多重反射方法，GH 位移值被放大数倍后测量。随着 GH 位移研究的深入及技术手段的快速发展，人们发展了较多的 GH 位移测量方法，比较具有代表性的有 Merano 等采用的 PSD 的方法 [5−7] 与 Jayaswal 等 [8] 发展的弱测量的方法。

采用 Prajapati 等 [9] 的干涉测量方法，入射光先由沃拉斯顿偏振器分为偏振方向垂直的两束线偏振光，再经过合理的光路设计使其共同传输到待测样品表面，在样品表面发生 GH 位移，并一起反射至接收屏，GH 位移对两束光干涉条纹产生相位干扰，经过图像处理得到相应的相位差，计算可得准确的 GH 位移值。该方法不需要复杂的仪器设备，简单易行。

1. 实验仪器与光路

主要的实验设备有 He-Ne 与固体激光器、偏振片、沃拉斯顿棱镜、反射镜、宽带半透半反镜、接收屏及 CCD。其中沃拉斯顿偏振器能产生两束分开一定角度、偏振方向互相垂直的线偏振光。它是由两个直角棱镜组成的，中间用甘油或蓖麻油黏合。两个棱镜组分都是方解石，并且光轴方向互相垂直。

实验测试装置见第 5 章图 5-26。光源选取红光 He-Ne 激光器 ($\lambda = 632.5\text{nm}$) 或者绿光固体激光器 ($\lambda = 532\text{nm}$)。分别对在不同波长谐振的银树枝超表面样品进行测量与对比。红光激光器为 He-Ne 非偏振激光器，而绿光固体激光器发出偏振方向固定的线偏振光，图中虚线所示的偏振片 P3 与 P4 的作用即是将其转化成非偏振光，固体激光器与 P3 和 P4 共同组成绿光的非偏振光源，以便与红光激光器测试结果做横向对比。P1 为起偏器，限制入射光的偏振方向，另一个作用是可以微调在沃拉斯顿棱镜后分开的 s 线偏振光和 p 线偏振光的相对强度，以确保得到的干涉图清晰可辨。入射光经过沃拉斯顿棱镜后分为水平方向夹角为 30° 的两束线偏振光，偏振方向分别为水平与垂直方向。M 为反射镜，半透半反镜对波长为 400~650nm 的可见光都适用，本实验两种光源波长都在其工作波长范围内，测量光路主体在调节好之后可以保持不变。实验图像接收屏置于检偏器 P2 之后，接收到的干涉条纹由 CCD 记录并传输至计算机保存，然后由 MATLAB 软件处

理得到相位差 $\Delta\Phi$，代入式 (7-1) 计算可得到 GH 位移值。

$$\Delta d = -\frac{\lambda}{2\pi}\frac{\partial\Phi(\theta)}{\partial\theta} \tag{7-1}$$

2. 实验过程

Zemax 是一个光学设计软件，用于设计和分析成像系统，它的工作原理是光线追迹，即通过光学系统模拟光线的传播，也可以模拟光学镀膜在元件表面上的效果，是一套综合性的光学设计仿真软件。它包括光学设计需要的几乎所有功能，可以执行标准的通过光学元件的顺序射线追踪，用于分析杂散光的非顺序射线追踪以及物理光束传播。经过 Zemax 光学设计软件对上述实验过程进行模拟，所有步骤的光线追迹如图 7-2 所示，除光源没有画出，其余器件都与图 5-26 测试装置中器件设置相同，可以看到图中蓝色与绿色光线分别为沃拉斯顿棱镜分开的 s 偏振光和 p 偏振光，在经过分束镜后一起按同一路径传输至样品表面，经过检偏器 P2 在白板上形成干涉图，可以实现预期的实验目的。

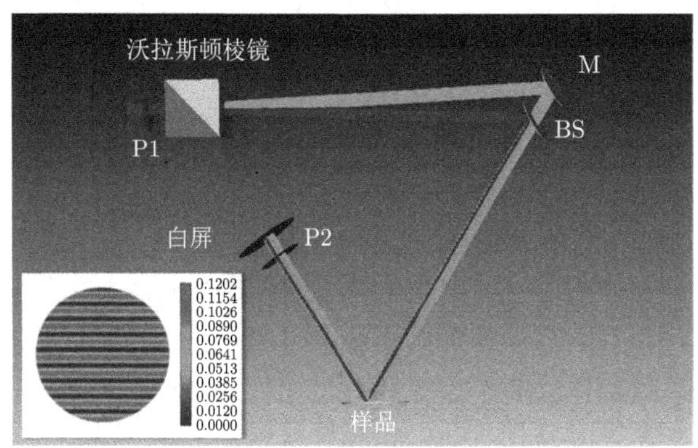


图 7-2　Zemax 仿真实验设置 3D 示意图 (彩图见封底二维码)

实验过程在自平衡光学平台上进行，调节起偏器 P1，使入射光转换为线偏振光，然后垂直穿过沃拉斯顿棱镜中心，得到偏振方向互相垂直的 s 和 p 偏振光两个分量，夹角为 15°，调节沃拉斯顿棱镜使 s 和 p 偏振光同一高度水平出射。微调起偏器 P1 至 s 和 p 偏振光的光强大约相等，s 和 p 偏振光分别传输至宽带分束镜和反射镜 M，s 偏振光由分束镜反射，p 偏振光从反射镜 M 反射，穿过分束镜之后与 s 偏振光光路重合，沿同一路径辐照测试样品表面，用白屏接收样品表面的反射光，并在白屏前插入检偏器 P2。下一步要确认在引入了偏振片 P2 后，在偏振片的所有偏振方向观察平面上没有条纹，确保在 s 偏振光和 p 偏振光之间是没有相位差的，这意味着要消除光路中分束镜与反射镜的相位。为了获得清晰的干涉图，可以对两束垂直的偏振光进行轻微的调整，用 CCD 记录得到的干涉图，旋转偏振片 P2 为 45° 和 135° 时可看到清晰的干涉条纹，在另外的角度只出现不规律的光斑。测量入射角范围为 41° ~50° 时样品的 GH 位移，0° 入射角以反射光与入射光重合的位置确定，然后旋转样品测量各个入射角的 GH 位移。

视场内的干涉条纹数目可以通过对 s 偏振光或 p 偏振光的微调来控制。合适的条纹数目可以确保测量的精度，同时便于观察实验现象，本实验中，我们调整视场中可观察到七条干涉条纹。在图像处理过程中标记干涉条纹，标记中心亮纹为 0 级，向上下两侧依次标记亮度渐次减弱的干涉条纹为 ±1 级，±2 级，±3 级。标记之后的干涉条纹在剪切粘贴为一幅图分析时，同级次干涉条纹的移动指示了 GH 位移的方向，也便于测量计算 GH 位移值。假如没有 GH 位移产生，45° 的条纹与 135° 的条纹之间的相位差是 180°。GH 位移使得两个条纹向相反的方向分开，测量两个相邻条纹之间的相位差，减去 180°，除以 2，得到 GH 相位差。需要注意的是，如果 GH 位移大于一个波长，那么在这个实验的结果中将造成混淆，无法确定我们测量的相移是真实值还是应该加上 $N$ 个周期且 $N$ 是不确定的。所以我们应该提前研究测试样品的性质，确保在样品表面的反射为部分反射，根据样品的透射图谱分析可以看到，样品在可见光波段的透射率在 60%以上，确保了实验方法的适用性及结果的准确可靠性 [10]。

3. 实验结果及讨论

根据前述的实验方法，先以红光光源测试银树枝超表面和 K9 晶体样品，得到两组红光的干涉图导入 MATLAB 程序处理。然后以绿光光源重复测量两样品，得到另外两组绿光的干涉图，每一组图像的入射角从 40° 到 50°，通过 MATLAB 程序对干涉图进行处理计算，最终得到两种样品在红光与绿光入射时不同入射角的 GH 位移值。

以图 7-3 所示为例说明实验得到的几种干涉图。此时入射角为 44°，图中共分为四部分，每部分中包含三个图，第一行是 P2 角度分别为 45° 和 135° 时的干涉图，将 P2 角度为 45° 和 135° 时的干涉图裁剪，45° 的干涉图保留左边，135° 的干涉图保留右边，然后将两者水平拼接后得到第二行的对比图。图 7-3(a) 与 (b) 分别为红光入射时银树枝样品与 K9 晶体的干涉图，图 7-3(c) 与 (d) 分别为绿光入射时银树枝样品与 K9 晶体的干涉图。

如图 7-3 中所示，四幅图中的第一行均有明显的干涉条纹，第二行中的对比图中相位移动明显，即在两种样品表面都观测到明显的 GH 位移。首先对比图 7-3 (a) 与 (c) 中红光与绿光入射的银树枝超表面样品 GH 位移，图 7-3 (a) 中红光入射的银树枝超表面 GH 位移为负，此时入射光波长与银树枝超表面谐振波段一致，图 7-3(c) 中绿光入射的银树枝超表面 GH 位移为正，入射光波长与银树枝超表面谐振波段不一致，即在红光与绿光入射时银树枝超表面的 GH 位移方向相反。综上所述，入射光波长与银树枝超表面的谐振波段相同时，样品的 GH 位移为负；入射光波长与银树枝超表面谐振波段不同时，样品的 GH 位移为正。

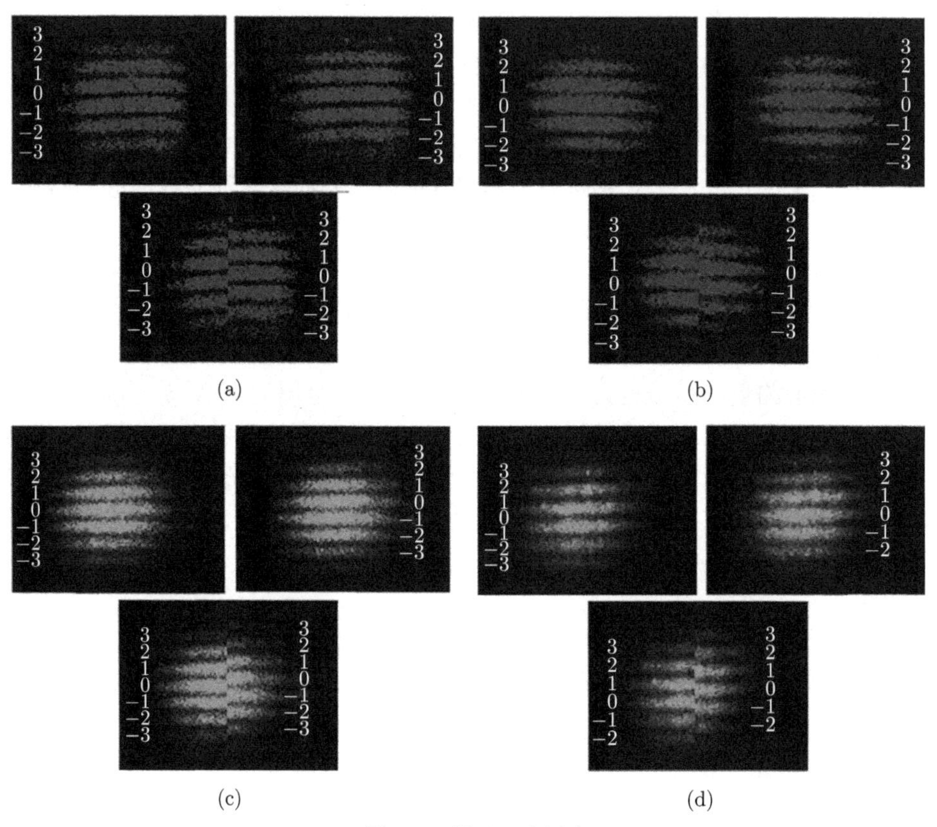

(a)　(b)　(c)　(d)

图 7-3　样品干涉图

红光入射：(a) 银树枝超表面，(b)K9 晶体样品；绿光入射：(c) 银树枝超表面，(d) K9 晶体样品

对比图 7-3 (a) 与 (b) 可以看到，在同样波长的红光入射至 K9 晶体表面时，界面处的 GH 位移为正。同样波长的光入射，对于在这个波段有谐振响应的银树枝超表面样品，其 GH 位移为负；对于没有谐振响应的 K9 晶体，其 GH 位移为正。再对比图 7-3 (b) 与 (d) 可以看到，同样的 K9 晶体，对于红光入射至表面时，界面处的 GH 位移为正。改变入射光波长以绿光入射，其 GH 位移也为正。在改变入射光波长时，K9 晶体样品的 GH 位移相同。综合以上的分析结果，在入射光波长与银树枝超表面谐振波段一致时，样品可以在谐振响应波段实现负 GH 位移。而通过第 6 章中的研究，银树枝超表面的谐振波段是可以通过调控制备过程

中的沉积条件来控制的。这样我们即可以用在不同波段响应的银树枝超表面样品来实现不同波长的反常 GH 位移。

GH 位移值测量结果如图 7-4 所示。四条曲线为绿色与红色激光入射时 K9 晶体样品及银树枝超表面的 GH 位移值。当光源为红色激光时，即入射光波长 (671nm) 位于银树枝超表面谐振波段，测得 GH 位移值为负；当光源更换为绿色激光时，入射光波长为 530 nm，在超表面谐振波段之外，GH 位移值为正。在入射光波长改变时测得 K9 晶体样品 GH 位移值都为正。从 GH 位移的测试结果可以看到，在入射角增加时，四条曲线标示的 GH 位移绝对值逐渐减小，红光入射时，银树枝超表面的 GH 位移值为负，入射角由 41° 增加到 50°，GH 位移值从 −630nm 增加至 −450nm。

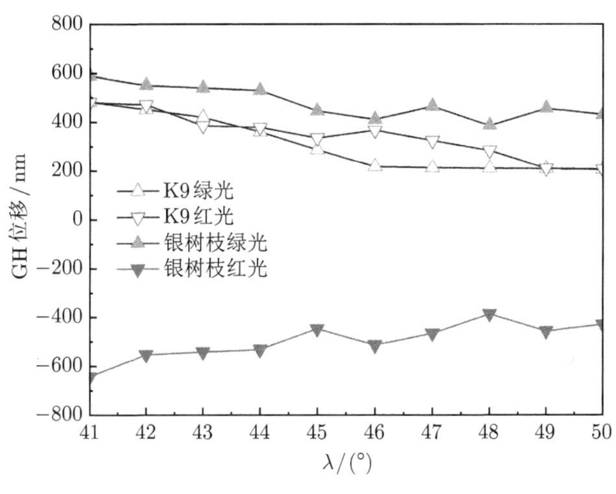


图 7-4 不同样品测量结果

## 7.2 树枝超表面彩虹捕获效应

### 7.2.1 彩虹捕获概念

2007 年，Hess 等设计了一个轴向变化的异质结构，从理论上证实其可以在室温下实现光完全停止 [11]。他们将厚度逐变的超材料芯层夹在两种不同的普通的材料中间，利用厚度差异和界面处的反常 GH 位移效应使复色光中各个频率的光分立在波导不同位置，最终所有频率成分都被捕获，此时在芯层的超材料中的宏观现象即呈现出亮丽的“彩虹”。彩虹捕获成为光减慢的一个奇异现象。2009 年，本实验室在楔形左手异质结构中证实了可见光的捕获彩虹效应 [12]。但是超材料的内在高损耗限制了其进一步的发展。2011 年，Gan 等利用绝热等离子纳米光栅

实现了彩虹捕获 [13]，他们称这个纳米光栅为一维的梯度超材料。同年，Capasso 与 Gaburro 等分别提出两种超界面模型，证实了可以由通过界面结构引起的波前相位不连续来控制反射光与折射光的方向 [14,15]，这为采用超材料来实现光传输的操控带来了新的契机。

Hess 提出的理论模型的关键点在于楔形波导中的负介质核心 [10]。为了实现上述的彩虹捕获，人们设计了许多结构。不幸的是，由于纳米材料制备的复杂和宽频超材料制备的困难，彩虹捕获机制一直停留在理论主导阶段。随着超材料的快速发展，它已经在许多领域取得了长足的发展，然而并没有一种完全理想的左手介质可以作为这个楔形波导的芯层材料。

### 7.2.2 超表面楔形波导实现彩虹捕获

#### 1. 超表面楔形波导

超表面作为继承了超材料特异性质的二维超材料，给实现彩虹捕获带来了新的契机。在 7.1 节中我们已经证实了在银树枝超表面与空气的界面上的负 GH 位移，在这个基础上设计了银树枝超表面楔形波导，以期实现彩虹捕获。在 Hess 的理论模型中，在作为芯层的左手介质与作为壳层的右手介质界面上，发生了负 GH 位移，而理论指出，负 GH 位移也会在银树枝超表面与空气的界面上发生。因此，可以考虑一个不同的模型，芯层为空气，而壳层为银树枝超表面样品，如图 7-5 所示，将两个银树枝超表面样品相向组成楔形波导。入射光将在楔形波导中传播，在传播过程中分别在上下表面发生负 GH 位移，虚线所示为上下界面的等效反界面，真实界面间的距离为波导物理厚度，等效界面间的距离为波导的有效厚度，即有效厚度是小于物理厚度的。波导前端口厚度为 $d_1$，后端口厚度为 $d_2$。在接近后端口时，随着物理厚度的减小，在某个位置有效厚度减小为 0。

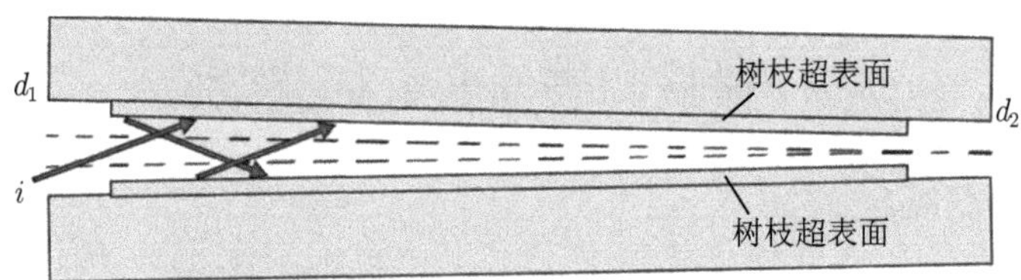


图 7-5 银树枝超表面楔形波导侧视图

为了满足理论模型中的绝热近似条件，本实验中 $d_1$ 应较小，采用厚度为 0.8 μm 的金箔作为垫片，通过 $n$ 层金箔即可以 $\Delta d = 0.8$ μm 的精度来控制 $d_1 = n\Delta d$。然后将 $d_1$ 固定，$d_2$ 端以一维纳米位移台来控制开口大小。这样我们得到了一个由银树枝超表面组成的楔形空气光波导，前后开口大小可控。只要选择合适的银树枝超表面样品组合，理论上即可以实现可见光波段的彩虹捕获。由于银树枝超表面的基底为透明的 ITO 玻璃，因此可以在波导的侧面观测形成的彩虹现象。

2. 楔形波导参数

波导前端口 $d_1 = 2.4\ \mu m$，即由 3 层金箔垫片固定在波导前端，形成一个固定的开口。后端初始大小为 0 μm，将其固定在一维纳米位移台，后端口 $d_2$ 将随着一维纳米位移台的横向移动而变化，电控纳米位移台标定移动精度为 1nm，这样波导后端形成一个大小以 1nm 梯度可调的出口。入射光由前端口进入，在波导中发生负 GH 位移，调节 $d_2$ 大小，在银树枝超表面楔形波导侧面观察入射光在波导中的传播现象。

按上述方法分别选择不同树枝超表面样品组合成楔形波导，分别有单层银树枝超表面组成的波导及双层银树枝超表面组成的波导。上下两树枝超表面样品谐振波段相近，本实验选择的样品的透射谐振峰如图 7-6 所示。$S_1$ 与 $S_2$ 为单层银树枝超表面样品，$D_1$ 与 $D_2$ 为双层银树枝超表面样品。如图 7-6(a) 所示为单层银树枝超表面样品在可见光波段的透射谱，在 400nm 的谐振峰为银元素本征峰，在 550 nm 附近另有一个较高的透射谐振峰，$S_1$ 与 $S_2$ 的透射谐振峰相近。如图 7-6(b) 所示为双层银树枝超表面样品在可见光波段的透射谱，在 400nm 的谐振峰同样为银元素本征峰，在 670nm 附近另有一个较高的透射谐振峰，$D_1$ 与 $D_2$ 的透射谐振峰也较相近。

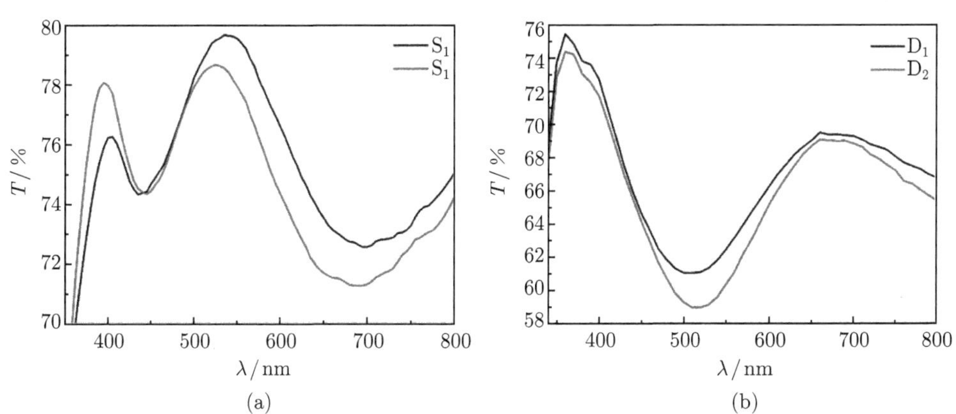


图 7-6 单层 (a) 和双层 (b) 银树枝超表面楔形波导壳层超表面样品透射谱 (彩图见封底二维码)

3. 彩虹捕获实验设置

彩虹捕获实验设置如图 7-7 所示，光源由氙光灯与电控单色仪组成。氙光灯发出自然复色光 (波长范围 250~ 1800nm)，耦合到单色仪中后，调节单色仪，当设置输出波长为某一波长时，得到这个特定波长的单色光，设置输出波长为 0 nm 时，其输出复色光 (光栅的零级衍射光)，经过准直后变成一束平行光，再用一对凸透镜 $L_1$ 与 $L_2$ 将光束直径压缩，沿楔形光波导的中心线从左端入射，在楔形超界面光波导的上方观察彩虹捕获效应。CCD 实时记录实验图像并传输到计算机保存处理。图 7-7 中插图所示为实验拍摄到的清晰的彩虹图像。在银树枝超表面波导中，两侧无超表面样品的基底部分只能观察到一条光通路，而在中间的超表面样品覆盖部位出现了明亮的彩带，颜色覆盖了短波长的紫光到长波长的红光，在入射光传输路径上依次分布。2007 年 Hess 等在 *Nature* 的文章中预测了这种现象，但是迄今为止鲜有明确的实验结果报道。

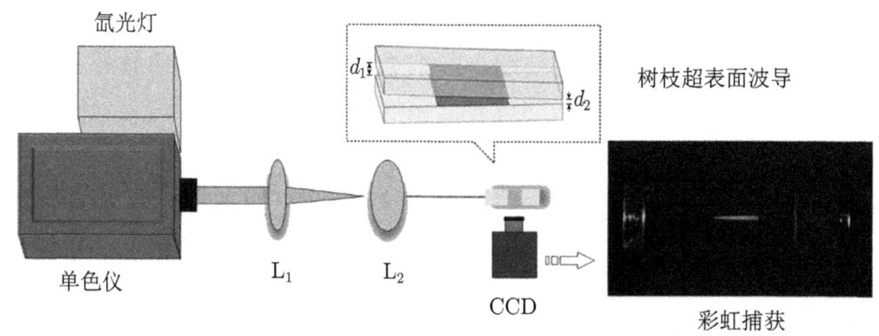


图 7-7　彩虹捕获实验装置图 (彩图见封底二维码)

理论研究表明，只有符合一定条件时才会有彩虹捕获现象的出现。这被称为绝热近似条件，即楔形波导厚度沿波导径向的变化极小，以至于在极小一段波导上，可以近似认为波导厚度均匀，可在这一小段距离内将楔形波导当作平行平板波导处理，本实验中我们适当调节波导前端口 $d_1$ 与后端口 $d_2$ 尺寸达到绝热近似条件，成功观察到彩虹捕获现象 (图 7-7)。进一步研究楔形超界面光波导的几何参数对彩虹捕获效应的影响。$d_1 = 2.4\mu m$ 固定不变，$d_2$ 从 0μm 逐渐增加到 2μm，观察楔形波导中彩虹图像的变化。

4. 实验图像及分析

单层银树枝超表面波导与双层银树枝超表面波导得到的彩虹捕获图像如图 7-8 所示。图 7-8(a) 为单层银树枝超表面波导中的彩虹图像，从图中可以看到，从波导前端到后端依次分布着蓝光、黄光、橘黄光与红光，说明入射光在单层银树枝超表面楔形波导中已经按照不同频率部分在波导不同位置分开了，表明不同颜色的光分立在不同的波导厚度位置，光谱被空间分割开来，即实现了彩虹捕获效应。并且随着 $d_2$ 的增大，彩虹向右移动，因为某种波长的光“停留”的位置对应一定的芯层厚度，但是并不是所有颜色都出现。图 7-8(b) 为双层银树枝超表面波导中的彩虹图像，从图中可以看到比图 7-8(a) 中更明亮的彩虹图像，并且各个颜色都出现在波导中。图中由上至下为波导后端口尺寸逐渐增大时观察到的彩虹变化。其中，$d_1 = 2.4\mu m$，$d_2 = 0 \sim 2000nm$，$d_2$ 值逐渐增大，从图 7-8(b) 中可以更清晰地看到，随着后端口厚度增加，彩虹左侧的颜色逐渐红移，向长波长变化。

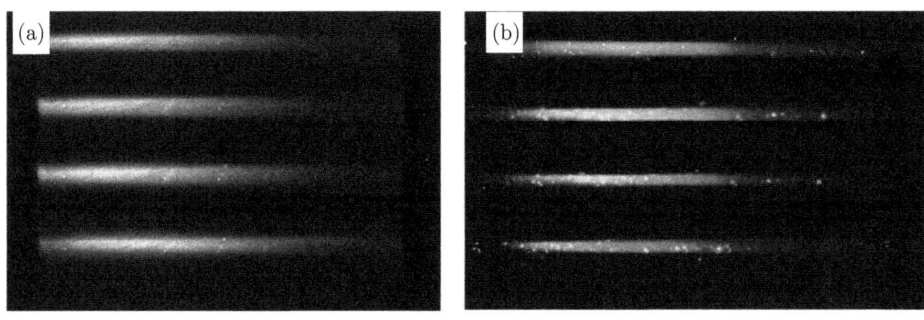


图 7-8 单层 (a) 和双层 (b) 银树枝超表面波导得到的彩虹捕获图像 (彩图见封底二维码)

而当 $d_2$ 较大时，在超界面波导中彩虹消失，只有一条较暗的灰色光带，如图 7-9 所示，在不符合绝热近似条件，且波导层厚度大于可见光的临界厚度时，可见光不会“停留”在波导中，光大部分从尾端透射出去，只能观察到一条比较暗的光亮带，没有颜色分布，所以不会出现彩虹。为了进行对比，我们还研究了由两个普通玻璃组合成的楔形结构的彩虹捕获效应。实验结果表明，无论此楔形结构的几何参数 $d_1$ 和 $d_2$ 取何值，在其中均未出现彩虹，只有一条较暗的灰色光带，由于实验环境为暗室，得到的典型结果为如图 7-9 所示的近乎全黑的照片，因为光不会“停留”在普通玻璃组成的楔形结构中，所以不会出现彩虹，直观印象是没有图像，与图 7-8 中彩虹图像为同一环境条件下拍摄，对比明显。

图 7-9 普通玻璃楔形结构中没有彩虹形成

### 7.2.3　楔形波导出射光功率

在成功观察到彩虹捕获现象的基础上进一步研究波导前端和后端的能量变化。由于入射光在超界面表面发生负 GH 位移，在楔形波导中，随着入射光沿波导传输，波导厚度逐渐减小，在达到一定厚度时，波导上表面与下表面发生的负 GH 位移刚好相吻合，在波导中构成一个闭合循环的传输路径，如同一个漏斗的形状，此时入射光在波导中不再向前传输。我们分别测量波导前端的入射光能量与波导后端的出射光能量。保持观察彩虹捕获现象的光路不变，用 NOVA Ⅱ 手持式光功率测试仪测量波导前端入射光能量及通过波导后的出射光能量。光功率测试仪灵敏度较高，在不同的量程下，最小可以探测到 0.001nW 的光功率波动。整个实验过程在光学暗室中完成，为了排除仪器指示灯等环境杂散光对测量的干扰，在光学暗室的基础上搭建了一个小的光学暗箱，覆盖主要光路，仅在暗箱前端留有小口使入射光传输至光路，光功率测试仪测量探头在暗箱中不受环境杂散光影响，确保样品前端与后端测量到的值准确反映入射光在通过银树枝样品波导前后的能量改变。

经过反复测试发现，在入射光能量减小到一定程度时，银树枝超界面楔形波导出射光能量减小为 0.000nW。而等量的能量入射到同样尺寸的无银树枝样品普通玻璃波导中时，出射光功率约为 0.023 nW。说明在这个当量入射光入射时，普通玻璃组成的波导还有光出射，而银树枝样品组成的波导已经完全没有光能量出射，入射进来的能量被完全吸收或者损耗掉了，表现出了相对于普通玻璃波导奇异的性能，这对于设计制造光存储与处理的新型器件有着很大的意义。

测试 $d_2$ 的大小对出射光功率的影响。如图 7-10(a) 所示，当入射光波长为 570nm 时，将 $d_2$ 大小从 0nm 以 100nm 步长逐渐增加至 1500nm，出射光功率整体表现出逐渐增大趋势，在 $0\sim300$nm 时出射光功率为始终为 0.000nW；$d_2$ 在 $400\sim900$nm 变化时，出射光功率为 0.001nW；$d_2$ 在 $900\sim1400$nm 变化时，出射光功率为 0.002nW。在 1000nm 时有一个 0.001nW 的增加值；在 $d_2$ 增加至 1500nm 时，出射光功率为 0.003nW。这个值相对于正常波导中同样当量的入射光入射时的出射光功率 0.023nW 也是一个极小的值。我们没有进一步增大 $d_2$，继续增大 $d_2$ 已经没有什么参考价值。

对同一个单层银树枝样品分别在谐振波段入射光与非谐振波段入射光，测量出射光功率的变化，结果如图 7-10(a) 所示。对比不同波长入射光的出射光功率，当与样品谐振波长一致的 570nm 黄光入射，入射光功率为 0.065nW，$d_2=0\sim$ 300 nm 时，出射光功率为 0.000nW；更换入射光波长为 500nm，与样品谐振波长不同，且将入射光功率调整为等于或小于 0.065nW，测量到此时的出射光功率为 0.012nW。另外测试了一个 470nm 入射光，入射光能量为 0.060nW，测得此时出射光功率为 0.011nW。说明样品只对与样品谐振波段一致的入射光有效应，对与样品谐振波段不一致的入射光没有效应。

同样对双层银树枝超界面楔形波导测试 $d_2$ 的大小对出射光功率的影响，结果如图 7-10(b) 所示。当入射波长为 671nm 时，将 $d_2$ 从 0nm 逐渐增加至 2000nm，出射光功率整体趋势为逐渐增大。$d_2$ 为 $0\sim400$nm 时出射光功率始终为 0.000nW；$d_2$ 在 $500\sim1600$nm 变化时，出射光功率为 0.001nW；$d_2$ 在 $1700\sim2000$nm 变化时，出射光功率为 0.002nW。在 1400nm 时有一个 0.002nW 的起伏值。对比同一个双层银树枝样品分别在谐振波段入射光与非谐振波段入射光时的出射光功率，当与样品谐振波段一致的红光 671nm 入射，入射光功率为 0.065nW，$d_2=$

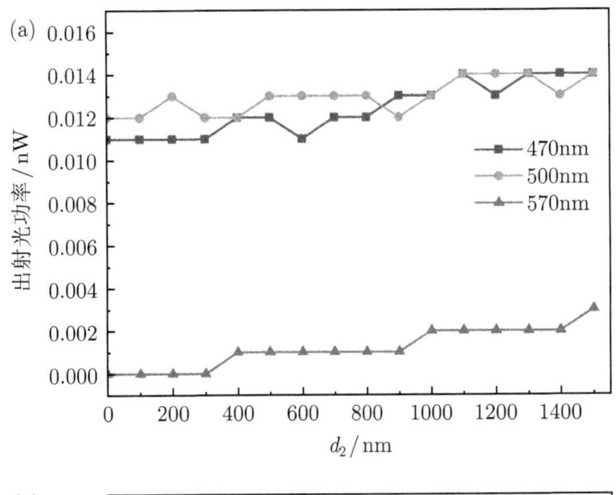


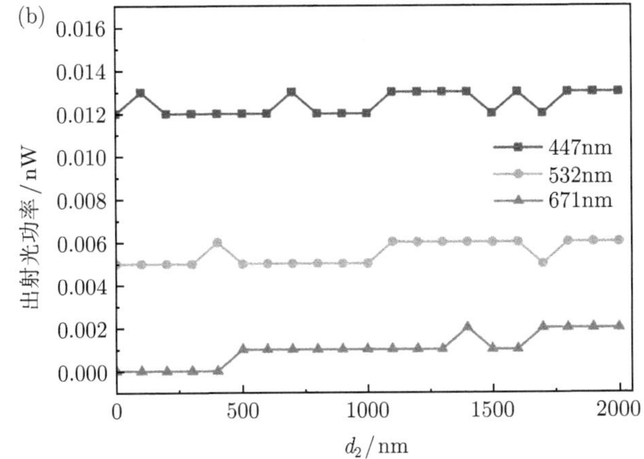


图 7-10 波导出射光功率测试结果

(a) 单层银树枝超界面波导；(b) 双层银树枝超界面波导

0~300nm 时，出射光功率为 0.000nW；更换入射光波长为 532nm(非谐振频段) 时，将入射光功率调整为小于等于 0.065nW，测量到此时的出射光功率为 0.005nW。另外测试了一个更小波长 (447nm) 的入射光，入射光能量为 0.473nW，测得此时出射光功率为 0.012nW。

上述单层银树枝超表面楔形波导与双层银树枝超表面楔形波导中的光功率测试表明，当入射光的波长与银树枝超表面样品的谐振波段一致，并且波导后端口 $d_2$ 小于一定值时，波导后端没有能量出射。当波导中发生负 GH 位移时，能量反向传输，波导的有效厚度小于波导的物理厚度，随着楔形波导物理厚度逐渐减小，在特定的位置波导有效厚度为 0，此时，波在楔形波导中完全停止，形成彩虹捕获现象，而波导的出射能量也减小为 0。这个过程为实现光束减慢提供了坚实的物理基础，即银树枝超表面楔形波导与 Hess 提出的楔形波导理论模型契合较好。

## 7.3　超表面偏振转换

极化 (偏振) 态是指横波振动的几何方向。电磁波传播过程中，振动方向垂直于波传播方向，所以电磁波的极化方向可能在波传输横截面上的各个方向 [16]。这也导致了电磁波的很多奇特的性质与现象 [17,18]。电磁波极化态的控制或转换一直是相关研究中的重要课题。传统光学器件中的极化转换设备大多是通过法拉第效应 [19]、扭曲向列相的液晶双折射晶体来实现的，在科技快速发展的今天同样面临着设备尺寸大 (相对于波长) 及易老化等问题 [20,21]。而新型的二维超材料——超表面，具有许多自然材料所不具备的新奇特性 [22−25]，又避开了三维超材料的制备困难 [14,26−28]，可应用于电磁波操控的许多领域 [29,30]，极化态转换方面已在微波段和近红外波段取得较多成果 [31−34]，而对于实现可见光波段的高效偏振操控超表面仍具有较大的挑战。各种结构单元设计已经应用在实现偏振转换的超表面中，如纳米天线阵列、等离子体或电介质等。

大多超表面以周期排列的非对称的结构单元实现对入射波的调控，而银树枝超表面具有非对称单元结构的准周期结构超表面，本节将对银树枝超表面实现可见光波段的交叉偏振转换进行研究 [35,36]。

### 7.3.1　树枝单元结构与模拟

1. 树枝单元结构

参照实验制备的银树枝超表面形貌图，以 CST 软件模拟银树枝单元结构。将树枝单元在 $xy$ 平面水平放置，Drude 模型模拟光频的有损耗金属银作为超表面树枝结构的材料，等离子频率 $\omega_{\rm pl}=1.37\times10^{16}{\rm s}^{-1}$，碰撞频率 $\omega_{\rm col}=8.5\times10^{13}{\rm s}^{-1}$。基底为 $SiO_2$。在 $xy$ 平面内以金属短杆拼接构建树枝单元结构，由于制备得到的树枝超表面真实样品包含多个树枝单元结构，每个单元随机形成树枝结构，单元尺寸范围在 $200 \sim 400$nm 左右。为尽量贴合真实树枝超表面的结构，模拟了多种树枝形貌的单元结构，图 7-11(a)、(b) 与 (c) 随机列出了其中三种树枝单元结构，说明树枝超表面对垂直入射的线偏振光的响应。三种单元结构中心点联结或分离，分枝数目及分枝角度等都不相同。相同的参数有：树枝超表面厚度为 12nm，基底厚度为 40nm。

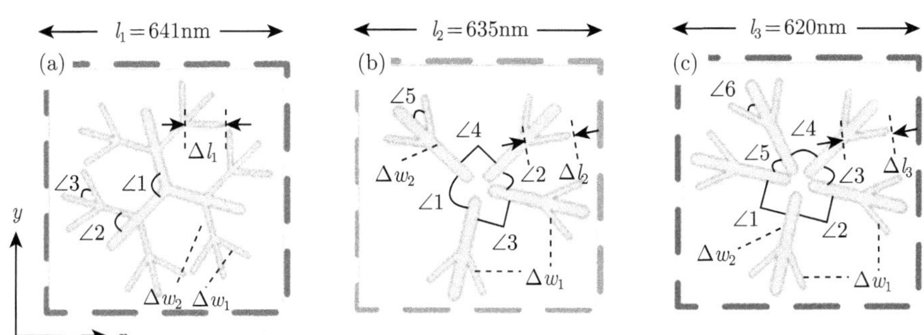


图 7-11 树枝超表面单元结构

对图 7-11 中列出的三种树枝单元结构的具体参数做以下说明：三种树枝单元结构分别由较窄的杆与较宽的杆排布组成 (a) 三枝、(b) 四枝与 (c) 五枝结构。杆在垂直于 $xy$ 平面的方向厚度为 12nm。图 7-11(a) 中包含三枝树枝，由中心点向外逐级分级，包含三级分枝。杆的单元长度 $\Delta l_1 = 106$nm，窄的与宽的杆宽度分别为 $\Delta w_1 = 13.5$nm 与 $\Delta w_2 = 26.9$nm，每一级中杆的角度分别为 $\angle 1 = 120°$, $\angle 2 = 60°$ 与 $\angle 3 = 48°$；图 7-11(b) 中包含四枝树枝，从中心点向外只有两级分级。杆的单元长度 $\Delta l_2 = 122.7$nm，两种杆的宽度分别为 $\Delta w_1 = 15.6$nm 与 $\Delta w_2 = 31.1$nm，第一级中包含四个角，分别为 $\angle 1 = 120°$, $\angle 2 = 60°$ 与 $\angle 3 = \angle 4 = 90°$，第二级中 $\angle 5 = 36°$；图 7-11(c) 中包含五枝树枝，中心点向外分为两级，杆的单元长度为 $\Delta l_3 = 120$nm，两种杆的宽度分别为 $\Delta w_1 = 15.2$nm 与 $\Delta w_2 = 30.5$nm，第一级中包含五个角，分别为 $\angle 1 = \angle 2 = 90°$，$\angle 3 = 58°$, $\angle 4 = 72°$, $\angle 5 = 50°$，第二级中 $\angle 6 = 36°$。

这里先假设一种比较简单的情况，由图 7-11 中任一种树枝结构在二维平面内周期排列组成树枝结构超表面，即每种超表面只包含图 7-11(a)、(b) 或 (c) 中的一种单元结构。如图 7-12 所示，模拟一束 $y$ 方向线偏振入射光，沿 $-z$ 方向垂直入射到超表面样品，计算穿过样品后的透射光。在 $x$ 与 $y$ 方向采用开放的周期性边界条件，即分别监测穿过样品后的透射光的场分布。

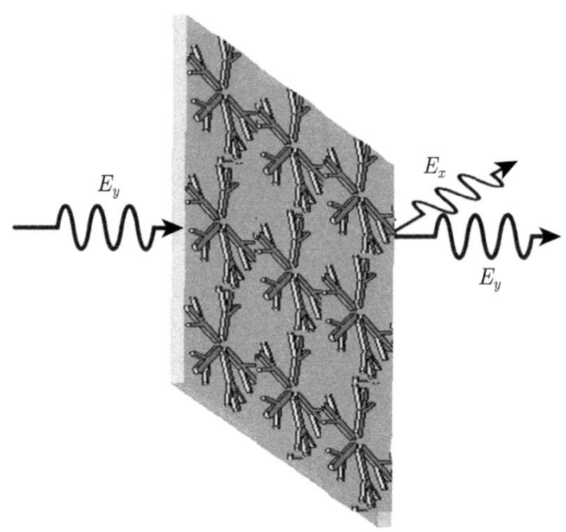


图 7-12　偏振入射光 $E_y$ 垂直照射树枝超表面

相应的透射场分布如图 7-13 所示，图 7-13 中 (a)、(b) 与 (c) 分别对应图 7-11(a)、(b) 与 (c) 中的三种树枝单元结构，且分别以红色、绿色与蓝色虚线框标注。每种超表面对应的透射波如图中所示，样品水平置于 $xy$ 平面，对应入射光

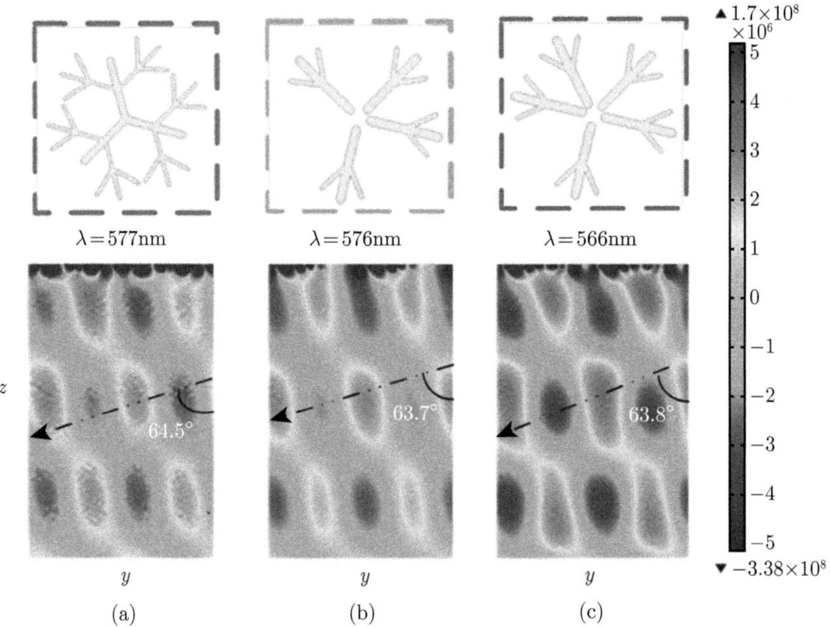


图 7-13　单一种类树枝结构超表面透射场分布 (彩图见封底二维码)

波长为 577nm、576nm、566nm，$y$ 偏振光在透过超表面后变为 $x$ 偏振光，箭头所示为透射波传播方向，沿一定角度倾斜出射，折射角分别为 64.5°、63.7° 与 63.8°。由此证实单一种类树枝单元结构超表面可以实现对垂直入射的线偏振光的偏振转换，且对于垂直入射波，透射波反常地倾斜出射，即具有树枝结构的超表面在可见光波段具有偏振转换能力。

2. 树枝单元簇

在对树枝单元结构偏振转换能力确认之后，下面考虑在实验中制备得到的银树枝超表面样品。真实样品中包含多种树枝单元结构，那么相邻的不同树枝单元对透射波有什么影响呢？一方面我们无法将真实样品中包含的众多种类树枝结构尽数建模计算，另一方面在反映真实样品树枝结构组成特征前提下适当简化计算量。这里我们提出树枝单元簇，利用上述的三种树枝单元结构随机组合排列形成树枝单元簇，这样一个单元簇中包含三种类型的树枝结构，反映真实样品中树枝结构的种类。而每一种树枝结构在单元簇中包含的数量是三个，将它们打乱随机排布，反映真实样品中树枝单元分布的随机性。这样即可排列组合形成多种树枝单元簇。图 7-14 中所示为其中一种组合，可以看到在树枝单元簇中包含九个树枝单元，分属于上述的三种类型。在这里为了计算的统一性，将每个小格的边长统一为 641nm。

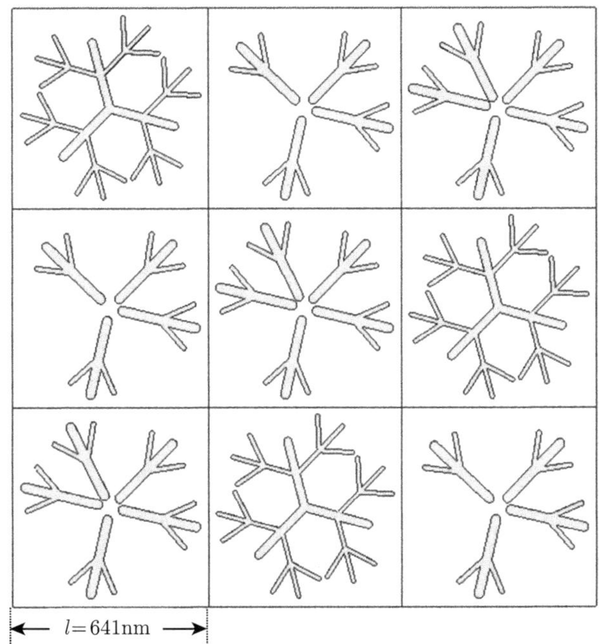


图 7-14 树枝单元簇包含三种类型九个树枝单元结构

以树枝单元簇为基本单元在 $xy$ 平面内组成超表面，模拟计算树枝单元簇超表面透射光的场分布。同样以线偏振光垂直入射，偏振方向沿 $y$ 轴方向 (图 7-15(a))，波长为 590nm，得到的透射光场分布如图 7-15(b) 所示，超表面水平置于 $xy$ 平面，箭头所示为透射波传输方向。由透射光场分布可以看到，透射光此时仍为线偏振光，但是偏振方向由入射的 $y$ 方向转换为 $x$ 方向，即对于线偏振入射光成功实现了偏振方向的垂直转换。由透射光的传输方向可以看到此时透射光倾斜出射。上述单一种类树枝结构超表面与多种树枝结构单元簇复合超表面的模拟仿真结果表明，树枝结构超表面样品可以作为偏振转换器，在可见光波段实现对线偏振入射波的交叉偏振转换。

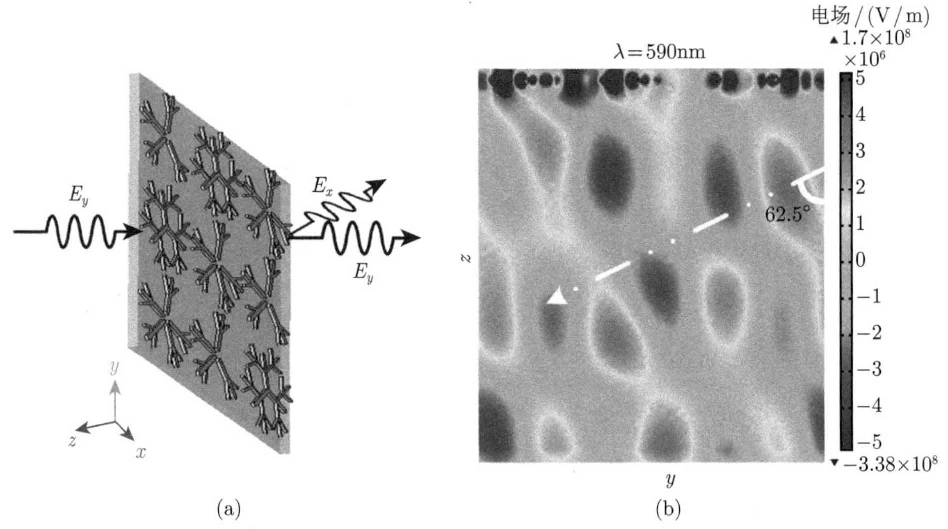


图 7-15　树枝单元簇超表面透射光场分布 (彩图见封底二维码)

### 7.3.2　超表面偏振转换实验

1. 实验设置

在上述模拟结果的基础上，设计银树枝超表面的偏振转换实验。首先，我们要得到一个 $y$ 方向偏振的线偏振光，可以通过偏振片作为起偏器实现，在线偏振光穿过样品后需要以检偏器监测其透射光的偏振态，另外，为了探测透射光的偏折，需要以 CCD 记录实验图像。图 7-16 为设计的树枝超表面样品偏振转换测试光路示意图。光源部分满足单波长，且波长在 300∼ 2000nm 范围内可调，由大功率氙灯与电控单色仪组成。本实验中树枝超表面样品谐振波段主要在可见光波段，大约为 400∼700nm，光源波长满足样品测试需求。D 为孔径光阑，$P_1$ 为起偏器，将单色仪传输来的入射光转换为 $y$ 方向线偏振光，L 为平凸镜，焦距为 50mm，使入射光汇聚传输至树枝超表面样品表面，在样品表面的光斑尺寸约为 2mm，由树枝超表面样品尺寸可知，单个树枝单元结构约为 200~300nm，即光斑在样品表面覆盖大约 $10^8$ 个树枝单元。S 为垂直于入射光路径放置的待测试样品，入射光先穿过 ITO 导电玻璃基底，从另一面出射，样品后 $P_2$ 与 $P_3$ 为检偏器，监测透射光的偏振态，由模拟结果可知，透射光偏振态为 $y$ 方向或 $x$ 方向，所以检偏器 $P_2$ 与 $P_3$ 分别设置为水平方向与垂直方向。半透明的白屏接收并显示出射光光点，为了不用在透射光部分盲目去寻找折射光的方向，在贴近样品后方设置一半透明白屏，使得透射光在屏上显示出透射光的踪迹，CCD 记录实验图像。光路中所有器件放置于自平衡的光学平台上，完整的测量过程在光学暗室中完成。

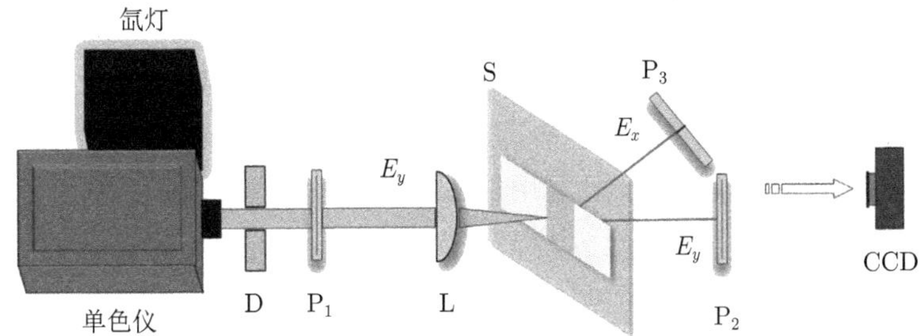


图 7-16 银树枝结构超表面偏振转换实验光路示意图

2. 样品及表征

选取在可见光不同波段相应的银树枝超表面样品进行测试。本实验选取了四个样品，分光光度计分别表征样品在可见光范围内的透射谱，分光光度计入射光为非偏振的自然光，如图 7-17 所示。样品 $S_1$、$S_2$、$S_3$ 与 $S_4$ 分别在由短波长到长

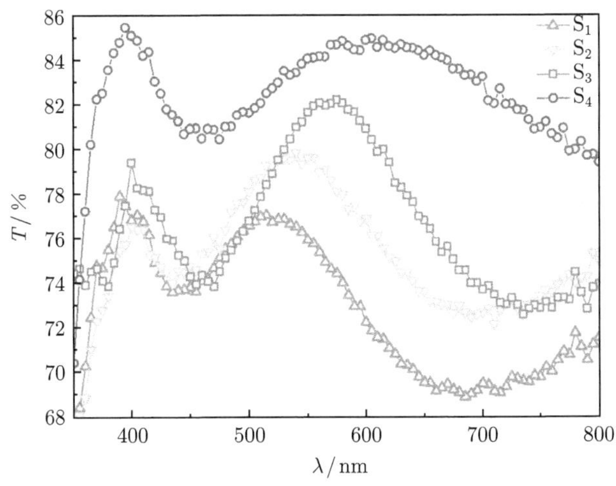


图 7-17 树枝超表面样品透射图谱

波长范围内，510 ~ 530nm($S_1$)、530 ~ 555nm($S_2$)、555 ~ 580nm($S_3$) 和 600 ~ 630nm($S_4$) 有较高的透射峰。结合样品透射图谱，在实验过程中入射光波长从短波长 490 nm 向长波长扫描，分别监测样品在谐振波段与非谐振波段对于线偏振光的转换作用。

3. 实验过程与结果

起偏器 $P_1$ 旋转为 $y$ 方向，使传输到样品的入射光为 $y$ 偏振光，设置电控单色仪扫描波长范围为 490 ~ 640nm，CCD 实时记录白屏接收到的透射光，得到穿过树枝超表面的透射光随入射光波长改变而变化的视频，分别对四个样品进行入射光波长扫描测试。由样品 $S_4$ 测得的视频中可以看到，当入射光波长在红光波段即 600 ~ 630nm 附近时，白屏接收到两个透射光点，中心为正常透射光，强度较高，即正常透射光垂直于样品表面出射，而在此光点斜下方另有一个亮度较低的透射光点，为反常透射光点。利用检偏器 $P_2$ 检测两束透射光偏振方向，正常透射光偏振方向为 $y$ 方向，另一束反常透射光偏振方向为 $x$ 方向，即当入射光波长为 600 ~ 630nm 时，入射光在经过样品后，一部分偏振方向不变，垂直于超表面；一部分发生交叉偏振转换，倾斜出射。在入射光波长为 490 ~ 590nm 与 650~690nm 时，只能观察到单个透射光点，检偏器检测偏振状态为 $y$ 偏振，即这两个波段内只有偏振方向不变的部分垂直透射。对比图 7-17 中样品 $S_4$ 的透射图谱可以看到，发生交叉偏振转换的波段与样品透射测试曲线的谐振波段相吻合。即入射光波长与样品谐振波段一致时，在线偏振光垂直透过样品后，一部分发生交叉偏振转换，且倾斜出射；入射光波长与样品谐振波段不一致时，透射光全部沿原路径垂直出射。

在入射光波长分别与四个样品的谐振波段一致时，均可以得到交叉偏振光，相应的结果如图 7-18(a)~(d) 所示，图 7-18(a) 中样品 $S_1$ 在入射光波长为 550nm 时，可以观察到交叉偏振点，而由图 7-17 中 $S_1$ 透射图谱可以看到，样品谐振波段在 520nm 附近。由图 7-18(b)~(d) 中可看到样品 $S_2$、$S_3$ 及 $S_4$ 的交叉偏振光。对比四个样品的交叉偏振光点，可以看到图 7-18(c) 中样品 $S_3$ 的交叉偏振光亮度相对较高。

4. 偏振转换效率

为了对交叉偏振的透射光部分进行定量分析，我们将得到的透射光图谱导入 MATLAB 软件，利用图像处理函数进行分析计算，可以得到两部分透射光强度的三维分布图，如图 7-19 中插图所示。定义交叉偏振转换效率为交叉偏振光在全部透射光中所占比例，将不同波长测试得到的透射光分别进行计算，得到不同波长的交叉偏振转换效率。样品 $S_4$ 的交叉偏振转换效率随波长变化的曲线如

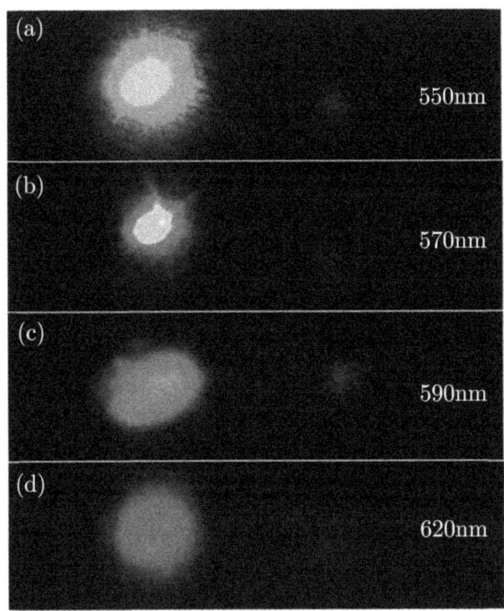


图 7-18 实验得到的 $S_1$ - 550nm(a), $S_2$ - 570nm(b), $S_3$ - 590nm(c), $S_4$ - 620nm(d) 交叉偏振光

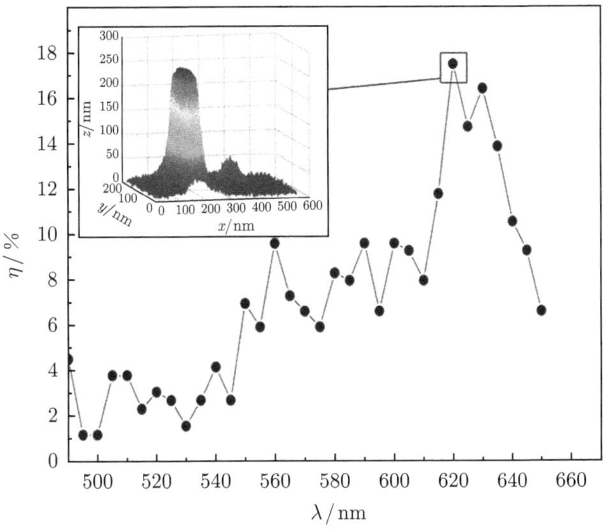


图 7-19 样品 $S_4$ 交叉偏振转换效率随波长变化曲线 (彩图见封底二维码)

图 7-19 所示。由图中可以看到，当入射光波长与样品谐振波段一致时，交叉偏振转换效率为 8.7%，而在非谐振波段仅为 2%。即当入射光波长与样品谐振波段不一致时，也有少部分的交叉偏振光产生，但是由于此时交叉偏振部分能量较低，并不能由实验图像直接观察到。计算得到样品 $S_1$、$S_2$ 与 $S_3$ 的交叉偏振转换效率

分别为 11.39%、15.7%及 17.9%，即样品 $S_3$ 的偏振转换效率最高。而图 7-17 中显示样品 $S_3$ 的谐振峰也是四个样品中最高的。一方面银树枝超表面交叉偏振转换的工作波长与超表面谐振波段一致，另一方面交叉偏振转换效率与超表面的谐振峰值成比例，即我们可以通过在银树枝制备过程中对制备条件的调节来得到所需要波段的交叉偏振转换光。

分析计算交叉偏振透射光折射角为 60°，在对树枝结构进行模拟计算的结果中，交叉偏振透射光折射角为 62.5°，实验结果与模拟结果有一定的偏差，主要是由于化学方法得到的树枝单元结构随机，与模拟中所示的几种可能的结构有一定偏差，化学制备得到的结构并不能与其完全相同，但是模拟计算与实验都证实树枝结构可以在样品的谐振波段实现线偏振入射光的交叉偏振转换。进一步对交叉偏振透射光进行转换效率分析，交叉偏振透射光强度占总入射光的 15%左右，实验得到的值较低，在改进实验设计及制备工艺技术水平后，树枝超表面有望将交叉偏振转换效率进一步提升。说明自下而上电化学沉积方法制备的树枝超表面在光操控应用方面具有巨大潜力。

### 7.3.3 反射模式超表面偏振转换

由上述结果可知，虽然银树枝超表面具有偏振转换的能力，但是其效率比较低，不利于实际应用。在现有较为成熟的相关理论中指出，反射模式更容易得到高效率的偏振转换，而树枝超表面的透射光谱表征中也可以看到树枝超表面样品自身的透射率较高，约为 70% ~ 80%，那么相应的反射部分占很小的比例。这与理论中得到高效率的反射模式偏振转换相违背，对反射模式的偏振转换超表面做以下研究，主要目的在于找到合适的方案改进银树枝超表面，得到高效率反射模式的偏振转换。

反射型极化转换器多为三层结构，组成部分包含顶部超表面层、介质芯层以及金属全覆盖的基底。超表面单元一般为非对称结构，所以超表面整体是具有离散介电常数和磁导率的各向异性介质。假设入射波为线极化的平面波，传输至各向异性的超表面上，则在超表面的平面内分别产生的反射与透射波均包含 $x$ 与 $y$ 方向分量。其中透射波穿过顶层超表面至介质层，将被金属基底完全反射，此时将在介质层中多次反射，再经过多重反射波之间的干涉叠加形成最终的反射波。因此，一方面优化选择介质层的厚度将改善多重反射部分的干涉，增加各向异性反射波的带宽；另一方面调整超表面的单元结构离散特性，可以实现反射波的极化方向转换。

1. 模型设计及转换分析

基于上述理论，提出一种十字变形结构超表面，如图 7-20 所示为结构单元的具体形貌示意图，将十字交叉部分放大成一个圆形，与十字结构一起形成一个非对称的复合结构。$l_1$ 与 $l_2$ 分别标示交叉十字的长杆与短杆的长度，长短杆的宽同为 $w$，在十字中心重叠部分的圆形半径为 $r$，介质板厚度为 $d$。经过对多组几何参数进行对比优化选择，获得了一个超宽的工作频带。最优化的结构几何参数为：$l_1 = 11\text{mm}$，$l_2 = 4.2\text{mm}$，$w = 0.7\text{mm}$，$r = 2\text{mm}$，$d = 3\text{mm}$。电介质层材质为 RT5880，其介电常数为 $2.65\times10^7\text{S/m}$，损耗角正切为 0.003。

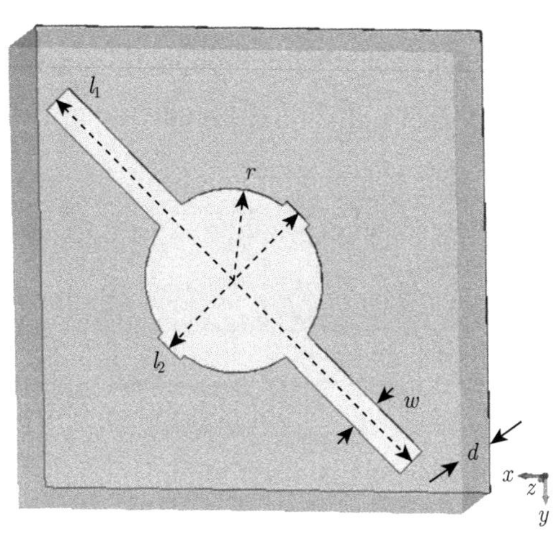


图 7-20 超表面基本单元结构示意图

为了便于对超表面结构的反射过程进行分析，将 $y$ 方向极化的入射平面波以十字结构的对称轴 $\boldsymbol{u}$ 和 $\boldsymbol{v}$ 分为两部分，如图 7-21(a) 所示，入射波可以被分解为

$$\boldsymbol{E}_{\text{i}} = \boldsymbol{u}E_{\text{i}u}\text{e}^{\text{j}\Phi} + \boldsymbol{v}E_{\text{i}v}\text{e}^{\text{j}\Phi} \tag{7-2}$$

而相应的反射波可以表示为

$$\boldsymbol{E}_{\text{r}} = \boldsymbol{u}E_{\text{r}u} + \boldsymbol{v}E_{\text{r}v} = \boldsymbol{u}r_u E_{\text{i}u}\text{e}^{\text{j}\Phi} + \boldsymbol{v}r_v E_{\text{i}v}\text{e}^{\text{j}\Phi} \tag{7-3}$$

式 (7-2) 与 (7-3) 中 $r_u$ 和 $r_v$ 分别代表电磁波在结构对称轴 $\boldsymbol{u}$ 和 $\boldsymbol{v}$ 方向的反射率。若两方向上的反射率值相近或相等，即 $r_u \approx r_v$，且方向相反，相位差 $\Delta\Phi \approx 180°$，反射波 $\boldsymbol{E}_{\text{r}}$ 方向为 $(\boldsymbol{u}-\boldsymbol{v})$ 即 $x$ 轴方向，此时入射波的极化方向实现了 90° 的转换。利用数值模拟计算此转换超表面的反射波沿 $\boldsymbol{u}$ 与 $\boldsymbol{v}$ 方向的振幅与相位差，结果如图 7-21(b) 所示，红色与绿色实线分别标示反射波沿 $\boldsymbol{u}$ 方向与 $\boldsymbol{v}$ 方向的振幅，黑色实线标示相位差，在 8.4~20.7GHz 范围内振幅基本相等，相位差约等于 180°。此外，黑色虚线标示相位差刚好等于 180° 的直线，与实际相位差曲线有四个交点。交点所对应的工作频率分别为 8.96GHz、14.3GHz、19.3GHz 与 20.84GHz，即在这些工作频率点 $\Delta\Phi \approx 180°$，反射波将实现完全的交叉极化转换。

上述结果证实了该转换器可以在 8.4~20.7GHz 的超宽带范围内实现入射波的交叉极化转换。

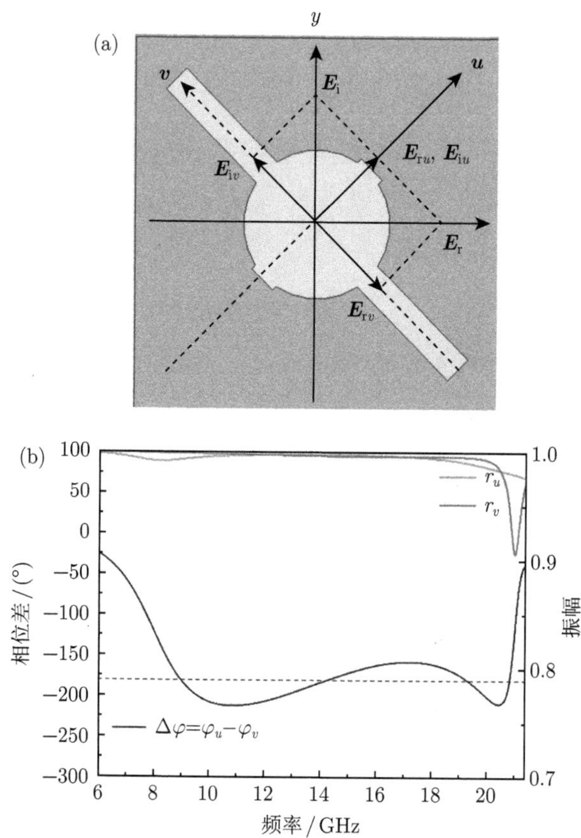


图 7-21　超表面极化转换示意图 (a) 及反射振幅与相位差 (b)(彩图见封底二维码)

共极化与交叉极化转换的反射率分别以同向的电场比 $\eta_{yy}=E_{y\rm r}/E_{y\rm i}$ 与垂直方向的电场比 $\eta_{xy}=E_{x\rm r}/E_{y\rm i}$ 表示，$E$ 指电场，下标 i 与 r 分别表示入射、反射波，$x$ 与 $y$ 为电磁波的极化方向，极化转换超表面的转换效率 (polarization conversion ratio, PCR) 为 $\text{PCR}=\eta_{xy}^2/(\eta_{xy}^2+\eta_{yy}^2)$。利用 CST Microwave Studio 数值仿真软件对此超表面结构进行模拟计算，将平面内 $x$ 与 $y$ 方向单元边界条件设置为周期性，入射平面波的初始极化方向为 $y$ 方向。模拟计算结果如图 7-22 所示，图 7-22(a) 中横坐标为工作频率，纵坐标为相应反射率，实线标示交叉极化反射率$\eta_{xy}$，在 8.4GHz 到 20.7GHz，$\eta_{xy}>-0.2$dB；对应的共极化反射率$\eta_{yy}$以虚线表示，同样频段内$\eta_{yy}$ 值很小；在 4 个谐振频率点 (8.96GHz、14.3GHz、19.3GHz、20.84GHz) 处，$\eta_{xy}>-0.03$dB，而共极化反射率$\eta_{yy}$ 可达 $-60$dB。图 7-22

(b) 所示为超表面的极化转换效率 PCR。在此超表面的工作频率范围内，PCR > 92%，而且谐振频率点处的 PCR ≈ 100%。此超表面在 8.4~20.7 GHz 的超宽带范围内实现入射波的交叉极化转换，并且在谐振点处实现了近乎完全的交叉极化转换。

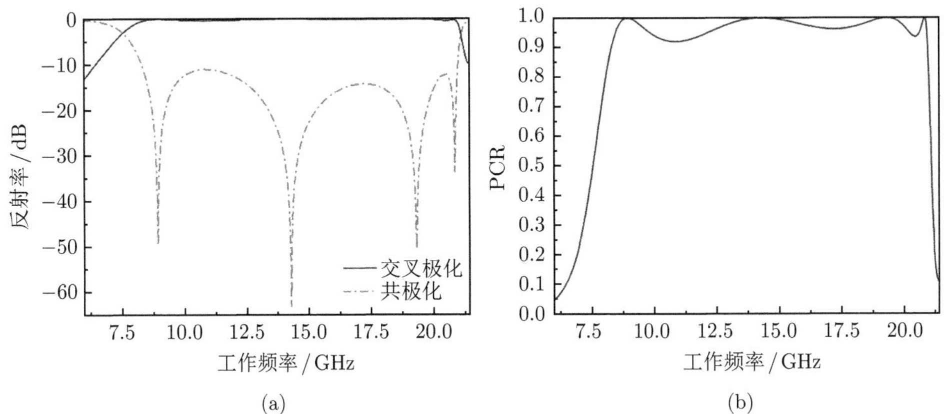


图 7-22 共极化与交叉极化反射率 (a) 及极化转换效率 (b)

对谐振频率点进行表面电流分析，计算得到顶层超表面单元与底层基底的表面电流分布如图 7-23 所示，每幅图中左边为超表面单元结构表面电流分布，右边为底层基底表面电流分布，彩色小箭头表示各个点的电流密度，以小箭头的方向表示这个点的电流方向，黑色箭头表示总的表面电流方向。从图中可以看到，表面

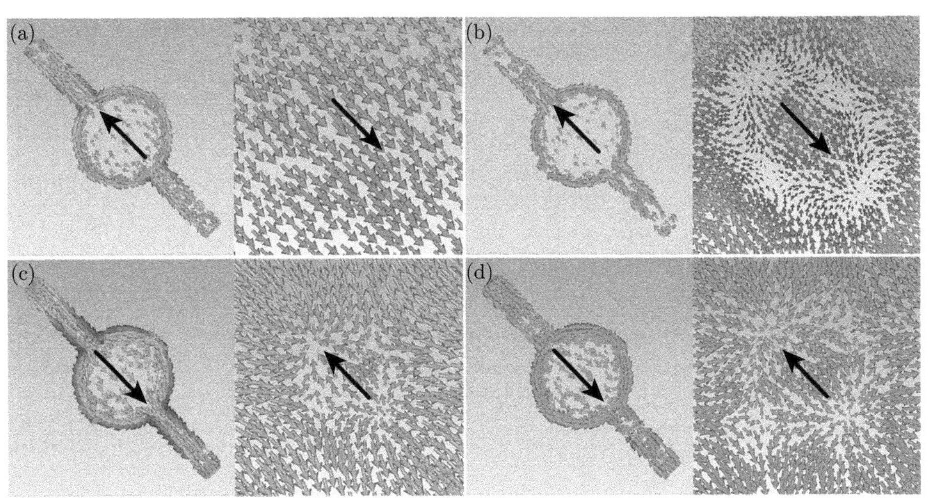


图 7-23 超表面单元结构与背板在四个谐振点处的表面电流分布 (彩图见封底二维码)

(a) 8.96GHz；(b) 14.3GHz；(c) 19.3GHz；(d) 20.84GHz

电流在十字结构的长杆中顶点位置改变方向，在长杆两边呈轴对称平行分布状态。如图 7-23 所示，第一排两幅图中的表面电流方向与第二排中的方向刚好相反，但是四幅图中表面电流均在结构两侧平行传输，这时我们可以将沿超表面十字结构的线性边缘上平行分布的表面电流等效为电偶极子，由电偶极子在底层基底上形成相应的感应电流，由感应电流的方向确定谐振点处的谐振类型。从图 7-23 中可以发现，底层基底感应电流与单元结构表面电流方向相反，即在长杆的两端首尾相接，在芯层电介质中构成一个封闭的环形电流，在整个多层结构中的电流环可等效成一个磁谐振器，在四个谐振频率点处的相似表面电流分布使得此超表面极化转换器可以在超宽带频率范围内保持较高的转换效率。

2. 测量结果及分析

对所设计的超表面极化转换器进行实验验证，首先根据模型设计中的优化后的结构参数在 RT5880 基底上制备样品。具体几何参数如图 7-20 所示，样品整体尺寸为 300mm × 300mm，平面内一共有 900 个单元，如图 7-24(a) 所示为样品部分形貌细节照片。样品测试过程在微波暗室中完成，如图 7-24(b) 所示为实验设置示意图，波源为两个工作频率在 3~22GHz 的宽带喇叭，并行与矢量网络分析仪连接，为接收反射波，两个喇叭之间形成一个 5° 的角，待测样品用吸波材料在周围围绕后，垂直固定在喇叭前方样品架上。

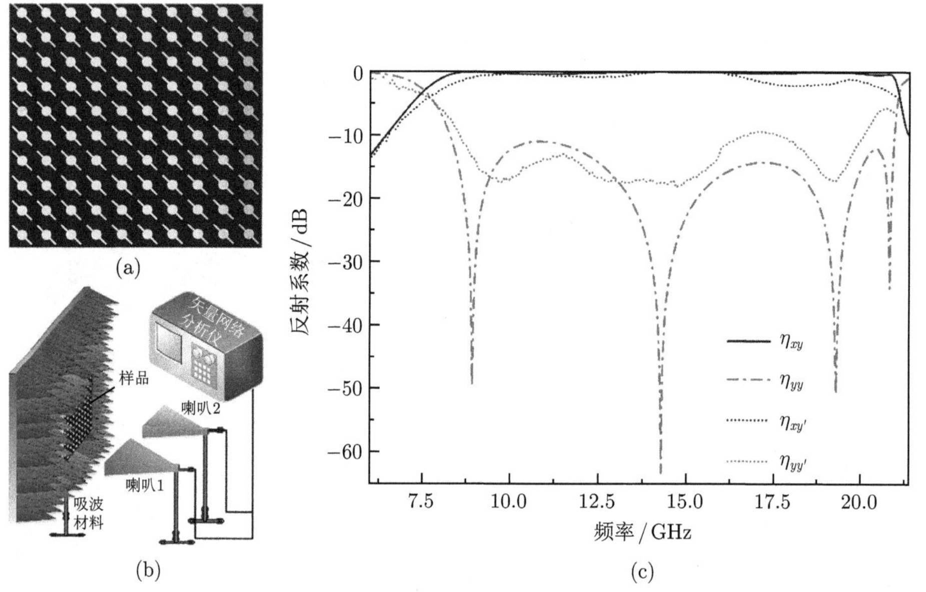


图 7-24　实验样品及结果

(a) 样品部分形貌细节照片；(b) 实验设置示意图；(c) 实验与模拟结果对比

测试过程：首先由喇叭 1 发出 $y$ 方向极化波，从超表面样品反射后，喇叭 2 分别在 $x$ 与 $y$ 方向接收反射波，由矢量网络分析仪得到交叉极化反射率$\eta_{xy}$ 与共极化反射率$\eta_{yy}$。如图 7-24 (c) 所示，将实验结果和模拟结果做对比，两者吻合较好。从实验结果中可以看到共极化反射率在工作频段内有 3 个较明显的谐振频率点，共极化反射率$\eta_{yy}$ 小于 $-10$dB，而交叉极化反射率$\eta_{xy}$ 在同一频率约等于 0dB。实验结果验证了此极化转换超表面的极化转换，超宽的工作频带 (8.8~20.7GHz)，以及将电磁波从 $y$ 极化转换为 $x$ 极化的高转换率。同时我们注意到，模拟结果中包含第四个谐振频率点，而对应的测试结果与模拟不完全一致，主要原因是在数值模拟过程中，在样品平面内 $x$ 与 $y$ 方向设置周期性边界条件，从而理论上样品在两个方向无限扩展，但是真实制备的样品不可能无限延伸，导致测量结果会有差异。另外，在样品制备过程中的设备误差以及实验中在两个喇叭之间设置的夹角，也会使得样品测量结果与理论模型模拟结果不完全相同。

# 7.4　准周期树枝簇集超表面反常光自旋霍尔效应

## 7.4.1　光自旋霍尔效应概论

### 1. 光自旋霍尔效应特征

电子自旋霍尔效应中，由竖直方向施加的外电场使得电子自旋与轨道角动量发生耦合，而光子中本征自旋角动量是与光波圆偏振的方向相关的，除此之外，其外在的轨道角动量与其螺旋相位有关。由此可以推测，若光子的自旋角动量与轨道角动量也发生耦合作用，此时也产生类似的自旋霍尔效应。具体到不同介质边界上的折射率在边界两边的值不同，光子穿过边界，折射率突然发生变化，这个作用类比于电子自旋霍尔效应中促进耦合的外电场，而光波中的左旋光与右旋光分别相当于电子自旋的上、下分量 [37]。在具备这些必要条件之后，光自旋霍尔效应 (SHEL) 的宏观特征就是在光波的反射或折射过程中，光束在入射面的垂直方向发生分裂，圆偏振光的左旋光与右旋光之间有一个极小的位移。SHEL 与 GH 位移的主要区别在于：GH 位移在入射面内，而 SHEL 在 GH 位移的垂直方向，两者位移值大小差别也较大。

### 2. 光自旋霍尔效应与 Imbert-Fedorov 效应

从光自旋霍尔效应的基本特征来看，其与经典几何光学有明显的差异，脱离了几何光学中的 Snell 定律或 Fresnel 公式的适用范围。在反射或折射过程中，光波跳出了限定其传输的入射面，根据光角动量守恒定律，此时的入射光与反射光之间有差值，即此时光角动量不相等。1955 年，Fedorov 理论推论预测：当一束圆偏振光发生完全内反射时，光束的重心将在垂直于入射面的方向上，产生一个

横向位移 [38]，即此时将产生一个额外的角动量，刚好等于角动量守恒误差部分，修正了反射或折射过程的角动量守恒定律。1972 年，科学家 Imbert 实验验证了 Fedorov 的这一预测，后来这一现象以两人名字命名为 Imbert-Fedorov(IF) 效应 [39]。我们可以看到 SHEL 与 IF 效应的本质相同。

### 3. 光自旋霍尔效应产生原因

研究人员对光自旋霍尔效应的产生有许多不同方面的解释。简单起见，本节的切入点在于两方面，一是光子自旋与光波偏振的联系，二是光子的总角动量守恒定律。因为光波有动量，所以对光波电矢量的旋转状态进行分析时，应将左右圆偏振光的角动量考虑在内。量子力学指出，每个光子的角动量值为 $\hbar$(约化普朗克常量)，这个值与光子的频率无关，是大家熟知的物理常量，这种本征物理规律即光子的自旋；而光波中包含左旋圆偏振光与右旋圆偏振光部分，左右旋确立了自旋角动量的方向，两部分中自旋角动量分别为 $+\hbar$ 和 $-\hbar$。光子角动量的另一重要组成部分为轨道角动量，显然光子的左旋或右旋都垂直于光传播方向，那么在这个方向上的光子轨道角动量可以忽略不计，光子的总角动量等于其自旋角动量，光子总角动量守恒。

下面分析光波在介质边界上的折射过程，在经典几何光学中，一束光从光疏介质进入光密介质，由 Snell 定律可知，折射角小于入射角，折射光波偏向法线。基于光子总角动量守恒，在光传播方向上其左旋或右旋圆偏振光部分的总角动量应保持不变，法线上的总角动量分量 $\boldsymbol{J}_z$ 也是固定的值。如图 7-25 所示，以蓝色箭头标示入射光，绿色箭头标示折射光，明显折射光的自旋角动量竖直方向分量增大了，而为了保持光子总角动量守恒，右旋圆偏振光部分 (如图 7-25(a) 中红色箭头所示) 竖直向上移动，生成一个附加的轨道角动量 $\boldsymbol{J}_+$，左旋圆偏振光部分 (如图 7-25(b) 中红色箭头所示) 竖直向下移动，生成附加的轨道角动量 $\boldsymbol{J}_-$，这样才能保持 $z$ 方向总角动量守恒。而附加的轨道角动量方向与自旋角动量方向相反，使得左旋和右旋圆偏振光分量在横向上有一个位移。反射过程也可以用相

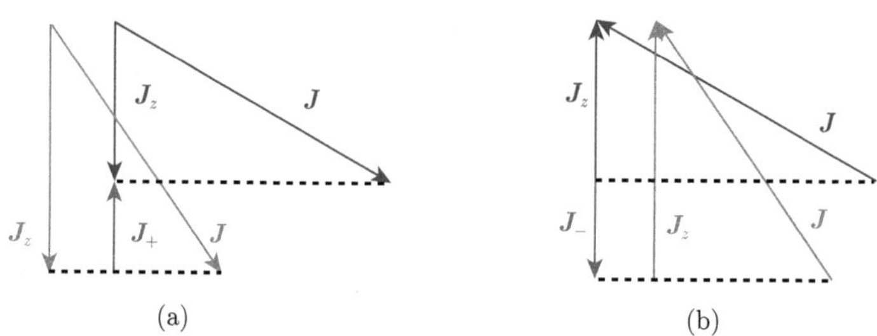


图 7-25　光在光疏介质与光密介质边界上的折射 (彩图见封底二维码)

(a) 右旋圆偏振光；(b) 左旋圆偏振光

同的过程描述。这种解释并不是非常严格，但可以简单直观地帮助理解光自旋霍尔效应。

4. 光自旋霍尔效应测量

光自旋霍尔效应中光束的横向位移值极小，通常为纳米尺度，常规实验手段难以直接测量。2008 年，Hosten 和 Kwiat 以弱测量的方法测量了一束由氦氖激光器发出的波长为 633nm 的激光穿过 BK7 玻璃棱镜的光自旋霍尔效应值 [37]。作者借助于激光格兰棱镜自旋态上预选择与后选择技术，将原来的微小位移增大了将近四个数量级，得到的位移的灵敏度大约为 1Å。他们的实验工作具有里程碑式意义，一方面首次从实验上观测到了光自旋霍尔效应，另一方面也对 Aharonov 等的弱测量理论预测 [40] 做了直观的实验验证。

后来，弱测量的方法也被用来测量 s 和 p 偏振光束的 SHEL[41−43]。近年来，SHEL 已经成为一个关注度日益增长的研究领域，并且已经应用于等离子体激元 [44]、计量学和其他光学领域 [39]。具有非零轨道角动量$\omega$ 的波束横向位移研究，最初是由 Fedoseyev 开展的，他预测这个位移与光束的轨道角动量有关 [45]，对等离子体激元中具有本征轨道角动量的偏振涡旋光束也同样适用。相似的方法也被用于测量具有高阶轨道角动量波束的 SHEL[46]。

光自旋霍尔效应导致的光束横向位移的定量公式还没有得到众多研究者的公认。众多研究理论指出：①光自旋霍尔效应位移值正比于入射光波长；②不同入射角的光自旋霍尔效应不同，垂直入射时没有光自旋霍尔效应，随入射角增加，位移值也变大；③光自旋霍尔效应与介质的折射率也有关。这既为利用材料特性操控光自旋霍尔效应，也为光自旋霍尔效应在新一代光子通信领域中的应用提供了理论基础。如图 7-26 所示．2009 年 Bliokh 等报道的关于光自旋霍尔效应的实

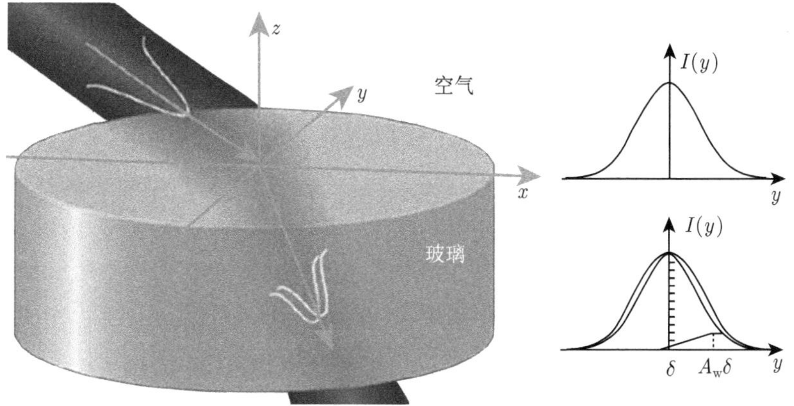


图 7-26 光束在空气-玻璃界面沿垂直于折射率梯度方向发生自旋分裂

验中，入射光照射一个圆柱形的玻璃上表面，入射角接近 90°，折射光在圆柱形的横截面中，光自旋角动量改变并产生自旋-轨道角动量耦合，即可以观测到光自旋霍尔效应 [39]。

### 7.4.2 准周期树枝簇集超表面设计与制备

1. 设计原理

最近，有研究者利用 GS 算法 [47] 将随机相位分布进行迭代得到一个具有收敛相位分布的无序超表面，进而操控可见光的传输，使其远场图像在想要的角度范围内具有各向同性散射的特性 [48]。这种做法在一定程度上可以简化超表面的制备，但其结构依然需要利用电子束或离子束刻蚀技术来制备，并没有完全解决限制光学超表面发展的条件的问题。

受 GS 迭代算法 [47] 思想启发，我们提出了一种准周期树枝簇集 (cluster set) 超表面。仿真计算中，通过在周期单元结构中逐步改变树枝结构的状态，使得周期结构超表面趋向于准周期超表面；自下而上的电化学沉积实验中，通过调整制备条件，使得无序分布的树枝结构趋向于准周期的分布状态。仿真和实验结果表明，通过理论模型逐渐由周期结构向准周期结构迭代，实验中无序分布结构迭代于准周期树枝状态，当两者具有共同的透射峰行为时，这种准周期树枝簇集超表面具有和周期超表面几乎相同的反常光学响应行为。仿真计算了该树枝超表面的相位连续变化；实验测试表明，该超表面在红光波段可产生反常光自旋霍尔效应。这种准周期树枝超表面设计模型和纳米自组装制备方法为解开限制光学超表面快速发展的瓶颈提供了一个新的通道。

基于由多级 $y$ 形结构组成的树枝超材料 [49]，首先设计了如图 7-27(a) 所示的结构单元。该单元由三层组成，依次为上层的 $Y$ 形银树枝结构 (也就是一种单枝树枝结构)、中间为 ITO 导电层、下层为 $SiO_2$ 基底，其厚度分别设置为 $t_1=30$nm、$t_2=10$nm、$t_3=30$nm，单元基底的边长为 $W=120$nm。$SiO_2$ 的相对介电常数 $\varepsilon_{SiO_2}=2.1$，Ag 和 ITO 的介电常数均设置为实际的 Drude 模型值 [50,51]。然后设计了周期单枝树枝超表面，如图 7-27(b) 所示，右边四个单元为左边四个单元的镜像。此时 $\varDelta=1, f(\varDelta)=0$。$l$ 代表杆长。从左至右，第一个树枝结构中的三根杆的长度均为 45nm，第二、第三和第四个树枝结构中较长的杆的长度分别为 79nm、55nm 和 55nm，较短的杆的长度均为 25nm。$\alpha$ 表示两根杆之间的夹角。左侧四个树枝结构的杆间夹角分别为 42°、66°、93° 和 141°。这些树枝结构中杆的宽度 $w_1$ 均为 20nm。在保留每个单元中原来单枝的基础上，通过不断增加每个单元中树枝结构的枝数，使得树枝超表面偏离周期超表面，得到一种准周期的多枝树枝簇集超表面。当 $3\leqslant\varDelta\leqslant5$ 时，超表面的每个单元中的树枝结构均由多种单枝树枝结构组成，如图 7-27(c) 所示，此时单元基底的边长为 $2W$。该

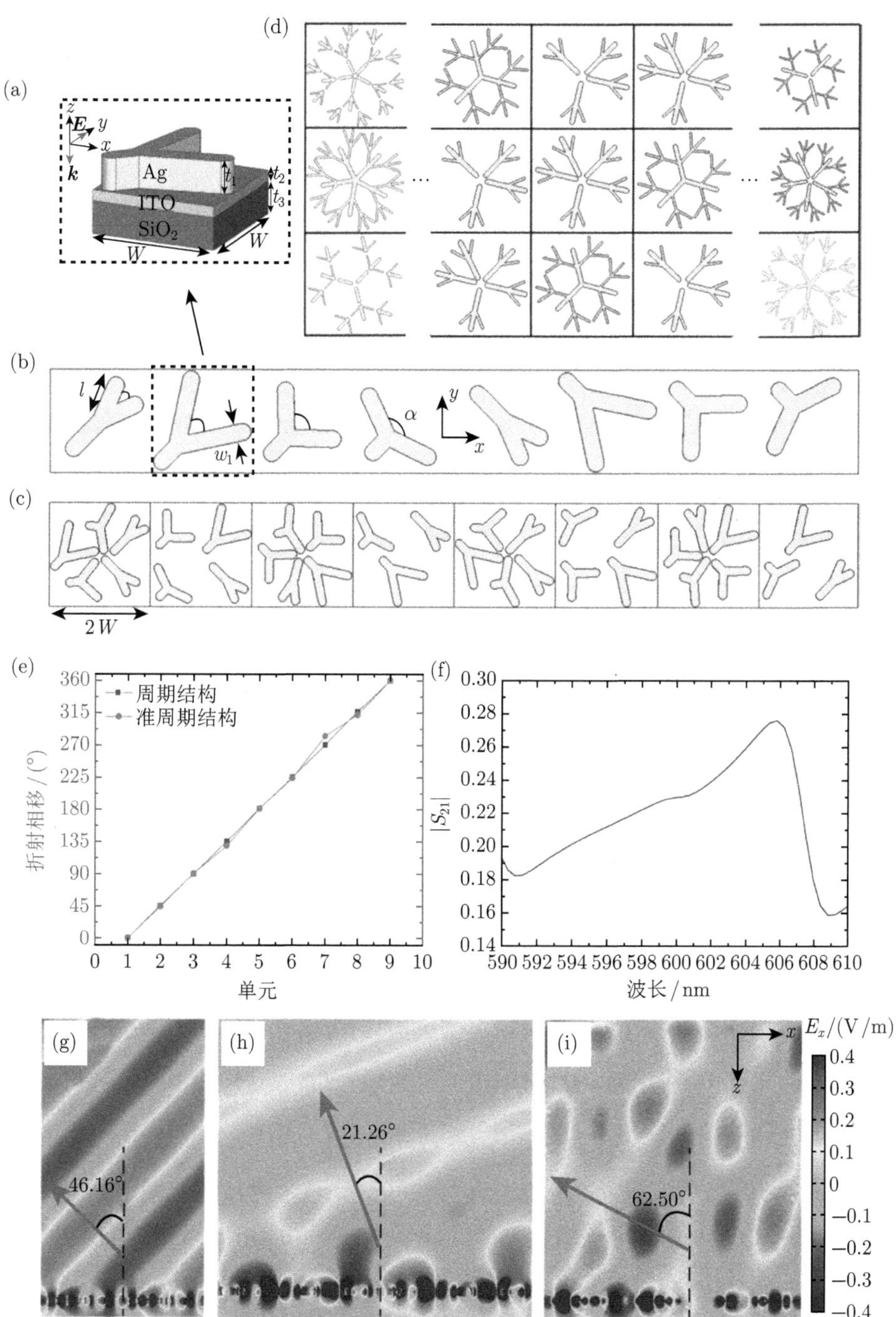


图 7-27 树枝超表面模型及其仿真结果 (彩图见封底二维码)

超表面右侧的四个树枝结构为左侧四个树枝结构的镜像。基于树枝超材料 [52]，我们设计了一种与实验制备的树枝表面结构更接近的准周期树枝簇集超表面 [38,53]，如图 7-27(d) 所示。

图 7-27(e) 表示 $y$ 方向偏振的光波通过超表面 (图 7-27(b) 和 (c) 所示) 中每个单元后产生的相移 (透射光波沿 $x$ 方向偏振)。周期树枝超表面 (黑色方块) 的入射光波长为 694.44nm，准周期树枝簇超表面 (红色圆点) 的入射光波长为 705.88nm。光波沿 $-z$ 方向垂直入射在超表面上。横坐标中的 1~8 依次表示图 7-27(b)、(c) 超表面中从左至右的八个单元，9 与 1 代表同一个单元。对比图 7-27(e) 中黑色连线和红色连线可知，对于准周期树枝簇集超表面，$f(\Delta) \in (-1\ ,1)$，但仍然满足 0~2π 的相位连续变化。准周期树枝簇集超表面的透射系数曲线 (图 7-27(f)) 在 600 nm 附近表现出明显的透射峰。图 7-27(g)、(h)、(i) 分别表示光波通过图 7-27(b)、(c)、(d) 所示超表面后的透射电场 $E_x$，红色箭头方向表示光波传播方向。光波通过图 7-27(b)、(c)、(d) 所示超表面的折射角分别约为 46.16°、21.26° 和 62.50°。图 7-27(g) 为周期树枝超表面透射电场 $E_x$ 分布图，可以看到光波的折射行为满足标准的普适 Snell 定律，产生了反常折射现象。由图 7-27(h) 可知，光波通过准周期树枝簇集超表面的折射行为满足普适的 Snell 定律，产生了与周期超表面几乎一样的反常现象。图 7-27(i) 表明具有明显透射峰的树枝簇集超表面也可产生反常折射现象，此时入射光波长为 590nm。由后续的实验制备可知，样品中的绝大部分树枝结构的枝数也在 3~5 之间，因而仿真中未再对更多枝数的树枝结构进行研究。应当指出的是，在上面的等式中我们并未规定相位变化的方向。与一般周期性超表面 [7,8,12] 的单向相位变化不同，准周期树枝超表面可实现多个方向 (如 $x$ 和 $y$ 方向) 的相位连续变化，即其具有各向同性的特点，本节中的仿真仅以 $x$ 方向的相位变化为例，但 $y$ 方向的相位变化同理可得。而且，由仿真可知，在周期树枝结构单元中，杆长和杆间夹角都会影响反常光学现象；而当用由树枝结构组成的簇作为单元时，因为簇中包含各种杆间夹角和杆长，所以这些参数几乎不会影响反常现象的产生，而只是改变响应波长。后续的实验证明，在红光波段响应的样品中结构的尺寸要比在绿光波段响应的样品中结构的尺寸大，也就是说，样品中结构的尺寸越大，响应的波长越长。

2. 样品制备和表征

实验上，采用自下而上电化学沉积法 [23,27,52] 制备树枝簇集表面结构 (制备流程如图 7-28(a) 所示，具体过程见实验部分)，起初得到的是完全无序的树枝表面结构，它的透射曲线呈单调下降，如图 7-28(b) 中的曲线 1 所示。通过不断地调节制备条件，改变树枝结构的状态，可以使得树枝表面结构在选定的某一可见光波段具有较明显的透射峰，如图 7-28(b) 中的曲线 2 所示；进一步改变树枝结构的

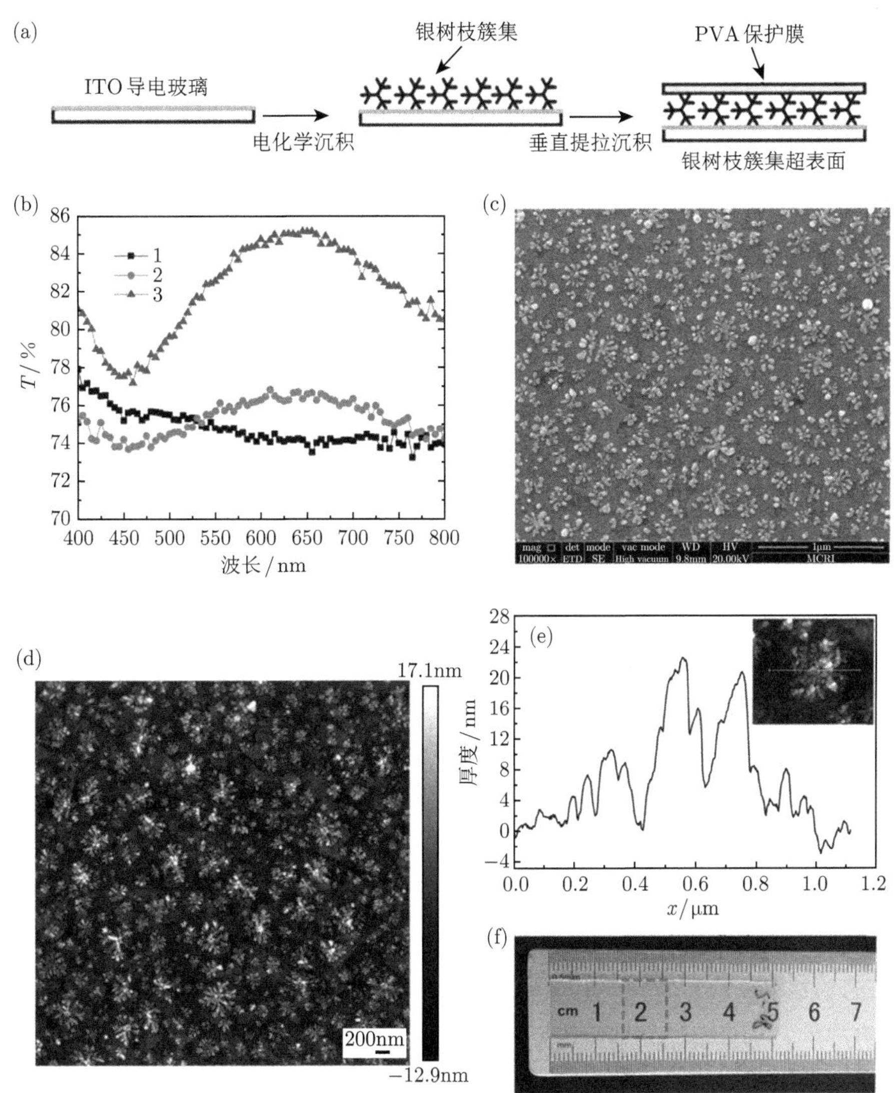


图 7-28 超表面样品制备和表征 (彩图见封底二维码)

(a) 样品制备流程示意图，绿色部分表示 ITO 导电层，聚乙烯醇 (PVA) 保护膜完全透明，仅起保护作用，对样品的电磁响应行为几乎没有影响；(b) 采用分光光度计 (U-4100) 测得的树枝簇集表面结构在可见光波段 (400～800nm) 的透射光谱；银树枝簇集表面结构样品的 SEM 照片 (c) 和 AFM 照片 (d)；(e) 利用 AFM 测得的插图所示树枝结构沿白线方向的厚度分布曲线，以周围的导电玻璃为基准，其厚度分布在 10 ～ 23nm 之间；(f) 准周期银树枝簇集超表面的光学照片，红色虚框所示区域即为样品区域状态，可以使得其越来越趋向于周期性，透射峰也越来越高，如图 7-28(b) 中的曲线 3 所示，与树枝簇集超表面的透射系数曲线 (图 7-27(f)) 的变化规律基本一致。这种树枝表面结构在某一波段具有一定高度的透射峰，代表着其中的树枝结构单元的最可几分布位于该波段，即在统计上该表面中 $N$ 种相似的树枝结构呈现准周期的分布状态，如图 7-28(c) 所示。虽然仍存在少部分的树枝结构不在该波段发生谐振，但与固体结构如光子晶体、声子晶体的强相互作用不同，超材料结构单元间的相互作用表现为弱相互作用 [54−56]，因此部分不在该波段发生谐振的树枝结构对整个树枝表面结构光学响应行为的影响可以忽略不计。由图 7-28(c) 可以看出，银树枝结构的尺寸分布在 200~300nm 之间，分枝数目大多分布在 3~5 之间，它们均匀地分布在 ITO 表面，并且大多数树枝结构都围绕形核中心沿径向向四周生长，呈现出中心对称性。图 7-28(d)、(e) 为银树枝簇集表面结构的 AFM 测量结果。从图 7-28(d) 可以看到银树枝结构的大小、分枝数目与图 7-28(c) 中所示结构的相同。从中选定一个树枝结构 (图 7-28(e) 右上角插图) 来估计其厚度，结果如图 7-28(e) 曲线所示。可以看出，树枝结构的最大厚度约为 23nm，远小于入射光波长。图 7-28(f) 为银树枝簇集表面结构样品的光学照片，其面积约为 13mm×10 mm。这里制备的样品只用于后续的光自旋霍尔效应实验。展示的样品的 SEM 照片和以前文献中的并没有很大的区别，且在相同波段响应的样品的形貌差异更小，这些正是样品中结构准周期性的体现。那些不具有透射峰的样品，其结构形貌明显不同于本节中所用样品的结构形貌。

实验表明准周期银树枝簇集表面结构是一种超表面，它可实现多种反常光学响应行为。我们提出了一种树枝簇集超表面，利用制备的树枝样品获得了反常 GH 位移和彩虹捕获效应 [27]。设计了一种可在可见光波段进行微分运算的反射式树枝超表面，实验测试了它们的微分运算性质 [57]。利用非对称的树枝结构设计了一种可实现聚焦效应的树枝超表面 [58]。最近，我们设计了一种由非对称树枝单元组成的树枝结构簇超表面，通过仿真和实验证明了该超表面具有交叉极化转换功能且可将产生的交叉极化光偏折为反常折射光 [50]。这些实验证明由 $N$ 种相似树枝结构组合形成的树枝簇集超表面具有 0~2π 连续变化的相位分布。

实验中，我们尽可能地使生成的结构相似，且最终使这些结构呈准周期分布，即得到的超表面样品在某一可见光波段具有明显的谐振峰。制备的样品中每平方厘米约有 $10^7$ 个树枝结构，它们的种类是有限的且通过调节制备条件可使它们整体上呈现近周期分布。如图 7-28(b) 所示，通过改变实验条件，初始完全无序的样品 (曲线 1 所示) 逐渐被调整为准周期的样品 (曲线 3 所示)。因此，仿真中我们使用簇作为单元而不使用周期结构中的树枝结构作为单元，而且通过不断增加枝数使得树枝簇结构越来越接近样品中的结构。另外，为了使设计的结构尽可能多地包含样品中的结构，我们设计了各种复杂的树枝簇结构，仿真中尝试用更多的簇去构成超表面。因此，通过理论模型逐渐由周期结构向准周期结构迭代，实验中无序分布结构迭代于准周期树枝状态，当理论模型和样品都在可见光波段具有明显的透射峰行为时，这种准周期结构具有和周期超表面几乎相同的反常光学响应行为。

### 7.4.3 超表面反常光自旋霍尔效应实验

1. 实验设置

借鉴第 5 章中测量 GH 位移的实验方法，类似的微小位移通过偏振方向互相垂直的两束线偏振光之间的干涉测得。本章中的光自旋霍尔效应通过使用右旋圆偏振 (RCP) 和左旋圆偏振 (LCP) 光束之间的干涉来确定。在这种干涉的方法中，RCP 和 LCP 光束被同时使用并且在反射后被重新组合，以形成干涉图。该实验方法原作者为印度学者 Prajapati[59]，这种方法虽没有使用弱测量技术，但如果使用扫描单光子探测器代替本实验中的 CCD 相机，那么即使是对于单光子级别也应该有效。超表面的反常光自旋霍尔效应与反常 GH 位移都是光波在介质界面发生反射时产生微小位移，都是在传统几何光学中忽略的微观光学现象。然而两者本质是有区别的，两个位移发生的方向互相垂直，GH 位移为纵向，霍尔效应为横向位移，根据实验结果发现位移大小也有很大差别。实验装置的示意图见第 4 章图 4-48。详细的测试方法见 4.6.4 节介绍。

2. 样品与实验过程

我们测量了 K9 晶体、银树枝超表面以及球刺三种样品的光自旋霍尔效应。入射光波长选取 632.5nm 与 530nm。入射角范围从 10° 到 60°。我们记录了检偏器 $P_2$ 角度为 45° 和 135° 的干涉图案。$P_2$ 旋转时光路中其余部分均保持不变，保证得到的两幅干涉图案尺寸相同。将两干涉图案分别沿竖直方向平均分割，选取 $P_2$ 角度为 45° 时干涉图案的左半部分和 $P_2$ 角度为 135° 时干涉图案的右半部分，水平拼接成一幅图像，如图 7-29 所示。然后将拼接的图像导入计算机使用 MATLAB 中的图像处理工具进行计算。自旋霍尔效应是由下面的公式计算得到的：

$$D_{\mathrm{SHEL}} = \frac{\lambda}{2\pi}\frac{\Delta\Phi}{\cos\theta} \tag{7-4}$$

其中 $\theta$ 是入射角；$\Delta\Phi$ 等于 RCP 和 LCP 光束之间的相位差减去 π，π 相位差是由偏振器 $P_2$ 旋转 90° 引入的。

3. 实验结果与分析

K9 晶体样品为原方法发表时测试的标准样品，本实验首先测量此样品，主要作用有调整验证实验方法的准确性以及与超表面样品、球刺样品测试结果做对比。如图 7-29 所示，K9 晶体在两入射光波长下测得的干涉条纹都较为清晰，入射光波长改变，其干涉条纹除颜色之外没有明显的变化。左边 45° 的干涉条纹比右边 135° 的干涉条纹略高，呈现左高右低的特征。由于 K9 晶体为普通玻璃样品，对于入射光改变没有明显响应。

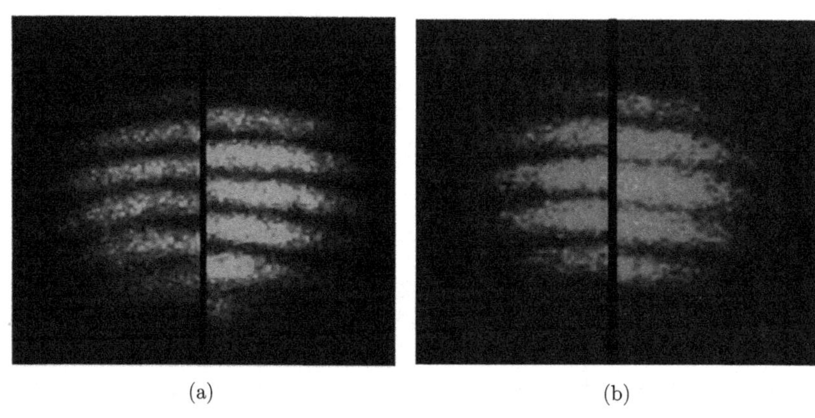

(a)　　(b)

图 7-29　K9 晶体入射角为 35° 的干涉条纹图像

(a) 入射波长为 530nm；(b) 入射波长为 632.5nm

将测得干涉条纹图像导入 MATLAB 计算得到光自旋霍尔效应结果。计算结果如图 7-30 所示，两条曲线分别为入射光波长为 530nm 与 632.5nm 的计算结果，可以看到 K9 晶体的光自旋霍尔效应值在 0 ~ 12nm 范围内随入射角的增大而增大，在接近 60° 时随入射角增加而变化的速率降低。这与文献中 K9 晶体的测量结果一致，具体值不完全相等，但是在其误差范围 (±1.5nm) 之内。

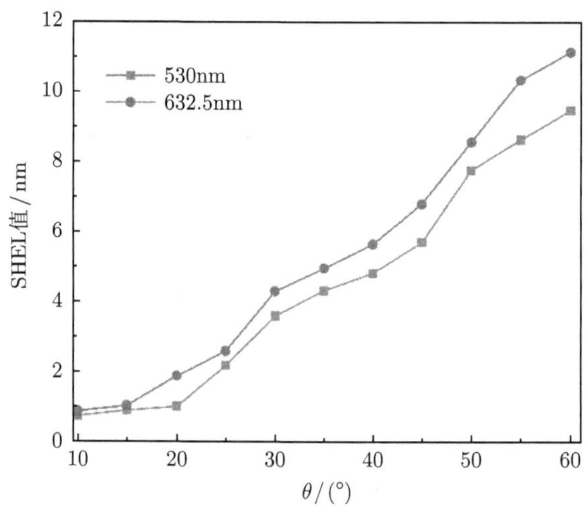


图 7-30　K9 晶体随入射角变化测得的光自旋霍尔效应值

树枝超表面样品选取了谐振波段在 580nm 附近的样品，测试波长 632.5nm 位于谐振波段内，而入射光波长 530nm 位于非谐振波段内。球刺样品选取了谐振波段在 610nm 附近的样品，同样，测试波长 632.5nm 位于谐振波段内，而入射光波长 530nm 位于非谐振波段内。树枝超表面样品与球刺样品的透射图谱如图 7-31 所示。两种样品都在可见光波段有较高的透射谐振峰，图中所示均为样品的绝对透射率随入射光波长的改变而变化的曲线。

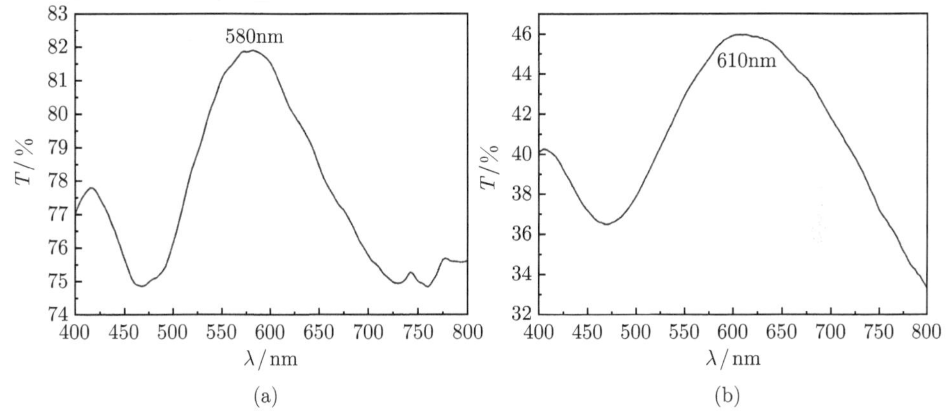


图 7-31 树枝超表面样品 (a) 和球刺样品 (b) 透射图谱

对银树枝超表面样品与球刺样品，测试入射光波长与样品谐振波段一致与不一致时的光自旋霍尔效应，同样可以得到较为清晰的干涉条纹，进行光自旋霍尔效应的计算。图 7-32 为树枝超表面样品在不同入射光波长的干涉条纹图像。从图

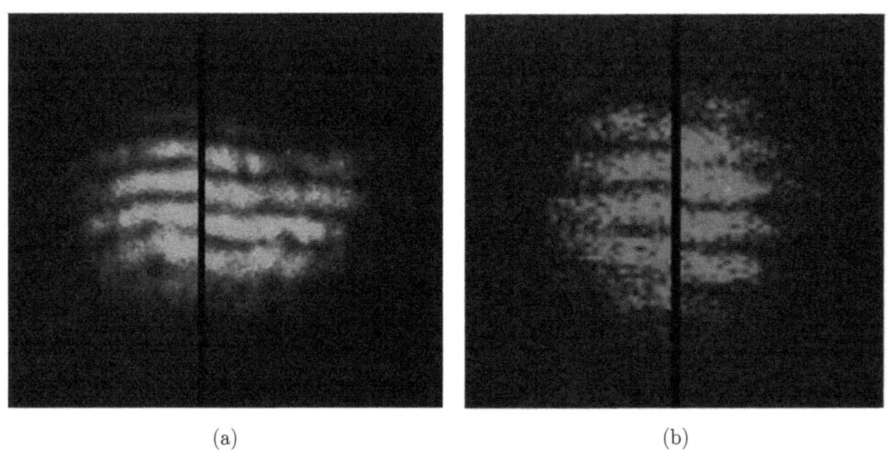

(a) (b)

图 7-32 树枝超表面样品入射角为 35° 的干涉条纹图像

(a) 入射波长为 530nm；(b) 入射波长为 632.5nm

中可以看到明显的干涉条纹，但是没有 K9 晶体得到的图案清晰，这是由于银树枝超表面并不像 K9 晶体表面那么平滑，以及银树枝层与基底层之间的多重反射，但是条纹是可以分辨的，在导入 MATLAB 程序处理时不受影响。球刺样品的干涉条纹图像如图 7-33 所示，由于球刺样品为旋涂法得到，颗粒较大，表面不平整度更大，其条纹图像受到的干扰较多。

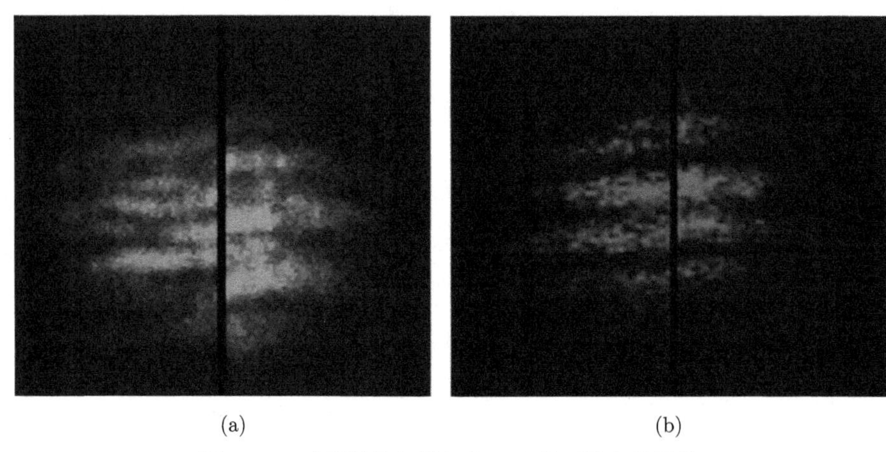

(a)　(b)

图 7-33　球刺样品入射角为 35° 的干涉条纹图像

(a) 入射波长为 530nm；(b) 入射波长为 632.5nm

对比图 7-32(a) 与 (b) 中树枝超表面样品在非谐振波段与谐振波段的干涉条纹图案，在 (a) 中非谐振波段的干涉条纹左高右低，与 K9 晶体测试结果类似，此时在树枝超表面非谐振波段得到正常霍尔效应。而 (b) 中谐振波段的干涉条纹呈现出相反的状态，左低右高，那么此时在树枝超表面谐振波段得到的相反结果为反常霍尔效应。即树枝超表面样品在入射光波长与样品谐振波段一致时发生反常光自旋霍尔效应，而在入射光波长与样品谐振波段不一致时为正常光自旋霍尔效应。

对比图 7-33(a) 与 (b) 中球刺样品在非谐振波段与谐振波段的干涉条纹图案，在 (a) 中非谐振波段的干涉条纹左高右低，而 (b) 中谐振波段的干涉条纹呈现出相反的状态，左低右高。说明球刺样品在入射光波长与样品谐振波段一致时发生反常光自旋霍尔效应，而在入射光波长与样品谐振波段不一致时为正常光自旋霍尔效应。

树枝超表面样品与球刺样品光自旋霍尔效应值测试结果如图 7-34 所示。测试结果同样随入射角的增大而增大，然后到一定角度时减小。同时，由图中可以看到，入射光波长与样品谐振波段一致时，光自旋霍尔效应值为负，反之，当入射光波长与样品谐振波段不一致时，得到正的光自旋霍尔效应值。

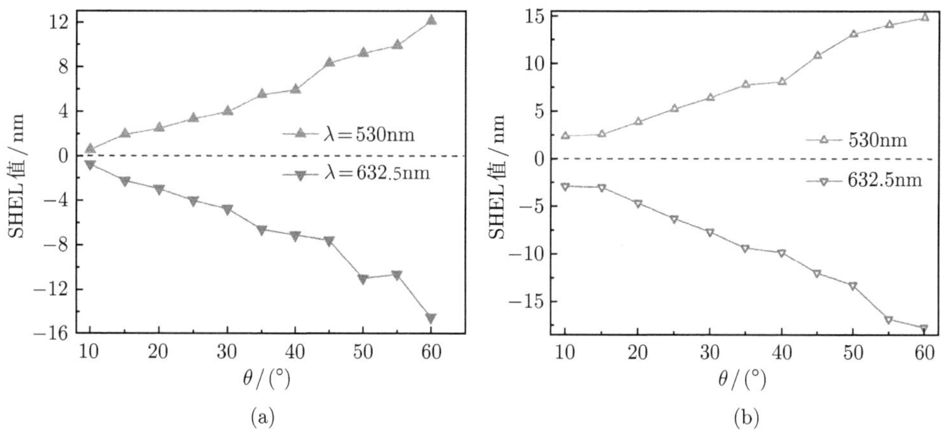


图 7-34 树枝超表面样品 (a) 和球刺样品 (b) 随入射角变化的光自旋霍尔效应值

该方法是自校准的，因为通过所使用波长的入射光在像平面上设置条纹比例，所以该位移是作为波长的函数值测量的。准确性主要是通过改变条纹图案中连续条纹之间的像素数来设定。实验中，每个条纹有 10 个像素点，通过图像软件放大处理后，如可以增加条纹之间像素数量，则实验结果将进一步精确。

周期结构超表面由于单元取向的限制，其光学响应只能沿周期方向；准周期结构超表面进行以上各种实验测试时，并未选择特定的样品摆放方式，这表明该超表面样品具有各向同性特点。周期结构超表面采用电子束或离子束刻蚀技术来制备，耗时数十小时，样品几何尺寸受很大影响，通常只能获得微米量级大小；通过“自下而上”的电化学沉积法可以在几分钟内制备出平方厘米大小的准周期树枝簇集超表面样品，这极大地简化了制备过程和降低了成本。除了硬基底 ITO 玻璃，已经证明，利用 ITO 柔性基底制备的树枝簇集超表面同样也可产生反常光学响应。

## 参 考 文 献

[1] Picht J. Beitrag zur theorie der totalreflexion. Annalen Der Physik, 1929, 395(4): 433-496.

[2] Goos F, Hänchen H. Ein neuer und fundamentaler versuch zur totalreflexion. Annalen Der Physik, 1947, 436(7/8): 333-346.

[3] Wolter H. Zur frage des lichtweges bei totalreflexion. Zeitschrift Für Naturforschung A, 1950, 5(5): 276-283.

[4] Tamir T, Bertoni H L. Lateral displacement of optical beams at multilayered and periodic structures. J. Opt. Soc. Am., 1971, 61(61): 1397-1413.

[5] Li C F, Yang X Y, Duan T, et al. Microwave measurement of dielectricfilm-enhanced

Goos-Hanchen shift. Chin. J. Lasers, 2006, 33(6): 753-755.
[6] Merano M, Aiello A, van Exter M, et al. Observing angular deviations in the specular reflection of a light beam. Nat. Photon., 2009, 3(6): 337-340.
[7] Pillon F, Gilles H, Girard S, et al. Goos-Hänchen and Imbert-Fedorov shifts for leaky guided modes. J. Opt. Soc. Am. B, 2005, 22(6): 1290-1299.
[8] Jayaswal G, Mistura G, Merano M. Weak measurement of the Goos-Hänchen shift. Opt. Lett., 2013, 38(8): 1232-1234.
[9] Prajapati C, Ranganathan D, Joseph J. Interferometric method to measure the Goos-Hänchen shift. J. Opt. Soc. Am. A, 2013, 30(4): 741-748.
[10] Fang Z H, Luo C R, Zhao X P. Negative Goos-Hänchen shift of left-handed-metamaterials based on the silver dendritic structure. Acta Optica Sinica., 2015, 35(3): 0316001.
[11] Tsakmakidis K L, Boardman A D, Hess O. 'Trapped rainbow' storage of light in metamaterials. Nature, 2007, 450(7168): 397-401.
[12] Zhao X P, Luo W, Huang J X, et al. Trapped rainbow effect in visible light left-handed heterostructures. Appl. Phys. Lett., 2009, 95(7): 071111.
[13] Gan Q, Gao Y, Wagner K, et al. Experimental verification of the rainbow trapping effect in adiabatic plasmonic gratings. Proc. Natl. Acad. Sci. USA, 2011, 108(13): 5169-5173.
[14] Yu N, Genevet P, Kats M A, et al. Light propagation with phase discontinuities: generalized laws of reflection and refraction. Science, 2011, 334(6054): 333-337.
[15] Ni X, Emani N K, Kildishev A V, et al. Broadband light bending with plasmonic Nanoantennas. Science, 2012, 335(6067): 427.
[16] Beruete M, Navarro-Cía M, Sorolla M, et al. Polarization selection with stacked hole array metamaterial. J. Appl. Phys., 2008, 103(5): 053101-053104.
[17] Sun W J, He Q, Hao J M, et al. A transparent metamaterial to manipulate electromagnetic wave polarizations. Opt. Lett., 2011, 36(6): 927-929.
[18] Zhang Z X, Xu K, Wu J, et al. Two different operation regimes of fiber laser based on nonlinear polarization rotation: passive mode-locking and multiwavelength emission. IEEE Photon. Technol. Lett., 2008, 20(12): 979-981.
[19] Meissner T, Wentz F J. Polarization rotation and the third Stokes parameter: The effects of spacecraft attitude and Faraday rotation. IEEE Trans. Geosci. Remote Sens., 2006, 44(3): 506-515.
[20] Shi J H, Ma H F, Jiang W X, et al. Multiband stereometamaterial-based polarization spectral filter. Phys. Rev. B, 2012, 86(3): 035103.
[21] Xu J, Li T, Lu F F, et al. Manipulating optical polarization by stereo plasmonic structure. Opt. Express, 2011, 19(2): 748-756.
[22] Schurig D, Mock J J, Justice B J, et al. Metamaterial electromagnetic cloak at microwave frequencies. Science, 2006, 314(5801): 977-980.
[23] Liu B Q, Zhao X P, Zhu W R, et al. Multiple pass-band optical left-handed metamaterials based on random dendritic cells. Adv. Funct. Mater., 2008, 18(21): 3523-3528.

[24] Pendry J B. Negative refraction makes a perfect lens. Phys. Rev. Lett., 2000, 85(18): 3966-3969.

[25] Smith D R, Padilla W J, Vier D C, et al. Composite medium with simultaneously negative permeability and permittivity. Phys. Rev. Lett., 2000, 84(18): 4184-4187.

[26] Zhou X, Zhao X P, Liu Y. Disorder effects of left-handed metamaterials with unitary dendritic structure cell. Opt. Express, 2008, 16(11): 7674-7679.

[27] Fang Z H, Chen H, Yang F S, et al. Slowing down light using a dendritic cell cluster metasurface waveguide. Sci. Rep., 2016, 6: 37856.

[28] Gong B Y, Zhao X P, Pan Z Z, et al. A visible metamaterial fabricated by self-assembly method. Scie. Rep., 2014, 4: 04713.

[29] Cheng Q, Cui T J. Negative refractions in uniaxially anisotropic chiral media. Phys. Rev. B, 2006, 73(11): 113104.

[30] Xu H X, Wang G M, Qi M Q, et al. Compact dual-band circular polarizer using twisted Hilbert-shaped chiral metamaterial. Opt. Express, 2013, 21(21): 24912-24921.

[31] Pendry J B, Schurig D, Smith D R. Controlling electromagnetic fields. Science, 2006, 312(5781): 1780-1782.

[32] Grady N K, Heyes J E, Chowdhury D R, et al. Terahertz metamaterials for linear polarization conversion and anomalous refraction. Science, 2013, 340(6138): 1304-1307.

[33] Ma X L, Huang C, Pu M B, et al. Multi-band circular polarizer using planar spiral metamaterial structure. Opt. Express, 2012, 20(14): 16050-16058.

[34] Wu S, Zhang Z, Zhang Y, et al. Enhanced rotation of the polarization of a light beam transmitted through a silver film with an array of perforated S-shaped holes. Phys. Rev. Lett., 2013, 110(20): 207401.

[35] Fang Z H, Luo C R, Zhao X P. Efficient ultrawideband linear polarization conversion based on cross-shaped structure metasurface. Acta Photon. Sin., 2017, 46(12): 1216001.

[36] Fang Z H, Chen H, An D, et al. Manipulation of visible-light polarization with dendritic cell-cluster metasurfaces. Sci. Rep., 2018, 8: 9696.

[37] Hosten O, Kwiat P. Observation of the spin Hall effect of light via weak measurements. Science, 2008, 319(5864): 787-790.

[38] Fedorov. Installing and operating experimental gas generators under natural conditions. [Underground gasification of coal]. Podzemn. Gazif. Uglei., 1955, 4(5): 53-54.

[39] Bliokh K Y, Shadrivov I V, Kivshar Y S. Goos-Hänchen and Imbert-Fedorov shifts of polarized vortex beams. Opt. Lett., 2009, 34(3): 389-391.

[40] Aharonov Y, Albert D Z, Vaidman L. How the result of a measurement of a component of the spin of a spin-1/2 particle can turn out to be 100. Phys. Rev. Lett., 1988, 60(14): 1351.

[41] Kong L J, Wang X L, Li S M, et al. Spin Hall effect of reflected light from an air-glass interface around the Brewster's angle. Appl. Phys. Lett., 2012, 100(7): 333.

[42] Luo H L, Zhou X X, Shu W X, et al. Enhanced and switchable spin Hall effect of light near the Brewster angle on reflection. Phys. Rev. A, 2011, 84(4): 1452-1457.

[43] Qin Y, Li Y, He H Y, et al. Measurement of spin Hall effect of reflected light. Opt. Lett., 2009, 34(17): 2551-2553.

[44] Gorodetski Y, Bliokh K Y, Stein B, et al. Weak measurements of light chirality with a plasmonic slit. Phys. Rev. Lett., 2012, 109(1): 013901.

[45] Fedoseyev V G. Spin-independent transverse shift of the centre of gravity of a reflected and of a refracted light beam. Opt. Commun., 2001, 193(1/6): 9-18.

[46] Merano M, Hermosa N, Woerdman J P, et al. How orbital angular momentum affects beam shifts in optical reflection. Phys. Rev. A, 2010, 82(2): 19438-19443.

[47] Gerchberg R W, Saxton W O. A practical algorithm for the determination of phase from image and diffraction plane pictures. Optik, 1972, 35: 237-250.

[48] Jang M, Horie Y, Shibukawa A, et al. Wavefront shaping with disorder-engineered metasurfaces. Nat. Photon., 2018, 12: 84-90.

[49] Zhou X, Fu Q H, Zhao J, et al. Negative permeability and subwavelength focusing of quasi-periodic dendritic cell metamaterials. Opt. Express, 2006, 14(6): 7188-7197.

[50] Johnson P B, Christy R W. Optical constants of the noble metals. Phys. Rev. B, 1972, 6: 4370-4379.

[51] Hartnagel H, Dawar A L, Jain A K, et al. Semiconducting Transparent Thin Films. Bristol: IOP Publishing, 1997.

[52] Zhao X P. Bottom-up fabrication methods of optical metamaterials. J. Mater. Chem., 2012, 22: 9439-9449.

[53] Chen H, Zhao J, Fang Z H, et al. Visible light metasurfaces assembled by quasiperiodic dendritic cluster sets. Adv. Mater. Interf., 2019, 6(4): 1801834.

[54] Zhao X P, Zhao Q, Kang L, et al. Defect effect of split ring resonators in left-handed metamaterials. Phys. Lett. A., 2005, 346: 87-91.

[55] Yannopapas V. Negative refraction in random photonic alloys of polaritonic and plasmonic microspheres. Phys. Rev. B, 2007, 75: 035112.

[56] Zhao X P, Song K. Review Article: the weak interactive characteristic of resonance cells and broadband effect of metamaterials. AIP Adv., 2014, 4: 100701.

[57] Chen H, An D, Li Z C, et al. Performing differential operation with a silver dendritic metasurface at visible wavelengths. Opt. Express, 2017, 25: 26417.

[58] Cheng S N, An D, Chen H, et al. Plate-focusing based on a meta-molecule of dendritic structure in the visible frequency. Molecules, 2018, 23: 01323.

[59] Prajapati C, Ranganathan D, Joseph J. Spin Hall effect of light measured by interferometry. Opt. Lett., 2013, 38(14): 2459-2462.

# 下　篇

# 超原子和超分子构筑声学超材料与超表面

# 第 8 章　声学超材料与超表面概述

## 8.1　声学超材料

1968 年，苏联物理学家 Veselago 提出超材料 [1] 的概念。在满足麦克斯韦方程的前提下，理论上存在一种材料，其有效介电常数 $\varepsilon$ 和磁导率 $\mu$ 同时为负值，且在其中传播的电磁波的电场矢量、磁场矢量以及波矢满足左手螺旋定则，被称为超材料。由于自然界中并不存在这种材料，因此，该理论一直没得到重视，直到 20 世纪 90 年代，英国皇家学院院士 Pendry 教授提出周期性排列的金属杆 [2] 和金属开口谐振环 (SRR)[3] 可以分别实现负介电常数和负磁导率。Smith 等 [4,5] 首次制备出了周期性排列金属环和金属杆的超材料，并在实验中测试出负折射现象。此后，超材料发展迅速，并发展为电磁超材料。电磁超材料是指人工设计的周期性结构材料，其单元尺寸必须远小于工作波长，且符合有效介质理论，具有自然界中所有材料所不具备的奇异性质。电磁超材料可以实现负折射效应、反常多普勒效应、反常切伦科夫辐射、完美透镜、隐身等奇异物理现象 [6−10]。将电磁超材料的设计思想引入声学领域，可以设计出对声波产生各种奇异性质的声学超材料。这两种形式的波具有很多类似性质，电磁波是一种横波，主要由电场和磁场分量描述，而声波是一种纵波，主要由声压和粒子振速来描述，这两种形式的波都有共同的波参数，如波矢、波阻抗和能流等，且均满足麦克斯韦方程，在二维极化模式下，电磁波和声波都有相对应的参数。电磁超材料的两个主要参数有效介电常数 $\varepsilon$ 和磁导率 $\mu$ 对应于声学超材料的等效质量密度和弹性模量。因此，设计声学超材料的主要目标就是实现材料的等效质量密度和弹性模量同时为负值。

最早出现的声学超材料是一类由周期性的人工微结构组成的复合材料，被称为声子晶体 [11]。声子晶体可以实现很多奇特的性质，如它们内在的带隙特征能够被用来设计滤波材料，或者进行噪声隔离和控制 [12,13]；利用声子晶体的缺陷效应可以实现声波导向和定位 [14,15]；此外，声子晶体还可以被用来设计成声传感器 [16]。但是，这些人工结构的反常材料性质是通过长程的相互作用和空间色散产生的，应该看作是所有亚单元的集体行为，因此组成这种声学超材料所需要的结构单元的个数相对较多；此外，这些结构单元的尺寸或者晶格常数往往是相应工作波长的量级，由于可听声波段的声波波长的量级一般在厘米到米之间，因此声子晶体大多被用在超声频段。2000 年，Liu 等 [17] 首次提出了利用局域共振型的结构单元来构建声学超材料，这一思想为声学超材料的研究开辟了一条全新的道路。声学材料的共振单元的尺寸远小于作用波长，共振频率仅与基本单元的几何结构尺寸有关，这种共振单元相当于人工声学“超原子”；将声学“超原子”周期性地排列起来可以制备出各种类型的声学超材料。由这种结构单元复合成的人工材料可以被看作是均匀介质，这种介质对外界声波的激励具有动态响应，并且不会受到样品形状和边界的影响。也正是因为这一特点，局域共振型的声学超材料一经出现就吸引了众多研究者的注意。在短短的十几年间，声学超材料已经得到了飞速的发展，产生了许多新的奇异性质，包括质量密度、负弹性模量、双负参数、负折射、平板聚焦、亚波长成像、完美吸收、反常多普勒、隐身等效应。这些奇异性质被应用到了许多领域，如超声成像、水下声学和声呐、建筑声学和吸声材料等。

## 8.2 负参数声学超材料

### 8.2.1 负质量密度

质量密度是物质的基本属性，分为静态质量密度和动态质量密度两种。我们熟知的密度公式 $\rho = m/V$ 为物质的静态质量密度，与物质的质量和体积有关。而当声波作用于弹性介质时，会引起质量单元的振动，此时存在作用力和加速度的动态关系。根据牛顿第二定律，动态质量定义为 $m = \boldsymbol{F}/\boldsymbol{a}$，如果弹性介质出现正的响应，$\boldsymbol{F}$ 与 $\boldsymbol{a}$ 方向相同，弹性介质的动态质量密度为正；而如果介质出现负的响应，$\boldsymbol{F}$ 与 $\boldsymbol{a}$ 的方向相反，此时弹性介质的动态质量密度为负值。从动力学角度来看，负质量密度的物理意义为：当弹性介质受到外界的弹性激励时，质量单元由于弹性共振，按照自己的模式发生强烈振动，引起振动方向与外界激励方向相反的现象，从而出现反常响应。

2000 年，Liu 等提出声学领域的局域共振思想 [18−27]，为声学超材料的发展开辟了道路。他们用一种局域共振微结构——软硅橡胶包覆的硬铅球，实现了材料的质量密度为负值，如图 8-1 所示。将这种核壳结构单元周期性排列在环氧树脂基体中，通过多重散射法的计算和阻抗管中透射性质的测量，发现在 400Hz 和 1400Hz 附近出现了两个透射吸收峰，判断这两个吸收峰为声禁带 (图 8-1(c) 和 (d))。进一步将基本微结构单元以随机的方式分散在环氧树脂中，也发现在这两个频率点附近的禁带效应。运用多重散射理论的分析方法表明这两个禁带的频率点对应着复合小球在声波场作用下的两个共振模态。在 400Hz，硬芯和软硅胶分别相当于弹簧振子的质量单元和弹簧，在声波振动的激励下，发生强烈谐振，引起透射的低谷，从而出现负的响应。而在 1400Hz，硅橡胶层相对铅球硬芯发生强烈共振，引起透射低谷。经过分析，这两种声学禁带主要基于局域共振机理产生，其声学禁带的频率与结构单元的几何尺寸有关，一般与晶体的规律性、周期性等无关。并且结构单元的尺寸远小于声波波长，满足均匀介质理论，即相当于一种“声学原子”，通过调节“声学原子”的几何结构就可以实现声学材料的不同性质，且这些“声学原子”可以任意排列于材料基底中。基于局域共振机理的声学超材料与基于布拉格散射机理的声子晶体 [28] 完全不同，声子晶体仅能通过晶格尺寸调制声波。

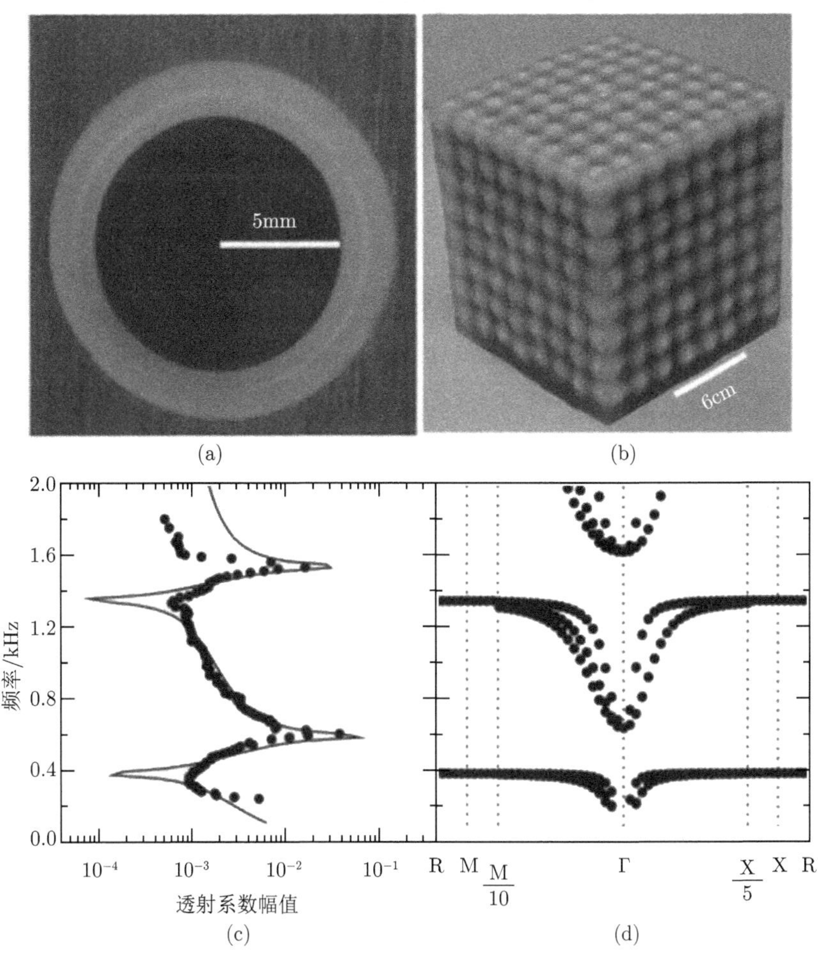


图 8-1　局域共振声学超材料 (a)、(b)，声透射谱线 (c)，以及色散曲线 (d) [19]

沈平小组在声学领域提出 Berryman 动态有效质量密度可以准确地描述声波的动态响应，在局域共振情况下，通过设计合适的结构单元可以实现负的动态质量密度 [24]。紧接着该课题组将三维核壳结构的声学超材料发展到二维情况，制备了一种薄膜型的声学超材料 [29]，如图 8-2(a) 所示，这种超薄型的超材料打破质量密度定律，在低频段实现了对声波的全反射。这种材料由固定在硬边界上的薄膜和施加在其中央的硬质重物块组成，阻抗管中测试结果表明在频率为 145Hz 和 984Hz 处分别出现薄膜和薄膜重物块的共振透射峰。而在两个透射峰之间位置，即在频率为 237Hz 时出现吸收峰，如图 8-2(b) 中的实线所示，其透射性质与按质量密度定律计算的透射率完全不同 (虚线所示)。分析表明，低频段的透射峰是重物块和薄膜共同振动的结果，而高频透射峰则由薄膜的共振引起，与重物块的质量无关。而在吸收峰频段 (237Hz) 附近，通过动力学牛顿第二定律计算，材料的质量密度为负，如图 8-2(c) 所示，此时质量密度出现强烈突变，对应频段的单元振动平均法向位移也发生强烈突变，说明此时单元发生了共振。这种薄膜型超材料对比于满足质量密度定律的正常材料，声衰减系数提高了近 200 倍，这种材料超薄和声全反射的性质可以应用于低频段的隔声材料等。

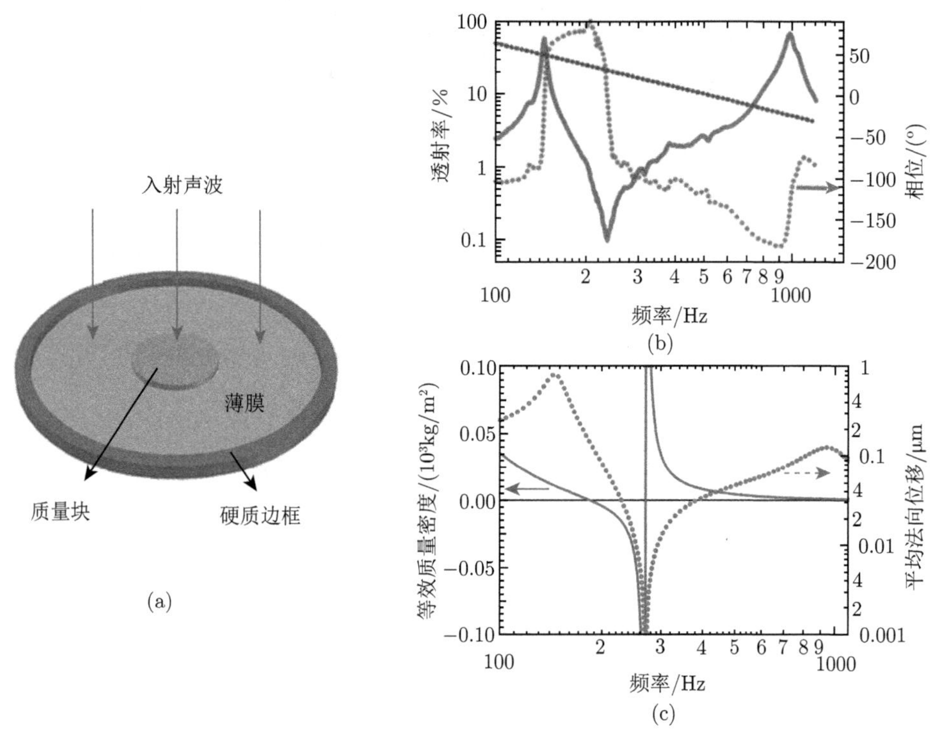


图 8-2　薄膜型声学超材料 [29]

(a) 结构示意图；(b) 透射结果图；(c) 等效质量密度和平均法向位移的曲线

随后，基于核壳结构模型，研究者们提出了各种类型的负质量密度声学超材料模型：将周期性质量块用弹簧连起来首次用 CCD 观测到反相的弹性振动 [30]，可以解释负动态质量密度产生的宏观振动机理 [30−32]；将金属片周期性排列在空气介质中 [33]，实现各向异性的质量密度 [34−36]；利用周期性金属槽实现非局域谐振的负质量密度 [37]，理论上提出复杂的质量弹簧模型，研究了低于截止频率的负质量密度行为 [38]；周期性的薄膜排列在长管中实现截止频率以下负的质量密度 [39]；通过在薄膜型结构中间贴上不同的重物块 [29,40,41]，可以实现宽频带隔声和负的质量密度等效应。

2014 年，Pierre 等 [42] 发现流体中的泡沫虽然是一种天然材料，但是它具有非常强的色散效应，并且能够在一个很宽的频率范围内表现出负的等效质量密度。图 8-3 中的插图部分展示的是流体中的泡沫 [43]，泡沫的半径在 15~50 μm 之间，它可以被看成是一种薄膜、流体通道和泡沫中的气体的耦合结构。当入射的声波为低频声波时，这个耦合结构作为一个整体与激励声波同相位运动；当入射声波为高频声波时，只有薄膜运动；当入射声波为中频声波时，流体通道会有一个小的同相位位移，但是薄膜是反相位运动的，并且其振动的幅度非常大，这时整个结构的平均运动与外界激励声波是反相位的，因此表现出的就是负的等效质量密度，如图 8-3 所示。

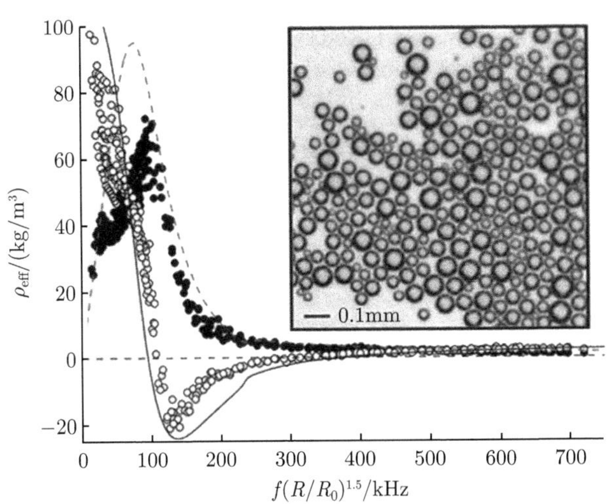


图 8-3 流体泡沫材料的质量密度随频率的变化关系

### 8.2.2 负弹性模量

弹性模量是弹性介质最基本的一个属性，其定义为在声波作用下，弹性介质单位体积的相对变化引起的声压的变化，表示弹性介质的压缩膨胀性质，其公式

为 $\kappa = \mathrm{d}P/(-\mathrm{d}V/V)$，式中的负号表示体积的增加会引起声压的减小。对于常规材料而言，外界声压压缩材料时必然引起材料体积的减小，拉伸材料时引起材料体积的增长。而对于人工设计的声学超材料，由于共振微结构的作用，材料单元会按照自己的模式产生压缩膨胀波，而当外界压缩材料时会引起材料的膨胀，拉伸时会引起材料的压缩，从而产生负的响应。

Fang 等 [44] 于 2006 年提出了一种具有负弹性模量的超声超材料，这种超材料是由亚波长尺度的一维亥姆霍兹共振器阵列和传播通道组成，如图 8-4 (b) 所示，共振器和传播通道是在铝板上利用金属雕刻技术制备而成，每个共振器由一个已知体积的硬壁空腔和空腔一侧的小孔洞组成 (图 8-4 (a))，其共振模型类似于电磁学中的 $L$-$C$ 谐振电路。

当声波通过传播通道时，外界的激励使得孔洞中流体发生受压振动，同时也会引起下面空腔中流体的绝热压缩膨胀振动，而当激发振动的声波频段达到共振器的共振频率时，孔洞中流体的振动位移变得非常大，这种响应源于在受激振动时多次循环的能量积累，因此就会有非常多的能量储存在与驱动场有关的共振器中。大量储存的能量会产生足够强烈的压缩膨胀波，不受外界激励的影响，因此，即使在声场激励的方向发生变化时，谐振腔中的弹性介质按照自己的节奏强烈谐振。也就是说会出现这样的情况：当声波压缩共振器时，里面的介质由于强烈谐振，会发生向外膨胀的振动，而当声波使共振器向外膨胀时，里面的介质会发生向内压缩振动的响应，即出现了负的响应。

实验测试这种材料会出现负的群时间延迟，即相比于水通道传播相同距离，声脉冲信号在超材料通道传播时，更早地出现在通道末端，如图 8-4(c) 所示。由色散曲线分析可知，实验测试的负群速度是材料具有负弹性模量的主要标志。另外，透射曲线表明，由于共振器的作用，这种材料在谐振区域具有强烈的透射吸收峰。

由于亥姆霍兹共振器具有与电磁学中开口谐振环相似的性质，且基本单元尺度远小于激发波长，满足均匀介质理论，通过声波方程的推导，电磁学中描述磁导率的洛伦兹形式也适合于声学中的等效弹性模量

$$\frac{1}{\kappa_{\mathrm{eff}}} = \frac{1}{\kappa_0}\left(1 - \frac{F\omega_0^2}{\omega^2 - \omega_0^2 + \mathrm{i}\Gamma\omega}\right) \tag{8-1}$$

其中 $F$ 为几何因子，与材料的几何结构相关；$\omega_0 \approx c\sqrt{S/(L'V)}$ 是共振角频率；i 代表虚部；$\Gamma$ 为损耗因子。

通过计算，材料的等效弹性模量如图 8-4(d) 所示，在谐振频率附近材料的等效动态模量的实部为负值，虚部发生突变，出现负的极小值，主要原因为共振器的共振引起的强烈透射损耗。基于各向同性均匀介质的理论计算的透射曲线在谐

振频率附近与实验结果一致，均出现透射低谷。另外，负动态模量的材料还会引起累积的表面谐振态，这种共振表面模式在正负模量声学材料的界面具有非常大的波矢，类比于电磁学中金属–电介质界面的表面等离子态，这种表面态的出现会引起亚波长物体的倏逝波成分的强烈的耦合增强，补偿自由空间倏逝波的指数衰减，从而可以应用这种超声超材料制备突破衍射极限的声学超棱镜 (superlens)。

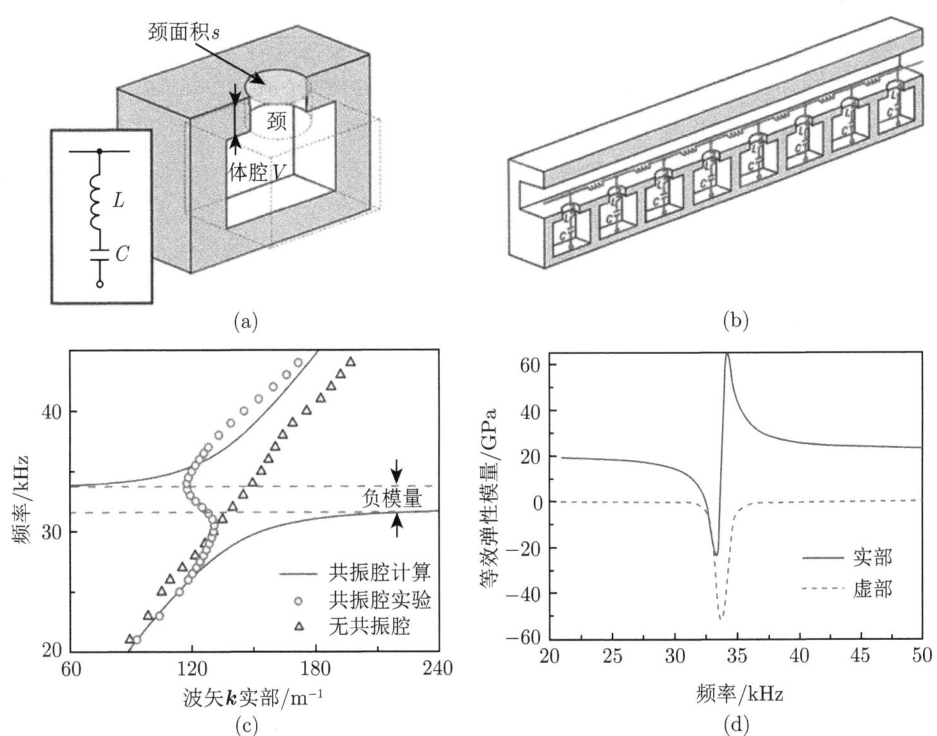


图 8-4 亥姆霍兹共振器的半截面图和等效模型 (a)，一维周期性排列的亥姆霍兹共振器半截面图 (b)，实验测试图 (c)，以及计算的等效弹性模量 (d)[44]

基于亥姆霍兹共振器模型，后来的研究者们提出了很多相关模型：若亥姆霍兹共振器朝每个方向都开口，形成各向同性均匀化的声学超材料 [45,46]；在长管一侧打上周期性的小孔洞，制备出具有截止频率的负弹性模量声学超材料 [47]；基于双开口的亥姆霍兹共振器环可以制备聚焦声学超材料 [48]；利用软刻蚀 (soft lithography) 技术将气泡填充于固体弹性基底 PDMS 中 [49]，形成周期性的气泡结构，气泡共振存在透射低谷，具有负弹性模量性质，由于这种材料具有很好的耦合性，为设计双负声学超材料提供了很好的方法。Ding 等 [50−52] 提出了一种开口空心球结构，实现了空气介质中的负等效弹性模量。他们研究发现，这种开口空心球结构的谐振频率跟开口孔径大小、空心球空腔体积、开口数目等因素密切相关。进一步，通过排列不同谐振频率的空心球，实现了多频带的负等效弹性模量，另外，研究者们也研究了可以调谐等效弹性模量的声学超材料。与此同时，基于亥姆霍兹共振器的声学超材料理论工作也得到完善，传输线的理论认为这种材料的等效弹性模量和质量密度有可能同时为负 [53,54]。

### 8.2.3 双负声学超材料

最早 Li 和 Chan[55] 提出一种特殊规格的硅橡胶排列在水中的模型，理论计算表明该模型同时具备声学的单极共振和双极共振性质，这两种共振分别能实现负的体弹性模量和负的质量密度。

随后，Ding 等 [56] 提出了声学领域的两种局域共振模型，一种为软硅胶包覆金球的核壳结构 (RGS)，另一种为水球包覆气球的核壳结构 (BWS)，多重散射法计算 RGS 材料可以实现负的质量密度，BWS 材料具有负的弹性模量，在相同的共振频段具有透射禁带，将这两种共振器在环氧树脂基底中排列成闪锌矿晶体结构，原来重叠的禁带变成通带，如图 8-5 所示。在通带内，代表材料的弹性性质的泊松比通过计算为负值。这种模型的优点是具有很好的耦合性，可以制备出三维任意排列的结构，但实验制备较困难。

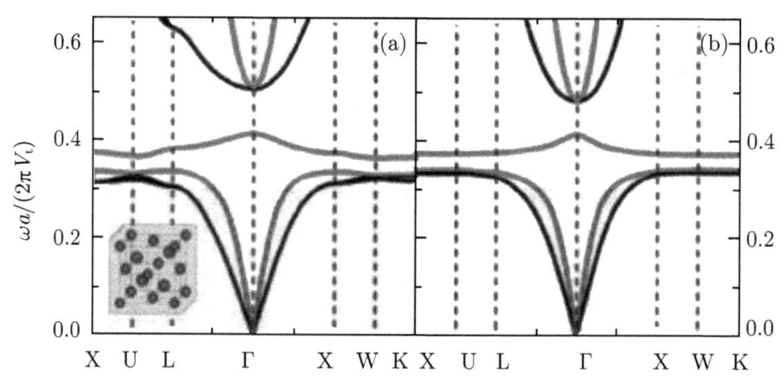


图 8-5 基于 RGS 和 BWS 闪锌矿晶体结构的能带图 [56]

(a) 多重散射法；(b) 有效参数法

2010 年，Lee 等 [57] 基于薄膜和亥姆霍兹共振器模型，将薄膜周期性排列于长管当中 (图 8-6(a)) 和在长管的同一侧边打上周期性的孔洞 (图 8-6(b))，制备出两种一维管状结构 A 和 B，分别具有负的质量密度和负的弹性模量，这两种材料分别具有截止频率 $f_{\mathrm{SH}}=450\mathrm{Hz}$ 和 $f_{\mathrm{C}}=735\mathrm{Hz}$，在截止频率以下，声波均是不可透过的 (图 8-6(e))。而将这两种材料耦合在一起，制备出一维复合声介质，如图 8-6(c) 所示，通过在长管不同位置测试声压分布 (图 8-6(d))，发现在两种结构重叠的截止频率，声波变成可透过的 (图 8-6(f))，而在 $f_{\mathrm{SH}} < f < f_{\mathrm{C}}$ 的非重叠区域，声波仍然是不可透过的。基于这种类似于超材料的性质，通过振动实验测试发现复合声介质在截止频率重叠区域的相速度与群速度方向相反，且结构 A 的负质量性质在复合介质中并没有由于耦合作用而发生变化，说明这种一维复合声介质同时具有结构 A 的负质量密度和结构 B 的负弹性模量性质。

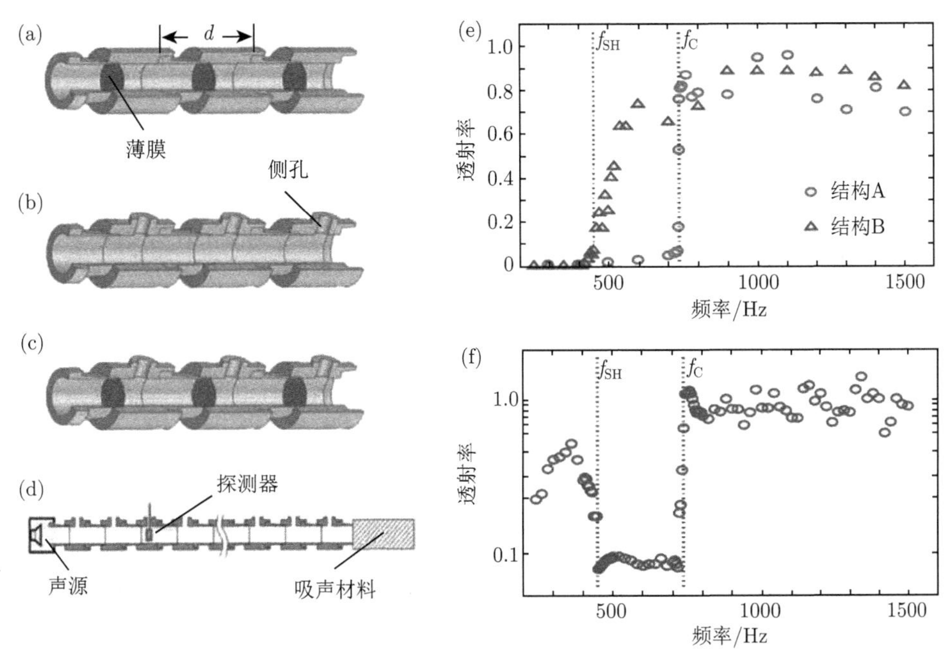


图 8-6 一维双负声学复合介质 [57]

(a) 周期性排列薄膜的长管结构；(b) 周期性排列侧开口的长管结构；(c) 具有负质量密度和负弹性模量的复合结构；(d) 声学实验测试设备；(e) 一维结构 A 和 B 的透射率；(f) 一维复合声介质的透射率

在随后一年内，Pope 和 Daley [58] 提出一种黏弹性双负声学超材料理论模型，其负动态质量密度和弹性模量均可调谐。Fok 和 Zhang[59] 提出将亥姆霍兹共振器和有机玻璃 (PMMA) 包覆的铝柱在同一个铝制体腔中耦合，制备出了负折射率声学超材料，COMSOL 仿真和有效参数法 [60] 计算这种材料的动态质量密度和弹性模量同时为负值，且折射率也为负值。而实验加工的样品在水箱中测试透射和反射，并提取等效参数，仅得到负的弹性模量，并没有负的折射率，分析可能与材料损耗有关。Lai 等 [61] 设计了一种基于固体基底的弹性声学超材料，在软硅胶中填充中心对称的四个立方体钢柱，中心为硬质硅胶，形成弹簧–质量的振动模型，这样的微结构具有弹性的单极共振、双极共振和四极共振等多种共振效应。双极共振可以实现负的质量密度，单极共振和四极共振可以实现负的弹性模量。将微结构周期排列在泡沫基底中，测试出这种材料具有两个双负色散带，在第一个双负频段，弹性固体具有类似于流体的弹性性质，即只有纵波 (压缩波) 才能在里面传播。在另一个双负频段，这种弹性超材料具有超级各向异性性质。在 ΓM 方向仅压缩波可以传播，而在 ΓX 方向仅剪切波 (横波) 可以传播。

2013 年，Yang 等 [62] 利用单个共振单元同样在实验上设计出了一种双负声学超材料。这种共振单元由两个耦合的薄膜组成，上下两层薄膜的尺寸完全一致，中心处附加一个质量块。这两层薄膜除了边缘均固定在圆柱形的侧壁上以外，还通过一个塑料圆环相连，整个结构两个端面的运动代表两个独立的自由度，分别对应对称模式和反对称模式。对于对称模式，两个端面同相位运动，如图 8-7(b) 和 (d) 所示，频率分别为 290.1Hz 和 834.1Hz，此时属于偶极共振，表现出负的等效质量密度；对于反对称模式，两个端面反相位运动，如图 8-7(c) 所示，频率为 522.6Hz，此时属于单极共振，表现出负的等效弹性模量。这种耦合结构的等效质量密度和等效弹性模量随频率的变化关系分别如图 8-7(e) 和 (f) 所示，两者同时为负的区域为 520～830Hz。

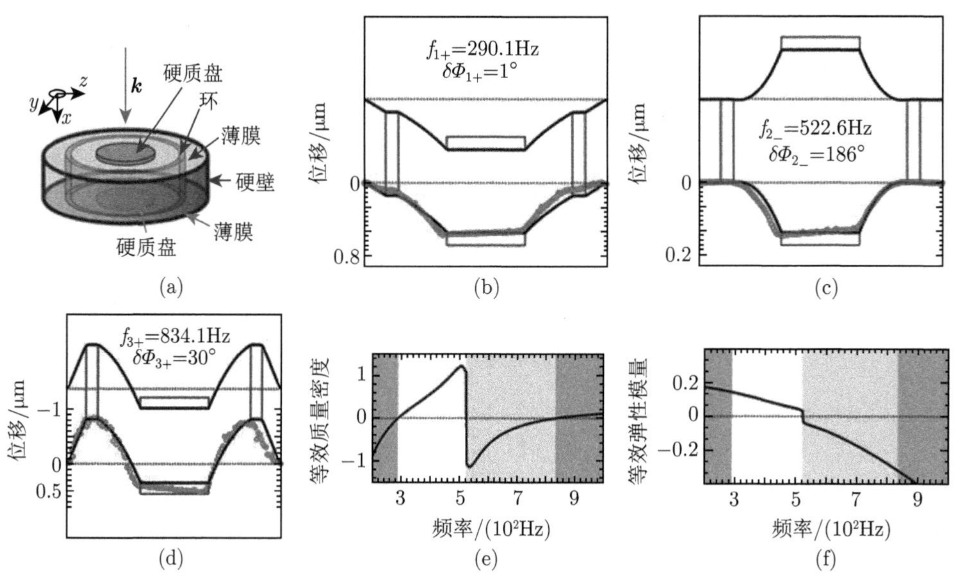


图 8-7　耦合薄膜结构的双负声学超材料 [62]

(a) 双层耦合薄膜结构示意图；(b) 第一偶极共振模式下的结构单元位移图；(c) 单极共振模式下的结构单元位移图；(d) 第二偶极共振模式下的结构单元位移图；(e) 该超材料的等效质量密度随频率的变化关系；(f) 该超材料的等效弹性模量随频率的变化关系

# 8.3 声学超材料的新物理特性

## 8.3.1 负折射及聚焦

通过超原子和超分子设计的声学超材料可以实现等效质量密度或弹性模量为负值，对声波具有反常调控性质，包括平板聚焦、负折射、亚波长成像、隐身、反常多普勒效应、异常声透射等 [63−65]。

与电磁波类似，声波在两种介质中传播时会发生折射，且入射角和折射角满足 Snell 定律，即对于正常材料 ($\rho > 0$，$\kappa > 0$)，入射声波和折射声波位于界面法线两侧，而当介质 1 的弹性参数变为负值时 ($\rho < 0$，$\kappa < 0$)，折射率也会为负值，此时入射声波和折射声波出现在法线同侧，即出现负折射效应。

基于声子晶体的负折射效应已经趋于成熟 [66−68]，然而，利用声学超材料实现负折射的实验并不多，直到伊利诺伊州立大学 Zhang 等提出一种声学传输线模型 [69,70]，即由两种亚波长的亥姆霍兹共振器排列而成的平板网络。结构单元由垂直的传输通道和连接通道的体腔组成，每种结构单元均排列成 40×40 的阵列，如图 8-8 所示。根据声学传输线理论 (acoustic transmission line method, ATLM) 分析可知，排列于左边的结构单元体腔体积远大于通道的体积，具有正的弹性参数，其等效质量密度和压缩系数 (弹性模量的倒数) 分别为 $\rho_{\mathrm{eff,P}} = L_{\mathrm{P}}S_{\mathrm{P}}/d_{\mathrm{P}}$，$\beta_{\mathrm{eff,P}} = 1/\kappa_{\mathrm{eff}} = C_{\mathrm{P}}/(S_{\mathrm{P}}d_{\mathrm{P}})$，$L_{\mathrm{P}}$ 为左边结构单元通道产生的声感，$C_{\mathrm{P}}$ 为体腔产生的声容，$S_{\mathrm{P}}$ 为通道的横截面积，$d_{\mathrm{P}}$ 为晶格常数，因此，折射率为 $n_{\mathrm{P}}=c_{\mathrm{w}}\sqrt{L_{\mathrm{P}}C_{\mathrm{P}}}/d_{\mathrm{P}}$，$c_{\mathrm{w}}$ 为水中声速。排列于右边的结构单元体腔体积远小于通道体积，具有负的等效弹性参数，其等效质量密度和压缩系数分别为 $\rho_{\mathrm{eff,N}} = -S_{\mathrm{N}}/(\omega^2 C_{\mathrm{N}}d_{\mathrm{N}})$，$\beta_{\mathrm{eff,N}} = 1/\kappa_{\mathrm{eff,N}} = -1/(\omega^2 L_{\mathrm{N}}S_{\mathrm{N}}d_{\mathrm{N}})$，其中 $L_{\mathrm{N}}$ 为右边结构单元体腔产生的声感，$C_{\mathrm{N}}$ 为通道产生的声容，$S_{\mathrm{N}}$ 为通道的横截面积，$d_{\mathrm{N}}$ 为晶格常数，因此，折射率为 $n_{\mathrm{P}} = c_{\mathrm{w}}/v_{\phi} = -c_{\mathrm{w}}/(\omega^2 d_{\mathrm{N}}\sqrt{L_{\mathrm{N}}C_{\mathrm{N}}})$。

将制备好的样品置于水中，当 60.5 kHz 的超声波从左边的传输线网络阵列入射时，会在两种材料的界面发生折射，通过水听器测试右边材料内部空间声场分布，得到如图 8-8(b) 所示的结果，在距离分界面 31.75 mm 的位置出现一个明显的聚焦声斑，仿真的结果与实验测试结果相近。通过测试焦平面的声场曲线 (图 8-8(c))，这种声斑的半峰宽为 12.2 mm，即分辨的距离为 0.5$\lambda$，已经达到分辨率的极限。

Xie 等 [71] 利用迷宫状结构设计了一种楔形二维声学超材料，实验测试这种材料具有宽频带的负折射效应。

Zhu 等 [72] 设计了单相固体双负参数声学超材料，实现了亚波长负折射效应。这种单相固体双负结构是一种几何参数仅有波长十分之一的、由手性微结构组成的单相弹性超材料，如图 8-9(a) 所示。这种手性单相弹性超材料单元是通过在不锈钢板上雕刻而成，如图 8-9(c) 所示。中间的部分 (center piece) 是质量部分，三根肋骨状支撑 (rid) 用来产生弹性作用。三根肋骨状支撑相当于弹簧，中间的部分相当于重物。在外界声波的激励下，重物同时产生两种运动：一种是相对于外面边框 (frame) 的左右运动，产生负等效质量密度；另一种是旋转运动，挤压中间重物发生形变，产生负等效弹性模量。这种手性结构同时也会产生负剪切模量，但是由于数值较小，剪切模量不被考虑。COMSOL 仿真计算结果和实验测试结果均表明，在双负频率内的中心频率发生负折射现象，如图 8-9(d) 所示，而在非双负频率内的中心频率发生正折射现象。

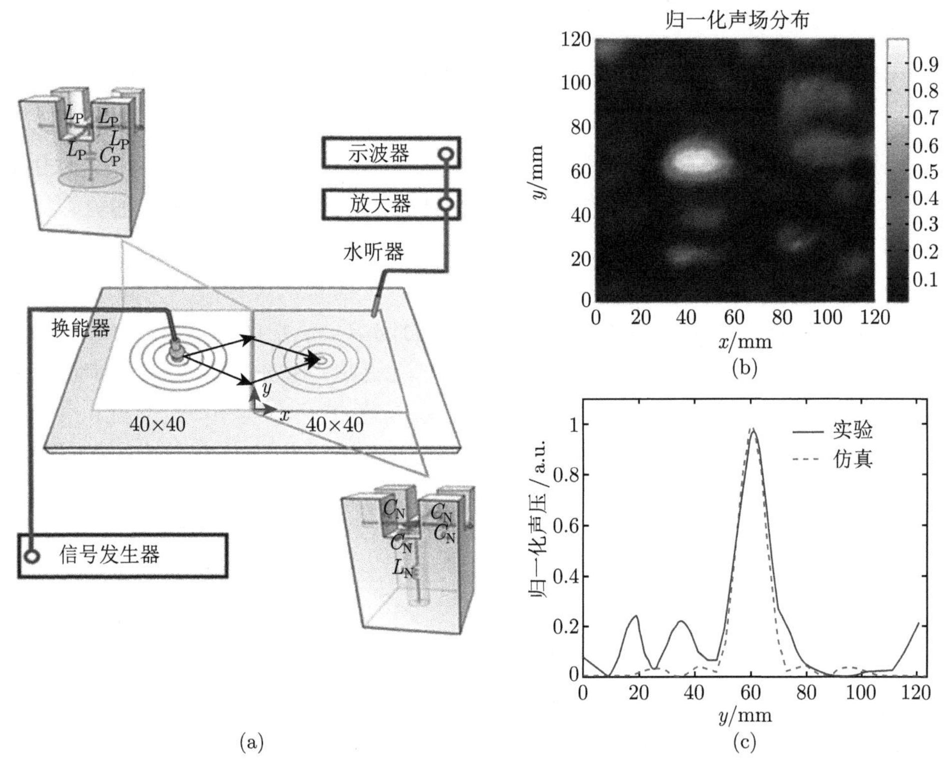


图 8-8　声学传输线网络 [70]

(a) 结构示意图；(b) 实验聚焦图；(c) 焦平面位置的声场分布曲线

Xia 和 Sun[73] 设计了一种非共振的环状结构，通过其在特定本征频率下的固有模式，实现了声波在环结构中心的聚焦。García-Chocano 等 [74] 利用一种双曲超材料同样实现了负折射效应。这种双曲超材料是通过在树脂玻璃板上钻孔制备而成的，其双曲性质由板的厚度、层间距、孔洞尺寸和晶格周期共同决定，仿真和实验测试得到这种超材料的负折射效应。Zhai 等 [75] 通过钻孔空心管构成的楔形样品，实现了空气介质中可听声频段的负折射。

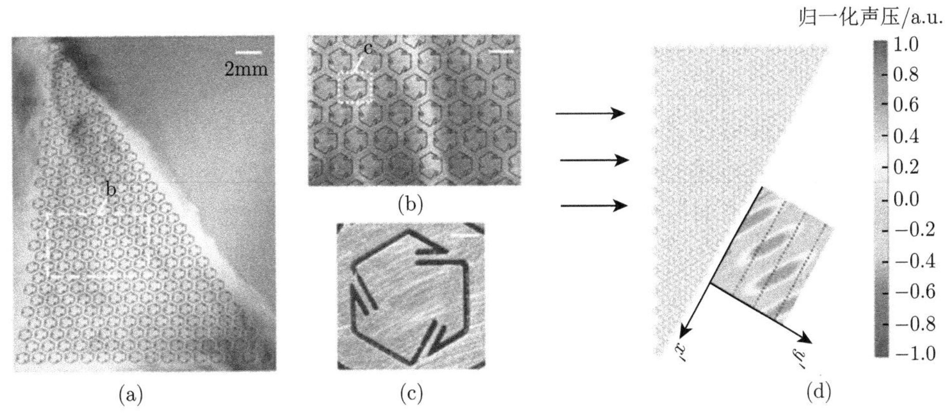


图 8-9　单相固体双负声学超材料 (彩图见封底二维码)[72]

(a)~(c) 手性弹性微结构单元及三角形样品；(d) 实验测量负折射现象

### 8.3.2　倏逝波放大及亚波长成像

声波传播时，倏逝波和传播声波均携带声波信息。由于倏逝波在传播过程中随着传播距离的增加而迅速消失，因此声波成像的精度无法突破声波的半波长。为了实现亚波长成像，必须保证倏逝波携带的信息不丢失。在电磁超材料领域，Pendry[76] 根据 Veselago 提出的折射率为 −1 的超材料可以实现平板透镜效应的理论，认为可以设计超材料领域的超透镜，使近场倏逝波在超材料透镜中传播并放大。在离开透镜以后，倏逝波迅速减小，并在成像位置恢复到原来水平。经透镜以后，倏逝波携带的信息没有损失，可以实现亚波长的完美成像效应。

类比于电磁领域的表面等离子体激元 (SPP) 放大倏逝波原理 [77,78]，在声学领域利用负等效质量密度声学超材料可以放大倏逝波 [79]，实现声学亚波长成像的关键是让近场传播的倏逝波能传播到成像位置，即采取各种方法设计能使倏逝波放大的声学超材料。

Kaina 等利用单一共振器制备的单负超材料可以实现负折射率声学超棱镜 [80]。根据负等效质量密度声学超材料可以放大倏逝波的理论，Park 等 [81] 设计了一种可以使倏逝波放大的平板超材料。Park 等认为，增强倏逝波必须降低损耗，其关键是等效质量密度的虚部远小于实部。他们从镶嵌有浮动双谐振器的流体组成的负质量密度材料中得到了启发。双谐振器外部流体的运动跟内质量一致，跟外壳运动相反。由于外壳直接接触液体，两者相反的运动不可避免地导致在液体中有一个较大的剪切速度和损耗。避免损耗的办法是让液体和整个双谐振器一起运动。采用的方法是给双谐振器覆盖上薄膜。薄膜阻挡液体，让流体的平均速度跟外壳一样。这种结构还具有另外一个优势：薄膜具有给双谐振器提供支撑让其处在合适位置的功能。更进一步，把双谐振器从这种结构中取走，仍然能得到负质量。此时只剩下由绷紧的薄膜组成的结构，也能够实现负等效质量密度和倏逝波放大。

将薄膜和硬壁组成的结构沿 $x$ 方向排列 8 个，$y$ 方向排列 16 个，组成超材料结构。这种超材料系统中因为薄膜跟流体一起运动，所以损耗显著减小。经过计算得知，质量密度的虚部大约是实部的 4%，仅有极小的能量损耗。从超材料系统表面出射的倏逝波的增益达 17 倍，达到了倏逝波放大的目的。

采用在黄铜上钻三维孔洞的方式，Zhu 等 [82] 制备了一种成像分辨率达到 $\lambda/50$ 的三维孔洞结构声学超棱镜。这种材料由一个厚度为 $h$ 的铜块 (声波不能传播) 组成，在铜块上钻上周期性的边长为 $a$ 的方形孔洞，其晶格常数为 $\Lambda$，如图 8-10(a) 和 (b) 所示，整个材料置于空气介质中。

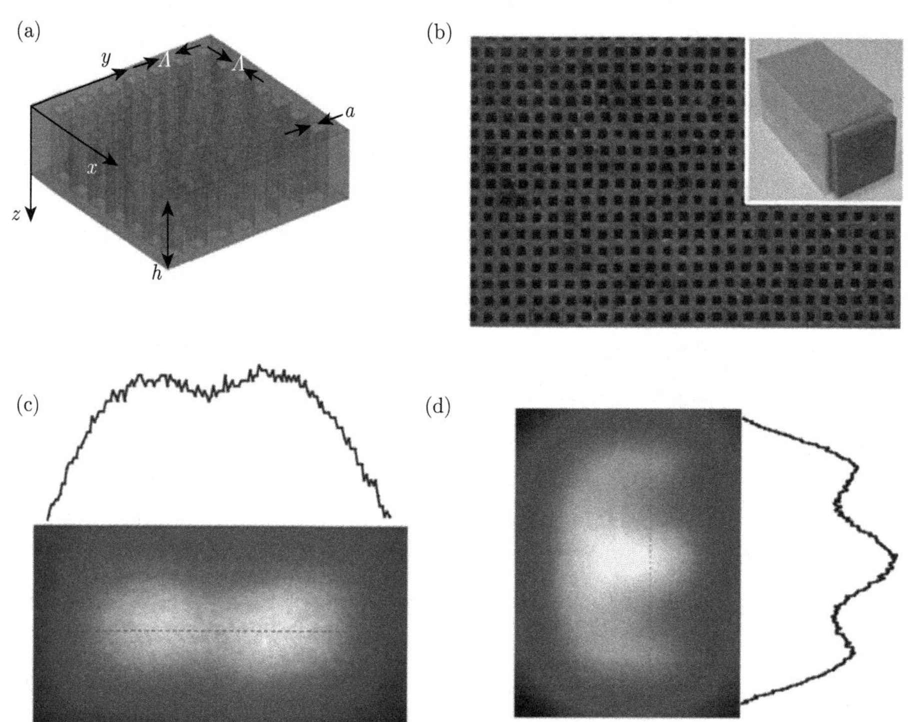


图 8-10　亚波长成像声学超棱镜 [82]

(a) 示意图；(b) 实物图；(c) 两个距离 11.85 mm 的点源所成的像；(d) 线宽为 3.18mm 的 “E” 形状的声源所成的像

将声源物体紧贴放置于样品的前面，尽量减少倏逝波的损耗，使得源物体散射谐振波所有成分都可以耦合到超材料中，将麦克风固定于三维扫描系统上用来测量出射面的声场分布。在距离样品出射端面 $\Lambda$=1.58mm 处测得的图像显示出有两个亮点 (图 8-10(c))，即可以分辨距离为 $\lambda/13.3$ 的两个亮点。图 8-10 (d) 为一个形状为字母 “E” 的源物体所成的像。可以看出，它可以清晰地分辨出线宽为 3.18mm($\lambda/50$) 的物体。尽管在一些边缘点出现了轻微的模糊，但是整个图案的形状还是完整地保留在了像平面上。线边缘和拐角的亚波长细节也能很好地展现。

这种三维声学超棱镜的周期性孔洞结构可以对入射的声波产生 Fabry-Perot 谐振，产生的声表面波可以和入射波的倏逝波信息发生强烈的耦合，从而使得衰减的倏逝波信息放大、传播，因此，在超棱镜的像空间就会出现倏逝波信息，从而使得成像的分辨率得到很大的提高。这种深亚波长的超棱镜可以应用于超声波高清晰成像、水下声呐和超声无损探伤等。

电磁学领域，研究者们通过超棱镜 [83−85] 将近场倏逝波转化为传播波，实现倏逝波在远场的放大。这种超棱镜使远场超分辨成像成为可能。受这种思想的启发，Li 等 [86] 设计了一种扇形的二维声学超棱镜，如图 8-11(a) 所示。这种扇形结构通过在铜板上雕刻 36 个空气腔组成。在这种扇形结构中，近场倏逝波转换成传播波向远场传播，在远场实现超分辨成像，分辨率最大达到 $\lambda/6.8$(图 8-11(b))。除了扇形结构之外，Chiang 等 [87] 还利用多层材料排列的结构，通过多层声波放大棱镜实现了远场声放大和超分辨成像。

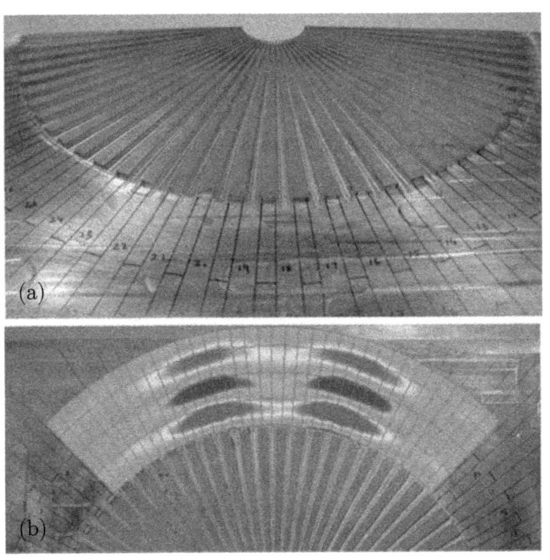

图 8-11 扇形结构的声学超棱镜 (彩图见封底二维码)[86]

(a) 结构示意图；(b) 声场分布图

### 8.3.3 完美声吸收

超材料具有的超乎常规材料的吸声性能引起了研究者的注意，利用超材料设计声学完美吸收器也成为声学超材料的重点研究内容之一 [88]。2010 年，Pai 等 [89] 类比于电磁学超材料对电磁波完美吸收的特性，从理论上提出了宽频带弹性波吸收器，使声波完全吸收成为可能。

针对低频噪声难以消除的困境，Mei 等 [90] 设计了薄膜粘贴金属片的几何上开放的共振器 (图 8-12(a))。在共振频率附近，造成了薄膜和金属片结构的位移 (图 8-12(b)~(d)，(f))，声波能量主要集中在薄膜上粘贴的金属片周围。这种结构产生了一个 100~1000 Hz 的低频域的宽频吸声，并且在 172 Hz 时吸声效率达到 86%。将薄膜做成双层以后，在某些频率吸声率达到 99%。在低频率的 172 Hz 处，薄膜的厚度为 0.2 mm，而此时声波的长度为 2 m，是薄膜厚度的 10000 倍。这种兼有低厚度和超强吸声性能的薄膜结构超材料在消除噪声方面的优势是传统吸声材料所不能比的。

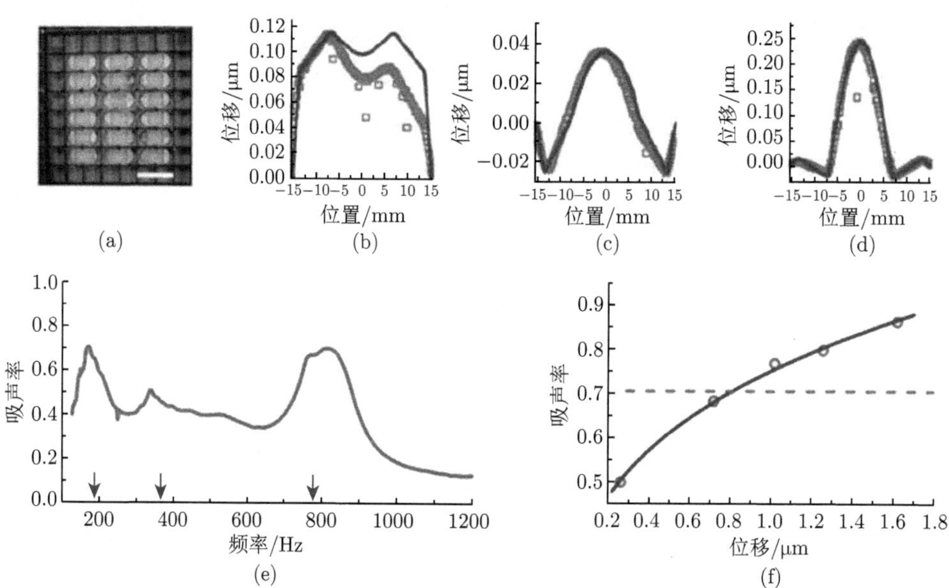


图 8-12　薄膜和金属片结构照片 (a)，172Hz、340Hz 和 813Hz 处吸声频谱和薄膜系统位移量关系 (b)~(d)，宽频带吸声 (e)，以及吸声率和位移量之间的关系 (f)[90]

另外，通过薄膜结构超材料还可以实现窄频的选择性滤波器。Ma 等 [91] 设计了一种薄膜结构和空气通道相组合的窄频选择性滤波器。设计的这种窄频滤波器由四个薄膜和薄膜围绕的圆形空气通道组成。其性质与 Park 等 [92] 研究零质量密度薄膜的透射性质完全相同，在零质量密度时具有超强的透射性能。

### 8.3.4 反常多普勒效应

在日常生活中，我们有这样的经验，在铁路旁边听行驶着的火车的汽笛声，当火车朝向我们开来时，听到汽笛声的音调会变高，反之，当火车离我们而去时，则听到汽笛声的音调变低。像这样由于波源或观察者相对于声介质有相对运动时，观察者接收到的声波频率会发生变化的现象就叫做多普勒效应。这种现象是奥地利物理学家多普勒 (1803~1853) 于 1842 年首先发现的。

电磁学中的多普勒效应与声波类似，而在双负参数的超材料中，当光源和观测者靠近时，测试到的光波频率会减小，即出现反常多普勒效应 [93−95]。

由于声波和电磁波的相似性，实验证明声学超材料也具有反常多普勒效应。2006 年，Hu 等 [96] 在一种声子晶体的带隙中实验实现了反常多普勒效应。2010 年，Lee 等 [97] 利用制备的一维双负声学复合介质，即在一维长管中排列周期性的薄膜和侧面开口孔洞，以及运动的声源测试了反常多普勒现象，如图 8-13(a) 所示。一维双负超材料的双负频段为 $f<$ 450Hz，当发射声波频率为 350Hz 的声源以 5m/s 速度靠近探测器时，经过测试，其中声波的相速度为 −230m/s，与群速度反向。测试出的信号频率为 342Hz，频率减少 8Hz，而在均匀的空气介质中测试，其频率会增加 5Hz，而当声源远离探测器时，双负介质中测试到的信号频率为 358Hz，增加 8Hz，空气中测试的频率减少 5Hz，如图 8-13(b) 所示，因此出现反常多普勒效应。而在单负频段 450Hz $<f<$ 735Hz，声波是不可透过的，在 $f>$ 735Hz 时，声波仍然表现为正常多普勒效应。Zhai 等 [98] 利用超分子簇制备的声学超材料实现了宽频带反常多普勒效应。

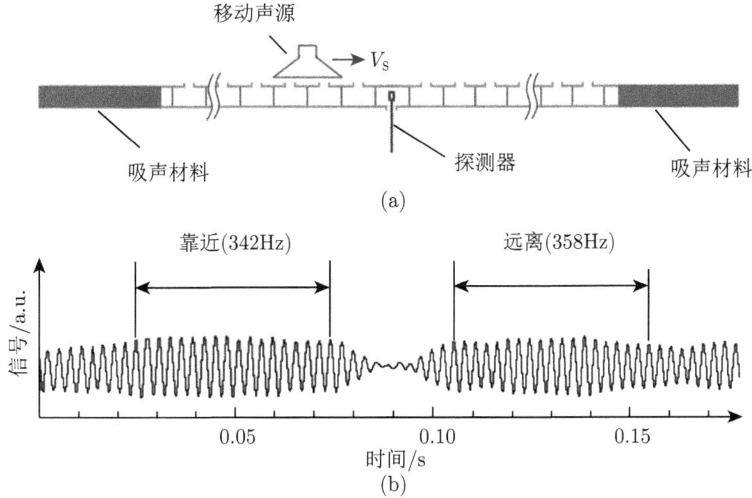


图 8-13 声学超材料中的反常多普勒效应 [97]

(a) 测试装置示意图；(b) 波形图

### 8.3.5 变换声学及隐身斗篷

2006 年，Pendry 等 [99,100] 首次提出用变换光学来实现隐身斗篷的概念，该隐身斗篷可以使入射电磁波绕过被包覆的物体，不会产生电磁波的散射，从而达到对外界隐身的效果。基于电磁超材料的“隐身斗篷”[101−103] 被美国 *Science* 杂志评为该年度的十大突破之一。

变换光学的原理就是将电磁波入射的球形区域变换到隐身斗篷的环形区域，使得电磁波仅在隐身斗篷里面绕射出去，不会对里面的物体产生散射现象。横向电磁波和声波在二维几何中具有等价关系，Cummer 和 Schurig[104] 将电磁隐身的参量等价对比到声学参量中，得到坐标变换的公式如下：

$$\rho_r = \frac{r}{r - R_1}, \quad \rho_\phi = \frac{r - R_1}{r}, \quad \kappa^{-1} = \left(\frac{R_2}{R_2 - R_1}\right)^2 \frac{r - R_1}{r} \tag{8-2}$$

其中 $\rho_r$ 为圆柱形隐身斗篷的径向等效质量密度，$\rho_\phi$ 为角向等效质量密度，$\kappa$ 为等效弹性模量。按照这个变换公式计算的声波会绕开被包覆的物体，实现二维的声隐身，如图 8-14(a) 所示。

随后，Chen 和 Chan[105] 提出用球形 Bessel 函数展开的方法将三维声波方程和电磁学麦克斯韦方程类比，得到三维的隐身斗篷，为以后设计三维声学隐身斗篷 [106,107] 提供很好的方法。仿真计算得到图 8-14(b) 所示的场分布，从图中可以看到物体后面的区域并没有出现强烈的声散射，如同物体不存在一样，平面声波的波前不受影响，实现对物体的隐身。

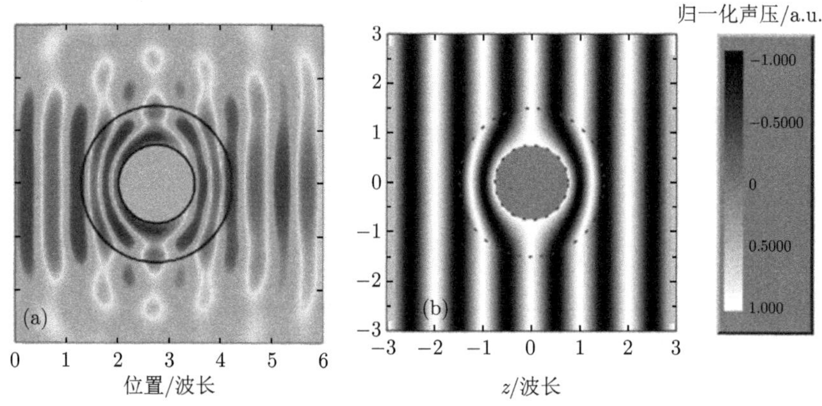


图 8-14　声学隐身斗篷的声场分布 [105]

(a) 二维；(b) 三维

2008 年，Cheng 等 [108] 提出利用两种各向同性均匀声介质交替排列成多层结构可以实现声波的隐身。同年 Torrent 和 Sánchez-Dehesa[109] 也提出利用多层同心柱结构实现二维声隐身的方法。

虽然理论上实现声学隐身是可行的，但是实验中实现二维声学斗篷的难点是各向异性的质量密度，因为自然界的物质没有这种性质。首先 Zhang 等 [110] 通过引入声学传输线理论解决了上述难题。他们设计了一种二维的圆柱形斗篷，这种斗篷由亚波长尺度的二维传播通道网络和空腔阵列组成 16 层同轴圆柱体结构，每个单元均可以等效为声容和声感，组成一个集成的声学电路，通过巧妙地设计结构的几何尺寸，达到声学坐标变换公式的要求，从而实现 52~64 kHz 宽频段的超声隐身。

2010 年 Zhu 等 [111] 提出一种菱形结构的均匀介质材料可以作为声学隐身斗篷，不过要求这种均匀介质的等效质量密度小于 1，虽然在水环境下很容易找到比水质量密度小的材料，然而在空气环境中很难找到比空气密度还小的材料。Popa 等 [112] 引入各向异性质量的声学超材料，设计了菱形的多孔结构 (图 8-15)，在硬

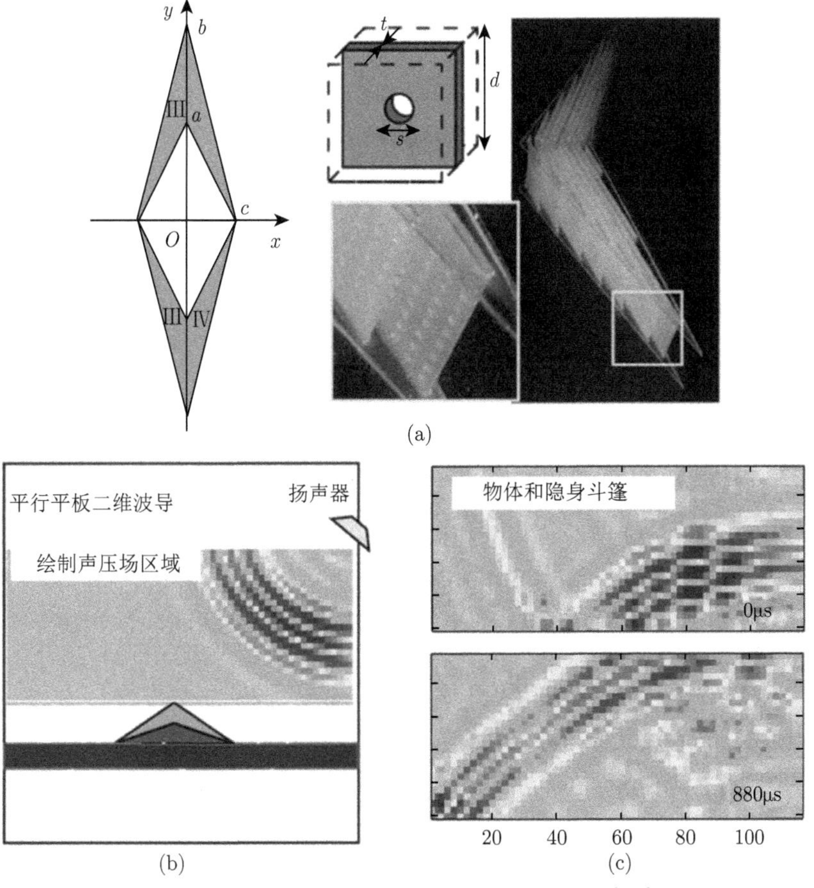


图 8-15 基于各向均匀介质的菱形隐身斗篷 [112]

质平板上放置被隐身斗篷包覆的物体，当声波入射时，反射波并没有受影响而发生散射现象，相当于物体不存在一样，从而在实验中空气环境下实现地毯式声学隐身。

在菱形声学隐身斗篷工作基础上 [111,112]，Zigoneanu 等 [113] 设计了三维地毯式隐身斗篷。他们通过理论设计并实验实现了一种近乎完美的三维、宽频带、全方位隐身斗篷。他们采用坐标变换的方法将被隐身物体所在的实空间变换成声波不能传播的虚空间，消除了物体引起的声波散射。根据计算得出的虚空间对超材料参数 (质量密度张量和弹性模量) 的要求来设计超材料结构单元，最后将材料单元组合成隐身斗篷。

图 8-16(a) 为设计并采用 3D 打印技术制作的隐身斗篷的样品照片。右上角为隐身斗篷的局部照片。设计的隐身斗篷的顶端具有最多的棱角，最容易引起声波的散射从而削弱隐身效果。研究者首先研究了顶部声波入射时对应的隐身效果，实验测试装置示意图如图 8-16(b) 所示。图 8-16(c) 表示单纯地面声波反射、只有物体没有斗篷的声波反射和物体被斗篷覆盖的声波反射。在没有隐身斗

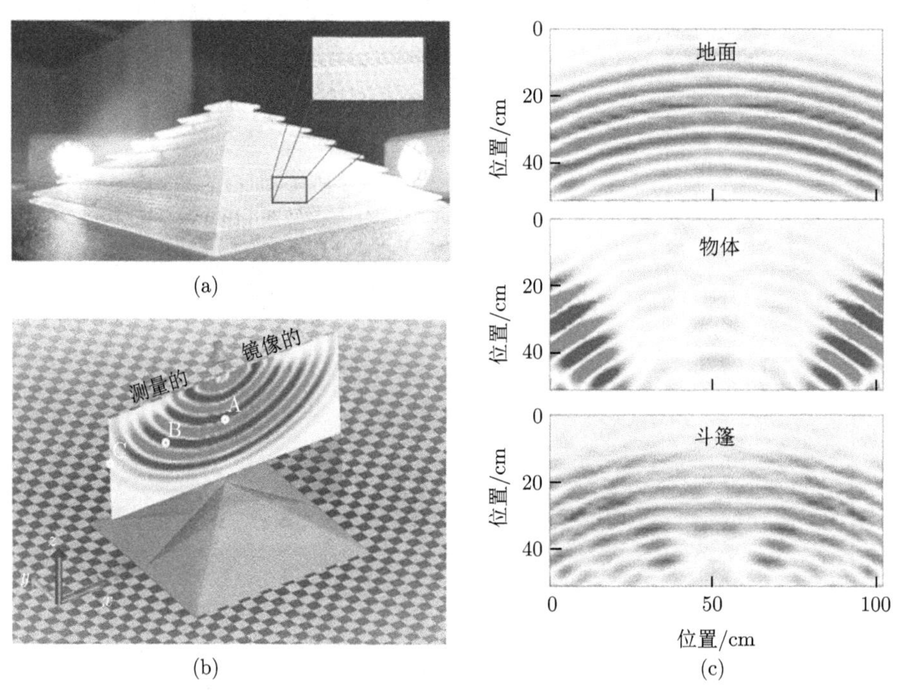


图 8-16　三维隐身斗篷 [113]

(a) 实物照片；(b) 声波正上端入射时隐身斗篷效果测量图；(c) 单纯地面、单纯物体及隐身斗篷对应的反射声场分布图

篷覆盖时，出现了明显的声波散射，而覆盖斗篷隐身以后，物体和斗篷对声波的反射声场分布非常接近于纯地面对声波的反射声场分布，说明隐身斗篷具有良好的隐身效果。同时，实验结果表明，在任意一个平面上，声波以随意选择的角度入射时，隐身斗篷均表现出了良好的隐身效果，说明该隐身斗篷具有良好的三维隐身能力。

### 8.3.6 声反常透射和声波准直器件

1998 年，Ebbesen 等 [114] 在亚波长的孔洞阵列中发现光的超常透射效应 (extraordinary optical transmission, EOT)。南京大学 Lu 等 [115] 于 2007 年在声学领域类比发现了声学超常透射效应 (extraordinary acoustic transmission, EAT)，他们在硬质板 (金属板) 上打上周期性排列的一维方形孔洞，制备出一维声栅 (图 8-17(a))，当声波垂直入射，波长为声栅晶格常数的整数倍时，声波的透射率会反常增强，接近于 1(图 8-17(b) 和 (c))。分析认为产生反常透射的原因为声衍射模式和孔洞中的 Fabry-Perot 谐振模式耦合增强。

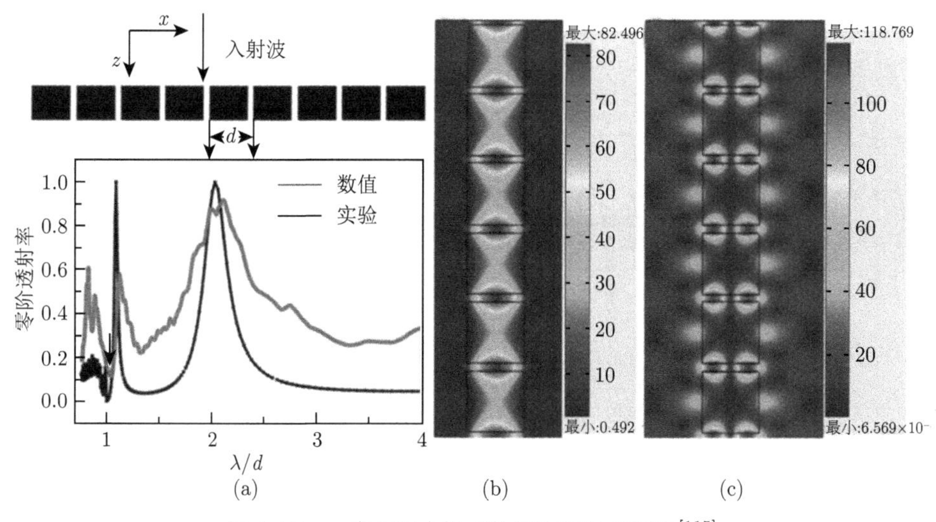


图 8-17 一维方形声栅 (彩图见封底二维码)[115]

(a) 结构示意图；(b) 零阶透射谱 ($\lambda = 2.02d$)；(c) 零阶透射谱 ($\lambda = 1.09d$)

2010 年，He 等 [116] 提出了一种无贯穿通孔的槽结构，即在铜板双面刻上周期性的空气槽，实现了超常声透射。2007 年，Christensen 等 [117] 提出声波也具有与光波类似的准直性质，即通过设计一种周期性孔洞阵列可以实现对发散的声波在远距离的准直效应。

2010 年，南京大学 Lu 研究小组 [118] 提出了声表面波 (ASW) 的概念，认为周期性的孔洞结构可以产生声表面波和柱波模式，实验证实这两种模式对声波的反常透射和准直效应起到主要作用，与产生 EOT 的 SPP 形成类比，SPP 目前是电磁学领域的研究热点，具有很多潜在的应用，类比到声学领域，声表面波也可能会实现 SPP 在电磁学中的很多奇异性质，如亚波长成像 [79] 等。

### 8.3.7　声学超材料其他应用

2009 年，Liang 等 [119] 提出一种类比于电流二极管的声学二极管 (acoustic diode) 模型，主要由一维声学超晶格和非线性声学材料组成，声能流从正面传播时不能通过，而从反面传播时可以通过。2010 年他们在实验中实现了这种效应，制备出了一种声学整流器 [120]。制备的声二极管如图 8-18 所示，声学超晶格为玻璃周期性排列在水中组成的一维阵列。非线性声学材料为超声造影剂 (UCA) 微泡悬浮液。当声波从正面入射时，刚好位于声学超晶格的禁带内，声波不能通过。而当声波从反面入射时，由于非线性材料的作用，发生倍频效应，声波的频率由 $f$ 变为 $2f$，频率为 $2f$ 的声波并不在声学超晶格的禁带内，声能流可通过。由于超晶格尺寸较大，其晶格常数与响应波长相近，限制了它的应用，如果用声学超材料代替声学超晶格，将不会出现这个问题，且几何尺寸也会减小很多，因此，将会有更多潜在的应用。

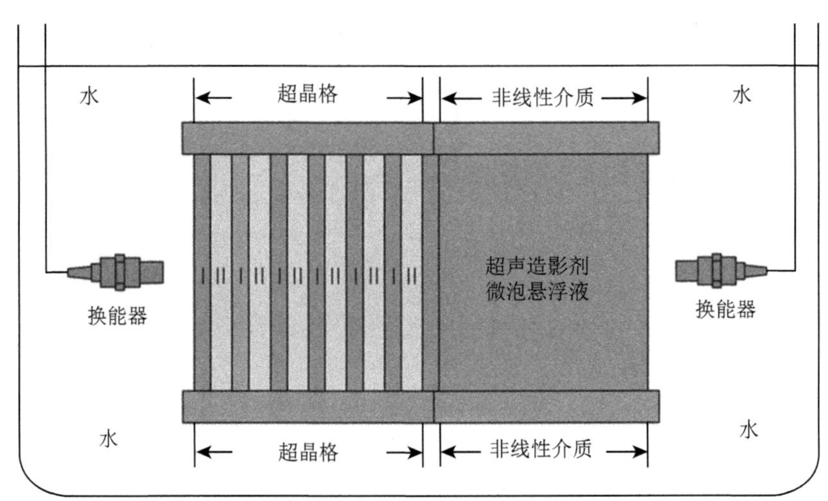


图 8-18　声二极管示意图 [120]

2014 年，Fleury 等 [121] 设计了一种由运动的流体偏置的共振环形空腔，这种运动的流体所产生的角动量偏压会使圆环的角向共振模态分裂，进而会对声波产生非常强的非互易性。图 8-19(a) 展示了这种环形空腔 (无盖状态下) 的实物图，起到偏置作用的装置是空腔中的三个以 120° 间隔排列的低噪声 CPU 风扇。通过改变风扇内的电流大小，就可以改变空腔中流体的速度。整个器件的实物图如图 8-19(b) 所示，被密封住的环形空腔与三个声波导相连，声波从一个端口 (端口 1) 入射，从另外两个端口 (端口 2 和 3) 出射。当空腔中的空气不流动时，由于对称性，端口 2 和 3 处的声波透射率相同，如图 8-19(c) 和 (e) 所示；但是，当空腔中的空气以最优偏置速度流动时，声波不会从端口 2 透过，只能从端口 3 透过，如图 8-19(d) 和 (f) 所示。

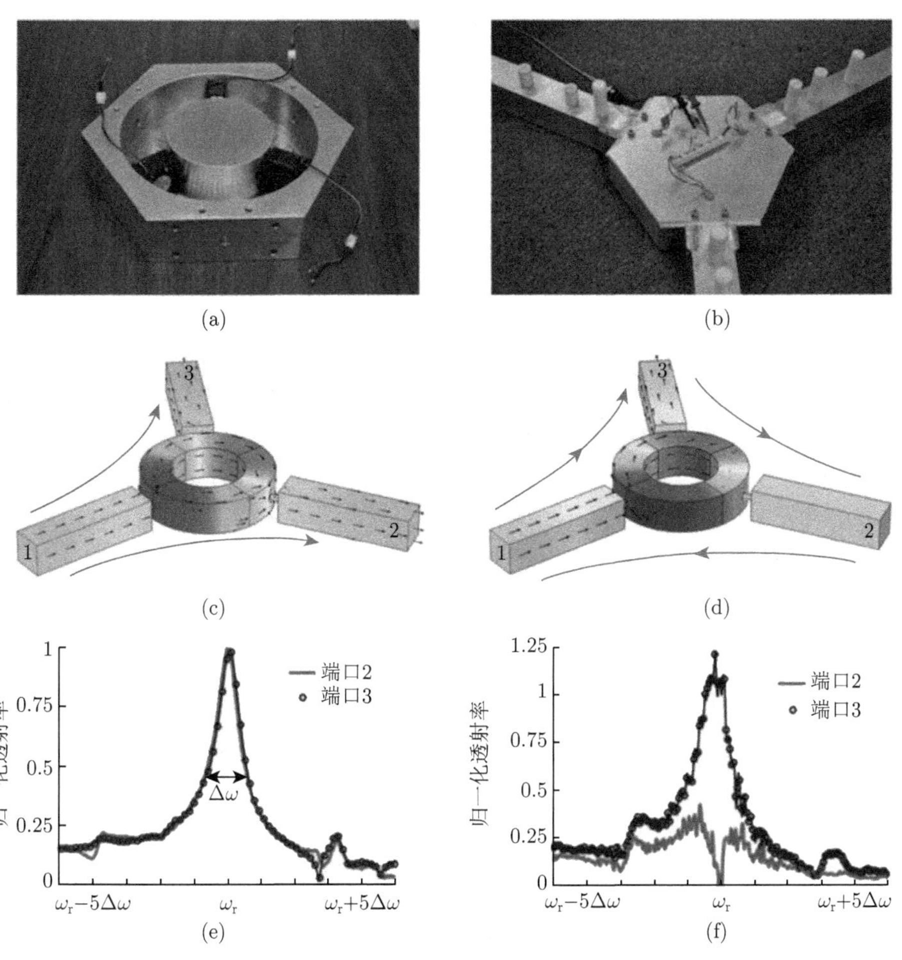


图 8-19 共振环形空腔 [121]

(a) 结构实物图；(b) 装配好的整个器件的实物图；(c) 无偏置状态下，空腔中的声场分布；(d) 最优偏置状态下，空腔中的声场分布；(e) 无偏置状态下，端口 2 和 3 的透射率，两者相等；(f) 最优偏置状态下，端口 2 和 3 的透射率，两者不相等同年，Popa 和 Cummer[122] 设计了一种亚波长的主动声学超材料，实现了非常强的非互易性。其结构单元示意图如图 8-20(a) 所示，中间为一个由非线性电流控制的压电薄膜，该薄膜的作用是感知外界声场，并通过电流产生一个声响应。薄膜的两侧为两个不对称的亥姆霍兹共振器，其中一个用图中的虚线框表示，它们的不对称性源于空腔的开口孔径不同，它们的共振频率分别为 1.5kHz 和 3.0kHz。这两个共振器的作用是使压电薄膜的阻抗与空气的匹配，进而增强压电薄膜的声响应。该结构单元正反面的实物图分别如图 8-20(b) 和 (c) 所示，当频率为 1.5kHz 的声波从该结构的正面入射时，其透射振幅随频率的变化如图 8-20(d) 中的实线所示，可以看到在 3.0kHz 附近，透射存在一个峰值；而当频率同样为 1.5kHz 的声波从该结构的反面入射时，该结构在 3.0kHz 附近的透射率非常小，如图 8-20(d) 中的空心圆所示。上述结果显示这个超材料是一个高度非互易性的器件。

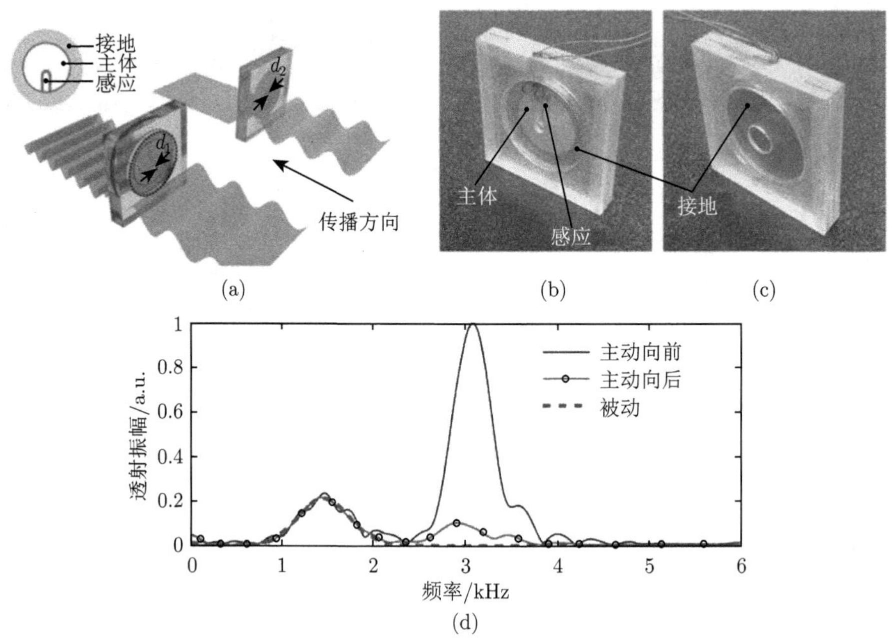


图 8-20　(a) 非互易性超材料的示意图；(b) 结构单元的正面实物图；(c) 结构单元的反面实物图；(d) 当频率为 1.5kHz 的声波分别从该结构的正反两面入射时，得到的透射振幅随频率的变化关系，虚线表示压电薄膜不供电时的对比结果 [122]

2010 年，Cox[123] 提出声学彩虹概念。将一种含有周期性孔洞的金属片以半波长距离排成阵列，当声波入射时，由于这种带孔洞的金属薄片声阻抗的不连续性，产生的后向波会在某些频段发生干涉从而产生强烈的反射波。这些反射谐振模式随着反射角的增加，声波的频率增大，形成空间不同位置处的不同频率声波的分布，类似于光学当中的彩虹现象，这种现象叫声学彩虹 (acoustic iridescence)，他们提出利用 Popa 和 Cummer[124] 提出的声学超材料可以设计周期远小于波长的声学彩虹器件，其结构更简单，层数更少。

## 8.4 声学超表面

超表面是一种具有远小于波长的厚度，并且能够任意调控透射波或者反射波传播方向的超材料。超表面 [125] 最早出现在电磁超材料领域，可以调控电磁波的各种参数, 包括相位、极化、动量、角动量等，从而实现如反常透射、反常反射、平板超透镜、不同极化波转化等奇异效应 [126−130]。

由于电磁波和声波的可类比性，电磁超表面的设计思想很快被引入声学领域，利用声学超表面实现对声波传播方向的任意调控 [63]。声学超表面是一种厚度远小于声波波长的材料，它一般是由一系列具有深亚波长尺寸的微结构单元组成，利用这些微结构单元沿着表面产生的不连续相位控制声波波前，进而调控声波的传播方向。这些微结构单元主要包括局域共振的声学超原子，其在谐振频段找出 0～2π 范围的相位分布，能够对一个完整的波前进行调控，实现声波的反常反射、反常折射以及平板聚焦、隐身等效应。这种超表面具有超薄、低损耗、低造价、高度集成性等优点，具有广泛的应用前景。

### 8.4.1 反常反射现象

设计声学超表面的目的就是为了实现对声波传播路径的任意调控，首先就是对反射声波传播方向的任意调控。2013 年，Li 等 [131] 利用卷曲空间结构设计了一种二维的超薄声学超表面，在理论上实现了对反射声波的任意调控。组成这种超表面的基本单元如图 8-21(a) 所示。该结构单元沿着声波传播方向上的整体厚度只有 1 cm，远小于其工作波长 (19.0 cm)。由于声波为标量波，因此它可以在任意尺寸的通道内传播，而不会出现截止频率。垂直入射的声波只能通过这个卷曲空间的开口进入该结构内部，并且在其内部也只能沿着卷曲通道向前传播，因此会大大增加声波的相位延迟。在结构单元的末端，作者设置了其内壁为声硬边界，因此传播到该结构末端的入射声波只能被完全反射回去，再次经过整个卷曲通道，最后从入口出射。很明显，通过改变结构内部卷曲通道的长度，最后从该结构反射出来的声波相位就会有不同程度的延迟。该超表面由八个基本的结构单元组成，如图 8-21(b) 所示，每个单元都具有不同的宽度，对应不同的卷曲通道长度，相邻单元之间的反射相位延迟相差 $\pi/4$，因此八个单元累加起来就可以实现 $2\pi$ 的相位变化，如图 8-21(c) 和 (d) 所示。对于垂直超表面入射的声波来讲，经超表面反射之后的声场分布图如图 8-21(e) 所示，很明显反射角不再是 0°，而变成了 37.77°，即出现了反常反射现象。在 Li 等后续的文章中 [132]，他们又利用类似的卷曲空间结构实验实现了具有反常反射性质的声学超表面，其结构单元实物图如图 8-21(f) 所示。

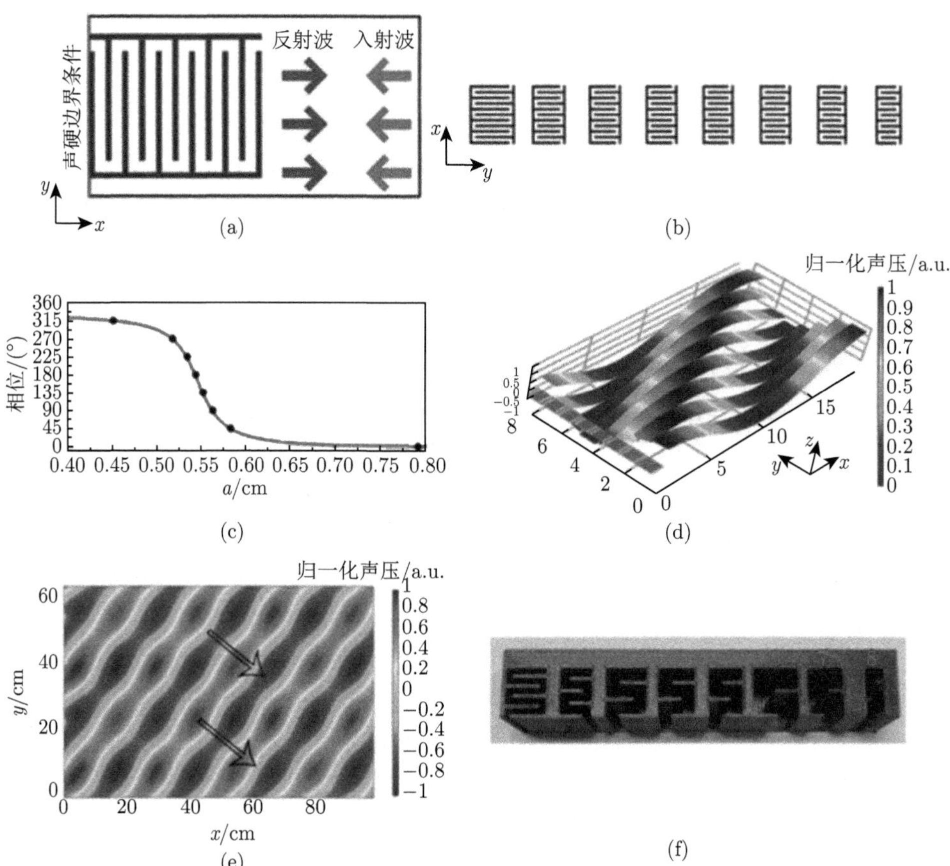


图 8-21　由卷曲空间结构组成的二维反射型声学超表面 (彩图见封底二维码)[131,132]

(a) 卷曲空间结构单元示意图；(b) 组成超表面所需要的八个具有不同宽度的结构单元示意图；(c) 结构单元的反射相位随宽度的变化关系，黑色圆点表示八个结构单元对应的反射相位值，相邻圆点之间的相位差为 $\pi/4$；(d) 八个单元对应的反射相位场分布图；(e) 根据选定的相位梯度设计的声学超表面对正入射声波的反射声场分布图；(f) 在后续工作中，利用 3D 打印技术得到的八个结构单元样品实物图

之后，Zhu 等 [133] 提出了一种无色散的波前调制方法，并且利用一个亚波长的褶皱形表面同样实现了对反射声波的任意调控。这种方法的最大优势是没有带宽的限制，也就是这种超表面的调制能力是宽频带的。这种褶皱形的超表面是

由 18 个具有不同深度的凹槽组成的，其结构示意图如图 8-22(a) 所示，结构周期为 $d = 1$ cm，凹槽的宽度为 $d_0 = 0.75$ cm。每个凹槽的深度以 3.535 mm 的差值从 3.535 mm 到 63.63 mm 梯度变化。作者设计的这种超表面是一个二维结构，整个超表面在 $xy$ 平面的尺寸为 19.5 cm × 7 cm。图 8-22(b) 展示了这种超表面的实物图，其材质为硬质塑料，制备方法是 3D 打印，尺寸为 19.5 cm × 7 cm × 18 cm。利用这个超表面，Zhu 等在一个很宽的频带内做了一系列实验测试，图 8-22(c)~(e) 分别给出了三个典型的结果，其中包含了仿真和实验结果。这三个特例对应的声波频率分别为 7.071kHz、12.162kHz 和 16.97kHz。结果显示，对于在这些频率下正入射的声波来讲，经过这种超表面反射之后的声波的反射角均为

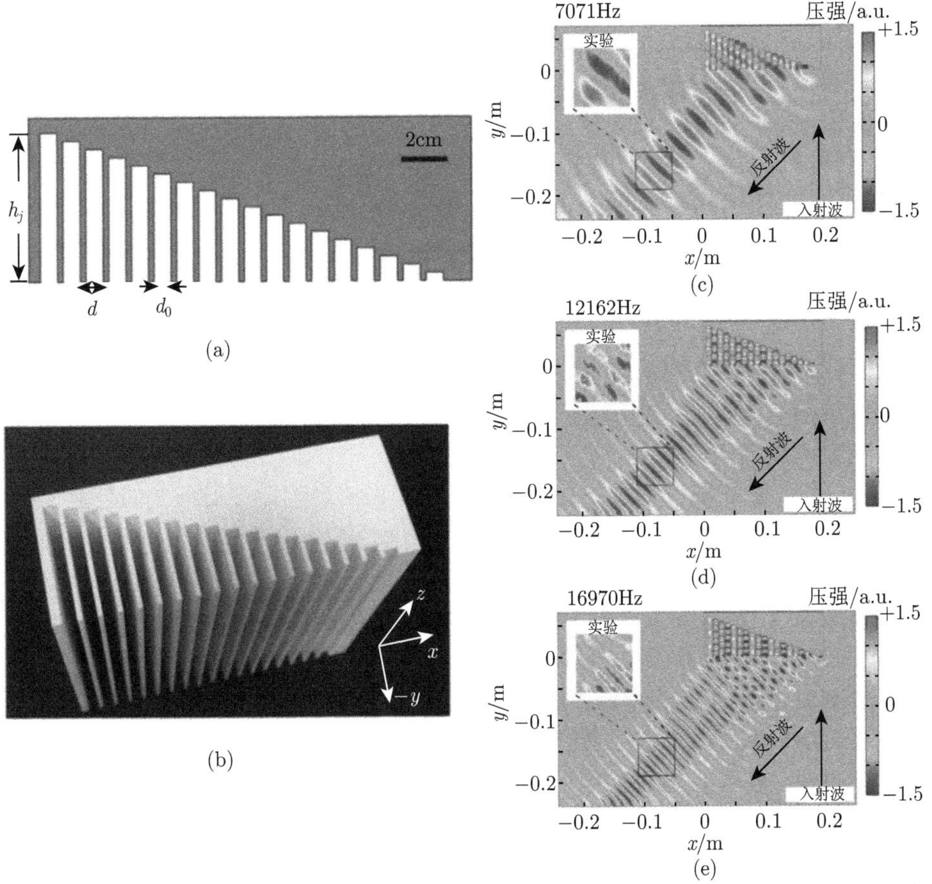


图 8-22 二维褶皱形声学超表面 (彩图见封底二维码)[133]

(a) 超表面的结构示意图；(b) 超表面的实物图照片；(c)~(e) 分别为在不同频率下，该超表面对正入射的声波的反射声场分布，包括仿真和实验的结果

45°，表现出了反常反射现象，同时也证明了这种超表面具有超宽频带的性能。此外，Ding 等 [134−137] 利用具有负等效弹性模量的开口空心球结构同样设计了一种声学超表面，并证明了其反常反射现象。Zhao 等 [138] 通过改变界面处的阻抗也得到了声波的反常反射。

### 8.4.2 反常透射现象

除了反常反射以外，声学超表面所具有的另一个性质就是反常透射或反常折射。用超表面来调制透射波的方法与调制反射波的方法类似，同样是在界面上添加相位突变。这里还需要注意另外一个重要的影响因素，就是超表面的透射强度要尽可能大，这是能够对透射波实现高效调制的必要条件；而在设计反射型超表面时，由于其末端完全由硬质材料构成，因此它的反射率本身就比较高。由此可见，相对于反射型超表面来讲，透射型超表面对其结构单元的设计要求会更加苛刻。最近几年，已经有不少研究者开始尝试利用声学超表面来实现反常透射。Xie 等 [139] 通过螺旋形的迷宫状结构设计了一种声学超表面，获得了明显的反常折射现象。这种超表面由六个螺旋形结构单元组成，每个结构单元的螺旋角度从 135° 到 540° 梯度变化，其结构示意图如图 8-23(a) 所示。为了调制透射波，这里需要两层结构，其实物图如图 8-23(b) 所示，整体的厚度约为工作波长的 1/2。在 3.0kHz 处，相邻结构单元之间的相位差为 $\pi/6$，如图 8-23(c) 所示，而这六个双层结构刚好能覆盖 $2\pi$ 的变化。将这六个单元按照如图 8-23(d) 所示的方式排列起来，就组成了声学超表面样品。这个阵列的周期为 150 mm，整个超表面由八个周期组成。当声波正入射时，该超表面的透射声场分布图如图 8-23(e) 所示，出现了很明显的反常折射现象。

Tang 等 [140] 利用优化过的卷曲空间结构同样实现了对透射声波的任意调控。这种超表面的结构单元如图 8-24(a) 所示，而这种结构单元所需要改变的结构参数有两个，分别为卷曲通道的长度和个数。整个结构单元的厚度只有 2cm，对于工作频率 2.55kHz 来讲，该厚度仅为工作波长的 1/6.67。作者利用八个结构单元实现了透射相位从 0 到 $2\pi$ 的变化；此外，经过优化的结构单元的透射率都保持在较高的量级，如图 8-24(b) 所示，其平均透射率为 0.77。将这些结构单元周期性排列就形成了超表面，图 8-24(c) 展示了一个周期的实物图。利用制备好的声学超表面，作者在 2.25kHz 处对其进行了实验和仿真研究，这里选取声波的入射角度仍然为 0°，得到的实验和仿真结果分别如图 8-24(d)~(f) 所示，可以很明显地看到反常折射现象。除了以上声学超表面以外，Mei 和 Wu[141] 通过改变结构单元的折射率来改变其相位变化，同样实现了对透射声波的任意调控。Zhai 等 [142] 通过一种类鼓状结构设计的超表面可以实现对透射声波的调控。

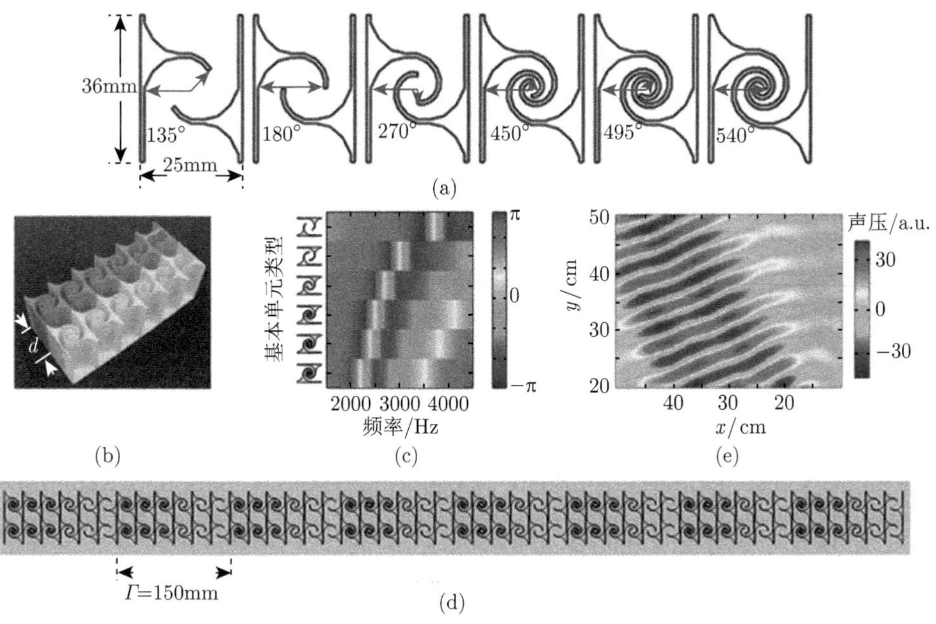


图 8-23 六个螺旋形卷曲空间 (彩图见封底二维码)[139]

(a) 结构示意图；(b) 由双层卷曲空间结构组成的单元实物图；(c) 六个结构单元所对应的透射相位变化；(d) 由这些结构单元周期性排列组成的超表面示意图；(e) 在 3.0 kHz 处实验测试得到的这种超表面的透射声场分布图，此时对应的入射声波的入射角为 0°

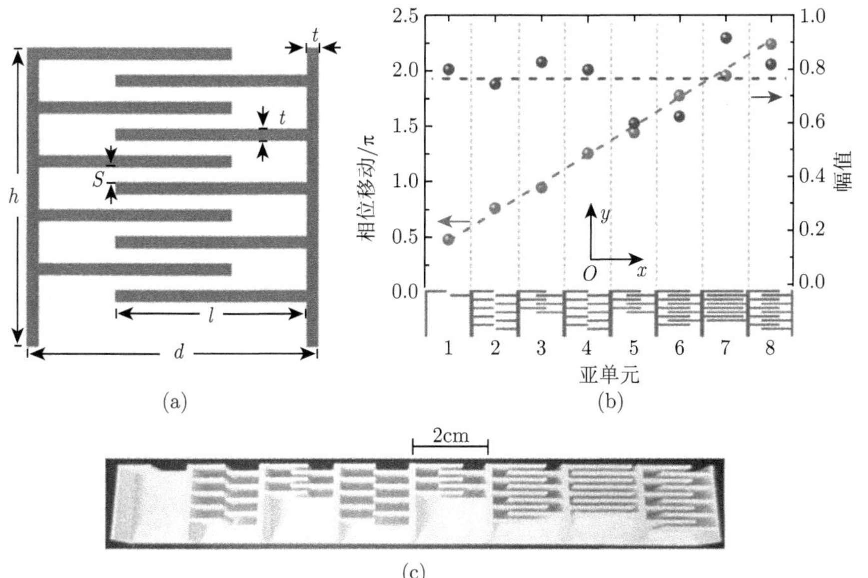

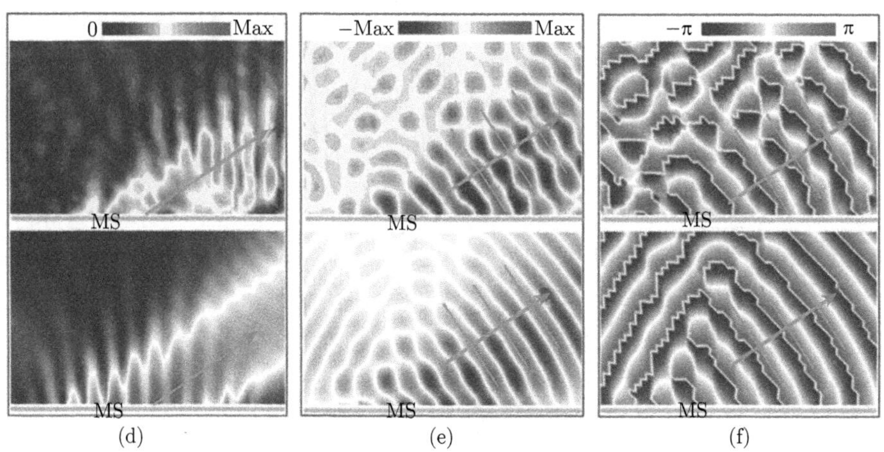


图 8-24　(a) 经过优化的卷曲空间结构单元示意图；(b) 八个结构单元所对应的透射相位和透射率；(c) 由这八个单元组成的超表面的一个周期的实物图；(d)、(e) 和 (f) 分别为实验测试 (上) 和仿真 (下) 得到的超表面的透射声波振幅、瞬态声压和相位场分布，标注的绿色箭头表示声波传播的方向 (彩图见封底二维码)[140]

### 8.4.3　平板超棱镜

2014 年，Li 等 [143] 利用杂化的卷曲空间结构设计了一种超薄的平板透镜，实现了三维空间中的声聚焦。其结构示意图如图 8-25(a) 所示，它是由改进的卷曲空间和空气通道耦合形成的。通过设计合适的几何参数，这种透镜的环形结构单元能在保证阻抗匹配的前提下实现双曲形的梯度折射率变化。图 8-25(b) 展示了这种三维轴对称的超薄平板透镜的实物图，九个环形结构通过两个尺寸可以忽略不计的框架相连，整个透镜的厚度只有工作波长的 1/6。图 8-25(c) 和 (d) 分别展示了通过仿真和实验得到的该透镜透射面外的声场分布，可以很明显地看出，声波通过透镜之后，在距离透镜 1.4m 处的焦点上出现了很强的能量汇聚。

(a)

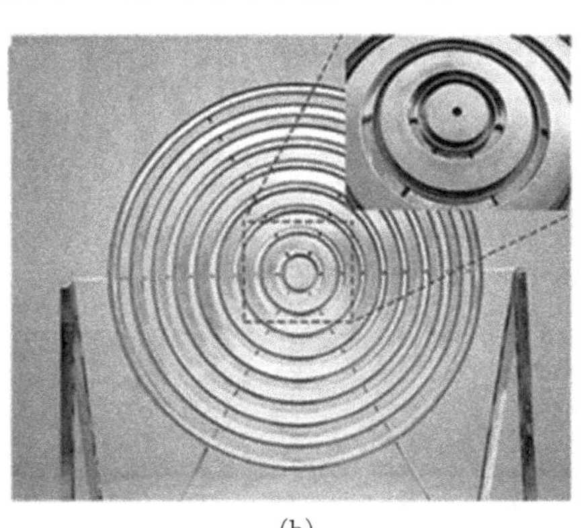

(b)

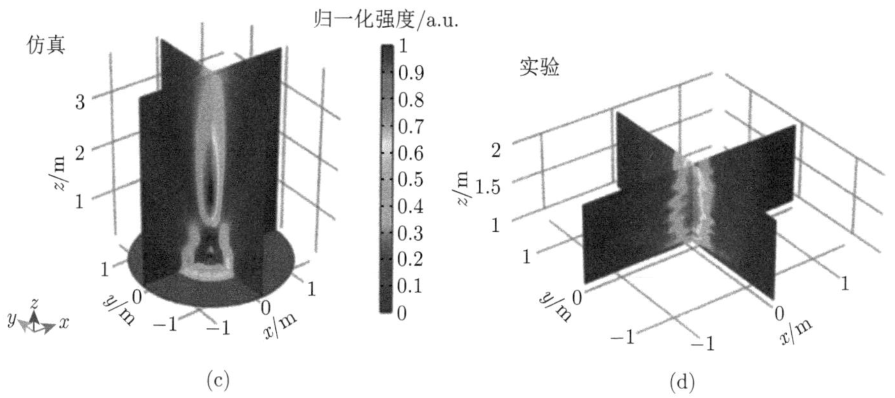


图 8-25 (a) 三维轴对称平板声透镜示意图；(b) 透镜实物图；(c) 仿真得到的透射声场分布；(d) 实验测试得到的透射声场分布 (彩图见封底二维码)[143]

2016 年，Wu 等 [144] 设计了一种超声频段的声学超表面，在很宽的频带 (0.45~0.55MHz) 内实现了对反射波的聚焦。该超表面的纵剖面示意图如图 8-26(a) 所示，一共包含 20 个具有不同深度的同轴凹槽。这些凹槽可以产生一个双曲形的反射相位配置，因此可以实现对反射波的聚焦。图 8-26(b) 展示了这种超表面的实物图。通过仿真得到的反射声场分布如图 8-26(c) 所示，可以看到一个很明显的聚焦斑点，白色虚线表示焦平面。其焦距与声波的频率存在线性的关系。在频率 0.45MHz、0.50MHz 和 0.55MHz 处测试得到的反射声场分布分别如图 8-26(d)~(f) 所示，明显的聚焦斑点证明了这种超表面的宽频带性质；此外，随着频率的变化，斑点的位置也会发生变化。

由钢制成的星形晶格结构低密度的单相位超透镜 [145] 有双负参数性质，它可以实现超过衍射极限的声聚焦。Esfahlani 等 [146] 基于声传输线超材料的独特性质并利用声漏波辐射的独特物理行为实现了首个声色散棱镜。Xie 等利用二维超材料主动相位阵列作为亚波长像素可以实现声学全息成像 [147]，避免了设计繁杂的电路，大大降低了系统复杂度，这样基于超材料的全息图可以作为各种先进的声波操作和信号调制的通用平台。Song 等 [148] 通过替代的方法实现了低损耗和

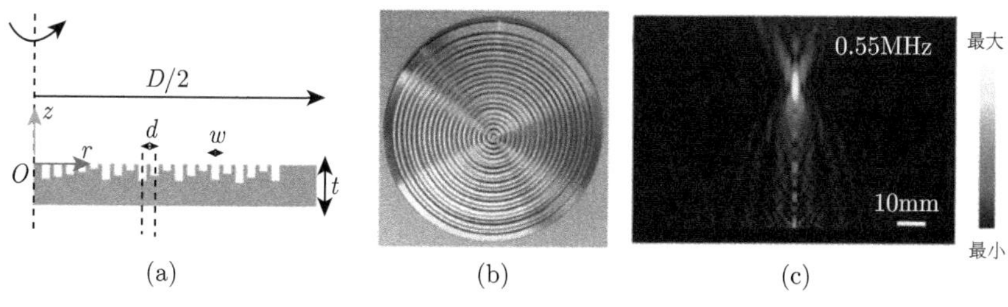

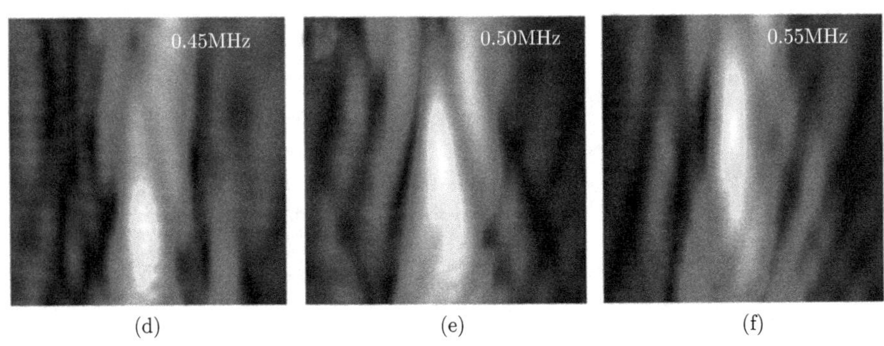


图 8-26　(a) 超声频段聚焦超表面的纵剖面示意图；(b) 超表面的实物图，材质为铜；(c) 在 0.50 MHz 处仿真得到的反射声场分布图；(d)~(f) 分别为三个频率下测试得到的反射声场分布图 [144]

大折射率的声学超材料，利用分形方法在很宽的频率范围内实现超分辨成像、隧道效应以及出色的平板聚焦效应。

### 8.4.4　其他奇异效应

利用亚波长厚度的超表面实现高效率吸声具有广泛的应用前景。Ma 等 [149] 设计了一种基于耦合薄膜结构的声学超表面，并且利用其杂化的共振状态使该结构的阻抗与空气的阻抗匹配，实现对声波的完美吸收。Li 等 [150] 通过耦合不同的谐振器并产生混合谐振模式，设计出在调谐频率下与空气声阻抗相匹配的声学超表面，可以实现 511Hz 的中心频率处超过 99%的能量吸收。利用多孔超表面和三维单端迷宫式超表面可以实现声波的宽频段高效吸收 [151,152]；Jiménez 等利用超表面还可以实现完全准全向声吸收 [153]。目前研究者们主要关注的是利用超表面实现对低频声的宽频带吸收 [154−157]。

由亚波长亥姆霍兹共振器阵列组成的声学超表面可以对反射声波进行定向控制 [158]。利用超表面可以使得声波非对称传播 [159−161]；结合超晶胞周期性和广义反射定律，当入射角超过临界角时，用一种梯度声学超表面能够实现明显的负反射 [162]。基于声学超表面概念提出的新型超薄平面的施罗德扩散器 [163] 可以实现令人满意的声漫反射，在建筑声学及其相关领域具有巨大的应用潜力。利用弹性螺旋阵列设计超表面 [164,165]，沿着轴向拉伸螺旋阵列可以控制带隙，从而用于设计新型声学开关。Bok 等 [166] 设计了一种厚度只有 $\lambda/100$ 的声学超表面，该超表面由一组超原子组成，每个超原子包含一组膜和一个充满空气的空腔，可以实现水–空气高效率传声。利用声学超表面相位补偿方法，可以实现声学隐身斗篷 [167−169]，这种斗篷设计简单，损耗小，具有一定的应用前景。声学超界面在水中兵器、舰艇以及医学高分辨率超声成像等诸多领域具有极大的应用前景。

# 参考文献


[1] Veselago V G. The electrodynamics of substances with simultaneously negative values of $\varepsilon$ and $\mu$. Sov. Phys. Usp., 1968, 10(4): 509-514.

[2] Pendry J B, Holden A J, Stewart W J, et al. Extremely low frequency plasmons in metallic mesostructures. Phys. Rev. Lett. , 1996, 76: 4773.

[3] Pendry J B, Holden A J, Robbins D J, et al. Magnetism from conductors and enhanced nonlinear phenomena IEEE Trans. Microwave Theory Tech. , 1999, 47: 2075-2084.

[4] Smith D R, Padilla W J, Vier D C, et al. Composite medium with simultaneously negative permeability and permittivity. Phys. Rev. Lett. , 2000, 84: 4184-4187.

[5] Shelby R A, Smith D R, Schultz S. Experimental verification of a negative index of refraction. Science, 2001, 292: 77-79.

[6] Liu Y M, Zhang X. Metamaterials: a new frontier of science and technology. Chem. Soc. Rev. , 2011, 40: 2494.

[7] Liu H, Zhao X P, Yang Y, et al. Fabrication of infrared left-handed metamaterials via double template-assisted electrochemical deposition. Adv. Mater., 2008, 20: 2050.

[8] Zhao X P, Luo W, Huang J X, et al. Trapped rainbow effect in visible light left-handed heterostructures. Appl. Phys. Lett. , 2009, 95: 071111.

[9] Gong B Y, Zhao X P. Numerical demonstration of a three-dimensional negative-index metamaterial at optical frequencies. Opt. Express, 2011, 19: 289.

[10] Zhao X P. Bottom-up fabrication methods of optical metamaterials. J. Mater.Chem., 2012, 19: 9439.

[11] Hussein M I, Leamy M J, Ruzzene M. Dynamics of phononic materials and structures: historical origins, recent progress, and future outlook. Appl. Mech. Rev. , 2014, 66: 040802.

[12] Sánchez-Pérez J V, Caballero D, Mártinez-Sala R, et al. Sound attenuation by a two-dimensional array of rigid cylinders. Phys. Rev. Lett. , 1998, 80: 5325-5328.

[13] Hussein M I, Hulbert G M, Scott R A. Dispersive elastodynamics of 1D banded materials and structures: desig. J. Sound Vib., 2006, 289: 779-806.

[14] Torres M, Montero de Espinosa F R, García-Pablos D, et al. Sonic band gaps in finite elastic media: surface states and localization phenomena in linear and point defects. Phys. Rev. Lett. , 1999, 82: 3054-3057.

[15] Khelif A, Choujaa A, Benchabane S, et al. Guiding and bending of acoustic waves in highly confined phononic crystal waveguides. Appl. Phys. Lett. , 2004, 84: 4400-4402.

[16] Lucklum R, Li J. Phononic crystals for liquid sensor applications. Meas. Sci. Technol., 2009, 20: 124014.

[17] Liu Z Y, Zhang X X, Mao Y W, et al. Locally resonant sonic materials. Science, 2000, 289(5485): 1734-1736.

[18] Liu Z M, Yang S L, Zhao X. Ultrawide bandgap locally resonant sonic materials. Chin. Phys. Lett. , 2005, 22: 3107-3110.

[19] Liu Z Y, Chan C T, Sheng P. Analytic model of phononic crystals with local resonances. Phys. Rev. B, 2005, 71: 014103.

[20] Zhao H G, Liu Y Z, Wen J H, et al. Sound absorption of locally resonant sonic materials. Chin. Phys. Lett. , 2006, 23: 2132-2134.

[21] Calius E P, Bremaud X, Smith B, et al. Negative mass sound shielding structures: early results. Phys. Status Solidi B, 2009, 246: 2089-2097.

[22] Yan Z Z, Zhang C Z, Wang Y S. Analysis of wave propagation and localization in periodic/disordered layered composite structures by a mass-spring model. Appl. Phys. Lett., 2009, 94: 161909.

[23] Mei J, Liu Z Y, Wen W J, et al. Effective dynamic mass density of composites. Phys. Rev. B, 2007, 76: 134205.

[24] Mei J, Liu Z Y, Wen W J, et al. Effective mass density of fluid-solid composites. Phys. Rev. Lett. , 2006, 96: 024301.

[25] Hsu J C, Wu T T. Plate waves in locally resonant sonic materials. JPN J. Appl. Phys., 2010, 49: 07HB11.

[26] Huang H H, Sun C T. Locally resonant acoustic metamaterials with 2D anisotropic effective mass density. Philoso. Mag. , 2011, 91: 981-996.

[27] Nemat-Nasser S, Willis J R, Srivastava A, et al. Homogenization of periodic elastic composites and locally resonant sonic materials. Phys. Rev. B, 2011, 83: 104103.

[28] Kushwaha M S, Halevi P, Dobrzynski L, et al. Acoustic band structure of periodic elastic composites. Phys. Rev. Lett. , 1993, 71: 2022.

[29] Yang Z, Mei J, Yang M, et al. Membrane-type acoustic metamaterial with negative dynamic mass. Phys. Rev. Lett. , 2008, 101: 204301.

[30] Yao S S, Zhou X M, Hu G K. Experimental study on negative effective mass in a 1D mass-spring system. New J. Phys. , 2008, 10: 043020.

[31] Huang H H, Sun C T. Wave attenuation mechanism in an acoustic metamaterial with negative effective mass density. New J. Phys. , 2009, 11: 013003.

[32] Huang H H, Sun C T, Huang G L. On the negative effective mass density in acoustic metamaterials. Int. J. Eng. Sci. , 2009, 47: 610-617.

[33] Popa B I, Cummer S A. Design and characterization of broadband acoustic composite metamaterials. Phys. Rev. B, 2009, 80: 174303.

[34] Torrent D, Sánchez-Dehesa J. Anisotropic mass density by radially periodic fluid structures. Phys. Rev. Lett. , 2010, 105: 174301.

[35] Zigoneanu L, Popa B I, Starr A F, et al. Design and measurements of a broadband two-dimensional acoustic metamaterial with anisotropic effective mass density. J. Appl. Phys. , 2011, 109: 054906.

[36] Torrent D, Sánchez-Dehesa J. Sound scattering by anisotropic metafluids based on two-dimensional sonic crystals. Phys. Rev. B, 2009, 79: 174104.

[37] He Z J, Qiu C Y, Cheng L, et al. Negative-dynamic-mass response without localized resonance. EPL-Europhys. Lett. , 2010, 91: 54004.

[38] Torrent D, Sánchez-Dehesa J. Anisotropic mass density by two-dimensional acoustic metamaterials. New J. Phys. , 2008, 10: 023004.

[39] Lee S H, Park C M, Seo Y M, et al. Acoustic metamaterial with negative density. Phys. Lett. A, 2009, 373: 4464-4469.

[40] Yang Z, Dai H M, Chan N H, et al. Acoustic metamaterial panels for sound attenuation in the 50-1000 Hz regime. Appl. Phys. Lett. , 2010, 96: 041906.

[41] Naify C J, Chang C M, McKnight G, et al. Transmission loss and dynamic response of membrane-type locally resonant acoustic metamaterials. J. Appl. Phys. , 2010, 108: 114905.

[42] Pierre J, Dollet B, Leroy V. Resonant acoustic propagation and negative density in liquid foams. Phys. Rev. Lett. , 2014, 112: 148307.

[43] Pierre J, Guillermic R M, Elias F, et al. Acoustic characterisation of liquid foams with an impedance tube. Eur. Phys. J. E, 2013, 36: 113.

[44] Fang N, Xi D J, Xu J Y, et al. Ultrasonic metamaterials with negative modulus. Nat. Mater., 2006, 5: 452-456.

[45] Hu X H, Ho K M, Chan C T, et al. Homogenization of acoustic metamaterials of Helmholtz resonators in fluid. Phys. Rev. B, 2008, 77: 172301.

[46] Hu X H, Chan C T, Zi J. Two-dimensional sonic crystals with Helmholtz resonators. Phys. Rev. E, 2005, 71: 055601.

[47] Lee S H, Park C M, Seo Y M, et al. Acoustic metamaterial with negative modulus. J. Phys.-Condens. Mat. , 2009, 21: 175704.

[48] Guenneau S, Movchan A, Pétursson G, et al. Acoustic metamaterials for sound focusing and confinement. New J. Phys. , 2007, 9: 399.

[49] Leroy V, Bretagne A, Fink M, et al. Design and characterization of bubble phononic crystals. Appl. Phys. Lett. , 2009, 95: 171904.

[50] Ding C L, Hao L M, Zhao X P. Two-dimensional acoustic metamaterial with negative modulus. J. Appl. Phys., 2010, 108: 074911.

[51] Ding C L, Zhao X P. Multi-band and broadband acoustic metamaterial with resonant structures. J. Phys. D: Appl. Phys. , 2011, 44: 215402.

[52] 丁昌林，赵晓鹏，郝丽梅, 等. 一种基于开口空心球的声学超材料. 物理学报, 2011, 60: 044301.

[53] Cheng Y, Xu J Y, Liu X J. Broad forbidden bands in parallel-coupled locally resonant ultrasonic metamaterials. Appl. Phys. Lett. , 2008, 92: 051913.

[54] Cheng Y, Xu J Y, Liu X J. One-dimensional structured ultrasonic metamaterials with simultaneously negative dynamic density and modulus. Phys. Rev. B, 2008, 77: 045134.

[55] Li J, Chan C T. Double-negative acoustic metamaterial. Phys. Rev. E, 2004, 70: (5): 055602.

[56] Ding Y Q, Liu Z Y, Qiu C Y, et al. Metamaterial with simultaneously negative bulk modulus and mass density. Phys. Rev. Lett., 2007, 99: 093904.

[57] Lee S H, Park C M, Seo Y M, et al. Composite acoustic medium with simultaneously negative density and modulus. Phys. Rev. Lett. , 2010, 104(5): 054301.

[58] Pope S A, Daley S. Viscoelastic locally resonant double negative metamaterials with controllable effective density and elasticity. Phys. Lett. A, 2010, 374(41): 4250-4255.

[59] Fok L, Zhang X. Negative acoustic index metamaterial. Phys. Rev. B, 2011, 83(21): 214304.

[60] Fokin V, Ambati M, Sun C, et al. Method for retrieving effective properties of locally resonant acoustic metamaterials. Phys. Rev. B, 2007, 76 (14): 144302.

[61] Lai Y, Wu Y, Sheng P, et al. Hybrid elastic solids. Nat. Mater, 2011, 10(2): 620-624.

[62] Yang M, Ma G C, Yang Z Y, et al. Coupled membranes with doubly negative mass density and bulk modulus. Phys. Rev. Lett. , 2013, 110(13): 134301.

[63] Cummer S A, Christensen J, Alù A. Controlling sound with acoustic metamaterials. Nat. Rev. Mater. , 2016, 1: 16001.

[64] Ma G C, Sheng P. Acoustic metamaterials: from local resonances to broad horizons. Sci. Adv. , 2016, 2: e1501595.

[65] Ge H, Yang M, Ma C, et al. Breaking the barriers: advances in acoustic functional materials. Natl. Sci. Rev. , 2018, 5: 159.

[66] Yang S X, Page J H, Liu Z Y, et al. Focusing of sound in a 3D phononic crystal. Phys. Rev. Lett. , 2004, 93(2): 024301.

[67] Feng L, Liu X P, Lu M H, et al. Acoustic backward-wave negative refractions in the second band of a sonic crystal. Phys. Rev. Lett. , 2006, 96(1): 014301.

[68] Lu M H, Zhang C, Feng L, et al. Negative birefraction of acoustic waves in a sonic crystal. Nat. Mater. , 2007, 6: 744-748.

[69] Bongard F, Lissek H, Mosig J R. Acoustic transmission line metamaterial with negative/zero/positive refractive index. Phys. Rev. B, 2010, 82(9): 094306.

[70] Zhang S, Yin L L, Fang N. Focusing ultrasound with an acoustic metamaterial network. Phys. Rev. Lett. , 2009, 102(19): 194301.

[71] Xie Y B, Popa B I, Zigoneanu L, et al. Measurement of a broadband negative index with space-coiling acoustic metamaterials. Phys. Rev. Lett., 2013, 110: 175501.

[72] Zhu R, Liu X N, Hu G K, et al. Negative refraction of elastic waves at the deep-subwavelength scale in a single-phase metamaterial. Nat. Commun., 2014, 5: 5510.

[73] Xia J P, Sun H X. acoustic focusing by metalcircular ring structure. Appl.Phys. Lett., 2015, 106(6): 063505.

[74] García-Chocano V M, Christensen J, Sánchez-Dehesa J. Negative refraction and energy funneling by hyperbolic materials: an experimental demonstration in acoustics. Phys. Rev. Lett., 2014, 112: 144301.

[75] Zhai S L, Chen H J, Ding C L, et al. Double-negative acoustic metamaterial based on meta-molecule. J. Phys. D: Appl. Phys., 2013, 46(47): 475105.

[76] Pendry J B. Negative refraction makes a perfect lens. Phys. Rev. Lett., 2000, 85(18): 3966.

[77] Fang N, Lee H, Sun C, et al. Sub-diffraction-limited optical imaging with a silver superlens. Science, 2005, 308(5721): 534-537.

[78] Zhang X, Liu Z W. Superlenses to overcome the diffraction limit. Nat. Mater. , 2008, 7(6): 435-441.

[79] Ambati M, Fang N, Sun C, et al. Surface resonant states and superlensing in acoustic metamaterials. Phys. Rev. B, 2007, 75: 195447.

[80] Kaina N, Lemoult F, Fink M, et al. Negative refractive index and acoustic superlens from multiple scattering in single negative metamaterials. Nature, 2015, 525(7567): 77-81.

[81] Park C M, Park J J, Lee S H, et al. Amplification of acoustic evanescent waves using metamaterial slabs. Phys. Rev. Lett. , 2011, 107(19): 194301.

[82] Zhu J, Christensen J, Jung J, et al. A holey-structured metamaterial for acoustic deep-subwavelength imaging. Nat. Phys. , 2011, 7(1): 52-55.

[83] Jacob Z, Alekseyev L V, Narimanov E. Optical hyperlens: far-field imaging beyond the diffraction limit. Opt. Express, 2006, 14: 8247-8256.

[84] Lee H, Liu Z W, Xiong Y, et al. Development of optical hyperlens for imaging below the diffraction limit. Opt. Express, 2007, 15(24): 15886-15891.

[85] Ma C B, Aguinaldo R, Liu Z W. Advances in the hyperlens. Chin. Sci. Bull., 2010, 55 (24): 2618-2624.

[86] Li J S, Fok L, Yin X B, et al. Experimental demonstration of an acoustic magnifying hyperlens. Nat. Mater. , 2009, 8(12): 931-934.

[87] Chiang T Y, Wu L Y, Tsai C N, et al. A multilayered acoustic hyperlens with acoustic metamaterials. Appl. Phys. A, 2011, 103(2): 355-359.

[88] Yang M, Sheng P. Sound absorption structures: from porous media to acoustic metamaterials. Annu. Rev. Mater. Res., 2017, 47: 83.

[89] Pai P F. Metamaterial-based broadband elastic wave absorber. J. Intel. Mat. Syst. Str., 2010, 21: 517.

[90] Mei J, Ma G C, Yang M, et al. Dark acoustic metamaterials as super absorbers for low-frequency sound. Nat. Commun. , 2012, 3: 756.

[91] Ma G C, Yang M, Yang Z Y, et al. Low-frequency narrow-band acoustic filter with large orifice. Appl. Phys. Lett. , 2013, 103(1): 011903.

[92] Park J J, Lee K J B, Wright O B, et al. Giant acoustic concentration by extraordinary transmission in zero-mass metamaterials. Phys. Rev. Lett., 2013, 110(24): 244302.

[93] Chen J B, Wang Y, Jia B H, et al. Observation of the inverse Doppler effect in negative-index materials at optical frequencies. Nat. Photon. , 2011, 5(4): 239-242.

[94] Seddon N, Bearpark T. Observation of the inverse Doppler effect. Science, 2003, 302 (5650): 1537-1540.

[95] Thomas T D, Kukk E, Ueda K, et al. Experimental observation of rotational doppler broadening in a molecular system. Phys. Rev. Lett. , 2011, 106(19): 193009.

[96] Hu X H, Hang Z H, Li J, et al. Anomalous Doppler effects in phononic band gaps. Phys. Rev. E, 2006, 73: 015602.

[97] Lee S H, Park C M, Seo Y M, et al. Reversed Doppler effect in double negative metamaterials. Phys. Rev. B, 2010, 81 (24): 241102.

[98] Zhai S L, Zhao X P, Liu S, et al. Inverse Doppler effects in broadband acoustic metamaterials. Sci. Rep., 2016, 6: 32388.

[99] Leonhardt U. Optical conformal mapping. Science, 2006, 312(5781): 1777-1780.

[100] Pendry J B, Schurig D, Smith D R. Controlling electromagnetic fields. Science, 2006, 312 (5781): 1780-1782.

[101] Schurig D, Mock J J, Justice B J, et al. Metamaterial electromagnetic cloak at microwave frequencies. Science, 2006, 314 (5801): 977-980.

[102] Liu R, Ji C, Mock J J, et al. Broadband ground-plane cloak. Science, 2009, 323(5912): 366-369.

[103] Cai W S, Chettiar U K, Kildishev A V, et al. Optical cloaking with metamaterials. Nat. Photon. , 2007, 1(4): 224-227.

[104] Cummer S A, Schurig D. One path to acoustic cloaking. New J. Phys., 2007, 9: 45.

[105] Chen H Y, Chan C T. Acoustic cloaking in three dimensions using acoustic metamaterials. Appl. Phys. Lett. , 2007, 91: 183518.

[106] Cummer S A, Popa B I, Schurig D, et al. Scattering theory derivation of a 3D acoustic cloaking shell. Phys. Rev. Lett. , 2008, 100(2): 024301.

[107] Cummer S A, Rahm M, Schurig D. Material parameters and vector scaling in transformation acoustics. New J. Phys. , 2008, 10: 115025.

[108] Cheng Y, Yang F, Xu J Y, et al. A multilayer structured acoustic cloak with homogeneous isotropic materials. Appl. Phys. Lett. , 2008, 92(15): 151913.

[109] Torrent D, Sánchez-Dehesa J. Acoustic cloaking in two dimensions: a feasible approach. New J. Phys. , 2008, 10: 063015.

[110] Zhang S, Xia C G, Fang N. Broadband acoustic cloak for ultrasound waves. Phys. Rev. Lett. , 2011, 106(2): 024301.

[111] Zhu W R, Ding C L, Zhao X P. A numerical method for designing acoustic cloak with homogeneous metamaterials. Appl. Phys. Lett. , 2010, 97(13): 131902.

[112] Popa B I, Zigoneanu L, Cummer S A. Experimental acoustic ground cloak in air. Phys. Rev. Lett. , 2011, 106(25): 253901.

[113] Zigoneanu L, Popa B I, Cummer S A. Three-dimensional broadband omnidirectional acoustic ground cloak. Nat. Mater., 2014, 13: 352.

[114] Ebbesen T W, Lezec H J, Ghaemi H F, et al. Extraordinary optical transmission through sub-wavelength hole arrays. Nature, 1998, 391(6668): 667-669.

[115] Lu M H, Liu X K, Feng L, et al. Extraordinary acoustic transmission through a 1D grating with very narrow apertures. Phys. Rev. Lett. , 2007, 99 (17): 174301.

[116] He Z J, Jia H, Qiu C Y, et al. Acoustic transmission enhancement through a periodically structured stiff plate without any opening. Phys. Rev. Lett. , 2010, 105(7): 074301.

[117] Christensen J, Fernandez-Dominguez A I, De Leon-Perez F, et al. Collimation of sound assisted by acoustic surface waves. Nat. Phys. , 2007, 3(12): 851-852.

[118] Zhou Y, Lu M H, Feng L, et al. Acoustic surface evanescent wave and its dominant contribution to extraordinary acoustic transmission and collimation of sound. Phys. Rev. Lett. , 2010, 104(16): 164301.

[119] Liang B, Yuan B, Cheng J C. Acoustic diode: rectification of acoustic energy flux in one-dimensional systems. Phys. Rev. Lett. , 2009, 103(10): 104301.

[120] Liang B, Guo X S, Tu J, et al. An acoustic rectifier. Nat. Mater. , 2010, 9 (12): 989-992.

[121] Fleury R, Sounas D L, Sieck C F, et al. Sound isolation and giant linear nonreciprocity in a compact acoustic circulator. Science, 2014, 343(6170): 516-519.

[122] Popa B I, Cummer S A. Non-reciprocal and highly nonlinear active acoustic metamaterials. Nat. Commun. , 2014, 5: 3398.

[123] Cox T J. Acoustic iridescence. J. Acoust. Soc. Am. , 2011, 129(3): 1165-1172.

[124] Popa B I, Cummer S A. Design and characterization of broadband acoustic composite metamaterials. Phys. Rev. B, 2009, 80 (17): 174303.

[125] Yu N, Genevet P, Kats M A, et al. Light propagation with phase discontinuities: generalized laws of reflection and refraction. Science, 2011, 334 (6054): 333-337.

[126] Ni X, Emani N K, Kildishev A V, et al. Broadband light bending with plasmonic nanoantennas. Science, 2012, 335 (6067): 427.

[127] Sun S L, He Q, Xiao S Y, et al. Gradient-index meta-surfaces as a bridge linking propagating waves and surface waves. Nat. Mater. , 2012, 11 (5): 426.

[128] Grady N K, Heyes J E, Chowdhury D R, et al. Terahertz metamaterials for linear polarization conversion and anomalous refraction. Science, 2013, 340 (6138): 1304-1307.

[129] Kildishev A V, Boltasseva A, Shalaev V M. Planar photonics with metasurfaces. Science, 2013, 339 (6125): 1289.

[130] Yu N F, Capasso F. Flat optics with designer metasurfaces. Nat. Mater. , 2014, 13 (2): 139-150.

[131] Li Y, Liang B, Gu Z M, et al. Reflected wavefront manipulation based on ultrathin planar acoustic metasurfaces. Sci. Rep. , 2013, 3: 2546.

[132] Li Y, Jiang X, Li R Q, et al. Experimental realization of full control of reflected waves with subwavelength acoustic metasurfaces. Phys. Rev. Appl. , 2014, 2(6): 064002.

[133] Zhu Y F, Zou X Y, Li R Q, et al. Dispersionless manipulation of reflected acoustic wavefront by subwavelength corrugated surface. Sci. Rep. , 2015, 5: 10966.

[134] Ding C L, Chen H J, Zhai S L, et al. The anomalous manipulation of acoustic waves based on planar metasurface with split hollow sphere. J. Phys. D: Appl. Phys. , 2015, 48(4): 045303.

[135] Ding C L, Zhao X P, Chen H J, et al. Reflected wavefronts modulation with acoustic metasurface based on double-split hollow sphere. Appl. Phys. A, 2015, 120: 487-493.

[136] Ding C L, Wang Z R, Shen F L, et al. Experimental realization of tunable acoustic metasurface. Solid State Commun., 2016, 229: 28-31.

[137] Zhai S L, Ding C L, Chen H J, et al. Anomalous manipulation of acoustic wavefront with an ultrathin planar metasurface. J. Vib. Acoust. , 2016, 138(4): 041019.

[138] Zhao J J, Li B W, Chen Z N, et al. Redirection of sound waves using acoustic metasurface. Appl. Phys. Lett. , 2013, 103(15): 151604.

[139] Xie Y B, Wang W Q, Chen H Y, et al. Wavefront modulation and subwavelength diffractive acoustics with an acoustic metasurface. Nat. Commun. , 2014, 5: 5553.

[140] Tang K, Qiu C Y, Ke M Z, et al. Anomalous refraction of airborne sound through ultrathin metasurfaces. Sci. Rep. , 2014, 4: 6517.

[141] Mei J, Wu Y. Controllable transmission and total reflection through an impedance-matched acoustic metasurface. New J. Phys. , 2014, 16(12): 123007.

[142] Zhai S L, Chen H J, Ding C L, et al. Manipulation of transmitted wave front using ultrathin planar acoustic metasurfaces. Appl. Phys. A, 2015, 120(4): 1283-1289.

[143] Li Y, Yu G K, Liang B, et al. Three-dimensional ultrathin planar lenses by acoustic metamaterials. Sci. Rep. , 2014, 4: 6830.

[144] Wu X X, Xia X X, Tian J X, et al. Broadband reflective metasurface for focusing underwater ultrasonic waves with linearly tunable focal length. Appl. Phys. Lett. , 2016, 108(16): 163502.

[145] Chen M, Jiang H, Zhang H, et al. Design of an acoustic superlens using single-phase metamaterials with a star-shaped lattice structure. Sci. Rep. , 2018, 8(1): 1861.

[146] Esfahlani H, Karkar S, Lissek H, et al. Acoustic dispersive prism. Sci. Rep. , 2016, 6: 18911.

[147] Xie Y B, Shen C, Wang W Q, et al. Acoustic holographic rendering with two-dimensional metamaterial-based passive phased array. Sci. Rep. , 2016, 6: 35437.

[148] Song G Y, Huang B, Dong H Y, et al. Broadband focusing acoustic lens based on fractal metamaterials. Sci. Rep. , 2016, 6: 35929.

[149] Ma G C, Yang M, Xiao S W, et al. Acoustic metasurface with hybrid resonances. Nat. Mater. , 2014, 13: 873.

[150] Li J F, Wang W Q, Xie Y B, et al. A sound absorbing metasurface with coupled resonators. Appl. Phys. Lett. , 2016, 109: 091908.

[151] Zhou J, Zhang X, Fang Y. Three-dimensional acoustic characteristic study of porous metasurface. Compos. Struct. , 2017, 176: 1005.

[152] Zhang C, Hu X H. Three-dimensional single-port labyrinthine acoustic metamaterial: perfect absorption with large bandwidth and tunability. Phys. Rev. Appl. , 2016, 6: 064025.

[153] Jiménez N, Huang W, Romero-García V, et al. Ultra-thin metamaterial for perfect and quasi-omnidirectional sound absorption. Appl. Phys. Lett. , 2016, 109: 121902.

[154] Li Y, Assouar B M. Acoustic metasurface-based perfect absorber with deep subwavelength thickness. Appl. Phys. Lett. , 2016, 108: 063502.

[155] Wang X L, Luo X D, Zhao H, et al. Acoustic perfect absorption and broadband insulation achieved by double-zero metamaterials. Appl. Phys. Lett. , 2018, 112: 021901.
[156] Wu X X, Au-Yeung K Y, Li X, et al. High-efficiency ventilated metamaterial absorber at low frequency. Appl. Phys. Lett. , 2018, 112: 103505.
[157] Chen C R, Du Z B, Hu G K, et al. A low-frequency sound absorbing material with subwavelength thickness. Appl. Phys. Lett. , 2017, 110: 221903.
[158] Song K, Kim J, Hur S, et al. Directional reflective surface formed via gradient-impeding acoustic meta-surfaces. Sci. Rep. , 2016, 6: 32300.
[159] Jiang X, Liang B, Zou X Y, et al. Acoustic one-way metasurfaces: asymmetric phase modulation of sound by subwavelength layer. Sci. Rep. , 2016, 6: 28023.
[160] Li Y, Shen C, Xie Y B, et al. Tunable asymmetric transmission via lossy acoustic metasurfaces. Phys. Rev. Lett. , 2017, 119: 035501.
[161] Xie B Y, Cheng H, Tang K, et al. Multiband asymmetric transmission of airborne sound by coded metasurfaces. Phys. Rev. Appl. , 2017, 7: 024010.
[162] Liu B Y, Zhao W Y, Jiang Y Y. Apparent negative reflection with the gradient acoustic metasurface by integrating supercell periodicity into the generalized law of reflection. Sci. Rep. , 2016, 6: 38314.
[163] Zhu Y F, Fan X D, Liang B, et al. Ultrathin acoustic metasurface-based Schroeder diffuser. Phys. Rev. X, 2017, 7: 021034.
[164] Babaee S, Viard N, Wang P, et al. Harnessing deformation to switch on and off the propagation of sound. Adv. Mater. , 2016, 28: 1631.
[165] Sun K H, Kim J E, Kim J, et al. Sound energy harvesting using a doubly coiled-up acoustic metamaterial cavity. Smart Mater. Struct. , 2017, 26: 075011.
[166] Bok E, Park J J, Choi H, et al. Metasurface for water-to-air sound transmission. Phys. Rev. Lett. , 2018, 120: 044302.
[167] Zhai S L, Chen H J, Ding C L, et al. Ultrathin skin cloaks with metasurfaces for audible sound. J. Phys. D: Appl. Phys. , 2016, 49: 225302.
[168] Yang Y H, Wang H P, Yu F X, et al. A metasurface carpet cloak for electromagnetic, acoustic and water waves. Sci. Rep. , 2016, 6: 20219.
[169] Esfahlani H, Karkar S, Lissek H, et al. Acoustic carpet cloak based on an ultrathin metasurface. Phys. Rev. B, 2016, 94: 014302.

# 第 9 章 声学超原子模型

## 9.1 引　　言

声学超材料是类比于电磁超材料 [1−6] 的设计思想提出的，通过人工设计的结构材料实现自然界正常材料不具备的性质。在对声学超材料的探索过程中，人们首先提出的是声子晶体的理论 [7−10]，声子晶体可以通过布拉格散射实现对波束的控制，增强负方向的衍射。在声子晶体中，能带结构强烈地依赖于其晶格周期，这就要求这种结构单元的尺寸必须是波长的量级，制备的样品相对较大。而基于局域共振理论的声学超材料可以克服这一困难，因为它的晶格常数远小于工作波长。

要设计符合要求的声学超材料的关键点是构建局域共振微结构，即人工超原子。自局域共振的思想 [11] 提出以后，研究者们最早的目标是设计合适的声学超原子分别实现负质量密度和负弹性模量 [12] 以及两个声学参数同时为负的双负声学超材料 [13]。基于弹簧振子的共振模型，人们可以设计出铅球–硅胶的核壳结构 [14−16]、质量块–薄膜结构 [17−21]、空心管 [22,23] 等超原子 [24] 在共振频率附近实现负质量密度。由于亥姆霍兹共振器对流体介质具有共振效应，且在共振频率附近可以对声波产生负弹性模量响应 [12]，以该结构为基础，研究者们设计了很多种超原子结构，可以实现负弹性模量声学超材料 [25−33]。这两种单负超原子声学超材料虽然被广泛研究，但是其最大的缺陷就是很难组合或耦合在一起实现质量密度和弹性模量同时为负的双负声学超材料。因此，在很长一段时间内双负声学超材料成为该领域的研究难点。Lee 等首先提出了一维管内排列周期性薄膜的结构可以实现负质量密度，一维管侧壁排列周期性孔洞可以实现负弹性模量，将这两种一维结构耦合在一起，设计出一种一维管复合材料，内部交错排列周期性薄膜和侧壁孔洞，这种复合材料可以同时实现质量密度和弹性模量同时为负值 [34]，且通过实验测试这种一维双负复合超材料具有声反常多普勒效应 [35]。我们课题组根据声学超材料的设计思想，提出了两种超原子结构开口空心球 [30−32,36−38] 和空心管 [23,39]，系统地从理论、仿真模拟以及实验测试等方面研究了这两种超原子结构的等效声学属性，研究表明这两种超原子声学超材料可以分别实现负弹性模量和负质量密度，将这两种结构组合在一起制备出的复合材料可以实现双负性质 [40−43]。

# 9.2 负弹性模量超原子

## 9.2.1 模型

声学超材料是一种利用人工设计的超原子构建的超材料。通过声学等效 $L$-$C$ 谐振电路可以设计不同的局域共振超原子。与电磁传输线理论相对应，若要研究声学传输线理论则需要知道一些基本单元，如声阻、声感和声容等 [44,45]。

设有一个开口的圆柱形长管，管长为 $l$，开口端为坐标原点，如图 9-1 所示，阻抗为 $Z_0$，管的末端为一个阻抗为 $Z_l$ 的声负载。若有一列平面时谐波从开口端入射，会在管中形成入射波 $p_{\rm i}=p_{\rm ai}{\rm e}^{{\rm i}(\omega t-kx)}$ 和反射波 $p_{\rm r}=p_{\rm ar}{\rm e}^{{\rm i}(\omega t+kx)}$，此时管中声介质的质点振动速度为

$$v_{\rm i}=\frac{p_{\rm i}}{\rho_0 c_0}=\frac{p_{\rm ai}}{\rho_0 c_0}{\rm e}^{{\rm i}(\omega t-kx)} \tag{9-1}$$

$$v_{\rm r}=-\frac{p_{\rm r}}{\rho_0 c_0}=-\frac{p_{\rm ar}}{\rho_0 c_0}{\rm e}^{{\rm i}(\omega t+kx)} \tag{9-2}$$

其中 $p_{\rm ai}$ 为入射声压幅值，$p_{\rm ar}$ 为反射声压幅值，$\omega$ 为声波的角频率，$k$ 为声波波矢，$\rho_0$ 为声介质的质量密度，$c_0$ 为介质的声速。因此，在管中任意一点处，总的质点速度为

$$v=v_{\rm i}+v_{\rm r}=\frac{p_{\rm i}}{\rho_0 c_0}-\frac{p_{\rm r}}{\rho_0 c_0} \tag{9-3}$$

根据阻抗公式可知，该结构的声阻抗为

$$Z_{{\rm a}x}=\frac{p}{Sv}=\frac{\rho_0 c_0}{S}\frac{p_{\rm ai}{\rm e}^{-{\rm i}kx}+p_{\rm ar}{\rm e}^{{\rm i}kx}}{p_{\rm ai}{\rm e}^{-{\rm i}kx}-p_{\rm ar}{\rm e}^{{\rm i}kx}} \tag{9-4}$$

根据公式 (9-4)，可以求出管开口端 $x$=0 和末端 $x=l$ 处声阻抗分别为

$$Z_{\rm a0}=\frac{p}{Sv}=\frac{\rho_0 c_0}{S}\frac{p_{\rm ai}+p_{\rm ar}}{p_{\rm ai}-p_{\rm ar}} \tag{9-5}$$

$$Z_{{\rm a}l}=\frac{p}{Sv}=\frac{\rho_0 c_0}{S}\frac{p_{\rm ai}{\rm e}^{-{\rm i}kl}+p_{\rm ar}{\rm e}^{{\rm i}kl}}{p_{\rm ai}{\rm e}^{-{\rm i}kl}-p_{\rm ar}{\rm e}^{{\rm i}kl}} \tag{9-6}$$

将式 (9-6) 代入式 (9-5) 可得

$$Z_{\rm a0}=\frac{\rho_0 c_0}{S}\frac{Z_{{\rm a}l}+{\rm i}\dfrac{\rho_0 c_0}{S}\tan(kl)}{\dfrac{\rho_0 c_0}{S}+{\rm i}Z_{{\rm a}l}\tan(kl)} \tag{9-7}$$

式 (9-7) 为声传输线的阻抗转移公式，其中 $S$ 为长管的横截面积。从式中很明显可以看出，长管开口端 (入射端) 的阻抗不仅与末端 (输出端) 声负载有关，还与管的长度有关。若已知长管一端的声负载，可以求出长管另一端的阻抗。

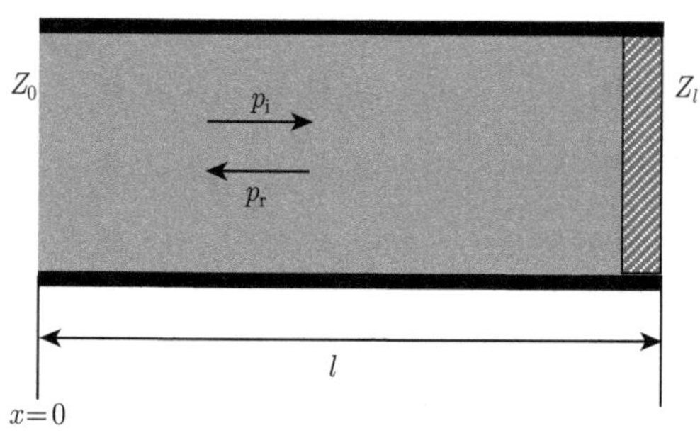


图 9-1 阻抗管示意图

根据阻抗转移公式，我们来分析两种最基本的管结构，一种为两端开口的阻抗管 (图 9-2(a))，另一种为一端开口的阻抗管 (图 9-2(b))。

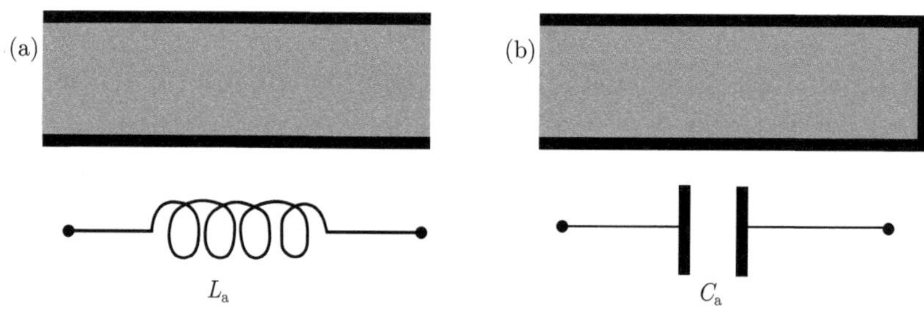


图 9-2 两端开口阻抗管 (a) 和一端开口阻抗管 (b)

两端开口的圆柱形管的输出端声阻抗为 $Z_{\mathrm{a}l}=0$，根据式 (9-7) 可知，输入端的声阻抗为 $Z_{\mathrm{a}0}=\mathrm{i}\dfrac{\rho_0 c_0}{S}\tan(kl)$，根据均匀介质理论，$kl \ll 0$，正切分量可以按照泰勒级数展开为如下的形式：

$$\tan(kl)=kl+(kl)^3/3+2(kl)^5+\cdots \tag{9-8}$$

$$Z_{\mathrm{a}0}=\mathrm{i}\omega\frac{\rho_0 l}{S}+\mathrm{i}\frac{\omega^3\rho_0 l^3}{3Sc_0^2}+\cdots \tag{9-9}$$

取一阶近似可得到双开口管的阻抗，由于双开口管对声波具有引导的作用，我们可以将这种结构等效看成声学电路的声感 (图 9-2(a))

$$L_{\mathrm{a}}=Z_{\mathrm{a}0}/(\mathrm{i}\omega)=\rho_0 l/S \tag{9-10}$$

一端开口的圆柱形管的输出端为硬质边界，输出端声阻抗为 $Z_{\mathrm{b}l}\to\infty$，代入公式 (9-7) 可得输入端阻抗为 $Z_{\mathrm{b}0}=-\mathrm{i}(\rho_0 c_0/S)\cot(kl)$，根据均匀介质理论，$kl \ll 0$，余切分量可以按照泰勒级数展开如下：

$$\cot kl = \frac{1}{kl} - \frac{kl}{3} - \frac{(kl)^3}{45} - \cdots \tag{9-11}$$

$$Z_{\mathrm{b0}} = -\mathrm{i}\frac{1}{\omega\left(\dfrac{V}{\rho_0 c_0^2}\right)} + \mathrm{i}\omega\frac{l\rho_0}{3S} + \cdots \tag{9-12}$$

这种一端开口的阻抗管可以看成一种体腔，具有存储声波能量的功能，相当于声容的作用，其等效声容为

$$C_{\mathrm{a}} = \mathrm{i}\omega Z_{\mathrm{b0}} = V/(\rho_0 c_0^2) \tag{9-13}$$

由于声介质中辐射损耗和流体振动的黏性损耗，声波在传播过程中其能量会发生衰减，声介质的这些损耗对声能流具有阻碍作用，等效为声阻的功能，其声阻 [46] 的表达式为 $R_{\mathrm{a}} = R_{\mathrm{viscosity}} + R_{\mathrm{radiation}}$。

### 9.2.2 一维负弹性模量声学超材料

1. 理论模型

约 160 年前，德国物理学家亥姆霍兹提出以他的名字命名的亥姆霍兹共振腔(HR)，主要由体积较大的体腔和旁侧的小短管组成，体腔和短管的形状不受限制。在这里我们主要分析一种最简单的亥姆霍兹共振器模型，其体腔和短管均为长方体 (图 9-3)。根据 9.2.1 节的基本模型分析可知，共振器的双开口短管等效为声感，具有引导传递声能量的作用，而单开口大的体腔具有存储声能量的功能，其等效为声容，根据声学电路的理论可知，由声感和声容组成的模型具有 $L$-$C$ 谐振效应，即当声波通过该结构时会产生共振 [46]。

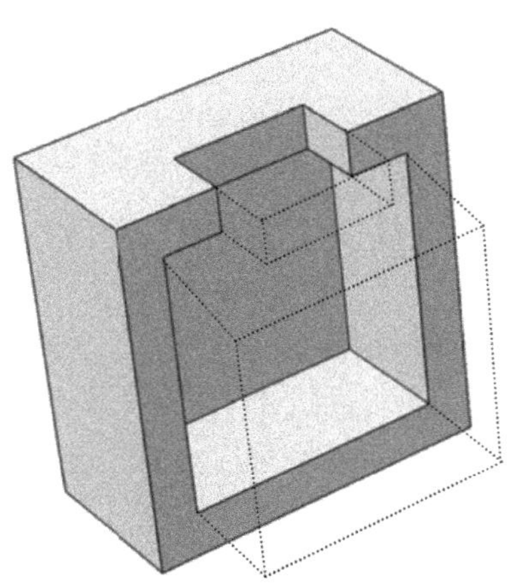

图 9-3 亥姆霍兹共振器三维示意图

将 HR 排列成一维阵列，可以制备出一维声学超材料，图 9-4(a) 表示超材料的半截面图，这种一维超材料主要由传播通道和周期性 HR 组成，HR 由直径较小的双开口短管和体积较大的单开口体腔组成，根据前面的模型可知，HR 可以等效成 $L$-$C$ 电路，如图 9-4(b) 所示，小短管 [45] 等效为声感 $L=\rho_0 d_1/S_1$，大体腔等效为声容 $C=V/(\rho_0 c_0^2)$，$\rho_0$ 为空气的质量密度，$c_0$ 为空气中的声速，$S_1$ 为小孔洞的横截面积，$d_1$ 为小孔洞的长度，$V$ 为体腔的体积。考虑到样品传播通道中的声辐射损耗和流体黏性损耗，提取声阻为

$$R=R_{\text{viscosity}}+R_{\text{radiation}}=d_1\sqrt{2\eta\omega\rho_0}/(\pi r'^3)+\rho_0 c_0(kr')^2/S_1 \tag{9-14}$$

式中 $R_{\text{viscosity}}$ 表示黏性声阻，$R_{\text{radiation}}$ 为辐射声阻，$\eta$ 为空气黏性系数，$\omega$ 为声波角频率，$r'$ 为小孔洞的等效辐射半径。此时可以计算出单一的 HR 的等效阻抗：

$$Z_{\text{HR}}=R+\mathrm{j}\left(\omega L-\frac{1}{\omega C}\right) \tag{9-15}$$

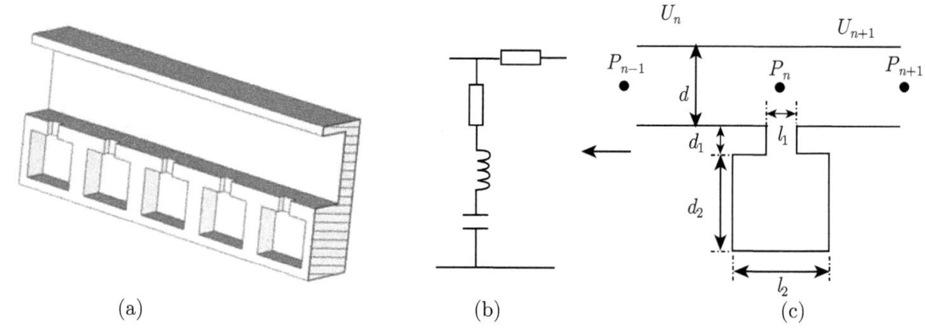


图 9-4 样品半截面图 (a)、等效基本单元 (b) 和几何截面 (c)

由于小孔洞中的声辐射会使其等效长度变大，修正后的颈长 $d'=d_1+1.7r'$[12]。HR 单元发生共振的频率 $f_0=\dfrac{1}{2\pi\sqrt{L\cdot C}}=\dfrac{c_0}{2\pi\sqrt{\dfrac{Vd'}{S_1}}}$。

整个样品可以看成由声学传输线里面的声容、声感和声阻按串并联的方式连接，一维 HR 的声波传播性质可以通过声学传输线理论 (ATLM) 解释，与电磁传输线理论类比，样品中的声波传播通道可以等效成有一定声阻的传输线，旁边的 HR 相当于并联接在传输线上的 $L$-$C$ 电路。通过计算声传输线的阻抗可以得到声波在其中的透射性质。首先认为通道的终端为活塞辐射，其阻抗为 [47]

$$Z_0=\frac{\rho_0 c_0}{S}\times\left(\frac{k^2 r_0^2}{2}+\mathrm{j}\frac{8kr_0}{3\pi}\right) \tag{9-16}$$

其中 $r_0$ 为辐射活塞的有效半径，$S$ 为传播通道的横截面积，$k$ 为传播波矢。这里实部表示声波向外的辐射，虚部表示声波的反射。利用阻抗转移公式 [45,47] 可以计算出超材料紧邻入射端的 HR 上端通道的阻抗：

$$Z_1 = Z \times \frac{Z_0 + \mathrm{j}Z\tan(k_1 a)}{Z + \mathrm{j}Z_0 \tan(k_1 a)} \tag{9-17}$$

其中 $Z = \rho_0 c_0 / S$ 为通道的阻抗，$a$ 为样品的晶格常数，此时通道中的波矢 $k_1 = k - \mathrm{j}\alpha$，$\alpha$ 为空气的流体黏性吸声系数。转移后的阻抗 $Z_1$ 与 HR 并联得到

$$Z_1' = Z_1 \cdot Z_{\mathrm{HR}} / (Z_1 + Z_{\mathrm{HR}}) \tag{9-18}$$

再利用阻抗转移公式可以计算下一个 HR 上端的等效阻抗，反复迭代下面的两个公式可以得到接收端的阻抗为

$$Z_{N-1}' = Z_{N-1} \cdot Z_{\mathrm{HR}} / (Z_{N-1} + Z_{\mathrm{HR}}) \tag{9-19}$$

$$Z_N = Z \times \frac{Z_{N-1}' + \mathrm{j}Z\tan(k_1 a)}{Z + \mathrm{j}Z_{N-1}' \tan(k_1 a)} \tag{9-20}$$

一维样品的等效阻抗 $Z_{\mathrm{eff}} = Z_N$。利用等效阻抗可以计算通过样品的声压反射率 $r = (Z_{\mathrm{eff}} - Z)/(Z_{\mathrm{eff}} + Z)$，声强度的透射率 $T = 1 - r^2$。

声波在传输线传播时满足如下的方程：

$$-\frac{\partial p}{\partial x} = -\mathrm{i}\omega\rho u \tag{9-21}$$

$$-\frac{\partial u}{\partial x} = -\frac{\mathrm{i}\omega}{\kappa} p \tag{9-22}$$

实验中用到的模型如图 9-4(c) 所示，根据传输线理论可以得到如下的方程：

$$-\frac{\partial P}{\partial x} \approx \frac{P_{n+1} - P_n}{d} = \frac{ZU}{d} \tag{9-23}$$

$$-\frac{\partial U}{\partial x} \approx \frac{U_{n+1} - U_n}{d} = \frac{YP}{d} \tag{9-24}$$

其中 $P$ 为传播通道的声压，$U$ 为声介质的体振动速度，$Z$ 为传播通道的等效阻抗，$Y$ 为 HR 的声导抗。当结构单元远小于波长 $(\lambda \gg a)$ 时，材料满足均匀介质理论，假设整个系统是无损耗的，根据文献 [12] 的推导可知 $Z \approx (\mathrm{i}kd)\rho_0 c_0 / S_c$，$Y \approx 1/(\mathrm{i}\omega L_{\mathrm{a}} + 1/(\mathrm{i}\omega C_{\mathrm{a}}))$。

将式 (9-24) 和式 (9-22) 类比，可以得到无损条件下均匀介质传输线的等效弹性模量：

$$\frac{1}{\kappa_{\text{eff}}}=\frac{-\mathrm{i}Y}{\omega S_c d}=\frac{\dfrac{V}{S_c d}}{\rho_0 c_0^2\left(1-\dfrac{\omega^2 d' V}{c_0^2 S_1}\right)}=\frac{1}{\kappa_0}\left(\frac{F\omega_0^2}{\omega^2-\omega_0^2}\right) \tag{9-25}$$

式中 $\kappa_0=\rho_0 c_0^2$ 为空气中的弹性模量；$F=V/(S_c d)$ 为几何因子，仅与结构的几何尺寸有关；$\omega_0=\dfrac{c_0^2 S_1}{V d'}$ 为 HR 的共振频率。

2. 实验装置

利用雕刻的方法在两块相同的有机玻璃板上刻上如图 9-4(a) 所示相同尺寸的凹槽，然后将两块雕刻过的有机玻璃板整合在一起组成样品。其中 HR 阵列的晶格常数 $a$ 为 16.2mm，与响应波长满足关系 $a\approx\lambda/6$，可以等效为均匀介质。传播通道的截面尺寸为 15mm×15mm，样品的总长度为 340mm。每个 HR 由体积较大的立方体空腔和一侧伸出来的短细的孔洞组成。空腔尺寸为 $l_2\times w_2\times d_2$=10mm×10mm×12mm，横截面积 $S_2=l_2\times w_2$，孔洞截面为正方形，面积 $S_1$=4mm×4mm，孔洞的高为 $d_1$=3mm。

实验的测试装置示意图如图 9-5 所示，主要包含声频信号发生器、扬声器、传声器、数字示波器。将实验自制的扬声器放置在抛物形硬质反射镜焦点上，此时扬声器发出的球面声波可以近似转化为平面波，平行地入射到一维实验样品中。反射抛物面的外部用泡沫塑料包覆以减少声波向外辐射引起的对实验结果的噪声干扰，在空气介质中，声频信号发生器产生的电信号通过扬声器转换成声信号，经过抛物面准直后入射到样品的传播通道，在样品的入射端和出射端通道上面放置两个相同灵敏度的传声器 (CR523，北京 797 无线电厂)，分别测试发射信号和接收信号的声强度，将测试得到的信号输入数字示波器，从而定量地测试出信号的强度，接收信号与发射信号的强度比即为透射率。

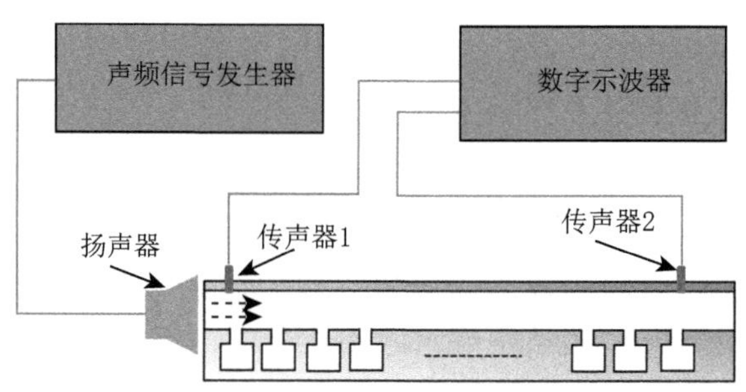


图 9-5　实验测试装置示意图

3. 结果与讨论

声波经一维声学超材料后透射率随频率变化的规律如图 9-6 所示，在 2.1~3.5kHz 频段透射率出现吸收峰，其他频段的透射率较高，接近于 1，低频附近的透射曲线有一定的波动。

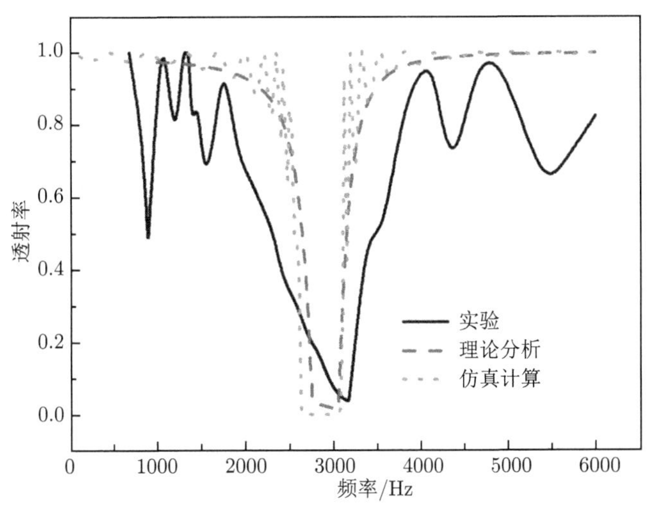


图 9-6 实验测试、等效参数法分析计算和 COMSOL 仿真透射率曲线

由于该材料满足 $\lambda \gg a$，具有均匀介质的性质，在共振模型下，利用声波在一维无损材料的方程可以推导出式 (9-25)，考虑到材料的损耗，对公式 (9-25) 进行修正，可以得到有效体弹性模量的洛伦兹形式：

$$\frac{1}{\kappa_{\text{eff}}} = \frac{1}{\kappa_0}\left(1 - \frac{F\omega_0^2}{\omega^2 - \omega_0^2 + \text{j}\varGamma\omega}\right) \tag{9-26}$$

其中 $F = S_2 d_2/(Sa)$ 为结构参数，$\varGamma = 0.1\omega$ 为 HR 内部损耗因子。

根据流体的均匀介质理论，利用等效模量可计算出一维材料的等效阻抗 $Z_{\text{eff}}$，因此，可以计算出声波透过样品的反射系数

$$R = (Z_{\text{eff}} - Z)/(Z_{\text{eff}} + Z) \tag{9-27}$$

从而计算出声强度的透射率

$$t = 1 - R^2 \tag{9-28}$$

图 9-6 的虚线表示等效参数计算的透射曲线，在 2.1~3.5kHz，该材料具有强烈的吸收峰，与实验结果相符，说明修正后的公式是准确的。因此，利用该公式

计算了材料的等效弹性模量随频率的变化关系，由图 9-7 可知，在共振频段，材料的等效弹性模量的实部、虚部为负。可以说明 3kHz 附近材料的等效弹性模量为负，表现出材料的动态响应与外部激励方向相反的性质。有此响应的材料被称为负弹性模量声学超材料。

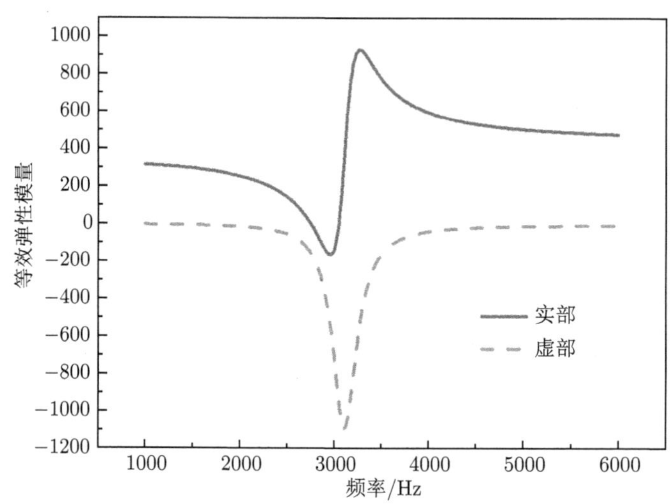


图 9-7　基于 ATLM 共振模型计算的等效弹性模量

为了证实实验结果的可靠性，我们从理论上计算出透射率规律，若一维声学超材料中含有 20 个 HR 单元，即公式 (9-20) 中满足 $N = 20$，于是可以得到超材料的等效阻抗 $Z_{\text{eff}}$，再根据公式 (9-27) 和 (9-28) 可以计算出声强度的透射率，通过这种方法计算的透射率曲线如图 9-8 所示。由图可知，利用 ATLM 计算的透射结果与实验结果规律一致。信号在 HR 的共振频段均具有强烈的衰减，说明 ATLM 模型可以很好地解释实验的结果。

我们知道声波吸收峰产生的原因包括材料的吸收和回波反射，强烈的吸收是由声阻抗的实部很大引起的，而回波反射则是由声阻抗的虚部很大所致。利用 ATLM 计算了不同频段样品的等效阻抗，如图 9-9 所示，实线表示等效阻抗的实部，虚线表示其虚部。根据计算的阻抗结果可知，在共振频段，样品的等效阻抗实部 ($\text{Re}(Z_{\text{eff}})$) 和虚部 ($\text{Im}(Z_{\text{eff}})$) 都有变化，$\text{Re}(Z_{\text{eff}})$ 有个衰减凹形曲线，而 $\text{Im}(Z_{\text{eff}})$ 突变增大，众所周知，$\text{Re}(Z_{\text{eff}})$ 为声阻 [12]，主要影响材料的吸收，$\text{Im}(Z_{\text{eff}})$ 为声抗，决定材料的反射系数，$\text{Im}(Z_{\text{eff}})$ 的突变增大导致阻抗不匹配，是产生吸收峰的主要原因，因此，可以确定实验中的吸收峰是由材料回波反射产生的。在其他频段，声阻较大而声抗较小，使得声波经样品的透射率较大，即为导带。然而 ATLM 模拟的透射图在非共振频段不稳定，特别在低频，有强烈的波动，1kHz

附近透射率的极小值接近于零，可以理解为谐振波和传播波之间的相互作用使得输出信号不稳定。在该频段的实验结果也有波动，但没有模拟结果强烈，主要由于实验中存在各种损耗。如果选择更多的共振器 ($N = 500$)，代入公式 (9-20) 可以得到样品的透射率，如图 9-8 的虚线所示，模拟结果显示非共振频段的透射曲线的波动会消失，透射率均接近于 1。因为当 HR 足够多时，共振器相互之间能更好地耦合，使谐振达到稳定。

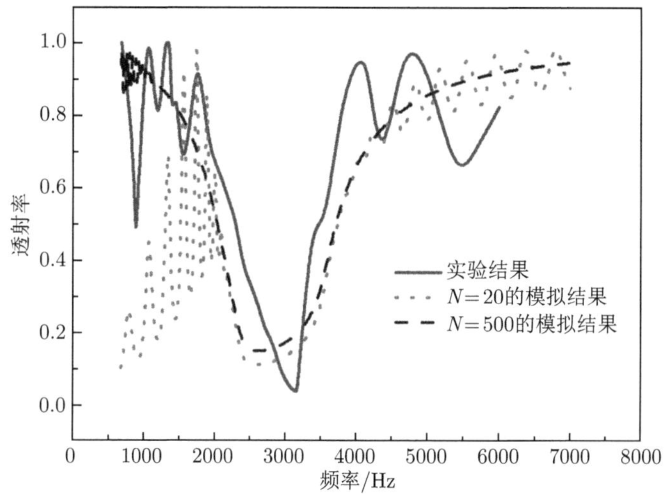


图 9-8 ATLM 计算的透射率曲线和实验测试结果

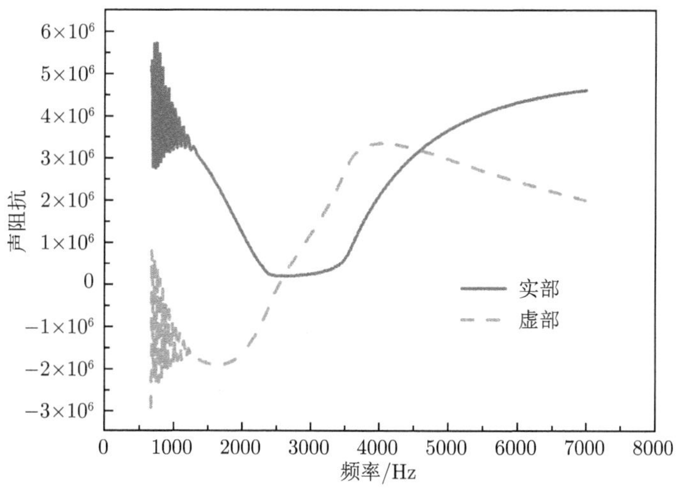


图 9-9 ATLM 计算的声阻抗结果

在截止频率范围内，波导管中传播的声波都具有很高的透射率，不会出现很强烈的反射，而样品中出现强烈的回波反射则是由于 HR 共振的作用。为了说明这个问题，我们实验测试了样品内部声波信号强度的分布。

将样品中 20 个 HR 从发射端开始按顺序编号。图 9-10 表示在共振频段和非共振频段信号强度在样品通道不同位置处的分布，横坐标表示 HR 的编号。由图 9-10 可知，在非谐振频段的 3.72kHz 和 4.16kHz 时，信号强度变化缓慢，与声波辐射传播损耗一致，产生原因则是声波辐射损耗和流体的黏性损耗，说明信号在样品中并没有产生特殊作用。而在谐振频段，即频率为 2.62kHz 和 2.82kHz 时，在前两个 HR 处信号有强烈的突变，而离发射端较远的地方共振器接收信号均较弱，强度变化不大。由此可知信号并没有被吸收，主要发生了反射，如果信号被吸收，其强度则是一个渐变的减弱过程，不会出现突变情况。这种现象可以解释为：当信号在样品传播通道中经过前几个 HR 时，由于 HR 的局域共振效应，其响应与外加激励场不同步，从而使信号全部反射回去，该实验从另一方面说明了样品中 HR 的共振效应。

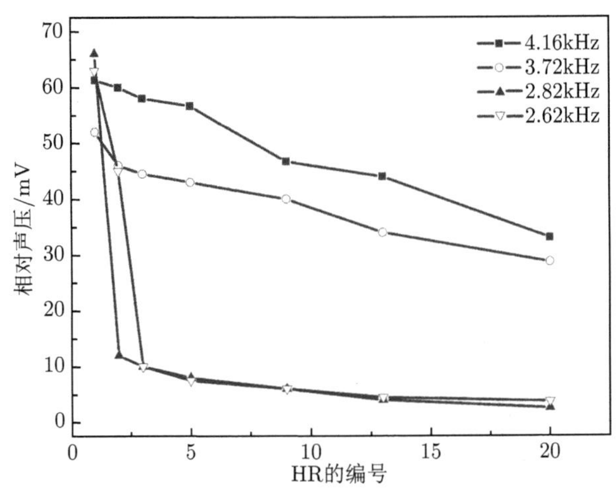


图 9-10 不同频率声信号在样品中强度分布

为了进一步说明实验样品产生负弹性模量的物理机理，我们用有限元方法 (FEM) 全波模拟了声波在实验样品传播时声场的分布性质。所用软件为一种基于有限元方法的多物理场耦合软件 COMSOL Multiphysics 3.5，在声学模块中的“声压”环境下进行全波仿真模拟，设置与实验样品几何尺寸一致的空气体腔。整个体腔的介质设为空气，质量密度为 1.29kg/m$^3$，声速为 343m/s。边界设置如下：Port1 为入射端，设置为辐射边界，声压为 1；Port2 为输出端，设置为辐射边界，声压为 0；其他的边界都设置为硬质边界。通过仿真可以计算出声波在样品入射端和出射端的声强比值，即样品的声透射率 $T$，计算出来的透射率曲线结果如图 9-6 的点线所示，与实验结果相近，在 3kHz 附近出现共振吸收峰，其他非共振频段透射率接近于 1，且存在一定的波动。

为了更直观地说明透射峰产生的原因，我们分别研究了共振频率附近 (2.85kHz) 和非共振频率 (5kHz) 时样品的声场性质。图 9-11(a) 和 (c) 表示在共振频率附近的 2.85kHz 时样品内部的声压大小分布和声压相位分布，图 9-11(b) 和 (d) 表示在非共振频率 5kHz 时样品内部的声压强度分布和声压相位分布。在非共振频率，声压呈均匀分布，且和均匀介质相近，此时出射端和入射端声强度变化不大，表现出较高的透射率，声压的相位规则向前传播，随着距离的增大，传播通道和 HR 中的等相位面呈周期变化，与声波在均匀介质中的传播规律一致。而在共振频率，声压主要集中在前两个 HR 中，且第一个 HR 的强度达到最大，由于共振器的强烈的共振效应，传播通道和第三个以后的共振器里面几乎无声能量，表现为透射禁带，这与实验测试结果一致 (图 9-10)，即透射禁带是由于共振器作用，声波能量在入射端前两个 HR 位置处发生急剧的衰减，从声压相位分布 (图 9-11(d)) 可知，传播通道的相位为正值，位于 0 与 1 之间，而共振器的相位为负值，接近于 $-\pi$，说明样品中的声介质并没有按照声波的模式发生周期性振动，而是按照 HR 共振以后本身的效应发生振动，且 HR 和传播通道的振动模式都分别相同，并在 HR 里面出现了与声波相位相反的响应，即负响应。对此我们可以理解为样品的负弹性模量是由于 HR 的强烈共振，导致里面的声介质按照自己的模式振动，且与外界声激励反相，也就是说，当声波压缩介质时，声介质表现为膨胀性质，而当声波拉伸介质时，声介质表现为压缩性质，根据弹性模量的定义 $\kappa = \mathrm{d}P/(-\mathrm{d}V/V)$，声压随体积的反常变化就会出现负的弹性模量。

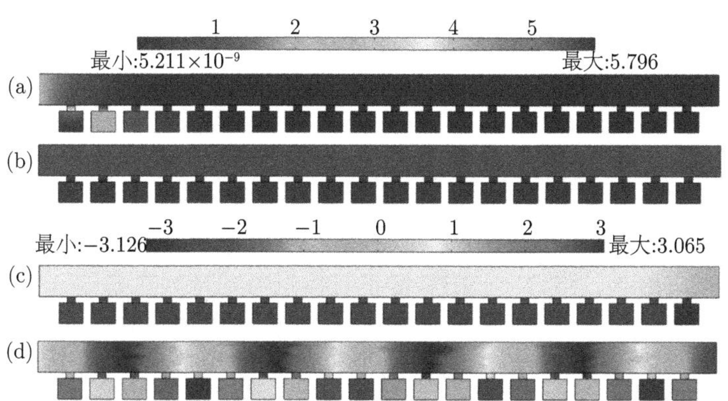


图 9-11 有限元方法仿真的样品内部不同频率声压值分布: (a) 2.85kHz，(b) 5kHz；样品内部不同频率声压相位分布: (c) 2.85kHz，(d) 5kHz(彩图见封底二维码)

因此，由 HR 性质可知，大的体腔具有存储信号的功能，当声信号达到共振频段时，这些存储信号就会从旁边小孔洞释放出来，且响应非常强烈，共振信号由于强度非常大不会受到激励信号的控制，也就是当激励信号作用在小孔洞的介质时，由于介质的强烈共振，不会立即与激励信号的作用同步，从而出现这种情况，当激励信号向上作用于介质时，介质由于共振且向下运动，不能与外部激励同步而保持其向下运动的本征性质，这样会使得共振响应信号的相位与激励信号的相反，即在外部压力作用下，HR 中的介质会有相反方向的响应，出现回波反射效应，此时材料的等效弹性模量为负。

### 9.2.3 二维负弹性模量声学超材料

1. 模型设计与样品制备

电磁超材料的基本结构开口谐振环 [2] 具有局域共振性质，并可以用于制备负磁导率材料。基于这种思想，同时根据 9.1.1 节声学传输线理论，在声学领域，我们提出了一种具有 $L$-$C$ 谐振性质的开口空心球 (SHS) 结构单元 [30]，图 9-12(a) 和 (b) 分别表示材料基本单元 SHS 的三维立体结构图和二维截面图，从图中可知，SHS 为带有一定直径孔洞的空心球。这种结构的开口孔洞相当于声感 $L_0$，内部的空心球体腔相当于声容 $C_0$，SHS 的体腔具有储存声能的功能，会引起声介质在开口孔洞处进出振动 (oscillate in and out)，当声波达到一定频率时，体腔中积累的能量使得声介质在 SHS 的开口孔洞处发生强烈的振动。根据声学传输线理论，SHS 的声感 $L_0=\rho_0 d_{\text{eff}}/S_1$，声容 $C_0=V/(\rho_0 c_0^2)$，其中 $S_1=\pi(d/2)^2$ 为开口孔洞的横截面积，$\rho_0$、$c_0$ 分别为声介质的密度和声速，当发生共振时，开口处声辐射会产生辐射阻抗，增加了开口管的等效长度，经过修正得到 $d_{\text{eff}}=t+1.8\sqrt{d}$。基于 $L$-$C$ 共振模型计算的共振频率为

$$f_0=\frac{1}{2\pi\sqrt{L_0\cdot C_0}}=\frac{c_0}{2\pi\sqrt{\dfrac{V d_{\text{eff}}}{S_1}}} \tag{9-29}$$

2. 实验测试与结果讨论

实验制备的 SHS 半径 $R$=5mm，壁厚 $t$=0.5mm，壁材料为聚乙烯塑料，开口孔洞直径 $d$=4mm。将 3 个 SHS 按正三角形方式排列在海绵基底中，制备出实验样品 (图 9-12(c))。其中样品厚 25mm，微结构单元 SHS 的间距 $a$=11mm，SHS 的开口端均指向样品的入射面。为了进行对比，同时制备了在基底中以相同方式排列无孔空心球的材料和纯基底海绵材料，这两种样品的尺寸与 SHS 样品相一致。

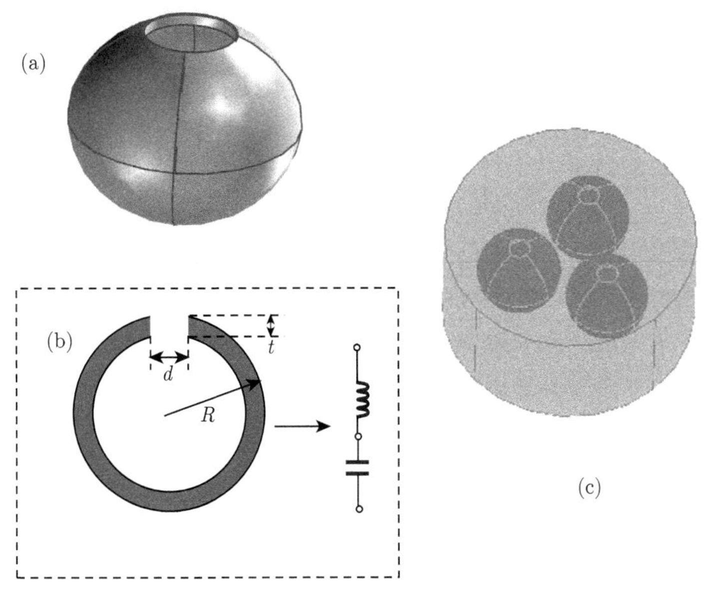


图 9-12 SHS 结构图

(a) 实物立体图；(b) 横截面图；(c) SHS 样品示意图

所有样品的透射和反射性质均在声望阻抗管系统 (北京声望声电技术有限公司，SW477) 中测试完成，测试装置包括四个传声器、两根内径 30mm 的阻抗管、扬声器、四通道数据采集分析仪、功率放大器和计算机，如图 9-13 所示，测试的频段为 800~6300 Hz。通过计算机软件控制信号发生器发射出数字电信号，经功率放

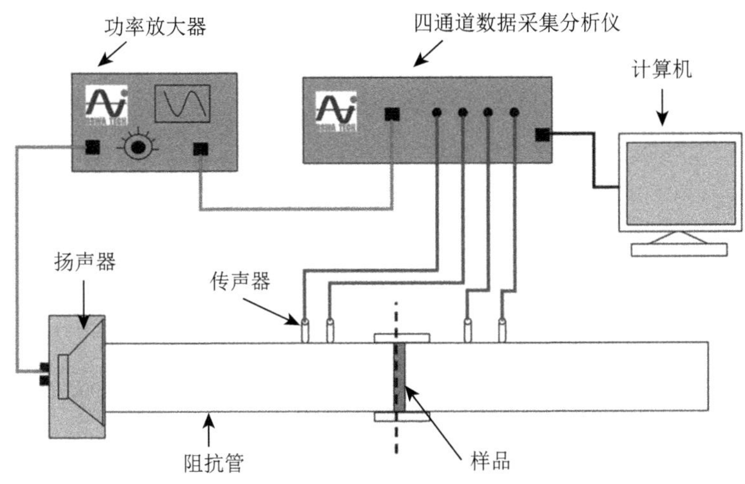


图 9-13 声望阻抗管测试系统示意图

大器放大后，再由扬声器变成声波信号在阻抗管中传播，阻抗管足够长使得声波在其中将以平面波的形式传播，实验测试样品经过密封处理放置于两阻抗管中间，四传声器测试系统可以测试样品的入射端和透射端的声信号，再通过四通道数据采集分析仪输入计算机中，通过传递函数法进行数据处理，最后可以计算出实验样品的透射率和透射相位。

如果将样品后面的阻抗管填充吸声材料，且将样品透射端的两个传声器取下，用相同大小的硬质塑料将孔洞堵住，经过改装的系统即为双传声器反射测试系统。此时经过样品出射的声波全部被吸收，不存在多次反射现象。因此，通过阻抗管吸声模块测试声信号的吸收系数 $\alpha$，最后可以计算出样品的反射率 $|R| = 1 - \alpha$。同时根据传声器的位置可以测试出实验样品的反射相位。

图 9-14 表示纯海绵样品、空心球样品和 SHS 样品的实验透射曲线，从图中可以看出，当频率从 800Hz 到 6300Hz 变化时，海绵透射率 (红线) 由 75%到 60%均匀变化，说明该基底可以看作声学的均匀色散介质，同时可以看出，空心球样品透射曲线 (绿线) 与基底海绵趋势一致，但透射率整体向下平移 10%左右，主要因为空心球的散射损耗造成透射的声波减少。而 SHS 样品的透射曲线 (黑线) 在 $f$=5kHz 附近出现强烈的吸收峰，说明此时的吸收峰并不是空心球和海绵产生的声学效应，而是由 SHS 所致。究其原因，相比于空心球，SHS 体腔对外开放，入射声波的能量大量存储在空心体腔中，体腔中积累的能量也可以从开口处释放出来，根据 SHS 的几何设计与共振模型可知，吸收峰的位置刚好和 SHS 的共振频率一致，说明这种共振结构是产生吸收峰的主要原因。另外，从图 9-14 的透射相位曲线可以看出，在整个研究频段，海绵基底和空心球样品的透射相位随频率增加而均匀变化。排有 SHS 结构的实验样品在 5kHz 附近出现相位波动，

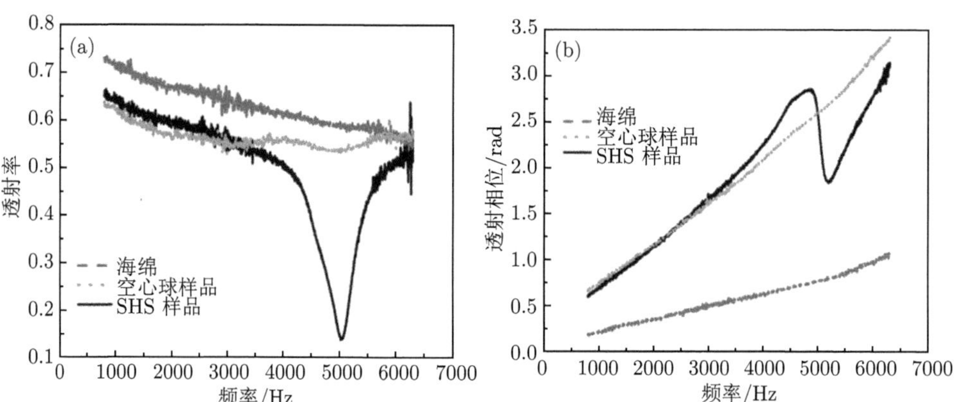


图 9-14　实验测试的三种样品透射曲线 (彩图见封底二维码)

(a) 透射率；(b) 透射相位

产生反相的变化规律，而其他地方相位变化均匀。同时还可以发现，在吸收峰频段之外，SHS 样品和空心球样品的透射率和透射相位曲线基本上重合，说明 SHS 样品和空心球样品在吸收峰频段之外具有相同的声学透射性质。因此，可以看出，在 5kHz 附近 SHS 样品同时出现吸收峰和相位突变，与电磁学中的开口谐振环负磁材料的性质相似。SHS 样品由于微结构单元的共振，在共振频段出现负的动态响应。

类比于电磁超材料基于均匀介质理论的有效参数提取法 [48−52]，我们也可以提取声学超材料的等效参数。当声波垂直入射到声学超材料时会发生反射和透射，如果声波波长 $\lambda$ 远大于微结构的晶格常数，可以将声学超材料等效为一种声学均匀介质 [53]，且均匀介质与声学超材料产生相同的反射和透射效应，根据均匀介质理论 [45]，材料的反射系数 $R$ 和透射系数 $T$ 可以通过等效参数来表示。

$$R=\frac{1}{2}\mathrm{i}\left(\frac{1}{Z_{\mathrm{eff}}}-Z_{\mathrm{eff}}\right)\sin(nkL)\cdot T \tag{9-30}$$

$$T=\frac{2}{\cos(nkL)\left[2-\mathrm{i}\left(Z_{\mathrm{eff}}+\frac{1}{Z_{\mathrm{eff}}}\right)\tan(nkL)\right]} \tag{9-31}$$

其中 $Z_{\mathrm{eff}}$、$n$、$L$ 分别为超材料的等效阻抗、等效折射率、厚度，$k$ 为周围介质的波矢量。上述两个公式的反射率和透射率与电磁学中的性质相一致 [52]，通过反推可以得到声学超材料的等效折射率和等效阻抗：

$$n=\pm\frac{1}{kL}\arccos\left[\frac{1}{2T}(1-R^2+T^2)\right]+\frac{2\pi m}{kL} \tag{9-32}$$

$$Z_{\mathrm{eff}}=\pm\sqrt{\frac{(1+R)^2-T^2}{(1-R)^2-T^2}} \tag{9-33}$$

式中 $m$ 为反余弦函数 arccos 分支，取整数值。根据声学的等效介质理论，等效动态弹性模量 $\kappa_{\mathrm{eff}}$ 可以由 $n$ 和 $Z_{\mathrm{eff}}$ 计算得到：

$$\kappa_{\mathrm{eff}}=\frac{n}{Z_{\mathrm{eff}}}\kappa_0 \tag{9-34}$$

由于该声学超材料的响应波长 $\lambda=6.8\mathrm{cm}$，且满足 $a\sim\lambda/6$，因此可以利用等效介质理论提取其等效参数。在四传声器系统中测试 SHS 样品的透射率和透射相位，如图 9-15(a) 所示，在双传声器测试系统中测试 SHS 样品的反射率和反射相位，如图 9-15(b) 所示，将实验测试的透射和反射数据代入公式 (9-32)~(9-34)，可以计算得出 SHS 声学超材料的等效弹性模量，如图 9-15(c) 所示，很明显，在共振频率 $f$=5 kHz 附近，SHS 声学超材料等效弹性模量的实部为负，且虚部出现负的极小值，主要由于 SHS 的共振导致的强烈损耗。

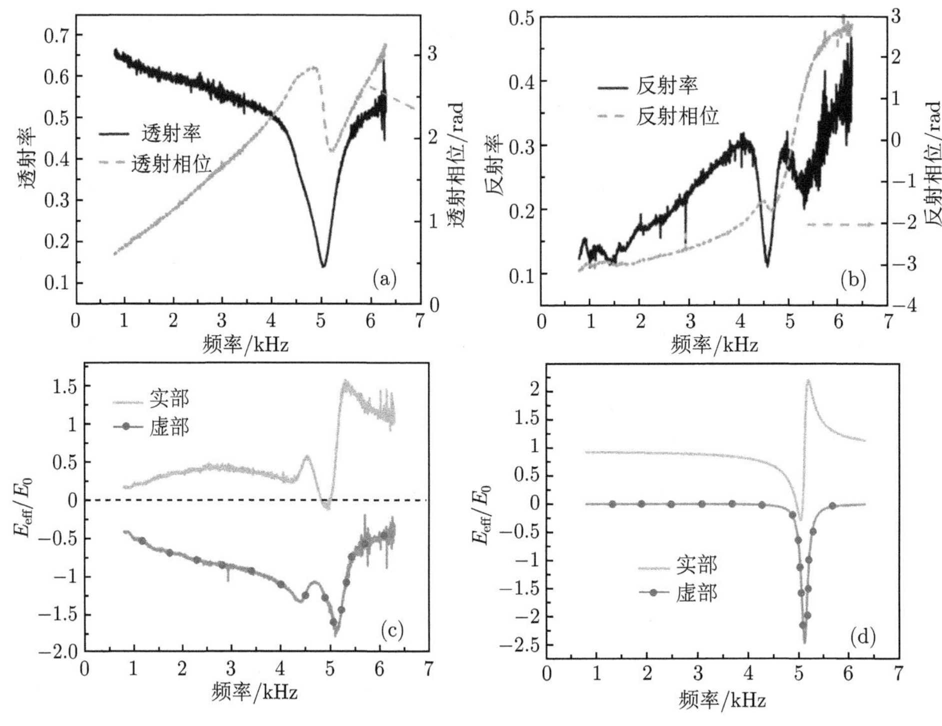


图 9-15　SHS 样品测试及计算结果

(a) 透射曲线；(b) 反射曲线；(c) 实验数据计算的等效弹性模量；(d) 共振理论计算的等效弹性模量

由于 SHS 声学超材料可以看成含有共振器的均匀介质，基于共振模型，利用声波在无损材料的方程，同时考虑到声学超材料的损耗，可以得到下面的等效参数的洛伦兹形式 [2,12,54]：

$$\frac{1}{\kappa_{\mathrm{eff}}}=\frac{1}{\kappa_0}\left(1-\frac{F\omega_0^2}{\omega^2-\omega_0^2+\mathrm{j}\Gamma\omega}\right) \tag{9-35}$$

其中 $F=V/(S_0d)$ 为结构参数，$\Gamma$ 为 SHS 本身的损耗因子，$S_0$、$d$ 分别为 SHS 声学超材料的等效横截面积和等效厚度。

图 9-15(d) 表示利用共振模型计算的填充开口直径为 4 mm 的 SHS 声学超材料等效弹性模量随频率变化的曲线，实线表示弹性模量实部，虚线表示虚部，从图中可以看出，该材料的等效弹性模量在共振频率 $f$=5 kHz 附近为负，同时虚部在共振频段出现突变，达到负的极小值。

3. 基于有限元的仿真分析

为了更好地分析 SHS 超材料，利用有限元方法 (FEM) 全波模拟 SHS 样品的透射曲线和横截面的声场分布，选用软件为 COMSOL Multiphysics 3.4 多物理场耦合软件。在“声学模块”中选择“声压–应力”项，进入“频率响应”环境进行声波的全波模拟仿真。根据电磁学中相关理论，通过分析一个 SHS 微结构单元可以得到整个 SHS 声学超材料的声场分布 [55]。首先按照实验中给定的几何尺寸建立 SHS 的几何模型，在 SHS 外面设置一个直径为 11mm 的波导管，仿真的模型如图 9-16 所示。整个波导管和 SHS 体腔都设置为空气介质，空气的密度为 $1.25\mathrm{kg/m^3}$，声速为 340m/s，由于海绵存在损耗，将 SHS 周围的空气介质设置一定的损耗系数 $\alpha$，且声速也相对空气有所减少。SHS 的球壁设置为固体聚乙烯塑料，设置弹性模量为 $5\times10^8\mathrm{Pa}$，密度为 $0.92\times10^3\mathrm{kg/m^3}$，泊松比为 0.4。波导管左端为声波入射端，设置为辐射边界，声压为 1，SHS 的开口孔洞正对着入射端，保证声波能垂直入射到样品中，出射端设置为辐射边界，声压为 0。波导管的边界设置为硬质边界条件，保证声波能从波导壁完全反射，而 SHS 固体和空气之间设置为流体–固体连续边界，保证声波作用时的连续性。

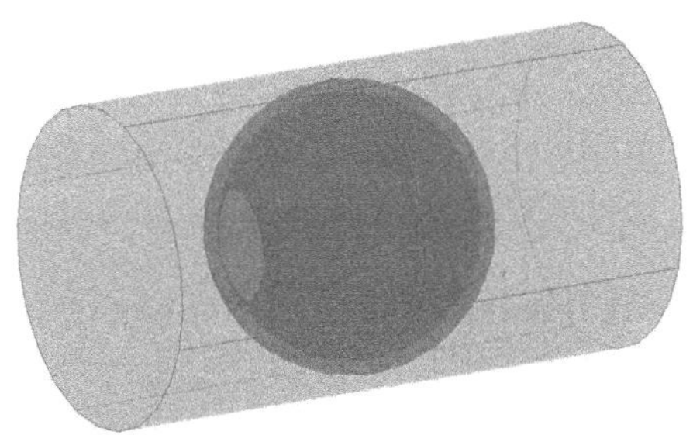

图 9-16 SHS 声学超材料

图 9-17(a) 和 (b) 分别表示利用 FEM 模拟和实验测试 SHS 样品的透射曲线图，SHS 的开口直径为 4mm。由图可知，模拟曲线与实验结果曲线趋势一样，在 5kHz 附近具有强烈的吸收峰，不同的是模拟曲线相对实验结果透射率偏高，主要由于实验中存在损耗。图 9-17(c) 和 (d) 分别表示 SHS 样品在共振频率 $f$=5kHz 和非共振频率 $f$ = 2kHz 的声压分布图，从图中很明显可以看出，$f$=2kHz 时，声压分布比较均匀。而在 $f$=5kHz 处，大部分声压能量集中在 SHS 的体腔中，且体腔中的能量远大于外部声能量，开口处声压也会出现急剧变化。因此，在非共振频段，声波入射到超材料中，其响应与排列有空心球的材料相近，材料中声压分布均匀，表现为均匀散射。而在共振频段，入射声波会在 SHS 中发生强烈共振，SHS 的体腔存储了大量的声能，在开口处引起声介质的强烈膨胀压缩振动，且振动强度远大于外部声波的激励，此时 SHS 中的空气介质不会受外部声波影响而以本征模式振动。因而会出现这种情况: 材料的动态响应与外界声波激励不同步，表现出相反的响应规律，即外界声波作用压缩介质时，材料中的声介质发生膨胀

运动，声波激励拉伸介质时，介质会发生压缩运动，从而出现负的动态响应，材料的动态弹性模量为负。类似于电磁学中的 SRR[2]，金属环由于电磁感应产生环形电流，在共振频段激励的环形电流在开口环中实现 $L$-$C$ 共振，产生更强的新磁场，从而实现负磁响应。

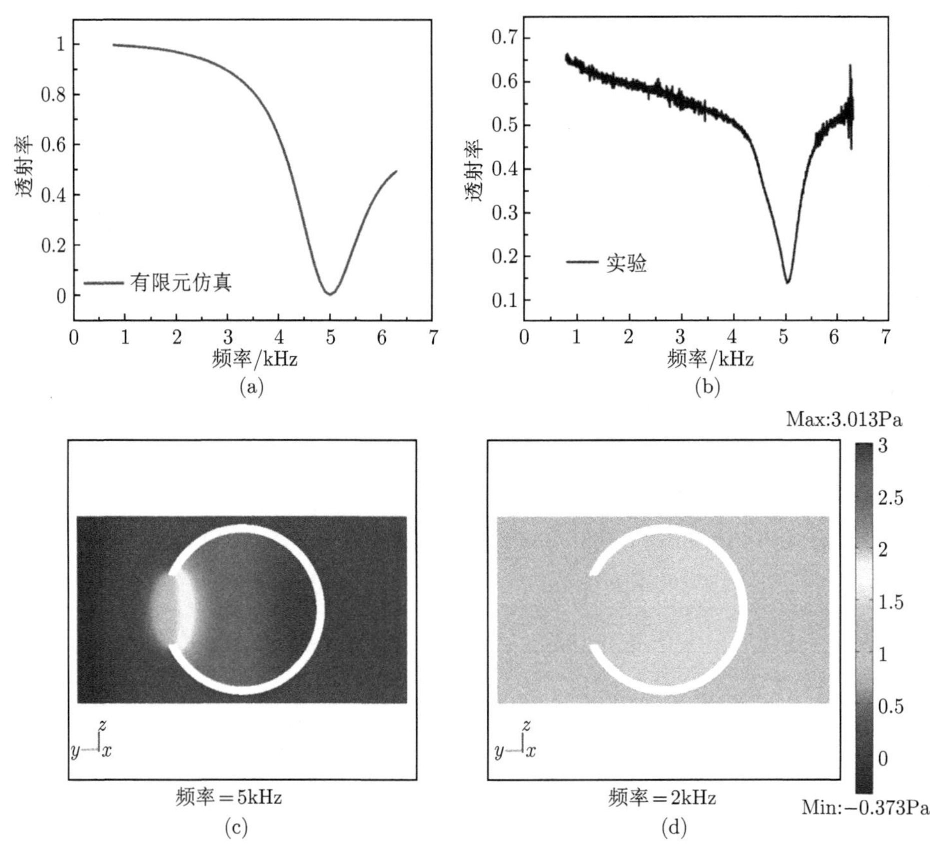


图 9-17　FEM 模拟 (a) 和实验测试 (b)SHS 样品透射曲线，以及 5kHz(c)、2kHz(d) 声压分布 (彩图见封底二维码)

4. 不同尺寸 SHS 分析

为了验证局域共振模型的合理性，测试了不同开口直径下 SHS 材料透射曲线。图 9-18(a) 表示实验测试开口直径为 4mm、2mm、1mm 的 SHS 样品透射曲线，从图中可以知道，三种 SHS 超材料均在特定频段出现吸收峰，峰位置分别在 5kHz、2.5kHz 和 1.8kHz，且吸收峰的强度逐渐减弱。由 $L$-$C$ 共振模型可知，当 SHS 开口直径变小时，共振峰会向低频移动，且开口处参与共振的空气柱减少，共振的强度必然减弱，从而使得超材料的透射吸收峰减弱，正好与实验结果一致。图 9-18(b) 表示选择不同开口直径 SHS 时，共振模型计算和实验中测试的共振频率对比曲线，从图中可以看出，计算结果和实验结果基本一致，而实验与理论的偏差是由机械加工的误差所致，这些结果进一步说明均匀介质理论的准确合理性。

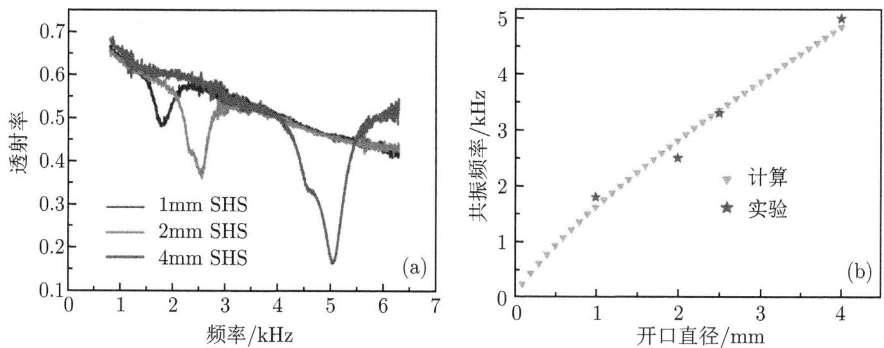


图 9-18 不同开口直径空心球透射曲线 (a) 及计算和实验测试不同开口直径共振频率 (b)

# 9.3 负质量密度超原子

## 9.3.1 模型分析

空心管模型是一根具有一定长度和内径的空心管，如图 9-19 所示。空气束缚在空心管的空腔中，在外界声场驱动下，空腔中的空气作为一个整体随着外界声场的振动而振动。在非谐振频率，空腔中空气的振动与外界声场的振动保持相同步调，此时等效质量密度为正值；在谐振频率，经过前期多轮振动周期以后，空心管内部积累了大量的能量。此时空心管内部的空气介质以自身的本征频率振动而不受外界声场驱动力的影响。在这种本征频率振动状态下，会发生空腔中空气介质振动加速度方向与外界声场压力方向相反的情况。根据牛顿第二定律 $\boldsymbol{F} = m\boldsymbol{a}$，在 $\boldsymbol{F}$ 和 $\boldsymbol{a}$ 方向相反的情况下，等效质量密度为负值 [40]。

图 9-19(a) 为空心管模型，它等效为图 9-19(b) 所示的 $L$-$C$ 谐振电路。空心管的外径为 $d$，壁厚为 $t$，管长为 $l$。谐振电路的电感 $L$ 和电容 $C$ 分别等效为声质量 $M$ 和声容 $C_{\mathrm{a}}$。$L$-$C$ 谐振电路两端的电压 $V$ 等效为空心管两端的声压力 $P$，电流强度 $I$ 等效为空气的振动速度 $v$[45]。

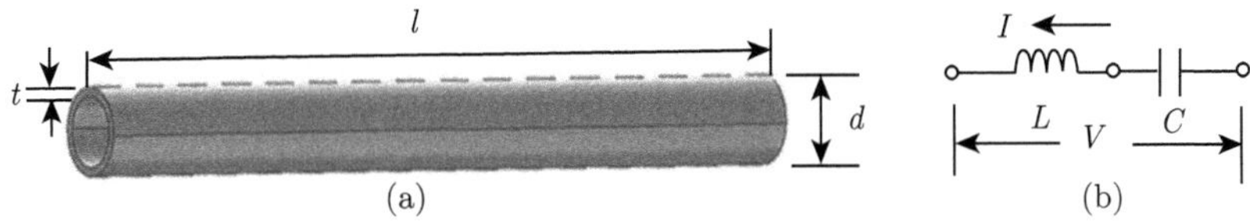


图 9-19　空心管模型 (a) 和等效 L-C 谐振电路 (b)

根据欧姆定律，电压和电流的数学关系表示如下：

$$V=L\frac{\mathrm{d}I}{\mathrm{d}t}+\frac{1}{C}\int I\mathrm{d}t \tag{9-36}$$

考虑到空心管沿长度方向是均匀的，并且电流强度 $I$ 在 $L$-$C$ 谐振电路里面是时谐的，公式 (9-36) 可以写成

$$V=\left(\mathrm{i}\omega L+\frac{1}{\mathrm{i}\omega C}\right)j=\mathrm{i}\omega L_1 j \tag{9-37}$$

其中，$j$ 是电流密度，$V$ 表示电压分布，$L_1$ 是等效电感。从公式 (9-37) 可以得到如下结果：

$$L_1=L\left(1-\frac{\omega_1^2}{\omega^2}\right) \tag{9-38}$$

其中，$\omega_1=\left(\dfrac{1}{LC}\right)^{\frac{1}{2}}$。根据 $L$-$C$ 谐振电路和空心管模型之间的对应关系，我们得知等效电感 $L_1$ 与等效质量密度对应，由此可以得到

$$\rho_{\mathrm{eff}}=\rho_0\left(1-\frac{\omega_1^2}{\omega^2}\right) \tag{9-39}$$

根据无损介质中声波方程 [12]，空心管超材料的等效质量密度可以表示为

$$\rho_{\mathrm{eff}}=\rho_0\left(1-\frac{F\omega_1^2}{\omega^2-\omega_1^2+\mathrm{i}\Gamma\omega}\right) \tag{9-40}$$

其中，$\rho_{\mathrm{eff}}$ 是空心管超材料的等效质量密度，$\rho_0$ 是空气的质量密度，$\omega_1$ 是空气在空心管空腔中的谐振频率，$\omega$ 是驱动声场的频率，$F$ 是几何参数，i 代表虚部，$\Gamma$ 是超材料的损耗因子。公式 (9-40) 表明，在谐振频率附近等效质量密度为负值。在将空心管同时等效为声感和声容的情况下，其声感为 $L=\rho l\Big/\left[\pi\left(\dfrac{d}{2}-t\right)^2\right]$，声容为 $C=\pi\left(\dfrac{d}{2}-t\right)^2 l/(\rho c^2)$。谐振频率 $\omega_1$ 可以由下列公式得到:

$$\omega_1^2=\frac{1}{LC}=\frac{c^2}{l^2} \tag{9-41}$$

从公式 (9-41) 可知，空心管的谐振频率跟管长密切相关：谐振频率随管长的增加而降低。

### 9.3.2 负质量密度超材料

透射、反射系数的测量装置采用北京声望声学阻抗管 SW422 测试系统，声学阻抗管 SW422 测试系统由功率放大器、扬声器、阻抗管、四通道信号采集分析仪、声学传感器和计算机组成，示意图与声学阻抗管 SW477 测试系统 (图 9-13) 一样。阻抗管的内径为 100mm，长度为 750mm，声学阻抗管 SW422 的工作频率为 400~1930Hz，扫描步长为 2Hz。在信号发生器发出的信号激励下，扬声器发出声波并经阻抗管传播而形成平面声波。样品放置在阻抗管正中位置，如图 9-13 所示。4 个声学传感器的位置固定，$x_3$ 是传声器 3 到样品出射端之间的距离，可以随着样品的厚度变化而调节。透射测量时，样品入射端和出射端的声信号经 4 个传声器采集以后，由信号采集分析仪分析，经计算机处理以后，通过传递函数法得到透射系数。

与 9.2 节方法类似，利用阻抗管 SW422 系统测量反射系数时，首先将传声器 3 和 4 取下来，用塞子塞住去掉传声器后留下的小孔，然后将吸声材料填充在声学阻抗管的后半部，主要目的是将透射声波完全吸收，防止声波反射回来影响测试结果。在测试系统的吸声模块下可以直接测定吸收系数 $\alpha$、反射系数的实部和虚部，通过数据处理可以得到反射幅值和反射相位。

研究对象为单根长 $l=95\text{mm}$，壁厚 $t=0.4\text{mm}$，外径 $d=10\text{mm}$ 的钢质 304 空心管，将空心管粘贴在厚度为 30mm、半径为 50mm 的圆形海绵基底上制备出单空心管声学材料。通过实验测试其透射和反射系数来研究其参数性质。这种空心管材料的透射和反射曲线如图 9-20 所示。透射率曲线在 1620Hz 附近出现了透

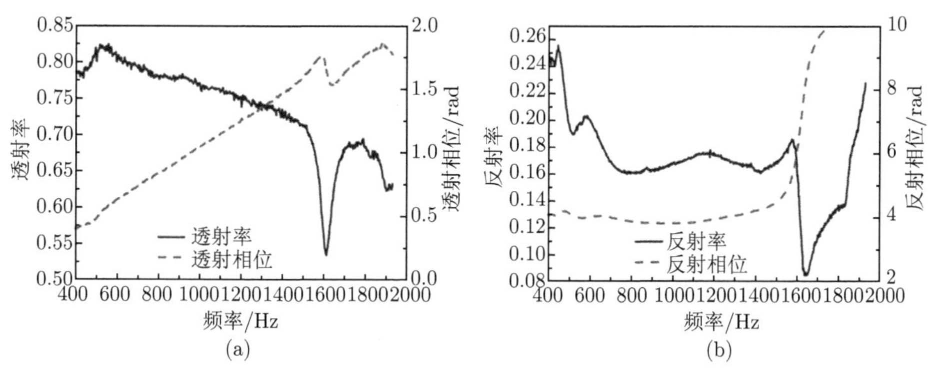


图 9-20 管长 95 mm 单根空心管透射反射曲线

(a) 透射曲线；(b) 反射曲线

射低谷，并在相应的频率附近出现了相位扭折。透射曲线的上述特点是空气介质在空心管中发生谐振的特征。在谐振频率之前的多个振动过程中，大量的声场能量不断在空心管空腔中积累，并在谐振频率时达到最大值。由于能量大量积累在空心管内部，造成了透射能量的降低，由此在谐振频率附近出现了透射低谷。在谐振频率附近时，在大量能量驱动下，空心管空腔中的空气介质以本征频率振动而不受外界声场影响。空心管中空气介质振动时与外界声场振动步调的不一致性，会使相位曲线出现扭折。

根据公式 (9-34)，应用提取参数法计算得到单根 95mm 长空心管的等效质量密度曲线，如图 9-21 所示。在谐振频率附近，等效质量密度达到最小值，但并没有实现负等效质量密度，原因是单根空心管谐振太弱。

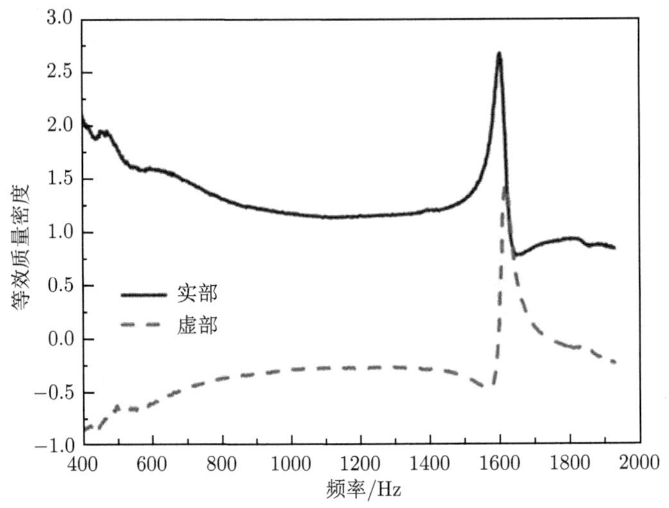


图 9-21　单根 95mm 空心管等效质量密度曲线

为了加强谐振而实现负等效质量密度，我们将多根空心管排列成两层，粘贴在海绵基底的前后表面，如图 9-22(a) 所示。两层空心管对称排列，等效为多个 $L$-$C$ 谐振电路并联，如图 9-22(b) 所示。

实验中选取内径 9.6mm 的空心管制备成双层样品，由内径 9.6mm 空心管构成的双层声学超材料，每层包含 9 根不同长度的空心管，从中间到两边的管长依次是 96mm、91mm、82mm、66mm 和 36mm。将样品放置在阻抗管中可以测试其透射和反射曲线。为了进一步分析声学阻抗管实验测定的结果，利用 COMSOL 多物理场耦合软件对样品的透射、反射系数进行仿真计算。空心管粘贴在厚度为 40mm、半径为 50mm 的海绵基底上。整个超材料样品放置在内径为 100mm 的圆柱形阻抗管中央位置。空心管和空气的边界条件设置为与实验测量相同的状态，声学阻抗管的内壁设置为硬质边界条件，端口设置为平面波辐射。入射端口选择为 1Pa 的入射平面波。

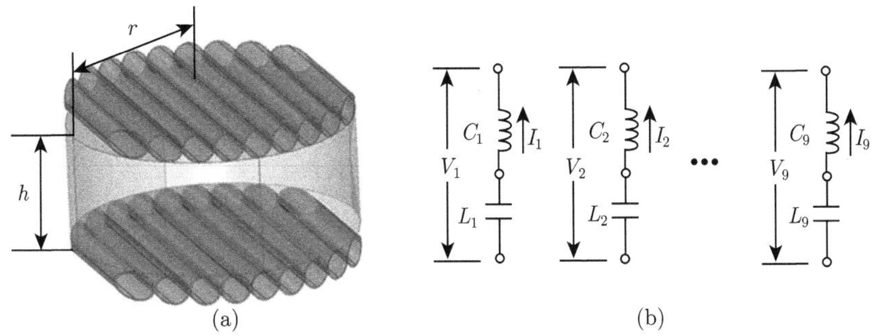


图 9-22 双层空心管排列示意图 (a) 和双层空心管等效 $L$-$C$ 谐振电路 (b)

内径 9.6mm 空心管超材料的实验测量和仿真计算得到的透射、反射曲线如图 9-23 所示，实验测试结果和仿真计算结果基本吻合。从图 9-23(a) 的透射率曲线可以看出，超材料在 1620Hz 附近出现了透射吸收峰，并在对应的频率附近出现了相位突变。谐振频率附近的透射率随着频率的变化而有所起伏，并没有呈现平滑降低的状态。究其原因主要是超材料样品中的不同空心管之间的管长不同，从公式 (9-41) 可知，空心管的谐振频率跟管长成反比，不同管长的空心管具有不同的谐振频率，每次谐振都会产生透射吸收峰，这些谐振效应叠加在一起使得透射吸收峰变宽，透射曲线起伏不断。只有样品中相邻空心管之间的长度梯度足够小，才能保证空心管之间谐振频率的连续性。因此，圆形声学阻抗管的形状限制，样品中相邻空心管之间的长度梯度过大，造成了谐振区域透射率的高低起伏。

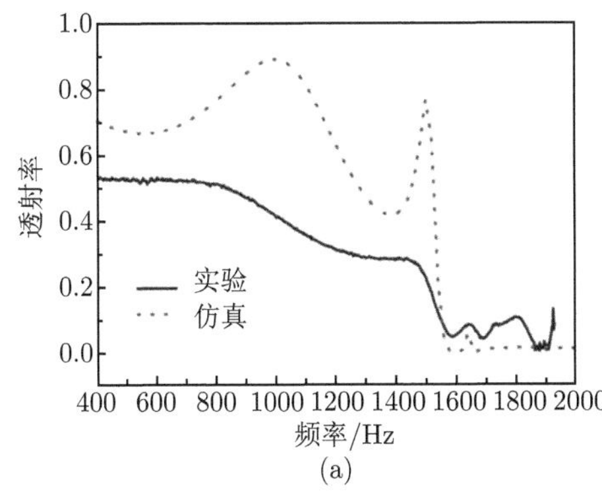


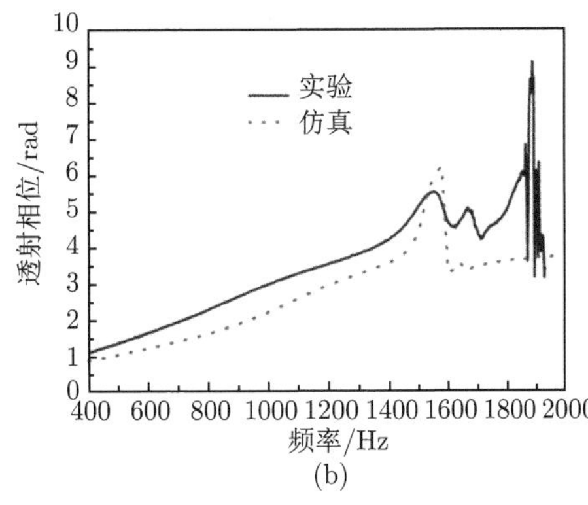

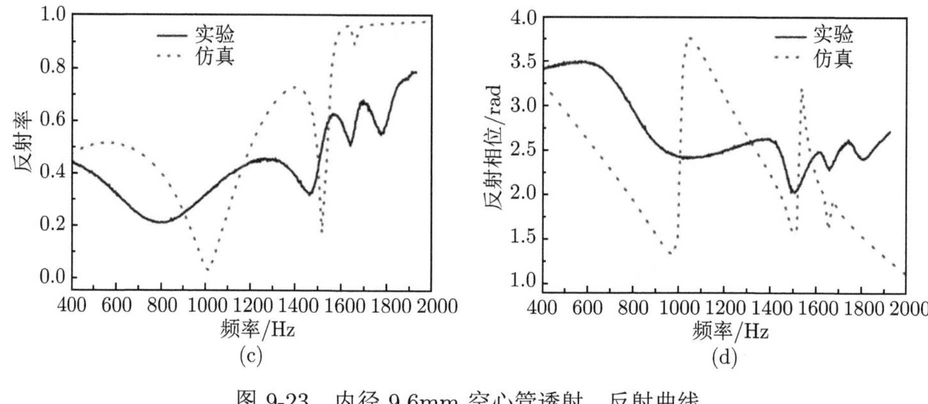


图 9-23　内径 9.6mm 空心管透射、反射曲线

(a) 透射率；(b) 透射相位；(c) 反射率；(d) 反射相位

将实验测试的透射和反射系数代入公式 (9-34)，通过等效介质参数提取法得到双层空心管超材料的等效质量密度和等效弹性模量，如图 9-24 所示。通过计算得到超材料的等效质量密度在 1520~1930Hz 范围内为负值，而等效弹性模量始终为正值。主要由于空心管模型有两个较大开口，空气在体腔中会往返振动而产生较大的振动速度，在谐振频率时体腔内同样储存大量能量，导致体腔内空气介质振动速度不与外界声场压力同步，即外界力和超材料中介质的响应加速度方向相反，从而产生负等效质量密度。而由于外界压力产生的膨胀压缩不明显，在超材料中不会产生负等效弹性模量。

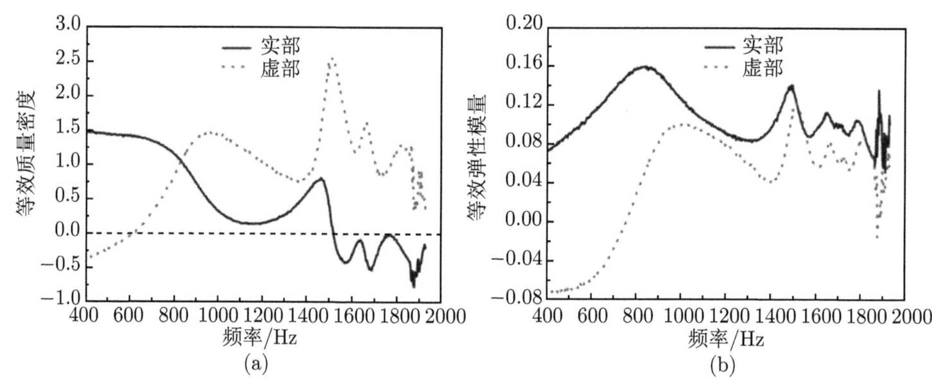


图 9-24　内径 9.6 mm 空心管等效声学参数

(a) 等效质量密度；(b) 等效弹性模量

通过理论分析，已经明确空心管的谐振频率随着管长的增加而降低。除了管长以外，空心管内径是另一个重要的几何参数。为了研究不同内径数值对谐振的

影响，选取内径分别为 3.8mm、5.75mm、6.5mm、7.5mm、9.1mm 和 9.6mm 的 6 种不同钢管制作了双层样品。采用声学阻抗管测定的 6 种样品的透射曲线如图 9-25 所示。很明显，不同内径空心管超材料的透射曲线显示出共同的透射规律：透射率曲线均在 1600Hz 附近出现了透射率低谷，并在透射低谷附近发生相

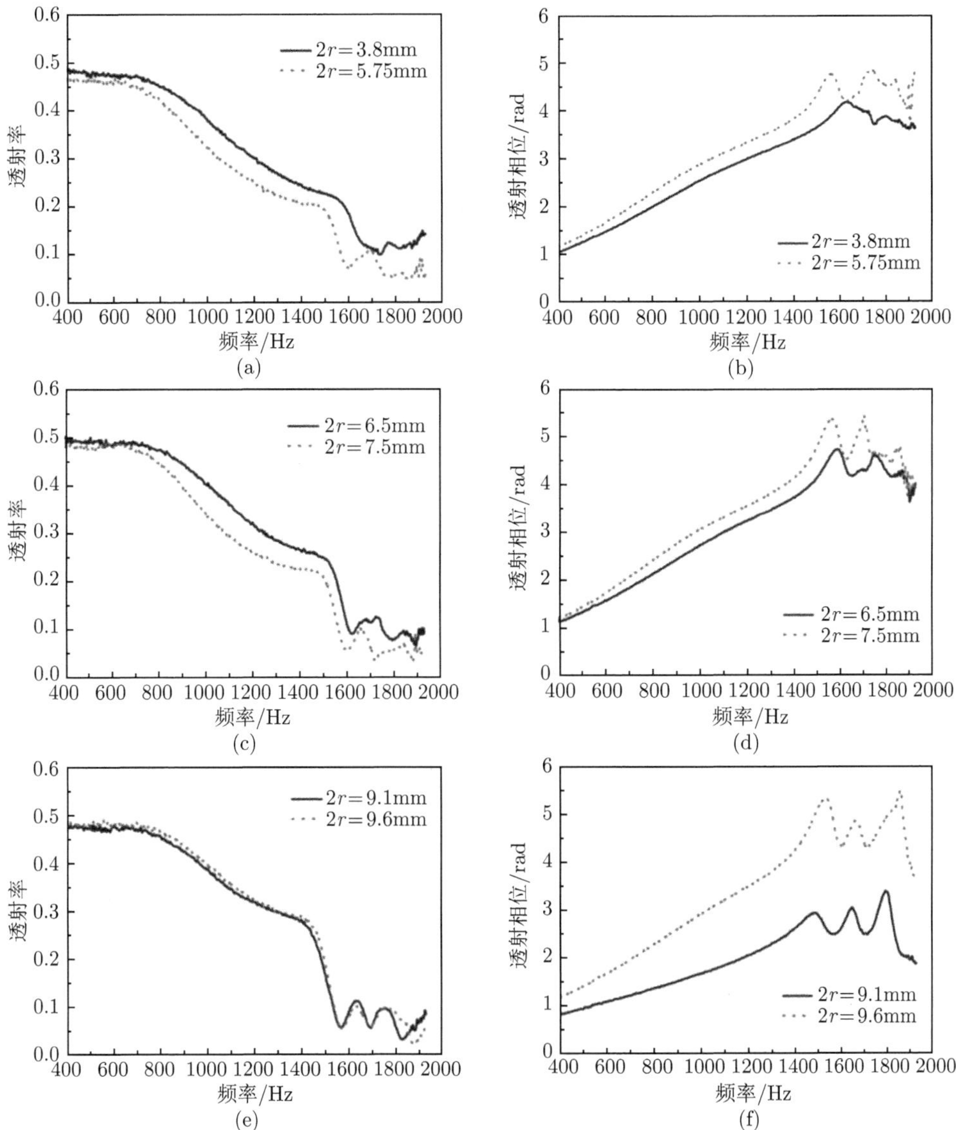


图 9-25 内径分别为 3.8mm、5.75mm、6.5mm、7.5mm、9.1mm 和 9.6mm 空心管透射曲线

(a)，(c)，(e) 透射率；(b)，(d)，(f) 透射相位

位扭折，说明不同内径的空心管均发生了谐振，但是不同内径空心管的透射曲线又有所区别。从内径 3.8mm 到 9.6mm，空心管超材料在谐振频率的最低透射率逐步降低，即空心管内径越大，透射吸收峰越低。产生这种现象的主要原因是在相同管长的情况下，空心管的内径越大，参与谐振的空气介质越多、谐振程度越剧烈，储存在空心管中的声场能量也越多，对应的透射率也越低。

## 9.4 双负超原子复合超材料

类比于电磁双负超材料的设计方法，将两种谐振单元简单地进行组合排列，也可以在声学领域实现双负超材料。Lee 等最早将亥姆霍兹共振器和薄膜结构耦合，实现了空气介质中的等效质量密度和等效弹性模量同时为负值 [34]。我们课题组在前期的工作中提出了空心球和空心管超原子结构模型，分别实现了负弹性模量和负等效质量密度 [30,39]。开口空心球和空心管这两种结构模型的谐振频率均可通过几何尺寸调节，且易于相互耦合。在上述条件下，将这两种结构相互耦合，有望实现等效质量密度和等效弹性模量同时为负值的双负声学超材料。

实验中选用合适的空心球提供负等效弹性模量。根据 9.2 节内容，空心球的谐振频率跟空心球的空腔体积、开口孔径大小、孔径长度等几何因素有关。这里我们选择的空气球内径为 25mm，壁厚 (也即孔径长度) 为 0.5mm，开口孔径为 6mm。将空心球周期性镶嵌在厚度 $h=40\text{mm}$、半径 $r=50\text{mm}$ 的海绵基底中，周期常数为 $a=30\text{mm}$，为了加强谐振，空心球排列成双层结构，如图 9-26(a) 所示。将空心管结构与开口空心球结构按不同层交替排列，可以构建复合声学超材料，如图 9-26(b) 所示。在声学阻抗管中测试的时候，将空心球的开孔位置迎着阻抗管里面的喇叭方向。

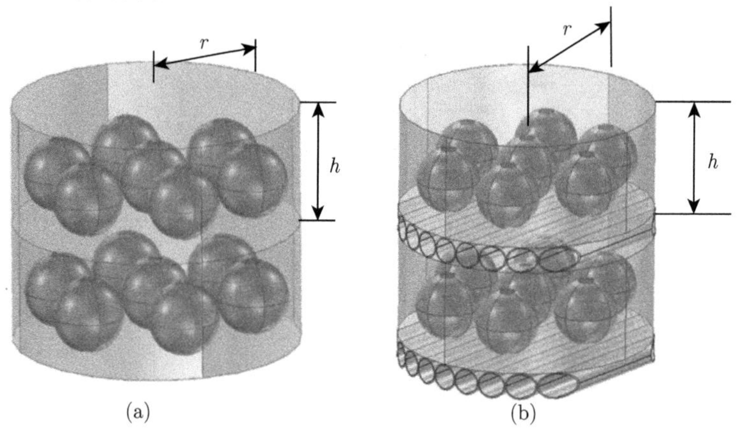


图 9-26 双层球排列开口空心球样品示意图 (a) 和双层管双层球示意图 (b)

双层空心球的透射、反射曲线分别如图 9-27(a) 和 (b) 所示。在 1600Hz 附近，透射率曲线出现了透射低谷，并在相应位置出现了相位扭折，说明在 1600Hz 附近发生了谐振。空心球超材料在谐振频率附近会由于反向膨胀压缩而产生负等效弹性模量。双层球提取参数得到的等效质量密度和等效弹性模量分别如图 9-27(c) 和 (d) 所示。空气介质在空心球中的谐振性质决定了其弹性模量为负值。在 1390~1610Hz 范围内，空心球的等效弹性模量为负值。

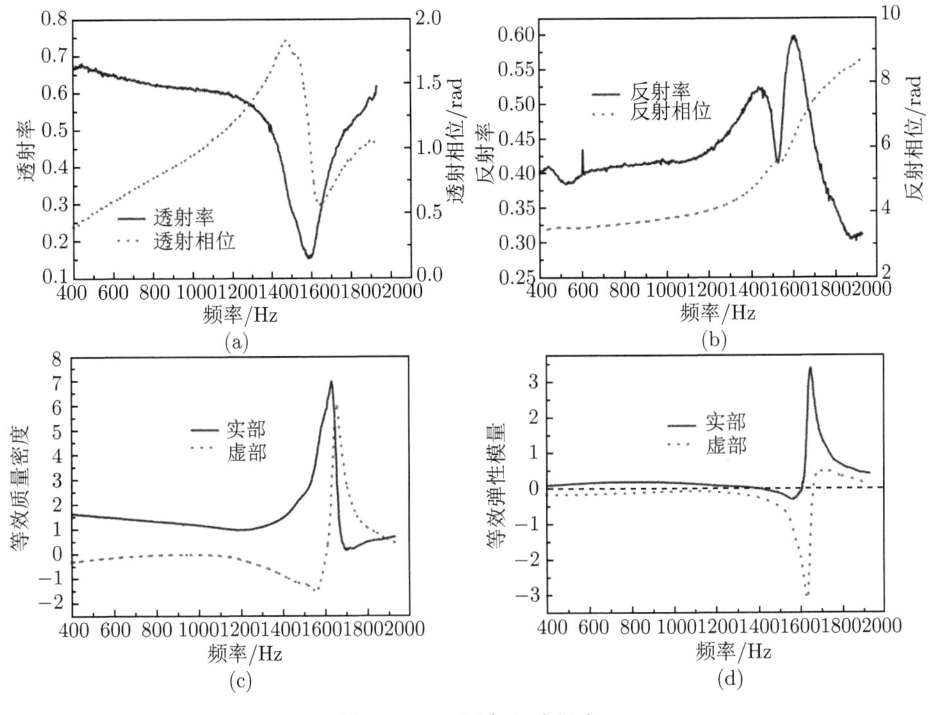


图 9-27 双层空心球行为

(a) 透射系数；(b) 反射系数；(c) 等效质量密度；(d) 等效弹性模量

同时制备出 9.3 节所述的内径为 9.6mm 的空心管负质量密度超材料，双层空心管负等效质量密度的频带 (1520~1930Hz) 刚好与双层空心球超材料的负等效弹性模量频带 (1390~1610Hz) 有重叠，因此，可以将双层球与双层管相耦合实现双负声学超材料。

将内径 9.6mm 双层钢管粘贴在厚度为 40mm 的海绵基底上，然后将海绵按照厚度比例 3:1 从中间刨开，在厚度为 30mm 的海绵基底内填充开口空心球，具体的填充方式如图 9-26(b) 所示。此时可以制备出三维双层球双层管声学超材料。

在声学阻抗管中测量得到的透射、反射曲线如图 9-28 所示。从透射率曲线的形状上分析，三维超材料的透射率曲线在 1500Hz 处有一个透射率最小值，并在 1520~1750Hz 范围内，透射率随着频率的增加而逐渐增大到最大值。同时，透射相位在透射率上升阶段出现相位扭折。由此可以确定透射率的上升是由空心管和空心球的谐振频率相互叠加产生的。

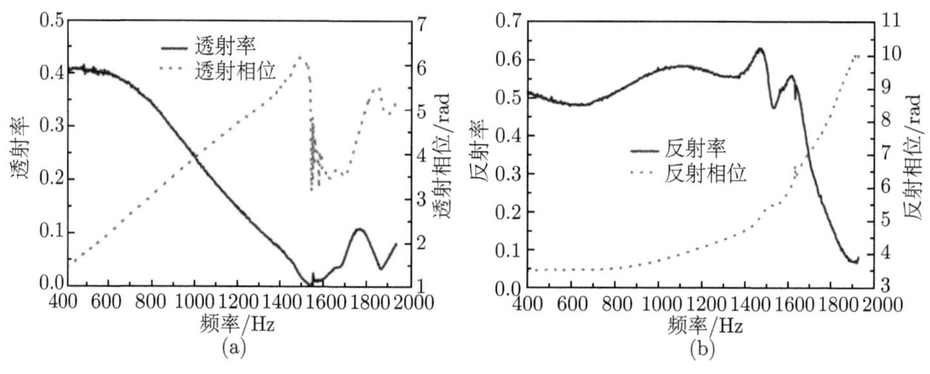


图 9-28 三维声学超材料行为

(a) 透射；(b) 反射

通过提取参数法得到三维声学超材料的等效声学参数，如图 9-29 所示。三维声学超材料在不同的频带内分别实现了等效质量密度和等效弹性模量为负值，并且在两个负等效声学参数对应频带具有重叠区域。将负等效质量密度和负等效弹性模量重叠的频带放在同一个图中放大并进行对比，如图 9-30 所示。在 1612~1654Hz 范围内，该超材料实现了双负声学参数。这种双负参数是由空心管和空心球的共同谐振造成的：在外界声场激励下，在谐振频率附近，空气介质在空心管中以本征频率往复振动，当外界声场驱动力与空气介质加速度方向相反时

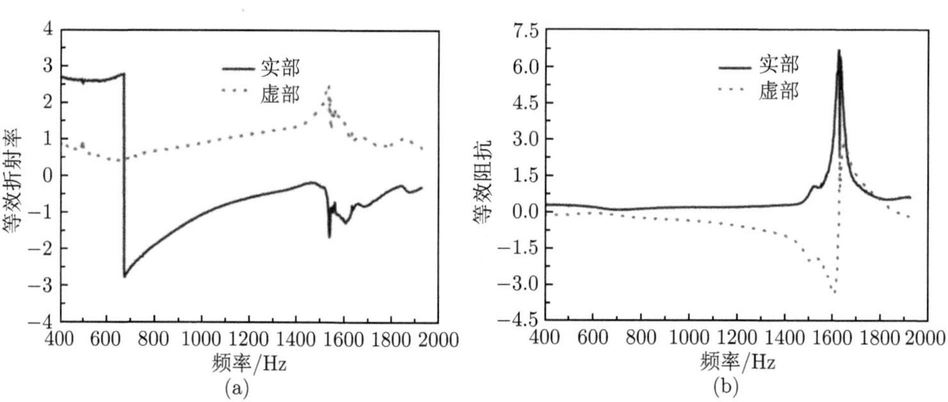

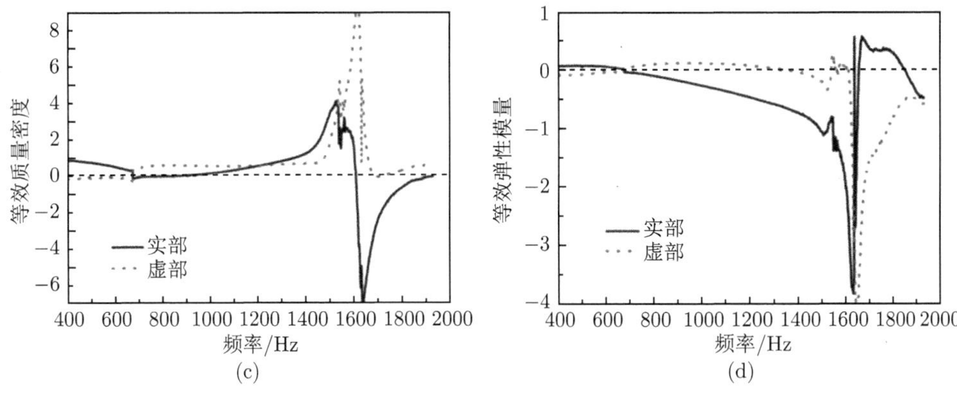


图 9-29 三维声学超材料等效声学参数

(a) 折射率；(b) 阻抗值；(c) 质量密度；(d) 弹性模量

实现负等效质量密度；同时，在谐振频率附近，空心球内部的空气介质以本身的频率不断地通过钻孔孔洞而压缩、膨胀，当外界声场驱动力与空心球空腔中空气介质的膨胀、压缩步调相反时，会实现负等效弹性模量。由于两种谐振器的谐振频率有重叠，在重叠的频率区域会同时发生空心管谐振和空心球谐振，最终实现双负声学参数。

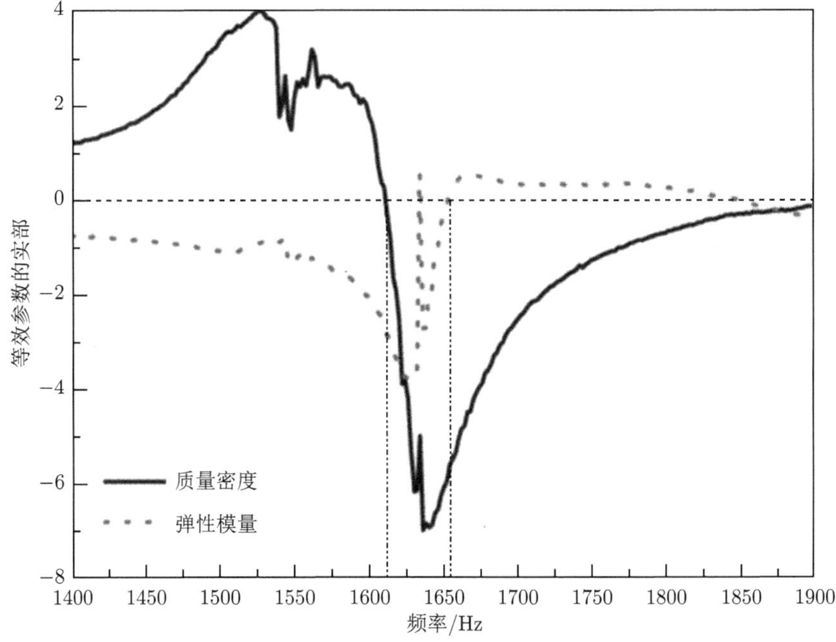


图 9-30 三维声学超材料双负等效声学参数实部

为了验证双负声学超材料对声波的奇异调控性质，我们制备了边长为 850mm 的双层管双层球正方形样品，测定了这种三维声学超材料的超分辨成像性能。如图 9-31(c) 所示，开有三个亚波长尺度矩形狭缝的铝板放置在超材料前方 5mm 处。矩形狭缝的边长分别为 $w = 10\text{mm}$ 和 $h = 40\text{mm}$，相邻矩形狭缝中心之间的距离为 $s = 30\text{mm}$。测试装置如图 9-31(a) 所示，一个直径 50mm、能产生连续正弦波的喇叭放置在铝板前方 80mm 处作为声源。我们在样品周围放置吸声材料，用以消除绕射声波对实验的影响。将正方形材料的中心设为 (0,0)，并用一个麦克风扫描样品后方的一维声场分布。测量时，选择双负频带中的 1630Hz，对应的波长是 210mm。图 9-31(d) 是得到的归一化声场分布，出现了 3 个透射峰。从几何尺度上分析，这个双负参数声学超材料的分辨能力达到了 $\lambda/7$。作为对比，海绵基底的归一化声场分布仅仅是一个单透射峰，进一步证明了这种双负声学超材料的超分辨能力。

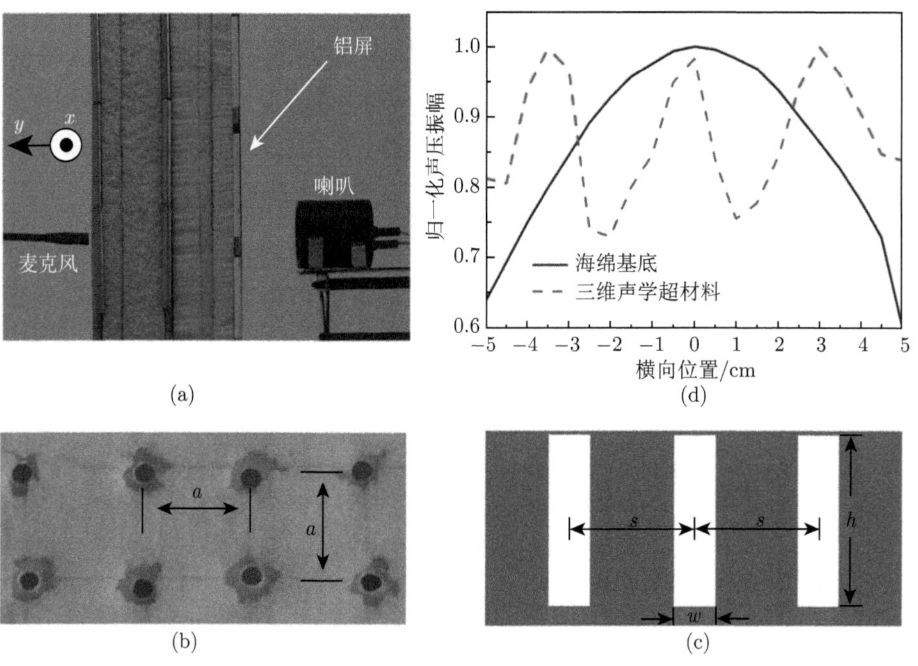


图 9-31　超分辨成像测试装置图 (a)，空心球排列 (b)，铝板及其矩形开孔 (c)，以及三维样品归一化超分辨透射及海绵基底归一化透射 (d)

## 参 考 文 献

[1] Pendry J B, Holden A J, Stewart W J, et al. Extremely low frequency plasmons in metallic mesostructures. Phys. Rev. Lett. , 1996, 76: 4773.

[2] Pendry J B, Holden A J, Robbins D J, et al. Magnetism from conductors and enhanced nonlinear phenomena IEEE Trans. Microwave Theory Tech. , 1999, 47: 2075-2084.

[3] Smith D R, Padilla W J, Vier D C, et al. Composite medium with simultaneously negative permeability and permittivity. Phys. Rev. Lett. , 2000, 84: 4184-4187.

[4] Shelby R A, Smith D R, Schultz S. Experimental verification of a negative index of refraction. Science, 2001, 292: 77-79.

[5] Liu Y M, Zhang X. Metamaterials: a new frontier of science and technology. Chem. Soc. Rev. , 2011, 40: 2494.

[6] Zhao X P. Bottom-up fabrication methods of optical metamaterials. J. Mater. Chem., 2012, 22: 9439.

[7] Kushwaha M S, Halevi P, Dobrzynski L, et al. Acoustic band structure of periodic elastic composites. Phys. Rev. Lett. , 1993, 71(13): 2022.

[8] Yang S X, Page J H, Liu Z Y, et al. Focusing of sound in a 3D phononic crystal. Phys. Rev. Lett. , 2004, 93(2): 024301.

[9] Ke M Z, Liu Z Y, Qiu C Y, et al. Negative-refraction imaging with two-dimensional phononic crystals. Phys. Rev. B, 2005, 72(6): 064306.

[10] Lu M H, Zhang C, Feng L, et al. Negative birefraction of acoustic waves in a sonic crystal. Nat. Mater. , 2007, 6: 744-748.

[11] Liu Z Y, Zhang X X, Mao Y W, et al. Locally resonant sonic materials. Science, 2000, 289(5485): 1734-1736.

[12] Fang N, Xi D J, Xu J Y, et al. Ultrasonic metamaterials with negative modulus. Nat. Mater., 2006, 5: 452-456.

[13] Ding Y Q, Liu Z Y, Qiu C Y, et al. Metamaterial with simultaneously negative bulk modulus and mass density. Phys. Rev. Lett., 2007, 99: 093904.

[14] Liu Z Y, Chan C T, Sheng P. Analytic model of phononic crystals with local resonances. Phys. Rev. B, 2005, 71: 014103.

[15] Mei J, Liu Z Y, Wen W J, et al. Effective dynamic mass density of composites. Phys. Rev. B, 2007, 76: 134205.

[16] Mei J, Liu Z Y, Wen W J, et al. Effective mass density of fluid-solid composites. Phys. Rev. Lett. , 2006, 96: 024301.

[17] Yang Z, Mei J, Yang M, et al. Membrane-type acoustic metamaterial with negative dynamic mass. Phys. Rev. Lett. , 2008, 101: 204301.

[18] Yang Z, Dai H M, Chan N H, et al. Acoustic metamaterial panels for sound attenuation in the 50-1000 Hz regime. Appl. Phys. Lett. , 2010, 96: 041906.

[19] Mei J, Ma G C, Yang M, et al. Dark acoustic metamaterials as super absorbers for low-frequency sound. Nat. Commun., 2012, 3: 756.

[20] Yan Z Z, Zhang C Z, Wang Y S. Analysis of wave propagation and localization in periodic/disordered layered composite structures by a mass-spring model. Appl. Phys. Lett., 2009, 94: 161909.

[21] Naify C J, Chang C M, McKnight G, et al. Transmission loss and dynamic response

of membrane-type locally resonant acoustic metamaterials. J. Appl. Phys. , 2010, 108: 114905.

[22] Lee S H, Park C M, Seo Y M, et al. Acoustic metamaterial with negative density. Phys. Lett. A, 2009, 373: 4464-4469.

[23] Chen H J, Zhai S L, Ding C L, et al. Meta-atom cluster acoustic metamaterial with broadband negative effective mass density. J. Appl. Phys. , 2014, 115(5): 054905.

[24] Pierre J, Dollet B, Leroy V. Resonant acoustic propagation and negative density in liquid foams. Phys. Rev. Lett. , 2014, 112: 148307.

[25] Hu X H, Ho K M, Chan C T, et al. Homogenization of acoustic metamaterials of Helmholtz resonators in fluid. Phys. Rev. B, 2008, 77: 172301.

[26] Hu X H, Chan C T, Zi J. Two-dimensional sonic crystals with Helmholtz resonators. Phys. Rev. E, 2005, 71: 055601.

[27] Lee S H, Park C M, Seo Y M, et al. Acoustic metamaterial with negative modulus. J. Phys.Condens. Mat. , 2009, 21: 175704.

[28] Guenneau S, Movchan A, Pétursson G, et al. Acoustic metamaterials for sound focusing and confinement. New J. Phys. , 2007, 9: 399.

[29] Leroy V, Bretagne A, Fink M, et al. Design and characterization of bubble phononic crystals. Appl. Phys. Lett. , 2009, 95: 171904.

[30] Ding C L, Hao L M, Zhao X P. Two-dimensional acoustic metamaterial with negative modulus. J. Appl. Phys. , 2010, 108: 074911.

[31] Ding C L, Zhao X P. Multi-band and broadband acoustic metamaterial with resonant structures. J. Phys. D: Appl. Phys. , 2011, 44: 215402.

[32] 丁昌林，赵晓鹏，郝丽梅，等. 一种基于开口空心球的声学超材料. 物理学报, 2011, 60(4): 044301.

[33] Cheng Y, Xu J Y, Liu X J, Broad forbidden bands in parallel-coupled locally resonant ultrasonic metamaterials. Appl. Phys. Lett. , 2008, 92: 051913.

[34] Lee S H, Park C M, Seo Y M, et al. Composite acoustic medium with simultaneously negative density and modulus. Phys. Rev. Lett. , 2010, 104(5): 054301.

[35] Lee S H, Park C M, Seo Y M, et al. Reversed Doppler effect in double negative metamaterials. Phys. Rev. B, 2010, 81 (24): 241102.

[36] Ding C L, Chen H J, Zhai S L, et al. Acoustic metamaterial based on multi-split hollow spheres. Appl. Phys. A, 2013, 112(3): 533-541.

[37] Hao L M, Ding C L, Zhao X P. Tunable acoustic metamaterial with negative modulus. Appl. Phys. A, 2012, 106(4): 807-811.

[38] Hao L M, Ding C L, Zhao X P. Design of a passive controllable negative modulus metamaterial with a split hollow sphere of multiple holes. J. Vib. Acoust., 2013, 135(4): 041008.

[39] Chen H J, Zhai S L, Ding C L, et al. Acoustic metamaterial with negative mass density in water. J. Appl. Phys., 2015, 118(9): 094901.

[40] Chen H J, Zeng H C, Ding C L, et al. Double-negative acoustic metamaterial based on hollow steel tube meta-atom. J. Appl. Phys. , 2013, 113(10): 104902-104908.

[41] Zhai S L, Chen H J, Ding C L, et al. Double-negative acoustic metamaterial based on meta-molecule. J. Phys. D: Appl. Phys., 2013, 46(47): 475105.

[42] Zeng H C, Luo C R, Chen H J, et al. Flute-model acoustic metamaterials with simultaneously negative bulk modulus and mass density. Solid State Commun., 2013, 173: 14-18.

[43] Chen H J, Li H, Zhai S L, et al. Ultrasound acoustic metamaterials with double-negative parameters. J. Appl. Phys. , 2016, 119(20): 204902.

[44] 杜功焕, 朱哲民, 龚秀芬. 声学基础. 南京: 南京大学出版社, 2001.

[45] Kinsler L E. Fundamentals of Acoustics. 3rd ed. New York: Wiley, 1982.

[46] Cheng Y, Xu J Y, Liu X J. One-dimensional structured ultrasonic metamaterials with simultaneously negative dynamic density and modulus. Phys. Rev. B, 2008, 77: 045134.

[47] 丁昌林，赵晓鹏. 可听声频段的声学超材料. 物理学报, 2009, 58(9): 6351-6355.

[48] Smith D R, Schultz S, Markoš P, et al. Determination of effective permittivity and permeability of metamaterials from reflection and transmission coefficients. Phys. Rev. B, 2002, 65 (19): 195104.

[49] Koschny T, Markoš P, Smith D R, et al. Resonant and antiresonant frequency dependence of the effective parameters of metamaterials. Phys. Rev. E, 2003, 68(6): 065602.

[50] Chen X D, Grzegorczyk T M, Wu B I, et al. Robust method to retrieve the constitutive effective parameters of metamaterials. Phys. Rev. E, 2004, 70(1): 016608.

[51] Koschny T, Kafesaki M, Economou E N, et al. Effective medium theory of left-handed materials. Phys. Rev. Lett. , 2004, 93 (10): 107402.

[52] Smith D R, Vier D C, Koschny T, et al. Electromagnetic parameter retrieval from inhomogeneous metamaterials. Phys. Rev. E, 2005, 71(3): 036617.

[53] Fokin V, Ambati M, Sun C, et al. Method for retrieving effective properties of locally resonant acoustic metamaterials. Phys. Rev. B, 2007, 76(14): 144302.

[54] Iyer A K, Kremer P C, Eleftheriades G V. Experimental and theoretical verification of focusing in a large, periodically loaded transmission line negative refractive index metamaterial. Opt. Express, 2003, 11: 696-708.

[55] Zhou X, Fu Q H, Zhao J, et al. Negative permeability and subwavelength focusing of quasi-periodic dendritic cell metamaterials. Opt. Express, 2006, 14(16): 7188-7197.

# 第 10 章　超分子声学超材料

## 10.1　引　　言

人工设计微结构制备的超材料可以按照人们的意愿控制波 (比如电磁波、声波等) 的传播，突破了自然界常规材料的局限，也大大拓宽了材料的应用领域。双负电磁超材料的等效介电常数和等效磁导率同时为负值，可以实现对电磁波的许多奇异调控性质，如负折射、反常多普勒、超分辨成像等效应 [1−7]。在电磁超材料中，最基本的两个“超原子”分别为具有负等效介电常数的金属线 [8] 和具有负等效磁导率的开口谐振环 [9]，将这两个“超原子”交替地周期性排列，就形成了双负电磁超材料 [10]。在此基础上，有研究者通过将两个“超原子”整合成一个“超分子”改进了电磁超材料的基本模型，并且在一个特定的频率范围内实现了介电常数和磁导率同时为负 [11−14]，如渔网结构和树枝结构，单个结构可以实现金属线和开口谐振环的功能，根据设计尺寸的大小，可以在不同频段实现双负电磁超材料。

鉴于声波与电磁波具有许多类似的性质，在声学领域，研究者们提出质量密度和弹性模量同时为负的双负声学超材料也能够按照人们的意愿操控声波的传播。为了实现双负声学超材料，首先需要设计出能分别实现质量密度和弹性模量为负的单负超原子结构，然后将两种超原子组合在一起制备出复合超材料实现双负性质 [15−21]。双负复合超材料中不同的超原子均是共振结构，可以独立发挥自己的共振功能，分别实现负弹性模量和负质量密度。为了使材料设计更为简化和实现更多奇异性质，基于材料设计和制备的基本原理，研究者们将两种超原子耦合到一个结构中组装成一个超分子，这种超分子具备两种共振功能，若调节两种共振到同一频段，可以在叠加频段实现两种共振，从而实现质量密度和弹性模量同时为负值的双负性质，超分子内更复杂的结构以及更多的共振性质必然会引起声学超材料更多的有趣现象。Liang 和 Li 提出一种卷曲空间结构 [22]，利用这种超分子设计的二维超材料可以同时实现双负性质、近零质量密度和大折射率等反常性质，由于这种超分子并非谐振结构，Xie 等 [23] 利用这种结构制备的声学超材料在宽频带实验测试出负折射现象。Yang 等 [24] 提出一种由两个耦合薄膜组成的单一超分子结构，由这种结构制备的超材料可以产生单极共振和偶极共振，且这两种共振可以独立调节，利用样品的表面位移场测试结果推算出超材料的有效质量密度和体弹模量在 520~830 Hz 附近同时为负值。Lai 等 [25,26] 设计了一种二维弹性超材料，其基本单元为多质量共振的超分子结构，一种超分子结构可以实现单极共振、偶极共振以及四极共振，进而可以实现双负参数、类流体以及超级各向异性等性质。我们课题组提出将两种超原子空心管和开口空心球结构耦合到一个结构当中，设计出了一种开孔空心管结构，基于这种超分子结构制备的超材料具备负等效质量密度和负等效弹性模量同时为负的双负性质 [27−30]。

## 10.2 超分子模型

我们知道，开口空心球超原子能够实现负等效弹性模量超材料 [20](图 10-1(a))，空心管结构能够实现负等效质量密度超材料 [21](图 10-1(b))。若将这两个超原子结构整合成一个超分子结构，耦合后的超分子结构单元为一个开有侧孔的空心管，即开孔空心管 (图 10-1(c))。

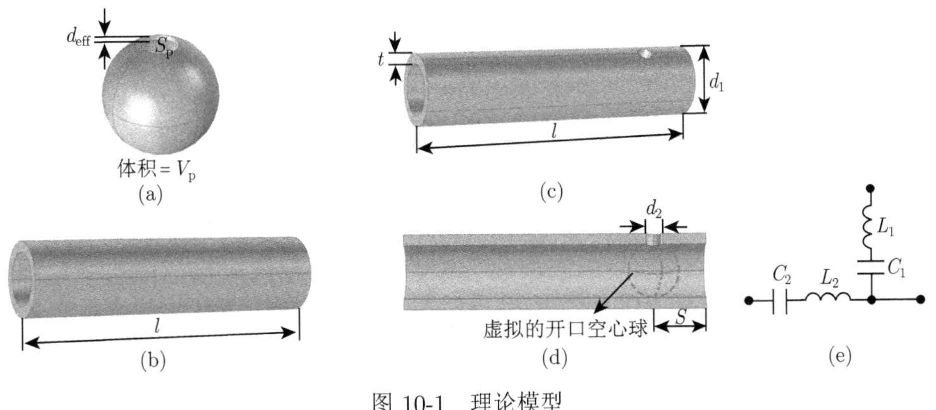


图 10-1 理论模型

(a) 超原子开口空心球 (SHS) 结构示意图；(b) 超原子空心管 (HST) 结构示意图；(c) 将这两种超原子耦合形成超分子 (开有侧孔的空心短管) 结构示意图；(d) 超分子的垂直截面图；(e) 超分子的等效电路图

开孔空心管是两种“超原子”组合的一种简化形式，可以看成是将一个开口空心球嵌入了一个空心管当中，如图 10-1(d) 所示。这种“超分子”同样可以被等效成一种 $L$-$C$ 振荡电路。空心管的侧孔被看作是一个开口空心球的声感部分，其值为

$$L_1 = \rho_0 l_{\rm h}/S_{\rm h} \tag{10-1}$$

在空心管中的虚拟球形空腔被看作是一个开口空心球的声容部分，其值为

$$C_1 = V_{\rm h}/(\rho_0 c_0^2) \tag{10-2}$$

这里的 $l_{\rm h}$、$S_{\rm h}$ 和 $V_{\rm h}$ 分别指该孔的有效深度、横截面积和虚拟球形空腔的体积。这种开孔空心管的两端被看作是空心管的声感部分，其值为

$$L_2 = \rho_0 l_{\rm t}/S_{\rm t} \tag{10-3}$$

这里的 $l_{\rm t}$ 表示端口的有效长度，$S_{\rm t}$ 表示这个管的横截面积。管的内部空腔可以存储声能量，被看作是空心管的声容，其值为

$$C_2 = V_{\rm t}/(\rho_0 c_0^2) \tag{10-4}$$

这里的 $\rho_0$ 表示空气的密度，$c_0$ 表示声波在空气中传播的速度，$V_{\rm t}$ 表示管内空腔的体积。基于图 10-1(e) 中的等效电路模型，我们可以获得这种开有侧孔的空心管的总声感和总声容如下：

$$L_{\rm eff} = (L_1 L_2)/(L_1 + L_2) \tag{10-5}$$

$$C_{\rm eff} = C_1 + C_2 \tag{10-6}$$

因此，这种组合结构的共振频率可以表示成

$$\omega_0^2 = \frac{1}{(C_1 + C_2)\dfrac{L_1 L_2}{L_1 + L_2}} \tag{10-7}$$

我们进行上述设计的目的是利用一种单一的“超分子”结构来同时实现负的等效质量密度和负的等效弹性模量，下面我们介绍两种不同频段的超分子声学超材料的实验制备方法和奇异性质。

## 10.3 低频超分子双负声学超材料

### 10.3.1 实验测试

根据模型分析，实验制备了一种“超分子”单元，其结构是一个开有侧孔的中空钢管，称之为开孔空心钢管 (PHST)，PHST 的外径为 19mm，壁厚为 0.3mm，在空心管的 1/3 处开 3mm 孔。选择非散射介质海绵作为样品基底，其直径为 100mm，厚 40mm，将 PHST 按开孔位置交替排列在基底上下表面制备出双层 PHST 样品 (图 10-2)，每根 PHST 可以等效为图 10-1(e) 所示的 $L$-$C$ 谐振电路，设置两层 PHST 的目的是增强谐振效果。作为对比，同时制备出直径为 100mm、厚 40mm 的纯海绵样品 [28]。

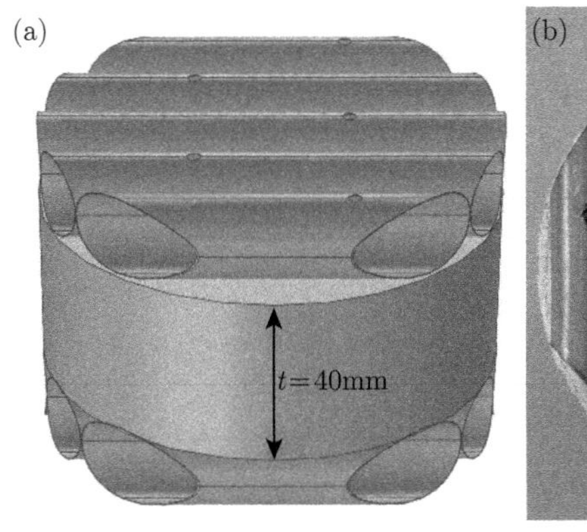


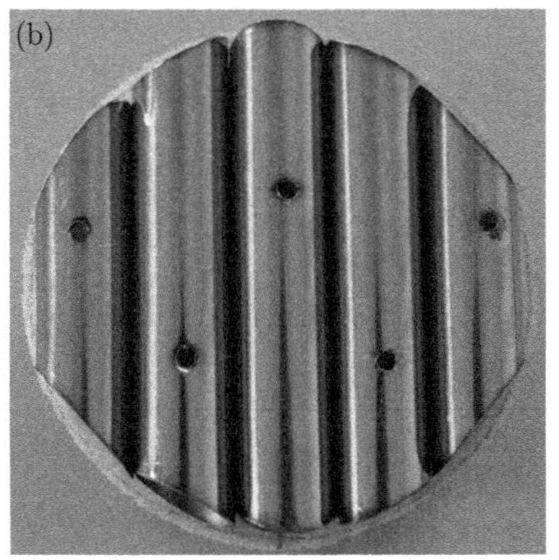


图 10-2 双层 PHST 样品

(a) 示意图；(b) 实物图

实验测试装置为声望阻抗管测试系统 (图 9-13)，阻抗管直径为 100mm，刚好能放置 100mm 直径的样品，防止漏声现象出现。通过装置可以测试样品的透射率和透射相位，将样品后面的阻抗管填充吸声材料，可以测试材料的反射率和反射相位。

实验测试样品的透射和反射性质如图 10-3 所示，纯海绵样品 B 的透射系数和反射率以及相位都为均匀变化的曲线，说明海绵基底为均匀色散声介质。而我们所制备的双层 PHST 样品透射率整体向下平移，并且在 1706Hz 附近出现了明显的透射峰和透射相位的突变。在相同的频率位置，反射曲线上也出现了对应的反射谷，这是形成左手谐振条件下的基本形式。图 10-3 同时也给出了此时的相位曲线，从图中可以看出，在透射峰对应的频率附近位置，透射相位出现了反常的突变，对应负相位的变化，这是超材料的重要特征。与文献 [31] 相类似，我们可以确定该透射峰确实为超材料透射峰。

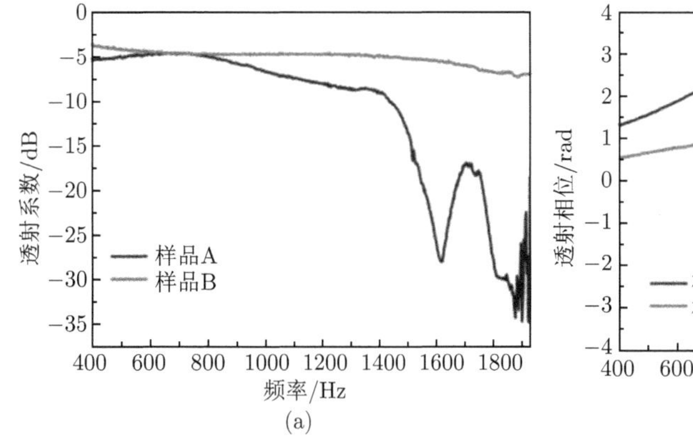


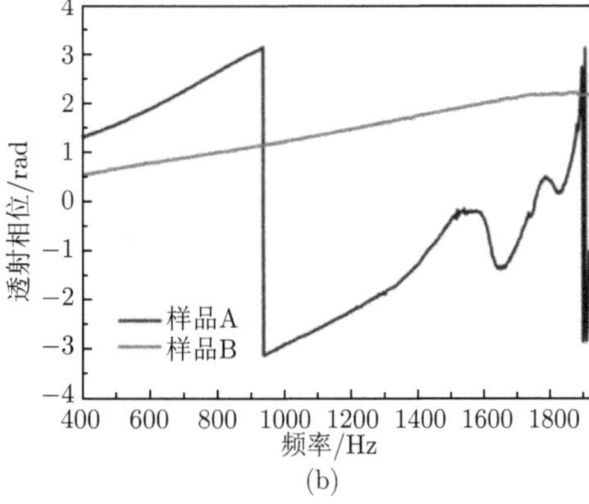

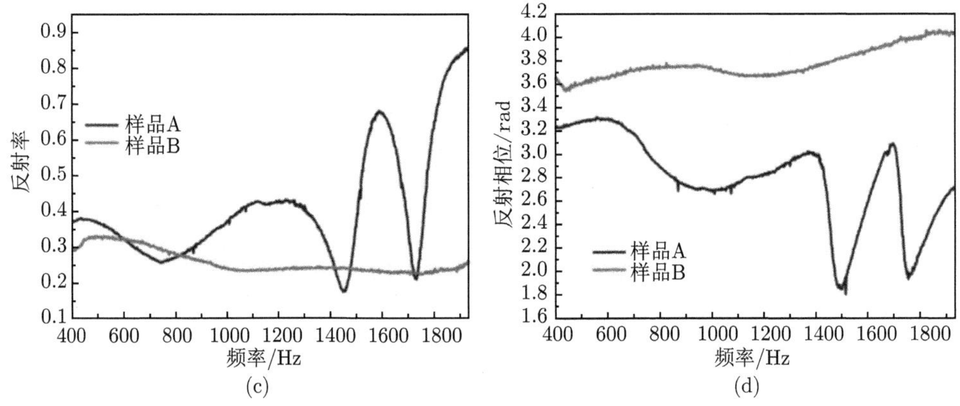


图 10-3　样品透射和反射性质

### 10.3.2　等效模量计算

由于在空气中 1700Hz 声波的波长为 200mm，样品的晶格常数为 38mm，因此样品至少满足 $a=\lambda/5$, 那么这个样品可以等效为声学均匀介质，在流体环境中可以推导出这种材料的反射和透射系数，根据等效参数提取法，可以利用材料的反射和透射系数计算出材料的等效阻抗和折射率：

$$n=\pm\frac{1}{kL}\arccos\left[\frac{1}{2T}\left(1-R^2+T^2\right)\right]+\frac{2\pi m}{kL} \tag{10-8}$$

$$Z_{\text{eff}}=\pm\sqrt{\frac{(1+R)^2-T^2}{(1-R)^2-T^2}} \tag{10-9}$$

根据阻抗和折射率可以计算出材料的等效质量密度和体弹性模量:

$$E_{\text{eff}}=\frac{n}{Z_{\text{eff}}}E_0 \tag{10-10}$$

$$\rho_{\text{eff}}=nZ_{\text{eff}}\rho_0 \tag{10-11}$$

计算的结果如图 10-4 所示，PHST 样品的等效弹性模量在 1648~1718Hz 范围内为负值，等效质量密度在 1100~1930Hz 为负值，同时等效折射率也为负值。从图中可以看出，在 1648~1718Hz 范围内 PHST 样品具有双负的等效参数，且折射率也为负值。等效弹性模量的虚部分布区域包括正值和负值，与参考文献 [32] 类似，且虚部出现负的极小值，主要由于声波在 PHST 结构中共振导致强烈损耗，不是意味着系统中存在增益。根据文献 [32] 提示，负等效质量密度和正弹性模量也可以获得负折射率指数。

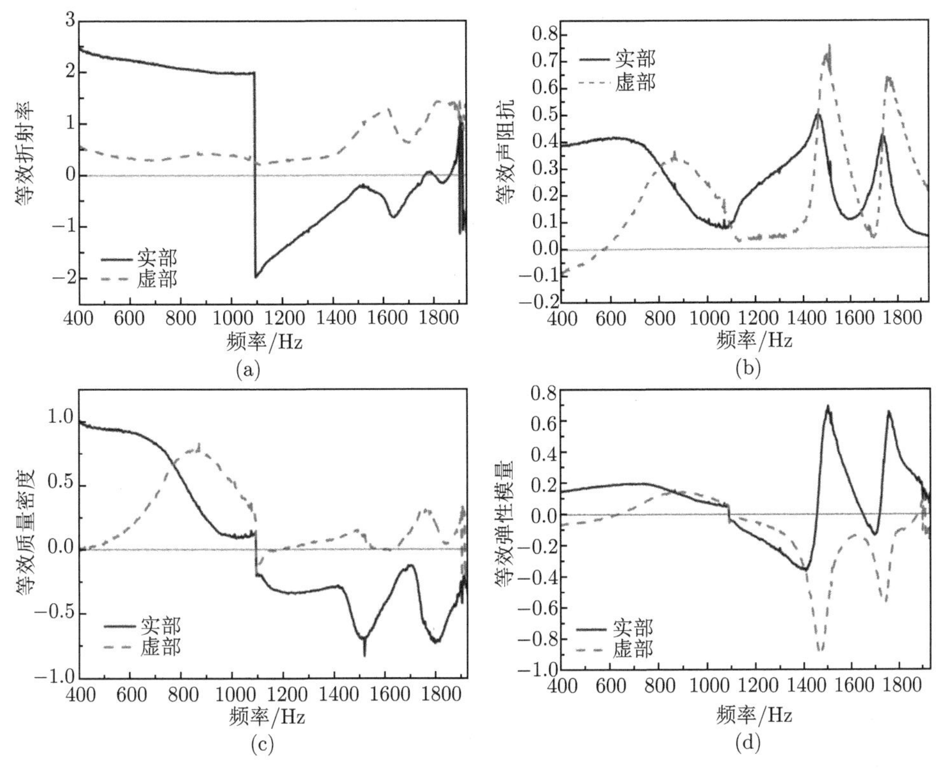


图 10-4 实验数据计算的样品等效参数

(a) 等效折射率；(b) 等效声阻抗；(c) 等效质量密度；(d) 等效弹性模量

### 10.3.3 平板聚焦效应

负折射率是超材料区别于自然材料的一个最显著的奇异特性，它可以将入射其中的发散光束汇聚，而具有平面透镜的功能。同样双负声学超材料也具有负折射率的特性。为了进一步验证 PHST 声学超材料的性质，我们采用如图 10-5 所示的装置对 PHST 声学超材料方形结构样品进行了平板聚焦测试。发射声波的声源为直径 5cm 的扬声器，放在样品的一侧，声源和平板之间的距离为 2cm，样品的尺寸为 40cm×40cm，可以将扬声器近似看成点声源。当声波经过样品时会在后面空间形成声场分布，通过麦克风可以测试二维的声场分布。图中的 $x$-$y$ 轴表示测试坐标，其中 $x$ 轴垂直纸面向外，坐标原点为样品的矩形中心位置。声波通过样品后的声强分布可以使用麦克风接收，并用示波器进行记录。

实验中制备了一种方形结构的 PHST 样品，如图 10-6 所示。制备方法如下：制备立方体的海绵基底，长 400mm，宽 400mm，厚 40mm。将开孔空心钢管紧密排列在海绵的上下表面，以上述 PHST 样品排列方式排列。实验测试的装置声波作为一种纵波，方形 PHST 样品的厚度为 78mm，约等于工作波长的 1/3, 在双负频带选择工作频率为 1.7kHz，此时声波波长为 200mm，满足参考文献 [33] 提到的成像条件，即样品的尺寸至少大于 1 倍波长。为了防止声波绕射，提高实验的精度，同时在样品的周围放置吸声材料，减少实验的误差。

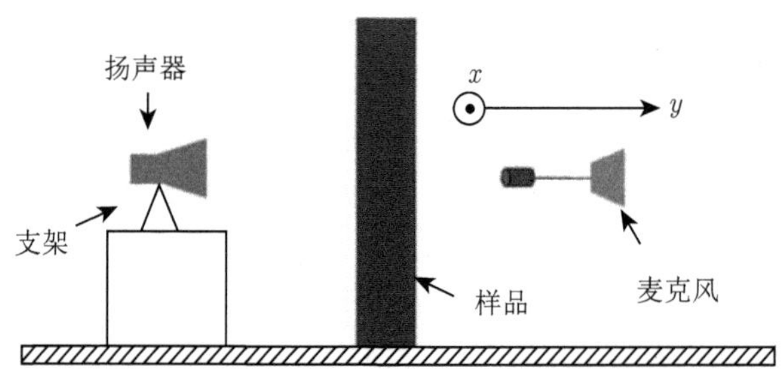


图 10-5　亚波长聚焦和超分辨成像实验装置示意图

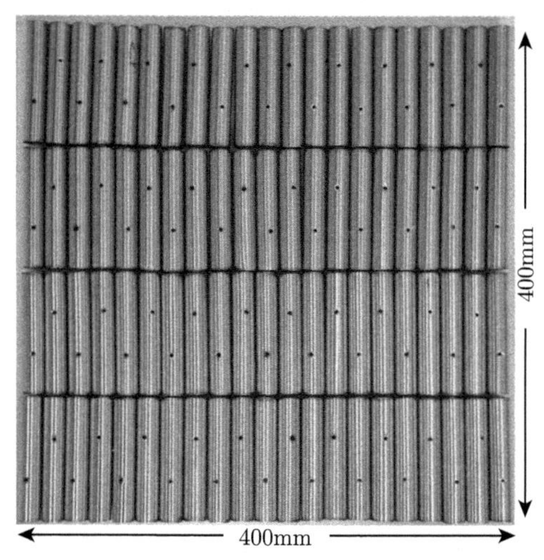


图 10-6　PHST 结构方形样品实物图

如图 10-4(a) 所示，在 1.7kHz 处由提取参数得到 PHST 样品的折射率是 −0.73。经过在自由空间的聚焦测试，得到如图 10-7(a) 所示的声场分布图。在样品的后面 10cm 位置处出现了一个聚焦声斑，即随着远离样品的距离增大，声强逐渐增大，在 10cm 后面位置，声强又逐渐减小。显然这种独特的聚焦行为来源于 PHST 结构，虽然在自由空间中损耗很大，且聚焦强度达到了 10%。除去实验中背景噪声的影响 (2%)，从图中可以看到亚波长聚焦成像的明显趋势，即先减小后增大再减小，在其他非双负的频率处放置同样的 PHST 方形样品，则没有这样的趋势结果。为了做对比，我们实验过程中制备同样大小和厚度的纯海绵样品，跟上述实验条件一样进行了亚波长聚焦成像测试，结果如图 10-7(b) 所示，声压强度的趋势是一直减小，没有出现聚焦效应。聚焦测试结果进一步说明制备的基于开孔空心管结构样品的超材料特性。

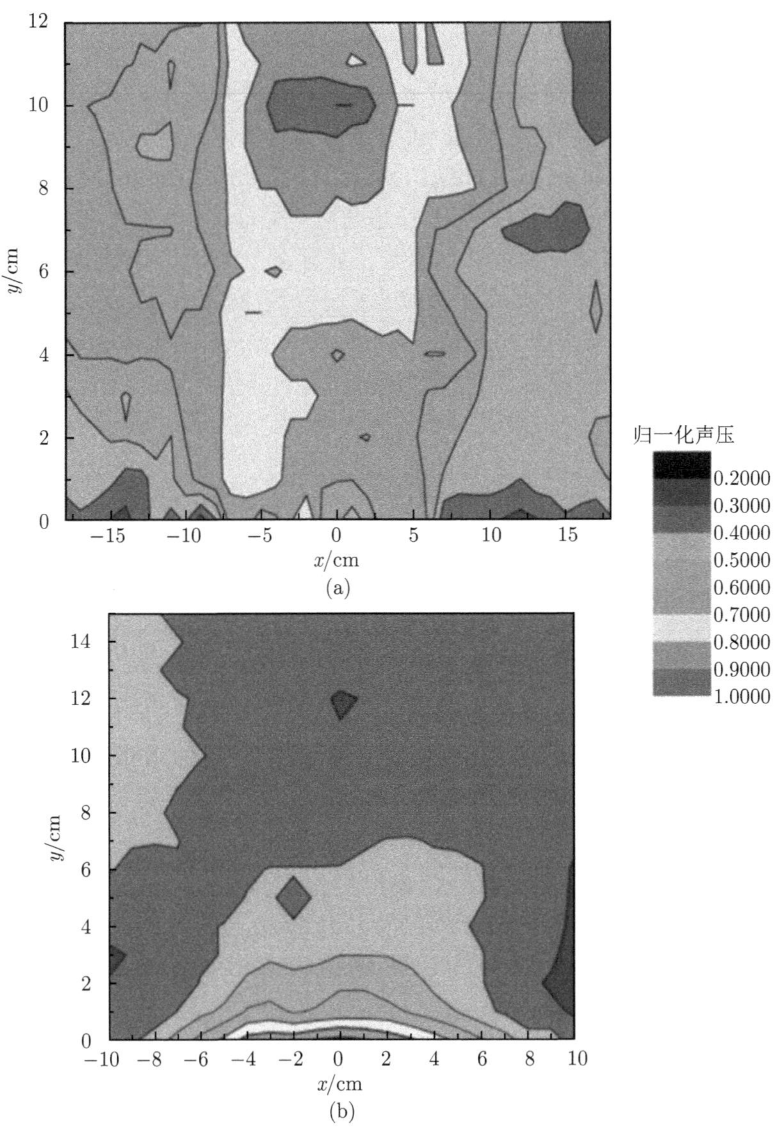


图 10-7 1.7kHz 声波透过不同样品后声场分布 (彩图见封底二维码)

(a)PHST 结构方形样品；(b) 纯海绵

### 10.3.4 亚波长超分辨成像效应

超材料另一个应用是克服衍射极限实现亚波长成像，分辨出超出衍射极限的微小细节。在声学领域，Zhu 等制备了一种周期性管结构的声学超材料，这种结构可以产生声 Fabry-Perot 共振，实现声波的超分辨成像效应。而双负声学超材料也可以突破衍射极限，实现亚波长成像。下面通过实验验证双负 PHST 声学超材料的超分辨成像效应。

我们在样品前加一个刻有三个尺寸远小于声波波长的孔的铝板，声源激发的声波通过三个孔后入射至样品表面，若是在样品后的声波场中可以分辨出这三个孔，则证实了该样品具有亚波长成像的特性，证实了模型的合理性。

为了证实 PHST 声学超材料亚波长超分辨成像能力，在厚度接近于零的铝板上开了三个亚波长尺寸的矩形孔作为像源，放置在 PHST 方形样品的一侧，并且有一个声学平面波激发。工作的频率和波长分别为 $f$=1.7kHz, $\lambda$=200mm。在一个铝板上刻出 40mm×20mm 的矩形孔，孔间距为 50mm，继续利用图 10-5 所示的实验装置。我们在空气基底中进行了这个实验，将铝板放置在声学超材料之前，将频率为 1.7kHz、产生正弦波的声源放置在铝板之前 5cm 处。然后将上述开三个矩形孔的铝板作为源物体，紧贴放置在样品的前面。另外，将麦克风固定于三维扫描系统上来测量出射面外的声场分布。在扫描区域外填充吸波材料以阻隔外部声场干扰。将麦克风放置在超材料后 5mm 处扫描声场的分布。测量的一维声场分布如图 10-8(a) 所示，清楚地分辨出了三个矩形孔的位置。作为对比实验，我们同样把方形结构 PHST 样品换成纯海绵样品，其他实验条件不变，进行了测试，结果如图 10-8(b) 所示，并不能够分辨铝板上的三个矩形孔。

同时，为了验证该样品是否在 1.7kHz 附近具有反常特性，作为对比实验，我们在同样实验条件下改变声源的输出频率，测试了样品在 1.3kHz 和 2.5kHz 下透过方形结构 PHST 样品的成像状况。1.3kHz 声波的实验结果 (图 10-8(c)) 和

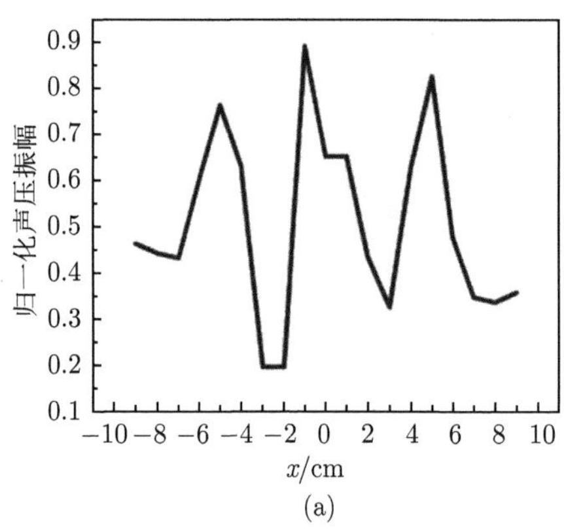

(a)

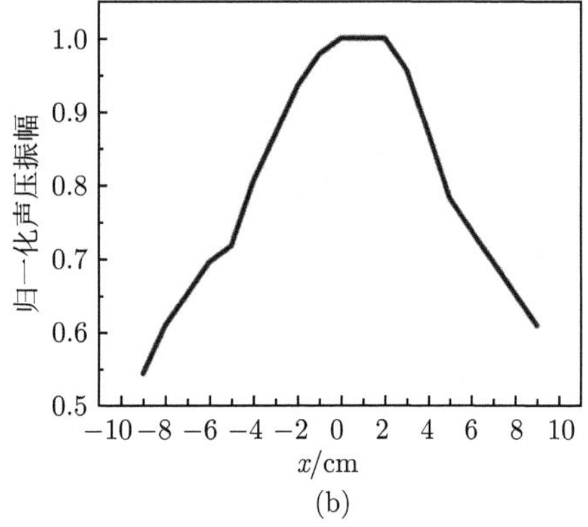

(b)

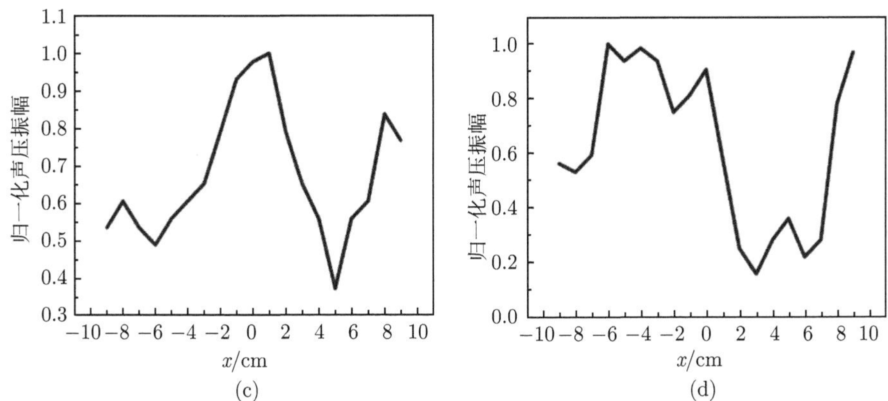


图 10-8 1.7kHz 时 PHST 结构方形样品超分辨成像 (a) 和纯海绵样品超分辨成像 (b) 以及 PHST 结构方形样品在 1.3kHz(c) 和 2.5kHz(d) 时超分辨成像

2.5kHz 声波的实验结果 (图 10-8(d)) 显然最多只有两个声强较大的位置，也就是无法分辨出三个孔，明显不如 1.7kHz 下的分辨结果。因此，可以说明该样品在 1.7kHz下表现出更好的亚波长分辨成像效果。此双负声学超材料达到了约 $\lambda/3$ 的分辨能力。

## 10.4 高频超分子双负声学超材料

### 10.4.1 样品制备

根据 10.2 节模型分析，实验制备了一种高频 "超分子" 单元，其结构是一个开有侧孔的中空塑料管，所选用的塑料为聚乙烯材料，其密度为 0.92kg/m$^3$，弹性模量为 $5 \times 10^8$Pa，泊松比为 0.4，这种塑料管的管壁可以看作是声学硬壁。管的外径为 $d_1 = 7$mm，壁厚为 $t = 1$mm，长度为 $l = 29$mm，侧孔的直径为 $d_2 = 1$mm，开孔处距管的一端 $s = 5$mm。将这种结构单元按照开孔处 "Z" 字形周期性间隔排列，并且用黏合剂将其固定在海绵基底的正反两面，就形成了双层超材料样品。我们课题组早期的工作已经证明，海绵是一种非散射性的声学介质，所以可以被用作声学基底，并且不会对超材料的声学性质产生影响 [20]。图 10-9(a) 为这种双层超材料样品的示意图。样品的尺寸为 415mm × 415mm × 34mm，$x$ 方向和 $z$ 方向上的单元间隔分别为 1mm 和 3mm。海绵基底的厚度为 20mm。图 10-9(b) 和 (c) 分别表示超材料样品和 "超分子" 结构单元的实物照片 [27]。

为了研究超材料的性质，在自由空间中对该超材料样品的透射和反射行为进行了实验测试。测试中用到的声源是一个平面波喇叭 (型号: BMS 4512ND Planar Wave Driver)。连接在计算机上的信号发生器 (型号：MC3242, BSWA, Beijing,

China) 可以产生连续的正弦电信号，经过功率放大器 (型号：PA50, BSWA, Beijing, China) 放大之后，再由平面波喇叭发出。接收器是一个微型自由场麦克风 (型号：MPA416, BSWA, Beijing, China)，该麦克风被连接在一个锁相放大器 (型号：SR830, SRS, Sunnyvale, USA) 上，用来探测被超材料透射和反射的声波信号。所有仪器的实物图如图 10-10(b) 和 (c) 所示。这里的锁相放大器可以同时记录声波的振幅和相位变化。样品的四周被吸声材料所包围，以确保没有声波可以从样品的周围漏过，从而保证测试的精度。

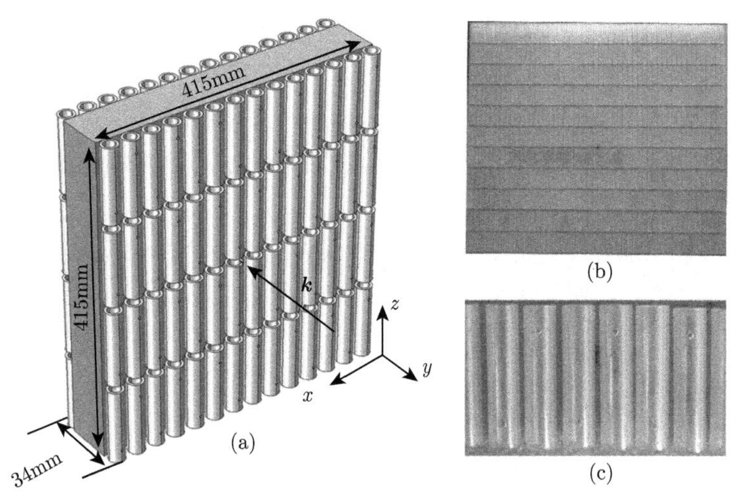


图 10-9　(a) 超材料样品示意图，制备的 “超分子” 结构单元覆盖了海绵基底的正反两面，用来增强整个超材料样品的谐振强度；(b) 超材料样品实物照片，该样品正反面均由 55 × 11 个 “超分子” 单元构成；(c)“超分子” 结构单元实物照片

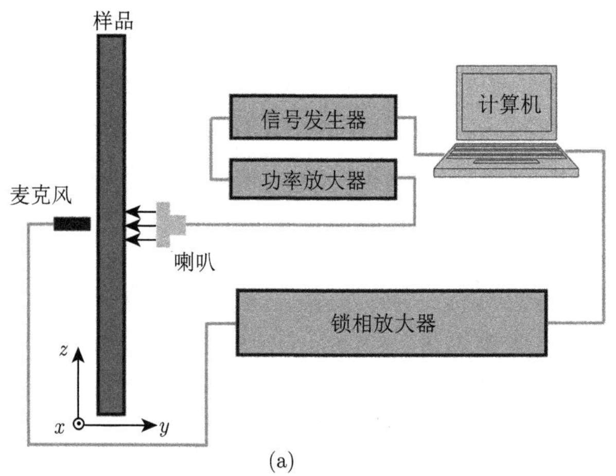

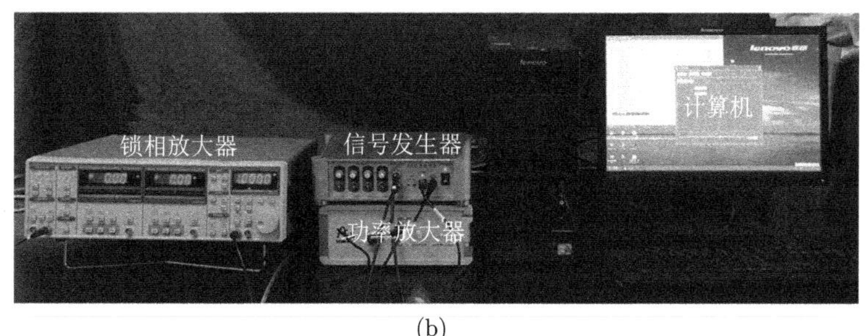


(b)

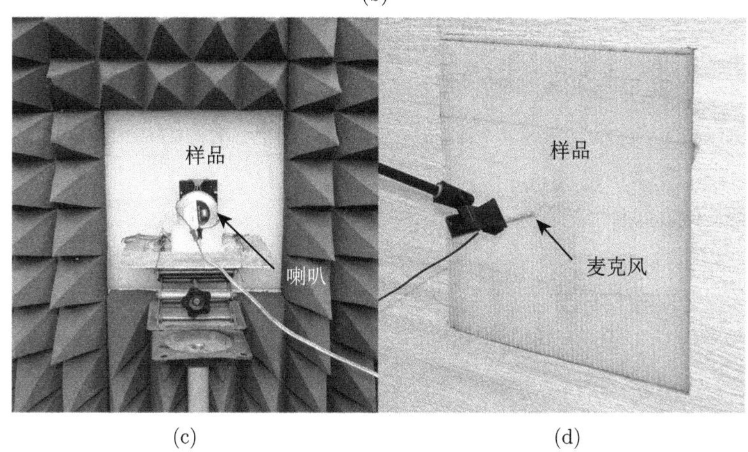


(c) (d)

图 10-10 (a) 测试透射的实验装置示意图；(b) 产生和记录声音信号的信号发生器、功率放大器和锁相放大器实物照片；(c) 透射波测试装置正面，喇叭正对样品，垂直样品表面产生正弦平面波信号，样品四周被吸声材料包围以防止绕射声波影响测量精度；(d) 透射波测试装置背面，用微型麦克风来探测经样品透射声波

### 10.4.2 实验测试及结果分析

我们分别测试了所制备的声学超材料样品的透射率、透射相位和反射率、反射相位随频率的变化关系。通过从均匀介质中提取有效参数的方法 [31]，可以计算出样品的等效折射率值、等效阻抗值、等效质量密度值和等效弹性模量值。

在实验中，我们选取的入射声波的频率范围是 3.5~6.5kHz，透射波测试的实验装置示意图和实物图如图 10-10 所示。喇叭和麦克风分别靠近样品的入射面和出射面。由喇叭产生的平面波垂直样品表面入射，此时麦克风探测到的透过样品的声波振幅和相位可以分别表示为 $A_{\mathrm{t}}$ 和 $\varPhi_{\mathrm{t}}$。我们将没有样品时麦克风探测到的入射声波振幅 $A_0$ 和相位 $\varPhi_0$ 作为参考，得到样品的透射率 $T$ 和透射相位 $T_{\mathrm{p}}$ 分别为 $T=A_{\mathrm{t}}/A_0$ 和 $T_{\mathrm{p}}=\varPhi_{\mathrm{t}}-\varPhi_0$。图 10-11 表示的是该超材料样品的透射率和透射相位的实验结果。可以看到，透射率在 5.5~5.95kHz 内出现了一个峰值，同时透射相位也在该频率段有一个反常扭折。根据参考文献 [34] 可知，这个相位扭折表明该透射峰是由“超分子”单元中的空气共振造成的。

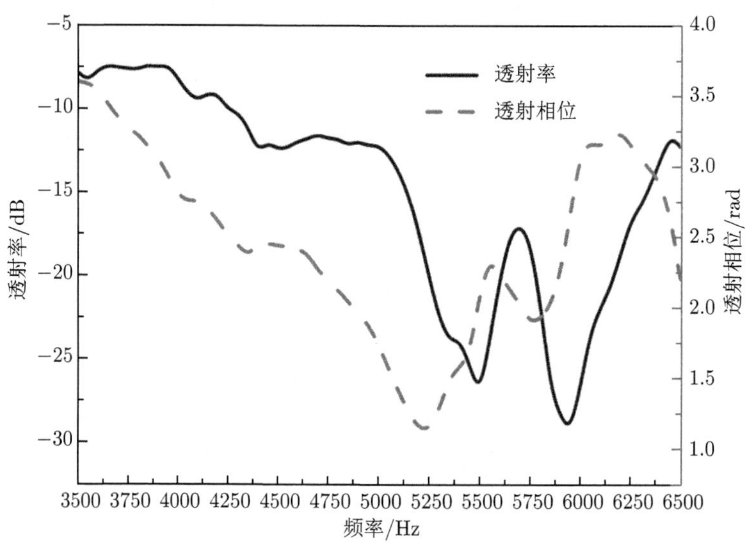


图 10-11　实验测试的超材料样品透射率和透射相位随频率变化关系

实线和虚线分别表示透射率值和透射相位值

反射波测试的实验装置示意图如图 10-12(a) 所示。原则上，声波的入射角度

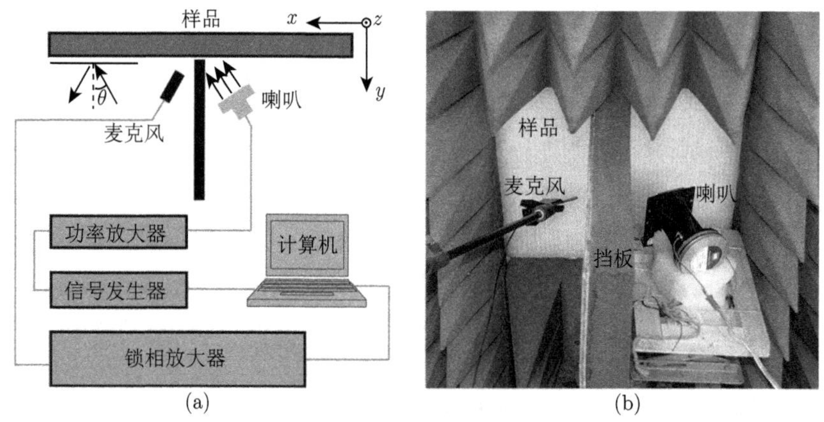


图 10-12　(a) 测试反射的实验装置示意图，测试中用到的实验仪器 (信号发生器、功率放大器、锁相放大器、平面波喇叭和微型麦克风) 与测试透射时相同，但是与测试透射不同，喇叭和麦克风处在样品同一侧，声波入射角为 30°，喇叭和麦克风之间的黑色矩形表示一个完全吸声挡板；(b) 反射波测试实验装置实物照片

越小，测得的反射信号越准确。但是，由于受到实验仪器尺寸的限制，在尽量保证能够准确测量反射信号的前提下，我们选取声波的入射角为 $\theta = 30°$，测试装置的实物图如图 10-12(b) 所示。连接在锁相放大器上的麦克风以同样的角度接收被样品反射回来的声波信号，包括反射的幅值 $A_{\mathrm{r}}$ 和反射的相位 $\Phi_{\mathrm{r}}$。为了确保麦克风接收到的声波信号不会受到绕射声波的干扰，我们用一个完全不透声的挡板将喇叭与麦克风隔开。计算反射率 $R$ 和反射相位 $R_{\mathrm{p}}$ 的方法与计算透射结果的方法类似，$R = A_{\mathrm{r}}/A_0$，$R_{\mathrm{p}} = \Phi_{\mathrm{r}} - \Phi_0$。得到的反射率和反射相位随频率的变化关系如图 10-13 所示。

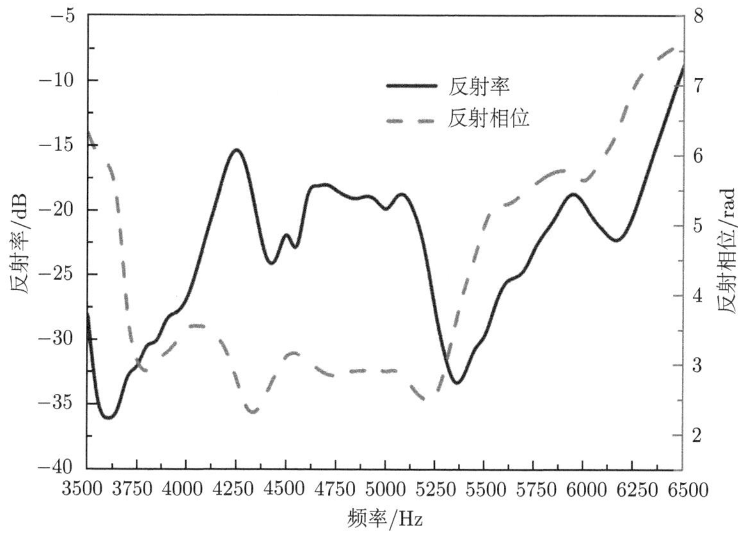


图 10-13 实验测试的超材料样品反射率和反射相位随频率变化关系

实线和虚线分别表示反射率值和反射相位值

### 10.4.3 等效参数

据上述公式计算得到的等效折射率、等效阻抗、等效质量密度和等效弹性模量如图 10-14 所示。从图中可以看出，等效折射率、等效质量密度和等效弹性模量的实部均在一定频段内为负值。为了便于比较，图 10-15 将三者的数据放在了同一个坐标系下。在该图中可以很直观地看到，这种超材料的等效质量密度和等效弹性模量的实部在 5.38~5.94kHz 内同时为负。这一结果直接证明了我们所设计的“超分子”模型是一种双负型的声学超材料。此外，在这个区域内，等效折射率也为负值。下面我们将会通过折射率测试来实验验证所设计的“超分子”模型的负折射效应。

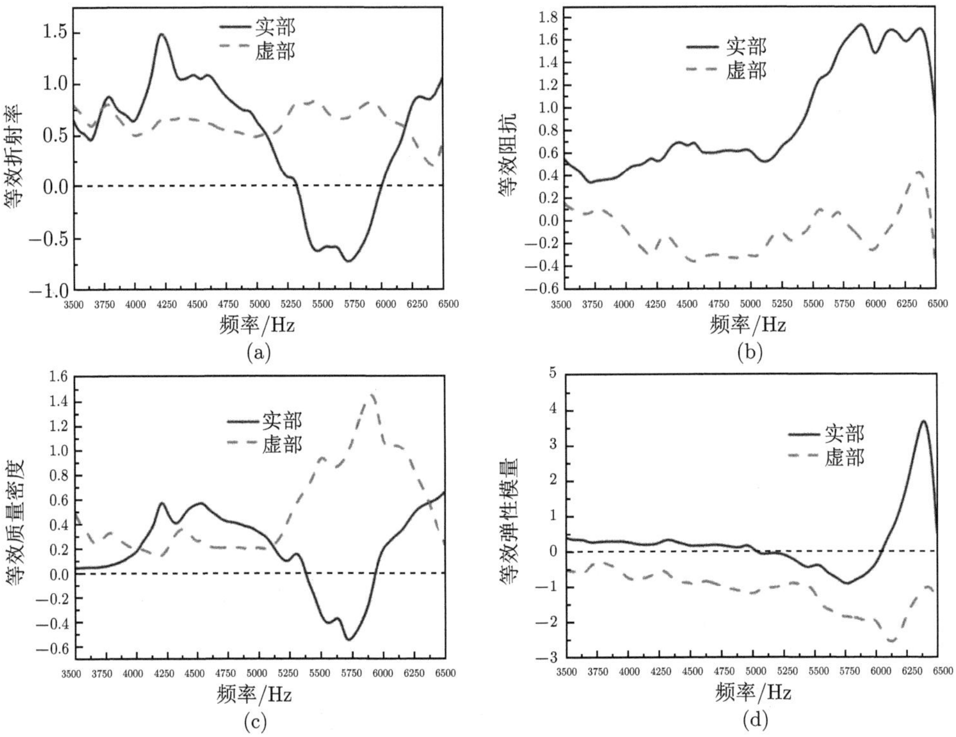

图 10-14　超材料样品性能随频率变化关系

(a) 等效折射率；(b) 等效阻抗；(c) 等效质量密度；(d) 等效弹性模量。实线和虚线分别表示参数的实部和虚部

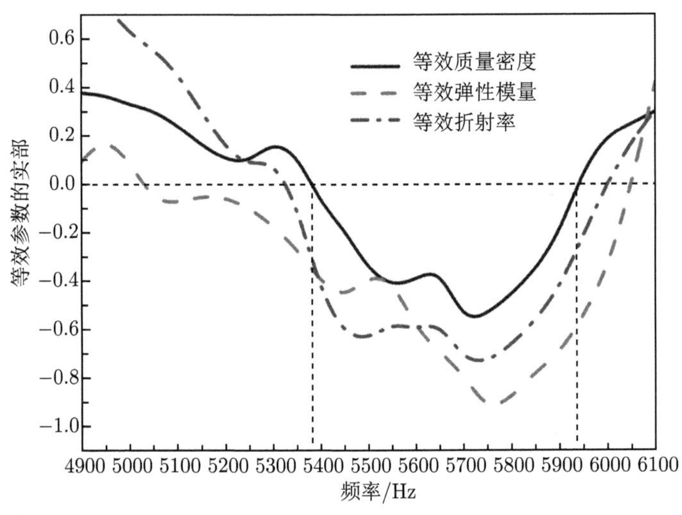


图 10-15　双负频段附近等效质量密度、等效弹性模量和等效折射率的实部随频率变化

### 10.4.4 负折射实验

为了进一步验证这种模型的超材料性质，我们对其折射率进行了实验测试。我们制备了一个由“超分子”单元组成的直角三角形样品，如图 10-16(a) 所示，整个样品由三层超材料单元组成。该样品的两个直角边的长度分别为 410mm 和

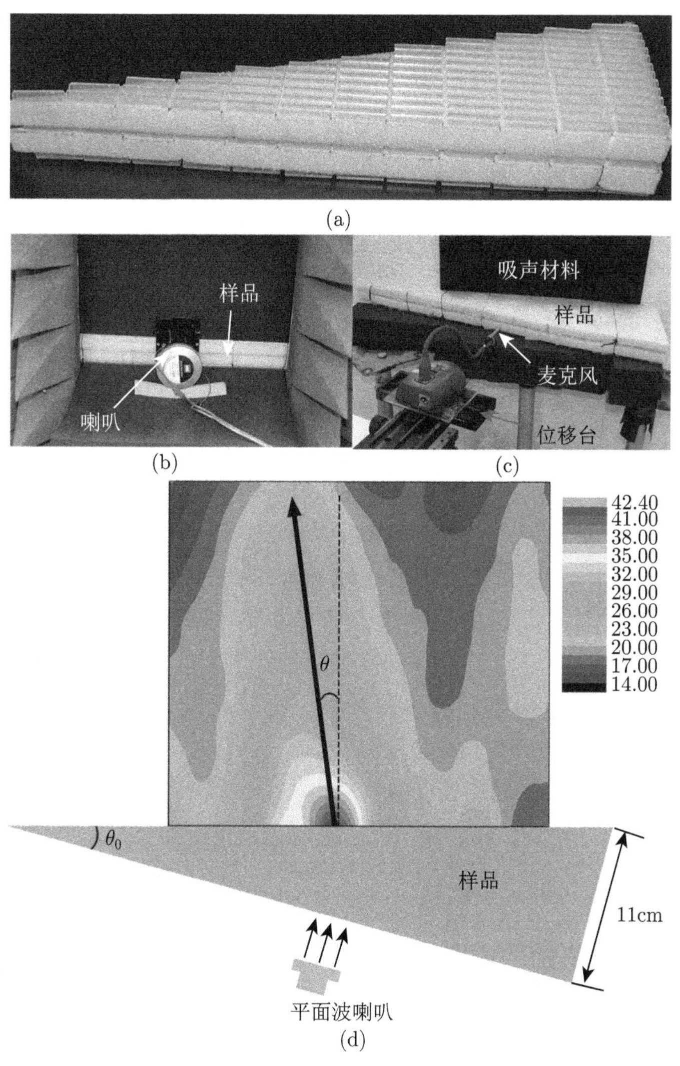


图 10-16 超材料样品负折射验证 (彩图见封底二维码)

(a) 用于折射率测试的三角形超材料样品实物照片；(b) 实验装置正面照片；(c) 实验装置背面照片；(d) 实验装置示意图和在 5.7kHz 处测试的出射面外声场强度分布

110mm，样品的高度为 61mm。图 10-16(b) 和 (c) 展示了折射率测试的实验装置实物图，样品的四周都被吸声材料所包围以去除绕射信号的影响。平面波喇叭发出的声波垂直样品的长直角边入射。微型麦克风被固定在一个位移台上，可以在水平方向上步进扫描透射声场分布。麦克风每步进一次，仪器就会记录一次该位置处的透射声压强度。图 10-16(d) 展示了实验装置示意图和在 5.7kHz 处测试得到的样品出射面外的声场强度分布图。在样品的斜边处，声波的入射角为 $\theta_0 = 15°$。通过测量得到折射声束与法线的夹角为 $\theta = -19.4°$，因此可以计算出对应的折射率值为 $n = -0.78$，这一结果与图 10-14(a) 中通过参数提取得到的值 ($n = -0.73$) 非常吻合。因此，通过实验验证了这种超材料的负折射效应。

### 10.4.5　平板聚焦效应

超材料的负折射效应还可以衍生出许多奇异的性质，其中的一个主要性质就是平板聚焦。为了进一步探索 “超分子” 模型超材料的奇异特性，图 10-9(a) 中的超材料样品被用来研究它在 5.7kHz 处的平板聚焦现象。平板聚焦的实验装置示意图如图 10-17(c) 所示。为了便于理解，在实物照片中我们没有放置超材料样品。将喇叭放置在距离样品入射面 10mm 处入射正弦球面声波。声波透过样品后由放置在样品出射面外的麦克风进行接收。为了得到透射声场分布，麦克风被安置在一个位移台上来记录不同位置处的透射声强。整个扫描区域的尺寸为 $x \times y = 60\text{mm} \times 60\text{mm}$。为了进行对照，我们同样测试了声波穿过纯海绵基底后的参考声场分布。透过纯海绵和超材料样品的声场分布分别如图 10-17(a) 和 (b) 所示。图 10-17(d) 表示焦点处的声压强度沿 $y$ 轴的变化曲线。可以看出，对于没有超材料结构的纯海绵来讲，当麦克风逐渐远离时，参考波的强度会逐渐减小；而与之明显不同的是，穿过超材料样品的声波则被聚成了一个明亮的点，焦点的中心位置距离样品大约 7mm。

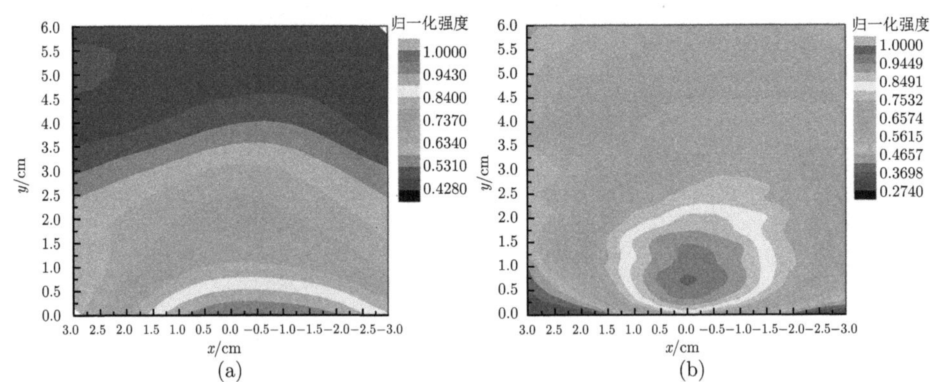

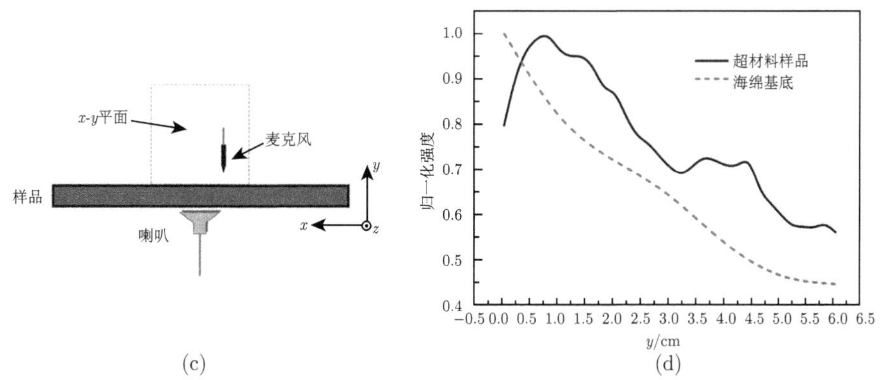


图 10-17 超材料样品平板聚焦测试 (彩图见封底二维码)

(a) 在 5.7kHz 处测试的纯海绵基底归一化透射场图;(b) 穿过超材料样品透射场; (c) 测试平板聚焦实验装置示意图; (d) 透射区域内，沿着 $y$ 轴方向并穿过焦点中心声压强度分布，与纯海绵基底对比

### 10.4.6 反常多普勒效应

实验中采用开孔空心塑料管模型制备样品，如图 10-18 所示，管长为 98mm，外径为 7mm，壁厚 1mm，开口的位置在距离管端 5mm 处，孔径为 3mm；然后将它们以 1mm 间距周期性地并排粘在边长为 400mm、厚 20mm 的正方形海绵基底的两面。

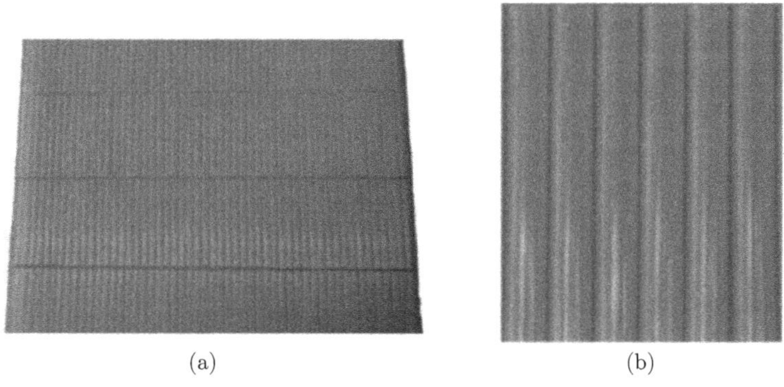


图 10-18 正方形样品图

(a) 正面图；(b) 局部放大图

首先利用 COMSOL 多物理场耦合软件，采用有限元分析法全波模拟开孔空心塑料管结构横截面的声场分布和透射、反射曲线。利用提取参数法计算可以得到样品的声等效参数，如图 10-19 所示。从图中可以看出，在 1650~1730Hz 频段，其等效质量密度与等效弹性模量同时为负。

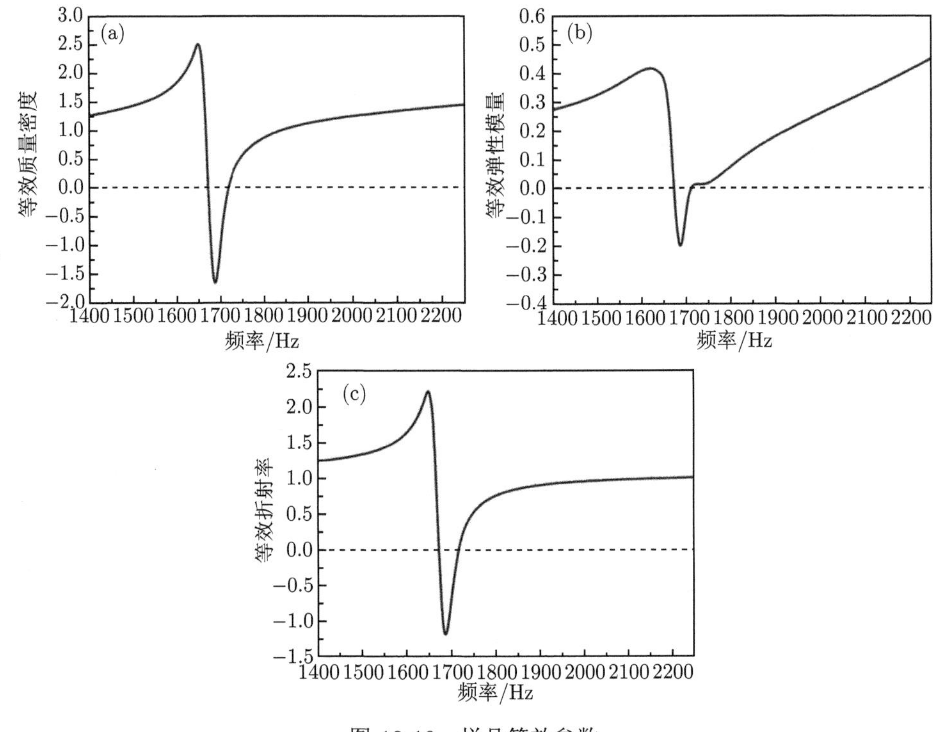


图 10-19　样品等效参数

(a) 等效质量密度；(b) 等效弹性模量；(c) 等效折射率

在本节的测试装置中，观察者即麦克风是固定不动的，即 $v_{观}$ 为 0m/s；声源的移动为匀速，大小设定为 0.5m/s，声波在空气中的速度 $v$ 为 343m/s，那么多普勒公式又可表示为

$$\Delta f = f_1 - f = f\frac{\pm v_{源}}{v/n \mp v_{源}} \tag{10-12}$$

当波源相对麦克风靠近时取“+”，相对麦克风远离时取“−”。

利用图 10-18 制备的超材料样品，我们进行了如下的多普勒测试，进而对上述仿真结果进行验证。

我们实验室自主搭建了观察者与声源近似直线运动的多普勒测试平台，通过对制备的声学超材料的测试，观察到了反常多普勒现象。图 10-20 是我们为测试开孔空心塑料管样品而搭建的多普勒测试装置图，平面波喇叭固定在一维电动位移台上，可以发出固定频率的正弦平面波，我们设定它的工作频率为 1500~2000Hz，位移台的移动速度设定为 0.5m/s。样品被竖直放在位移台的中间位置，平面波喇叭和灵敏麦克风放在样品的两侧，且它们都与样品紧贴，麦克风可以直接测量到作用于样品后的信号，另外，样品到位移台的垂直距离与平台的长度相比很小，所以可以近似认为，样品、平面波喇叭以及麦克风在一条直线上相对运动，以上推导的多普勒公式对该实验适用。样品选用的是如图 10-18 所示的开孔空心管结构。麦克风可以测到平面波喇叭靠近样品和远离样品后的正弦波信号，我们可以根据波形图准确地计算出靠近和远离样品时麦克风接收到的频率，这个频率即 $f_1$，平面波喇叭发出的频率为 $f$，则频移可通过 $\Delta f = f_1 - f$ 计算求得。如果靠近样品时求得的频移为负值，而远离样品时求得的频移为正值，那么就验证了制备的开孔空心管结构具有反常多普勒效应，也就是说，这种结构组成的材料是一种声学超材料。

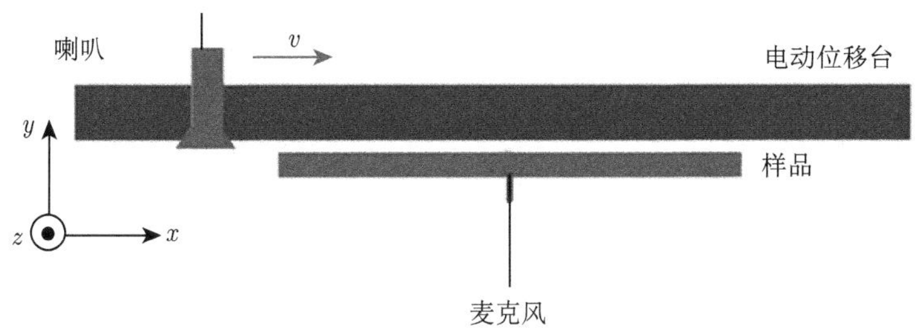


图 10-20 开孔空心管样品测试装置图

利用以上搭建的多普勒测试平台对样品进行了测试，得到的波形图以及处理结果如图 10-21 所示，该波形图通过图形化编程软件 (LabView SignalExpress) 从示波器里导出。从波形图中我们能够读出靠近样品和远离样品的波形个数以及它们所用时间，据此能够根据单位时间的波形个数来计算出靠近和远离样品时麦克风接收到的频率，最终可以得到多普勒效应的频移值。以声源频率为 1700Hz 得到的波形图为例，如图 10-21 所示，选取了靠近样品的 16 个波形和远离样品的 15 个波形，从波形图中可以读到这些波形所对应的时间，总的时间与波形个数的比值就是单个波形所占的平均时间，单个波形所占平均时间的倒数就是靠近或远离样品的频率。通过计算我们可以得出，靠近样品时的频率为 1696.83Hz，远离时的频率为 1702.39Hz。与波源的频率相比可以看出，靠近样品时频率减小，远离样品时频率增大，出现了反常多普勒效应。

从仿真图 10-19 中判断，折射率的负值区域大致为 1650~1730Hz，实验中，我们同时测试了不同频率下的多普勒频移，所选的频率点涵盖了仿真图的折射率为负的区域。根据实验处理的结果绘制出了靠近与远离时，频移值 $(f_1 - f)$ 与频率的关系曲线，如图 10-22 所示。从公式 (10-12) 中可以看出，$n$ 与 $f_1 - f$ 正相关，曲线的趋势应该是一致的，且正负号也应该是同步的，即反常折射率与反常频移区域应该在同一频段出现，实验的结果表明，反常频段为 1608.69~1802.68Hz。

可以看出，虽然实验与仿真结果并不是完全吻合，但实验得到的反常频段包含了仿真的反常频段，且曲线的基本趋势也是很好地吻合，已经能反映出设计样品的基本规律，同时，该实验也验证了我们所设计的这种开口空心管样品是一种具有反常多普勒效应的声学超材料。

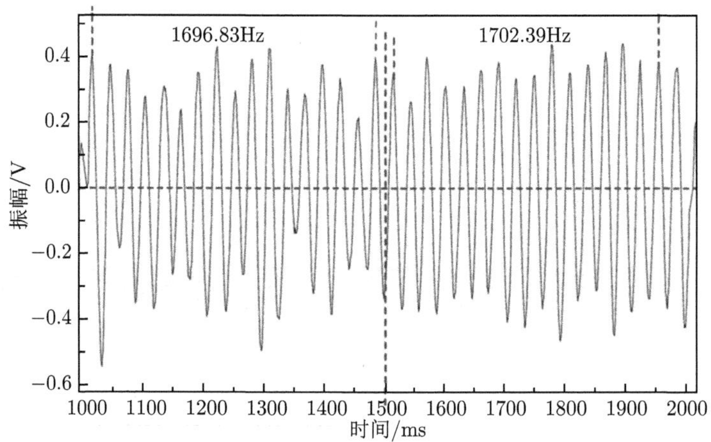


图 10-21　波源频率为 1700Hz 时接收的波形图

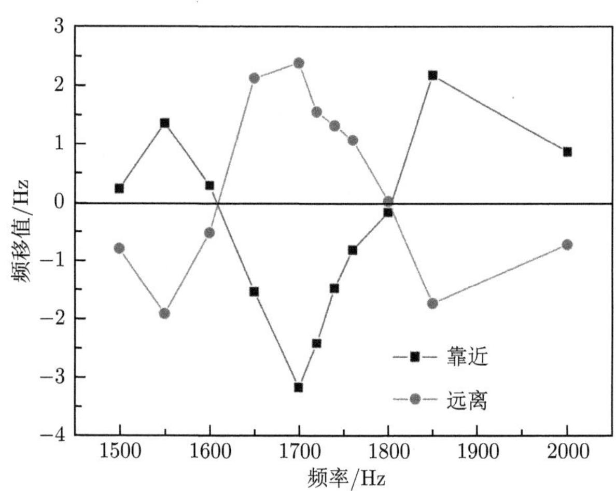


图 10-22　样品在不同频率的多普勒效应频移值

## 参 考 文 献

[1] Pendry J B. Negative refraction makes a perfect lens. Phys. Rev. Lett., 2000, 85(18): 3966-3969.

[2] Smith D R, Pendry J B, Wiltshire M C K. Metamaterials and negative refractive index. Science, 2004, 305(5685): 788-792.

[3] Lezec H J, Dionne J A, Atwater H A. Negative refraction at visible frequencies. Science, 2007, 316(5823): 430-432.

[4] Liu Y M, Zhang X. Metamaterials: a new frontier of science and technology. Chem. Soc. Rev. , 2011, 40: 2494.

[5] Seddon N, Bearpark T. Observation of the inverse Doppler effect. Science, 2003, 302 (5650): 1537-1540.

[6] Zhang X, Liu Z W. Superlenses to overcome the diffraction limit. Nat. Mater., 2008, 7(6): 435-441.

[7] Liu Z W, Lee H, Xiong Y, et al. Far-field optical hyperlens magnifying sub -diffraction-limited objects. Science, 2007, 315(5819): 1686-1686.

[8] Pendry J B, Holden A J, Stewart W J, et al. Extremely low frequency plasmons in metallic mesostructures. Phys. Rev. Lett. , 1996, 76: 4773.

[9] Pendry J B, Holden A J, Robbins D J, et al. Magnetism from conductors and enhanced nonlinear phenomena IEEE Trans. Microwave Theory Tech. , 1999, 47: 2075-2084.

[10] Shelby R A, Smith D R, Schultz S. Experimental verification of a negative index of refraction. Science, 2001, 292: 77-79.

[11] Hamm J M, Wuestner S, Tsakmakidis K L, et al. Theory of light amplification in active fishnet metamaterials. Phys. Rev. Lett., 2011, 107(16): 167405.

[12] Valentine J, Zhang S, Zentgraf T, et al. Three-dimensional optical metamaterial with a negative refractive index. Nature, 2008, 455(7211): 376.

[13] Liu H, Zhao X P, Yang Y, et al. Fabrication of infrared left-handed metamaterials via double template-assisted electrochemical deposition. Adv. Mater., 2008, 20: 2050.

[14] Zhao X P. Bottom-up fabrication methods of optical metamaterials. J. Mater. Chem., 2012, 22: 9439.

[15] Lee S H, Park C M, Seo Y M, et al. Acoustic metamaterial with negative density. Phys. Lett. A, 2009, 373: 4464-4469.

[16] Lee S H, Park C M, Seo Y M, et al. Acoustic metamaterial with negative modulus. J. Phys.-Condens. Mat. , 2009, 21: 175704.

[17] Lee S H, Park C M, Seo Y M, et al. Composite acoustic medium with simultaneously negative density and modulus. Phys. Rev. Lett. , 2010, 104(5): 054301.

[18] Chen H J, Zhai S L, Ding C L, et al. Meta-atom cluster acoustic metamaterial with broadband negative effective mass density. J. Appl. Phys. , 2014, 115(5): 054905.

[19] Fang N, Xi D J, Xu J Y, et al. Ultrasonic metamaterials with negative modulus. Nat. Mater., 2006, 5: 452-456.

[20] Ding C L, Hao L M, Zhao X P. Two-dimensional acoustic metamaterial with negative modulus. J. Appl. Phys., 2010, 108: 074911.

[21] Chen H J, Zeng H C, Ding C L, et al. Double-negative acoustic metamaterial based on hollow steel tube meta-atom. J. Appl. Phys. , 2013, 113(10): 104902-104908.

[22] Liang Z X, Li J. Extreme acoustic metamaterial by coiling up space. Phys. Rev. Lett., 2012, 108(11): 114301.

[23] Xie Y B, Popa B I, Zigoneanu L, et al. Measurement of a broadband negative index with space-coiling acoustic metamaterials. Phys. Rev. Lett. , 2013, 110(17): 175501.

[24] Yang M, Ma G C, Yang Z, et al. Coupled membranes with doubly negative mass density and bulk modulus. Phys. Rev. Lett. , 2013, 110(13): 134301.

[25] Lai Y, Wu Y, Sheng P, et al. Hybrid elastic solids. Nat. Mater, 2011, 10(2): 620-624.

[26] Wu Y, Lai Y, Zhang Z Q. Elastic metamaterials with simultaneously negative effective shear modulus and mass density. Phys. Rev. Lett. , 2011, 107(10): 105506.

[27] Zhai S L, Chen H J, Ding C L, et al. Double-negative acoustic metamaterial based on meta-molecule. J. Phys. D: Appl. Phys. , 2013, 46(47): 475105.

[28] Zeng H C, Luo C R, Chen H J, et al. Flute-model acoustic metamaterials with simultaneously negative bulk modulus and mass density. Solid State Commun. , 2013, 173: 14-18.

[29] Chen H J, Li H, Zhai S L, et al. Ultrasound acoustic metamaterials with double-negative parameters. J. Appl. Phys. , 2016, 119(20): 204902.

[30] Zhai S L, Zhao X P, Liu S, et al. Inverse Doppler effects in broadband acoustic metamaterials. Sci. Rep. , 2016, 6: 32388.

[31] Fokin V, Ambati M, Sun C, et al. Method for retrieving effective properties of locally resonant acoustic metamaterials. Phys. Rev. B, 2007, 76 (14): 144302.

[32] Fok L, Zhang X. Negative acoustic index metamaterial. Phys. Rev. B, 2011, 83(21): 214304.

[33] Zhang S, Yin L L, Fang N. Focusing ultrasound with an acoustic metamaterial network. Phys. Rev. Lett. , 2009, 102(19): 194301.

[34] Ding C L, Zhao X P. Multi-band and broadband acoustic metamaterial with resonant structures. J. Phys. D: Appl. Phys. , 2011, 44: 215402.

# 第 11 章　超原子簇与超分子簇声学超材料

## 11.1 引　　言

电磁超材料 [1−6] 中的每个超原子具有局域共振性质，相邻超原子之间满足弱相互作用，各自发挥自己的功能，在叠加的共振频率附近实现了介电常数和磁导率同时为负。

与电磁超材料类似，声学超材料也是基于局域共振 [7] 的思想提出的，声学超材料是由“亚波长”尺度的局域共振单元组成，在共振频率附近表现出负的等效参数，其共振频率的位置可以通过改变基本单元的几何结构和尺寸来调节。利用局域共振的超原子或超分子可以设计出负质量密度、负弹性模量以及双负声学超材料 [8−13]，并实现对声波的反常调控性质，如亚波长成像、声学隐身、声波准直、各向异性质量密度和声超常透射效应等 [14−16]。但是声学超材料对声波的这些奇异调控性质只能在共振频率附近实现，工作带宽很窄，从而限制了声学超材料的应用。为了更好地实现声学超材料对声波奇异调控的应用，需要拓宽超材料的工作频段。声学超材料的超原子或超分子之间满足弱相互作用，相邻声学基本单元之间的局域共振性质影响较弱，每个基本单元都能保持自身的固有属性，如果将不同几何尺寸的超原子或超分子组合在一起构建成超原子簇或超分子簇，可以使得团簇中的每个基本单元共振频率叠加在一起，从而拓宽声学超材料的工作频段，实现多频带或宽频带的声学超材料 [17−21]。我们课题组根据超原子之间的弱相互作用原理，设计出了几种超原子簇和超分子簇声学超材料 [22−27]，可以分别实现宽频带负弹性模量、宽频带负质量密度以及宽频带双负声学参数。

## 11.2 负弹性模量超原子簇超材料

### 11.2.1 开口空心球超材料性质

1. 单孔开孔位置对透射行为的影响

图 11-1 (a) 为利用 FEM 模拟的开孔方向不同的 SHS 透射率与频率的关系曲线图。从图中可以看出：无论 $y$ 方向的声源是正入射到 SHS，还是背对着 SHS(开孔方向为 $-y$ 方向) 或孔洞 (开孔方向为 $z$ 方向) 处在与声源垂直的位置，透射曲线是相同的，并且透射吸收峰位完全一致。这与实验中测试的同条件下 SHS 的规

律相一致 (详见图 11-1 (b))，只是透射吸收峰位有少许漂移，这应该是加工的精度不够引起的。因此，SHS 的开孔方向对透射吸收峰位无影响。另外，与仿真结果相比较，实验测得的透射强度偏低，这主要是由于实验中存在散射损耗。

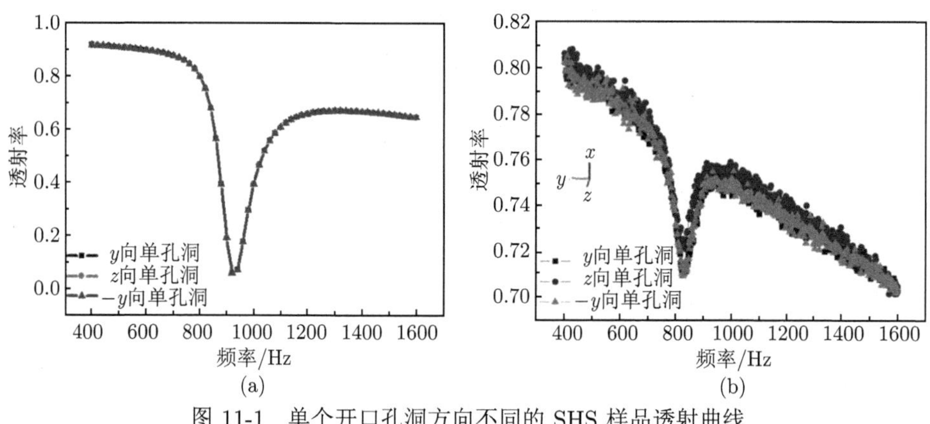


图 11-1　单个开口孔洞方向不同的 SHS 样品透射曲线

(a) 模拟；(b) 实验

2. 双孔开孔位置对透射行为的影响

图 11-2 为 SHS 上有 2 个大小均为 2.5mm、开孔位置不同的孔洞的透射曲线图。从图 11-2(a) 和 (b) 中可以看出：当声源以 $y$ 方向入射时，沿 $y$ 与 $-y$ 方向开孔的 SHS 共振频率较沿 $y$ 与 $z$ 方向开孔的 SHS 的高，模拟的规律与实验测试的规律是一致的。这说明开有 2 个相同孔径的 SHS 的开孔方向对透射吸收峰位有影响。原因可认为是：在 SHS 上开 2 个孔洞相当于两个电感并联，总的电感

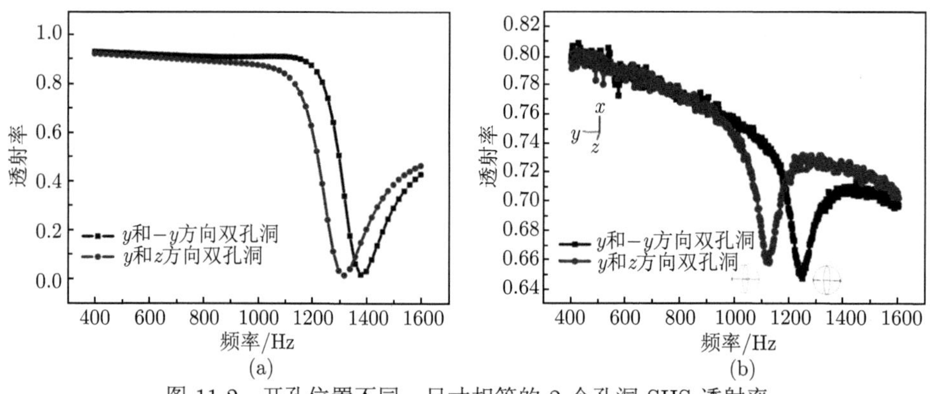


图 11-2　开孔位置不同、尺寸相等的 2 个孔洞 SHS 透射率

(a) 模拟；(b) 实验

是减小的，因此共振频率较一个开孔的是增加的。当在 SHS 上开 2 个孔时，沿 $y$ 与 $z$ 方向开孔时的两孔距离比沿 $y$ 与 $-y$ 方向开孔的近，这样受到的相互耦合作用就强 (详见图 11-3)，总的电感就比沿 $y$ 与 $-y$ 方向开孔的大。根据 $L$-$C$ 电路的共振频率公式可知，$L$ 值小，共振频率就大，因此，沿 $y$ 与 $-y$ 方向开孔的 SHS 共振频率较沿 $y$ 与 $z$ 方向开孔的 SHS 的高。

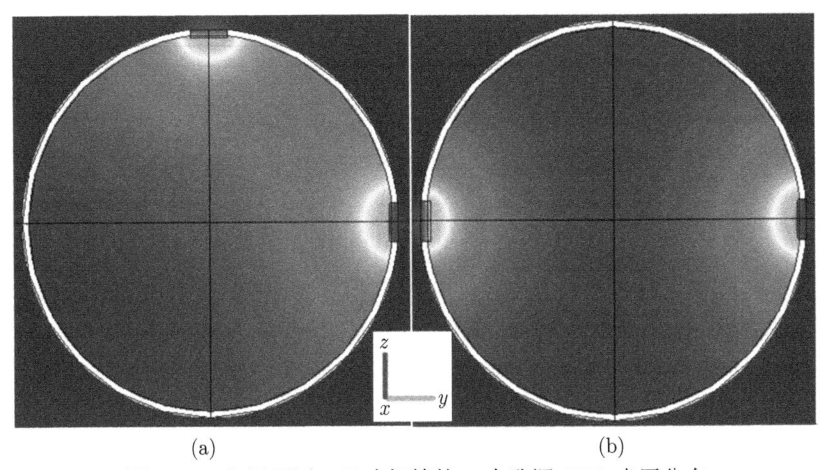


(a) (b)

图 11-3 位置不同、尺寸相等的 2 个孔洞 SHS 声压分布

(a) 1320Hz；(b) 1380Hz

### 3. 孔个数对透射行为的影响

当 SHS 上开有多个孔洞时，相当于多个电感相并联, 这样就致使总的等效电感降低而引起谐振频率蓝移。因此，在实验中可以通过改变 SHS 上孔洞的个数有效地调控 SHS 的声学透射行为。

总的声感为

$$\frac{1}{L}=\sum_{i=1}^{n}\frac{1}{L_i}\quad (n=1,2,3,4,6) \tag{11-1}$$

由公式 (11-1) 可知：随着孔数的增加，总的声感逐渐降低，因此共振频率蓝移。因此我们推断，通过改变孔的个数能有效调控透射性能，本章是采用有限元方法来对透射性能进行模拟的。

图 11-4 和图 11-5 为 SHS 上有不同数目的单侧孔洞和对称孔洞对透射行为的影响图，从图 11-4(a) 和图 11-5(a) 中可以看出：当声源以 $y$ 方向入射时，随着单侧孔洞数目的增加，共振频率逐渐蓝移。对比有对称孔洞和无孔洞的模拟透射曲线可知，无孔洞的空心球未出现透射吸收峰，而有对称孔洞的 SHS 均出现了透射谷，这说明透射吸收峰是空心球上的孔洞所致；进一步对比有对称孔洞的透射

曲线发现，随着对称孔洞的数目增加，共振频率也发生了显著的蓝移，这些与实验规律相符 (图 11-4(b) 和图 11-5(b))。因此，改变 SHS 上的孔洞数目可有效调节谐振峰位。值得注意的是：如果在实验中将可测试频带的范围拓展到 2800 Hz，那么有 4 个或 6 个对称孔洞的 SHS 也会出现透射吸收峰，这可从图 11-5(a) 的插图看出。频率发生蓝移的原因可认为是：SHS 上多个孔洞相当于多个电感并联，随着开孔数目的增加，总的电感是逐渐减小的从而致使共振频率增加。

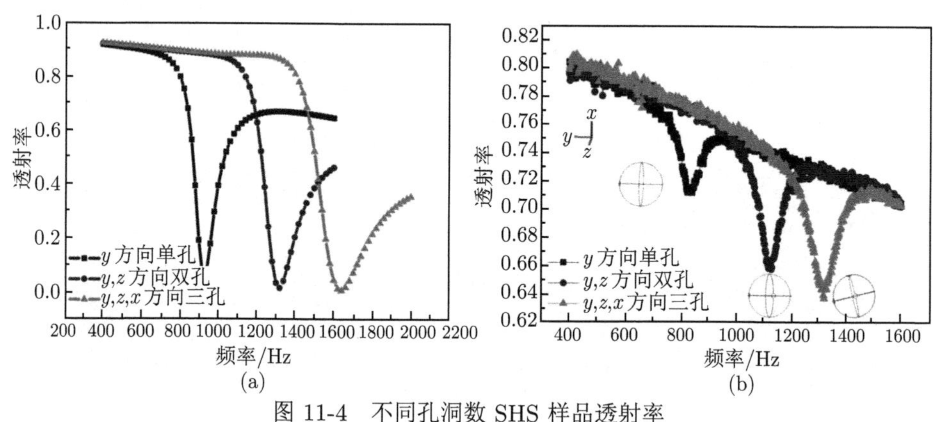


图 11-4 不同孔洞数 SHS 样品透射率

(a) 模拟；(b) 实验

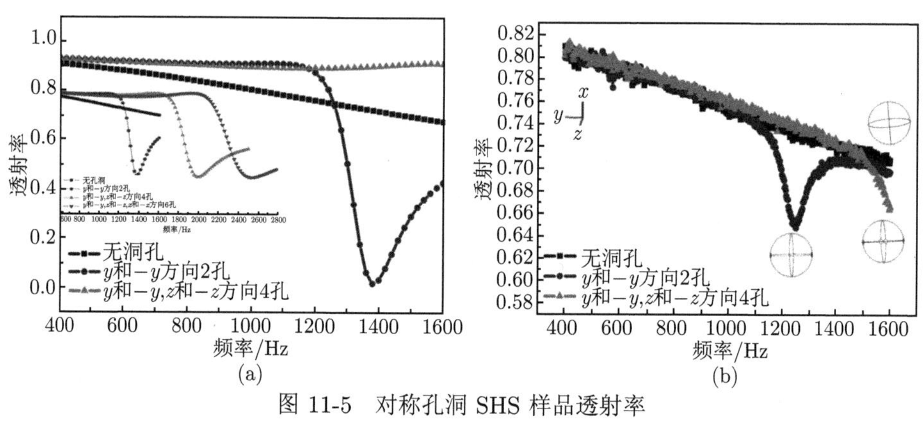


图 11-5 对称孔洞 SHS 样品透射率

(a) 模拟；(b) 实验

### 4. 开口孔径不同的声学超材料

由于 SHS 材料具有局域共振的性质，那么结构单元的尺寸势必会影响整体材料的透射性质。鉴于这个想法，我们研究了微结构 SHS 的不同开口孔径对声学超材料透射曲线的影响。所选 SHS 的空心球直径为 25mm，壁厚 0.7mm，开口孔径 $d$ 分别为 3mm、4mm、5mm、6mm，将 SHS 单元排列于海绵基底中，晶格常数为 30mm，实验测量的透射曲线如图 11-6 所示。

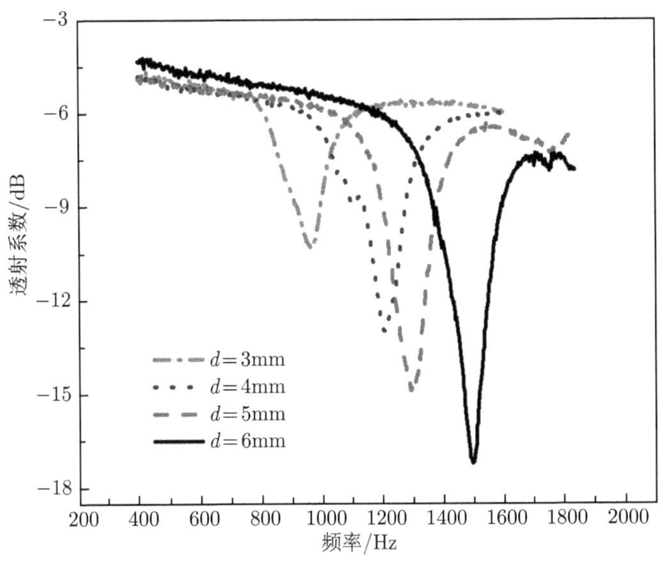


图 11-6 开口孔径不同的 SHS 超材料透射曲线

从图中可以看出，不同开口孔径的 SHS 单元组成的样品均出现透射吸收峰，随着孔径的增大，吸收峰向高频方向移动，且吸收峰变得更深，而在其他频段，透射曲线基本上重合，说明 SHS 开口孔处的声介质参与了谐振，因为随着开口孔径增加，开口孔附近参与谐振的声介质也会增多，材料的谐振增强，这与 SHS 共振模型相一致，更强烈的谐振导致的负模量性质也就更明显。

在 SHS 球体积不变的情况下，共振器的声容一定，也就是每种样品的 SHS 微结构存储声能量的能力是一样的，当充当声感的开口孔洞的孔径增大时，整个共振器的声感会减小，根据 $L$-$C$ 电路，声能流可以更畅通无阻地从体腔里面释放出来，此时由 SHS 体腔累积的能量所引起的压缩膨胀波的振动强度也就会更大，从而产生更强烈的谐振。这个实验不仅证实了 SHS 超材料的谐振机理，还提供了一种增强 SHS 微结构谐振的方法。

5. 空心球直径不同的声学超材料

图 11-7 表示在 SHS 开口孔径为 4mm，空心球直径 $D$ 分别为 10mm、20mm、25mm 时声学超材料的透射率曲线，三种 SHS 的球壁厚分别为 0.5mm、0.9mm、0.7mm。随着 SHS 球直径的增加，材料的透射吸收峰向低频方向移动，且吸收峰

变得更深，说明此时谐振强度随着 SHS 球直径的增加而增大，也就是说，空心球体腔中的声介质参与了谐振，随着空心球直径增加，参与谐振的声介质增多，谐振强度增大，而吸收峰的深度与谐振强度相关，因此，吸收峰深度越大，谐振越强烈。

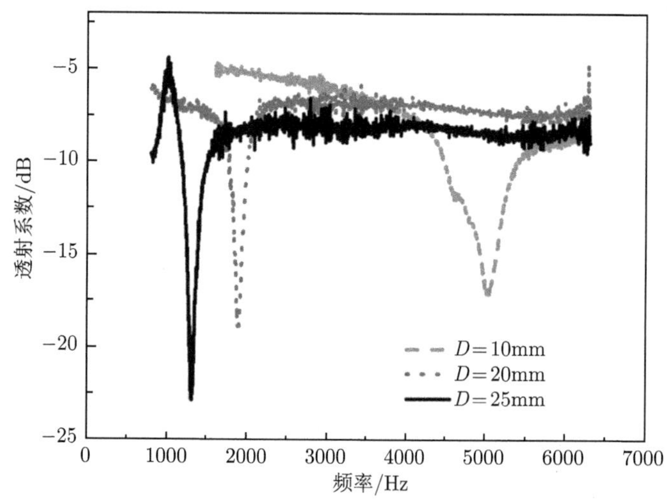


图 11-7 空心球直径不同的 SHS 超材料透射曲线

在 SHS 开口孔径不变的情况下，每个微结构的声感几乎是不变的，当 SHS 球直径变大时，根据 $L$-$C$ 谐振模型，SHS 微结构的声容会增大，存储声能量的能力就会增强，也就是说，在外界声激励的情况下，会有更多的能量累积在体腔里面，当累积到一定程度，释放出来的能量会更多，从而引起更加强烈的压缩膨胀波的振动。在谐振频段，谐振相对来说就会更强，因此，通过改变 SHS 的球直径不仅可以改变 SHS 超材料的谐振频段，还可以改变其谐振强度，从而为设计更加明显的负弹性模量声学超材料提供了一种途径。

6. 晶格常数不同的声学超材料

鉴于上述两组实验结果，我们知道 SHS 微结构几何尺寸的变化影响着整体材料的吸收峰频段，实验证实这种材料为典型的局域共振材料。因此，我们研究了这种基于局域共振声学超材料的排列方式对材料性质的影响。

图 11-8 表示直径为 25mm、开口孔径为 5mm、壁厚 0.7mm 的 SHS 以不同晶格常数排列时材料的透射性质，将四个 SHS 小球按正方形方式排列在海绵基底中，所选的晶格常数 $a$ 为 30mm、40mm、50mm。由图可知，随着晶格常数的变化，材料的透射性质几乎不发生改变，说明晶格常数对材料的吸收峰影响不大，即同一个共振微结构在不同间隔排列方式下，表现为相同的透射性质，这种 SHS

声学超材料的吸收峰主要还是取决于单个微结构的性质。同时我们还发现，这种排列 4 个 SHS 微结构的超材料与前述排列 7 个 SHS 的超材料的吸收峰频段一致，说明排列球的数目多少也不影响谐振吸收峰的位置。

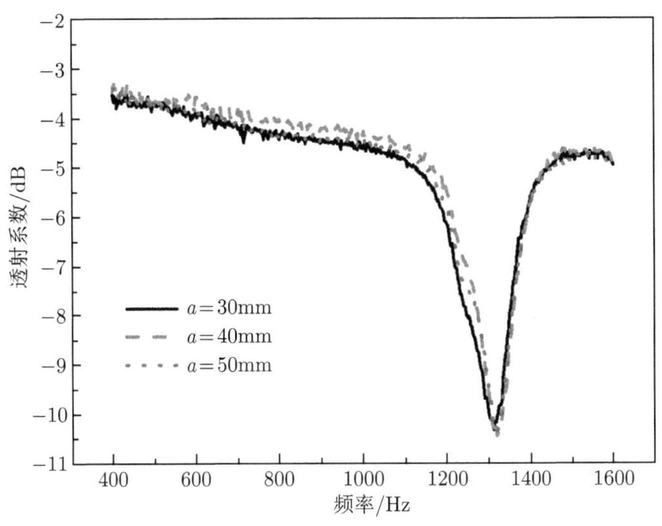


图 11-8 晶格常数不同的 SHS 超材料透射曲线

如果 SHS 共振器相互间的耦合非常强烈，那么在排列时，间隔对其材料的性质影响是非常大的，而实验测试的 SHS 超材料几乎不受微结构间距的影响，说明这种基于共振微结构的声学超材料为非相关的超材料，也就是无序的排列方式也会产生相同的作用结果，产生谐振吸收峰，如果将这种微结构设计得更小，有可能实现更高声频段的声学超材料。利用化学的方法，可以制备出带孔和体腔的无序微米以及纳米 SHS 微结构，有可能实现声-光频段的超材料，从而为制备亚波长成像以及更多奇异性质的声光器件打下坚实的基础。

7. 单层样品不同球数目的声学超材料

通过上述讨论，可以知道局域共振材料的透射性质仅仅决定于共振单元的本征性质，即仅与其几何尺寸有关，而与共振单元排列方式和数目没多大关系，为了进一步说明这个问题，我们研究了在直径为 100mm 的海绵圆盘上排列不同数目的 SHS 单元时，SHS 超材料的透射性质，所选的 SHS 球直径为 25mm，开口孔径为 5mm，壁厚 0.7mm。图 11-9 表示排列 SHS 单元数目 $N$ 分别为 1、3、5、7 时材料的透射曲线。从图中可以看出，排列不同数目的 SHS 组成的样品在 $f$=1300Hz 附近均出现了吸收峰。随着 SHS 单元数目的增加，谐振峰的位置稍微向低频方向移动，谐振峰的宽度并没有增大，说明整体上每个 SHS 谐振单元独立地发挥局域谐振功能，谐振单元之间虽然存在一定的耦合作用，但是耦合作用相对较弱。另外，透射吸收峰加深说明了谐振效应的增强，透射曲线整体向下平移是由 SHS 的散射损耗所致。同时我们还可以看出，随着 SHS 单元数目的增加，材料的晶格常数也在减小，以上实验结果进一步说明，这种基于谐振结构单元的超材料的晶格常数对谐振吸收峰的位置和宽度影响很小。

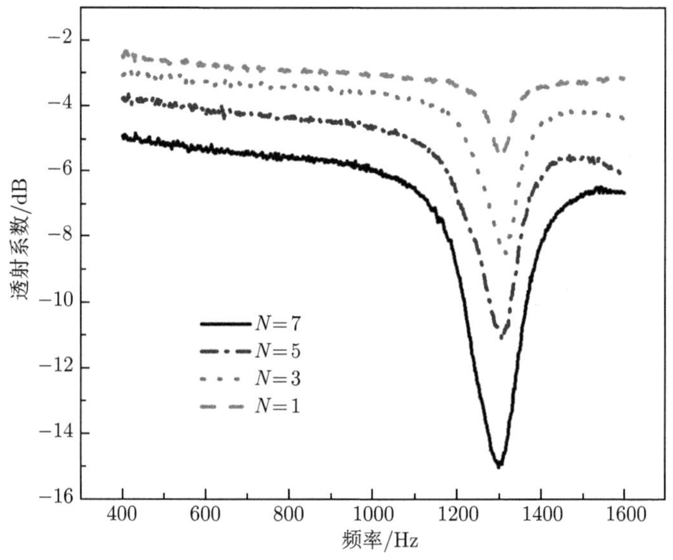


图 11-9 不同单元数目 SHS 超材料透射曲线

8. 不同层数的声学超材料

由于材料具有可堆积性，我们研究了多层样品的透射性质。相对单层样品，多层样品可以看成三维的声学超材料，这也为声学超材料的发展提供了很好的方法。为了实验的方便，我们只研究了双层样品的透射性质。图 11-10 给出了实验测试的单层样品和双层样品的透射性质曲线，透射率的分贝值 (透射系数) $t'$ 可以表示为 $t' = 20\lg|t|$，其中 $t$ 为透射率。从图中可以看出，对比单层样品，双层样品的透射率整体向下平移了 5dB，主要由于开口空心球本身的散射损耗使得整体透射率下降；同时可以看出，透射吸收峰的宽度和位置基本上没有改变，而谐振吸收峰变得更深，相位也有更大幅度的突变。实验结果表明，此时每层 SHS 独立地发挥谐振功能，双层之间的 SHS 耦合也不是很强烈，层与层之间的 SHS 谐振叠加在一起使得整体谐振更加强烈。

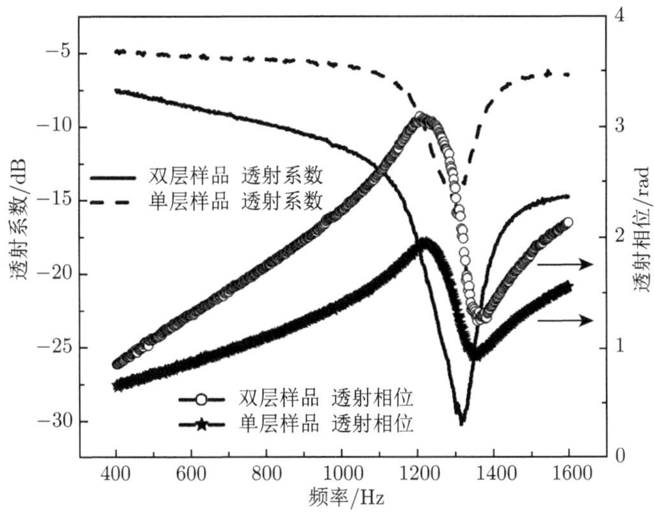


图 11-10 不同层数 SHS 超材料透射性质

### 11.2.2 多频与宽频负弹性模量超材料

1. 透射性质

实验中的基本模型为开口空心球 (SHS)，其截面图如图 9-12(b) 所示，将 SHS 周期性排列在直径为 100mm、厚 40mm 的海绵基底中，排列的晶格常数为 30mm，制备出按图 9-26(a) 方式排列的单层 SHS 声学超材料，我们制备了三种不同的 SHS 声学超材料，分别定义为样品 A、B、C，三种样品的 SHS 球直径 $D$ 和壁厚 $t$ 相同，分别为 25mm 和 0.7mm，三种样品的孔洞直径 $d$ 不同，分别为 3mm、5mm、6mm。为了作对比，实验中还制备了空心球 (HS) 样品，将与 SHS 样品相比，HS 样品也是按图 9-26(a) 所示的方式用 HS 替代 SHS 制备而成。

实验测试装置为声望阻抗管测试系统 (示意图见图 9-13)，阻抗管直径为 100mm，刚好能放置直径 100mm 的样品，防止漏声现象出现。通过该装置可以测试样品的透射率和透射相位，将样品后面的阻抗管填充吸声材料，可以测试材料的反射率和反射相位。

当声波垂直入射到样品表面时，首先利用基于 FEM 的 COMSOL 多物理场软件仿真计算 HS 样品和样品 A、B、C 的透射率和透射相位曲线，仿真的环境与 9.2.3 节的相近，仿真的结果如图 11-11(a) 和 (b) 所示，可以看出样品 A、B、C 均出现透射吸收峰，吸收峰的频率分别为 950Hz、1320Hz、1520Hz，在吸收峰频段对应地出现相位突变，而 HS 样品的透射率和透射相位曲线都是一条均匀变化的曲线，没有明显的突变发生，说明 HS 样品为均匀色散介质。从实验测试的透射率结果 (图 11-11(c)) 可以看出，样品 A、B、C 均出现了透射吸收峰，且吸收峰的频段分别为 926Hz、1298Hz 和 1518Hz，同时在吸收峰频段均出现相位突变，如图 11-11(d) 所示。作为对比，实验测试的 HS 样品的透射率和透射相位曲线都是均匀变化的曲线。能很明显看出来实验测试的曲线和 FEM 仿真结果相一致。其中实验和仿真结果的透射率幅值和相位大小差别主要由机械加工样品时的误差导致。考虑到实际的散射损耗，实验测试透射率幅值小于仿真模拟结果。我们还可以注意到，基于 $L$-$C$ 共振模型，样品 A、B、C 中共振微结构 SHS 的共振频率分别为 887Hz、1329Hz、1534Hz，此时可以看出，每个 SHS 声学超材料的透射吸收峰和相位突变频段均在 SHS 的共振频段，也就是说，SHS 的局域共振是实验测试和仿真的 SHS 声学超材料的吸收峰和相位突变的物理机理。

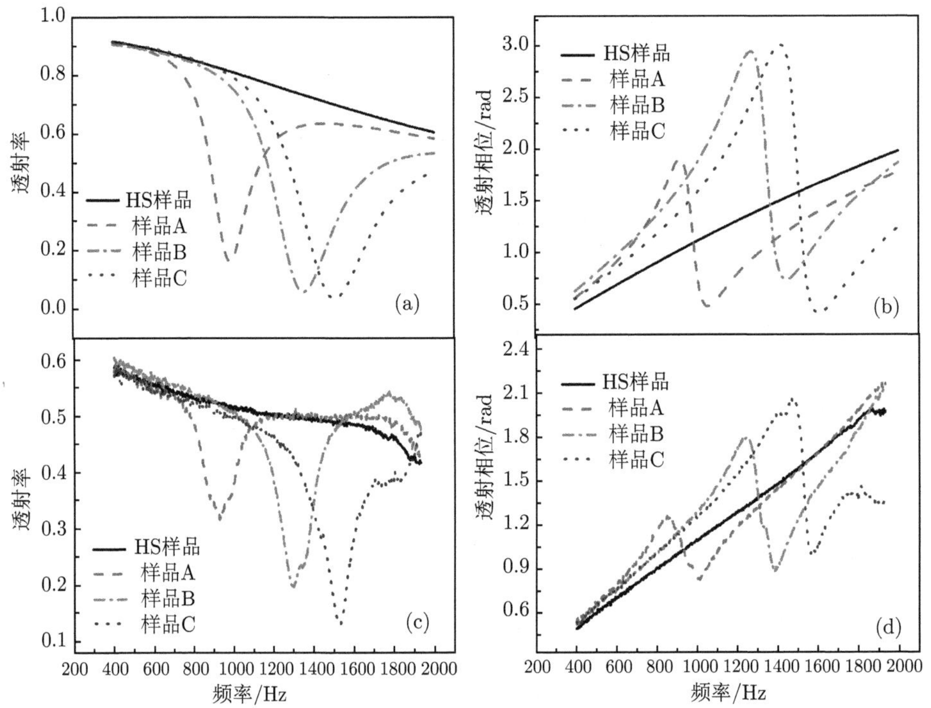


图 11-11　HS 样品和样品 A、B、C 的透射率 ((a) 模拟，(c) 测试) 和透射相位 ((b) 模拟，(d) 测试)

由于多层 SHS 声学超材料的损耗比较大，考虑到材料的损耗较大导致实验测试的透射率较低，不利于做出实验对比，我们选择双层 SHS 声学超材料作为多层 SHS 声学超材料的一个特例加以研究，实验中双层样品 A′、B′ 和 C′ 分别由两层样品 A、B、C 堆叠而成。实验测试的样品 A′、B′ 和 C′ 的透射系数和透射相位曲线如图 11-12(a) 和 (b) 所示，图 11-12 (a) 中的插图表示样品 A、B、C 的

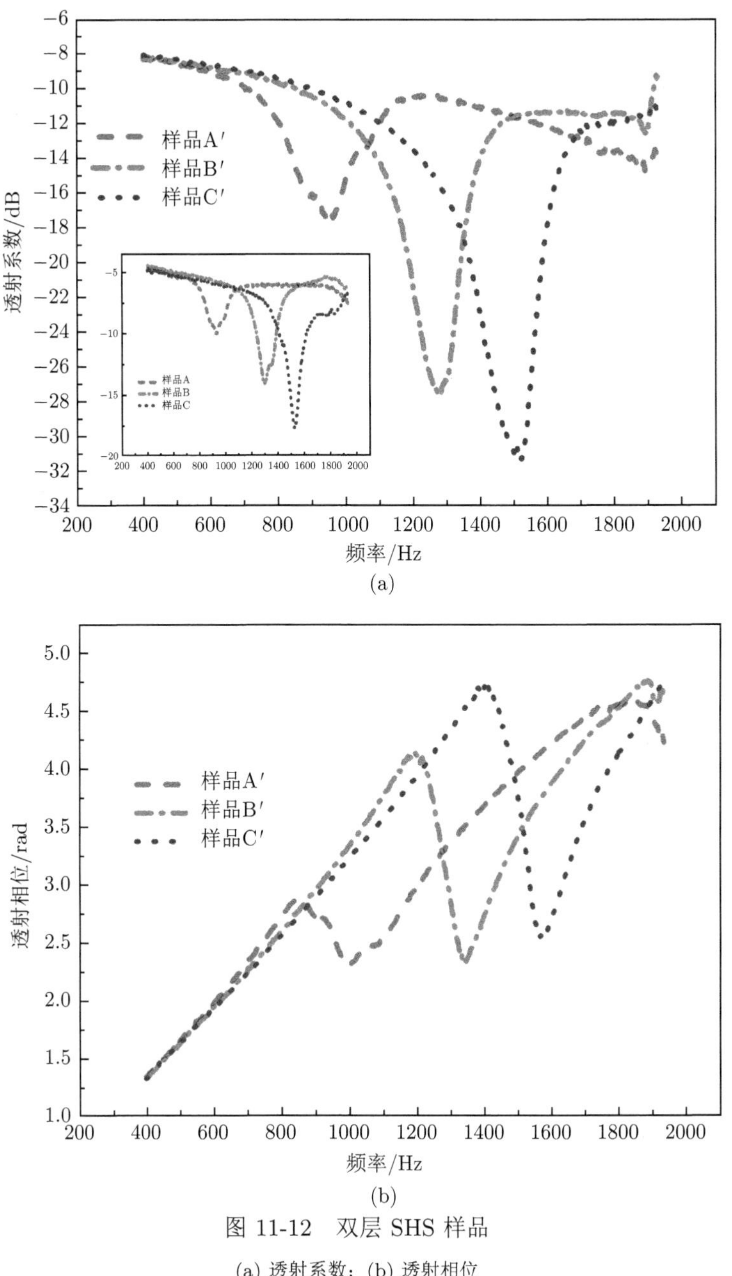


图 11-12 双层 SHS 样品

(a) 透射系数；(b) 透射相位

透射曲线，主要为了和双层样品的透射曲线进行对比，透射率的分贝值 (透射系数) $t'$ 可以表示为 $t' = 20\lg|t|$，其中 $t$ 为透射率。从图中可以看出，不同共振单元填充的单层和双层 SHS 样品的透射曲线形状非常接近，均在相同的频段产生

吸收峰，且在对应的吸收峰位置出现相位突变。这两组材料的透射性质差别主要在于单层样品的透射幅值大于双层样品的透射幅值，主要源于多层声学介质更多的散射损耗。因此，可以说这种 SHS 声学超材料的单层样品的材料属性即可以代表双层样品的材料属性，基于均匀介质理论的等效参数提取法可以用于单层样品。另外，通过单层样品提取有效参数也有过相关报道，例如：在电磁学领域的基于单层双渔网结构的电磁超材料 [28−30]，在声学领域 Yang 等提出的单层薄膜型的声学超材料 [8] 等。

2. 等效弹性模量

实验测试的 SHS 微结构体腔中的声学介质为空气，样品 A、B、C 的共振波长分别为 36.7cm、26.2cm、22.3cm。由于这三种样品的晶格常数都是 30mm，远小于作用的声波波长，即至少满足 $a < \lambda/7$，另外，HS 样品与 SHS 样品排列方式相同，因此，这四种样品都可以看作均匀介质，利用实验测试的复透射系数和复反射系数 (图 11-13(a)~(d))，四种样品的等效声学弹性模量可以通过公式 (9-32)~(9-34) 计算出来。在选择 $m$ 值时要注意以下两点：① 根据文献 [31] 可知，在提取最小厚度的超材料的等效参数时，$m$ 值为 0。实验中我们计算的单层 HS 样品和 SHS 样品具有最小厚度，因而取 $m$=0。② $m$ 值选定后必须满足计算等效

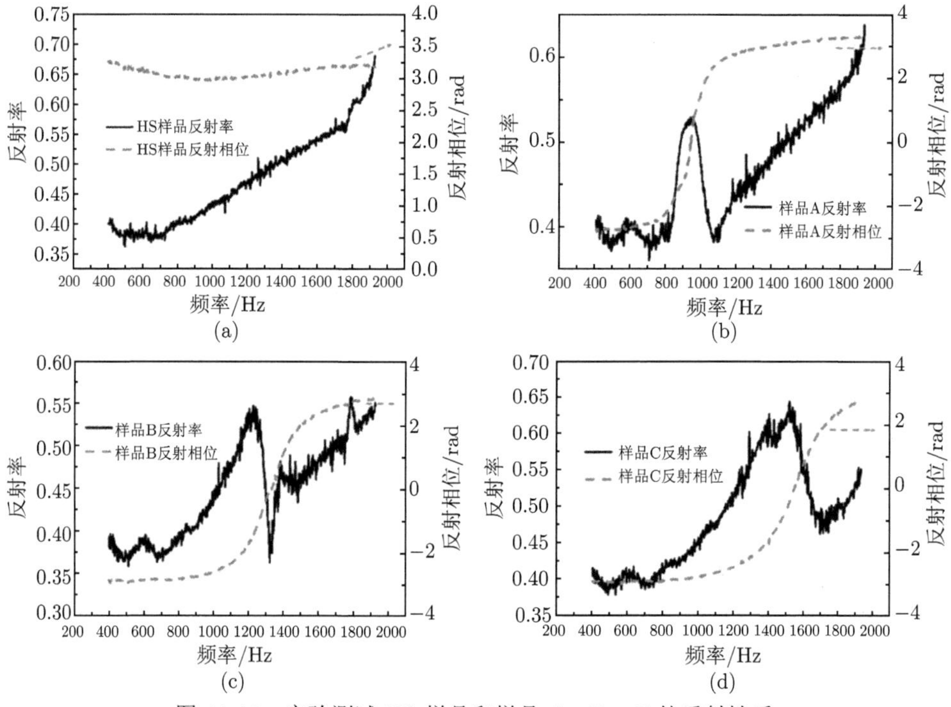


图 11-13 实验测试 HS 样品和样品 A、B、C 的反射性质

参数为连续的。我们计算的等效折射率和等效弹性模量均为连续的，因此，当 $m=0$ 时，提取等效参数的公式适用于实验中的四种样品。

计算的等效弹性模量如图 11-14(a) 和 (b) 所示，分别表示 HS 样品和样品 A、B、C 的等效弹性模量的实部和虚部，这里标准的等效弹性模量 $\kappa_0=\rho_0c_0^2$，$\rho_0$、$c_0$ 分别为空气的质量密度和声速，从图中可以看出，在共振频段附近，所有三种 SHS 样品的等效弹性模量的实部为负，且虚部出现负的极小值突变，可能会引起材料的强烈损耗，与实验测试的透射吸收峰相一致。而 HS 样品的实部为正值，虚部随

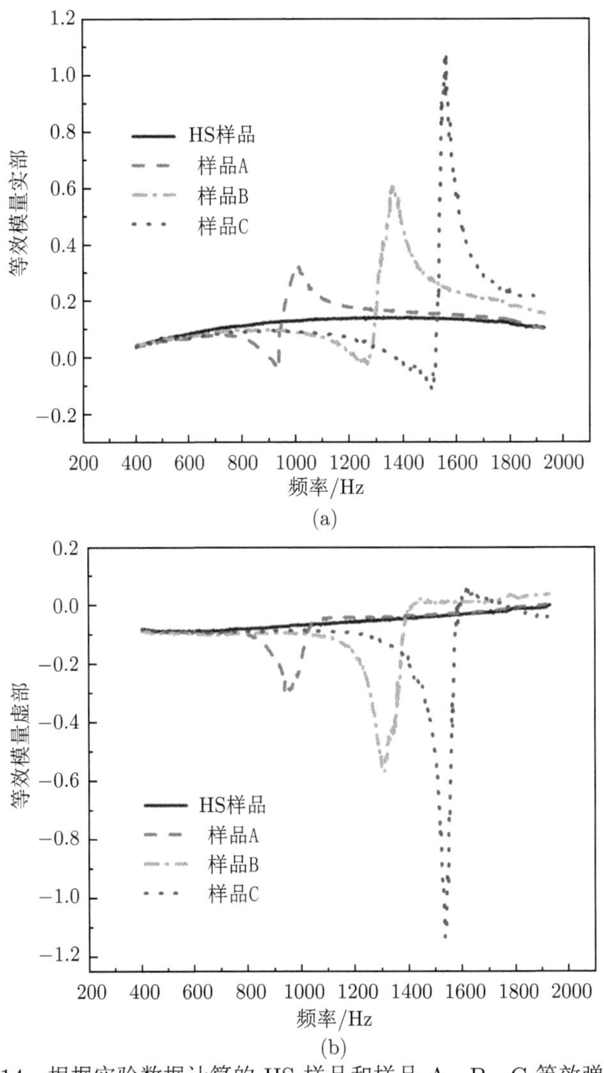


图 11-14 根据实验数据计算的 HS 样品和样品 A、B、C 等效弹性模量

(a) 实部；(b) 虚部

着测试频段均匀变化。因此，可以说 SHS 的共振引起了 SHS 声学超材料的负弹性模量。实验测试的透射吸收峰和相位突变是 SHS 声学超材料具有负弹性模量的主要标志。

类似于电磁超材料，声学共振结构的低损耗对实际应用设计的声学超材料非常关键。从实验的数据，我们定义这种材料的损耗系数 $\gamma$，其表达式如下：

$$\gamma = 1 - t - r \tag{11-2}$$

其中 $t$ 为透射率幅值，$r$ 为反射率幅值。从实验测试的结果可以看出，SHS 样品 A、B、C 在共振频段附近的损耗系数分别为 15%、25%和 25%，而在非共振频段，三种 SHS 样品的损耗系数接近 5%。也就是说，SHS 的损耗不是非常大，可以在实际当中被用来设计其他类型的声学超材料。

3. *多频声学超材料*

根据前面介绍的三种 SHS 声学超材料，我们设计了一种多频带的声学超材料。将三个样品 A 的 SHS 微结构 a、两个样品 B 的 SHS 微结构 b 和两个样品 C 的 SHS 微结构 c 交错地排列在海绵基底中，只是填充单元为三种不同尺寸的 SHS 微结构，具体的每个球按图 11-15(a) 左下角的插图位置排列。在声望阻抗管系统中测试多频带声学超材料的透射性质，如图 11-15(a) 和 (b) 所示为多频带材料透射率和透射相位曲线，从透射率曲线可以看出单层样品同时出现了三个透射吸收峰，分别为 914Hz、1298Hz 和 1514Hz，从图 11-15(b) 可以看出在每个透射吸收峰频带均出现了相位突变。因此，这种多频带的 SHS 声学超材料具有三种共振，对比于之前介绍的样品 A、B、C，多频带的超材料具有三种样品的性质，也就是说，每个 SHS 共振器都独立地发挥谐振功能。多频带样品的三个透射吸收峰和伴随的相位突变说明这种材料同时在这三个共振带具有负的弹性模量。

为了进一步证实我们的想法，基于均匀介质的散射参量法，通过实验的反射和透射数据计算出多频带声学超材料的等效弹性模量，如图 11-15(c) 和 (d) 所示。从图中可以看出，多频带声学超材料的等效弹性模量的实部在三个吸收峰频段接近于负值，且虚部出现突变，实验计算的多频带的等效负弹性模量效应不太明显，主要因为材料中的共振器数目不是足够多，以至于不能产生足够强烈的谐振。

4. *宽频声学超材料*

根据多频带声学超材料的实验结果，我们知道排列在基底中的每个共振器都独立地发挥各自的谐振功能，不会出现相互耦合而产生其他新的现象，基于这样的性质，我们设计了一种双层的宽频带 SHS 声学超材料，填充的基本单元 SHS 微结构的开口孔洞的直径从 3mm 连续地渐变到 6mm，保证 3~6mm 之间每个尺寸的孔洞直径的间距相等。SHS 球的直径仍然为 25mm，壁厚 0.7mm。每一层 SHS 样品按如图 11-15(a) 插图所示方式排列在海绵基底中，将两个单层相同方式排列的 SHS 样品以垂直于圆盘的方向堆积起来，且 SHS 的开口孔洞都在同一个方向。为了做对比实验，通过用相同尺寸的没有开孔的 HS 替代 SHS，制备出双层 HS 样品。

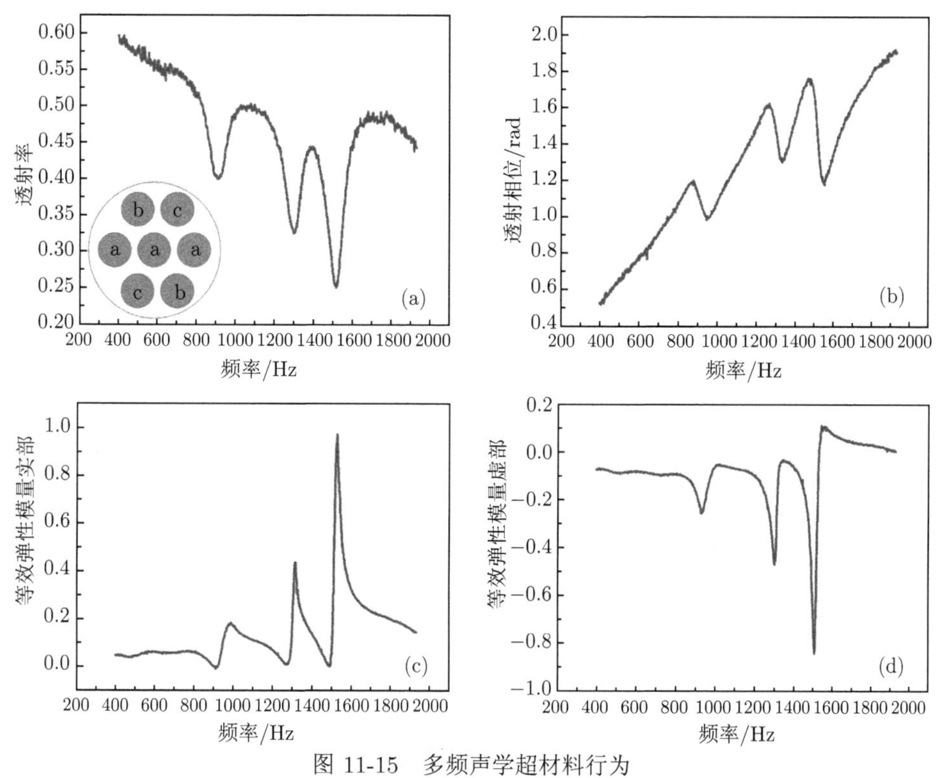


图 11-15 多频声学超材料行为

(a) 透射率；(b) 透射相位；(c) 等效弹性模量实部；(d) 等效弹性模量虚部

将制备的两个样品放置于声望阻抗管中测试其透射性质，得到如图 11-16 所示的透射曲线，从图中可以看出，宽频带 SHS 声学超材料具有很明显的透射吸收峰，吸收峰位于 900~1500Hz 之间，刚好位于直径 3~6mm 的 SHS 微结构的谐振频段之内。而 HS 样品的透射系数为一条均匀变化的直线，根据前面的讨论，SHS 样品的透射吸收峰是其负弹性模量属性的主要标志，因此，我们制备的宽频带的声学超材料实现了在 900~1500Hz 之间宽频带的负弹性模量。注意到如图 11-16 所示的宽频声学超材料的吸收峰深度在低频比高频要小一些，主要由于处于低频谐振的 SHS 开口孔径较小，参加谐振的声介质相对较少，不足以产生非常强烈的谐振，这些较弱的谐振可能不会产生负的响应。但是，根据前面的实验结果，同时由共振模型的理论可知，只要在基底中排列更多数目的低频谐振单元，低频段的谐振强度就会得到增强，其透射吸收峰有可能会达到和高频段一样的效果。因此，低频段的 SHS 微结构可以产生足够的谐振，从而使得超材料在宽频带内实现负的弹性模量。如果我们再加入不同球直径的 SHS 微结构单元，也可能会在更宽频带内实现负的弹性模量。这种具有多层结构的宽频带 SHS 声学超材料为实现三维双负声学超材料提供了很好的方法。

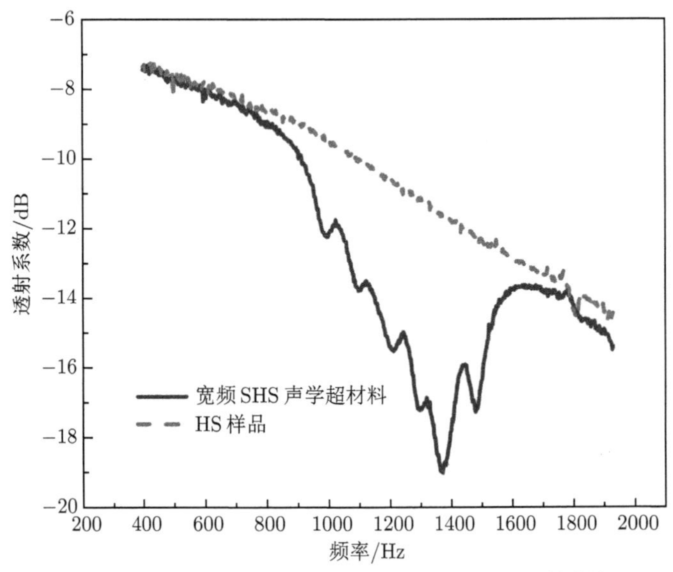


图 11-16　宽频 SHS 声学超材料和 HS 样品透射曲线

### 11.2.3　多层结构的多频超材料

1. 模型设计

根据第 9 章的论述，类似于电磁的开口谐振环实现了负磁导率，在声学领域，SHS 和亥姆霍兹共振器在共振频率处实现了负弹性模量。发生谐振的频率与结构尺寸相关，结构尺寸不同，谐振频率就会不同。若在 SHS 或开口正方体腔 (SHC) 内嵌套小的 SHS 或小的 SHC 的方式构造成多层开口空心球 (MLSHS) 或多层开口正方体腔 (MLSHC)，由于每一层 SHC(SHS) 的结构尺寸不同，MLSHC 或 MLSHS 结构单元可以在多个频带发生局域共振。因此，这种结构有望在多个频带发生局域共振而致使等效弹性模量在谐振频率附近实现负值。

具体的三层开口正方体腔的结构参数如图 11-17 所示：第一层的正方体外边长是 10mm，第二层的正方体外边长是 8mm，第三层的正方体外边长是 6mm，壁厚均为 0.5mm，每层的开孔边长均是 3mm，每层间距均是 0.5mm，详见示意图

11-17(a) 和 (b)。多层开口空心球的结构参数如下：第一层的开口空心球的外直径是 25mm，第二层的开口空心球的外直径是 23mm，第三层的开口空心球的外直径是 21mm，壁厚均为 0.5mm，每层的开孔直径均是 2.5mm，每层间距均是 0.5mm，详见示意图 11-17(c) 和 (d)。将结构单元放置于波导管中，声波垂直入射到第一层开口正方体腔 (开口空心球) 的孔洞，仿真计算其透射和反射信息。

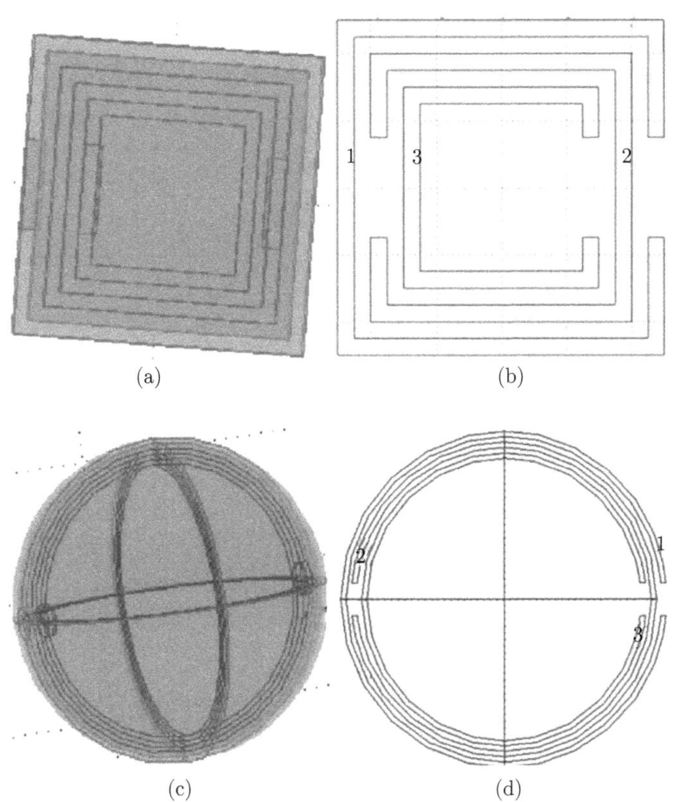


图 11-17　三层开口正方体腔结构示意图 (a) 和截面图 (b)，以及三层开口空心球结构示意图 (c) 和截面图 (d)

由于这种超材料的尺寸远小于波长，因此可以把这种超材料看做均匀介质处理。图 11-18 是一个孔径为 3mm、直径 10mm 的 SHC 的透射和反射振幅、相位以及基于等效介质理论计算的等效弹性模量与频率的关系曲线。在计算中，我们设定 MLSHC 壁材的质量密度为 980kg/m$^3$，弹性模量为 $2 \times 10^9$Pa，泊松比为 0.4。空气设定为一般阻尼状态，声速为 320m/s，密度为 1.29kg/m$^3$，衰减系数 $\alpha$=1m$^{-1}$。

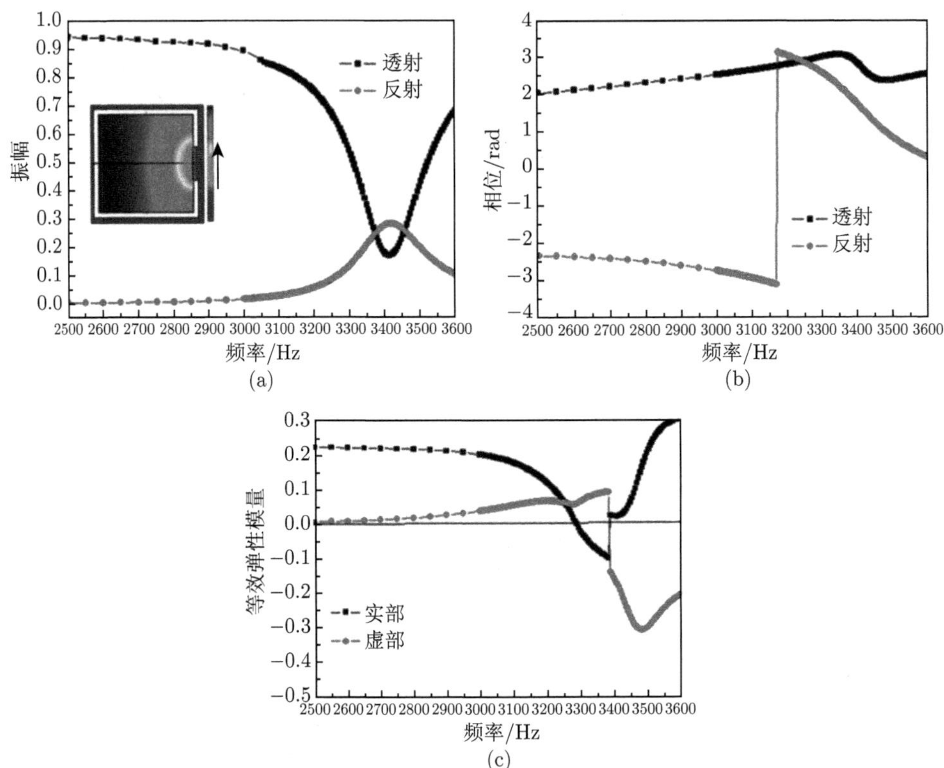


图 11-18　单层 SHC 振幅 (a)、相位 (b) 和等效弹性模量 (c) (彩图见封底二维码)

由图 11-18 可以看出：在 SHC 的透射振幅曲线中出现了一个透射吸收峰，在共振频率附近的透射相位出现了反转，吸收峰和相位突变是由于 SHC 的局域共振产生的。从图 11-18 (a) 的插图也可以看出谐振主要是发生在开口处，该峰的出现是由 SHC 自身的谐振引起的。由等效介质理论反推出的等效弹性模量的实部在共振频率附近为负值，虚部有大的突变是由结构内部强烈色散引起的。因此，这种基于 SHC 的局域共振型声学超材料也可以实现负弹性模量，与 SHS 和亥姆霍兹共振器类似 [26,32]。

2. 不同层数开口正方体腔样品的透射

从图 11-19 中可以看出：有两个对称孔的单层开口正方体腔和双层的开口同向的正方体腔均只出现了一个吸收峰，峰位分别是 5400Hz 和 3900Hz。然而，开口背向的双层正方体腔却出现了两个吸收峰，分别是 2200Hz 和 7800Hz。进一步从图 11-20 可以看出：不管是双开口的单层 SHC 还是开同向口的双层 SHC，只发生了一次谐振，只是共振频率不同而已，但是谐振均发生在体腔内部。然而，双层开口背向的 SHC 发生了两次谐振。在共振频率为 2200 Hz 时，能量集中在第一层的正方体腔的内部，谐振发生在第二层的正方体腔的开口处。在共振频率为7800Hz 时，能量集中在第一层和第二层的正方体腔之间，环间的能量分布很不均匀，发生了谐振。

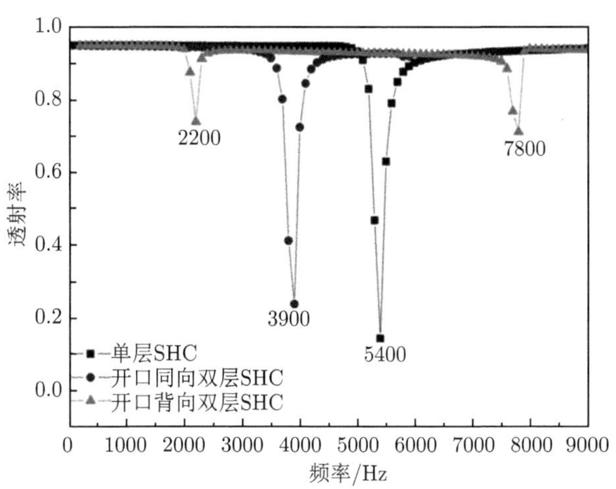


图 11-19 单层 SHC 和双层 SHC 透射曲线

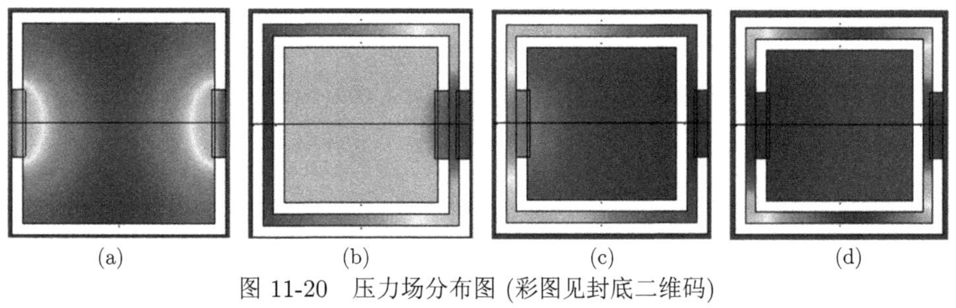


图 11-20 压力场分布图 (彩图见封底二维码)

(a) 5400Hz 有两个背向孔洞的单层 SHC；(b) 3900Hz 开口同向的两层 SHC；(c) 2200Hz 开口背向的两层 SHC；(d) 7800Hz 开口背向的两层 SHC

进一步从图 11-21 中可以看出，单层的序号为 1、2 和 3 的 SHC 均只有一个透射吸收峰，而三层的开口背向的 SHC 则出现了 3 个吸收峰，分别是 2200Hz，6100Hz 和 10700Hz。与图 11-19 所示的双层 SHC 一致，2200Hz 下的能量主要集中在第 3 层的 SHC 的内部，谐振发生在第 3 层的 SHC 的开口处。在 6100Hz 处，能量主要集中在第 1 层和第 2 层之间，而频率为 10700Hz 时的能量主要集中在第 2 层和第 3 层之间。因此，这种多层结构超材料的层数在实现多个频带的共振中起到了重要的作用，其共振频带的个数可由多层 SHC 的层数调控。这种多频带的 SHC 声学超材料具有三种共振，对比单个同尺寸的 SHC，这种多频带的超材料具有三种独立样品的性质，也就是说，每个 SHC 共振器都独立地发挥谐振功能，只是对应的频率有了偏移，这是由于三个 SHC 发生了相互耦合，而耦合的结果总是使系统的两个实际共振频率比两个振子单独振动时的本征频率分开得更远。多频带样品的三个透射吸收峰说明这种材料同时在这三个共振带具有负的弹性模量。

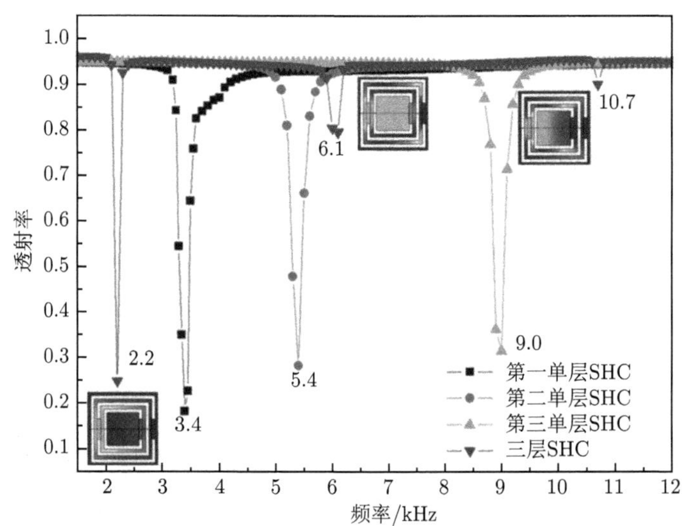


图 11-21　大小不同的单层 SHC 和三层 SHC 模拟透射曲线 (彩图见封底二维码)

### 3. 不同层数开口空心球样品的透射

从图 11-22 和图 11-23 可以看出：单层的 SHS 吸收峰位是 900Hz，谐振主要是发生在开孔处。双层的 SHS 有两个吸收峰，分别是 400 Hz 和 2700Hz。400Hz 的透射能量主要集中在第 2 层空心球的内部，谐振发生在第 2 层空心球的开口处。2700Hz 的能量主要集中在第 1 层和第 2 层的空心球之间，能量在环间的分布很不均匀，此时发生了谐振。三层的 SHS 则出现了 3 个吸收峰，分别是 400Hz、1900Hz 和 3000Hz。与双层的一致，三层的 SHS 在 400Hz 下的能量依然主要集中在第 3 层空心球的内部，谐振发生在第 1 层空心球的开口处。1900Hz 的能量主要集中在第 1 层和第 2 层之间并剧烈变化而发生了谐振，而 3000Hz 的能量主要集中在第 2 层和第 3 层之间而发生了谐振。这个规律与多层 SHC 的规律一致。

从以上内容我们可以推断出这种多频带的声学超材料的共振频带个数可以通过调控多层结构的层数来实现。更重要的是这种方法与共振体腔的形状无关。

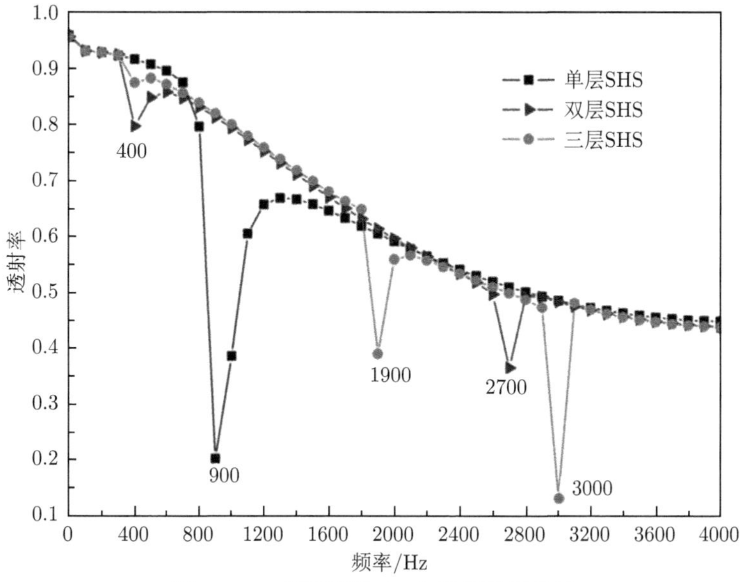

图 11-22 不同层数 SHS 模拟透射曲线

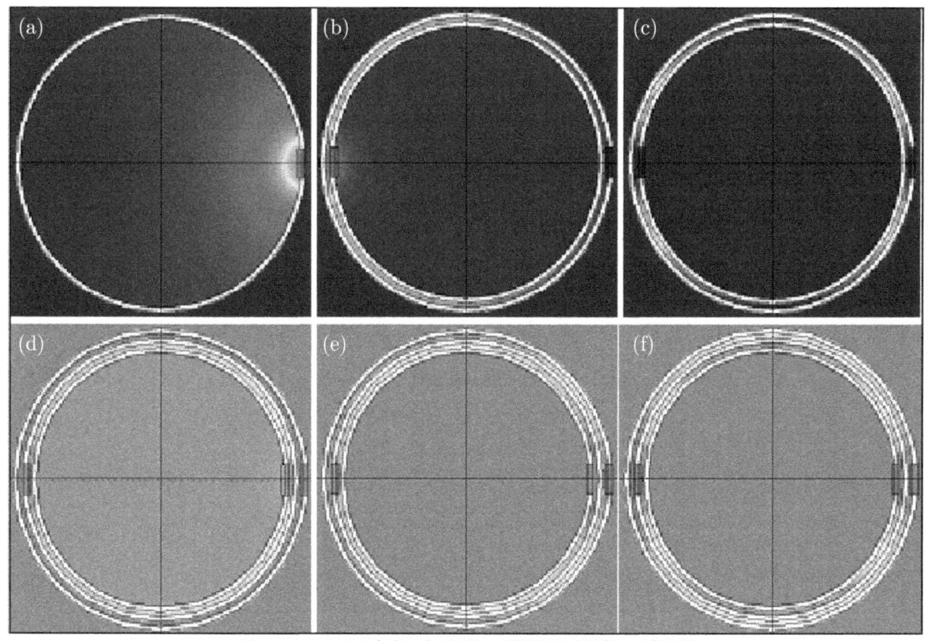

图 11-23 压力场分布图 (彩图见封底二维码)

(a) 900Hz 单层 SHS；(b) 400Hz 开口背向的双层 SHS；(c) 2700Hz 开口背向的双层 SHS；(d) 400Hz 开口背向的三层 SHS；(e) 1900Hz 开口背向的三层 SHS；(f) 3000Hz 开口背向的三层 SHS

### 11.2.4 对开口空心球宽频超材料

1. 模型分析

将两种尺寸相同的 SHS 开口方向面对面排列，构建一种类似哑铃状的对开口空心球 (DDSHS) 结构单元，其三维和二维示意图如图 11-24(a) 和 (b) 所示 [32]。该结构的球半径 $R$=25 mm，球壁厚 $t$=1mm，开口孔洞直径 $d$=4mm，开口孔洞的间距 $d_0$ 可以从 0.5mm 到 20mm 进行调节。根据 9.2.3 节讨论，SHS 可以类比为声学 $L$-$C$ 谐振电路，而这里的 DDSHS 结构可以类比为两个声容和声感串联组成的等效电路。一般而言，通过调节每个结构单元中 SHS 的开口孔洞和球直径均可改变单元的谐振频率，而这种 DDSHS 结构单元可以通过改变内部两种 SHS 开口孔洞的间距调节其谐振频率，主要原因为 DDSHS 结构的内部耦合共振引起谐振频率的偏移。

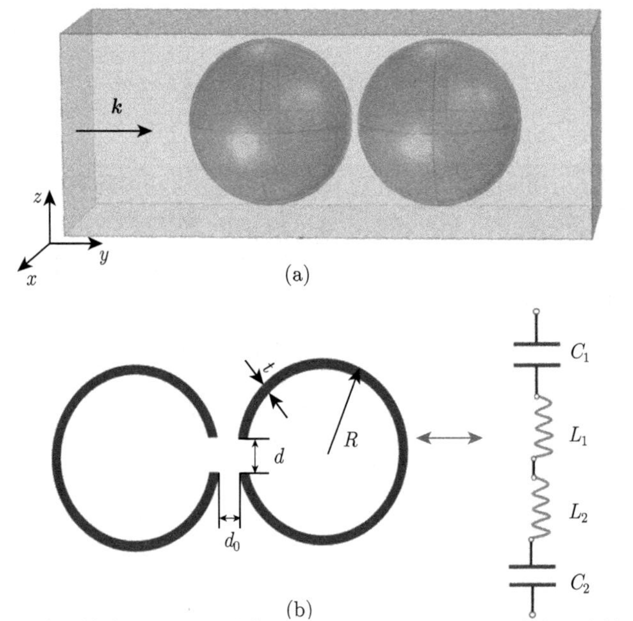


图 11-24 波导管中 DDSHS 结构示意图 (a) 及 DDSHS 结构二维截面图和等效 $L$-$C$ 电路图 (b)

DDSHS 的两个体腔等效为两个串联的声容，其大小为

$$C_1 = C_2 = V/(\rho c_0^2) \tag{11-3}$$

其等效声容为

$$C_{\text{eff}} = \frac{C_1 C_2}{C_1 + C_2} = V/(2\rho c_0^2) \tag{11-4}$$

其中 $V$ 为空腔体积，$\rho$、$c_0$ 分别为空气介质的质量密度和声速。

两个开口孔洞可以等效为两个串联的声感，它们之间存在互感现象，其大小由孔洞几何尺寸和孔洞之间的相互耦合决定。其等效声感为

$$L_{\text{eff}} = L_1 + L_2 \tag{11-5}$$

为了推导得到等效声感与孔洞间距的关系，我们首先引入了感纳

$$G = \frac{1}{L_{\text{eff}}} \tag{11-6}$$

当没有耦合作用时，DDSHS 结构的等效感纳为

$$G_0 = \frac{1}{2L_{\text{s}}} = \frac{S}{2\rho d_{\text{s}}} \tag{11-7}$$

其中 $L_{\text{s}}$ 为单个 SHS 结构的声感；$S$ 为孔洞的横截面积；$d_{\text{s}}$ 为孔洞的等效颈长，其大小与球壁厚 $t$ 和孔洞直径 $d$ 有关。

$$S = \pi(d/2)^2 \tag{11-8}$$

$$d_{\text{s}} = t + 1.8\sqrt{d} \tag{11-9}$$

考虑到两个开口孔洞的耦合效应，感纳 $G$ 随间距的变化正比于 $G - G_0$，其关系式表示为

$$\frac{\mathrm{d}G}{\mathrm{d}d_0} = k(G - G_0) \tag{11-10}$$

将初始条件 ($d_0$=0，$G$=0) 代入上式，可以得到 DSSHS 结构感纳的一般解

$$G = G_0(1 - \mathrm{e}^{-k(d_0+\delta)}) \tag{11-11}$$

其中 $\delta$ 为与耦合效应相关的几何因子，$k$ 为比例常数。根据 $L$-$C$ 模型，这种结构的共振频率为

$$f_{\text{R}} = \frac{1}{2\pi\sqrt{C_{\text{eff}}L_{\text{eff}}}} = f_0\sqrt{1 - \mathrm{e}^{-k(d_0+\delta)}} \tag{11-12}$$

其中 $f_0$ 为 DSSHS 内部单个 SHS 的共振频率。因此，由于互感和相互耦合效应，DSSHS 结构的孔洞间距 $d_0$ 可以调节其共振频率按照指数规律变化。

2. 可调声学超材料

为了更直观地研究其共振性质，我们利用基于有限元的仿真软件 COMSOL Multiphysics 计算其透射性质。仿真环境如图 11-24(a) 所示。将这种结构放置于矩形波导管中，四周的边界设置为周期性边界，前后两面分别设置为辐射边界，左

面设置为入射面，施加 1Pa 的平面时谐声波，方向为垂直入射。其他仿真设置与 9.2 节一致。

为了进一步验证 DSSHS 结构的共振性质，我们利用 3D 打印 (Stratasys Dimension Elite, 0.1mm 精度) 方法制备了 DSSHS 结构单元，其结构尺寸为：球半径为 25mm，球壁厚度为 1mm，孔洞直径为 4mm，开口孔洞间距分别为 0.5mm、1mm、2mm 和 4 mm。为了将它们固定住，我们在球壁外增加了固定条，其结构如图 11-25(a) 所示。然后将七个尺寸相同的结构单元周期性排列在直径为 100mm 的海绵基底上制备成声学超材料，晶格常数为 30mm，其实物照片如图 11-25(b) 所示。然后将样品放置于声望阻抗管中测试其声学性质 (阻抗管示意图见图 9-13)。

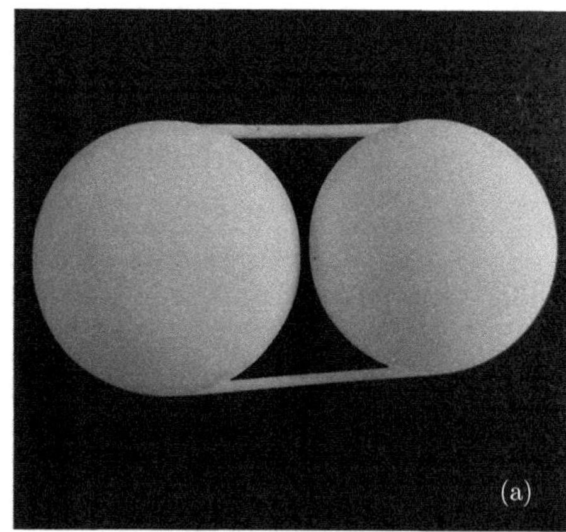


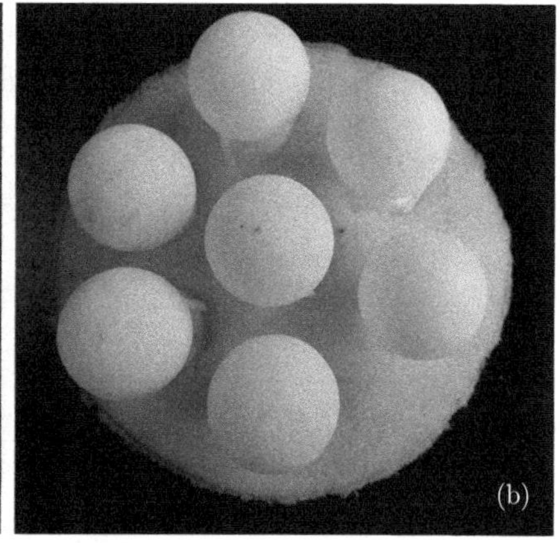


图 11-25　3D 打印 DSSHS 结构 (a) 和实验制备 DSSHS 超材料 (b)

仿真和实验测试得到的透射结果如图 11-26 所示。从图中可以知道，仿真和实验结果吻合很好，四种样品均出现了透射吸收峰，且随着孔洞间距的增大，吸收峰向高频移动。另外，实验结果中透射峰的深度随着孔洞间距增大而增大，而仿真结果吸收峰均接近于 0，主要由于仿真设计时没有考虑空气的黏滞损耗。所以不同间距导致不同透射吸收峰深度主要由 DSSHS 结构内部的黏滞损耗引起。

为了更好地了解 DSSHS 结构内部的共振耦合性质，我们从理论、仿真和实验方面系统地研究了孔间距 $d_0$ 对 DSSHS 共振频率的影响，得到如图 11-27 所示的曲线图。从图中可以看出理论、仿真和实验结果吻合很好。共振频率随着孔间距增加呈指数增长，且当 $d_0$ 的值大于 8mm 时，共振频率不再发生明显变化，稳定在 1150Hz 附近，这个频率刚好是单个 SHS 的局域共振频率。因此，当孔间距足够大时，DSSHS 内部的两个 SHS 单元之间为弱相互作用，不再发生强烈耦合，而当两个 SHS 单元间距足够小时，它们之间存在互感耦合效应，从而可以调控 DSSHS 结构单元的共振频率。

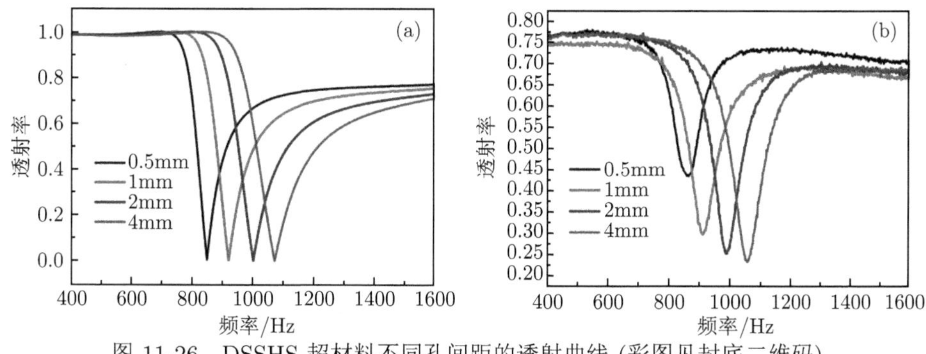


图 11-26 DSSHS 超材料不同孔间距的透射曲线 (彩图见封底二维码)

(a) 仿真；(b) 实验

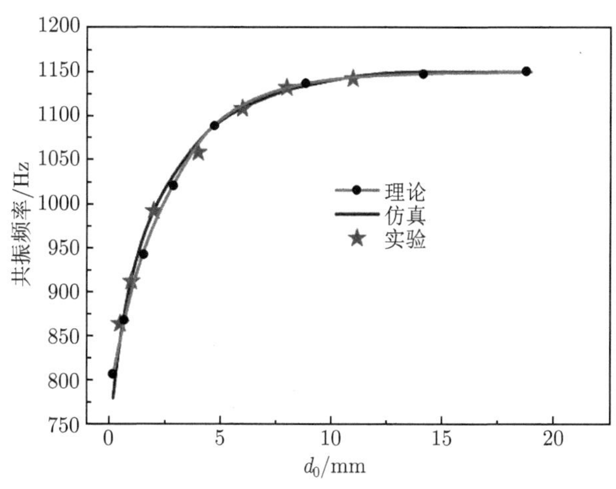


图 11-27 DSSHS 孔间距与共振频率关系

为了说明 DSSHS 结构内部共振耦合物理机制，我们利用基于有限元方法的 COMSOL 软件仿真计算了不同频率下的声场分布图。图 11-28(b) 为 SHS 结构在其共振频率 1150Hz 的声场分布图，相对于周围介质，SHS 体腔内存储大量的声能，且这些声能从开口孔洞处释放出来，这是很明显的共振现象。而对于由两个单一 SHS 结构组成的 DSSHS 结构单元，选择开口孔洞间距为 1mm，其在 1150Hz 的声场分布如图 11-28(a) 所示，其体腔内声压幅值与外界背景介质相近，说明此时没有共振现象。而当选择频率为 910Hz 时，得到的声场分布如图 11-28(c) 所示，此时体腔内声压达到负的最大值，发生了明显的共振，同时我们发现在开口孔洞之间，声压发生了急剧变化，表明此时存在强烈的耦合效应，在这种情况下，从 SHS 开口孔洞中释放出来的声介质不再自由振荡，而是进入另外一个 SHS 的体腔中与其耦合共振，从而增大了其等效声感，使得整体的共振频率向低频方向移动。另外，我们也能看出来，当发生共振耦合以后，在共振频段，DSSHS 体腔内的声压幅值要大于单个 SHS 体腔的声压幅值，说明 DSSHS 结构内的互感耦合增强了声波的共振效应。

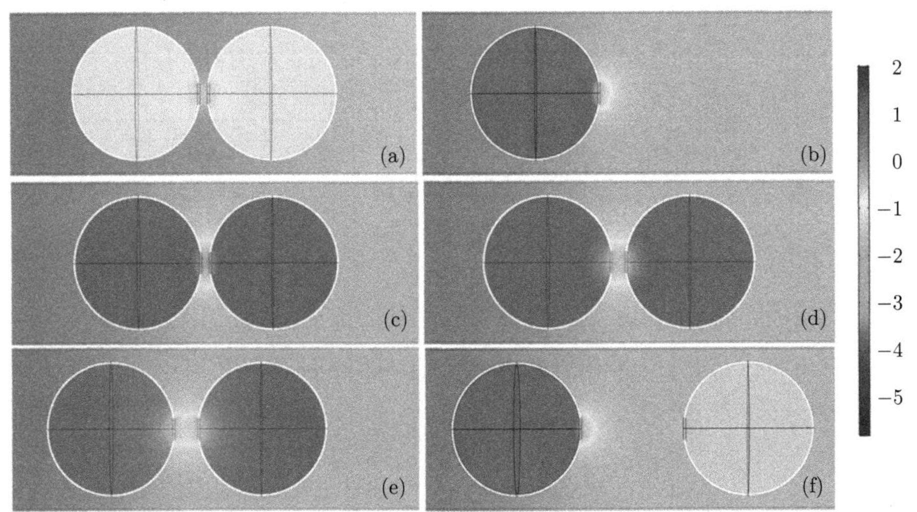


图 11-28 两种结构超材料在 1150Hz 的透射声场分布：(a) DSSHS，(b) SHS；不同孔洞间距 DSSHS 超材料透射声场分布：(c) 1mm，(d) 2mm，(e) 4mm，(f) 19mm (彩图见封底二维码)

图 11-28(c)~(f) 为孔洞间距分别为 1mm、2mm、4mm、19mm 的四个 DSSHS 结构单元在各自共振频率处的声场分布，从图中能很明显看出 DSSHS 结构的互感耦合性质。对比 4 种 DSSHS 结构单元，体腔内的平均声能量将随着孔洞间距增大而减小，从而减弱了共振耦合效应。由于耦合效应的减弱，其等效声感越来越小，从而使得共振频率向高频方向移动，而当孔洞间距为 19mm 时，我们仅能看到第一个 SHS 发生了共振，且其声场分布与单个 SHS 结构的共振声场 (图 11-28(b)) 一致，而第二个 SHS 内声场与背景介质声场相近，说明此时共振耦合效应很弱，且 DSSHS 内的第一个 SHS 单元共振已经将绝大部分声能量吸收，不会传递到第二个 SHS 单元。因此 DSSHS 结构单元的孔洞间距引起了可调的共振耦合效应，从而调控结构的共振频率，根据弱相互作用，我们可以设计一种宽频声学超材料。

### 3. 宽频声学超材料

宽频声学超材料由孔洞间距为 0.5mm、1mm、2mm 和 4mm 的四种 DSSHS 结构单元组合而成，按照 11-25 所示，将不同尺寸的 DSSHS 排列在海绵基底上制备成宽频超材料，然后放置于阻抗管中测试得到透射结果，如图 11-29 所示。单一尺寸 DSSHS 声学超材料具有透射吸收峰，且随着 $d_0$ 的增加而向高频移动。宽频带超材料刚好产生了四个透射吸收峰，且与每个尺寸的透射吸收峰相对应，这四个吸收峰叠加在一起，形成了 802~1110Hz 范围的宽频带的透射吸收峰，这也反映了 DSSHS 结构单元的弱相互作用。

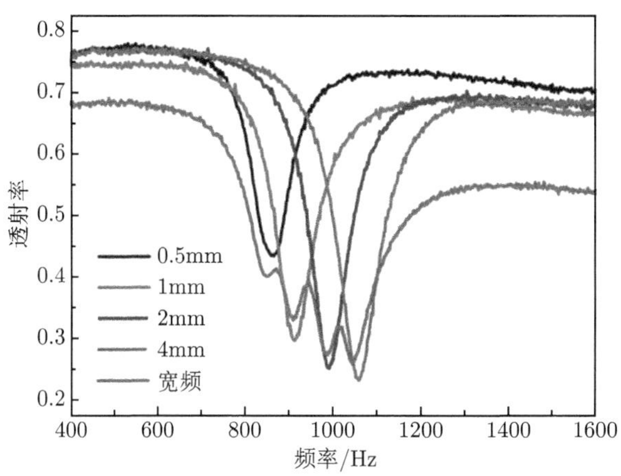


图 11-29 宽频声学超材料透射曲线 (彩图见封底二维码)

为了证明宽频声学超材料的性质，我们提取了四种超材料的等效参数，如图 11-30 所示。孔洞间距为 0.5mm、2mm、4mm 的 DSSHS 声学超材料在共振频率附近的等效质量密度和等效弹性模量均发生较大波动，等效质量密度始终为正值，而等效弹性模量在共振频率附近为负值。对于宽频声学超材料，其质量密度一直为正，而其弹性模量在 900~1270Hz 的宽频带内为负值，比吸收峰的频带高一些，可能是由不同共振单元的相互耦合导致。

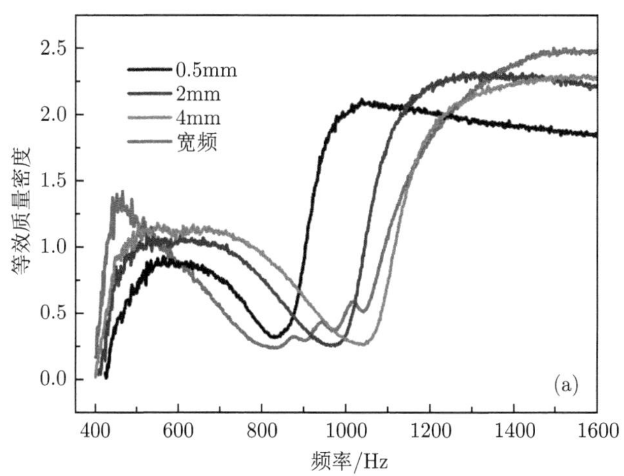

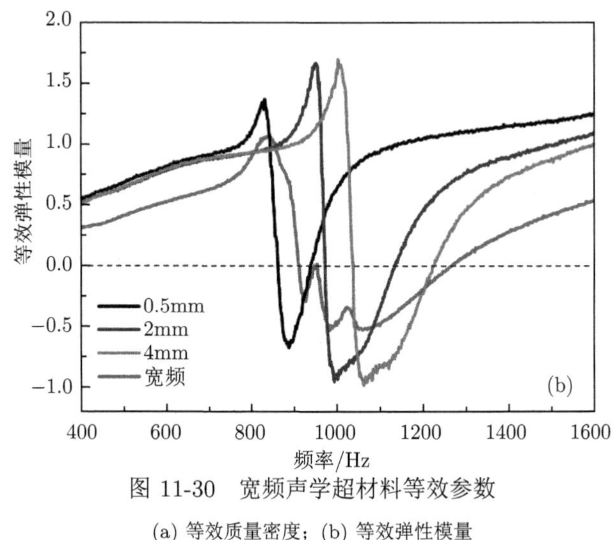


图 11-30 宽频声学超材料等效参数

(a) 等效质量密度；(b) 等效弹性模量

# 11.3 负质量密度超原子簇超材料

## 11.3.1 单频声学超材料

### 1. 设计与实验

为了实现宽频带负质量密度声学超材料，首先设计并制备了 4 种由不同长度空心管构成的超材料样品 [25]，并对它们的透射、反射行为进行分析。若空心管单独谐振时的谐振频率和它们组合后的谐振频率相同，则空心管谐振时相互之间耦合作用很小，即空心管之间只存在弱相互作用。图 11-31 是我们设计的超材料样品的示意图及以长度为 29mm 的空心管为结构单元的超材料的样品实物照片。

空心管材质是聚乙烯，内径为 $d$=5mm，壁厚为 $t$=1mm。对空气介质来讲，聚乙烯是硬质声学材料，在声场作用下空心管的变形可以忽略不计。构成 4 种声学超材料样品的空心管结构单元长度分别为 98mm、67mm、48mm 和 29mm。通过将空心管周期性粘贴在厚度为 $h=20$mm 的海绵基底上下两面的方法，制作成声学超材料样品。海绵已经被证明是一种空气介质中的理想基底材料。如图 11-31 所示，在 $x$ 和 $z$ 方向上，两管之间的距离分别是 $x_1=1$mm 和 $z_1=2$mm，并且周期常数分别是 $a_1=8$mm 和 $a_2=l+2$mm。整个样品的宏观尺寸为 415mm×415mm×34mm。样品的周期常数和宏观尺寸均符合有效介质理论。图 11-31(d) 照片中的样品由长度为 29mm 的空心管构成。

采用图 10-10 所示的透射实验平台对所设计的 4 种样品进行透射率、透射相位的测定。测量装置由信号发生器 (MC3242, BSWA, Beijing, China)、功率

50W 的信号放大器 (PA50, BSWA, Beijing, China)、平面波喇叭 (4510ND，BMS，Hannover, Germany)、外径 7mm 的麦克风 (MPA416, BSWA, Beijing, China)、锁相放大器 (SR830, SRS, Sunnyvale, USA) 及计算机组成。平面波喇叭在声学近场可以发射满足本实验要求的平面波。锁相放大器只选择接收与发射频率相同的信号，避免了外界噪声对接收声波的干扰。麦克风与锁相放大器相连，接收到的声波信号以电压值 $u$ 和相位 $\Phi$ 的形式在锁相放大器上显示。

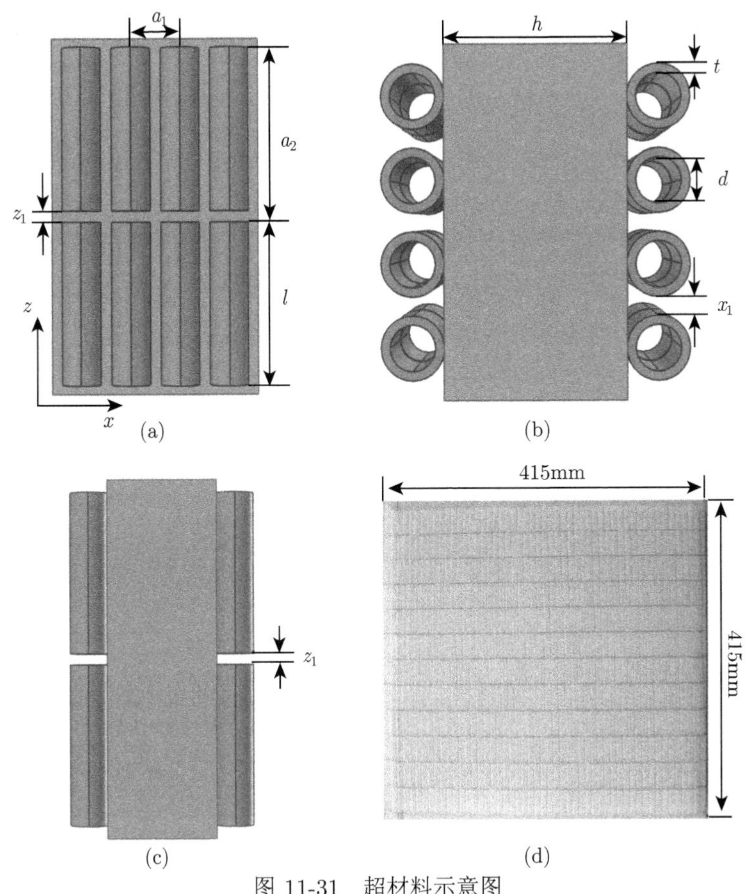


图 11-31 超材料示意图

(a) 正视图；(b) 俯视图；(c) 侧视图；(d) 以长度为 29mm 空心管为结构单元的超材料样品照片

透射测量时，我们首先测量了不放置样品时的幅值和相位。平面波喇叭和麦克风相距 134mm，这种情况下测量得到的幅值和相位分别为 $u_0$ 和 $\Phi_0$。然后保持麦克风和平面波喇叭之间的距离不变，样品放置在两者正中位置，并使声波垂直入射到样品表面上，幅值和相位分别记录为 $u_1$ 和 $\Phi_1$。为了防止绕射声波的影响，实验平台四周放置了吸声材料。

用图 10-12 所示反射测量装置测量反射幅值和相位。在反射测量中，麦克风和平面波喇叭对称放置在样品同一侧，平面波喇叭发射的声波以 30° 入射。用一块与样品垂直放置的吸声挡板将入射波和反射波隔开。挡板的作用是阻挡直接发射而没有与样品表面作用的声波。所有入射到挡板上的声波全被吸收而不发生反射，避免了在接收信号中引入挡板的反射作用。挡板与样品之间的通道确保与样品作用的声波全部通过而被接收端接收。记录到的幅值和相位分别为 $u_2$ 和 $\Phi_2$。同样地，利用吸声材料消除绕射声波的影响。应用下列公式，我们可以得到透射率 $T$、透射相位 $T_\mathrm{p}$ 和反射率 $R$、反射相位 $R_\mathrm{p}$。

$$T=\frac{u_1}{u_0},\quad T_\mathrm{p}=\Phi_1-\Phi_0,\quad R=\frac{u_2}{u_0},\quad R_\mathrm{p}=\Phi_2-\Phi_0 \tag{11-13}$$

2. 透射、反射结果分析

图 11-32 分别表示以 98mm 和 67mm 管长空心管为结构单元的超材料样品的透射、反射系数。98mm 空心管超材料的透射率曲线在 1700Hz 处出现了一个透射低谷，并在 1700Hz 附近出现了相位扭折，如图 11-32(a) 所示。这种透射低谷伴随相位扭折的透射现象，是发生谐振的典型特征。反射系数是提取参数必不可少的实验测量值，图 11-32(b) 表示 98mm 空心管的反射率和反射相位曲线，其

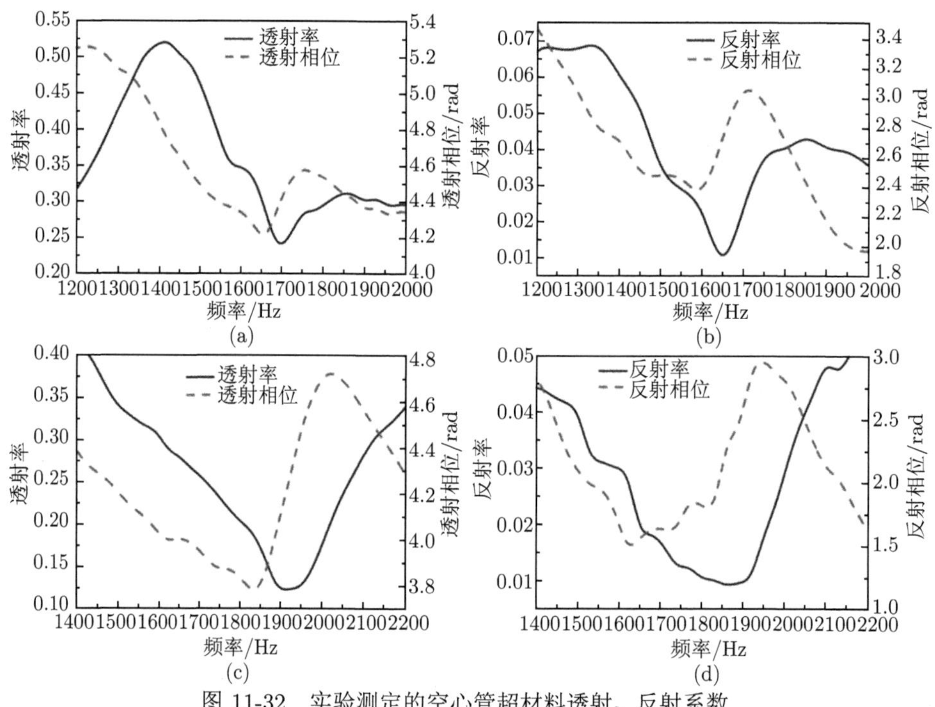


图 11-32　实验测定的空心管超材料透射、反射系数

(a) 98mm 透射系数；(b) 98mm 反射系数；(c) 67mm 透射系数；(d) 67mm 反射系数

在 1700Hz 处对应着反射率逐渐上升区域，并同时伴随着相位扭折。67mm 空心管超材料的透射率曲线在 1920Hz 处出现最小值，并在其前段频率处出现相位扭折，说明 67mm 管长的空心管在 1920Hz 处发生了谐振。

48mm 管长和 29mm 管长的空心管超材料的透射、反射曲线如图 11-33 所示。它们的透射率曲线分别在 3100Hz 和 5350Hz 处出现了最小值并在相应频率附近出现了相位扭折，表明上述两种管长超材料的谐振频率分别为 3100Hz 和 5350Hz。上述 4 种管长超材料的透射、反射曲线表明，空心管超材料的谐振频率与其管长密切相关：管长越长，谐振频率越低。在前期的工作中，我们已经证明，具有一定长度 $l$ 的空心管可以等效成 $L$-$C$ 谐振电路，并具有特定的谐振频率 $\omega_1$。不考虑空气黏滞阻力以及其他损耗的情况下，谐振频率与管长近似成反比。

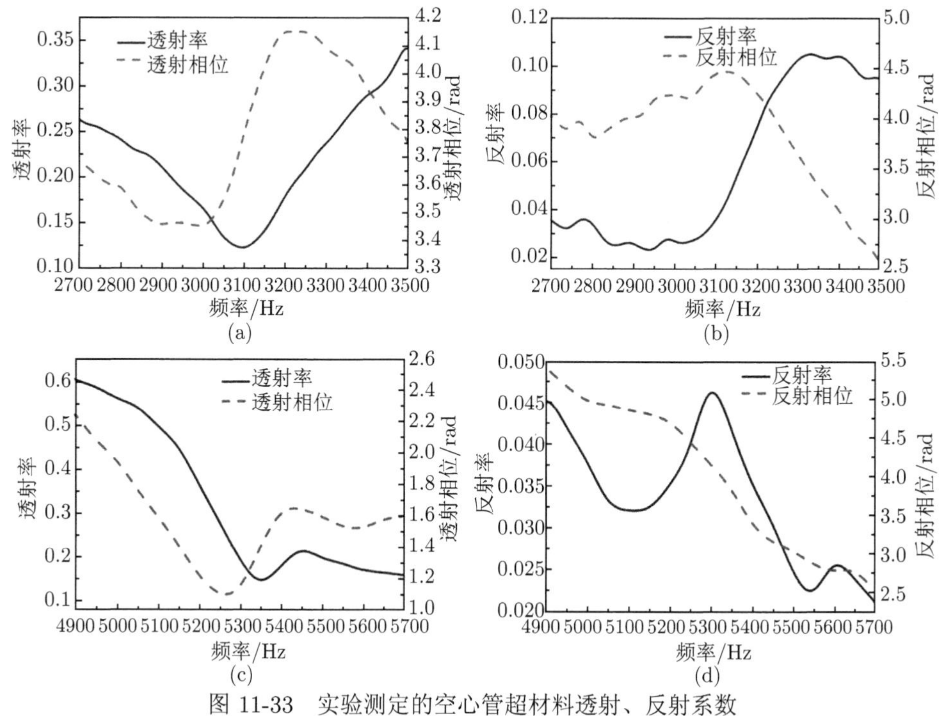


图 11-33 实验测定的空心管超材料透射、反射系数

(a) 48mm 透射；(b) 48mm 反射；(c) 29mm 透射；(d) 29mm 反射

### 3. 负等效质量密度

通过从透射系数和反射系数中提取参数，我们可以得到前面描述的分别由 98mm、67mm、48mm 和 29mm 空心管组成的 4 种超材料样品的等效质量密度，如图 11-34 所示。从图中可以看出，由 98mm、67mm、48mm 和 29mm 4 种

管长空心管构成的超材料分别在 1570~1810Hz、1780~2040Hz、2945~3243Hz 和 5246~5515Hz 频段内实现了负等效质量密度。仔细观察我们会发现，4 个负等效质量密度的中央频率基本上都是各自的谐振频率。

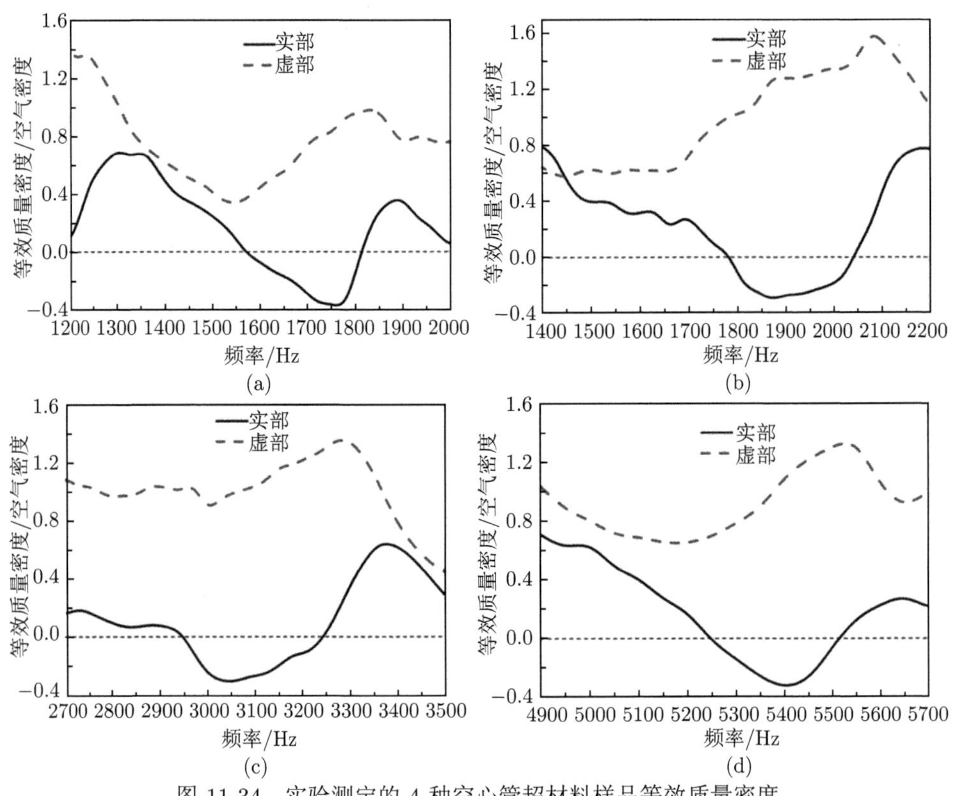


图 11-34　实验测定的 4 种空心管超材料样品等效质量密度

(a) 98mm；(b) 67mm；(c) 48mm；(d) 29mm

在谐振频率附近，空心管内外的声场能量分布不同。谐振频率时数量可观的声场能量储存在空心管内部。储存在空腔中的大量声场能量促使空气介质在空心管中以本征频率振动而不受外界声场的影响，导致空气运动的加速度方向与外界声场压力方向相反，从而产生负等效质量密度。

### 11.3.2　宽频声学超材料

1. 样品制备

为了实现宽频带谐振及宽频带负等效质量密度，我们设计了空心管“超原子簇”。图 11-35(a) 是一个超原子簇结构单元的示意图。每个超原子簇结构单元由 7 种不同长度的空心管组成。按照序号从 1 到 7，空心管的管长分别是 98mm、

67mm、55mm、48mm、41mm、32.5mm 和 29mm。其中 98mm、67mm、55mm 和 41mm 的空心管都是一根，48mm、32.5mm 和 29mm 的空心管均包含 2 根。在超原子簇内部，沿 $x$ 轴方向，每两根空心管之间的距离是 $x_2$=1mm, 沿 $z$ 轴方向，每两根空心管之间的距离是 $z_2 = 2$mm。整个簇的尺寸是 $l_1 = 98$mm，$l_2 = 39$mm。

将超原子簇作为一个整体的结构单元，按照与图 11-31 相同的方式粘贴在厚度为 20mm，长、宽均为 415mm 的海绵基底上，构成图 11-35(b) 所示的超分子簇声学超材料。在 $x$ 轴和 $z$ 轴方向上，每两个超原子簇之间的距离分别是 1mm 和 2mm。因此，在 $x$ 轴和 $z$ 轴方向上，超原子簇的排列周期分别是 40mm 和 100mm。

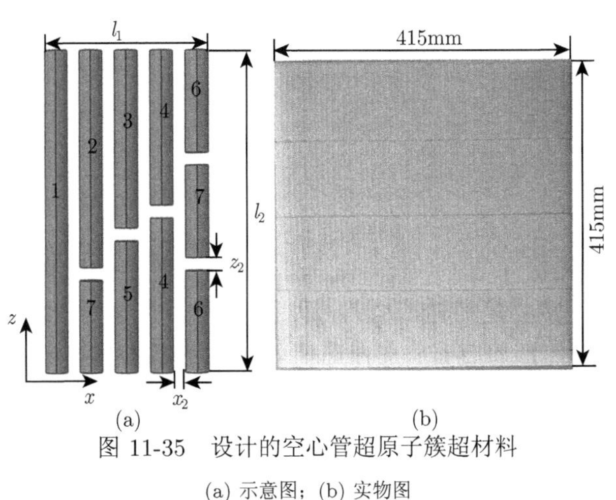


图 11-35 设计的空心管超原子簇超材料

(a) 示意图；(b) 实物图

2. 实验结果

采用图 10-10 和图 10-12 所示的透射、反射测试装置，测定设计的超原子簇声学超材料的透射、反射性质。测定的透射、反射曲线分别如图 11-36(a) 和 (b) 所示。超原子簇声学超材料的透射率曲线在不同的频率处出现了 7 个透射低谷，按照图 11-36 上所标示的阿拉伯数字 1~7，这 7 个位置所对应的频率分别为 1710Hz、1970Hz、2400Hz、3140Hz、3610Hz、4320Hz 和 5370Hz。前面介绍的分别由 98mm、67mm、48mm 和 29mm 4 种管长空心管构成的超材料，对应的透射低谷分别为 1700Hz、1920Hz、3100Hz 和 5350Hz。忽略由样品制作不完美而造成的误差因素，4 种超材料样品的透射低谷分别与超原子簇声学超材料透射率曲线上序号为 1、2、4 和 7 的透射低谷的频率相对应。其他 3 个分别标识为 3、5 和 6 的透射低谷分别是由管长为 55mm、41mm 和 32.5mm 的空心管振动引起的。另外，在每个透射低谷的频率附近，都对应发生了相位扭折，说明这 7 个频率位置处均发生了谐振。

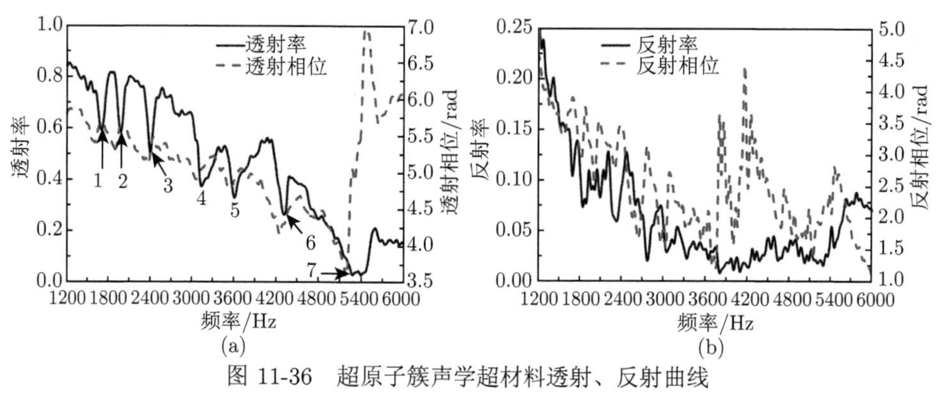


图 11-36　超原子簇声学超材料透射、反射曲线

(a) 透射率和透射相位；(b) 反射率和反射相位

为了证明序号 3、5 和 6 对应的透射低谷分别是由管长为 55mm、41mm 和 32.5mm 的空心管独立谐振引起的，我们仿真计算了上述 3 种空心管超材料的透反射曲线，结果如图 11-37 所示。55mm、41mm 和 32.5mm 空心管分别在 2400Hz、3610Hz 和 4320Hz 处出现了透射低谷和相位扭折，说明 3 种管的谐振频率分别是 2400Hz、3610Hz 和 4320Hz。由此证明超原子簇超材料的透射谱中由序号 3、5 和 6 标示的透射低谷和相位扭折分别是由 55mm、41mm 和 32.5mm 三种管长的空心管独立谐振产生的。

上述事实说明，空心管组合成超原子簇以后，每根空心管在超原子簇中的谐振频率与其单独谐振时的谐振频率相同。由此证明，不同空心管谐振单元之间基本没有相互耦合作用，它们之间仅存在弱相互作用。在这种弱相互作用存在的前提下，我们可以将不同谐振频率的空心管结构单元进行组合，从而构建宽频带的声学超材料。

### 3. 宽频负等效质量密度

既然空心管谐振单元之间仅存在弱相互作用，我们就可以通过组合不同谐振频率的空心管，构建宽频带的谐振和宽频带的负等效质量密度。超原子簇中的每个空心管单元在外界声场频率发生变化时依次谐振，从而将各个空心管产生的负等效质量密度贯通起来，实现宽频带的负等效质量密度。通过不同频率空心管的排列构建宽频带谐振的超原子簇，将超原子簇中各个固定管长空心管所实现的窄频负等效质量密度贯通，是实现宽频负等效质量密度的可行方法。

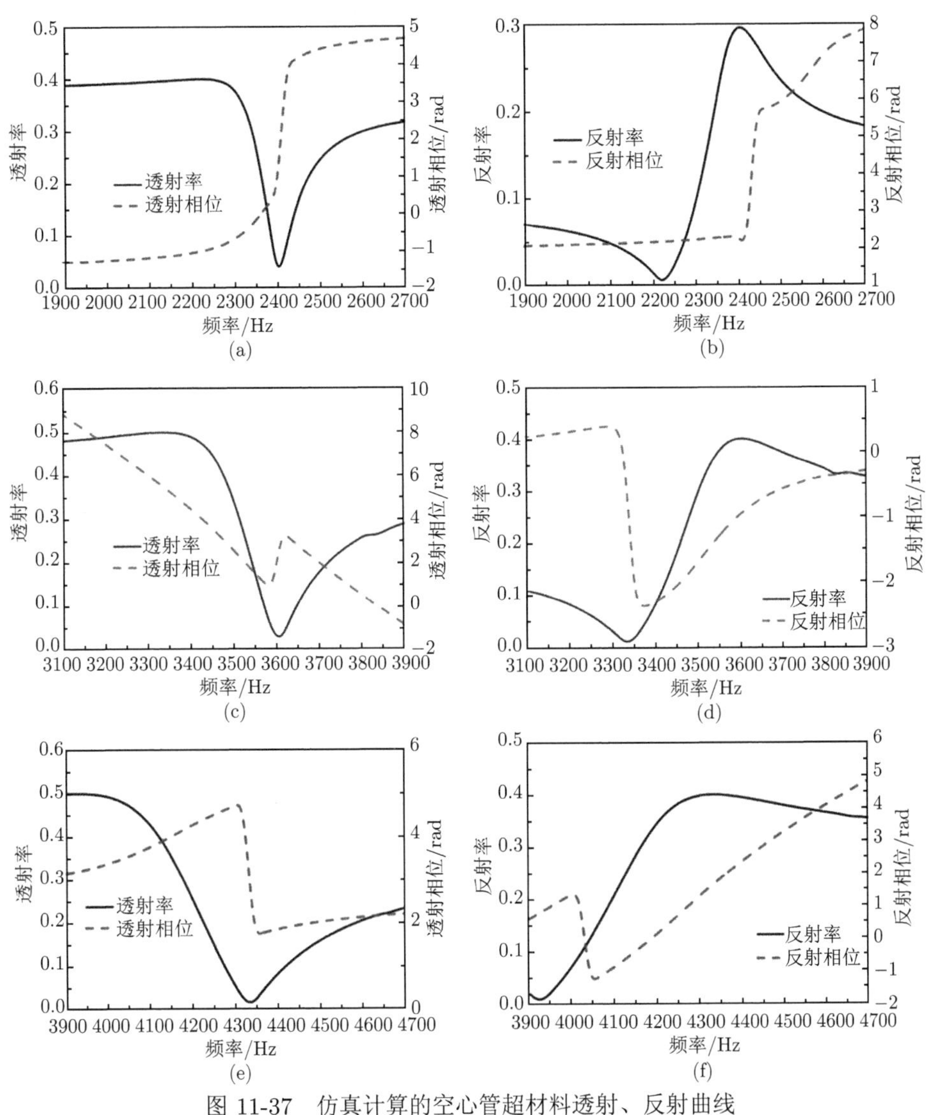


图 11-37 仿真计算的空心管超材料透射、反射曲线

(a) 55mm 透射；(b) 55 mm 反射；(c) 41mm 透射；(d) 41mm 反射；(e) 32.5mm 透射；(f) 32.5mm 反射

从超原子簇声学超材料的透射、反射系数中提取参数得到的等效质量密度如图 11-38 所示。从图中可以看出，等效质量密度的实部在 1560~5580Hz 范围内为负值，即宽频负等效质量密度频率区间的最小值是 1560Hz，最大值是 5580Hz。空心管超原子簇中最长空心管长度为 98mm，最短空心管长度为 29mm。这两种空心管单独谐振时，其实现的窄频负等效质量密度频带分别为 1570~1810Hz 和 5246~5515Hz。明显地，空心管超原子簇负等效质量密度频率区间最小值 1560Hz

与 98mm 空心管实现的窄频负等效质量密度的最小值 1570Hz 对应；宽频负等效质量密度频率区间最大值 5580Hz 与 29mm 空心管实现的窄频负等效质量密度的最大值 5515Hz 对应。其中微小的频率差异可以认为是实验误差造成的。由此说明，通过超原子簇中各个不同管长空心管的依次谐振，最终实现了宽频负等效质量密度。

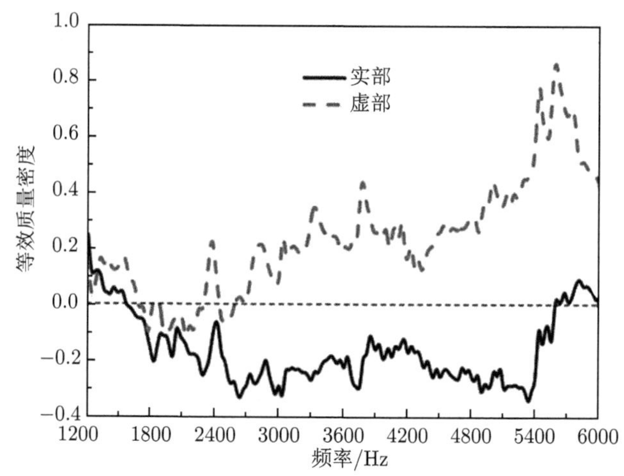


图 11-38　实验测定的超原子簇声学超材料样品等效质量密度

## 4. 宽频负折射率

在实现宽频负等效质量密度的同时，我们发现提取参数得到的等效折射率在宽频带内也为负值，如图 11-39 所示。

从图中可以看出，在 1500~5480Hz 的频带内，超原子簇声学超材料的等效折射率为负值。为了进一步证明超材料的性能，我们对超材料的折射率进行了特定频率的实验测定。

利用一枚 BMS4510 ND 平面波喇叭作为声源，一枚 BSWA MPA416 声学传感器作为扫描探头对超原子簇声学超材料样品进行负折射实验测量，平面波喇叭紧靠在楔形样品的长直角边的正中位置，声学传感器固定在一个三维位移台上，在样品斜边后 180mm×60mm 的二维区域内对声场分布进行扫描。为了保证测量精度，在 $x$ 轴方向和 $y$ 轴方向上的扫描步长为 5mm。在负等效折射率的频带内，我们一共选取了 6 个不同的频率测定负折射，它们分别是 1580Hz、2260Hz、2900Hz、3800Hz、5000Hz 和 5300Hz。采用上述 6 个频率进行负折射测量，均得到与图 11-40(a) 类似的声场分布，并得到负折射角度。6 个频率对应的实验测量的折射率在图 11-39 上以黑色三角形标识。可以看出，虽然实验误差等因素的影

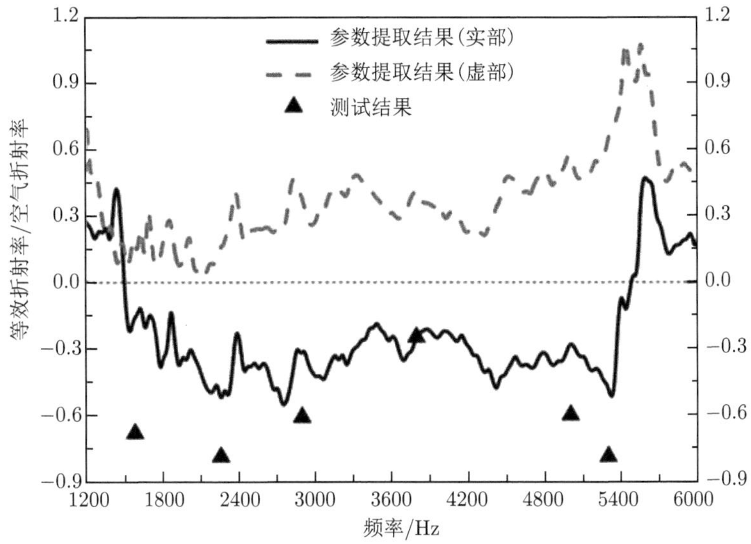


图 11-39 实验测定的超原子簇声学超材料样品等效折射率

响导致提取参数的数值与测量得到的数值之间有差异，但是通过楔形样品测量得到的折射率也实现了负值。

为了更清楚地描述样品发生负折射时声场的分布情况，我们对 5300Hz 处楔形样品的归一化负折射声场分布进行了展示，如图 11-40(a) 所示。明显地，在楔形样品的作用下，声波偏离原来的传播方向，向左侧有了明显的移动。作为对比，仅有楔形海绵基底时，声波沿原来方向传播，没有发生负折射现象，如图 11-40(b) 所示。

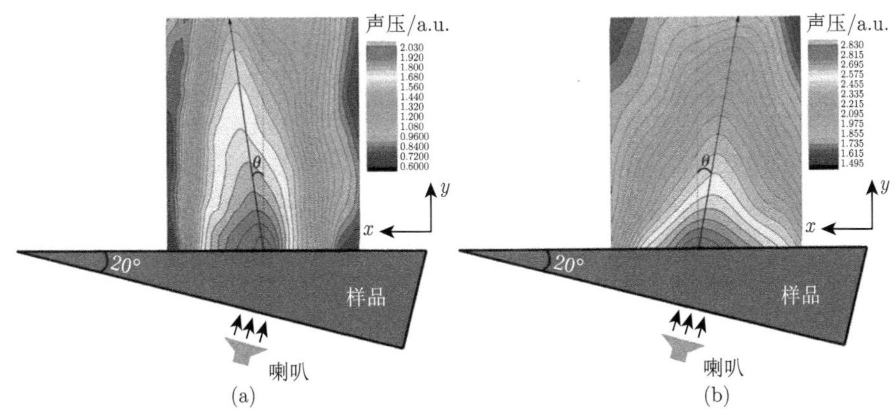


图 11-40 5300Hz 时不同楔形样品的声场分布 (彩图见封底二维码)

(a) 超材料样品；(b) 海绵基底

### 11.3.3　反常多普勒效应

反常多普勒实验装置如图 11-41 所示，声源放置在一维的电动位移台上，传声器紧贴着样品放置，当声源在位移台上移动时，传声器可以接收运动声源的信号。从所接收到的波形图中可以读取到声源靠近样品和远离样品的频率。与声源发出的频率相比，可以计算出靠近与远离的频移。

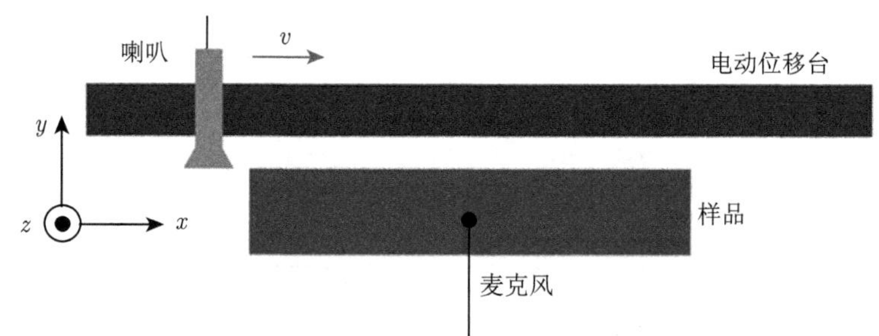


图 11-41　反常多普勒实验装置图

根据上面的测试装置图对上述宽频负质量密度声学超材料进行多普勒测试。实验所制备的样品大小为 41.5cm×41.5cm×3cm，测试所用的电动位移台导轨的长度为 1m。把能发出固定频率声波的喇叭固定在电动位移台上，设定位移台的速度为 50cm/s，若运动速度过低，由多普勒公式可知，多普勒频移会比较小，很可能会分不清是由误差造成的还是由多普勒效应造成的。传声器通过转换探头连接在示波器上，利用图形化编程软件 Labview 分析传声器接收到的声波信号，再经过数据处理可以得到不同时刻传声器接收到信号的频率值。具体的测试步骤如下：① 把制备好的样品按照如图 11-41 所示的位置放置，将喇叭、麦克风、示波器和电动位移台按照如图 11-41 所示的装置连接；② 打开电动位移台的控制箱，把位移台调在“自动挡”，设置速度为 50cm/s，运动周期为 20，时间间隔设置为 10s，同时打开示波器和 Labview 软件，调整好 Labview 软件中各个参数；③ 测量时，设定喇叭的频率，位移台运动时同时单击 Labview 软件中 “record” 按钮，记录数据并导入 Origin 软件，利用 Origin 软件把记录的数据画出波形图；④ 利用得到的波形图和数据计算靠近和远离的多普勒频率值，计算得到频率值与源相比是增大还是减小，若靠近时减小，远离时增大，则是反常的多普勒现象。

根据测试的波形图，读取单位时间内的波形个数，计算出探测器靠近波源与远离波源的频率，来判定多普勒效应的频移值。以声源频率为 2000Hz，位移台的速度为 50cm/s 为例，在示波器中读取到的波形图如图 11-42 所示，分别选取探测器靠近与远离声源过程中的 18 个完全波，读取这 18 个完全波所对应的时间，根据频率的计算公式，计算出靠近时频率为 1999.27Hz，远离时为 2000.68Hz。可以看出，靠近波源时频率减小，远离波源时频率增大，出现反常的多普勒现象。

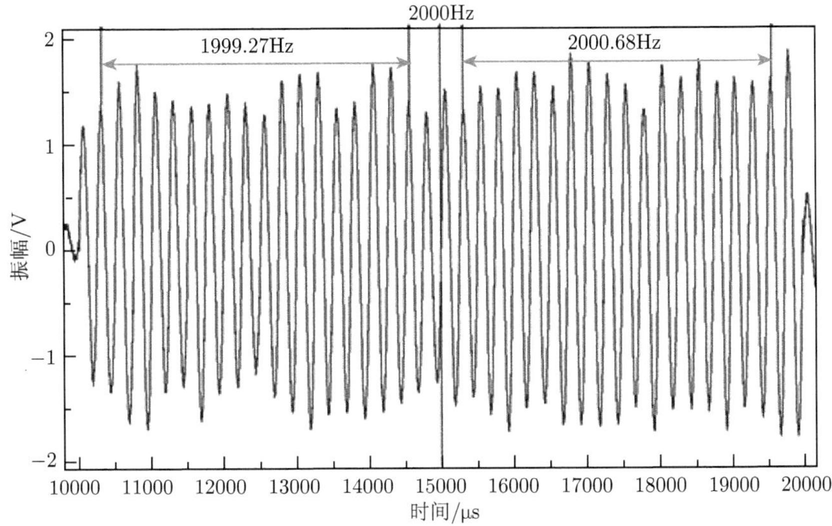


图 11-42 波源频率为 2000Hz 时探测器接收的波形图

实验制备的超材料折射率在 1500~5480Hz 范围内为负值，我们选取了不同频率点进行测量，包括负折射区域内和负折射区域外，测试各个频率点的具体频移值，如图 11-43 所示。从图中可知，在负折射区域外选取 1300Hz、1400Hz、1450Hz、

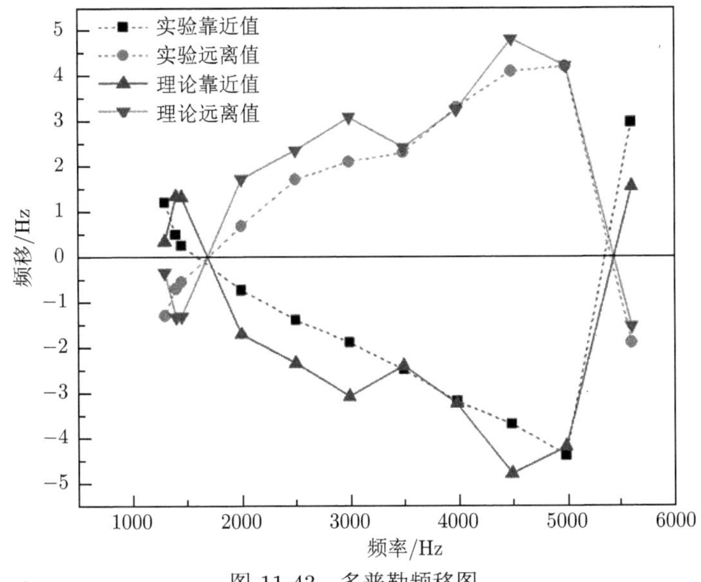


图 11-43 多普勒频移图

5600Hz 和 6000Hz 的测量点，经过计算发现，当麦克风靠近探测器时多普勒频移为正值，远离时为负值；在负折射区域内选取 2000Hz、2500Hz、3000Hz、3500Hz、4000Hz、4500Hz 和 5000Hz 的测量点，经过计算发现，当麦克风靠近探测器时多普勒频移为负值，远离时为正值。在负折射区域外表现为正常多普勒现象，在负折射区域内表现为反常多普勒现象；无论靠近或者远离，多普勒频移随着频率的增加而增大；多普勒的测量值和理论计算值符合得很好。

## 11.4　超分子簇双负声学超材料

声学超材料的奇异特性大部分都是由这种超材料结构的局域共振性质决定的，而局域共振的本质就使得这种结构的共振频带非常窄 [33]。声子晶体 [34] 的反常特性是由晶体中整体结构单元的布拉格散射造成的，单元之间的相互作用非常强烈。不同于声子晶体，共振型超材料内部所有结构单元的共振状态都是相互独立的，彼此之间的干扰非常微弱 [35]。此外，局域共振型超材料的共振频带是受结构单元的形状尺寸制约的，因此调整结构单元的形状尺寸就能改变反常性质出现的频率，这就使得局域共振型声学超材料在利用多个单元实现宽频带的反常性质上具有很大的优势。

我们组在之前的研究中已经证明了不同开口孔径的空心球 (超原子) 具有不同的负弹性模量响应频率。这种空心球的开口孔径越大，其负弹性模量响应频率越高。将具有不同开口孔径的单元组合起来 (超原子簇) 就能够实现宽频带的负弹性模量响应 [26]；另外，不同长度的空心管 (超原子) 具有不同的负质量密度响应频率。这种空心管越长，其负质量密度响应频率越低。将具有不同长度的结构单元组合起来 (超原子簇) 就能够实现宽频带的负质量密度响应 [25]；单一尺寸的开口空心管 (超分子) 能够在较窄频带内实现双负 [36]，根据前期的研究基础，我们可以推断，将具有不同共振频率的声学超分子组合到一起，就可以构筑能够实现宽频带反常性质的声学超材料。但是，在这之前，我们首先需要研究这种超分子模型出现反常材料性质的频率与其结构尺寸之间的关系。

我们利用 COMSOL 数值仿真软件和搭建好的实验平台分别研究了这种超分子模型的双负频带与其管长和开口孔径的关系；并以此为基础，对如何实现宽频带的双负声学超材料进行了多种尝试，其中包括组合具有不同管长的超分子单元，或者组合具有不同侧孔口径的超分子单元，或者同时组合两种调制方式。在这些尝试下，初步实现了多带双负声学超材料。

### 11.4.1　基于不同管长的宽频超材料

首先研究了超分子的管长对超材料声学性质的影响。实验制备出两种由单一尺寸的超分子单元周期性排列组成的超材料样品，其中超分子的管长分别为

98mm (样品 A) 和 67mm (样品 B)，样品的实物图如图 11-44 所示。除管长以外，这两种超分子的其他结构参数完全一致，管的外径为 7mm，内径为 5mm，侧孔的位置均在距离管端 5mm 处，侧孔的直径为 1mm。沿着管的轴向方向上，相邻结构单元的间距为 2mm；沿着管的横截方向上，相邻结构单元的间距为 1mm。

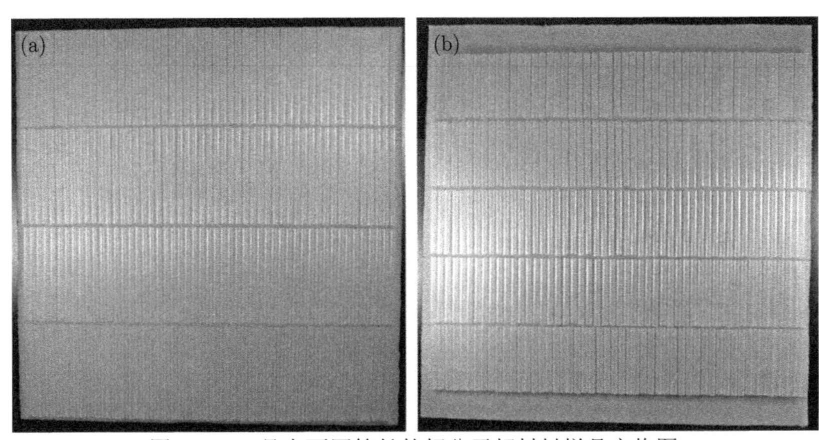


图 11-44　具有不同管长的超分子超材料样品实物图

管长：(a) 98mm；(b) 67mm

通过实验测试和仿真模拟得到这两种样品的透射和反射结果，并根据该结果推导出其相应的等效折射率、等效阻抗、等效质量密度和等效弹性模量值，结果如图 11-45 所示。从图 11-45(a2) 和 (b2) 中可以看出，两者的透射相位分别在 1.70kHz 和 2.35kHz 附近出现反常扭折，该频率对应着样品各自的共振频率。计算得到的等效质量密度、等效弹性模量和等效折射率的实部在相应的共振频率附近同时为负值。但是很明显这两个样品所能实现反常性质的频率区域是不同的。通过对比，我们可以得出如下结论：随着管长变短，这种超材料的反常性质频率向高频移动；此外，这两个样品的反常频率带宽都比较窄，比如实验得到这两种样品的负折射率区域分别为 1.691～1.792kHz 和 2.367～2.595kHz，如图 11-45(a5) 和 (b5) 所示。图中的仿真数据与实验结果存在轻微的偏移，这是由样品的加工误差、实验测试误差和测试与仿真中的环境干扰因素不完全相同造成的。这一结果为获得多频带甚至宽频带超材料提供了一个简单可行的方法，那就是可以将具有不同管长的超分子组合起来，进而拓宽整体的反常性质频带。

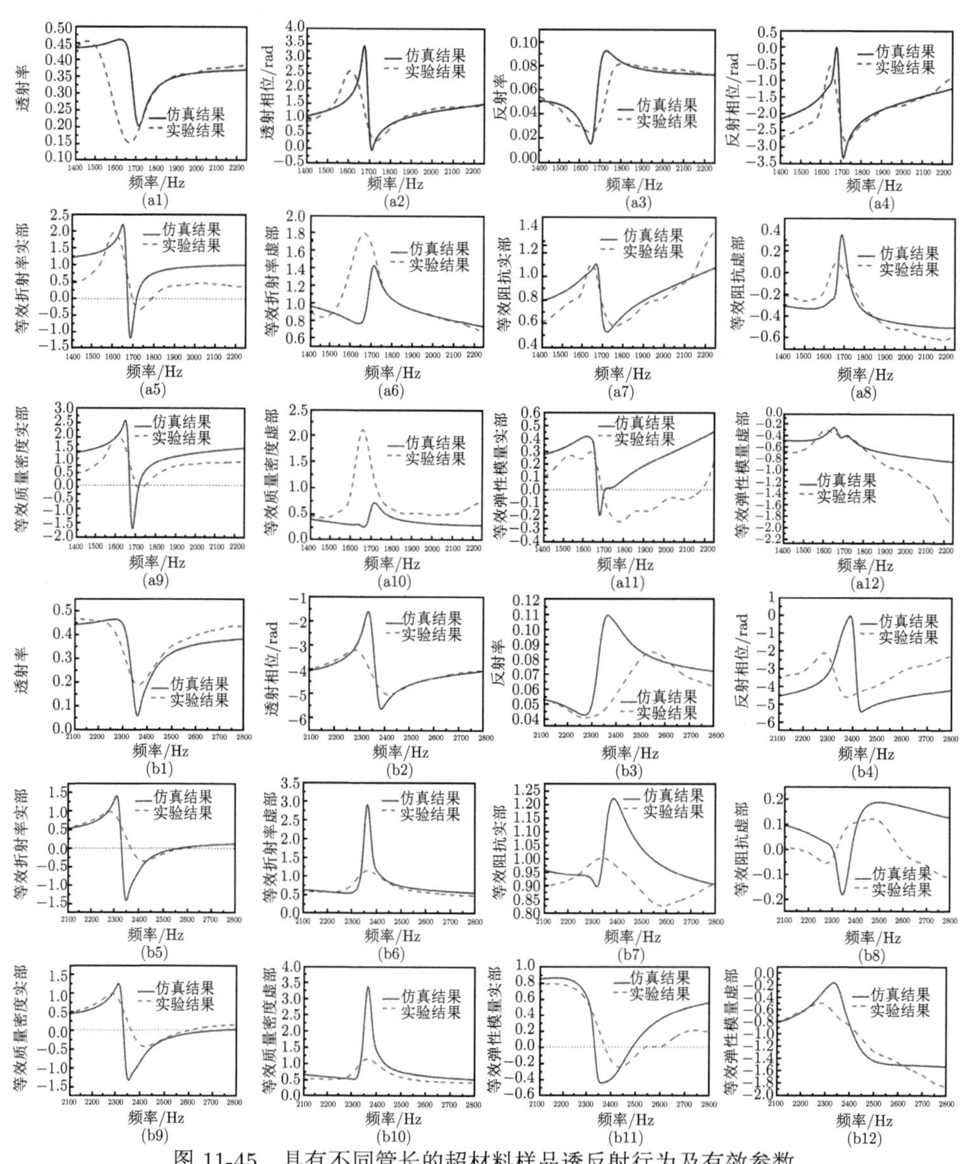


图 11-45　具有不同管长的超材料样品透反射行为及有效参数

实线和虚线分别表示仿真和实验结果。(a1)～(a12) 分别表示管长为 98mm 的超分子超材料样品透射率及相位、反射率及相位、等效折射率、等效阻抗、等效质量密度、等效弹性模量；(b1)～(b12) 分别表示管长为 67mm 的超分子超材料样品对应结果

既然不同管长的超分子单元可以实现不同频带的双负材料性质，那么构建多频带甚至宽频带的双负超材料的一个非常可行的设想就是将多个具有不同管长的超分子结构单元按照一定的排列方式组合起来。由于在超分子之间具有弱相互作

用，每种超分子的双负频带都能够独立展现，进而使得组合后的超材料的双负频带拓宽。根据这种设想，我们设计了一种超分子簇结构，该结构由七种具有不同管长的超分子组成。它们的管长分别为 98 mm、67mm、55mm、48mm、41mm、32.5mm 和 29 mm，每个超分子所开侧孔的直径均为 1mm，并且开孔的位置均距离管端 5 mm，各超分子单元在超分子簇中的排列方式如图 11-46 所示。

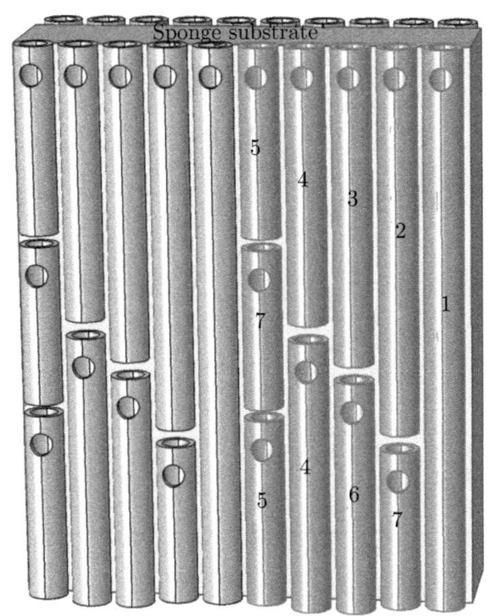


图 11-46 由七种不同管长超分子组成的簇结构示意图

数字 1~7 对应超分子管长分别为 98mm、67mm、55mm、48mm、41mm、32.5mm 和 29mm。超分子簇结构单元由双层超分子构成，中间基底材料为海绵，厚度为 20mm。沿着管轴向方向，相邻超分子单元间距为 2mm；沿着管横截方向，相邻超分子单元间距为 1mm

通过 COMSOL 仿真，我们可以计算出这种超分子簇结构的透射和反射数据，进而求出它的四个等效参数，结果如图 11-47 所示。从透射相位图可以看出，该组合结构在七个频率段内出现了相位突变，这些频率段分别对应组成该超分子簇的七种超分子结构的共振频率。从等效质量密度、等效弹性模量和等效折射率图可以看出，材料参数出现负值的频率带宽确实相较于单个超分子 (图 11-45) 结构有所展宽，但是这些频带都是分立的，并没有连通。所以，虽然通过这七种不同管长的超分子单元构建的超分子簇可以在多个频带出现反常性质，但是这种方法并不能非常完美地实现宽频带的双负超材料。

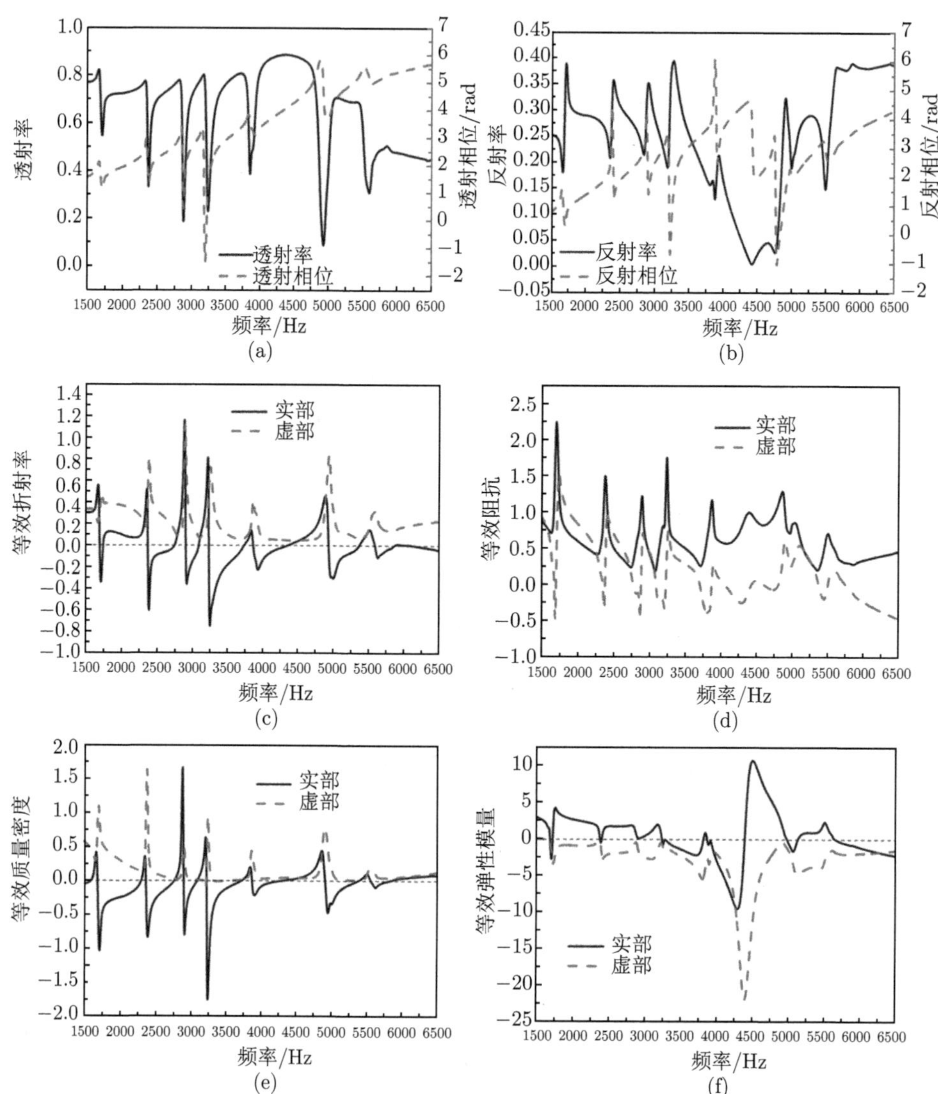


图 11-47　仿真得到的七种管长超分子单元组成的簇透反射行为以及等效参数随频率变化关系

(a) 透射率与相位；(b) 反射率与相位；(c) 等效折射率；(d) 等效阻抗；(e) 等效质量密度；(f) 等效弹性模量

### 11.4.2　基于不同侧孔口径的宽频超材料

我们选取了管长为 67mm 的超分子单元进行研究，开孔口径分别为 1mm (样品 C)、2mm (样品 D) 和 3mm (样品 E)。这三个样品除了侧孔口径不同以外，其他的结构参数完全一致，并且结构单元的排列方式与样品 A 和 B 相同。通过数值仿真得到这三个样品的透反射数据，进而推导出其等效参数结果，如图 11-48

所示。从透射相位结果 (图 11-48(a2)) 可以看出，样品 C、D 和 E 出现相位突变的频率分别在 2.367kHz、2.464kHz 和 2.483kHz 附近。这一结果表明，随着开孔口径的增大，这种超材料的共振频率向高频移动，并且样品所对应的负折射率、负质量密度和负弹性模量频率区域也随之向高频移动 (图 11-48(c1)、(e1)、(f1))。因此，改变超分子的开孔口径是另外一个调制超材料反常性质频率的有效方法。

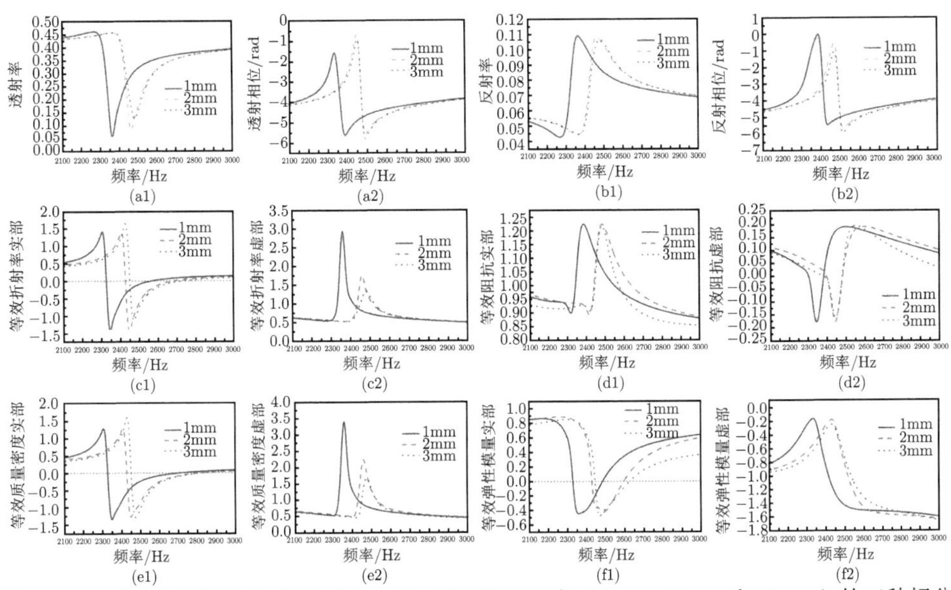


图 11-48 仿真得到的相同管长 (67mm)、不同侧孔口径 (1mm、2mm 和 3 mm) 的三种超分子结构所对应透反射行为以及等效参数对比

(a1) 和 (a2) 为透射率和相位；(b1) 和 (b2) 为反射率和相位；(c1) 和 (c2) 为等效折射率实部和虚部；(d1) 和 (d2) 为等效阻抗实部和虚部；(e1) 和 (e2) 为等效质量密度实部和虚部；(f1) 和 (f2) 为等效弹性模量实部和虚部

基于上面的讨论，我们做出如下尝试：将具有相同管长但是不同侧孔口径的超分子单元组合起来，看能否拓宽超材料的反常性质频带。下面我们对相同管长 (98mm) 的三种不同开孔组合 (侧孔口径分别为 1mm-2mm、1mm-3mm 和 1mm-4mm) 进行了研究，构建方法就是将这两种具有不同侧孔口径的超分子单元间隔排列。通过仿真得到的这三种超材料的透反射数据和推导得到的等效参数值如图 11-49(a1)~(a8) 所示。从图中可以看出，在相同管长的条件下，这种超材料的透射相位在一个很短的频率区域内连续出现了两次突变。这一现象表明具有不同侧孔口径的两个超分子之间只存在非常弱的相互作用，并不会在很大程度上影响彼此的性质，因此各自均可以表现出各自的行为。这里值得注意的一点是，当开孔组合取 1mm-3mm 和 1mm-4mm 时，虽然它们的质量密度、弹性模量和折射率出现负值的频率区域确实有所展宽，但是并没有完全连通；而当开孔组合取 1mm-2mm

时，这种超材料的反常性质频段得到展宽的同时也实现了连通。此外，我们又对管长分别为 67mm 和 41mm 的超分子进行了开孔组合的对比研究。仿真得到的结果如图 11-49(b1)~(b8) 和图 11-49(c1)~(c8) 所示，这两种超分子结构也表现出了与管长为 98mm 的超分子相同的性质。

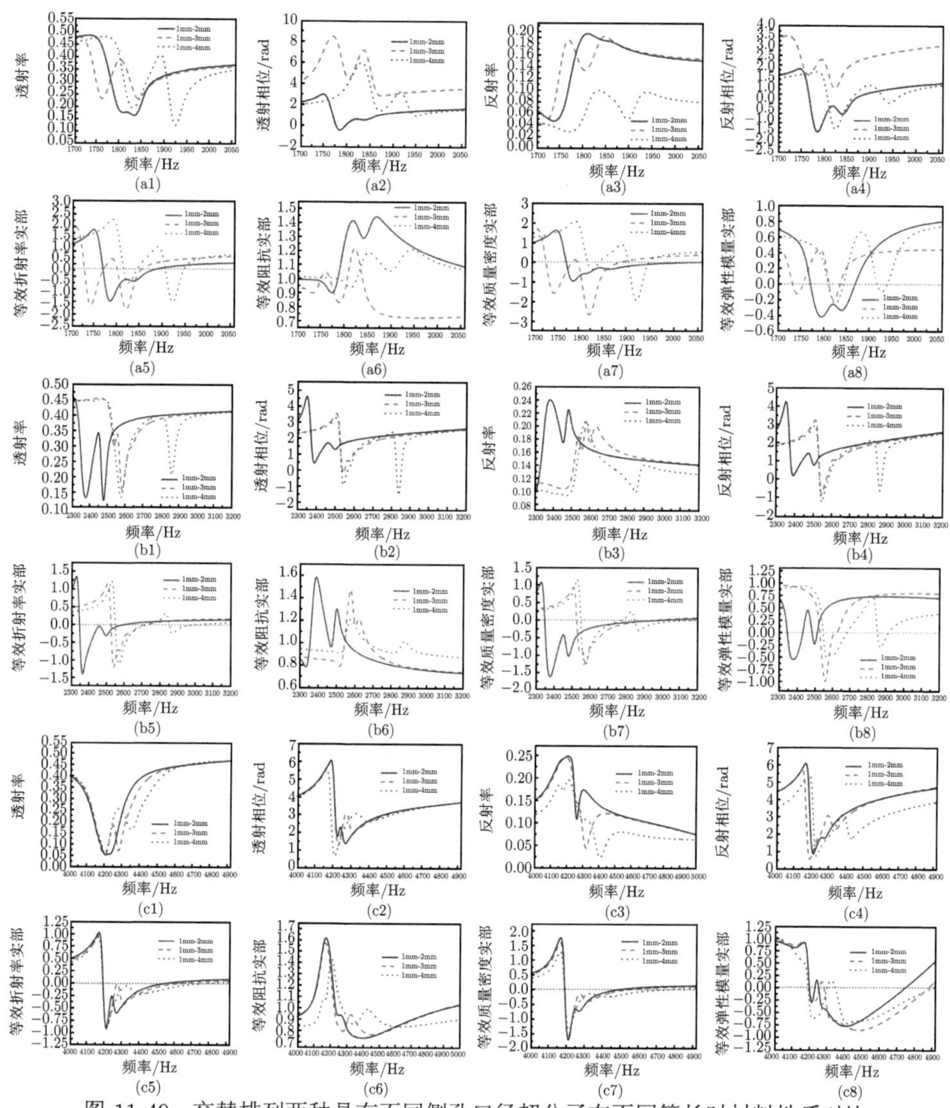


图 11-49　交替排列两种具有不同侧孔口径超分子在不同管长时材料性质对比

(a1)~(a8) 管长 98mm 时，开孔组合 1mm-2mm、1mm-3mm 和 1mm-4mm 超材料的透反射行为以及等效参数值；(b1)~(b8) 管长 67mm 时，具有不同侧孔口径超分子组合的材料性质；(c1)~(c8) 管长 41mm 时，具有不同侧孔口径超分子组合的材料性质

### 11.4.3　两种调制方式组合的宽频效应

由上述内容我们可以知道，通过改变超分子结构单元的管长或侧孔口径，我们都能够实现对超材料反常性质频带的调制；并且将具有不同结构尺寸的超分子组合起来，所构建的超材料确实能将反常性质的频带拓宽。虽然七种不同管长的超分子组合能够在多个频带内出现反常性质，但是并不能将这些反常性质的频带完全连通；而不同侧孔口径的超分子组合虽然不能很大幅度地拓宽反常频带，但是可以将反常频带在小范围内连通。也就是说，这两种调制方式存在互补的关系。

利用这两种调制方式同时构建宽频带双负声学超材料。我们设计了一个超分子簇集，包含了七种不同长度的超分子结构单元 (结构单元的长度与上文中的七种长度完全相同)，并且每种长度的超分子又细分出了两个不同的侧孔口径。也就是说，一个超分子簇集由十四个具有不同尺寸的超分子结构单元组成。我们利用 COMSOL 仿真软件分别模拟了两种具有不同配置的超分子簇集的材料性质。这两种超分子簇集所开的侧孔口径组合分别为 1mm-3mm 和 1mm-4mm。图 11-50 中给出了这两种超分子簇集的透反射行为和等效参数的实部。通过将图 11-50(a2) 中的透射相位与图 11-47(a) 中的结果相对比，我们可以发现，结合了两种调制方式的超分子簇集在更多的频率处出现了相位扭折。从推导的等效参数可以看出，这两种超分子簇集的等效折射率、等效质量密度和等效弹性模量出现负值的频率区域确实得到了极大的拓宽，但是还存在一些缺陷，那就是还有个别频率区域没有连通。在我们之前的讨论中已经知道，当开孔组合为 1mm-2mm 时，反常材料性质频带的连通性是最好的，因此在后面的工作中，我们将会利用这一开孔组合来设计超分子簇集，希望能够实现宽频带反常性质的完全连通。

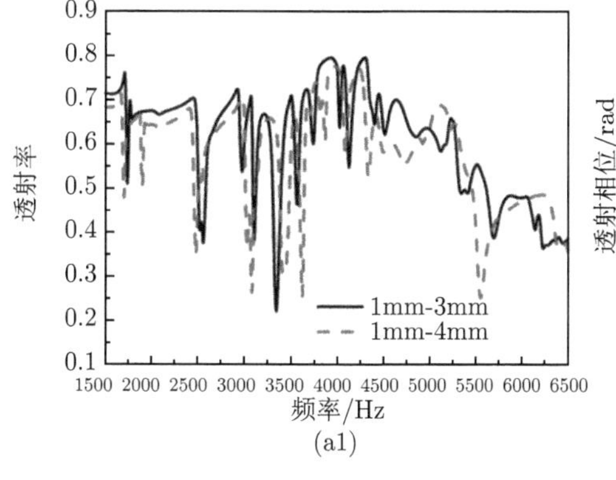

(a1)

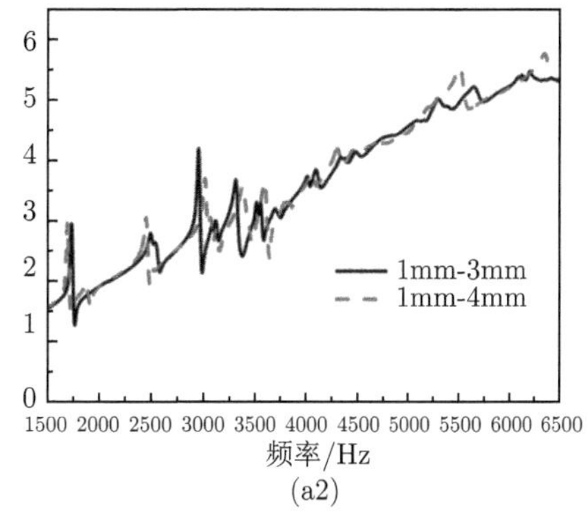

(a2)

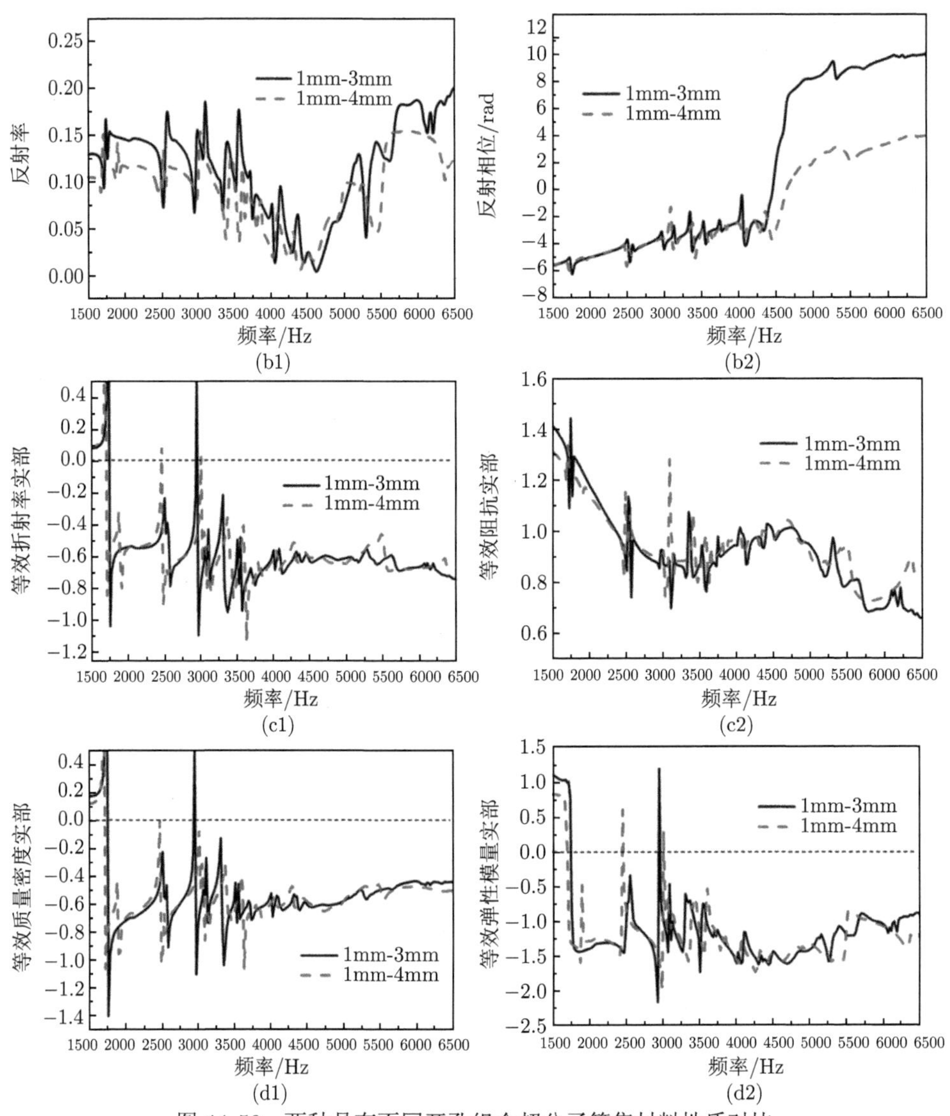


图 11-50　两种具有不同开孔组合超分子簇集材料性质对比

开孔组合分别选择 1mm-3mm 和 1mm-4mm。(a1) 和 (a2) 为透射率和相位；(b1) 和 (b2) 为反射率和相位；(c1) 和 (c2) 为等效折射率实部和等效阻抗实部；(d1) 和 (d2) 为等效质量密度实部和等效弹性模量实部

## 11.5　超分子簇集宽频超材料

设计超材料的原理主要是基于周期性结构的共振效应，然而这些共振效应所造成的反常性质带宽在本质上都是非常窄的。根据弱相互作用 [36−39]，系统产生

的集体反应可以看成是每一个共振单元共振谱的叠加。由于这一重要的性质，多带或者宽带超材料可以通过一种非常简单的方法来实现。

受到可见光由七种颜色的光组成和音乐乐谱由七个基本音阶组成的启发，我们提出了一种声学超分子簇集的“类笛子”模型 [27]。这种模型由十四种不同尺寸的超分子组成。基于这种模型，我们实验制备了超分子簇集超材料样品。通过实验测试和数值仿真得到这个样品的透射和反射结果，进而推导得到这种超材料在一个很宽的频带内能够同时实现负的等效质量密度和负的等效弹性模量。此外，通过推导计算和实验测试得到的折射率也在这个频率区域内为负值。利用该宽带双负样品，我们在 1.186~6.534kHz 的范围内实验验证了其反常多普勒效应。

### 11.5.1 理论模型

宽带可见光和声波可以分成七个部分。牛顿证明了可见光是由七色光组成的；而在音律上，可听声可以被分成七个音调 (1、2、3、4、5、6 和 7)。为了展示如此宽频带的声音范围，人们又定义了不同的音阶 (A、B、C、D 等)。电磁波是由携带不同能量且具有不同频率的光子组成的。裸眼可见的白光 (400~800THz) 正是由红光、橙光、黄光、绿光、青光、蓝光和紫光七种不同颜色的多频率光子混合形成的。类比于光子，在声学超材料中，声学超分子 [39] 的共振会产生声表面等离子体激元。这种表面等离子体激元的频率与超分子单元的几何尺寸有关，该频率同时对应着所形成的超材料的质量密度和弹性模量同时为负的频率区域，也对应着反常多普勒出现的频率区域。但是，这个区域的频带宽度相对较窄 [40]。声表面等离子体激元与光子的类比如图 11-51(a) 和 (b) 所示。我们已经知道，光子的频率 $\nu$ 由光子的能量 $\varepsilon$ 决定，其表达式为

$$\varepsilon = h\nu \tag{11-14}$$

正是由于光子之间不存在相互作用，对于电磁波中的可见光部分，不同频率的光子分别对应七种不同颜色的光。这七种颜色的光混合起来就形成了眼睛可以观察到的白光。声学超材料能够在其共振频率 $\omega_0$ 附近 (从 $\omega_0-\delta\omega$ 到$\omega_0+\delta\omega$) 产生表面等离子体激元振荡，而该振荡会直接导致这种超材料出现反常的等效参数，其等效质量密度 $\rho_{\text{eff}}$ 和等效弹性模量 $E_{\text{eff}}$ 可以表示如下：

$$\rho_{\text{eff}} = \rho_0\left(1-\frac{F_{\text{t}}\omega_1^2}{\omega^2-\omega_1^2+\mathrm{i}\tau_{\text{t}}\omega}\right) \tag{11-15}$$

$$\frac{1}{E_{\text{eff}}} = \frac{1}{E_0}\left(1-\frac{F_{\text{p}}\omega_1^2}{\omega^2-\omega_1^2+\mathrm{i}\tau_{\text{p}}\omega}\right) \tag{11-16}$$

前期的实验和理论 [33−39] 已经证明了表面等离子体激元之间没有相互作用。基于声学人工超分子可以同时产生负的质量密度和负的弹性模量，一个超分子簇集是

由具有不同共振频率的超分子结构单元按照一定的排列方式组合形成的。如果这一组合能够让每种超分子的双负频带彼此连通，那么我们就可以实现宽频带的双负效应。

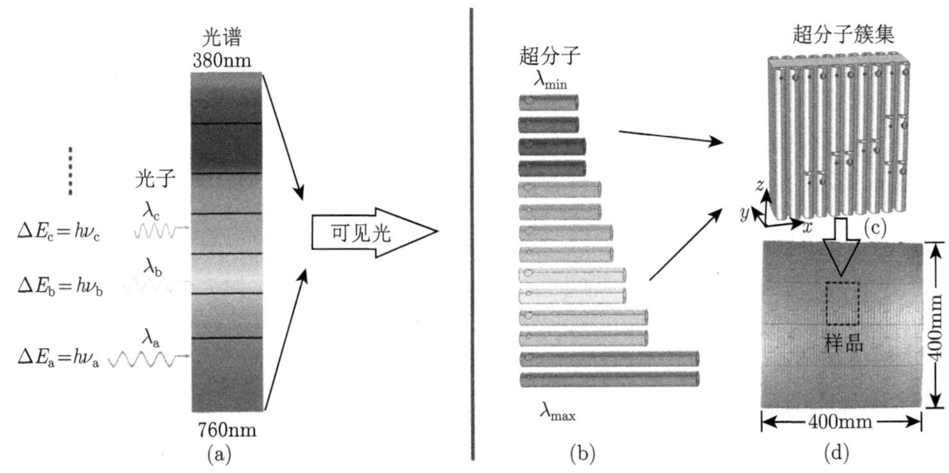


图 11-51　超分子簇集模型示意图 (彩图见封底二维码)

(a) 七色光与白光关系，作为本章中的类比对象；(b) 具有不同结构尺寸的超分子单元；(c) 一个完整超分子簇集示意图，声波沿 $y$ 轴正方向传播；(d) 制备的超分子簇集超材料样品

一个超分子簇集可以由 $j$ 种超分子组成，这里的 $j = 1, 2, \cdots, n$。每一个超分子可以在各自的共振频率 $\omega_{j0}$ 附近产生一个双负频带 $(\omega \in (\omega_{j0} - \delta_j\omega_j, \omega_{j0} + \delta_j\omega_j))$，在其内部可以实现等效质量密度和等效弹性模量同时为负值，即 $\mathrm{Re}\left(E_{\mathrm{eff}_j(\omega)}\right) < 0$ 和 $\mathrm{Re}\left(\rho_{\mathrm{eff}_j}(\omega)\right) < 0$。因此，这种超分子簇集的等效质量密度 $\rho_{\mathrm{effc}}(\omega)$ 和等效弹性模量 $E_{\mathrm{effc}}(\omega)$ 可以表示如下：

$$\rho_{\mathrm{effc}}(\omega) = \sum_{j=1}^{n}\left[f_j(\omega)\rho_{\mathrm{eff}_j}(\omega)\right] = \sum_{j=1}^{n}\left[f_j(\omega)\rho_0\left(1 - \frac{F_{\mathrm{t}}\omega_{j0}^2}{\omega^2 - \omega_{j0}^2 + \mathrm{i}\tau_{\mathrm{t}}\omega}\right)\right] \tag{11-17}$$

$$E_{\mathrm{effc}}(\omega) = \sum_{j=1}^{n}\left[f_j(\omega)E_{\mathrm{eff}_j}(\omega)\right] = \sum_{j=1}^{n}\left[f_j(\omega)E_0\frac{1}{1 - \dfrac{F_{\mathrm{p}}\omega_{j0}^2}{\omega^2 - \omega_{j0}^2 + \mathrm{i}\tau_{\mathrm{p}}\omega}}\right] \tag{11-18}$$

这里的 $f_j(\omega)$ 是第 $j$ 种超分子在频率 $\omega$ 处的分布密度函数。如果 $n$ 足够大的话，相邻超分子之间的双负频带区域就会重叠；由此，这种超分子簇集的等效质量密度和等效弹性模量就会在一个很宽的频带内同时为负值。

我们知道，超分子的共振频率 $\omega_0$ 是由管的长度和所开侧孔的直径决定。基于可听声可以被分成七个音调和很多个音阶，我们可以利用一个超分子簇集来构筑一般性的宽带声学双负超材料。这种簇集的等效质量密度$\rho_{\text{effs}}(\omega)$ 和等效弹性模量 $E_{\text{effs}}(\omega)$ 可以表示如下：

$$\rho_{\text{effs}}(\omega)=\sum_{i=1}^{m}\sum_{j=1}^{n}\left[f_{ij}(\omega)\,\rho_{\text{eff}_{ij}}(\omega)\right]=\sum_{i=1}^{m}\sum_{j=1}^{n}\left[f_{ij}(\omega)\,\rho_0\left(1-\frac{F_{\text{t}}\omega_{ij0}^2}{\omega^2-\omega_{ij0}^2+\mathrm{i}\tau_{\text{t}}\omega}\right)\right] \tag{11-19}$$

$$E_{\text{effs}}(\omega)=\sum_{i=1}^{m}\sum_{j=1}^{n}\left[f_{ij}(\omega)\,E_{\text{eff}_{ij}}(\omega)\right]=\sum_{i=1}^{m}\sum_{j=1}^{n}\left[f_{ij}(\omega)\,E_0\frac{1}{1-\dfrac{F_{\text{p}}\omega_{ij0}^2}{\omega^2-\omega_{ij0}^2+\mathrm{i}\tau_{\text{p}}\omega}}\right] \tag{11-20}$$

这里的 $i$ 是超分子簇集的个数 $(i=1,2,\cdots,m)$。基于“类笛子”的超分子簇集模型，我们利用七个具有不同结构尺寸的声学双超分子来构建一个簇集。每个单元的长度满足如下倍数关系：1、5/7、4/7、3.5/7、3/7、2.5/7 和 2/7。开孔的直径满足如下倍数关系：1 和 2。综上所述，在本节中我们选取的 $i$ 和 $j$ 的值分别为 $i=2$ 和 $j=7$。

基于 11.4 节的讨论，我们确定了组成这种模型所需要的超分子单元的结构尺寸如下：管长分别是 98mm、67mm、55mm、48mm、41mm、32.5mm 和 29mm，侧孔位置均在距离管端 5mm 处，侧孔的直径分别为 1mm 和 2mm，管的外径和内径分别固定为 7mm 和 5mm。这 14 种超分子被分成七个单元，按照如图 11-51(c) 所示的方式排列起来组成一个超分子簇集。沿着 $x$ 和 $z$ 方向上的单元间隔分别为 1mm 和 2mm。图 11-51(d) 展示了制备的超材料样品的实物图。这些超分子单元的材质都是塑料，对于声波来讲，它的硬度足够大，可以被看做一种刚性材料。这些结构单元被周期性地粘贴在海绵基底的前后两个表面，就形成了超材料样品，整个超材料样品的尺寸为 400mm×400mm×34mm。海绵基底的厚度为 20mm，由于海绵是一种非色散的介质，可以被用作声学超材料的基底 [26]。

### 11.5.2 透反射性质

1. 测试和仿真的透反射结果

测试这种超分子簇集超材料的透射和反射数据的实验装置示意图分别如图 10-10 和图 10-12 所示。一个可听声频段的平面波喇叭连接在信号发生器和功率放大器上来产生正弦声波，一个自由场麦克风连接在锁相放大器上来接收指定频率的声波振幅和相位。样品四周被吸声海绵包围来吸收散射声波。

在测试透射时，喇叭距离样品前表面 50mm，经过信号发生器和功率放大器之后的声音信号通过喇叭发出。声波垂直于样品的 $xz$ 平面入射，经过样品之后被麦克风接收，麦克风同样距离样品 50mm。利用锁相放大器来记录声波的振幅和相位信息，这样就排除了环境噪声的干扰。在测试反射时，连续正弦波以 30° 角入射到样品前表面，麦克风以同样角度接收被样品反射的声波信号。喇叭与麦克风均距离入射点处 50mm，法线处放置一块吸声材料，以防止声波的入射信号和绕射信号被麦克风接收到。

此外，我们也对这一模型进行了数值仿真。在数值模拟中，簇集的结构尺寸与一个完整超材料模型的实际尺寸相同。图 11-52(a) 和 (b) 分别展示了由实验和仿真得到的这种超材料样品的透射率、反射率和透射相位、反射相位结果。可以看出，实验与仿真结果能够很好地符合。样品的透射率曲线在很宽的频带内出现了一系列的吸收峰，并且在对应吸收峰的位置存在相位的突变。这是因为具有不同结构尺寸的超分子单元对应不同的局域共振频带，并且每个单元的共振行为都能独立地体现出来，几乎不会受到邻近单元的影响。实验测试得到的个别透射谷的位置相对于仿真结果有微小的偏移，主要原因是在实际样品的制备过程中存在加工误差。实验中透射谷的量级相对于仿真结果有差异是由于仿真中设置的环境参数不能完全与实际测试的真实环境吻合。

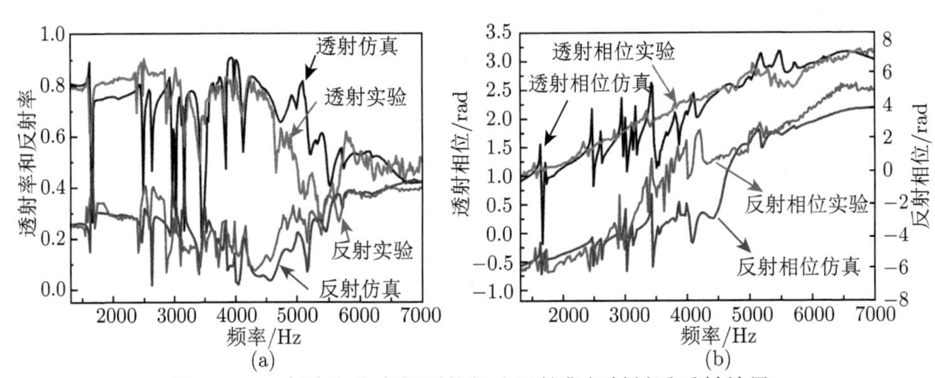


图 11-52　实验和仿真得到的超分子簇集超材料透反射结果

(a) 样品透射率和反射率随频率变化曲线；(b) 样品透射相位和反射相位随频率变化曲线

2. 等效参数

依据参考文献 [31] 中的参数提取方法，我们分别通过实验和仿真得到的透反射数据推导得到这种超材料的等效折射率、等效阻抗、等效质量密度和等效弹性模量的实部随频率的变化曲线，如图 11-53 所示。可以看出，超材料的等效质量密度和等效弹性模量的实部在一个很宽的频率范围内为负值：出现负质量密度和负弹性模量的频带分别为 1.40~6.56kHz 和 1.74~6.64kHz，同时折射率的实部也

在相应的频带附近 (1.47~6.61kHz) 出现了负值。通过等效参数提取法，我们同时可以得到这种超材料的等效参数虚部，结果如图 11-54 所示，可以看出仿真与实验结果基本相符。

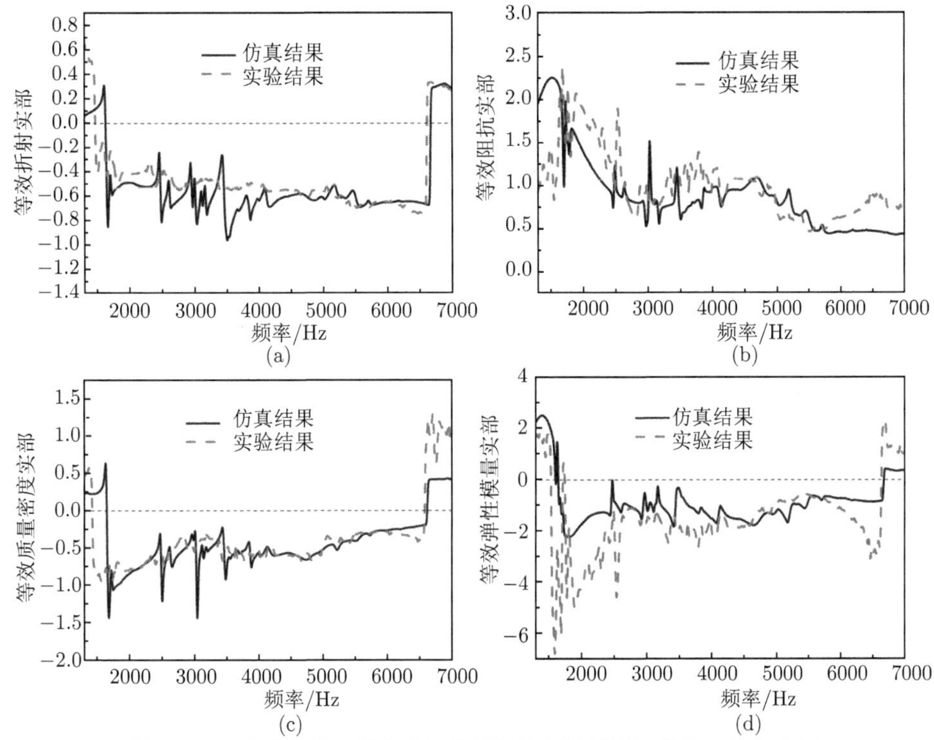


图 11-53 实验和仿真得到的超分子簇集超材料样品等效参数值实部

(a) 等效折射率；(b) 等效阻抗；(c) 等效质量密度；(d) 等效弹性模量。实线和虚线分别表示通过仿真和实验数据推导的结果

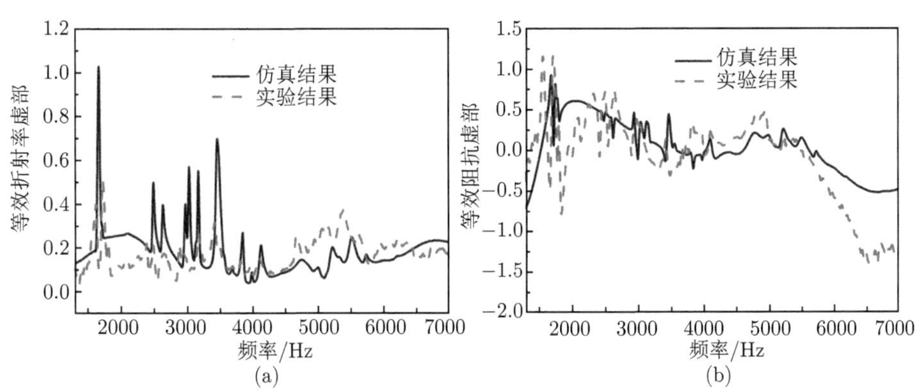

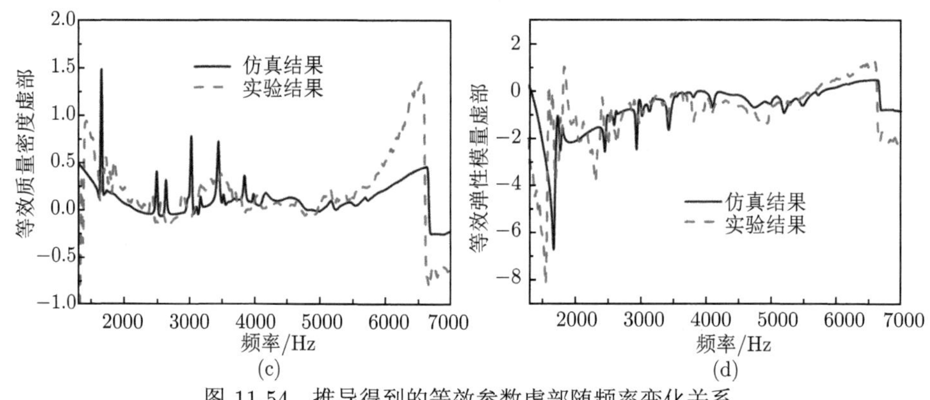


图 11-54　推导得到的等效参数虚部随频率变化关系

实线和虚线分别表示仿真和实验结果。(a)～(d) 分别为等效折射率、等效阻抗、等效质量密度和等效弹性模量

### 11.5.3　负折射实验验证

我们利用设计的超分子簇集结构制备了一个直角三角形样品，如图 11-55(a) 所示，底部和右侧为样品的侧视图。直角三角形样品的一个锐角为 $\theta_0 = 17.5°$，两个直角边的长度为 $a \times b = 950\text{mm} \times 300\text{mm}$，样品的厚度为 51mm，该样品由三层超分子簇集组成。折射率测试的平台如图 11-55(b) 所示，左侧为声发射部分，平面波喇叭紧贴样品的侧面垂直入射声波，右侧为声接收部分，微型麦克风固定在一个位移台上。实验测试过程中，整个三角形样品的周围被吸声材料所包围，保证了麦克风探测到的透射声波中不会有绕射声波的干扰。图 11-55(c) 展示了样品在 3.5kHz 处测试得到的声场图。经过该超材料的声波会在材料与空气的界面处以 17.5° 入射。利用麦克风步进扫描，测量样品出射面外的 $xy$ 平面上的声场分布，扫描区域面积为 200mm × 50mm。我们可以发现出射声波与入射声波位于法线的同侧。根据声波传播的方向计算出该频率下样品的折射率为 $n= - 0.577$。我们在频带 0.8～7.5kHz 内选取了 18 个频率点测试了该样品的折射率，图 11-55(d) 展示了通过测试得到的折射率和通过参数推导得到的折射率的对比结果。图中实线表示的是测量得到的超材料样品的折射率谱，虚线表示根据透反射数据推导得到的等效折射率实部。测试得到的折射率为负的频率区域为 1.238～6.214kHz，这一结果与推导得到的结果很好地吻合。这里需要说明的一点是，虽然在测试样品折射和透射时，声波的入射方向有所不同，但是由于设计的这种超材料是全向超材料，所以该超材料在这两个方向上的物理性质是一样的。图 11-56 展示了在这 18 个频率点处测试得到的具体的折射声场分布图。选择的频率点分别为 0.8kHz、1.0kHz、1.2kHz、1.3kHz、1.5kHz、2.0kHz、2.5kHz、3.2kHz、3.5kHz、4.0kHz、4.5kHz、5.0kHz、5.5kHz、6.0kHz、6.4kHz、6.5kHz、7.0kHz 和 7.5kHz。从图中可以看出，在入射声波的频率从 0.8kHz 到 7.5kHz

逐渐增大的过程中，该超材料样品的折射率值经历了由正到负，最后又到正的转变。

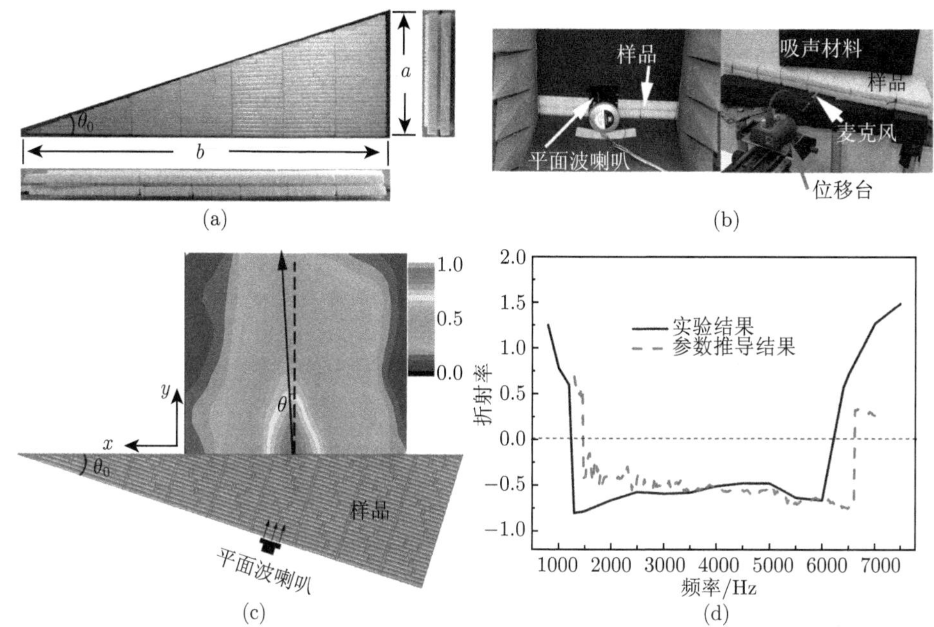


图 11-55 超分子簇集超材料负折射实验结果 (彩图见封底二维码)

(a) 直角三角形样品实物图；(b) 折射率实验测试平台；(c) 负折射测试示意图；(d) 超材料折射率随频率变化关系

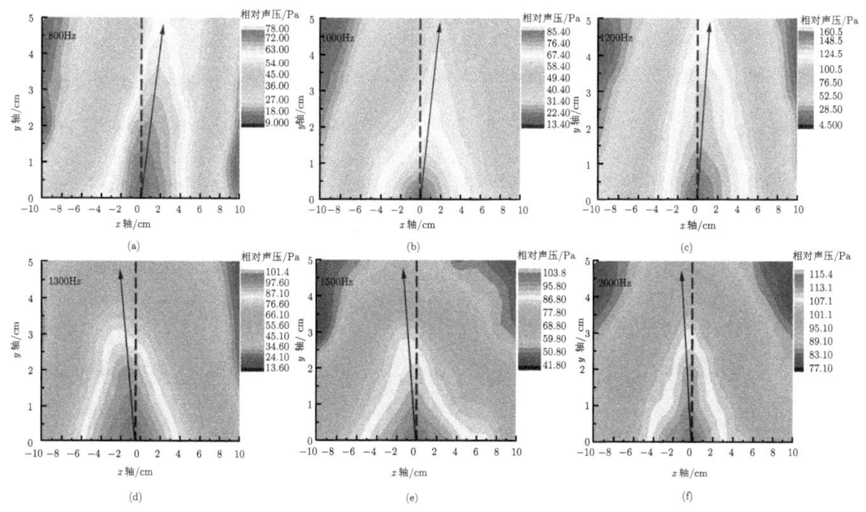

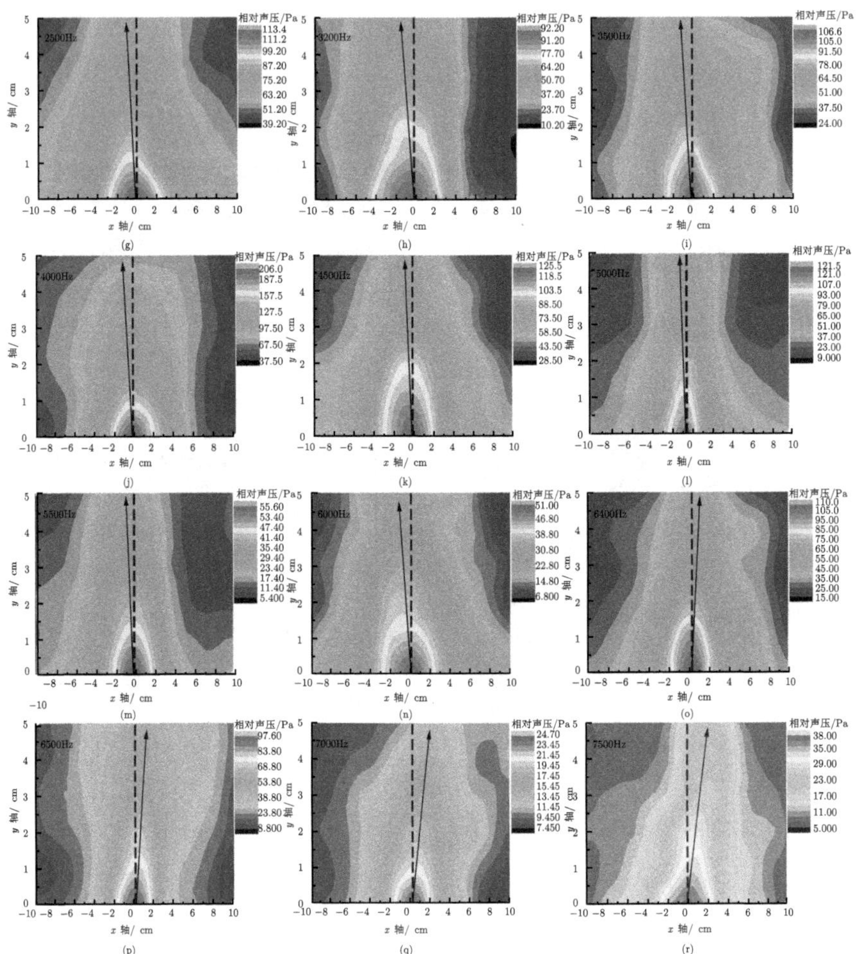


图 11-56　实验得到的三角形超材料样品在不同频率处折射率测试结果 (彩图见封底二维码)

以样品出射面外声场能量分布图形式表示。虚线表示样品出射面法线方向，箭头表示折射声束前进方向

### 11.5.4　反常多普勒效应

我们知道，当声波从空气中入射到另外一种介质中时，该介质中的声速与材料的折射率之间的关系为 $n_1v_1 = n_0v_0$，这里的 $n_1$ 和 $n_0$ 分别表示介质和空气的折射率，$v_1$ 和 $v_0$ 分别表示声波在介质和空气中的运动速度。当观察者静止而声源运动时，观察者观察到的声源的多普勒频移可以用如下公式表示：

$$\Delta f = \left(\frac{v_1}{v_1 \mp v_\mathrm{s}} - 1\right) f_0 = \left(\frac{v_0/n_1}{v_0/n_1 \mp v_\mathrm{s}} - 1\right) f_0 = \left(\frac{v_0}{v_0 \mp v_\mathrm{s} n_1} - 1\right) f_0 \quad (11\text{-}21)$$

这里的 $\Delta f$ 是观察者接收到的频率相对于源频率的变化量，$v_\mathrm{s}$ 是声源的移动速度，$f_0$ 是声源发出的声波频率。从公式 (11-21) 可以看出，当声源的运动速度固定时，多普勒频移仅与该介质的折射率有关。

图 11-57 展示了测试样品多普勒效应的实验平台。一个发射正弦信号的声源固定在一维电动位移台上，沿着 $x$ 轴以 0.5m/s 的速度移动。麦克风连接在示波器 (型号：Tektronix DPO3014) 上记录扬声器运动过程中的声音信号。示波器连接在计算机上，可以将该信号传输到计算机进行后期处理；一个微型麦克风固定在样品的中心位置来记录当声源从样品的一端运动到另一端的过程中的波形图。整个波形图中既包含了声源向麦克风靠近的过程，又包含了声源远离麦克风的过程。

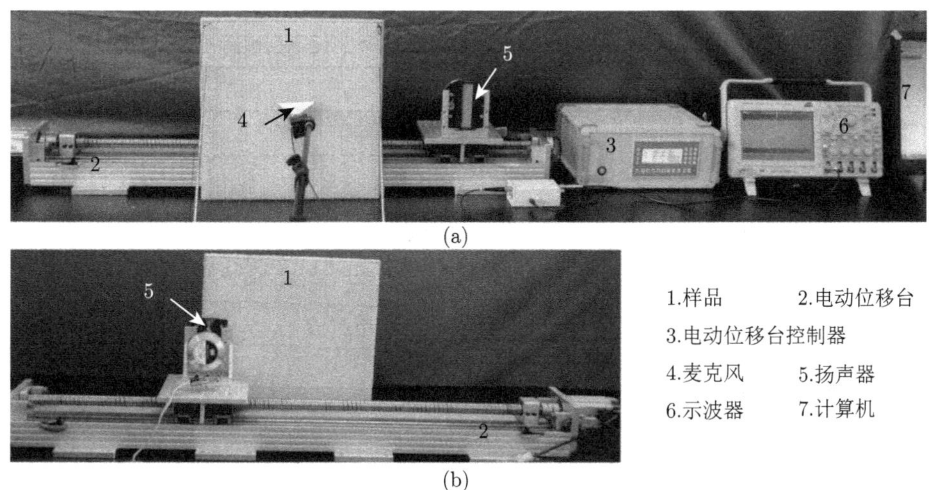


图 11-57 超材料样品多普勒频移测试实验平台实物照片

(a) 实验平台前视图；(b) 实验平台后视图

利用搭建的实验平台，我们首先测试了空气介质的多普勒频移随频率的变化曲线，结果如图 11-58(a) 所示。图中带方块的实线和带圆点的实线分别表示利用搭建的实验平台测试得到声源靠近和远离探测器时的多普勒频移，虚线和带三角形的虚线分别表示通过理论推导得到的声源靠近和远离探测器时的多普勒频移。声源以 0.5m/s 的速度运动，而探测器静止，正值表示频率增大，负值表示频率减小。实验和理论的结果符合得很好，说明该实验装置测得的结果确实可信 [41]。同时，我们还可以看出，对于正常的均匀介质来讲，当声源向探测器靠近时，探测到的声波频率会向高频移动，多普勒频移为正值；当声源远离探测器时，探测到的声波频率会向低频移动，多普勒频移为负值。并且，随着频率的增大，多普勒频移也会增大。声源和麦克风都靠近超材料的表面，但是并不与其接触。

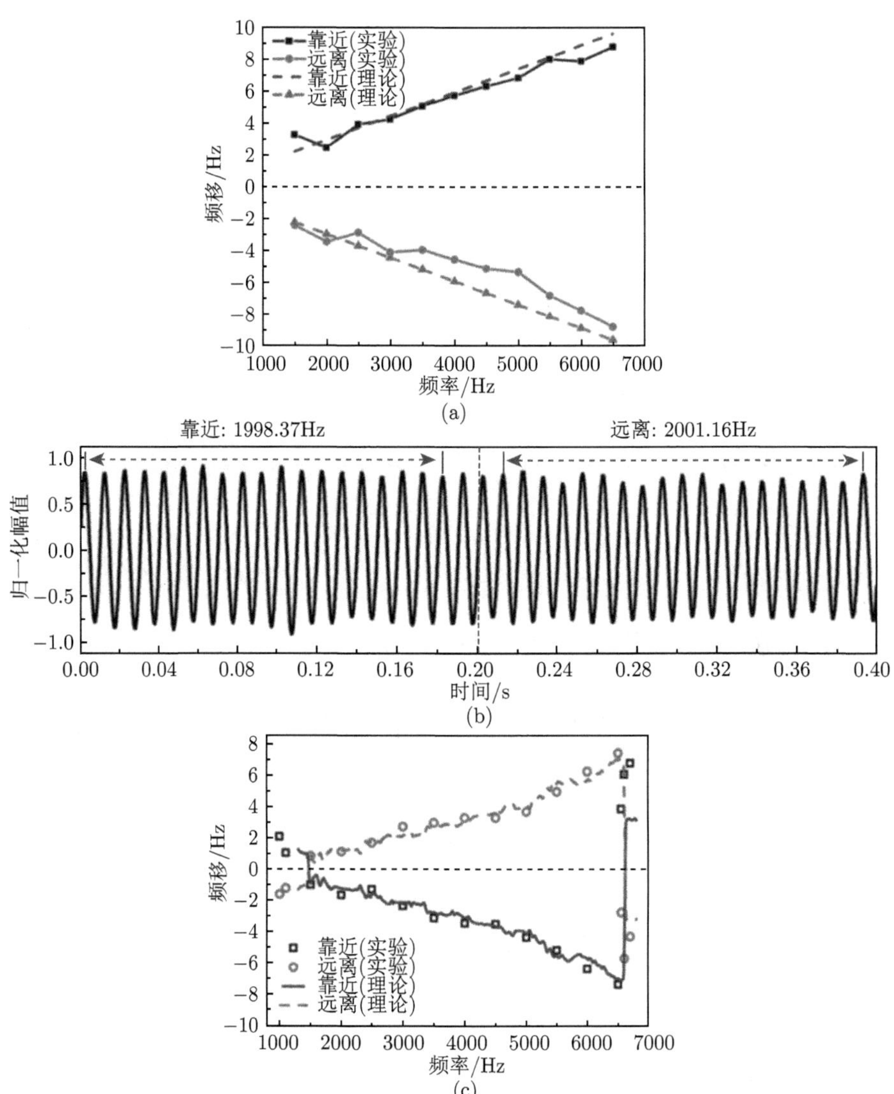


图 11-58　空气介质多普勒频移随频率变化关系 (a)，静止麦克风记录声波信号 (b)，以及宽频双负超材料样品频移随频率变化关系 (c)

反常多普勒效应是双负超材料所具有的奇特性质之一。利用搭建的实验平台，我们测试了制备的宽频带双负超材料样品的多普勒频移。通过计算单位时间内麦克风记录的波形个数，我们就可以得到声波在运动过程中的实际频率。而利用这个实际频率，我们就可以推导得到这种超材料的多普勒频移。实验中我们从 1.0kHz 到 6.7kHz 之间选取了 16 个频率点进行测试。

图 11-58(b) 展示了静止的探测器在运动的声源发出的声波频率为 2.0kHz 时

记录的波形图。运动的声源在时间轴的中心 (竖直的虚线处) 经过样品的中心，也就是虚线的左边为声源靠近探测器运动，右边为声源远离探测器运动。运动的声源通过整个样品所需要的时间为 0.8s。为了能够解释得更清楚，这里只显示了整个波形图的部分放大图。运动的声源所发出的声波频率为 2.0kHz。当声源向麦克风靠近时，探测到的频率减小了 1.63Hz；而当声源远离麦克风时，探测到的频率增大了 1.16Hz。

如果对于频率为 950Hz 的声波来讲，该时间段内声源产生的波形数达 760 个之多；而对于更高的频率，声源产生的波形数将会更多。所以，为了便于后期的数据处理，我们只取声源通过样品中心附近的 200mm 范围，利用仪器的处理功能，将示波器记录的声波信号进行了压缩，把相邻的 20 个原始波形转化成一个完整波形。记录声波频率的计算公式为 $f = (20\times n) / t$，这里的 $n$ 为所需计算的完整波形的个数，$t$ 表示 $n$ 个完整波形所对应的时间。

我们根据利用参数推导得到的折射率数据计算了该样品的多普勒频移。图 11-58(c) 给出了宽频带双负超材料样品的多普勒频移随源频率的变化关系的实验结果和理论结果对比。方框和圆圈分别表示声源靠近和远离麦克风时的频移。正值表示探测到的频率相对于源频率增大，负值表示频率相对减小。实线和虚线分别为利用折射率数据计算出的靠近和远离时的多普勒频移。可以看出，该计算结果与实验测试的结果基本符合，并且在很宽的频带内，该超材料样品均表现出了反常多普勒频移。

在这 16 个频率点处测试多普勒频移的详细数据，如图 11-59 所示。选取的频率点分别为 1.0kHz、1.1kHz、1.5kHz、2.0kHz、2.5kHz、3.0kHz、3.5kHz、4.0kHz、4.5kHz、5.0kHz、5.5kHz、6.0kHz、6.5kHz、6.55kHz、6.6kHz 和 6.7kHz。处于时间轴中心位置的竖直线表示探测器的位置，在这之前为声源靠近的过程，在这之后为声源远离的过程。

图 11-60 展示了在源频率为 2.0kHz 时，声源从位移台的一端运动到另一端的过程中探测器记录到的全程波形，声源的运动速度为 0.5m/s，走完全程所需要的时间为 2s。图中标注的频率为经过局部放大后计算得到的不同时间段和不同相对运动状态时的声波频率。相对运动状态从左向右分别为空气中靠近、样品中靠近、样品中远离和空气中远离的过程。由于样品的横向尺寸为 40cm，并且样品处在位移台的中间位置，因此，声源在 $0 \sim 1.0$s 内为靠近探测器运动，在 $1.0 \sim 2.0$s 内为远离探测器运动，其中声源经过样品的时间段为 $0.6 \sim 1.4$s。如果对全程的时间进行细分的话可以发现，在 $0 \sim 0.6$s 和 $1.4 \sim 2.0$s 这两个时间段内，声源发出的声波在空气介质中运动，此时，探测器探测到的信号为在空气介质中传播的声波。我们对记录的波形进行了数据处理，发现在这两个时间段内，计算得到的声波的频率分别为 2003.43Hz 和 1997.11Hz，即靠近时频率增大而远离时频

率减小，因此为正常的多普勒现象；但是，在 0.6 ~ 1.0s 和 1.0 ~ 1.4s 内，声源所发出的声波是穿过样品后被探测器记录到的，此时计算得到的声波频率分别为 1997.98Hz 和 2001.97Hz，即靠近时减小而远离时增大，因此为反常多普勒现象。所以，在声源运动的全过程中，所发出的声波表现出的多普勒行为经历了从正常到反常再到正常的变化，而在这之前，这种能够同时讨论正常和反常现象的系统还没有被人提到过。

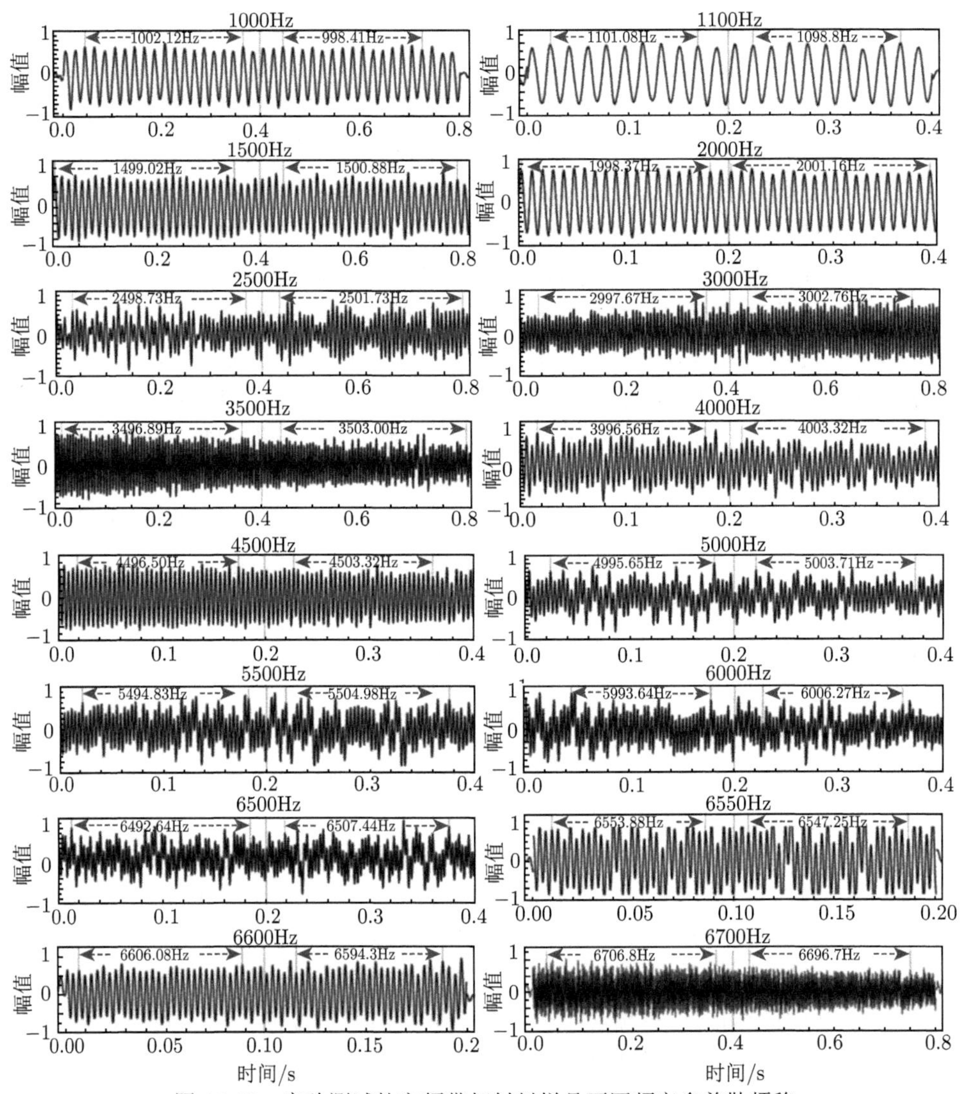


图 11-59　实验测试的宽频带超材料样品不同频率多普勒频移

图中标注了声源的频率以及计算的靠近和远离时频率

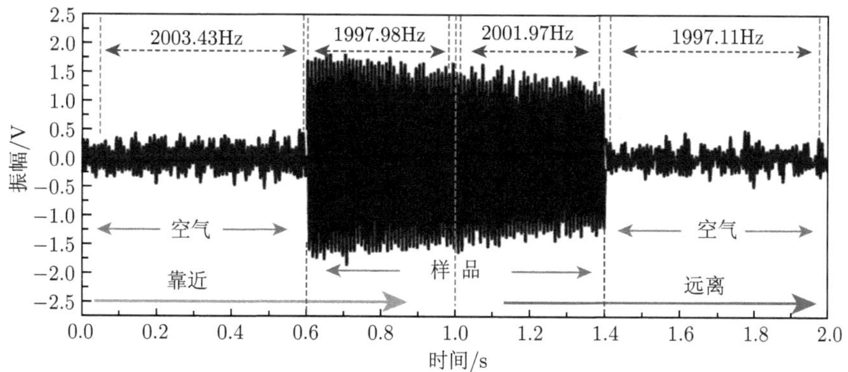


图 11-60 声源频率为 2.0kHz 时，麦克风记录的声源运动状态全程波形

## 参考文献


[1] Pendry J B, Holden A J, Stewart W J, et al. Extremely low frequency plasmons in metallic mesostructures. Phys. Rev. Lett., 1996, 76: 4773.

[2] Pendry J B, Holden A J, Robbins D J, et al. Magnetism from conductors and enhanced nonlinear phenomena. IEEE Trans. Microwave Theory Tech., 1999, 47: 2075-2084.

[3] Smith D R, Padilla W J, Vier D C, et al. Composite medium with simultaneously negative permeability and permittivity. Phys. Rev. Lett., 2000, 84: 4184-4187.

[4] Shelby R A, Smith D R, Schultz S. Experimental verification of a negative index of refraction. Science, 2001, 292: 77-79.

[5] Smith D R, Pendry J B, Wiltshire M C K. Metamaterials and negative refractive index. Science, 2004, 305(5685): 788-792.

[6] Zhu W R, Zhao X P, Guo J Q. Multibands of negative refractive indexes in the left-handed metamaterials with multiple dendritic structures. Appl. Phys. Lett., 2008, 92(24): 241116.

[7] Liu Z Y, Zhang X X, Mao Y W, et al. Locally resonant sonic materials. Science, 2000, 289(5485): 1734-1736.

[8] Yang Z, Mei J, Yang M, et al. Membrane-type acoustic metamaterial with negative dynamic mass. Phys. Rev. Lett., 2008, 101: 204301.

[9] Fang N, Xi D J, Xu J Y, et al. Ultrasonic metamaterials with negative modulus. Nat. Mater., 2006, 5: 452-456.

[10] Lee S H, Park C M, Seo Y M, et al. Acoustic metamaterial with negative density. Phys. Lett. A, 2009, 373: 4464-4469.

[11] Lee S H, Park C M, Seo Y M et al. Acoustic metamaterial with negative modulus. J. Phys.Condens. Mat., 2009, 21: 175704.

[12] Ding Y Q, Liu Z Y, Qiu C Y, et al. Metamaterial with simultaneously negative bulk modulus and mass density. Phys. Rev. Lett., 2007, 99: 093904.

[13] Lee S H, Park C M, Seo Y M, et al. Composite acoustic medium with simultaneously negative density and modulus. Phys. Rev. Lett., 2010, 104(5): 054301.

[14] Cummer S A, Christensen J, Alù A. Controlling sound with acoustic metamaterials. Nat. Rev. Mater., 2016, 1: 16001.

[15] Ma G C, Sheng P. Acoustic metamaterials: from local resonances to broad horizons. Sci. Adv., 2016, 2: e1501595.

[16] Ge H, Yang M, Ma C, et al. Breaking the barriers: advances in acoustic functional materials. Natl. Sci. Rev., 2018, 5: 159.

[17] Cheng Y, Xu J Y, Liu X J, et al. Broad forbidden bands in parallel-coupled locally resonant ultrasonic metamaterials. Appl. Phys. Lett., 2008, 92(5): 051913.

[18] Popa B I, Cummer S A. Design and characterization of broadband acoustic composite metamaterials. Phys. Rev. B, 2009, 80: 174303.

[19] Zigoneanu L, Popa B I, Starr A F, et al. Design and measurements of a broadband two-dimensional acoustic metamaterial with anisotropic effective mass density. J. Appl. Phys., 2011, 109(5): 054906.

[20] Pai P F. Metamaterial-based broadband elastic wave absorber. J. Intel. Mater. Syst. Str., 2010, 21(5): 517-528.

[21] Yang Z, Dai H M, Chan N H, et al. Acoustic metamaterial panels for sound attenuation in the 50-1000Hz regime. Appl. Phys. Lett., 2010, 96: 041906.

[22] 丁昌林，赵晓鹏，郝丽梅, 等. 一种基于开口空心球的声学超材料. 物理学报, 2011, 60: 044301.

[23] Hao L M, Ding C L, Zhao X P. Tunable acoustic metamaterial with negative modulus. Appl. Phys. A, 2012, 106(4): 807-811.

[24] Hao L M, Ding C L, Zhao X P. Design of a passive controllable negative modulus metamaterial with a split hollow sphere of multiple holes. J. Vib. Acoust., 2013, 135(4): 041008.

[25] Chen H J, Zhai S L, Ding C L, et al. Meta-atom cluster acoustic metamaterial with broadband negative effective mass density. J. Appl. Phys., 2014, 115(5): 054905.

[26] Ding C L, Zhao X P. Multi-band and broadband acoustic metamaterial with resonant structures. J. Phys. D: Appl. Phys., 2011, 44: 215402.

[27] Zhai S L, Zhao X P, Liu S, et al. Inverse Doppler effects in broadband acoustic metamaterials. Sci. Rep., 2016, 6: 32388.

[28] Valentine J, Zhang S, Zentgraf T, et al. Three-dimensional optical metamaterial with a negative refractive index. Nature, 2008, 455(7211): 376-379.

[29] Zhang S, Fan W J, Panoiu N C, et al. Experimental demonstration of near-infrared negative-index metamaterials. Phys. Rev. Lett., 2005, 95(13): 137404.

[30] Wei Z Y, Cao Y, Han J, et al. Broadband negative refraction in stacked fishnet metamaterial. Appl. Phys. Lett., 2010, 97(14): 141901-141903.

[31] Fokin V, Ambati M, Sun C, et al. Method for retrieving effective properties of locally resonant acoustic metamaterials. Phys. Rev. B, 2007, 76(14): 144302.

[32] Ding C L, Dong Y B, Song K, et al. Mutual inductance and coupling effects in acoustic resonant unit cells. Materials, 2019, 12(9): 1558.

[33] Chen H J, Zeng H C, Ding C L, et al. Double-negative acoustic metamaterial based on hollow steel tube meta-atom. J. Appl. Phys., 2013, 113(10): 104902-104908.

[34] Qiu C Y, Zhang X D, Liu Z Y. Far-field imaging of acoustic waves by a two-dimensional sonic crystal. Phys. Rev. B , 2005, 71(5): 054302.

[35] Zhao X P, Song K. The weak interactive characteristic of resonance cells and broadband effect of metamaterials. AIP Adv., 2014, 4(10): 100701.

[36] Zhai S L, Chen H J, Ding C L, et al. Double-negative acoustic metamaterial based on meta-molecule. J. Phys. D: Appl. Phys., 2013, 46(47): 475105.

[37] Zharov A A, Shadrivov I V, Kivshar Y S. Suppression of left-handed properties in disordered metamaterials. J. Appl. Phys., 2005, 97(11): 113906.

[38] Gorkunov M V, Gredeskul S A, Shadrivov I V, et al. Effect of microscopic disorder on magnetic properties of metamaterials. Phys. Rev. E, 2006, 73(5): 056605.

[39] Zhao X P, Zhao Q, Kang L, et al. Defect effect of split ring resonators in left-handed metamaterials. Phys. Lett. A, 2005, 346: 87-91.

[40] Zeng H C, Luo C R, Chen H J, et al. Flute-model acoustic metamaterials with simultaneously negative bulk modulus and mass density. Solid State Commun., 2013, 173: 14-18.

[41] Lee S H, Park C M, Seo Y M, et al. Reversed Doppler effect in double negative metamaterials. Phys. Rev. B, 2010, 81(24): 241102.

# 第 12 章　管乐器的反常多普勒效应

## 12.1　引　　言

1842 年，奥地利数学家及物理学家克里斯琴 · 约翰 · 多普勒 (Christian Johann Doppler) 首先发现并提出了多普勒效应 [1,2]，即当波源靠近观察者时，观察者接收到的频率会增加，而当波源远离观察者时，接收到的频率会减小。为了纪念这一伟大的事件，把这一效应命名为多普勒效应。如今，这一效应在星际探测、交通管理、医疗诊断等方面得到非常广泛的应用 [3−6]。

1968 年，Veselago 提出了超材料的概念，理论预测穿过负折射率 ($n < 0$) 介质的波可以实现反常多普勒效应 [7]。2001 年，Shelby 等将金属杆 [8] 和开口谐振环 [9] 组合，首次从实验上验证了双负电磁超材料 [10]。在双负参数的电磁超材料中，当波源和观测者靠近时，测试到的电磁波频率会减小，即出现反常多普勒效应 [11−13]。类比于电磁超材料的设计思想，将两种超原子组合在一起可以设计出双负声学超材料 [14−19]，Lee 等在一维管道上排列周期薄膜和周期性侧壁孔洞实现了弹性模量和质量密度同时为负的双负声学超材料 [15]，测试表明这种材料在双负频段具有反常多普勒效应 [20]。我们课题组将开口空心球和空心管两种超原子耦合到单一结构中构建成开口空心管超分子结构，利用开口空心管可以制备出双负声学超材料 [19,21]，实验测试表明这种双负超材料还具有平板聚焦和负折射效应。基于超原子和超分子弱相互作用机理，我们组提出超构团簇声学超材料模型 [22,23]，制备的这种超材料在很宽的频带内同时具有负质量密度和负弹性模量参数。实验发现，在很宽的频带内，超分子簇集超材料样品出现反常多普勒频移。开孔空心管模型是基于在杆状空心管上开口构建的，鉴于很多管乐器 (例如，竖笛、横笛、单簧管等) 跟这种模型的结构很相似，我们大胆预测了这些管乐器很可能会表现出反常多普勒效应 [24]。

音乐的产生要早于语言，是人类历史文明的记录，管类乐器是很流行的音乐演奏乐器。笛子是一种典型的管乐器，由于结构简单、演奏容易、音调悦耳，在人类文明历史中已经存在了超过 8000 年 [25] 甚至更久 [26]。远古的人们不懂笛子发音的物理机理，但已经知道笛子长度和开孔方式同发音频率的关系。笛子的材质由初期的动物腿骨到现在的竹子或者金属，已经发生了很大的变化，并且笛子的制备工艺也已经非常成熟。研究表明，笛管长度和开孔方式对应于共振频率，但笛子发出的声波与听众之间的响应鲜有人研究。我们在研究中利用标准的声学测试方法对现在普遍流行的多孔横笛进行了多普勒行为测试，同时针对竖笛和单簧管在 7 种音调对应的频率点处研究了它们的吹孔和指孔发出声音的多普勒效应 [24]。

## 12.2 竖笛反常多普勒效应与负折射特性

### 12.2.1 多普勒效应理论

根据 9.3.3 节讨论，一般材料中声波的多普勒公式表示为

$$f = f_0 \frac{\dfrac{v}{n} \pm v_{观}}{\dfrac{v}{n} \mp v_{源}} \tag{12-1}$$

其中 $v$ 代表声波在空气中的传播速度，$n$ 表示材料的有效折射率。由于超材料的有效折射率 $n \leqslant 0$，其表现出反常多普勒效应。

在本节的测试装置中，声源是固定不动的，即 $v_{源}$ 为 0m/s；观察者即麦克风的移动速度为匀速，大小设定为 0.5m/s 或 0.1 m/s，声波在空气中的速度为 $v$ 为 343m/s，那么多普勒公式又可表示为

$$\Delta f = f - f_0 = f_0 n \frac{\pm v_{观}}{v} \tag{12-2}$$

当波源相对麦克风靠近时取“+”；相对麦克风远离时取“−”。

### 12.2.2 竖笛实验装置及测试

图 12-1(a) 为竖笛的实物图，与开孔空心管结构类似，均为一维管道中开孔结构，为了研究竖笛的声学性质，我们设计了一套竖笛的多普勒实验测试装置，如图 12-1(b) 所示。首先利用电动气泵产生稳定的均匀气流，通过软管引导气流作用于竖笛吹口进行连续发声，以此作为声源。为了方便测试，我们固定管乐器的位置不动，一个静止的麦克风固定在发音口处，以接收静止声源的信号，另外一个运动的麦克风固定在电动位移台上，分别以 0.5m/s 和 0.1m/s 的速度靠近或者远离管乐器。两个麦克风同时接收笛子所发出声波的波形。静止和运动麦克风探测到的声波波形可以同时通过图形化编程软件 (Lab View Signal Express) 从示波器里导出。利用静止麦克风探测到的波形能够计算出某一音调下声源发出的频率，即声源的静止频率；通过运动麦克风探测到的波形计算出靠近和远离过程中接收到的频率，进而可以通过多普勒频移反映出该乐器的多普勒特性。对多普勒频移的数据后期处理方法与 11.5 节中超分子簇集超材料样品的方法相同 [23]。

鉴于管乐器本身就可以发出 7 种基本的音调，不同音调代表乐器能够发出不同的频率，因此，我们对在 7 种音调对应的频率点处的竖笛的多普勒效应产生了

兴趣，并开展了进一步的研究。图 12-2 为竖笛的指法示意图，通过按不同的孔可以控制竖笛发出 7 种不同音调的声波，进而控制笛子的发声。

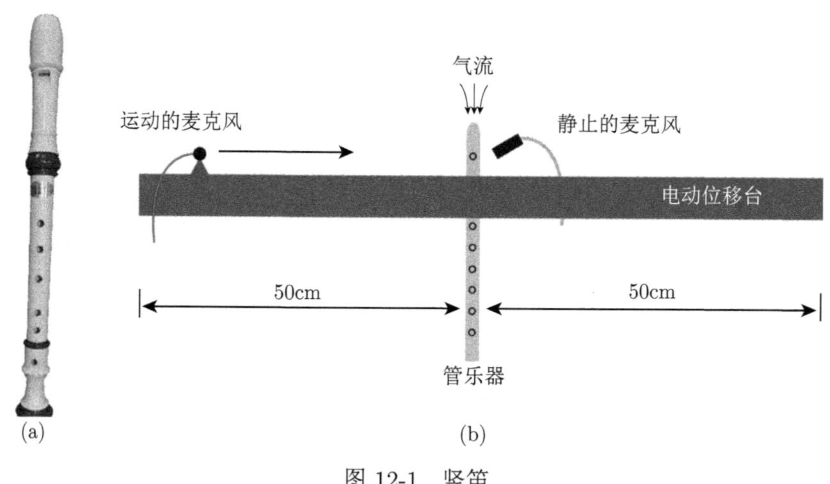


图 12-1　竖笛

(a) 实物图；(b) 多普勒实验测试装置示意图

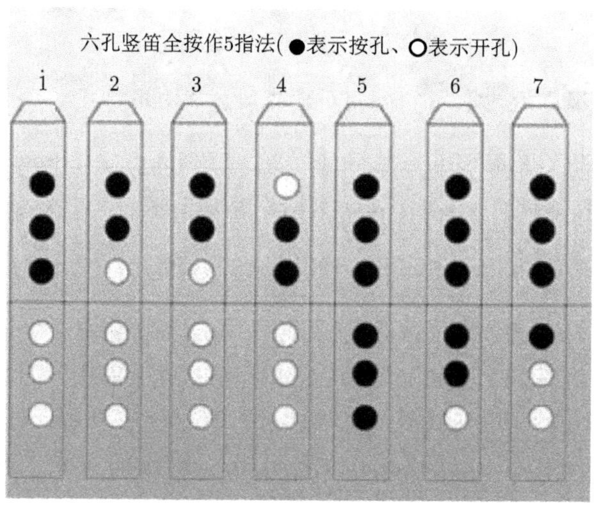


图 12-2　竖笛指法示意图

### 12.2.3　结果与讨论

图 12-3 列出了竖笛在不同基本音调状态时，运动麦克风经过指孔位置后记录的波形图。通过对波形进行数值计算可以得到各个音调的静止频率以及靠近和远离竖笛时的频率，图中标注出了不同音调时静止麦克风探测到的波源的声波频

率和运动麦克风探测到的声波频率 (包括靠近的声波频率和远离的声波频率)，其中幅值大的波形图是静止麦克风接收到的信号，为声源发射的原始信号，幅值小的波形图是运动麦克风接收到的信号，会产生多普勒频移。

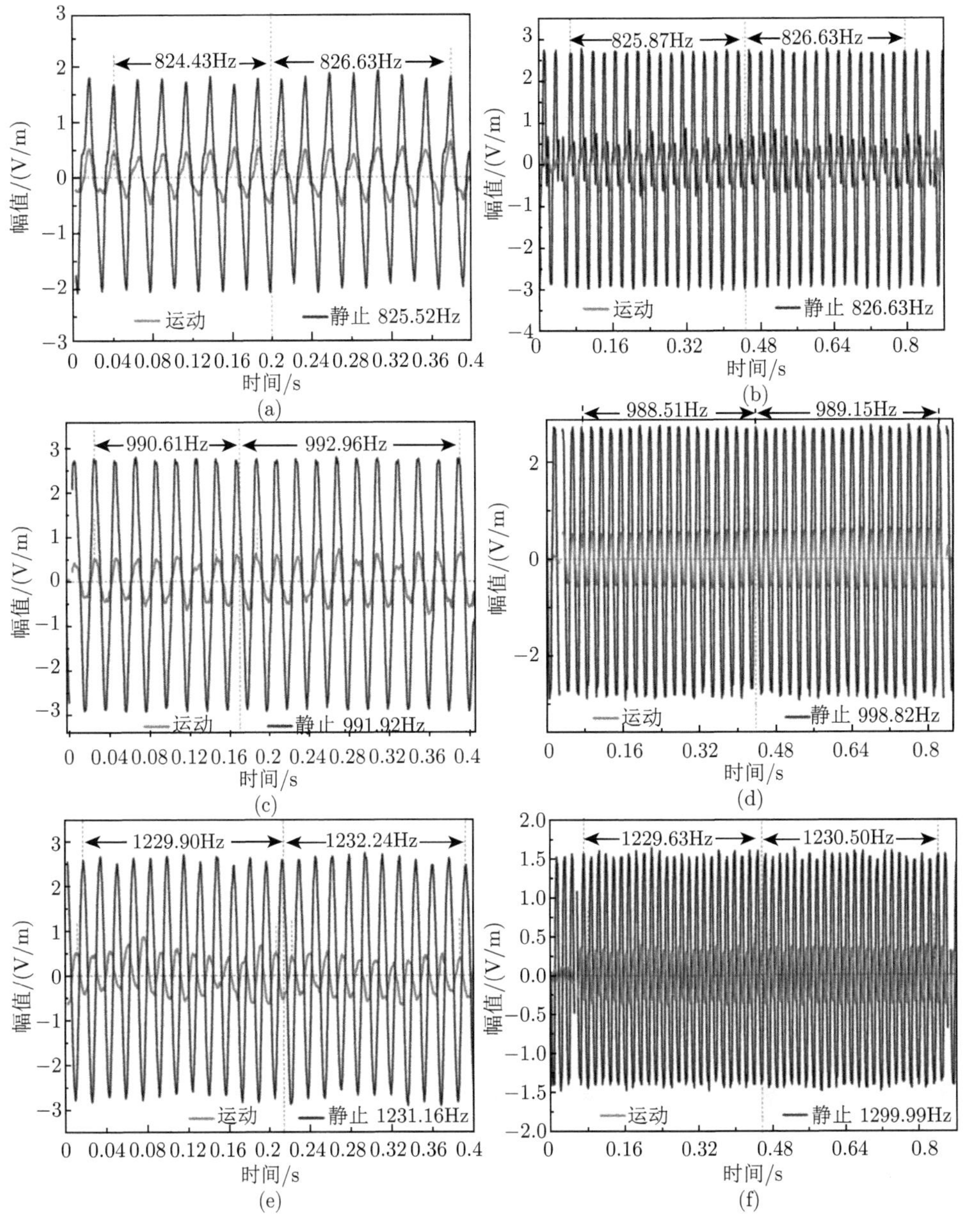


图 12-3　不同麦克风运动速度和不同音调竖笛指孔处多普勒结果

图 12-3(a)、(c)、(e) 代表运动速度为 0.5m/s 时，在音调 2、4、6 (频率依次增加) 的声波作用下，运动麦克风和静止麦克风记录的指孔处多普勒测试结果波形图；图 12-3(b)、(d)、(f) 代表在 0.1m/s 时，音调 2、4、6 在指孔处的多普勒测试结果波形图。从波形图可以知道，运行速度为 0.5m/s 和 0.1m/s 时，运动麦克风在指孔处接收到竖笛不同基本音调的频率均表现出了反常多普勒效应，即当麦克风靠近声源时，其接收到的频率比声源发射的频率小，而探测器远离声源时，其接收到的频率会增加。以麦克风记录的音调 4 的声波信号为例，发声频率为 991.92Hz，接收器靠近声源速度为 0.5m/s 时，探测到的频率为 990.61Hz，相对声源减小了 1.31Hz，而接收器远离声源时接收到的频率为 992.96Hz，相对增大了 1.04Hz。同时，我们画出了竖笛在 7 种基本音调下的多普勒频移，如图 12-4 所示，总体规律表明 7 种音调下竖笛均发生了反常多普勒效应，且运动麦克风的速度越大，反常多普勒的频移范围越大。

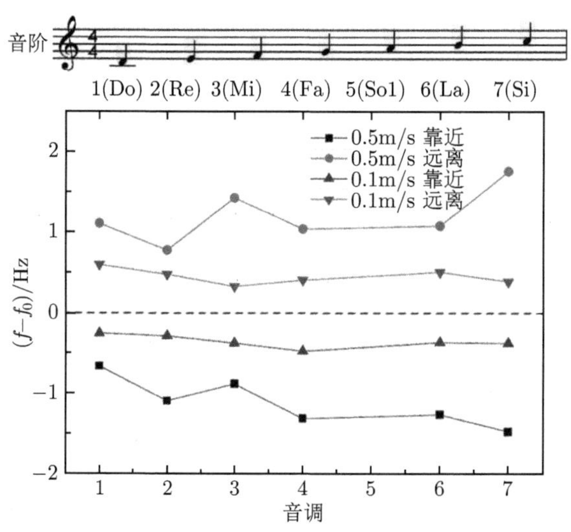


图 12-4　竖笛在 7 种基本音调指孔处多普勒频移结果

我们同时对不同音调状态下竖笛吹孔处的多普勒效应进行了研究，同样在 0.5m/s 和 0.1m/s 两种速度下进行了实验测试，实验结果如图 12-5 所示。图 12-5(a)、(c)、(e) 代表运行速度为 0.5m/s 时，在音调 2、4、6 (频率依次增加) 的声波作用下，运动麦克风和静止麦克风记录的吹孔处多普勒测试结果波形图；图 12-5(b)、(d)、(f) 代表在 0.1m/s 时，音调 2、4、6 在吹孔处的多普勒测试结果波形图。从图中可以看出，音调 2、4、6 均发生了反常多普勒频移，即麦克风靠近声源时，探测到的频率小于声源频率，麦克风远离声源时，探测到的频率大于声源频率。将 7 种基本音调的测试结果整理可得到频移的变化规律，如图 12-6 所示。从图可以看出，竖笛在吹孔处的 7 种基本音调均发生了反常多普勒频移，且随着麦克风运动速度的增加，反常多普勒频移的范围会增大。

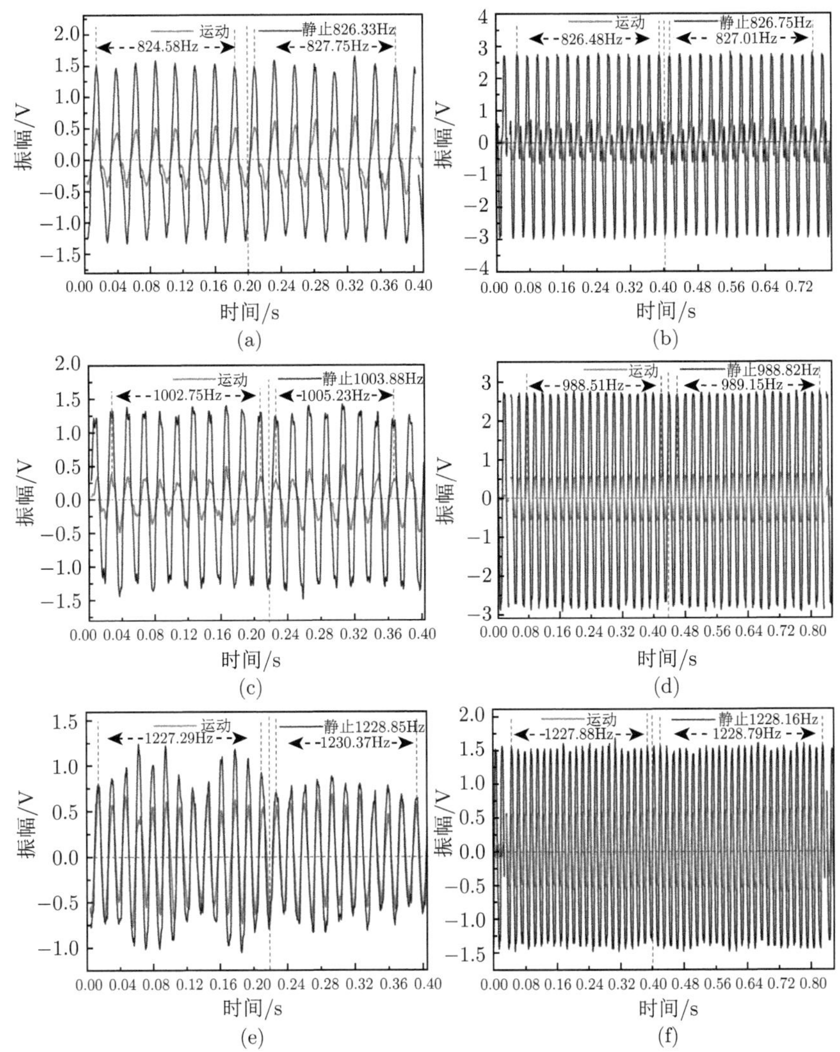


图 12-5 竖笛吹孔处不同麦克风运动速度和不同音调测试的多普勒结果

根据多普勒频移 $\Delta f$ 公式 (12-2)，反推可以得到折射率的计算公式

$$n = \pm\Delta f \cdot v/(f \cdot v_{观}) \tag{12-3}$$

根据实验测试的竖笛多普勒频移结果和公式 (12-3) 可以计算其折射率。理论上，靠近和远离的频移大小是相等的，即 $n$ 是唯一的，考虑到实验误差不可避免，

竖笛处于某一音调时，计算出了两个折射率作为参考。由于指孔和吹孔处的多普勒结果相近，我们仅讨论吹孔处折射率变化。以音调 6 在吹孔处的结果为例，当麦克风的移动速度为 0.5m/s 时，通过计算可以知道，静止频率为 1228.85Hz，靠近频率为 1227.29Hz，远离频率为 1230.37Hz。则靠近的频移为 −1.56Hz，以靠近频移可以计算 $n$ 为 −0.87；远离时的频移为 1.52Hz，以远离的频移计算 $n$ 为 −0.49。对 7 种不同音调的波形进行计算可知 (表 12-1)，多孔竖笛在 7 种音调下发音时，随着音调的增加，声源的频率也不断增加，且不同音调以及不同位置 (吹

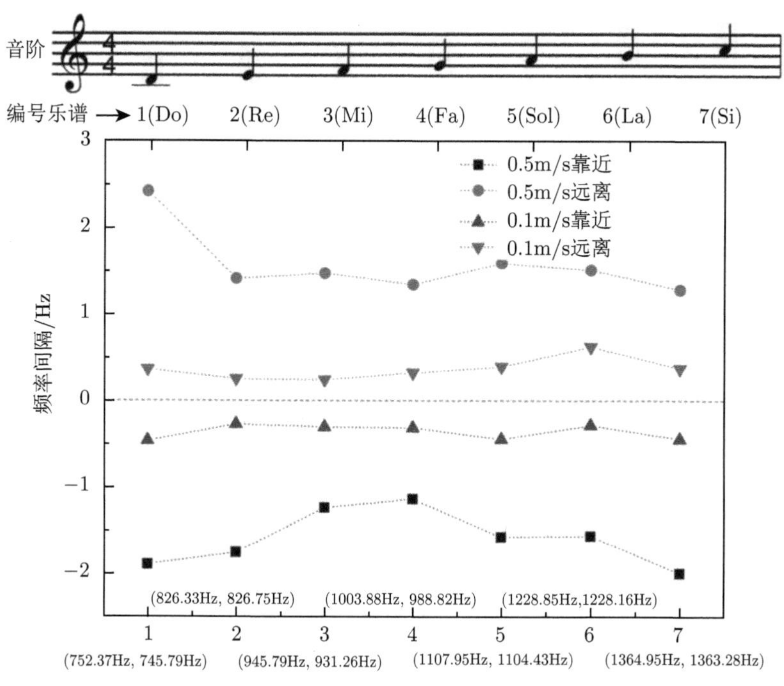


图 12-6 竖笛在 7 种基本音调下吹孔处多普勒频移结果

**表 12-1 不同麦克风速度下竖笛吹孔处的折射率**

| 音调 | 0.5m/s | | 0.1m/s | |
|---|---|---|---|---|
| | $n$ (靠近) | $n$ (远离) | $n$ (靠近) | $n$ (远离) |
| 1 | −1.7 | −1.6 | −2.12 | −1.7 |
| 2 | −1.5 | −1.2 | −1.12 | −1.08 |
| 3 | −0.89 | −0.65 | −1.1 | −0.92 |
| 4 | −0.77 | −0.53 | −1.08 | −1.14 |
| 5 | −0.97 | −0.6 | −1.37 | −1.24 |
| 6 | −0.87 | −0.49 | −0.78 | −1.76 |
| 7 | −1 | −0.5 | −1.11 | −0.96 |

孔和指孔) 时，麦克风所接收到的声波频率相对于笛子发声频率的变化表现出反常多普勒行为，即当接收器靠近发声位置时接收到的频率变小，而远离发声位置时接收到的频率却变大。利用多普勒效应公式计算表明，出现反常多普勒效应时，竖笛的折射率对不同的音调都为负值。因此，竖笛本身就是一种宽频负折射率声学超材料。

## 12.3 横笛反常多普勒效应与负折射特性

### 12.3.1 实验装置及测试

图 12-7 是横笛的多普勒测试装置图，横笛与竖笛的结构极为相似，它们基本音调的指法也相同，它们的测试状态只有很小的差别。同样，为了能够将同一时间下麦克风运动时的频率与静止时的频率做对比，我们把一个麦克风固定在笛子的发声部位处来接收静止时的频率，另一个麦克风固定在移动台上，以大小为 0.5m/s 和 0.1m/s 的速度靠近或者远离横笛，两个麦克风同时接收声源作用于笛子结构后产生的波形图。对横笛多普勒测试数据的后期处理方法与竖笛相同，同样通过对波形的处理也可以得到横笛在不同音调时的静止状态、运动状态下实际测得的声波频率以及折射率。

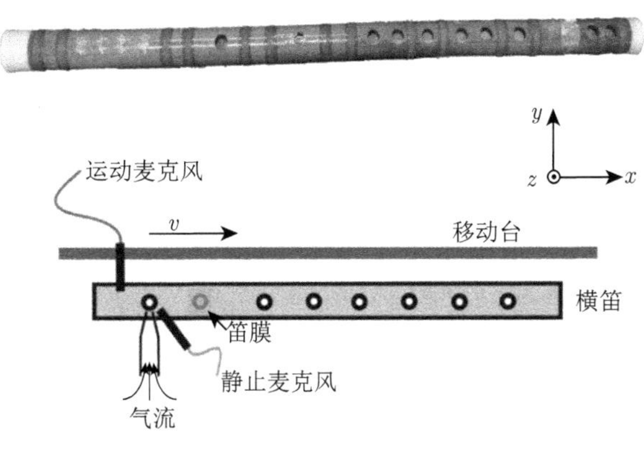


图 12-7 横笛多普勒测试装置图

### 12.3.2 结果与讨论

图 12-8(a)、(c)、(e) 是速度为 0.5m/s，音调分别为 2、4、6 时，运动麦克风和静止麦克风记录的横笛吹孔多普勒测试结果波形图，图 12-8(b)、(d)、(f) 是速度为 0.1m/s 时三个音调横笛吹孔的多普勒测试结果波形图。波形图中同样标注出了计算得到的横笛在不同音调时的静止状态和运动状态下 (靠近和远离) 实际

测得的声波频率。波形图中的黑色波形是静止麦克风接收到的波形，灰色波形是运动麦克风接收到的波形。

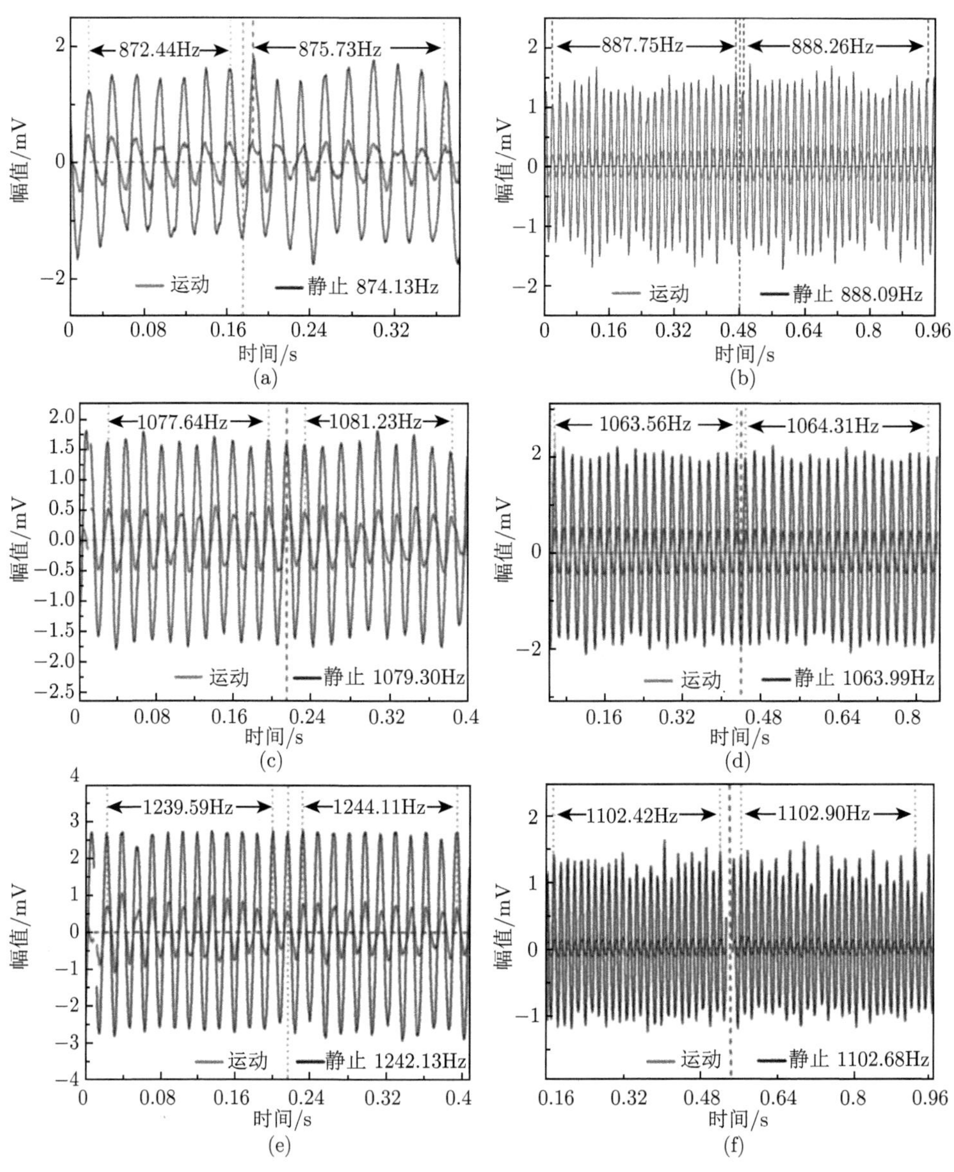


图 12-8　不同音调下横笛吹孔多普勒测试结果

从横笛在不同音调下多普勒测试波形图中可以知道，3 种不同的音调均出现了反常多普勒效应，即与声源频率相比，麦克风靠近时接收到的声波频率减小，麦克风远离时接收到的声波频率增大。以麦克风记录的音调 2 的声波信号为例，发声频率为 874.13Hz，当麦克风靠近声源时，探测到的频率为 872.44Hz，相对声源减小了 1.69Hz，而接收器远离声源时接收到的频率为 875.73Hz，相对增大了 1.6Hz。

整理横笛吹孔处 7 种基本音调的测试结果，可得到麦克风靠近和远离时频移的变化规律，如图 12-9 所示。从图可以看出，竖笛在吹孔处 7 种基本音调均发生了反常多普勒频移，且随着麦克风运动速度的增加，反常多普勒频移的范围会增大。另外，通过测试横笛指孔处的多普勒效应得到的结果与横笛吹孔处的结论类似。

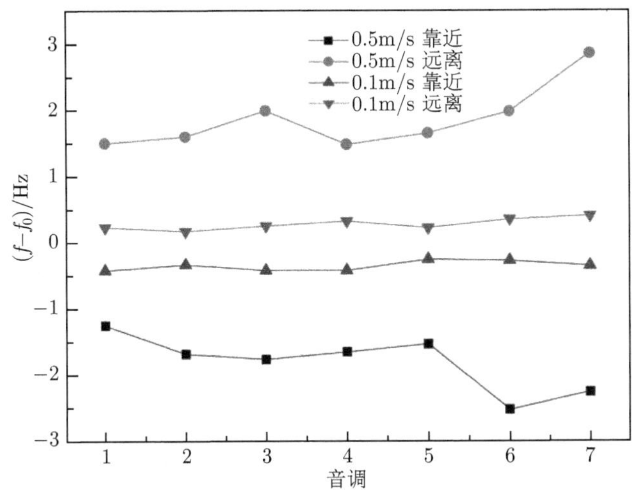


图 12-9 横笛在 7 种基本音调下吹孔处多普勒频移结果

根据多普勒频移 $\Delta f$，利用公式 $n = \pm\Delta f \cdot v/(f \cdot v_{观})$ 可以计算出横笛的折射率。表 12-2 是横笛 7 种音调多普勒测试的折射率，横笛的折射率在 7 种不同的音调吹孔处为负值，且低速 (0.1m/s) 情况下测试的折射率的绝对值要比高速 (0.5m/s) 情况下测试的折射率的绝对值小。

**表 12-2 不同麦克风速度下横笛吹孔处折射率**

| 音调 | 0.5m/s | | 0.1m/s | |
|---|---|---|---|---|
| | $n$ (靠近) | $n$ (远离) | $n$ (靠近) | $n$ (远离) |
| 1 | −1.11 | −1.32 | −0.43 | −1.00 |
| 2 | −1.33 | −1.26 | −0.34 | −0.66 |
| 3 | −1.23 | −1.38 | −0.43 | −0.86 |
| 4 | −1.06 | −0.94 | −0.43 | −1.03 |
| 5 | −0.96 | −1.03 | −0.26 | −0.68 |
| 6 | −1.40 | −1.09 | −0.28 | −0.97 |
| 7 | −1.14 | −1.43 | −0.36 | −1.09 |

## 12.4　单簧管反常多普勒效应与负折射特性

鉴于单簧管 (图 12-10) 反常多普勒效应的实验测量方法与竖笛和横笛类似，且由于单簧管结构的复杂性，并且我们课题组还在做进一步的测试研究，测试方法与竖笛类似，下面的实验结果只是我们初步测试的结果。实验测试装置示意图与图 12-1(b) 一致，测试方法与竖笛的测试方法类似。

图 12-10　单簧管实物图

图 12-11 展示了单簧管在发音为音调 2、4、6 时，运动麦克风分别以 0.5m/s 和 0.1m/s 经过单簧管吹孔过程中记录的波形图，其中黑色曲线是静止麦克风接收到的波形，灰色曲线是运动麦克风接收到的波形。从波形图可以知道，在两种

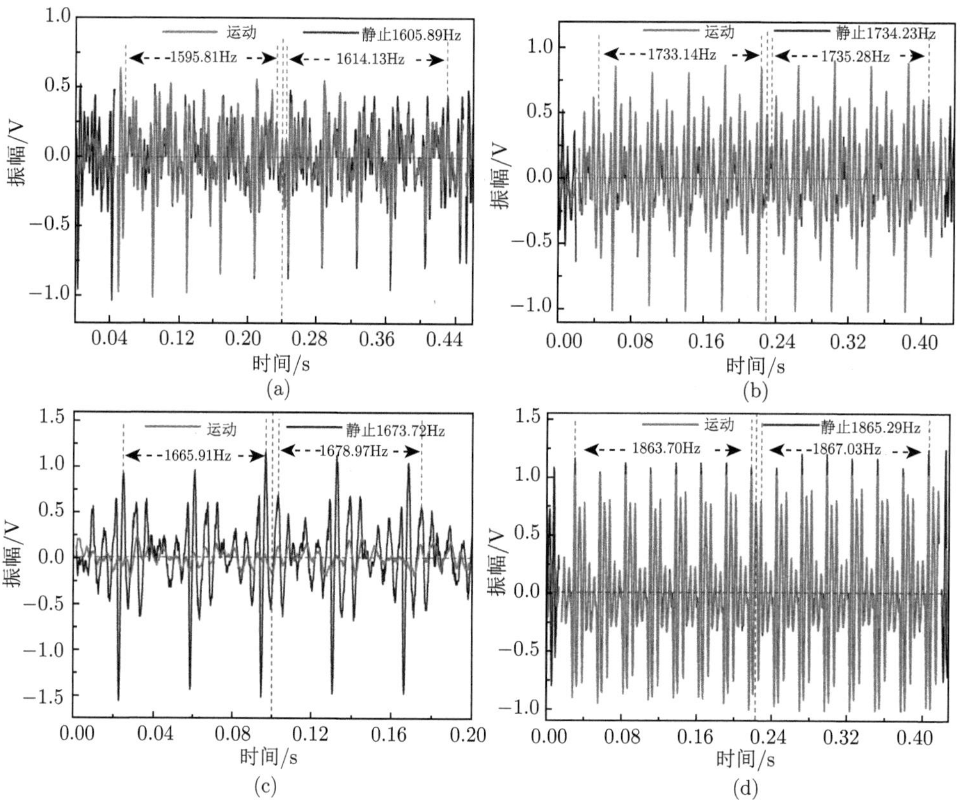

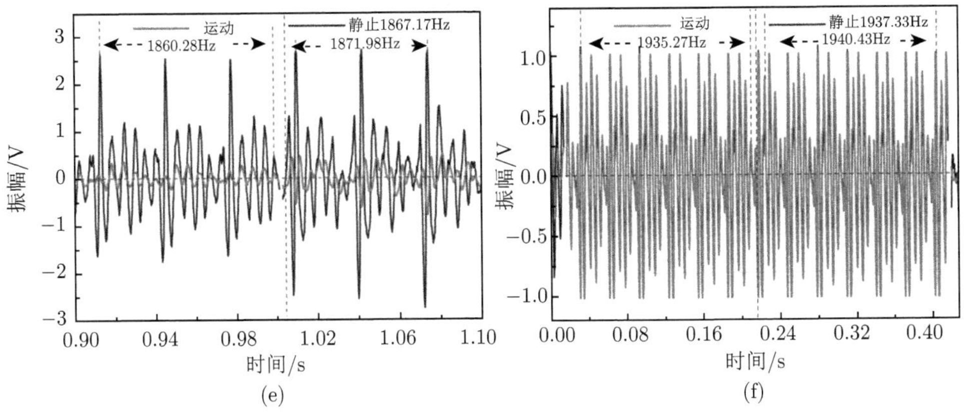


图 12-11　单簧管多普勒测试结果

运动速度下，麦克风向单簧管靠近时探测到的频率减小，远离时探测到的频率增大，因此单簧管所发出的声波同样表现出了反常多普勒效应。

为了进一步说明不同频率下多普勒频移结果的规律，我们给出了单簧管吹孔处 7 种基本音调下频移结果，如图 12-12 所示。7 种不同音调下单簧管吹孔处均

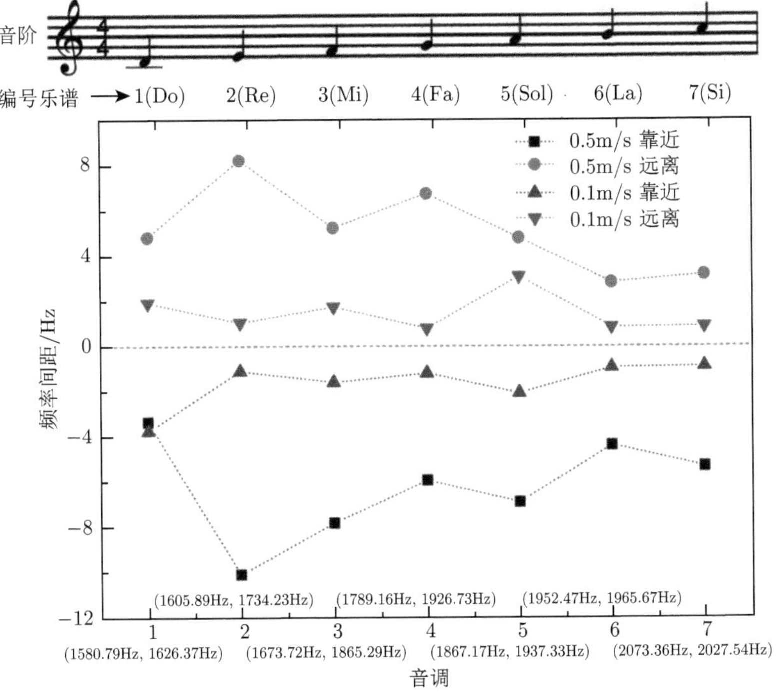


图 12-12　单簧管吹孔处 7 种基本音调下频移结果

表现出反常多普勒效应，且频移结果很接近。而随着麦克风运动速度增加，反常多普勒频移值会增大。这些结论与前面讨论的竖笛和横笛反常多普勒规律相似，但是单簧管的多普勒频移值相对大了很多，可能与单簧管更复杂的结构有关。

此外，根据多普勒频移和折射率的关系式 $n = \pm\Delta f \cdot v/(f \cdot v_{观})$，我们计算出了单簧管在 7 种基本音调下的折射率，如表 12-3 所示，当麦克风的运动速度为 0.5m/s 和 0.1m/s 时，单簧管的折射率在 7 种不同音调状态下均为负值，因此单簧管也是一种负折射率声学超材料，与竖笛和横笛相比，虽然单簧管产生的反常多普勒频移值更大，但是其折射率的大小结果相近。

**表 12-3 不同麦克风速度下单簧管吹孔处折射率**

| 音调 | 0.5m/s | | 0.1m/s | |
|---|---|---|---|---|
| | $n$ (靠近) | $n$ (远离) | $n$ (靠近) | $n$ (远离) |
| 1 | −1.45 | −2.10 | −7.91 | −4.05 |
| 2 | −4.31 | −3.52 | −2.16 | 2.08 |
| 3 | −3.2 | −2.15 | −2.92 | −3.20 |
| 4 | −2.27 | −2.59 | −2.12 | −1.41 |
| 5 | −2.53 | −1.76 | −3.65 | −5.49 |
| 6 | −1.54 | −1.00 | −1.64 | −1.48 |
| 7 | −1.76 | −1.05 | −1.51 | −1.49 |

## 12.5 其他管乐器的行为

基于类笛子人工超分子构建的声学超材料具有等效弹性模量和等效质量密度同时为负的双负性质，可以实现许多反常现象，如负折射、反常多普勒现象等 [22,23]。本章的实验测试结果表明，流行数千年的管乐器多孔笛子发出的七种音调均可以表现出反常多普勒效应，并且随频率增加，频移值连续加大，且多孔笛子的等效折射率为负值 [24]。管乐器是一个大类，除了我们已经研究的竖笛、横笛、单簧管，还有流行了数千年的乐器，如埙、笙 (图 12-13)、唢呐等。它们具有相同的结构和演奏方式，可以证明应当都是双负超材料，表现出反常多普勒效应。

众所周知，当我们确定了起始时刻演奏者与听众之间的位置后，可以发现在演奏过程中，演奏者从管乐器吹孔、指孔 (声源) 发出的声音与听众的耳朵 (接收器) 之间有不停的相对运动，包括水平往复运动、竖直方向的上下运动，甚至前后来回运动。随乐曲的变化，演奏者的姿势、运动速度不停地变化。长期以来，人们一直认为演奏者的形体动作是为了抒发演奏者的情感和吸引听众的眼球，现在看来可能需要考虑这种相对运动产生的多普勒效应。或许笛子及相当多的管乐器

(如黑管、单簧管、双簧管、唢呐等) 能够演奏出悦耳优美的乐曲正是由于演奏者与听众之间的相对运动，使这些乐器发出的声音与听众的接收符合正向和反向多普勒效应，形成变频效果。人类发明了七音调，多孔管乐器蕴含了反向多普勒效应。现存中东发现的笛子距今有 4500 年 [27]，中国贾湖的笛子超过 8000 年 [25]，德国更发现距今 25000 年笛子的化石 [26]。多普勒效应提出不足 200 年，而反常多普勒效应已经被应用数千年。声学超材料的概念提出不到 20 年 [28,29]，管乐器可能是人类最早发明的折射率为负值的超材料器具。局域共振的内禀特性决定了超材料的窄频折射率行为，管乐器的宽频变折射率优异性能为设计声学智能宽频变折射率双负超材料器件提供了启示。

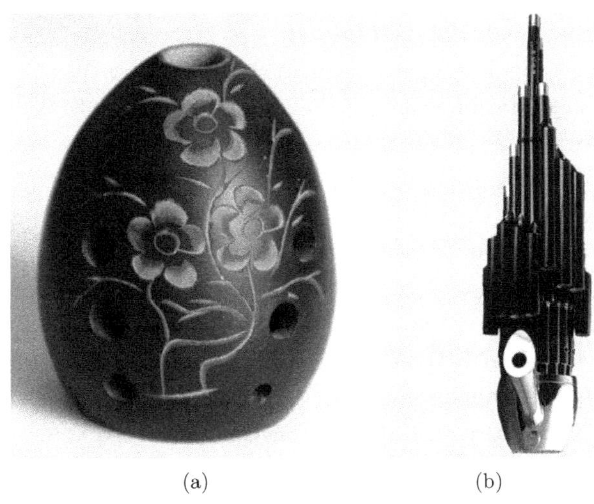

(a) (b)

图 12-13 埙 (a) 和笙 (b) 的实物照片

## 参 考 文 献


[1] Doppler C J. Über das farbige Licht der Doppelsterne und einiger anderer Gestirne des Himmels (About the coloured light of the binary stars and some other stars of the heavens). Abh. KoniglichenBohmischenGes. Wiss., 1842, 2: 465-482.

[2] Papas C H. Theory of Electromagnetic Wave Propagation. New York: McGraw-Hill, 1965.

[3] Pätzold M, Bird M K. Velocity changes of the Giotto spacecraft during the comet flybys: on the interpretation of perturbed Doppler data. Aerosol Sci. Technol., 2001, 5: 235-241.

[4] Chen V C, Li F Y, Ho S S, et al. Micro-doppler effect in radar: phenomenon, model, and simulation study. IEEE T. Aero. Elec. Sys., 2006, 42: 2-21.

[5] David J Y, Jones S A, Giddens D P. Modern spectral analysis techniques for blood flow velocity and spectral measurements with pulsed Doppler ultrasound. IEEE T. Bio-

Med. Eng., 1991, 38: 589-596.

[6] Oh J K, Appleton C P, Hatle L K, et al. The noninvasive assessment of left ventricular diastolic function with two-dimensional and Doppler echocardiography. J. Am. Soc. Echocardiog., 1997, 10: 246-270.

[7] Veselago V G. The electrodynamics of substances with simultaneously negative values of $\varepsilon$ and $\mu$. Sov. Phys. Usp., 1968, 10: 509-514.

[8] Pendry J B, Holden A J, Stewart W J, et al. Extremely low frequency plasmons in metallic mesostructures. Phys. Rev. Lett., 1996, 76: 4773.

[9] Pendry J B, Holden A J, Robbins D J, et al. Magnetism from conductors and enhanced nonlinear phenomena IEEE Trans. Microwave Theory Tech., 1999, 47: 2075-2084.

[10] Shelby R A, Smith D R, Schultz S. Experimental verification of a negative index of refraction. Science, 2001, 292: 77-79.

[11] Chen J B, Wang Y, Jia B H, et al. Observation of the inverse Doppler effect in negative-index materials at optical frequencies. Nat. Photon., 2011, 5(4): 239-242.

[12] Seddon N, Bearpark T. Observation of the inverse Doppler effect. Science, 2003, 302(5650): 1537-1540.

[13] Thomas T D, Kukk E, Ueda K, et al. Experimental observation of rotational Doppler broadening in a molecular system. Phys. Rev. Lett., 2011, 106(19): 193009.

[14] Ding Y Q, Liu Z Y, Qiu C Y, et al. Metamaterial with simultaneously negative bulk modulus and mass density. Phys. Rev. Lett., 2007, 99: 093904.

[15] Lee S H, Park C M, Seo Y M, et al. Composite acoustic medium with simultaneously negative density and modulus. Phys. Rev. Lett., 2010, 104(5): 054301.

[16] Fok L, Zhang X. Negative acoustic index metamaterial. Phys. Rev. B, 2011, 83(21): 214304.

[17] Lai Y, Wu Y, Sheng P, et al. Hybrid elastic solids. Nat. Mater, 2011, 10(2): 620-624.

[18] Yang M, Ma G C, Yang Z Y, et al. Coupled membranes with doubly negative mass density and bulk modulu. Phys. Rev. Lett., 2013, 110(13): 134301.

[19] Zhai S L, Chen H J, Ding C L, et al. Double-negative acoustic metamaterial based on meta-molecule. J. Phys. D: Appl. Phys., 2013, 46(47): 475105.

[20] Lee S H, Park C M, Seo Y M, et al. Reversed Doppler effect in double negative metamaterials. Phys. Rev. B, 2010, 81(24): 241102.

[21] Zeng H C, Luo C R, Chen H J, et al. Flute-model acoustic metamaterials with simultaneously negative bulk modulus and mass density. Solid State Commun., 2013, 173: 14-18.

[22] Chen H J, Zhai S L, Ding C L, et al. Meta-atom cluster acoustic metamaterial with broadband negative effective mass density. J. Appl. Phys., 2014, 115: 054905.

[23] Zhai S L, Zhao X P, Liu S, et al. Inverse Doppler effects in broadband acoustic metamaterials. Sci. Rep., 2016, 6: 32388.

[24] Zhai S L, Zhao J, Shen F L,et al. Inverse Doppler effects in pipe instruments. Sci. Rep., 2018, 8: 17833.

[25] Juzhong Z, Kuen L Y. The magic flutes. Nat. Hist., 2005, 114: 43-47.

[26] Conard N J, Malina M, Münzel S C. New flutes document the earliest musical tradition in southwestern Germany. Nature, 2009, 460: 737-740.

[27] Schlesinger K. Followed by a Survey of the Greek Harmoniai in Survival or Rebirth in Folk-Music. London: Methuen, 1939.

[28] Liu Z Y, Zhang X X, Mao Y W, et al. Locally resonant sonic materials. Science, 2000, 289(5485): 1734-1736.

[29] Fang N, Xi D J, Xu J Y, et al. Ultrasonic metamaterials with negative modulus. Nat. Mater., 2006, 5: 452-456.

# 第 13 章　水介质中超声超材料

## 13.1　引　　言

超声波已经在超声清洗、水下定位、工业探伤、医学诊断成像等诸多方面得到了广泛应用。声学超材料实现了常规材料所不能实现的负折射 [1]、超分辨成像 [2−4]、隐身斗篷 [5−7]、声超常透射 [8]、单向传输 [9]、完美吸收 [10] 等一系列奇异性质，拓宽了超声波在各个领域的应用。例如，突破衍射极限的超分辨成像可以大幅提升医学成像的质量，并能改善工业无损探伤效果；引导声波绕过障碍物传播，可用于医学超声诊断和无创伤超声医疗 [11,12]；声超常透射可显著提升水下传感器的灵敏度。上述奇异物理现象很大一部分是在负等效质量密度、负等效弹性模量、负剪切模量等负等效声学参数的基础上实现的。

相比空气中设计的各种负等效质量密度超材料，基于水介质的负等效质量密度声学超材料的设计显得尤为困难。水介质的自身质量密度和流动时的黏滞阻力远大于空气，使薄膜结构、弹簧振子结构等在空气中实现负等效质量密度的共振结构模型不再适用于水介质。

我们前期工作中提出了空心管模型，通过空气介质在空心管中的振动实现负等效质量密度，并且负等效质量密度的实现频率与管长密切相关。本章中我们将证明，空心管结构通过介质振动实现负等效质量密度的物理机制不仅适用于空气介质，同样适用于水介质：水介质在空心管中谐振时，会发生外界声压跟水介质加速度方向相反的情况，从而实现负等效质量密度。另外，通过不同管长排列，理论上在水介质中也能实现类似于空气介质中的宽频带负等效质量密度。并且，这种空心管声学结构还有望与其他亥姆霍兹共振器 (例如空心球模型) 耦合，实现水介质中的双负声学参数，进而实现负折射与超分辨成像等奇异物理声学现象。

与单负参数声学超材料相比，双负参数声学超材料蕴含着更丰富的物理内涵。双负参数声学超材料可以实现负折射，并能够聚焦传播波和重建倏逝波从而突破衍射极限而超分辨成像。在空气介质中，通过单一的谐振结构分别实现了负等效质量密度和负等效弹性模量以后 [13,14]，将两种结构相互耦合实现双负声学参数就成为顺理成章的发展趋势。首先通过将亥姆霍兹共振器和薄膜结构耦合，实现了空气介质中的双负等效参数 [15]。然后通过单一的结构耦合 [16] 或者仅仅通过单一的结构同时具有的不同谐振方式 [17]，分别实现了固体介质和流体介质中的双负参数声学超材料。

相比空气介质中双负参数声学超材料取得的巨大成功，在另一种重要的流体介质——水介质中，双负参数声学超材料的研究进展缓慢。由于水介质的黏滞阻力和质量密度远大于空气介质，实现水介质双负参数更加困难。虽然面临巨大挑战，但由于在水下无损探测、医学成像、提升传感器灵敏度和超声医疗等方面具有广阔应用前景，水下双负参数声学超材料一直是研究热点之一。用简单结构的亥姆霍兹共振器实现了水介质负等效弹性模量的情况下，将负等效弹性模量谐振器和负等效质量密度谐振器相互耦合，是实现水介质双负参数声学超材料的可行途径，但仍然面临构建水介质负等效质量密度谐振单元方面的困难。一方面，超声频段的波长比可听声频段的波长短得多，因此要求谐振器的尺寸足够小，以符合有效介质理论；另一方面，水介质的黏滞阻力和质量密度远大于空气，要求水下谐振器的谐振足够强，才能实现水介质中的负等效质量密度。

2011 年，美国伯克利大学 Zhang 研究小组的 Fok 和 Zhang[18] 利用亥姆霍兹共振器和包覆有机玻璃的铝柱相互耦合，设计了一种水介质的等效质量密度和等效弹性模量同时为负值的双负声学超材料。其中亥姆霍兹共振器谐振时产生负等效弹性模量，有机玻璃包覆的铝柱谐振时产生负等效质量密度。他们的目的是将两种共振器的谐振频率调制在统一的谐振频率，使两种频率重合，从而实现双负声学参数。在实验中，他们得到了负等效弹性模量，但是并没有实现 COMSOL 仿真计算所得到的负折射率。究其原因，就是负质量密度谐振单元谐振时损耗过大，造成了过多的能量损耗。随后，在 2014 年，法国波尔多大学的 Brunet 等 [1] 在 Mie 谐振原理基础上，设计了多孔硅胶球，实现了三维的水介质负折射声学超材料。这种多孔硅胶球随意放置在水介质中，能模仿水介质的振动方式，从而避免了因为水介质与一般声学超材料作用而产生的杂乱无序的声波，并能同时产生单极和双极谐振。通过理论计算，他们得到多孔硅胶球的等效弹性模量为负值，但等效质量密度始终为正值，并通过实验实现了 140~275kHz 频段内的负折射率。但由于不可避免的能量损耗，最后接收到的负折射声波的能量甚至不足入射声波能量的 1%。

利用空心管谐振器，一种亚波长尺度的声学“超原子”，构建了水介质中的负等效质量密度声学超材料 [19]。在外界声场的激励下，水介质在空心管中振动时与空气在空心管中振动时具有相同的物理机理。由于内壁光滑，水介质在空心管中振动时具有较少的能量损耗，并在谐振频率附近实现强烈的振动，从而导致外界声场压力方向跟水介质加速度方向相反，最终实现负等效质量密度。在前期的工作中，我们用另一种开口空心球声学“超原子”实现了空气介质中的负等效弹性模量，并实现了声学超界面 [20]。通过将空心管声学“超原子”和空心球声学“超原子”相耦合，我们进一步构建了一种结构简单、具有双谐振特性的钻孔空心管声学“超分子”，并实现了空气介质中的双负声学参数。水介质和空气介质在钻孔空心管声学“超分子”中具有相同的谐振形式，并且“超分子”的谐振频率可以通过改变尺寸而进行调谐。本章中，我们通过精心的尺寸设计，将钻孔空心管声学“超分子”模型从空气介质的可听声频段推广到水介质的超声频段，构建了水介质中的双负参数声学超材料 [21]。

# 13.2　负质量密度水声超材料

## 13.2.1　模型分析与证明

在前面章节的内容中已经证明，空心管谐振单元在空气中谐振时，其谐振频率与管的长度密切相关：长度越长，谐振频率越低；长度越短，谐振频率越高。谐振频率和管长的函数关系可以表述为 $\omega \propto \dfrac{c}{l}$，其中 $l$ 为空心管的长度，$c$ 为声波在空气中的传播速度。通过仿真计算，我们将要证明在水介质中空心管的谐振频率同样随着管长的增加而降低。

我们选用的空心管为聚乙烯材质，其质量密度为 $9.2\times10^2\mathrm{kg/m^3}$，体弹模量为 $5\times10^8$ Pa，泊松比为 0.45。聚乙烯空心管的立体图和横截面图如图 13-1(a)、(b) 所示。

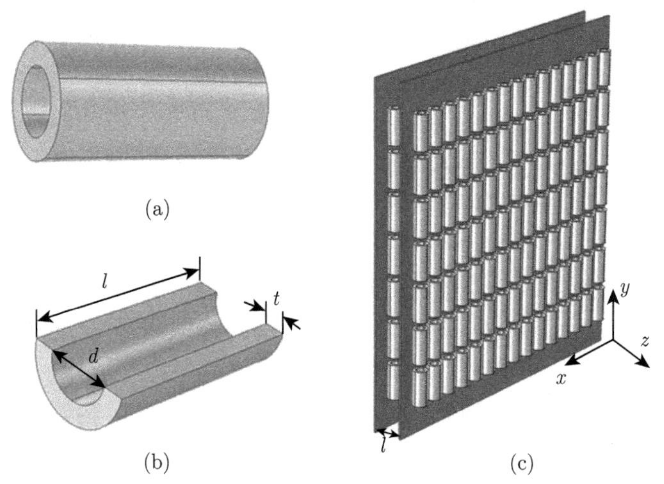


图 13-1　超材料结构示意图

(a) 空心管三维图；(b) 横截面图；(c) 超材料结构

应用 COMSOL 仿真软件，选择频域模式对空心管在水介质中的谐振频率进行仿真计算研究。我们将空心管的壁厚设置为 $t = 0.85$mm，内径设置为 $d =$ 2.6mm。为了证明水介质中管长跟谐振频率的关系，我们将上述管内径和壁厚固定，并设置 10mm、11mm 和 12mm 三种不同的管长，分别以每种管长空心管作为结构单元构建了三种超材料。为了增强谐振效果，设计的超材料由双层空心管组成，两层之间的距离为 5.3mm。设计的超材料如图 13-1(c) 所示。在 $x$ 方向上，相邻管之间的距离为 1mm，在 $y$ 方向上，相邻管之间的距离为 2mm。在 $x$ 轴和 $y$ 轴方向上的周期常数均小于 $\lambda/5$，可以将声学超材料看作等效介质，并用等效介质理论对其进行分析。

仿真计算不同管长的透射率、透射相位、反射率、反射相位曲线如图 13-2 所示。三种管长的透射曲线在不同频率位置处均出现了透射低谷，并在出现透射低谷的频率附近出现相位扭折。透射曲线的这种性质，表明三种不同管长的声学超材料均在其透射低谷的频率附近发生了谐振。如图 13-2(a)、(c) 和 (e) 所示，10mm、11mm、12mm 三种管长超材料的谐振频率分别为 32.880kHz、30.175kHz 和 27.880kHz。明显地，随着管长的增加，谐振频率降低。三种不同管长超材料的反射率和反射相位曲线分别如图 13-2(b)、(d) 和 (f) 所示。10mm、11mm、12mm 三种管的透射低谷对应的频率位置，分别出现了三个反射峰，并伴随相位扭折。反射率和反射相位曲线的这种特点进一步证明了空心管在其对应频率处发生了谐振。对比三种不同管长的仿真计算结果，证明水介质中管的谐振规律与空气中相同，进一步预示了空心管在空气和水这两种介质中具有相同的谐振机制。

在水介质中，空心管的谐振频率随管长增加而降低，根据管长与谐振频率之间的关系 $\omega \propto \dfrac{c}{l}$，空气介质中声速取 340m/s，水介质中声速取 1500m/s。由此可知，在相同管长情况下，空心管在水介质中的谐振频率远高于其在空气介质中的谐振频率。根据上述空心管在水介质中的谐振特点，选择合适的管长，就可以设计水介质中超声频段的负等效质量密度声学超材料。

将空心管模型推广到水介质中，具有如下进步性：① 将研究频段从可听声拓宽到超声频段。与可听声相比，超声占据了更宽的频段，在医学、工业、军事方面具有更广泛的应用价值，是声学领域研究的重点频段。② 对比于其他水介质负等效质量密度超材料，空心管超材料制作简单。局域共振型超材料实现负等效质量密度的频率均在结构单元的谐振频率附近，因此水介质中实现负等效质量密度，需要满足两点要求：由于超声波长比可听声波长短，要求结构单元足够小，以满足局域共振理论；水的质量密度和黏滞阻力远大于空气，只有足够强的谐振才能使设计的超材料的谐振强度达到实现负等效质量密度的程度。正是由于上述原因，设计水介质负等效质量密度超材料的难度远大于空气介质。除了少数几种以外，实验实现水介质负等效质量密度的超材料鲜有报道。将空心管的长度从空气介质中的 cm 量级缩短到 mm 量级，就能将谐振频率从可听声频段提升到超声频段，方法简单易行；另外，空心管结构的工作机理是在外界超声声场的驱动下，使空心管中的水介质发生谐振，容易实现负质量密度。综上所述，将空心管从空气介质

推广到水介质，是设计水介质负等效质量密度超材料的一种可行思路。

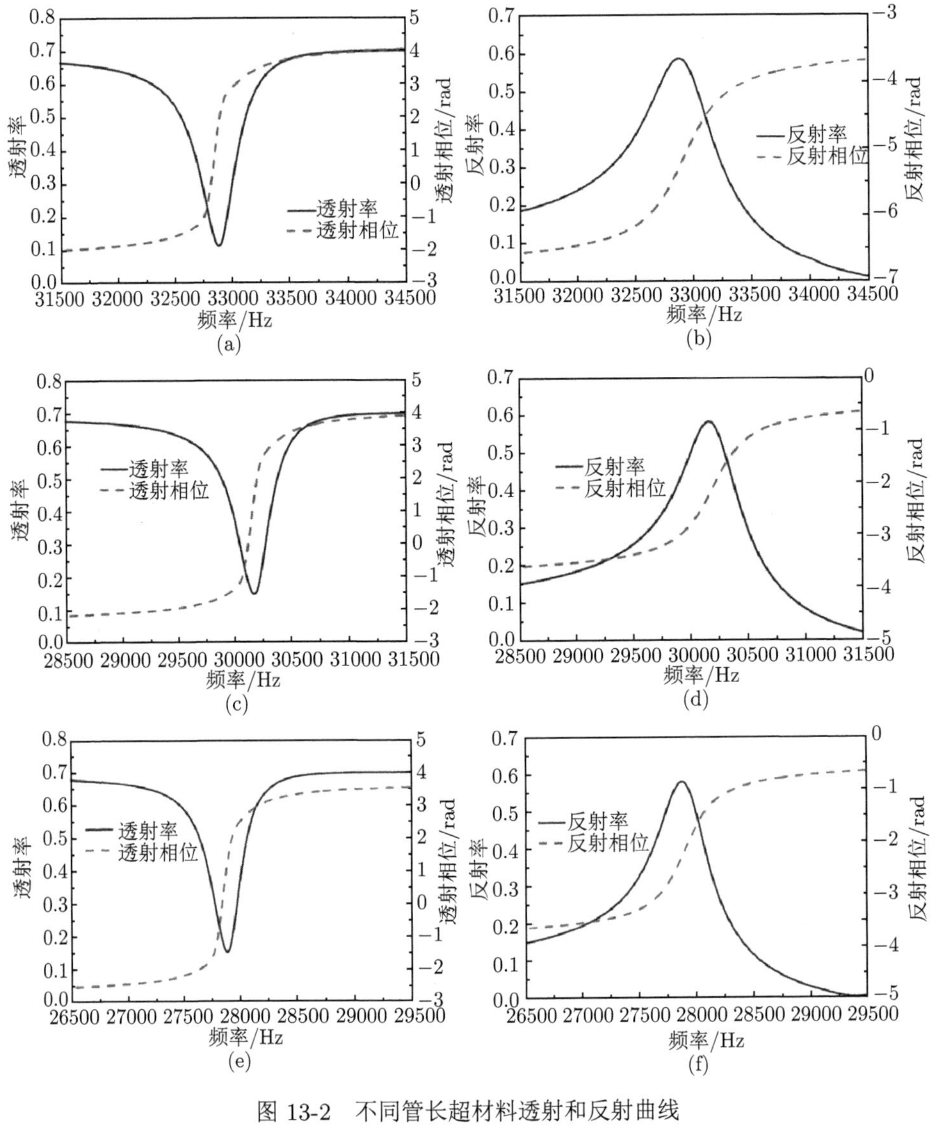

图 13-2　不同管长超材料透射和反射曲线

(a)，(b) 10mm；(c)，(d) 11mm；(e)，(f) 12mm

### 13.2.2　样品制备与测试

1. 样品制备

实验中所用的空心管的壁厚和管内径与上述仿真所用数据相同，即壁厚为 0.85mm，内径为 2.6mm。现有的超声探头的工作频段为 35~100kHz，为了使设计的声学超材料的工作频段处在现有的超声探头的工作频段内，我们将空心管的长度设置为 9mm。制作的样品照片如图 13-3 所示。空心管周期性粘贴在厚度为 0.5mm 的适合作为水介质基底材料的环氧树脂基底上 [22]。设计的超材料的周期常数与图 13-1 示意图中的周期常数一致。样品的长、宽均为 210mm，样品宏观尺寸大于 5 倍的最大波长。上述几何参数表明，设计的声学超材料符合等效介质理论，可以用等效介质理论对超材料测量得到的物理量进行处理。

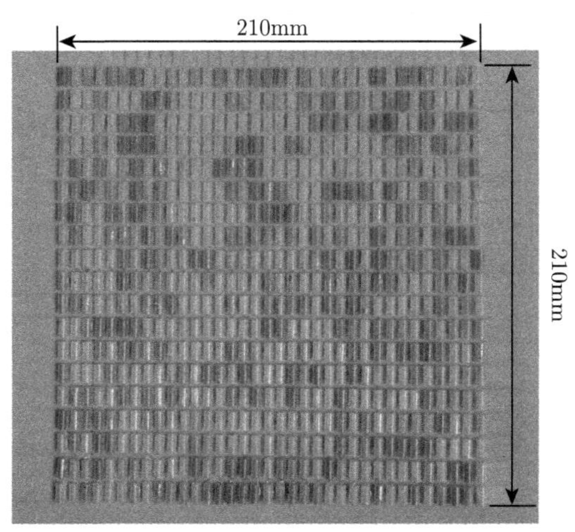


图 13-3 空心管谐振单元长度 9mm 的样品照片

2. 实验测试

透射、反射测量在一个 1300mm × 400mm × 600mm 的水池中进行，超声信号的发射以及透射信号和反射信号的采集由美国物理声学公司生产的一套 PCI-2 超声发射系统完成。超声发射探头和采集探头是两枚完全相同的、美国物理声学公司生产的工作频率在 35~100 kHz 的 R6UC 水下探头。PCI-2 超声发射系统由一块 PCI-2 标准信号发声卡作为信号源，输出高压和低压两列同步信号：高压信号激励超声发射探头发射超声波，低压信号直接输入信号采集卡，作为对比信号。另外，一块 ARB-1410-150 信号采集卡采集透射、反射信号，并用分析处理软件 AEwin 分析处理，计算得到透射系数和反射系数。

透射测量装置如图 13-4 所示。透射测量时，在两探头之间只有水介质的情况下，测定透射信号强度幅值 $U_0$ 和相位 $\Phi_0$。保持两探头之间距离不变，将超材料样品放置在两探头之间，并使声波垂直入射到超材料表面，此时测定透射信号强度幅值 $U_1$ 和透射相位 $\Phi_1$。

反射测量装置如图 13-5 所示。反射测量时，两个探头对称放置在超材料样品的同侧。用一块超声波完全不透射的挡板将从发射探头发射而没有与样品作用的

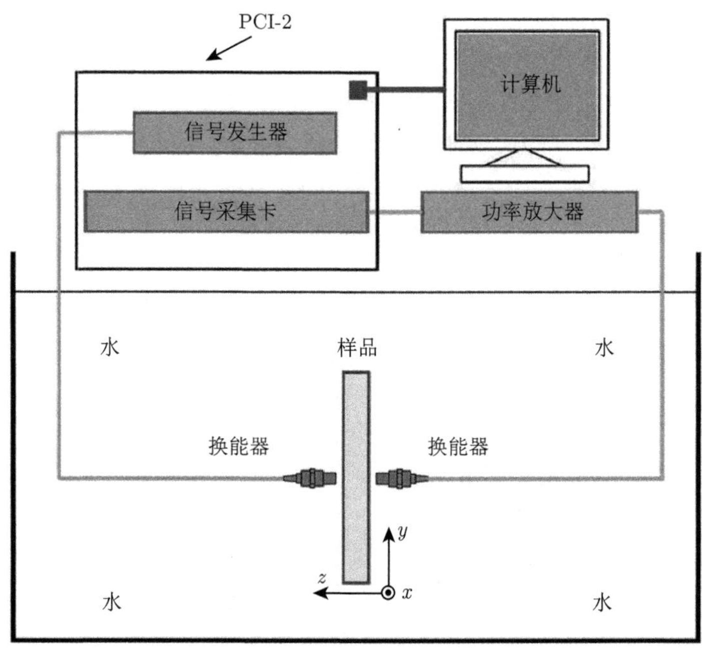


图 13-4　透射测量装置示意图

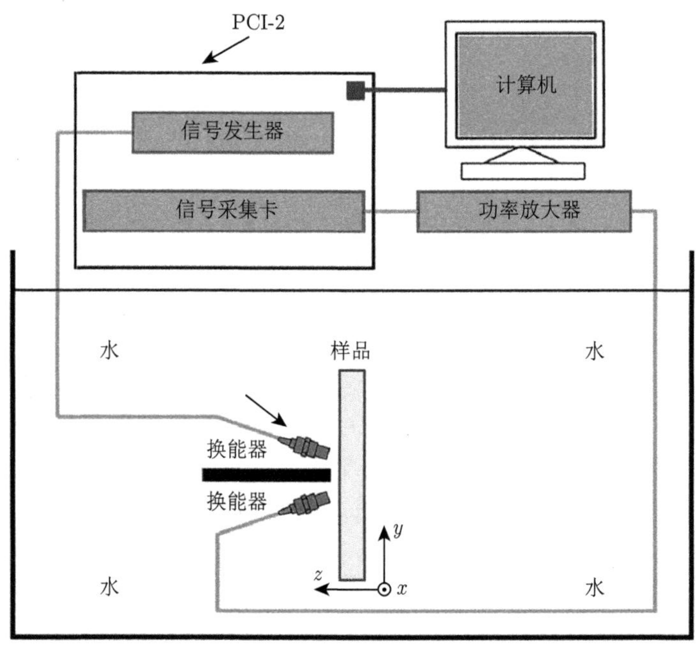


图 13-5　反射测量装置示意图

声波挡住，同时允许与样品作用的声波通过。类似测量反射的装置我们已经在可听声频段多次采用。在实验过程中，我们尝试了设置不同角度测量反射，比如 5°、15°、20°、25°、30° 以及大于 30°。结果表明，采用上述不同入射角度测量反射时，采集的反射信号均体现出共同的物理特性，如反射率均在 36kHz 附近出现反射峰，以及附近伴随相位跳跃等。但以 30° 入射时，表现出的反射行为最为明显，因此本实验选用 30° 入射。记录反射信号的幅值 $U_2$ 和反射相位 $\Phi_2$。利用如下公式可以得到透射系数和反射系数：

$$T=\frac{U_1}{U_0},\quad T_{\mathrm{p}}=\Phi_1-\Phi_0,\quad R=\frac{U_2}{U_0},\quad R_{\mathrm{p}}=\Phi_2-\Phi_0 \tag{13-1}$$

其中，$T$ 为透射率，$T_{\mathrm{p}}$ 为透射相位，$R$ 为反射率，$R_{\mathrm{p}}$ 为反射相位。

### 13.2.3 结果与讨论

1. 透射、反射结果分析

实验得到的透射率曲线和透射相位曲线如图 13-6 所示。在透射率曲线的 35.9 kHz 处，出现了一个透射低谷，并在其对应频率附近出现了相位扭折。透射谱中透射率和透射相位的这种表现形式，是在透射率最低点附近发生谐振的典型特征。局域共振型声学超材料在共振频率附近，声场能量主要集中在超材料的谐振单元内部，造成了透过超材料的声场能量急剧降低，产生了透射低谷。同时，由于在谐振频率附近超材料谐振单元内部声学介质本征振荡，会发生声介质振荡频率与外界驱动声场频率不相同的现象，造成了相位扭折。

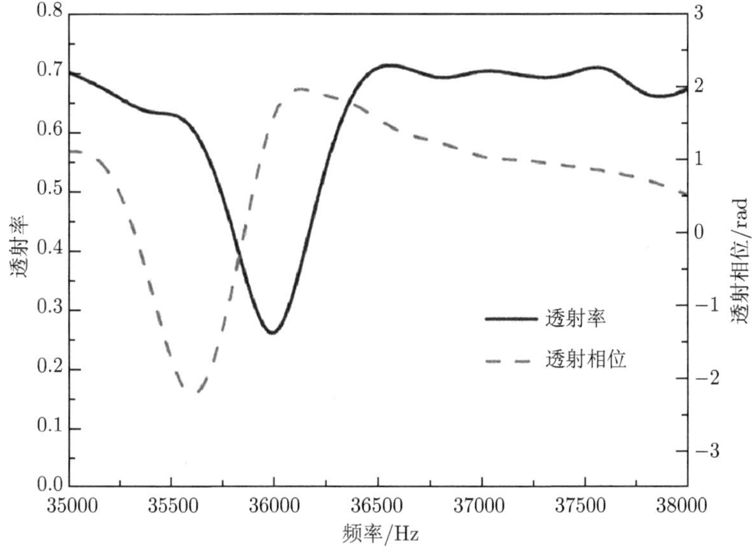


图 13-6 实验测量透射率和透射相位

透射率曲线和透射相位曲线的仿真计算值如图 13-7 所示。仿真计算值与实验测量值比较合理地吻合，也在 35.9kHz 附近出现透射低谷，并伴随相位扭折，说明仿真计算值的结果进一步证明了在 35.9kHz 附近发生谐振。

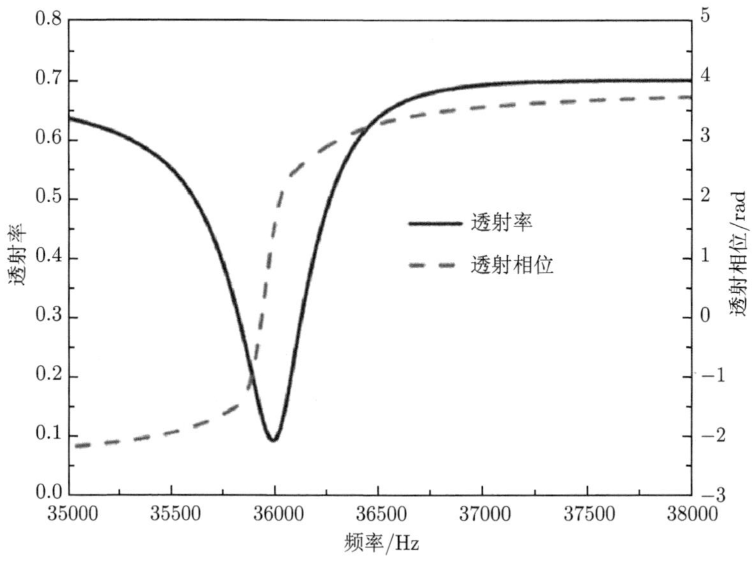


图 13-7　仿真计算透射率和透射相位

反射率曲线和反射相位曲线的实验测量值与仿真计算值分别如图 13-8 和图 13-9 所示。在 35.9kHz 处，反射率曲线和反射相位曲线均出现了透射峰并在相应频率处出现相位扭折。谐振频率时，声场能量一部分储存在谐振单元内部，大部分被超材料反射。表现在透射率和反射率上，就是透射最弱的频率位置处对应着出现反射峰。这也是发生谐振的一个特征。

虽然透射、反射曲线的实验测量值和仿真计算值基本吻合，但是两者之间还是存在差别：测量得到的透射率和反射率的最大值均小于仿真计算值，并且透射相位、反射相位的测量值有最小值，而仿真计算值没有出现最小值。造成这种差异的因素主要包括实验误差、样品制作不完美以及样品尺寸不同等。透射、反射的最大值小于仿真计算值，是由实际测量中声波在样品内部的黏滞损耗造成的，而仿真计算时假定水介质在空心管中振动时没有损耗。相位的差异则主要归因于实验测量和仿真计算所选用的样品尺寸不同。实验测量时，所用样品尺寸大于五个波长，符合有效介质理论；而仿真计算时，将仿真条件设置为周期性实验条件，样品默认为无限大。有限大小的实验样品尺寸导致超声波在样品四周产生复杂的噪声干扰，从而影响实验结果的准确性。

虽然实验值和仿真计算值之间有差异，但是两者在我们最关心的谐振区域表现出相同的规律：透射率均在 35.9kHz 处出现低谷，反射率在 35.9kHz 处出现高峰，透射相位、反射相位均在 35.9kHz 处出现相位扭折。这些特点都证明了超材料在 35.9kHz 处发生了谐振。

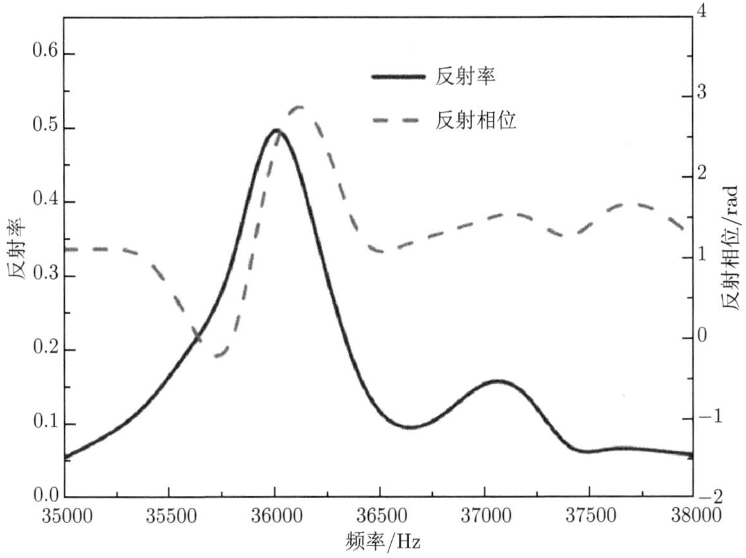


图 13-8 实验测量反射率和反射相位

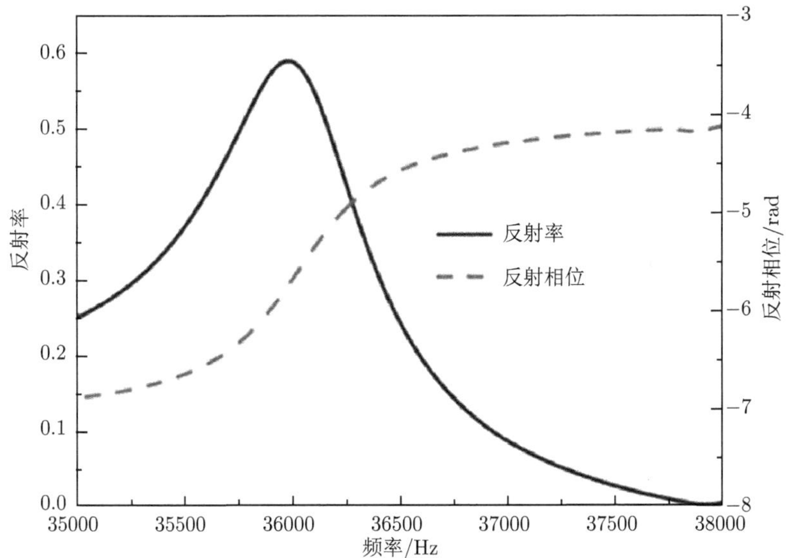


图 13-9 仿真计算反射率和反射相位

### 2. 声学超材料等效参数分析

基于透射、反射系数采用提取参数法，就可以得到声学超材料的等效声学参数。图 13-10 所示为实验测量和仿真计算的从透射、反射系数中提取参数得到的等效质量密度曲线。实验测量得到的等效质量密度的实部在 35.4~35.7kHz 范围内为负值，仿真计算值的有效质量密度实部也在谐振频率 35.9kHz 附近为负值。谐振频率和非谐振频率两种状态下，空心管内部水介质的谐振状态有着根本不同。在非谐振频率，密闭在空心管内部的水介质与外部驱动声场的频率相同，此时声场能量在管内外均匀分布，等效质量密度为正值。在谐振频率，经过前期大量频率周期的积累，此时空心管内部空腔存储了大量的声场能量。在这种情况下，空心管内部的水介质以本征频率谐振，不再与外界声场的驱动频率保持一致。此时会发生外界声场驱动力与空心管内部水介质加速度方向相反的情况。根据牛顿第二定律 $m = \boldsymbol{F}/\boldsymbol{a}$，在加速度和所受的力相反的情况下，等效质量密度为负值。

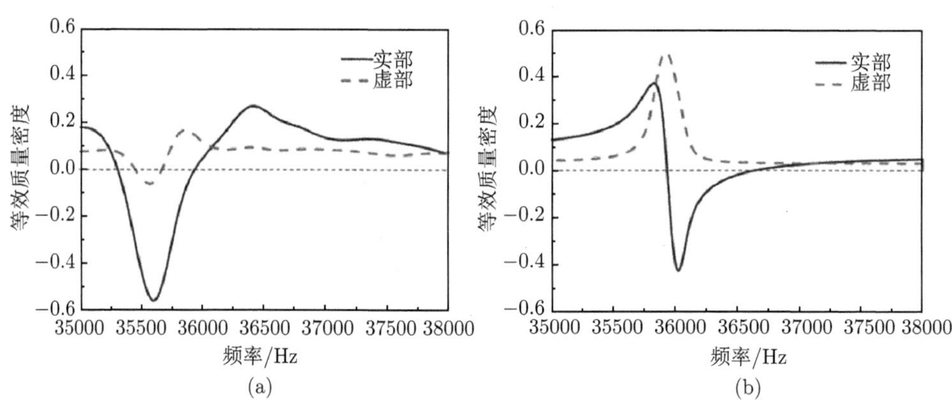


图 13-10　等效质量密度

(a) 实验测量值；(b) 仿真计算值

为了更清楚地说明谐振频率和非谐振频率两种状态下空心管内外声场能量的分布情况，我们将谐振频率 35.9kHz 和非谐振频率 35.2kHz 的声场能量分布展现出来，如图 13-11 所示。在谐振频率 35.9kHz，空心管内部存储了大量的声场能量，如图 13-11(a) 所示。大量的能量驱使空心管内部的水介质以本征值振动，不受外界声场影响，会发生外界声场压力与管内水介质加速度方向相反的情况，等效质量密度为负值。在非谐振频率 35.2kHz，空心管内部的声场能量跟空心管外部相同，如图 13-11(b) 所示。这种状态下，空心管内部水介质振动频率与外界声场频率相同，等效质量密度为正值。

等效折射率的实验测量值和仿真计算值如图 13-12 所示。实验测量值的实部在 35.31~35.94kHz 范围内为负值，等效折射率的仿真计算值在谐振频率附近同样为负值。

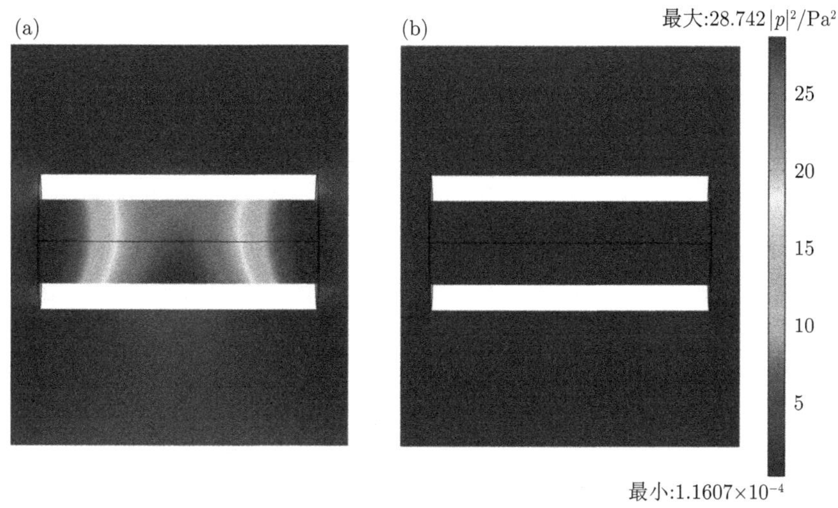


图 13-11 不同频率声场能量分布图 (彩图见封底二维码)

(a) 35.9kHz；(b) 35.2kHz

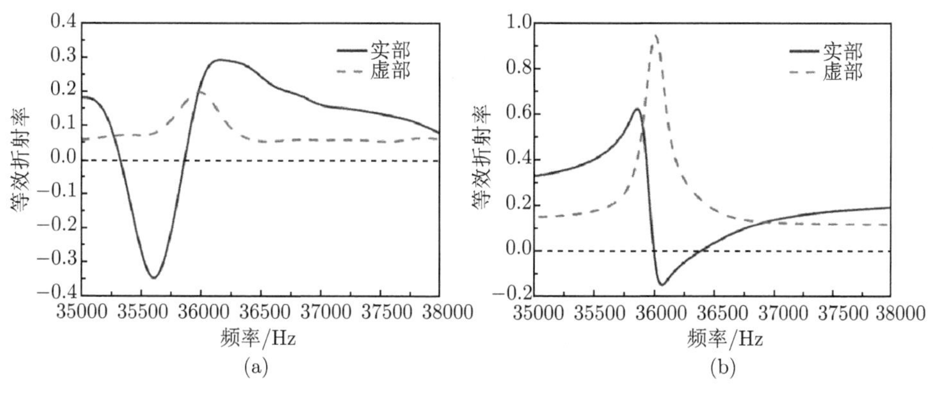


图 13-12 等效折射率

(a) 实验测量值；(b) 仿真计算值

等效声学参数的实验测量值和仿真计算值之间存在一定的差异，这种差异是由实验测量值和仿真计算值得到的透射率、反射率、透射相位和反射相位之间的差异，经由提取参数公式传递过来的。跟透射系数、反射系数之间的差异一样，等效声学参数的实验测量值和仿真计算值之间的差异也主要由样品制作不完美、实验误差以及实验测量和仿真计算所用的样品尺寸不同造成。

# 13.3 双负水声超材料

## 13.3.1 模型设计与理论分析

图 13-13(a) 是我们设计的开口空心管 (PHT) 结构的三维图。它是通过在聚乙烯管上钻孔制备而成。钻孔空心管的截面图如图 13-13(b) 所示。聚乙烯空心管的固有质量密度、体弹模量和泊松比分别是 $0.92\times10^3\text{kg/m}^3$，$5\times10^8\text{Pa}$ 和 0.45。前期的研究结果表明，钻孔空心管的谐振频率跟其本身的结构尺寸密切相关。选用的空心管的内径 $D$ 为 2.6mm，壁厚 $t$ 为 0.85mm，管长 $l$ 为 9mm。钻孔位置与管端距离 $l_0$ 为 3mm，钻孔直径 $d$ 为 0.45mm。根据声传输线理论，钻孔空心管可以等效成 $L$-$C$ 谐振电路，声学介质在钻孔空心管里面的振动方式类似于电流在谐振电路里面的振荡行为。在水介质中，钻孔空心管本质上也可以等效于一个我们前期设计的开口空心球和空心管的组合，可以认为是一个虚拟的开口空心球镶嵌在空心管中，如图 13-14 所示。其中，图 13-13 中钻孔空心管的钻孔等效于开口空心球的开口部分，钻孔下方的空腔相当于开口空心球的空腔。虚拟的开口空心球的开口横截面积为 $S$，开口有效长度为 $d_{\text{eff}}$，空心球的空腔体积为 $V_0$。另外，钻孔空心管同时还具有空心管的功能，等效的空心管有效长度为 $l_1$。同样地，开口空心球和空心管都可以等效成 $L$-$C$ 谐振电路。

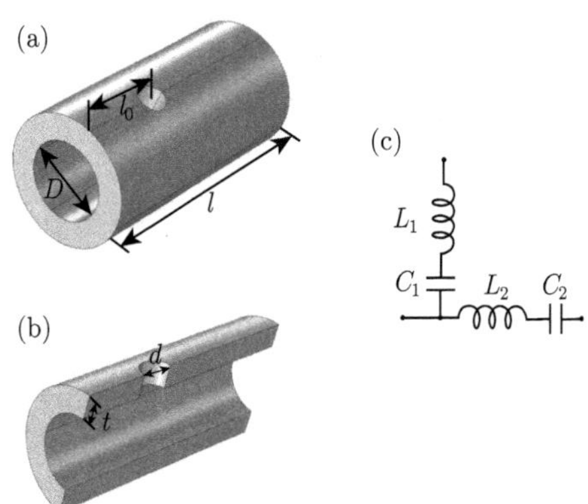


图 13-13 开孔空心管结构示意图

(a) 三维图；(b) 截面图；(c) 等效 $L$-$C$ 谐振电路

从结构上分析，钻孔空心管同时具备开口空心球和空心管的谐振行为。对开口空心球来讲，开口孔等效于谐振电路的电感，其表达式为 $L_1 = \rho_0 d_{\text{eff}}/S$；空腔等效于谐振电路的电容，其表达式为 $C_1 = V_0/(\rho_0 c_0^2)$，其中 $\rho_0$ 和 $c_0$ 分别表示水介质的质量密度和声波在水介质中的传播速度。在上述物理量的基础上，空心球的谐振频率可以表述为 $f_1 = 1/(2\pi\sqrt{L_1 \cdot C_1}) = c_0/(2\pi\sqrt{V_0 d_{\text{eff}}/S})$。在非谐振频率，开口空心球中水介质的振动频率与外界声场的驱动频率一致，此时开口空心球内部的声场能量跟外界声场能量分布相同，在这种状态下，等效弹性模量为正值。在谐振频率，开口空心球内部的声场能量跟外部的声场能量不再相同。经过多个振动周期的能量积累，在谐振频率时开口空心球内部积累了大量的声场能量。此时空心球内部的水介质以本征频率振动，不再跟外部驱动声场的频率一致。在这种状态下，空心球内部水介质会发生反常的膨胀压缩现象：外界声压通过开口压缩空心球内部的水介质时，水介质膨胀；外界声压拉伸空心球内部的水介质时，水介质压缩。空心球内部水介质的膨胀压缩步调与所受外界驱动声场压缩、拉伸作用相反的情况，导致了负等效体弹模量的产生。根据无损介质中的声波动方程 [23,24]，开口空心球的等效模量可以表示为如下形式：

$$\frac{1}{E_1} = \frac{1}{E_0}\left(1 - \frac{F\omega_1^2}{\omega^2 - \omega_1^2 + \mathrm{j}\Gamma\omega}\right) \tag{13-2}$$

其中 $F$ 是几何因数，$\omega_1$ 是开口空心球的本征角频率，$\omega$ 是驱动声场的角频率，j 表示虚部，$\Gamma$ 表示耗散因数。

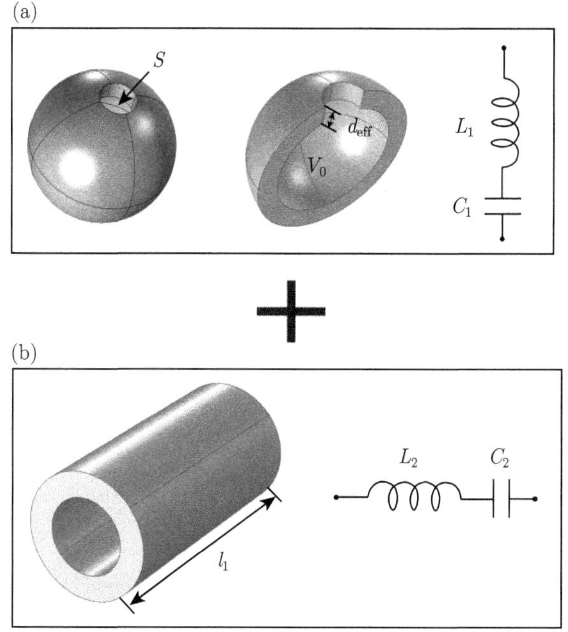


图 13-14 开口空心管等效于开口空心球和空心管组合

(a) 开口空心球三维图、横截面和等效谐振电路；(b) 空心管三维图和等效谐振电路在前面章节我们已经分析过，空心管也可以等效成谐振电路。它的谐振频率 $\omega_2$ 跟管长 $l$ 成反比。空心管的等效质量密度可以写成如下形式：

$$\rho_1 = \rho_0 \left(1 - \frac{F\omega_2^2}{\omega^2 - \omega_2^2 + \mathrm{j}\Gamma\omega}\right) \tag{13-3}$$

根据钻孔空心管的 $L$-$C$ 谐振电路，它的电感 $L_{\text{eff}}$ 和电容 $C_{\text{eff}}$ 分别可以表示为 $L_{\text{eff}} = L_1L_2/(L_1 + L_2)$ 和 $C_{\text{eff}} = C_1 + C_2$。通过调节钻孔空心管的尺寸，可以实现开口空心球和空心管的同时谐振，其谐振频率表示如下：

$$\omega_0^2 = \frac{1}{(C_1 + C_2)\,\dfrac{L_1L_2}{L_1 + L_2}} \tag{13-4}$$

### 13.3.2　样品制备与实验装置

利用水下黏合剂塑钢土，将聚乙烯钻孔空心管粘贴在厚度为 0.5 mm 的环氧树脂基底上，并在空气中干燥 1.5h。这种状态下聚乙烯钻孔空心管就牢固地固定在环氧树脂基底上，在水中不会发生脱落。在文献 [22] 中，环氧树脂基底已经被证明适合用作水介质基底。样品的示意图和照片如图 13-15 所示。

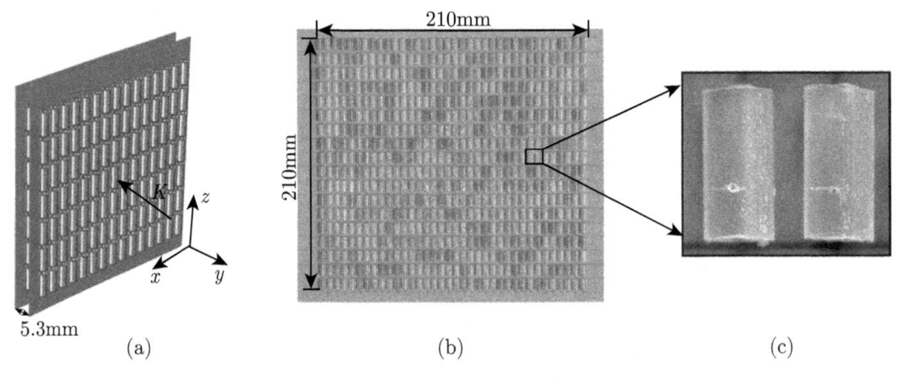


图 13-15　开孔空心管超材料

(a) 样品示意图；(b) 样品照片；(c) 结构单元照片

在 $x$ 方向上，相邻管之间的距离为 1mm，在 $y$ 方向上，相邻管之间的距离为 2mm。为了加强谐振效果，将空心管排列成两层，两层之间的距离为 5.3mm。样品的长、宽均为 210mm。实验所用工作频率在 35~38kHz 之间，对应的声波波长范围为 3.95~4.28cm。样品的周期常数小于 1/6 个最小波长，而样品的宏观尺寸大于 5 个最大波长，声学超材料样品符合有效介质理论，可以用有效介质理论对样品进行理论分析。

实验测试装置与 13.2 节一致，如图 13-4 和图 13-5 所示。透射系数的测定在一个长 × 宽 × 高为 1300mm × 400mm × 600mm 的水池中进行。透射测量时，两探头在一条直线位置上，距离固定在 20mm。首先，两探头之间只有水介质的情况下，测定透射信号仅在水介质中传播时的幅值 $T_0$ 和相位 $\Phi_0$。然后保持两探头之间距离不变，将声学超材料放置在两探头的正中位置，保持声波垂直入射到声学超材料样品表面的正中位置。测定透射信号强度幅值 $T_1$ 和透射相位 $\Phi_1$。透射率和透射相位分别用如下公式得出：

$$T=\frac{T_1}{T_0},\quad T_{\mathrm{p}}=\Phi_1-\Phi_0 \tag{13-5}$$

反射测量时，两个探头对称放置在样品的同侧，如图 13-5 所示。用一块超声波完全不透射且无反射的挡板将透射、反射声波隔开。优化挡板与样品表面之间的距离，保证与样品作用的声波通过，而从探头发射后没有与样品作用的声波被阻挡。我们已经在空气和水介质中多次使用此反射实验装置。超材料的响应与激励声波的入射方向密切相关，测定反射系数时，我们实验测试了多个入射角度，得到相同的反射响应，即在谐振频率位置处，多个角度测试的反射系数均表现出最大透射幅值和相位扭折，而 30° 入射时，反射响应最强。本实验反射测量时，我们采用 30° 入射。记录反射信号的幅值 $R_1$ 和反射相位 $\Phi_2$。反射率和反射相位分别可以表示为如下形式：

$$R=\frac{R_1}{R_0},\quad R_{\mathrm{p}}=\Phi_2-\Phi_1 \tag{13-6}$$

虽然制作的样品具有周期性的皱褶，并且采用斜入射测量反射系数，但样品的结构参数不满足产生 Scholte-Stoneley 波和 Goos-Hänchen 位移的条件，因此不考虑上述两种现象对反射测量的影响 [25−27]。

### 13.3.3 结果与讨论

1. PHT 声学超材料透射、反射性质

实验测量得到的透射幅值和透射相位曲线如图 13-16(a) 所示。

超材料的透射幅值曲线在 36.85kHz 附近有一个透射峰，并伴随着相位扭折。单负声学参数的空心管和空心球单独谐振时，透射谱的性质与钻孔空心管的谐振透射图谱有根本不同。单独的空心管或者空心球谐振时，出现的是透射低谷而不是透射峰，并在透射低谷处出现相位扭折。钻孔空心管声学超材料透射谱的特点，是两种振动共同作用的结果：水介质在空心管内部既往返振动，又在钻孔及钻孔下方的空间膨胀压缩。两种振动形式在 36.85kHz 附近均实现了谐振，造成了一个透射峰。

实验测量得到的超材料的反射幅值和反射相位曲线如图 13-16(b) 所示。在出现透射峰的 36.85kHz 处，出现了一个反射低谷。这种反射低谷是由双谐振时大部分声波通过声学超材料后反射作用降低造成的。

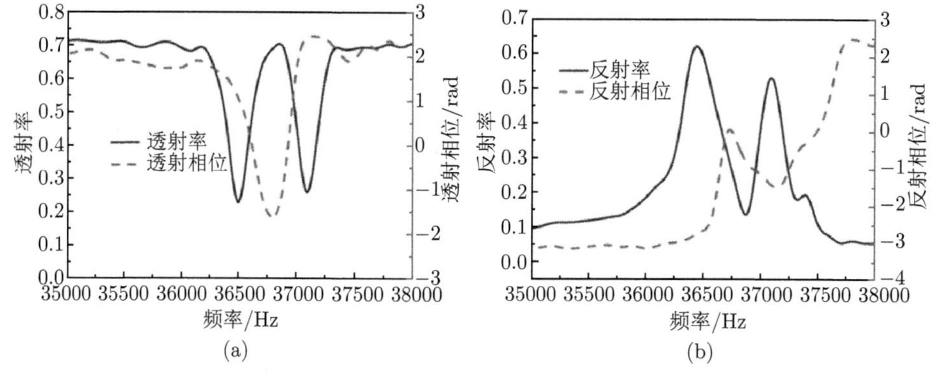


图 13-16 超材料实验测量值

(a) 透射率和相位；(b) 反射率和相位

为了进一步确定声学超材料的透射、反射性质，我们利用 COMSOL Multiphysics 的频域模式对我们设计的声学超材料进行仿真计算，得到的透射、反射曲线分别如图 13-17 所示。

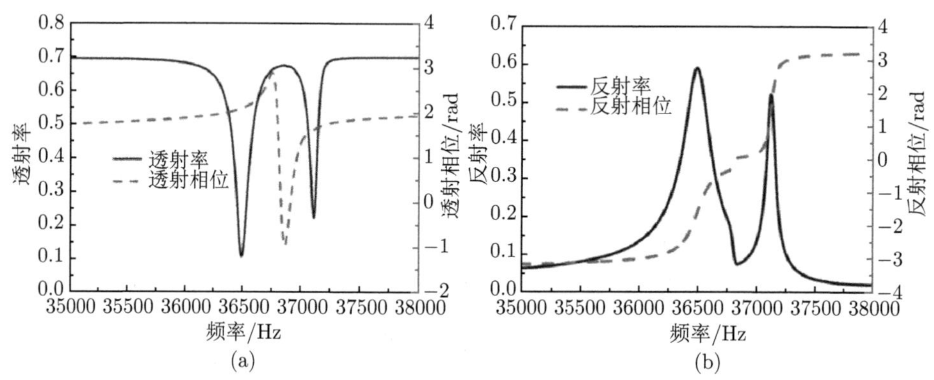


图 13-17 超材料仿真计算值

(a) 透射率和相位；(b) 反射率和相位

通过 COMSOL Multiphysics 仿真计算得到的透射、反射曲线与实验得到的透射、反射曲线较好地吻合。在 36.85kHz 处，仿真计算得到的透射率曲线有一个透射峰，并且反射率曲线在对应的频率处出现透射低谷，这些都与实验测量值一致。我们注意到，实验测量和仿真计算得到的透射系数和反射系数之间存在一些细微的差异。例如，仿真计算值和测量值的相位之间有少许的偏移，相位的极值和相位曲线的形状之间也存在差异。另外，实验测量曲线有轻微的波动等。造成仿真计算值和实验测量值之间差异的因素比较复杂，但主要包括样品制作不完美、测量误差和仿真计算与实验测量所用的样品尺寸不同这三个因素。其中，仿真计算与实验测量所用的样品尺寸不同是主要因素。样品制作过程中，由于手工切割和手工钻孔的原因，难以保证钻孔空心管的长度、钻孔孔径大小等完美一致，导致了样品制作不够完美从而造成误差。另一方面，由于仪器精度等方面的因素，实验过程中存在各种误差。更为重要的是，仿真计算过程中样品尺寸选用的是周期性边界条件，样品尺寸为无限大；而实验过程中采用的样品尺寸大于五倍波长，符合有效介质理论，有限大小的样品尺寸会在样品周围引发边界效应，从而产生复杂的超声噪声，对实验测量产生干扰。

虽然实验测量值和仿真计算值之间存在差异，但是两者在我们关心的谐振频率区域表现出相同的物理特性。在 36.85kHz 处，实验测量和仿真计算得到的透射曲线均出现透射峰，并伴随相位扭折。这种性质表明，实验结果和仿真结果都证明了在 36.85kHz 处，钻孔空心管发生了谐振。

2. 开孔空心管声学超材料等效参数计算

通过有效介质的提取参数法，我们得到了设计的钻孔空心管声学超材料的有效声学参数。分别从实验测得的透反射系数和仿真计算的透反射系数中提取到的等效质量密度如图 13-18 所示。

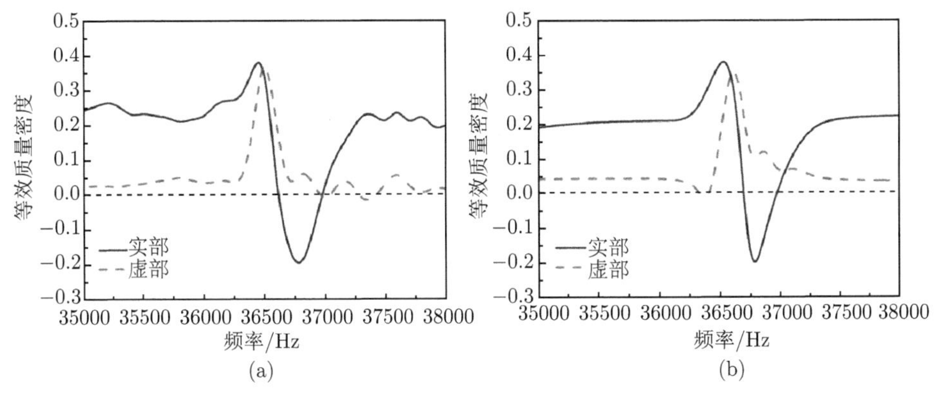


图 13-18 等效质量密度

(a) 实验值；(b) 仿真值

在 36.70~37.04kHz 的频带范围内，实验测量得到的等效质量密度的实部为负值，在相对应的频带范围内，等效质量密度的仿真计算值也为负值。这种负等效质量密度是由钻孔空心管所具备的两种谐振模式 (空心管谐振和空心球谐振) 中的空心管谐振产生的。在谐振频率，跟驱动声场相关的大量声场能量存储在钻孔空心管的空腔中。存储的能量驱使密闭在钻孔空心管空腔中的水介质以本征频率剧烈地振动，不受外界声场驱动声压的影响。随着外界声场频率的变化，密闭在空腔内的水介质的加速度方向与外界声场驱动力的方向相反，由此产生负等效质量密度。仿真计算得到的等效质量密度结果与实验测量值较好地吻合。

如图 13-19 所示，等效弹性模量实验测量值的实部在 36.77~36.94kHz 的频带内为负值。这种负等效弹性模量是由等效的空心球谐振引起的。在谐振频率附近，聚集在钻孔空心管中的大量声场能量同时驱使钻孔空心管内的水介质通过钻孔进行剧烈振动。水介质经由钻孔通道发生的振动方式同样以本征频率进行，甚至外界驱动声场的频率发生变化的时候也不会改变。这种情况下，会造成空腔中水介质的反常压缩：外界声场压力压缩水介质时，水介质膨胀；外界声场压力拉伸水介质时，水介质压缩。水介质的膨胀、压缩步调跟外界声压对其压缩、拉伸的步调相反，造成了负等效弹性模量的产生。负等效弹性模量的仿真计算值与实验测量值也较好地统一。在双重谐振的作用下，钻孔空心管声学超材料在 36.77~36.94kHz 范围内实现了双负声学参数。

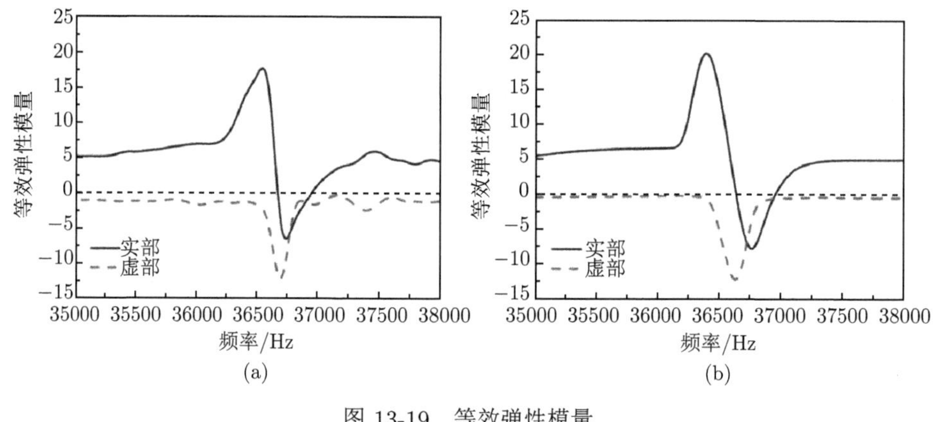


图 13-19 等效弹性模量

(a) 实验值；(b) 仿真值

由于负等效折射率在突破衍射极限而超分辨成像等方面具有重要的应用，因此，实现负等效折射率是设计声学超材料的主要目标。根据参数提取法，本章设计的钻孔空心管声学超材料等效折射率的实验值和仿真值如图 13-20 所示，在双负声学参数频带内，等效折射率为负值。

### 3. 开孔空心管声学超材料平板聚焦效应

为了进一步研究设计的声学超材料的性质，我们对声学超材料的平板聚焦性能进行了探究。平板聚焦实验的装置图如图 13-21 所示。透射、反射测量实验中所用的两个超声传感器分别用作平板聚焦实验的发射器和接收器。实验时，将发射探头放置在样品的正前端 20mm 处，发射的超声波垂直入射在超材料表面。接收探头在样品后部 200mm×140mm 的二维区域进行逐点声场强度扫描。为了保证实验的精确度，在 $x$ 和 $y$ 方向上每隔 10mm 记录一个数值，整个扫描区域总共记录 315 个点的声信息。选择的声场频率为处于双负频段区域的 36.90kHz。归一化的声场分布如图 13-22(b) 所示。在声学超材料后面 95mm 处，有一个明显的声聚焦斑，说明设计的声学超材料具有平板聚焦性能。作为对比，声波经过环氧树脂基底以后依然保持正常的传播行为，没有聚焦现象发生，如图 13-22(a) 所示。进一步证明了声学超材料的奇异声学行为。

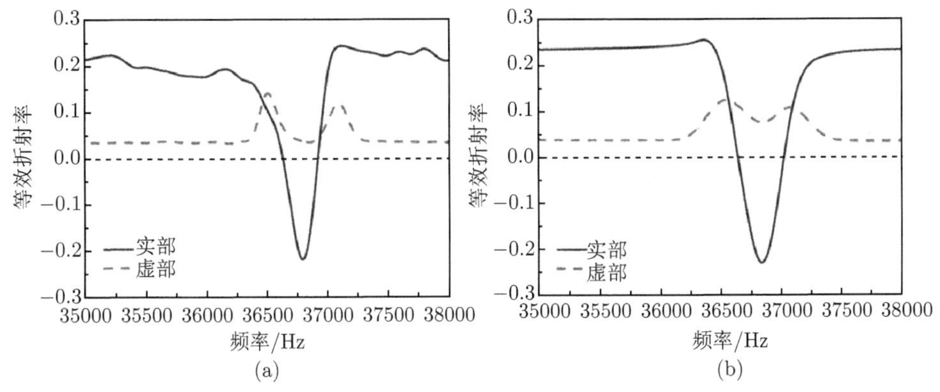


图 13-20　等效折射率

(a) 实验值；(b) 仿真值

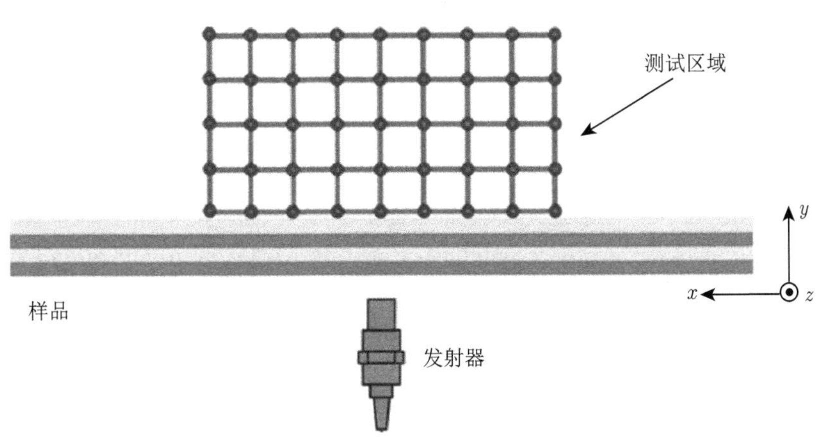


图 13-21　平板聚焦实验装置示意图

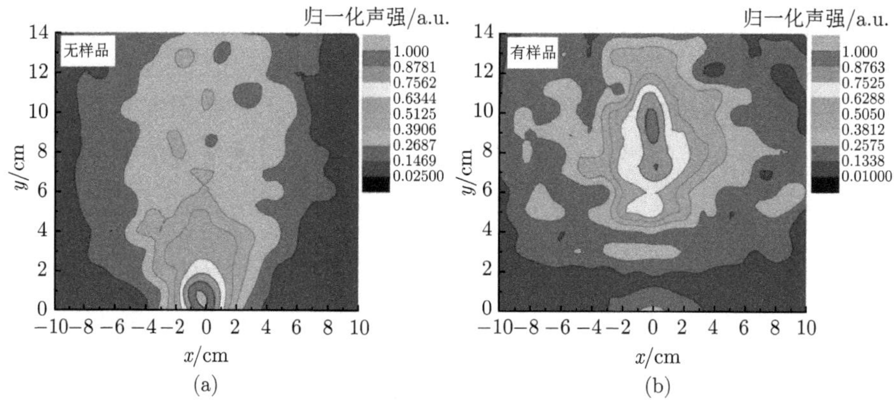


图 13-22　不同样品在 36.9kHz 时声场分布图 (彩图见封底二维码)

(a) 环氧树脂；(b) 双负水声超材料

## 参 考 文 献


[1] Brunet T, Merlin A, Mascaro B, et al. Soft 3d acoustic metamaterial with negative index. Nat. Mater., 2015, 14(4): 384-388.

[2] Zhu J, Christensen J, Jung J, et al. A holey-structured metamaterial for acoustic deep-subwavelength imaging. Nat. Phys., 2011, 7(1): 52-55.

[3] Li J S, Fok L, Yin X B, et al. Experimental demonstration of an acoustic magnifying hyperlens. Nat. Mater., 2009, 8(12): 931-934.

[4] Sukhovich A, Merheb B, Muralidharan K, et al. Experimental and theoretical evidence for subwavelength imaging in phononic crystals. Phys. Rev. Lett., 2009, 102(15): 154301.

[5] Zigoneanu L, Popa B I, Cummer S A. Three-dimensional broadband omnidirectional acoustic ground cloak. Nat. Mater., 2014, 13: 352.

[6] Farhat M, Guenneau S, Enoch S. ultrabroadband elastic cloaking in thin plates. Phys. Rev. Lett., 2009, 103(2): 024301.

[7] Stenger N, Wilhelm M, Wegener M. Experiments on elastic cloaking in thin plates. Phys. Rev. Lett., 2012, 108(1): 014301.

[8] Park J J, Lee K J B, Wright O B, et al. Giant acoustic concentration by extraordinary transmission in zero-mass metamaterials. Phys. Rev. Lett., 2013, 110(24): 244302.

[9] Liang B, Yuan B, Cheng J C. Acoustic diode: rectification of acoustic energy flux in one-dimensional systems. Phys. Rev. Lett., 2009, 103(10): 104301.

[10] Ma G C, Yang M, Xiao S W, et al. Acoustic metasurface with hybrid resonances. Nat. Mater., 2014, 13: 873-878.

[11] Li Y, Jiang X, Li R Q, et al. Experimental realization of full control of reflected waves with subwavelength acoustic metasurfaces. Phys. Rev. Appl., 2014, 2(6): 064002.

[12] Zhang P, Li T C, Zhu J, et al. Generation of acoustic self-bending and bottle beams by phase engineering. Nat. Commun., 2014, 5: 4316.

[13] Liu Z Y, Zhang X X, Mao Y W, et al. Locally resonant sonic materials. Science, 2000, 289(5485): 1734-1736.

[14] Fang N, Xi D J, Xu J Y, et al. Ultrasonic metamaterials with negative modulus. Nat. Mater., 2006, 5: 452-456.

[15] Lee S H, Park C M, Seo Y M, et al. Composite acoustic medium with simultaneously negative density and modulus. Phys. Rev. Lett., 2010, 104(5): 054301.

[16] Yang M, Ma G, Yang Z Y, et al. Coupled membranes with doubly negative mass density and bulk modulus. Phys. Rev. Lett., 2013, 110(13): 134301.

[17] Zhu R, Liu X N, Hu G K, et al. Negative refraction of elastic waves at the deep-subwavelength scale in a single-phase metamaterial. Nat. Commun., 2014, 5: 5510.

[18] Fok L, Zhang X. Negative acoustic index metamaterial. Phys. Rev. B, 2011, 83(21): 214304.

[19] Chen H, Zhai S, Ding C, et al. Acoustic metamaterial with negative mass density in water. J. Appl. Phys., 2015, 118(9): 094901.

[20] Ding C L, Chen H J, Zhai S L, et al. The anomalous manipulation of acoustic waves based on planar metasurface with split hollow sphere. J. Phys. D: Appl. Phys., 2015, 48(4): 045303.

[21] Chen H J, Li H, Zhai S L, et al. Ultrasound acoustic metamaterials with double-negative parameters. J. Appl. Phys. , 2016, 119(20): 204902.

[22] He Z, Qiu C Y, Cheng L, et al. Negative-dynamic-mass response without localized resonance. Europhysics Letters, 2010, 91(5): 54004.

[23] Smith D R, Padilla W J, Vier D C, et al. Composite medium with simultaneously negative permeability and permittivity. Phys. Rev. Lett., 2000, 84(18): 4184-4187.

[24] Houck A A, Brock J B, Chuang I L. Experimental observations of a left-handed material that obeys Snell's law. Phys. Rev. Lett., 2003, 90(13): 137401.

[25] Breazeale M A, Torbett M A. Backward displacement of waves reflected from an interface having superimposed periodicity. Appl. Phys. Rev., 1976, 29: 456-458.

[26] Moiseyenko R P, Liu J F, Benchabane S, et al. Excitation of surface waves on one-dimensional solid-fluid phononic crystals and the beam displacement effect. AIP Adv., 2014, 4: 124202.

[27] Moiseyenko R P, Declercq N F, Laude V. Guided wave propagation along the surface of a one-dimensional solid-fluid phononic crystal. J. Phys. D: Appl. Phys., 2013, 46: 365305.

# 第 14 章 声学超表面

## 14.1 引 言

哈佛大学的一个国际合作研究组提出在界面处相位不连续的超表面内，光传播可以满足普适的反射、折射定律 [1]。相位的不连续为设计光束提供了很大的灵活性，利用平面设计的超表面可产生光旋涡、反常折射、反常反射、交叉极化转化、隐身等效应 [2−10]。近几年来，超表面研究的迅速发展正在酝酿着平板光学学科的产生 [11]。

类比于电磁超表面，在声学领域，研究者们提出了声学超表面。而要设计声学超表面最关键的是找出合适的结构单元，而这些结构单元需要具备局域共振性质。Liang 等提出的迷宫结构具有很灵活的传播通道，利用这种结构设计的声学超材料可以对声波进行灵活调控。借助于迷宫结构的优异性质，Li 等 [12,13] 设计了一种反射型声学超表面，可以实现满足普适的 Snell 反射定律的反常反射现象，同时可以对反射按照设计的方式进行聚焦成像。Xie 等 [14] 利用螺旋形的迷宫状结构设计了一种厚度为半波长的透射型声学超表面，可以按照普适的 Snell 定律控制折射声波，通过调节相位梯度可以实现任意角度正折射和负折射现象，Tang 等 [15] 经过优化提高了反常调控效率。除了迷宫结构，利用阻抗匹配思想设计 [16,17] 相位不连续分布的声学超表面，也可以对声波的反射波进行反常调控，Ma 等 [18] 设计了一种基于耦合薄膜结构声学超表面，并且利用其杂化的共振状态使该结构的阻抗与空气的阻抗匹配，实现对声波的完美吸收。Mei 和 Wu[19] 通过改变结构单元的折射率来调节其相位，同样实现了对透射声波的任意调控。Zhai 等 [20−22] 设计的类鼓状结构可以调控声波的相位按梯度变化，从而实现对透射声波和反射声波的反常调控。

基于以上设计声学超表面的方法，我们课题组在前期研究声学超材料 [23−27] 的基础上提出了几种声学超表面 [28]。首先利用具有负弹性模量的声学超原子设计了声学超表面 [29−31]，这些超原子包括开口空心球和双开口空心球结构，均具有局域共振的性质，在谐振频率，其反射相位发生突变，通过调节结构单元的几何尺寸可以产生 0~2π 范围的相位差，找出相位差恒定且覆盖 2π 的 8~10 个单元等间距排列构建反射阵列，将反射阵列周期性排列可以制备出反射型声学超表面，通过调节相邻单元的间距可以调节超表面的相位梯度，从而对反射波进行反常调控，同时将双开口空心球组合在一起设计出对开口空心球，通过耦合作用可以设计出透射型超表面,其可以对透射波进行反常调控,且可以实现透射波的平板聚焦效应。

同时，我们利用具有双负参数的声学超分子开口空心管结构设计了一种声学超表面 [32]，通过调节开口孔径和管长两种方式，可以调控反射声波相位在 0~2π 范围内变化，将相位差恒定的结构单元等间距排列成反射阵列，将反射阵列周期性排列成声学超表面，通过调节相邻单元间距可以调节超表面的相位梯度，由于反射阵列间距较小，可以排列成具有不同相位梯度的反射阵列的超表面，从而在更宽频段内实现声波的反常反射现象。

## 14.2 基于超原子结构的声学超表面

### 14.2.1 声学超表面基本理论

根据经典的物理知识，声波或电磁波都满足传统的 Snell 折射定律；当声波以角度 $\theta_{\mathrm{i}}$ 从一种介质入射到另一种介质时，若两种介质的分界面处的相位连续，则入射角和折射角满足传统的 Snell 反射定律。

$$n_{\mathrm{t}}\sin\theta_{\mathrm{t}}-n_{\mathrm{i}}\sin\theta_{\mathrm{i}}=0 \tag{14-1}$$

如果两束平面波从 $A$ 点出发，经过不同介质后在 $B$ 点相遇，此时在两种介质的分界面存在一种相位不连续单元，此时根据费马原理，两束波经历的波程相等，即两束光的相位差为零。

$$\frac{2\pi}{\lambda}n_{\mathrm{i}}\sin\theta_{\mathrm{i}}\cdot\mathrm{d}x+\varPhi+\mathrm{d}\varPhi-\left(\frac{2\pi}{\lambda}n_{\mathrm{t}}\sin\theta_{\mathrm{t}}\cdot\mathrm{d}x+\varPhi\right)=0 \tag{14-2}$$

其中 $\lambda$ 为真空中的波长，$\varPhi$ 为第一束波经过界面处产生的相位，$\varPhi+\mathrm{d}\varPhi$ 为第二束波经过界面时产生的相位。经过化简可得普适的 Snell 折射定律

$$n_{\mathrm{t}}\sin\theta_{\mathrm{t}}-n_{\mathrm{i}}\sin\theta_{\mathrm{i}}=\frac{\lambda}{2\pi}\frac{\mathrm{d}\varPhi}{\mathrm{d}x} \tag{14-3}$$

根据公式 (14-3)，当入射角一定时，折射波可以根据界面的相位梯度 $\dfrac{\mathrm{d}\varPhi}{\mathrm{d}x}$ 而变化。例如，当声波垂直入射时，折射波方向并不满足传统 Snell 定律而发生垂直折射，此时声波可以发生斜折射，折射角大小根据相位梯度而调整。因此，理论上通过设计相位不连续的超表面，且这种超表面的厚度要远小于入射声波波长，可以对折射声波进行任意调控，我们称之为透射型声学超表面。另外，如果要完整地控制折射声波波前，则需要界面处相位不连续范围在 0~2π 之间。

同理，由于自然界中的界面一般都是相位连续的，对于正常的反射现象，传统的 Snell 反射定律一直成立，即入射角等于折射角 ($\theta_\mathrm{i} = \theta_\mathrm{r}$)。但是，在人工设计的空间相位不连续的超表面上，入射波和反射波满足普适的 Snell 反射定律

$$\sin\theta_\mathrm{r} - \sin\theta_\mathrm{i} = \frac{\lambda}{2\pi n_\mathrm{i}}\frac{\mathrm{d}\Phi}{\mathrm{d}x} \tag{14-4}$$

此时，入射角不一定等于反射角，反射角 $\theta_\mathrm{r}$ 的大小还与超表面设计的相位梯度 $\dfrac{\mathrm{d}\Phi}{\mathrm{d}x}$ 有关。理论上相位不连续的声学超表面可以对反射声波进行任意调控，我们称之为反射型声学超表面。而要完整地控制反射声波波前，界面处的相位不连续范围在 0~2π 之间。

要实现声学超表面，最关键的是能实现界面的相位不连续，因此需要借助于人工微结构单元。而声学超材料的微结构单元都具有局域共振性质，可以实现在谐振频段的相位不连续现象。

### 14.2.2 开口空心球声学超表面

根据第 9 章的讨论，开口空心球 (SHS) 是一种声学亥姆霍兹共振器，其构建的声学超材料在谐振频段附近具有负的弹性模量，且其谐振频率随着几何结构尺寸的改变而发生变化。这种局域共振声学超原子可以在谐振频段实现声波相位的不连续变化。

SHS 单元可以等效为 $L$-$C$ 谐振电路，SHS 的空心体腔等效为声容 $C_0 = V/(\rho_0 c_0^2)$，开口孔等效为声感 $L_0 = \rho_0 d_\mathrm{eff}/S_1$，其中 $\rho_0$、$c_0$ 为声介质的密度和声速，$V$ 为空心球体腔的体积，$S_1 = \pi(d/2)^2$ 为开口孔的截面积，$d_\mathrm{eff} = t + 1.8\sqrt{d}$ 为开口孔的等效长度。通过计算，$L$-$C$ 电路的谐振频率为

$$f_0 = \frac{1}{2\pi\sqrt{L_0\cdot C_0}} = \frac{c_0}{2\pi\sqrt{\dfrac{Vd_\mathrm{eff}}{S_1}}} \tag{14-5}$$

在谐振频率附近，SHS 腔体内空气介质的强烈共振不仅会对入射声波产生强烈响应，同时也会引起声波传播相位的突变，即产生相位不连续效应。设计超表面的两个关键条件：① 要具有相位不连续的波长厚度的微结构单元；② 微结构单元的相位变化范围至少能控制在 0~2π 之间。虽然对于 SHS 而言，满足了第一个条件，但是如果设计一种透射型超表面控制折射波，需要 SHS 能控制透射波的相位变化在 0~2π 之间，而通过仿真表明，SHS 结构的谐振强度不是非常强烈，SHS 结构在改变几何尺寸时不能产生 0~2π 之间的相位突变，因此，不能用来设计透射型声学超表面。但是，我们发现，当声波经过 SHS 反射后能产生足够大范围的相位突变，可以利用 SHS 结构设计反射型的声学超表面。

首先需要对微结构单元进行理论和仿真分析，主要利用基于有限元的多物理场软件 COMSOL Multiphysics 5.2a 进行模拟仿真，模型截面图如图 14-1(a) 所示，将单个 SHS 放在声学波导管中，其中心距离波导管的出射端面 30mm，且位于矩形波导管正中央，SHS 的直径为 25mm，开口孔洞的直径可以根据需要进行调节，SHS 壁厚 0.1mm，开口方向正对着波导管入射端面。SHS 的材料设置为类树脂材料，弹性模量为 $2\times10^{10}$Pa，密度为 1.3g/cm$^3$，空气中的密度为 $1.29\times10^{-3}$g/cm$^3$，声速为 330m/s。波导管的出射端面设置为声硬质边界条件，入射端面设置为辐射边界，侧面设置为周期性边界，当声波垂直入射到 SHS 上后，会与 SHS 结构发生相互作用，由于后面是硬质边界，所有的声波都会反射回来与 SHS 二次相互作用，反射到入射端面的声波是两次经过 SHS 结构后的波。通过分析反射声波的反射率和反射相位，从而找到合适的 SHS 超原子设计声学超表面。

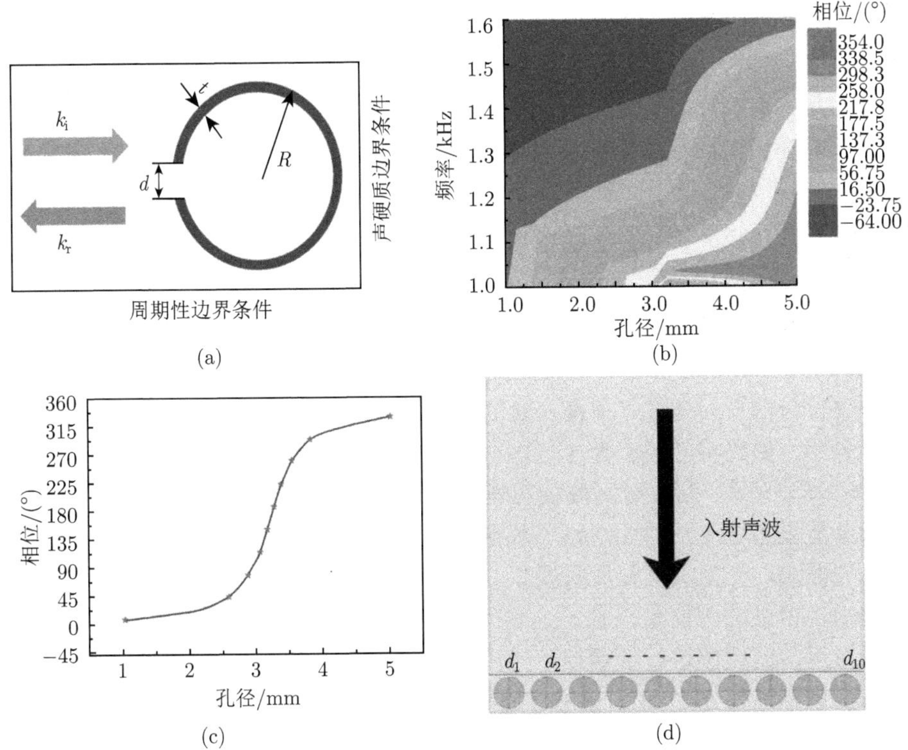


图 14-1 SHS 声学超表面设计图 (彩图见封底二维码)

(a) SHS 在波导管中横截面图；(b) 1000～1600Hz 频带内不同开口孔径 SHS 反射相位分布图；(c) 1100Hz 下 SHS 反射相位与开口孔径关系，红色点表示选择的 10 个 SHS 单元，相邻单元相位差为 π/5；(d) 由 10 个 SHS 基本单元组成的声学超表面反射阵列仿真计算的结果表明，当调节 SHS 的开口孔洞直径时，声波的反射率基本上为 1，反射相位在不同频率和不同开口孔径下的结果如图 14-1(b) 所示。为了设计声学超表面，我们在 1100Hz 频率下找出反射相位变化范围在 0~2π 的 10 个单元，每个单元的开口孔径在 1~5mm 之间，相邻两个结构单元的相位差为 π/5，如图 14-1(c) 所示。将这 10 个单元等间距地排列在一起构建成反射阵列，如图 14-1(d) 所示。

将反射阵列周期性排列成二维材料，可以制备成声学超表面，超表面的厚度为 30mm，响应频率为 1100Hz，波长为 300mm，因此，该超表面的厚度为波长的 1/10。一个反射阵列的几何尺寸与响应声波的波长相近，为了仿真计算时更好地监测结果，我们选择了四个周期性反射阵列作为仿真对象，研究其声场分布。该超表面的相位梯度为 $\dfrac{\mathrm{d}\Phi}{\mathrm{d}x}=\dfrac{\pi/5}{\Delta x}$，通过调节相邻两个单元的空间间距 $\Delta x$，可以调节反射阵列的相位梯度。

将设计的超表面放置于矩形波导管中，四个侧面均设置为周期性边界条件，入射端面设置为辐射边界条件，出射端面设置为声硬质边界条件，当施加 1Pa 声压的平面波从入射端面垂直入射到超表面后，经过远小于波长的反射阵列和硬质边界面后，会在超表面前面形成反射波，通过分离出入射波信号，可以得到反射声场分布，如图 14-2 所示。若选择基本单元的间距为 30mm，则超表面的相位梯度为 π/150rad/mm，根据普适的 Snell 定律 (公式 (14-4))，经过超表面的反射角应为

$$\theta_{\mathrm{r}}=\arcsin\left(\sin\theta_{\mathrm{i}}+\frac{\lambda}{2\pi n_{\mathrm{i}}}\frac{\mathrm{d}\Phi}{\mathrm{d}x}\right) \tag{14-6}$$

根据传统的反射定律，垂直入射的声波应该会垂直反射 (反射角为 0°)。而经过计算表明，如果响应频率为 1100Hz，理论计算出来的反射角为 90°，仿真结果如图 14-2(b) 所示，从反射区域的声场分布可以看出，声波并没有确定的波阵面，而大部分能量集中于反射面附近，说明此时反射声波沿着表面传播，即反射声波转化为表面波，产生了反常反射现象。从反射阵列的声压分布可以看出，SHS 内体腔集中了很强的声能量，且不同 SHS 的声压值由正值变化到负值，说明 SHS 的谐振对声波的相位进行了调控，在声学超表面上产生不连续的相位分布，且相位分布变化范围为 0~2π。SHS 内产生强烈的声能分布主要是由 SHS 的亥姆霍兹共振引起的，与电磁超表面的表面等离子体谐振机理类似。因此，从仿真超表面的声场分布可以说明，SHS 结构内的共振是声学超表面内产生不连续相位和对声波反常调控的物理机理。

在 SHS 结构的谐振频率 1100Hz 附近，我们发现小于 1250Hz 的频率均具有反常反射现象，选择 1160Hz 处仿真超表面反射声场的结果如图 14-2(c) 所示，从

声学波阵面很容易看出，在该频率下，反射声波的反射角为 80°，发生了反常反射现象，与公式 (14-4) 的结果一致。同时在 1250Hz 处仿真得到的结果如图 14-2(d) 所示，反射角为 66°。因此，对于同一个超表面，可以在谐振频率附近较宽的频带 (1100~1250Hz) 实现不同角度的反常反射现象，且反射角的大小满足普适的 Snell 定律。而超过 1250Hz 后，超表面反射区域变为标准的垂直反射声场。另外，从图 14-2 可以看出，斜折射声波的能量要比声表面波的能量小，说明在设计的谐振频率点处，声学超表面对声波反常调控的效率最高，而越远离谐振频率，超表面反常反射的声场能量会减小，主要由于 SHS 体腔内共振强度会随着频率增大 (远离谐振频率) 而越来越弱，从而不能产生足够强的声能去反常调控声波。

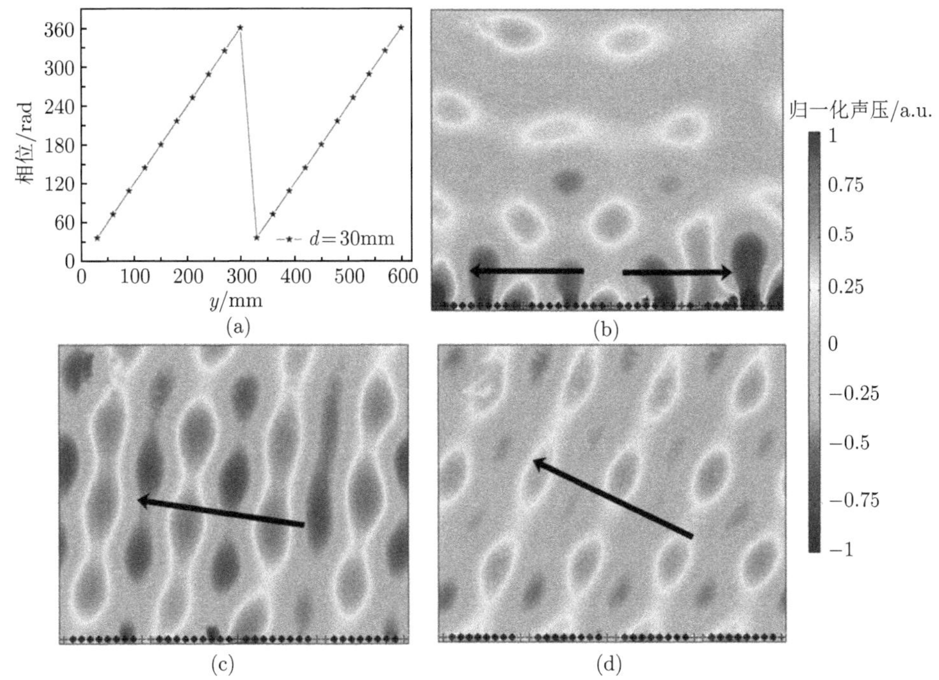


图 14-2 相位梯度为 π/150rad/mm 的声学超表面反射结果 (彩图见封底二维码)

(a) 超表面沿着 $y$ 方向相位分布；(b) 1100Hz、(c) 1160Hz 和 (d) 1250Hz 时计算的超表面反射声场

根据普适的 Snell 定律，通过改变相位梯度，可以控制反射声波的反射角度。为了验证这一理论，我们设计了三种相位梯度的声学超表面，即通过调节相邻两个 SHS 的空间间隔为 40cm、60cm 和 90cm，根据超表面的理论，这三种超表面的相位梯度分别为 π/200rad/mm、π/300rad/mm、π/450rad/mm。这三种超表面在声波垂直入射时的反射区域的声场分布如图 14-3 所示，从图中可以看出，垂

直入射的声波经过三种超表面后并没有垂直反射，从波阵面可以看出均发生了斜反射，通过仿真声场波阵面的方向可以测量出反射波的方向，分别为 48.5°、30° 和 19.4°，仿真得到的结果与普适的 Snell 反射定律一致。从声场分布可以看出，经过超表面反射的声波能量足够强，主要由于谐振单元 SHS 体腔内的声能量足够强，发生了强烈的共振，从而提高了声学超表面对反射声波的反常调控效率。

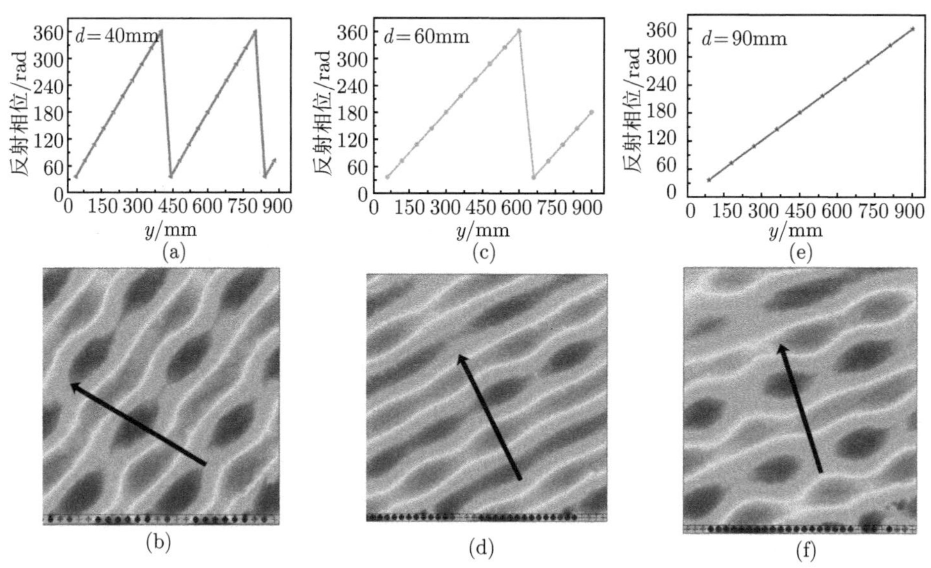


图 14-3　三种不同相位梯度声学超表面相位分布曲线以及反射声场分布图 (彩图见封底二维码)

(a)，(b) π/200rad/mm；(c)，(d) π/300rad/mm；(e)，(f) π/450rad/mm

### 14.2.3　双开口空心球声学超表面

1. 理论模型

根据前面关于声学超表面的仿真结果，具有谐振功能的超原子 SHS 可以用来设计相位不连续的超表面，从而对声反射波进行反常调控。根据前期工作，双开口空心球 (DSHS) 也具备谐振功能，且基于 DSHS 的声学超材料在谐振频率附近弹性模量为负值，因此，也可以用来设计声学超表面。

根据第 9 章介绍，在声学领域，三维 DSHS 相当于两个声感和一个声容组成的等效电路，整个电路会有不同的谐振机理。DSHS 中的等效声感和声容与其几何尺寸相关，左侧开口短管的声感为 $L_1 = \rho_0 t/S_1$，右侧开口短管的声感为 $L_2 = \rho_0 t/S_2$，中间体腔的声容为 $C_{\rm a} = V/(\rho_0 c_0^2)$，由于选择空气作为流体介质，其中 $\rho_0$、$c_0$ 为空气的质量密度和声速，$S_1 = S_2 = \pi d^2/4$ 为两个开口短管的横截面积，$V = 4\pi R^3/3$ 为体腔的几何体积。根据声学器件的连接方式，可以知道 DSHS 发生

谐振时满足 $\mathrm{i}\omega L+1/(\mathrm{i}\omega C)=0$，计算得到谐振频率为 $f=1/(2\pi\sqrt{(L_1+L_2)C_\mathrm{a}})$。而在谐振频率附近，DSHS 结构可以产生相位突变，变化范围可以在 0~2π 之间，具有设计超表面的前提条件。

首先对微结构单元进行理论和仿真分析，主要利用基于有限元的多物理场软件 COMSOL Multiphysics 5.2a 进行模拟仿真，模型截面图如图 14-4(a) 所示，将单个 DSHS 放置在声学波导管中，开口方向正对着波导管入射端面和出射端面。DSHS 的球直径为 25mm，两个开口孔洞的直径相等，可以根据需要进行调节，DSHS 壁厚 0.1mm，其中心距离波导管的出射端面 30mm，且位于矩形波导管正中央。DSHS 的材料设置和边界调节设置与 14.2.2 节类似。通过分析反射声波的反射率和反射相位，从而找到合适的 DSHS 超原子设计声学超表面。

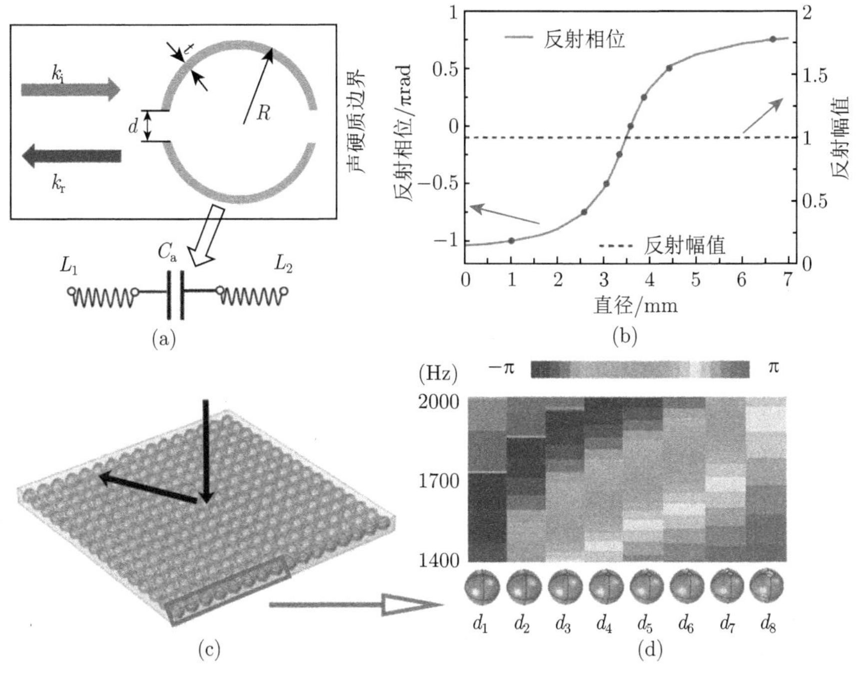


图 14-4 超表面模型分析图 (彩图见封底二维码)

(a) DSHS 在波导管中横截面图；(b) 仿真得到 1700Hz 时不同开孔直径 DSHS 反射幅值和相位曲线以及相位差为 π/4 的 8 个基本单元 (圆点)；(c) DSHS 二维超表面示意图；(d) 8 个 DSHS 单元在频率 1400~2000Hz 的反射相位分布

仿真计算的结果表明，当调节 DSHS 的开口孔洞直径时，声波的反射率基本上为 1，反射相位在不同频率和不同开孔直径下的相位不同。为了设计声学超表面，我们在 1700Hz 频率下找出反射相位变化范围在 0~2π 的 8 个单元，每个单元的开孔直径在 1~5mm 之间，相邻两个结构单元的相位差为 π/4，如图 14-4(b) 所示。8 个 DSHS 基本单元的开孔直径分别为 $d_1 = 1\text{mm}$、$d_2 = 2.58\text{mm}$、$d_3 = 3.06\text{mm}$、$d_4 = 3.34\text{mm}$、$d_5 = 3.58\text{mm}$、$d_6 = 3.88\text{mm}$、$d_7 = 4.43\text{mm}$ 和 $d_8 = 6.75\text{mm}$。将这 8 个单元等间距地排列在一起构建成反射阵列，如图 14-4(d) 所示。从图中可以看出每个 DSHS 单元在不同频率的相位分布，而根据设计要求，只能在 1700Hz 找出满足相位分布在 0~2π 的范围，将这 8 个单元的反射阵列周期性排列成二维的声学超表面材料，如图 14-4(c) 所示。仿真计算垂直入射时声波的响应情况。

2. 仿真结果与讨论

为了减少计算的工作量，将 3 个反射阵列放置于矩形波导管中，四个侧面均设置为周期性边界条件，入射端面设置为辐射边界条件，出射端面设置为声硬质边界条件，施加 1 Pa 声压的平面波从入射端面垂直入射到超表面后，经过远小于波长的反射阵列和硬质边界面后，会在超表面反射区域形成反射声场，其反射效果与二维声学超表面是一致的。

若选择基本单元的间距为 30mm、60mm 和 90mm，则超表面的相位梯度分别为 π/120rad/mm、π/240rad/mm、π/360rad/mm，这三种超表面分别定义为样品 A、B 和 C，仿真时样品 A 按 1 个基本单元等间距 (30mm) 排列，样品 B 按 2 个基本单元等间距 (60mm) 排列，样品 C 按 3 个基本单元等间距 (90mm) 排列。三种样品的仿真结果分别如图 14-5(b)、(c)、(d) 所示，在 1700Hz 处，三种超表面对垂直入射的声波均有斜反射现象，反射角分别为 58°、24°、15°，根据普适的 Snell 反射定律 (公式 (14-4))，经过超表面的反射角应为 56.4°、24.6°、16.1°，仿真得到的结果与理论结果一致，说明超表面具有反常反射现象，为了作对比，仿真计算了声波经过硬质平面板的反射情况，如图 14-5(a) 所示，垂直入射的声波满足传统的 Snell 定律发生垂直反射。通过分析三种超表面的能量分布可知，DSHS 体腔内的能量比自由空间的大很多，且存在负的声压，表示超表面中的 DSHS 结构具有局域共振和反相响应。对比样品 A、B、C，随着相位梯度变大，DSHS 内部的负声压会变小，即意味着 DSHS 内的局域共振强度变弱，同时从三种超表面的反射声场分布可以看出，反常反射的声压强度也会变小。因此，DSHS 的局域共振是超表面反常反射现象的主要影响因素，这些现象表明，具有负弹性模量的对称结构 DSHS 可以用于设计声学超表面。

声学超表面是基于局域共振机理设计的，理论上来说，声学超表面对声波的反常调控应该在一个固定频率，这个弊端也阻碍了其在实践中的应用。为了讨论超表面在宽频带的行为，我们研究了样品 A (相位梯度为 π/120rad/mm) 在谐振频率附近的反射声场分布。当 1700Hz 的声波垂直入射时会发生斜反射，在 1700Hz

附近，仿真的样品 A 的反射声场分布如图 14-6(b)~(f) 所示，当入射声波频率为 1600Hz、1750Hz 和 2000Hz 时，仍能发生反常反射现象，对应的反射角分别为 65°、53°、45°，与普适 Snell 定律计算得到的结果 (分别为 62.3°、54°、45°) 相一致。当垂直入射声波频率小于 1600Hz 时，反射声波满足传统的 Snell 定律，如图 14-6(e) 所示，当入射声波为 1500Hz 时，反射声波波前为垂直方向。而当入射声波为 2100Hz 时 (高于 2000Hz)，反射声场变得混乱和不规则，也就意味着经过超表面后声波具有较强的散射现象。因此，样品 A 是一种能在 1600~2000Hz 频段内发生反常折射的声学超表面，其带宽为 400Hz。同时从图 14-4(d) 可以看出，8 个基本单元在 0~2π 范围内相位不连续的频段刚好也是 1600~2000Hz。从图 14-6(a)~(f) 可以看出，最规则的反射波前位于 1750Hz，而不是在谐振中心频率 1700Hz，这种误差主要由 DSHS 之间的弱相互作用引起。同时可以看出，随着频率越远离 1750Hz，反射波前越不规则，主要由于 DSHS 腔体内的声能量变弱且其局域共振强度会越来越弱，这些结果进一步表明 DSHS 的局域共振是产生声学超表面反常反射的物理机理。

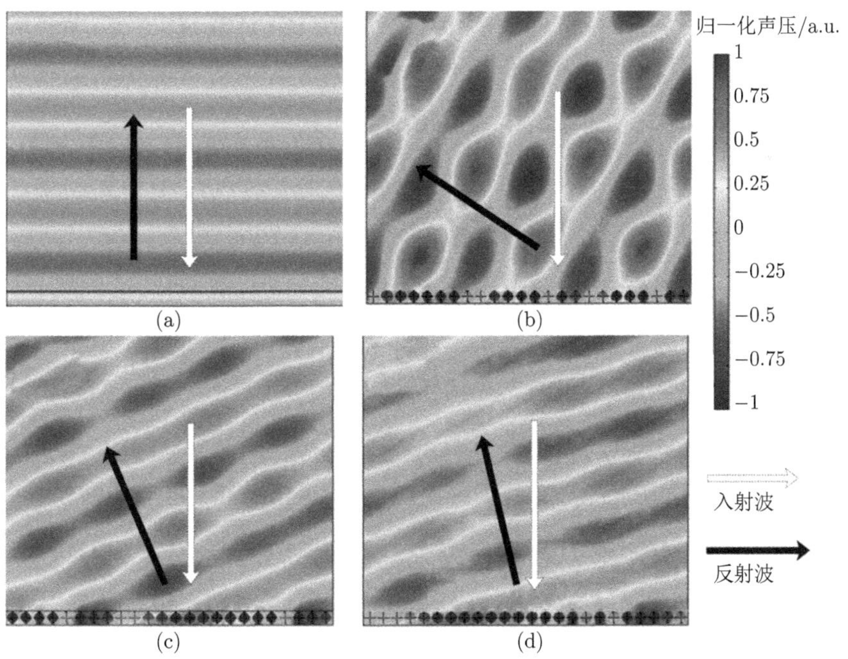


图 14-5 平面声波垂直入射时不同样品的反射声场图 (彩图见封底二维码)

(a) 平面硬质基底；(b) 样品 A；(c) 样品 B；(d) 样品 C

我们进一步研究了声学超表面样品 B (相位梯度为 π/240rad/mm) 和样品 C

(相位梯度为 π/360rad/mm) 的反射声场分布，如图 14-7 所示。从波前分布可以看出，这两种超表面均可以在宽频段 1600∼1900Hz 实现反常反射现象，比样品 A 的带宽更窄。从图 14-7(a)∼(d) 可以看出，对于样品 B，在中心频率为 1750Hz 时，其反常反射的波前最规则，远离中心频率时，其反射波前的形状会越来越不规则。对于样品 C，从图 14-7(e)∼(h) 可以看出，其反常反射的中心频率为 1700Hz，但是波前并不是非常规则，可能由于不同 DSHS 单元的间距变大使其波前的分辨率降低，当入射声波频率远离中心频率时，其反射波前也会越来越不规则。根据样品 A、B 和 C 的结果，可以看出，DSHS 的局域共振和相邻不同结构单元的相互作用是产生超表面反常反射的主要影响因素。

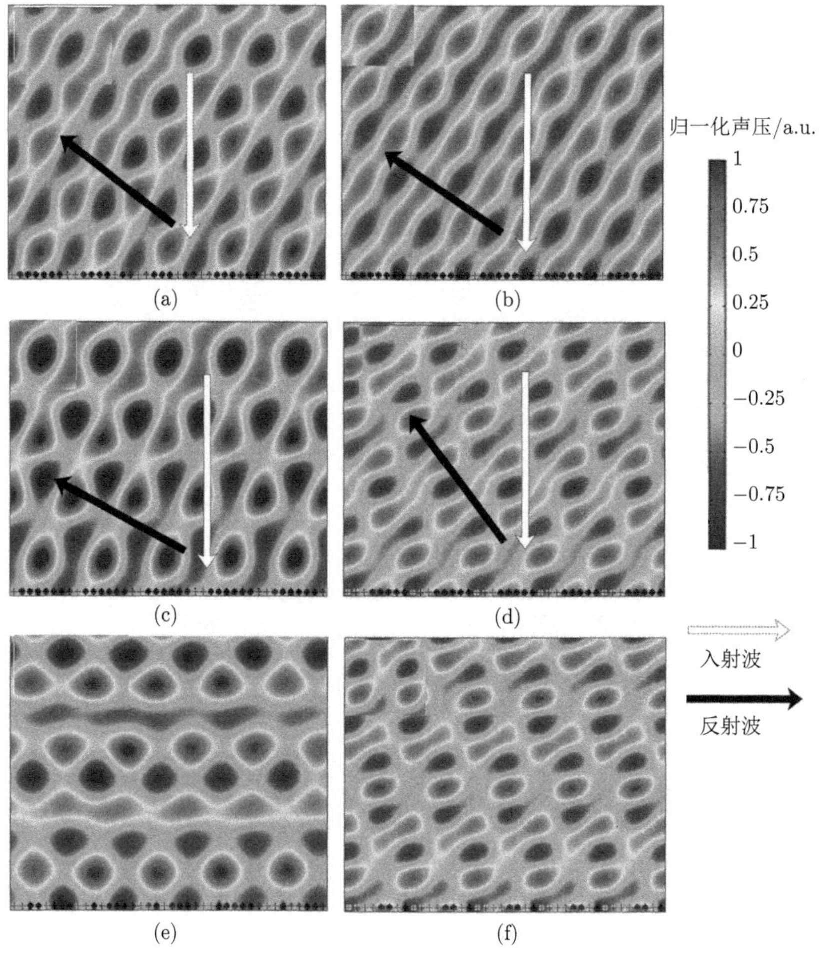


图 14-6　样品 A 在不同频率的反射声场分布图

(a) 1700Hz；(b) 1750Hz；(c) 1600Hz；(d) 2000Hz；(e) 1500Hz；(f) 2100Hz

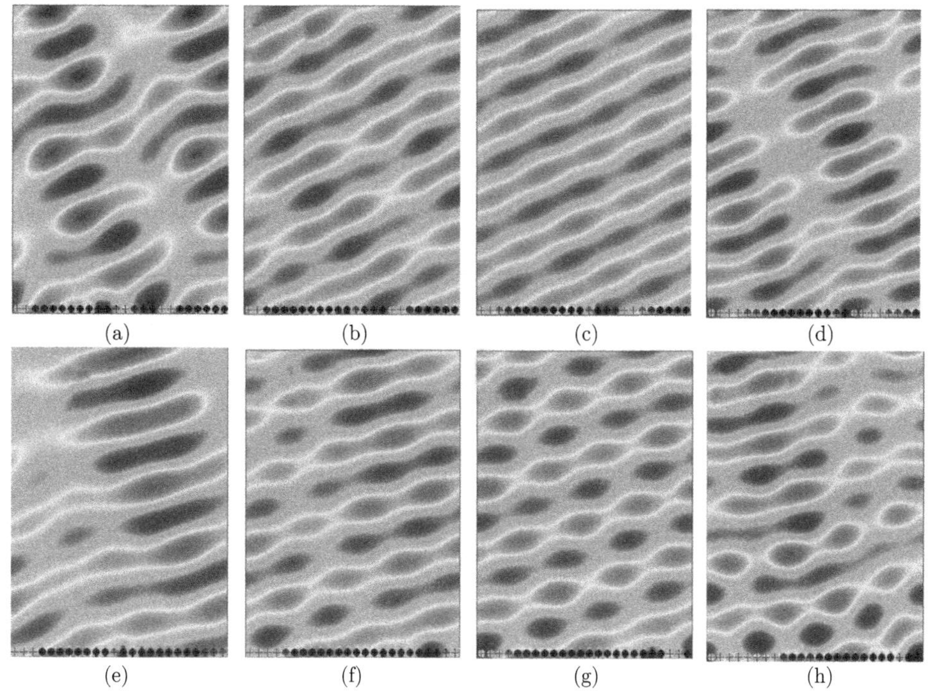

图 14-7 样品 B (a)~(d) 和样品 C (e)~(h) 分别在不同频率的反射声场分布

(a)、(e) 1600Hz；(b)、(f) 1700Hz；(c)、(g) 1750Hz；(d)、(h) 1900Hz

3. 实验验证

在实验测试时，如果选择工作频率在 1700Hz，波长较大，制备的样品和装置也会要求很大，为了简化实验测试装置，将双开口空心球超表面的设计尺寸减小，设计出直径为 15mm、壁厚为 0.5mm 的双开口空心球，选择 8 个开口孔洞直径分别为 $d_1 = 1\text{mm}$，$d_2 = 3.25\text{mm}$，$d_3 = 3.49\text{mm}$，$d_4 = 3.6\text{mm}$，$d_5 = 3.68\text{mm}$，$d_6 = 3.76\text{mm}$，$d_7 = 3.88\text{mm}$，$d_8 = 4.18\text{mm}$，每两个相邻 DSHS 的相位差为 $\pi/4$，刚好覆盖 $0\sim2\pi$ 范围的相位值。相邻两个 DSHS 的间距为 20mm，8 个单元构成反射阵列，将反射阵列周期性排列即可实验制备出声学超表面。

为了实验验证超表面的反常反射现象，我们搭建了一套声学波导管实验装置，如图 14-8(a) 所示，声学波导管主要由有机玻璃制成，其尺寸为 1700mm×1100mm×30mm，在出射端放置一个有机玻璃立方条，保证出射端为声硬质边界条件，将亚波长厚度的声学超表面粘贴在波导管出射端的立方条上，超表面一个周期结构的放大图见图 14-8(a)。平面波喇叭 (型号 BMS 4512ND，尺寸 101.6mm×25.4mm) 放置于声波导管的入射端面，可以向波导管内发射平面声波，将一个传声器 (型号 MPA416，直径 6.35mm) 放置于扫描区域测试反射信号，扫

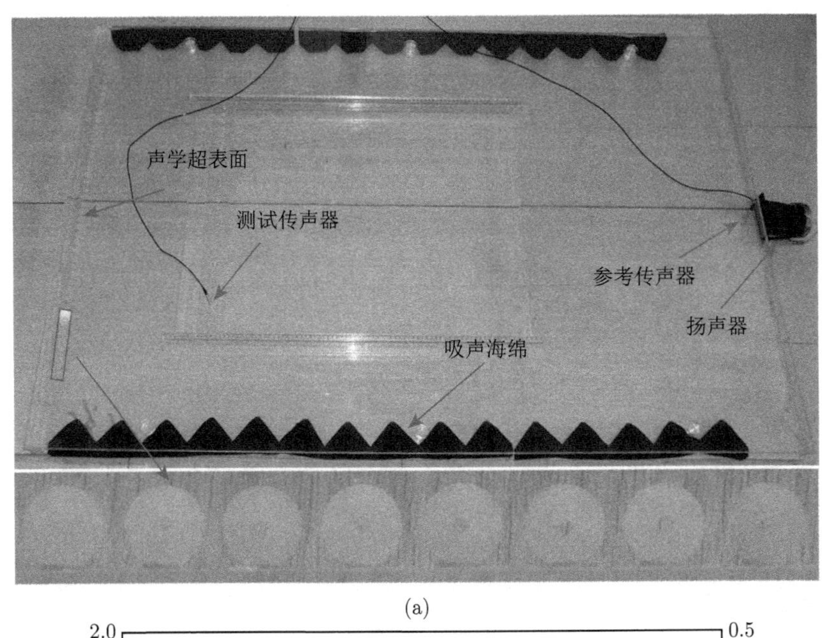


(a)

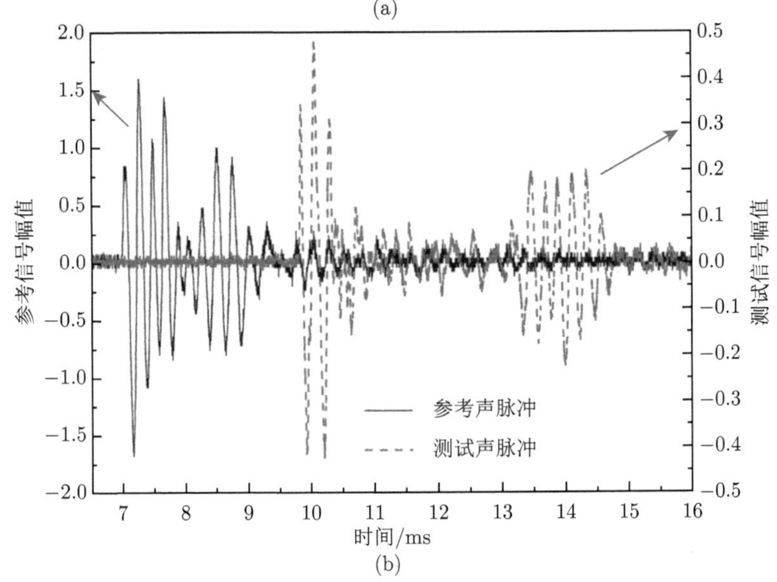


(b)

图 14-8　实验测量装置

(a) 声学波导管测试系统，最下面一排表示超表面放大图；(b) 实验采集的参考传声器信号 (实线) 和测试传声器信号 (虚线)

描区域的尺寸为 180mm×140mm，传声器每隔 2cm 采集一个信号，可以同时采集到入射波和反射波信号，另一个传声器放置于平面波喇叭附近采集参考信号，所有的信号可以通过示波器 (型号 Tektronix DPO3014) 处理后显示出来。利用声

望发声系统 (VA-Lab4) 激发一种频率为 4000Hz、宽度为 500μs 的声脉冲，经过喇叭后发射的是平面声脉冲，此时入射声脉冲会先通过参考传声器，再通过测试传声器，经过超表面反射后，反射波会再次通过测试传声器，此时利用示波器会显示出这些脉冲信号，如图 14-8(b) 所示为测试传声器在坐标 (2cm，2cm) 位置测试的不同时间下的信号，黑色曲线代表入射参考信号，红色曲线代表测试信号，很明显测试信号有两段明显的信号曲线，前一段代表入射脉冲，后一段代表反射脉冲。为了更准确地表示脉冲信号，采集信号点时设置采样间隔为 2μs。入射波和反射波的声压幅值通过信号曲线表示为 $A_{\mathrm{i}}$ 和 $A_{\mathrm{r}}$，反射相位可以通过反射信号与入射信号以及参考信号之间的时间延迟计算出来。入射信号与参考探头信号之间的时间延迟记为 $\Delta t$；反射信号与参考探头信号之间的时间延迟记为 $\Delta t'$。一个脉冲波的时间周期为 250μs，故每个测量点处的入射声压可以用公式表示为

$$P_{\mathrm{i}} = A_{\mathrm{i}} \cos\left(2\pi\frac{\Delta t}{250}\right) \tag{14-7}$$

同理，可得到反射声波声压为

$$P_{\mathrm{r}} = A_{\mathrm{r}} \cos\left(2\pi\frac{\Delta t'}{250}\right) \tag{14-8}$$

在扫描区域内利用测试传声器记录每个点的测试信号，再对比参考传声器测试的参考信号，可以得到每个扫描点的 $(A_{\mathrm{i}}, \Delta t)$ 和 $(A_{\mathrm{r}}, \Delta t')$。将每个扫描点测试的数据 $(A_{\mathrm{i}}, \Delta t)$ 代入公式 (14-7) 进行归一化处理，可以得到扫描区域入射声场的声压，测试的结果如图 14-9(c) 所示，从图中的波前形状可以看出，入射声波为垂直方向的平面声波。再将每个扫描点测试的数据 $(A_{\mathrm{r}}, \Delta t')$ 代入公式 (14-8) 进行归一化处理，可以得到扫描区域反射声场的声压，测试的结果如图 14-9(d) 所示，从波形图可以看出，反射波的方向与超表面不垂直，而发生了斜反射，黑色的箭头表示斜反射声波的方向，反射角为 33.4°。我们同时利用基于有限元方法的 COMSOL 软件仿真计算了频率为 4000Hz 的声波垂直入射到超表面时的反射声场分布图，入射声波为平面声波，如图 14-9(a) 所示，反射声波的波前表示发生了斜反射，反射角为 32°，而通过普适的 Snell 定律 (公式 (14-6)) 计算得到的反射角为 32°。因此，实验测试结果与仿真计算以及理论结果相一致。

调节相邻 DSHS 结构单元的间距 $\Delta x$ 可以调节声学超表面的相位梯度，从而可以控制声学超表面对 4000Hz 垂直入射声波的斜反射方向，实验测试斜反射的角度可以从 33.4° 到 15°，即 $\Delta x$ 从 20mm 变化到 40mm，如图 14-10 的圆圈所示。理论上来说，超表面对斜反射声波角度控制在 45° 到 10° 之间，如图 14-10 的实线所示。因此，超表面内 DSHS 单元的弱相互作用，使得每个单元各自发挥

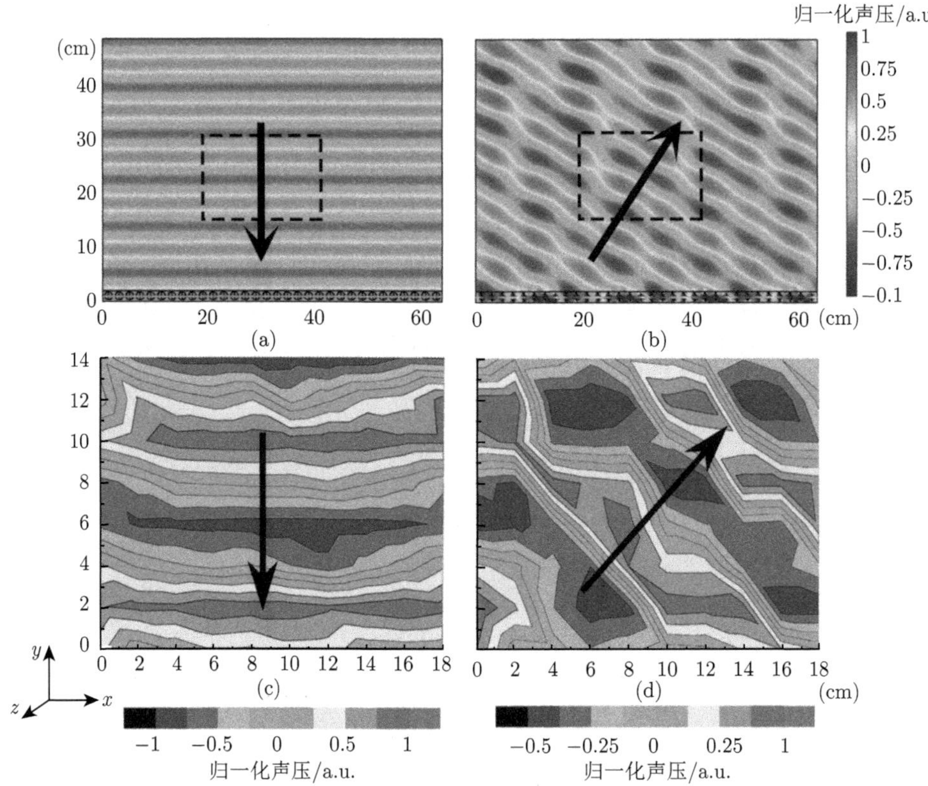


图 14-9　超声表面发生反射的声场分布图 (彩图见封底二维码)

(a) 仿真计算和 (c) 实验测试垂直入射声场分布；(b) 仿真计算和 (d) 实验测试反射声场分布

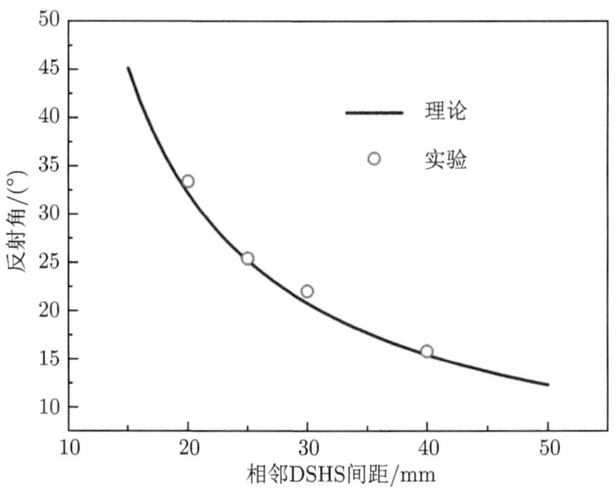


图 14-10　超表面反射角与相邻 DSHS 间距关系

谐振功能，仅通过单元的间距即可以调控反射声波的方向，且随着单元间距增大，反射声波的角度会逐渐变小。

### 14.2.4 对开口空心球声学超表面

1. 模型设计

对开口空心球 (DDSHS) 由两个纵向平行排列的双开口空心球 (DSHS) 构成，基本结构如图 14-11(a)、(b) 所示 [33]。两空心球具有相同的半径 $R = 15\text{mm}$ 和壁厚 $t = 0.5\text{mm}$，每个空心球有两个对称且孔径大小相同 ($2R_1 = d_1 = d_2, 2R_2 = d_3 = d_4$) 的开口孔洞。空心球的球壳材质为聚乳酸 (PLA) 材料，相对空气的声阻抗足够大，因此相对空气可认为是声学硬边界介质，可利用声学传输线的等效模型分析，其中 DSHS 中的短管等效为声感，体腔等效为声容，等效电路模型如图 14-11(c) 所示。

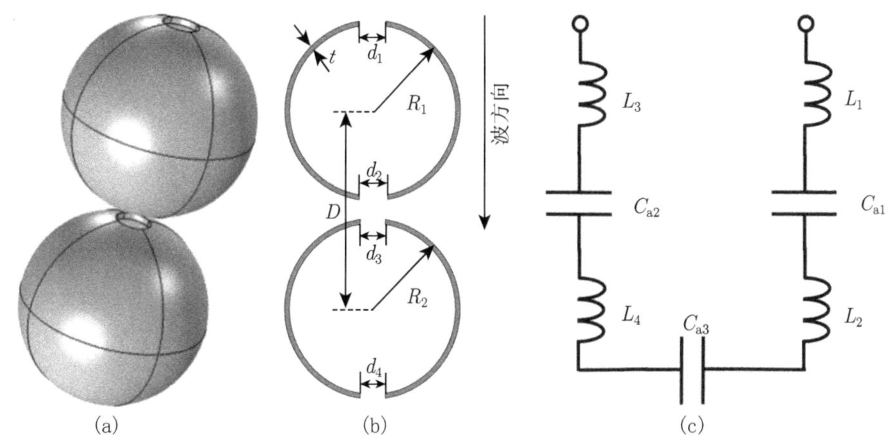


图 14-11 基本结构示意图

(a) 三维立体图；(b) 二维截面图；(c) 等效电路模型

声波从孔流入，通过空腔–孔–空气隙–孔–空腔流动，然后通过孔流出。通过改变 DDSHS 的开孔口径，可以得到不同的透射振幅和相位。首先，我们采用基于有限元方法的 COMSOL Multiphysics 软件仿真研究了单个基本结构在矩形声波导管中的透射率和透射相位，采用声学模块，物理场设置为压力声学，域内空气设置为黏性流体，其中空气动态黏度 ($\mu$) 和体积黏度 ($\mu_B$) 分别为 $1.79\times10^{-5}\text{Pa·s}$ 和 $5.46\times10^{-2}\text{Pa·s}$。设置结构材质为 PLA 材料，其中质量密度 ($\rho$)、杨氏模量 ($E$) 和泊松比 ($\sigma$) 分别为 $1.24\times10^3\text{kg/m}^3$、3.5GPa 和 0.41。矩形波导的前后面设置为辐射边界条件，其中入射端施加一声压为 1.0Pa 的时谐平面波，周围的四个边界设置为周期性边界条件。

通过改变 DDSHS 的两个开口半径 $r_1$ 和 $r_2$，可以得到其透射相位和透射幅值，分别如图 14-12(a) 和 (b) 所示，由仿真结果可知，该模型所能产生的相位变化范围覆盖 $-\pi$ 到 $\pi$。我们可以通过调节开口孔径大小来调控透射单元相位，根据普适 Snell 定律，能够设计出实现声波反常透射的超表面，并通过改变单元间距 d$y$ 的大小来实现透射角度的改变。以 DDSHS 为一个单元，我们设计相邻两单元相位相差 $\pi/4$，使八个单元能变化 $2\pi$ 相位，设计的八个单元如图 14-12(c) 所示，所设计的超表面包含四个周期，声波垂直于超表面正入射，前后球心距离为 20mm。沿超表面 $y$ 轴方向可以排列不同间距的基本单元，如图 14-12(d) 所示，单元间距 d$y$ 从 16mm 改变为 18mm、20mm、22mm，其对应的相位梯度分别为 $\pi$/64rad/mm、$\pi$/72rad/mm、$\pi$/80rad/mm、$\pi$/88rad/mm。

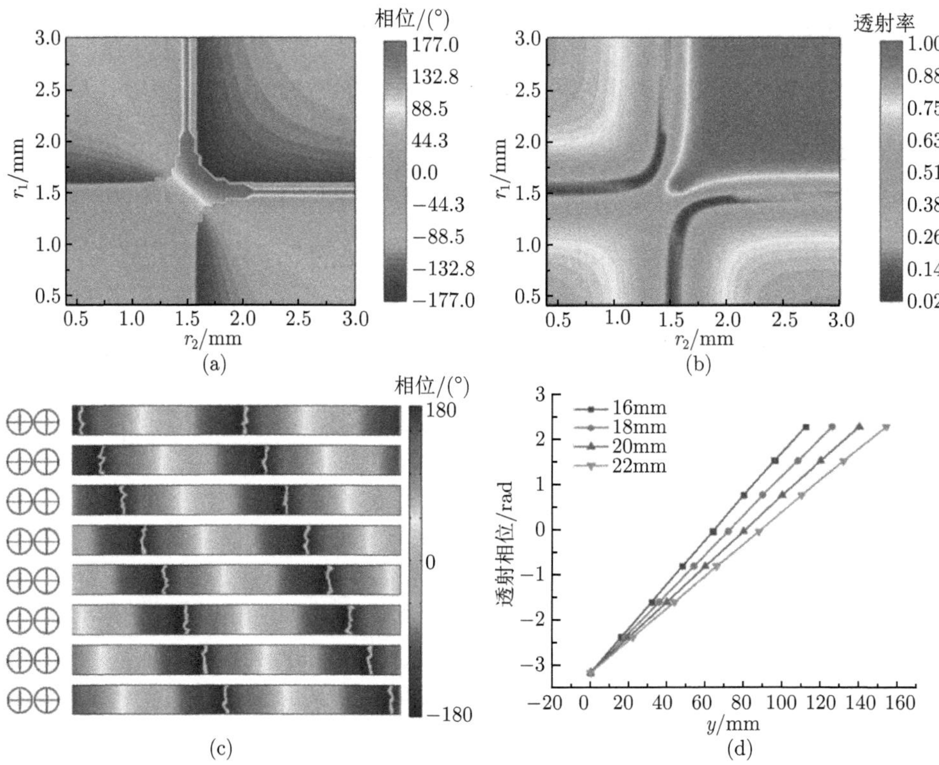


图 14-12　不同开口半径 $r_1$ 和 $r_2$ DDSHS 的透射性质 (彩图见封底二维码)

(a) 透射相位；(b) 透射幅值；(c) 设计的 8 个单元相位分布；(d) $y$ 方向排列不同间距的基本单元的透射相位分布

图 14-13(a)~(d) 分别为不同相位梯度对应的声压相位图。从图中可以看出，当声波垂直入射到超表面上时，透射波并不是按照传统的 Snell 定律发生垂直折

射，而是发生了斜折射，黑箭头表示折射波前的传播方向，经过测量折射波前的方向，得到的折射角满足普适 Snell 折射定律。

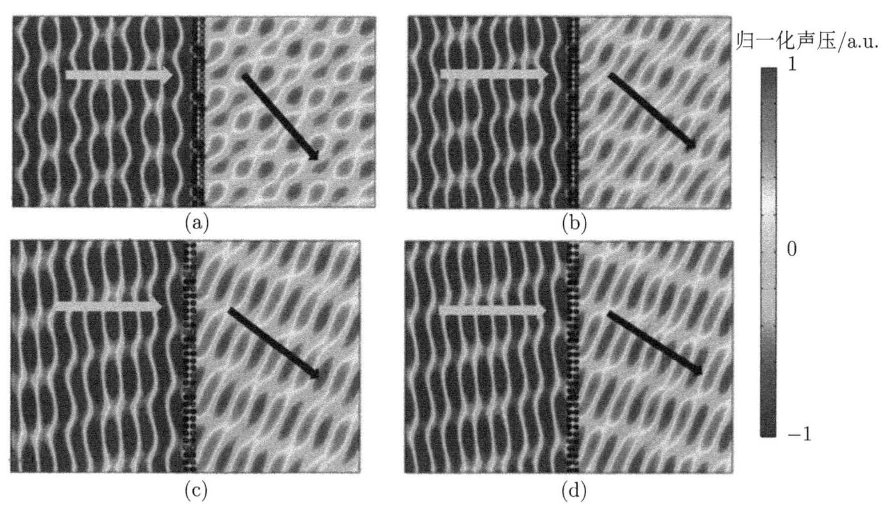


图 14-13　不同相位梯度的声学超表面对应负折射声压相位图 (彩图见封底二维码)

(a) π/64rad/mm；(b) π/72rad/mm；(c) π/80rad/mm；(d) π/88rad/mm

同时，我们设计了可以实现聚焦的平板锥透镜。锥形平板聚焦是指能将透射声波的相位面调制为锥形相位面，以实现轴上锥形聚焦的超表面。图 14-14 为原理示意图，其中单元沿着 $y$ 轴方向排列，$P_A$ 为某单元的位置，$\beta$ 是锥透镜的锥角，DOF 为锥顶点到超表面的距离，$\beta = \arctan(y/\mathrm{DOF})$。

对于一个给定的锥角 $\beta$，加在每个点 $P_A(y)$ 的相移 $\Phi(y)$ 必须满足

$$\Phi(y) = k\overline{P_A S_A} = \frac{2\pi}{\lambda}|y|\sin\beta \tag{14-9}$$

根据公式 (14-9)，定义锥角 $\beta = 30°$，声波频率为 $f = 3565\mathrm{Hz}$，声波波长为 $\lambda = 95\mathrm{mm}$，则基于所得到的相位与单元孔径的关系，沿 $y$ 轴的单元对应的离散相位分布如图 14-14(b) 所示。图 14-14(c) 为声强分布，可以看出，该超表面能实现良好的透射平板聚焦，在主聚焦斑 $f = 90\mathrm{mm}$ 处声强约为入射声强的 3.78 倍，并在主聚焦斑后方 100mm 处有另一次级聚焦斑，焦距 $f = 190\mathrm{mm}$，强度约为入射声强的 2.4 倍。

2. 实验设计与结果分析

根据仿真结果，实验制备了 DDSHS 声学超表面样品。样品采用聚苯乙烯塑料，按照模型设计制成样品，将样品放置于波导管环境下测试其透射声场分布，如

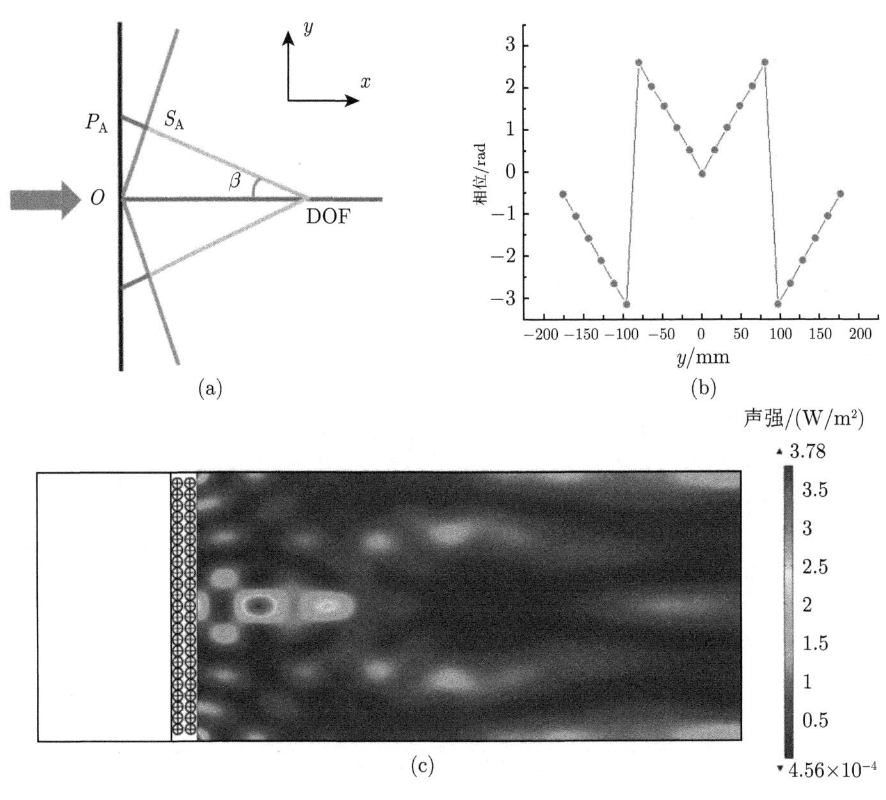


图 14-14　锥形平板聚焦

(a) 原理示意图；(b) 沿 $y$ 轴单元对应的离散相位分布；(c) 声强分布

图 14-15(a) 所示。声学波导由有机玻璃制成，尺寸为 1700mm×1100mm×30mm，其中声学超表面平行放置在波导内，波导管四周填充吸声海绵来消除环境噪声，也避免了界面处反射波对声场的影响。平面波声源 (BMS 4512ND) 放置在波导管前端。测试麦克风 (MPA416) 放置在测试区域来接收透射信号，参考麦克风放置在声源附近来接收发射信号。所有的测试信号会转换为被示波器 (Tektronix DPO3014) 处理的电信号，并由配套的计算机进行处理。通过使用声望脉冲系统来发射一个长度为 150μs 的 3565Hz 的声脉冲，每 2s 发声 1 次，它先传输到参考麦克风，然后经过声超表面透射后传输到测试麦克风。为了准确识别不同的测试信号，示波器数据采集点的时间间隔设置为 2μs。测量区域为 35.2cm×25cm，沿 $x$ 方向每 1cm 取一点，沿 $y$ 方向每 1.6cm 取一点。测试声脉冲信号和参考声脉冲信号同时被读取，它们出现的位置关系如图 14-15(b) 所示，通过信号所处的时间位置可以得到其透射相位。通过脉冲信号可以计算出透射信号与参考探头信号之间的时间延迟为 $\Delta t'$。一个脉冲波的时间周期为 250μs，故每个测量点处的透射

声压可以用公式表示为

$$P_{\mathrm{t}} = A_{\mathrm{t}} \cos\left(2\pi\frac{\Delta t'}{250}\right) \tag{14-10}$$

实验测试的超表面样品透射后声场分布如图 14-15(d) 所示，通过结果对比可以发现，其结果与仿真的声强分布 (图 14-15(c)) 符合得较好。在样品中心位置沿 $x$ 方向即沿波传播方向上，声波透过样品后声强先减小后增大，直至在距样品 125mm 处达到最大值，出现一聚焦斑，之后声强减小并再次增大，在距样品 200mm 处达到又一峰值后，逐渐减小。实验结果与仿真结果略有差异，这主要是由实际模型在加工过程中的误差造成的。

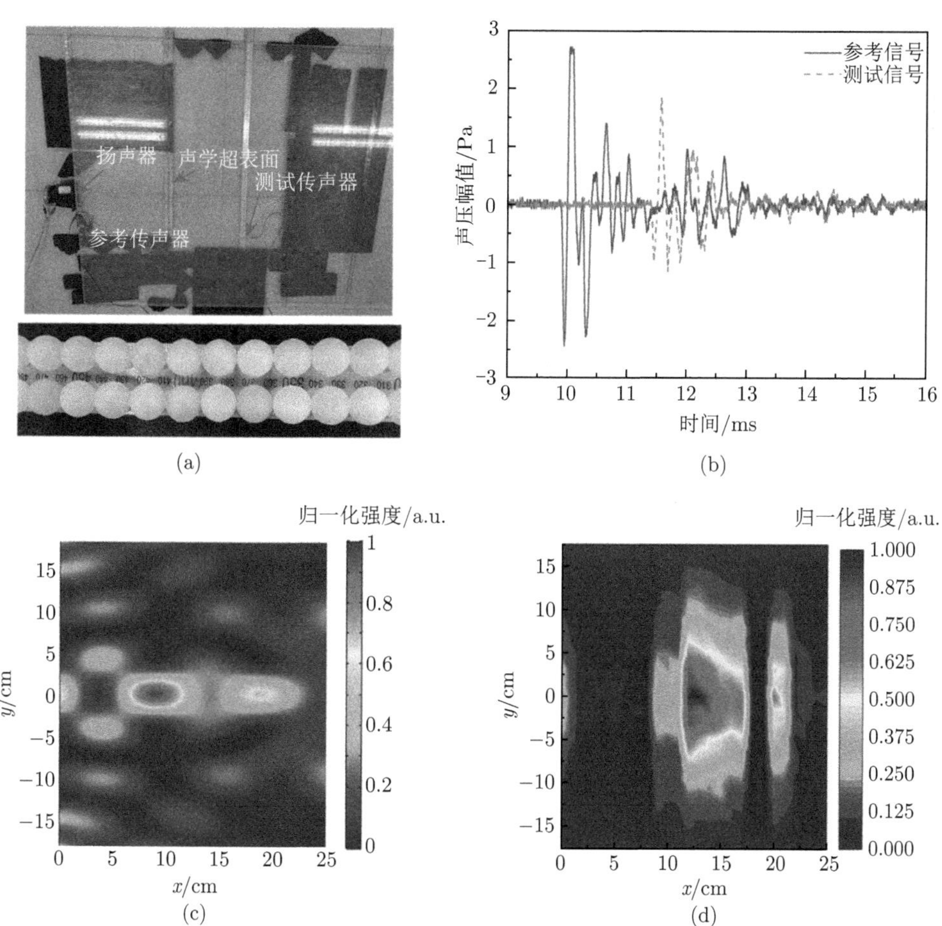


图 14-15 测量入射和透射波声场实验装置，插图为超表面样品放大图 (彩图见封底二维码)

# 14.3　超分子结构声学超表面

## 14.3.1　开口空心管声学超表面

1. 模型设计

根据前面关于声学超表面的介绍，开口空心球超原子及其演化结构在其谐振频段可以实现 0~2π 的不连续相位分布。根据第 10 章介绍，超分子结构开口空心管具有两种谐振性质，由两种超原子高度耦合而成，根据之前的研究 [26]：两种超原子构成超材料可以实现不同的负等效参数 (空心球超材料可以实现负等效弹性模量，空心管超材料可以实现负等效质量密度)，而高度耦合的超分子结构构成超材料则可以同时实现双负效应。分析超分子结构时，可以认为该结构对声波的响应是由两个超原子 (开口空心球和空心管) 共同作用的，可以看成空心管超原子结构里面镶嵌一个开口空心球超原子结构，如图 10-1 所示，其声学特性可以类比电路中的 $L$-$C$ 共振，侧孔和虚拟球体空腔分别等效为声感和声容部分，根据 10.2 节的分析，超分子结构的共振频率为

$$\omega_0^2 = \frac{1}{(C_1 + C_2)\dfrac{L_1 L_2}{L_1 + L_2}} \tag{14-11}$$

通过以上分析，构成超分子的两个超原子的结构参数 (孔径和管长) 会影响该亚单元的共振频率，而共振伴随着相位扭转，这就为实现反射相位 0~2π 的不连续变化提供了可能。

如图 14-16(a) 是一个超分子结构单元在波导管中的仿真示意图，侧孔在距离管口 5mm 处，管的内径和外径分别为 5mm 和 7mm，远小于波长。根据以上超

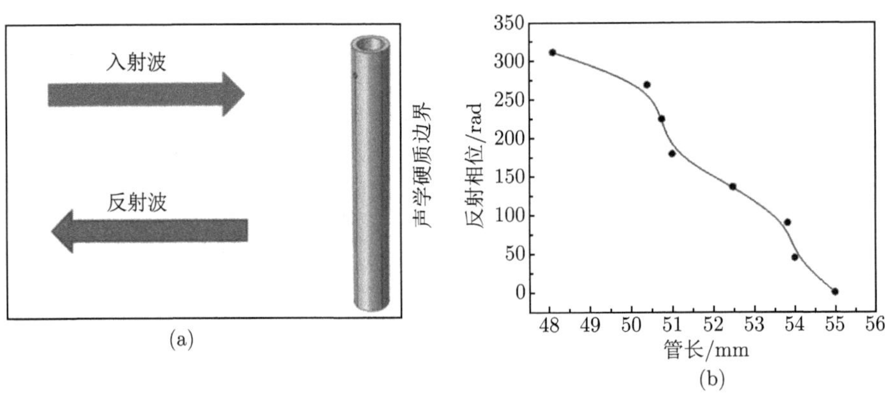


图 14-16　单个超分子单元仿真

(a) 结构示意图；(b) 入射频率 3000Hz 时反射相位与管长关系

分子结构理论模型及共振频率的分析，通过改变两个超分子的结构参数 (管长及孔径) 可以调节结构单元的声波响应行为。首先，我们选取工作频率为 3000Hz，当开口孔径 ($R = 0.5\text{mm}$) 不变时，只改变管长 $H$ 的大小，研究其对超分子结构反射行为的影响。如图 14-16(b) 所示为超分子单元的反射相位随着管长的变化关系，从图中可以看出，所设计的超分子单元在工作频率 3000Hz 处可以实现反射相位 0~2π 的不连续变化，且选取的 8 个超分子单元之间的相位差值为 π/4。这 8 个超分子单元构成超分子簇，且该超分子簇的厚度仅为 7mm，是工作波长的 1/16[32]。

2. 仿真结果分析

超表面中引入一个额外的相位梯度，根据普适 Snell 定律，通过改变相位梯度可以任意控制反射角，而相位梯度则是由相邻两个超分子单元之间的距离决定。

利用基于有限元的 COMSOL 软件对仿真声学超表面的反射行为，在工作频率 3000 Hz 处对超表面反射角与相位梯度之间的关系进行研究。研究对象为整个超分子簇的反射场，设置入射的平面波变为背景压力场，波导管周边设置周期性边界条件，消除边界对声波的干扰和散射。

我们首先选取了相位梯度为 π/80rad/mm 的超表面进行分析，仿真工作中，超表面沿 $y$ 轴放置，即引入的相位补偿沿 $y$ 轴方向。如图 14-17 所示，仿真计算出超分子超表面的瞬态声场图，白色箭头和黑色箭头分别表示入射声波和反射声波的方向，根据普适 Snell 定律公式可以理论计算出超表面的反射角为 45°，通过对比，发现仿真结果和理论值吻合。

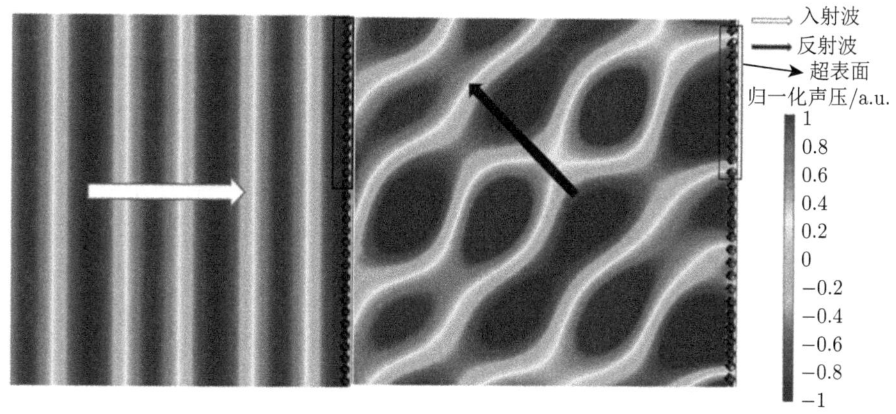


图 14-17 相位梯度为 π/80rad/mm 时计算的入射和反射声压分布

对于 0° 入射的平面声波，我们设计不同的相位梯度来研究超分子超表面调控声波波前的能力，找出超分子超表面反射角与相位梯度的关系。选取了四种相位梯度的超表面进行仿真，相位梯度 $\dfrac{\mathrm{d}\Phi}{\mathrm{d}x}$ 分别为 π/160rad/mm、π/112rad/mm、π/80rad/mm、π/60rad/mm。得到的结果如图 14-18 所示，反射角分别为 20.9°、30.4°、45°、70.8°，可以看出反射角会随着超表面的相位梯度增加而增大。

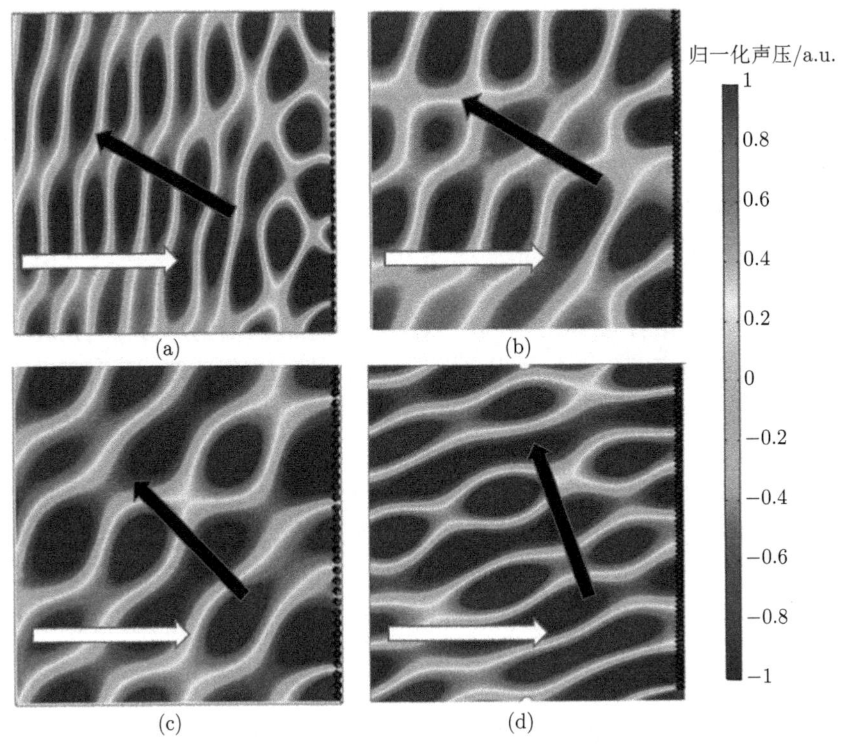


图 14-18　四种相位梯度超表面的反射声场分布 (彩图见封底二维码)

(a) π/160rad/mm；(b) π/112rad/mm；(c) π/80rad/mm；(d) π/60rad/mm

将仿真结果与普适 Snell 定律推导的结果进行比较，两种结果吻合得很好。选取相位梯度为 π/80rad/mm 的超分子超表面研究反射角与入射角的关系，分别选取入射角在法线不同侧的几种角度进行仿真，规定入射角在法线左侧为正，符号为“+”；在法线右侧为负，符号为“−”。这样入射角可以从负角度到正角度变化，而对应的反射角则正负情况相反。如图 14-19 所示为不同入射角所对应的反常反射角，我们分别选取了分布在法线不同侧的入射角，以便对比每种情况，图 14-19(a)~(d) 对应的入射角分别为 10°、0°、−10° 和 −45°，得到的反射角结果分别为 62°、45°、32.7° 和 0.4°。可以看出入射角与反射角是不相等的，这种超分子超表面展现出了反常反射现象，根据普适 Snell 定律可以理论计算出不同入射角的反射角，仿真结果与理论结果吻合。从图 14-19(c) 可以看出奇特的现象，入射波和反射波位于法线同一侧，表明出现了负反射现象。

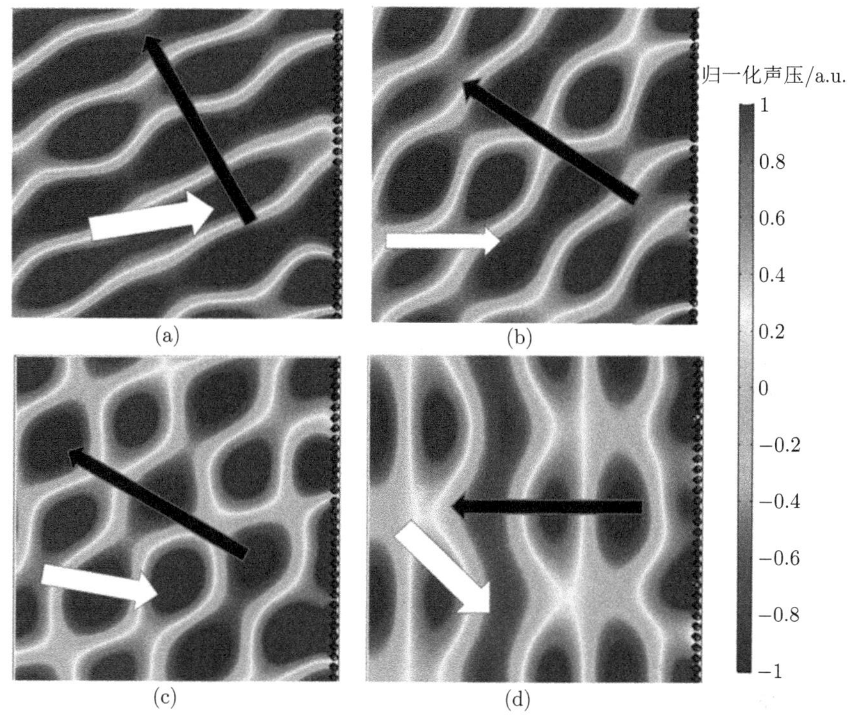


图 14-19 相位梯度 π/80rad/mm 的超表面各种入射角反常反射情况 (彩图见封底二维码)
(a) 10°；(b) 0°；(c) −10°；(d) −45°

3. 实验结果分析

为了验证超分子超表面反常反射的理论结论及仿真结果，我们对该结构进行实验测量。样品由塑料管材料制备，搭建的实验测试平台与 14.2.3 节类似，整个实验测量系统包括信号发生器、平面喇叭 (BMS 4512ND)、波导管 (1700mm×100mm×64mm)、信号采集系统及示波器。将制作的超分子超表面附着在有机玻璃上，声波几乎不能透过，波导管两侧放置楔形的吸声海绵来消除周围噪声对实验测量的影响。扬声器由声望脉冲系统 (VA-LAB4 软件) 来控制，发声信号为频率 3000Hz 的猝发音，采用猝发音是为了区分每段发音的反射信号和入射信号，每段发音间隔 2000ms，声波周期为 0.5ms。声波的测量用两个麦克风 (MPA416) 来接收信号，一个麦克风探头在靠近声源处位置不变，另一个麦克风探头用来逐点扫描测量区域，扫描间距横向、纵向均为 1cm。

示波器可以显示参考探头和测量探头的声波信息，声波的幅值和相位信息均能表现出来。入射声波幅值记为 $A_{\mathrm{i}}$，与参考探头信号之间的时间延迟为 $\Delta t_1$；反射声波的幅值记为 $A_{\mathrm{r}}$，与参考探头信号之间的时间延迟为 $\Delta t_2$。一个脉冲波的时间周期为 333μs，故每个测量点处的入射声压可以用公式表示为

$$P_{\mathrm{i}} = A_{\mathrm{i}} \cos\left(2\pi \frac{\Delta t_1}{333}\right) \tag{14-12}$$

同理，可得到反射声波声压为

$$P_{\mathrm{r}} = A_{\mathrm{r}} \cos\left(2\pi \frac{\Delta t_2}{333}\right) \tag{14-13}$$

实验测量装置如图 14-8(a) 所示，声波信号由参考探头和测量探头采集，传输到示波器记录数据，入射声波在经过超表面反射后的时间延迟后出现反射峰值，通过以上公式分析，对数据进行处理和计算可以绘制出声压图。图 14-20(a) 和 (b) 分别表示反射波的仿真结果图和实验结果图，仿真结果显示，在 3100Hz 处实现 27° 反常反射，实验结果显示在 3100Hz 处可以实现 26.5° 的反常反射，实验结果和仿真结果吻合较好，它们之间的误差可能因为扬声器和周边噪声干扰的影响。

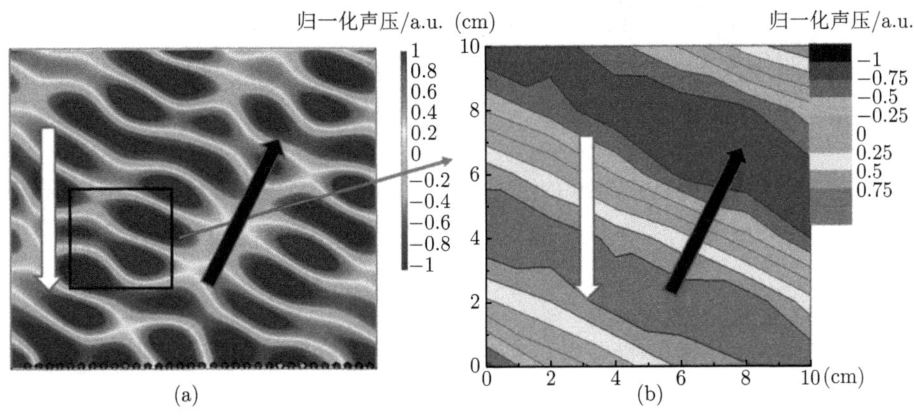


图 14-20　超表面反常反射仿真结果 (a) 和实验结果 (b) (彩图见封底二维码)

利用超表面实现声学聚焦也是声波应用的奇异现象，为了验证该超分子超表面的实用性，我们利用超分子结构设计了平板锥反射镜，同样地，引入一个额外的不连续相位排列超分子超表面来实现对反射声波的平板聚焦。对于一个基准角为 $\beta$ 的平板锥聚焦镜，在沿着超表面 $y$ 方向上，相移 $\Phi(y)$ 根据公式 (14-9) 进行设计。

根据上述理论可以计算出声学超表面中每个位置的不连续相位变化，我们选取基准角为 30°，工作频率为 3000Hz，分别绘制了声强分布图和声压分布图，如

图 14-21(c) 和 (d) 所示，从声强分布图中可以看出明显的聚焦效果，从声压分布图可以看出，反射声波按照锥面进行汇聚。

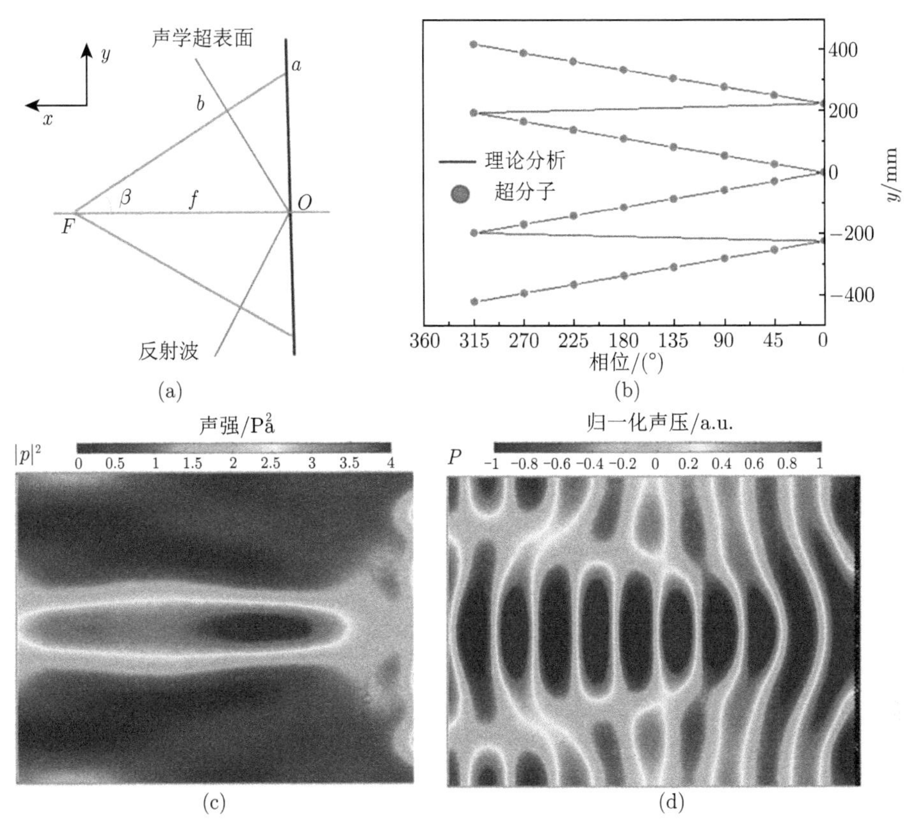


图 14-21 超表面反射平板聚焦效应 (彩图见封底二维码)

(a) 反射聚焦示意图；(b) 超表面单元相位分布；(c) 声强图；(d) 声压图

### 14.3.2 超分子结构宽频声学超表面

根据超分子超表面展现的频率特性，我们研究了如何去扩展其频带宽度，首先研究了不同管长 $H$ 的声学超分子超表面的频率宽度，以相位梯度 $\pi/80$rad/mm 为例，如图 14-22 所示，超分子的管长 $H$ 从 48.1mm 到 55mm 变化时的超表面可以实现 300Hz 频宽的反常反射。这就意味着我们在工作频率 3000Hz 处设计反射相位从 0 到 $2\pi$ 的不连续变化，而在工作频率附近一个较宽的频带内，该 8 个单元依旧可以基本保持反射相位从 0 到 $2\pi$ 的变化，实现对声波的反常调制。

根据超分子结构等效电路和共振频率的分析，改变该结构的管长和孔径几何参数均可以实现共振频率的移动。接下来我们研究改变侧孔孔径 $d_2$ 对声波反射行为的影响。首先保证超分子单元管长为 55mm 不变，各种仿真环境与之前研究一致，单一改变侧孔半径 $R$，计算每个亚单元对应反射声波的反射相位，计算选取了 8 个间隔相位差为 $\pi/4$ 的超分子单元，实现反射相位从 0 到 $2\pi$ 的不连续变化。对应 8 个超分子单元的侧孔半径大小分别为 0.4mm、0.64mm、0.88mm、1.46mm、1.88mm、2.17mm、2.45mm、2.81mm。图 14-23(a) 表示超分子单元反射相位与孔半径大小的关系，可以清楚地看到反射相位以 $\pi/4$ 步长覆盖 $2\pi$ 范围的相位变化。图 14-23(b) 展示了不同孔径超分子超表面示意图。同样地，不同孔径型超分子超表面也是超薄型的，超表面厚度为工作波长的 1/16。

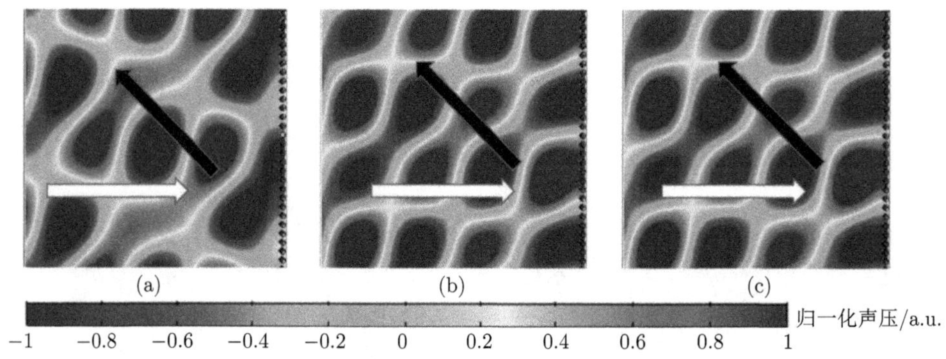


图 14-22　48.1～55mm 管长超表面在不同频率的反常反射响应 (彩图见封底二维码)

(a) 2850Hz；(b) 3000Hz；(c) 3150Hz

利用不同孔径大小的超表面实现反常反射，这次我们只选取相位梯度为 $\pi/80$ rad/mm 的超表面进行仿真，以验证改变孔径大小这单一参数的可行性。反射声压图如图 14-23(c) 所示，同样地，实现了对声波的反常调制。我们知道，改变管长可以实现对超分子共振频率的改变，那么我们选取另一个管长 48mm，并继续使用上述 8 个孔径大小，发现依旧可以实现反射相位 $2\pi$ 的变化，但是由于改变了管长，超分子的谐振频率也发生了改变，这样就实现了另一个频率处的反常反射，然后仿真管长为 48mm 的 8 种不同孔径的超分子超表面，工作频率为 3700Hz，声压图如图 14-23(d) 所示。继续改变管长为 67mm，且使用同样的 8 种孔径，同样可以实现反常反射，工作频率变为 2400Hz，声压图如图 14-23(e) 所示。使用这 8 个不同孔径以及 48mm、55mm、67mm 管长构筑的三种超表面分别实现了 3700Hz、3000Hz、2400Hz 的反常反射，因此，通过使用这 8 个不同孔径参数，然后只改变管长参数就可以得到不同频率响应的超表面。

通过上述研究发现，分别单独改变管长或者侧孔孔径都可以设计成反射型超表面，且对于不同孔径的超分子簇，改变管长可以实现相应共振频段的反常反射。根据本课题组之前研究 [27]，由于不同超分子结构之间存在弱相互作用，若将两种

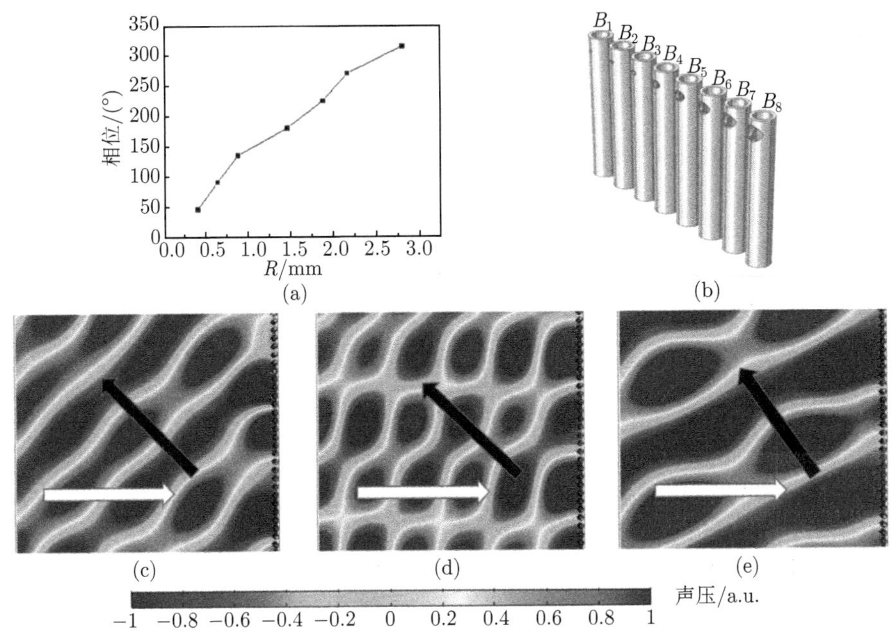


图 14-23 (a) 超分子单元反射相位与孔半径关系；(b) 8 个不同孔径超分子单元构成超表面示意图；(c) 不同孔径 55mm 管长超分子超表面在 3000Hz 处反常反射；(d) 不同孔径 48mm 管长超表面在 3700Hz 处反常反射；(e) 不同孔径 67mm 管长超表面在 2400Hz 处反常反射 (彩图见封底二维码)

方式交替排列在一起，两种超分子会分别表现其频带效应，即各个超分子结构在各自的共振频率处分别发生相位突变，实现对声波的反常反射现象。为了验证该构想，首先以 55mm 管长的 8 个不同孔径的超分子簇 1 为例，该超分子簇的响应频率宽度为 200Hz，为了扩展其频宽，我们引入 48mm 管长的 8 个不同孔径的超分子单元，由于使用 8 种不同孔径 48mm 管长以及 8 种不同孔径 55mm 管长均可以实现反常反射，且上述研究表明两种超表面对反常反射的响应不在一个频带，将两种不同管长的超分子交替排列，构筑方法如图 14-24(a) 所示，其中 $A$ 代表 55mm 管长超分子，$B$ 代表 48mm 管长超分子，下标 1~8 代表 8 种不同孔径。仿真结果如图 14-24(b)~(e) 所示，可以看出该超分子簇 2 可以实现 2900~3700Hz 的响应。通过这种方法，频率宽度由原来的 200Hz 扩展到 800Hz。这种方法不仅仅是多个频带的叠加，而且能实现频率之间的贯通达到宽频。

由于管长 $H$ 是影响超分子共振频率的重要因素，且根据本课题组之前研究结果 [27]，管长从 29mm 到 98mm 的超分子单元的共振频率为 1500~6500Hz，我们通过 48~55mm 之间的 8 个超分子单元构建的超表面可以在 3000Hz 处实现对反

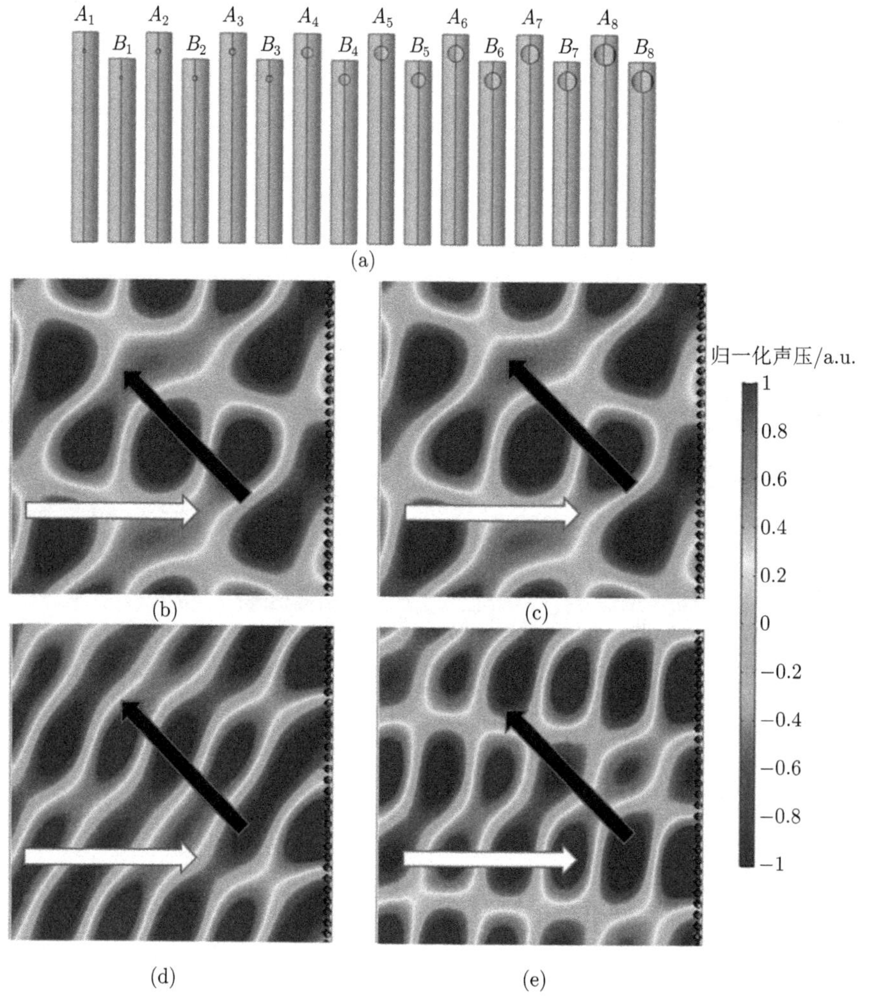


图 14-24　(a) 宽频超分子超表面结构示意图；反常反射响应：(b) 2900Hz，(c) 3100Hz，(d) 3600Hz，(e) 3700Hz (彩图见封底二维码)

射声波的调控，接着继续改变管长参数设计其他频率处的反射相位，通过仿真计算，管长从 41mm 到 48mm 的 8 个单元构建的超表面工作频段为 2700Hz，管长从 55mm 到 62mm 的 8 个单元构建的超表面工作频段为 3700Hz，这两种超表面与第一种超表面对反射声波的调控都一样，只是响应频率发生了改变。通过分析上述 3 种不同管长型超表面的设计，我们发现每种超分子超表面中 8 个亚单元结构的最大管长和最小管长均相差 8mm，这样就可以实现反射相位从 0 到 $2\pi$ 的变化，因此，可以看出大约每相差 1mm 管长的超分子单元之间反射相位差为 $\pi/4$。这就启发我们可以轻易地设计预定频率处的超分子单元，然后再将管长优化，得到最终预设频率处的超分子超表面。为了实现更宽的频带，我们将这三种超表面联通排列起来，48~55mm 管长型超表面的响应频率宽度为 300Hz，在该超表面两边排列 41~48mm 管长型超表面以及 55~62mm 管长型超表面，通过这种方法可以实现 2500~3800Hz 宽频带的反常反射。

## 参 考 文 献


[1] Yu N F, Genevet P, Kats M A, et al. Light propagation with phase discontinuities: generalized laws of reflection and refraction. Science, 2011, 334(6054): 333-337.

[2] Ni X, Emani N K, Kildishev A V, et al. Broadband light bending with plasmonic nanoantennas. Science, 2012, 335(6067): 427.

[3] Grady N K, Heyes J E, Chowdhury D R, et al. Terahertz metamaterials for linear polarization conversion and anomalous refraction. Science, 2013, 340(6138): 1304-1307.

[4] Zhang X Q, Tian Z, Yue W S, et al. Broadband terahertz wave deflection based on C-shape complex metamaterials with phase discontinuities. Adv. Mater., 2013, 25(33): 4567-4572.

[5] Kildishev A V, Boltasseva A, Shalaev V M. Planar photonics with metasurfaces. Science, 2013, 339(6125): 1289.

[6] Zhao Y, Alù A. Manipulating light polarization with ultrathin plasmonic metasurfaces. Phys. Rev. B, 2011, 84(20): 205428.

[7] Yu N F, Aieta F, Genevet P, et al. A broadband, background-free quarter-wave plate based on plasmonic metasurfaces. Nano Lett. , 2012, 12(12): 6328-6333.

[8] Kang M, Feng T H, Wang H T, et al. Wave front engineering from an array of thin aperture antennas. Opt. Express, 2012, 20(14): 15882-15890.

[9] Sun S L, He Q, Xiao S Y, et al. Gradient-index meta-surfaces as a bridge linking propagating waves and surface waves. Nat. Mater., 2012, 11(5): 426.

[10] Sun S L, Yang K Y, Wang C M, et al. High-efficiency broadband anomalous reflection by gradient meta-surfaces. Nano Lett. , 2012, 12(12): 6223-6229.

[11] Yu N F, Capasso F. Flat optics with designer metasurfaces. Nat. Mater., 2014, 13(2): 139-150.

[12] Li Y, Liang B, Gu Z M, et al. Reflected wavefront manipulation based on ultrathin planar acoustic metasurfaces. Sci. Rep., 2013, 3: 2546.

[13] Li Y, Jiang X, Li R Q, et al. Experimental realization of full control of reflected waves with subwavelength acoustic metasurfaces. Phys. Rev. Appl., 2014, 2(6): 064002.

[14] Xie Y B, Wang W Q, Chen H Y, et al. Wavefront modulation and subwavelength diffractive acoustics with an acoustic metasurface. Nat. Commun., 2014, 5: 5553.

[15] Tang K, Qiu C Y, Ke M Z, et al. Anomalous refraction of airborne sound through ultrathin metasurfaces. Sci. Rep., 2014, 4: 6517.

[16] Zhao J J, Li B W, Chen Z N, et al. Manipulating acoustic wavefront by inhomogeneous impedance and steerable extraordinary reflection. Sci. Rep., 2013, 3: 2537.

[17] Zhao J J, Li B W, Chen Z N, et al. Redirection of sound waves using acoustic metasurface. Appl. Phys. Lett., 2013, 103(15): 151604.

[18] Ma G C, Yang M, Xiao S W, et al. Acoustic metasurface with hybrid resonances. Nat. Mater., 2014, 13: 873.

[19] Mei J, Wu Y. Controllable transmission and total reflection through an impedance-matched acoustic metasurface. New J. Phys., 2014, 16(12): 123007.

[20] Zhai S L, Chen H J, Ding C L, et al. Manipulation of transmitted wave front using ultrathin planar acoustic metasurfaces. Appl. Phys. A, 2015, 120(4): 1283-1289.

[21] Zhai S L, Ding C L, Chen H J, et al. Anomalous manipulation of acoustic wavefront with an ultrathin planar metasurface. J. Vib. Acoust., 2016, 138(4): 041019.

[22] Zhai S L, Chen H J, Ding C L, et al. Ultrathin skin cloaks with metasurfaces for audible sound. J. Phys. D: Appl. Phys., 2016, 49: 225302.

[23] Ding C L, Hao L M, Zhao X P. Two-dimensional acoustic metamaterial with negative modulus. J. Appl. Phys., 2010, 108: 074911.

[24] Ding C L, Zhao X P. Multi-band and broadband acoustic metamaterial with resonant structures. J. Phys. D: Appl. Phys., 2011, 44: 215402.

[25] Ding C L, Chen H J, Zhai S L, et al. Acoustic metamaterial based on multi-split hollow spheres. Appl. Phys. A, 2013, 112(3): 533-541.

[26] Zhai S L, Chen H J, Ding C L, et al. Double-negative acoustic metamaterial based on meta-molecule. J. Phys. D: Appl. Phys., 2013, 46(47): 475105.

[27] Zhai S L, Zhao X P, Liu S, et al. Inverse Doppler effects in broadband acoustic metamaterials. Sci. Rep., 2016, 6: 32388.

[28] Ding, C L, Dong Y B, Wang Y B , et al. Acoustic metamaterials and metasurfaces composed of meta-atoms and meta-molecules. J. Phys. D: Appl. Phys., 2022, 55(25): 253002.

[29] Ding C L, Chen H J, Zhai S L, et al. The anomalous manipulation of acoustic waves based on planar metasurface with split hollow sphere. J. Phys. D: Appl. Phys., 2015, 48(4): 045303.

[30] Ding C L, Zhao X P, Chen H J, et al. Reflected wavefronts modulation with acoustic metasurface based on double-split hollow sphere. Appl. Phys. A, 2015, 120: 487-493.

[31] Ding C L, Wang Z R, Shen F L, et al. Experimental realization of tunable acoustic metasurface. Solid State Commun., 2016, 229: 28-31.

[32] Wang Y B, Luo C R, Dong Y B, et al. Ultrathin broadband acoustic reflection metasurface based on meta-molecule clusters. J. Phys. D: Appl. Phys. 2019, 52: 085601

[33] Dong Y B, Wang Y B, Sun J X, et al. Transmission control of acoustic metasurface with dumbbell-shaped double-split hollow sphere. Modern Phys. Let. B, 2020, 33: 2050386.

# 第 15 章　拓扑声学超材料

## 15.1　引　　言

拓扑学是从数学领域中的抽象概念派生而来并被引入物理学领域。量子霍尔效应、量子自旋霍尔效应和量子谷霍尔效应的发现丰富了拓扑绝缘体在凝聚态物理领域的研究 [1−6]。拓扑绝缘体由于其新颖的特性 (如免疫缺陷、背散射抑制和鲁棒边界传输) 引起了人们的极大兴趣。在电子系统中，通过外加磁场的作用破坏时间反演对称性可以实现拓扑受保护的边缘态，并且受电子拓扑绝缘体启发的拓扑物理已经发展到光学 [7−11]、机械 [12−19] 和声学 [20−45] 等其他子领域。由于声学和电子本质上的不同，磁场对声波影响很小，利用磁声效应破坏系统时间反演对称性不稳定。为了实现稳定的声学类比量子霍尔效应，研究人员在环形腔中引入循环气流作为等效势场，从而打破了时间反演对称性，实现了声学陈 (Chern) 拓扑绝缘体 [46−50]。后有研究者利用耦合环形波导提出了 Floquet 拓扑绝缘体 [40−43]，然而，引入循环流体流动会增加环形波导的复杂性和不可避免的损耗。另外，在时间反演不变声学系统中类比量子自旋霍尔效应和量子谷霍尔效应提出了其他无源类型拓扑绝缘体。电子是自旋为半整数的费米子，满足费米–狄拉克统计，并且时间反演算符满足 $T_{\mathrm{f}}^2=-1$，它可以利用自旋轨道耦合来观察保持时间反演不变性的量子自旋霍尔效应。但是，声子属于玻色子，时间反演算符满足 $T_{\mathrm{b}}^2=1$。因此，声学系统需要构造人工 Kramers 简并以获得类比于电子的费米子赝自旋态。He 等 [25] 类比量子自旋霍尔效应利用金属圆柱组成具有 $C_{6v}$ 对称性的二维六方晶格阵列并实验观察到声学拓扑边缘态。通过引入谷态的概念构造了另一种类比于谷霍尔效应的声学拓扑绝缘体，通过引入镜像对称破坏机制实现了声谷霍尔相变 [35−37]。接着，诸多基于不同类型的声子晶体的声学二维和三维拓扑绝缘体相继被提出 [26,29−34]。然而，大多数仅限于高频和固定频率响应，且结构尺度与波长相当。

另外，谷自由度代表动量空间的能量极值点近年来引起人们的兴趣，具有成为新的信息载体的巨大潜力。谷电子学 [44,45] 被提出后就引起了科学界广泛的重视，接着在光学 [51−53] 和声学 [35−37,54,55] 领域相继被提出和观察。声学的谷态类比是研究者利用正三角形散射体类比量子谷霍尔效应破缺空间反演对称性首先被提出 [35,36]。具有 $C_{3v}$ 对称性的声子晶体中可以在最简布里渊区的高对称角点处出现单狄拉克锥，通过扰动布里渊区 K 点的二重简并点可以破缺空间反演对称性并且打开带隙，不同的对称性破缺可以实现拓扑相变。然而，以往提出的狄拉克简并是基于布拉格散射本征模式，狄拉克简并本征频率受限于晶格常数，这就意味着本征频率无法选择，缺乏色散可调谐性，并且降低本征频率就需要更大的结构和晶格尺寸，极大地限制了亚波长尺寸控制、多频传输以及几何重构等研究。近年来声学超材料发展迅速，为实现亚波长控制的声学拓扑绝缘体提供了更多的可能性 [33,34,56,57]。本章利用空心管和开口空心球“超原子”以及开孔空心管“超分子”结构为基础，提出和设计了不同类型的声学拓扑超材料，将共振型超材料概念与拓扑绝缘体相结合，实现了亚波长尺度的拓扑边界传输。

## 15.2 超原子声学拓扑超材料

### 15.2.1 空心管声学拓扑绝缘体

1. 模型设计及能带反转

二维超材料拓扑绝缘体原胞由空心管“超原子”组成，如图 15-1(a) 所示 [58]，六个空心管单元构成蜂窝状晶格，其中 $L$ 为管长，在此首先设置管长等于 30mm，外半径 $R$=3.5mm，管壁 $t$=1mm，晶格常数 $a$=45mm，相邻“超原子”的距离为 $b$。管壁材料为塑料，阻抗远大于空气阻抗。空心管的结构示意图和等效振荡电路如图 15-1(b) 所示，上、下端口在共振时引起声学性能的变化，这两个端口和一个内部空腔分别充当声电感和电容，结构参数的调整会引起共振频率的改变。如图 15-1(c) 所示为单个“超原子”透射曲线，在 5000Hz 附近发生突变，此频率即共振频率。与以往提出的声子晶体类型拓扑能带不同，声子晶体带隙依靠布拉格散射，带隙本征频率与结构尺寸相当。而由“超原子”构成的拓扑结构，其能带分布与共振特性密切相关，理论上带隙频率在共振频率附近。首先通过有限元软件 COMSOL 计算了图 15-1(a) 中原胞六方晶格在 $b$=15mm 时的第一布里渊区的高对称点路径，得到了如图 15-1(d) 所示的能带色散关系图，图中可以观察到 5000Hz 频率在布里渊区中心 $\Gamma$ 点形成四重简并态，也就是双狄拉克点。四重简并双狄拉克点的本征频率与“超原子”的共振频率相近。

基于量子系统的规则，上述蜂窝晶格具有 $C_{6v}$ 对称性，因此在第一布里渊区中心 $\Gamma$ 点的本征态具有两个二维不可约表示 (即 $E_1$ 和 $E_2$)。$E_1$ 对应于双重简并偶极子态，记作 $p$ 态；同时，$E_2$ 对应于双重简并四极子态，记作 $d$ 态。当单元间距 $b=a/3$=15mm 时，双重简并偶极子态及双重简并四极子态在布里渊区中心由于偶然简并会形成四重简并态，如图 15-1(d) 所示。

当 $b\neq a/3$ 时，双狄拉克锥会打开并形成一个完整的带隙。首先设置 $b$= 11mm< $a/3$，其能带色散图如图 15-2(a) 所示，可以观察到红色能带和蓝色能带之间整个高对称点路径上有带隙，并且在 $\Gamma$ 点分别合并成简并点，分别是双重简

并偶极子态和双重简并四极子态。如图 15-2(c) 左面板所示为 $b$=11mm 时布里渊区中心点的声压场分布图，由此就可以看出“超原子”拓扑与声子晶体类型拓扑结构的不同，声子晶体声场分布于除了固体结构处之外的空气域，而图中更多的声压局域于“超原子”共振腔中。图中“超原子”内部的声压场分布在高的两个本征频率处对称性是偶极子态，分别为 $p_x$ 和 $p_y$；在低的两个本征频率处对称性是四极子态，分别为 $d_{x^2-y^2}$ 和 $d_{xy}$。此时，$d$ 态的本征频率高于 $p$ 态的本征频率。接着，当 $b$=18mm $>$ $a/3$ 时，能带色散图如图 15-2(b) 所示，双狄拉克锥同样打开并形成完整的带隙，此时 $p$，$d$ 态的声压场分布如图 15-2(c) 右面板所示，$p$ 态的本征频率高于 $d$ 态的本征频率，与 $b$=11mm 时相反，这一过程即发生了能带反转。

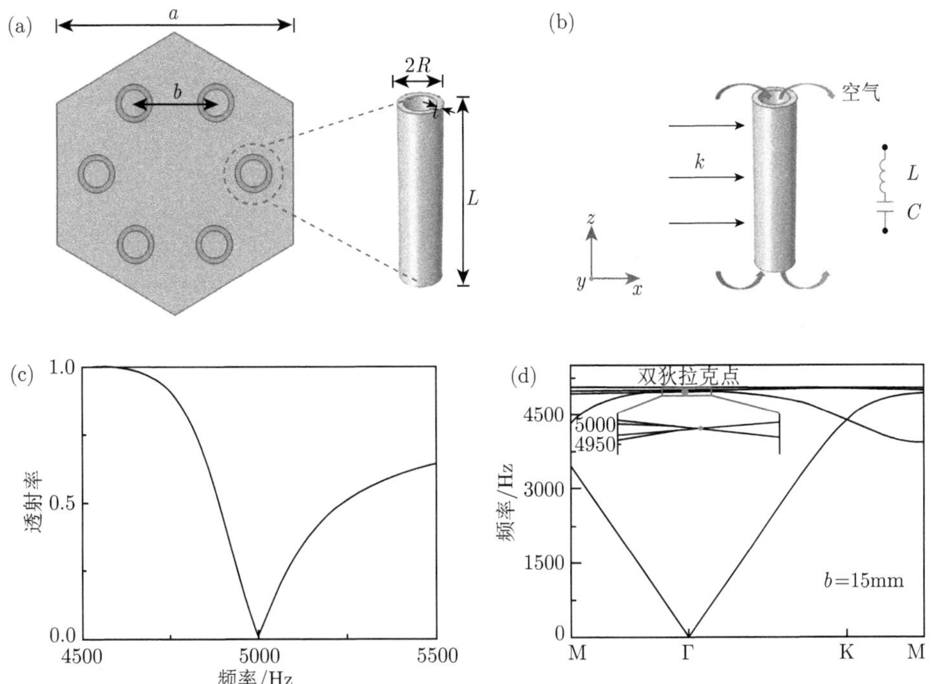


图 15-1 (a) 由空心管组成的蜂窝状晶格示意图；(b) 模型结构示意图及等效电路示意图；(c) 单个“超原子”结构的仿真透射曲线；(d) 计算的六方晶格能带色散图

图 15-2(a) 所示 $d$ 态高于 $p$ 态，$M>0$，此时 $C_s = 0$，表明能带是拓扑平庸态。相反地，图 15-2(b) 显示 $d$ 态低于 $p$ 态，$M<0$，此时 $C_s = \pm 1$，表明能带为拓扑非平庸态。因此，通过调节相邻“超原子”间距 $b$ 可以实现带隙从拓扑平庸态到非平庸态的拓扑相变过程，如图 15-2(c) 所示不同的“超原子”间距对应着不

同的拓扑带隙类型。

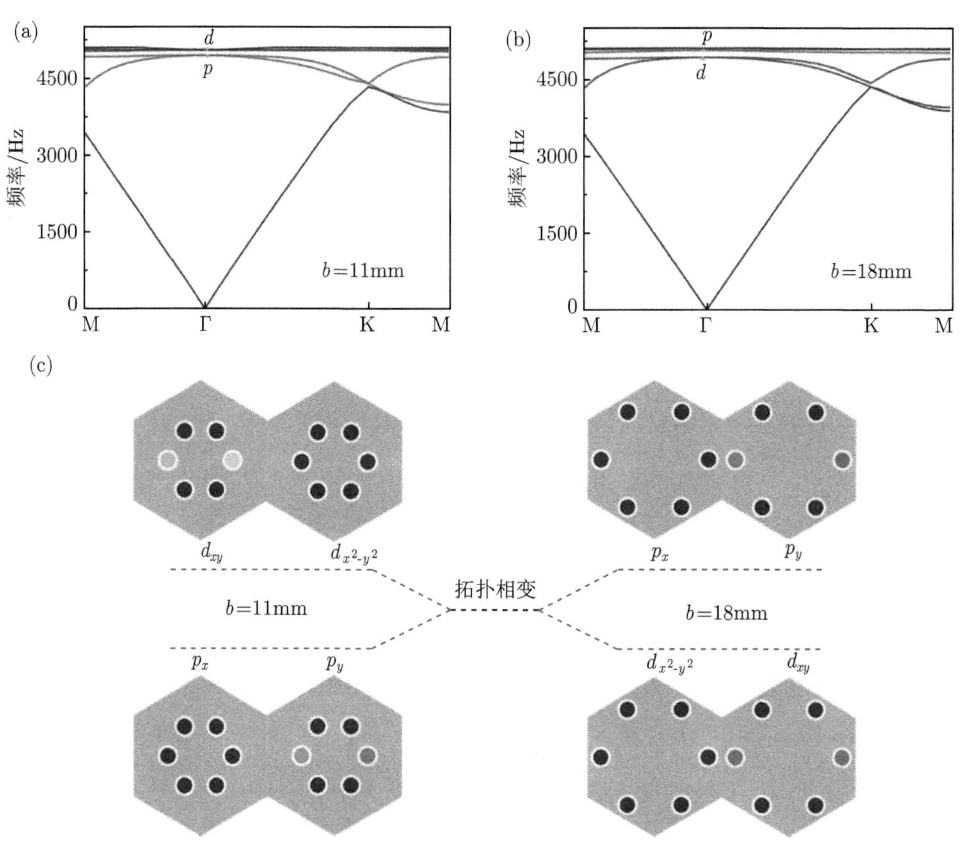


图 15-2　不同“超原子”间距对应原胞的能带色散图 (彩图见封底二维码)

(a) $b$=11mm，(b) $b$=18mm；(c) 不同 $b$ 值对应的晶格声压场分布图

### 2. 拓扑边缘态

二维拓扑绝缘体根据体-边界对应关系在拓扑非平庸结构与拓扑平庸结构之间的界面处具有受拓扑保护的边缘态。图 15-3(a) 所示为由 10 个拓扑非平庸“超原子”晶格和 10 个拓扑平庸“超原子”晶格沿着 ΓK 方向排列组成的超胞，其中绿色区域由 $b$=11mm 的“超原子”六方晶格组成，黄色区域由 $b$=18mm 的“超原子”六方晶格组成，不同颜色的交界面即畴壁。仿真中四周边界分别设置连续性边界和 Floquet-Bloch 边界条件以计算超胞的投影能带。图 15-3(b) 所示为计算的超胞能带色散图，图中灰色阴影区域代表体态，此时声波可以在整个体内传播；红色和蓝色曲线都代表边缘态，但是不同的颜色表示不同的赝自旋态，为了直观描述不同的赝自旋态，我们从红色和蓝色曲线分别选取一点 $A$ 和 $B$ 绘制其声场

分布图和能流分布。图 15-3(c) 表示 $A$、$B$ 两点的本征模式，从声压场分布可以明显看出两个边缘态的声波都聚集在畴壁处，而体内几乎没有声波存在。插图为两个边缘态的畴壁放大图，其中红色箭头代表声能矢量，$A$ 点的声能流是顺时针旋转，而 $B$ 点的声能流是逆时针旋转，不同的旋转方向代表不同的赝自旋态。因而基于此的拓扑绝缘体边缘态与赝自旋相关，类比于量子自旋霍尔效应。图 15-3(b) 中显示一对边缘态之间存在间隙，这个带隙主要是由于畴壁两侧晶格的巨大差异强烈地破坏了 $C_{6v}$ 对称性，从而提升了自旋简并性，边缘态之间的带隙大小可以通过超胞两侧晶格的对称性破坏强弱来控制，即拓扑平庸和拓扑非平庸晶格的带隙大小。当拓扑平庸和拓扑非平庸晶格的带隙均减小时，边缘态之间的带隙也会相应减小，而调整相邻“超原子”间距 $b$ 使之都接近 $a/3$，拓扑平庸和拓扑非平庸带隙都会变小。

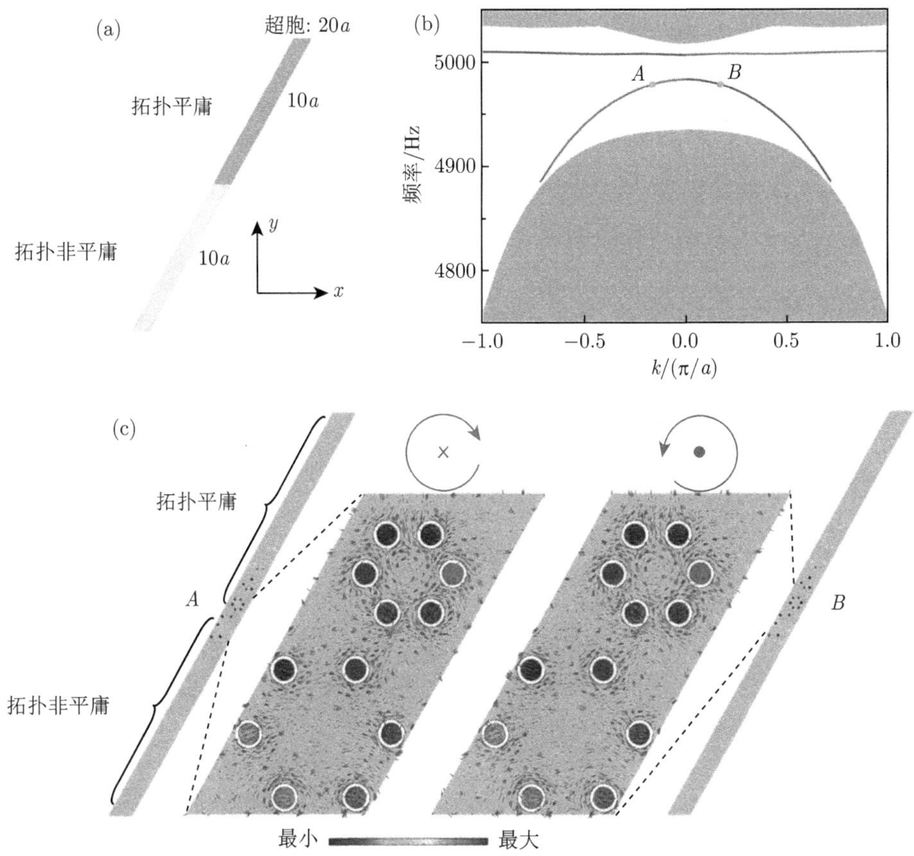


图 15-3 (a) 不同晶格组成的拓扑超胞结构示意图；(b) 拓扑超胞的能带色散图；(c) 点 $A$ 和 $B$ 两个边缘态对应的声压场分布以及能流分布图 (彩图见封底二维码)

3. 声拓扑边界传输

1) 不同带隙大小拓扑边缘态对比

图 15-2 展示了可以通过扩展或压缩“超原子”间隔来破坏对称性以打开双狄拉克锥并形成完整带隙。同时，不同“超原子”间距的拓扑非平庸和拓扑平庸晶格可以或强或弱地破坏 $C_{6v}$ 对称性。如图 15-4(a) 所示为相邻“超原子”间距与两个二重简并态的关系图，从 $b$=9mm 逐渐增大 $b$ 值，两个二重简并态会合并成一个四重简并态并且带隙从大变小直至消失，当接着增大 $b$ 值至 19mm，四重简并态重新分成两个二重简并态并且带隙从小变大，两个二重简并态从分开到合并再到分开这一过程 $p$、$d$ 态发生了反转。图中绿色区域代表拓扑平庸带隙大小，黄色区域代表拓扑非平庸带隙大小，并且图中拓扑平庸和拓扑非平庸晶格的带隙大小与相邻“超原子”间距 $b$ 值呈现近似线性关系，$b$ 值与 $a/3$ 值相差越大对称性破坏越强进而带隙越大。接着我们对比了分别由大和小的带隙组合的超胞边缘态和声拓扑边界传输。图 15-4(e) 所示是由小带隙的拓扑平庸 ($b$=13.5mm) 和拓扑非平庸 ($b$=16.5mm) 晶格单元组成的超胞能带色散图，超胞构成方式依旧如图 15-3(a) 所示，一对红色曲线表示边缘态，此时畴壁两侧的晶格对称性被弱破坏，因此边缘态曲线之间的带隙很小。由小带隙的拓扑平庸和拓扑非平庸晶格构建了 $10a\times10a$ 的有限尺寸拓扑波导，其传输声强场分布图如图 15-4(f) 所示，显示在 4965Hz 处声波沿着畴壁两侧一定宽度的区域传输。另外，图 15-4(b) 所示为

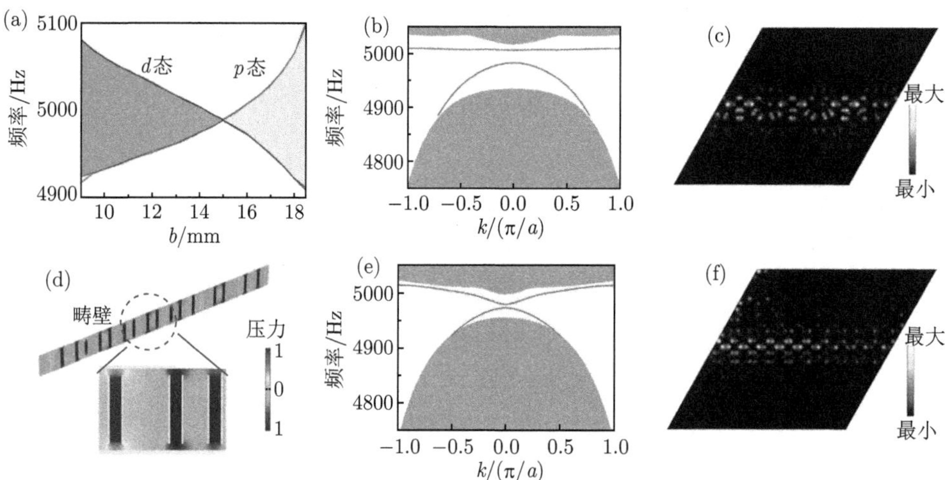


图 15-4　(a) 不同“超原子”间距的晶格二重简并态本征频率关系图；(b) 由 $b$=11mm 和 $b$=18mm 晶格组成的拓扑超胞能带色散图；(c) 拓扑绝缘体的边缘态传输声场分布图；(d) 沿拓扑绝缘体边界畴壁的纵向截面声场分布图；(e) 由 $b$=13.5mm 和 $b$=16.5mm 晶格组成的拓扑超胞能带色散图和 (f) 对应的拓扑绝缘体边界传输声强场分布图 (彩图见封底二维码)

由大带隙的拓扑平庸 ($b$=11mm) 和拓扑非平庸 ($b$=18mm) 晶格单元组成的超胞能带色散图，此时畴壁两侧结构对称性被强破坏，在边缘态曲线之间存在一个相较图 15-4(e) 大的带隙，同样地由大带隙构建拓扑传输波导，该拓扑绝缘体边界传输如图 15-4(c) 所示，在 4965Hz 声强聚焦在畴壁两侧较窄的区域。因此，通过比较两种不同带隙大小组成的拓扑结构分析，由大带隙晶格结构构成的拓扑绝缘体边界传输区域更加集中于边界，而边缘态能带间带隙更大。图 15-4(d) 展示了沿大带隙构成的拓扑绝缘体畴壁处的纵向截面声压场分布图，大部分声能聚集在“超原子”腔内，并且上下腔外一定距离同样分布声场，意味着声波在腔内和腔外都沿边界传输。该拓扑绝缘体的单元尺寸远小于工作波长，不同于以往声子晶体类型的拓扑绝缘体 (结构尺寸与波长相当)，声波在腔内和腔外的边界传输都受限于亚波长尺寸。

2) 免疫不同缺陷边界传输

拓扑绝缘体具有拓扑保护的边界传输，能免疫缺陷和抑制背散射是其新奇的性质。接着我们在由“超原子”晶格组成的拓扑传输波导中引入不同类型的缺陷以研究其对边缘态的影响，如图 15-5(a)~(d) 左面板所示为引入不同缺陷后的拓扑传输波导示意图，其中蓝色结构代表拓扑非平庸晶格，绿色结构代表拓扑平庸晶格，不同类型的缺陷分别包括空腔、弱无序、强无序和急拐角。分别计算了以上不同波导的声传输场分布图，如图 15-5(a)~(d) 右面板所示，在 4965Hz 处声波在加入不同类型缺陷的拓扑波导中均可以沿不同晶格的界面传输。另外，图 15-5(c) 所示加入强无序缺陷的传输图，声波在缺陷前的边界声能高于向后传输的声能，这是因为在缺陷处有一定的背向散射，导致反射声波增加，因此该拓扑绝缘体的鲁棒性因无序增多而减弱。图 15-5(d) 所示声波沿着不同类型的拓扑结构的界面传

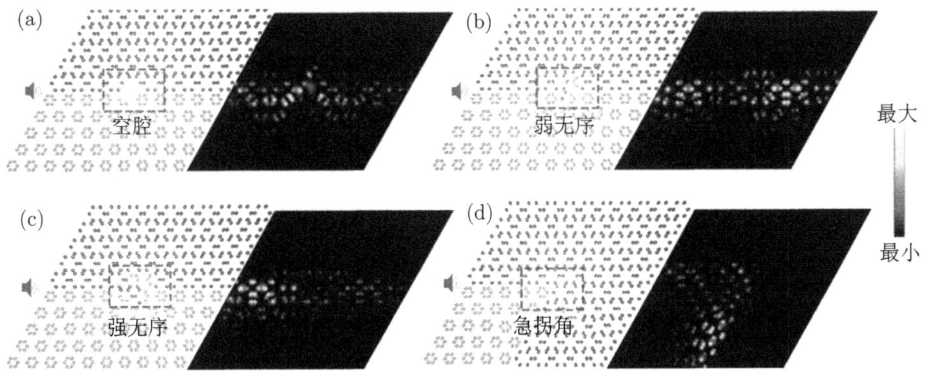


图 15-5 不同缺陷拓扑绝缘体波导的声场传输性质 (彩图见封底二维码)

(a) 空腔；(b) 弱无序；(c) 强无序；(d) 急拐角

输，形成了折角传输路径，因此基于不同拓扑带隙的“超原子”晶格可以人为地构造声传输路径。

3) 能带色散以及边缘态本征频率调节

我们进一步证明了“超原子”结构作为局域共振型超材料的频率可调节性，与基于布拉格散射的声子晶体相反，由声学“超原子”超材料组成拓扑结构的带隙对应于“超原子”亚单元的局域共振频率。原胞的本征频率取决于单个共振单元的谐振频率，与晶格中单个散射体相关，而相同散射体的排列形式不会影响带隙本征频率。“超原子”结构的共振频率可以由声学结构等效电路分析 (图 15-1(b) 所示)，具体来说，管长 $L$ 和空心管外半径 $R$ 的变化会引起共振频率的偏移进而影响由“超原子”组成的原胞晶格频带色散的变化。为了证明局域共振型超材料的这一特性，我们改变“超原子”管长重新构建一种六方晶格，当管长增加到 40mm 时，“超原子”的共振频率会向下偏移。如图 15-6 所示分别是 $L$=40mm 时不同 $b$ 值的晶格能带色散图，同样地，在改变相邻“超原子”间距的过程中，双狄拉克点会经历打开–闭合–再打开的拓扑相变过程。“超原子”管长从 30mm 增加到 40mm，晶格双狄拉克点的本征频率由 5000Hz 附近下降到 3880Hz 附近，除了本征频率变化，其他拓扑性质没有改变。因此，通过“超原子”几何参数的调节可以实现晶格色散的可调进而实现拓扑边界传输的频率可调。

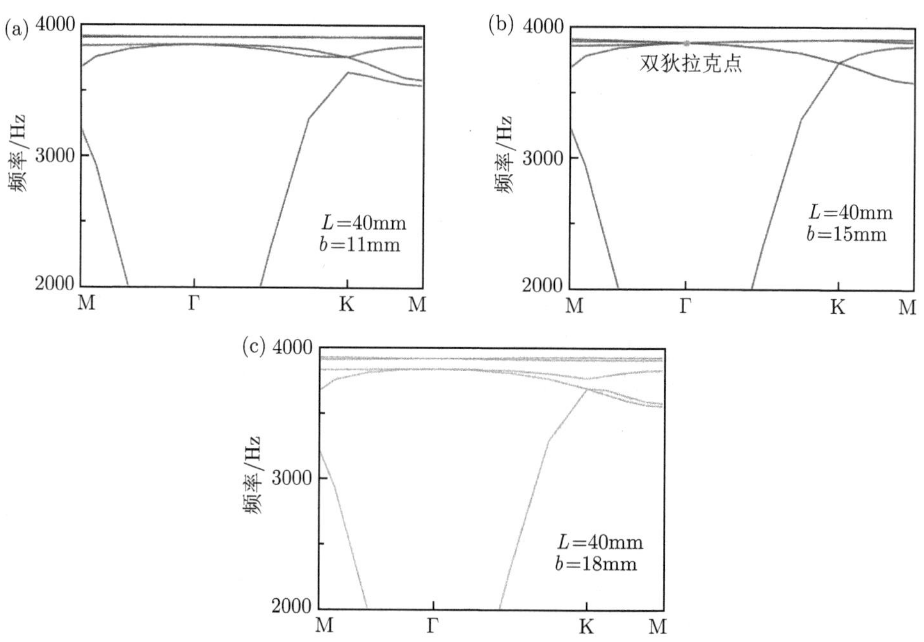


图 15-6　管长为 40mm 的六方晶格不同 $b$ 值的能带色散图

(a) 11mm；(b) 15mm；(c) 18mm

为了进一步直观描述“超原子”结构参数与能带色散之间的关系，首先计算了布里渊区 Γ 点处的本征频率与“超原子”管长之间的关系，如图 15-7(a) 所示为固定“超原子”间距 $b$=15mm，只改变“超原子”管长 $L$ 的晶格能带，可以看出不同参数值的晶格均可以形成四重简并狄拉克点，但是本征频率不同。随着管长 $L$ 的增加，双狄拉克点本征频率近似线性地下降。同样地，如图 15-7(c) 所示，改变“超原子”管外半径也有相似的变化，随着 $R$ 的增加，双狄拉克点的本征频率下降。对于不同 $b$ 值的打开带隙情况，如图 15-7(b) 所示，当 $b$=18mm 时，不同参数的晶格均可以打开双狄拉克点形成带隙，但是带隙大小会随着本征频率的降低而减小。因此，通过调节管长 $L$ 和管外半径 $R$，能带的本征频率可以在很宽的频率范围内提供被动可调性，并且基于此构建的拓扑结构的拓扑性质呈现相同的变化规律。接着，我们分别计算了几种不同参数的“超原子”构建的拓扑波导的声传输图，如图 15-7(d)~(f) 所示，当 $L$=30mm，$R$=3.5mm 时，边界传输响应频率为 4965Hz，保持 $R$ 不变而增加 $L$ 为 40mm 时响应频率则变成 3886Hz，同样地，改变 $R$ 也会引起响应频率的移动。

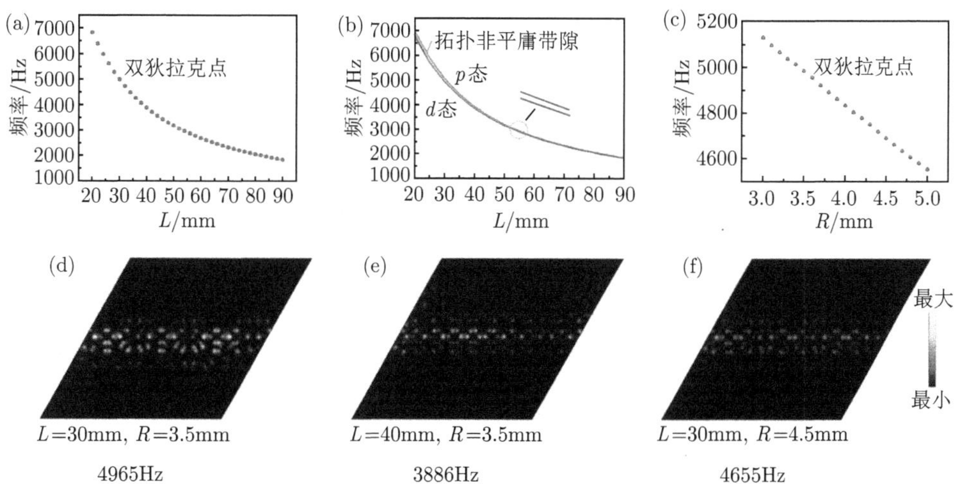


图 15-7 (a) 双狄拉克点的本征频率与管长 $L$ 的关系图；(b) 拓扑非平庸带隙本征态与管长 $L$ 的关系图；(c) 双狄拉克锥的本征频率与管外半径 $R$ 的关系图；(d)~(f) 不同“超原子”参数值的拓扑绝缘体边界传输的声强场分布图 (彩图见封底二维码)

#### 4. 拓扑波导实验测量验证

我们将“超原子”结构的一端与硬介质相接将其封闭，因为在实验中我们不能很好地保证将样品有效地悬挂在空中。首先研究了单通空心管构建晶格的拓扑性质，如图 15-8(a) 所示为单通空心管结构示意图及其模拟透射曲线，图中单通空心管透射曲线共振频率变化为 2700 Hz 左右，而共振频率的变化归因于声感的调整。图 15-8(b) 所示为单通空心管晶格不同 $b$ 值对应拓扑平庸和拓扑非平庸带隙的能带色散，此时带隙的本征频率也因为结构共振频率的变化而改变。图 15-8(c) 展示了由单通空心管拓扑平庸和拓扑非平庸晶格构成的超胞能带色散图，晶格带隙能带和边缘态曲线与图 15-2 和图 15-3 相比，除本征频率不同外其余拓扑性质相似。

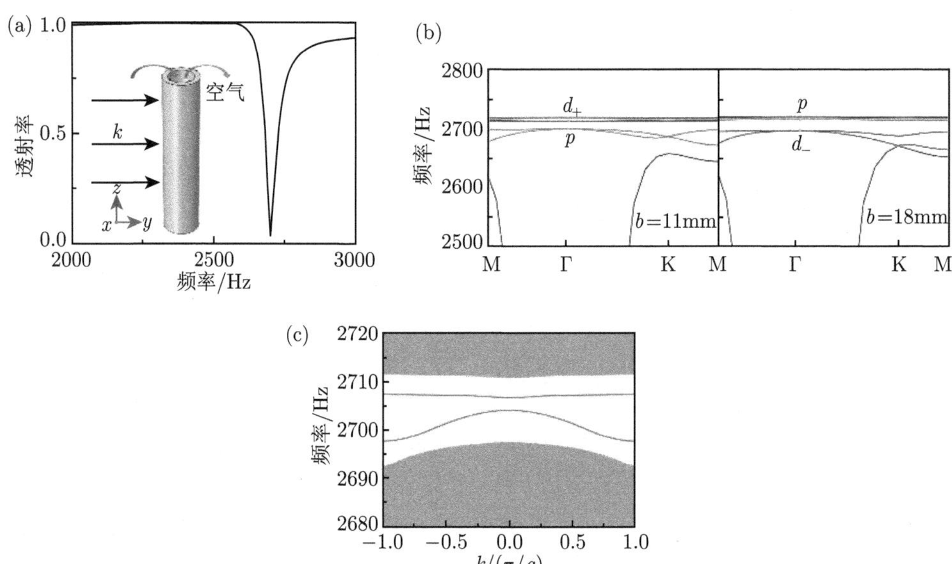


图 15-8　(a) 单通空心管结构示意图及其模拟透射曲线；(b) 空心管拓扑平庸 ($b$=11mm) 和拓扑非平庸 ($b$=18mm) 晶格分别计算的能带色散关系；(c) 由拓扑平庸和拓扑非平庸单通空心管晶格构成的超胞能带色散图

我们利用单通空心管构造了一个有限尺寸的拓扑传输波导，如图 15-9(a) 所示，其仿真声强场分布图展示了在 2698Hz 处声波沿着中间边界传输，体态内基本没有声能量。图 15-9(b) 所示为只由拓扑非平庸晶格构建的拓扑波导，由于该晶格能带带隙间没有边缘态，声强场分布显示声波在该频率不能通过。样品由 3D 打印技术和中空硬质塑料管制备，如图 15-9(c) 所示为实验样品照片及实验仪器示意图，其中浅绿色区域为拓扑非平庸晶格，深绿色区域为拓扑平庸晶格，交界由红色虚线画出，通过测量边界末端 $A$ 点和体态内末端 $B$ 点的透射曲线来对比边缘态与体态。将实验样品放置在由两个平行的有机玻璃板组成的平面波导环境中，整个实验环境可视为二维系统。上有机玻璃板被柱子支撑以确保与实验样品有一定距离，这样单通空心管自身内部腔的共振不受影响。吸声泡沫安置在样品周围边界处以模拟消声环境。由功率放大器驱动的扬声器 (BMS 4512ND) 放置在波导前侧作为声源。1/4in 的麦克风 (MPA 416) 放置在样品波导末端以测量传输声压，声信号被传输到示波器进行后处理。实验结果如图 15-9(d) 所示，红色虚线和黑色实线分别对应于边缘态点 $A$ 和体态点 $B$ 透射曲线。实验结果表明，相较于体态，拓扑边界的透射有大约 20dB 的增强，表明声波主要沿边界传输。实验和模拟结果均证明了该声学拓扑绝缘体的边界传输效应。

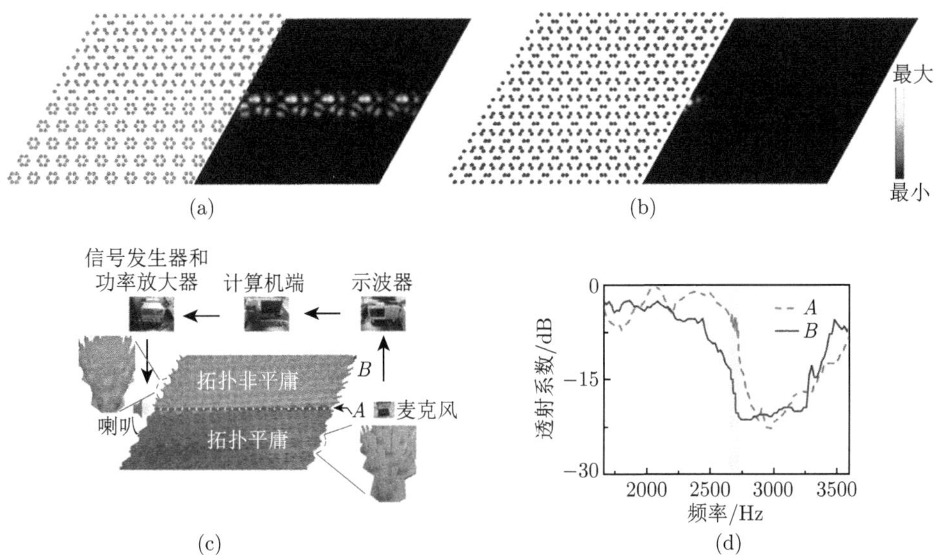


图 15-9　(a) 拓扑绝缘体传输波导示意图及其声强场分布图；(b) 拓扑非平庸晶格构建的传输波导示意图及其声强场分布图；(c) 不同传输波导的实验测试示意图；(d) 不同位置 ($A$，$B$) 的透射曲线对比 (彩图见封底二维码)

为了进一步通过实验验证边缘态的鲁棒性，我们将弯曲和空腔缺陷引入受拓扑保护的波导中，如图 15-10(a)、(b) 所示分别是引入弯曲缺陷和空腔缺陷的拓扑波导实验照片，从右图模拟的声强场可以看出，声波可以绕过缺陷继续沿边界传输，其边缘态具有鲁棒性。接着利用图 15-9(c) 的实验测量装置和方法测量了两个拓扑波导样品的边界末端传输透射曲线，如图 15-10(c) 所示，红色和蓝色曲线分别对应引入空腔和弯曲缺陷的拓扑边界传输。显然，两条透射曲线与图 15-9(d)

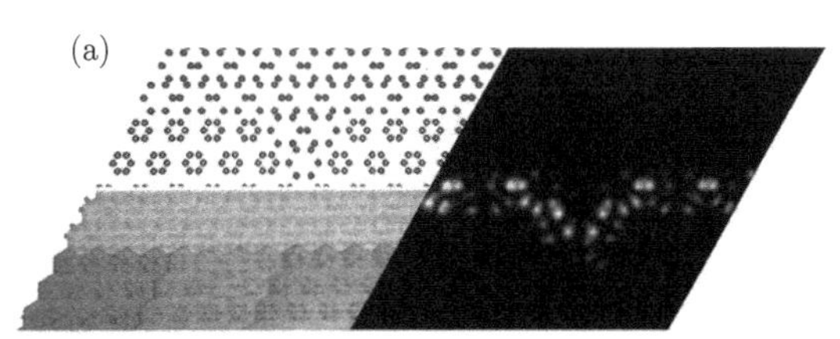

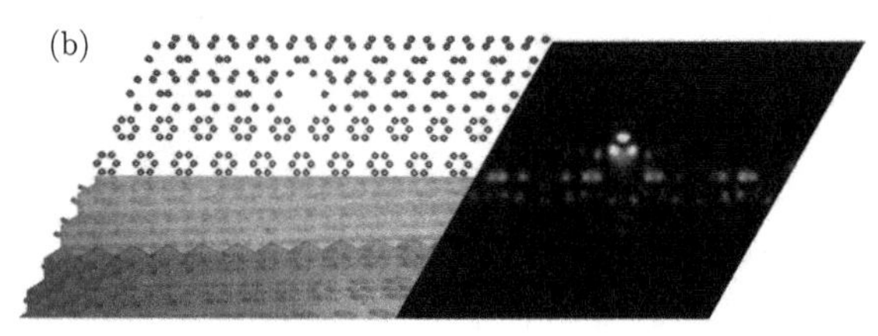


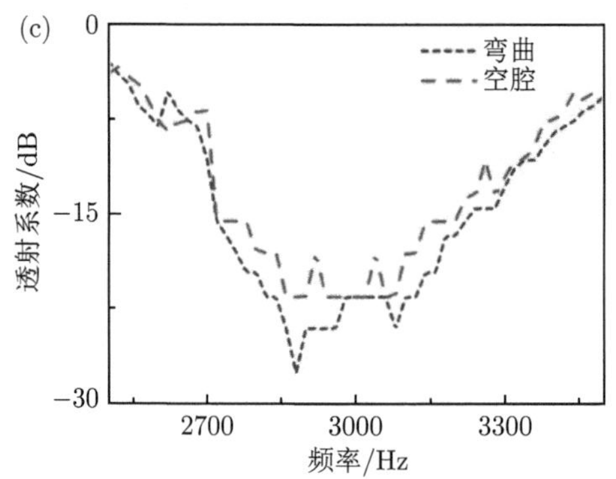


图 15-10　(a) 引入弯曲缺陷的拓扑保护波导及其声强场分布图；(b) 引入空腔缺陷的拓扑保护波导及其声强场分布图；(c) 两种缺陷拓扑波导边缘态实验测量透射曲线 (彩图见封底二维码)

中 $A$ 点的透射曲线相似，在 2698Hz 附近的频带有很高的传输效率。因此，该拓扑绝缘体展现出免疫缺陷的拓扑保护性质。

### 15.2.2　空心管声学谷拓扑绝缘体

1. 拓扑晶格分析

将三个空心管 “超原子” 排列在六方晶格中，如图 15-11 所示，该晶格具有三次旋转对称性。图中 $a$ 为晶格常数，仍然设置为 45mm，三个 “超原子” 中心分别位于内部正六边形 (绿线所示) 的间隔角点处，其中该内部虚拟六边形的边长为 $b$，旋转角 $\varphi$ 表示三个 “超原子” 整体相对于晶格中心的旋转角，“超原子” 结构材料及参数分布与 15.2.1 节相同。

首先选择管长 $L$=30mm，管外半径 $R$=3.5mm，管壁厚 $t$=1mm 的 “超原子”，晶格内 $b$ 设置为 10mm。由于 $\varphi = 0°$ 时超原子组成三次旋转空间对称性晶格，对应的点群有一个二维不可约表示，所以保持原胞镜面对称性会在第一布里渊区高对称角点处出现二重简并的狄拉克点。利用商业有限元软件 COMSOL Multiphysics 计算分析了不同 $\varphi$ 值的晶格能带色散，如图 15-12 所示，当 $\varphi = 0°$ 时，在 K 点有一个双重简并狄拉克点，如图 15-12(b) 所示。通过改变旋转角 $\varphi$ 可以打破原胞镜面对称性，这种扰动会提升狄拉克点 (K 点处) 的能量极值简并度从而打破狄拉克点形成完整带隙。例如，旋转角 30° 和 −30° 分别得到了正三角形和倒三角形“超原子”排列晶格，如图 15-12(a) 和 (c) 插图所示，从图 15-12(a) 和 (c) 能带色散可以看出，原本布里渊区角点的简并点打开分别形成了一对频率极值点，也即能量谷态，并且由完整的带隙隔开。

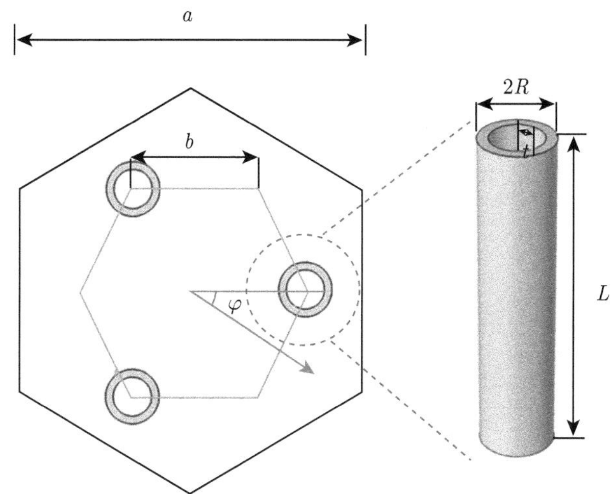


图 15-11 由三个空心管“超原子”构建的六方晶格示意图

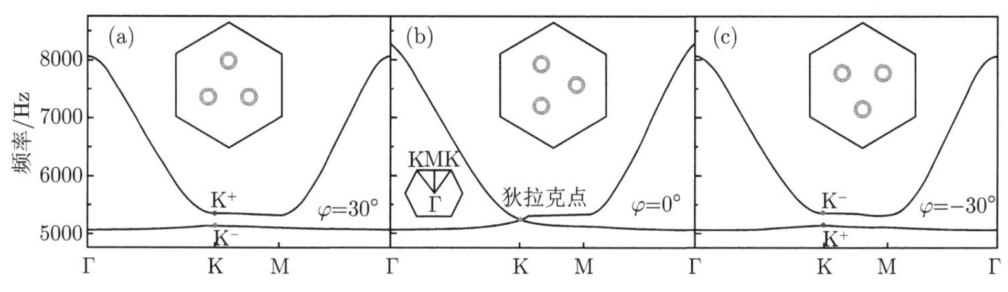


图 15-12 不同旋转角 $\varphi$ 的晶格示意图及能带色散图

(a) $\varphi = 30°$；(b) $\varphi = 0°$；(c) $\varphi = -30°$。符号 $K^+$ 和 $K^-$ 表示谷态

2. 谷拓扑相变

我们模拟分析了正三角形和倒三角形“超原子”排列两种晶格在 K 点处不同的本征模式，包括相位、能流以及绝对声压，如图 15-13 所示。这些拓扑谷态类比于电子自旋态表现出反向手性，如图 15-13(a) 所示，$\varphi = 30°$ 时 $K^+$ 态在上，能流在角点是顺时针旋转，$K^-$ 是逆时针旋转；当 $\varphi = -30°$ 时，$K^+$ 态在下，能流顺时针旋转，而 $K^-$ 是逆时针旋转，谷态发生反转。同样地，声相位分布在两

种晶格内也相反，这一过程即谷拓扑相变。谷拓扑相变伴随着系统镜面对称破缺，也可以视为赝自旋相关。

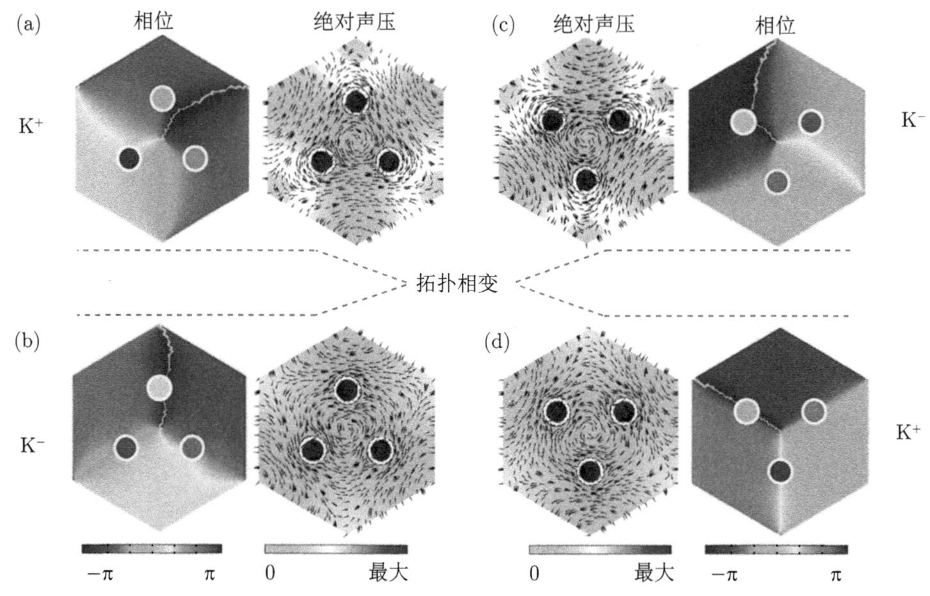


图 15-13　$\varphi = 30^\circ$ 的晶格谷态相位、能流以及绝对声压分布：(a) $K^+$，(b) $K^-$；$\varphi = -30^\circ$ 的晶格谷态相位、能流以及绝对声压分布：(c) $K^-$，(d)$K^+$ (彩图见封底二维码)

图 15-14 显示了谷拓扑相变的过程，不同旋转角 $\varphi$ 下的赝自旋态的本征频率在布里渊区角点处分割开不同的带隙，其中红色和蓝色曲线分别对应 $K^-$ 和 $K^+$。当 $\varphi < 0^\circ$ 时，上本征频率涡旋手性为逆时针旋转，下本征频率涡旋手性是顺时针方向；相反地，当 $\varphi > 0^\circ$ 时，上本征频率涡旋手性变为顺时针旋转，而下本征频率涡旋手性是逆时针方向。在逐步改变旋转角 $\varphi$ 的过程中，谷拓扑带隙先变大后逐渐变小直至闭合，接着重新打开并伴随着两个赝自旋态的交叉，这个过程即能带反转过程。因此，前后两种带隙的拓扑性质不同。

根据 k·p 微扰，K 以及 K′ 谷态处附近的有效哈密顿量可以表示为 $\delta H = v_{\mathrm{D}}\left(\delta k_x\sigma_x + \delta k_y\sigma_y\right) + mv_{\mathrm{D}}^2\sigma_z$，式中 $v_{\mathrm{D}}$ 表示 $\varphi = 0^\circ$ 时狄拉克点附近的有效群速度，$\delta k_x$ 和 $\delta k_y$ 分别表示动量空间中波矢在布里渊区高对称角点 K 点附近的偏移量，$\sigma_i(i = x, y, z)$ 表示谷赝自旋泡利矩阵。$m = \left(\omega_{\mathrm{K}^+} - \omega_{\mathrm{K}^-}\right)/\left(2v_{\mathrm{D}}^2\right)$ 类比电子体系的有效质量，其中 $\omega_i$ 对应谷赝自旋的带边本征频率，描述晶格扰动程度可通过旋转角 $\varphi$ 调节，如图 15-14 所示展示了旋转角从 $-60^\circ$ 到 $60^\circ$ 变化时对应的本征频率变化，这些谷态表现出相反的涡旋手性，当 $\varphi$ 大于 $0^\circ$ 时，声涡旋在高 (低) 频为 $K^+(K^-)$，此时 $m > 0$；当 $\varphi$ 小于 $0^\circ$ 时，涡旋属性相反，$m < 0$。狄拉克哈密

顿量 $\delta H$ 描述的 Berry 曲率为 $\Omega(\delta H)=\dfrac{1}{2}mv_{\mathrm{D}}\left(\delta k^2+m^2v_{\mathrm{D}}^2\right)^{-3/2}$。对其积分就可以得到 K 谷的非零拓扑荷:$C_{\mathrm{K}}=\int\Omega(\delta H)\,\mathrm{d}k/(2\pi)=\mathrm{sgn}(m)/2$。因此，对于以上两种晶格，基于时间反演对称性正三角“超原子”排布晶格的谷陈数 $C_{\mathrm{K}}=1/2$，$C_{\mathrm{K}'}=-1/2$。而反三角“超原子”排布晶格则是 $C_{\mathrm{K}}=-1/2$，$C_{\mathrm{K}'}=1/2$。

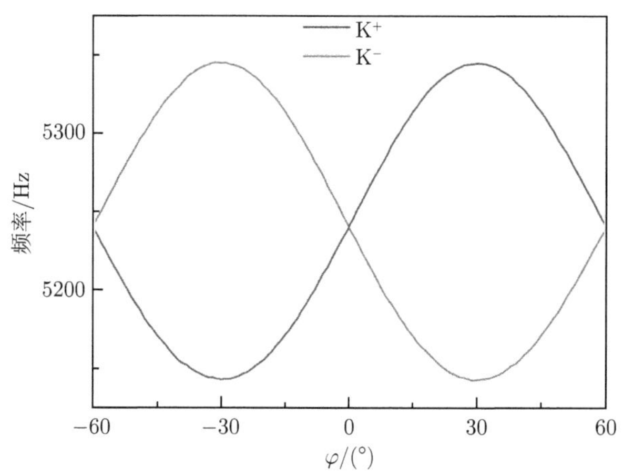


图 15-14　在 K 点的两个谷赝自旋态的本征频率随着旋转角 $\varphi$ 的变化关系图，可以明显观察到能带反转的过程 (彩图见封底二维码)

我们分析了六方晶格内部虚拟六边形边长 $b$ 值对简并态的影响，通过调节“超原子”亚单元之间的距离可以实现布里渊区边界简并态的改变，当 $b\neq\dfrac{1}{3}a$ 时，在这里选取 $b$=10mm 的晶格绘制其三维能带色散分布图，如图 15-15(a) 所示，

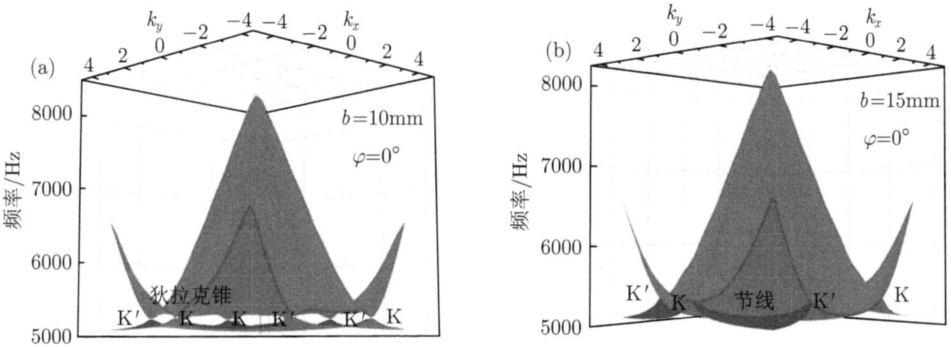


图 15-15　$\varphi=0°$ 不同 $b$ 值的晶格在整个最简布里渊区的三维能带色散分布图 (彩图见封底二维码)

(a) $b$=10mm；(b) $b$=15mm

可以在布里渊区的六个角点处观察到 6 个单狄拉克点。然而当 $b=\frac{1}{3}a$ 时，即 $b$=15mm 的晶格，其类比为石墨烯类型，三维能带色散分布图如图 15-15(b) 所示，在整个布里渊区边界观察到六条线简并，此时整个布里渊区外边界会形成封闭的简并态，也就是节线环。值得注意的是，在不破坏晶格镜面对称性的情况下可以实现狄拉克点变为节线环，进而通过改变散射体亚单元的间距，节线会退化为狄拉克点。

3. 拓扑边界输运

由 10 个正三角“超原子”排列和 10 个倒三角“超原子”排列晶格沿着 ΓK 方向构建了超胞结构，其构建方法和计算方法与 15.2.1 节边缘态分析相同。如图 15-16(a) 所示为该超胞的能带色散图，从图中看出两种“超原子”晶格的重叠体态带隙内出现两条边缘态，分别表示为红色和蓝色曲线，这一对边缘态用谷赝自旋描述，有谷锁定传输的拓扑特性。图 15-16(b) 所示为图 15-16(a) 中在两条边缘态分别选取 $A$ 和 $B$ 两点的超胞本征模式，可以直观观察到声压聚集在两种晶格的畴壁两侧并且呈指数衰减进入两侧体内，表明两者都是拓扑边缘态。

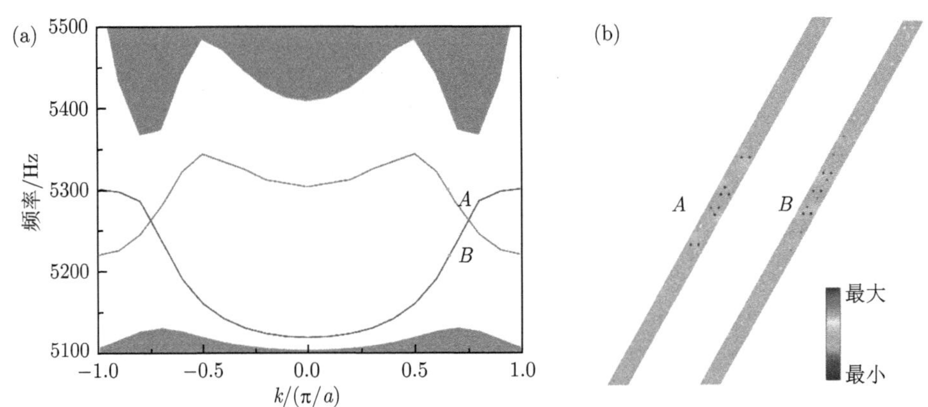


图 15-16　(a) 由正三角“超原子”排列和倒三角“超原子”排列晶格构成的超胞结构能带色散图；(b) 图 (a) 中 $A$、$B$ 两点对应的声压场分布图 (彩图见封底二维码)

我们设计了由两种不同旋转方向“超原子”晶格组成的 $10a\times10a$ 有限大小的拓扑传输波导，如图 15-17(a) 所示，其中蓝色结构表示 $\varphi=-30°$ 的倒三角“超原子”排列晶格，黑色结构表示 $\varphi=30°$ 的正三角“超原子”排列晶格。图 15-17(b) 所示为该波导的模拟声强场分布图，可以发现声波能量集中在两种不同晶格的界面处，沿着界面传播，证明了谷边缘态的存在。

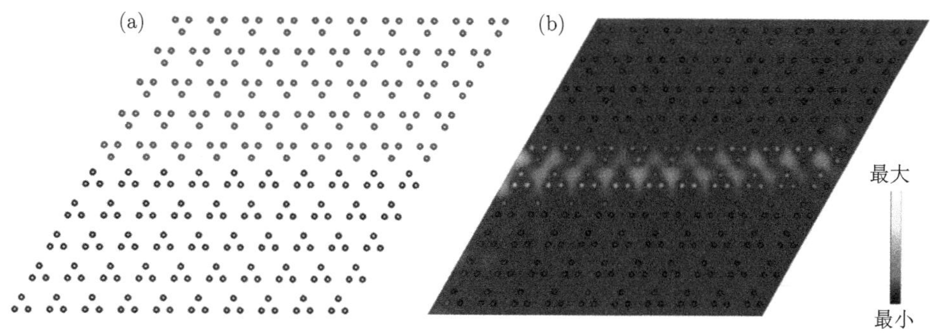


图 15-17 (a) 由正三角“超原子”排列和倒三角“超原子”排列晶格构建的 $10a\times10a$ 的拓扑传输波导二维横截面示意图；(b) 模拟该拓扑波导的边界传输声强场分布图 (彩图见封底二维码)

### 15.2.3 开口环 (球) 声学谷拓扑绝缘体

1. 模型分析

如图 15-18(a) 所示，拓扑超材料由放置在空气中的 TSR (2D) 蜂窝晶格阵列 (晶格常数 $a$ = 20mm) 组成 [59]。TSR 是由一个每隔 120° 开一个孔的圆环构成的，具有 $C_3$ 对称性。圆环的材料在仿真中设置为塑料，其质量密度为 1300kg/m$^3$，弹性模量为 $3.5\times10^9$Pa。作为方向自由度的一个特征，旋转角 $\alpha$ 代表 TSR 的开孔方向与 $+x$ 方向的夹角，方向自由度使系统显示不同的对称性。对于蜂巢晶格，两个不同的高对称点存在于每个原胞中，用字母 $p$ 和 $q$ 标记。当 $a = np/3$ ($n$ 为整数) 时，由于单个 TSR 的镜像对称与所处蜂巢晶格的镜像对称的完美匹配，该超材料具有 $C_{3v}$ 空间群对称性。在第一布里渊区拐角的 K 和 K′ 处，存在一个二重狄拉克简并的带结构。除了这些特定角度外，因为镜像对称被打破，对称退化为 $C_3$，狄拉克简并会被提升，并形成一个带隙。图 15-18(b) 上面板展示了 TSR (开孔尺寸 $d$ = 3mm) 在 $\alpha = 0°$ 和 $\alpha = -10°$ 时的能带结构，分别由黑色实线与红色点线表示。该狄拉克锥是在归一化频率 $fa/c = 0.576$ (9876Hz) 处出现的，这里 $c$ 为空气中的声速 343m/s。如图 15-18(b) 的下面板所示，仿真的共振出现在 9876Hz 附近，这证明了该狄拉克锥是基于局域共振机制产生的。为了揭示狄拉克简并的特征，图 15-18(c) 为 $\alpha = 0°$ 时 K 点处两个简并态的场图。蜂巢晶格中两个不同的角点 $p$ 和 $q$ 处的态分别用 $\psi^0_{p^-}$ 和 $\psi^0_{q^+}$ 表示，这两个态都显示了以角点为中心的经典涡旋能流 (这里 ± 号代表逆时针或顺时针能流)。特别地，在 TSR 中心存在与拐角处反向的涡旋能流，这是局域共振机制的特征。图 15-18(d) 显示了在局域共振频率下整个原胞第一布里渊区的三维色散关系。当 $\alpha = 0°$ 时，在局域共振频率处第一布里渊区六个拐角处出现双重简并，而当 $\alpha = -10°$ 时简并被提升。结果表明，引入超材料结构可形成一个局域共振狄拉克简并，这对于当前亚波长尺度下可调拓扑态的研究具有重要意义。

图 15-18(e) 给出了带–边缘频率 (K 点处) $\omega_{p^-}$ 和 $\omega_{q^+}$ 随旋转角 $\alpha$ 的连续变化。显然，当 TSR 旋转经过 $\alpha = 0^\circ$ 时，带隙关闭并重新打开，这两条带的频率顺序发生翻转，这是声学谷拓扑相转变的信号。从结构对称性来看，该曲线图关于 $\alpha = 0^\circ$ 的线完全对称。我们强调，带隙的闭合和重新打开过程是通过简单地旋转 TSR 来控制的。$\alpha = -10^\circ$ 和 $\alpha = 10^\circ$ 时 K 点处的涡旋特征和压力特征场被给出用来识别不同的声学谷拓扑绝缘体 (插图)。有趣的是，用 $p^-$ 和 $q^+$ 标记的涡旋态分别携带量子化的角动量 $-1$ 和 $+1$。不同的声学谷拓扑绝缘体可以用有效质量 $m$ 来表征。$m$ 与 $\omega_{p^-}$ 和 $\omega_{q^+}$ 之间的关系可以表示为 $\mathrm{sgn}\,(m) = \mathrm{sgn}\,(\omega_{q^+} - \omega_{p^-})$，这里 $\omega_{p^-}$ 和 $\omega_{q^+}$ 代表带–边缘频率。该拓扑超材料由 $\alpha = -10^\circ$ 和 $\alpha = 10^\circ$ 的 TSR 组成，它们具有不同的有效质量，所以它们是不同的声学谷拓扑绝缘体。

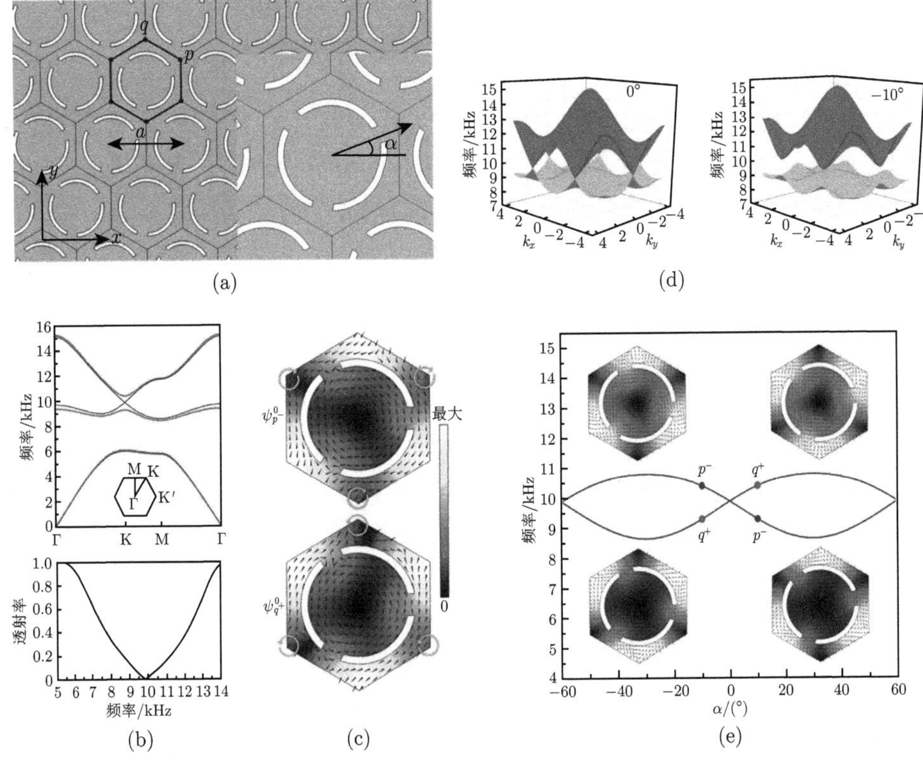


图 15-18　TSR 拓扑超材料的原理图及其能带结构 (彩图见封底二维码)

(a) 结构示意图；(b) TSR 在 $\alpha = 0^\circ$ (黑色实线) 和 $\alpha = -10^\circ$ (红色点线) 时的能带结构和透射曲线；(c) $\alpha = 0^\circ$ 时 K 点处两个简并态的声场图；(d) $\alpha = 0^\circ$ 和 $\alpha = -10^\circ$ 时第一布里渊区的三维能带结构；(e) K 点处带–边缘频率随旋转角 $\alpha$ 的变化

2. 拓扑边界传输

为了验证理论仿真结果，首先比较研究了两个不同系统的能带结构。第一个系统由 $\alpha = 10^\circ$ 和 $\alpha = -10^\circ$ 的 TSR 构成，第二个系统由 $\alpha = 10^\circ$ 和 $\alpha = 50^\circ$ 的 TSR 构成。这些 TSR 具有相同的带隙 (9.28~10.39kHz)，见图 15-18(e)。如图 15-19(a) 所示，对于第一个系统 (上面板)，$\alpha = 10^\circ$ 的 TSR 对应的拓扑电荷为 $C_{\rm K} = {\rm sgn}(m)/2 = 1/2$，而 $\alpha = -10^\circ$ 的 TSR 对应的拓扑电荷为 $C_{\rm K} = {\rm sgn}(m)/2 = -1/2$，界面上拓扑电荷的差异为 ${\rm D}C_{\rm K} = \pm 1$。特别地，界面上拓扑电荷不为 0，在每个界面上一对谷手性边缘态反向传播 (红线)；然而，对于第二个系统 (下面板)，$\alpha = 10^\circ$ 和 $\alpha = 50^\circ$ 的 TSR 具有相同的拓扑电荷 $C_{\rm K} = {\rm sgn}(m)/2 = 1/2$，界面上拓扑电荷的差异为 ${\rm D}C_{\rm K} = 0$。特别地，两个超材料 TSR 属于相同的声学谷拓扑相位，因此边缘频谱完全被间隙覆盖。

进一步，在 $\alpha = -10^\circ$ 和 $\alpha = 10^\circ$ 的 TSR 构成的系统中 (以下称为域 $A$ 和域 $B$)，存在不同的界面：$A$-$B$ 和 $B$-$A$。$A$-$B$ 界面是域 $A$ 在顶部而域 $B$ 在底部的超胞 (${\rm D}C_{\rm K} = -1$)；$B$-$A$ 界面是域 $B$ 在顶部而域 $A$ 在底部的超胞 (${\rm D}C_{\rm K} = 1$)。两个界面 $A$-$B$ 和 $B$-$A$ 支持不同的边缘态，分别用 $\phi_{AB}^{\pm}$ 和 $\phi_{BA}^{\pm}$ 标记，其中 $\pm$ 显示边缘模式的群速度沿 $\pm x$ 方向运行。图 15-19(a) 为两个不同界面的色散关系，顶部为被两个不同的谷拓扑相 ($\alpha = -10^\circ$ 和 $\alpha = 10^\circ$) 分隔的界面，底部为被两个拓扑相同的声学谷拓扑相 ($\alpha = 50^\circ$ 和 $\alpha = 10^\circ$) 分隔的界面，两条边缘能带交点附近选取上能带中对称的四个点 (蓝色点)，这些边缘态对应的绝对压力场分布如图 15-19(b)~(e) 所示，插图展示了界面处的能流方向。在图 15-19(b)~(e) 中我们设计了一个带状超晶胞来同时研究两个不同的水平界面，该带状超胞由一个域 (相 $A$) 被两个其他域 (相 $B$) 包裹构成。图 15-19(b) 中在 $A$-$B$ 界面上维持了一个 K$'$ 谷投影的背向运行的边缘态，而在 $B$-$A$ 界面上存在一个 K$'$ 谷投影的前向运行的边缘态，如图 15-19(c) 所示。对于边缘能带的右交点附近的两个边缘态，图 15-19(d) 展示了在 $B$-$A$ 界面上一个 K 谷投影的背向运行的边缘态被预测，图 15-19(e) 中在 $A$-$B$ 界面上维持了一个 K 谷投影的前向运行的边缘态。所以，对于一个特定界面上给定的谷，只有一个边缘模式沿锁定于该谷的方向传播。

免疫缺陷的鲁棒声传输是拓扑边缘态物理特性的标志。我们设计了一些由 16×16 的原胞阵列组成的具有 $B$-$A$ 界面的声拓扑绝缘体，来验证声传输的鲁棒性 (工作频率为 9.98kHz)。图 15-20(a) 展示了具有拓扑保护边缘态的拓扑超材料的声强场分布，声波沿界面平稳传输，并以指数方式衰减到体中。接下来，在空腔 (在阵列中去除了 2×2 的单元)、无序 (在阵列中对 4×2 的单元旋转随机角度) 和单拐角的扰动下的鲁棒声传输分别被演示，声强场分布如图 15-20(b)~(d) 所示。这里，图 15-20(d) 展示了沿边缘在拐角处无背向散射的声波传输，说明了拓扑保护边缘态具有可忽略背散射的输运。

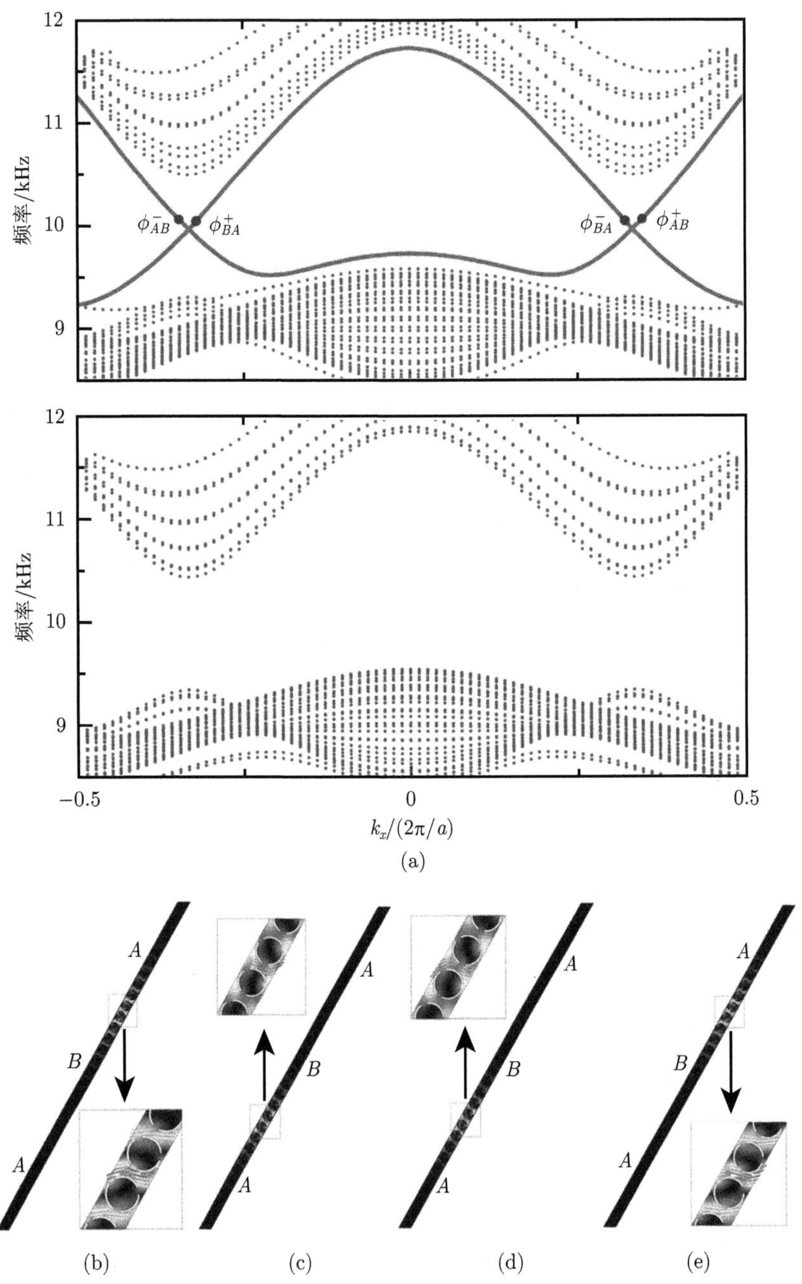


图 15-19　超胞的边缘模式 (彩图见封底二维码)

(a) 两个不同界面的色散关系；四个边缘态的绝对声压场及界面处能流运行方向：(b) $\phi_{AB}^-$，(c) $\phi_{BA}^+$，(d) $\phi_{BA}^-$，(e) $\phi_{AB}^+$

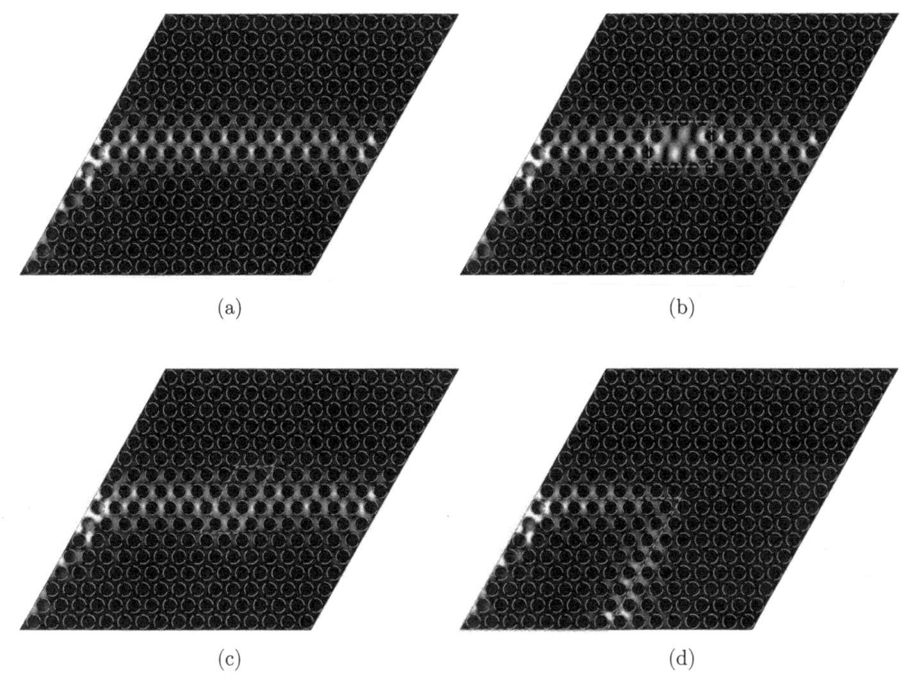

图 15-20 拓扑超材料在频率 9.98kHz 处免疫缺陷的鲁棒声传输

(a) 正常排列；(b) 存在空腔；(c) 存在无序；(d) 存在单拐角

为了确认这一性质，我们利用 $\alpha = -10°$ 和 $\alpha = 10°$ 的 TSR 设计了一些由 20×20 的单元阵列组成的拓扑绝缘体，如图 15-21(a) 和 (b) 所示。声波分别沿单拐角路径和之字形路径高效地传播，在转弯时几乎不存在后向散射，这证实了拓扑谷输运免疫背散射。图 15-21(a) 中单拐角路径在经过拐角前后具有相同的 $B$-$A$ 界面，边缘模式具有相同的手性，所以声波可沿该路径稳健传播。相似地，图 15-21(b) 中之字形路径在被两个拐角分隔的三段路径均为相同的 $B$-$A$ 界面，边缘模式具有相同的手性，所以声波能沿该路径传播。我们也设计了一些由 24×20 的单元阵列组成的能实现多声传播路径的拓扑绝缘体，如图 15-21(c) 和 (d) 所示。对于图 15-21(c) 中的拓扑绝缘体，两个入射声波可以彼此之间不受影响地沿两条独立的路径 (路径 I 和 II) 传播，即边缘模式在路径 I 和 II 上具有相反的手性。此外，通过将一束声波束分为两束，波束的分裂被实现，如图 15-21(d) 所示，这可以用来实现更特定的功能。当声波通过交叉点时，由于空间对称性的反转，声波不允许以直线方式 (路径 III) 传播，但是可以沿着路径 IV 和 V 向上和向下传播。这是因为沿路径 III 方向的交叉点前后由 $B$-$A$ 界面变为 $A$-$B$ 界面，边缘模式具有相反的手性，由于拓扑绝缘体中 K 谷的边缘模式锁定，声波不能沿路径 III 传播。而对于路径 IV 和 V，沿路径方向始终为 $B$-$A$ 界面，边缘模式的手性是相同的，因此声波传播始终被允许。根据上述结果，我们设计的拓扑绝缘体能够通过设计实现任意谷锁定的声传播路径。

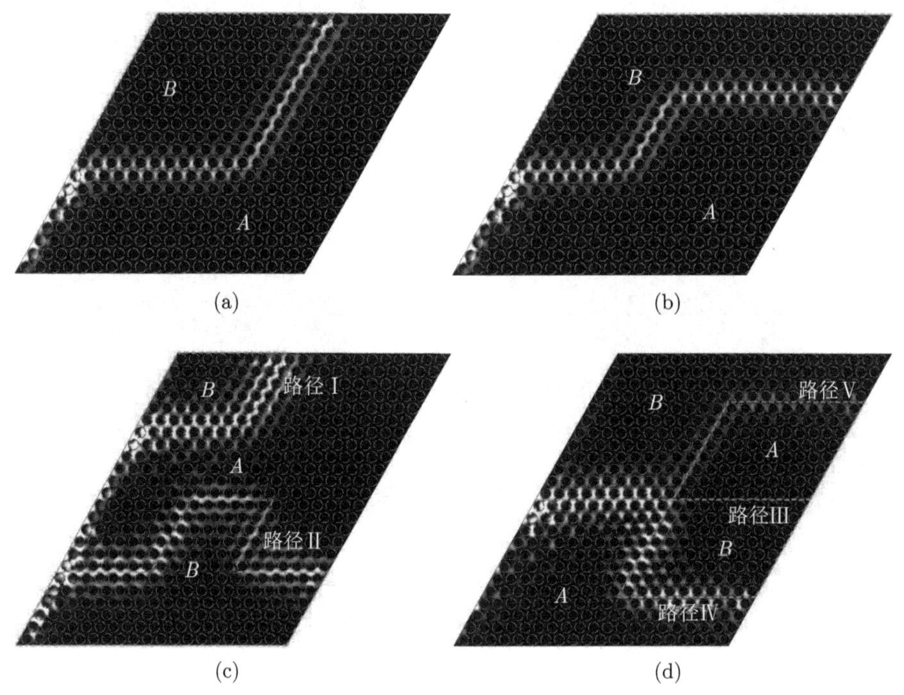


图 15-21　拓扑绝缘体中灵活的声波传播路径

(a) 单拐角路径；(b) 之字形路径；(c) 两条手性相反的路径 I 和 II；(d) 路径 III∼V

另外，我们展示了所提出的拓扑超材料边缘态的适用频率的可调性。通过调整旋转角 $\alpha$ 可以打开带隙并改变带隙的宽度。通过改变开孔尺寸 $d$ 可以调谐狄拉克锥频率。图 15-22(a) 展示了狄拉克锥频率与开孔尺寸 $d$ 的关系，可以看出，通过调节 $d$ 可以为狄拉克锥在宽频率范围内提供可调性。图 15-22(b)∼(d) 分别

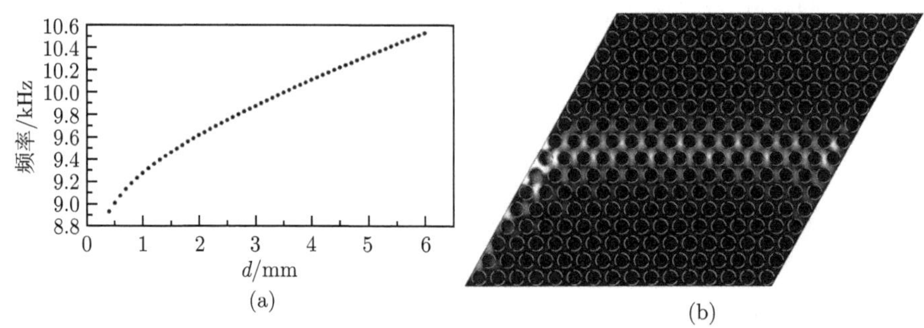

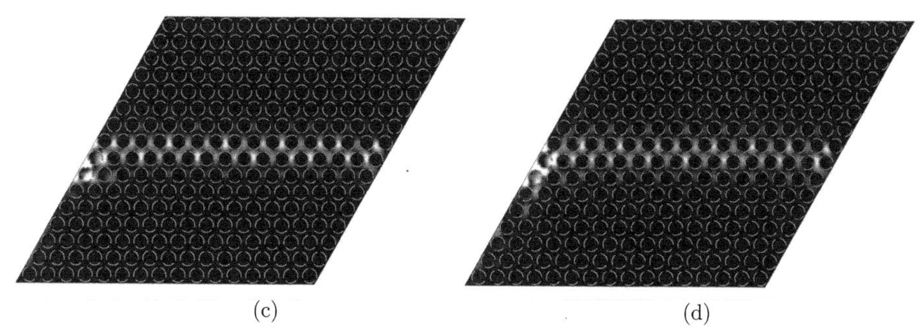

(c) (d)

图 15-22 拓扑超材料的可调性

(a) 狄拉克锥频率与开孔尺寸 $d$ 之间的关系图。不同参数值下的边缘传输的声强分布：(b) $d = 3\text{mm}$, $\alpha_1 = 10°$ (顶部) 与 $\alpha_2 = -10°$ (底部)；(c) $d = 3\text{mm}$, $\alpha_1 = 30°$，$\alpha_2 = -30°$；(d) $d = 4\text{mm}$, $\alpha_1 = 15°$，$\alpha_2 = -15°$

演示了由具有不同 $a$ 和 $d$ 的 TSR 组成的拓扑绝缘体的声强场分布，使用的 TSR 的结构参数分别为 $d = 3\text{mm}$, $\alpha_1 = 10°$ (顶部)，$\alpha_2 = -10°$ (底部)；$d = 3\text{mm}$, $\alpha_1 = 30°$，$\alpha_2 = -30°$；$d = 4\text{mm}$, $\alpha_1 = 15°$，$\alpha_2 = -15°$。图 15-22(b)~(d) 中使用的声波频率分别为 9.98kHz，9.98kHz 和 10.48kHz，这是由于参数值不同导致对应的频率也不同。可以看出，在这些拓扑绝缘体上声波沿界面平稳传播。因此，拓扑绝缘体在声学领域具有潜在应用。

3. 实验验证

为了实验验证声学谷拓扑边缘态的存在，我们设计了一个 16×12 的单元阵列组成的拓扑超材料，如图 15-23(a) 所示。由于二维结构和三维结构的共振特性和对称性一致，二维模型的仿真结果可以代表三维模型的仿真结果。我们使用了 TSR 在三维空间的对应结构 (三开口空心球) 在三维实空间中进行实验。这些单元采用 3D 打印技术制备，打印材料为 PLA 塑料。该拓扑超材料由具有相反的谷霍尔相的小麦色 ($\alpha = 15°$) 和绿色 ($\alpha = -15°$) 的单元组成，它被一条直界面分隔开。样品被置于由两块平行的亚克力板组成的平面波导环境中，该环境中整个结构可视为一个二维系统。背景是空气，其质量密度 $\rho_0 = 1.29\text{kg/m}^3$，声速 $c_0 = 343\text{m/s}$。在板的边界上安装了吸声海绵以模拟一个消声环境。扬声器 (BMS 4512ND) 由功率放大器驱动，置于波导前端作为声源。一个 7mm 宽的麦克风 (MPA 416) 被放置在距离样品表面 5mm 的 $A$ 点和 $B$ 点处，用来测量传输的声压。测试信号被传输到示波器进行后处理。图 15-23(b) 所示的实验数据对应图 15-23(a) 中的 $A$ 点和 $B$ 点。黑色实线表示边缘态，红色虚线表示体态，黄色区域代表仿真中对应的体带隙频段。实验结果表明，在体带隙频段中边缘态的传输性能比体态提高了约 20dB。实验和仿真结果证实了拓扑超材料边缘态的声传播。

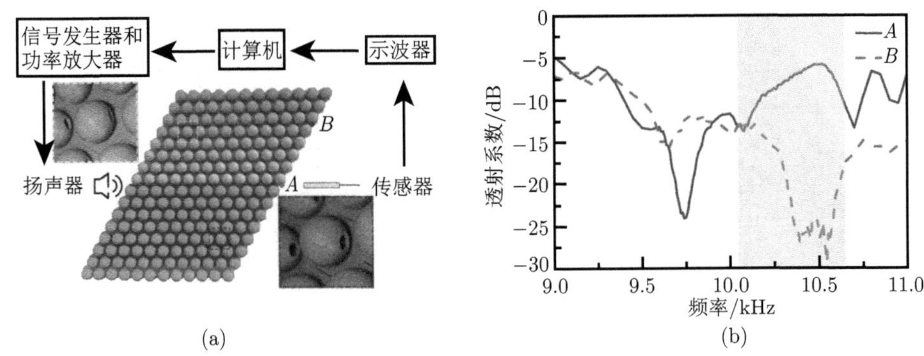


图 15-23　(a) 实验装置示意图及样品实物图片；(b) 实验测量的边缘态和体态的透射谱 (彩图见封底二维码)

# 15.3　超分子声学拓扑超材料

## 15.3.1　可重构拓扑相变声学超材料

1. 旋转侧孔的拓扑相变

1) 拓扑模型分析

图 15-24(a) 所示为“超分子”亚单元构成的具有六次旋转对称性的人造六方晶格 [60] 和单个“超分子”单元示意图，其中管壁厚度 $t$=1mm，管长 $L$=30mm，外半径 $R$=3.5mm，侧孔半径 $r$=1.5mm，$\theta$ 是六个“超分子”单元侧孔相对于晶格中心的旋转角，原胞晶格常数 $a$=45mm，相邻超分子间距 $b$=15mm，管壁材料为塑料。

图 15-24(b) 表明“超分子”单元共振频率在 4100Hz 附近，而由“超分子”亚单元构成的拓扑结构本征频率与单个散射体共振频率密切相关。为了获得类比于电子的赝自旋态，首先相对于单元中心旋转六个“超分子”亚单元侧孔，通过破坏对称性来控制拓扑相，设计了 $\theta=90^\circ$ 的晶格结构排列 (图 15-24(c) 中插图)，并计算原胞不可约布里渊区边界的对应能带色散关系，仿真过程中空气密度和声速分别设置为 $\rho$=1.29kg/m$^3$，$v$=343m/s。图 15-24(c) 所示的能带图表明 $\theta=90^\circ$ 时在布里渊区中心由于发生偶然简并形成了四重简并双狄拉克锥态。根据量子系统的规则，因为六方晶格具有 $C_{6v}$ 对称性，在布里渊区中心的本征态具有两个二维不可约表示：$E_1$ 和 $E_2$，其中 $E_1$ 对应于偶极子对称性的 $p$ 态，$E_2$ 对应于四极子对称性的 $d$ 态。图 15-24(d) 描述了旋转角 $\theta$ 在 $0^\circ$ 到 $360^\circ$ 的变化过程中 $p$ 和 $d$ 态的本征频谱也随之改变，不同的颜色代表不同的二重简并态。当“超分子”旋转角是 $0^\circ$ 时，四个本征态分别呈现两个二重简并态 $p$ 态和 $d$ 态，此时 $p$ 态本征频率高于 $d$ 态。当逐渐增大旋转角至 $90^\circ$ 时，$p$ 态和 $d$ 态之间带隙逐渐变小直至消

失，此时两个二重简并态合并为一个四重简并态，也就是双重简并狄拉克点。当继续增大旋转角，双狄拉克点又重新打开形成带隙，并且随着旋转角增加，带隙变大，但是此时 $p$ 态本征频率低于 $d$ 态，这表明这一过程发生了能带反转。根据电子系统轨道 $s$、$p$、$d$ 的分布，$d$ 态高于 $p$ 态时，拓扑晶格带隙为平庸的；$p$ 态高于 $d$ 态时，拓扑晶格带隙是非平庸的，这表明通过改变“超分子”侧孔旋转角可以打开和闭合拓扑带隙并形成不同的拓扑平庸和拓扑非平庸带隙。

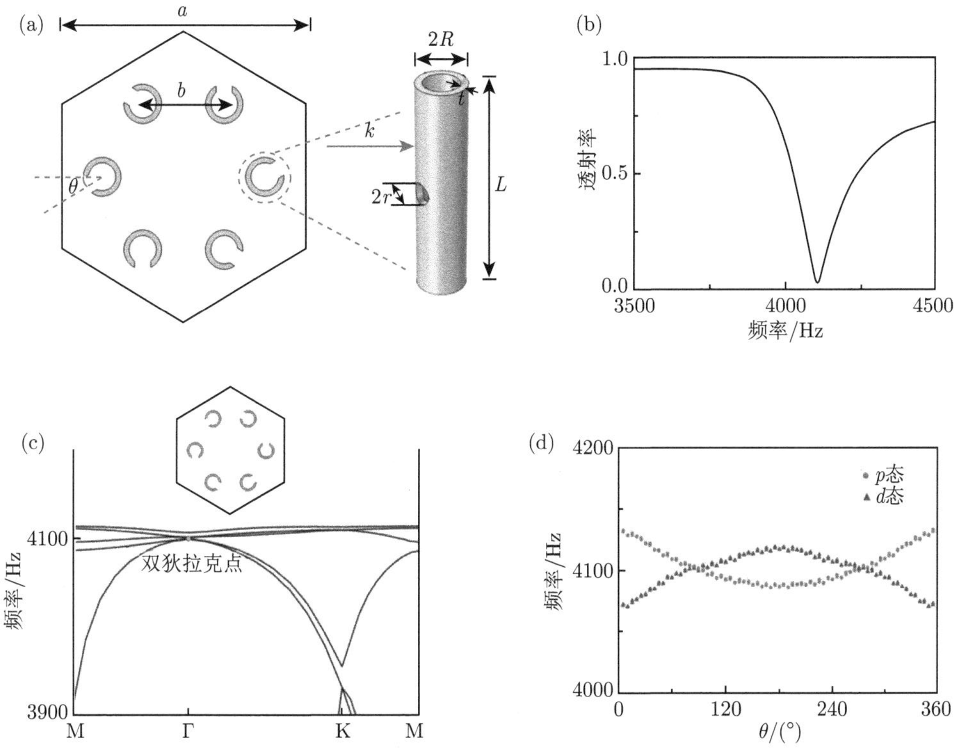


图 15-24 (a)“超分子”结构及其六方晶格示意图；(b)“超分子”单元的透射曲线；(c) $\theta$=90° 时的“超分子”原胞能带色散关系图；(d) 不同旋转角 $\theta$ 下 $p$ 态和 $d$ 态的本征频率

接下来设计了具有不同旋转角 $\theta$ 的六方晶格的两种代表构型，分别是 $\theta$ 为 180° 和 0°，图 15-25(a) 和 (b) 中插图分别为相对应的晶格排列示意图，$\theta$ 为 180° 时 6 个“超分子”侧孔方向均朝向内，而 $\theta$ 为 0° 时 6 个“超分子”侧孔方向均朝向外。两种不同构型晶格的能带色散图如图 15-25(a) 和 (b) 所示，表明两种情况下四重简并态均分裂成两个二重简并态并形成一个完整的带隙，其中 $d$ 态和 $p$ 态之间的绿色阴影代表直接带隙，$d$ 态在 $p$ 态之上，橙色阴影区域两侧 $p$ 态在 $d$ 态之上代表间接带隙。此外，通过计算两种配置晶格在布里渊区中心点 Γ 点处的声压场分布图和声能流分布来分析不同带隙的拓扑性质。值得注意的是，图 15-25(c) 表示这些本征模式的声场都局域在“超分子”腔内完全不同于非共振型声子晶体，其声场分布呈现奇和偶对称类似于电子中 $p$，$d$ 轨道，分别对应于 $p_x$，$p_y$，$d_{xy}$ 和 $d_{x^2-y^2}$，声场分布在这两种晶格中是相反的，表明拓扑相不同。图中红色箭头代表声能流方向，其涡旋方向分别呈顺时针和逆时针旋转，基于 $p$，$d$ 态分布的声压和逆时针、顺时针旋转的声能流可以构建赝自旋态类比于电子自旋霍尔效应。

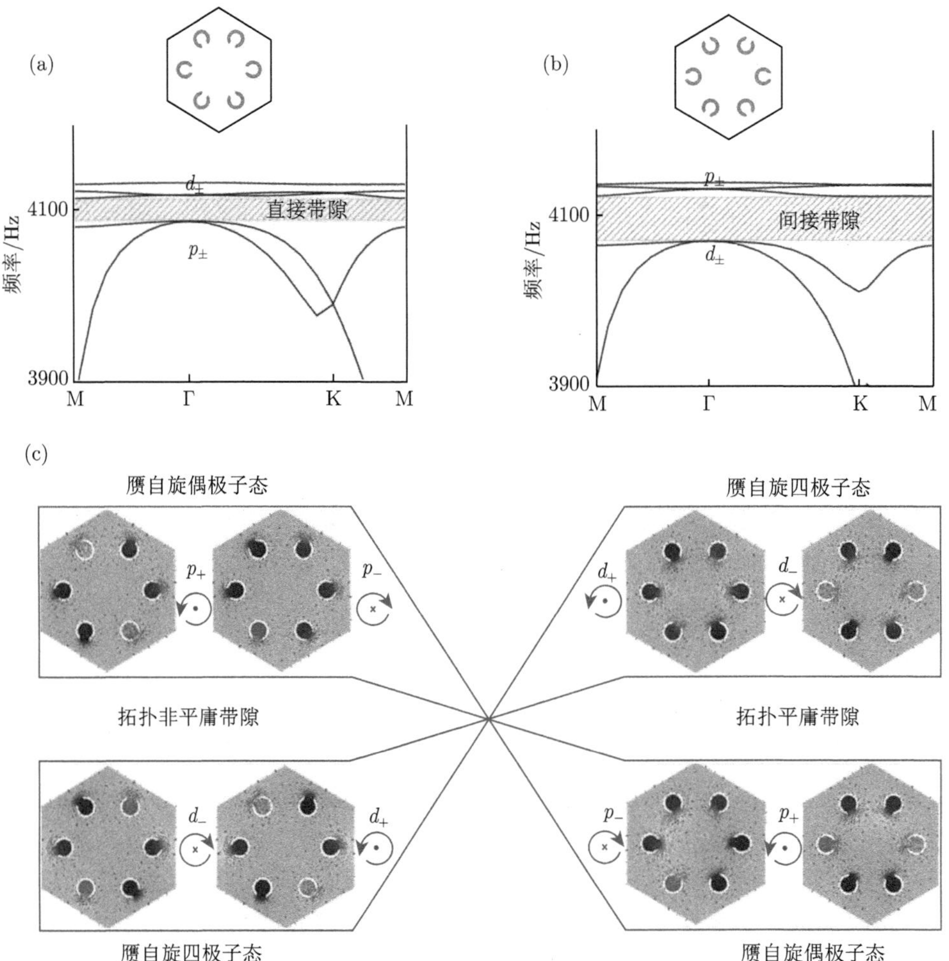


图 15-25　“超分子”侧孔旋转不同角度的六方晶格及其能带色散图：(a) $\theta$=180°，(b) $\theta$=0°，(c) 两种旋转角度晶格的声压场分布以及声能流分布 (彩图见封底二维码)

该六方晶格的两个二维不可约表示分别为以 $(x,y)$ 为基的 $E_1$ 和以 $(xy，x^2\text{-}y^2)$ 为基的 $E_2$，通过这两个二重简并态的线性组合可以构建声赝自旋态：$p_\pm=(p_x\pm \mathrm{i}p_y)/\sqrt{2}$，其中符号可以通过声能流的逆时针和顺时针旋转来表示

(图 15-25(c) 红色箭头所示)，表示携带正、负轨道角动量；类似地，我们可以构造 $d_{\pm}=\left(d_{x^2\text{-}y^2}\pm \mathrm{i}d_{xy}\right)/\sqrt{2}$。自旋陈数描述系统的拓扑特性可以表示为 $C_s=\pm[\mathrm{sgn}(M)+\mathrm{sgn}(B)]/2$。如图 15-25(a) 所示，$d$ 态本征频率高于 $p$ 态，$M>0$，此时 $C_s=0$，这意味着带隙是拓扑平庸的。相反地，图 15-25(b) 显示 $d$ 态本征频率低于 $p$ 态，$M<0$，因此 $C_s=\pm1$，这表明带隙是拓扑非平庸的。因此可以通过改变“超分子”侧孔旋转角实现不同的陈数以及从拓扑平庸态到拓扑非平庸态的拓扑相变，图 15-24(d) 揭示了拓扑相变过程以及不同的旋转角对应不同大小的带隙。

2) 超胞边缘态和色散可调

根据体–边界对应关系，二维拓扑绝缘体在拓扑平庸和拓扑非平庸结构之间的界面上具有拓扑保护的边缘态。我们设计了由两种构型 ($\theta=0°$ 和 $\theta=180°$) 构成的条带状超胞结构，如图 15-26(a) 所示，该超胞由沿着 ΓK 方向排列在一起的 10 个拓扑非平庸 (黄色区域) 和 10 个拓扑平庸 (绿色区域) 晶格组成，拓扑非平庸晶格在上。图 15-26(b) 所示为计算的超胞能带色散图，仿真中在不同方向分别设置连续性和 Floquet-Bloch 周期性边界条件，利用本征频率研究模块计算。图中显示一对有间隙的边缘态 (红色和蓝色曲线) 出现在体态 (灰色阴影区域) 之间的带隙内，边缘态的不同颜色表示具有相反群速度的赝自旋态，具有自旋锁定的边界传输。图 15-26(c) 绘制了对应于图 15-26(b) 中点 $A$ 和 $B$ 两个边缘态的声压场和强度通量 (红色箭头) 的分布图。显然地，两个边缘态的本征场均显示声压主要聚集在畴壁附近，表示是边缘态模式。能流涡旋表现出相反的赝自旋态 (点 $A$ 能流是顺时针旋转，点 $B$ 能流是逆时针旋转，代表赝自旋相反)。注意到两条边缘态曲线之间存在间隙，这是因为畴壁两侧较大的结构差异强烈破坏了晶格对称性，从而提升了自旋简并性，由 15.2 节分析可知，通过破坏对称性弱的两种配置设计拓扑平庸和拓扑非平庸晶格来减小间隙。

声子晶体的能带色散本征频率一般难以调节，因为固有频率与固定的晶格常数和散射体亚单元设计相关。值得注意的是，“超分子”亚单元属于局域共振型超材料，结构参数 (包括管长 $L$、管外半径 $R$ 和侧孔半径 $r$) 都会影响共振频率。与基于布拉格散射的声子晶体不同，拓扑超材料的色散本征频率与结构单元的共振频率密切相关，并且原胞色散与单个散射体有关，而散射体的排列方式不会影响带隙频率。通过调节“超分子”的几何参数可以调节晶格的双重简并狄拉克点的本征频率，如图 15-27(b) 所示“超分子”侧孔旋转角为 90°，改变“超分子”侧孔半径 $r$ 从 1.5mm 到 2mm，双狄拉克点的本征频率由 4100Hz 附近上升到 4500Hz 附近。并且基于此旋转“超分子”侧孔角度至 180° 和 0° 同样可以打开双狄拉克点形成拓扑平庸带隙和拓扑非平庸带隙，如图 15-27(a) 和 (c) 所示。因此，通过调节“超分子”几何参数可以调节晶格色散本征频率，而其他拓扑性质不变。

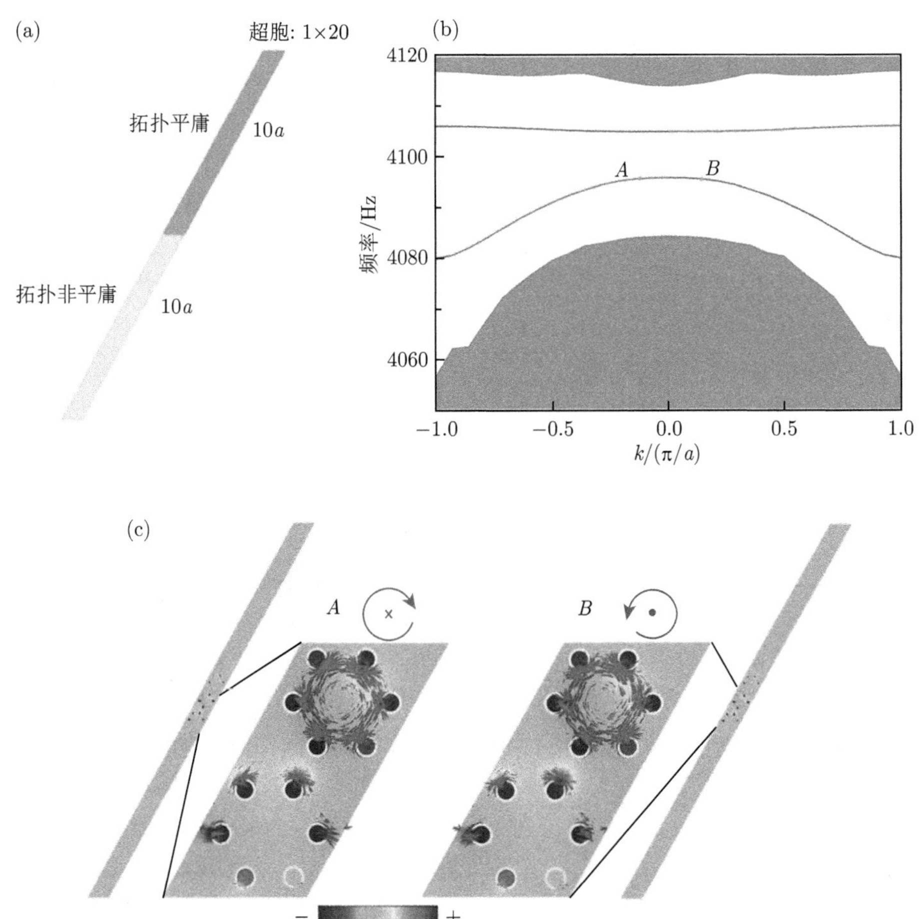


图 15-26　(a) 超胞示意图；(b) 以畴壁为中心的超胞的能带色散关系；(c) 点 $A$ 和 $B$ 的赝自旋边缘态的声压场和强度通量分布 (彩图见封底二维码)

同时我们研究了“超分子”不同参数对不同拓扑性质的影响。图 15-28(a) 所示为 $\theta$ 为 90° 时布里渊区中心本征频率与“超分子”亚单元管长 $L$ 之间的关系图，其中每个点都是四重简并点，可以看出双狄拉克点的本征频率随着 $L$ 的增加而逐渐降低。另外，图 15-28(b) 展示了 $\theta$ 为 0° 时，拓扑非平庸带隙与“超分子”亚单元侧孔半径 $r$ 之间的关系图，非平庸带隙本征频率随着 $r$ 的增加而逐渐上升，并且可以明显看出这一过程中带隙 (黄色区域) 逐渐变大；图 15-28(c) 展示了 $\theta$ 为 180° 时，拓扑平庸带隙与“超分子”亚单元管外半径 $R$ 之间的关系图，平庸带隙随着 $R$ 的增加而逐渐下降。由以上三幅图可以看出晶格色散本征频率随着结构参数呈近似线性的变化，并且带隙大小也与共振频率有关。因此，边界模式的响应频率也随之可调。为了可视化边缘态传输的可调谐性，我们模拟了不

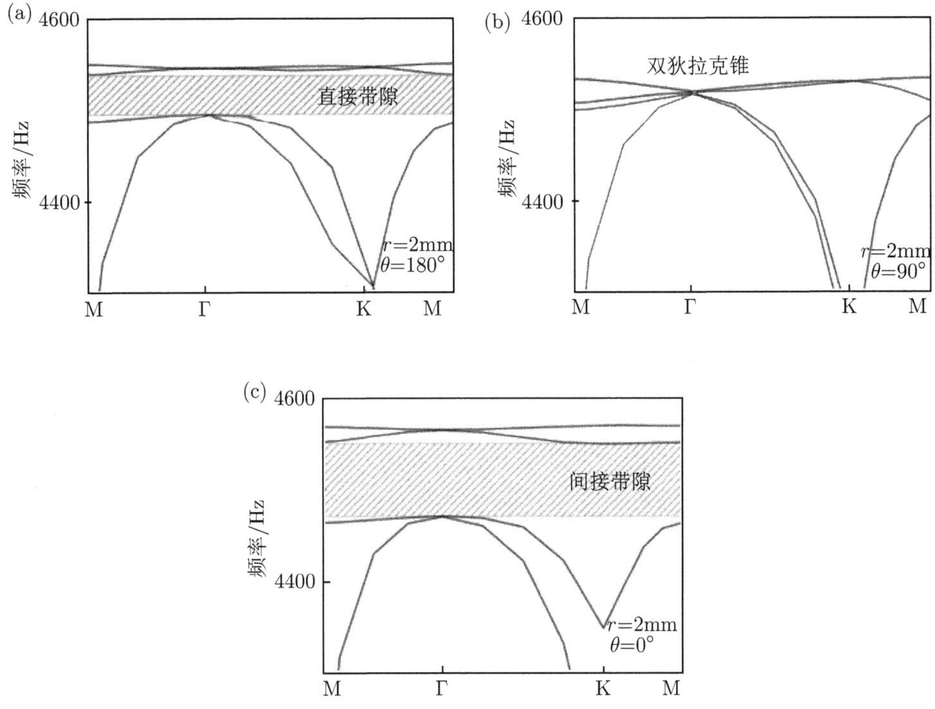


图 15-27 “超分子” 六方晶格不同 $\theta$ 值的能带色散图

(a) 频率/Hz 双狄拉克点 $L$/mm

(b) 频率/Hz 拓扑非平庸带隙 $p$态 $d$态 $r$/mm

(c) 频率/Hz $d$态 $p$态 拓扑平庸带隙 $R$/mm

(d) $L$=40mm 3265Hz

(e) $r$=2mm 4504Hz

(f) $R$=5mm 3334Hz

最大 最小

图 15-28 不同几何参数 “超分子” 晶格的拓扑性质 (彩图见封底二维码)

(a) 双狄拉克点本征频率与管长 $L$ 之间的关系；(b) 晶格拓扑非平庸带隙与侧孔半径 $r$ 之间的关系；(c) 晶格拓扑平庸带隙与管外半径 $R$ 之间的关系；(d)~(f) 不同参数值拓扑波导边界传输的声场分布图

同参数值的“超分子”亚单元构成的拓扑超材料波导边界传输的声场分布，如图 15-28(d)~(f) 所示，可以直观看出声能量均沿着固定原胞晶格常数的两种拓扑结构之间的界面传输。当改变管长 $L$ 为 40mm 时，边缘态频率由 4100Hz 下降到 3265Hz，与图 15-28(a) 关系一致；当改变侧孔半径 $r$ 为 2mm 时，响应频率由 4100Hz 上升到 4504Hz，与图 15-28(b) 关系一致；当改变管外径为 5mm 时，边缘态频率由 4100Hz 下降到 3334Hz，与图 15-28(c) 变化规律一致。因此，边缘模式的工作频率会随着“超分子”亚单元的参数值的变化而逐渐变化。

3) 实验验证

我们构建了一个由不同拓扑带隙的两种晶格组成的 $10a\times10a$ 有限尺寸的拓扑波导，如图 15-29(a) 上图所示，其中蓝色和黑色结构分别表示“超分子”亚单元构建的拓扑非平庸和拓扑平庸结构 ($\theta$=180° 和 $\theta$=0°)。图 15-29(a) 下图和图 15-29(b) 上图分别为 4100Hz 处的波导边界传输的声场面外分布和面内分布图，两者展示了声波均沿着畴壁传播并且呈指数衰减进入体态内，“超分子”结构腔内声能分布更强。图 15-29(b) 下图选取了畴壁上的单元声压分布纵向截面图，可以看出在腔内和腔外声波的边缘态均有很强的亚波长范围限制。

为了通过实验验证该声学拓扑超材料的边界传输，我们利用 3D 打印方法制备了拓扑超材料波导，图 15-29(c) 所示为样品照片图及实验系统示意图，插图展示了上下端样品的放大图，可以看出晶格内“超分子”的侧孔朝向不同侧，红色虚线表示不同拓扑结构的界面。将样品放置在由两个平行的有机玻璃板组成的平面波导环境中，整个实验环境可以看作是二维系统。吸声泡沫安装在有机玻璃板的边界处，以模仿消声环境。由功率放大器驱动的扬声器 (BMS 4512ND) 放置在

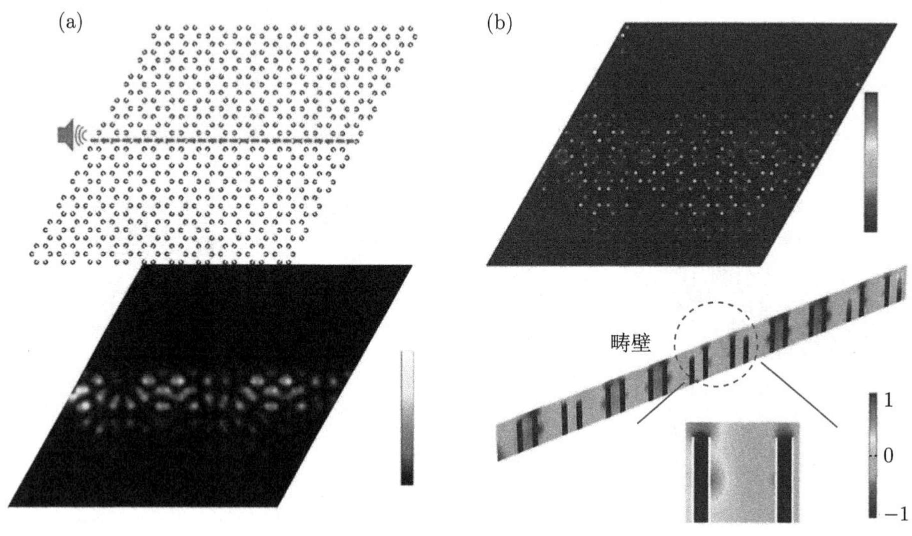

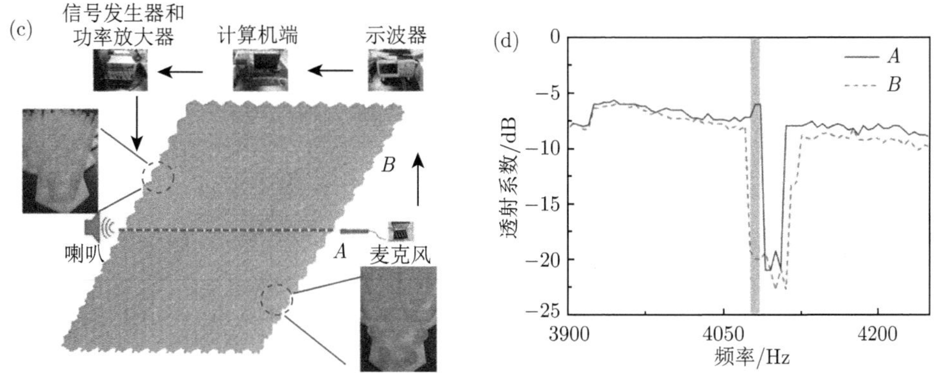


图 15-29 (a) 拓扑波导二维中心横截面示意图以及波导边界传输腔外声场分布图；(b) 拓扑波导的边界传输腔内声场分布图以及畴壁处纵向声压场分布截面图；(c) 3D 打印实验样品照片和实验系统仪器示意图；(d) 边缘态 $A$ 点和体态 $B$ 点的实验透射曲线对比 (彩图见封底二维码)

波导的前面作为声源。在波导后面放置一个 1/4in 的麦克风 (MPA416) 以测量传输声场，在样品前端放置麦克风用作参考探头，用示波器收集信号以进行后处理。图 15-29(d) 所示为实验数据结果，其中黑色实线对应于图 15-29(c) 中 $A$ 点透射曲线，$A$ 点位于样品图中红色虚线边界的末端，代表边缘态；红色虚线对应于图 15-29(c) 中 $B$ 点透射曲线，$B$ 点位于一种结构体态的末端，代表体态传输。实验结果表明在 4100Hz 附近一段频率，边缘态的传输强度比体态高约 20dB，之后一段频率，整个拓扑超材料均处于带隙中，声波不能通过。以上通过实验和模拟结果均验证了拓扑超材料的边缘传输，证明了通过旋转“超分子”侧孔可以实现拓扑相变以及基于此构建声学类比量子自旋霍尔效应的拓扑绝缘体。

### 2. 改变超分子间距的拓扑相变

#### 1) 拓扑晶格设计

考虑到以往大多数结构设计只能以一种方式破坏对称性控制拓扑相位，而我们设计的开口空心管拓扑超材料可以通过两种方式破坏对称性控制拓扑相位，称之为可重构的拓扑超材料。下面介绍另一种打破对称的机制来实现拓扑相变。如图 15-24(a) 所示，六个“超分子”组成人造蜂窝晶格，其他参数保持不变，侧孔朝向固定，一致向左，通过收缩和扩张六个“超分子”间距来实现拓扑相变。如图 15-30 所示为不同 $b$ 值的晶格示意图及其能带色散图，对于 $b$=11mm 的收缩“超分子”型晶格，我们可以观察到两个二重简并态和一个完整的带隙，同时布里渊区中心的本征态分别为一个单极子 $s$ 态模式、一对偶极子 $p$ 态模式和一对四极子 $d$ 态模式。当增加“超分子”间距 $b$ 为 15mm 时，两个二重简并态合并为一个四重简并态，带隙闭合形成一个双狄拉克锥。接着增加 $b$ 值到 18mm 变为扩张“超分子”型晶格，四重简并态又重新分裂为两个二重简并态和一个完整的带隙。

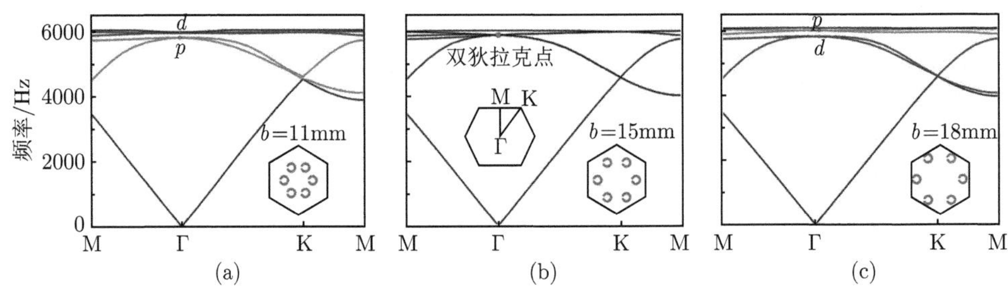


图 15-30　不同 $b$ 值对应的六方晶格示意图及其能带色散图

2) 能带反转和边缘态

我们分别绘制了收缩和扩张“超分子”型晶格在布里渊区中心处的本征态声场模式，如图 15-31 所示。图 15-31(a) 显示 $b$=11 mm 的晶格高频的两个本征态局域于“超分子”腔内的声场分布呈四极子对称，分别对应于 $d_{xy}$ 和 $d_{x^2\text{-}y^2}$，同样地，基于两个四极子态可以构造赝自旋态；而低频的两个本征态声场分布呈偶极子对称，如图 15-31(c) 所示，对应于 $p_x$ 和 $p_y$。对于扩张“超分子”型晶格声场分布，如图 15-31(b) 和 (d) 所示呈现相同的对称性，但是 $p$，$d$ 态本征频率颠倒，

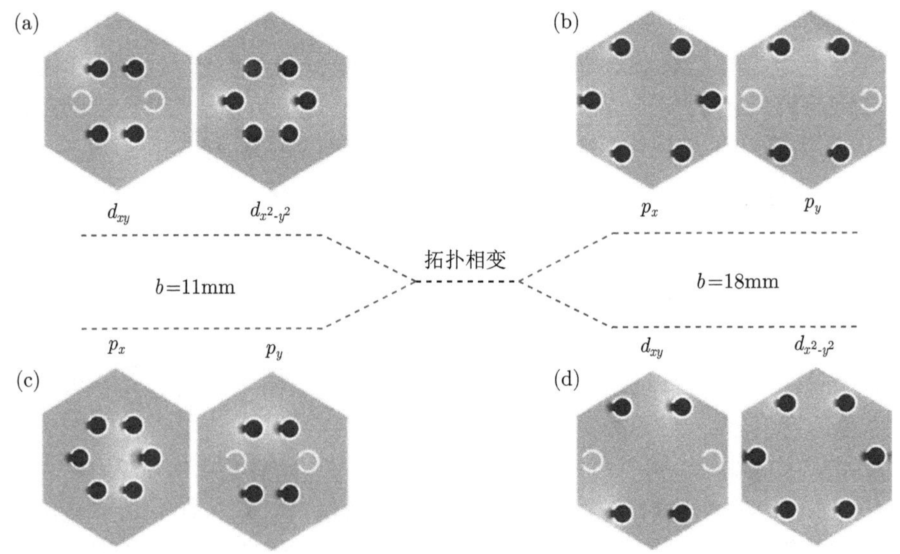


图 15-31　拓扑平庸和拓扑非平庸带隙及布里渊区中心本征态声场分布图

$p_x$ 和 $p_y$ 显示为赝自旋偶极子模式，而 $d_{xy}$ 和 $d_{x^2-y^2}$ 显示为赝自旋四极子模式

意味着发生了拓扑相变。

为了阐明声赝自旋态，我们构造了一个条带状超胞，如图 15-32(a) 所示，其畴壁两侧是由不同 $b$ 值的扩张“超分子”型晶格 (黄色区域，$b$=18mm) 和收缩“超分子”型晶格 (绿色区域，$b$=11mm) 组成，沿 ΓK 方向但是排列方式与图 15-26(a) 正好相反 (图 15-26(a) 中是绿–黄排列，图 15-32(a) 中是黄–绿排列)。数值计算了该超胞的能带色散关系，如图 15-32(b) 所示，同样地，具有相反群速度的拓扑边缘态曲线出现在体态间带隙中。在图 15-32(c) 中进一步绘制了图 15-32(b) 中 $A$ 和 $B$ 两点的声压场以及能流场分布，声压场被限制在两种拓扑结构的畴壁处并呈指数衰减到体态内，表明这一对曲线是边缘态模式。$A$ 点能流为逆时针旋转而图 15-26(c) 中 $A$ 点为顺时针旋转，$B$ 点能流为顺时针旋转而图 15-26(c) 中 $B$ 点为逆时针旋转，揭示了声学拓扑绝缘体的赝自旋特性。

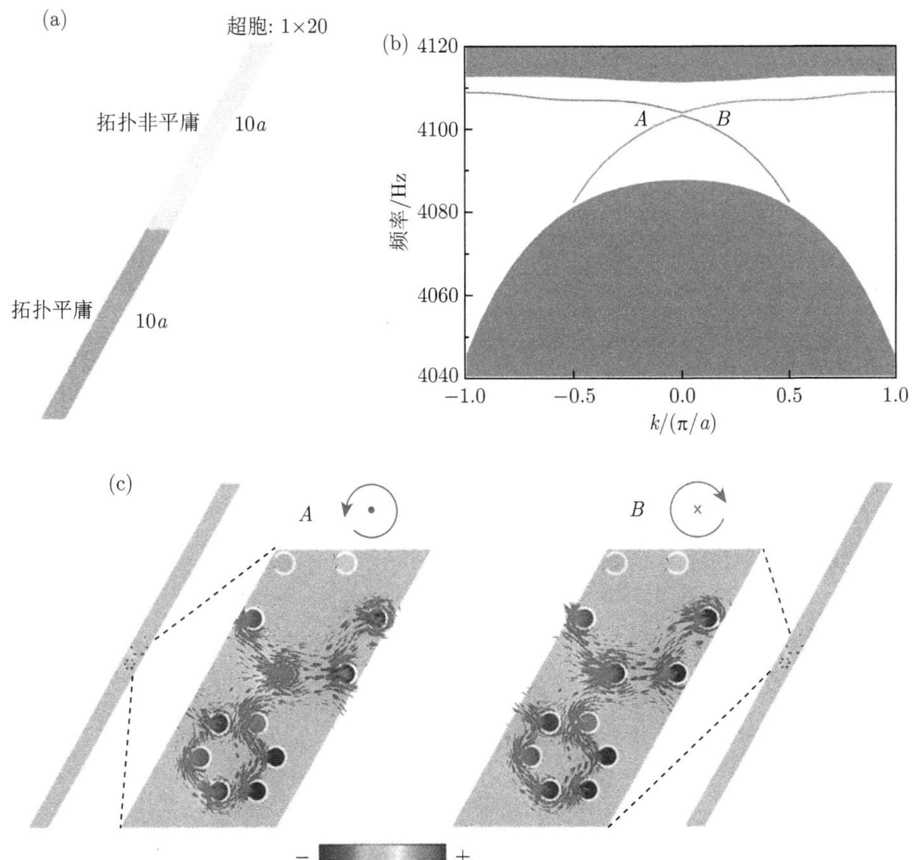


图 15-32　(a)“超分子”超胞示意图；(b) 以畴壁为中心的超胞的能带色散关系；(c) 点 $A$ 和 $B$ 的赝自旋边缘态的声压场和能流场分布 (彩图见封底二维码)

3) 实验验证

我们通过仿真和实验进一步证明了由收缩和扩张“超分子”方法设计的拓扑波导的边界传输，图 15-33(a) 所示为由收缩和扩张“超分子”型晶格构建的拓扑波导的二维中心横截面示意图以及模拟的传输声强场分布图，图中显示声波沿着中间的边界传输。图 15-33(b) 所示为仅由收缩“超分子”型晶格构建的拓扑波导示意图和声强场分布图，带隙的存在且带隙内没有边缘态使得声波不能通过。接着利用 3D 打印法制备了样品，如图 15-33(c) 所示，图中插图为样品放大图，黄色区域为 $b$=18mm 的扩张“超分子”型晶格，绿色区域为 $b$=11mm 的收缩“超分子”型晶格，实验装备系统以及测量方法与图 15-29(c) 所示相同。实验结果如图 15-33(d) 透射曲线所示，表明与体态 $B$ 点的测量结果相比，边缘态 $A$ 点的测量结果有大

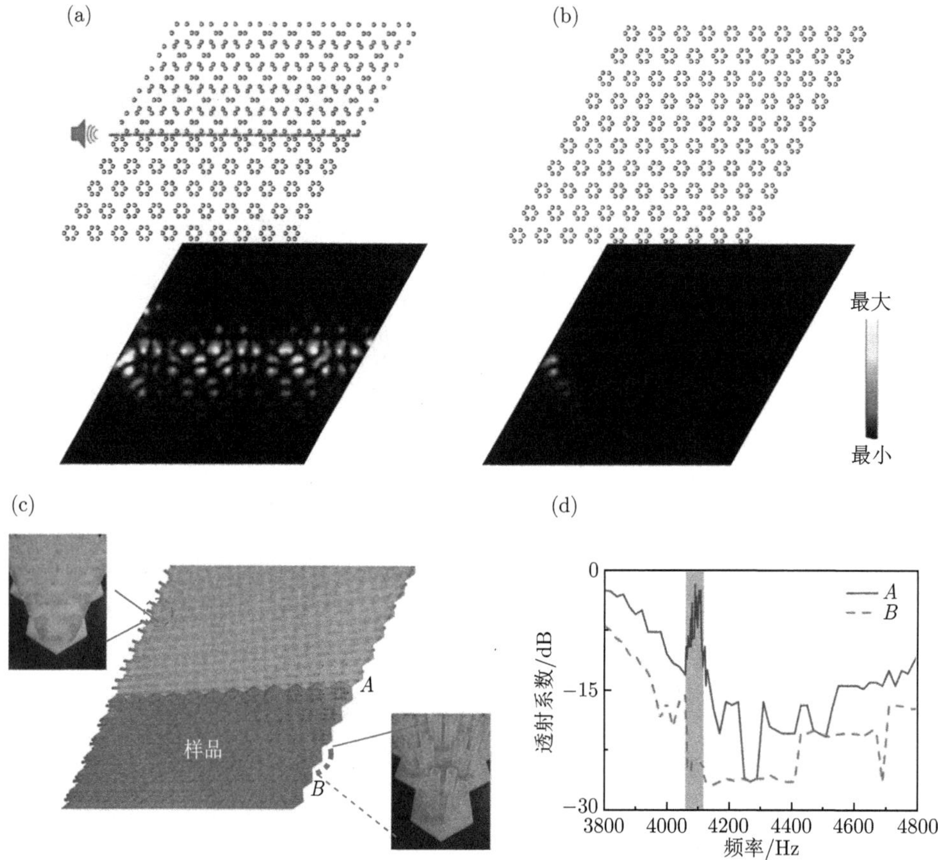


图 15-33　(a) 由不同 $b$ 值的收缩和扩张“超分子”型晶格组成的拓扑波导及其模拟声强场分布图；(b) 仅由收缩“超分子”型晶格组成的拓扑波导及其模拟声强场分布图；(c) 实验制备的相应的样品照片；(d) 实验测量的拓扑边缘态以及体态透射曲线对比 (彩图见封底二维码)

约 25dB 的传输增强，实验和仿真均验证了边界传输。

4) 缺陷免疫

拓扑绝缘体令人惊奇的特性是能够免疫缺陷，维持拓扑鲁棒的边界传输，为了进一步验证边缘态的鲁棒性，我们在拓扑受保护的波导中引入了一系列缺陷 (包括空腔、无序和急拐角)，图 15-34 的左图所示为拓扑保护波导示意图，右图为不同缺陷的波导模拟声场分布图，可以看出均沿着不同拓扑结构的边界传输，可以绕过缺陷和拐角，展示出背散射抑制和鲁棒性的声边界输运。因此，开口空心管“超分子”构型包括旋转“超分子”侧孔及收缩扩张“超分子”间距均能破坏晶格对称性，可以用于设计可重构声学拓扑超材料。

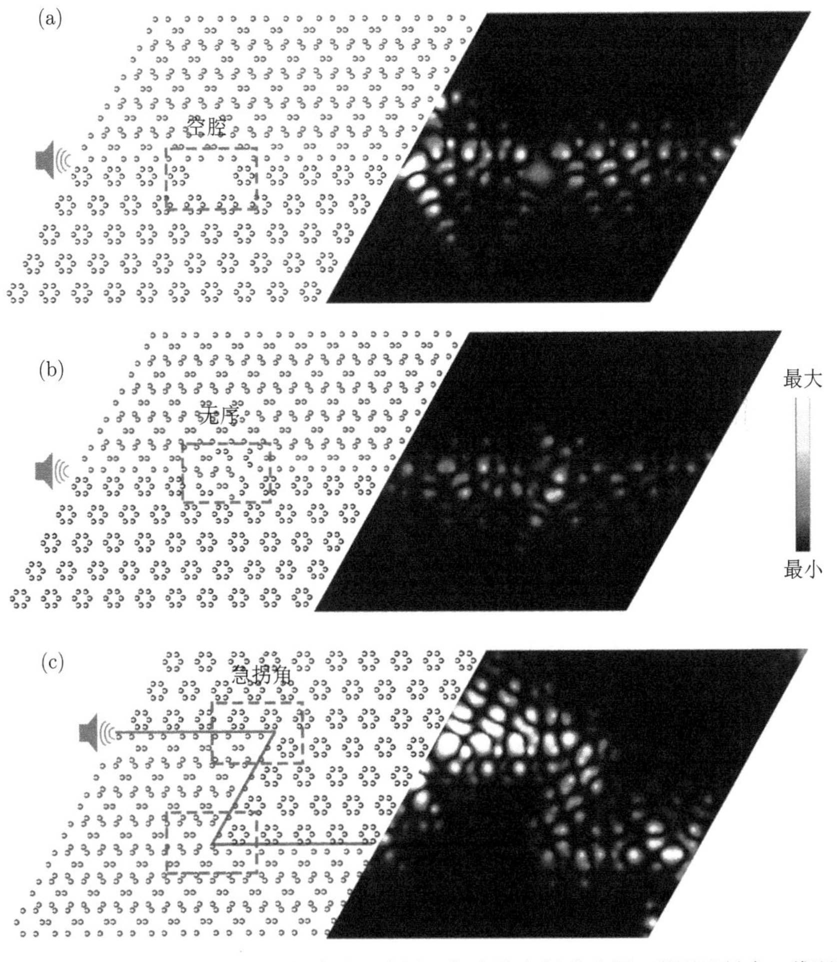


图 15-34 引入不同的缺陷拓扑波导示意图及相应的声场分布图 (彩图见封底二维码)

(a) 空腔；(b) 无序；(c) 急拐角

### 15.3.2　超分子谷拓扑绝缘体

1. 拓扑晶格设计和谷拓扑相变

15.2.2 节介绍了由 3 个“超原子”构成具有 3 次旋转对称的晶格可以实现拓扑谷态，同样地，利用 3 个“超分子”也可以实现拓扑谷态。如图 15-35(a) 所示为由 3 个“超分子”亚单元排列在六方晶格内，晶格常数 $a$=45mm，3 个“超分子”亚单元中心位于内部虚拟六边形的间隔角点上，该六边形边长为 $b$，“超分子”单元管长 $L$=30mm，管外半径 $R$=3.5mm，壁厚 $t$=1mm，侧孔半径 $r$=1.5mm，相对于六方晶格中心整体旋转 3 个“超分子”单元破缺对称性，旋转角度为 $\varphi$。图 15-35(b) 绘制了 $b$=10mm，$\varphi=0°$ 时的晶格能带色散图，此时晶格保持空间镜面对称性，使得其在布里渊区高对称角点处有二重简并的单狄拉克锥。

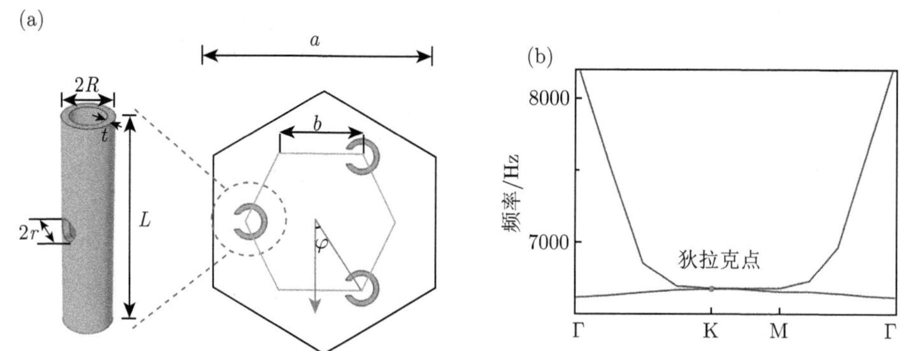


图 15-35　(a) 由 3 个“超分子”亚单元构成的六方晶格示意图，3 个“超分子”一起相对于晶格中心顺时针旋转角度 $\varphi$；(b) $\varphi=0°$ 时的晶格能带色散图

通过破缺空间反演对称性来打开狄拉克点形成完整带隙，并且基于此来实现谷拓扑相变。如图 15-36(a) 所示为 $\varphi=-30°$ 时的晶格能带色散图，三个“超分子”经过 $-30°$ 旋转后呈正三角形排布，镜面对称性破缺，图中显示在 K 点处的狄拉克点被打开并形成上下两个能谷态，在两个能谷态之间存在完整带隙。同样地，$\varphi=30°$ 时晶格简并点也被打开形成带隙，如图 15-36(b) 所示，但是这两种角度下的带隙拓扑性质不同。

为了直观观察四个能谷态的相位变化，我们绘制了两种晶格的四个谷态的相位本征模式，如图 15-37 所示。观察“超分子”腔内的相位部分，$\varphi=-30°$ 时，$K^+$ 的相位变化为 $-\pi$ 到 $\pi$，$K^-$ 的相位变化为 $\pi$ 到 $-\pi$。而对于 $\varphi=30°$，上频率“超分子”腔内相位变化为 $\pi$ 到 $-\pi$，下频率为 $-\pi$ 到 $\pi$，此时 $K^+$ 和 $K^-$ 发生颠倒，这一过程即谷拓扑相变。

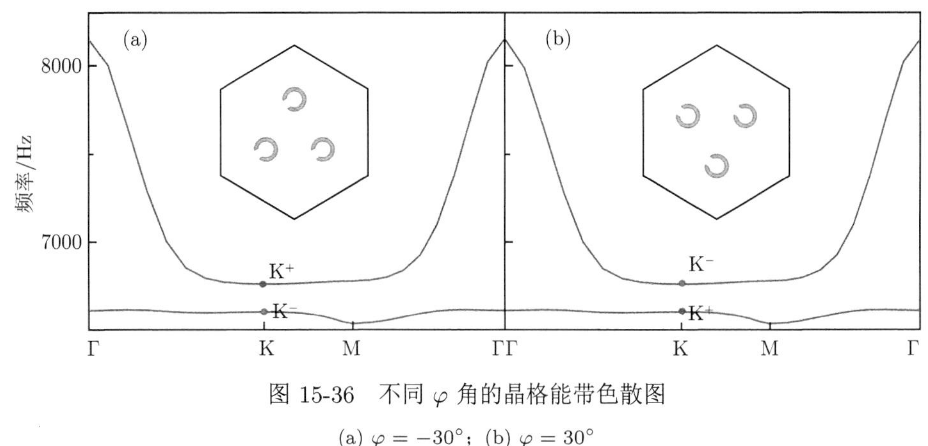


图 15-36　不同 $\varphi$ 角的晶格能带色散图

(a) $\varphi=-30°$；(b) $\varphi=30°$

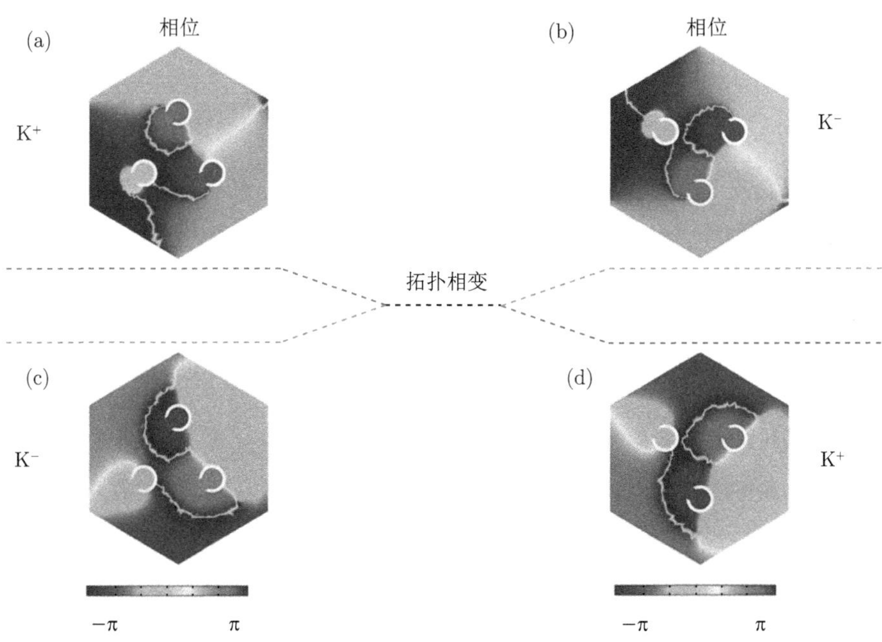


图 15-37　两种晶格的四个能谷态的相位分布图 (彩图见封底二维码)

(a) $\varphi=-30°$，$\mathrm{K}^+$；(b) $\varphi=-30°$，$\mathrm{K}^-$；(c) $\varphi=30°$，$\mathrm{K}^-$；(d) $\varphi=-30°$，$\mathrm{K}^+$

### 2. 拓扑边缘态和谷态色散可调

同样地，由 10 个 $\varphi=-30°$ 的六方晶格和 10 个 $\varphi=30°$ 的六方晶格沿着 ΓK 方向排列组成了超胞结构，超胞形状仍然是条带状，其超胞能带计算方法与第 14 章边缘态分析相同。如图 15-38(a) 所示为“超分子”结构超胞的能带色散图，图中显示在 6700Hz 附近的带隙内有两条边缘态曲线 (红色和蓝色曲线，表示不同的谷赝自旋性)。图 15-38(b) 所示为图 15-38(a) 中在两条边缘态曲线上 $A$、$B$ 两点的声压场分布图，声能主要集中在超胞中心的界面上，边界两侧结构体内基本没有声压分布，证明了这两条边缘态曲线。

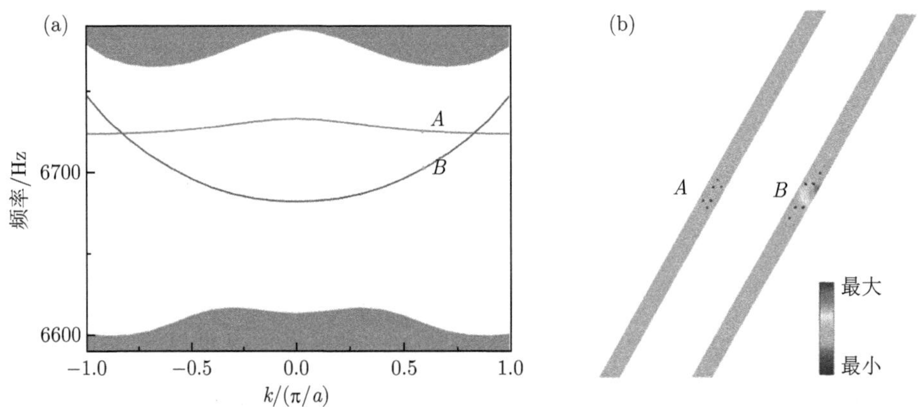


图 15-38　(a) 由 10 个 $\varphi=-30°$ 的晶格和 10 个 $\varphi=30°$ 的晶格排列组成的超胞能带色散图；(b) $A$、$B$ 两点对应的声场本征模式 (彩图见封底二维码)

基于“超分子”亚单元设计谷拓扑绝缘体是基于声学超材料局域共振原理产生带隙，因此带隙的本征频率与单个“超分子”单元的共振频率变化相关。基于前述等效电路的分析，“超分子”单元的结构参数 (包括管长 $L$ 和侧孔半径 $r$ 等) 都能影响其共振频率，进而影响由“超分子”亚单元构建的拓扑晶格色散。我们研究了“超分子”侧孔半径 $r$ 对晶格带隙的影响，图 15-39(a) 所示是 $\varphi=-30°$ 时两个谷态的本征频率与侧孔半径 $r$ 之间的关系图，图中显示，随着 $r$ 值的增加，两个谷态的本征频率也逐渐上升，这一过程中两个谷态之间的带隙相应变化。接

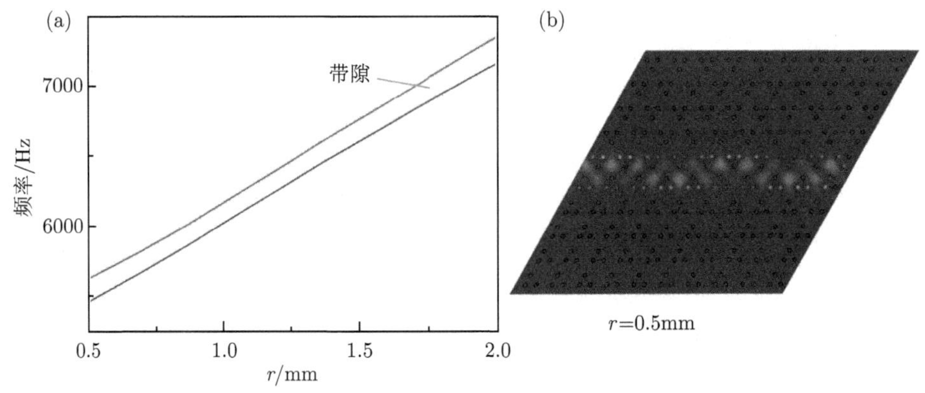

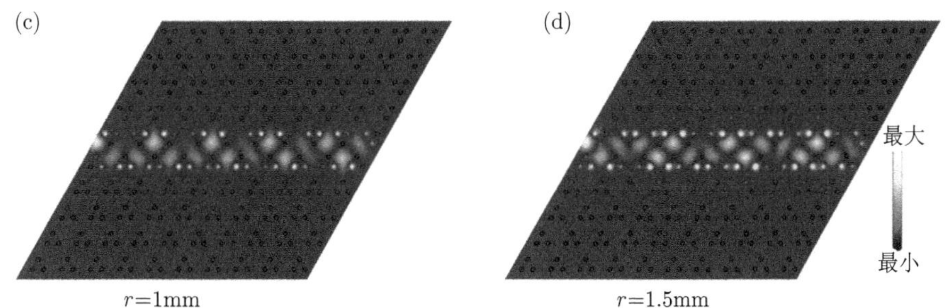


图 15-39 (a) $\varphi=-30^{\circ}$ 时两个谷态的本征频率与“超分子”侧孔半径 $r$ 之间的关系图；不同 $r$ 值的拓扑传输波导的声强场分布图：(b) $r$=0.5mm，(c) $r$=1mm，(d) $r$=1.5mm

着固定“超分子”管长 $L$=30mm，改变 $r$ 分别设计了几种不同参数的拓扑传输波导。如图 15-39(b) 所示为边界传输声强场分布，减小 $r$ 至 0.5mm 时，仍然可以实现边界声输运，但是相应频率降低。同样地，图 15-39(c) 和 (d) 分别是不同 $r$ 值的拓扑波导传输场分布图，可以看出声波均沿着边界传输，而响应频率有与图 15-39(a) 所示相同的变化。因此，通过合理设计“超分子”结构参数，可以设计预期响应频率的声学谷拓扑绝缘体。

## 15.4 多频声学谷霍尔拓扑绝缘体

### 15.4.1 拓扑晶格设计

图 15-40 为设计的周期性排列的二维谷霍尔拓扑超材料，原胞为 A 和 B 两

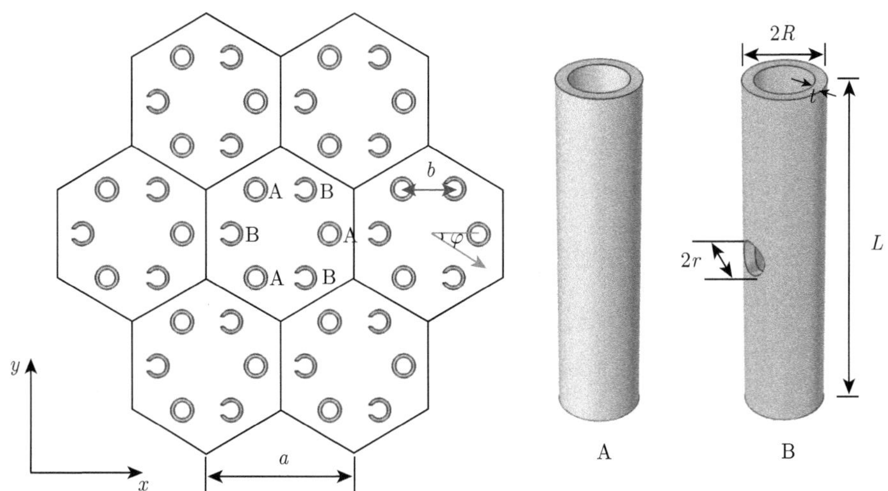


图 15-40 由空心管“超原子”和开孔空心管“超分子”交替排列在六方晶格内构建的二维谷霍尔拓扑绝缘体

种结构交替排列在六方晶格内，晶格常数 $a$=45mm，基体为空气。A 代表空心管“超原子”模型，B 代表开孔空心管“超分子”模型。其中，$L$ 为管长，管外半径 $R$=3.5mm，管壁厚 $t$=1mm，“超分子”侧孔半径 $r$=1.5mm，相邻“超分子”和“超原子”间距为 $b$，$\varphi$ 表示相对于晶格中心的旋转角。同样地，两种结构均为硬质塑料，阻抗远大于空气，因而管壁视为声学硬边界。由于超材料的共振属性、不同亚单元之间的弱相互作用，两种不同类型的亚单元会分别在各自共振频率处表现出拓扑能带性质。通过调整“超分子”和“超原子”结构的旋转角 $\varphi$ 来控制晶格对称性以及拓扑相转变。

### 15.4.2　能带分析和拓扑相变

15.2.1 节和 15.3.1 节分析表明，当 $b\neq\dfrac{1}{3}a$ 时，会在布里渊区角点 K 点处形成简并点；当 $b=\dfrac{1}{3}a$ 时，会在布里渊区整个边界上形成简并态。在这里，设置 $b=15\text{mm}=\dfrac{1}{3}a$。首先，通过同时旋转 6 个散射体改变晶格对称性，如图 15-41 所示分别为不同旋转角对应的晶格在布里渊区的能带色散图。当 $\varphi$ 等于 0° 时，如图 15-41(b) 所示，分别在 5200Hz 和 6800Hz 两个频段附近在布里渊区边界 K-M 路径形成两条简并线，当改变旋转角 $\varphi$ 时，晶格镜面对称性被破坏，两个频段的简并态都会被打开并形成完整带隙。如图 15-41(a) 和 (c) 所示分别为 $\varphi$ 等于 30° 和 −30° 时的晶格能带色散图，在 5200Hz 和 6800Hz 附近都可以观察到带隙，但是两种晶格带隙拓扑性质不同，在 K 点分别标记了 $K_1$、$K_2$、$K_3$ 和 $K_4$ 四个谷态以分析其本征模式的拓扑变化。

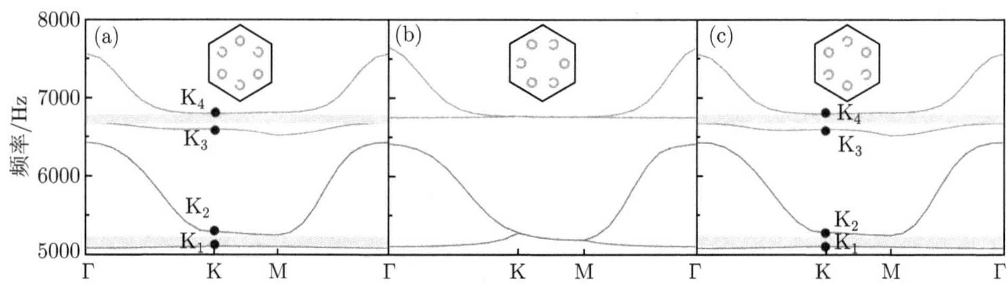


图 15-41　晶格六个亚单元整体旋转不同旋转角 $\varphi$ 对应的能带色散图

(a) $\varphi=30°$；(b) $\varphi=0°$；(c) $\varphi=-30°$

然后，分别绘制了 $\varphi$ 等于 30° 和 −30° 时的晶格在布里渊区角点 K 点处的相位分布图，如图 15-42 所示。首先，5200Hz 附近对应于“超原子”亚单元的本征态，因此观察 $K_1$ 和 $K_2$ 的相位分布时主要对应于三个“超原子”腔内的相位变化，而 6800Hz 附近对应于“超分子”亚单元结构的本征态，$K_3$ 和 $K_4$ 的相位分布主要观察 3 个“超分子”腔内的相位变化。在 5200Hz 频段，观察“超原子”腔内的相位分布，当 $\varphi$ 等于 30° 时，$K_1$ 的相位变化为 π 到 −π (图 15-42(b))，$K_2$ 的相位变化为 −π 到 π (图 15-42(a))；而当 $\varphi$ 等于 −30° 时，$K_1$ 的相位变化为 −π 到 π (图 15-42(d))，$K_2$ 的相位变化为 π 到 −π (图 15-42(c))，发生了拓扑能带反转。在 6800Hz 频段，观察“超分子”腔内的相位分布，当 $\varphi$ 等于 30° 时，$K_3$ 的相位变化是 −π 到 π (图 15-42(g))，$K_4$ 的相位变化是 π 到 −π (图 15-42(e))；而当 $\varphi$ 等于 −30° 时，$K_3$ 的相位变化是 π 到 −π (图 15-42(h))，$K_4$ 的相位变化是 −π 到 π (图 15-42(f))，同样发生了拓扑相变。值得注意的是，两种晶格 $K_1$ 和 $K_3$ 都是带隙的下频率谷态，相位也是相反的，这是由于 3 个“超分子”和 3 个“超原子”交替排列，当整体旋转后，两者的对称性不同，当“超分子”亚单元排列方式是正三角 (倒三角) 时，“超原子”亚单元的排列方式就是倒三角 (正三角)，恰好相反，因此其拓扑性质相反，类似地，$K_2$ 和 $K_4$ 拓扑相也相反。

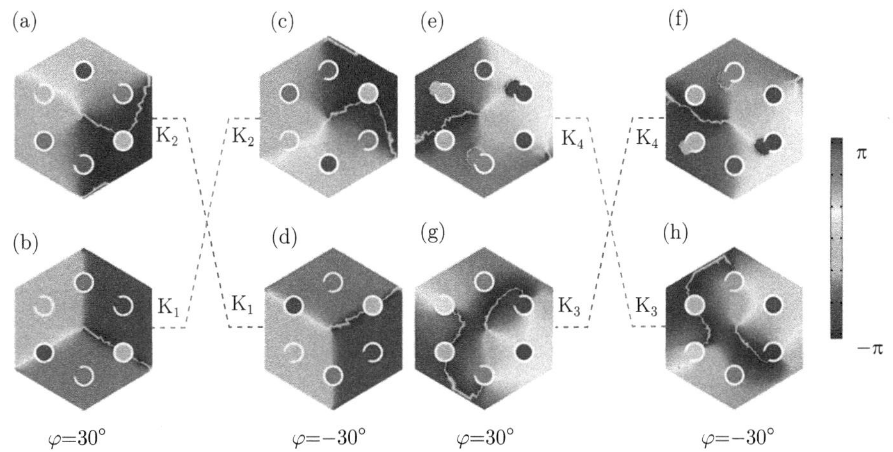


图 15-42 不同 $\varphi$ 时晶格在 K 点的相位分布 (彩图见封底二维码)

$\varphi = 30°$：(a) $K_2$，(b) $K_1$，(e) $K_4$，(g) $K_3$；$\varphi = -30°$：(c) $K_2$，(d) $K_1$，(f) $K_4$，(h) $K_3$

### 15.4.3 单一结构调节研究

以上分析了“超原子”和“超分子”两种结构 (六个亚单元) 整体调整旋转角，可以在两个带隙处同时实现拓扑谷相变。那么单一结构调节是否会形成单一带隙？基于此我们研究了将 3 个“超分子”旋转一定角度而 3 个“超原子”不变保持对称性。如图 15-43(a) 所示为结构示意图，“超分子”旋转角为 30°，“超原子”旋转角为 0°。图 15-43(b) 所示为该晶格对应的能带色散图，我们发现“超原子”对应的低频带隙闭合存在简并线，“超分子”对应的高频带隙打开。因此，通过单一结构调节可以实现双频带隙分别可控，有利于声学开关等器件研究。

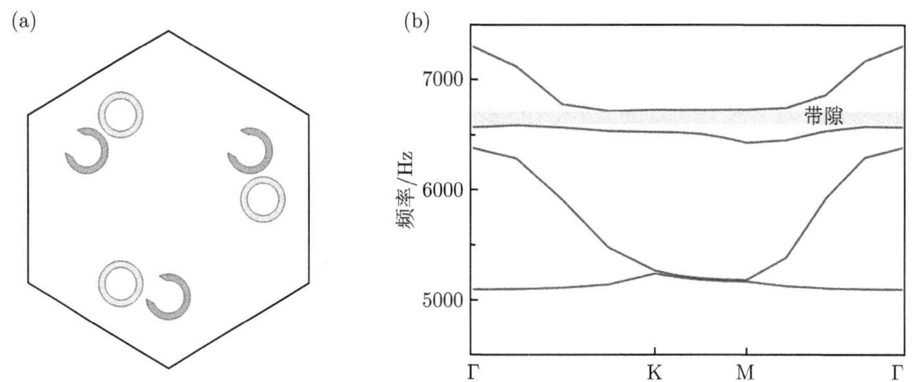


图 15-43 (a) 保持“超原子”亚单元不变单一调节“超分子”亚单元晶格示意图；(b) 晶格的能带色散图

### 15.4.4 能带色散可调和拓扑边缘态传输

组合“超分子”和“超原子”的晶格设计都是基于局域共振产生带隙，因此两者拓扑带隙的本征频率可以随着共振频率的变化而调节。并且，由于 3 个“超分子”亚单元与 3 个“超原子”亚单元分别产生拓扑谷态，两者之间存在弱相互作用，因此可以单独调节某一种散射体，设计不同频率组合的双频拓扑结构。如图 15-44 所示，我们分析了两种亚单元结构管长 $L$ 参数的变化对色散频率的影响，随着管长 $L$ 的增加，两种超材料结构的共振频率会降低。图 15-44(a) 所示不同管长 $L$ 的“超原子”组成的晶格在布里渊区 K-M 边界的能带一直是二重简并态，并且本征频率随着管长 $L$ 的增加而降低。图 15-44(b) 所示不同管长 $L$ 的“超分子”组成的晶格简并线本征频率在 4000Hz 频宽范围内可调。

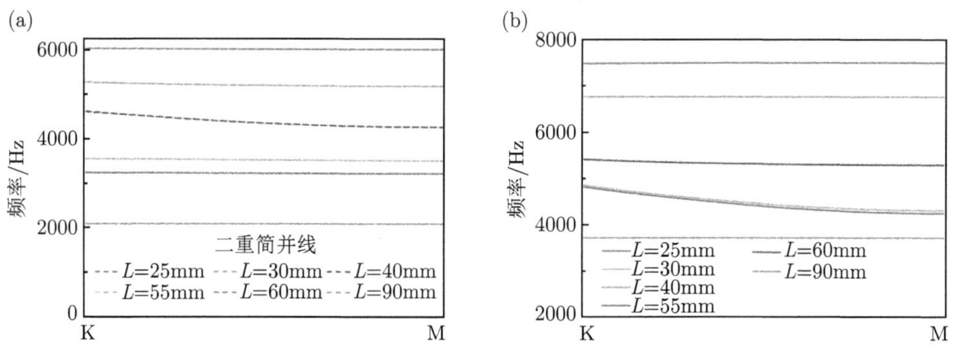


图 15-44 $\varphi=0^\circ$ 时，不同“超原子”管长 $L$ (a) 和“超分子”管长 $L$ (b) 的晶格在布里渊区 K-M 路径的简并态能带色散图变化 (彩图见封底二维码)

除了“超原子”和“超分子”的管长参数 $L$ 都可以调节外，“超分子”的侧孔

半径 $r$ 也可以调节以实现不同本征频率的拓扑性质。并且，我们提出的双频带声拓扑绝缘体相比于其他类型的双频拓扑绝缘体 (声子晶体散射形成的双频带、共振型结构多阶共振形成的双频带) 具有频带可组合的优势。通过不同参数“超原子”和“超分子”亚单元排列在六方晶格内可以实现不同频率组合的双频带拓扑结构。图 15-45 为组合不同结构参数的“超原子”和“超分子”亚单元的晶格能带色散图。首先固定所有单元管长均为 30mm，图 15-45(a) 是“超原子”和侧孔半径 $r$ 为 0.5mm 的“超分子”组合，可以实现 5200Hz 附近和 5600Hz 附近的两个带隙；图 15-45(b) 是“超原子”和侧孔半径 $r$ 为 1mm 的“超分子”组合，可以实现 5200Hz 附近和 6200Hz 附近的两个带隙；图 15-45(c) 是侧孔半径 $r$ 为 0.75mm 的“超分子”和侧孔半径 $r$ 为 1.5mm 的“超分子”组合，可以实现 5800Hz 附近和 6800Hz 附近的两个带隙。基于此可以实现双频带可控的拓扑传输结构。

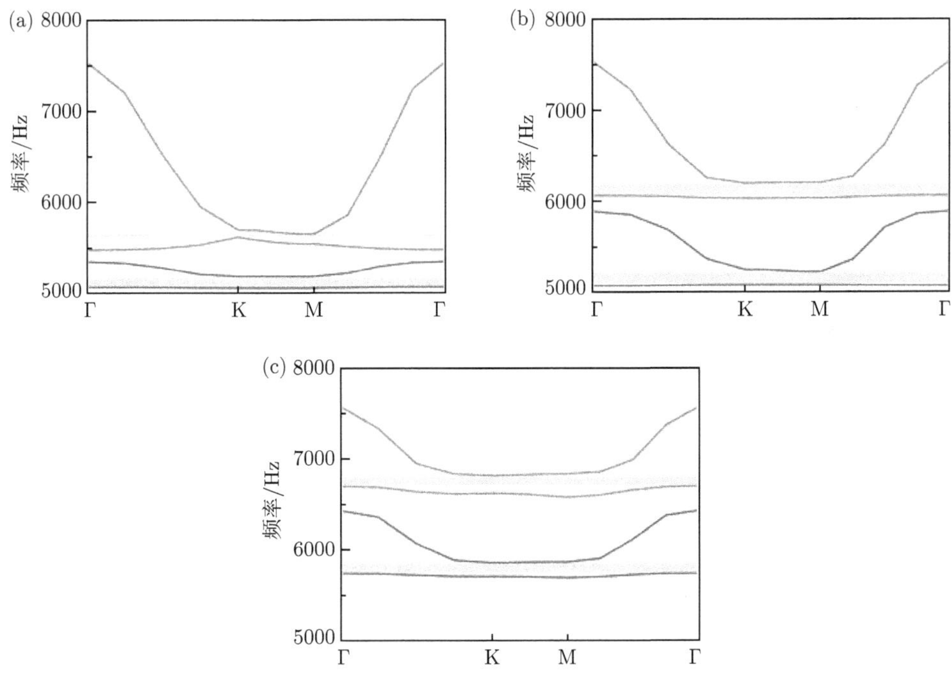


图 15-45 不同亚单元组合的晶格能带色散图

(a)“超原子”和 $r$=0.5mm 的“超分子”；(b)“超原子”和 $r$=1mm 的“超分子”；(c) $r$=0.75mm 的“超分子”和 $r$=1.5mm 的“超分子”

根据体-边界对应关系，在有效质量符号变化的界面上会存在边缘态。而对于整体旋转 30° 晶格与 −30° 晶格组成的界面，低频 (对应“超原子”能带) 拓扑谷陈数变化为 $\Delta C = \pm 1$，高频 (对应“超分子”能带) 拓扑谷陈数变化则为 $\Delta C = \mp 1$，上下频段的谷陈数变化正好相反，这与 15.4.2 节中分析拓扑相变相反相对应，因此上下两个带隙频段在界面上都有谷陈数的变化，都会存在边缘态。为了验证边缘态的存在，我们通过数值模拟构造计算了由相反谷陈数拓扑结构组成的超胞畴壁结构。将 10 个整体旋转 30° 晶格与 10 个整体旋转 −30° 晶格沿着 ΓK 方向拼接在一起组成超胞结构，界面为畴壁。分别设置连续性周期条件及 Floquet 周期条件计算了投影带色散，如图 15-46 所示，其中阴影部分为体态，红线及绿线表示边缘态。不同颜色代表不同的谷赝自旋态，不同类型的界面表现出手性，具有谷锁定的拓扑性质。边缘态分别出现在两个不同频率的带隙处，由于上下两个频率的带隙结构对称性相反，谷陈数也相反，因此边缘态相反，图 15-46(c) 显示红色曲线在下，绿色曲线在上，而图 15-46(d) 显示红色曲线在上，绿色曲线在下。图 15-46(a) 和 (b) 分别从六条边缘态选取的六个点分析其本征模式，可以看出声波均集中在畴壁界面处，表明这些都是拓扑边缘态。

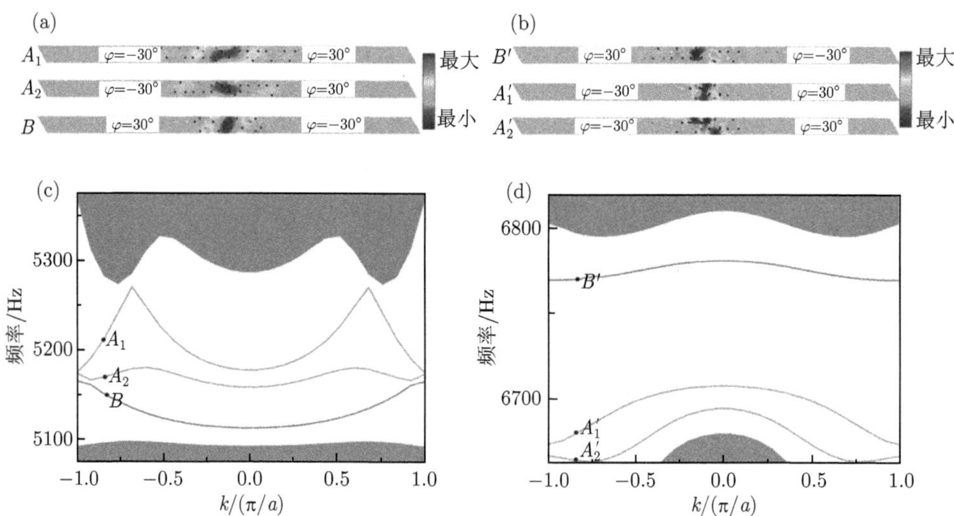


图 15-46　“超原子” (a)、(c) 和 “超分子” (b)、(d) 对应频段的超胞能带色散图和边缘态声压场分布图 (彩图见封底二维码)

我们基于以上分析利用整体旋转 $\varphi = 30°$ 晶格和 $\varphi = -30°$ 晶格构造了 $10a\times10a$ 有限尺寸的单向传输拓扑保护波导以验证在双频的声边界传输以及鲁棒性。如图 15-47(a)~(d) 左图所示是由不同对称性晶格单元组成的拓扑保护波导，分别是无缺陷以及引入了空腔、无序和 z 形拐角缺陷，其中蓝色结构为整体旋转 30° 晶格，黑色结构为整体旋转 −30° 晶格。对应的右图则为在 5200Hz 和 6700Hz 两个不同频率处的声场分布图，图中显示声能在两个频率处均被限制在畴壁边界附近，体态区域是绝缘的，并且能很好地免疫缺陷，证明了双频拓扑超材料的边界传输以及拓扑保护性质。

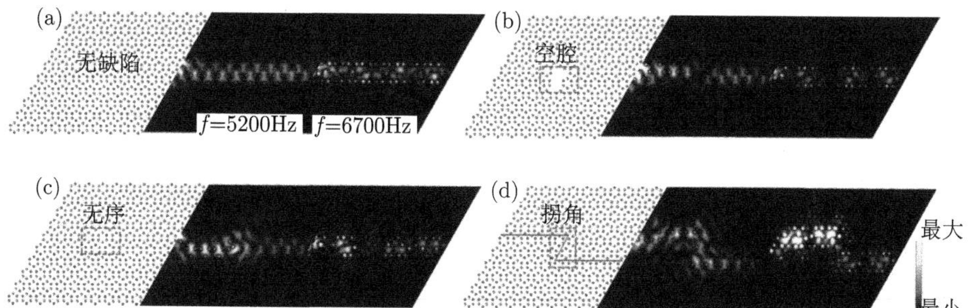


图 15-47 不同缺陷的拓扑波导在 5200Hz 和 6700Hz 频率时边界传输声场分布图 (彩图见封底二维码)

(a) 无缺陷；(b) 空腔；(c) 无序；(d) z 形拐角

### 15.4.5 实验验证

如图 15-48(a) 所示为由三个“超原子”和三个“超分子”交替排列组成六方

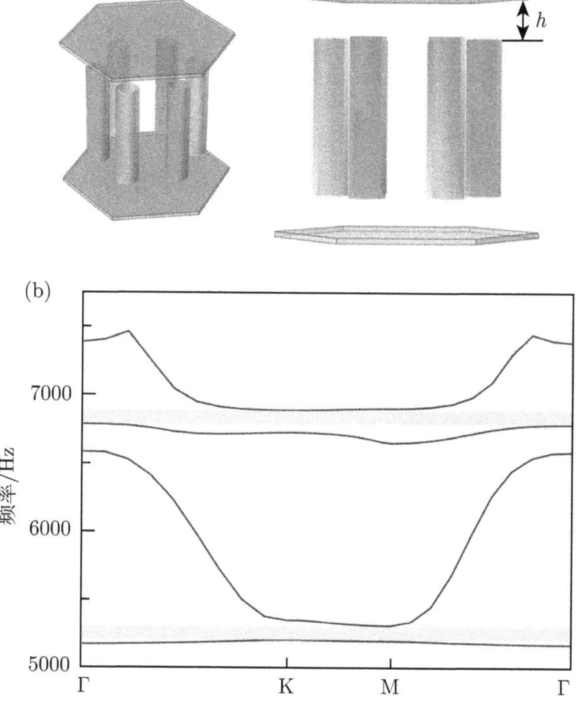


图 15-48 (a) 三个“超原子”以及三个“超分子”排列组成六方晶格三维示意图；(b) $h$=8mm 时的晶格能带色散图

晶格三维示意图，其中 6 个亚单元结构与上、下壁的间距相等，均为 $h$。在前几节，$h$ 设置为 5mm，当改变间距 $h$ 值时，晶格的色散本征频率也会小幅度改变，而其他拓扑性质不同。如图 15-48(b) 所示为 $h$=8mm 时整体旋转 30° 晶格的能带色散图，此时同样在两个频段出现带隙，但是相较 15-41(a) 中带隙本征频率上升约 100Hz。

图 15-49(a) 和 (b) 分别为由整体旋转 $\varphi = 30°$ 晶格和 $\varphi = -30°$ 晶格构成的拓扑波导阵列示意图以及实验制备样品照片，上、下 $5a$ 分别是相反拓扑相位

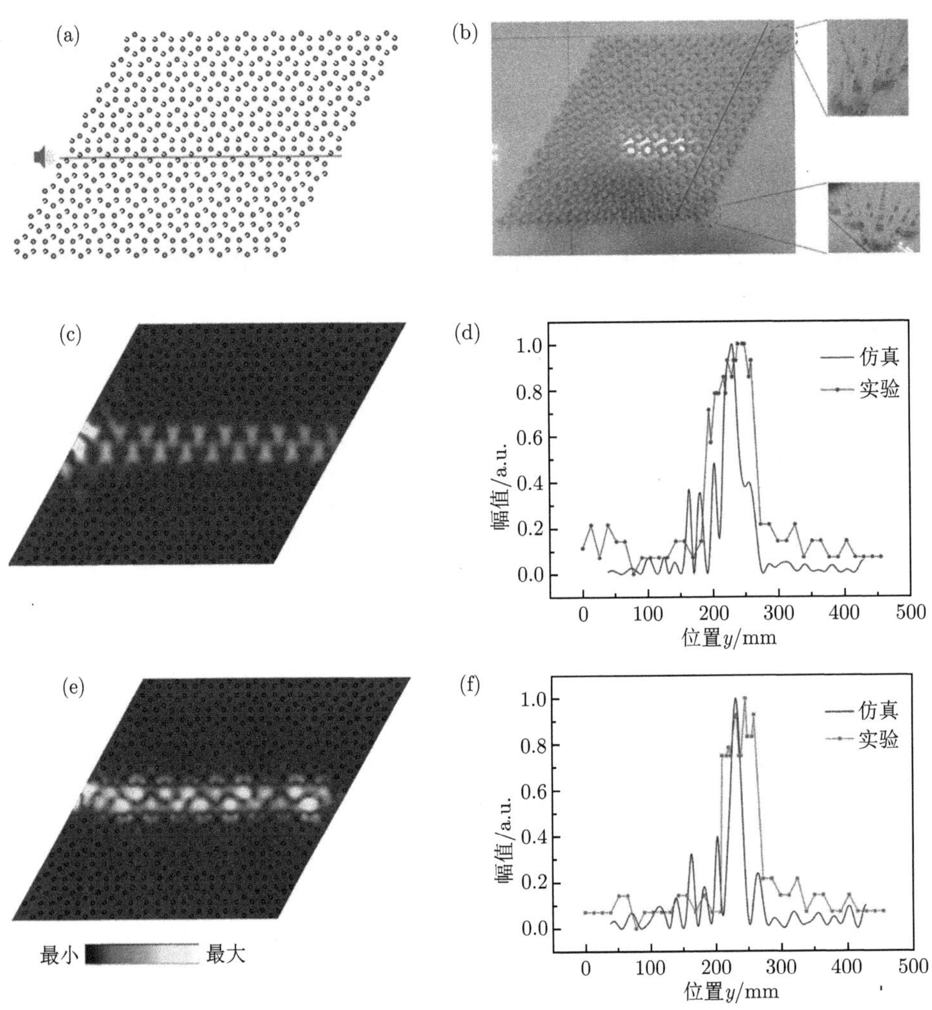


图 15-49　(a) 双频拓扑边界传输波导示意图；(b) 实验制备的样品照片；(c) 5280Hz 和 (e) 6810Hz 处波导内声场分布图；(d) 5280Hz 和 (f) 6810Hz 处实验测量的纵向距离透射曲线 (彩图见封底二维码)

的超材料单元晶格，样品由 3D 打印以及中空硬质塑料管制备。将样品放置在两个平行有机玻璃板组成的平面波导环境中，两侧边界填充海绵模拟消声环境。声源为功率放大器驱动的扬声器 (BMS 4512ND)。1/4in 的麦克风 (MPA416) 用于探测透射声波信号，信号经过示波器后进行后处理。实验测量中样品与上、下有机玻璃板的距离，导致实际频率与前几节分析频率发生偏移，因此在图 15-48 中计算了当样品距离上、下硬板分别为 8mm 时的能带图。首先，我们分别模拟了 $h$=8mm 的拓扑波导传输声场分布图，如图 15-49(c) 和 (e) 所示，选取了较之前高约 100Hz 的 5280Hz 和 6810Hz 两个频率，声场图均显示声波沿着边界传输并且呈指数衰减进入体态。实验测量中，我们测量了沿着垂直入射方向的直线 (图 15-49(b) 红色直线) 的归一化声强，结果如图 15-49(d) 和 (f) 所示，声能量峰值都在中心界面处，两侧位置声能很小，并且实验与仿真曲线基本吻合。通过仿真和实验证明了双频拓扑超材料的边界声输运。

## 参 考 文 献


[1] Laughlin R B. Anomalous quantum Hall effect: an incompressible quantum fluid with fractionally charged excitations. Phys. Rev Lett., 1983, 50: 1395.

[2] Klitzing K V, Dorda G, Pepper M. New method for high-accuracy determination of the fine-structure constant based on quantized hall resistance. Phys. Rev. Lett., 1980, 45(6): 494.

[3] Kane C L, Mele E J. Quantum spin hall effect in graphene. Phys. Rev. Lett., 2005, 95(22): 226801.

[4] Bernevig B A, Hughes T L, Zhang S C. Quantum spin hall effect and topological phase transition in Hg Te quantum wells. Science, 2006, 314(5806): 1757.

[5] Hasan M, Kane C. Colloquium: topological insulators. Rev. Mod. Phys., 2010, 82(4): 3045-3067.

[6] Qi X, Zhang S. Topological insulators and superconductors. Rev. Mod. Phys., 2011, 83(4): 1057.

[7] Haldane F, Raghu S. Possible realization of directional optical waveguides in photonic crystals with broken time-reversal symmetry. Phys. Rev. Lett., 2008, 100(1): 013904.

[8] Wang Z, Chong Y, Joannopoulos J D, et al. Observation of unidirectional backscattering-immune topological electromagnetic states. Nature, 2009, 461(7265): 772.

[9] Fang K, Yu Z, Fan S. Realizing effective magnetic field for photons by controlling the phase of dynamic modulation. Nat. Photon., 2012, 6(11): 782.

[10] Khanikaev A B, Mousavi S H, Tse W K, et al. Photonic topological insulators. Nat. Mater., 2013, 12(3): 233.

[11] Wu L H, Hu X. Scheme for achieving a topological photonic crystal by using dielectric material. Phys. Rev. Lett., 2015, 114(22): 223901.

[12] Nash L M, Kleckner D, Read A, et al. Topological mechanics of gyroscopic metamaterials. PNAS, 2015, 112(47): 14495.

[13] Suesstrunk R, Huber S D. Observation of phononic helical edge states in a mechanical topological insulator. Science, 2015, 349(6243): 47.

[14] Prodan E, Prodan C. Topological phonon modes and their role in dynamic instability of microtubules. Phys. Rev. Lett., 2009, 103(24): 248101.

[15] Wang P, Lu L, Bertoldi K. Topological phononic crystals with one-way elastic edge waves. Phys. Rev. Lett., 2015, 115(10): 104302.

[16] Miniaci M, PaL R K, Morvan B, et al. Experimental observation of topologically protected helical edge modes in patterned elastic plates. Phys. Rev. X, 2018, 8(3): 031074.

[17] Wu Q, Chen H, Li X, et al. In-plane second-order topologically protected states in elastic Kagome lattices. Phys. Rev. Appl., 2020, 14(1): 014084.

[18] Chen H, Yao L, Nassar H, et al. Mechanical quantum hall effect in time-modulated elastic materials. Phys. Rev. Appl., 2019, 11(4): 044029.

[19] Chen H, Nassar H, Huang G. A study of topological effects in 1D and 2D mechanical lattices. J. Mech. Phys. Solids, 2018, 117: 22-36.

[20] Fleury R, Sounas D L, Sieck C F, et al. Sound isolation and giant linear nonreciprocity in a compact acoustic circulator. Science, 2014, 343(6170): 516-519.

[21] Ni X, He C, Sun X, Liu X, et al. Topologically protected one-way edge mode in networks of acoustic resonators with circulating air flow. New J. Phys., 2015, 17(5): 053016.

[22] Yang Z, Gao F, Shi X, et al. Topological acoustics. Phys. Rev. Lett., 2015, 114(11): 114301.

[23] Khanikaev A B, Fleury R, Mousavi S H, et al. Topologically robust sound propagation in an angular-momentum-biased graphene-like resonator lattice. Nat. Commun., 2015, 6: 8260.

[24] Chen Z G, Wu Y. Tunable topological phononic crystals. Phys. Rev. Appl., 2016, 5(5): 054021.

[25] He C, Ni X, Ge H, et al. Acoustic topological insulator and robust one-way sound transport. Nat. Phys., 2016, 12(12): 1124-1129.

[26] Xia J, Jia D, Sun H, et al. Programmable coding acoustic topological insulator. Adv. Mater., 2018, 30(46): 1805002.

[27] Deng Y, Ge H, Tian Y, et al. Observation of zone folding induced acoustic topological insulators and the role of spin-mixing defects. Phys. Rev. B, 2017, 96(18):184305.

[28] Xia B Z, Liu T T, Huang G L, et al. Topological phononic insulator with robust pseudospin-dependent transport. Phys. Rev. B, 2017, 96(9): 094106.

[29] Zhang Z, Tian Y, Cheng Y, et al. Experimental verification of acoustic pseudospin multipoles in a symmetry-broken snowflakelike topological insulator. Phys. Rev. B, 2017, 96(24): 241306(R).

[30] Chen J, Huang H, Huo S, et al. Self-ordering induces multiple topological transitions for in-plane bulk waves in solid phononic crystals. Phys. Rev. B, 2018, 98: 014302.

[31] Zhang Z, Wei Q, Cheng Y, et al. Topological creation of acoustic pseudospin multipoles in a flow-free symmetry-broken metamaterial lattice. Phys. Rev. Lett., 2017, 118(8): 084303.

[32] Jia D, Sun H, Xia J, et al. Acoustic topological insulator by honeycomb sonic crystals with direct and indirect band gaps. New J. Phys., 2018, 20(9): 093027.

[33] Yves S, Fleury R, Lemoult F, et al. Topological acoustic polaritons: robust sound manipulation at the subwavelength scale. New J. Phys., 2017, 19(7): 075003.

[34] Lee L, Iizuka H. Bragg scattering based acoustic topological transition controlled by local resonance. Phys. Rev. Appl., 2019, 99(6): 064305.

[35] Lu J, Qiu C, Ke M, et al. Valley vortex states in sonic crystals. Phys. Rev. Lett., 2016, 116(9): 093901.

[36] Lu J, Qiu C, Ye L, et al. Observation of topological valley transport of sound in sonic crystals. Nat. Phys., 2017, 13(4): 369-374.

[37] Wang M, Zhou W, Bi L, et al. Valley-locked waveguide transport in acoustic heterostructures. Nat. Commun., 2020, 11: 3000.

[38] Zhang Z W, Lopez M R, Cheng Y, et al. Non-Hermitian sonic second-order topological insulator. Phys. Rev. Lett., 2019, 122(19): 195501.

[39] Zhang X J, Wang H X, Lin Z K, et al. Second-order topology and multidimensional topological transitions in sonic crystals. Nat. Phys., 2019, 15(6): 582-588.

[40] Fleury R, Khanikaev A B, Alù A. Floquet topological insulators for sound. Nat. Commun., 2016, 7: 11744.

[41] He C, Li Z, Ni X, et al. Topological phononic states of underwater sound based on coupled ring resonators. Appl. Phys. Lett., 2016, 108(3): 031904.

[42] Wei Q, Tian Y, Zuo S, et al. Experimental demonstration of topologically protected efficient sound propagation in an acoustic waveguide network. Phys. Rev. B, 2017, 95(9): 094305.

[43] Peng Y, Qin C, Zhao D, et al. Experimental demonstration of anomalous Floquet topological insulator for sound. Nat. Commun., 2016, 7: 13368.

[44] Rycerz A, Tworzydło J, Beenakker C. Valley filter and valley valve in graphene. Nat. Phys., 2007, 3(3): 172-175.

[45] Xiao D, Yao W, Niu Q. Valley-contrasting physics in graphene: magnetic moment and topological transport. Phys. Rev. Lett., 2007, 99(23): 236809.

[46] Fleury R, Sounas D L, Sieck C F, et al. Sound isolation and giant linear nonreciprocity in a compact acoustic circulator. Science, 2014, 343(6170): 516-519.

[47] Ni X, He C, Sun X, et al. Topologically protected one-way edge mode in networks of acoustic resonators with circulating air flow. New J. Phys., 2015, 17: 053016.

[48] Yang Z, Gao F, Shi X, et al. Topological acoustics. Phys. Rev. Lett., 2015, 114(11): 114301.

[49] Khanikaev A B, Fleury R, Mousavi S H, et al. Topologically robust sound propagation in an angular-momentum-biased graphene-like resonator lattice. Nat. Commun., 2015, 6: 8260.

[50] Chen Z G, Wu Y. Tunable topological phononic crystals. Phys. Rev. Appl., 2016, 5: 054021.

[51] Wu X, Meng Y, Tian J, et al. Direct observation of valley-polarized topological edge states in designer surface plasmon crystals. Nat. Commun., 2017, 8: 1304.

[52] Chen X D, Zhao F L, Chen M, et al. Valley-contrasting physics in all-dielectric photonic crystals: orbital angular momentum and topological propagation. Phys. Rev. B, 2017, 96(2): 020202.

[53] Gao Z, Yang Z, Gao F. et al. Valley surface-wave photonic crystal and its bulk/edge transport. Phys. Rev. B, 2017, 96(20): 201402.

[54] Yang Y, Yang Z, Zhang B. Acoustic valley edge states in a graphene-like resonator system. J. Appl. Phys., 2018, 123(9): 091713.

[55] Ye L, Qiu C, Lu J, et al. Observation of acoustic valley vortex states and valley-chirality locked beam splitting. Phys. Rev. B, 2017, 95(17): 174106.

[56] Zhang Z, Long H, Liu C, et al. Deep-subwavelength holey acoustic second-order topological insulators. Adv. Mater., 2019, 31(49): 1904682.

[57] Da H, Jiao J, Xia B, et al. Observation of topological edge states of acoustic metamaterials at subwavelength scale. J. Phys. D: Appl. Phys., 2018, 51: 175302.

[58] Wang Y B, Dong Y B, Zhai S L, et al. Tunable topological edge transport in acoustic meta-atoms. J. Appl. Phys., 2020, 128(23): 234903.

[59] Dong, Y B, Wang Y B, Ding C L, et al. Tunable topological valley transport in acoustic topological metamaterials. Physica B: Phys. Condensed Matter, 2021, 605: 412733.

[60] Wang Y B, Dong Y B, Zhai S L, et al. Reconfigurable topological transition in acoustic metamaterials. Phys. Rev. B, 2020, 102(17): 174107.

# 附　　录

## 专　　著

1. Zhao X P, Liu Y H. Chapter 2: Patch antenna and perfect absorber with dendritic cell metamaterials. Metamaterials: Classes, Properties and Applications. Nova Science Publishers, Inc. USA, 2010：43-85.
2. 赵晓鹏, 刘亚红. 微波超材料与超表面中波的行为. 北京：科学出版社, 2016：1-586.

## 发 表 论 文

1. Wu X F, Li Z C, Zhao Y, et al. Abnormal optical response of PAMAM dendrimerbased silver nanocomposite metamaterials. Photonics Res., 2022, 10(4): 965-972.
2. Ding C L, Dong Y B, Wang Y B, et al. Acoustic metamaterials and metasurfaces composed of meta-atoms and meta-molecules. J. Phys. D: Appl. Phys., 2022, 55(25): 253002.
3. Du L L, Liu Y H, Zhou X, et al. Dual-band all-dielectric chiral photonic crystal. J. Phys. D: Appl. Phys., 2022, 55(16): 165303.
4. Chen H G, Li Y B, Qi Y, et al. Critical Current Density and Meissner Effect of Smart Meta-Superconductor $MgB_2$ and Bi(Pb)SrCaCuO. Materials, 2022, 15(3): 972.
5. Li M Z, Liu Y H, Du L L, et al. Weyl point and nontrivial surface states in a helical topological material. Front. Mater., 2022, 8: 805862.
6. Wang M Z, Liu Z X, Tang L, Zhao X P. Giant topological luminophor with high-intensity luminescent performance. Compos. part B: Eng., 2021, 217: 108863.
7. Hui W H，Guo Y，Zhao X P. A simple linear-type negative permittivity metamaterials substrate microstrip patch antenna. Materials., 2021, 14(16): 4398.

8. Zhang T Q, Zhao J, Guo Y, Zhao, X P. High-gain omnidirectional patch antenna for conformal application based on near-zero-index metamaterials. IET Microw. Antenna. P., 2021, 15: 1649-1656.
9. Ji R N, Xie X, Guo X Y, et al. Chirality-assisted Aharonov-Anandan geometric-phase metasurfaces for spin-decoupled phase modulation. ACS Photonics, 2021, 8(6): 1847-1855.
10. Li Y B, Han G Y, Tang L, et al. Reinforcing increase of $\Delta T_C$ in $MgB_2$ smart meta-superconductors by adjusting the concentration of inhomogeneous phases. Mater., 2021, 14(11): 3066.
11. Ji R N, Song K, Guo X Y, et al. Spin-decoupled metasurface for broadband and pixel-saving polarization rotation and wavefront control. Opt. Express, 2021, 29(16): 25720-25730.
12. Chen H G, Wang M Z, Qi Y, et al. Relationship between the $T_C$ of smart meta-superconductor Bi(Pb)SrCaCuO and inhomogeneous phase content. Nanomaterials, 2021, 11(5): 1061.
13. Ji R N, Jin C Song K, et al. Design of Multifunctional Janus Metasurface Based on Subwavelength Grating. Nanomaterials, 2021, 11(4): 1034.
14. Dong Y B, Wang Y B, Ding C L, et al. Tunable topological valley transport in acoustic topological metamaterials. Physica B: Condens. Matter., 2021, 605: 412733.
15. Hou Q W, Li J C, Zhao X P. Isotropic thermal cloaks with thermal manipulation function. Chin. Phys. Lett., 2021, 38(1): 010503.
16. Liu Y H, Li M Z, Song K, et al. Leaky-wave antenna with switchable omnidirectional conical radiation via polarization handedness. IEEE Trans. Antennas Propag., 2020, 68(3): 1282-1288.
17. Wang Y B, Dong Y B, Zhai S L, et al. Reconfigurable topological transition in acoustic metamaterials. Phys. Rev. B, 2020, 102(17): 174107.
18. Chen H, An D, Zhao X P. Quasi-periodic dendritic metasurface for integral operation in visible light. Molecules, 2020, 25(7): 1664.
19. Du L L, Liu Y H, Li M Z, et al. Non-trivial transport interface in a hybrid topological material with hexagonal lattice arrangement. Front. Phys., 2020, 8: 595621.
20. Wang Y B, Dong Y B, Zhai S J, et al. Robust high-efficiency and broadband acoustic absorber based on meta-molecule cluster sets. Appl. Acoust., 2020,

170: 107517.

21. Wang Y B, Dong Y B, Zhai S L, et al. Tunable topological edge transport in acoustic meta-atoms. J. Appl. Phys., 2020, 128: 234903.

22. Guo Y, Zhao J, Hou Q W, Zhao X P. Broadband omnidirectional patch antenna with horizontal gain enhanced by near-zero-index metamaterial cover. IET Microw. Antenna. P., 2020, 14(7): 671-676.

23. Chen H, Zhao X P. Metamaterial topological insulator in visible light band. Physica B: Condens. Matter., 2020, 593: 412334.

24. Chen H G, Li Y B, Wang M Z, et al. Smart Metastructure Method for Increasing $T_C$ of Bi(Pb)SrCaCuO high-temperature superconductors. J. Supercond. Nov. Magn., 2020, 33(10): 3015-3025.

25. Liu Y H, Li M Z, Song K, et al. Broadband gradient phase discontinuity all-dielectric metasurface. Mod. Phys. Lett. B, 2020, 34(15): 2050168.

26. Dong Y B, Wang Y B, Sun J X, et al. Transmission control of acoustic metasurface with dumbbell-shaped double-split hollow sphere. Mod. Phys. Lett. B, 2020, 34(33): 2050386.

27. Guo Y, Zhao J, Hou Q W, et al. Omnidirectional broadband patch antenna with horizontal gain enhanced by epsilon-negative metamaterial superstrate. Microw. Opt. Technol. Lett., 2020, 62(2): 778-788.

28. Chen H, Zhao J, Fang Z H, et al. Visible light metasurfaces assembled by quasiperiodic dendritic cluster sets. Adv. Mater. Interfaces, 2019, 6(4): 1801834.

29. Li Y B, Chen H G, Wang M Z, et al. Smart meta-superconductor $MgB_2$ constructed by the dopant phase of luminescent nanocomposite. Sci. Rep., 2019, 9: 14194.

30. Song K, Ji R N, Duman S, et al. High-efficiency and wide-angle versatile polarization controller based on metagratings. Materials, 2019, 12(4): 623.

31. Ding C L, Dong Y B, Song K, et al. Mutual inductance and coupling effects in acoustic resonant unit cells. Materials, 2019, 12(9): 1558.

32. Chen H J, Ding C L. Simulated and experimental research of multi-band acoustic metamaterial with a single resonant structure. Materials, 2019, 12(21): 3469.

33. Song J Y, Zhao J, Li Y M, et al. High-performance dendritic metamaterial absorber for broadband and near-meter wave radar. Appl. Phy. A, 2019, 125(5): 317.

34. 翟世龙，王元博，赵晓鹏. 基于声学超材料的低频可调吸收器. 物理学报，2019, 68(3): 1000-3290.

35. Wang Y B, Luo C R, Dong Y B, et al. Ultrathin broadband acoustic reflection metasurface based on meta-molecule clusters. J. Phys. D: Appl. Phys., 2019, 52(8): 085601.

36. Liu Y H, Guo G H, Liu H C, et al. Circular-polarization-selective transmission induced by spin-orbit coupling in a helical tape waveguide. Phys. Rev. Appl., 2018, 9(5): 054033.

37. Zhai S L, Zhao J, Shen F L, et al. Inverse Doppler effects in pipe instruments. Sci. Rep., 2018, 8: 17833.

38. Fang Z H, Chen H, An D, et al. Manipulation of visible-light polarization with dendritic cell-cluster metasurfaces. Sci. Rep., 2018, 8: 9696.

39. Cheng S N, An D, Chen H, et al. Plate-focusing based on a meta-molecule of dendritic structure in the visible frequency. Molecules, 2018, 23(6): 1323.

40. Zhai S L, Song K, Ding C L, et al. Tunable acoustic metasurface with high-$Q$ spectrum splitting. Materials, 2018, 11(10): 1976.

41. Liu Y H, Liu C C, Song K, Li M Z, Zhao X P.A broadband high-transmission gradient phase discontinuity metasurface. J. Phys. D: Appl. Phys., 2018, 51(9): 095103.

42. Hou Q W, Yin J B, Zhao X P, et al. Quasi-invisible thermal cloak based on homogenous materials. Phys. Lett. A, 2018, 382(34): 2382-2387.

43. Liu Y H, Zhao X P. Metamaterials and metasurfaces for designing metadevices: perfect absorbers and microstrip patch antennas. Chin. Phys. B, 2018, 27(11): 117805.

44. Chen H G, Li Y B, Chen G W, et al. The effect of inhomogeneous phase on the critical temperature of smart meta-superconductor $MgB_2$. J. Supercond. Nov. Magn., 2018, 31(50): 3175-3182.

45. Li Y B, Chen H G, Qi W C, et al. Inhomogeneous phase effect of smart meta-superconducting. J. Low Temp. Phys., 2018, 191(3-4): 217-227.

46. Liu Y H, Liu C C, Jin X Y, et al. Beam steering by using a gradient refractive index metamaterial planar lens and a gradient phase metasurface planar lens. Microw. Opt. Technol. Lett., 2018, 60(2): 330-337.
47. Fang Z H, Chen H, Song K, et al. Efficient ultrawideband linear polarization conversion metasurface based on Φ-shaped. Mod. Phys. Lett. B, 2018, 32(3): 1850027.
48. Ding C L, Dong Y B, Zhao X P. Research advances in acoustic metamaterials and metasurface. Acta Phys. Sin., 2018, 67(19): 194301.
49. Song K, Su Z X, Wang M, et al. Broadband angle- and permittivity-insensitive nondispersive optical activity based on planar chiral metamaterials. Sci. Rep., 2017, 7:10730.
50. Su Z X, Zhao Q, Song K, et al. Electrically tunable metasurface based on Mie-type dielectric resonators. Sci. Rep., 2017, 7: 43026.
51. Su Z X, Song K, Yin J B, Zhao X P. Metasurface with interfering Fano resonance manipulating transmission wave with high efficiency. Opt. Lett., 2017, 42(12): 2366-2369.
52. Chen H, An D, Li Z C, et al. Performing differential operation with a silver dendritic metasurface at visible wavelengths. Opt. Express, 2017, 25(22): 26417-26426.
53. Li L L, Wang M Z, Wang J H, et al. The control of ultrasonic transmission by the metamaterials structure of electrorheological fluid and metal foam. Smart Mater. Struct., 2017, 26: 115006.
54. Liu Y H, Luo Y, Jin X Y, et al. High-$Q$ Fano resonances in asymmetric and symmetric all-dielectric metasurfaces. Plasmonics, 2017, 12(5): 1431-1438.
55. Liu Y H, Luo Y, Liu C C, et al. Linear polarization to leftright-handed circular polarization conversion using ultrathin planar chiral metamaterials. Appl. Phys. A, 2017, 123: 571.
56. Wang M, Weng B, Zhao J, et al. Dendritic-metasurface-based flexible broadband microwave absorbers. Appl. Phys. A, 2017, 123: 434.
57. Sun G L, Chen H, Cheng S N, et al. Anomalous reflection focusing metasurface based on a dendritic structure. Phys. B: Condens. Matter, 2017, 525:127-132.
58. Tao S, Li Y B, Chen G W, Zhao X P. Critical temperature of smart meta-superconducting $MgB_2$. J. Supercond. Nov. Magn., 2017, 30(6): 1405-1411.

59. Liu S, Luo C R, Zhai S L, et al. Inverse Doppler effect of acoustic metamaterial with negative mass density. Acta Phys. Sin., 2017, 66:024301.
60. Gong B Y, Guo F, Zou W K, et al. New design of multi-band negative-index metamaterial and absorber at visible frequencies. Mod. Phys. Lett. B, 2017, 31(24):1750286.
61. Chen H J, Li H, Zhai S L, et al. Ultrasound acoustic metamaterials with double-negative parameters. J. Appl. Phys., 2016, 119(20): 204902.
62. Ding C L, Wang Z R, Shen F L, et al.Experimental realization of acoustic metasurface with double-split hollow sphere. Solid State Commun., 2016, 229: 28-31.
63. Fang Z H, Chen H, Yang F S, et al. Slowing down light using a dendritic cell cluster metasurface waveguide. Sci. Rep., 2016, 6: 37856.
64. Hou Q W, Li C C, Sun G L, et al. Effective magnetic-loop array antennas with enhanced bandwidth. IEEE Trans. Antennas Propag., 2016, 64(8): 3717-3722.
65. Hou Q W, Zhao X P, Meng T, et al. Illusion thermal device based on material with constant anisotropic thermal conductivity for location camouflage. Appl. Phys. Lett., 2016, 109 (10): 218-222.
66. Liu Y H, Jin X Y, Zhou X, et al. A phased array antenna with a broadly steerable beam based on a low-loss metasurface lens. J. Phys. D: Appl. Phys., 2016, 49(40): 405304.
67. Liu Y H, Zhou X, Zhu Z N, et al. Broadband impedance-matched near-zero-index metamaterials for a wide scanning phased array antenna design. J. Phys. D: Appl. Phys., 2016, 49(7): 075107.
68. Su Z X, Chen X, Yin J B, et al. Graphene-based terahertz metasurface with tunable spectrum splitting. Opt. Lett., 2016, 41(16): 3799-3802.
69. Su Z X, Yin J B, Song K, et al. Electrically controllable soft optical cloak based on gold nanorod fluids with epsilon-near-zero characteristic. Opt. Express, 2016, 24(6): 6021-6033.
70. Zhai S L, Chen H J, Ding C L, et al. Ultrathin skin cloaks with metasurfaces for audible sound. J. Phys. D: Appl. Phys., 2016, 49(22): 225302.
71. Zhai S L, Ding C L, Chen H J, et al. Anomalous manipulation of acoustic wavefront with an ultrathin planar metasurface. J. Vib. Acoust., 2016, 138(4): 041019.

72. Zhai S L, Zhao X P, Liu S, et al. Inverse Doppler effects in broadband acoustic metamaterials. Sci. Rep., 2016, 6: 32388.

73. Zhang Z W, Tao S, Chen G W, et al. Improving the critical temperature of $MgB_2$ superconducting metamaterials induced by electroluminescence. J. Supercond. Nov. Magn., 2016, 29(5): 1159-1162.

74. Liu Y H, Zhou X, Song K, et al. Ultrathin planar chiral metasurface for controlling gradient phase discontinuities of circularly polarized waves. J. Phys. D: Appl. Phys., 2015, 48(36): 365301.

75. Chen H J, Zhai S L, Ding C L, et al. Acoustic metamaterial with negative mass density in water. J. Appl. Phys., 2015, 118(9): 094901.

76. Zhai S L, Chen H J, Ding C L, et al. Manipulation of transmitted wave front using ultrathin planar acoustic metasurfaces. Appl. Phys. A, 2015, 120:1283-1289.

77. Ding C L, Zhao X P, Chen H J, et al. Reflected wavefronts modulation with acoustic metasurface based on double-split hollow sphere. Appl. Phys. A, 2015, 120: 487-493.

78. Ma H L, Song K, Zhou L, et al. A naked eye refractive index sensor with a visible multiple peak metamaterial absorber. Sensors, 2015, 15(4): 7454-7461.

79. Wang B, Gong B Y, Wang M, et al. Dendritic wideband metamaterial absorber based on resistance film. Appl. Phys. A, 2015, 118: 1559-1563.

80. Ding C L, Chen H J, Zhai S L, et al. The anomalous manipulation of acoustic waves based on planar metasurface with split hollow sphere. J. Phys. D: Appl. Phys., 2015, 48: 045303.

81. Su Z X, Yin J B, Zhao X P. Terahertz dual-band metamaterial absorber based on graphene/$MgF_2$ multilayer structures. Opt. Express, 2015, 23(2): 1679-1690.

82. Su Z X, Yin J B, Zhao X P. Soft and broadband infrared metamaterial absorber based on gold nanorod/liquid crystal hybrid with tunable total absorption. Sci. Rep., 2015, 9: 16698.

83. Ding C L, Zhou Y W, Zhao X P, et al. The anomalous reflection of acoustic waves based on metasurface. Lect. Notes Eng. Co., 2015, 2: 755-758.

84. 方振华, 罗春荣, 赵晓鹏. 银树枝左手超材料的反常古斯-汉欣位移. 光学学报, 2015, 35(3): 0316001.

85. Gong B Y, Zhao X P, Pan Z Z, et al. A visible metamaterial fabricated by self-assembly method. Sci. Rep., 2014, 4: 4713.

86. Su Z X, Yin J B, Guan Y Q, et al. Electrically tunable negative refraction in core/shell-structured nanorod fluids. Soft Matter, 2014, 10(39): 7696-7704.

87. Liu Y H, Zhou X, Song K, et al. Quasi-phase-matching of the dual-band nonlinear left-handed metamaterial. Appl. Phys. Lett., 2014, 105(20): 201911.

88. Song K, Liu Y H, Luo C R, et al. High-efficiency broadband and multiband cross-polarization conversion using chiral metamaterial. J. Phys. D: Appl. Phys., 2014, 47(50): 505104.

89. Chen H J, Zhai S L, Ding C L, et al. Meta-atom cluster acoustic metamaterial with broadband negative effective mass density. J. Appl. Phys., 2014, 115(5): 054905.

90. Liu Y H, Zhao X P. Perfect absorber metamaterial for designing low-RCS patch antenna. IEEE Antennas Wireless Propag. Lett., 2014, 13: 1473-1476.

91. Hou Q W, Li C C, Zhao X P. Effective magnetic-loop array antenna with enhanced gain in the azimuth plane. IEEE Antennas Wireless Propag. Lett., 2014, 13:1620-1623.

92. Zhao X P, Song K. Review Article: The weak interactive characteristic of resonance cells and broadband effect of metamaterials. AIP Adv., 2014, 4(10): 100701.

93. Hou Q W, Su Y Y, Zhao X P. A high gain patch antenna based on zero permeability metamaterial. Microw. Opt. Technol. Lett., 2014, 56(5):1065-1069.

94. 杨发胜, 罗春荣, 付全红, 等. 可见光波段双层纳米银树枝状结构的制备及光学特性. 功能材料, 2014, 45(12):12113-12116.

95. 岳彪, 宋坤, 曾小军, 等. 聚乙烯醇层对纳米银树枝复合材料光电性能的影响. 材料导报, 2014, 28(6B): 10-13.

96. 曾小军, 罗春荣, 宋坤, 等. 双层银树枝状纳米结构的可控生长及其光学特性. 材料导报, 2014, 28(4B): 1-4.

97. 顾帅, 刘亚红, 罗春荣, 等. 基于超材料完全吸收器的低 RCS 微带天线. 现代雷达, 2014, 36(4): 66-73.

98. 李超超, 侯泉文, 顾帅, 等. 基于零阶谐振的高增益共形全向微带天线. 现代雷达, 2014, 36(2): 58-62.

99. Li S, Gong B Y, Cao D, et al. A green-light gain-assisted metamaterial fabricated by self-assembled electrochemical deposition. Appl. Phys. Lett., 2013, 103(18): 181910.

100. Song K, Zhao X P, Liu Y H, et al. A frequency-tunable 90-polarization rotation device using composite chiral metamaterials. Appl. Phys. Lett., 2013, 103(10): 101908.

101. Wang X N, Luo C R, Hong G, et al. Metamaterial optical refractive index sensor detected by the naked eye. Appl. Phys. Lett., 2013, 102(9): 091902.

102. Song K, Liu Y H, Fu Q H, et al. 90 degrees polarization rotator with rotation angle independent of substrate permittivity and incident angles using a composite chiral metamaterial. Opt. Express, 2013, 21(6): 7439-7446.

103. Zhai S L, Chen H J, Ding C L, et al. Double-negative acoustic metamaterial based on meta-molecule. J. Phys. D: Appl. Phys., 2013, 46(47): 475105.

104. Chen H J, Zeng H C, Ding C L, et al. Double-negative acoustic metamaterial based on hollow steel tube meta-atom. J. Appl. Phys., 2013, 113(10): 104902.

105. Gu S, Su B, Zhao X P, et al. Planar isotropic broadband metamaterial absorber. J. Appl. Phys., 2013, 114(16): 163702.

106. Song K, Zhao X P, Ma H L, et al. Multi-band optical metamaterials based on random dendritic cells. J. Mater. Sci. Mater. Electron., 2013, 24(12): 4888.

107. Liu Y H, Song K, Qi Y, et al. Investigation of circularly polarized patch antenna with chiral metamaterial. IEEE Antennas Wireless. Propag. Lett., 2013, 12: 1359-1362.

108. Ding C L, Chen H J, Zhai S L, et al. Acoustic metamaterial based on multi-split hollow spheres. Appl. Phys. A: Mater. Sci. Process, 2013, 112(3): 533-541.

109. Zeng H C, Luo C R, Chen H J, et al. Flute-model acoustic metamaterials with simultaneously negative bulk modulus and mass density. Solid State Commun., 2013, 173: 14-18.

110. Yang Y, Zhao X P, Liu H, et al. Blue-green-red light left-handed metamaterials from disorder dendritic cells. J. Mater. Sci.-Mater. Electron., 2013, 24(9): 3330-3337.

111. Hao L M, Ding C L, Zhao X P. Design of a passive controllable negative modulus metamaterial with a split hollow sphere of multiple holes. J. Vib. Acoust.-Trans. ASME, 2013, 135(4): 041008.

112. 刘亚红, 方石磊, 顾帅, 等. 多频与宽频超材料吸收器. 物理学报, 2013, 62(13): 134102.

113. Tang H F, Hou Q W, Liu Y H, et al. A high gain omnidirectional antenna using negative permeability metamaterial. Int. J. Antenn. Propag., 2013, 2013: 575062.

114. Liu Y H, Guo X J, Gu S, et al. Zero index metamaterial for designing high-gain patch antenna. Int. J. Antennas Propag., 2013, 2013: 215681.

115. Hou Q W, Tang H F, Liu Y H, et al. Dual-frequency and dual-mode circular patch antennas based on epsilon-negative transmission line. Microw. Opt. Technol. Lett., 2013, 55(10): 2393-2398.

116. 李飒, 曹迪, 王晓农, 等. 一种新型大面积绿光双渔网结构超材料的制备方法. 功能材料, 2013, 44(5): 756-758.

117. 付全红, 赵晓鹏, 文海明, 等. 可见光波段超材料左手行为及左手异质结构捕获彩虹效应. 功能材料, 2013, 44(22): 3251-3254.

118. 尚超红, 罗春荣, 向礼琴, 等. 仙人球状 Ag/$TiO_2$@PMMA 超材料的制备与纳米平板聚焦效应. 材料导报, 2013, 27(4B): 1-4.

119. 张思超, 胡亚杰, 赵晓鹏. 折射式激光多普勒测速系统. 实验力学, 2013, 28(4): 409-415.

120. Zhao X P. Bottom-up fabrication methods of optical metamaterials. J. Mater. Chem., 2012, 22: 9439-9449.

121. Song K, Zhao X P, Fu Q H, et al. Wide-angle 90°-polarization rotator using chiral metamaterial with negative refractive index. J. Electromag. Waves Appl., 2012, 26(14-15): 1967-1976.

122. Liu Y H, Gu S, Luo C R, et al. Ultra-thin broadband metamaterial absorber. Appl. Phys. A, 2012, 108: 19-24.

123. Hao L M, Ding C L, Zhao X P. Tunable acoustic metamaterial with negative modulus. Appl. Phys. A, 2012, 106: 807-811.

124. Hou Q W, Tang H F, Liu Y H, et al. Dual-frequency and broadband circular patch antennas with a monopole-type pattern based on epsilon-negative transmission line. IEEE Antenn. Wirel. PR., 2012, 11: 442-445.

125. Gong B Y, Zhao X P. Three-dimensional isotropic metamaterial consisting of domain-structure. Phys. B, 2012, 407: 1034-1037.

126. 刘亚红, 刘辉, 赵晓鹏. 基于小型化结构的各向同性负磁导率材料与左手材料. 物理学报, 2012, 61(8): 084103.

127. 苏妍妍, 龚伯仪, 赵晓鹏. 基于双负介质结构单元的零折射率超材料. 物理学报, 2012, 61(8): 084102.

128. 苏斌, 龚伯仪, 赵晓鹏. 树叶状红外品段完美吸收器的仿真设计. 物理学报, 2012, 61(14): 144203.

129. 马鹤立, 宋坤, 周亮, 等. 可见光多频超材料吸收器的制备工艺及性能的研究. 功能材料, 2012, 43(7): 884-887.

130. 潘贞贞, 赵延, 王晓农, 等. 基于双渔网结构的绿光波段超材料. 材料导报, 2012, 26(5): 19-22.

131. Gong B Y, Zhao X P. Numerical demonstration of a three-dimensional negative-index metamaterial at optical frequencies. Opt. Express, 2011, 19(1): 289-296.

132. Zhao W, Zhao X P, Song K, et al. Three-dimensional optical metamaterials consisting of metal-dielectric stacks. Photon. Nanostr. Fundam., 2011, 9(1): 49-56.

133. Ding C L, Zhao X P. Multi-band and broadband acoustic metamaterial with resonant structures. J. Phys. D: Appl. Phys., 2011, 44(21): 215402.

134. Zhu W R, Zhao X P, Gong B Y, et al. Optical metamaterial absorber based on leaf-shaped cells. Appl. Phys. A: Mater. Sci. Process., 2011, 102(1): 147-151.

135. Cheng X C, Fu Q H, Zhao X P. Spatial separation of spectrum inside the tapered metamaterial optical waveguide. Chin. Sci. Bull., 2011, 56(2): 209-214.

136. Liu Y H, Gu H F, Zhao X P. Enhanced transmission and high-directivity radiation based on composite right/left-handed transmission line structure. IEEE Antenn. Wirel. PR., 2011, 10: 658-661.

137. Song K, Fu Q H, Zhao X P. U-shaped multi-band negative-index bulk metamaterials with low loss at visible frequencies. Phys. Scr., 2011, 84(3): 035402.

138. Jie X Y, Luo C R, Liu Y H, et al. High-gain characteristics of epsilon-negative first-order resonant microstrip patch antenna. Microw. Opt. Technol. Lett., 2011, 53(2): 300-303.

139. Liu Y H, Zhao X P. High-gain ultrathin resonant cavity antenna. Microw. Opt. Technol. Lett., 2011, 53(9): 1945-1949.

140. 保石, 罗春荣, 赵晓鹏. S 波段超材料完全吸收基板微带天线. 物理学报, 2011, 60(1): 014101.

141. 龚伯仪, 周欣, 赵晓鹏. 光频三维各向同性左手超材料结构单元模型的仿真设计. 物理学报, 2011, 60(4): 044101.

142. 丁昌林, 赵晓鹏, 郝丽梅, 等. 一种基于开口空心球的声学超材料. 物理学报, 2011, 60(4): 044301.

143. 赵延, 相建凯, 李飒, 等. 基于双鱼网结构的可见光波段超材料. 物理学报, 2011, 60(5): 054211.

144. 付全红, 宋坤, 马鹤立, 等. 致密 ZnO 薄膜的电化学制备及光学性能研究. 功能材料, 2011, 42(10): 1886-1888.

145. 赵炜, 赵晓鹏. 纳米粒子形貌与表面等离子体激元关系. 光子学报, 2011, 40(4): 556-560.

146. 汤杭飞, 王虎, 郭晓静, 等. 利用负磁导率材料提高宽带微带天线增益. 现代雷达, 2011, 33(4): 58-61.

147. 郭晓静, 赵晓鹏, 刘亚红, 等. 基于零折射率超材料的高定向性微带天线. 电子技术应用, 2011, 37(6): 110-112.

148. Zhu W R, Zhao X P, Gong B Y. Left-handed metamaterials based on a leaf-shaped configuration. J. Appl. Phys., 2011, 109: 093504.

149. Zhu W R, Ding C L, Zhao X P. A numerical method for designing acoustic cloak with homogeneous metamaterials. Appl. Phys. Lett., 2010, 97: 131902.

150. Ding C L, Hao L M, Zhao X P. Two-dimensional acoustic metamaterial with negative modulus. J. Appl. Phys., 2010, 108(7): 074911.

151. Zhu W R, Zhao X P. Metamaterial absorber with random dendritic cells. Eur. Phys. J. Appl. Phys., 2010, 50: 21101.

152. Zhao W, Zhao X P. Fabrication and characterization of metamaterials at optical frequencies. Opt. Mater., 2010, 32: 422-426.

153. Zhou X, Liu Y H, Zhao X P. Low losses left-handed materials with optimized electric and magnetic resonance. Appl. Phys. A, 2010, 98: 643-649.

154. Zhu W R, Zhao X P, Bao S, et al. Highly symmetric planar metamaterial absorbers based on annular and circular patches. Chin. Phys. Lett., 2010, 27(1): 014204.

155. Liu Y H, Zhao X P. High gain patch antenna with composite right-left handed structure and dendritic cell metamaterials. J. Infrared Millim. Terahertz Waves, 2010, 31: 455-468.

156. 保石, 罗春荣, 张燕萍, 等. 基于树枝结构单元的超材料宽带微波吸收器. 物理学报, 2010, 59(5): 3187-3191.

157. 赵晟, 尹剑波, 赵晓鹏. 金纳米流体的电场可调光学性质. 物理学报, 2010, 59(5): 3302-3308.

158. 相建凯, 马忠洪, 赵延, 等. 可见光波段超材料的平面聚焦效应. 物理学报, 2010, 59(6): 4023-4029.

159. 张燕萍, 赵晓鹏, 保石, 等. 基于阻抗匹配条件的树枝状超材料吸收器. 物理学报, 2010, 59(9): 6078-6083.

160. 赵炜, 赵晓鹏. 银树枝状纳米结构阵列的制备与性能研究. 功能材料, 2010, 41(12): 2157-2160.

161. 程小超, 付全红, 娄勇, 等. 超材料异质结构楔形光波导引起的光谱空间分离现象. 科学通报, 2010, 55(16):1626-1631.

162. 黄景兴, 罗春荣, 赵晓鹏. 电场作用下银纳米流体的可调谐双折射行为. 光子学报, 2010, 39(1): 21-24.

163. 吕军, 刘宇, 赵晓鹏. 柔性基底红外波段左手材料制备及光学特性. 光子学报, 2010, 39(7): 1159-1162.

164. 刘宇, 吕军, 宋坤, 等. 光波段柔性基超材料制备及光学性质. 光子学报, 2010, 39(7): 1176-1180.

165. 纪宁, 赵晓鹏. C 波段超材料基板高增益微带天线. 现代雷达, 2010, 32(1): 70-73.

166. 纪宁, 赵晓鹏. 树枝状结构超材料在微带天线上的应用仿真. 计算机仿真, 2010, 27(4): 102-106+171.

167. Zhang F L, Kang L, Zhao Q, et al. Magnetically tunable left handed metamaterials by liquid crystal orientation. Opt. Express, 2009, 17(6): 4360-4366.

168. Zhao X P, Luo W, Huang J X, et al. Trapped rainbow effect in visible light left-handed heterostructures. Appl. Phys. Lett., 2009, 95: 071111.

169. Zhu W R, Zhao X P. Adjusting the resonant frequency and loss of dendritic left-handed metamaterials with fractal dimension. J. Appl. Phys., 2009, 106: 093511.

170. Yao Y, Fu Q H, Zhao X P. Three-level dendritic structure with simultaneously negative permeability and permittivity under normal incidence of electromagnetic wave. J. Appl. Phys., 2009, 105: 024911.

171. Zhu W R, Zhao X P. Metamaterial absorber with dendritic cells at infrared frequencies. J. Opt. Soc. Am. B, 2009, 26(12): 2382- 2385.

172. Fu Q H, Zhao X P. Effect of metal thickness on magnetic resonance and left-handed behavior for normal incidence of the electromagnetic wave. Phys. Scr., 2009, 79: 015401.

173. Fu Q H, Zhao X P. The bianisotropic medium model for left-handed metamaterials and numerical calculation of negative electromagnetic parameters. Physica B, 2009, 404: 1045-1052.

174. Tang H F, Zhao X P. Center-fed circular epsilon-negative zeroth-order resonator antenna. Microw. Opt. Technol. Lett., 2009, 51: 2423-2428.

175. Liu Y H, Zhao X P. Enhanced patch antenna performances using dendritic structure metamaterials. Microw. Opt. Technol. Lett., 2009, 51(7): 1732-1738.

176. Guo J Q, Luo C R, Zhao X P. Tunable effect of double-connective dendritic left-handed metamaterials based on electrorheological fluids. Chin. Phys. Lett., 2009, 26(4): 044102.

177. Zhu W R, Zhao X P. Numerical study of low-loss cross left-handed metamaterials at visible frequency. Chin. Phys. Lett., 2009, 26(7): 074212.

178. 丁昌林, 赵晓鹏. 可听声频段的声学超材料. 物理学报, 2009, 58(9): 6351-6355.

179. 罗春荣, 王连胜, 郭继权, 等. 电流变液调控的连通树枝状结构左手材料. 物理学报, 2009, 58(5): 3214-3219.

180. 汤世伟, 朱卫仁, 赵晓鹏. 光波段多频负折射率超材料. 物理学报, 2009, 58(5): 3220-3223.

181. 朱忠奎, 罗春荣, 赵晓鹏. 一种新型的树枝状负磁导率材料微带天线. 物理学报, 2009, 58(9): 6152-6157.

182. 李庆武, 相建凯, 赵延, 等. 蓝光波段左手材料的化学制备方法. 材料导报: 研究篇, 2009, 23(9): 8-10+21.

183. 史亚龙, 罗春荣, 赵晓鹏. S 波段新型负磁导率微带天线. 现代雷达, 2009, 31(9): 63-66.

184. 安涛, 赵晓鹏. 应用于 L 波段的新型左右手复合微带天线. 现代雷达, 2009, 31(4): 70-72+83.

185. 李明明, 赵晓鹏. 基于复合左右手传输线的新型低剖面全向微带天线. 陕西师范大学学报 (自然科学版), 2009, 37(5): 45-47.

186. Liu H, Zhao X P, Yang Y, et al. Fabrication of infrared left-handed metamaterials via double template-assisted electrochemical deposition. Adv. Mater., 2008, 20: 2050-2054.

187. Liu B Q, Zhao X P, Zhu W R, et al. Multiple pass-band optical left-handed metamaterials based on random dendritic cells. Adv. Funct. Mater., 2008, 18: 3523-3528.

188. Zhou X, Zhao X P, Liu Y. Disorder effects of left-handed metamaterials with unitary dendritic structure cell. Opt. Express, 2008, 16(11): 7674-7679.

189. Zhu W R, Zhao X P, Guo J Q. Multibands of negative refractive indexes in the left-handed metamaterials with multiple dendritic structures. Appl. Phys. Lett., 2008, 92: 241116.

190. Zhang F L, Zhao Q, Kang L, et al. Magnetic control of negative permeability metamaterials based on liquid crystals. Appl. Phys. Lett., 2008, 92: 193104.

191. Zhang F L, Hou Z E T G, Lheurette E, et al. Negative-zero-positive metamaterial with omega-type metal inclusions. J. Appl. Phys., 2008, 103: 084312.

192. Zhang F L, Zhao Q, Gaillot D P, et al. Numerical investigation of metamaterials infiltrated by liquid crystal. J. Opt. Soc. Am. B: Opt. Phys., 2008, 25(11): 1920-1925.

193. Zhang F L, Potet S, Carbonell J, et al. Negative-zero-positive refractive index in a prism-like omega-type metamaterial. IEEE Trans. Microwave Theory Techn., 2008, 56(11): 2566-2573.

194. Zhou X, Zhao X P. Electromagnetic behavior of two-dimensional quasi-crystal left-handed materials with dendritic unit. Chin. Sci. Bull., 2008, 54(4): 632-637.

195. Jie X Y, Luo C R, Zhao X P. A dual-frequency microstrip antenna based on an unbalanced composite right/left-handed transmission line. Microw. Opt. Technol. Lett., 2008, 50(3): 767-771.

196. Huang Y, Zhao X P, Wang L S, et al. Tunable left-handed metamaterial based on electrorheological fluids. Prog. Nat. Sci., 2008, 18: 907-911.

197. Liu Y H, Zhao X P. Investigation of anisotropic negative permeability medium cover for patch antenna. IET Microw. Antenna. P., 2008, 2(7): 737-744.

198. 刘亚红, 宋娟, 罗春荣, 等. 垂直入射条件下厚金属环结构的负磁导率与左手材料行为. 物理学报, 2008, 57(2): 934-939.

199. 王连胜, 罗春荣, 黄勇, 等. 基于电流变液的可调谐负磁导率材料. 物理学报, 2008, 57(6): 3571-3577.

200. 汤杭飞, 介晓永, 赵晓鹏. 基于加载电感传输线的高增益微带天线. 红外与毫米波学报, 2008, 27(5): 393-396.

201. 黄勇, 赵晓鹏, 王连胜, 等. 全向左手材料树枝模型及其通带的可调谐性. 自然科学进展, 2008, 18(6): 716-720.

202. 杨阳, 刘辉, 吕军, 等. 双模板辅助滑雪电沉积制备金属银树枝状结构阵列. 功能材料, 2008, 39(5): 788-796.

203. 骆伟, 邓巧平, 刘宝琦, 等. 纳米树枝状银的电化学制备及其光学性质. 功能材料, 2008, 39(6): 1011-1016.

204. 邓巧平, 骆伟, 刘宝琦, 等. 柔性透明基底上纳米银树枝结构的制备及光学特性. 材料导报, 2008, 22(8): 136-139.

205. Liu H, Zhao X P. Metamaterials with dendriticlike structure at infrared frequencies. Appl. Phys. Lett., 2007, 90: 191904-191906.

206. Zhu W R, Zhao X P, Ji N. Double bands of negative refractive index in the left-handed metamaterials with asymmetric defects. Appl. Phys. Lett., 2007, 90: 011911-011913.

207. Zhou X, Zhao X P. Resonant condition of unitary dendritic structure with overlapping negative permittivity and permeability. Appl. Phys. Lett., 2007, 91: 181908-181910.

208. Yao Y, Zhao X P. Multilevel dendritic structure with simultaneously negative permeability and permittivity. J. Appl. Phys., 2007, 101(12): 124904-124909.

209. Song J, Zhao W, Fu Q H, et al. Two-peak property in asymmetric left-handed metamaterials. J. Appl. Phys., 2007, 101(2): 023702-023706.

210. Zhou X, Zhao X P. Evaluation of imaging in planar anisotropic and isotropic dendritic left-handed materials. Appl. Phys. A: Mater. Sci. Process, 2007, 87(2): 265-269.

211. 张富利, 赵晓鹏. 谐振频率可调的环状开口谐振器结构及其效应. 物理学报, 2007, 56(8): 4661-4667.

212. 刘亚红, 罗春荣, 赵晓鹏. 同时实现介电常数和磁导率为负的 H 型结构单元左手材料. 物理学报, 2007, 56(10): 5883-5889.

213. 周欣, 赵晓鹏. 二维准晶结构排列树枝状单元左手材料的电磁响应行为. 科学通报, 2007, 52(20): 2348-2352.

214. 刘辉, 付全红, 赵晓鹏. 红外波段铜树枝状结构磁响应特性研究. 功能材料, 2007, 38(2): 169-172.

215. Zhou X, Fu Q H, Zhao J, et al. Negative permeability and subwavelength focusing of quasi-periodic dendritic cell metamaterials. Opt. Express, 2006, 14(16): 7188-7197.

216. Liu H, Zhao X P, Fu Q H. Magnetic response of dendritic structures at infrared frequencies. Solid State Commun., 2006, 140: 9-13.

217. Zhao X P, Zhao Q, Zhang F L, et al. Stopband phenomena in the passband of left-handed metamaterials. Chin. Phys. Lett., 2006, 23(1): 99-102.

218. Kang L, Zhao Q, Zhao X P. Reflection behaviors of negative permeability metamaterials in X-band. Prog. Nat. Sci., 2006, 16(3): 324-327.

219. Luo C R, Jie X Y, Zhao Q, et al. Effect of defect on the energy distribution inside the left-handed metamaterials. Prog. Nat. Sci., 2006, 16(11): 83-87.

220. 郑晴, 赵晓鹏, 李明明, 等. 缺陷对左手材料负折射的调控行为. 物理学报, 2006, 55(12): 239-244.

221. 姚远, 赵晓鹏, 赵晶, 等. 非对称开口六边形谐振单环的微波透射特性. 物理学报, 2006, 55(12): 233-238.

222. 罗春荣, 介晓永, 赵乾, 等. 缺陷对左手材料内部能量分布的影响. 自然科学进展, 2006, 16(7): 912-915.

223. 刘亚红, 罗春荣, 赵晓鹏. 微波左手材料及其应用前景. 功能材料, 2006, 37(3): 339-344.

224. 赵伟, 赵晓鹏. 左手材料的研究进展. 材料导报, 2006, 20(2): 26-28.

225. Liu H, Zhao X P. Chemical route fabricated magnetic structure exhibiting a negative permeability at infrared frequencies. Mater. Res. Soc. Symp. Proc., 2006, 919: 0919-J02-08.

226. Zhao X P, Zhao Q, Kang L, et al. Defect effect of split ring resonators in left-handed metamaterials. Phys. Lett. A, 2005, 346(1-3): 87-91.

227. Zhao Q, Zhao X P, Kang L, et al. Reflection and phase of left-handed metamaterials at microwave frequencies. Chin. Sci. Bull., 2005, 50(5): 395-398.

228. 罗春荣, 康雷, 赵乾, 等. 非均匀缺陷环对微波左手材料的影响. 物理学报, 2005, 54(4): 1607-1612.

229. 郑晴, 赵晓鹏, 付全红, 等. 左手材料的反射特性与负折射率行为. 物理学报, 2005, 54(12): 5683-5687.

230. 康雷, 赵乾, 赵晓鹏. 负磁导率材料的微波反射行为. 自然科学进展, 2005, 15(1): 1271-1275.

231. 赵乾, 赵晓鹏, 康雷, 等. 微波左手材料的反射率和相位随频率的变化特性. 科学通报, 2005, 50(6): 584-587.

232. 赵乾, 康雷, 张富利, 等. 波导中开口谐振环的实验研究. 微波学报, 2005, 21(5): 41-45.

233. Zhang F L, Zhao Q, Liu Y H, et al. Behaviour of hexagon split ring resonators and left-handed metamaterials. Chin. Phys. Lett., 2004, 21(7): 1330-1332.

234. Lei K, Luo C R, Zhao Q, et al. Panel-allocated defect SRRs effect in X-band LHMs. Chin. Sci. Bull., 2004, 49(23): 2440-2442.

235. 赵乾, 赵晓鹏, 康雷, 等. 一维负磁导率材料中的缺陷效应. 物理学报, 2004, 3(7): 2206-2210.

236. 康雷, 赵乾, 赵晓鹏. 二维负磁导率材料中的缺陷效应. 物理学报, 2004, 53(10): 3379-3383.

237. 张富利, 赵乾, 刘亚红, 等. 用于构成左手化材料 (LHMs) 的开口谐振环的研究. 北京广播学院学报 (增刊), 2004, 10(4): 71.

238. 康雷, 罗春荣, 赵乾, 等. 面状分布缺陷谐振环对左手材料微波效应的影响. 科学通报, 2004, 49(23): 2407-2409.

# 专 利

## (一) 授权专利

1. 赵晓鹏, 赵乾, 康雷. 可调谐薄膜微波负磁导率材料及其制备方法. 中国发明专利 (专利号 ZL 200310118968.6), 授权日期 2006 年 9 月 13 日.
2. 赵晓鹏, 赵乾, 康雷, 等. 可调谐层状微波左手材料及其制造方法. 中国发明专利 (专利号 ZL 200410026061.1), 授权日期 2007 年 6 月 13 日.
3. 赵晓鹏, 康雷, 赵乾, 等. 面缺陷调控的微波左手材料及其制造方法. 中国发明专利 (专利号 ZL 200410026060.7), 授权日期 2007 年 6 月 27 日.
4. 赵晓鹏, 康雷, 赵乾, 等. 可调谐微波左手材料. 中国发明专利 (专利号 ZL 200410026062.6), 授权日期 2007 年 8 月 15 日.
5. 赵晓鹏, 赵乾, 康雷, 等. 可调谐层状微波负磁导率材料. 中国发明专利 (专利号 ZL 200410025958.2), 授权日期 2007 年 11 月 14 日.
6. 赵晓鹏, 刘辉, 康雷. 一种非周期性红外波段负磁导率材料. 中国发明专利 (专利号 ZL 200510042742.1), 授权日期 2008 年 2 月 13 日.
7. 赵晓鹏, 赵乾, 刘亚红, 等. 含有禁带的微波左手材料. 中国发明专利 (专利号 ZL200410073520.1), 授权日期 2008 年 3 月 26 日.
8. 赵晓鹏, 刘亚红, 赵伟, 等. 高灵敏度手机天线用左手材料介质基板. 中国发明专利 (专利号 ZL 200510042741.7), 授权日期 2009 年 1 月 21 日.
9. 赵晓鹏, 赵伟, 刘亚红, 等. 含有负磁导率材料的手机天线. 中国发明专利 (专利号 ZL 200510042740.2), 授权日期 2009 年 1 月 21 日.
10. 赵晓鹏, 宋娟, 刘亚红. 一种具有适当厚度环结构的负磁导率材料. 中国发明专利 (专利号 ZL 200610105226.3), 授权日期 2009 年 9 月 29 日.
11. 赵晓鹏, 刘亚红, 宋娟. 一种可用于微波炉和电脑的负磁导率材料电磁屏蔽装置. 中国发明专利 (专利号 ZL 200610105225.9), 授权日期 2009 年 11 月 18 日.
12. 赵晓鹏, 周欣, 张富利. 带有开口谐振环 (SRRs) 的微带天线. 中国发明专利 (专利号 ZL 200510042743.6), 授权日期 2010 年 1 月 13 日.
13. 赵晓鹏, 张富利, 周欣. X 波段左手材料微带天线. 中国发明专利 (专利号 ZL 200510042744.0), 授权日期 2010 年 5 月 26 日.

14. 赵晓鹏, 刘辉, 杨阳. 一种由树枝状结构单元构成的负磁导率材料. 中国发明专利 (专利号 ZL 200510043180.2), 授权日期 2010 年 6 月 9 日.
15. 赵晓鹏, 宋娟. 带有非对称结构左手材料的手机天线介质基板. 中国发明专利 (专利号 ZL 200610104713.8), 授权日期 2010 年 8 月 11 日.
16. 赵晓鹏, 杨阳, 刘辉, 等. 一种可见光频段的左手材料. 中国发明专利 (专利号 ZL 200810017321.7), 授权日期 2010 年 8 月 25 日.
17. 赵晓鹏, 张富利. S 波段含有开口谐振环的微带天线及其阵列. 中国发明专利 (专利号 ZL 200510096101.4), 授权日期 2010 年 12 月 8 日.
18. 赵晓鹏, 刘辉, 杨阳. 一种银树枝状结构周期排列的化学制备方法. 中国发明专利 (专利号 ZL 200610105355.2), 授权日期 2011 年 1 月 5 日.
19. 赵晓鹏, 邓巧平, 骆伟, 等. 一种柔性的可见光频段银树枝状结构复合材料及其制备方法. 中国发明专利 (专利号 ZL 200810017322.1), 授权日期 2011 年 1 月 19 日.
20. 赵晓鹏, 周欣. S 波段左手材料微带天线. 中国发明专利 (专利号 ZL 200510096102.9), 授权日期 2011 年 2 月 1 日.
21. 赵晓鹏, 李明明, 介晓永, 等. 一种基于异向介质微带线的防辐射手机机壳. 中国发明专利 (专利号 ZL 200610105358.6), 授权日期 2011 年 3 月 25 日.
22. 赵晓鹏, 刘亚红, 罗春荣. C 波段负磁导率材料微带天线. 中国发明专利 (专利号 ZL 200510096103.3), 授权日期 2011 年 5 月 18 日.
23. 赵晓鹏, 安涛, 李明明, 等. 一种用于改进手机电磁辐射的双排左手微带线. 中国发明专利 (专利号 ZL 200610105356.7), 授权日期 2011 年 5 月 25 日.
24. 赵晓鹏, 宋坤. 一种基于左手材料的楔形光波导的制备方法. 中国发明专利 (专利号 ZL 200810236470.2), 授权日期 2011 年 6 月 22 日.
25. 赵晓鹏, 刘亚红. 一种负磁导率材料手机天线电磁屏蔽装置. 中国发明专利 (专利号 ZL 200610104712.3), 授权日期 2011 年 7 月 13 日.
26. 赵晓鹏, 刘宝琦. 一种基于银树枝状结构的多色可见光左手材料. 中国发明专利 (专利号 ZL 200810150024.X), 授权日期 2011 年 11 月 30 日.
27. 赵晓鹏, 骆伟, 邓巧平, 等. 一种可见光频段银树枝状结构复合材料及其制备方法. 中国发明专利 (专利号 ZL 200710308164.0), 授权日期 2011 年 12 月 14 日.
28. 赵晓鹏, 介晓永, 安涛, 等. 抑制双频手机电磁辐射的混合微带线装置. 中国发明专利 (专利号 ZL 200610105357.1), 授权日期 2012 年 1 月 11 日.

29. 赵晓鹏, 刘宝琦, 骆伟, 等. 一种基于银树枝状结构的红外透光三明治结构复合材料. 中国发明专利 (专利号 ZL 200710308165.5), 授权日期 2012 年 5 月 16 日.
30. 赵晓鹏, 朱卫仁. 一种基于树枝结构的超材料吸收器. 中国发明专利 (专利号 ZL 200810236471.7), 授权日期 2012 年 5 月 30 日.
31. 赵晓鹏, 赵伟. C 波段左手材料微带天线及其阵列. 中国发明专利 (专利号 ZL 200510096104.8), 授权日期 2012 年 5 月 30 日.
32. 赵晓鹏, 介晓永, 罗春荣. 基于负介电传输线的 X 波段高增益微带天线. 中国发明专利 (专利号 ZL 200710308163.6), 授权日期 2012 年 8 月 1 日.
33. 赵晓鹏, 介晓永, 罗春荣. 一种新型的 X 波段双频微带天线. 中国发明专 (专利号 ZL 200710018243.8), 授权日期 2012 年 8 月 1 日.
34. 赵晓鹏, 安涛. 一种可用于手机双频工作的新型微带天线. 中国发明专利 (专利号 ZL 200710018241.9), 授权日期 2012 年 8 月 1 日.
35. 赵晓鹏, 安涛. 一种基于负磁导率材料的高增益倒 F 天线. 中国发明专利 (专利号 ZL 200810017323.6), 授权日期 2012 年 9 月 26 日.
36. 赵晓鹏, 赵炜. 一种基于三维纳米银树枝状结构的可见光频段左手超材料的制备方法. 中国发明专利 (专利号 ZL 200810236473.6), 授权日期 2013 年 6 月 5 日.
37. 赵晓鹏, 朱卫仁, 王晓农, 等. 一种基于超材料吸收器的光学折射率传感器. 中国发明专利 (专利号 ZL 201110321616.5), 授权日期 2015 年 7 月 29 日.
38. 刘亚红, 顾帅, 罗春荣, 等. 基于完全吸收器的低 RCS 微带天线. 中国发明专利 (专利号 ZL 201110321595.7), 授权日期 2015 年 11 月 5 日.
39. 赵晓鹏、张志伟、陶硕、陈国维. 一种具有高临界转变温度的 Y2O3:Eu3+ 发光体掺杂 $MgB_2$ 超导体中国发明专利 (专利号 ZL 201510121032.1)，授权日期 2017 年 4 月 19 日.
40. 赵晓鹏、陶硕、李勇波、陈国维. 电致发光激励临界转变温度提高的 MgB2 基超导体及其制备方法中国发明专利 (专利号 ZL 201610206412.X)，授权日期 2018 年 4 月 13 日.
41. 赵晓鹏, 李勇波, 陈宏刚, 陈国维. 拓扑发光体异质相掺杂的 MgB2 基超导体及其制备方法中国发明专利 (专利号 ZL 201810462942.X)，授权日期 2021 年 2 月 19 日.

## (二) 申请专利

42. 赵晓鹏, 刘辉. 一种基于树枝状结构的红外波段超材料. 中国发明专利 (申请号 200610105227.8), 申请时间 2006 年 12 月 21 日.

43. 赵晓鹏, 周欣. 由树枝状结构单元构成的左手材料. 中国发明专利 (申请号 200710018058.9), 申请时间 2007 年 6 月 15 日.
44. 赵晓鹏, 李明明. 一种基于左右手复合传输线的零阶谐振天线. 中国发明专利 (申请号 200710018242.3), 申请时间 2007 年 7 月 11 日.
45. 赵晓鹏, 刘亚红. X 波段树枝状结构左手材料微带天线. 中国发明专利 (申请号 200710018240.4), 申请时间 2007 年 7 月 11 日.
46. 赵晓鹏, 李明明. 一种树枝状结构左手材料基底的 X 波段全向微带天线. 中国发明专利 (申请号 200710308162.1), 申请时间 2007 年 12 月 28 日.
47. 赵晓鹏, 周欣. 由无序分布树枝状结构单元构成的左手材料. 中国发明专利 (申请号 200810017324.0), 申请时间 2008 年 1 月 18 日.
48. 赵晓鹏, 纪宁, 刘亚红. C 波段树枝状结构左手材料微带天线. 中国发明专利 (申请号 200810017725.6), 申请时间 2008 年 3 月 17 日.
49. 赵晓鹏, 史亚龙, 朱忠奎, 等. S 波段树枝状左手材料微带天线. 中国发明专利 (申请号 200810017724.1), 申请时间 2008 年 3 月 17 日.
50. 赵晓鹏, 纪宁, 朱忠奎, 等. C 波段新型负磁导率材料微带天线. 中国发明专利 (申请号 200810150316.3), 申请时间 2008 年 7 月 11 日.
51. 赵晓鹏, 史亚龙, 纪宁, 等. S 波段新型负磁导率微带天线. 中国发明专利 (申请号 200810150315.9), 申请时间 2008 年 7 月 11 日.
52. 赵晓鹏, 朱忠奎, 史亚龙, 等. 一种 2~3GHz 频段的负磁导率材料微带天线. 中国发明专利 (申请号 200810150314.4), 申请时间 2008 年 7 月 11 日.
53. 赵晓鹏, 保石, 张燕萍, 等. 一种基于树枝结构的超材料宽带微波吸收器. 中国发明专利 (申请号 200910021581.6), 申请时间 2009 年 3 月 17 日.
54. 赵晓鹏, 刘亚红. 一种基于完全吸收材料的 X 波段微带天线. 中国发明专利 (申请号 200910022476.4), 申请时间 2009 年 5 月 13 日.
55. 赵晓鹏, 汤杭飞. C 波段负磁导率材料基板圆形零阶谐振器天线. 中国发明专利 (申请号 200910022478.3), 申请时间 2009 年 5 月 13 日.
56. 赵晓鹏, 程小超, 娄勇, 等. 一种可见光和红外波段空间变频透明波导. 中国发明专利 (申请号 200910022696.7), 申请时间 2009 年 5 月 27 日.
57. 赵晓鹏, 保石, 罗春荣. S 波段超材料完全吸收基板微带天线. 中国发明专利 (申请号 200910254478.6), 申请时间 2009 年 12 月 23 日.
58. 赵晓鹏, 丁昌林. 一种基于开口空心球的负弹性模量声学超材料. 中国发明专利 (申请号 201010221191.6), 申请时间 2010 年 7 月 8 日.
59. 赵晓鹏, 赵延, 相建凯, 等. 光波段鱼网结构超材料的化学制备方法. 中国发明专利 (申请号 201010220950.7), 申请时间 2010 年 7 月 8 日.

60. 赵晓鹏, 郝丽梅, 丁昌林. 一种可调谐的负弹性模量声学超材料. 中国发明专利 (申请号 201010590604.8), 申请时间 2010 年 12 月 16 日.
61. 刘亚红, 周欣, 赵晓鹏. 一种基于近零折射率超材料的相控阵天线. 中国发明专利 (申请号 201410235226.X), 申请时间 2014 年 5 月 22 日.
62. 赵晓鹏, 王彬, 顾帅. 面电阻型宽带超材料吸收器. 中国发明专利 (申请号 201410235215.1), 申请时间 2014 年 5 月 22 日.
63. 刘亚红, 周欣, 黄尧, 等. 一种具有超低仰角特性的波束扫描阵列天线. 中国发明专利 (申请号 201410856834.2), 申请时间 2014 年 12 月 26 日.
64. 赵晓鹏, 陈宏刚, 李勇波, 陈国维, 拓扑发光体异质相掺杂的 Bi(Pb)-Sr-Ca-Cu-O 系超构超导体及其制备方法中国发明专利 (申请号 201910184673.X)，申请时间 2019 年 3 月 12 日.